Nr. 5
Seite 1529 – 1928

1963
30. Januar

Chemisches Zentralblatt

Vollständiges Repertorium für alle Zweige der reinen und angewandten Chemie

1830 gegründet. 1897—1945 von der Deutschen Chemischen Gesellschaft fortgeführt. Im Auftrage der Deutschen Akademie der Wissenschaften zu Berlin, der Chemischen Gesellschaft in der DDR, der Akademie der Wissenschaften zu Göttingen und der Gesellschaft Deutscher Chemiker (in der BRD)

herausgegeben von Prof. Dr. Heinrich Bertsch und Prof. Dr. Dr. h. c. Wilhelm Klemm

134. Jahrgang
1963

Chefredakteure: Dr. Eugen Klever und Prof. Dr.-Ing. Eberhard Leibnitz

Akademie-Verlag GmbH., Berlin — Verlag Chemie, GmbH., Weinheim/Bergstr.

Inhalt

Chemisches Zentralblatt

1963 **Bibliographien** Nr. 5

Neue Bücher

Geschichte. Unterricht

G. W. Bykow, Geschichte der klassischen Theorie der chemischen Struktur. Moskau: Verl. der Akad. der Wiss. der UdSSR. 1960. (311 S.) 1 Rbl. 59 Kop. [russ.]

Reauto izen. Shippitsusha, henshūsha no oboegaki (Vor der Herstellung. Ein Merkbüchlein für Autoren und Herausgeber). Zusammengestellt von der Redaktion des Verlages Nankōdō. 3. Aufl. 1962. (42 S.) Yen 100.
In diesem Merkbüchlein werden Autoren angewiesen, ihre chem. u. pharmakolog. Artikel für japan. Fachzeitschriften in einem leicht verständlichen Stil u. nach genau festgelegten Regeln abzufassen. — Den europäischen Leser dürfte interessieren, daß in Japan über 1000 Fachzeitschriften erscheinen, aus denen japan. Chemiker wissenswerte Daten entnehmen können. F. Mossner

C. Präparative organische Chemie. Naturstoffe

Methods in Carbohydrate Chemistry Volume I. Analysis and Preparation of Sugars. Herausgegeb. von **Roy L. Whistler** und **M. L. Wolfrom** unter Assistenz von **James N. B. Miller** und **F. Shafizadeh.** New York and London: Academic Press 1962. (XXII + 589 S.)
Es werden behandelt: Allg. Labortechnik, Chromatographie, Triosen, Tetrosen, Pentosen, Hexosen, Heptosen, Desoxyzucker, Aminozucker, Zucker mit Seitenketten, ^{14}C-Zucker, Inososen, reduzierende und nichtreduzierende Oligosaccharide, Analyse, Farb-Rkk. u. physikal. Messungen. Czech

Milos Hudlický, Chemistry of Organic Fluorine Compounds. Oxford, London, New York, Paris: Pergamon Press. 1961. (536 S.) 60 s.
Das aus dem Tschechischen übersetzte Buch gibt einen vollständigen Überblick über die Theorie u. Praxis der Chemie organ. F-Verbb., wobei die Zahl der Literaturhinweise jedoch um mehr als 300 vermehrt wurde, um dem neuesten Stand Rechnung zu tragen. — Inhaltsfolge: Einleitung (7 S.), App. u. Material (12 S.), Fluorierungsreagentien (26 S.), Meth. zum Einführen von F in organ. Verbb. (57 S.), Darst. von organ. F-Verbb. (36 S.), Rkk. von organ. F-Verbb. (121 S.), fluorierte Verbb. als chem. Reagentien (10 S.), Eigg. von organ. F-Verbb. (26 S.), Analyse von organ. Fluoriden (18 S.), prakt. Anwendungen von organ. F-Verbb. (26 S.). — 1105 Literaturhinweise, Autoren-, Formel- u. Sachverzeichnis. G. Reisner

E_1. Allgemeine Biologie und Biochemie

William L. Nastuk, ed., Physical techniques in biological research. Vol. 4. Special methods. New York, London: Academic Press. 1962. (410 S.) $ 13.—.

Comparative Biochemistry, A. Comprehensive Treatise, Volume 3: Constituents of Life — Part A, Herausgegeb. von **Marcel Florkin** and **Howard S. Mason.** New York and London: Academic Press. 1962. (XIX + 959 S.) $ 30.—.
Der von 15 Mitarbeitern herausgegebene dritte Band enthält nach einem Inhaltsverzeichnis für die Bände I, II u. IV folgende Kapitel: Vergleichende Aspekte des Vork. u. der Verteilung von Fettsäuren, Struktur u. Verteilung der Sterine, Steroidstoffwechsel der Lipide, Struktur u. Verteilung der Gallensalze, Gallensalze als Mittel zur Charakterisierung der Species, Struktur u. Verteilung der Phospholipide, Stoffwechsel der Phospholipide, Struktur u. Vork. der natürlichen Mono- u. Oligosaccharide, Polysaccharidasen, Stoffwechselwege der Saccharide, Struktur u. Verteilung der Terpenoide, Stoffwechsel der Terpenoide, Struktur u. Verteilung der Chinone, Melanine, Flavanoidverbindungen. Am Ende eines jeden Kapitels befinden sich zahlreiche Literaturangaben. Im Anschluß an die Kapitel folgt ein 50 Seiten starkes Autorenregister u. ein ca. 100 Seiten starkes Sachregister, durch das das Buch zu einem wertvollen Nachschlagewerk wird. W. Hiller

Sidney Udenfriend, Fluorescence Assay in Biology and Medicine: (Volume 3 of Molecular Biology, An International Series of Monographs and Textbooks, Herausgeb. von **N. O. Kaplan** und **H. A. Scheraga**). New York und London: Academic Press. 1962. (X + 505 S.) $ 14.—.
Das Buch ist ein Führen durch die Methoden der Fluorescenzunterss. für den Anfänger u. Experten u. enthält folgende Kapitel: Grundlagen der Fluorescenz, Instrumentation, praktische Überlegungen. Danach folgt der spezielle Teil mit ca. 375 Seiten, in dem die Bestimmung der einzelnen Verbindungsklassen behandelt wird: Aminosäuren, Amine u. ihre Metaboliten, Proteine, Vitamine, Coenzyme u. ihre Metaboliten, Stoffwechselprodd. im allg. (Kohlenhydrate, Aldehyde u. Ketone, Polycarbonsäuren, Purine, Pyrimidine, Nucleinsäuren, Porphyrine). Fluorescenz in der Enzymologie. Steroide. Pflanzen (Chlorophyll, Wachstumsregulatoren, Flavone, Anthocyane, Cumarine). Analyse von anorgan. Konstituenten. Drogen u. Gifte. Am Ende eines jeden Kapitels befinden sich Literaturhinweise. Ein 12 Seiten starkes Autorenregister u. 15 Seiten umfassendes Sachregister beenden das Werk. W. Hiller

E_3. Mikrobiologie. Bakteriologie. Immunologie

Dieter Martin, Synthetische Senfölbildner mit bakterizider, fungizider, nutritiver und das Wachstum von Viren hemmender Wirkung. Berlin: Akademie-Verl. 1962. (56 S. m. 10 Abb. u. 15 Tab.) 8° = Sitzungsberichte der Deutschen Akademie der Wissenschaften zu Berlin. Klasse für Chemie, Geologie und Biologie. Jahrgang 1962, Nr. 7. DM 5,—.

E_5. Tierchemie. Tierphysiologie. Tierpathologie

Edward Gurr, Staining animal tissues, practical and theoretical. London: L. Hill. 1962. (XII + 631 S. m. Tab. u. Diagr.) 84 s.

E_6. Pharmakologie. Therapie. Toxikologie. Hygiene

John Freeman Loutit, Irradiation of mice and men. Chicago, London: Chicago U. P. 1962. (XII + 154 S. m. 9 Taf., Tab. u. Diagr.) 40 s.

G. Analyse. Laboratorium

W. D. Pirjatin, Die Bearbeitung der Resultate experimenteller Messungen nach der Methode der kleinsten Quadrate. In 2 Teilen. Teil 1: Rechtlineare und parabolische Abhängigkeit der Meßergebnisse. Charkow: Verl. der Charkower Univ. 1962. (216 S. m. Zeichnung.) 65 Kop. [russ.]

A. A. Popel, Methoden der Schnellanalyse der Elektrolyten galvanischer Bäder. Moskau: Gosstoptechisdat. 1962. (236 S. m. Zeichng.; 3 Bl. Zeichng.) 1 Rbl. 1 Kop. [russ.]

P. I. Wosskressenski, Die Technik der Laboratoriumsarbeit. 5. überarb. u. erw. Ausg. Moskau: Gosschimisdat. 1962. (534 S. m. Abb.) 1 Rbl. 29 Kop. [russ.]

H_7. Agrikulturchemie. Schädlingsbekämpfung

Hans Orth, Chemische Unkrautbekämpfung im Gartenbau. München: BLV-Verl. Ges. 1962. (146 S. m. 56 Abb.) 8°. DM 8,50.

H_8. Metallurgie. Korrosion

Roland Bryon Heywood, Designing against fatigue. London: Chapman & Hall. 1962. (XV + 436 S. m. 10 Taf., Tab. u. Diagr.) 84 s.

Zoltan Horváth und **József Wéber**, Die Bestimmung der den minimalen Zinkverbrauch sichernden Arbeitsmethode beim Parkes-Verfahren. Berlin: Akademie-Verl. 1962. (109 S. m. 58 Abb. u. 66 Tab.) 8° = Freiberger Forschungshefte. Reihe B, 65. DM 15,40.

A. De Sy et **J. Vidts**, Traité de métallurgie structurale. Paris: Dunod. 1962. (456 S.) 75 NF.

—, Comité international des Associations techniques de fonderie. Dictionnaire international de fonderie. Paris: Dunod. 1962. (532 S. m. 115 Abb.) 80 NF.

—, Industrial finishing year book. 1962. London: Arrow P. 1962. (420 S. m. Tab. u. Diagr.) 15 s.

—, Proceedings of a conference on Anodising Aluminium, convened by the Aluminium Development Association with the collaboration of the University of Nottingham, September 12 to 14, 1961. London: Aluminium Development Association. 1962. (248 S. m. Abb., Tab. u. Diagr.) 45 s.

H_{11}. a) Farben. Anstriche. Lacke. Naturharze

—, Fatipec-Kongress. Vorträge. Herausgeg. vom Wissenschaftlichen Komitee des Kongresses. 6. 1962. Wiesbaden, 21.—25. Mai 1962. Weinheim/Bergstr.: Verl. Chemie. 1962. (XII + 440, 62 S. m. 549 Abb. u. 213 Tab.) 4°. DM 48,—.

H_{11}. b) Plaste (Kunstharze, Plastische Massen)

James Morgan McKelvey, Polymer processing. New York, London: Wiley. 1962. (XIII + 409 S. m. Abb., Tab. u. Diagr.) 77 s.

Ss. I. Omeltschenko, Die Epoxydharze. Kiew: Gosstechisdat der UkrainSSR. 1962. (104 S.) 38 Kop. [russ.]

—, Glass fibre chopped strand mat for the reinforcement of polyester resin systems. London: British Standards Institution. 1962. (15 S. m. Tab. u. Diagr.) 5 s.

H_{12}. Kautschuk

A. Nourry, ed., Reclaimed rubber: its development, applications and future. London: Maclaren. 1962. (IX + 116 S. m. Tab. u. Diagr.) 25 s.

Ausgewertete Bibliographie-Fachzeitschriften

Belgien	Bibliographie de Belgique — Belgische Bibliographie
ČSSR	Bibliography of Publications Dealing with the Polarography Method [Praha] Bulletin — Die neuesten Forschungsergebnisse der Tschechoslowakischen Wissenschaft Nové Knihy (Neue Bücher) Novinky (Neuheiten)
Dänemark	Danske Bogmarked
Deutschland	Börsenblatt für den Deutschen Buchhandel — Frankfurter Ausgabe Börsenblatt für den Deutschen Buchhandel — Leipziger Ausgabe Deutsche Bibliographie. Wöchentliches Verzeichnis. Ausgabe II. [Frankfurt/Main] Deutsche Nationalbibliographie. Reihe A: Neuerscheinungen des Buchhandels [Leipzig]
England	British Books (Incorporating the Publishers Circular & Booksellers Record) British National Bibliography
Frankreich	Bibliographie de la France
Griechenland	Greek Bibliography [Athen]
Italien	Bibliografia Nazionale Italiana
Niederlande	Nieuwsblad voor de Boekhandel
Österreich	Österreichische Bibliographie
Schweiz	Schweizer Buch. Serie A und Serie B
UdSSR	Bücherverzeichnis des Jahres (Книжная летопись) Neue Bücher (Новые книги)
USA	Publishers' Weekly

Namenregister

Patentregister

Nr. Seite

Deutsche Patente [München] (D.B.P.)

Auslegeschriften der Patentanmeldungen des Deutschen Patentamtes München (D.A.S.)

Deutsche Patente (D.P.[DDR])

Amerikanische Patente (A.P.)

Australische Patente (Aust.P.)

Belgische Patente (Belg.P.)

Canadische Patente (Can.P.)

Chemisches Zentralblatt

1963 Nr. 5 30. Januar

Geschichte. Unterricht

Henry Vincent Aird Briscoe. H. J. Emeléus. (Proc. chem. Soc. [London] **1962,** 191—93, Mai; engl.) — Nachruf auf den Prof. für anorgan. Chemie am Imperial College of Science and Technology (geb. 1888 in London; gest. 1961), vorher Prof. in Newcastle (1921—1932); Arbeiten über Best. von Atom-Gew. (B, Br, Sn, Tl, V), Darst. von Selenophen u. CSSe, Chemie des Re u. seiner Verbb., Anreicherung von D_2O, Darst. D-haltiger Verbb., Silicose. A. Blaschette. 1□

R. S. Krishnan. Anonym. (Proc. physic. Soc. **78,** 1561—63, 15/12. 1961; engl.) — Nachruf auf Kariamanikham Srinivasa Krishnan (geb. 4/12. 1898 in Watrap/Madras, gest. 14/6. 1961), Direktor des National Physical Laboratory, Indien. Krishnan war Schüler von Raman u. entdeckte mit diesem den Raman-Effekt. Weitere Verdienste erwarb sich Krishnan auf dem Gebiete der statist. Thermodynamik, der Quantentheorie, der elektr. Leitfähigkeit von Metallen u. Legierungen. Ch. Weiske. 1□

Juri Witaljewitsch Moratschewski. Anonym. (Журнал Аналитической Химии [J. analyt. Chem.] **16,** 380—81, Mai/Juni 1961; russ.) — Nachruf auf den Professor für analyt. Chemie an der Universität in Leningrad J. W. Moratschewski (geb. 11/7. 1894 in Petersburg, gest. 4/1. 1961), bekannt durch seine analyt. u. geochem. Arbeiten. Ch. Weiske. 1□

Paul-E. Wenger. 1888—1962. D. Monnier. (Analytica chim. Acta [Amsterdam] **27,** 205—06, Sept. 1962; Genève; franz.) — Nachruf auf den Professor für anorgan., analyt. u. Mikrochmie an der Universität Genf (gest. 10/5. 1962), bes. bekannt durch zahlreiche mikroanalyt. Arbeiten. A. Blaschette. 1□

Die Beiträge von Fritz Arndt zur Resonanztheorie. E. Campaigne. (J. chem. Educat. **36,** 336—39, Juli 1959; Bloomington, Ind., Indiana Univ.; engl.) — Übersicht. — Liste der Veröffentlichungen Arndts (15); 22 Literaturangaben. A. Blaschette. 1□

Pierre Eugène Marcelin Berthelot (1827—1907). H. Rabaté. (Peintures, Pigments, Vernis **36,** 664—66, Nov. 1960; franz.) — Würdigung der Verdienste Berthelots auf dem Gebiet der Farben- u. Lackchemie. — Bild; Faksimile eines Briefes an J. B. Dumas. A. Blaschette. 1□

Zum zweihundertsten Jahrestag der Geburt von Luigi Valentino Brugnatelli, des Gründers der galvanischen Kunst. Domenico Frontali. (Galvanotecnica [Varese] **12,** 25—29, Febr. 1961; ital.) — Kurze Lebensbeschreibung des am 14/2. 1761 geb. Brugnatelli (Bild) u. Würdigung seiner wissenschaftlichen Arbeit. C. Gottfried. 1

Biographie und wissenschaftliches Werk von Professor Georg Buzek. Marian Olszewski. (Arch. Hutnictwa **4,** 273—81, 1959; engl.) — Würdigung der Persönlichkeit u. der techn. Grundlagen-Unterss. (bes. über die Technologie der Kupolöfen) des poln. Metallurgen u. Prof. an der Bergbauakademie in Krakau, G. Buzek (geb. 27/3. 1874 in Końska; gest. 9/2. 1929). A. Blaschette. 1□

Sadi Carnot. Milton Kerker. (Sci. Monthly **85,** 143—49, Sept. 1957; Potsdam, N.Y., Clarkson Coll. of Technol.; engl.) — Kurzer Lebensabriß von S. Carnot (geb. 1/6. 1796 in Paris, gest. 24/8. 1832) unter besonderer Berücksichtigung seiner Schrift über die Wärmekraftmaschine. — Bild. Ch. Weiske. 1□

Friedrich Emich zur 100. Wiederkehr seines Geburtstages (5. September 1960). A. A. Benedetti-Pichler. (Mikrochim. Acta [Wien] **1960,** 625—29; dt.) — Würdigung der Verdienste Emichs um die chem. Mikrotechnik. A. Blaschette. 1□

Zur Erinnerung an den Akademiker Iosif Fedorowitsch Grigorjew (1890—1949). A. G. Betechtin. (Геология Рудных Месторождений [Geol. d. Erzlagerstätten] **1960,** Nr. 6, 110—12, Nov./Dez.; russ.) — Kurzer Lebensabriß von I. F. Grigorjew (geb. 28/5. 1890 in Petersburg), der sich bis zu seinem Tode mit mineralog.-geolog. u. lagerstättkundlichen Problemen befaßte. — Bild. Ch. Weiske. 1□

Aspekte von Leben und Werk von James Clerk Maxwell. John Randall. (Nature [London] **195**, 427—34, 4/8. 1961; London, Univ., King's Coll.; engl.) — Biographie Maxwells u. Würdigung seines Werkes (Farbensehen; kinet. Gastheorie u. Thermodynamik; Theorie des elektromagnet. Feldes); zwei Faksimiles aus Manuskripten. A. Blaschette. 1□

Julius Arthur Nieuwland. A. R. Matthis. (Rev. gén. Caoutchouc **37**, 1283—86, Okt. 1960; Charleroi, Ateliers de Constr. Électr.; franz.) — Biographie u. Würdigung des amerikan. Chemikers u. kathol. Priesters Nieuwland (geb. 14/2. 1878 in Hansbeke bei Gand/Belgien; gest. 11/6. 1936 in Washington), bes. bekannt durch seine Unterss. über die Polymerisation u. Kondens. des Acetylens, die zur Entw. des Neoprens führen. — Bild. A. Blaschette. 1□

Ein unveröffentlichtes Manuskript Carl Schorlemmers zur Geschichte der Chemie. Karl Heinig. (Z. Gesch. Naturwiss. Techn. Med. **1**, 62—71, 1960; Berlin; dt.) — Bericht über Anlage u. Inhalt eines umfänglichen Originalmanuskripts von C. Schorlemmer, das den unvollendeten Entwurf zu einem Buch über die Geschichte der Chemie darstellt. Das Manuskript wurde in der Universitätsbibliothek in Manchester aufgefunden. A. Blaschette. 1□

Eine Erinnerung an den Begründer der Chemie der Terpene und ätherischen Öle, Otto Wallach. Hans Müller. (Seifen-Öle-Fette-Wachse **85**, 675—76, 28/10. 1959; dt.) — Persönliche Erinnerungen des Vf. an seine Doktorandenzeit bei Wallach in Göttingen. A. Blaschette. 1□

Paracelsus und die neoplatonische und gnostische Tradition. Walter Pagel. (Ambix **8**, 125—66, Okt. 1960; London; engl.) — Aufzeichnung der philosoph.-naturwissenschaftlichen Gedanken von Th. Paracelsus u. deren Auswirkung auf die damalige Zeit. Ch. Weiske. 2□

Von Paracelsus gebrauchte Drogen. Ein kurzer Überblick. Marie A. Hayes Altazan. (J. chem. Educat. **37**, 594—96, Nov. 1960; New Orleans, La., Louisiana State Univ.; engl.) — Vf. beschreibt die von Paracelsus zur Heilung verschiedener Krankheiten angewandten anorgan. u. organ. Substanzen. D. Hoene. 2□

Zwei alchimistische Schriftsammlungen: Vatican Latin MSS. 4091, 4092. Pearl Kibre. (Ambix **8**, 167—76, Okt. 1960; New York, N.Y., Hunter Coll.; engl.) — Beschreibung der Schriften, die eine Anzahl alchimist. Rezepte enthalten. Ch. Weiske. 2□

Phlogiston und Feuerluft. J. Vaughan. (J. New Zealand Inst. Chem. **24**, 121—30, Aug. 1960; Christchurch, Univ. of Canterbury; engl.) — Kurzer Überblick über die Entw. der Phlogistontheorie durch Becher, Stahl u. Scheele u. ihre Widerlegung durch Lavoisier. A. Blaschette. 2□

Chemie und Alchemie des 16. Jahrhunderts in Polen. Włodzimierz Hubicki. (Ann. Univ. Mariae Curie-Skłodowska, Sect. AA **10**, 61—100, 15 Tafeln, 1955, herausgeg. 1957; dt., Auszug: russ.) Ch. Weiske. 2□

Wer hat das Radium entdeckt? Franz Běhounek. (Chemiker-Ztg. **84**, 633—34, 5/10. 1960; Prag; dt.) — Entgegnung auf eine Arbeit von Brauner unter dem gleichen Titel (Chemiker-Ztg. **83**, [1959], 372) u. Beweisführung, daß Maria Sklodowska die Entdeckerin des Ra ist. Ch. Weiske. 2□

Die Chemie bei der Entwicklung der Kernenergie. Die Geschichte des Elements 84, Polonium. Jacques Danon. (Química [Rio de Janeiro] **1960**, Nr. 37, 4—7, März/April; port.) — Am Beispiel der Entdeckung des Elements Po wird die Rolle der Chemie bei der Entw. der radioakt. Forschung u. der Kernforschung erläutert. R. K. Müller. 2□

Die ersten Darstellungen der Transurane. J. C. Wallmann. (J. chem. Educat. **36**, 340—43, Juli 1959; Berkeley, Calif., Univ. of California, Radiat. Labor.; engl.) — Histor. Übersicht (*Pu, Np, Am, Cm, Bk, Cf*). — 8 Literaturangaben. A. Blaschette. 2□

Anorganische Chemie im nuclearen Zeitalter. Jack J. Bulloff. (J. chem. Educat. **36**, 465—68, Sept. 1959; Columbus, Ohio, Battelle Mem. Inst.; engl.) — Geschichtlicher Überblick. Ch. Weiske. 2□

Anorganische Chemie an deutschen Hochschulen. L. F. Audrieth und R. J. A. Otto. (J. chem. Educat. **36**, 441—44, Sept. 1959; Urbana, Ill., Univ. of Illinois; engl.) — Vorbildung eines Immatrikulisten u. Studiengang eines Studenten im Hinblick auf die Einführung in die anorgan. Chemie. Ch. Weiske. 6□

Anorganisch-chemisches Praktikum an britischen Universitäten. Paul M. Gross jun. (J. chem. Educat. **36**, 444—46, Sept. 1959; Charlottesville, Va., Univ. of Virginia; engl.) — Kurzer Überblick über die Praktikumsübungen. Ch. Weiske. 6□

Ein sinnvoller Kursus der anorganischen Chemie. Leo Brewer. (J. chem. Educat. **36**, 446—51, Sept. 1959; Berkeley, Calif., Univ. of California; engl.) — Verw.

des Ionenmodells zur Vorhersage der Säure- oder Basestärke des Haber-Bornschen Kreisprozesses zur Erklärung der Stabilität von Verbb. sowie der Löslichkeit von Salzen u. Hydroxyden im Rahmen des Kurses über anorgan. Chemie. Ch. Weiske. 6□

Die Rolle der Kinetik in der Vorlesung für anorganische Chemie. Henry Taube. (J. chem. Educat. **36**, 451—55, Sept. 1959; Chicago, Ill., Univ. of Chicago; engl.) — Vf. weist auf die Notwendigkeit hin, die Studenten für Chemie mit den Grundzügen der Kinetik bekannt zu machen. Kurze Einführung in die Kinetik. Ch. Weiske. 6□

Einfügen der Radioisotopentechnik in den Chemie-Lehrplan. Norman S. Radin. (J. chem. Educat. **38**, 344—48, Juli 1961; Chicago, Ill., Northwestern Univ., Med. School; engl.) — Vf. gibt Vers.-Beispiele, die sich für Unterrichtszwecke eignen. Ch. Weiske. 6□

A. Allgemeine, physikalische und anorganische Chemie

Das Trägheitsmoment großer Systeme bei endlicher Temperatur. R. E. Prange. (Nuclear Physics [Amsterdam] **28**, 369—75, Dez. 1961; Princeton, N.J., Inst. for Adv. Study; engl.) — Vf. zeigt für Fermionen-Syst., daß das Trägheitsmoment eines *normalen* Syst. bei endlicher Temp. zu dem klass., strengen Wert tendiert, wenn das Syst. groß wird. Unter einem *normalen* Syst. wird ein Syst. verstanden, in dem die Anregung einer langen Welle immer niederenerget. ist. H. Schroeder. 10□

Das Trägheitsmoment superfluider Fermionen-Systeme bei endlicher Temperatur. R. E. Prange. (Nuclear Physics [Amsterdam] **28**, 376—86, Dez. 1961; engl.) — Vgl. vorst. Referat. — Unter Einbeziehung der Theorie von Bardeen, Cooper u. Schriefer zur Beschreibung des „superfluid“-Syst. untersucht Vf. das Trägheitsmoment superfluider Fermionensysteme. H. Schroeder. 10□

Cluster-Entwicklung der Dichtematrix in der Jastrow-Methode für Vielfermionensysteme. S. O. Lundqvist. (Ark. Fysik **16**, 321—28, 1960; Uppsala, Univ., Inst. for theoret. Phys.; engl.) — Es wird eine Meth. für die Cluster-Entw. der red. Dichtematrizen für Jastrowsche Wellenfunktionen beschrieben. M. Guerlin. 10□

A_1. Kernphysik und Kernchemie

Die anscheinenden sideralen und antisideralen täglichen Änderungen der Höhenstrahlintensität. R. M. Jacklyn. (Nuovo Cimento [10] **24**, 1034—65, 16/6. 1962; Melbourne, Antarct. Div., Dep. of External Affairs; engl.) — Theoret. Behandlung. Gerhard Schmidt. 85□

Höhenabhängigkeit der relativen Amplitude während der Forbush-Abnahmen auf verschiedenen Breiten. Lekh Vir Sud und P. S. Gill. (Nuovo Cimento [10] **24**, 411—13, 1/5. 1962; Gulmarg, Kashmir, Res. Observat.; engl.) — Für 4 Höhenstrahlabnahmen vom August bis Dezember 1957 u. 6 verschiedene Stationen wurden die Abhängigkeiten der relativen Amplituden von Höhe u. Breite untersucht. M. Wiedemann. 85□

Abnahme der Höhenstrahlintensität während des magnetischen Sturms vom 11. Februar 1958. S. Kavlakov, L. Mitrani und B. Betev. (Доклады Болгарской Академии Наук [C. R. Acad. bulg. Sci.] **13**, 653—55, Nov./Dez. 1960; engl., Auszug: russ.) — Mit 2 Zählerteleskopen, die in Nord- u. Südrichtung unter einem Winkel von 30° zum Zenit gerichtet waren, wurde um den 11/2. 1958 zur Zeit eines magnet. Sturms eine starke Abnahme der Myonenintensität der Höhenstrahlung beobachtet. Mit dem K-Index ergibt sich zu dieser Zeit eine gute Korrelation. M. Wiedemann. 85□

Variationen der Höhenstrahlung im November 1960. J. A. Lockwood und M. A. Shea. (J. geophys. Res. **66**, 3083—93, Okt. 1961; Durham, N.H., Univ. of New Hampshire; engl.) — In der Nucleonenintensität wurden am 12. u. 15/11. 1960 nach starken Sonnenfackeln Anstiege um ca. 100% beobachtet. Ihre Unterschiede werden im Zusammenhang mit solaren Effekten diskutiert. M. Wiedemann. 85□

Höhenstrahlereignisse im November 1960. A. M. Conforto und N. Iucci. (Nuovo Cimento [10] **21**, 294—300, 16/7. 1961; Roma, Univ., Ist. di Fis.; Ist. Naz. di Fis. Nucl.; engl.) — Die Beobachtungen von November 1960 an Orten verschiedener Höhe u. Breite (Höhenstrahlung, Mesonen u. Nucleonen, geomagnet. Stürme, Sonnenfackeln, solare Radioerscheinungen) werden verglichen. Am 12/11. 1960 wurde auf Breiten über 45° in der Nucleonenkomponente ein Anstieg beobachtet. Diskutiert wird bes. die Verzögerung eines Teils der solaren Protonen auf dem Wege zur Erde. M. Wiedemann. 85□

Meson–Nucleon-Wechselwirkung im Energiebereich von 10^{10}–10^{12} eV. P. L. Jain. (Nuovo Cimento [10] **24**, 565–84, 16/5. 1962; Buffalo, N.Y., Univ., Dep. of Phys.; engl.) — Ein Emulsionsstapel wurde über Texas 13 Std. auf 116000 ft. exponiert u. mehr als 120 Jets mit Energien von 10^{12} eV/Nucleon untersucht. Es wurden 29 geladene u. 10 neutrale sek. Wechselwrkg. bestimmt. Energie, Multiplizitäten, Inelastizität (ca. 55%) u. Anisotropie wurden bestimmt. Die Befunde lassen sich durch ein Zweizentrenmodell deuten. M. Wiedemann. 90□

Analyse einer α-Teilchen-Wechselwirkung der Energie ca. 10^{12} eV/Nucleon. P. L. Jain. (Nuovo Cimento [10] **24**, 698–712, 16/5. 1962; engl.) — Vgl. vorst. Referat. — Unter 120 Jets (l. c.) wurde eine durch ein α-Teilchen ausgelöste Wechselwrkg. vom Typ 3 + 34 α mit 2 energiereichen sek. Teilchen vom Typ 2 + 12 p (S_1) u. 4 + 19 p (S_2) beobachtet. Der mittlere transversale Impuls der Schauerteilchen ergab sich zu 0,30 GeV/c. M. Wiedemann. 90□

Streuung von Myonen an Bleikernen. B. Chidley, G. Hinman, P. Goldstein, R. Summers und R. Adler. (Canad. J. Physics **36**, 801–02, Juni 1958; Pittsburgh, Pa., Carnegie Inst. of Technol., Phys. Dep.; engl.) — Vgl. C. **1960**. 12562. — Negative 23-MeV-Myonen aus dem Synchrocyclotron werden an einer Pb-Platte gestreut. Die beobachtete Winkelverteilung wird mit einer Schätzung nach der Theorie der Vielfachstreuung von Molière verglichen, Übereinstimmung zwischen Theorie u. Experiment ist gut. M. Guerlin. 90□

Folgerung der Crossing-Symmetrie für eine Klasse von π–π-Streu-Diagrammen. E. Kazes. (Physic. Rev. Letters **6**, 374–75, 1/4. 1961; University Park, Pa., Pennsylvania State Univ., Phys. Dep.; engl.) — Es wird die Folgerung der Approximation, daß die Ausgangs- u. Endmesonen in Paaren absorbiert u. erzeugt werden, untersucht. Eine positive u. große π–π-Streulänge im $I = 0$-Zustand ergibt sich als mit dem Experiment unvereinbar. M. Wiedemann. 90□

Neue Zustände von Elementarteilchen. S. Devons. (Sci. Progr. **49**, 451–57, Juli 1961; New York, N.Y., Columbia Univ.; engl.) — Überblick über die Beziehungen zwischen Teilchen u. Feld, die Zuordnung der Quantenzahlen (z. B. Spin, Isospin, Strangeness), die Frage der Lebensdauern u. der angeregten Zustände bei den einzelnen Elementarteilchen. M. Wiedemann. 90□

Weitere Analyse des Antiprotonenereignisses des Massachusetts Institute of Technology. H. S. Bridge, D. O. Caldwell, Y. Pal und B. Rossi. (Physic. Rev. [2] **102**, 930–31, 1/5. 1956; Cambridge, Mass., MIT, Dep. of Phys. and Labor. for Nucl. Sci.; engl.) — Vgl. C. **1955**, 8076. — In Ergänzung zu l. c. wird eine Meth. zur Durchführung von Ionisationsmessungen in Mehrplattenkammern entwickelt. Das MIT-Ereignis stellt danach in der Tat die Vernichtung eines Antiprotons oder weniger wahrscheinlich eines Antihyperons mit einem Nucleon dar. Gerhard Schmidt. 90□

Verallgemeinerung der singulären Integralmethode für ein anisotrop streuendes Medium. H. Takahashi. (Reactor Sci. Technol. **15**, 192–95, Dez. 1961; Upton, N.Y., Brookhaven Nat. Labor.; engl.) — Vf. erweitert die Integral-Meth. von Case zur Lösung von Neutronendiffusionsproblemen in einem isotrop streuenden Medium auf solche in linear anisotrop streuenden Medien durch Einführung von Korrekturgliedern, die der Absorptionswahrscheinlichkeit proportional sind. Für den Fall eines nichtabsorbierenden Mediums wird gezeigt, daß die anisotrope Streuung nur die asymptot. Flußverteilung, nicht aber die vorübergehende Flußverteilung beeinflußt. H. Schroeder. 90□

Theorie der Streuung langsamer Neutronen an Flüssigkeiten. 1. Mitt. A. Rahman, K. S. Singwi und A. Sjölander. (Physic. Rev. [2] **126**, 986–96, 1/5. 1962; Argonne, Ill., Argonne Nat. Labor.; engl.) — Auf der Grundlage des Van Hove-Formalismus (vgl. Van Hove, C. **1950/54**, 4386 S) wird eine allg. Diskussion der Streuung in Fll. durchgeführt. Der Streuquerschnitt wurde durch Geschw.-Korrelationsfunktionen ausgedrückt. Herbert Weber. 90□

Stochastisches Modell einer Flüssigkeit und Streuung kalter Neutronen. 2. Mitt. A. Rahman, K. S. Singwi und A. Sjölander. (Physic. Rev. [2] **126**, 997–1004, 1/5. 1962; engl.) — 1. vgl. vorst. Referat. — Ein einfaches Modell der atomaren Bewegungen in einer Fl. wurde unter der Annahme aufgestellt, daß sich die schnell verändernden Bewegungen ähnlich denen in Festkörpern verhalten, während sich die langsam verändernden Bewegungen gemäß der Langevin-Gleichung für Diffusion verhalten. Auf der Basis dieses Modells hat Van Hoves G_s(**r**, t)-Funktion eine Gauß-Form; ihre Breitefunktion wurde berechnet. Der berechnete Streuquerschnitt für Neutronen wurde mit Daten für H_2O u. fl. *Pb* verglichen. Herbert Weber. 90□

Stochastische Untersuchung der Verteilung der Neutronen in einem Moderator. 2. Mitt. G. Louchard. (Bull. Cl. Sci., Acad. roy. Belgique [5] **46**, 363–84, 1960; Bru-

xelles, Univ. Libre, Inst. de Statist.; franz.) — l. vgl. C. **1961,** 18580. — In Fortsetzung zu l. c. wird die Energieverteilung unter Verw. charakterist. Funktionsgrößen berechnet. Für den Fall der Spaltung werden Differentialgleichungen erhalten.
Gerhard Schmidt. 90□

Die Verlangsamung von Neutronen durch Deuterium. M. M. Levine, K. E. Roach, D. B. Wehmeyer und P. F. Zweifel. (Nuclear Sci. Engng. **7,** 14—20, Jan. 1960; Lynchburg, Va., Babcock & Wilcox Co., Atom. Energy Div.; Ann Arbor, Mich., Univ. of Michigan; engl.) — Vff. wenden die Greuling-Goertzel-Meth. [1953] auf die Berechnung der Verlangsamung der Neutronen in D_2 an u. vergleichen die Ergebnisse mit der Selengut-Goertzel-Meth., bei der die Verlangsamung nach der Alterstheorie behandelt wird. Gerhard Schmidt. 90□

Alter der Indiumresonanz für Neutronen der Reaktion $T(p, n)^3He$. B. Henry und J. Rastoin. (Ind. atom. **4,** Nr. 5/6, 55—60, 1960; Grenoble, l'École nat. supér.; franz.) — Das Alter der In-Resonanz in W. für Neutronen wird in der Achse des Bündels der einfallenden Protonen (2-MeV-Van de Graaff) gemessen. Es variiert zwischen $16{,}4 \pm 0{,}8$ cm² (für $E_p = 2$ MeV) u. $10{,}3 \pm 0{,}8$ cm² (für $E_p = 1{,}25$ MeV).
Gerhard Schmidt. 90□

Messungen der Streulänge thermischer Neutronen in Wasser von 16 bis 89° und in Diphyl (Dowtherm A) bei 185°. J. Csikai, A. Daróczy und K. Dede. (Reactor Sci. Technol. **15,** 204—08, Dez. 1961; Debrecen, Hung. Acad. of Sci., Inst. of Nucl. Res.; engl.) — Es wurde eine Meth. zur Messung der Streulänge therm. Neutronen entwickelt, bei der mit sehr geringer Moderatorsubstanz gearbeitet werden kann. Folgende Ergebnisse wurden erhalten (Temp., Streulänge im W. in cm): 16,1°, $2{,}640 \pm 0{,}028$; 47,8°, $2{,}858 \pm 0{,}024$; 69,5°, $2{,}974 \pm 0{,}064$; 88,7°, $3{,}092 \pm 0{,}062$. Der Temp.-Koeff. der Streulänge im W. beträgt im Temp.-Bereich von 16—89° $+0{,}00617 \pm 0{,}00086$ cm/Grad. In Diphyl (Dowtherm A; Zus.: 73,5% Diphenyloxid, 26,5% Diphenyl) beträgt die Streulänge bei 184,4° $5{,}968 \pm 0{,}266$ cm. H. Schroeder. 90□

Fehler bei Reaktivitätsmessungen infolge des Photoneutroneneffekts. Charles Erwin Cohn. (Nuclear Sci. Engng. **6,** 284—87, Okt. 1959; Lemont, Ill., Argonne Nat. Labor.; engl.) — In Reaktoren mit D_2O oder Be als Moderatoren werden durch γ-Strahlen an den langlebigen Spalt-Prodd. Photoneutronen erzeugt, die die Messungen der Reaktivität verfälschen (Berechnungen). M. Wiedemann. 90□

Messungen negativer Reaktivität. William S. Hogan. (Nuclear Sci. Engng. **8,** 518—22, Dez. 1960; Columbus, Ohio, Battelle Mem. Inst.; engl.) — Vf. führt 2 Alternativ-Meth. für unterkrit. Messungen an, von denen die eine sich auf eine Integralzähltechnik stützt, während die andere auf der Best. der ersten zeitlichen Ableitung des Neutronenflusses in einem krit. Reaktor bei Ggw. einer Neutronenquelle basiert. Keine der beiden Meth. erfordert Messung der Neutronenfluß-Zeitkurve während eines Leistungsübergangs. Gerhard Schmidt. 90□

Reaktivitätsänderungen im Avogadro-Reaktor RS 1. G. Szabò Miszenti und M. Coli. (Energia nucleare **8,** 584—87, Sept. 1961; Saluggia, SORIN; ital.) — Vff. bestimmen die Reaktivitätsänderungen bei der Eichung der Kontrollstäbe, den Blasen-Koeff., den Xe-Effekt sowie die Temp.-Koeff. in einem Reaktor vom Swimmingpool-Typ. Gerhard Schmidt. 90□

Kritische Anordnungen aus angereichertem Uranhydrid. G. A. Linenberger, J. D. Orndoff und H. C. Paxton. (Nuclear Sci. Engng. **7,** 44—57, Jan. 1960; Los Alamos, N.Mex., Univ. of California, Los Alamos Scient. Labor.; engl.) — Vff. bestimmen krit. Größen, Aktivierungsraten u. Reaktivitäts-Koeff. in krit. Anordnungen, die aus Kugeln von angereichertem UH_3 u. Reflektoren aus ca. 8 in. dickem Natururan oder ca. 8 in. dickem Ni bestehen. Gerhard Schmidt. 90□

Kernrotationsspektren, das Elliott-Modell und die P_2-Kraft. Raymond S. Willey. (Physic. Rev. [2] **126,** 1127—38, 1/5. 1962; Stanford, Calif., Stanford Univ., Inst. of Theoret. Phys.; engl.) — Die Eigg. des Elliott-Modells (C. **1961,** 12337) mit dem impulsabhängigen Quadrupol—Quadrupol-Operator, der zu den $L(L+1)$-Rotationsspektren führt, werden untersucht. Der Operator wird auf eine impulsunabhängige Rest-Wechselwrkg. red., die sich etwas von der P_2-Wechselwrkg. unterscheidet.
Herbert Weber. 95□

Grobstruktur und 1d-Schalen-Kerne. W. C. Parkinson und J. R. Maxwell. (Physic. Rev. [2] **126,** 1160—64, 1/5. 1962; Ann Arbor, Mich., Univ. of Michigan, H. M. Randall Labor. of Phys.; engl.) — Die verfügbaren Daten für (1d, 2s)-Schalen-Kerne lassen vermuten, daß die für eine gültige Interpretation von Grobstrukturmessungen notwendigen Anforderungen nicht erfüllt werden. Als Beispiele werden Daten für ^{27}Mg, ^{28}Al, ^{32}P u. ^{33}S diskutiert. Herbert Weber. 95□

Kernniveauabstände. A. G. W. Cameron. (Canad. J. Physics **36**, 1040–57, Aug. 1958; Chalk River, Ontario, Atom. Energy of Canada Ltd.; engl.) – Die in die Newtonsche schalenabhängige Kernniveauabstandsformel eingehenden Dichten der Einzelteilchenbahnen nahe dem Fermi-Niveau im Nucleonengas werden nach einer halbempir. Massenformel durch geeignete Mittelwert-Bldg. der 2. Differenzen zwischen benachbarten atomaren Massen berechnet. Die beobachteten Niveauabstände lassen sich mit einem mittleren quadrat. Fehlerfaktor von 1,74 nach dieser Meth. anpassen u. erweisen sich als zu $(2J+1)^{-1}$ in guter Näherung proportional. Eine Näherungsformel mit 5 Koeff. wurde den berechneten Bahndichten für jedes Z u. N im Bereich $10 \leqslant Z \leqslant 109$ u. $10 \leqslant N \leqslant 189$ angepaßt; diese Koeff. sind tabellar. angegeben. D. Jörchel. 95

Spinabhängigkeit der Kernniveauabstände. A. G. W. Cameron. (Canad. J. Physics **37**, 244–45, Febr. 1959; engl.) – Vgl. vorst. Referat. – Vf. gibt eine Korrektur für die l. c. mitgeteilte Formel an, welche Unstimmigkeiten im Falle von Rkk. geladener Teilchen verringert. D. Jörchel. 95☐

Coulomb-Anregung der Kernniveaus der Kupfer-, Germanium-, Molybdän- und Palladiumisotope. K. I. Jerochina und I. Ch. Lemberg. (Известия Академии Наук СССР, Серия Физическая [Nachr. Akad. Wiss. UdSSR, physik. Ser.] **26**, 205–11, Febr. 1962; Physik.-Techn. Ioffe-Inst. der Akad. der Wiss. der UdSSR; russ.) – Die Coulomb-Anregung der Kernniveaus von ^{63}Cu, ^{65}Cu, ^{70}Ge, ^{72}Ge, ^{94}Mo, ^{96}Mo, ^{98}Mo, ^{100}Mo, ^{104}Pd, ^{106}Pd, ^{108}Pd u. ^{110}Pd wurde mittels N^{4+} von 36 MeV untersucht. Energien, Lebensdauern, ferner B(E2) u. τ(E2) für die einzelnen Niveaus sind angegeben. Bei ^{63}Cu u. ^{65}Cu wird das Schema der unteren Niveaus u. der γ-Übergänge diskutiert, auf die Spinzuordnungen wird eingegangen. M. Wiedemann. 95☐

Doppelte Coulomb-Anregung der 0^+-Niveaus in ^{70}Ge. Ju. P. Gangrski und I. Ch. Lemberg. (Известия Академии Наук СССР, Серия Физическая [Nachr. Akad. Wiss. UdSSR, physik. Ser.] **26**, 212–14, Febr. 1962; russ.) – Vgl. vorst. Referat. – In ^{70}Ge beträgt die Energie des ersten angeregten Niveaus (2^+) 1036 keV, die des zweiten $(0'^+)$ 1210 keV. Ein Bündel von N-Ionen mit 36 MeV fiel auf ein Target aus natürlichem Ge, die γ-Strahlung wurde mittels zweier NaJ(Tl)-Scintillatoren registriert. Die 174-keV-Linie ist mit dem $0'^+$-Niveau verbunden, dessen Lebensdauer $2{,}8 \cdot 10^{-9}$ s beträgt. B(E2 $2 \to 0'$) wurde zu $0{,}10 \cdot 10^{-48}\ e^2\ cm^4$ ermittelt, B(E2 $0' \to 2$) zu $0{,}5 \cdot 10^{-48}\ e^2\ cm^4$. M. Wiedemann. 95☐

0^+-Niveaus gerader Kerne im Bereich der Seltenen Erden. Ingvar Marklund, Bob van Nooijen und Zbigniew Grabowski. (Nuclear Physics [Amsterdam] **15**, 533–65, März 1960; Uppsala, Inst. of Phys.; engl.) – Um 0^+-Niveaus im Bereich der Seltenen Erden nachzuweisen, wurde ein doppelfokussierendes β-Spektrometer mit Eisenjoch benutzt, die Strahlung zum Grundzustand ist völlig konvertiert. Ferner wurde eine Richtungskorrelationsanordnung verwendet, da die Kaskade $0 \to 2 \to 0$ die höchstmögliche Anisotropie liefert. Gefunden wurden Niveaus in ^{152}Sm 685,0 keV (β-Schwingungstyp); ^{152}Gd 615,3 keV (Zweiphononentyp); ^{166}Er 1460,4 keV; ^{188}Os 1087 u. 1766 keV u. in ^{194}Pt 1267 u. 1480 keV. Die theoret. u. experimentellen Rotationsschwingungs-Koeff. werden verglichen. M. Wiedemann. 95☐

Untersuchungen zur Lebensdauer von Kernzuständen. E. Cotton. (Nuclear Instruments Methods [Amsterdam] **11**, 39, Jan. 1961; Saclay, C.E.N.; franz.) – Literaturübersicht über die neueren Unterss. zur Lebensdauer von angeregten Kernzuständen. W. Reusse. 95☐

Überblick über γ-Verzweigungsverhältnisse. William W. Pratt. (Nuclear Physics [Amsterdam] **28**, 598–601, Dez. 1961; University Park, Pa., Pennsylvania State Univ., Dep. of Phys.; engl.) – Vf. führte einen Vgl. gemessener γ-Verzweigungsverhältnisse (Nuclear Date Sheets) u. auf Grund des Einteilchenmodells errechneter Werte durch u. erhielt folgende Ergebnisse: Wenn beide Übergänge als überwiegend E1 oder M1 vorausgesagt werden, zeigt das experimentelle Verzweigungsverhältnis eine Verteilung um den vorausgesagten Wert, bei dem 69–76% der Übergangspaare innerhalb eines Faktors 10 u. 92–94% innerhalb eines Faktors 100 liegen. Wenn ein Übergang als E2, der andere als M1 vorhergesagt wird, ist das mittlere E2–M1-Verzweigungsverhältnis 63 mal größer als der vorausgesagte Wert mit einer den E1–E1- u. M1–M1-Verteilungen ähnlichen Streuung. H. Schroeder. 95☐

Untersuchung der Coulomb-Anregung von Kernniveaus mit Hilfe beschleunigter mehrfach geladener Ionen. D. Ss. Andrejew, W. D. Wassiljew, G. M. Gussinski, K. I. Jerochina und I. Ch. Lemberg. (Известия Академии Наук СССР, Серия Физическая [Nachr. Akad. Wiss. UdSSR, physik. Ser.] **25**, 832–47, Juli 1961; russ.) –

Für die Coulomb-Anregung der Kernniveaus wurden folgende im Cyclotron beschleunigte Ionen verwendet: $^{20}Ne^{4+}$ (16—26 MeV), $^{14}N^{3+}$ (12—22 MeV), $^{14}N^{4+}$ (36 MeV) u. $^{14}N^{5+}$ (53 MeV). Mit folgenden gg-Kernen wurden Messungen vorgenommen: ^{26}*Mg*, ^{44}*Ca*, ^{74}*Se*, ^{112}*Sn*, ^{114}Sn, ^{116}Sn, ^{118}Sn, ^{120}Sn, ^{122}Sn, ^{124}Sn, ^{138}*Ba*, ^{140}*Ce* u. ^{142}Ce. Dabei wurden folgende Niveaus angeregt: 1,83; 1,16; 0,635; 1,26; 1,30; 1,29; 1,22; 1,18; 1,15; 1,13; 1,43; 1,60 bzw. 0,65 MeV. Bei ^{26}Mg, ^{44}Ca, ^{74}Se, ^{138}Ba, ^{140}Ce u. ^{142}Ce wurden die entsprechenden Niveaus mit einem Spin 2^+ erstmalig angeregt. Bei dem uu-Kern ^{10}B wurde durch Beschuß mit 18-MeV-$^{20}Ne^{4+}$ das 0,72-MeV-Niveau angeregt. Bei folgenden Kernen mit ungerader Massenzahl wurden durch Beschuß mit schweren Ionen Kernniveaus angeregt: ^{7}*Li*, ^{25}*Mg*, ^{25}Mg, ^{25}Mg, ^{59}Co, ^{59}Co, ^{59}Co, ^{115}*In*, ^{117}Sn, ^{121}*Sb*, ^{123}Sb, ^{121}Sb u. ^{123}Sb. Die entsprechenden Niveaus sind: 0,48; 1,61; 0,98; 0,58; 1,10; 1,19; 1,43; 1,15; 0,16; 1,05; 1,05; 1,12 bzw. 1,12 MeV. G. Ewald. 95□

Kernwechselwirkungen schwerer Ionen. A. Zucker. (Успехи Физических Наук [Fortschr. physik. Wiss.] **76**, 351—82, Febr. 1962; russ. — C. **1961**, 17464.) E. Klever. 103□

Vorläufige Untersuchung der durch 200-MeV-^{20}Ne-Ionen in ionographischen Emulsionen hervorgerufenen Kernreaktionen. Raymond Pfohl, Christiane Gegauff und Jean-Pierre Lonchamp. (C. R. hebd. Séances Acad. Sci. **251**, 712—14, 1/8. 1960; franz.) — Es wurden die durch Wechselwrkg. von 200-MeV-^{20}Ne-Ionen mit den Komponenten *Ag*, *Br*, *C*, *N*, *O* u. *H* der ionograph. Emulsionen (Typ Ilford-G 5) gebildeten Rk.-Prodd. untersucht. K. Maier. 103□

Untersuchung der Reaktion ^{12}C (^{6}Li, α)^{14}N. Pham-Dinh-Lien und L. Marquez. (Nuclear Physics [Amsterdam] **33**, 202—07, Mai 1962; Saclay, CEN, Sec. de Phys. Nucl. à Basse Énergie; franz.) — Vff. bestimmen die Winkelverteilung der α-Teilchen, die dem Grundzustand u. zweiten angeregten Zustand aus der Rk. ^{12}C (^{6}Li, α)^{14}N entsprechen, mit Hilfe eines 2-MeV-Van de Graaff zur Beschleunigung der Li-Ionen. Die α-Teilchen werden mit Ilford C 2-Platten (50 μm) nachgewiesen. Die Ergebnisse können nach der Stripping-Theorie gedeutet werden, falls auch Stripping des schweren Teilchens eingeschlossen wird. Gerhard Schmidt. 103□

Die Reaktion ^{24}Mg (^{3}He, α)^{23}Mg. F. De S. Barros, P. D. Forsyth, A. A. Jaffe und I. J. Taylor. (Proc. physic. Soc. **73**, 513—15, 1/3. 1959; Manchester, Univ., Physic. Labor.; engl.) — Vff. untersuchten das α-Spektrum aus der mittels eines 5,23-MeV-^{3}He-Bündels induzierten ^{24}Mg (^{3}He, α)-Rk. bei 10, 40 u. 90° in bezug auf das einfallende ^{3}He-Bündel u. fanden 4 α-Gruppen, die von der Bldg. des ^{23}Mg-Grundzustands sowie der drei ersten angeregten ^{23}Mg-Zustände mit den Anregungsenergien 0,449 ± 5, 2,038 ± 8 bzw. 2,350 ± 8 MeV herrühren. Diese Niveaus stimmen mit den entsprechenden des Spiegelkerns ^{23}Na überein: 0,439, 2,078 bzw. 2,39 MeV. Die beobachtete Winkelverteilung der Differentialquerschnitte dürfte durch die Annahme eines pick-up-Prozesses oder einer direkten Oberflächenwechselwrkg. kaum erklärbar sein. D. Jörchel. 103□

Eine Untersuchung der Reaktionen ^{28}Si (^{3}He, d)^{29}P und ^{28}Si (^{3}He, α)^{27}Si bei einer Beschußenergie von 9,16 MeV. S. Hinds und R. Middleton. (Proc. physic. Soc. **75**, 444—47, 1/3. 1960; Aldermaston, Berks., Atom. Weap. Res. Establ.; engl.) — Die Winkelverteilungen der Deuteronen u. α-Teilchen wurden für die Rkk. ^{28}Si(^{3}He, d)^{29}P u. ^{28}Si(^{3}He, α)^{27}S gemessen für eine Einfallsenergie von 9,16 MeV. Vff. erhalten für die Masse von ^{29}P 28,990978 ± 0,000016 Masseneinheiten, die Anregungsenergien für den 1. u. 2. angeregten Zustand von ^{29}P betragen 1,386 u. 1,960 MeV; für die Rk. ^{28}Si(^{3}He, α)^{27}Si werden die Winkelverteilungen für den Grundzustand u. den 1. u. 2. angeregten Zustand angegeben. M. Guerlin. 103□

Bestimmung des Fierz-Interferenzterms aus dem K-Einfang/β^+-Verhältnis für den reinen Gamow-Teller-Zerfall von ^{58}Co. B. R. Joshi und G. M. Lewis. (Proc. physic. Soc. **78**, 1056—63, 15/11. 1961; Glasgow, Univ., Dep. of Nat. Philos.; engl.) — Eine direkte Best. des Fierz-Interferenzterms *b* für den reinen Gamow-Teller-Zerfall von ^{59}Co ergab (+0,6 ± 2,3)%. Mittels einer inneren ^{58}Co-Quelle u. einer Koinzidenzeinrichtung wurde das K/β^+-Verhältnis zu 4,92 ± 0,09 bestimmt. H. Schroeder. 103□

Der Zerfall von Rhodium-97. B. Basu und A. P. Patro. (Nuclear Physics [Amsterdam] **33**, 347—52, Mai 1962; Calcutta, Saha Inst. of Nucl. Phys.; engl.) — Das für die Verss. verwendete ^{97}Rh wird über die Rk. ^{96}*Ru* (p, γ)^{97}Rh durch Beschuß von Ru natürlicher isotop. Zus. u. von in ^{96}Ru angereichertem Ru mit 3,5-MeV-Protonen im inneren Bündel des Cyclotrons hergestellt. Die Halbwertszeit u. die Strahlungen von ^{97}Rh werden untersucht. ^{97}Rh zerfällt mit einer Halbwertszeit von 32 ± 2 min unter

Positronenemission u. Elektroneneinfang. Insgesamt werden 20 γ-Strahlen beobachtet, die ^{97}Ru zugeordnet werden können. Der höchste angeregte Zustand liegt bei 3,24 MeV. Mit einem Scintillationszähler unter Verw. eines 1,3 cm dicken Anthracenkristalls werden 3 Positronengruppen mit Energien von 2,47 ± 0,05, 2,09 ± 0,05 u. 1,8 ± 0,1 MeV beobachtet. Gerhard Schmidt. 103□

Richtungskorrelationsmessungen in Xenon-132. M. Narayana Rao. (Nuclear Physics [Amsterdam] **33**, 182—93, Mai 1962; Bombay, Tata Inst. of Fundament. Res.; engl.) — Mit einem Koinzidenz-Scintillationsspektrometer untersucht Vf. die Richtungskorrelationen von 6 verschiedenen γ-Kaskaden unter Einbeziehung der 670-, 1443-, 1960-, 2400-, 2630- u. 2840-keV-Niveaus. Durch einen Vgl. der experimentellen Koeff. mit den theoret. werden die Spins dieser Niveaus u. die Mischungsverhältnisse der Übergänge zwischen diesen Niveaus bestimmt. Die vorgeschlagenen Spins sind 4 (1443), 3 oder 4 (1960), 4 (2400), 3 (2630) u. 3 (2840) keV. Die Spinzuordnung von 3 für das 2630-keV-Niveau stützt die Annahme, daß dieses Niveau von einer Oktupolschwingung herrührt. Gerhard Schmidt. 103□

Die Lebensdauer des 673-keV-Niveaus von ^{132}Xe. W. D. Hamilton. (Proc. physic. Soc. **78**, 1064—70, 15/11. 1961; Birmingham, Univ., Dep. of Phys.; engl.) — Der Resonanzstreuquerschnitt σ des elektr. Quadrupolübergangs bei 673 keV von ^{132}Xe wurde bei 149° zu $\sigma = 1{,}75 \cdot 10^{-26}$ cm^2 sterad^{-1} bestimmt. Die mittlere Lebensdauer τ des Zustandes wurde zu $(9{,}7 \pm 3{,}0) \cdot 10^{-12}$ s gefunden. Die Vergrößerung der E2-Übergangswahrscheinlichkeit, dargestellt durch das Verhältnis $B(E2; 0 \rightarrow 2)/B(E2)_{S.P.}$, ist mit Ergebnissen für gg-Kerne, die ein charakterist. Schwingungsspektrum haben, verträglich. H. Schroeder. 103□

Die Lebensdauer des 638-keV-Niveaus von ^{131}Xe. W. D. Hamilton. (Proc. physic. Soc. **78**, 1071—73, 15/11. 1961; engl.) — Vgl. vorst. Referat. — Die mittlere Lebensdauer τ des 638-keV-Zustandes von ^{131}Xe beträgt $4 \cdot 10^{-13}$ s. Es wird angenommen, daß der Übergang überwiegend M 1 ist. H. Schroeder. 103□

Untersuchung des γ-Spektrums von ^{148}Eu. A. Bachmat, W. Belogurow, K. Gromow, Sh. Shelew und L. Pelekiss. (Известия Академии Наук СССР, Серия Физическая [Nachr. Akad. Wiss. UdSSR, physik. Ser.] **26**, 217—20, Febr. 1962; russ.) — Durch Beschuß von *Ta* mit 660-MeV-Protonen u. chromatograph. Abtrennung wurde ^{148}Eu erhalten. Das γ-Spektrum wurde mit einem Koinzidenz-Scintillationsspektrometer mit 50-Kanal-Analysator aufgenommen. Gefunden wurden die Linien mit 1600 (15%), 1450 (4%), 1330 (8%), 1200 (2%), 1030 (14%), 920 (20%), 830 (12%), 725 (22%), 630 (100%), 550 (100%), 415 keV (9%). Die Koinzidenzen zwischen ihnen wurden untersucht. Ferner wurde die Multipolarität der Übergänge mit 414, 630 u. 725 keV bestimmt. Das Termschema von ^{148}*Sm* zeigt die Niveaus bei 551, 1181, 1595, 1908, 2097, 2196, 2510 u. 2780 keV. M. Wiedemann. 103□

Summenkoinzidenzmessungen an ^{154}Eu. A. W. Parker. (Austral. J. Physics **14**, 250—59, Juni 1961; Melbourne, Univ., Phys. Dep.; engl.) — Vf. konnte bei der Unters. der γ-Strahlung von ^{154}Eu mit einem Schnell-langsam-Summenkoinzidenzspektrometer nachweisen, daß ein β-Übergang beim Zerfall von ^{154}Eu zu einem angenommenen 1,82-MeV-Niveau von ^{154}*Gd* zu weniger als 1% des β-Übergangs zum 1,72-MeV-Niveau stattfindet. Die Existenz von 1,60-MeV-γ-Quanten konnte bestätigt werden; die relative Häufigkeit dieses γ-Quants wurde, bezogen auf die 1,28-MeV-γ-Strahlung, zu 6,4% bestimmt. Ein Niveauschema von ^{154}Gd ist angegeben. H. Schroeder. 103□

Über das Spektrum der Konversionselektronen der Lutetiumfraktionen mit Energien über 1000 keV. B. Ss. Dshelepow, A. I. Medwedew, I. F. Utschewatkin und Ss. A. Schesstopalowa. (Известия Академии Наук СССР, Серия Физическая [Nachr. Akad. Wiss. UdSSR, physik. Ser.] **26**, 162—81, Febr. 1962; russ.) — Durch Bestrahlung von *Ta* mit 660-MeV-Protonen über 2—4 Std. wurde die Lu-Fraktion erhalten. Das Spektrum der Konversionselektronen im Bereich 1020—3200 keV wurde mittels eines doppelfokussierenden β-Spektrometers aufgenommen. Es umfaßte die Nuclide ^{169}Lu (34 h), ^{170}Lu (2 d), ^{172}Lu (6,7 d) u. ^{174}Lu. Relative Intensitäten, Zuordnung der Konversionselektronen sowie Energien der Übergänge sind tabelliert. M. Wiedemann. 103□

Koinzidenzen zwischen den beim Zerfall ^{153}Dy → ^{153}Tb entstehenden Konversionselektronen. B. Ss. Dshelepow, I. Swolski, M. K. Nikitin und W. A. Ssergijenko. (Известия Академии Наук СССР, Серия Физическая [Nachr. Akad. Wiss. UdSSR, physik. Ser.] **26**, 202—04, Febr. 1962; Leningrad, Shdanow-Univ., Verein. Inst. für Kernforsch.; russ.) — Ta wurde mit 660-MeV-Protonen bestrahlt u. aus der Mischung der Seltenen Erden chromatograph. die Dy-Fraktion abgetrennt, welche ^{153}Dy (6,4 h),

^{155}Dy (10 h), ^{157}Dy (8 h), ^{159}Dy (144 d) ferner die Tochternuclide ^{153}Tb (2,3 d) u. ^{155}Tb (5 d) enthielt. Im Doppellinsen-β-Spektrometer wurden Koinzidenzen zwischen den Konversionselektronen bestimmt. Das Termschema von ^{153}Tb mit den Niveaus bei 80,8, 163,3 u. 254,3 keV wurde aufgestellt. M. Wiedemann. 103☐

Die Winkelkorrelation zwischen einigen koinzidierenden γ-Strahlen von ^{192}Pt. D. K. Butt. (Proc. physic. Soc. **75,** 61—66, 1/1. 1960; London, Birkbeck Coll.; engl.) — Eine Neubest. der kombinierten Winkelkorrelation, die zwischen den 296-, 308- u. 316-keV-γ-Strahlen von ^{192}Pt besteht, ergibt Übereinstimmung mit Spin 3 für den vierten angeregten Zustand u. M1/E2-Mischungen von ca. 3 u. 5% für die 308- bzw. 296-keV-Übergänge. Gerhard Schmidt. 103☐

Angeregte Zustände von ^{192}Pt. Lennart Simons, Erik Spring und Gerhard Wendt. (Acta polytechn. scand., Physics includ. Nucleonics Ser. **15,** 1—31, 1961; Helsinki, Univ., Dep. of Phys.; engl.) — Vff. messen die γ-γ-Winkelkorrelationen für die dem β-Zerfall von ^{192}*Ir* folgenden Übergänge in ^{192}Pt. Die gemessene Korrelationsfunktion der 468—316-keV-Kaskaden stimmt mit früheren Messungen überein u. bestätigt die Spin-4-Zuordnung zum 784-keV-Niveau. Dem 921-keV-Zustand konnte durch Messung der 300–300-keV- u. der 600–300-keV-Korrelation ein Spin von 3 zugeordnet werden. Aus den Korrelationen der 600–300-keV-, 588–613-keV- u. 885–316-keV-Kaskaden ergab sich ein Spin von 4 für das 1201-keV-Niveau. Auf Grund der β-Zerfallsdaten von ^{192}Ir u. der Multipolaritäten der γ-Strahlen wird angenommen, daß die Niveaus bei 613, 921 u. 1201 keV positive Parität besitzen. Es wird gefolgert, daß die Niveaus eine Rotationsbande mit K = 2 bilden, die sich auf das γ-Schwingungsniveau bei 613 keV stützt. H. Schroeder. 103☐

Über die Ausbeute der Reaktionsprodukte aus der tiefen Abspaltung von ^{209}Bi (p, xn yp). A. W. Kaljamin, A. N. Murin und B. K. Preobrashenski. (Известия Академии Наук СССР, Серия Физическая [Nachr. Akad. Wiss. UdSSR, physik. Ser.] **26,** 245—47, Febr. 1962; Chlopin-Strahlungsinst. der Akad. der Wiss. der UdSSR; russ.) — Die Ausbeuten an verschiedenen Nucliden beim Beschuß von ^{209}Bi mit 135-MeV-Protonen wurden bestimmt, dazu wurden die Bi-, Pb-, Tl- u. Au-Fraktionen mittels Scintillationsspektrometer untersucht. Es wurden Ketten beobachtet, die von Po mit den Massenzahlen 206, 205, 204, 203, 202, 201, 200 u. 199 ausgehen. M. Wiedemann. 103☐

Der Spaltquerschnitt von ^{235}U von 0,01 bis 0,1 eV und der Absolutwert bei 0,0253 eV. A. J. Deruytter. (Reactor Sci. Technol. **15,** 165—75, Dez. 1961; Mol, Centre d'Étude de l'Énergie Nucl.; engl.) — Der Spaltquerschnitt σ_f von ^{235}U wurde für Neutronenenergien E_n von 0,01—0,1 eV (25 Meßpunkte) gemessen: E_n = 0,01098 eV ≙ 937,8 barn bis E_n = 0,11855 eV ≙ 221,7 barn. Im gesamten Bereich besteht eine lineare Abhängigkeit von σ_f von E_n. Für therm. Neutronen (E_n = 0,0253 eV = 2200 m/s) ergab sich σ^0_f = (587 ± 6) barn. H. Schroeder. 103☐

Das Auftreten von Vorläufern verzögerter Neutronen. W. John und F. J. Lombard. (J. inorg. nuclear Chem. **11,** 81—83, 1959; Livermore, Calif., Univ. of California, Lawrence Radiat. Labor.; engl.) — Es wurden Nuclide daraufhin untersucht, ob die Emission eines verzögerten Neutrons durch Selbstanregung infolge β^--Emission energet. möglich ist. Dabei wurden nur Kerne mit ungerader Kernladungszahl betrachtet, deren Neutronenanzahl die mag. Zahlen um zwei oder drei übersteigt. Die untersuchten 16 Spaltprodd. enthielten 4 bereits bekannte Kerne (^{87}Br, ^{88}Br, ^{133}J, ^{138}J), die verzögerte Neutronen emittieren können, zwei energet. mögliche (^{85}As, ^{135}Sb) u. drei unsichere Fälle (^{90}Rb, ^{139}Cs, ^{140}Cs). 14 untersuchte Nicht-Spaltprodd. enthielten zwei bekannte Kerne (^{17}N, ^{210}Tl) u. einen möglichen Fall (^{209}Tl). Bei den restlichen untersuchten Nucliden ist die verzögerte Neutronenemission energet. unmöglich. Helmut Seifert. 103☐

Eine Monte-Carlo-Berechnung der Erzeugung von ^{16}N in einem Reaktor vom Latina-Typ. E. Diana, A. Kind und V. Pierpaoli. (Energia nucleare **7,** 342—49, Mai 1960; Milano, AGIP Nucl.; engl.) — Vff. berechnen die Erzeugung von ^{16}N in den Kühlkanälen (CO_2) eines heterogenen Natururan-Graphitreaktors als eine Funktion der Reaktorleistung nach der Monte-Carlo-Methode. Gerhard Schmidt. 104☐

Gewinnung von hochkonzentriertem ^{15}N. I. G. Gwerdziteli, Ju. W. Nikolajew, Je. D. Osiaschwili, W. A. Wlassenko und R. W. Tischtschenko. (Сообщения Академии Наук Грузинской ССР [Mitt. Akad. Wiss. GrusinSSR] **24,** 153—56, Febr. 1960; Tbilissi, Physik.-Techn. Inst. der Akad. der Wiss. der GrusinSSR; russ.) — Durch Isotopenaustausch im Syst. NO-HNO_3 reichert sich ^{15}N in der fl. Phase an. Für 10 m HNO_3 u. 25° ist der Verteilungs-Koeff. für das N-Isotop 1,05. Es wurde eine

Kaskadenanordnung (2 Kolonnen von 6 u. 8 m Länge) benutzt. Im Reaktor findet folgende Umsetzung statt: $2\,HNO_3 + 3\,SO_2 + 2\,H_2O = 3\,H_2SO_4 + 2\,NO$. Es wird 98,5%ig. ^{15}N erhalten. M. Wiedemann. 104□

Gespeicherte Energie in Graphit und Reaktorkonstruktion. H. Bridge, B. T. Kelly und B. S. Gray. (Nuclear Engng. **7**, 91–96, März 1962; Culchet, U.K. AEA Reactor Mater.; engl.) — Übersicht über die experimentellen Ergebnisse der Bestrahlungstests u. über die theoret. Extrapolations-Meth. unter Leistungsreaktorbedingungen. Gerhard Schmidt. 110□

Gespeicherte Energie im Oak Ridge-Graphit-Reaktor — 1960. M. C. Wittels. (Reactor Sci. Technol. **15**, 185–91, Dez. 1961; Oak Ridge, Tenn., Oak Ridge Nat. Labor., Solid State Div.; engl.) — Zur Vorbereitung der Energiefreisetzung im Oak Ridge-Graphit-Reaktor wurden dem Reaktor-Core an verschiedenen Stellen Proben entnommen, die nach Erwärmen auf 140–165° auf die Abgabe gespeicherter Energie untersucht wurden. Beim Betrieb des Reaktors (maximale Brennelement-Temp. 275°, maximale Graphit-Temp. 236°) wurden 3,5–4,5 MWh gespeicherte Energie in einem Bereich von 15 ft ∅ frei. H. Schroeder. 110□

Isotherme Messungen über die Freigabe gespeicherter Energie in bestrahltem Graphit. H. U. Aström. (Ark. Fysik **20**, 161–74, 1961; engl.) — Es wurde das Ausglühen von Strahlungsdefekten in Graphit, der mit 10^{17}–10^{19} Neutronen/cm² bestrahlt worden war, in einem Temp.-Bereich von 70–340° nach einer isothermen mikrocalorimetr. Meth. untersucht. Die Kinetik der Energiefreigabe wurde um so einfacher, je geringer die Bestrahlungsdosis u. je tiefer die Ausglüh-Temp. waren. Die Aktivierungsenergien nahmen mit abnehmender Dosis ab. H. Laue. 110□

Massenspektrometer-Ionenquelle für feste Proben. B. R. F. Kendall. (Rev. sci. Instruments **29**, 1089–92, Dez. 1958; Nedlands, Western Australia, Univ. of Western Australia, Dep. of Phys.; engl.) — Vf. beschreibt eine einfache positive Ionenquelle für feste Proben. Die Ionisation findet dabei hauptsächlich an der Oberfläche des W-Drahtes bei einem relativ hohen Dampfdruck der festen Substanz statt. Weitere Unterss. zeigen, daß andere Prozesse den Ionenstrahl nicht wesentlich beeinflussen. Die Leistungen des Geräts werden durch Best. des Isotopenverhältnisses $^{39}K/^{41}K$ überprüft. G. M. Neumann. 112□

Eine modifizierte Massenspektrometer-Ionenquelle zur Untersuchung von festen Proben. G. A. Heath und R. M. Hobson. (J. sci. Instruments **35**, 429–30, Nov. 1958; Westcott, Royal Aircraft Establ.; engl.) — Beschreibung einer modifizierten Metropolitan-Vickers-Ionenquelle, Typ MS 2, zur Unters. von festen Proben der Alkalihalogenide. G. M. Neumann. 112□

Raumladungsneutralisation im ionisierenden Strahl eines Massenspektrometers. R. H. Plumlee. (Rev. sci. Instruments **28**, 830–32, Okt. 1957, Princeton, N.J., RCA Labor.; engl.) — Vf. beschreibt eine Massenspektrometer-Ionenquelle, die um eine bis zwei Größenordnungen höhere Ionenströme liefert als die konventionellen Ionenquellen. Dieser Effekt wird durch Isolation der einzelnen Wände der Ionenkammer erreicht, wodurch diese bei verschiedenen Potentialen arbeiten kann. Die daraus resultierende partielle Neutralisation der elektron. Raumladung erlaubt die Verw. höherer Ionisierungsstromdichten u. vergrößert gleichzeitig das effektive Ionisationsvolumen. Allerdings entstehen bei dieser Meth. auch mehr Spaltprodd., da die Wahrscheinlichkeit mehrerer Elektronenstöße vergrößert wird. G. M. Neumann. 112□

Verwendung eines handelsüblichen Elektronenvervielfachers zur Zählung positiver Ionen in der Massenspektrometrie. Karl Koyama und R. E. Connally. (Rev. sci. Instruments **28**, 833, Okt. 1957; Richland, Wash., Gen. Electr. Comp., Hanford Labor. Operat.; engl.) — Vff. berichten über die Verw. eines Elektronenvervielfachers Typ 6292 der Firma Allan B. Du Mont Lab., Inc., zur Zählung der positiven Ionen in einem Massenspektrometer. G. M. Neumann. 112□

Hochdruck-Čerenkov-Zähler zur Untersuchung der Zusammensetzung eines Bündels. J. Duboc, J. Banaigs und J. F. Detoeuf. (J. Physique Radium, Physique appl. Suppl. zu: J. Physique Radium **22**, 64A–67A, Febr. 1961; Coll. de France, Labor. de Phys. Atom.; Saclay, C.E.N.; franz.) — Es wird die Konstruktion eines Čerenkov-Zählers beschrieben, der mit Gasdrücken bis zu 50 kg/cm² betrieben werden kann. Das Čerenkov-Licht wird mittels eines Photomultipliers registriert. An Hand von Meßkurven wird gezeigt, daß durch Variation des Druckes zwischen π- u. μ-Mesonen sowie Elektronen in einem Bündel hoher Geschw. ($0{,}8 < \beta < 1$) diskriminiert werden kann. W. Reusse. 112□

Einfluß der Dicke der Quelle auf die Form der Energie und Winkelverteilung der α-Teilchen. N. K. Abrossimow und G. Je. Kotscharow. (Известия Академии Наук СССР, Серия Физическая [Nachr. Akad. Wiss. UdSSR, physik. Ser.] **26**, 237—44, Febr. 1962; Physikal.-techn. Ioffe-Inst. der Akad. der Wiss. der UdSSR; russ.) — Es wird der Fall einer Gruppe von α-Teilchen behandelt, doch kann das Verf. auf mehrere Gruppen erweitert werden. Theoret. erfaßt wird der Einfl. der Dicke der Quelle auf Energie- u. Winkelverteilung; die Dicke wird durch Absolutzählung der geladenen Teilchen ermittelt. M. Wiedemann. 112□

A$_2$. Optisches Verhalten der Materie

Kontinuierliche Spektren heißer Sterne. A. K. Kolessow. (Астрономический Журнал [Astronom. J.] **39**, 35—40, Jan./Febr. 1962; Leningrad, Univ.; russ.) — Die kontinuierlichen Spektren heißer Sterne mit Atmosphären aus reinem Wasserstoff mit Oberflächen-Temp. von 10000 u. 20000° werden berechnet. M. Wiedemann. 113□

Spektrophotometrische Untersuchung von Nova Herculis 1960. Schame Weniger. (C. R. hebd. Séances Acad. Sci. **250**, 4105—07, 20/6. 1960; franz.) — Vf. untersuchte das Spektrum von Nova Herculis 1960 während der postmaximalen Periode. Photometr. wurden aus den Photographien die Intensitäten der verschiedenen Linien mit Bezug auf die Intensität der Linie $H\beta$ erhalten; es handelt sich hierbei um die Linien *He I*, *Fe II*, $H\gamma$, $H\delta$, $H\varepsilon$, $H\zeta$ u. *N III* + *N II* + *Fe II*. Die Breiten der Linien sind tabellar. wiedergegeben. C. Gottfried. 113

Theorie der Röntgenstrahlenemission der Sonne. G. Elwert. (J. geophys. Res. **66**, 391—401, Febr. 1961; Tübingen, Univ.; engl.) — Da die Strahlung der Sonne im Wellenlängengebiet der Röntgenstrahlen eine Folge der hohen Temp. der emittierenden Schichten, nämlich der Corona u. des Übergangsgebietes zur Chromosphäre ist, diskutiert Vf. zunächst die Temp. T der Corona, da die spektrale Verteilung der Röntgenstrahlung von T abhängt. Unter Verw. der von Schwartz u. Zirni (vgl. C. **1961**, 1804) berechneten Wrkg.-Querschnitte für elektron. Zusammenstöße für s-Wellen wurde als obere Grenze von T 1,3—1,4·10^6 Grad K erhalten. Im Verfolg früherer Berechnungen (vgl. C. **1959**, 4037 u. früher) bespricht Vf. die Röntgenstrahlung der Corona, die erzeugt wird durch frei–frei-Übergänge oder Bremsstrahlung, Rekombinationen u. Linienemissionen. An Hand der Literatur wird hierauf ein Überblick über den Einfl. der Strahlung in der Erdatmosphäre u. die Intensitätsverteilung durch die Sonnenscheibe gegeben. Schließlich bespricht Vf. neuere Messungen der Röntgenstrahlung bei Auftreten von Fackeln, bei denen Emissionen mit Wellenlängen < 1 Å beobachtet worden waren. In diesem Energiebereich ist Linienemission nicht möglich, da die kürzesten Wellenlängen von Linien mit beobachtbarer Intensität die von *Fe* bei ca. 2 Å sind. Die einzig möglichen Mechanismen sind daher nur Bremsstrahlung u. Rekombination. C. Gottfried. 113

Die Ionosphäre des Jupiters. H. Rishbeth. (Austral. J. Physics **12**, 466—68, Dez. 1959; Cambridge, Cavendish Labor.; engl.) — Vf. führt Berechnungen durch, die zeigen, daß Jupiter eine Ionosphäre mit einer krit. Frequenz von ca. 20 MHz hat, die wenige hundert km über den sichtbaren Wolken liegt. Unter bestimmten Voraussetzungen beträgt die Dichte der ionisierbaren Bestandteile ca. 10^{10}—10^{12} cm^{-3}. H. Schroeder. 113□

Das Gegenleuchten als Effekt der Streuung von Sonnenlicht durch interplanetarische Staubteilchen. L. M. Gindiliss. (Астрономический Журнал [Astronom. J.] **39**, 93—106, Jan./Febr. 1962; Astronom. Sternberg-Inst.; russ.) — Beobachtungen über das Gegenleuchten auf 3000 m im Bereich 4200—6500 Å (abs. Messungen) werden mitgeteilt. Die Energieverteilung im Spektrum entspricht der Streuung von Sonnenlicht durch kosm. Staubteilchen. M. Wiedemann. 113□

Zur Statistik der räumlichen Helligkeitsschwankungen der [O I]-Linie 5577 Å im Nachthimmelleuchten. U. Haug. (J. atmospheric terrestr. Physics **21**, 225—36, Juli 1961; Tübingen, Univ., Astronom. Inst.; dt.) — Vf. analysierte auf der hochalpinen Forschungsanstalt Jungfraujoch erhaltene photoelektr. Registrierungen der [O I]-Linie 5577 Å ein Nachthimmelleuchten unter der Voraussetzung, daß die emittierende Schicht nahe 100 km liegt. Es wurde gefunden, daß die Helligkeitsschwankungen meist unter 25% der mittleren Intensität lagen u. 50% nur in 5% aller Fälle überstiegen. Diese Schwankungen ließen sich zwanglos in 2 Klassen einordnen, einer deutlich ausgeprägten „Normalintensität" überlagern sich begrenzte Helligkeitsschwankungen, u. zwar ausschließlich in der Form von Aufhellungen oder aber die Helligkeit ändert sich monoton im ganzen erfaßbaren Ausschnitt der Schicht (Helligkeitsgradienten). Auf Grund einer einfachen Modellberechnung ergab sich, daß der Durchmesser der Aufhellungen im allg. nicht größer als 1000 km ist. C. Gottfried. 113

Ein unerwartetes Verhalten der roten Linie des Nachthimmels in der Nähe des Äquators. Armand Delsemme und Delphine Delsemme. (C. R. hebd. Séances Acad. Sci. **250,** 383—85, 11/1. 1960; Congo Belge, Observ. de l'Inst. pour la Rech. Sci. en Afrique Centr.; franz.) — Vff. berichten über laufende Intensitätsmessungen am verbotenen roten [O I]-Dublett (6300—6364 Å) während des internationalen geophysikal. Jahres auf der Station Lwiro, die prakt. auf dem Äquator liegt. Ein Intensitätsmaximum wurde gegen Mitternacht beobachtet, das oft 600 MQuanten/cm²·s überstieg. Eine Verminderung der Aktivität trat zwischen Juni u. November auf, in den Monaten, in denen in höheren Breiten Intensitätsveränderungen festgestellt worden waren. Eine Zunahme der Aktivität scheint zwischen Dezember u. Mai zu bestehen, u. zwar mit einem monatlichen Maximum $>$800 MQuanten/cm²·s. Während dieser Zeit war es nicht selten, daß gegen Mitternacht der ganze Himmel eine schwache rote Färbung zeigte, die mit bloßem Auge wahrgenommen werden konnte. C. Gottfried. 113

Eine Theorie der mit Nordlichtern in Zusammenhang stehenden ionosphärischen Ströme. 1. Mitt. J. T. Weaver und R. Skinner. (Canad. J. Physics **38,** 1089 bis 1103, Aug. 1960; Saskatoon, Saskatchewan, Univ. of Saskatchewan, Phys. Dep.; engl.) — Vff. untersuchten vom theoret. Standpunkt aus die in einer Schicht eines partiell ionisierten Gases durch Dynamowrkg. induzierten Stromverteilungen, das sich mit gleichförmiger Geschw. durch ein senkrechtes magnet. Feld bewegt, für den speziellen Fall, daß das Gas ein ellipt. Gebiet höherer Ionisationsdichte enthält; ferner werden Prozesse berücksichtigt, die von den Enden einer langen, schmalen Ellipse entfernt auftreten, in der die Ionisationsdichte sehr viel größer ist als in dem sie umgebenden Gebiet. Die theoret. erhaltenen Ergebnisse wurden in Beziehung zu Bedingungen diskutiert, die in der Ionosphäre vorherrschen, wenn ein langer u. homogener Nordlichtbogen zugegen ist. C. Gottfried. 113

Eine Theorie der mit Nordlichtern in Zusammenhang stehenden ionosphärischen Ströme. 2. Mitt. J. T. Weaver und R. Skinner. (Canad. J. Physics **38,** 1104—13, Aug. 1960; engl.) — 1. vgl. vorst. Referat. — Auf der Grundlage der l. c. durchgeführten theoret. Unterss. berechneten Vff. den mittleren ionosphär. Strom, der entlang eines langen u. homogenen Nordlichtbogens fließt. Dieser errechnete Strom wurde mit dem Nordlichtstrom verglichen, der notwendig ist, um die in Saskatoon u. Flin Flou beobachtete magnet. Störung zu erzeugen, u. zwar für einen Bogen, der den von der Theorie verlangten Bedingungen genügt. C. Gottfried. 113

Eine statistische Theorie des ionosphärischen Drifts. J. P. Dougherty. (Philos. Mag. [8] **5,** 553—70, Juni 1960; Cambridge, Cavendish Labor.; engl.) — Ausgehend von Beobachtungen des Fadings von an der Ionosphäre reflektierten Radiowellen versucht Vf. die horizontalen „Drift-Geschw." durch statist. Unters. der Schwankungen der Dichte der Ionen u. Elektronen in Raum u. Zeit zu deuten. Für die Ionen wird hierbei angenommen, daß sie durch ein turbulentes Fließen in der neutralen Luft übertragen werden, während gleichzeitig das magnet. Feld u. das dynam.-elektr. Feld mit berücksichtigt sind. Es wurde gefunden, daß unter gewissen Annahmen für das D-Gebiet u. das untere E-Gebiet die Abschätzung dieser Drift-Geschw. mathemat. möglich ist. Aus den Ergebnissen war ersichtlich, daß die mittlere aerodynam. Geschw. u. das elektr. Feld relativ wichtig sind bei der Best. des Drifts der Unregelmäßigkeiten in der Elektronendichte. C. Gottfried. 113

Streuung von Radiowellen durch ein ionisiertes Gas im thermischen Gleichgewicht. J. A. Fejer. (Canad. J. Physics **38,** 1114—33, Aug. 1960; Ottawa, Defence Res. Board, Theoret. Studies Group; engl.) — Vf. entwickelt eine Theorie der Streuung von Radiowellen durch Dichteschwankungen, die in einem in therm. Gleichgewicht befindlichen ionisierten Gas auftreten. Mit Hilfe der Theorie wurden Gleichungen hergeleitet für das Frequenzenergiespektrum der gestreuten Wellen. Mit Hilfe dieser Gleichungen ist es möglich, Beobachtungsergebnisse dieses Typs von Streuung von der Ionosphäre an Hand der Elektronendichte u. Temp. zu erklären. C. Gottfried. 113

Konzentration des Ozons am Erdboden auf Terre Adélie. Arlette Vassy und Ali Rouhani. (C. R. hebd. Séances Acad. Sci. **250,** 380—82, 11/1. 1960; Paris, Fac. des Sci., Labor. de Phys. de l'Atmosph.; franz.) — Vff. berichten über die Ergebnisse einer laufenden Registrierung des O_3-Geh. auf der französ. antarkt. Station Dumont d'Urville vom 15. Februar 1958 bis zum 15. Januar 1959. Es wurden ein Hauptmaximum zwischen August u. November u. 2 sek. Maxima im März u. Juni registriert. Der höchste Wert mit $3{,}70 \cdot 10^{-8}$ wurde am 12. Oktober 1958, der niedrigste Wert mit $0{,}14 \cdot 10^{-8}$ am 19. März 1958 gefunden. C. Gottfried. 113

Beziehungen zwischen atmosphärischem Ozon und dem Erdmagnetismus. Arlette Vassy und Ishtiaq Rasool. (C. R. hebd. Séances Acad. Sci. **250,** 3865—66, 8/6. 1960;

franz.) — Vgl. vorst. Referat. — An Hand von in den Jahren 1957 u. 1958 durchgeführten Messungen der Werte des atmosphär. Ozons u. der magnet. Aktivität sowie auf Grund von analogen Messungen von anderen Seiten während des internationalen geophysikal. Jahres konnten Vff. zeigen, daß bei Auftreten magnet. Gewitter die red. Dicke des atmosphär. O_3 ansteigt. C. Gottfried. 113

Das atmosphärische Ozon in den französischen Stationen des Indischen Ozeans. Ishtiaq Rasool und Arlette Vassy. (C. R. hebd. Séances Acad. Sci. **252,** 151—53, 4/1. 1961; franz.) — Vgl. vorst. Referate. — Vff. berichten über Messungen der red. Schichtdicke des atmosphär. O_3 auf den Kerguelen in der Zeit von August 1957 bis Ende 1959. Bei dem im Frühjahr beobachteten Maximum wurden red. Schichtdicken von der Größenordnung von 6 mm gemessen. Sehr hohe red. Schichtdicken wurden im September u. Oktober festgestellt. Vergleicht man die erhaltenen Werte mit solchen, die bei der gleichen Länge in der Nordhemisphäre gemessen worden waren, dann zeigt sich, daß die Werte in der Südhemisphäre wesentlich höher sind. C. Gottfried. 113

Variationsberechnungen der 1s–2s-Elektronenanregungsquerschnitte in Wasserstoff. N. Lynn. (Proc. physic. Soc. **73,** 515—17, 1/3. 1959; Belfast, Queen's Univ., Dep. of Appl. Math.; engl.) — Vf. berechnete die Querschnitte für die 2s-Anregung von H (ohne Austausch) nach den von Hulthén [1944] u. Kohn [1948] angegebenen u. von Moiseiwitsch (C. **1952,** **4254**) verallgemeinerten Variations-Meth. unter Verw. einer Dreiparameter- u. einer Vierparameter-Vers.-Wellenfunktion. Es zeigt sich, daß die Ergebnisse beider Variations-Meth. mit einer Dreiparameterfunktion in der Tat sehr unbefriedigend sind, daß jedoch die Einbeziehung eines weiteren Terms in die Vers.-Funktion die Resultate wesentlich verbessert. Eine Sechsparameter-Vers.-Funktion sollte gute Ergebnisse liefern. D. Jörchel. 114□

Die Anregung des 2p-Zustandes von Wasserstoff durch langsame Elektronen (Methode der verzerrten Wellen). S. Khashaba und H. S. W. Massey. (Proc. physic. Soc. **71,** Part. 4, 574—84, 1/4. 1958; London, Univ. Coll.; engl.) — Die Meth. der verzerrten Wellen wird benutzt, um den Anregungsquerschnitt des 2p-Zustandes von H durch Stöße mit Elektronen (Energien zwischen 13,5 u. 54 eV) zu berechnen. Die Polarisation der Strahlung aus dem durch ein Elektronenbündel angeregten 2p-Zustand wird berechnet. Ein Vgl. mit den Ergebnissen, die man mit der Born-Oppenheimer-Näherung erhält, zeigt, daß der Einfl. der Verzerrung auf den Gesamtquerschnitt nicht so groß wie für die Anregung des 2s-Zustandes ist. M. Guerlin. 114□

Die ^{1}S-Zustände des Heliums. B. Kockel. (Arch. des Sci., Sonderh. **10 (162),** 177—79, 1957; Leipzig, Inst. de Phys.; franz. — C. **1959,** 5366.) C. Gottfried. 114

Elektronenstruktur der Schwermetalle. Guy W. Lehman. (Progr. nuclear Energy, Ser. V **2,** 570—78, 1959; Canoga Park, Calif., Atom. Internat.; engl.) — Bei der Unters. der Elektronenstruktur der Actiniden wurden aus den spektroskop. Daten für den Grundzustand des Th-, U- u. Pu-Atoms die Elektronenkonfigurationen $6\,d^2\,7\,s^2\;{}^3F_2$, $5\,f^3\,6\,d\,7\,s^2\;{}^5L_6$ u. $5\,f^5\,6\,d\,7\,s^2\;{}^7K_4$ ermittelt. Aus theoret. Berechnungen der Energieniveaus ergab sich, daß das 5f-Niveau sehr stark durch die Form der Potentialfunktion beeinflußt wird. Nach dem Latter-Thomas-Fermi-Potential können die spektroskop. Werte besser approximiert werden als nach dem Latter-Thomas-Fermi-Dirac-Potential. Nach Thomas-Fermi ergaben sich die Spinaufspaltungsparameter für die 5f- u. 6d-Zustände von Th zu $\zeta_f = 0{,}30$ eV u. $\zeta_d = 0{,}16$ eV, durch Analyse der Th III-Spektren nach Racah zu $\zeta_f = 0{,}13$ eV u. $\zeta_d = 0{,}22$ eV. Nach der vereinfachten LCAO-Näherung (Slater-Koster) wird für die Actinidenmetalle ein Modell mit interpoliertem Energieband angegeben u. nachgewiesen, daß die Valenzelektronen bei Th die 6d-Bänder, bei U u. Pu die 5f–6d-Bänder besetzen. Die 7s-Zustände bilden angeregte Bänder. Vf. gibt ausführliche Ergebnisse über die Energiebandstruktur von α-Th u. diskutiert die Bedeutung der Spin-Bahn-Kopplung, die Friedelsche Näherung zur Beschreibung der Energiebandstruktur von metall. U u. die Berechnungen zur Bandstruktur von α-U, β-Th, γ-U u. ε-Pu nach dem Interpolations–Variations-Modell. W. Sobieski. 114□

Die Hyperfeinstruktur des Wasserstoffmolekülions. A. Dalgarno, T. N. L. Patterson und W. B. Somerville. (Proc. Roy. Soc. [London], Ser. A **259,** 100—09, 22/11. 1960; Belfast, Queen's Univ., Dep. of Appl. Math.; engl.) — Berechnung der Energieniveaus des H_2^+-Ions im Grundzustand bei verschiedenen Orientierungen des Elektronenspins. G. Heinsohn. 114□

Bemerkung über die Bestimmung der Potentialfunktionen von mehratomigen Molekülen. David M. Dennison. (J. opt. Soc. America **50,** 1267—70, Dez. 1960; Ann Arbor, Mich., Univ. of Michigan, Harrison M. Randall Labor. of Phys.; engl.) G. Heinsohn. 114□

Der innere Drehimpuls bei gehemmter Rotation. Donald G. Burkhard. (J. opt. Soc. America **50**, 1214—27, Dez. 1960; Boulder, Colo., Univ. of Colorado, Dep. of Phys.; engl.) — Die verschiedenen Möglichkeiten der Wahl der Achsen bei innerer Rotation werden systemat. diskutiert. Zunächst werden die Achsen in einer Konfiguration eines gänzlich asymm. Mol. behandelt, an dem eine symm. Gruppe hängt, die um ihre eigene Symmetrieachse rotiert. Auf die Wahl der Achsen bei zwei asymm. Gruppen mit innerer Rotation wird kurz eingegangen. H. Lindberg. 114□

Eine experimentelle Untersuchung der Röntgen-Anregungszustände in Festkörpern. Per Johannsson. (Ark. Fysik **18**, 289—303, 1960; Uppsala, Univ. of Uppsala, Inst. of Phys.; engl.) — Bei der Aufzeichnung von Röntgenlinien werden im allg. Beschußelektronen verwendet, deren Energie wesentlich höher als das Anregungspotential ist. Vf. verwendet jedoch Elektronen, deren Energie nur einige eV über dem Schwellenwert liegt. Beim Vgl. dieser Linien mit solchen, die auf übliche Weise aufgenommen wurden, zeigt sich eine geringe Verschiebung der Wellenlänge. Diese Verschiebung wird diskutiert. Die $K\alpha_1$-Linien von metall. Cr u. Cr_2O_3 werden bestimmt; eine Differenz des K-Anregungspotentials zwischen Metall u. Oxid (chemical shift) wird beobachtet. K. Ohls. 116□

Über die Struktur in der Nähe der kurzwelligen Grenze des kontinuierlichen Röntgenspektrums. Per Johansson. (Ark. Fysik **18**, 329—38, 1960; engl.) — Vgl. vorst. Referat. — Mit Hilfe eines Spektrometers mit gekrümmtem Kristall u. guten Vakuum-Eigg. sowie gekühlten Targets wurde die Struktur in der Nähe der Grenze des kontinuierlichen Röntgenspektrums nach der Isochromaten-Meth. untersucht. Die Isochromaten von W, Ni, Cr u. Cr_2O_3 wurden bei 5,4 kV aufgezeichnet. Die Auflösung der Kurve für W konnte verbessert werden, für Ni, Cr u. Cr_2O_3 wurde eine Grundstruktur nahe der Grenze beobachtet. Eine Verschiebung der Grenze um 1,5 V bei Cr_2O_3 gegenüber derjenigen bei metall. Cr wurde festgestellt. Die Feinstruktur u. die Verschiebung stützen eine Deutung der Struktur, die sich aus den Ergebnissen des charakterist. Energieverlustes der Primärelektronen u. der Zustandsdichte des Targetmaterials ableiten läßt. K. Ohls. 116□

Änderungen der Kronig-Struktur in den K-Absorptionsröntgenspektren eines Cu-Einkristalles. T. A. Boster und J. E. Edwards. (J. chem. Physics **36**, 3031—33, 1/6. 1962; Athens, Ohio, Ohio Univ., Phys. Dep.; engl.) — Die Kronig-Struktur auf der Seite höherer Frequenzen von der K-Absorptionskante eines dünnen Cu-Einkristalls wurde unter Verw. von zu 82,4% polarisierten Röntgenstrahlen untersucht. Bei Drehungen des Absorbereinkristalls um 30, 60 u. 90° verschieben sich die Energiepositionen der Kronig-Struktur. Eine ähnliche Absorptionskurve wurde bei Verw. eines dünnen polykristallinen Cu-Absorbers erhalten. Die 5 Absorptionskurven werden miteinander verglichen u. bis zu 350 eV von der K-Hauptkante tabelliert. Die Verschiebungen der Energiepositionen der Kronig-Struktur werden in bezug auf die stark polarisierten Röntgenstrahlen diskutiert. Gerhard Schulze. 116□

Präzisionsmessung der K_α-Röntgenlinien der Seltenerdmetalle. Pär Bergvall. (Ark. Fysik **16**, Nr. 5, 57—68, 1959; Uppsala, Univ., Inst. of Phys.; engl.) — Mit Hilfe eines Spektrometers mit gekrümmtem Kristall wurden die Wellenlängen der $K\alpha_1$- u. $K\alpha_2$-Linien von *La, Ce, Pr, Nd, Sm, Eu, Gd, Tb, Dy, Ho, Er, Tm, Yb* u. *Lu* mit großer Genauigkeit gemessen. Als Kalibrierungslinie wurde die $MoK\alpha_1$-Linie mit der Wellenlänge 707,831 XE verwendet. Die Energiewerte wurden mit Hilfe des Konversionsfaktors $E \cdot \lambda s = 12372{,}44$ keV·XE berechnet. Für *Pm* wurden die Wellenlängen u. die Energie durch Interpolation der Meßwerte erhalten. C. Gottfried. 116

Untersuchungen über die Struktur der Bremsstrahlungsisochromate von W, Mo und Ta. Roland Sandström. (Ark. Fysik **18**, 305—27, 1960; Uppsala, Fys. Inst.; engl.) — Die Struktur in der Nähe der kurzwelligen Grenze des kontinuierlichen Röntgenspektrums wurde mit Hilfe eines Konkavkristallspektrometers mit Geiger-Zähler untersucht. Die gefundenen Isochromaten (für W, Mo u. Ta bei ca. 3,7 kV) werden durch Vgl. mit charakterist. Energieverlust- u. Röntgenabsorptionsspektren gedeutet. Die Winkel- u. Spannungsabhängigkeit der Struktur wird diskutiert. Ferner wird eine neue Meth. zur Best. von $V \cdot \lambda_s$ (V = Spannung der Röntgenröhre, die dem kurzwelligen Grenzwert λ_s entspricht) bzw. h/e u. zur Messung hoher Spannungen mit großer Genauigkeit beschrieben. K. Ohls. 116

Zur Deutung der Struktur der Bremsstrahl-Isochromate des Wolframs an der kurzwelligen Grenze. Joachim Kessler und Kurt Ulmer. (Z. Physik **159**, 443—55, 1960; Karlsruhe, TH, Physikal. Inst.; dt.) G. Heinsohn. 116□

Die Isotopieverschiebung zwischen den geraden Sr-Isotopen 84, 86, 88 und 90 und der Sprung im Kernvolumeneffekt bei der Neutronenzahl 50. K. Heilig. (Z. Physik

161, 252—66, 1961; Heidelberg, Univ., I. Physikal. Inst.; dt.) — Vgl. C. **1961**, 376. — Die Isotopieverschiebung (IV) zwischen den Sr-Isotopen 84, 86, 88 u. 90 wurde mit Hilfe eines Pérot-Fabry-Spektrographen u. mit dünner Schicht bedeckten Hohlkathoden bestimmt. Die IV der stabilen Isotope 84, 86 u. 88 hat das gleiche Vorzeichen wie der Kernmasseneffekt, während die IV 88 → 90 das Vorzeichen des Kern-Vol.-Effekts zeigt. Die Isotopenlage im Sr II-Spektrum wurde zu (84) — 12,4 ± 0,5, (86) — 5,8 ± 0,3, (88) 0 u. (90) 11,4 ± $1{,}2 \cdot 10^{-3}$ cm^{-1} bestimmt. Damit steht fest, daß beim Einbau von 2 Neutronen außerhalb der abgeschlossenen Neutronenschale N = 50 der Kern-Vol.-Effekt der IV von kleinen auf große Werte springt. Dieser Sprung ist von der gleichen Größe wie der bekannte Sprung bei N = 82. G. Heinsohn. 118□

Struktur und Zeeman-Effekt in den Spektren des Osmiumatoms, Os I und Os II. 4. Mitt. Th. A. M. Van Kleef. (Proc., Kon. nederl. Akad. Wetensch., Ser. A **63**, 549—64, 1960; Amsterdam, Univ., Zeeman-Labor.; engl.) — 3. vgl. C. **1962**, 2255. — Wellenlängen, Klassifizierung u. Angaben über den Zeeman-Effekt der Os I- u. Os II-Linien im Gebiet zwischen 3789 u. 4567 Å werden tabelliert mitgeteilt. G. Heinsohn. 118□

Struktur und Zeeman-Effekt in den Spektren des Osmiumatoms, Os I und Os II. 5. Mitt. Th. A. M. Van Kleef. (Proc., Kon. nederl. Akad. Wetensch., Ser. A **63**, 565—80, 1960; engl.) — 4. vgl. vorst. Referat. — Wellenlängen, Klassifizierung u. Angaben über den Zeeman-Effekt der Os I- u. Os II-Linien im Gebiet zwischen 4568 u. 6326 Å werden tabelliert mitgeteilt. G. Heinsohn. 118□

Elektronenzustände des hydratisierten Vanadin(II)-Ions. Ruth M. Bennett und O. G. Holmes. (Canad. J. Chem. **38**, 2319—23, Dez. 1960; Regina, Univ. of Saskatchewan, Regina Coll., Dep. of Chem.; engl.) — Im Bereich von 9000—35000 cm^{-1} wurde das Absorptionsspektrum eines $VSO_4 \cdot 7\,H_2O$-Einkristalls aufgenommen, wobei drei Banden mit Maxima bei 12000, 18200 u. 27000 cm^{-1} auftreten. Die Banden sind Übergängen zwischen vier Niveaus der Konfiguration 3 d^3, bedingt durch ein gestörtes elektrostat. kub. symm. Feld, zugeordnet. Aus den spektroskop. Daten wurden Dq zu 1200 cm^{-1} u. E zu 10000 cm^{-1} bestimmt, woraus sich der Parameter nach Racah zu 670 cm^{-1} ergibt. Harro Zimmer. 118□

Hyperfeinstruktur der Spektren von Pr I und Pr II. Kiyoshi Murakawa. (J. physic. Soc. Japan **15**, 2306—09, Dez. 1960; Tokyo, Univ., Aeronaut. Res. Inst.; engl.) — Mit Hilfe eines Pérot-Fabry-Spektrometers wurde die Hyperfeinstruktur der Pr I-Linien 4951,4, 4914,0 u. 4552,2 Å gemessen u. der Intervallfaktor des Niveaus 4 f^3 6 s^2 $^4I_{11/2}$ bestimmt. Das magnet. Moment für ^{141}Pr wurde zu 4,0 ± 0,2 nm berechnet. G. Heinsohn. 118□

Zur Hyperfeinstruktur des Eu II. K. Krebs und R. Winkler. (Z. Physik **160**, 320—32, 1960; Berlin, TU, II. Physikal. Inst.; dt.) — Vgl. C. **1962**, 4423. — Die Hyperfeinstruktur von 10 Linien des Eu II-Spektrums wurde mit Hilfe eines Pérot-Fabry-Interferometers untersucht u. die Aufspaltungsfaktoren u. Isotopieverschiebungen berechnet. Es ergaben sich verschiedene Werte für das magnet. Moment μ der beiden Grundzustände $a^9\,S_4^0$ u. a S_3^0. Die Verschiedenheit wird auf unterschiedliche Aufspaltungsfaktoren a_{6s} in den beiden Grundzuständen zurückgeführt. G. Heinsohn. 118□

Verstärkung der Eu^{3+}-Emission durch Tb^{3+}. L. G. Van Uitert und R. R. Soden. (J. chem. Physics **36**, 1289—93, 1/3. 1962; Murray Hill, N.J., Bell Telephone Labor., Inc.; engl.) — Aus Wolframatschmelzen werden Einkristalle von $Li_{0,5}Tb_{0,5-x}Eu_xWO_4$, $Na_{0,5}Tb_{0,5-x}Eu_xWO_4$, $K_{0,5}Tb_{0,5-x}Eu_xWO_4$, $Rb_{0,5}Tb_{0,5-x}Eu_xWO_4$, $Cs_{0,5}Tb_{0,5-x}Eu_xWO_4$, $Na_{0,5}Y_{0,5-x}Eu_xWO_4$, $K_{0,5}Y_{0,5-x}Eu_xWO_4$ u. $Rb_{0,5}Y_{0,5-x}Eu_xWO_4$ mit x zwischen 10^{-4} u. 0,5 hergestellt u. nach Anregung mit 2537-, 3660-Å- u. breitbandiger UV-Strahlung bei 77 u. 300° K die Intensitäten der Eu^{3+}-Emission (6140 Å, Übergang $^5D_0 \rightarrow {}^7F_2$) untersucht. Die Emissionsintensitäten werden, verglichen mit den Werten Y^{3+}-haltiger Verbb., durch Tb^{3+}-Zusätze proportional zur Konz. verstärkt. Der Intensitätsgewinn wird einer Eu^{3+}–Tb^{3+}-Wechselwrkg. zugeschrieben, die im Gitterkohäsionsfeld um Eu^{3+} auftritt. Herbert Müller. 118□

Energieniveaus von hexagonalem $ErCl_3$. F. Varsanyi und G. H. Dieke. (J. chem. Physics **36**, 2951—61, 1/6. 1962; Baltimore, Md., Johns Hopkins Univ.; engl.) — Das Absorptionsspektrum von Er^{3+} in $LaCl_3$ wurde im UV-Bereich bis 2430 Å aufgenommen. Durch monochromat. Anregung wurden neue Fluorescenzwerte erhalten, die alle Stark-Komponenten verschiedener niedrigliegender Niveaus unter Einschluß des Grundzustandes ergeben. Die Kristallfeldaufspaltungen wurden für alle Niveaus berechnet. Ein Vgl. mit den 28 empir. Elektronenzuständen ergibt gute Übereinstimmung. Beobachtete Diskrepanzen werden der Unzulänglichkeit der Wellenfunktionen für das freie Ion zugeschrieben. Gerhard Schulze. 118□

Intensitätsmessungen in Emission an 29 Banden des O_2 im Schumann-Runge-System. G. R. Hébert und R. W. Nicholls. (Proc. physic. Soc. **78**, 1024—37,

15/11. 1961; Univ. of Western Ontario, Dep. of Phys.; engl.) — Die integrierten Intensitäten der O_2-Emissionsbanden mit $v' = 0$, $v'' = 9-19$; $v' = 1$, $v'' = 8-12$, $16-20$; $v' = 2$, $v'' = 7-9$, 15, 16, 19—21 im Schumann-Runge-Syst. wurden photoelektr. bestimmt. Die r-Zentroide, die Franck-Condon-Faktoren, die geglätteten relativen Schwingungsübergangswahrscheinlichkeiten u. die Intensitäten bei unendlicher Temp. sind tabellar. zusammengestellt. Die Messungen werden in Hinsicht auf die Best. der Variation des Elektronenübergangsmoments R_e (r) eingehend diskutiert.

Harro Zimmer. 118□

Neue Banden im zweiten negativen System des Sauerstoffs. J. Byrne. (Proc. physic. Soc. **78,** 1074—75, 15/11. 1961; Dublin, Univ. Coll., Phys. Dep.; engl.) — Bei einer Durchmusterung des Funkenspektrums von O_2 im Bereich von 400—7000 Å wurden eine Reihe von neuen Banden des zweiten negativen Syst. gefunden. Die Wellenlängen u. Schwingungszuordnungen sind tabellar. angegeben. Das Auftreten von höheren Gliedern der $v' \to 0$-Progression wird kurz diskutiert. Harro Zimmer. 118□

Die Absorption von Ozon im ultravioletten und sichtbaren Bereich des Spektrums. A. G. Hearn. (Proc. physic. Soc. **78,** 932—40, 15/11. 1961; Cambridge, Cavendish Labor.; engl.) — Die abs. Absorptions-Koeff. von gasförmigem O_3 wurden bei 2537, 2894, 2967, 3021, 3342 u. 5770 Å bestimmt, wobei die Standardabweichung kleiner als $\pm 2{,}5\%$ ist. Der Einfl. der Zers. des O_3 wird durch entsprechende Druckmessungen eliminiert. Die Absorptions-Koeff. betragen in obiger Reihenfolge (Temp. ca. 20°) 133,9, 17,2, 6,969, 3,340, 0,0498 u. 0,0555 $(cm)^{-1}$. Harro Zimmer. 118□

Rotationsfeinstruktur im Dimeren-Spektrum von HF. W. F. Herget, N. M. Gailar, R. J. Lovell und A. H. Nielsen. (J. opt. Soc. America **50,** 1264—67, Dez. 1960; Knoxville, Tenn., Univ. of Tennessee, Dep. of Phys.; engl.) — Mit Hilfe eines Vakuum-Gitterspektrographen wurde das Absorptionsspektrum von HF im Gebiet von 3800 bis 4000 cm^{-1} auf Feinstruktur nochmals untersucht. Es wurde Feinstruktur festgestellt. Die Ergebnisse werden ausführlich wiedergegeben u. diskutiert. G. Heinsohn. 118□

Der Übergang $V^1\Sigma^+-X^1\Sigma^+$ in Chlorwasserstoff. J. K. Jacques und R. F. Barrow. (Proc. physic. Soc. **73,** 538—39, 1/3. 1959; Oxford, Univ., Phys. Chem. Labor.; engl.) — Vff. nahmen das durch eine elektrodenlose Entladung erzeugte Spektrum von HCl, $H^{35}Cl$ u. DCl im Bereich 1980—2375 Å mit einem Hilger-E. 478-Quarzspektrographen auf. Von den an HCl gemessenen 2000 Linien konnten ca. 1000 Linien, einschließlich der meisten starken, 15 Banden zugeordnet werden, die $v' = 0$, 1 u. 2 im $V^1\Sigma^+$-Zustand u. $v'' = 10-16$ im $X^1\Sigma^+$-Zustand einschließen. Die UV- u. IR-Konst. für den Grundzustand von $H^{35}Cl$ stimmen, wie die Auftragung von $G_{v, v+1}$ u. B_v als Funktion von v zeigt, gut überein. Die Konst. für $V^1\Sigma^+$ sind: $T_0 = 76210$, $\omega_e = 880\ cm^{-1}$ u. $r_e = 2{,}43$ Å. Ferner werden die Potentialkurven der bekannten Zustände von HCl angegeben. Das Ergebnis erlaubt eine neue Deutung der bisher HF^+ u. DF^+ zugeschriebenen Spektren, wonach nicht der Übergang $B^2\Sigma^+ - A^2\Sigma^+$ in HF^+, sondern $V^1\Sigma^+ - X^1\Sigma^+$ in HF beobachtet wird. D. Jörchel. 118□

Das Absorptionsspektrum von BO_2. J. W. C. Johns. (Canad. J. Physics **39,** 1738—68, Dez. 1961; Ottawa, Nat. Res. Council, Div. of Pure Phys.; engl.) — Das Flammenspektrum des BO_2 wurde durch Blitzlichtphotolyse eines Gemisches von BCl_3 u. O_2 erzeugt u. im Bereich von 3800—6800 Å eingehend untersucht. In dem linear symm. BO_2-Mol. sind zwei Übergänge, $B^2\Sigma_u^+ - X^2\Pi_g$ u. $A^2\Pi_u - X^2\Pi_g$, zu beobachten. Beide $^2\Pi$-Zustände zeigen den Renner-Effekt, wobei im Grundzustand der Renner-Parameter $-92{,}2\ cm^{-1}$ u. im 1. Anregungszustand $-13{,}1\ cm^{-1}$ beträgt. Die mol. Konst. werden angegeben u. die Schwingungsanalyse sowie Bandenlagen, Intensitäten u. Zuordnungen tabellar. mitgeteilt. Harro Zimmer. 118□

Dublettaufspaltung in der $^2\Sigma-^2\Pi$-Bande von C—H bei 3900 Å. J. F. James. (Z. Physik **160,** 374, 1960; Belfast, Queen's Univ., Dep. of Phys.; dt.) — Vgl. C. **1962,** 784. — Mit Hilfe eines Hilger-Étalons wurden Unterss. am P-Zweig der Bande $^2\Sigma - ^2\Pi$ von CH in bezug auf Dublettaufspaltung vorgenommen, die die Messungen von Gerö [1941] bestätigen. G. Heinsohn. 118□

Struktur der Triplett-Banden des CO. P. K. Carroll. (J. chem. Physics **36,** 2861—69, 1/6. 1962; Chicago, Ill., Univ. of Chicago, Dep. of Phys., Labor. of Molecular Structure and Spectra; engl.) — Die 3—0-Bande des CO-„Triplett“-Syst. wurde mit hoher Auflösung photographiert u. eine Rotationsanalyse vorgenommen. Es zeigte sich, daß der obere Energiezustand $^3\Delta$ ist u. nicht, wie früher angenommen, $^3\Pi$, was mit der Theorie der Elektronenkonfiguration übereinstimmt. Die Spinstruktur des $^3\Delta$-Zustandes wurde untersucht u. die Intensitätsverteilung in den einzelnen Zweigen der Banden diskutiert. Verbesserte Konst. für den $d^3\Delta$-Zustand werden mitgeteilt.

Gerhard Schulze. 118□

Ultraviolette Banden von Magnesiumhydroxid und -oxid. Leo Brewer und Sandor Trajmar. (J. chem. Physics **36**, 1585—87, 15/3. 1962; Berkeley, Calif., Univ. of California, Dep. of Chem.; Lawrence Radiation Labor., Inorg. Materials Res. Div.; engl.) — Durch Erhitzen von MgO (I) im Vakuum u. in Ggw. von H_2, O_2, Ar, H_2O u. D_2O u. Unters. der gasförmigen Prodd. mittels UV-Spektroskopie (komplexe Banden im Bereich um 3800 Å) konnten Vff. zeigen, daß über I im Gaszustand I u. MgOH vorliegen. Die Banden im UV-Bereich können dem Übergang $^1\Sigma^+ - {}^1\Pi$ von I zugeschrieben werden. Die $^3\Pi$-Zustände von I u. von BeO werden wahrscheinlich gemacht. G. Gattow. 118□

Rotationsanalyse des B–X-Bandensystems des SbO-Moleküls. S. V. J. Lakshman. (Z. Physik **158**, 386—91, 1960; Waltair, India, Andhra Univ., Dep. of Phys., Spectroscop. Labor.; engl.) — Vf. bestimmte mit Hilfe eines konkaven 21-ft.-Gitterspektrographen mit einer Dispersion von 1,25 Å/mm aus Spektrogrammen 2. Ordnung der beiden 0—0-Banden des $B^2\Sigma - X^2\Pi_{reg}$-Syst. von SbO folgende Rotations-Konst. der (v = 0)-Schwingungsniveaus der oberen u. unteren Zustände: $\nu_{00} = 25334{,}93\ cm^{-1}$, $B_0' = 0{,}3190\ cm^{-1}$, $B_0'' = 0{,}3490\ cm/^1$, $r_0' = 1{,}933$ Å u. $r_0'' = 1{,}848$ Å sowie die Kopplungs-Konst. des unteren $^2\Pi_{reg}$-Zustands zu $A_0 = 2276\ cm^{-1}$. D. Jörchel. 118 □

Absorptionsspektren von Eisen(III) enthaltenden Oxiden. K. A. Wickersheim und R. A. Lefever. (J. chem. Physics **36**, 844—50, 1/2. 1962; Palo Alto, Calif., Gen. Telephone and Electronics Labor., Inc.; engl.) — Vff. benutzen Literaturdaten u. eigene Messungen der opt. Absorption von 5 u. 16 μ dicken *Yb-Orthoferrit-* bzw. ca. 40 μ dicken *Y–Fe-Granat*-Einkristallen mit 0,005—0,01% Si bzw. ohne Si-Geh. zwischen 5000 u. 12000 Å bzw. 9000—20000 cm^{-1} zur Deutung der Absorptionsspektren von Fe(III)-haltigen Oxiden. In den Spektren treten bei kleineren Wellenzahlen diskrete Absorptionsbanden auf, an die bei ca. 20000 cm^{-1} eine starke, kontinuierliche Absoption angrenzt; außerdem wird in *Li-Ferrit* (I) eine breite Absorptionsbande bei 6500 cm^{-1} beobachtet. Die diskreten Banden stellen Übergänge in der 3 d^5-Konfiguration von Fe(III) dar. Aus Berechnungen der Energiedifferenzen für das kub. Kristallfeld folgt, daß eine Verminderung der ^{6}S- u. ^{4}G-Abstände relativ zu freiem Fe(III) eingeführt werden muß. Die kontinuierliche Absorption, die die Best. der Lage der Banden oberhalb 20000 cm^{-1} erschwert, ist Ladungsübertragungsübergängen zuzuordnen. Die Absorptionsbande von I, die für Fe-Oxide nicht charakterist. ist, gehört der Photoionisation einer geladenen Anionenleerstelle an. Herbert Müller. 118□

Absorptionsspektren von Co(III)-Komplexen. 1. Mitt. **Analysenkurven der ersten und zweiten Absorptionsbanden.** Yoichi Shimura und Ryutaro Tsuchida. (Bull. chem. Soc. Japan **28**, 572—77, Okt. 1955; Osaka, Osaka Univ., Fac. of Sci., Dep. of Chem; engl.) — 2. vgl. C. **1958**, 6151. — Messungen der Absorptionsspektren für das sichtbare u. UV-Gebiet folgender Co(III)-Komplexe haben ergeben, daß die ersten u. zweiten Banden dieser Komplexe weder symm. bzgl. der Verteilung der Frequenzen noch der der Wellenlängen sind u. somit die Gleichung von Kuhn u. Braun (1930) sowie von Lowry u. Hudson [1933] nicht angewendet werden kann: $[Co(NH_3)_6](ClO_4)_3$, $[Co\ en_3](ClO_4)_3$, *trans-* u. *cis-*$[Co\ en_2(NH_3)_2](ClO_4)_3H_2O$, $[Co\ en_2R](ClO_4)_2$ (RH = Glycin, Leucin), $[Co(NH_3)_4\ ox]\cdot ClO_4\cdot H_2O$, $[(Co\ en_2\ ox]Cl\cdot 3\ H_2O$ (ox = Oxalation), $[Co(NH_3)_4CO_3]ClO_4$, $[Co\ en_2\ CO_3]ClO_4$, α- u. *β-Tris-[glycinato]-kobalt(III)*, $[Co\ ox_2\ (NH_3)_2]NH_4\cdot H_2O$, $[Co\ EDTA]Na\cdot 4\ H_2O$ (H_4EDTA = Äthylendiamintetraessigsäure), $[Co\ ox_3]K_3\cdot 3\ H_2O$, $(NH_4)_3[Co(O_6Mo_6O_{18}H_6)]\cdot 7\ H_2O$. Eine Gleichung zur Anwendung auf unsymm. Absorptionsbanden wird entwickelt u. deren Gültigkeit für die angegebenen Komplexe festgstellt. U. Skurnia. 118□

Spektrophotometrische Untersuchungen an dem Eisen(III)-Morellin-Komplex. S. G. Tandon und C. C. Patel. (J. Indian Inst. Sci., A **39**, 129—37, April 1957; Bangalore, Indian Inst. of Sci., Dep. of Gen. Chem.; engl.) — Vff. untersuchen spektrophotometr. die Komplex-Bldg. zwischen $FeCl_3$ u. Morellin in abs. alkohol. Medium, die nur zu einem einzigen Komplex der Zus. Fe_2R_3 (I; R = Morellinligand) mit einem Absorptionsmaximum bei 550 mμ führt. Die Dissoziations-Konst. von I in abs. A. beträgt $4{,}95\cdot 10^{-17}$ bei 25°, die Freie Bldg.-Energie —22,15 kcal/Mol. Das Absorptionsmaximum von $FeCl_3$ in A. wird bei Zunahme der $FeCl_3$-Konz. von $2{,}24\cdot 10^{-4}$ bis $2{,}30\cdot 10^{-1}$m von 410 nach 490 mμ verschoben. U. Skurnia. 118□

Die Absorptionsspektren von Komplexsalzen. 2. Mitt. **Kupfer(II)-Komplexe mit Dicarbonsäuren.** D. P. Graddon. (J. inorg. nuclear Chem. **7**, 73—77, Aug./Sept. 1958; Birkenhead, Cheshire, Techn. Coll.; engl.) — 1. vgl. C. **1959**, 9121; vgl. auch C. **1962**, 14027. — Die anion. Komplexe, die Cu^{2+} in wss. Lsg. von K-Oxalat, -Malonat, -Methyl-, -Äthyl-, -n-Propyl-, -n-Butyl-, -Diäthyl-, -Äthyl-n-butyl-, -Phenyl-, -Phenylmethyl-, -Chlor-, -Brom- u. -Dibrommalonat sowie K-Phthalat bildet, wurden spektrophotometr. untersucht. Die Absorptionsmaxima liegen durchweg zwischen 680 u. 720 mμ, die Extinktion nimmt mit wachsendem Anion zu. Es besteht eine lineare Beziehung zwischen der Extinktion u. der Molrefraktion des Anions. W. Betcke. 118□

Anisotropie der Wassercluster um das Cu^{2+}-Ion. A. Mookherji und M. S. Chhonkar. (Indian J. Physics Proc. Indian Assoc. Cultivat. Sci. **34** (**43**), 147—48, März 1960; Agra, Agra Coll., Phys. Labor.; engl.) — Messungen der Absorptionsspektren von Cu^{2+} in wss. Lsgg. von $CuSO_4$ zeigen ein Bandenmaximum bei 12400 cm^{-1}, bei genauerer Unters. ein zweites bei 12000 cm^{-1}. Die Wasser-Mol. sind angenähert tetragonal um das Cu^{2+} angeordnet. Der Kovalenzfaktor f^2 wurde für das Cu^{2+}-Ion zu 0,85 gefunden, daraus errechnet sich die magnet. Anisotropie $AK = 548 \cdot 10^{-6}$ bei 300° K für die Wasseranhäufung um das Cu^{2+}-Ion, in guter Übereinstimmung mit den von Bose u. Mitarbeitern (C. **1958**, 628) aus magnet. Unterss. erhaltenen Werten. Vff. schließen, daß das 1. u. 2. Maximum durch tetragonale Aufspaltung bedingt sind. E. Schulte. 118□

Fluorescenzspektren von Uranylphosphat und -oxalat. K. V. Narasimham und V. Ramakrishna Rao. (Spectrochim. Acta [London] **18**, 1055—58, Aug. 1962; Waltair, India, Andhra Univ., Spectroscopy Labor.; engl.) — Die Fluorescenzspektren pulverförmiger Proben von $UO_2HPO_4 \cdot 4\,H_2O$ u. $UO_2(COO)_2 \cdot 3\,H_2O$ wurden bei der Temp. der fl. Luft u. des fl. N_2 aufgenommen. Im Spektrum des Phosphats wurden ca. 30 Banden, in dem des Oxalats 22 Banden beobachtet. Die Zuordnung der Banden erfolgt auf der Grundlage der Schwingungsfrequenzen des UO_2^{2+}, der Säurereste u. des Kristallgitters. Für die Analyse der Banden wird ein einzelner erlaubter Elektronenübergang angenommen. Gerhard Schulze. 118□

Zur Größe reaktionskinetischer Parameter. Michael Schön. (Abh. dtsch. Akad. Wiss. Berlin, Kl. Math., Physik Techn. **1960**, Nr. 7, 315—19; München, TH, Labor der Theoret. Phys.; dt.) — Vortrag. Hinweis auf 2 Best.-Meth., aus denen man die Größenordnung des Verhältnisses des Rekombinations Koeff. für den leuchtenden Übergang in den Aktivator einmal zum Einfang-Koeff. für die Elektronen in die Haftstellen, zum anderen zum Koeff. für die strahlungslose Rekombination freier Löcher mit eingefangenen Elektronen erhält. Wolfgang Wagner. 119□

Über die Brechungsdispersion des Ammoniumchlorids. Y. Daquo und D. Teulie. (J. Physique Radium **21**, 64 S—65 S, April 1960; Bordeaux; franz.) — Zur red. Darst. der Brechungsdispersion des NH_4Cl im Bereich 3130—7682 Å eignet sich statt der von anderer Seite vorgeschlagenen mehrgliedrigen Formel auch der nachst. eingliedrige Ausdruck: $(n^2 - 1)/(n^2 + 2) = R = 0{,}34926\,\lambda^2/(\lambda^2 - 1{,}01 \cdot 10^6)$ (λ in Å). Die Kurve λ^2 gegen λ^2/R ist recht genau eine Gerade. A. Blaschette. 119□

Einfluß von Wärmebehandlung auf WO_3-Einkristalle. 1. Mitt. Verschiedene Farbmuster. Tadao Horie und Tsuruji Iwai. (J. physic. Soc. Japan **16**, **424—29**, März 1961; Osaka, Univ., Fac. of Sci.; engl.) — Dünne blättchenförmige Einkristalle von WO_3 werden zuerst im Vakuum in Ggw. eines Stückchens Zn auf eine Temp. nahe 400° erhitzt u. auf Zimmer-Temp. abgekühlt. Mkr. konnten auf diesen Kristallen eine Anzahl schiefer, sich kreuzender grüner Streifen verschiedener Dicke beobachtet werden. Es traten stets 2 Gruppen von grünen Streifen auf, wobei jede Gruppe eine definierte Orientierung mit Bezug auf die Kristallachsen oder die Bereichsgrenze der monoklinen Phase hatte. Wurden die WO_3-Kristalle in Ggw. von Na-Dampf erhitzt, dann färbte sich der Kristall grasgrün u. er enthielt mehr oder weniger verwischte Flecken verschiedener Farbe, teils hellgrünlichblau, teils dunkelblaugrün. Die bürstenförmig angeordneten Flecken liegen mit der Borstenrichtung parallel der a- oder b-Achse. Werden solche Kristalle in Luft erhitzt, dann nehmen sie ihre alte gelbliche Farbe wieder an u. die Flecken sind kaum noch sichtbar. Andere Metalle wie Hg, Cu oder Pb zeigten keinen Einfluß. Wird der Kristall schließlich ohne Metalldampf auf ca. 610° im Vakuum erhitzt, dann wird er gleichmäßig blau u. es treten eine Reihe dunkler Linien auf, die sich schief kreuzen. Nach Erhitzen in Luft wird der Kristall wieder gelblich, die dunklen Linien verschwinden jedoch nicht. C. Gottfried. 119

Einige Fragen zur Theorie der Streuung elektromagnetischer Strahlung an submikroskopischen, sphärischen Teilchen. A. I. Slutzker und W. A. Marichin. (Оптика и Спектроскопия [Optik u. Spektroskopie] **10**, 232—39, Febr. 1961; russ.) — Die Streuung elektromagnet. Strahlung an Teilchen, deren Brechungsindex sich wenig vom Brechungsindex des Mediums unterscheidet, wird untersucht. Der Einfl. der Form nichtsphär. Teilchen auf den Charakter der Winkelabhängigkeit der Intensität der Streustrahlung wird geklärt. Als prakt. wichtige Fälle werden die Streuung von sichtbarem Licht sowie von Röntgenstrahlen an submkr. Teilchen mit linearen Dimensionen der Größenordnung 10—1000 Å analysiert u. gegenübergestellt. U.-L. Rau. 119□

Untersuchung zur Wechselwirkungserscheinungen zwischen zwei in einem elektromagnetischen Zentimeterfeld angebrachten benachbarten Kugeln mit dem Brechungsindex 1,33. J. Mevel. (Arch. des Sci. **10** (**162**), Sonderh. 73—75, 1957;

Rennes, Fac. des Sci.; franz.) — Vf. nimmt Bezug auf die grundlegende Hypothese zur Berechnung der Dämpfung von Lichtwellen durch atmosphär. Nebel, wonach zwischen 2 benachbarten Tropfen kein elektromagnet. Einfl. besteht sowie auf die von Trinks [1934] entwickelte Theorie zur Untermauerung dieser Hypothese u. berichtet über dementsprechende Messungen an 2 benachbarten *Teflon*-Kugeln (Index 1,33) u. 2 benachbarten Kugeln aus *Cytoparaffin* (Index ca. 1,5) im cm-Wellenlängenbereich. Die experimentellen Ergebnisse ergaben, daß man für die Kugeln mit dem Index 1,33 die Regel von Trinks (vgl. l. c.) in erster Annäherung bestätigen kann, wonach eine Wechselwrkg. zu vernachlässigen ist, wenn der Abstand zwischen den Kugeln größer ist als der doppelte Durchmesser. C. Gottfried. 119

Nahes Infrarotspektrum. Ein vernachlässigtes Gebiet der Spektraluntersuchung. Owen H. Wheeler. (J. chem. Educat. **37,** 234—36, Mai 1960; Mayaguez, Puerto Rico, Univ. of Puerto Rico; engl.) — Hinweis auf die Ursachen des nahen IR-Spektrums (2 bis 0,7 μ), die charakterist. Banden, die analyt. Anwendung u. die apparativen Probleme. Ch. Weiske. 120□

Über die Absorption des Quarzes im nahen Ultrarot. H.-G. Häfele. (Z. Physik **160,** 420—30, 1960; Augsburg, Osram-Studienges.; dt.) — Das Absorptionsspektrum von Quarzkristallen wurde mit polarisiertem Licht im Gebiet zwischen 2900 u. 4000 cm^{-1} bei Temp. von — 190 bis 550° untersucht. Von den elf festgestellten Banden sind drei eingebauten OH-Gruppen, der Rest dem Quarzgitter zuzuordnen. Die H-Konz. im Gitter läßt sich durch Elektrolyse in Gasatmosphären beliebig zwischen Null u. einem Sättigungswert variieren. Die Farbzentren im Quarz werden durch Wasserstoff beeinflußt. G. Heinsohn. 120□

Valenzschwingung des Sulfations in Kaliumchlorid: Bildung von $M^{2+}SO_4^{2-}$-Paaren. E. Howard Coker, J. C. Decius und A. B. Scott. (J. chem. Physics **35,** 745—46, Aug. 1961; Corvallis, Oreg., Oregon State Univ., Dep. of Chem.; engl.) — Im IR-Spektrum von KCl-Einkristallen mit einigen mg K_2SO_4/g treten zahlreiche Absorptionsbanden im Bereich der Valenzgrundschwingung des SO_4^{2-} (1092—1197 cm^{-1}) auf, die bei entsprechender Dotierung mit $MgSO_4$, $CaSO_4$, $BaSO_4$, $PbSO_4$ nicht erhalten werden. Aus einer sorgfältigen Neubest. der IR-Spektren in Verb. mit einer Störungsrechnung ergibt sich, daß in den Me(II)-dotierten Kristallen das SO_4^{2-} in fester Lsg. vorliegt u. Cl^- substituiert; seine effektive Symmetrie ist C_{2v}, wobei Me^{2+}-Ionen den Mittelpunkt einer benachbarten Würfelfläche besetzen. A. Blaschette. 120□

Absorptionsspektren der gasförmigen Alkalimetallhydroxide bei hohen Temperaturen. L. H. Spinar und J. L. Margrave. (Spectrochim. Acta [London] **12,** 244—46, Sept. 1958; Madison, Wis., Univ. of Wisconsin, Dep. of Chem.; engl.) — Zur Unters. der gasförmigen Hydroxide des Li, Na, K, Rb u. Cs bei Temp. bis zu 1000° wurde ein registrierendes Einstrahl-IR-Spektrometer (modifiziertes-Perkin-Elmer-Modell 81) verwendet. Für die im Gleichgewicht über NaOH, KOH u. RbOH stehenden Gase wurden charakterist. Absorptionsmaxima bei Wellenlängen im IR-Bereich beobachtet, die mit den auf Grund eines gasförmigen Ionenmodells der Form $[MOH]_x$ (M = Alkalimetall) getroffenen Voraussagen übereinstimmen. Bei der Unters. der Gase über LiOH, NaOH u. KOH wurden im sichtbaren u. im UV-Bereich keine Absorptionsbanden gefunden. Gasförmiges Na im Gleichgewicht mit gasförmigem $[NaOH]_x$ war erst ab ca. 850° nachweisbar. Gerhard Schulze. 120□

Infrarotspektren gasförmiger Übergangsmetalldihalogenide. George E. Leroi, Thomas C. James, Jon T. Hougen und William Klemperer. (J. chem. Physics **36,** 2879—83, 1/6. 1962; Cambridge, Mass., Harvard Univ., Mallinckrodt Chem. Labor.; engl.) — Die IR-Absorptionsspektren der Verbb. $MnCl_2$, $FeCl_2$, $CoCl_2$, $NiCl_2$, $CuCl_2$ u. $CoBr_2$ im gasförmigen Zustand wurden im Bereich zwischen 220 u. 4000 cm^{-1} aufgenommen. Außer für $MnCl_2$ u. $CuCl_2$ wurden auch die Emissionsspektren in diesem Bereich gemessen. Aus der Emission der ungesätt. Dämpfe geht hervor, daß eines der beiden für die gasförmigen Dihalogenide beobachteten Absorptionsmaxima (außer für $MnCl_2$, das nur eine Bande aufweist) auf eine Schwingung einer polymeren Mol.-Art zurückzuführen ist. Unter der Annahme, daß die monomeren Moll. $D_{\infty h}$-Symmetrie besitzen, wird die Absorptionsbande der monomeren Moll. der antisymm. Streckschwingung ν_3 zugeordnet. Die Kraft-Konst. der M—X-Streckschwingung wurden auf Grund eines linearen Modells u. eines einfachen Valenzkraftfeldes berechnet; sie sind denen der entsprechenden zweiatomigen Monohalogenide sehr ähnlich. Die Reihen beider Konst. weisen ein Maximum zwischen Mn u. Zn auf. Gerhard Schulze. 120□

Schwingungsspektren von MoF_6 und TcF_6. Howard H. Claassen, Henry Selig und John G. Malm. (J. chem. Physics **36,** 2888—90, 1/6. 1962; Argonne, Ill., Argonne Nat. Labor.; engl.) — Die IR-Spektren von gasförmigem MoF_6 u. TcF_6 zwischen

6 u. 43 μ, das Raman-Spektrum von gasförmigem MoF_6 u. ein unvollständiges Raman-Spektrum von fl. TcF_6 werden mitgeteilt. Sie werden auf der Grundlage einer oktaedr. Punktgruppe O_h gedeutet. Die Fundamentalschwingungen von MoF_6 liegen bei 741 (ν_1), 643 (ν_2), 741 (ν_3), 264 (ν_4), 306 (ν_5) u. 190 (ν_6), die von TcF_6 bei 705 (ν_1), 551 (ν_2), 748 (ν_3), 265 (ν_4) u. 255 cm^{-1} (ν_5) (ν_6 wurde nicht bestimmt). Die Unterschiede in den Spektren von MoF_6 u. TcF_6 werden als Folge der Orbitalentartung im Grundzustand des TcF_6 in Analogie mit ähnlichen Differenzen in den 5d-Reihen erklärt. Für MoF_6 werden außerdem die thermodynam. Funktionen C_p^0, S^0, $H_0-H_0^0$ u. $-[(F^0-H_0^0)/T]$ für den idealen Gaszustand für 1 atm u. Temp. zwischen 250 u. 1000° berechnet. Gerhard Schulze. 120□

Schwingungsspektren von ReF_6. Howard H. Claassen, John G. Malm und Henry Selig. (J. chem. Physics **36**, 2890–92, 1/6. 1962; engl.) — Vgl. vorst. Referat. — Das IR-Absorptionsspektrum zwischen 6 u. 43 μ u. das Raman-Spektrum von ReF_6 werden mitgeteilt. Die Deutung erfolgt auf der Grundlage der oktaedr. Punktgruppe O_h. Die 6 Fundamentalschwingungen liegen bei 755 (ν_1), 596 (ν_2), 715 (ν_3), 257 (ν_4), 246 (ν_5) u. 193 (ν_6). Die thermodynam. Funktionen C_p^0, S^0, $H^0-H_0^0$ u. $-[(F^0-H_0^0)/T]$ werden für den idealen Gaszustand für 1 atm u. für Temp. zwischen 250 u. 1000° K berechnet.
Gerhard Schulze. 120□

Optisch-aktive Gitterschwingungen von α-Urantrioxid. Masamichi Tsuboi, Minoru Terada und Takehiko Shimanouchi. (J. chem. Physics **36**, 1301–10, 1/3. 1962; Bunkyo-ku, Tokyo, Univ., Fac. of Pharm. Sci., Fac. of Sci.; Omiya, Saitama, Mitsubishi Atom. Power Ind. Co., Ltd.; engl.) — Vff. messen die Ir-Absorptionsspektren von *α-UO_3, β-UO_3, U_3O_8* u. *UO_2* im Spektralbereich von 4000–90 cm^{-1}. Unter der Annahme eines modifizierten zentralen Kraftfeldes für die Kristallstruktur von α-UO_3 werden die Frequenzen der vier IR-akt. u. der beiden Raman-akt. Gitterschwingungen berechnet. Basierend auf diesen Berechnungen u. durch Vgl. der vier Spektren lassen sich alle acht beobachteten Banden des α-UO_3 entweder den IR-akt. Grundschwingungen oder den IR-akt. Kombinationsschwingungen zuordnen. Ferner werden die für α-UO_3 erhaltenen Kraft Konst. sowie die Absorptionsbanden der anderen drei U-Oxide besprochen.
G. Ruban. 120□

Empfindliche Schwingungsfrequenzen. 5. Mitt. **Empfindliche Amminfrequenzen und Elektronegativitäten der komplexen Übergangsmetallionenradikale.** J. K. Wilmshurst. (Canad. J. Chem. **38**, 467–72, März 1960; Parma, Res. Labor.; Cleveland, Ohio, Union Carbide Corp.; engl.) — 4. vgl. C. **1962**, 1932. — Ausgehend von den bekannten Pendel- u. symm. Spreiz- u. Pendelfrequenzen ν_r bzw. ν_d der Ammingruppe in einer größeren Anzahl von Amminen stellte Vf. empir. Diagramme der Quadrate der beiden Frequenzen gegen die Elektronegativität des Metallions her. Die empfindlichen Frequenzen in den komplexen Übergangsmetallamminionen wurden in diese Diagramme eingepaßt u. die Elektronegativität des Übergangsmetalls in seiner jeweiligen Umgebung abgeschätzt. Zur Verfügung standen die Daten der folgenden Ammine: *$[NH_3OH]Cl$, $[NH_3NH_2]Cl$, $[Hg(NH_3)_2]Cl$, $[Co(NH_3)_6]Cl_2$, $[Co(NH_3)_6]Cl_3$, $[Co(NH_3)_5OH]Br_2$, $[Co(NH_3)_5Cl]Br_2$, $[Co\cdot(NH_3)_5H_2O]Cl_3$, $[Co(NH_3)_5NO_2]Cl_2$, trans-$[Co(NH_3)_4(NO_2)_2]Cl$, $[Co(NH_3)_3(NO_2)_3]$, $K[Co\cdot(NH_3)_2(NO_2)_4]$, $[Cr(NH_3)_6]Cl_3$, $[Cr(NH_3)_5Cl]Cl_2$, $[Cr(NH_3)_5NO_2]Cl_2$, $[Ni(NH_3)_6Cl_2$, $[Cu\cdot(NH_3)_4]SO_4\cdot H_2O$, $[Pt(NH_3)_4]Cl_2$, $[Pt(NH_3)_5Cl]Cl_2$, trans-$[Pt(NH_3)_2Cl_2]$, $[Pd(NH_3)_4]Cl_2$, trans-$[Pd(NH_3)_2Cl_2]$, $[Ag(NH_3)_2]_2SO_4$* u. *$[Na(NH_3)_4]Cl$*. Die analyt. Ausdrücke für die in dem Diagramm erhaltenen beiden Geraden sind (x = Elektronegativität) $\nu_d^2 = 3{,}66\,x + 8{,}12$ u. $\nu_r^2 = 3{,}66\,x - 0{,}78$. Die geschätzten Elektronegativitätswerte sind tabellar. wiedergegeben. C. Gottfried. 120

Das Ultrarotabsorptionsspektrum des Borminerals Tertschit (400–5000 cm^{-1}). Heinz Meixner und Horst Moenke. (Kali u. Steinsalz **3**, 228–29, Nov. 1961; Knappenberg/Kärnten; Jena; dt.) — Tertschit (I) aus der Lagerstätte Kurt pinari bei Iskeleköy, Türkei, wurde IR-spektroskop. im Bereich 400–5000 cm^{-1} untersucht. Das Ca-Borat enthält im Gitter keine freien OH-Gruppen. Am Aufbau der Struktur sind sowohl ebene BO_3-Gruppen, als auch tetraedr. BO_4-Polyeder beteiligt. Das Pulverabsorptionsspektrum läßt die Vermutung zu, daß **I** ein Inoborat ist.
H. Moenke. 120□

Untersuchung der Absorptionsspektren im Infrarot von Polyaluminiumorganosiloxanen und Polytitanoorganosiloxanen. K. A. Andrianow, N. P. Gaschnikowa und E. S. Assnowitsch. (Известия Академии Наук СССР, Отделение Химических Наук [Nachr. Akad. Wiss. UdSSR, Abt. chem. Wiss.] **1960**, 857–62, Mai; Inst. für elementorgan. Verbb. der Akad. der Wiss. der UdSSR, Allunions Lenin-Elektrotechn. Inst.; russ.) — Vff. untersuchten die IR-Absorptionsspektren von *Polyalumomethylsiloxan* (**I**), *Polyalumoäthylsiloxan* (**II**), *Polyalumophenylsiloxan* (**III**), *Polytitanomethyl-*

siloxan (**IV**), *Polytitanoäthylsiloxan* (**V**), *Polytitanophenylsiloxan* (**VI**), *Polymethylsiloxan* (**VII**), *Polyäthylsiloxan* (**VIII**) u. *Polyphenylsiloxan* (**IX**). Die für die Schwingungen der Bindung (BS) Al—O der Al—O—Si-Gruppe von **I, II** u. **III** charakterist. Frequenzen befinden sich im Intervall 1050—1080 cm^{-1} u. für die BS Ti—O der Ti—O—Si-Gruppe von **IV, V** u. **VI** im Intervall 914—922 cm^{-1}. **I, II, III, IV, V, VI, VII, VIII** u. **IX** besitzen eine linearcycl. Struktur der Hauptketten, in welchen die vorwiegend tetrameren Siloxan- u. Organometallosiloxancyclen durch O-Atome miteinander verbunden sind. S. Baryschnikow. 120

Quadrupolrelaxation in Flüssigkeiten. Joseph Seiden. (Arch. des Sci. **10** (162), 270—73, 1957; Paris, Univ., Labor. d'Électronique et de Radioélectricité; franz. — C. **1957**, Sonderh. 12067.) C. Gottfried. 121

Direkte Methode zur Messung von Molekül-Quadrupolmomenten. A. D. Buckingham. (J. chem. Physics **30**, 1580—85, Juni 1959; Madison, Wis., Univ. of Wisconsin, Naval Res. Labor.; engl.) — Vf. schlägt eine experimentelle Meth. zur Best. permanenter Quadrupolmomente von Moll. vor, die der Best. elektroopt. Kerr-Konst. entspricht. Das homogene elektr. Feld, das proportional der Spannung ist, wird dabei durch den elektr. Feldgradienten eines 4eckigen Drahtkondensators ersetzt. Durch diesen Feldgradienten werden die Quadrupol-Moll. derart orientiert, daß die Substanz doppelbrechend wird, wobei die induzierte Anisotropie im Brechungsindex durch die Beziehung $n_x - n_y = [B + (A/T)]\,v$ gegeben ist. Die Konst. A ist dabei proportional zum mol. Quadrupolmoment u. zur Anisotropie der Polarisierbarkeit, während B dem durch ein homogenes Feld induzierten Quadrupolmoment proportional ist. Weiterhin wird die Theorie dieser Meth. für dichte Medien entwickelt. G. M. Neumann. 121□

Quadrupoluntersuchung von Barium in Bariumbromiddihydrat durch protonenmagnetische Resonanz. J. W. McGrath und A. A. Silvidi. (J. chem. Physics **36**, 1496—99, 15/3. 1962; Kent, Ohio, Kent State Univ., Dep. of Phys.; engl.) — Vff. berichten über Unterss. der Zeeman-Quadrupolresonanzen von ^{137}Ba in $BaBr_2 \cdot 2\,H_2O$ nach der Protonenresonanzmethode. Die Hauptachsen des elektr. Feldgradienten sind wie folgt orientiert: x parallel b; y parallel c u. z senkrecht zur bc-Ebene; a, b u. c sind die kristallograph. Achsen. Der Asymmetrieparameter wurde zu $0{,}73 \pm 0{,}01$ u. die reine Quadrupolresonanzfrequenz zu $24{,}38 \pm 0{,}03$ MHz bestimmt.
G. M. Neumann. 121□

Theorie der Quanten-Oscillatoren in einem Hohlraumresonator mit mehreren Schwingungsformen. W. G. Wagner und G. Birnbaum. (J. appl. Physics **32**, 1185—94, Juli 1961; Malibu, Calif., Hughes Res. Labor., Div. of Hughes Aircraft Co.; engl.) — Es wird das Energiespektrum eines opt. Festkörpermasers, der in stationärem Zustand arbeitet, erhalten durch die Annahme, daß jedes Atom-Syst. eine Quelle von willkürlich schwankenden Dipolmomenten ist, die jede Schwingungsform des Resonators anregt. Das nichtlineare Verh. der Gesamtheit der Atom-Syst. wird so behandelt, daß eine detaillierte Unters. der Energieverteilung der verschiedenen Schwingungen möglich ist. Es werden Beispiele betrachtet. J.-M. Späth. 121□

Parametrische Verstärkung von Millimeterwellen mit antiferromagnetischen Materialien. R. M. Moore. (J. appl. Physics, Suppl. zu **33**, Nr. 3, 1274—75, März 1962; Baltimore, Md., Appl. Phys. Group, Air Arm Div., Westinghouse Electric Co.; engl.) — Es wurde eine störungstheoret. Analyse durchgeführt, um das parametr. Ansprechen der entgegengesetzt gerichteten gleichförmigen Präzessionszustände auf longitudinales Pumpen zu bestimmen. Aus Berechnungen über das Ansprechen eines ferromagnet. Materials in einem Silberhohlraum, der zur Pumpfrequenz resonant schwingt, ergibt sich, daß die von dem Hohlraum bei der Verstärkungsschwelle von Cr_2O_3 absorbierte Pumpleistung $2 \cdot 10^5$ W betragen würde. H. Laue. 121□

Thermoluminescenz von Thoriumdioxid. E. H. Greener, W. M. Hirthe und E. Angino. (J. chem. Physics **36**, 1105—06, 15/2. 1962; Milwaukee, Wis., Marquette Univ., Coll. of Engng.; Lawrence, Kans., Univ. of Kansas, Dep. of Geol.; engl.) — An ThO_2-Einkristallen wird eine Thermoluminescenz bei 195 ± 5^0 u. nach Bestrahlung mit ^{60}Co-γ-Strahlen (10^3—10^6 r) ein zusätzliches Maximum bei 65 ± 5^0 beobachtet. Während die Intensität des Emissionsmaximums bei 195^0 mit der Bestrahlungsdosis ansteigt, erreicht das 65^0-Maximum bei 10^5 r einen Sättigungswert. Der Intensitätsabfall des 195^0-Maximums kann mit einer Rk. 1. Ordnung u. der Aktivierungsenergie $1{,}45 \pm 0{,}20$ eV beschrieben werden; dagegen ist für den Abfall des 65^0-Maximums eine Rk. 2. Ordnung anzunehmen. Das Auftreten von 2 Maxima ist mit dem Vorliegen von 2 Haftstellen zu deuten, die mit einer O-Leerstelle verbunden sind.
Herbert Müller. 125□

Strahlungskonverter. A. Swit. (Bull. Acad. polon. Sci., Sér. Sci. techn. **8**, 459—65, 1960; Warsaw, Techn. Univ., Dep. of Radiotechn.; engl.) — Die Schwierigkeiten, die bei der Konstruktion eines Lichtverstärkers entstehen, der gleichzeitig als Konverter (IR-Strahlung in sichtbaren Bereich zu bringen) arbeitet, werden z. T. beseitigt, indem das Zusammenwirken von entsprechend eingebauten p–n-Schichten aus *Ge* u. *Si* mit der elektrolumineseierenden *ZnS*-Schicht ausgenutzt wird. Die beschriebenen Konverter, Elektrolumineseenzschicht (ES) → Ge- bzw. Si-Photodiode, reagieren im wesentlichen in dem Gebiet von ca. 0,5—2 bzw. 0,4—1,2 μ. Die Abhängigkeit der spektralen Verteilung des Ausganges von der Spannung u. der Art des ES sowie die technolog. Schwierigkeiten werden behandelt. H. Schibilla. 125□

A$_3$. Elektrizität. Magnetismus. Elektrochemie

Eigenschaften eines ionisierten Gases geringer Dichte in einem Magnetfeld. 4. Mitt. S. Chandrasekhar, A. N. Kaufman und K. M. Watson. (Ann. Physics **5**, 1—25, Sept. 1958; Los Alamos, N.Mex., Los Alamos Sci. Labor.; Livermore, Calif., Univ. of California, Radiat. Labor.; engl.) — 3. vgl. C. **1961**, 9297. — Es wird eine Meth. zur Lösung der Boltzmann-Gleichung für die Gleichgewichtszustände eines ionisierten Gases geringer Dichte in einem starken Magnetfeld angegeben. Unter der Annahme, daß der Term für die Lorentz-Kraft in der Boltzmann-Gleichung alle anderen überwiegt, wird die Lösung in eine Reihe von inversen Potenzen der Kreisfrequenz ω entwickelt. Die Lösung wird explicit ausgeführt bis zur 1. Ordnung von ω^{-1}. Es werden ebenfalls Ausdrücke für die Drift-Geschw. in der 1. Ordnung erhalten. B. Stein. 131□

Über die Druckabhängigkeit der Elektronentemperatur im Plasma der positiven Säule bei einer Glimmentladung in Molekelgasen. Berth-Arnim Engelke. (Z. Physik **158**, 422—32, 1960; Braunschweig, TH, Inst. für Phys. Chem. u. Elektrochem.; dt.) — Unter der Voraussetzung, daß die Dissoziation der Moll. durch Elektronenstoß zu elektr. neutralen Bruchstücken führt, untersucht Vf. unter Berücksichtigung dieser Dissoziationsbruchstücke nach der Schottkyschen Diffusionstheorie der positiven Säule die Beziehung zwischen Gasdruck u. Elektronen-Temp. bei Glimmentladungen in Mol.-Gasen. Es zeigt sich, daß sich im Gebiet mittlerer Elektronen-Temp. der Einfl. der Dissoziationen auf die Druckabhängigkeit der Elektronen-Temp. bes. bemerkbar macht; ob eine Erhöhung oder Erniedrigung der Elektronen-Temp. eintritt, hängt von der Ionisierungswahrscheinlichkeit der undissoziierten Moll. u. der Dissoziationsbruchstücke sowie von der Dissoziationswahrscheinlichkeit gegenüber einem Elektronenstoß ab. D. Jörchel. 131□

Einfluß von negativen Ionen auf die ambipolare Diffusion von Elektronen. Hendrik J. Oskam und Verlyn R. Mittlestadt. (J. appl. Physics **31**, 940—41, Mai 1960; engl.) — Vff. diskutieren die Prozesse, die für das Verschwinden der in einem Gasentladungsplasma erzeugten freien Elektronen in Frage kommen. Es sind dies Diffusion nach den Entladungsgrenzflächen zu, Rekombination mit positiven Ionen u. Anheftung an elektronegative Gasteilchen. Das Verschwinden der Elektronen durch Diffusion ist im allg. raumladungsbeschränkt infolge der großen Unterschiede zwischen den freien Diffusions-Koeff. der Elektronen u. positiven Ionen. Der Diffusions-Koeff. wird, wenn man den Einfl. des erzeugten Raumladungsfeldes auf den Elektronenverlust berücksichtigt, ambipolarer Diffusions-Koeff. genannt; sein Wert hängt von dem Typ der in dem Plasma vorhandenen Ladungsträger ab. Unter Bezugnahme auf Unterss. von Oskam (vgl. C. **1959**, 11139), der unter Annahme gewisser Anfangsbedingungen den ambipolaren Diffusions-Koeff. von Elektronen in einem Plasma berechnete, das aus positiven oder negativen Ionen u. Elektronen bestand, berichten Vff. über Messungen der Nachglimmeigg. von Plasmen, die in Mischungen aus Ne + 0,1% Ar erzeugt worden waren. Die experimentell ermittelten Kurven waren den berechneten Kurven sehr ähnlich. C. Gottfried. 131

Die Beweglichkeiten von Ionen in molekularen Gasen. A. M. Arthurs und A. Dalgarno. (Proc. Roy. Soc. [London], Ser. A **256**, 552—58, 19/7. 1960; Belfast, Queen's Univ., Dep. of Appl. Mathem.; engl.) — Vff. leiten eine Formel für die Beweglichkeit eines Ions in einem zweiatomigen Gas ab. Speziell wird die Theorie auf mol. Wasserstoff u. Deuterium unter Berücksichtigung der Rotationserscheinungen angewendet. Bei sehr niedrigen Werten der Temp. existiert ein Beweglichkeitsminimum. G. Kelbg. 131□

Messung und Auswertung von Bogencharakteristiken (Ar, N_2). H. Maecker. (Z. Physik **158**, 392—404, 1960; Erlangen, Siemens-Schuckertwerke, Forschungslabor.; dt.) — Vf. leitet ein Auswertverf. auf Grund der eindeutigen Abhängigkeit der Feld-

stärke-Stromstärke-Charakteristiken zylindr. Bögen von der elektr. Leitfähigkeit σ als Funktion des Wärmestrompotentials S ab (vgl. C. **1961**, 1100) u. wendet es auf Messungen am N_2-Bogen an. Für genauere Messungen wurde der „Kaskadenbogen" weiterentwickelt, so daß 10 kW/cm Bogensäule umgesetzt werden können u. so ein hoher Ionisationsgrad gewährleistet wird. Als Ergebnisse werden die Ar- u. N_2-Charakteristiken, die σ(S)-Kurve von N_2 sowie die Strahlungsdichte u(σ) für N_2 diskutiert. Die u-Kurve zeigt bei $\sigma = 7 \cdot 10^{13}$ cgs ein Maximum von ca. $u = 3{,}3 \cdot 10^{10}$ erg·s^{-1}·cm^{-3}.
D. Jörchel. 131□

Deutung der erhöhten Bogengeschwindigkeit an magnetischen Elektroden. P. E. Secker. (Brit. J. appl. Physics **11**, 385—88, Aug. 1960; London, Univ. of London, Queen Mary Coll.; engl.) — Bewegt sich ein Lichtbogen zwischen parallelen horizontalen Metallelektroden unter dem Einfl. eines magnet. Querfeldes, das durch den Stromfluß in den Elektroden hervorgerufen wird, so ist die Geschw.-Strom-Charakteristik vom Kathodenmaterial abhängig. Die Diagramme lassen sich in zwei Gruppen einteilen: a) für magnet. u. b) für nichtmagnet. Werkstoffe. Berechnungen zeigen, daß die erhöhte Bogen-Geschw. an Elektroden der Gruppe a, z. B. aus Flußstahl, auf einen Hochfrequenz-Stein-Effekt in der Nähe des sich schnell bewegenden Kathodenflecks zurückzuführen ist. Dadurch werden die Strompfade unter Erhöhung der transversalen magnet. Felddichte im krit. Bereich gerade außerhalb der Kathode in den äußeren Elektrodenbereich gezwungen.
P. Frenzel. 131□

Deutung von Polarisationen höherer Ordnungen. J. Voisin. (Physica [Utrecht] **25**, 195—204, März 1959; Liège, Univ., Dep. de Phys. mathémat.; franz.) — Theoret. Untersuchung.
C. Gottfried. 132

Chemische Anwendungen mit der Molpolarisierbarkeit zusammenhängender Erscheinungen. R. J. W. Le Fèvre. (J. Proc. Roy. Soc. New South Wales **95**, 1—11, 1961; Univ. of Sydney, School of Chem.; engl.) — Kurze Übersicht. — 32 Literaturangaben.
A. Blaschette. 132□

Dielektrizitätskonstanten nichtidealer Gase. 2. Mitt. Kohlendioxid und Äthylen. D. R. Johnston und R. H. Cole. (J. chem. Physics **36**, 318—24, 15/1. 1962; Providence, R. I., Brown Univ., Metcalf Chem. Labor.; engl.) — 1. vgl. C. **1961**, 7836. — Von CO_2 bzw. *Äthylen* (I) wird im Dichtebereich 0—4 Mol/Liter die DK nach einer Kapazitäts-Meth. mit 10 kHz gemessen. Für I u. CO_2 steigt die Clausius-Mossoti (C–M)-Funktion bei 25° u. 75° mit der mol. Dichte n/V an; bei der Reihen-Entw. der C–M-Funktion nach $(\varepsilon-1)V/(\varepsilon-2)n = A + B(n/V) + \cdots$ werden für die Koeff. A u. B bei 75° erhalten: für CO_2 A = 7,385 (cm^3/Mol) u. B = 46,4 (cm^6/Mol^2), für I A = 10,704 u. B = 62,2. Das Ansteigen der C–M-Funktion ist auf das Vorliegen von Paar-Wechselwrkg. zurückzuführen u. läßt sich für CO_2 nach der Theorie der quadrupolinduzierten Dipole mit einem mol. Quadrupolmoment von ca. $5 \cdot 10^{-26}$ esu·cm^2 beschreiben. Da I keine axiale Symmetrie besitzt, kann die Temp.-Abhnägigkeit der Koeff. A u. B nur mit einer verallgemeinerten Theorie gedeutet werden. Abweichungen von den theoret. Werten bei Raum-Temp. sind auf unzureichende Berücksichtigung von Quadrupolkopplungsenergien zurückzuführen u. werden an Gasgemischen von I u. CO_2 mit Gasen von symm. Mol.-Struktur untersucht.
Herbert Müller. 132□

Eine Dreizentimeter-Mikrowellenbank zur Untersuchung des Einflusses von Druck und Temperatur auf das dielektrische Verhalten von Gasen. Krishnaji und G. P. Srivastava. (J. sci. ind. Res. [New Delhi], Sect. A **16**, 289—94, Juli 1957; Allahabad, Univ., Dep. of Phys.; engl.) — Beschreibung einer Mikrowellenbank für Unterss. der Einfl. von Temp. u. Druck auf Absorption u. Dispersion von Mikrowellen in Gasen. Die Absorptionszelle ist 7 ft. lang u. zur Einführung in eine Temp.-Kammer rechtwinklig gebogen. Es können Messungen bis zu Minimalwerten von $0{,}5 \cdot 10^{-6}$ cm für den Absorptions-Koeff. u. $2 \cdot 10^{-5}$ für die elektr. Susceptibilität im Temp.-Bereich -30 bis $+80°$ durchgeführt werden (Anwendung auf C_2H_5Cl).
W. Betcke. 132□

Dielektrische Eigenschaften von $SrTiO_3$-Einkristallen bei tiefen Temperaturen. H. E. Weaver. (Physics Chem. Solids **11**, 274—77, Okt. 1959; Palo Alto, Calif., Varian Assoc., Instr. Div.; engl.) — Das Temp.-Verh. der DK von $SrTiO_3$-Einkristallen wurde im Temp.-Bereich von 296° K bis 1,4° K untersucht u. bei 1,4° K ein maximaler Wert von 18000 gemessen. Unterhalb 77° K (ca. 50° K) weicht die Temp.-Abhängigkeit der DK vom klass. Curie-Weiss-Gesetz ab. Die D–E-Kurven zeigen, beginnend bei 45° K, Hystereseschleifen u. eine remanente oder „spontane" Polarisation. Der maximale Wert der Sättigungspolarisation wurde bei 1,4° K mit 1,5 μCoulomb/cm^2 erreicht. Vf. sieht in diesen experimentellen Ergebnissen den Beweis, daß $SrTiO_3$ unterhalb 45° K ferroelektr. ist.
W. Sobieski. 133□

Messung des Kopplungskoeffizienten und Q von piezoelektrischen Keramikstoffen mit niedrigem Q. R. M. Glaister. (Brit. J. appl. Physics **11**, 390–91, Aug. 1960; Sunbury-on-Thames, Middlesex, G. V. Planer Ltd.; engl.) — Meth. zur Berechnung des Kopplungs-Koeff. u. des Gütefaktors Q aus Resonanzmessungen an piezoelektr. Keramikstoffen ohne Verw. von Näherungsgleichungen. Die Meth. ist für Stoffe mit geringer Piezoelektrizität u. wenig ausgeprägten Kapazitätsminima u. -maxima geeignet. Resonanzkurven für *Pb–Niobat* werden graph. mitgeteilt. P. Frenzel. 133□

Fortschritte bei der Messung von Elektronenaustrittsarbeiten an fehlerfreien Kristallflächen mittels Feldelektronenemission. Russell D. Young und Erwin W. Müller. (J. appl. Physics **33**, 91–96, Jan. 1962; University Park, Pa., Pennsylvania State Univ.; engl.) — Die Elektronenaustrittsarbeit von Flächen getemperter Einkristalle wurde bisher von Müller aus Stromspannungsmessungen im Feldelektronenmikroskop ermittelt. Für solche Messungen werden nunmehr Flächen von W-Einkristallen verwendet, die durch Feldverdampfung hergestellt u. deren Fehlerfreiheit mit dem Feldionenmikroskop kontrolliert wurde. Der Feldelektronenstrom wird dabei magnet. so auf den Leuchtschirm gelenkt, daß der zu messende Strom von einer Einkristallfläche durch ein kleines Loch im Leuchtschirm tritt u. auf den Kollektor eines Elektrometers fällt. Das Verhältnis von Austrittsarbeit zu Feldstärke läßt sich nach Messung der Fowler-Nordheim-Geraden nach zwei unabhängigen Meth. bestimmen: 1. aus der Temp.-Abhängigkeit der Feldelektronenemission u. 2. aus der Energieverteilung der emittierten Feldelektronen. Unter der Annahme, daß die mittlere Austrittsarbeit von W 4,50 eV beträgt, wird für (1 1 0) ein Wert von 5,96 eV gemessen. Im Hinblick auf die Temp.-Abhängigkeit der Elektronenaustrittsarbeit zeigt eine neue Interpretation der Messungen an Mo von Gelberg u. Mitarbeitern, daß die Änderung der Austrittsarbeit nicht proportional T sondern proportional T^3 ansteigt. M. Drechsler. 134□

Austrittsarbeit von Natriumchlorid. L. J. Vasek und J. M. Anderson. (Proc. physic. Soc. **73**, 733–38, 1/5. 1959; Toronto, Univ., Dep. of Phys.; engl.) — Vff. bestimmen durch photoelektr. Messungen unter Verw. der Meth. der vollständigen Elektrodensubstitution die Austrittsarbeit aufgedampfter NaCl-Filme zu $\Phi = 5{,}12_3 \pm 0{,}018$ eV u. das verbotene Band zwischen den gefüllten Niveaus u. dem Fermi-Niveau zu $\delta = 1{,}55_0 \pm 0{,}034$ eV. D. Jörchel. 134□

Die Wirkung von Kupfer auf die Austrittsarbeit von flüssigem Zinn. T. C. Toye. (Proc. physic. Soc. **73**, 807–10, 1/5. 1959; Swansea, Techn. Coll.; engl.) — Vf. bestimmte durch Messung des Bremspotentials den Effekt kleiner Cu-Mengen bis zu 1% (die den Bereich der eutekt. Mischung Sn–0,7% Cu einschließen) auf die photoelektr. Austrittsarbeit von fl. Sn bei Bestrahlung der Oberfläche mit dem Licht eines Sn-Funken. Es zeigte sich, daß der erhaltene Wert der Austrittsarbeit mit der Zus. variiert u. sich in der Nähe des Eutektikums (wo er ein Minimum von 2,34 eV durchläuft) am stärksten ändert. Als höchste Werte wurden bei 0,10 u. 0,35 Gew.-% Cu 2,43 u. bei 1,00% Cu 2,44 eV bestimmt. Die Ergebnisse werden mit anderen Struktureffekten in Fll. verglichen.
D. Jörchel. 134□

Aluminiumoxid auf Wolfram in Feldemissionsmikroskopen unter dem Einfluß hoher Temperaturen und starker elektrischer Felder. G. Pankow und M. Drechsler. (Z. physik. Chem. [Frankfurt/M.] [N.F.] **31**, 288–308, März 1962; Berlin–Dahlem, Fritz-Haber-Inst. der MPG.; dt.) — Im Feldelektronenmikroskop führt eine etwa monomol. Al-Oxid-Schicht auf W nach einer Oberflächenwanderung zu einer hell erscheinenden Schicht geringer Elektronenaustrittsarbeit auf den Würfelflächen. Diese formt sich bei 1200° K in eine dunkle Schicht u. bei 1600° K wieder in eine helle Schicht um. Die Umwandlung ist wiederholbar. Für den Vers., einen Einfl. elektr. Felder auf Adsorptionsschichten nachzuweisen, wurde eine Wechselspannungs-Meth. entwickelt. Während die Halbwelle bei negativer Spitze ein Feldelektronenmikroskopbild liefert, beeinflußt die unabhängig regelbare Halbwelle bei positiver Spitze die Oberflächenvorgänge. In Ggw. starker Felder findet die genannte Dunkel–Hell-Umwandlung bereits bei geringeren Temp. statt. Messungen der Umwandlungsdauer in Abhängigkeit von der Feldstärke u. der Temp. zeigen, daß die ursprüngliche Aktivierungsenergie von 135 kcal/Mol im Feld bis auf 10 kcal/Mol (bei $1{,}7 \cdot 10^8$ V/cm) absinkt. Unter acht anderen Adsorptions-Syst. (Metalle: *Ta, Mo, Ir*; adsorbierte Substanzen: *Be-, Ga-, Mg-, Ge-Oxid*) bilden zwei, nämlich Al-Oxid auf Mo u. Ga-Oxid auf W ebenfalls eine {0 0 1}-Schicht hoher Elektronenaustrittsarbeit. Weitere Informationen über die Adsorptionsschichten wurden durch Feldionenmikroskopbilder erhalten. M. Drechsler. 134□

Elektronenemission von einer kalten Bariumkathode nach einem Stromimpuls in Gas. N. W. Tatarinowa und P. N. Tschisstjakow. (Известия Академии Наук СССР, Серия Физическая [Nachr. Akad. Wiss. UdSSR, physik. Ser.] **24**, 635–39, 1960; Moskau, Ingenieurphysikal. Inst.; russ.) — Experimentelle Unters. des zeitlichen

Verlaufs der nach einem Entladungsimpuls bei Zimmer-Temp. u. Feldstärken unter 10^4 V cm^{-1} im Dunkeln beobachteten Elektronenemission. Es wird der Einfl. des Oberflächenzustandes u. der Reinheit des Gases sowie der bei der Entladung transportierten elektr. Ladung auf die Nachemission untersucht. Die Nachwrkg.-Ströme werden nach dem Verf. von Paetow durch Zündverzug gemessen. Die Kathode wird durch eine auf eine Ni-Unterlage aufgedampfte Ba-Schicht gebildet, das Füllgas ist Ar. Bei mangelhafter Reinheit der Kathode u. des Gases sind die Nachwrkg.-Ströme geringer. Durch Bearbeitung der Kathode in einer Glimmentladung wird der Kathodenfall erniedrigt u. die Nachemission erhöht, was auf eine gleichmäßigere Verteilung des Ba auf der Oberfläche zurückgeführt wird. Eine darauffolgende sukzessive Zerstörung der Ba-Schicht in einer anomalen Glimmentladung führt zu einer Erhöhung des Kathodenfalls u. einer starken Verminderung der Nachemission. Die Nachemission wird als eine Form des Malter-Effekts angesehen. Ein Einfl. der in der Entladung umgesetzten Elektrizitätsmenge kann im Bereich zwischen 10^{-4} u. 10^{-6} Coulomb nicht festgestellt werden. F. Lenz. 134□

Spektralanalyse des Lichtes einer Oxidkathode während der Thermionenemission. C. H. B. Mee. (Nature [London] **193,** 1066, 17/3. 1962; Univ. of Southampton, Phys. Labor.; engl.) — Analog zu den Unterss. von Debiesse und Champeix (C. R. hebd. Séances Acad. Sci. **226,** [1948], 1517; **227,** [1948], 1349) wurde mit einem Hilger-Spektrographen die spektrale Verteilung des blaugrünen Lichtes gemessen, das von einer Oxidkathode während der Thermionenemission ausgesandt wird. Verwendet wurde eine kommerzielle Oxidkathode, die bei 6,3 V u. 1100° K eine Stromdichte von 0,5 A/cm^2 lieferte, u. a. wurden folgende Linien gefunden: 5536 Å (Ba I), 4607 Å (Sr I), 4554 Å (Ba II), 4216 Å (Sr II) u. 4078 Å (Sr II). M. Drechsler. 134□

Das Exciton und seine Bewegung im Kristallgitter. Je. F. Gross. (Успехи Физических Наук [Fortschr. physik. Wiss.] **76,** 433—66, März 1962; russ.) — Zusammenfassende Übersicht über die Rolle des Excitons beim Zeeman-Effekt, bei magnetoopt. u. photoelektr. Erscheinungen sowie bei der Luminescenz von Ionenkristallen. — 110 Literaturangaben. E. Klever. 135□

Zur freien Weglänge eines Excitons in polaren Kristallen. G. M. Genkin. (Физика Твердого Тела [Festkörperphysik] **3,** 2097—2101, Juli 1961; russ.) — Für polare Kristalle, als Beispiel ist Cu_2O gewählt, wird die innere Anregung des Excitons u. so seine freie Weglänge berechnet. M. Wiedemann. 135□

Dispersionstheorie der Hochfrequenz-Excitonenleitfähigkeit eines Kristalls. R. F. Kasarinow und O. W. Konstantinow. (Журнал Экспериментальной и Теоретической Физики [J. exp. theoret. Physik] **40,** 936—42, März 1961; Leningrader physikal.-techn. Inst. der Akad. der Wiss. der UdSSR; russ., Auszug: engl.) — Die von Konstantinow u. Perel (Журнал Экспериментальной и Теоретической Физики [J. exp. theoret. Physik] **39,** [1960], 197) entwickelte graph. Meth wird auf die Berechnung der Hochfrequenzleitfähigkeit angewandt. Die Excitonzustände mit großem Radius, die nahe der Stufe für den direkten Übergang auftreten, werden für den Fall der willkürlichen Lage des Bandenmaximums abgeleitet. Das Exciton-Absorptionsspektrum wird bestimmt u. gezeigt, daß die Feinstruktur der Exciton-Absorptionslinien mit dem Doppler-Effekt verknüpft ist. G. Engelhardt. 135□

Wechselwirkung von Leitungselektronen mit akustischen Phononen. Nobuo Mikoshiba. (J. physic. Soc. Japan **14,** 22—30, Jan. 1959; Tokyo, Nagatacho, Electrochem. Labor.; engl.) — Die Wechselwrkg. wird für Frequenzen, für die $\omega\tau > 1$ u. $q \cdot l \gg 1$ sind (ω die Kreisfrequenz u. q die Wellenzahl der Schallwelle, τ die Relaxationszeit u. l die mittlere freie Weglänge der Elektronen), für *Cu* als metall. Leiter u. n-Ge als Halbleiter theoret. untersucht. Die Frequenzen, die der obigen Bedingung genügen, sind zur Zeit experimentell noch nicht zugängig, aus der theoret. Diskussion ergibt sich aber, daß bei den Metallen in erster Linie mit einer Absorption bedingt durch die Leitungselektronen u. magnetoakust. Resonanzerscheinungen der Absorption zu rechnen ist, während bei den Halbleitern vorwiegend der elektroakust. Effekt — das Auftreten von elektromotor. Kräften durch die Wechselwrkg. — u. magnetoakust. Resonanzerscheinungen der elektromotor. Kräfte auftreten. H. Jacob. 135□

Die Streuung von Phononen an gebundenen Elektronen in einem Halbleiter. I. C. Pyle. (Philos. Mag. [8] **6,** 609—16, Mai 1961; Cambridge, Univ., Cavendish Labor.; engl.) — In ziemlich reinen Halbleitern befinden sich bei tiefen Temp. die Ladungsträger in an Verunreinigungsatome gebundenen Zuständen. In kompensiertem Material gibt es einige nicht besetzte gebundene Zustände. Ein Ladungsträger kann von einem Verunreinigungszustand zu einem unbesetzten Nachbarn springen u. dabei mit Gitterwellen in Wechselwrkg. treten, wobei ein therm. Widerstand entsteht. Es wird die freie Phononenweglänge für diesen Mechanismus berechnet. Sie ändert sich umgekehrt wie die Zahl der Ladungsträger u. die Zahl der Leerstellen u. hat als Funktion der Temp. ein Minimum bei etwa 0,2^0 K für „leichte" Löcher in Ge. J.-M. Spaeth. 135□

Demonstrierung des Fermi-Niveaus. R. M. Warner jun. (Amer. J. Physics **29,** 529—31, Aug. 1961; Phoenix, Ariz., Motorola Semiconductor Products Division; engl.) — Ein einfacher App. demonstriert die Abhängigkeit des Fermi-Niveaus von der Temp. u. dem Geh. an Verunreinigungen eines Halbleiters. J.-M. Spaeth. 135□

Bestimmung des Halbleiteroberflächenpotentials unter einem Metallkontakt. N. J. Harrick. (J. appl. Physics **32,** 568—70, April 1961; Irvington-on-Hudson, N.Y., Philips Labor.; engl.) — Vf. benutzt die IR-Absorptions-Meth. zur Best. der zusätzlichen Trägerdichte in einem Halbleiter, der an einen metall. Kontakt anliegt u. zeigt, daß bei Kopplung mit Simultanmessungen des Fließpotentials des Kontakts (in kT/q-Einheiten) eine Best. der Höhe der Oberflächenschwelle von Halbleitern möglich ist.
W. Sobieski. 135□

Elektronenbeschuß-Schaden bei Esaki-Siliciumdioden. R. A. Logan, W. M. Augustyniak und J. F. Gilbert. (J. appl. Physics **32,** 1201—05, Juli 1961; Murray Hill, N.J., Bell Telephone Labor., Inc.; engl.) — Es wurde gezeigt, daß der Überschuß-Strom in Esaki-Si-Dioden ein empfindlicher Indikator der Dichte der durch Elektronenbeschuß in die verbotene Zone eingeführten Zustände- u. ihrer Verteilung ist. Sowohl die Effekte des Beschusses als auch die Glüheigg. des Strahlungsschadens hängen vom spezif. Donator im n-Bereich der Dioden ab. Die zum Anwachsen der Überschuß-Stromdichte um 1 A/cm^2 nötige mittlere Beschuß-Dosis von 1 MeV Elektronen/cm^2 bei einer Vorspannung von 0,3 V ist $1{,}2 \cdot 10^{16}$ für p-dotierte Dioden u. $0{,}8 \cdot 10^{16}$ für Sb- oder As-dotierte Dioden. Durch Glühen in inerter Atmosphäre bei 300—400^0 erhält die bombardierte Diode ihre ursprünglichen Charakteristiken. Beobachtete Strukturen in den I–V-Charakteristiken während des Glühens deuten darauf hin, daß die beschußinduzierten Niveaus bei $E_v + 0{,}27$ u. $E_v + 0{,}06$ von der Paarung eines prim. Defektes (möglicherweise einer Leerstelle) mit einem As bzw. P-Verunreinigungsatom herrühren.
J.-M. Spaeth. 135□

Esaki-Tunneleffekt in Gegenwart von Magnetfeldern. R. R. Haering und E. N. Adams. (Physics Chem. Solids **19,** 8—17, April 1961; Yorktown Heigths, N.Y., IBM Res. Center; engl.) — Da der Tunnelstrom einer Esaki-Diode bei Einw. genügend großer Magnetfelder beträchtlich herabgesetzt werden kann, wird der Einfl. von transversalen u. longitudinalen Magnetfeldern auf den Esaki-Tunneleffekt theoret. untersucht. Für die normierte Stromdichte j_B/j_0 (j_B Stromdichte in Ggw., j_0 in Abwesenheit von Magnetfeldern) werden für beide Feldorientierungen explizite Ausdrücke angegeben. Stromschwingungen vom de Haas-Van Alphen-Typ sind nicht zu erwarten.
Herbert Müller. 135□

Legierungs-Diffusionstransistoren mit einem α-Koeffizienten größer als 1. W. Rosiński. (Bull. Acad. polon. Sci., Ser. Sci. techn. **8,** 451—58, 1960; Polish Acad. of Sci, Inst. of Basic. Technic. Problems, Dep. of Electronics; engl.) — Zur Erzielung eines $\alpha > 1$ wird bei Leg.-Diffusionstransistoren ein p-leitendes Material mit einem Widerstand $> 1{,}5\ \Omega$ als Kollektorgebiet verwendet. An diesen Transistoren werden folgende Unterss. ausgeführt u. graph. dargestellt: 1. Abhängigkeit von α von I_c ($I_c = -\alpha I_e$), 2. Abhängigkeit von $\alpha_{(I_c)}$ von der Temp. (240—320^0 K), 3. Abhängigkeit der Ladungsträgerlebensdauer ($\ln\tau$) von 1/T ($3{,}0-6{,}0 \cdot 10^3$/T), 4. U_e als f(I_e), 5. die negative Widerstandscharakteristik u. 6. Abhängigkeit des negativen Widerstandes von der Temp. (10—60^0). Die sich aus den Kennlinien ergebenden Eigg. der Leg.-Diffusionstransistoren werden in ihrer Anwendbarkeit in Frequenzgeneratoren, Multipliern u. bei Frequenzmodulationen besprochen. H. Schibilla. 135□

Eigenstörstellenhalbleitung in CdS-Einkristallen. K. W. Böer und R. Boyn. (Mber. dtsch. Akad. Wiss. Berlin **1,** 396—400, 1959; Berlin, Dt. Akad. Wiss., Phys.-Techn. Inst., Bereich Elektr. Durchschlag; Berlin, Humboldt-Univ., II. Phys. Inst.; dt.) — Vff. berichten über Messungen der Dunkelleitfähigkeit von CdS-Einkristallen im Temp.-Bereich 220—380^0. Bei langsamer Temp.-Änderung (0,01%) ergeben sich im $\log \sigma/T^{-1}$-Diagramm zwei Geraden, die sich bei 300^0 mit einem Knick aneinanderanschließen. Die experimentellen Ergebnisse lassen sich deuten, wenn man annimmt, daß die stationäre Leitfähigkeit eine Eigenstörstellenhalbleitung ist, d. h. eine elektron Leitfähigkeit, die durch thermodynam. geschaffene gittereigene Fehlstellen hervorgerufen wird. Im Temp.-Bereich unterhalb 300^0 tritt eine Frenkel-Fehlordnung (Cd-Lücken u. Cd-Zwischengitterplätze) auf. Oberhalb 300^0 werden zusätzlich an der Kristalloberfläche Schottky-Defekte (S- u. Cd-Lücken) gebildet, die ins Innere einduffundieren, wobei sich ein neues Fehlordnungsgleichgewicht einstellt. G.-M. Neumann. 135□

Der Einbau von Cu in $CdIn_2S_4$-Photoleiter. H. Koelmans und H. G. Grimmeiss (Physica [Utrecht] **27**, 606–08, Juni 1961; Eindhoven, N. V. Philips Gloeilampenfabr., Philips Res. Labor., Aachen, Philips-Zentrallabor.; engl.) — Am tern. Syst. $CdS-In_2S_3-Cu_2S$ wurden röntgenanalyt. Unterss. durchgeführt. Unter Verminderung der Gitter-Konst. wird im Spinell-Gitter des $CdIn_2S_4$ Cd^{2+} durch Cu^+ u. In^{3+} ersetzt. Für reines $CdIn_2S_4$ ist a = 10,86, für reines $CuIn_5S_8$ a = 10,68 Å. Es wurden Einkristalle hergestellt u. Messungen des Absorptions-Koeff. in Abhängigkeit von der Photonen-Energie vorgenommen. L. Kerstin. 135□

Über die Gültigkeit des Prinzips der extremalen Entropieproduktion für stationäre Stromleitungsvorgänge. Fritz Krause und Max Steenbeck. (Beitr. Plasmaphysik **1**, 65–81, 1960/61; Jena, DAW, Inst. für Magnetohydrodynamik; dt.) — Unters. zur Best. des bei einem stationären Leitungsvorgang auftretenden Stromfeldes aus dem Extremum der Wärme- bzw. Entropieerzeugung. Es wird gezeigt, daß diese Möglichkeit auf den Fall reiner ortsabhängiger Leitfähigkeit beschränkt ist; bei zusätzlicher Abhängigkeit der Leitfähigkeit vom Betrag der Feldstärke ist das Extremalprinzip nicht allg. gültig. H. Schirrwitz. 136□

Wirkung von gelösten Übergangsmetallen auf den elektrischen Widerstand von Kupfer und Gold zwischen 4 und 1200° K. C. A. Domenicali und E. L. Christenson. (J. appl. Physics **32**, 2450–56, Nov. 1961; Hopkins, Minn., Honeywell Res. Center; engl.) — Vff. bestimmen die Temp.-Abhängigkeit des Ausdruckes $\varrho_i(T, c)$ für Lsgg. von Cr, Mn, Fe, Co u. Ni in Cu u. für Lsgg. von Mn, Fe u. Co in Au für verschiedene Lsg.-Konzz. im Temp.-Bereich von 4–1200° K: $\varrho_i(T, c) = \varrho_{Lsg.}(T, c) - \varrho_{Cu, Au}(T)$ [ϱ_i = Widerstand des Zusatzes, $\varrho_{Lsg.}$ = Widerstand der Lsg., $\varrho_{Cu, Au}$ = Widerstand von reinem Cu bzw. Au]. Die Temp.-Abhängigkeit von ϱ_i ist sehr verschieden. Für alle Lsg., mit Ausnahme von Ni in Cu, fällt ϱ_i mit steigender Temp. im Bereich über 500° K. D. Hoene. 136□

Die Magnetostriktion ferromagnetischer Kristalle unterhalb der Sättigung. R. R. Birss und E. W. Lee. (Proc. Roy. Soc. [London], Ser. A **263**, 387–93, 19/9. 1961; Sheffield, Univ., Dep. of Phys.; London, Imp. College; engl.) — Die Berechnung der Magnetostriktion ferromagnet. Kristalle durch Akulov u. Heisenberg für die Verhältnisse bei der Annäherung an die Sättigungsmagnetisierung wird so erweitert, daß sie den Fall Fe-ähnlicher Einkristalle einschließt, die in der Form abgeflachter Sphäroide vorliegen, wobei die Äquator-Ebene eine (0 0 1)-Ebene ist u. das äußere Magnetfeld irgendeine Richtung in dieser Ebene haben kann. Die berechneten Magnetostriktionskurven werden mit Meßwerten der Vff. u. mit älteren Werten von Honda u. Masiyama verglichen, wobei eine gute Übereinstimmung mit den eigenen Werten erreicht wird u. Diskrepanzen erklärt werden können. H. Fahlenbrach. 137□

Epitaktisches Wachstum und magnetische Eigenschaften von Einkristallfilmen von Eisen, Nickel und Permalloy. Soshin Chikazumi. (J. appl. Physics, Suppl. zu **32**, Nr. 3, 81S–82S, März 1961; Yorktown Heigths, N.Y., IBM Res. Center.; engl.) — Einkristallfilme von Fe, Ni u. Permalloy wurden durch Vakuumaufdampfung auf die (0 0 1)-Spaltflächen von NaCl u. MgO hergestellt. An diesen Filmen wurde die magnet. Anisotropie in der Filmebene K_1 u. die Anisotropie senkrecht zur Filmebene $K_\perp$ gemessen. Die gemessenen Werte der K_1-Anisotropie vierter Ordnung waren anomal hoch für Ni auf NaCl u. Ni auf MgO, jedoch normal für Fe auf MgO. Der Wert von K_1 für Ni-Filme auf MgO fällt sehr schnell ab, wenn die Substrat-Temp. während des Aufdampfens < 300° war u. ist ein krit. Maß für ungenügende Orientierung. Dasselbe wurde bei auf NaCl aufgedampften Ni-Filmen beobachtet. Der anomale Teil von K_1 kann erklärt werden durch die Annahme des Auftretens isotroper Verformung in dem Film parallel zur Oberfläche. Der Wert von $K_\perp$ war auch für auf NaCl aufgedampfte Ni-Filme anomal groß. Dieser hohe Wert für $\Delta K_\perp$ kann möglicherweise durch Oberflächenanisotropie erklärt werden, die durch die kristalline Wechselwrkg. mit dem Substrat beeinflußt wird. Für Einkristallfilme mit 27%, 19% u. 0% Fe in Ni wurde die magnet. Anisotropie gemessen, die durch magnet. Anlassen induziert wurde. Die Proben wurden 30 Min. bei 650° angelassen u. hierauf mit einer Geschw. von 2°/min. in einem Magnetfeld von 50 Oe auf Zimmer-Temp. abgekühlt. Die Ergebnisse sind tabellar. angegeben.
C. Gottfried. 137

Anlassen von bei schiefem Einfall hergestellter Permalloyfilme. G. P. Weiss und D. O. Smith. (J. appl. Physics, Suppl. zu **32**, Nr. 3, 85S–86S, März 1961; Lexington, Mass., MIT, Lincoln Labor.; engl.) — Vff. berichten über die Anisotropie von auf Glas unter 45° aufgedampften Permalloyfilmen (Substrat-Temp. 200°) nach mehrstd. Anlassen bei 300°. Die Zus. des Permalloy war derart, daß die Magnetostriktion nahe Null war.

Gemessen wurde die Anisotropie in einer koaxialen Brücke in dem Frequenzbereich von 50—2100 MHz. Es wird noch darauf hingewiesen, daß diese schief aufgedampften Filme Ketten von Kristalliten senkrecht zum aufdampfenden Strahl enthalten. Die leichte Achse der Filme mit positiver Magnetostriktion hat bei Zimmer-Temp. nach dem Anlassen die gleiche Richtung. Filme mit negativer Magnetostriktion entwickeln dagegen eine neue leichte Achse bei Zimmer-Temp., die mit der ursprünglichen Achse einen Winkel von 90° bildet; bei 300° liegt die leichte Achse wieder in ihrer ursprünglichen Richtung. Anwendung eines großen magnet. Feldes in irgend einer Richtung während des Anlassens beeinflußt in keinem Fall die magnet. Endanisotropie. Diese Effekte lassen sich durch die Annahme erklären, daß durch das Anlassen die Spannung entlang der langen Achse der Ketten zunimmt, ein Prozeß, der Oberflächenenergie in Verformungsenergie umwandelt.
C. Gottfried. 137

Anisotropie bei streifendem Einfall aufgedampfter Permalloyfilme. M. S. Cohen. (J. appl. Physics, Suppl. zu **32,** Nr. 3, 87S—88S, Lexington, Mass., MIT, Lincoln Labor.; engl.) — Vf. beobachtete die anomalen magnet. u. opt. Anisotropien in aufgedampften Filmen von Permalloy bei Einfallswinkeln $>$ 60°. Die leichte Achse u. die Richtung größter opt. Absorption lagen parallel zum Dampfstrahl für Einfallwinkel $>$ ca. 70°, während sie bei kleineren Winkeln senkrecht zur Richtung des Dampfstrahls auftreten. Diese Anomalien werden einer Formanisotropie zugeschrieben, die durch Verlängerung der die Kristallitketten zusammensetzenden Teilchen in der Strahlrichtung verursacht wird. C. Gottfried. 137

Anisotropie in Nickel-Eisen-Filmen. D. O. Smith. (J. appl. Physics, Suppl. zu **32,** Nr. 3, 70 S—80 S, März 1961; Lexington, Mass., MIT, Lincoln Labor.; engl.) — Zur Unters. gelangte eine Ni-Fe-Leg. mit 83% Ni u. 17% Fe; diese Leg. hat eine mittlere Magnetostriktion λ von Null. Bei höheren oder niedrigeren Ni-Geh. ist λ negativ bzw. positiv. Untersucht wurden die magnet. u. opt. Anisotropien von aufgedampften Filmen, wobei der Dampfstrahl schief auf das Substrat fiel. Die Anisotropien sind empfindlich gegenüber der Aufdampfgeschw. u. der Orientierung der Magnetisierung M während des Aufdampfens. Es wird angenommen, daß Kristallitverlängerung gegen den Dampfstrahl oder in der M-Richtung auftritt. Eine Unters. der räumlichen Inhomogenitäten des durch M induzierten Anisotropiefeldes H_K bei senkrechtem Einfall des Dampfstrahls auf das Substrat gestatten den Ursprung dieser Anisotropie zu verstehen. Kleinwinkeldispersion von H_K wird lokalen Abweichungen der Isotropie der in den Filmen auftretenden isotropen Spannung zugeschrieben. Weitwinkeldispersion eines speziellen Typs wurde in gewissen Gebieten eines Films identifiziert, die eine leichte Achse senkrecht zu dem Feld haben, das bei dem Aufdampfen vorhanden war, d. h. H_K ist in diesen Gebieten negativ. Es wird versuchsweise ein Modell für die durch M induzierte Anisotropie beschrieben, das qual. die negativen u. positiven H_K-Werte erklärt.
C. Gottfried. 137

Magnetische Anisotropien von aufgedampften und bei 10^{-8} Torr und tiefer gemessenen Nickelfilmen. C. D. Graham jun. und J. M. Lommel. (J. appl. Physics, Suppl. zu **32,** Nr. 3, 83 S—84 S, März 1961; Schenectady, N.Y., Gen. Electr. Res. Labor.; engl.) — Vff. maßen die magnet. Anisotropien in aufgedampften polykristallinen Ni-Filmen über magnet. Feldbereiche von 10—2000 Oe mit einem Drehmomentmagnetometer. Die Filme wurden in einem Vakuum $<10^{-8}$ Torr aufgedampft u. bei Drücken $<10^{-9}$ Torr gemessen. Gemessen wurde die Größe der induzierten einachsigen Anisotropie als Funktion der Temp. bis zum Curie-Punkt des Ni bei 360°, außerdem die Kinetik des magnet. Anlaßprozesses von Zimmer-Temp. bis 200°. Die einachsige Anisotropie nimmt annähernd linear mit der Temp. oberhalb Zimmer-Temp. ab u. erreicht den Wert Null nahe der Curie-Temperatur. C. Gottfried. 137

Die Abhängigkeit der induzierten, einaxialen, magnetischen Anisotropie von der Temperatur und Dauer des magnetischen Anlassens von 31% Co-Ni-Legierung. Mikio Yamamoto, Satoshi Taniguchi und Keizô Aoyagi. (Nippon Kinzoku Gakkai-Si [Japan Inst. Metals] **25,** 415—19, 1961; jap., Auszug: engl.) — Unterss. über die Abhängigkeit der induzierten, magnet. Anisotropie (IA) von Temp. u. Dauer des magnet. Anlassens eines Kristalles einer Ni-Leg. mit 30,84% Co zeigen: Die IA ist nicht axial; ihre Richtung entspricht der des magnet. Anlaßfeldes. Im allg. steigt die IA-Energie anfangs rasch mit der Dauer des Anlassens, dann immer langsamer u. erreicht schließlich den Sättigungswert. Mit steigender Anlaßtemp. steigt die Entw.-Geschw. der IA, wobei der Sättigungswert fällt. Für die Abhängigkeit der IA von Temp. u. Dauer des magnet. Anlassens wird eine Gleichung abgeleitet. W. Wesly. 137□

Die Abhängigkeit der induzierten, einaxialen, magnetischen Anisotropie von der Meßtemperatur und der Zusammensetzung von flächenzentrierten Nickel-Kobalt-

Legierungen. Mikio Yamamoto, Satoshi Taniguchi und Keizô Aoyagi. (Nippon Kinzoku Gakkai-Si [Japan Inst. Metals] **25**, 419—24, 1961; jap., Auszug: engl.) — Vgl. vorst. Referat. — Unterss. über die Abhängigkeit der induzierten, nicht axialen, magnet. Anisotropie-Energie (IE) von der Meßtemp. eines im starken Magnetfeld angelassenen Einkristalls einer Ni-Leg. mit 12% Co führen zur Ableitung einer Gleichung. Die kub. magnetokrist. Anisotropie-Konst. K_1 der Leg. geht bei ca. 150° vom positiven zum negativen Wert über; der entsprechende Wert von reinem Ni ist >200° positiv. Der K_2-Wert der Leg. ist stets positiv; der K_2-Wert von Ni ändert bei ca. 100° das positive in das negative Vorzeichen. Die an Proben mit 10,57—60,20% Co ermittelte Abhängigkeit der IE von der Zus. ergibt einen Spitzenwert von $8{,}4 \cdot 10^2$ Erg/cm² bei ca. 50% Co. W. Wesly. 137□

Die Abhängigkeit der induzierten, einaxialen, magnetischen Anisotropie in kubisch-flächenzentrierten Nickel-Kobalt-Einkristallen von der Kristallorientierung. Keizô Aoyagi. (Nippon Kinzoku Gakkai-Si [Japan Inst. Metals] **25**, 424—28, 1961; jap., Auszug: engl.) — Vgl. vorst. Referate. — Für die Abhängigkeit der induzierten, nicht axialen, ferromagnet. Anisotropie-Energie magnet. angelassener Einkristalle aus Ni-Legg. mit 12 u. 20% Co von der Kristallorientierung wird eine Gleichung abgeleitet. W. Wesly. 137□

Die Abhängigkeit der induzierten, einaxialen, magnetischen Anisotropie in kubisch-flächenzentrierten Nickel-Eisen-Einkristallen von der Kristallorientierung. Keizô Aoyagi. (Nippon Kinzoku Gakkai-Si [Japan Inst. Metals] **25**, 428—31, 1961; jap., Auszug: engl.) — Vgl. vorst. Referate. — Für die Abhängigkeit der induzierten, nicht axialen, ferromagnet. Anisotropie-Energie magnet. angelassener Einkristalle aus Ni-Legg. mit 17 u. 46% Fe von der Kristallorientierung wird eine Gleichung abgeleitet. W. Wesly. 137□

Darstellung, Wachstum und Untersuchung von ultrafeinen Ferritteilchen. W. J. Schuele und V. D. Deetscreek. (J. appl. Physics, Suppl. zu **32**, Nr. 3, 235 S bis 236 S, März 1961; Philadelphia, Pa., Franklin Inst. Labor.; engl.) — Vff. beschreiben die Darst. von ultrafeinem $NiFe_2O_4$-Pulver. Zur Darst. von 1 Mol Ferrit wurden 1 Mol $NiCl_2$ u. 2 Mol $FeCl_3$ in 2 Liter heißem W. aufgelöst. In einem gesonderten Gefäß befand sich eine Lsg. von 8 Mol NaOH in 1 Liter Wasser. Die Metallchlorid-Lsg. wurde hierauf unter kräftigem Rühren zu der sd. NaOH-Lsg. gegeben. Der erhaltene Nd., dessen Zus. durch Analyse bestätigt wurde, gab ein koll. Röntgendiagramm. Zum Wachsen der Teilchen wurden sie mehrere Std. am Rückfluß gekocht. Die zu untersuchenden Proben wurden nach verschiedenen Zeiten aus der sd. Lsg. entfernt u. ihre magnet. u. physikal. Eigg. bestimmt. Auf die gleiche Weise wurde $CoFe_2O_4$ erhalten. Alle magnet. Messungen wurden bei 77 u. 300° K durchgeführt. Für $CoFe_2O_4$ variierten die Koerzitivkräfte je nach der Teilchengröße zwischen 0 u. ca. 800 Oe. Bei der Temp. des fl. N_2 wurden für $CoFe_2O_4$ Werte bis zu ca. 10000 Oe, für $NiFe_2O_4$ bis zu 200 Oe erhalten. Es wird ein App. zur Messung der Hystereseschleifen in Impulsfeldern beschrieben, mit dem die magnet. Eigg. von Proben gemessen werden können, die schwer zu sättigen sind, in dem vorliegenden Fall von $CoFe_2O_4$ bei —196°. Die Kristallitgröße wurde aus der Breite der Röntgeninterferenzen erhalten. C. Gottfried. 137

Feinkörnige Ferrite. 1. Mitt. **Nickelferrit.** W. W. Malinofsky und R. W. Babbitt. (J. appl. Physics, Suppl. zu **32**, Nr. 3, 237 S—238 S, März 1961; Fort Monmouth, N.J., U.S. Army Signal Res. and Dev. Labor.; engl.) — Vff. beschreiben eine Meth. zur Darst. dichter $NiFeO_4$-Proben, deren Teilchengröße so gering ist, daß nur Einzelbereiche vorhanden sind. Der krit. Durchmeser D_{kr} für Vielfachbereiche wurde von anderer Seite zu 0,22 μ berechnet. Der Darst.-Prozeß besteht aus 2 Teilen: im ersten Teil wird die reine Ferritphase mit Einzelbereichsteilchen erhalten u. im zweiten Teil werden diese Teilchen soweit wie möglich verdichtet, ohne jedoch D_{kr} zu überschreiten. Der erste Teil des Prozesses ist der sog. Flammensprühprozeß, der zweite der sog. Heißpreßprozeß. Mit Hilfe dieser Meth. wurden Kristallitgrößen bis herab zu 0,06 μ erhalten. Bei einer Teilchengröße von 0,10 μ wurde eine Dichte von 5,05 gemessen, gegenüber einer Dichte von 5,13 für grobkörniges $NiFeO_4$. Gemessen wurde die komplexe magnet. Permeabilität als Funktion der Frequenz für Proben mit Teilchendurchmesser $<D_{kr}$ u. $>D_{kr}$ nach geeignetem Anlassen. Die Kurven für die Einzelbereichskörner zeigten Hochfrequenzresonanz, was auf Bereichsrotation zurückgeführt werden muß u. nicht auf Wandresonanz, da Wände nicht vorhanden sind. Die Kurven für die angelassenen Proben zeigten ein zweites Mikrowellenmaximum, das aber bei einer zu hohen Frequenz auftritt, um es durch Wandresonanz zu erklären. Es resultiert wahrscheinlich von magnet. Polen, die sich an den Wänden von günstig orientierten Körnern bilden, d. h. solchen, in denen eine Komponente des magnet. Hochfrequenzfeldes parallel zu den Bereichswänden u. senkrecht zur Sättigungsmagnetisierung liegt. Gemessen wurde noch der Temp.-Koeff. der Anfangspermeabilität μ_0 einer feinkörnigen Probe bei 3 MHz in dem Temp.-Bereich —50 bis 520°. C. Gottfried. 137

Die magnetischen Eigenschaften von Ilmenit–Haematit-Kristallen. C. M. Carmichael. (Proc. Roy. Soc. [London], Ser. A **263**, 508—30, 10/10. 1961; London, Canada. Univ. of Western Ontario, Geophys. Dep.; engl.) — Zum Verständnis einiger paläomagnet. u. geophysikal. Erscheinungen werden feste Lsgg. von Ilmenit u. Haematit magnet. untersucht, wobei Proben aus dem Gebiete des Allard-Sees in Quebec zur Verfügung standen. Die ferrimagnet. Komponente dieser Mischkristalle ist eine Mischphase mit 10 Mol-% Ilmenit im Haematit, die in Lamellenform (5×1×p,2 μ) vorliegt. Diese Lamellenkristalle sind magnet. stark anisotrop mit magnet. Vorzugsrichtungen in der Lamellenebene. Mit Röntgenbeugungs- u. Curie-Punkt-Analaysen wird festgestellt, daß durch Wärmebehandlungen Umkehrungen der Magnetisierungsrichtungen bei Geh. von 15—25 Mol-% Ilmenit im Haematit auftreten können. Diese Magnetisierungsumkehr ist die Folge des Anwachsens eines bisher unbekannten antiparallelen Moments bei der Abkühlung. Diese Erscheinung wird einem Ordnungsmechanismus von Fe^{2+}-Ionen durch Elektronenübergänge zwischen drei- u. zweiwertigen Fe-Ionen auf alternierenden Kationenschichten zugeschrieben. H. Fahlenbrach. 137□

Das Feld induktiv-magnetisierter Körper. D. Zidarov. (Доклады Болгарской Академии Наук [C. R. Acad. bulg. Sci.] **13**, 403—06, Juli/Aug. 1960; franz., Auszug: russ.) — Vf. untersucht homogene u. isotrope Körper ohne bleibende Magnetisierung mit Liapounov-Oberflächen (die Magnetisierung ist proportional der Stärke des magnet. Feldes, die Permeabilität ist für jeden Punkt des Körpers u. für jede Feldstärke die gleiche). Es wird gezeigt, daß für diese Körper in einem homogenen nicht magnetisierbaren Milieu das magnet. Feld u. die Magnetisierung durch die Meth. der aufeinanderfolgenden Näherungen bestimmt werden können. Das magnet. Potential läßt sich durch eine Reihe darstellen, deren jedes Glied $\varkappa^k W_k$ das durch die Magnetisierung im Körper erzeugte Potential durch das vorangehende Potential $\varkappa^{k-1} W_{k-1}$ darstellt. Der Magnetisierungsprozeß kann also als eine Folge von Magnetisierungen durch die magnet. Felder mit den Potentialen W_0, $\varkappa W_1$, $\varkappa^2 W_2$ ... beschrieben werden. Diese Schlußfolgerungen gelten auch für elektrostat., stationär-elektr. u. andere Felder, deren Potential der Differentialgleichung von Laplace unter den gleichen Bedingungen genügt.
D. Hoene. 137□

Überstrukturanisotropie der Spinwellendispersion bei antiferromagnetischen Stoffen. 1. Mitt. Theorie. Henryk Cofta. (Acta physica polon. **20**, 591—611, 1961; Poznań, A. Mickiewicz Univ., Inst. of Theoret. Phys.; engl.) — Mit Hilfe der Holstein-Primakoff-Näherung wird das allg. Dispersionsgesetz für lange Spinwellen in einer Tensorform hergeleitet. Es gelingt, für alle 7 regulären Überstrukturen u. für alle Werte der Austausch-Integrale zwischen den nächsten u. den übernächsten Nachbarn, die entsprechenden Formeln zu berechnen u. die Dispersions-Anisotropien durch die Überstrukturen zu bestimmen. Die theoret. Behandlung führt zu der Vorhersage einer neuen Erscheinung bei antiferromagnet. Stoffen, nämlich zu einer anisotropen Spinwellen-Dispersion. Die magnet. Anisotropie soll ohne Einfl. auf die erörterten Probleme sein. Analoge Erscheinungen könnten auch bei anderen Gittern u. Überstrukturen vorhanden sein. H. Fahlenbrach. 137□

Antiferromagnetismus von Mischkristallen aus Zink- und Manganfluorid. J. M. Baker, J. A. J. Lourens und R. W. H. Stevenson. (Proc. physic. Soc. **77**, 1038—41, 1/5. 1961; Oxford, Clarendon Labor.; Aberdeen, Marischal Coll., Dep. of Nat. Philos.; engl.) — An MnF_2–ZnF_2-Mischkristallen mit MnF_2-Konzz. zwischen 0 u. 100 Mol-% wird die magnet. Kernresonanz des F-Atomkerns bei verschiedenen Temp. gemessen. Aus diesen Messungen wird der Néel-Punkt als die Temp. bestimmt, bei der die Kernresonanz beim Abkühlen von Raum-Temp. verschwindet. Gezeigt wird, daß die so ermittelte Abhängigkeit der Néel-Temp. T_N von der Mn-Konz. mit den theoret. Vorhersagen übereinstimmt. Oberhalb von T_N wird die Temp.-Abhängigkeit der Linienbreite der Resonanz gemessen. H. Fahlenbrach. 137□

Der temperaturunabhängige Van Vleck-Magnetismus der Metalle. L. E. Orgel. (Physics Chem. Solids **21**, 123—24, Okt. 1961; Cambridge, England, Univ., Chem. Labor.; engl.) — Vf. vermutet, daß neben der von den Spinmomenten herrührenden paramagnet. Susceptibilität der Übergangsmetalle auch die der Bahnmomente wesentlich sein kann. Eine rechner. Abschätzung bestätigt diese Vermutung. Bei Nichtübergangsmetallen wird der Effekt wesentlich kleiner, doch nicht unbedingt vernachlässigbar sein.
K. H. Härdtl. 137□

Magnetismus und Molekularstruktur: Abschätzung des Bindungseffektes zwischen Metall und Stickstoff in Cadmiumchloridkomplexen organischer Basen. V. G. Sonalkar und M. G. Datar. (J. Indian chem. Soc. **39**, 339–42, Mai 1962; Bombay, Inst. of Sci., Chem. Dep.; engl.) — Vff. messen die magnet. Susceptibilitäten einiger Komplexe des $CdCl_2$ mit organ. Basen (Pyridin, Chinolin, Anilin, o-, m- u. p-Toluidin u. m-Xylidin) u. vergleichen sie mit den Werten, die aus den experimentellen molaren Susceptibilitäten der Einzelkomponenten berechnet wurden. Die Unterschiede zwischen diesen Werten werden im Hinblick auf die van Vlecksche Gleichung für die molare Susceptibilität mehratomiger Moll. diskutiert. Es wird versucht, die beobachteten Abweichungen mit denen der $ZnCl_2$-Komplexe in Beziehung zu setzen. J. Peters. 137□

Intensitätssummenregel für die kernmagnetische Resonanz. George Gioumousis und J. D. Swalen. (J. chem. Physics **36**, 2077–79, 15/4. 1962; Emeryville, Calif., Shell Dev. Co.; engl.) — Beweis der allg. Intensitätssummenregel $\sum_k I_{j_0 k} = \sum_i I_{ij_0} + 2\,F_z(j_0)$. Das Glied auf der linken Seite ist die Summe der Intensitäten aller Übergänge zum Zustand j_0, das rechte Summenglied bezieht sich auf alle vom Zustand j_0 ausgehenden Übergänge, das dritte Glied ist das Doppelte der z-Komponente des Gesamtspins von j_0. Es wird auf einen weiteren, einfacheren Beweis hingewiesen (Kummer, private Mitt.). A. Blaschette. 137□

Der Einfluß von Farbzentren auf die Kernspin-Gitter-Relaxationszeit in Lithiumfluorid. B. Josephson jun. und M. W. P. Strandberg. (Physics Chem. Solids **23**, 67–73, Jan./Febr. 1962; Cambridge, Mass., MIT, Dep. of Phys., Res. Labor. of Electronics; engl.) — LiF-Einkristallzylinder mit der [0 0 1]-Achse in Richtung der Zylinderachse werden 25–325 Sek. lang mit ^{60}Co-γ-Strahlen bei Raum-Temp. bestrahlt u. die Kernspin-Gitter-Relaxationszeit T_1 mit einem Hochfrequenzspektrometer nach Pound unter Verw. eines modulierten Magnetfeldes $H_0 = 4012$ Gauss bestimmt; T_1 folgt aus der direkten Beobachtung der Erholung des Kernspin-Syst. nach magnet. Sättigung. Wird $N_p \cdot f$ (N_p = Konz. der Farbzentren, f = Oscillatorstärke der F-Bandübergänge) als Funktion von T_1 graph. dargestellt, so wird für $N_p \cdot f \leq 2 \cdot 10^{16}\,cm^{-3}$ eine lineare Abhängigkeit beobachtet, die mit dem Energieaustausch zwischen Kernspin u. Gitter beschrieben werden kann. Der Anstieg dieser Funktion hängt von der Orientierung des Kristalls ab. Der Vgl. der Ergebnisse mit theoret. Werten zeigt, daß die Relaxation durch die Diffusions-Geschw. der Spinenergie bestimmt wird. Für $N_p \cdot f > 5 \cdot 10^{16}\,cm^{-3}$ ist T_1 nahezu unabhängig von N_p; dieser Effekt wird mit Hilfe des Fehlordnungsgrades in bestrahltem LiF diskutiert. Herbert Müller. 137□

Untersuchung der Diffusion von Wasserstoff in Zirkoniumhydrid durch kernmagnetische Resonanz. J. F. Hon. (J. chem. Physics **36**, 759–63, 1/2. 1962; Canoga Park, Calif., North Amer. Aviat., Inc., Atomics Internat.; engl.) — Proben aus Jodid-Zr werden bei 500° hydriert; die Hydrierung führt nach der ersten exothermen Rk. zu $ZrH_{1,54}$ (**I**), nach erneutem Erhitzen u. Abkühlen unter H_2 zu $ZrH_{1,90}$ (**II**). Beide Proben werden gepulvert u. die magnet. Kernresonanz des Pulvers zwischen 20 u. 200° untersucht. Aus der Funktion $\ln \delta\nu = f(1/T)$ ($\delta\nu$ = Breite der Protonenresonanzlinie, T = Temp.) wird für **I** u. **II** eine Aktivierungsenergie der Diffusion $E_Q = 0{,}54 \pm 0{,}03$ eV abgeleitet; in beiden Proben erfolgt die Diffusion mit Atomsprüngen von einem zum benachbarten Tetraederplatz. Die oberhalb 100° im Resonanzspektrum von **II** zu beobachtende Verringerung von $\delta\nu$ führt bei >150° zum Auftreten einer komplexen Linienform, die offenbar als Überlagerung von 2 Resonanzlinien aufzufassen ist, da H in **II** bei höheren Temp. auch Oktaederplätze einnehmen kann. Der entsprechende Diffusionsweg ist dann Tetraeder- → Oktaeder- → Tetraederplatz, verbunden mit $E_a = 0{,}65$ eV. Die Breiten der Resonanzlinien sind für das starre Gitter in **I** u. **II** wesentlich größer als die nach Van Vleck theoret. berechnete Kerndipolverbreiterung.
Herbert Müller. 137□

Deuteronenmagnetische Resonanzuntersuchungen verschiedener deuterierter Ammoniumsalze. Takehiko Chiba. (J. chem. Physics **36**, 1122–26, 1/3. 1962; New York, N.Y., Columbia Univ., Dep. of Chem.; engl.) — Es werden deuteronenmagnet. Resonanzspektren von gepulvertem ND_4Cl, ND_4Br, ND_4ClO_4, ND_4BF_4, ND_4JO_3 (**I**) u. $(ND_4)_2SO_4$ (**II**) bei Raum-Temp. aufgenommen. Bei den 4 ersten Verbb. zeigt das Absorptionsspektrum nur eine scharfe Linie (Linienbreite: $1{,}0 \pm 0{,}1$; $0{,}8 \pm 0{,}1$; $0{,}6 \pm 0{,}1$; $1{,}4 \pm 0{,}15$ kHz), während bei **I** u. **II** Quadrupolaufspaltung beobachtet wird. Bei **II** wird der Feldgradiententensor durch Beobachtung der Abhängigkeit der Quadrupolaufspaltung vom Rotationswinkel eines Einkristalls bestimmt, der senkrecht zum Magnetfeld um die Kristallachsen (bes. c-Achse) rotiert. **I**: Quadrupolkopplungs-Konst. $|eqQ|/h$

= 3,9 ± 0,3 kHz; Asymmetrieparameter η = 1,0—0,8; **II**: 4,17 ± 0,05 kHz; 1,0—0,95 u. 2,00 ± 0,05; 1,0—0,8. Das Spektrum von**I** u. **II** ändert sich bei —40° nicht merklich. Berechnungen entsprechender Größen werden für $(NH_4)_2SO_4$ u. NH_4ClO_4 durchgeführt; aus der Diskussion von Kristallstruktur, Kristallfeldeffekt u. der Deformation des ND_4^+- u. NH_4^+-Ions im Kristall wird gefolgert, daß die Quadrupolkopplung von $(NH_4)_2 \cdot SO_4$ hauptsächlich auf den direkten Einfl. der Verzerrung des NH_4-Ions im Kristall, weniger auf den Kristallfeldeffekt zurückzuführen ist. η von NH_4JO_3 steht mit der in der Literatur mitgeteilten Ksistallstruktur in Widerspruch. F. Huber. 137□

Kernmagnetische Resonanzuntersuchungen mit ^{11}B in kristallinen Boraten. P. J. Bray, J. O. Edwards, J. G. O'Keefe, V. F. Ross und I. Tatsuzaki. (J. chem. Physics **35**, 435—42. Aug. 1961; Providence, R.I., Brown Univ.; engl.) — Es werden krist. Borate mit trigonal, mit tetragonal, mit trigonal u. tetragonal koordiniertem ^{11}B, Borate mit zweifelhafter Struktur, Borate mit verzerrten Bindungstypen u. Polyborate mit Hilfe der KMR untersucht u. die Ergebnisse mit Strukturdaten von Röntgenanalysen verglichen: $LaBO_3$, B_2O_3-*Glas*, H_3BO_3, *rhomb.* HBO_2, $K_3B_3O_6$, CaB_2O_4, BPO_4, $BAsO_4$, $Na_2B(OH)_4Cl$ (Teepleit), $Na_2B_4O_7 \cdot 10\ H_2O$ (Borax), $KB_5O_8 \cdot 4\ H_2O$, $Ca_2B_6H_{11} \cdot 5\text{-}H_2O$ (Colemanit), $Ca_2B_6O_{11} \cdot 7\ H_2O$ (Meyerhofferit), $B_2O_3 \cdot n\text{-}Na_2O$-*Glas*, *monoklines* HBO_2, $Na_2B_4O_7 \cdot 4\ H_2O$ (Kernit), $Na_2B_4O_7 \cdot 5\ H_2O$ (Tinkalkonit), $NaCaB_5O_9 \cdot 8\ H_2O$ (Vlexit), $NaBO_3 \cdot 4\ H_2O$, *kub.* HBO_2, $Mg_3B_7O_{13}$ (Boracit), *Turmalin*. Die Unters. der charakterist. Kernquadrupolresonanzeffekte erlaubt Rückschlüsse auf den Koordinationszustand der B-Atome. Charakterist. Resonanzbanden treten auf, wenn die KMR-Übergänge durch Wechselwrkg. zwischen dem elektr. Quadrupolmoment des ^{11}B-Kerns u. dem Gradienten des elektr. Feldes an einem Bor-Gitterplatz gestört werden. In polykristallinen Boraten kann durch Analyse der Kernquadrupoleffekte 1. u. 2. Ordnung auf die KMR-Übergänge zwischen trigonaler u. tetraedr. Koordination unterschieden werden. D.e ^{11}B-Quadrupolkopplungs-Konst. wurden für die einfachen trigonalen BO_3- u. tetraedr. BO_4-Gruppen gemessen; sie liegen für BO_3, abgesehen von 2 Ausnahmen, zwischen 2,5 bis 2,8 MHz u. für BO_4 zwischen 0,3—0,7 MHz [obere Grenzen für $BO_2(OH)_2$- u. BO_3OH-Gruppen in hydratisierten Polyboraten]. F. Huber. 137□

Ein Kernmagnetometer. G. Faini, A. Fuortes und O. Svelto. (Energia nucleare **7**, 705—16, Okt. 1960; Milano, Ist. di Fis. del Politecn., Cattedra di Elettronica Appl.; engl.) — Vff. beschreiben Konstruktion u. Testserie eines App. zur Messung des erdmagnet. Feldes, der auf dem Prinzip der Kerninduktion beruht. Mit der Vorpolarisationstechnik werden Genauigkeiten von 10^{-5} für abs. Messungen u. von 10^{-6} für relative Messungen erhalten. Gerhard Schmidt. 137□

Ionentransport in Lösungen von Natrium in Ammoniak. J. L. Dye, R. F. Sankuer und G. E. Smith. (J. Amer. chem. Soc. **82**, 4797—4803, 20/9. 1960; East Lansing, Mich., Michigan State Univ., Kedzie Chem. Labor.; engl.) — In den Lsgg. von Na in fl. NH_3 wird bei —37° die Konz.-Abhängigkeit der Überführungszahl des Anions nach der Meth. der bewegten Grenzflächen in einer bes. beschrieben App. bestimmt. Daraus wird unter Verw. von Leitfähigkeitsdaten die Ionenäquivalentleitfähigkeit für das Na^+-Ion berechnet. Unter der Annahme, daß die Leitfähigkeit der freien Na-Ionen der Shedlovsky-Gleichung folgt, wird die Dissoziation der Ionenpaare u. die Konz. an Dimeren berechnet. D.e Meßdaten werden am günstigsten durch die zwei Gleichgewichts-Konst., $K_1 = 9{,}2 \cdot 10^{-3}$ für die Dissoziations- u. $K_2 = 18{,}5$ für die Dimerisations-Rk., wiedergegeben. H.-J. Hartmann. 138□

Der Aktivitätskoeffizient des Natriums in flüssigem Ammoniak. J. L. Dye, G. E. Smith und R. F. Sankuer. (J. Amer. chem. Soc. **82**, 4803—07, 20/9. 1960; engl.) — Vgl. vorst. Referat. — Vff. berechnen an Hand der Ergebnisse von Überführungsmessungen u. an Hand der von Kraus [1914] mitgeteilten Ergebnisse von EMK-Messungen an Konz.-Ketten mit Überführung die Konz.-Abhängigkeit der Na-Aktivität in fl. NH_3. Unter Annahme von Ionenpaar-Bldg. u. Dimerisation werden die Gleichgewichts-Konst. für die Vorgänge $Na^+ \cdot e^- \rightleftharpoons Na^+ + e^-$ bzw. $2\ Na^+ \cdot e^- \rightleftharpoons Na_2$ zu $9{,}6 \cdot 10^{-3}$ bzw. 23 nach Extrapolation auf unendliche Verdünnung berechnet. Unter Berücksichtigung von Dampfdruckmessungen u. calor. Daten wird eine partielle mol. Entropie von 16,9 ± 1,8 cal/Grad·Mol für das solvatisierte Elektron errechnet. H.-J. Hartmann. 139□

Aktivitäten in Alkalimetall-Ammoniak-Lösungen. Philip R. Marshall. (J. chem. Engng. Data **7**, 399—404, Juli 1962; Albion, Mich., Albion Coll.; engl.) — Die Aktivitäten von *Li*, *Na*, *K*, *Rb* u. *Cs* in fl. NH_3 (I) wurden bei —35,00° als Funktion der Konzz. durch Best. der Dampfdrücke nach der Differenz-Meth. gegen fl. I ermittelt; sie sind tabellar. wiedergegeben. Die Dampfdrücke von gesätt. Lsgg. der Alkalimetalle in fl. I wurden bestimmt zu: Li 0,295 ± 0,010 cm (15,70 ± 0,20 m); Na 35,295 ± 0,010 (10,84 ± 0,15); K 14,755 ± 0,010 (11,84 ± 0,20); Rb 17,39 ± 0,01 (12,50 ± 0,4); Cs 24 ± 2 (13,0 ± 1,0). G. Gattow. 139□

Untersuchung der Partialdichte des Lösungsmittels in wässerigen Elektrolytlösungen. S. Lengyel. (Ann. Univ. Sci. Budapestinensis Rolando Eötvös nominatae, Sect. Chim. **1**, 96—108, 1959; Budapest, Eötvös Loránd Univ., Dep. of Phys. Chem. and Radiol.; engl.) — Das reziproke, partielle, spezif. Vol. des Lsgm. (v_r) ist innerhalb eines gewissen Konz.-Bereiches bei nicht komplexbildenden, ion. Lsgg. empir. eine lineare Funktion der Molarität. Die Zunahme der Dichte des W. um ein Ion in der Lsg. konnte bis zu einer Entfernung von 30 Å vom Ionenmittelpunkt bei 1—1-Elektrolyten, bzw. 50 Å bei 2—2-Elektrolyten beobachtet werden. Unter Verw. der Konst. der empir. Gleichung u. eines einfachen Modells kann die Dichte des W. in der Hydrathülle als eine Funktion des Radius des hydratisierten Ions (r_0) ausgedrückt werden. r_0 ist in allen Fällen größer als der Mittelwert der kristallograph. Radien, was möglicherweise durch das Modell bedingt ist; jedoch stehen die r_0-Werte untereinander in vernünftiger Beziehung. L. Lindner. 139□

Beurteilung der Ionenaktivitäten in Gemischen von Chloridlösungen mit Natriumchlorid. N. W. Aksselrud und W. B. Spiwakowski. (Журнал Физической Химии [J. physik. Chem.] **32**, 2333—38, Okt. 1958; Inst. für allg. u. anorg. Chem. der Akad. der Wiss. der UdSSR; russ.) — In den wss. Lsgg. der Elektrolytgemische $ZnCl_2$ (I)–$NaCl$ (II), $CdCl_2$ (III)–II u. $InCl_3$ (IV)–II wurden die Kationenaktivitäten u. die Aktivitäten der Cl^--Ionen bestimmt. Mit den erhaltenen Ionenenaktivitäts-Koeff. wurden die mittleren Aktivitäts-Koeff. von I, III u. IV berechnet. Mit Hilfe dieser Werte u. der Literaturangaben über das Syst. HCl–I–W. leiten Vff. eine empir. Formel ab, die die Abschätzung der Aktivitäts-Koeff. von Metallchloriden in Mischungen mit I gestattet. U.-L. Rau. 139□

Oxosäuren des Phosphors. 2. Mitt. Die Titrationskurven von Orthophosphorsäure mit Calciumhydroxid. H. Singh. (Proc. nat. Inst. Sci. India. Part. A **26**, 492—96, 26/9. 1960; Delhi, Univ., Phys.-Chem. Labor.; engl.) — 1. vgl. C. **1958**, 7556. — Bei der konduktometr. u. pH-metr. Titration von H_3PO_4 mit $Ca(OH)_2$ wurden Titrationskurven erhalten, die folgende Besonderheiten aufweisen: ein erster Wendepunkt der potentiometr. pH-Kurve u. ein Minimum der konduktometr. Kurve entsprechen der Bldg. von $Ca(H_2PO_4)_2$; im weiteren Verlauf bildet sich $CaHPO_4$, ohne daß jedoch dessen Löslichkeits-Prod. (LP) erreicht wird. Bei einem darauffolgenden Maximum beider Kurven wird das LP von $Ca_3(PO_4)_2$ überschritten. Die pH-Kurve geht nun durch ein flaches Minimum (dem ein Knickpunkt der konduktometr. Kurve entspricht), das auf eine Zers. von $CaHPO_4$ unter Bldg. von $Ca(H_2PO_4)_2$ u. $Ca_3(PO_4)_2$ u. Erhöhung der Acidität zurückzuführen ist. Einem Wendepunkt beim folgenden pH-Anstieg entspricht schließlich ein konduktometr. Minimum vor dem normalen Auslauf. W. Betcke. 139□

Über die Kette: Pt, H_2 (1 atm)/HCl, Hg_2Cl_2 (s)/Hg in organischen Lösungsmitteln und ihren Gemischen mit Wasser. 4. Mitt. Pt, H_2 (1 atm)/HCl (m), Äthanol(x), H_2O (100-x), Hg_2Cl_2 (s)/Hg. K. Schwabe und M. Kunz. (Z. Elektrochem., Ber. Bunsenges. physik. Chem. **64**, 1188—90, 1960; Dresden, TH, Inst. für Elektrochem. u. Phys. Chem.; dt.) — 3. vgl. C. **1960**, 4428; 5. vgl. C. **1962**, 16220. — Mit der Meßkette Pt, H_2 (1 atm)/HCl (m), A. (x), H_2O (100—x), Hg_2Cl_2 (s)/Hg werden in der schon beschriebenen App. (C. **1958**, 11728) bei 25° u. HCl-Konzz. (m) von 0,0004—0,03 Mol/1000 g Lsgm. EMK-Messungen bei folgenden A.-Konzz. (x) durchgeführt: 20,00 (Gew.-%), 40,00, 65,00, 90,00 u. 98,09. Nach dem Extrapolations-Verf. von McInnes u. Brown wurden aus den Meßwerten die Standard-EMK-Werte, die prim. u. totalen Mediumeffekte u. die Aktivitäts-Koeff. berechnet. Ein Vgl. des prim. Mediumeffektes mit den in anderen Lsgm. erhaltenen zeigt, daß der Wert sich in den Zusammenhang einfügt. H. J. Hartmann. 140□

Über den Einfluß der Temperatur auf den motoelektrischen Effekt einiger Metalle und über die Erklärung des Effekts. F. Kelemen. (Z. physik. Chem. [Leipzig] **218**, 13—23, 1961; „Babes-Bolyai"-Univ. Cluj [Klausenburg], Rumänien, 1. Phys. Inst.; dt.) — Vf. untersucht den Einfl. der Temp. auf die EMK von *Ag*, *Cu*, *Fe* u. *Zn* in Lsgg. ihrer Chloride u. Sulfate sowie in Lsgg. von HCl u. H_2SO_4 bei verschiedenen Geschw. u. Eintauchzeiten der Elektroden. Aus den Meßergebnissen wird gefolgert, daß durch die Bewegung der Elektrode in der Diffusionsgrenzschicht durch Konvektionsdiffusion eine Konz.-Änderung erfolgt; dadurch wird in einigen Fällen die Geschw. der an der Elektrodenoberfläche ablaufenden chem. u. physikal. Prozesse erhöht. D. Noack. 140□

Die Bedingungen für die elektrolytische Abscheidung unlöslicher Hydroxide auf einer Kathodenoberfläche: Eine theoretische Untersuchung. P. G. Hansen. (J. inorg. nuclear Chem. **12**, 30—37, 1959; Risø, Denmark, Res. Establ., Chem. Dep.; engl.) — Ausgehend von einer Theorie der Diffusionsschicht erörtert Vf. die pH-Werte in der Nähe einer Kathodenoberfläche, an der H_2-Entw. erfolgt, u. zeigt, daß durch eine gegebene Stromdichte eine H^+-Grenz-Konz. C_{max} für die Hydroxidabscheidung bestimmt wird. Die pH-Verteilung erlaubt die Definition einer Hydroxidionenschicht, deren Dicke bei Annäherung an C_{max} gegen Null geht. Auch in ziemlich sauren Lsgg. können pH-Werte von 11—13 an der Kathodenoberfläche vorliegen. Ergebnisse für die *Y*-Abscheidung aus HNO_3-Lsg. sowie für *Lanthaniden* u. *Actiniden* bestätigen die Theorie. P. Frenzel. 141□

Die anodische Oxydation von Zink und Cadmium in wässeriger Lösung. D. T. Sorensen, A. W. Davidson und J. Kleinberg. (J. inorg. nuclear Chem. **13**, 64—72, April 1960; Lawrence, Kans., Univ. of Kansas, Dep. of Chem.; engl.) — In Abwesenheit von Oxydationsmitteln (OM) in der Elektrolyt-Lsg. werden bei der Elektrolyse an Zn- u. Cd-Anoden nur 2fach positive Ionen (X^{2+}) gebildet, während sich beide Metalle in Ggw. von OM (wie NO_3^-) mit einer mittleren Wertigkeit V_i von 1—2 anod. lösen. Zn löst sich in Ggw. von ClO_3^- mit $V_i = 1—2$, Cd mit $V_i = 2$. In Lsgg., in den $V_i < 2$ ist, nimmt V_i mit zunehmender Elektrolyse-Temp. ab. X^+ (X = Cd, Zn) konnten nicht isoliert werden. Verss. in einem Strömungs-Syst. zeigen, daß die X^+ bzgl. der Syst. mit Mg, Be u. Al nur eine sehr kurze Lebensdauer haben, bevor sie weiter zu X^{2+} oxydiert werden. Alle experimentellen Werte lassen sich jedoch unter der Annahme erklären, daß die prim. anod. Rk. in der Bldg. von X^+ besteht, die elektrolyt. oder durch ein in der Lsg. vorliegendes OM oxydiert werden. Es wird angenommen, daß beide Rkk. konkurrieren. Die Annahme wird durch die Beziehung zwischen dem anfänglichen Wert von V_i u. der Menge des red. Elektrolyten im Anolyten gestützt. P. Frenzel. 141□

Die Elektrochemie von V_2O_5 in einer eutektischen LiCl–KCl-Schmelze. H. A. Laitinen und D. R. Rhodes. (J. electrochem. Soc. **109**, 413—19, Mai 1962; Urbana, Ill., Univ. of Illinois, Dep. of Chem. and Chem. Engng.; engl.) — Die Elektrochemie von V_2O_5 in einer eutekt. Schmelze von 41 (Mol-%) KCl u. 59 LiCl (F. 352°) wird bei 450° mit Hilfe von voltametr., chronopotentiometr. u. elektrolyt. Messungen untersucht. V_2O_5 wird an der Elektrodenoberfläche unter Bldg. der Li-Vanadatbronze $Li_2O \cdot 2\ V_2O_4 \cdot 4\ V_2O_5$ red. bei einem Potential, das von der V_2O_5-Konz. abhängig ist (0,00—0,20 V). Die durch therm. Zers. von Li_2CO_3 u. V_2O_5 erhaltenen Li-Vanadatbronzen stimmten auf Grund der chem. u. Röntgenanalyse nicht mit den Prodd. überein, die durch elektrochem. Red. von V_2O_5 gewonnen wurden. U. Skurnia. 141□

Das anodische Verhalten von kathodisch vorpolarisierten blanken Pt-Elektroden in schwefelsaurer Lösung. Shigeo Shibata. (Bull. chem. Soc. Japan **33**, 1635—40, Dez. 1960; Yamagata, Yamagata Univ., Fac. of Liberal Arts and Sci., Dep. of Chem.; engl.) — Vf. untersucht mit Hilfe eines mechan. Oscillographen die anod. Entladungskurven von kathod. vorpolarisierten blanken Pt-Elektroden in H_2-gesätt. 1n H_2SO_4. Der Kurvenverlauf für die anod. Polarisation kann durch die Annahme gedeutet werden, daß sich mol. H_2 während der kathod. Vorpolarisation in der Umgebung der Elektrode anreichert u. daß die Konz. des angereicherten H_2 nach einem Geschw.-Gesetz 1. Ordnung abnimmt. D. Noack. 142□

Brennelektroden für die Luftdepolarisation. N. I. Galkina, G. M. Popowa, D. L. Kondraschow und R. Ch. Burstein. (Журнал Прикладной Химии [J. angew. Chem.] **32**, 2247—52, Okt. 1959; Inst. für Elektrochem. der Akad. der Wiss. der UdSSR; russ.) — Vgl. C. **1959**, 8466. — Die Porenverteilungskurve einer auf 1250° geglühten Birkenholzkohle („8/60") ist gleichmäßiger als diejenige anderer Kohlen. Aus dieser Kohle mit 50% Lampenruß u. einem Bindemittel (Melasse, Pech, Teer usw.) gepreßte u. bei 900—950° in CO_2-Atmosphäre aktivierte Elektroden haben keine Poren mit Radius r > 5000 Å; ihre Porenverteilungskurve zeigt ein Maximum bei 3000 Å. Ihre elektrochem. Aktivität nimmt mit abnehmendem r zu. Bei kontinuierlicher Entladung liefert ein Element mit dieser Kohleelektrode u. Zn-Elektrode 45 Ah, bei unterbrochener Entladung 45—120 Ah. Die Spannung (E) des Elements zeigt nach 108 Std. keine Änderung, während bei Fe-Elektroden E sich nach elektropositiveren Werten verschiebt. Bei 1 A Belastung zeigt die Kohleelektrode E = 1,16 V, entsprechend 20 mA/cm². R. K. Müller. 142□

Schutzwirkung von Oxalationen in wässerigen Medien. Je. W. Bogatyrewa. (Журнал Прикладной Химии [J. angew. Chem.] **34**, 382—86, Febr. 1961; russ.) — Vf. untersucht die inhibierende Wrkg. von $Na_2C_2O_4$ (I) auf die Korrosion von *Cu, Al, Zn* u. verschiedene Stahlarten (*Armco-Fe, Stahl 10, Stahl 20* u. *Stahl U-8*). Auf die

3 Nichteisenmetalle übt I keine Schutz-Wrkg. aus. Für die Stähle sind die Mineral-Konzz. für die Korrosionsunterdrückung für dest. W. u. Leitungswasser angegeben. Mit zunehmendem C-Geh. der Stähle verringert sich die Wirksamkeit von I, da die Stahloberfläche immer uneinheitlicher wird. Durch die zunehmende Bldg. von galvan. Mikroelementen Zementit/Fe ist eine größere Menge an I zur Korrosionsverhinderung nötig. Für Stahl 20 werden außerdem der Einfl. der I-Konz. auf die Korrosions-Geschw. in dest. W. u. Leitungswasser sowie die Korrosion in entgastem dest. W. u. der Einfl. des pH untersucht. Im entgasten W. zeigt I keine inhibierende, sondern eine stark katalysierende Wrkg. auf die Korrosion. Die maximale Korrosions-Geschw. wird in Lsgg. vom pH 5 erreicht, bei pH $\gg$ 7 findet keine Korrosion statt. Der pH-Wert der Lsgg. zu Beginn u. Ende des Vers. u. der Inhibitoreffekt (gegenüber Korrosions-Verss. ohne Oxalat-Zusatz) werden angegeben. Die Beschleunigung der Korrosion zwischen pH 2—6 wird auf die Bldg. von leicht lösl. $Na_2[Fe(C_2O_4)_2]$ zurückgeführt. Als Schutz-Wrkg. wird die Bldg. von Oberflächen-Verbb. in der Adsorptionsschicht angenommen.
D. Hoene. 143□

Über die Dicke der Deckschichten auf Zinn und ihre Schutzwirkung. A. I. Lewin, M. Je. Prosstakow und W. P. Kotschergin. (Журнал Прикладной Химии [J. angew. Chem.] **33**, 2102—08, Sept. 1960; Uraler Polytechn. Kirow-Inst. u. Forsch.-Inst. für Eisenmetalle; russ.) — Es wird nachgewiesen, daß beim Passivieren von Sn in einer alkal. Lsg. in Ggw. von Na_2CrO_4 u. eines organ. Netzmittels die sich bildenden Deckschichten eine Dicke von nicht mehr als 40—50 Å haben. Ferner wird festgestellt,daß es möglich ist, die Dicke dieser Filme zu vergrößern (bis auf 300 Å u. mehr), wenn eine Passivierung in einer alkal. Lsg. bei einer Anodenstromdichte von 2—5 A/dm² in kleinen Zeitintervallen erfolgt. Bei Erhöhung der Stromdichte (im gleichen Zeitraum) ist die Dicke der Deckschicht konstant. Beim chem. Passivieren u. kurzer Anodenbehandlung von Weißblech in Ätzlaugen-Lsgg. ergeben sich dichte Filme. H. Treumann. 143□

A_4. Thermodynamik. Thermochemie

Über die elementare Darstellung der chemischen Thermodynamik. Yrjö Kauko. (Österr. Chemiker-Ztg. **60**, 196—99, Juli 1959; Helsingfors, Finnland; dt.) — Vorschläge für vereinfachte Formulierungen. A. Blaschette. 146□

Über eine einfache Methode zur Ableitung thermodynamischer Zusammenhänge. 2. Mitt. Anwendungsbeispiele. H. Mauser. (Z. Naturforsch. **15 b**, 536—44, Aug. 1960; Tübingen, Univ., Phys.-chem. Inst.; dt.) — 1. vgl. C. **1961**, 1109. — Der neu entwickelte Formalismus thermodynam. Zusammenhänge wird hier durch folgende Beispiele erläutert: Homogene Syst. unter dem Einfl. von Kräften (Magnetismus), Zusammenhang von Druck u. Temp., Druck u. Konz. u. von Temp. u. Konz. bei Phasengleichgewichten, Phasengleichgewicht bei Anwesenheit semipermeabler Wände, Thermodynamik im Schwerefeld u. im Plattenkondensator, Phasengleichgewichte 2. Art u. krit. Erscheinungen. Die Beispiele zeigen, daß eine straffe u. durchsichtige Darst. der Aussagen der Thermodynamik möglich ist. H.-J. Hartmann. 146□

Der Drehimpulssatz in der Thermodynamik der irreversiblen Prozesse. J. Meixner. (Z. Physik **164**, 145—55, 1961; Aachen, Rhein.-Westfäl. TH, Inst. für Theoret. Phys.; dt.) — Der Satz von der Erhaltung des Drehimpulses ist von Bedeutung, wenn unter Berücksichtigung des vom Bahnmoment der Atome u. Moll. u. von den Spins der Elektronen u. Atomkerne herrührenden inneren Drehimpulses irreversible Prozesse in Ggw. eines elektromagnet. Feldes betrachtet werden. Es wird gezeigt, daß der Austausch von innerem u. mechan. Drehimpuls in die Thermodynamik irreversibler Prozesse eingebaut werden kann. Er führt zu einem zusätzlichen Term in der Entropieproduktion u. damit zu einer zusätzlichen phänomenolog. Gleichung. Diese erweist sich als eine Verallgemeinerung der Blochschen Gleichung der Kerninduktion. Die Ableitungen beschränken sich auf fluide Medien (Gase oder Fll.) mit einer Komponente, deren Moll. ein Symmetriezentrum besitzen. A. Blaschette. 146□

Über die Verringerung des Effekts der Superpositionsnäherung bei Flüssigkeiten. G. H. A. Cole. (Proc. physic. Soc. **73**, 713—20, 1/5. 1959; Durham, Clarke, Chapman & Co. Ltd., Phys. Div.; engl.) — Vf. entwickelt eine mit einem Kopplungsparameter arbeitende Meth., nach der die Paarverteilung für ein klass. kondensiertes Teilchen-Syst. berechnet werden kann, ohne daß die Superpositionsnäherung auf die Triplettverteilung selber angewandt werden muß, obwohl sie für die Verteilungen höherer Ordnung noch erforderlich ist. Der Kopplungsparameter erlaubt eine stetige Variation der Gesamt-Wechselwrkg. zwischen den Teilchen zwischen dem Wert O (keine Kopplung) u. dem das tatsächliche Syst. beschreibenden Kopplungswert. D. Jörchel. 146□

Über die Berechnung der Eigenschaften von Gasen bei hohen Temperaturen. I. Amdur und J. Ross. (Combust. and Flame **2**, 412—20, Dez. 1958; MIT, Dep. of Chem.; Providence, R.I., Dep. of Chem.; engl.) — Um voraussagen zu können, ob sich makroskop. Materie bei erhöhten Temp. im Gleichgewicht befindet oder nicht, untersuchen Vff. mathemat. nach Meth. der statist. Mechanik, indem sie von den Konvektions- u. Gleichgewichts-Eigg. in bekannten, endlichen Temp.-Bereichen ausgingen, die Viscosität u. die Selbstdiffusion, die therm. Diffusions-Geschw. von Isotopen u. den zweiten Virial-Koeff. von *He*, *Ar* u. N_2 bei 1000, 5000 u. 15000°K. E. Roeder. 149□

Aerodynamische und Wärmeübergangsprobleme bei verdünnten Gasen. A. S. Predvoditelev. (Int. J. Heat Mass Transfer **3**, 188—97, Okt. 1961; Moscow State Univ., USSR, Dep. of Molecul. Phys.; engl.) — Bei der Berechnung der Schallausbreitung in verd. Gasen liefern Ansätze auf der Grundlage der Navier-Stokes-Gleichungen bessere Übereinstimmung mit experimentellen Daten als die Burnett- u. Super-Burnett-Lsg. der Botzmannschen Gleichung, wie Vf. am Beispiel der Berechnung der Ausbreitung von Ultraschallwellen in *Xe* u. *Kr* vorführt. J. Martins. 149□

Stoßrelaxation in Gasen. N. J. Phillips. (Proc. physic. Soc. **73**, 800—06, 1/5. 1959; London, Imp. Coll., Dep. of Math.; engl.) — Vf. löst die zeitabhängige Boltzmann-Gleichung für Gase u. berechnet die charakterist. Relaxations-Geschw. für sphär. symm. Verteilungen sowie die Eigenwerte für Gase, deren Teilchen nach einem Kraftgesetz der Form $Q\,(a/r)^s$ in Wechselwrkg. stehen, wobei s den Abstand zwischen einem Teilchenpaar bedeutet. Die Fälle $s = 2$, 5 u. ∞ werden im einzelnen erörtert. Die Rechnungen werden durch Einschluß des Falles einer Zweikomponenten-Gasmischung erweitert. D. Jörchel. 149□

Theorie der Relaxationsvorgänge in einem einatomigen Gas. 1. Mitt. M. J. Offerhaus. (Proc., Kon. nederl. Akad. Wetensch., Ser. B **64**, 115—24, 1961; engl.) — Behandlung der Geschw.-Verteilung in der hydrodynam. Phase. A. Blaschette. 149□

Theorie der Relaxationsvorgänge in einem einatomigen Gas. 2. Mitt. M. J. Offerhaus. (Proc., Kon. nederl. Akad. Wetensch., Ser. B **64**, 125—35, 1961; engl.) — 1. vgl. vorst. Referat. — Geschw.-Verteilung in der kinet. Phase (homogener u. inhomogener Fall). A. Blaschette. 149□

Theorie der Relaxationsvorgänge in einem einatomigen Gas. 3. Mitt. M. J. Offerhaus. (Proc., Kon. nederl. Akad. Wetensch., Ser. B **64**, 136—48, 1961; engl.) — 2. vgl. vorst. Referat. — Entropieerzeugung; Transportströme; Quasirelaxation. A. Blaschette. 149□

Theorie der Relaxationsvorgänge in einem einatomigen Gas. 4. Mitt. M. J. Offerhaus. (Proc., Kon. nederl. Akad. Wetensch., Ser. B **64**, 149—60, 1961; engl.) — 3. vgl. vorst. Referat. — Stoßoperator; Zeitskala der kinet. Phase; Zeitskala der hydrodynam. Phase. A. Blaschette. 149□

Über die dichten Phasen von ^3He bei sehr tiefen Temperaturen. Louis Goldstein. (Ann. Physics **14**, 77—93, Juli 1961; Los Alamos, N. Mex., Univ. of California, Los Alamos Sci. Labor.; engl.) — Vgl. C. **1961**, 2196. — ^3He ist anscheinend eine permanente Fl. bis zu den tiefsten Temp., die nur durch Druck in die feste Phase übergeführt werden kann. Um Aufschluß über das Verh. verschiedener Eigg., wie kernparamagnet. Susceptibilität, Wärmekapazität, Expansions-Koeff. u. ihre Temp.-Abhängigkeit bei sehr tiefen Temp. zu erhalten, was eine Extrapolation in experimentell nicht zugängliche Gebiete ermöglichen soll, müssen die Eigg. der Kernspin-Syst. wie der übrigen Freiheitsgrade in den kondensierten Phasen von ^3He untersucht werden. M. Wiedemann. 149□

Einfluß der Fluktuation auf den Aktivitätskoeffizienten binärer Lösungen von Nichtelektrolyten in der Nähe der kritischen Temperatur der Lösung. A. N. Kirginzew. (Известия Сибирского Отделения Академии Наук СССР [Nachr. sibir. Abt. Akad. Wiss. UdSSR] **1960**, Nr. 12, 62—65; Inst. für anorg. Chem. der sibir. Abt. der Akad. der Wiss. der UdSSR; russ.) — Vf. leitet Gleichungen ab für die Aktivitäts-Koeff. bin. Lsgg. von Nichtelektrolyten in der Nähe der krit. Temp. (in der Nähe von Phasenübergängen) unter Berücksichtigung der Konz.-Fluktuation. Die Gleichungen werden mit den experimentellen Ergebnissen von Schmeling (C. **1956**, 1235) an festen Lsgg. des Syst. $SrCO_3$–$BaCO_3$ verglichen. Sie stimmen in erster Näherung befriedigend überein. Die Aktivitäts-Koeff. von Ba u. Sr sind als Funktionen des Molenbruchs angegeben. D. Hoene. 150□

Bemerkungen über ein Modell des Übergangs fest-flüssig einiger Metalle. Ph. Choquard und J.-C. Courvoisier. (Helv. physica Acta **32**, 296—302, 31/8. 1959; Genève, Inst. Battelle) — Theoret. Untersuchung. Beschreibung der Anwendung des Modells auf *Ag* u. *Au*. C. Gottfried. 150

Phasenübergangstemperaturen. 1. Mitt. R. T. Bottle und G. N. Copley. (School Sci. Rev. **61**, 261—70, März 1960; Liverpool, Coll. of Technol.; engl.) — Erläuterung der Bedeutung der Phasenübergangstemperaturen. Qual. u. quant. Betrachtung eines univarienten Phasengleichgewichts. Chem. Potential, therm. Analyse, dilatometr. Meth. u. Molwärmenmethode. Ch. Weiske. 150□

Neue Gleichungen für die Temperaturfunktion der spezifischen Wärmen vollkommener Gase. H. Faltin. (Technik **15**, 592—96, Sept. 1960; Dresden, TU; dt.) — Vf. leitet unter Benutzung neuerer Literaturwerte mehrgliedrige Potenzreihen hoher Genauigkeit für die spezif. Wärmen von H_2, N_2, O_2, *NO*, *CO*, *Luft*, H_2O, CO_2, Cl_2, *HCl*, CS_2, H_2S, SO_2, C_2H_6, C_3H_8, N_2O, NH_3, CH_4, C_4H_{10}, C_2H_4, C_3H_6, C_4H_8, C_2H_2, CF_2Cl_2 u. C_6H_6 für den Temp.-Bereich von 273—4000 bzw. 3000 bzw. 1500°K ab u. vergleicht die erhaltenen Werte mit den Meßwerten. Die Genauigkeit der Wiedergabe ist bedeutend besser als bei den bisher bekannten 2- u. 3gliedrigen Gleichungen. Wolfgang Wagner. 151□

Thermodynamische Funktionen einiger ausgewählter Elemente im idealen Gaszustand. D. E. Poland, J. W. Green und J. L. Margrave. (J. chem. Engng. Data **7**, 389—90, Juli 1962; Madison, Wis., Univ. of Wisconsin, Dep. of Chem.; engl.) — Vff. berechnen die freien Energien $(G^0_T - H^0_0)/T$ u. die Enthalpien $(H^0_T - H^0_0)/T$ von 13 Elementen für den idealen Gaszustand zwischen 298,15 u. 7000°K; die Werte sind tabelliert. Für 298,15°K werden nachst. Werte angegeben: *Tc* 38,281 u. 4,9682, *Ru* 39,549 u. 4,9985, *Te* 36,676 u. 4,9682, *J* 38,216 u. 4,9682, *Hf* 39,676 u. 4,9682, *Tl* 38,259 u. 4,9682, *Pb* 36,922 u. 4,9682, *Bi* 39,703 u. 4,9682, *Po* 40,160 u. 4,9682, *Rn* 37,128 u. 4,9682, *Ra* 37,182 u. 4,9682, *Ac* 39,949 u. 4,9688, *Th* 40,485 u. 4,9682 cal/Grad·Mol. G. Gattow. 151□

Experimentelle Untersuchungen der thermodynamischen Eigenschaften von Wasser und Wasserdampf hoher Parameter. W. A. Kirillin und A. Je. Scheindlin. (Известия Академии Наук СССР, Отделение Технических Наук, Энергетика и Автоматика [Nachr. Akad. Wiss. UdSSR, Abt. techn. Wiss., Energet. Automatisier.] **1960**, Nr. 2, 44—53, März/April; Moskau; russ.) — Experimentelle Angaben über die spezif. Vol. u. die Molwärme C_p im überkrit. Bereich. In der Nähe der Grenzkurven steigt bei Annäherung an den krit. Punkt C_p bes. von dampfförmigen Stoffen. Aus den C_p-Werten einer Fl., der Verdampfungswärme, der Abhängigkeit des Druckes von trockenem gesätt. Dampf von der Temp. u. den bekannten therm. Eigg. des Dampfes in der Nähe der Grenzkurve wurden die C_p-Werte für trockenen, gesätt. Wasserdampf bis zu einer Temp. von 340° ermittelt. H. Treumann. 151□

Gleichzeitige Messung von Gleichgewichten Flüssigkeit–Dampf und von latenten Verdampfungswärmen. C. H. Bloom, C. W. Clump und A. H. Koeckert. (Ind. Engng. Chem. **53**, 829—32, Okt. 1961; Bethlehem, Pa., Lehigh Univ.; engl.) — Zur gleichzeitigen Messung von Fl.–Dampf-Gleichgewichten (FG) u. der latenten Verdampfungswärmen H beschreiben Vff. eine Umlauf-App. mit Verdampfer, Kühler u. adiabat. Wänden. H wird aus der Enthalpieänderung des für die Kondens. des gesätt. Dampfes verwendeten Kühlwassers bestimmt. Die berechneten FG-Werte u. Aktivitäts-Koeff. γ für das Syst. *A.*–*W.* sowie die H-Werte stimmen mit Literaturwerten überein, wobei die γ um nicht mehr als 2% von diesen abweichen. Vff. nehmen an, daß die H-Werte auf ±2% genau sind. Das Enthalpie-Konz.-Diagramm wird graph. mitgeteilt. P. Frenzel. 155□

Die Dissoziationsenergie des NH-Radikals. M. A. A. Clyne und B. A. Thrush. (Proc. chem. Soc. [London] **1962**, 227, Juni; Cambridge, Univ., Dep. of Phys. Chem.; engl.) — Experimentell bestimmte Bldg.-Wärmen stützen die Dissoziationsenergie $D(N{-}H) = 81 \pm 3$ kcal/Mol. Aus diesem D(N—H)-Wert u. $D(NH_2{-}H) = 104 \pm 2$ kcal/Mol folgt $D(NH{-}H) = 95 \pm 4$ kcal/Mol. H. Kuckertz. 156□

Gleichgewichtspolymerisation von Selen. Adi Eisenberg und Arthur V. Tobolsky. (J. Polymer Sci. **46**, 19—28, Sept. 1960; Princeton, N.J., Princeton Univ., Frick Chem. Labor.; engl.) — Die von Vff. für das Ring–Ketten-Gleichgewicht von fl. S entwickelte Theorie wird auf fl. *Se* übertragen. Die Zahlenwerte für Enthalpie u. Entropie der Wachstums-Rk. $Se^*_n + Se_8 \rightleftharpoons Se^*_{n+8}$ werden aus Literaturdaten für die Se_8-Konz. in der Fl. berechnet u. zu $\Delta H^0 = 2270$ cal/Mol u. $\Delta S^0 = 5{,}47$ cal/Mol·Grad gefunden. Die Werte für die Start-Rk. $Se_8 \rightleftharpoons Se_8^*$ werden aus einem Vgl. mit den entsprechenden Werten für S zu $\Delta H^0 = 24900$ cal/Mol u. $\Delta S^0 = 23{,}0$ cal/Mol·Grad geschätzt. Die Temp. für das Auftreten von Polymeren in fl. Phase wird zu 356°K berechnet u. der Polymerisationsgrad beim F. zu ca. 1300 Se_8-Einheiten geschätzt. W. Schmieder. 156□

Die Bildungswärme der stabilsten Form der Metaborsäure, HBO_2 (c, I). Marthada V. Kilday und Edward J. Prosen. (J. Amer. chem. Soc. **82**, 5508—09, 20/10. 1960; Washington, D.C., Nat. Bur. of Stand.; engl.) — Die Bldg.-Wärme ΔHf^0 der stabilen kub. Form der Metaborsäure, HBO_2 (c, I) (I), wird durch Vgl. der calorimetr. gemessenen Rk.-Wärmen ermittelt, die beim Auflösen von feingepulverten I-Präpp. u. von H_3BO_3 (c) als Bezugssubstanz in 2n NaOH-Lsg. bei 40° entstehen. Unter Verw. eines ΔHf^0-Wertes für fl. W. von $-68{,}317$ (kcal/Mol) u. von $\Delta Hf^0 = -262{,}16$ für H_3BO_3 (c) wird für I $\Delta Hf^0_{(298,15)}$ zu $-192{,}56 \pm 0{,}33$ berechnet. H. J. Hartmann. 156□

Bildungswärme von Berylliumchlorid. C. J. Thompson, G. C. Sinke und D. R. Stull. (J. chem. Engng. Data **7**, 380—81, Juli 1962; Midland, Mich., Dow Chemical Co., Thermal Labor.; engl.) — In einem mit Pt ausgekleideten rotierenden Bombencalorimeter wurden die Lsg.-Wärmen von Be u. $BeCl_2$ (I) in 6,0n u. 4,7n HCl bei 24,4° bestimmt u. daraus die Bldg.-Wärme von krist. I aus den Elementen bei 298°K zu $\Delta H_f = -118{,}25 \pm 0{,}50$ kcal/Mol berechnet. G. Gattow. 156□

Über die Abschätzung der Mischungsenthalpien sich monotektisch verhaltender binärer Legierungen. Étienne Bonnier, Pierre Desré und Francis Durand. (C. R. hebd. Séances Acad. Sci. **250**, 1049—51, 8/2. 1960; Grenoble, École Nat. sup. d'Électrochim. et d'Électrometall.; franz.) — Vff. berechneten, von den Phasendiagrammen ausgehend, den Grenzwert der partiellen Mischungsenthalpie von fl., sich monotekt. verhaltenden bin. Legierungen. Für die Syst. *Ag–Bi, Ag–Pb, Ag–Na, Al–Sn, Ge–Bi, Zn–Bi, Zn–Ga, Zn–In* u. *Zn–Pb*, für die experimentelle Daten vorliegen, war die Übereinstimmung zwischen berechneten u. beobachteten Werten gut. Nur berechnet wurden die Werte für die Syst. *Al–Hg, Al–In, Al–Pb, As–Bi, Be–Al, Bi–Hg, Cr–Hg, Cu–Bi, Cu–Pb, Cu–Tl, Ge–Ga, Ge–In, Ge–Sn, Ge–Zn, Si–Ga, Si–In, Ta–U, W–Pb* u. *W–U*. C. Gottfried. 156

Physikalisch-chemische Eigenschaften von Trikaliumphosphat. 1. Mitt. L. Ss. Besdel, W. P. Teodorowitsch und W. W. Ipatjew. (Журнал Прикладной Химии [J. angew. Chem.] **32**, 2392—97, Nov. 1959; Allunions-Forsch.-Inst. für chem. Erdölprozesse; russ.) — Vff. untersuchen folgende Eigg. von K_3PO_4-Lsgg.: Dichte bei 20 u. 30°, Siedepunkt, Lsg.-Enthalpie, Viscosität, Verteilungsgleichgewicht des H_2S im Syst. H_2S–verflüssigte Propan–Propylen-Fraktion (I)–Lsg. von K_3PO_4 bei 20°. Den Unterss. zufolge ist es möglich, H_2S aus I zu entfernen. H. Treumann. 156□

Elektrochemische Untersuchung von Uranoxiden im UO_2–U_3O_8-Bereich bei hohen Temperaturen. Kalevi Kiukkola. (Acta chem. scand. **16**, 327—45, 1962; Otaniemi, Finland, Inst. of Technol., Metallurg. Labor.; engl.) — Im Temp.-Bereich von 800—1200° wurden Messungen der EMK an galvan. Zellen mit festen Elektrolyten vorgenommen, um thermodynam. Standarddaten für Mischungen von UO_2 u. O_2-Gas zu erhalten. Infolge der reinen Anionenleitfähigkeit des Elektrolyten konnte die relative partielle molare Freie Energie des O_2 in UO_2 als Funktion des O/U-Atomverhältnisses u. der Temp. direkt berechnet werden. Aus diesen Werten wurden die Daten für die partielle molare Mischungswärme u. -entropie u. die entsprechenden relativen integralen Größen über den ganzen Zus.- u. Temp.-Bereich ermittelt. Ferner werden nichtstöchiometr. Verhältnisse in der homogenen UO_{2+x}-Phase diskutiert. Die Löslichkeit von O_2 in dieser Phase ist größer als bisher angenommen wurde. D. Noack. 156□

Eine calorimetrische Untersuchung der Reaktion von Seltenerdmetallionen mit EDTA in wässeriger Lösung. J. L. Mackey, J. E. Powell und F. H. Spedding. (J. Amer. chem. Soc. **84**, 2047—50, 5/6. 1962; Ames, Iowa, Iowa State Univ., Inst. for Atomic Res. and Dep. of Chem.; engl.) — In einem isothermen Calorimeter (elektr. Eichung) wurden bei 25° nach der Verdrängungs-Meth. die Rk.-Wärmen der Chelat-Bldg. von Ionen der Seltenerdmetalle (SE) mit EDTA in wss. Lsg. unter Zusatz von 0,1m KNO_3 bestimmt u. aus den erhaltenen Werten die nachstehenden thermodynam. Daten für die Bldg. von SE-EDTA-Chelaten (1 : 1) in wss. Lsg. bei 25° (Ggw. von 0,1m KNO_3) berechnet: La $\Delta G^0 = -20{,}720$ kcal/Mol, $\Delta H^0 = -2{,}926$ kcal/Mol u. $S^0 = 59{,}7$ cal/Grad·Mol; Ce $-21{,}070$, $-2{,}938$ u. 60,8; Pr $-21{,}490$, $-3{,}198$ u. 61,4; Nd $-21{,}890$, $-3{,}623$ u. 61,3; Sm $-22{,}540$, $-3{,}349$ u. 64,4; Eu $-22{,}720$, $-2{,}558$ u. 67,6; Gd $-22{,}940$ $-1{,}730$ u. 71,2; Tb $-23{,}620$, $-1{,}114$ u. 75,5; Dy $-24{,}250$, $-1{,}211$ u. 77,3; Ho $-24{,}610$, $-1{,}356$ u. 78,0; Er $-25{,}060$, $-1{,}708$ u. 78,3; Tm $-25{,}440$, $-1{,}870$ u. 79,1; Yb $-25{,}910$, $-2{,}310$ u. 79,2; Lu $-26{,}110$, $-2{,}512$ u. 79,1; Y $-23{,}701$, $-0{,}588$ u. 77,5. Aus den ΔH^0-Werten folgt, daß sich die SE-Chelate mit EDTA in 2 Gruppen einteilen lassen: La bis Eu u. Gd bis Lu. Mögliche Gründe für die Existenz dieser beiden Gruppen werden diskutiert. G. Gattow. 156□

Eine Einführung in die Bestimmung von Verbrennungsgeschwindigkeiten von Gasgemischen unter besonderer Berücksichtigung der Methode des konstanten Volumens. G. E. B. Tremmeer. (South African mechan. Engr. **10**, 284—86, Mai 1961; Witwatersrand, Transvaal, Univ., Dep. of Mechanical Engng.; engl.) — Nach Erklärung der grundlegenden Begriffe wird ein Überblick über die bekannten Meth. zur Best. von Verbrennungs-Geschw. von Gasgemischen gegeben. Von diesen Verff. wird die Meth. des konst. Vol. ausführlich beschrieben. J. Peters. 157□

Flammenfortpflanzung durch nichtverzweigte Kettenreaktionen. J. Adler und D. B. Spalding. (Combust. and Flame **5**, 123—34, Juni 1961; London, Imp. Coll. of Sci. and Technol.; engl.) — Vff. betrachten die eindimensionale Ausbreitung einer stationär brennenden laminaren Flamme durch eine nichtverzweigte Ketten-Rk. mit vernachlässigbarem Kettenabbruch. Für einzelne Funktionen der Rk.-Geschw. werden exakte analyt. Lösungen für den Temp.-Gradienten, die Flammenfortpflanzungs-Geschw. u. die Radikal-Konz. erhalten. Näherungs-Verff. werden mitgeteilt, mit denen die Flammenfortpflanzungs-Geschw. jedes gegebenen Rk.-Schemas bestimmt werden kann. J. Peters. 157□

Ionisation in laminaren Flammen. N. N. Inosemzew. (Известия Академии Наук СССР, Отделение Технических Наук, Энергетика и Автоматика [Nachr. Akad. Wiss. UdSSR, Abt. techn. Wiss., Energet. Automatisier.] **1960**, Nr. 2, 59—66, März/April; Moskau; russ.) — Durch Messungen mit Zweikontaktgebern erhält man quant. Angaben über verschiedene Kenngrößen der Ionisation in laminaren KW-Stoff-Luftflammen u. über die Abhängigkeit von den ursprünglichen Kenngrößen des Gemisches. Die Konz. der Ionen u. der Elektronen in der Flammenfront ist um 2 Größenordnungen höher als die therm. Konz. in den Verbrennungsprodukten. Es wird Proportionalität des gemessenen Ionisationsstromes zur Geschw. der chem. Rk. festgestellt. H. Treumann. 157□

Kombination von Flamme und Lichtbogen. J. Lawton, K. G. Payne und F. J. Weinberg. (Nature [London] **193**, 736—38, 24/2. 1962; London, Imp. Coll. of Sci. and Technol., Dep. of Chem. Engng. and Chem. Technol.; engl.) — Beschreibung einer Kombination eines Gasbrenners mit einem elektr. „plasmajet-type“ Lichtbogen, die es ermöglicht, die Energie u. den Ionen-Geh. eines Gases während der Verbrennung über die durch Verbrennung stöchiometr. Gasgemische erreichbaren Werte zu erhöhen. Eine Tabelle mit Vgl.-Werten ist angegeben. D. Noack. 157□

Eine Experimentaluntersuchung über im Brenner stabilisierte turbulente Flammen von vorgemischten Reaktionsstoffen. M. D. Fox und F. J. Weinberg. (Proc. Roy. Soc. [London], Ser. A **268**, 222—39, 1962; engl.) — Vgl. vorst. Referat. — Die Flammenausbreitung in vorgemischten, turbulenten Gasströmen wurden untersucht. Es wurde festgestellt, daß die Verbindung zwischen Theorie u. Experiment durch Verbesserung der bisherigen Unters.-Meth. nicht möglich ist. Es wurden daher neue opt. Meth. eingeführt, die eine Unters. der Flammenfront auf exaktere Weise ermöglichen. Wolfgang Krüger. 157□

Anfangsbeschleunigung einer Flamme in einem explosiven Gas. A. J. Laderman und A. K. Oppenheim. (Proc. Roy. Soc. [London], Ser. A **268**, 153—80, 1962; Berkeley, Calif., Univ. of California; engl.) — Vff. untersuchten die von der Flamme in einer stöchiometr. Mischung von $H_2 + O_2$ im Anfangsstadium ihrer Beschleunigung erzeugten Druckwellen mit Hilfe von photograph. Aufnahmen bei gleichzeitigen Druckmessungen. Aus den Unterss. wurden Einblicke in die Struktur der Rk.-Zone u. die Umwandlung der laminaren in eine turbulente Flamme erhalten. Der Einfl. der Zündungs-Meth. auf den Beschleunigungsprozeß der Flamme wird aufgezeigt. Wolfgang Krüger. 157□

Verbrennungsgeschwindigkeit und Reaktionsgeschwindigkeit in nichtadiabatischen Flammen mit konstanter Temperatur. C. P. Fenimore und G. W. Jones. (Combust. and Flame **5**, 135—40, Juni 1961; Schenectady, N.Y., Gen. Electric Res. Labor.; engl.) — Flammen mit verschiedenen Brennstoff/O_2-Verhältnissen können mit konst. Temp. an gekühlten porösen Brennern erzeugt werden, wenn die Verbrennungs-Geschw. variiert wird. Vff. untersuchen, ob die Änderung der Verbrennungs-Geschw. auch eine Änderung in der Geschw. des Brenngasverbrauchs mit sich bringt. In Flammen mit kleiner H_2- oder KW-Stoff-Konz. erweist sich letztere bei konst. Temp. ebenfalls als gleichbleibend. In Flammen mit hoher H_2-Konz. bringt dagegen eine schnellere Verbrennungs-Geschw. bei zunehmender H_2-Konz. auch eine größere Rk.-Geschw. mit sich. J. Peters. 157□

Der Druckeinfluß auf die turbulente Verbrennungsgeschwindigkeit. B. Fine. (Combust. and Flame **2**, 109—16, Juni 1958; Cleveland, Ohio, Nat. Advisory Comm. for Aeronaut., Lewis Flight Prop. Labor.; engl.) — Vgl. C. **1961**, 28. — Untersucht wurde der Zusammenhang zwischen der turbulenten Verbrennungsgeschw. S_t, der laminaren S_l, der Reynoldsschen Zahl Re u. dem Brenndurchmesser D an den Gemischen a) C_3H_8 (I)/*Luft*, b) H_2/*Luft* u. c) I mit dem Gemisch (*50%* O_2 + *50%* N_2), der bei 1 atm nach Bollinger u. Williams (Nat. Advisory Committee Aeronaut., Rep. **932**, [1949]) durch die Formel gegeben ist: S_t/S_l ca. $Re^{0,25} \cdot D^{1,26}$. Festgestellt wurde die Änderung von Re für verschiedene Werte von D bei unterschiedlichem Äquivalentverhältnis V (= Vol.-Verhältnis Brennstoff–Luft/Vol.-Verhältnis Brennstoff–Luft für das stöchiometr. Gemisch) u. bei unterschiedlichem Druck P. Für die Beziehung $S_t/S_1 \sim P^{|n(t)-n(l)|}$, wo | n (t) — n (l) | die Differenz der Druckexponenten n für turbulente u. laminare Flammen ist, wurde für den Exponenten von P bei a) der Wert 0,3 bestimmt. Bei Änderung von D wurde die erste Formel bestätigt. Da n (t) — n (l) = 0 ist, müssen sich die Linien von S_t bzw. S_1, gegen P aufgetragen, kreuzen. Für a) nach der I-armen Entzündungsgrenze liegt der Kreuzungspunkt bei 1 atm, für die I-reiche Grenze bei 0,6 atm, für die Gemische b) bei 0,5 atm. Bei den Gemischen c) scheinen sich die Kurven für S_t u. S_1 asymptot. einander zu nähern, ohne sich zu kreuzen. Bei b) erreicht S_1 ein Maximum für wesentlich reichere Gemische als dem stöchiometr. Verhältnis V_{st} mit 29% H_2 entsprechen würde. Bei dem untersuchten Druck P = 0,61 atm ist bis hinauf zu 44% H_2 für S_t (hier liegt das Maximum etwa für S_1) noch kein Maximum erreicht worden, so daß bei S_t das Maximum noch viel weiter von V_{st} entfernt liegt als bei S_1. Die turbulenten Flammen von b) mit V = 0,75 (d. h. bei dem niedrigsten, zur Flammen-Bldg. noch ausreichenden H_2-Geh.) zeigten normale, scharf umrissene Flammenfronten u. nicht zerfranste, wie sie hier bei laminaren beobachtet werden. E. Roeder. 157□

Einfluß der Länge des Reaktionsgefäßes auf die Detonationsbildung in Mischungen von Knallgas und gesättigtem Wasserdampf. James A. Luker und Leonard B. Adler. (J. chem. Physics **36,** 718—21, 1/2. 1962; Syracuse, N.Y., Univ., Dep. of Chem. Engng.; engl.) — Es wurden qual. Beziehungen zwischen der Länge des Rk.-Gefäßes u. dem Effekt der endreflektierten präkompressionalen Schockwellen für Knallgas (2 H_2 + O_2)-gesätt. Wasserdampf-Mischungen verschiedener Zus. aufgefunden. Innerhalb eines spezif. Längenbereiches u. bei bestimmten Mischungsverhältnissen gilt, daß eine Verkürzung der Länge des Rk.-Gefäßes die Detonations-Bldg. steigert, während eine Verlängerung die Reflexionseffekte verzögert, die die Prädetonationsflamme beschleunigen. Wolfgang Krüger. 157□

Bildung gasförmiger Detonationswellen. Ein Vergleich von Mischungen aus Knallgas und Dampf und von schwerem Knallgas und schwerem Wasser. James A. Luker. (J. chem. Engng. Data **7,** 209—10, April 1962; engl.) — Vgl. vorst. Referat. — Für die Detonations-Bldg. im Syst. schweres Knallgas–schweres W. bei 100° bei Funkenentzündung werden Ergebnisse mitgeteilt u. mit Werten des Syst. Knallgas–Dampf unter ident. Bedingungen verglichen. Die Unterschiede zwischen beiden Syst. lassen erkennen, daß das schwere W. nicht nur als Verdünnungsmittel, sondern auch als ein stärker akt. Inhibitor als Wasserdampf fungiert. Wolfgang Krüger. 157□

Die Konzentration von Hydroxyl und Sauerstoffatomen in Gasen magerer Wasserstoff–Luft-Flammen. W. E. Kaskan. (Combust. and Flame **2,** 286—304, Sept. 1958; Schenectady, N.Y., Gen. Electr. Res. Labor.; engl.) — Die OH-Konz. in Flammengasen magerer H_2-Luft-Flammen über porösen Brennern wird nach dem vom Vf. (C. **1962,** 3730) angegebenen Verf. bei 0,45 u. 1 at u. Gas-Temp. zwischen 1290 u. 1840° K gemessen. In der Nähe der Flamme ist die OH-Konz. stets beträchtlich größer als die berechnete Gleichgewichts-Konz.; im abströmenden Gas nimmt [OH] nach 2. Ordnung bzgl. [OH] ab, die Geschw.-Konst. dieser Rk. ist prakt. unabhängig von Druck, Temp. u. Zus.; ihr Mittelwert beträgt ca. 10^{-13} cm^3/Mol.·s. Zusatz geringer Mengen NO (1%) zu den unverbrannten Flammengasen hat keinen Einfl. auf die Kinetik der [OH]-Abnahme, erhöht jedoch die Geschw. der [OH]-Abnahme annähernd proportional [NO]. Die Intensität des bei Zusatz von NO zu fast stöchiometr. Flammen emittierten Lichtes (gemessen zwischen 3700 u. 6500 Å) ist am größten in der Rk.-Zone selbst u. nimmt im abströmenden Gas ab. Die Intensitätsverteilung in diesem Spektralbereich ist in der Flammenzone unabhängig von Temp. u. Zus. der Gase; im abströmenden Gas nimmt die Intensität der längeren Wellenlängen zu, u. zwar um so mehr, je magerer die Gase sind; dabei zeigt sich bei ca. 5000 Å eine beginnende Struktur, die sich gegen Rot erstreckt. Aus den Beziehungen zwischen der Lichtintensität u. [NO] folgert Vf., daß der NO-Test auf O-Atome quant. ist; die lichtemittierende Rk. dürfte vermutlich NO + O → NO_2 + h ν sein, ihre Geschw.-Konst. k = $2 \cdot 10^{-18}$ cm^3/Mol.·s. Mit Hilfe dieses Testes wird gezeigt, daß unter allen vom Vf. gewählten Rk.-Bedingungen Gleichgewicht zwischen O-Atomen u. OH-Radikalen entsprechend 2 OH ⇌ H_2O + O besteht. M. Schenk. 157□

Über die Zersetzungsflamme flüssiger Ozon/Sauerstoff-Gemische in einem Rohr. R. Sandri. (Combust. and Flame **2,** 348—51, Dez. 1958; Ottawa, Ontario, Nat. Res.

Council of Canada; engl.) — Vf. behandelt mathemat. die über einem fl. Gemisch von O_3/O_2 brennende Zers.-Flamme in einem von außen mit fl. O_2 gekühlten Rohr bei Drücken von 1 bzw. 2 bzw. 10 atm für Gemische mit 50, 75 oder 100% O_3.
E. Roeder. 157□

Vergleich der Selbstentflammungen von Ammoniak in Sauerstoff und in Distickstoffmonoxid. M. Destriau und D. Cladé. (J. Chim. physique Physico-Chim. biol. **56**, 936—39, Nov./Dez. 1959; franz.) — Vff. bestimmten die Grenzdrücke der Selbstentflammung in den Syst. NH_3/O_2 u. NH_3/N_2O. Sie fallen mit der Temp. u. liegen im Bereich 150—500 Torr bei 1050—950° für NH_3/O_2 u. überraschenderweise mit 100 bis 500 Torr bei 950—800° niedriger für NH_3/N_2O. Die Abhängigkeit vom eingesetzten Verhältnis $NH_3 : O_2$ (1 : 0,5—2,4) u. $NH_3 : N_2O$ (1 : 0,25 bis 1 : 18) wird graph. mitgeteilt. Die erhaltenen Werte lassen sich über Kettenmechanismen u. therm. Theorien deuten.
U. Wannagat. 157□

Über die Nichtentflammbarkeitsbereiche von Formaldehyd und kohlenwasserstoffhaltiger Luft bei Unterdruck. M. P. Brunold, R. Delbourgo und P. Laffitte. (Combust. and Flame **5**, 191—94, Juni 1961; Paris, Sorbonne, Labor. de Chim. Gén.; engl.) — Vff. untersuchen die Nichtentflammbarkeitsbereiche von Gemischen aus Formaldehyd (I) u. Luft mit 2,4—5,4% KW-Stoffen. Durch Zusatz von C_3H_8 u. CH_4 wird der Entflammbarkeitsbereich von I–Luft-Gemischen eingeschränkt. Sobald KW-Stoffe auch nur in Spuren anwesend sind, sind die Flammen-Eigg. nicht mehr für I, sondern für den betreffenden KW-Stoff charakteristisch. J. Peters. 157□

Ein analytischer Weg zur Untersuchung der Plasmachemie. John E. Anderson und Laura K. Case. (Ind. Engng. Chem. Process Design Development **1**, 161—65, Juli 1962; Indianapolis, Ind., Linde Co., Div. of Union Carbide Corp., Speedway Labor.; engl.) — Die Rk. zwischen dem Wasserstoff einer Plasmafackel u. beigemischtem CH_4 mit anschließendem Abschrecken der Rk.-Gase wird mit bekannten thermodynam. u. kinet. Daten, bes. hinsichtlich C_2H_2-Ausbeute, CH_4-Umwandlung, Kontaktzeit u. Energiebedarf, berechnet. Die Ergebnisse dieser analyt. Betrachtung stimmen mit Vers.-Ergebnissen gut überein. Die Meth. führt zum besseren Verständnis verschiedener Veränderlicher, wie Mischungs-Geschw. u. Mischungsverhältnis der Rk.-Partner, ist jedoch nicht ohne weiteres auf alle Plasma-Rkk. anzuwenden. F. Huber. 157□

Reaktionszonenlänge und Ausbleiben der Detonation in Aziden. E. Strömsöe. (Res. appl. in Ind. **13**, 101—04, März 1960; Lilleström, Norway, Norwegian Def. Res. Establ.; engl.) — Vf. führte Messungen der Detonations-Geschw. von Einkristallen von *Bleiazid* u. *Silberazid* sowie von Bleiazidpulver als Funktion des Ladungsdurchmessers aus. Für die Einkristalle u. das Pulver von Bleiazid ergab sich eine Rk.-Zonenlänge von 0,2 bzw. 0,45 mm. Beim Silberazid bleibt die Detonation unterhalb einer krit. Dicke von 0,022 mm aus. Die Ergebnisse stehen mit der Theorie des Oberflächenbrennens für chem. Rkk. in detonierenden Explosivstoffen in Übereinstimmung, widersprechen aber der Theorie des Ausbleibens einer Detonation in Ladungen mit abnehmender Dicke. Für diese Diskrepanz wird eine Erklärung vorgeschlagen.
Wolfgang Wagner. 157□

Wärmeleitfähigkeit nichtwässeriger Elektrolytlösungen. F. G. Eldarow. (Журнал Физической Химии [J. physik. Chem.] **32**, 2443—47, Okt. 1958; Machatschkala, Dagestaner Abt. der Akad. der Wiss. der UdSSR; russ.) — Vf. beschreibt eine App. zur Best. der Wärmeleitfähigkeit (λ) von Flüssigkeiten. Mit dieser App. wurde λ der Lsgg. von *NaJ*, *NaBr* (I), *KJ*, $Ca(NO_3)_2$ (II), $ZnCl_2$ (III) u. NH_4NO_3 (IV) in *Methanol* (V) sowie der Lsgg. von CaJ_2, $SbCl_3$ u. III in *Aceton* (VI) bei 25° in Abhängigkeit von der Elektrolyt-Konz. (c; Bereich 0—70% je nach Löslichkeit) bestimmt. Bei den Lsgg. von I, II u. IV in V sowie der Lsg. von III in VI wurde zum Unterschied von den wss. Lsgg. eine Zunahme von λ mit steigendem c beobachtet. Die vom Vf. abgeleitete Beziehung $\lambda_{El} = \lambda\, C_{pEl}/C_p \cdot (\varrho_{El}/\varrho)^{4/3}\, (M/M_{El})^{1/3}$ (C_p = Wärmekapazität, ϱ = Dichte, M = Molgew., El bezieht sich auf die Elektrolyt-Lsgg.) beschreibt die Wärmeleitfähigkeit nichtwss. Salzlösungen. Die nach ihr berechneten λ_{El}-Werte stimmen mit den experimentellen Daten überein.
U.-L. Rau. 158□

Die Wärmeleitfähigkeit von Silicium bei tiefen Temperaturen. J. C. Thompson und B. A. Younglove. (Physics Chem. Solids **20**, 146—49, Juni 1961; engl.) — Da die bei früheren Messungen wider Erwarten gefundenen Wärmeleitfähigkeitswerte von Si u. Ge im Temp.-Bereich 10—50° K in neueren Arbeiten bei Ge z. T. (elektron. Anteil der Wärmeleitfähigkeit) auf Elektronenstreuung in einem „Verunreinigungsband" zurückgeführt werden konnten, wurden an 7 Si-Kristallen mit verschiedenem Reinheitsgrad Wärmeleitfähigkeitsmeßreihen im Temp.-Bereich 2—200° K durchgeführt. Ge-

messen wurde mit einem — nicht näher beschriebenen — „therm. Potentiometer", die Temp.-Messungen werden kurz besprochen. Die auf 10% genauen Meßwerte stimmen bei den reinsten Kristallen (10^{12} Fremdatome/cm^3) mit den von Callaway theoret. vorausgesagten zwischen 2 u. 15° K u. oberhalb 100° K überein, bei Kristallen mit 10^{15} Fremdatomen/cm^3 dagegen nur oberhalb 50° K; darunter sind sie zu klein. Diese Diskrepanz kann, wie in einer ausführlichen Diskussion gezeigt wird, qual. entweder durch das von Ziman vorgeschlagene Modell mit Elektron–Phononen-Streuung oder nach Keyes durch die Annahme erklärt werden, daß die bei tieferen Temp. noch nicht ionisierten Donatoren oder Acceptoren als zusätzliche Streuzentren wirken.
Hans Böhm. 158□

Thermische Leitfähigkeit von Nickel und Uran. G. J. Pearson, P. O. Davey und G. C. Danielson. (Proc. Iowa Acad. Sci. **64**, 461—65, 1957; Ames, Iowa, Iowa State Coll., Inst. for Atomic Res. and Dep. of Phys.; engl.) — Vff. beschreiben eine verbesserte App. zur Messung der Wärmeleitfähigkeit von Metallen bei hohen Temp. nach der Differential-Meth. (Armco-Fe als Vgl.-Probe). Wärmeleitfähigkeitsmessungen von handelsüblichem Ni u. reinem U zwischen 150 u. 650° zeigen, daß die verwendete Meth. den anderen Verff. gleichwertig ist. Die Wärmeleitfähigkeit des U läßt sich im Bereich von 373—933° K durch die Beziehung $K = 0{,}255 + 0{,}299 \cdot 10^{-3}\,T - 0{,}801 \cdot 10^{-6}\,T^2 + 0{,}716 \cdot 10^{-9}\,T^3$ darstellen. Wolfgang Wagner. 158□

Verwendung hochlegierter Stähle als Standard für die Wärmeleitfähigkeit. R. W. Powell und R. P. Tye. (Brit. J. appl. Physics **11**, 195—98, Mai 1960; Teddington, Middlesex, Nat. Phys. Labor.; engl.) — Mit Hilfe einer abs. Wärmeströmungs-Meth. bestimmen Vff. die Wärmeleitfähigkeit (WL) an Stangen aus Macloy-G-Stahl [43,752 (%) Fe, 36,5 Ni, 16,75 Cr, 0,012 P, 0,016 S, 0,58 Mn, 1,9 Si u. 0,49 C] im Temp.-Bereich von 0—180°. Der spezif. elektr. Widerstand wird bei Raum-Temp. gemessen. Die Ergebnisse stimmen gut mit denen einer Vgl.-Meth. gegen Armco-Fe im Temp.-Bereich von 300—800° überein. Berechnete Werte für den gesamten Temp.-Bereich haben möglicherweise eine Genauigkeit von ca. ±2%. Die Werte werden mit Ergebnissen anderer Autoren für Era-ATV-Strahl verglichen. Vff. nehmen an, daß die Stähle zur Verw. als Bezugsmaterial bei der vergleichenden Best. der WL in Metallen mit niedriger WL geeignet sind. P. Frenzel. 158

Anregungsvorgänge in Keramikkörpern und anomale Erhöhung der thermischen Leitfähigkeit bei erhöhten Temperaturen. D. H. Whitmore. (J. appl. Physics **31**, 1109—12, Juni 1960; Evanston, Ill., Northwestern Univ., Dep. of Metallurg. Materials Sci.; engl.) — Vf. erörtert die anomale Zunahme der gemessenen therm. Leitfähigkeit $k_{beob.}$ in einphasigen Keramikkörpern bei erhöhten Temperaturen. Nach Einsetzen des Anstiegs liefern möglicherweise Wärmeübertragung durch Phononen, Elektronen u. Strahlung ebenso wie der Transport von Wärmeenergie durch Elektron-Loch-Paare, Excitonen u. dissoziierte Gas-Moll. einzeln u. gleichzeitig einen Beitrag zum gesamten Wärmefluß. Vf. ermittelt mit Hilfe von $k_{beob.}$-Werten an nichtporösen Einkristallen von einphasigen Keramikkörpern (*TiO_2, CaF_2, Al_2O_3*) die Größenordnung der einzelnen Beiträge u. zeigt (für *Rutil*), daß angeregte Zustände von niedriger Anregungsenergie, möglicherweise Excitonen, auftreten können. Diese angeregten Zustände diffundieren wahrscheinlich entlang dem Temp.-Gradienten in die Probe hinein, wodurch ein nicht zu vernachlässigender Beitrag zu $k_{beob.}$ gegeben ist. P. Frenzel. 158□

Über die Bestimmung der Wärmeleitfähigkeit der Stoffe. T. I. Campan, D. Anghelache und Vitalie Belous. (Bul. Inst. politehn. Iaşi [N. S.] **2 (6)**, Nr. 1/2, 321 bis 330, 1956; Inst. Politehn., Cat. de Termotehn.; rum.) — Vgl. C. **1960**, 14827. — Nach einem kurzen Überblick über die thermodynam. Grundlagen der Best. der Wärmeleitfähigkeit beschreiben Vff. die von ihnen zu diesem Zweck benutzte apparative Anordnung (Anwendung auf *Stahl*, *Phenoplaste* mit u. ohne Zusatz von Aminosäuren).
C. Gottfried. 158

A_5. Kolloidchemie. Grenzschichtforschung

Anziehung von in Flüssigkeiten suspendierten kleinen Teilchen auf weite Entfernungen. L. P. Pitajewski. (Журнал Экспериментальной и Теоретической Физики [J. exp. theoret. Physik] **37**, 577—78, Aug. 1959; Inst. für Erdmagnetismus, Ionosphäre u. Ausbreitung von Radiowellen der Akad. der Wiss. der UdSSR; russ.) — Es werden Gleichungen für die mit den van der Waalsschen Kräften zusammenhängende Energie der Wechselwrkg. von in einer Fl. suspendierten ungeladenen Teilchen miteinander abgeleitet, u. zwar gesondert für den Fall $R \ll \lambda_0$ u. für den Fall $R \gg \lambda_0$ (R = Teilchenabstand, λ_0 = charakterist. Wellenlänge im Spektrum).
R. K. Müller. 162□

Gefrieren und Lyophilisieren ändert die Struktur von Bentonitgelen. James L. Ahlrichs und Joe L. White. (Science [Washington] **136,** 1116—18, 29/6. 1962; Lafayette, Ind., Purdue Univ., Dep. of Agron.; engl.) — Vff. untersuchten die Auswirkung des Gefrierens in fl. N_2 u. des Lyophilisierens (L) auf die Struktur von Ca- (I), Na- (II), Hydrogenaluminium- (III) u. unbehandelten Bentoniten (IV). Die (0 0 1)-Abstände von **I, III** u. **IV** verringerten sich beim Gefrieren von 20—22 Å auf 16—17 Å. Die Wasser-Moll. scheinen sich dabei bis auf 2 monomol. Schichten zu Eiskristallen in der Nähe der Tonkristalle zusammengelagert zu haben. Durch L wurden die (0 0 1)-Abstände weiter bis auf 12 Å red., wobei die Eiskristalle u. das W. der Zwischenschichten entfernt wurden. D. Hoene. 162□

Oberfläche und Struktur von Nickeloxidhydrat. N. G. Kljukina. (Журнал Прикладной Химии [J. angew. Chem.] **33,** 76—80, Jan. 1960; russ.) — Es wird die Porenstruktur von Nickel(II)-oxidhydrat (I), dargestellt durch Eingießen von $NiSO_4$- oder $NiCl_2$-Lsg. in NaOH-Lsg. bei 26—90°, untersucht u. nachgewiesen, daß I zum Typ der grobkörnigen Adsorbenten mit mittleren Porenweiten gehört. Die Meth. der Darst. von I beeinflußt die Bldg. der sek. Struktur der Pulver. Präpp. mit bestimmten strukturellen Eigg. können durch Variation der Fällungsbedingungen u. der Trocknungs-Meth. gewonnen werden. Überschuß an Lauge u. Temp.-Steigerung führen zu einer Verringerung des Poren-Vol. u. der spezif. Oberfläche des Pulvers. Bei der Gastrocknung wird die Bldg. grobkörniger Proben begünstigt. H. Treumann. 165□

Direkte Messungen der Oberflächenenergien von Kristallen. John J. Gilman. (J. appl. Physics **31,** 2208—18, Dez. 1960; Schenectady, N.Y., Gen. Electr. Res. Labor.; engl.) — Mit Hilfe von Spaltungs-Verss. bestimmt Vf. bei —196° die Oberflächenenergie γ von *LiF* [I; Spaltfläche (1 0 0)], *MgO* (1 0 0), (Periklas, II), CaF_2 (1 1 1), BaF_2 (1 1 1), *Calcit* ($1 0 \bar{1} 0$), *Si* (1 1 1) u. *Zn* (0 0 0 1). γ beträgt in dieser Reihenfolge 340, 1200, 450, 280, 230, 1240 u. 105 erg/cm². Die Werte für I u. II stehen in guter Übereinstimmung mit der einfachen Ionengittertheorie, die für die anderen Kristalle mit ihren Bindungsenergien. Unter irreversiblen Bedingungen wird eine effektive Oberflächenenergie $\gamma_{eff.}$ gemessen, die an den metall. Kristallen, Zn u. *Fe–3% Si* stark mit zunehmender Temp. zunimmt. Die Zunahme entspricht dem erhöhten plast. Fließen in den Kristallen. Im Gegensatz hierzu ist $\gamma_{eff.}$ von I u. II nur geringfügig von der Temp. abhängig. Ein geringer Zusatz von *Cd* (0,1 Atom-%) erhöht γ an der Spaltfläche von Zn beträchtlich. P. Frenzel. 166□

Die elektrophoretischen Beweglichkeiten anorganischer Ionen in einigen anorganischen und organischen Säuren. Z. Pučar und Z. Jakovac. (J. Chromatogr. [Amsterdam] **2,** 320—21, Mai 1959; Zagreb, Inst. Rudjer Bošković; engl.) — In Diagrammen werden die korr. elektrophoret. Beweglichkeiten (u) von UO_2^{2+}, Be^{2+}, Tl^+ u. $[Fe(CN)_6]^{4-}$ in 0,4—6,3n HCl, $HClO_4$, HNO_3, H_2SO_4, Essig-, Citronen-, Wein- u. Milchsäure als Funktion vom log der Säure-Konzz. auf Munktell 20/100-Papier aufgezeigt. u ergibt sich aus der Beziehung $u = 1{,}2\,(u' \cdot R_F^{-1} - u_e' \cdot R_{Fe}^{-1})$ [$mm \cdot V^{-1} \cdot h^{-1} \cdot cm$]. Es bedeuten: u' die beobachtete Beweglichkeit des Ions, u_e' die scheinbare elektroosmot. Beweglichkeit, R_F den beobachteten adsorptionschromatograph. Faktor (ACF) am Papier, R_{Fe} den ACF des Ions bei Best. des elektroosmot. Flusses u. 1,2 ist der Korrekturfaktor für Struktur u. Porosität des Papiers. Durch Multiplikation von u mit $0{,}278 \cdot 10^{-4}$ wird die Dimension [$cm^2 \cdot V^{-1} \cdot s^{-1}$] erhalten.
F.-M. Friedrich-Anderseck. 168□

Umkehrung des elektroosmotischen Flusses in Glasfaserpapier. R. Thomas. (Chem. and Ind. **1957,** 1571—72, 30/11; London, London School of Hyg. and Trop. Med., Biochem. Dep.; engl.) — Den Einfl. der Glas-Zus. auf den elektroosmot. Fluß (EF) zeigt die Erscheinung, daß er auf Reeve, Angel & Co.-Glasfaserpapier (**A**) in einem Medium aus 1,5 Vol.-% 0,05m Phosphatpuffer in 0,05m Acetatpuffer (beide pH 5,5) gleich Null ist, während die gleiche Puffer-Zus. auf Schleicher & Schüll-Papier einen starken kathod. EF besitzt. Der kathod. EF weiterer Puffer nimmt auf **A** in der Reihe Citrat—Phthalat—Phenylacetat ab. Als Indicator diente 10%ig. Glucose, die durch Erhitzen auf 140° „angefärbt" wurde. Unterss. über die Schwanz-Bldg. von Congorot (I) u. Methylenblau (II), ebenfalls auf **A**, ergeben, daß in Phosphatpuffer, der durch Adsorption zur negativen Aufladung der Glasfaser führt, die I-Anionen gegen den kathod. EF zur Anode, die II-Kationen unter Schwanz-Bldg. langsam zur Kathode wandern. In Acetatpuffer, der eine positive Faserladung verursacht, bleibt I am Startpunkt zurück, während II unter Schwanz-Bldg. gegen den EF kathod. wandert.
F.-M. Friedrich-Anderseck. 168□

Verbesserung der Bestimmung des elektrokinetischen Potentials. O. L. Alexejew und F. D. Owtscharenko. (Доповіді Академії Наук Української РСР [Ber. Akad. Wiss. UkrainSSR] **1961**, 763—65; Inst. für allg. u. anorg. Chem. der Akad. der Wiss. der Ukrain SSR; ukrain., Auszug: engl.) — Es wird eine App. aus Plexiglas beschrieben, mit deren Hilfe stabile Diaphragmen durch Zentrifugieren erhalten werden. Durch die veränderte Methodik der Herst. von Agarhebern wird die Diffusion des Elektrolyten in die Lsg. völlig verhindert. Die vorgeschlagene App. u. Arbeitsweise vermeidet die bei der Best. des Potentials nach der Meth. der Elektroosmose auftretenden Schwierigkeiten, die durch die Diffusion des KCl u. die geringe Beständigkeit der Diaphragmen bedingt sind. O. Lebtag. 168□

Untersuchung der elektrokinetischen Erscheinungen in plastischen Kohlenwasserstoffsystemen. Ju. F. Deinega und O. M. Wownenko. (Доповіді Академії Наук Української РСР [Ber. Akad. Wiss. UkrainSSR] **1961**, 769—71; Inst. für allg. u. anorg. Chem. der Akad. der Wiss. der UkrainSSR; ukrain, Auszug: engl.) — Durch Unters. der elektrokinet. Erscheinungen in plast. dispersen Syst. vom Typ der konsistenten Schmiermittel unter Anwendung des Schmiermittels selbst als Membran zur Trennung von Anoden- u. Kathodenraum wird gezeigt, daß bei Anlegung eines Hochspannungsfeldes in *Konstalin* (Na-Seife) u. *Solidol* (Ca-Seife) Elektroosmose u. Elektrophorese eintreten. Das Dispersionsmedium ist positiv, die disperse Phase negativ geladen. Der Wasser-Geh. ist von starkem Einfl. auf die Bldg. der elektr. Doppelschicht in den Schmiermitteln mit hydrophiler disperser Phase. O. Lebtag. 168□

Viscositätsmessungen. 14. Mitt. Wahrscheinlichste Werte der Viscositäten von schmelzflüssigem Zinn, Blei, Wismut, Kalium. J. Budde, K. Fischer, W. Menz und F. Sauerwald. (Z. physik. Chem. [Leipzig] **218**, 100—07, 1961; Halle-Wittenberg, Univ., Inst. für phys. Chem.; dt.) — 13. vgl. C. **1962**, 10205. — Die wahrscheinlichsten Werte der inneren Reibung von schmelzfl. Sn, Pb, Bi u. K werden nach einer krit. Bearbeitung der Literaturwerte u. eigenen Messungen angegeben. In vorst. Reihenfolge gelten die Gleichungen (η in Poise, T in °C): $\log(\eta \cdot 10^2) = (0{,}3320/T) \cdot 10^3 - 0{,}3602$; $\log(\eta \cdot 10^2) = (0{,}4915/T) \cdot 10^3 - 0{,}3674$; $\log(\eta \cdot 10^2) = 0{,}3170/T) \cdot 10^3 - 0{,}3361$; $\log(\eta \cdot 10^3) = (0{,}2523/T) \cdot 10^3 - 0{,}0156$. D. Noack. 172□

Über Adsorptionsmessungen an festen Oberflächen mit Hilfe von Radionucliden. K. Schwabe. (Isotopentechnik **1**, 175—78, Mai 1961; Dresden, TH, Inst. für Elektrochem. u. phys. Chem.; Rossendorf, Zentralinst. für Kernphys.; dt) — Vf. diskutiert Meth. der Adsorptionsmessung an festen Oberflächen unter Verw. von Radionucliden mit besonderer Berücksichtigung der Best. der adsorbierten Menge nach Entnahme aus der markierten Phase sowie aus der Aktivitätsabnahme in der markierten Phase, der kontinuierlichen Verfolgung des Adsorptionsvorganges u. der Verteilung der adsorbierten Substanz auf der Oberfläche. — 25 Literaturangaben. C. E. Döring. 176□

Spektrographische Untersuchung der Chemisorption. Michel-Vital Mathieu. (Chim. mod. **6**, 277—87, Nov./Dez. 1961; Villeurbanne, Rhône, Inst. de Rech. sur la Catalyse; franz.) — Vf. berichtet über Möglichkeiten, die Vorgänge bei der Chemisorption IR-spektroskop. zu untersuchen u. Aussagen über Wechselwrkg.-Kräfte u. die Natur akt. Komplexe zu gewinnen. Es wird eine Adsorptions- u. Meßzelle beschrieben, die es erlaubt, derartige Messungen bis über 300° durchzuführen. Besprochen wird die Adsorption von ungesätt. KW-Stoffen an Ni, von CO an Cu, Pt, Pd, Ni, von NH_3 an Crackkatalysatoren (Oxide) u. von NO an Al-, Ni-, Zn-, Fe- u. Cr-Oxiden. B. Krebs. 176□

Adsorptionswärme von Wasserdampf an Silicagel mit hydratisierter und dehydratisierter Oberfläche. O. M. Dshigit, A. W. Kisselew und G. G. Muttik. (Коллоидный Журнал [Kolloid-J.] **23**, 553—62, Sept./Okt. 1961; Moskau, Univ., Chem. Fak., Labor. für Adsorption; russ., Auszug: engl.) — Vff. bestimmen die Adsorptionsisothermen u. die differentiellen Adsorptionswärmen (AW) bei der Adsorption von Wasserdampf an weitporigem Silicagel mit hydratisierter u. stark dehydratisierter Oberfläche. Die AW von physikal. adsorbiertem W. wird durch die Anzahl der OH-Gruppen bestimmt. Mit steigender OH-Zahl nimmt AW zu. Im Bereich mittlerer Bedeckung der hydratisierten Oberfläche beträgt AW ca. 12,5 kcal/Mol. An stark dehydratisierten Oberflächen fällt die AW stark ab u. bleibt dann im Bereich der Kondens.-Wärme. Gleiche Effekte werden bei der Adsorptionsentropie für W. u. Bzl. beobachtet. Die differentiellen AW pro Oberflächeneinheit u. adsorbiertes Mol. werden für verschieden hydratisierte Oberflächen für W., Bzl. u. n-Hexan betrachtet. D. Hoene. 176□

Wechselwirkung von Gasen mit aufgedampften Germaniumfilmen zwischen 78 und 373° K. M. J. Bennett und F. C. Tompkins. (Trans. Faraday Soc. **58**, 816—28, April 1962; London, Imp. Coll., Dep. of Chem.; engl.) — Mol. Wasserstoff wird von im Vakuum aufgedampften Ge-Oberflächen unterhalb 195° K u. bis $2 \cdot 10^{-1}$ Torr innerhalb

1 Std. nicht aufgenommen. Bei 273° K tritt innerhalb von 2 Std. aktivierte Adsorption bis zu 2% Bedeckung auf. Die adsorbierte Gasmenge nimmt linear mit dem Logarithmus der Zeit zu (Kinetik vom Elovich-Typ), Aktivierungsenergie 16,6 kcal/Mol. Auf voroxydierten Ge-Filmen (2 Atomlagen Sauerstoff) wird H_2 zwischen 78 u. 273° K bis zu 1 Torr nicht adsorbiert. Bei 493° K tritt geringe aktivierte Adsorption bis zu 4% Bedeckung nach 13 Std. bei 0,3 Torr ein. Atomarer Wasserstoff wird bei 78° K zunächst sofort, später mit abnehmender Geschw. aufgenommen, wobei die Oberflächendiffusion geschwindigkeitsbestimmend ist. Die Desorption war bei 583° K vollständig bei einer Aktivierungsenergie von 38 kcal/Mol. Die Adsorptionsisothermen von N_2 u. CO an Ge wurden volumetr., die Kinetik der langsamen Adsorption von CO_2 durch Messung des Druckverlaufs bei konst. Vol. aufgenommen. An reinen u. voroxydierten (2 Atomlagen Sauerstoff) Ge-Oberflächen werden N_2 u. CO bei 78 u. 90° K bis zu 1 Torr nach Isothermen vom Typ I der BET-Klassifikation reversibel adsorbiert (bei 1 Torr u. 78° K 70—80% Bedeckung durch CO bzw. 50—60% durch N_2). Weder bei 195 noch 273° K tritt Sorption auf. Die isosteren Adsorptionswärmen in Abhängigkeit vom Bedeckungsgrad werden mitgeteilt. CO_2 wird innerhalb von 5 Std. bei 195° K u. nachfolgender Temp.-Erhöhung auf 273° K im Verhältnis von 0,16 Moll. CO_2 pro Lage Ge aufgenommen, bei 273° K allein in der gleichen Zeit zu 0,09 Moll. pro Ge-Lage. Dabei tritt bis zu 25%ig. Sinterung der Ge-Oberfläche auf. Die Adsorptionskinetik ist ebenfalls vom Elovich-Typ. Nach Sorption bei 195° K tritt bei 273° K allmähliche CO-Desorption ein. Bei 373° K ist die Umwandlung von CO_2 in CO vollständig. Berechnungen der Enthalpien u. die Kinetik dieser Prozesse werden diskutiert. Die Größe der irreversiblen CO_2-Sorption an voroxydierten Ge-Oberflächen nimmt mit steigendem Oxydationsgrad ab. P. Sartori. 176□

Infrarotspektren von unimolekularen Schichten auf Metallspiegeln. S. A. Francis und A. H. Ellison. (J. opt. Soc. America **49**, 131—38, Febr. 1959; Beacon, N.Y., Texaco Res. Center; engl.) — Vff. berichten über eine Meth. zur direkten Beobachtung der IR-Spektren von monomol. Filmen auf polierten Metalloberflächen. Die erhaltenen Spektren gestatten Aussagen sowohl über die Zus. des Oberflächenfilms als auch über bevorzugte Oberflächenorientierungen. Aufnahmen von Ca-, Ba- u. Zn-Stearatschichten auf Ag- oder Stahloberflächen lassen einen deutlichen Unterschied zwischen monomol. u. stärkeren Schichten erkennen. Die Verschiebung der Bandenlage wird auf Wechselwrkg. zwischen den Carboxylionen bei mehrschichtigen Filmen zurückgeführt; gleichfalls beobachtete Intensitätsunterschiede werden nicht erklärt. G. M. Neumann. 176□

Die Adsorption von anorganischen Salzen aus organischen Lösungsmitteln an Aminharzen. J. Kennedy und R. V. Davies. (J. inorg. nuclear Chem. **12**, 193—98, 1959; Harwell, Berks., A.E.R.E; engl.) — 0,004—0,04 m Lsgg. von LiCl, $CoCl_2$, $CoCl_2 \cdot 6\,H_2O$, $CuCl_2 \cdot 2\,H_2O$ u. $Ni(NO_3)_2 \cdot 6\,H_2O$ in Aceton u. Dimethylformamid (DMFA) wurden bis zur Gleichgewichtseinstellung mit den Austauscherharzen (bas. Form) Deacidite H (D–H) u. Deacitide FF (D–FF) geschüttelt. Bei Anwendung von D–H ist der Entsalzungseffekt auch bei vollständigem Ausschluß von Feuchtigkeit groß, u. zwar ist die Adsorption aus Aceton größer als aus DMFA. Kationen u. Anionen werden zu gleichen Teilen adsorbiert. Eine Vernetzung des Harzes hat auf die Adsorption von LiCl geringen Einfl., vermindert aber die Adsorption von $CoCl_2$ merklich. Als Adsorptionsmechanismus wird eine Komplex-Bldg. zwischen dem Salz u. den Amingruppen des Harzes angenommen. D–FF adsorbiert nur, wenn es einen gewissen Feuchtigkeits-Geh. aufweist. Das Lsgm. nimmt wegen der starken Wasseradsorption des D–FF keine Feuchtigkeit aus diesem auf. W. Betcke. 177□

Aufnahme von Elektrolyten durch ein Kationenaustauscherharz. M. G. T. Shone. (Trans. Faraday Soc. **58**, 805—15, April 1962; Oxford, Univ., Dep. of Agric., Soil Sci. Labor.; engl.) — Vf. untersuchte die Gleichgewichtsionenverteilung zwischen einem Phenolformaldehydsulfonat-Ionenaustauscher u. umgebender KCl-, LiCl- u. $K_2S_2O_3$-Lösung. Die Ergebnisse werden mit der Gleichung von Donnan bzw. Schofield (Nature [London] **160**, [1947], 408; Discuss. Faraday Soc. **3**, [1948], 51) verglichen, deren Ableitung auf Grund der Gouy-Chapmanschen Theorie angegeben wird. Bei niederer äußerer Elektrolyt-Konz. fallen die Aktivitäts-Koeff. im Harz stark ab u. weichen von den theoret. Werten ab. Dies wird auf eine erhebliche Überlappung der Doppelschichten zurückgeführt. P. Sartori. 177□

Radiochemische Stabilität von Carboxylgruppenharz und oxydierter Kohle. I. A. Kusin und A. M. Ssemuschin. (Журнал Прикладной Химии [J. angew. Chem.] **34**, 577—80, März 1961; russ.) — Die Beständigkeit von *oxydierter Kohle* (I) u. der *carboxylgruppenhaltigen Ionite KFU* (II), *KMT* (III) u. *KB-4P-2* (IV) gegenüber γ-Strahlen (^{60}Co) im Bereich von 0,5—1,5·10^8 r wird untersucht. Der Kapazitätsverlust u. die Änderung der abs. Quellbarkeit u. des Hydratisiervermögens werden bestimmt u. tabellar. angegeben. I u. II in H^+-Form zeigen keine Veränderung u. sind somit gegenüber γ-Strahlen im untersuchten Bereich beständig. III in H^+-Form u. IV besitzen eine geringere radiochem. Beständigkeit, wobei IV in H^+-Form im Vgl. mit Na^+, Mg^{2+}, Co^{2+} u. Fe^{3+} gesätt. IV noch am beständigsten ist. Die γ-Strahlung bewirkt eine Destrukturierung, die eine Verringerung der Kationenkapazität u. eine Auflockerung des Raumgitters der Copolymere hervorruft. Die Darst. von I erfolgte durch Oxydation von aktivierter Knochenkohle in HNO_3. U.-L. Rau. 177□

Die Anwendung der Ionenaustauschchromatogrpahie zur Trennung der Transurane und der Seltenerdmetalle. B. K. Preobrashenski. (Химическая Наука и Промышленность [Chem. Wiss. Ind.] **4**, 521—26, 1959; russ.) — Übersicht. — 20 Literaturangaben. Ch. Weiske. 177□

A_6. Strukturforschung

Eine rotierende Röntgenröhre für den Vakuumspektrographen. W. A. Trapesnikow. (Физика Металлов и Металловедение [Physik Metalle Metallkunde] **9**, 639—41, April 1960; Inst. für Metallphys. der Akad. der Wiss. der UdSSR; russ.) — Beschreibung des Gerätes u. Skizze. Ch. Weiske. 181□

Die Entwicklung einer genauen Kleinwinkel-Röntgenkamera für Pulveraufnahmen. Lorin Hawes. (Amer. Mineralogist **45**, 1288—96, Nov./Dez. 1960; Canberra, Canberra Univ. Coll., Dep. of Chem.; engl.) C. Gottfried. 181

Ein kleiner Ofen zur Verwendung mit der Seifertschen Röntgenkamera. P. D. Pathak und N. V. Pandya. (Current Sci. **28**, 320—21, Aug. 1959; Ahmehabad, M. G. Sci. Inst.; engl.) — Beschreibung des Ofens, mit dessen Hilfe Seifert-Aufnahmen bei Temp. bis zu 800° gemacht werden können. Mit dem Ofen wurde die Zunahme der Gitter-Konst. von *NaCl* bis zum F. bestimmt. C. Gottfried. 181

Amorpher Bleilack für die Röntgenbeugung. J. R. Doig jun. und C. M. Schwartz. (Rev. sci. Instruments **32**, 354—55, März 1961; Columbus, Ohio, Battelle Mem. Inst.; engl.) — Der von den Vff. zum Abdecken von unerwünschten Gebieten an Proben, deren Röntgenbeugung untersucht wurde, vorgeschlagene Bleilack besteht aus einer Lsg. von *Bleinaphthenat* in Schwerbenzin u. enthält 30 Gew.-% Pb. Die Lsg. ist sehr viscos, so daß man sie gut mit einer Bürste auftragen kann, kriecht nicht u. bleibt auch nach Härtung bei Röntgenbestrahlung amorph. Ein Überzug mit einer Dicke von 61 μ genügt, um die von dem bedeckten Material stammende Intensität auf ca. 1% bei einem Bragg-Winkel von 28,3° zu reduzieren. C. Gottfried. 181

Tablettenpresse und Zubehörteile zum Montieren von Proben für röntgenographische Pulveraufnahmen. R. W. Rex und R. G. Chown. (Amer. Mineralogist **45**, 1280—82, Nov./Dez. 1960; La Habra, Calif., California Res. Corp.; engl.) — Beschreibung der Meth., durch die bes. eine bevorzugte Orientierung der Kristallite vermieden wird. C. Gottfried. 181

Methode zur Handhabung von reaktiven Kristallen für die Röntgenanalyse. Junji Kumamoto, James A. Ibers und Robert G. Snyder. (Rev. sci. Instruments **32**, 362, März 1961; Emeryville, Calif., Shell Dev. Co.; engl.) — Vff. beschreiben eine einfache Meth. zur Handhabung von Kristallen, die empfindlich gegen Wasserdampf u. O_2, jedoch in langkettigen Paraffinölen unlösl. sind u. mit ihnen nicht reagieren. C. Gottfried. 181

Röntgenographische Messung der Korngröße. B. E. Warren. (J. appl. Physics **31**, 2237—39, Dez. 1960; Cambridge, Mass. MIT; engl.) — Vf. entwickelt eine statist. Variations-Meth., mit der es möglich ist, röntgenograph. abs. Best. der Korngröße für Kristalle größer als ca. 1 μ durchzuführen (Anwendung auf *KCl*). C. Gottfried. 181

Zur Bestimmung von Deformationsstapelfehlern in kubisch-flächenzentrierten Metallen mit Röntgenstrahlen. Manfred Wilkens. (Z. Physik **158**, 483—500, 1960; Stuttgart, MPI für Metallforsch., Inst. für Metallphys.; dt.) — Vf. behandelt das eindimensionale Fehlordnungsproblem für Deformationsstapelfehler in kub.-flächenzentrierten Gittern nach einer Meth., bei der nicht, wie üblich, eine Lagestatistik der Atomschichten, sondern eine Abstandsstatistik der Stapelfehler zur Beschreibung des Fehlordnungszustands herangezogen wird. Die Grundformeln für die Intensitätsverteilung im reziproken Gitter sind von bes. Annahmen über diese Abstandsstatistik unabhängig. Beziehungen zwischen dem Verlauf der Fourier-Koeff. der von Stapelfehlern beeinflußten Reflexe u. der Abstandsstatistik können zur Best. des Verteilungszustands der Stapelfehler benutzt werden. D. Jörchel. 181□

Sphärische Aberration rotationssymmetrischer elektrostatischer Linsen für Bündel großer Öffnung. Meßverfahren. Albert Septier und Marcel Ruytoor. (C. R. hebd. Séances Acad. Sci. **249**, 2175—77, 23/11. 1959; Fontenay-aux-Roses, Fac. des Sci. de Paris, Labor. d'Électron.; franz.) — Experimentelle Best. der Öffnungsfehler-Koeff. 3. u. 5. Ordnung in Linsen großer Abmessungen (Länge 20 cm, Blendenabmessungen 30—100 mm) bei Öffnungswinkeln bis 15°. Für die Unters. wird die früher (C. **1959**, 5021) beschriebene ionenopt. Bank verwandt, welche ein enges hohlkegelförmiges Bündel von variablem Öffnungswinkel in die zu untersuchenden Linsen einzuschießen gestattet. F. Lenz. 181□

Maßstab und Auflösungsvermögen in Elektronenbeugungsdiagrammen. F. Lenz. (Optik **18**, 115—19, 1961; Tübingen, Univ., Inst. für angew. Phys.; dt.) — In der Elektronenmikroskopie wird der Abb.-Maßstab gewöhnlich durch Einzeichnen eines μ-Strichs in oder neben das Bild gek., u. das Auflösungsvermögen wird als Kehrwert der Auflösungsgrenze definiert. Diese ist wiederum als kleinstes im Bild auflösbares Bilddetail definiert. Es wird vorgeschlagen, in Elektronenbeugungsdiagrammen den Maßstab durch einen $Å^{-1}$-Strich zu kennzeichnen, der eine zum elektronenmkr. μ-Strich analoge Bedeutung hat, wenn man das Beugungsdiagramm als vergrößertes Bild eines ebenen Schnitts durch das reziproke Gitter auffaßt. Definiert man als Auflösungsgrenze das in dieser Einheit gemessene kleinste Detail des Diagramms, so hat sie die Dimension einer reziproken Länge. Unter dem Auflösungsvermögen kann man wieder den Kehrwert der Auflösungsgrenze verstehen. Es hat dann die Dimension einer Länge u. die Bedeutung des maximalen Netzebenenabstandes, den eine gegebene App. auflösen kann. F. Lenz. 181□

Fehlerkorrektur bei der elektronenoptischen Stereomikroskopie. O. C. Wells. (Brit. J. appl. Physics **11**, 199—201, Mai 1960; Cambridge, Univ. of Cambridge, Engng. Labor.; engl.) — Zur Auswertung von elektronenopt. Stereoaufnahmen werden 3 Ortskoordinaten für jeden Objektpunkt aus den je 2 für jeden Punkt des Stereopaares gemessenen Ortskoordinaten berechnet. Die Meth. erlaubt eine Korrektur der Kipp- u. perspektiv. Fehler sowie die größenordnungsmäßige Abschätzung der übrigen Fehler. Aufnahmen von Bruchstellen an Metalloberflächen, bei denen oft die Lokalisierung einer flachen Bezugsebene nicht möglich ist, können mit dieser Meth. ausgewertet werden. Vff. erörtern die Festlegung der Z-Achse in den Aufnahmen u. nehmen an, daß die Meth. durch maschinelle Berechnung einer größeren Anzahl von Stereopaaren verfeinert werden kann. P. Frenzel. 181□

Über die Formierung des elektronenoptischen Kontrastes bei der Beobachtung der „Fleckenfelder" auf den Emittern. G. W. Spiwak, I. A. Prjamkowa und N. N. Ssedow. (Известия Академии Наук СССР, Серия Физическая [Nachr. Akad. Wiss. UdSSR, physik. Ser.] **24**, 640—46, 1960; Moskau, Staatl. Lomonossow-Univ., Physikal. Fak.; russ.) — Für die Kontrastentstehung im Emissions-Elektronenmikroskop u. im Spiegel-Elektronenmikroskop ist die Verteilung der Tangentialkomponente des elektr. Feldes an der Oberfläche entscheidend. Diese wird durch Kontaktpotentialdifferenzen („Fleckenfelder"), Raumladungsfelder u. geometr. Unebenheiten der Kathodenoberfläche bestimmt. Ein kombiniertes Emissionsmikroskop wird beschrieben, in welchem die Elektronenemission wahlweise oder gleichzeitig durch Photoeffekt u. durch Kathodenheizung angeregt werden kann. Die Intensitätsverteilung im Bild von Oxidkathoden ist bei Auslösung durch Photoeffekt dieselbe wie bei therm. Auslösung. F. Lenz. 181□

Bemerkung zur indirekten Objekttemperaturmessung im Elektronenmikroskop. P. Balk und J. Ross Colvin. (Kolloid-Z. **176**, 141, Juni 1961; Ottawa, Nat. Res. Council of Canada, Biophys. Sect.; engl.) — Auf Grund der Beobachtung, daß kleine NaCl- u. KCl-Kristalle unter dem Elektronenstrahl des Elektronenmikroskops leicht sublimieren, wird auf die Temp. geschlossen. Verss. ergeben, daß bei einem Druck von 10^{-4} Torr die Sublimations-Temp. des KCl bei 530°, die von NaCl bei 600° liegt. Da Proben im Mikroskop innerhalb 1—2 Sek. sublimieren, wird vermutet, daß die Temp. ca. 600—700° beträgt. J. Peters. 181□

Monte-Carlo-Berechnung der Mehrfachstreuung von Elektronen. Tunahiko Sidei, Takenobu Higasimura und Katuhiro Kinosita. (Mem. Fac. Engng., Kyoto Univ. **19**, 220—28, April 1957; Kyoto, Univ., Dep. of Appl. Phys.; jap.; Auszug: engl.) — Das Verh. von schnellen Elektronen in einer starken *Al*-Schicht wurde rechner. nach der Monte-Carlo-Meth. ermittelt, wobei neben dem Energieverlust durch Ionisation u. Strahlung auch die Mehrfachstreuung im durchlaufenen Stoff berücksichtigt wird. Es wird von 2-MeV-Elektronen ausgegangen. Vgl. der ermittelten Absorptionskurven mit nach anderen Meth. gewonnenen zeigt so gute Übereinstimmung, daß die von Vff. bei der Berechnung vorgenommenen Vereinfachungen als zulässig betrachtet werden können. W. Reusse. 181□

Einige Schwierigkeiten der dynamischen Theorie der Elektronen. Ein Formalismus zu ihrer Vermeidung. M. Tournarie. (Bull. Soc. franç. Minéralog. Cristallogr. **83**, 179—86, Juli/Sept. 1960; Saclay, Centre d'Études Nucl.; franz.) — Für den Durchgang von Elektronen durch eine dünne Kristallschicht wird ein Matrizenformalismus im gemischten Raum entwickelt (direkter Raum in der Fortpflanzungsrichtung, reziproker in den beiden anderen). C. Gottfried. 181

Elektronenbesetzungsanalyse über LCAO-MO-Molekülwellenfunktionen. 3. Mitt. Einflüsse der Hybridisierung auf Überlappungs- und Gesamt-AO-Besetzungen. R. S. Mulliken. (J. chem. Physics **23**, 2338—42, Dez. 1955; Chicago, Ill., Univ., Dep. of Phys., Labor. of Molecular Structure and Spectra; engl.) — 2. vgl. C. **1958**, 13437; 4. vgl. C. **1963**, 1623. C. Gottfried. 182

Berechnung atomarer Valenzzustandsenergien von B^-, C und N^+ in BH_n^-, CH_n und NH_n^+, n = 1 bis 4. Frank O. Ellison. (J. chem. Physics **36**, 3107—12, 15/6. 1962; Pittsburgh, Pa., Carnegie Inst. of Technol., Dep. of Chem.; engl.) —Vereinfachung einer früher beschriebenen Meth. (Companion u. Ellison, C. **1958**, 8846) u. Anwendung zur Berechnung des intraatomaren Anteils der Resonanzenergie von zwei oder mehr V.B. — Strukturen; ausführliche Behandlung des $^1A_1$-Zustands eines linearen CH_2-Mol., Ermittlung des Atomvalenzzustands u. der intraatomaren Resonanzenergie von B^-, C u. N^+ in verschiedenen Elektronenzuständen von BH_n^-, CH_n u. NH_n^+ (n = 1—4) als Funktion der Hybridisierung. A. Blaschette. 182□

Halbempirische Valence-bond-Berechnung der Elektronenenergie von CH, CH_2, CH_3 und CH_4. Frank O. Ellison. (J. chem. Physics **36**, 3112—22, 15/6. 1962; engl.) — Vgl. vorst. Referat. — Unter Zerlegung der Mol.-Energie in Promotions-, Coulomb-, Bindungsaustausch-, nichtbindende Austausch- u. Resonanzenergie wird eine neue V.B.-Energieformel für den Grund -u. einige tiefliegende angeregte Zustände von CH_n abgeleitet. Ergebnisse: Voraussage des $^4\Sigma^-$-Zustands von CH (10,4 kcal über dem Grundzustand), eines linearen $^3B_1$-Grundzustands für CH_2 u. von (O—O)-Übergängen zu einem gewinkelten (100°) $^1A_1$- u. einem linearen $^1B_1$-Zustand bei 12,4 bzw. 25,0 kcal; Energieminimum für planares CH_3; Dissoziationsenergien der C—H-Bindung: CH_3—H 89, CH_2—H 106, CH—H 119 kcal. A. Blaschette. 182□

Quantikel-Theorie der chemischen Bindung. Kasimir Fajans. (Chimia [Aarau, Schweiz] **13**, 349—66, 6/11. 1959; Ann Arbor, Mich., Univ. of Michigan; dt.) — Vf. gibt eine Übersicht über den Stand der Quantikeltheorie der chem. Bindung. Es wird an Beispielen gezeigt, daß bei der Betrachtung der chem. Bindung viele Schwierigkeiten vermieden werden können, wenn zur Bindungs-Darst. folgendes beachtet wird: 1. Die in Moll. u. Kristallen vorkommenden gequantelten Elektronengruppen u. 2. die elektr. Wrkg., die innerhalb dieser Gruppen u. zwischen ihnen u. den positiv geladenen Kernen wirksam sind. — 74 Literaturstellen (bis 1958). W. Untze. 182□

Richtige und falsche Anwendung des Begriffes „Bindungsenergie". Bruce E. Knox und Howard B. Palmer. (J. chem. Educat. **38**, 292—94, Juni 1961; University Park, Pa., Pennsylvania State Univ., Dep. of Fuel Technol.; engl.) — Vff. fordern eine klare Festlegung des Begriffs „Bindungsenergie", E(A—B) u. definieren diese als den Beitrag der Bindung zwischen einem gegebenen Atompaar A—B eines Mol. zur Gesamtbindungsenergie bei 298°K. Genaue Werte für E(A—B) lassen sich nur für zweiatomige Moll. bzw. Moll. vom Typ AB_n angeben. Die Dissoziationsenergie einer Bindung, D(A—B), ist von E(A—B) verschieden u. genauestens anzugeben; sie wird gewöhnlich auf 0°K bezogen. Vff. zeigen mit Hilfe thermochem. u. kinet. Betrachtungen am Beispiel der Paraffin-KW-Stoffe die Nützlichkeit der korrekt angewandten Begriffe. G. Kirsten. 182□

Van der Waals-Kräfte. A. Dalgarno und A. E. Kingston. (Proc. physic. Soc. **73**, 455—64, 1/3. 1959; Belfast, Queen's Univ., Dep. of Appl. Math.; engl.) — Unter Verw. theoret. u. experimenteller Werte der Oscillatorstärken des elektr. Dipols berechnen Vff. die Koeff. der Hauptglieder in den Reihen-Darst. der Fern-Wechselwrkg. zwischen Atompaaren. Die für verschiedene Paare (*Alkalimetalle, Edelgase, H, H^-, He^+* u. *Li^+*) gewonnenen Ergebnisse werden zur Prüfung der verschiedenen Näherungsformeln verwendet. Vgl. mit experimentellen Ergebnissen zeigen, daß die auf Grund von Mol.-Strahlmessungen abgeleiteten Polarisierbarkeiten unzuverlässig sind. Eine Diskussion von Messungen der elast. Streuung von Alkalimetallen an Edelgasen führt zu dem Schluß, daß die normale Van der Waals-Wechselwrkg. nicht zur Erklärung der Beobachtungen bei sehr kleinen Streuwinkeln ausreicht. — 66 Literaturangaben. D. Jörchel. 182□

Kraftkonstanten von Diboranen. K. Venkateswarlu und P. Thirugnanasambandam. (Proc. Indian Acad. Sci., Sect. A **48**, 344—54, Dez. 1958; Annamalainagar, Annamalai Univ., Dep. of Phys.; engl.) — Die Kraft-Konst. von Moll. vom X_2Y_6-Brückentyp wurden mit Hilfe der Wilsonschen gruppentheoret. Meth. ermittelt. Hierzu wurden orthonormalisierte, die Transformationsbedingungen erfüllende Symmetriekoordinaten für derartige Moll. mit D_{2h}-Symmetrie ermittelt, die Elemente der F- u. G-Matrix abgeleitet u. die Kraft-Konst. aus den Säkulargleichungen erhalten. Für $^{11}B_2H_6$ ergeben sich nachst. Werte: f_d 3,474, f_D 1,837, f_R 2,910, f_α 0,219, f_β 0,350, f_γ 0,357, f_{dd} —0,074, f_{DD} 0,152; f'_{DD} 0,093, f''_{DD} 0,192, f_{Dd}: 0,200, $f_{d\beta}$: 0,008, $f_{D\alpha}$ 0,313, $f_{d\gamma}$ 0,046, $f_{D\gamma}$ 0,104, $f_{\gamma\gamma}$ 0,044, $f'_{\gamma\gamma}$ 0,053, $f''_{\gamma\gamma}$ 0,046, $f_{\alpha\gamma}$ —0,051; die entsprechenden Werte für $^{10}B_2D_6$ sind 3,473, 2,266, 3,153, 0,219, 0,350, 0,316, 0,002, —0,019, —0,024, —0,092, 0,200, 0,008, 0,313, 0,092, 0,193, 0,009, 0,057, —0,034, —0,008.

A. Blaschette. 182□

Über Polyhalogenidionen. R. E. Rundle. (Acta crystallogr. [Copenhagen] **14**, 585—88, 10/6. 1961; Ames, Iowa, Iowa State Univ., Inst. for Atomic Res. and Dep. of Chem.; engl.) — An Hand des vorliegenden experimentellen Materials wird gezeigt, daß die Kationengröße für die Änderung der Struktur des J_3^--Ions verantwortlich ist u. daß es im isolierten Zustand linear u. symm. aufgebaut ist. Die meisten Eigg. der Polyhalogene u. Polyhalogenide können durch eine einfache MO-Beschreibung der Bindung ohne oder mit Einbeziehung der äußeren d-Orbitale erklärt werden.

G. Talsky. 182□

Potentialfunktionen der Moleküle der Reihe $(CH_3)_nSiCl_{4-n}$ (n = 1 bis 4). I. F. Kowalew. (Доклады Академии Наук СССР [Ber. Akad. Wiss. UdSSR] **136**, 1313—16, 21/2. 1961; Saratow, UdSSR, Päd. Inst.; russ.) — Vf. berechnet die Schwingungs-Koeff. u. Kraftkonst. der Moll. CH_3SiCl_3, $(CH_3)_2SiCl_2$, $(CH_3)_3SiCl$ u. $(CH_3)_4Si$ nach der Meth. von Wolkenstein. Die erhaltenen Werte werden an den gemessenen Spektren überprüft, es ergibt sich gute Übereinstimmung. Aus dem Vgl. der Koeff. läßt sich feststellen, daß beim Übergang von Methyl- zu Chlorsubstitution der kovalente Anteil der benachbarten SiC-Bindung verstärkt wird, was sich in einem Ansteigen der Frequenzen bemerkbar macht. Gegenüber Cl hat H einen bedeutend geringeren Einfl. auf die benachbarten SiC-Bindungen, wie aus dem Vgl. mit Silanen ersichtlich ist. So ist die SiC-Bindung in Methylsilanen ca. 10% schwächer als in den entsprechenden Cl-Methylsilanen.

G. Engelhardt. 182□

O–H–O- und O–D–O-Potentialkurven für chromige Säure. Robert G. Snyder und James A. Ibers. (J. chem. Physics **36**, 1356—60, 1/3. 1962; Emeryville, Calif., Shell Dev. Co.; engl.) — Die Struktur von $HCrO_2$ (**I**) u. $DCrO_2$ (**II**) wurde IR-spektroskop. u. durch Röntgen- u. Neutronenbeugung untersucht. Die Parameter für die hexagonale Elementarzelle (24°) betragen für **I**: a = 2,976 ± 0,001, c = 13,36 ± 0,01, für **II**: a = 2,983 ± 0,001; c = 13,50 ± 0,01 Å. Die Neutronenbeugung spricht für O—O-Abstände von 2,49 ± 0,02 Å in O—H—O bzw. von 2,55 ± 0,02 Å in O—D—O. Die mitgeteilten IR-Spektren (in KBr bzw. Nujol; 4000—300 cm^{-1}) werden unter Annahme der Raumgruppe D_{3d}^5 gedeutet; den Auswahlregeln zufolge besitzt **II** eine Struktur mit unsymm. O—D—O-Brücken u. gehört nicht mehr der Raumgruppe D_{3d} an. Bestätigt wird diese Annahme durch ein H/D-Frequenzverhältnis der $\delta_{OH:D}$ von 1,441 (24°) bzw. 1,487 (—196°), Aufspaltung der ν_{OD} sowie 6 Gitterschwingungen von **II**. Die Potentialkurven der OH- u. OD-Bindung zeigen ebenfalls, daß wegen der erheblich höheren Energieschwelle die OD-Bindung asymm. ist. H. Bürger. 182□

F **Einige Bemerkungen über die Theorie der π-Bindungen in anorganischen Verbindungen.** 1. Mitt. A. D. Westland. (Canad. J. Chem. **38**, 1300—04, Aug. 1960; Ottawa, Ontario, Univ. of Ottawa, Dep. of Chem.; engl.) — Mögliche Anhaltspunkte für die Existenz mit Hilfe von d-Elektronen ausgebildeter Mehrfachbindungen in Ionen ohne Edelgasstruktur werden diskutiert. Eine quant. Beziehung zwischen den Bldg.-Wärmen bin. Halogenide u. Chalkogenide derartiger Kationen u. den entsprechenden Größen für Kationen mit Edelgasstruktur deutet auf eine Erhöhung der Gitterenergie bei der erstgenannten Verb.-Klasse. Diese Erscheinung kann bei den Elementen der Eisengruppe auch ohne Heranziehung von d_π-Bindungen erklärt werden. Bei den bin. Halogeniden u. Chalkogeniden der Elemente der 3. Periode treten kaum π-Bindungen auf, dagegen sind sie bei schwereren Elementen u. vor allem bei kovalenten Verbb. zu erwarten (Metallcarbonyle). A. Blaschette. 182□

π-Bindungen in anorganischen Verbindungen. 2. Mitt. **Die Übertragung von Elektroneneffekten durch quadratisch planare Komplexe.** A. D. Westland und L. Westland. (Canad. J. Chem. **39**, 324—30, Febr. 1961; engl.) — 1. vgl. vorst. Referat. — Die chem. Verschiebung des β-Protons des Pyridinligands in den KMR-Spektren [bezogen auf die Verschiebung in nichtkomplexiertem Pyridin (py)] ist ein Maß für den Elektronendrift in den Komplexen *cis-* u. *-trans-*$[Pt(NH_3)_2py_2]Cl_2$, *cis-* (I) u. *trans-*$[PtCl_2 \cdot py_2]$ (II), *cis-* (III) u. *trans-*$[PtBr_2py_2]$ (IV), *cis-* (V) u. *trans-*$[PtJ_2py_2]$ (VI), *cis-* u. *trans-*$[Pt(NO_2)_2py_2]$, *trans-*$[PdCl_2py_2]$, *trans-*$[PdBr_2py_2]$, *trans-*$[PdJ_2py_2]$ [Dimethylsulfoxid (VII) als Lsgm.]. Doppelbindungen treten zwischen Pt u. Halogeno- bzw. Nitroliganden auf. Die Ergebnisse entsprechen der Annahme, daß die Zunahme des trans-dirigierenden Einfl. mit steigender Ordnungszahl des Halogens auf der gleichzeitig zunehmenden Affinität gegenüber d-Elektronen des Zentralatoms beruht. Zur Ausschaltung von Feld- u. Lsgm.-Einfl. wurden zusätzlich die KMR-Spektren nachst. Komplexe in CCl_4, **VII** u. Aceton gemessen (Pr = n-Propyl): *trans-*$[PtCl_2py(PPr_3)]$ (VIII), *trans-*$[PtBr_2py(PPr_3)]$ (IX), *trans-*$[PtJ_2py(PPr_3)]$ (X). — Darst.: III, aus I u. KBr in sd. W.–Aceton; **IV**, analog aus **II**; **V**, aus I u. KJ; **VI**, analog aus **II**; **VIII**, analog trans-$[PtCl_2(p\text{-}NH_2C_6H_4CH_3)PPr_3)]$ (Chatt, C. **1951**, I. 2705) unter Verw. von py; **IX**, analog **VIII**, ausgehend von Dibromo-$\mu.\mu'$-dibromotri-n-propylphosphindiplatin (**XI**); **X**, ausgehend von der **XI** entsprechenden J-Verbindung. A. Blaschette. 182□

π-Bindungen in anorganischen Verbindungen. 3. Mitt. **Eine magnetochemische Untersuchung der Hexahalogenoosmate und Hexachlororhenate.** A. D. Westland und N. C. Bhiwandker. (Canad. J. Chem. **39**, 1284—89, Juni 1961; engl.) — 2. vgl. vorst. Referat. — Messungen der magnet. Susceptibilität der Mischkristall-Syst. K_2OsCl_6–K_2PtCl_6, K_2OsBr_6–K_2PtBr_6 u. K_2ReCl_6–K_2PtCl_6 zeigen, daß das normale magnet. Verh. der Os- u. Re-Komplexe erst bei sehr großer Verdünnung auftritt. Die ungewöhnlich geringen magnet. Momente von Os(IV) u. Re(IV) in den reinen Verbb. u. bei hohen Konzz. werden auf ausgeprägten Superaustausch infolge Überlappung von d-Orbitalen der Zentralatome mit Ligandorbitalen zurückgeführt. Die Spin–Bahn-Kopplungs-Konst. für $OsCl_6^{2-}$ ergibt sich in Übereinstimmung mit spektroskop. Daten zu 3240 cm^{-1}. A. Blaschette. 182□

Untersuchungen über die Kovalenz der Metall–Ligand-Bindungen in Kaliumhexahalogenoplatinaten(IV) durch Messung der reinen Quadrupolresonanz des Halogens. Daiyu Nakamura, Yukio Kurita, Kazuo Ito und Masaji Kubo. (J. Amer. chem. Soc. **82**, 5783—87, 20/11. 1960; Nagoya, Univ., Chem. Dep.; engl.) — Die reinen Quadrupolresonanzfrequenzen des Halogens in K_2PtCl_6 (I), K_2PtBr_6 (II) u. K_2PtJ_6 (III) werden bei Raum-Temp., in Trockeneis u. in fl. N_2 bestimmt. I zeigt im gesamten Temp.-Bereich nur eine Resonanzfrequenz, dieser entsprechen kristallograph. äquivalente Cl-Atome. II zeigt in fl. N_2 zwei Resonanzlinien, bei den höheren Temp. ein I entsprechendes Verhalten. Drei für III ermittelte Resonanzlinien lassen auf das Vorhandensein von kristallograph. nichtäquivalenten J-Atomen schließen. Der Ionencharakter der Pt-Halogenbindungen, berechnet nach der Beziehung von Townes u. Dailey, nimmt bei den untersuchten Verbb. von I nach III (Maximalwert 0,53 bis 0,30) ab; die Elektronegativität des Pt wird zu 1,9 abgeschätzt. H.-J. Hartmann. 182□

Über die effektive Ladung am Ni-Atom im Niccolocenium-Kation. Je. M. Schusstorowitsch und M. Je. Djatkina. (Журнал Неорганической Химии [J. anorg. Chem.] **6**, 1247—49, Mai 1961; russ.) — Nach der MO-Meth. wurde die effektive Ladung des Zentralatoms von $(C_5H_5)_2Ni^+$ mit guter Näherung berechnet. Das Ni im $(C_5H_5)_2Ni^+$ besitzt eine effektive negative Ladung von ca. $-0{,}6$. Für die Liganden berechnet sich im Wert von $+1{,}6$, da sich das 19. Elektron auf einer Bahn der Symmetrie e'_{1g} befindet. Daher wird ein erhöhtes magnet. Moment von 1,82 μ_{13} gegenüber einem Moment von 1,76 μ_{13} bei $(C_5H_5)_2Co$ gefunden. Eberhard Fischer. 182□

Über die Deformierbarkeit benachbarter Ionen. Zu einer Bemerkung in der Arbeit von R. Hosemann: Ein röntgenographischer Beweis für die „Punktstruktur" der Elektronen. M. Balarin. (Z. Physik **158**, 120—22, 1960; Rossendorf bei Dresden, Zentralinst. für Kernphys., Werkstoffe u. Festkörper; dt.) — Vgl. Hosemann, C. **1962**, 2617. — Vf. macht auf verschiedene Veröffentlichungen aufmerksam, in denen die Beeinflussung der Ionen eines Gitters in wellenmechan. Berechnungen bereits erfaßt wurde. Als Ursache für die beobachtete Ladungsumverteilung ist bei reinen, störstellenfreien Ionenkristallen (in denen für jedes Ion das Zentrum der positiven u. der negativen Ladung zusammenfällt) die Deformation der Elektronenhülle einzelner Ionen infolge der Wrkg. des Kristallfeldes verantwortlich, die nach Ansicht des Vf. nicht als „Polarisation" bezeichnet werden sollte, da sie von der Bindungsfestigkeit der Elektronen mit dem Kern abhängt. Polarisation ist eine besondere Art der Deformation, die erst bei einer Störung mit herabgesetzter Symmetrie auftreten kann. Auch Gesetzmäßigkeiten opt. Spektren von Aktivator-Syst. folgen aus der Theorie ohne Berücksichtigung der Polarisation. D. Jörchel. 182□

Berechnung des Parameters D des Kristallpotentials in den Gittern vom Typ NaCl und CsCl. Roland Coelho. (J. Physique Radium **22**, 122—23, Febr. 1961; Fontenay-aux-Roses, Labor. Central des Ind. Electr.; franz.) C. Gottfried. 182

Formulierung einer Zellenmethode unter Verwendung periodischer Randbedingungen. David R. Squire und Zevi W. Salsburg. (J. chem. Physics **35**, 486—92, Aug. 1961; Houston, Texas, Rice Univ.; engl.) — Zur Beschreibung des fl. Zustands benutzen Vff. ein spezielles Zellenmodell, das sich auf dem Verh. eines Syst. kleiner Teilchenzahl bei period. Randbedingungen aufbaut. Ausgangspunkt der Theorie ist das Gibbssche Phasenintegral für die Abweichungen der Teilchen von einem flächenzentrierten kub. Gitter. Die Zustandsgleichung eines Syst. starrer Kugeln wird diskutiert. G. Kelbg. 186□

Zellen-Theorie klassischer Flüssigkeiten. Phasenumwandlungen zwischen Gas, Flüssigkeit und Festkörper. 1. u. 2. Mitt. Tohru Morita. (J. physic. Soc. Japan **12**, 1195—1203, Nov. 1957, Tokyo Inst. of Technol., Phys. Dep.; engl.) — Vf. wendet die Cluster-Variations-Meth. auf ein Gas über einem quadrat. Gitter mit der Wechselwrkg. $V(r) = \infty$ für $r = 0, a/2, \sqrt{2}a/2$; $V(r) \leqq 0$ für $r \leqq a$ u. $V(r) = 0$ für $r \to \infty$ an. Die Korrelationen zwischen Moll. in benachbarten Zellen werden in der Bethe-Approximation berücksichtigt. Übergänge zwischen Gas, Fl. u. Festkörper werden diskutiert. Vgl. mit dem experimentellen Befund für Ar werden durchgeführt. G. Kelbg. 186□

Zell-Cluster-Theorie für den flüssigen Zustand. 5. Mitt. **Eine zweidimensionale Flüssigkeit harter Kugeln.** E. G. D. Cohen und B. C. Rethmeier. (Physica [Utrecht] **24**, 959—69, Dez. 1958; Amsterdam, Univ., Inst. voor theoret. Phys.; engl.) — 4. vgl. C. **1958**, 5300. — Die Zell-Cluster-Theorie des fl. Zustandes von de Boer u. Cohen wird auf eine zweidimensionale Fl. aus starren Kugeln angewendet. Die Zustandsgleichung wird ermittelt. Ein Vgl. mit den Ergebnissen der Monte-Carlo-Meth. wird durchgeführt. G. Kelbg. 186□

Untersuchung der Kristallisationsfähigkeit von Gläsern des Systems K_2O–ZnO–P_2O_5. T. I. Weinberg. (Журнал Прикладной Химии [J. angew. Chem]. **32**, 1685—89, Aug. 1959; russ.) — Die Kristallisationsfähigkeit von Gläsern der tern. Syst. *K_2O* (**I**)-*ZnO* (**II**)-*P_2O_5* (**III**) u. *Na_2O* (**IV**)-**II**-**III** wird untersucht. Im Syst. **I**-**II**-**III** wurden im Konz.-Bereich 15—20 **I**, 40—45 **II** u. 40—45 Mol-% **III** nicht hygroskop. Gläser erhalten, die nach 6 std. Tempern im Ofen bei 400—850° nicht kristallisierten. Ein breites Gebiet nichtkristallisierender Gläser oberhalb 50 Mol-% **III** besitzt infolge der hygroskop. Eigg. kein prakt. Interesse. Die geringe Kristallisationsfähigkeit der Gläser mit weniger als 50 Mol.-% **III** ist durch die Wrkg. des Zn als Glasbildner zu erklären, das mit der Koordinationszahl 4 u. nicht 6 in die Struktur eingeht. Der Unterschuß an **III** verhindert die Bldg. von Meta- oder anderen Polyphosphaten des Zn u. K, die bei geeigneten Temp.-Bedingungen in den kristallinen Zustand übergehen können. Die erhaltenen Ergebnisse wurden bei der Entw. industrieller Phosphatgläser komplizierter Zus. verwendet. Im Syst. **IV**-**II**-**III** wurden nichtkristallisierende Gläser bei einem **IV**-Geh. von 30—40 Mol-% gefunden, die jedoch hygroskop. sind. U.-L. Rau. 186□

Kristallsynthese durch Abkühlung. C. W. Wolfe. (Amer. Mineralogist **45**, 1211—20, Nov./Dez. 1960; Boston, Mass., Univ.; engl. — C. **1962**, 7434.) C. Gottfried. 190

Bevorzugtes Wachstum von einkristallinem Silicium auf Siliciumsubstraten. Albert Mark. (J. electrochem. Soc. **107**, 568—69, Juni 1960; Fort Monmouth, N.J., U.S. Army Signal Res. and Dev. Labor.; engl.) — Vorl. Mitt. über die C. **1962**, 3009 referierte Arbeit mit Hinweis auf die Anwendung des Verf. zur Herst. von Oberflächenübergängen mit hohem u. niedrigem spezif. Widerstand, mit eigenleitenden nn^+- bzw. pp^+-Bereichen sowie mit großer Oberfläche, von pn- u. np-Übergängen, von Elementen in Mikromodulschaltkreisen, von dünnen Filmen als Basis für Hochfrequenzanordnungen u. von Kontakten. P. Frenzel. 190□

Temperaturverteilung in Siliciumstäben während des Kristallwachstums. Kenji Akiyama und Jiro Yamaguchi. (J. appl. Physics **33**, 1899—1900, Mai 1962; Osaka, Matsushita Electric Ind. Co., Central Res. Labor.; Osaka, Osaka Univ.; engl.) — Allg. mathemat. Lsg. des Problems der Temp.-Abhängigkeit der Wärmeleitfähigkeit in einem Halbleiterstab während des Kristallwachstums. Die Lsg. der Differentialgleichung wurde nach der Liebmann-Meth. vorgenommen. Die Ergebnisse werden durch einige Verss. an Si überprüft; die Übereinstimmung ist ausgezeichnet (Fehler $<2\%$). D. Noack. 190□

Strontium-Calcium-Hydroxylapatit-Mischkristalle aus basischen wäßrigen Lösungen. Robert L. Collin. (J. Amer. chem. Soc. **82**, 5067—69, 5/10. 1960; Boston, Mass., New England Deaconess Hosp., Cancer Res. Inst.; engl.) — Vgl. C. **1960**, 9818. — Die Teilchengröße der aus wss., Ca^{2+}, Sr^{2+}- u. PO_4-haltigen Lsgg. erhältlichen

Hydroxylapatite wird zu ca. 300 Å abgeschätzt. Die Linearität der Gitter-Konst. bei der Mischkristall-Bldg. wird erneut bestätigt. Unter den Vers.-Bedingungen wurde ein bevorzugter Einbau von Ca^{2+} in die Apatit-Ndd. nachgewiesen, wenn das Ca/Sr-Verhältnis in der wss. Phase beim Einzelvers. konst. gehalten wird. Nimmt die Geschw. der Nd.-Bldg. zu, so nimmt die Bevorzugung des Ca-Einbaus ab. H.-J. Hartmann. 190□

Experimentelle Untersuchung der Bildung von PbS und ZnS in wäßrigen Chloridlösungen. I. P. Kusmina. (Геология Рудных Месторождений [Geol. d. Erzlagerstätten] **1961**, Nr. 1, 61—68; Moskau, Inst. für Kristallographie der Akad. d. Wiss. der UdSSR; russ.) — Vf. untersucht die Kristallisation von PbS u. ZnS bei 300 bis 400° aus wss. NH_4Cl-Lsg. u. bei 400—450° aus wss. NaCl- u. LiCl-Lsg. (Konz. NH_4Cl 1—10, NaCl 27 u. LiCl 30%). Die Kristallmenge erhöht sich mit der Konz. an NH_4Cl, der Temp. u. dem Temp.-Abfall während der Vers.-Dauer. Die Löslichkeit von PbS ist bei diesen Temp. höher als die von ZnS. Bei der gemeinsamen Kristallisation von PbS u. ZnS aus NH_4Cl bildet sich in erster Linie Sphalerit u. vereinzelt Galenit. Ch. Weiske. 190□

Wachstum und Kristallsymmetrie von Metallchelatsalzkristallen. L. G. Van Uitert und R. G. Treuting. (J. chem. Physics **32**, 322—24, Febr. 1960; Murray Hill, N. J., Bell Telephone Labor., Inc.; engl.) — Eine Meth. zur Züchtung großer Einkristalle von Metallchelatsalzen des Typs Tris-[acetylacetonato]-natriumnickel·p-Dioxan u. Tris-[acetylacetonato]-natriumnickel·Benzol wird beschrieben. Die Wachstums-Eigg. dieser Kristalle werden mitgeteilt. Röntgenograph. Unterss. an NaNi- u. NaMg-Salzen deuten auf eine Symmetrie, die mit der Raumgruppe $P\bar{3}1c$ übereinstimmt u. 2 Moll. pro Zelleneinheit enthält. Paramagnet. Resonanzmessungen ergaben, daß die Bzl. enthaltenden Komponenten trigonal sind, während diejenigen mit Dioxan makroskop. trigonal erscheinen, ihre Einheitszellen aber monoklin sind. K. Ohls. 190□

Die Mitkristallisation radioaktiver Stoffe mit verschiedenen Niederschlägen. W. I. Grebenschtschikowa. (Химическая Наука и Промышленность [Chem. Wiss. Ind.] **4**, 456—64, 1959; russ.) — Zusammenfassender Überblick. — 50 Literaturangaben. Ch. Weiske. 190□

Oxide mit gemischten Oxydationsstufen. W. D. Johnston. (J. chem. Educat. **36**, 605—11, Dez. 1959; Pittsburgh, Pa., Westinghouse Res. Labor.; engl.) — Übersicht. — 32 Literaturangaben. A. Blaschette. 190□

Über die Bestimmung der Dichte thermischer Leerstellen, der Bildungsenergie und der Aktivierungsenergie ihres Verschwindens aus dilatometrischen Messungen. Ss. D. Gerzriken, N. N. Nowikow und B. F. Sljussar. (Физика Металлов и Металловедение [Metallphysik u. Metallkunde] **9**, Nr. 3, 465—66, März 1960; Kiew, Schewtschenko-Univ.; russ.) — Diskussion der in der Literatur angegebenen Gleichungen u. deren Gültigkeitsbereiche. Ch. Weiske. 190□

Einige Effekte, die in Versetzungen aufweisendem Tellur auftreten. J. S. Blakemore, J. W. Schultz und K. C. Nomura. (J. appl. Physics **31**, 2226—31, Dez. 1960; Hopkins, Minn., Honeywell Res. Center; engl.) — Vgl. C. **1962**, 18381. — Te-Einkristalle, die nach dem von Davies modifizierten Czochralski-Verf. hergestellt wurden, können geringe Versetzungsdichten (ca. 1000 cm^{-2}) aufweisen. Da Te sehr weich ist, kann eine sehr geringe Spannungsbeanspruchung 10^6 Versetzungen/cm^2 u. mehr hervorrufen. Beim langsamen Ätzen mit H_2SO_4 entstehen auf den $(10\bar{1}0)$-Spaltflächen an den Versetzungen Grübchen mit ebenen Oberflächen, die den $(1\bar{1}00)$-, $(10\bar{1}3)$-, $(01\bar{1}1)$- u. $(0\bar{1}1\bar{1})$-Flächen entsprechen. An Flächen, die durch Spalten bei 77° K erhalten wurden, werden Effekte festgestellt, die auf eine lokale plast. Verformung hinweisen. Beim kurzen Ätzen dieser Flächen entstehen bis zu 25 μ tiefe Grübchen mit flachem Boden, die durch die Bldg. von Versetzungsschleifen an der Oberfläche auf Grund der geringen Beanspruchung beim Spalten erklärt werden. Die plast. verformten Kristalle weisen eine beträchtlich erhöhte Elektronen–Loch-Rekombinations-Geschw. auf. Tritt zusätzlich Rekombination an den Versetzungen selbst ein, so haben diese einen Einfangradius von einigen $4 \cdot 10^{-8}$ cm bei 300° K. Kristalle mit Versetzungen zeigen auch ausgeprägtere Trap-Effekte bei niedrigeren Temp. als Proben mit einheitlicher Struktur u. enthalten zusätzlich vollständig ionisierbare Acceptorstellen. Letztere können auf die Versetzungen selbst oder auf andere, durch das plast. Fließen hervorgerufene Defektstellen zurückgeführt werden. P. Frenzel. 190□

Elektronenmikroskopische Beobachtung von Gitterdefekten in Graphit. 1. Mitt. F. Eiichi Fujita und Kazuhiko Izui. (J. physic. Soc. Japan **16**, 214—27, Febr. 1961; baraki-Nen, Tokai-mure, Japan Atomic Energy Res. Inst.; engl.) — Zu den Verss.

wurde Pulver von natürlichem u. künstlichem Graphit zwischen 2 Glasplatten mit etwas dest. W. gerieben, auf dest. W. gebracht, auf dem Netz aufgenommen u. getrocknet. Durch das Reiben werden Versetzungen u. Packungsfehler erzeugt, u. möglicherweise treten Rotationen von überlappenden Kristallitblättchen auf. Auf Grund struktureller Überlegungen wurden 4 Arten von Versetzungen u. Kombinationen vorhergesagt, die alle mit Hilfe des Beugungskontrastes u. der Störungen in dem Moirédiagramm beobachtet werden konnten. C. Gottfried. 190

Elektronenmikroskopische Untersuchungen von Kolloiden in KCl. R. E. Simon und R. I. Sproull. (J. appl. Physics **31**, 2224—25, Dez. 1960; Ithaca, N.Y., Cornell Univ., Labor. of Atomic and Solid State Phys.; engl.) — Vff. untersuchen elektronenmkr. die Oberfläche von KCl-Kristallen, die K-Überschuß (ca. $10^{18}-10^{19}$ F-Zentren/cm^2) aufweisen. Die Kristalle werden im Vakuum von 10^{-5} Torr gespalten u. Abdrücke der Oberflächen durch 45°-Bedampfung mit U- (ca. 10 Å) u. SiO-Bedampfung (ca. 100 Å) genommen. In Abhängigkeit von der Wärmebehandlung sind außer bei schneller Abkühlung von hohem Temp. koll. K-Aggregate verschiedener Form u. Größe zu beobachten. Form u. Orientierung scheinen vorwiegend durch das Wirtsgitter bestimmt zu sein. Zwischen opt. Absorptionsmessungen (Peaks im Bereich der F-Bande mit niedriger Energie) u. den elektronenmkr. Beobachtungen ist kein Zusammenhang festzustellen. Vff. nehmen an, daß fast das gesamte überschüssige K koll. vorliegt u. schlagen ein 3dimensionales Strukturmodell für die größeren koll. K-Teilchen vor. P. Frenzel. 190□

Versetzungen und feine Linien in Kristallen von Seignettesalz. Terutaro Nakamura und Kikuo Ohi. (J. physic. Soc. Japan **16**, 209—13, Febr. 1961; Otsuka, Tokyo, Ochanomizu Univ., Dep. of Phys.; engl.) — Nach (0 0 1)-geschnittene Platten von Seignettesalz wurden nach sorgfältigem Polieren leicht mit feuchtem Filtrierpapier zwecks Anätzung gerieben u. mkr. untersucht. Es wurden viereckige pyramidale Ätzgrübchen beobachtet, wobei die längere Seite parallel zur a-Achse lag u. ca. 100 μ lang war, die kürzere Seite parallel zur b-Achse lag u. ca. 50 μ lang war. Es wird geschlossen, daß die Ätzgrübchen Punkten entsprechen, wo Versetzungen parallel zur c-Achse die (0 0 1)-Fläche erreichen. Einige der Versetzungen waren länger als einige Millimeter. Hierauf wurden Würfel geschnitten, deren Flächen senkrecht zu den a-, b- u. c-Achsen lagen u. wie oben vorbehandelt. Hier wurden mkr. feine Linien parallel zur c-Achse beobachtet, die in der gleichen Weise verteilt waren wie die Versetzungsätzgrübchen. Diese Linien wurden an den tiefsten Punkten einiger Ätzgrübchen beobachtet. C. Gottfried. 190

Fehlordnungseigenschaften am Silberjodid. H. J. Oel. (Halbleiter u. Phosphore, Kolloquium **1956**, 431—34, 1958; Göttingen, Inst. für phys. Chem.; dt.) — Bericht über Messungen des Diffusions-Koeff. von ^{131}J in α-AgJ nach der Oberflächen-Meth. an Preßlingen ($D_0 = 4{,}41 \cdot 10^{-4}$ cm^2/s; Q = 16,2 kcal/Mol) u. der mechan. Festigkeit von AgJ, über die spezif. Wärme der Tief- u. Hochtemp.-Modifikation, über die Temp.-Abhängigkeit des Extinktions-Koeff. u. die Abhängigkeit der Photoleitfähigkeit von der Lichtintensität sowie eine Diskussion der Existenzbedingungen der beiden Tieftemp.-Formen (vom Zinkblende- u. Wurtzittyp). H. Roschkowski. 190□

Elektronenmikroskopische Beobachtung der Bildung des Kobalt–Aluminiumoxid-Katalysators. 1. Mitt. **Einfluß der thermischen Behandlung.** D. Klisourski und N. Pashow. (Доклады Болгарской Академии Наук [C. R. Acad. bulg. Sci.] **12**, 25—27, Jan./Febr. 1959; engl.) — $CoC_2O_4 \cdot 2\,H_2O$ wurde aus gesätt. Lsgg. von $Co(NO_3)_2 \cdot 6\,H_2O$ u. $H_2C_2O_4 \cdot H_2O$ dargestellt, unter Luftabschluß auf 160—900° erwärmt, gepulvert u. elektronenmkr. untersucht. Die bei 160° erhaltenen Kristalle zersetzen sich bei 250° unter Bldg. von Co_3O_4-Agglomeraten. Faltungen u. tiefe Risse vergrößern bei 600° die Oberfläche des Katalysators. Bei der Arbeits-Temp. (700—750°) beginnt Rekristallisation u. Sinterung, die bis 900° zu einer Oberflächenschrumpfung u. vollständigen Rekristallisation führt. H. Bielen. 190□

Kristallstrukturen von Siliciumnitrid. Kiichi Narita und Kenji Mori. (Bull. chem. Soc. Japan **32**, 417—19, April 1959; Kobe, Steel Works Ltd., Res. Dep.; engl.) — Vff. untersuchten röntgenograph. u. durch Elektronenbeugung Si_3N_4, das nach Verss. von anderen Seiten in zwei Phasen — α- u. β-Si_3N_4 — auftritt. Das Nitrid wurde durch mehrmaliges Erhitzen von pulverisiertem Si in einem NH_3-Strom auf 1200—1500° dargestellt, wobei zwischen den Erhitzungen das Material neu pulverisiert wurde. Die Diagramme beider Phasen ließen sich hexagonal indizieren mit a = 7,76 ± 0,05 (Å) u. c = 5,64 ± 0,006, für α-Si_3N_4 u. a = 7,59 ± 0,06 u. c = 2,92 ± 0,008 für β-Si_3N_4. C. Gottfried. 195

Kristallstruktur von $B_{2,89}Si$. Bengt Magnusson und Cyrill Brosset. (Acta chem. scand. **16**, 449—55, 1962; Göteborg, Chalmers Univ. of Technol., Dep. of Inorg. Chem.; engl.) — Vff. bestimmten die Kristallstruktur einer Verb., der früher die Formel

B_3Si oder B_4Si zugeschrieben wurde, mit Hilfe von 2- u. 3dimensionalen Röntgenmethoden. Die Verb. kristallisiert in der Raumgruppe $R\bar{3}m$ mit a = 6,319 ± 0,005, c = 12,713 ± 0,010 Å, D. 2,44, Z = 3,57 B_3Si für die hexagonale Zelle. Die Struktur kann als eine B_4C-Struktur beschrieben werden, bei der Gruppen von zwei Si-Atomen die Plätze von Ketten aus jeweils drei C-Atomen einnehmen, u. die verbleibenden Si-Atome statist. einen Teil der B-Atome in den B-Ikosaedern substituieren. Die kristallograph. bestimmte Zus. $B_{2,89}Si$ bzw. $B_{18}(B_{18-x}Si_x)Si_6$ (x = ca. 5) konnte durch chem. Analyse u. Dichtemessungen bestätigt werden. Die Bindungslängen sind angegeben.
D. Noack. 195□

Kristallstruktur von wasserfreiem Natriumsulfit. You-Chi Tang und Lin-Lin Kuei. (Acta chim. sinica **22**, 572—77, 1956; Peking, Univ., Chem. Dep.; Acad. Sinica Inst. of Appl. Phys.; chin., Auszug: engl.) — Unter Benutzung der Röntgenbeugungsdaten von Zachariasen [1931] wird das dort aufgestellte Strukturmodell für Na_2SO_3 theoret. erörtert. Danach kann die Struktur allgemeiner durch eine statist. Einheitszelle (StZ) mit der Symmetrie C_{6h}^1 dargestellt werden. Die StZ läßt sich durch Überlagerung je einer Einheitszelle A u. B ableiten. Übereinstimmend mit l. c. wird die Zwillings-Bldg.-Hypothese nicht als richtig angenommen. Aus ster. Gründen u. nach Dichtedaten müssen die Einheitszellen A u. B sich getrennt zu Bereichen mit der Kantenlänge 10^3—10^6 Å aggregieren. Die Form der Verteilunggleichung der Atome in der Einheitszelle A hat dieselbe physikal. Bedeutung wie jene in der Einheitszelle B. Beide Anordnungen haben gleiche Energie, auch die Wahrscheinlichkeit für ihre Bldg. ist gleich.
L. Schuler. 195□

Die Struktur der monoklinen Form von Natriumtetrametaphosphattetrahydrat. Helen M. Ondik, Stanley Block und Caroline H. MacGillavry. (Acta crystallogr. [Copenhagen] **14**, 555—61, 10/6. 1961; Washington, D.C., Nat. Bur. of Stand.; Amsterdam, Labor. for Inorg. Chem.; engl.) — $Na_4P_4O_{12} \cdot 4\,H_2O$-Kristalle haben nadelähnlichen Habitus, verlängert in Richtung der c-Achse. Die Werte für die monokline Einheitszelle betragen a = 9,667 ± 0,002, b = 12,358 ± 0,002, c = 6,170 ± 0,001 Å; β = 92° 16′ ± 10′; Raumgruppe $P\,2_1/a$, Z = 2. Die Tetrametaphosphat-Ringe befinden sich in Symmetriezentren. Die Na-Ionen sind von 6 O-Atomen annähernd in oktaedr. Konfiguration umgeben. Je ein Na-Ion verbindet die Ringe zu einem zur ab-Ebene parallelen Netzwerk, die übrigen alternieren mit den Ringen u. verbinden sie in der c-Richtung.
G. Talsky. 195□

Genaue Gitterkonstanten von Germanium, Aluminium, Galliumarsenid, Uran, Schwefel, Quarz und Saphir. Ann S. Cooper. (Acta crystallogr. [Copenhagen] **15**, 578—82, 10/6. 1962; Murray Hill, N.J., Bell Telephone Labor., Inc.; engl.) — Nach der Präzisions-Meth. von Bond wurden nachst. Gitter-Konst. zwischen 24,6 u. 24,8° neu bestimmt: Ge: α = 5,646133 ± 0,000010 (kX); Al: a = 4,041432 ± 0,000015; GaAs: a = 5,641907 ± 0,000014; α-U: a = 2,847848 ± 0,000046, b = 5,858009 ± 0,000057, c = 4,945529 ± 0,000062; S (rhomb.): a = 10,44349 ± 0,00009, b = 12,84009 ± 0,00010, c = 24,43665 ± 0,00026; natürlicher Quarz: a = 4,903327 ± 0,000009, c = 5,393951 ± 0,000033; synthet. Saphir: a = 4,749432 ± 0,000027, c = 12,964651 ± 0,000242. Die Werte werden mit denen anderer Autoren verglichen. — 43 Literaturangaben.
Ernst Schulte. 195□

Eine kristallchemische Untersuchung der Vanadinoxidmineralien Häggit und Doloresit. Howard T. Evans jun. und Mary E. Mrose. (Amer. Mineralogist **45**, 1144—66, Nov./Dez. 1960; Washington, D.C., U.S. Geol. Surv.; engl.) — Vff. untersuchten röntgenograph. kleine schwarze Vanadinoxidkristalle aus einem Sandsteinbohrloch nahe Carlite, Wyoming. Einkristallaufnahmen ergaben, daß die Kristalle aus 2 monoklinen Phasen, Phase A u. Phase B, bestehen. Die Zelldimensionen der Phase A sind a = 12,17 ± 0,05 (Å); b = 2,99 ± 0,01; c = 4,83 ± 0,02; β = 98° 15′ ± 5′, die der Phase B a = 19,64 ± 0,06 (Å); b = 2,99 ± 0,01; c = 4,83 ± 0,02; β = 103° 55′ ± 5′. Mögliche Raumgruppen für beide Phasen sind C 2/m, C m oder C 2. Die Strukturaufklärung der Phase A führte zu dem Ergebnis, daß es sich um ein neues Mineral handelt, dem der Name Häggit gegeben wurde. Aus einer Patterson-Projektion war ersichtlich, daß in dem Gitter eine doppelte oktaedr. Zick-Zack-Kette vorhanden ist. Diese Zick-Zack-Ketten sind durch die Spitzen der Oktaeder unter Bldg. von Schichten parallel (0 0 1) verbunden. Aus einer Elektronendichteprojektion auf (0 1 0) wurden unter Annahme der Raumgruppe C 2/m die Punktlagen u. Parameter erhalten. An Hand der V—O- u. O—O-Abstände wird die Formel $H_6V_4O_{10}$ oder $V_2O_3 \cdot V_2O_4 \cdot 3\,H_2O$ angegeben. Die kristallograph. Eigg. der Phase B sind ident. mit denen von Doloresit. Patterson- u. Elektronendichteprojektionen auf (0 1 0) ergaben die Punktlagen u. Parameter. Aus dem Atomabständen folgt, daß die wahrscheinlichste Formel $H_{10}V_6O_{16}$ oder $V_2O_3 \cdot 2\,V_2O_4 \cdot 5\,H_2O$ ist. Die Struktur besteht aus doppelten Oktaederketten, die abwechselnd mit einzelnen Oktaederketten zu Schichten parallel (0 0 1) verknüpft sind. Häggit, Phase B u. *Duttonit* bilden eine homologe Reihe des Typs $H_{2n-2}V_nO_{3n-2}$ mit n = 4,6 u. ∞. Diese Phasen sind wahrscheinlich thermodynam. stabil. Doloresit ist vermutlich verschieden von der Phase B u. hat die Formel $H_8V_6O_{16}$. Es wird angenommen, daß Doloresit metastabil ist u. sich aus der Phase B durch Verlust von 2 H-Atomen pro Zelle bildet. Häggit u. Phase B scheinen direkt aus den prim. Mineralsalz-Lsgg. auskrist. zu sein. C. Gottfried. 195

Über die Struktur von wasserfreiem Nickelsulfat. Roberto J. Poljak (Acta crystallogr. [Copenhagen] **11**, 306, 10/4. 1958; Buenos Aires, Comisión Nac. Energía Atómica; engl.) — Vf. nimmt Bezug auf die von Dimaras (vgl. C. **1958**, 1506) durchgeführte Struktur-Best. von $NiSO_4$ u. führte unter Verw. der l. c. angegebenen Strukturfaktoren 2 Fourier-Projektionen zur Verbesserung der Parameter durch. Die festgelegten Parameter unterscheiden sich nur unwesentlich von denen von Dimaras. Für S ist (x =) 0; (y =) 0,350; (z =) 0,25; für $O_{(1)}$ 0; 0,25; 0,02—0,03 u. für $O_{(2)}$: 0,25; 0,472; 0,25. C. Gottfried. 195

Perowskitähnliche Fluoride. 1. Mitt. Strukturen von $KMnF_3$, $KFeF_3$, $KCoF_3$, $KNiF_3$ und $KZnF_3$. Kristallfeldeffekte in dieser Serie und in $KCrF_3$ und $KCuF_3$. Kerro Knox. (Acta crystallogr. [Copenhagen] **14**, 583—85, 10/6. 1961; Murray Hill, N.J., Bell Telephone Labor., Inc.; engl.) — $KMnF_3$, $KFeF_3$, $KCoF_3$, $KNiF_3$ u. $KZnF_3$ wird auf Grund von Pulver- u. Einkristall-Unterss. eine ideale Perowskitstruktur zugeschrieben. Die Gitter-Konst. sind: $KMnF_3$ (4,182), $KFeF_3$ (4,120), $KCoF_3$ (4,071), $KNiF_3$ (4,012) u. $KZnF_3$ (4,055). Die Pulveraufnahmen von $KCrF_3$ u. $KCuF_3$ können auf tetragonaler Basis mit c/a = 0,940 bzw. 0,947 indiziert werden. Es werden die Strukturen u. Ionengrößen der Reihe im Hinblick auf die Kristallfeldtheorie u. die Jahn-Teller-Verzerrung diskutiert. G. Talsky. 195□

Die Struktur von AuCl–PCl_3. Gerda J. Arai. (Recueil Trav. chim. Pays-Bas **81**, 307—12, April 1962; Leiden, Univ., Labor. for Inorg. and Phys. Chem.; engl.) — Vf. untersucht kristallograph. AuCl·PCl_3 als relativ einfachen Vertreter der Gruppe von Koordinations-Verbb., in denen PCl_3 als Donator-Mol. fungiert. Einwertiges Au weist immer eine lineare Koordination auf, selbst wenn die analogen Cu- u. Ag-Komplexe tetraedr. Koordination des Metallatoms zeigen. AuCl·PCl_3 (monoklin, Raumgruppe $P\,2_1/c$, a = 7,23, b = 14,62, c = 6,19 Å, β = 96,4°, Z = 4) bildet keine Ausnahme u. besitzt ebenfalls eine lineare Konfiguration am Au-Atom. J. Peters. 195□

Identifizierung von Tonmineralien durch Einkristall-Elektronenbeugung. G. W. Brindley und C. de Kimpe. (Amer. Mineralogist **46**, 1005—16, Sept./Okt. 1961; University Park, Pa., Pennsylvania State Univ., Dep. of Ceramic Technol.; engl.) — Krit. Besprechung der Verff. zur Best. von Tonmineralien mit Hilfe von Einkristallelektronenbeugung. Im allg. sind die hexagonalen Diagramme sehr ähnlich. Eine Teildiagnostik ist durch genaue Vermessung der b-Parameter möglich. Bei Benutzung von Al als innerem Standard beträgt hierbei die Genauigkeit 0,2%. H. Moenke. 195□

Eigenschaften von dünnen, im Hochvakuum niedergeschlagenen Antimonfilmen. George A. Condas und Frederick O. Wooten. (J. appl. Physics **32**, 323—24, Febr. 1961; Livermore, Calif., Univ., Lawrence Radiat. Labor.; engl.) — Vff. dampften 99,7—99,998%ig. Sb bei Drücken von 10^{-7} bis 10^{-9} Torr auf Substrate aus Glas, Pyrexglas (Corning 7740) u. geschmolzenem Quarz auf. Die bei einem Druck von 10^{-7} Torr durchgeführten Verss. bestätigen die von anderer Seite gemachte Beobachtung, daß Aufdampf-Geschw. von $>$100 Å/s die Qualität des Films kontrollieren. Bei geringer Aufdampf-Geschw. bei einem Druck von 10^{-8} Torr nimmt die Wahrscheinlichkeit zur Bldg. heterogener Filme ab. Bei einem Druck von 10^{-9} Torr wurden keine heterogenen Filme gebildet, auch nicht bei Aufdampf-Geschw. von 0,1—1 Å/s. Als Hauptursache für die Bldg. heterogener Filme nehmen Vff. Verunreinigungen in der Restatmosphäre an. C. Gottfried. 196

Eine homologe Temperaturskala für Metalle. J. H. Westbrook. (Metal Progr. **78**, Nr. 3, 100, Sept. 1960; Schenectady, N.Y., Gen. Electr. Res. Labor., Metallurg. and Ceram. Res. Dep.; engl.) — Von dem Prinzip ausgehend, daß sich metall. Elemente bzgl. ihrer abs. FF. analog verhalten, konstruiert Vf. ein homologes Temp.-Nomogramm, dessen Verw. an einigen Beispielen beschrieben wird (Rekristallisation, Kriech-Verh., Sinterung usw.). C. Gottfried. 197

Herauswachsen von Germaniumeinkristallen aus einer Indiumschmelze. Masami Tomono. (J. physic. Soc. Japan **16**, 439—53, März 1961; Tokyo, Hitachi Ltd., Central Res. Labor.; engl.) — Auf die Oberfläche einer Ge-Probe vom n-Typ, wobei die Oberfläche parallel (1 1 1) orientiert war, wurde ein kleines Stück In gebracht u. hierauf 10 Min. lang in H_2-Atmosphäre im Hochfrequenzofen erhitzt. Ein Teil des Ge, das mit dem In in Berührung war, löste sich in der In-Schmelze, bis eine angenäherte Sättigung erreicht war. Nach Abschalten des Hochfrequenzstroms wurde schnell in Öl abgekühlt. Dabei wuchs aus der In-Schmelze eine Ge-Schicht vom p-Typ. Wird diese Probe mit Hg behandelt, dann kann man das über der Ge-Schicht entstandene In-Amalgan mit HNO_3 entfernen, so daß die Ge-Schicht frei wird. Die auf dieser Ge-Schicht auftretenden Wachstumsformen wurden, teils nach Anätzen, mkr. u. elektronenmkr. untersucht.

C. Gottfried. 197

Die Verteilung der Gestaltsveränderung bei im Vakuum gealtertem Blei. K. U. Snowden. (Philos. Mag. [8] **6**, 321—27, März 1961; Victoria, Australia, Univ. of Melbourne, Baillieu Labor.; engl.) — Es werden Beobachtungen angestellt über das Wesen der Formveränderung, das Härten u. die Rekristallisation in polykristallinen Proben von Pb hoher Reinheit, das im Vakuum (ca. $5 \cdot 10^{-3}$ oder $2 \cdot 10^{-6}$ Torr) gealtert wurde. Die Ermüdungsbeanspruchung hatte Verwerfen zur Folge sowie Korngrenzen, die zu stabileren Lagen bei $\pm 45^0$ zur Hauptspannungsachse wandern.

L. Johannsen. 197□

Das System Indiumantimonid–Blei. Donald R. Geis und E. A. Peretti. (J. chem. Engng. Data **7**, 392, Juli 1962; Notre Dame, Ind., Univ. of Notre Dame; engl.) — Das Syst. InSb (**I**)-Pb (**II**) wurde durch therm. Analyse (N_2- oder Ar-Atmosphäre; Gefäßmaterial: Borsilicatglas; Abkühlungs-Geschw.: 2—4⁰/min), Röntgenaufnahmen u. mkr. Meth. untersucht u. das Zustandsdiagramm aufgestellt. Es liegt ein einfaches bin. eutekt. Syst. vor; Eutektikum bei 93,5 Gew.% **II** u. 298,5⁰; Löslichkeit im festen Zustand ca. 1% **I** in **II** bei 298,5⁰. G. Gattow. 197□

Intermetallische Gadolinium- und Dysprosiumphasen. 1. Mitt. **Die Kristallstrukturen von DyGa und GdPt und ihnen verwandte Verbindungen.** N. C. Baenziger und J. L. Moriarty jun. (Acta crystallogr. [Copenhagen] **14**, 946—47, 10/9. 1961; Iowa City, Iowa, Univ., Dep. of Chem.; engl.) — Mit Einkristall- u. Pulveraufnahmen wurden die folgenden intermetall. Verbb. untersucht: *DyGa* (**I**), *GdGa* (**II**), *DyGe* (**III**), *GdGe* (**IV**), *GdPt* (**V**), *DyPt* (**VI**), *GdNi* (**VII**) u. *DyNi* (**VIII**). Die Legg. wurden durch Bogenschmelzen der beiden Komponenten in stöchiometr. Verhältnissen in Ar-Atmosphäre dargestellt. Es wurde gefunden, daß die Legg. **I—IV** im orthorhomb. CrB-Typ kristallisieren; die Zelldimensionen sind für **I**: a = 4,300 (Å), b = 4,067; c = 10,89; für **II**: a = 4,341; b = 4,066; c = 11,02; für **III**: a = 4,112; b = 3,924; c = 10,81 u. für **IV**: a = 4,175; b = 3,960; c = 10,61. Raumgruppe ist C m c m; Z = 4. Für **I** gelten die Parameter: Dy y = 0,140 u. Ga y = 0,426. Die Legg. **V—VIII** kristallisieren in einem etwas verzerrten orthorhomb. FeB-Typ. Die Zelldimensionen sind für **V**: a = 5,574 (Å); b = 4,458; c = 7,164; für **VI**: a = 5,466; b = 4,453; c = 7,118; für **VII**: a = 5,428; b = 4,353; c = 6,931 u. für **VIII**: a = 5,353; b = 4,319; c = 6,895. Die Parameter von **V** für Pt sind: x = 0,040 u. z = 0,653 u. für Gd: x = 0,185 u. z = 0,144. Die Atomabstände für **I** u. **V** sind angegeben. C. Gottfried. 197

Intermetallische Gadolinium- und Dysprosiumphasen. 2. Mitt. **Laves-Phasen und andere Strukturtypen.** N. C. Baenziger und J. L. Moriarty jun. (Acta crystallogr. [Copenhagen] **14**, 948—50, 10/9. 1961; engl.) — 1. vgl. vorst. Referat. — Mit Hilfe der l. c. beschriebenen Meth. stellten Vff. eine größere Anzahl von Gd- u. Dy-Legg. dar, die acht verschiedenen Strukturtypen angehören. Von den Legg. wurden Pulveraufnahmen, u. wenn möglich, Einkristallaufnahmen hergestellt; zur Identifizierung der auftretenden Phasen wurden Mikrohärtemessungen durchgeführt. Im kub. $MgCu_2$-Typ kristallisieren die folgenden Verbb.: $GdPt_2$ (Gitter-Konst. a =) 7,6349 (Å); $GdMn_2$ 7,732; $GdFe_2$ 7,389; $GdCo_2$ 7,258; $GdNi_2$ 7,2056; $GdAl_2$ 7,9020; $DyPt_2$ 7,5966; $DyMn_2$ 7,5731; $DyFe_2$ 7,321; $DyCo_2$ 7,190; $DyNi_2$ 7,142; $DyAl_2$ 7,835; Im *CsCl*-Typ kristallisieren *GdAg* 3,6476; *GdCu* 3,503; *GdIn* 3,830; *GdTl* 3,7797; *GdAl* 3,7208; *DyAg* 3,608; *DyCu* 3,461; *DyIn* 3,7866; *DyTl* 3,743; *DyAl* 3,6826; Im kub. $AuCu_3$-Typ treten auf: $GdIn_3$ 4,6103; $GdTl_3$ 4,696; $DyIn_3$ 4,5762; $DyTl_3$ 4,6720; $DyPt_3$ 4,072. Im hexagonalen $CaZn_5$-Typ kristallisieren $GdNi_5$ (a =) 4,9129; (c =) 3,9640; $DyNi_5$ 4,8756; 3,9673; $GdCo_5$ 4,978; 3,973; $DyCo_5$ 4,933; 3,989. Hexagonal im AlB_2-Typ kristallisieren $GdGa_2$ 4,221; 4,141 u. $DyGa_2$ 4,2011; 4,0655. Im hexagonalen $SnNi_3$-Typ krist. nur $GdAl_3$ mit a = 6,308 ± 0,003 u. c = 4,589 ± 0,009 Å. Als tetragonal mit $MoSi_2$-Struktur erwiesen sich $GdAg_2$ (a =) 3,728; (c =) 9,296; $DyAg_2$ 3,6957; 9,213; $GdAu_2$ 3,7320; 9,014; $DyAu_2$ 3,6940; 8,956. Im tetragonalen $CuTi_3$-Typ schließlich trat Dy_3In auf mit a = 4,602 ± 0,004 u. c = 4,945 ± 0,004 Å. C. Gottfried. 197

Phosphide des Strukturtyps B 31 (MnP). Stig Rundqvist. (Acta chem. scand. **16**, 287—92, 1962; Uppsala, Univ. of Uppsala, Inst. of Chem.; engl.) — Die Monophosphide von Cr, Mn, Fe, Co, W u. Ru kristallisieren im B 31-(MnP)-Typ. Vf. hat die Gitter-Konst. (Å) bestimmt sowie die Strukturen des MnP, FeP u. CoP aus Einkristallaufnahmen ermittelt. *CrP*: (a =) 5,362, (b =) 3,113, (c =) 6,018; *MnP*: 5,258, 3,172,

5,918; *FeP*: 5,191, 3,099, 5,792; *CoP*: 5,077, 3,281, 5,587; *WP*: 5,734, 3,249, 6,222; *RuP*: 5,520, 3,168, 6,120. Vf. hat ferner die Änderungen der Gitter-Konst. bei isomorphem Ersatz von P durch Si u. B beim CoP sowie von P durch Si beim FeP für einige Zus. untersucht. Die Ergebnisse werden diskutiert. D. Noack. 197□

Die Kristallstruktur von ZrAl. F. J. Spooner und C. G. Wilson. (Acta crystallogr. [Copenhagen] **15**, 621—22, 10/6. 1962; Shrivenham, Swindon, Wiltshire, Royal Milit. Coll. of Sci., Phys. Branch; engl.) — Bei der Darst. der intermetall. Phase *ZrAl* durch Bogenschmelzen der reinen Metalle unter Ar entsteht stets auch Zr_2Al_3. Von einer Gemischprobe wurden Guinier-Aufnahmen gemacht, die bekannten Linien der Zr_2Al_3-Phase eliminiert, die verbleibenden Linien indiziert u. die Kristallstruktur von ZrAl bestimmt. ZrAl ist isomorph mit HfAl, rhomb. mit $a = 3{,}359 \pm 0{,}001$, $b = 10{,}887 \pm 0{,}003$, $c = 4{,}274 \pm 0{,}001$ Å; Z = 4; Raumgruppe Cmcm—D_{2h}^{17}; gemessene Dichte der unreinen Probe 4,8 ($g \cdot cm^{-3}$), berechnet für reines ZrAl D. 5,02, für reines Zr_2Al_3 D. 4,70. Danach hat die untersuchte Probe die angenäherte Zus. Zr_2Al_3:ZrAl = 2:1. Atomparameter nach trial and error: Zr 4 (c) 0, y, $^1/_4$; y = 0,16; Al 4 (c) 0, y, $^1/_4$; y = 0,43. Die Abstände sind: 4 Zr—Zr 3,35; 2 Zr—Zr 3,36; 4 Zr—Al 2,89; 2 Zr—Al 3,01; 1 Zr—A 2,94; 2 Al—Al 3,36; 2 Al—Al 2,62 Å. Die indizierten $\sin^2\Theta$-Werte sind angegeben. Ernst Schulte. 197□

Umwandlungskinetik einer Zirkonium–Uran–Wasserstoff-Legierung. J. C. Bokros. (J. nuclear Mater. [Amsterdam] **3**, 320—26, März/April 1961; San Diego, Calif., General Atomic Div. of Gen. Dynam. Corp., John Jay Hopkins Labor. for Pure and Appl. Sci.; engl.) — Vgl. C. **1962**, 9264. — Die Kinetik der eutektoiden Umwandlung einer U–Zr–H-Leg. mit einem Atomverhältnis von 0,03:1:1 wurde untersucht. Die Proben, die bei 600° im Gleichgewicht nur aus β-Kristallen bestehen, wurden unter Passieren der eutektoiden Temp. abgeschreckt. Dabei vollzieht sich die Umwandlung in die metastabile α'-Phase oberhalb 490°, die nach einer Inkubationszeit von weniger als 10 Sek. oberhalb 450° rasch, in 30 Min. vollständig zerfällt. Unterhalb 450° erfolgt der Zerfall der α'-Phase viel langsamer. Die Martensit-Start-Temp. lag bei 510 ± 20°. — Die rückläufige Rk. von α-*Zr* u. Zr-Hydrid unter Bldg. der β-Phase tritt bei 600° sehr schnell, u. zwar nach höchstens 10 Sek. ein; nach 100 Sek. ist bereits 50% in die β-Phase umgewandelt. G. Talsky. 197□

Untersuchung der Störung der U_2Mo-Phase durch Bestrahlung. J. Bloch, J. Doulat und J. Blin. (J. nuclear Mater. [Amsterdam] **3**, 327—30, März/April 1961; Gif-sur-Yvette, Comm. à l'Énerg. Atom.; franz.) — U-Mo-Legg. der Zus. U_2Mo, die eine geordnete tetragonale Struktur besitzen, wurden bei 20—65° u. bei der Temp. des fl. N_2 im Reaktor bestrahlt. Die kristallograph. Unters. verschieden stark bestrahlter Proben zeigte, daß der Grad der Umwandlung aus der tetragonalen γ'-Phase in die kub. γ-Phase eine Funktion des Abbrandes ist. Maßgebend für die Auflösung der Ordnung dieser Legg. sind vor allem die Anzahl der Zusammenstöße; pro Spaltung kommen ca. 300000 Kollisionen vor. G. Talsky. 197□

Das Zustandsdiagramm des binären Systems Molybdän–Hafnium. A. Taylor, N. J. Doyle und B. J. Kagle. (J. less-common Metals [Amsterdam] **3**, 265—80, Aug. 1961; Pittsburgh, Pa., Westinghouse Res. Labor.; engl.) — Das bin. Syst. Mo–Hf wird mit der üblichen Unters.-Technik bestimmt. Es zeigt sich, daß der kub.-raumzentrierte α-Mo-Primärmischkristall sich bis ca. 16,5 Atom-% Hf bei 1000° bzw. 28 Atom-% Hf bei 2165° erstreckt, bei welcher Temp. er peritekt. mit der Schmelze unter Bldg. von ε-Mo_2Hf, einer hexagonalen Laves-Phase vom C_{36}–Cu_2Mg-Typ, reagiert. Ein Eutektikum bildet sich bei 1915° zwischen ε-Mo_2Hf u. dem raumzentrierten kub. Primärmischkristall vom β-Hf-Typ, welcher sich bis zu 58,5 Atom-% Hf bei der eutekt. Temp. erstreckt. Zwischen 1910 u. 1750° wandelt sich die ε-Mo_2Hf-Struktur in die kub. η-Form (C_{15}–Cu_2Mg) um, welche sich zu der ursprünglichen ε-Mo_2Hf-Form (C 36) unterhalb von 700° zurückbildet. β-Hf wandelt sich martensit. zum hexagonalen dichten α-Hf bei 1950° um, wobei das Phasenfeld von α-Hf sehr eng ist u. von ca. 99,2—100 Atom-% Hf reicht. β-Hf zersetzt sich eutektoid bei 73,5 Atom-% Hf u. 1215° unter Bldg. von η-Mo_2Hf + α-Hf. H. Hochstein. 197□

Die Struktur der μ-Phase Co_7Mo_6. J. B. Forsyth und L. M. d'Alte da Veiga. (Acta crystallogr. [Copenhagen] **15**. 543—46, 10/6. 1962; Cambridge, Cavendish Labor., Crystallogr. Labor.; engl.) — Durch Einkristallaufnahmen konnte die Existenz der μ-Phase Co_7Mo_6 bestätigt werden. Gitter-Konst.: $a_{hex.} = 4{,}762 \pm 0{,}001$ (Å), $c_{hex.} = 25{,}615 \pm 0{,}005$; $a_{rh} = 8{,}970$ Å, $\alpha = 30° 47'$; Raumgruppe R 3 m. Die Struktur wurde mit Fourier-Meth. verfeinert. Die neuen Atomparameter zeigen beim Vgl. mit der μ-Fe_7W_6-Phase einige Veränderungen. Die interatomaren Abstände in μ-Co_7Mo_6 sind angegeben

u. werden mit denen in anderen Übergangsmetallphasen verglichen. Die Verteilung der Atome auf den verfügbaren Plätzen ist vollständig geordnet. Ernst Schulte. 197□

Die intermetallischen Phasen im System Kobalt–Tantal. R. D. Dragsdorf und W. D. Forgeng. (Acta crystallogr. [Copenhagen] **15**, 531—36, 10/6. 1962; Niagara Falls, N.Y., Union Carbide Metals Co., Div. of Union Carbide Corp., Metals Res. Labor.; Manhattan, Kans., Kansas State Univ., Dep. of Phys.; engl.) — Co–Ta-Legg. mit 5, 10, 15, 35 u. 60,6 Gew.-% Ta wurden röntgenograph. untersucht. Es wurden drei neue Phasen gefunden: α-Co_3Ta, metastabile, kub. Phase vom Cu_3Au-Typ mit a = 3,647 ± 0,004 (Å); Z = 1; $D._{(berechnet)}$ 12,25 ± 0,04 (g·cm^{-3}) (50,6% Ta); γ-Co_2Ta, hexagonale, vierschichtige Laves-Phase des $MgNi_2$-Typs, a = 4,700 ± 0,017, c = 15,42 ± 0,074, Z = 8; $D._{(berechnet)}$ 12,36 ± 0,15 (52,7% Ta); α-Co_2Ta, hexagonale, zweischichtige Laves-Phase vom $MgZn_2$-Typ, a = 4,797 ± 0,006, c = 7,827 ± 0,010; Z = 4; $D._{(berechnet)}$ 12,73 ± 0,048 (60,5% Ta). Die Atomparameter sind angegeben. Die Existenz von β-Co_2Ta, kub. dreischichtig, $MgCu_2$-Typ, u. von β-Co_3Ta, hexagonal, vierschichtig, $MgNi_2$-Typ, wurde bestätigt. Für alle Verbb. sind die indizierten $\sin^2\Theta$-Werte angegeben. Die Wechselbeziehung der verschiedenen intermetall. Phasen in bin. Syst. Co–Ta wird diskutiert. Ernst Schulte. 197□

Über den Zusammenhang der Ordnung in der α-Phase mit der $\alpha \rightleftharpoons \gamma$-Umwandlung in Fe–Co–V-Legierungen. I. L. Aptekar und W. I. Gorbunow. (Физика Металлов и Металловедение [Metallphysik u. Metallkunde] **10**, 710—13, Nov. 1960; Inst. für Präzisions-Legg. des zentr. wiss. Forsch.-Inst. des Eisenhüttenwes.; russ.) — In *Fe–Co–V*-Legg. mit einem V-Geh. von 2,5—3% beeinflußt der Ordnungsvorgang in der α-Phase in starkem Maße die Kinetik der $\alpha \rightleftharpoons \gamma$-Umwandlung sowie die Anlaßstruktur. Der vermutete Zerfall in geordnete u. nichtgeordnete Phasen geht nicht nur vorauf, sondern erleichtert offenbar auch die Ausscheidung der γ-Phase. Der beschriebene Umwandlungsvorgang bedingt einen hohen Dispersionsgrad der heterogenen Zerfallsstruktur. H. Hochstein. 197□

Die Bildung von kubischer Textur in einer Eisen–Silicium-Legierung. Pang-hsin Chou, Wien-min Wang und Neng-kuan Chen. (Acta physica sinica **16**, 155 bis 159, März 1960; Acad. Sin.; chin., Auszug: engl.) — Unterss. über die Bldg. einer kub. Textur in einer Fe–Si-Leg. mit 3,25% Si. Die kub. Textur wird entweder durch sek. oder prim. Rekristallisation entwickelt. Bei der Bldg. durch sek. Rekristallisation ist kein Keimbildungsprozeß beteiligt. Keime mit der Orientierung (1 0 0) [0 0 1] sind stets nach Beendigung der prim. Kristallisation vorhanden u. sind in den meisten Fällen von Keimen der Orientierung (1 1 0) [0 0 1] umgeben. Wird das normale Wachstum anderer Keime gehemmt, dann tritt stark vergrößertes Wachstum der kub. orientierten Kristallkörner auf. Im Falle der Bldg. einer kub. Textur durch prim. Rekristallisation muß eine gewisse Menge kaltgewalzter kub. Textur nach der letzen Stufe des Kaltwalzens vorhanden sein. Nach anschließendem Anlassen bei niedriger Temp. erhält man eine rekrist. kub. Textur durch den Prozeß der „Rekristallisation in situ". Messungen des magnet. Drehmoments ergaben über 90% (1 0 0) [0 0 1]-Textur. C. Gottfried. 197

Einfluß von Kobalt auf den Diffusionskoeffizienten von Kohlenstoff und Stickstoff im Ferrit. J. Delatte. (Métaux **36**, 161—68, April 1961; Liège, C.N.R.M.; franz.) — Der Einfl. von Co auf den Diffusions-Koeff. von C u. N im Gitter des α-Fe wird durch Messung der inneren Reibung im Temp.-Bereich von 20—200° ermittelt. Hierbei zeigt sich, daß dieser Einfl. gering ist u. daß es sich im allg. um eine Abnahme des Diffusions-Koeff. handelt. Im Falle von N wird stets oberhalb von 70° eine Anomalie in der Änderung des Diffusions-Koeff. in Abhängigkeit vom Co-Geh. beobachtet. Diese Veränderung äußert sich im Sinne einer Koeff.-Erhöhung für einen Co-Geh. von 2% u. in einer Abnahme desselben bei einem Co-Geh. von 10%. H. Hochstein. 197□

Die Entwicklung der interkristallinen Zerstörung bei hohen Temperaturen und die Plastizität von Stahl. A. W. Stanjukowitsch und Je. M. Piwnik. (Физика Металлов и Металловедение [Metallphysik u. Metallkunde] **10**, Nr. 1, 106—16, Juli 1960; Zentr. Polsunov-Inst. für Kesselturbinen; russ.) — In den untersuchten warmfesten Stählen (EJ 10, EJ 612, Leg. A auf Ni–Cr-Basis mit Mo, W, Al u. Ti) wird bei hohen Verformungs-Geschw. die Bldg. interkristalliner Risse festgestellt, die bei 450 bis 500° beginnt. Eine Temp.-Erhöhung u. eine Abnahme der Verformungs-Geschw. erhöhen den Grad der Werkstoffschädigung durch die interkristallinen Risse. Die Menge, Länge u. Form dieser Risse hängt von den Unters.-Bedingungen ab. Bei maximaler Verformungs-Geschw. u. bei verhältnismäßig niedrigen Temp. wird die Bldg. von Rißporen festgestellt. Unter den Unters.-Bedingungen, die zu einem maximalen Abfall der plast. Eigg. führten, bilden sich dünne u. lange Risse mit scharfen Enden. Die Plastizitäts-Eigg. der Legg. bei hohen Temp. hängen direkt mit dem Grad der Werkstoffbeschädigung durch die interkristalline Zerstörung ab. Die Ausdehnung eines mittleren Risses nimmt mit der Verringerung der Geschw. u. mit der Temp.-Erhöhung bis auf Abmessungen zu, die nahe bei dem Stahlkorndurchmesser liegen. Die Erhöhung der Plastizitäts-Eigg. bei einer Unters.-Temp. über 600—650° für perlit. u. 650—700° für austenit. Stähle ist eine Folge der Abnahme der Entw.-Intensität der interkristallinen Risse. Die interkristalline Zerstörung wird unter diesen Bedingungen durch die Bldg. von verhältnismäßig kleinen Rissen mit stumpfen Enden gekennzeichnet H. Hochstein. 200□

Mechanische Eigenschaften dünner, einkristalliner Goldfilme. Avery Catlin und Walter P. Walker. (J. appl. Physics **31,** 2135—39, Dez. 1960; Charlottesville, Va., Univ. of Virginia; engl.) — Vgl. C. **1962,** 18387. — Durch Vakuumabscheidung mit einer Geschw. von 500—1500 Å/min auf erhitzte NaCl-Substrate (375°) erhält man einkristalline Au-Filme mit vollständiger Orientierung u. Schichtdicken zwischen 1000 u. 3000 Å. Die Filmfläche entspricht der (1 0 0)-Kristallfläche. Zur Best. der mechan. Eigg. der Filme werden diese über einen Träger gespannt, der ein mit Hilfe eines Wasserstrahls gebohrtes Loch aufweist. Bei Raum-Temp. wird beträchtliche plast. Verformung u. gleichzeitig das Auftreten u. Wachstum von Zwillingsbändern bei Erhöhung der mechan. Beanspruchung beobachtet. Die Orientierung der Zwillings-Bldg. wird mit Hilfe von Röntgenbeugungsaufnahmen untersucht. Sie erfolgt an (1 1 1)-Flächen mit [1 1 2]-Orientierung. Zug–Spannungs-Kurven u. die Änderung des Elastizitätsmoduls in Abhängigkeit von der Schichtdicke werden mitgeteilt. Spezif. Zugspannung u. Elastizitätsmodul nehmen, im wesentlichen wie an dünnen vielkristallinen Filmen, mit abnehmender Filmdicke zu. P. Frenzel. 200□

Abschätzung der Größe und Desorientierung von Subkörnern, die beim Kriechen an der Oberfläche und im Innern der Probe entstehen. W. M. Rosenberg. (Физика Металлов и Металловедение [Metallphysik u. Metallkunde] **9,** 621—25, April 1960; Inst. für Metallphys. des Zentralen Forsch.-Inst. für Eisenmetalle; russ.) — Die Bldg. von Subkörnern beim Kriechen von Al bei 300° ist in den Oberflächenschichten gleich der Bldg. im Metallkörper. Der Zusammenhang zwischen der Desorientierung der Subkörner u. ihrer Größe sowie ihrer Deformation ist ebenfalls unabhängig von der Lage der Körner im Metallkörper. Die Mikrostruktur der Subkörner wurde im polarisierten Licht sichtbar gemacht. Ch. Weiske. 200□

Geschwindigkeitsverhalten eines wachsenden Risses. E. N. Dulaney und W. F. Brace. (J. appl. Physics **31,** 2233—36, Dez. 1960, 227—28, Jan. 1962; MIT, Dep. of Geol. and Geophys.; engl.) — Durch Erweiterung der Mottschen Theorie wird ein Ausdruck für das Geschw.-Verh. bei der Riß-Bldg. in einem spröden Material abgeleitet. Die Geschw. nähert sich hyperbol.-asymptot. der Endgeschwindigkeit. In *Polymethylmethacrylat* erreicht die Riß-Bldg. nach einem solchen Verlauf die endgültige Geschw. nach $^3/_4$ der Rißlänge, jedoch ist die effektive anfängliche Rißlänge einige 5mal größer als die tatsächliche. Vff. führen das auf Wärmeverluste im Anfang der Riß-Bldg. infolge innerer Spannung zurück. P. Frenzel. 200□

A_7. Gleichgewichte. Kinetik

Die Untersuchung des Mechanismus chemischer Prozesse mit Hilfe von Isotopen. Ss. S. Roginski. (Химическая Наука и Промышленность [Chem. Wiss. Ind.] **4,** 479—86, 1959; russ.) — Überblick: Kinet. Isotopeneffekt als Unters.-Meth., Tunnelübergänge von Atomen in Wasserstoff-Rkk., Unters. der heterogenen Katalyse, Problem der Inhomogenität einer akt. Oberfläche, Genese u. Mikrochemie akt. Kontakte. — 59 Literaturangaben. Ch. Weiske. 220□

Energetik von Molekülkomplexen. S. P. McGlynn. (Успехи Химии [Fortschr. Chem.] **29,** 1149—88, Sept. 1960; russ. — C. **1961,** 12761.) E. Klever. 223□

Die Polymerisation von Wasser in Benzol und Toluol. M. Gordon, C. S. Hope, L. D. Loan und Ryong-Joon Roe. (Proc. Roy. Soc. [London], Ser. A **258,** 215—36, 18/10. 1960; Inveresk, Midlothian, Arthur D. Little Res. Inst.; engl.) — Es wird ein Modell für die Polymerisation von W. in Bzl. u. Toluol als Lsgm. beschrieben, wobei das H_2O-Mol. als einfaches tetrafunktionelles Monomeres betrachtet wird. Wie bei regulären Lsgg. wurde das Massenwirkungsgesetz auf die Rk. zwischen den H_2O-Moll. angewandt, während das Lsgm. als inerte Komponente betrachtet wurde. Die Größenverteilung der H_2O-Mol.-Aggregate ergab sich durch Anwendung des klass. Molekularverteilungsgesetzes für tetrafunktionelle Polymerisation nach Flory. In Übereinstimmung mit der Vorstellung von Stockmayer entspricht der krit. Sättigungspunkt dieser Lsg.-Syst. dem Gelpunkt bei polyfunktioneller Polymerisation. Das vorgeschlagene Modell wurde auf verschiedene Arten geprüft (Messung des spezif. Vol., der relativen Viscosität u. der Lsg.-Wärme). Es wird diskutiert, warum andere Autoren durch kryoskop. u. spektroskop. Unterss. keine Polymerisation des W. in Bzl. nachweisen konnten. K. Ohls. 223□

Über die Assoziation fettsaurer Salze in unpolaren Lösungsmitteln. H. Dunken und G. Rudakoff. (Z. physik. Chem. [Leipzig] **219,** 36—46, 1962; Jena, Friedrich-Schiller-Univ., Inst. für Phys. Chem.; dt.) — Mit Hilfe einer differentialebullioskop. Meth. wurde das Molgew. von Li-Salzen höherer Fettsäuren in Tetrahydronaphthalin als Lsgm. ermittelt u. aus den Meßwerten auf eine Assoziation der entstehenden Seifen zu Vierermoll. geschlossen. Die das Gleichgew. charakterisierenden Massenwirkungs-Konst. werden berechnet u. die entsprechenden Enthalpieänderungen abgeschätzt. In Lsgg., die neben der Seife auch Säure enthalten, konnten Verbb. des Typs 2 LiAc·HAc u. LiAc·2 HAc nachgewiesen werden. D. Forst. 223□

Assoziation von Metallionen mit Aziden: Polarographische Untersuchung. D. Banerjea und I. P. Singh. (J. Indian chem. Soc. **39,** 353—55, Mai 1962; Durgapur, West Bengal, Regional Engng. Coll., Dep. of Chem.; engl.) — Vff. untersuchen polarograph. nach der Meth. von DeFord u. Hume (C. **1952,** 3610) die Assoziation von Tl^+, Cd^{2+} u. Zn^{2+} mit Aziden in wss. $NaClO_4$-Lsgg. bei 25° u. der Ionenstärke $\mu = 2$. Zum Vgl. wird unter gleichen Bedingungen die Assoziation von Cd^{2+} u. Tl^+ mit Cl^- u. von Tl^+ mit SO_4^{2-} untersucht. Die Bldg.-Konst. (β) folgender Verbb. werden ermittelt: TlN_3 2,5; $TlCl$ 1,55; $TlSO_4^-$ 2,2; CdN_3^+ 7,8; $Cd(N_3)_2$ 23,6; $CdCl^+$ 8; ZnN_3^+ 3 u. $Zn(N_3)_2$ 15,5. Die Ergebnisse zeigen, daß die komplexbildenden Eigg. der Azide denen der Chloride ähnlich sind. J. Peters. 223□

Untersuchungen über Metallazide. 3. Mitt. Die Struktur des Azidoeisen(III)-Komplexes und seine Dissoziation in wässeriger Lösung. H. K. El-Shamy und F. G. Sherif. (Egypt. J. Chem. **2,** 217—27, 1959; Alexandria, Univ., Fac. of Sci., Chem. Dep.; engl.) — 2. vgl. Egypt. J. Chem. **1,** [1958], 257; 1. vgl. C. **1962,** 10389. — Vff. untersuchten verschiedene Fe(III)-Azid-Lsgg. photometr. u. bestimmten die Zus. der Farbkomponente nach der Meth. der kontinuierlichen Variation u. des logarithm. Grenzwertes. Die farbgebende Komponente in verd. Lsgg. (<0,004 m) ist wahrscheinlich der Komplex $[Fe(N_3)]^{2+}$. Bei höherer Konz. tritt als weitere Form $[Fe(N_3)_2]^+$ auf. In verd. Lsgg. (0,00144—0,00768 m an Fe^{3+}) ergab sich für die Gleichgew.-Konst. bei verschiedenen Wellenlängen im Mittel der Wert 0,00310 ± 0,00007. Der molare Extinktions-Koeff. erreicht bei 457 nm seinen maximalen Wert von 2920 Liter/Mol·cm. K. Ohls. 223□

Die Struktur von Uranylazid — seine Instabilitätskonstante in wässerigen Lösungen. F. G. Sherif und A. M. Awad. (J. inorg. nuclear Chem. **19,** 94—100. Sept. 1961; engl.) — Vgl. vorst. Referat. — Wss. Lsgg. von Uranylazid haben bei 420 nm ein Absorptionsmaximum, das sich für spektroskop. Unterss. eignet. Vff. fanden in wss. Lsgg. u. in W.-Aceton-Mischungen komplexe Ionen, die UO_2^{2+} u. N_3^- im Verhältnis 1:1 bzw. 1:2 enthielten. Die Steigungsverhältnisse zweier Geraden im Diagramm Absorption sowohl gegen Konz. der Uranylionen bei konst. N_3^--Konz. u. Acidität als auch gegen Konz. der Azidionen bei konst. Uranyl-Konz. u. Acidität sowie die durch kontinuierliche Veränderung der Konz. erhaltene Absorptionsweite bekräftigen die Existenz von $[UO_2 \cdot (N_3)]^+$ mit der Instabilitäts-Konst. 4,86 (± 0,4)·10^{-3}. Konduktometr. Titrationen lassen auf eine stufenweise Bldg. des Mono-, Di- u. Triazidouranylkomplexions in konzentrierteren Lsgg. schließen. Überführungsmessungen deuteten auf die Existenz von sowohl positiven als auch negativen Ionen. D. Hoene. 223□

Die Assoziation des Tri-[äthylendiamin]-platin(IV)-Kations mit verschiedenen Anionen. C. J. Nyman und R. A. Plane. (J. Amer. chem. Soc. **82,** 5787—90, 20/11. 1960; Ithaca, N.Y., Cornell Univ., Dep. of Chem.; engl.) — Durch Messen der Absorptionsspektren zwischen 255 u. 270 mμ bei 25° wurde das Ausmaß der Assoziation am Tris-[äthylendiamin]-platin(IV)-Kation (**I**), in wss. Lsg. für die Anionen Cl^-, Br^-, SO_4^{2-}, NO_3 u. ClO_4^- bestimmt. Für SO_4^2 , Cl^-, Br^- u. NO_3^- wird mit **I** die Bldg. von 1:1-Komplexen in der äußeren Sphäre nachgewiesen. Die thermodynam. Assoziations-Konst. K_1^0 für unendliche Verdünnungen werden durch graph. Auswertung der Zusammenhänge zwischen K_1^0 u. dem ermittelten mol. Extinktions-Koeff. u. durch Best. der Aktivitäts-Koeff. nach einer modifizierten Debye-Hückel-Beziehung errechnet. An K_1^0-Werten wurden erhalten für: SO_4^{2-} 3,3·10^3, Cl^- 11, Br^- 8, NO_3^- 0,8. Eine Assoziation des ClO_4^--Anions mit **I** konnte nicht nachgewiesen werden. H.-J. Hartmann. 223□

Komplexbildung in Kupferoxalatlösungen. A. McAuley und G. H. Nancollas. (Trans. Faraday Soc. **56,** 1165—72, Aug. 1960; Glasgow, Univ., Chem. Dep.; engl.) — In oxalsauren $Cu(ClO_4)_2$-Lsgg. konst. Ionenstärke (0,1 m, $NaClO_4$-Zusatz) wird durch Variation der Oxalsäure-Konz. die Bldg. von Cu-Oxalatkomplexen potentiometr. bei 25° u. bei verschiedenen pH-Werten untersucht u. die Ergebnisse werden durch polarograph. Messungen bestätigt. Für die Gleichgew.: $Cu^{2+} + HC_2O_4^- \rightleftharpoons CuHC_2O_4^+$, $Cu^{2+} + C_2O_4^{2-} \rightleftharpoons CuC_2O_4$ u. $CuC_2O_4 + C_2O_4^{2-} \rightleftharpoons Cu(C_2O_4)_2^{2-}$ werden die Assoziations-Konst. zu 1,5·10^3, 1,54·10^6 u. 1,1·10^4 bestimmt. H. J. Hartmann. 223□

Komplexbildung des Aluminiums mit 7-Jod-8-hydroxychinolin-5-sulfonsäure (Ferron). F. J. Langmyhr und Å. R. Storm. (Acta chem. scand. **15**, 1461—66, 1961; Blindern, Univ. of Oslo, Chem. Inst. A.; engl.) — Aus potentiometr. Messungen ergeben sich die pK-Werte des Ferrons zu $pK_1 = 2{,}50$ u. $pK_2 = 7{,}11$ bei $25{,}0 \pm 0{,}1°$ in 0,10m KCl-Lösung. Potentiometr. Titrationen von Ferron (H_2A) u. $AlCl_3$-Mischungen lassen auf folgende Komplexe schließen: AlA^+, Al(OH)A (wenig lösl.), $Al(OH)_2A^-$, AlA_2^-, $Al(OH)A_2^{2-}$ u. AlA_3^{3-}. Die Stabilitäts-Konst. (log K-Werte) der hydroxylfreien Komplexe errechnen sich zu 7,6 (AlA^+), 7,1 (AlA_2^-) u. 5,6 (AlA_3^{3-}) bei $25{,}0 \pm 0{,}1°$ in 0,10m KCl-Lösung. Unter den gleichen Bedingungen ergibt sich der log K-Wert des Gleichgew. $[AlA_2^-]/[Al(OH)A_2^{2-}]\cdot[H^+]$ zu 5,0. J. Peters. 223□

Komplexbildung von Eisen(III) mit 7-Jod-8-hydroxychinolin-5-sulfonsäure (Ferron). Å. R. Storm und F. J. Langmyhr. (Acta chem. scand. **15**, 1765—71, 1961; engl.) — Vgl. vorst. Referat. — Vff. untersuchen Art, Zus. u. Stabilität der Komplexe von 7-Jod-8-hydroxychinolin-5-sulfonsäure mit Fe^{3+} mit Hilfe potentiometr. u. spektroskop. Methoden. Titrationskurven von Mischungen Ligand/Metall im Verhältnis 1:1, 2:1 u. 3:1 zeigen einen Knickpunkt bei Zugabe von 4,5 u. 6 Val NaOH. Aus der letzten Kurve wurden nach Bjerrum die Beständigkeits-Konst. bestimmt: log $K_{MA} = 8{,}9$; log $K_{MA_2} = 8{,}4$; log $K_{MA_3} = 7{,}9$. Neun Absorptionskurven von Lsgg. der Zus. Ligand/Metall 1:1, 2:1 bzw. 3:1, je bei verschiedenen pH-Werten, wurden im Bereich 550—700 nm aufgenommen, ebenso die Extinktion bei 600 nm bei kontinuierlichem Verhältnis Ligand/Metall u. verschiedenem pH-Wert. Die Deutung dieser Kurven zeigt das Vorhandensein von drei Komplexen u. eine zunehmende Stabilität vom 1:1- zum 3:1-Komplex. Die Ergebnisse können zur spektrophotometr. Best. von Fe(III) herangezogen werden. R. Mattes. 223□

Einige Metallkomplexe der Citronen- und der Tricarballylsäure. N. C. Li, A. Lindenbaum und J. M. White. (J. inorg. nuclear Chem. **12**, 122—28, 1959; Lemont, Ill., Argonne Nat. Labor. and Duquesne Univ.; engl.) — Die Komplexbildungs-Konst. (K_{MA}) einiger Citrate u. Tricarballylate sowie die Bldg.-Konst. für die „Hydrogenkomplexe", in denen HA^{2-} (A^{3-} = Säureanion) als Ligand auftritt, wurden durch pH-Titration nach der Meth. von Schwarzenbach (unter Verw. eines 10fachen Ligandenüberschusses) bestimmt. Für Citrate wurden erhalten: Mn^{2+}: log $K_{MA} = 3{,}67$; log $K_{MHA} = 2{,}08$; Cd^{2+}: 3,98; 2,28; Zn^{2+}: 4,85; 2,96; Ni^{2+}: 5,11; 3,19. — Für Tricarballylate: Ni^{2+}: 2,70; 1,56; Mg^{2+}: 2,00; 0,91. — Ferner wurden mit Hilfe einer indirekten polarograph. Meth. für die Citrate von Co^{2+} u. Mg^{2+} die Werte log $K_{MA} = 4{,}83$ bzw. 3,29 u. log $K_{MHA} = 3{,}19$ bzw. 1,60 bestimmt. Durch pH-Titration von Lsgg., die $UO_2(NO_3)_2$, HCl, Citronensäure u. NaCl in wechselnden Konzz. enthielten, gegen NaOH wurde gezeigt, daß im pH-Bereich 1,8—2,5 ein 1:1-UO_2-Citratkomplex mit $K_{MA} = 8{,}5$ als Monomeres beständig ist. W. Betcke. 223□

Chemie von Lösungen in flüssigem Schwefeldioxid. Philip J. Elving und Joseph M. Markowitz. (J. chem. Educat. **37**, 75—81, Febr. 1960; Ann Arbor, Mich., Univ. of Michigan; engl.) — In der Übersicht werden behandelt: Allg. Eigg. von fl. SO_2, die Eigg. von SO_2 als Lsgm., Rkk., Theorien der Reaktivität u. elektrochem. Prozesse in fl. SO_2. — 61 Literaturangaben. Ch. Weiske. 224□

Über die Löslichkeit von Ionenverbindungen. W. P. Wassiljew. (Журнал Неорганической Химии [J. anorg. Chem.] **3**, 2053—58, Sept. 1958; Iwano, Chem.-techn. Inst.; russ.) — Allg. thermodynam. Berechnungen u. Abschätzungen bilden die Grundlage für Unterss. an Löslichkeitsunterschieden der CrO_4^{2-}-; SO_4^{2-}-; CO_3^{2-}- u. F^--Verbb. des Mg, Ca, Sr, Ba in Abhängigkeit vom Kationenradius. W.-D. Heußner. 224□

Anwendung der Photocolorimetrie für die Bestimmung des Löslichkeitsproduktes von Thoriumhydroxid. P. N. Kowalenko und K. N. Bagdassarow. (Журнал Прикладной Химии [J. angew. Chem.] **34**, 789—94, April 1961; Rostow am Don, Univ.; russ.) — Thoriumhydroxid löst sich merklich bei pH 3,6 u. fällt aus zwischen pH 3,60 u. 4,10. Aus photometr. Messungen wird das Aktivitäts-Prod. von $Th(OH)_4$ bei 22° zu $2\cdot10^{-45}$ bestimmt. Weiter wurde der Einfl. der KNO_3-Konz. in Lsg. auf den pH-Wert der $Th(OH)_4$-Auflösung u. auf das Löslichkeits-Prod. bei konst. pH-Wert untersucht. Ch. Weiske. 224□

Über extrem kleine Konzentrationen von Radioelementen in Lösungen. I. Je. Starik. (Химическая Наука и Промышленность [Chem. Wiss. Ind.] **4**, 448—55, 1959; russ.) — Überblick über die Meth. zur Unters. des Zustandes von Mikromengen von Radioelementen in Lsgg. (Adsorption, Desorption, Extraktion, Dialyse, Ultrafiltration, Zentrifugation, Elektrophorese u. Radiographie). — 70 Literaturangaben.
Ch. Weiske. 224□

Verteilung von Salpetersäure zwischen Wasser und Tri-n-octylamin enthaltenden organischen Lösungsmitteln. J. M. P. J. Verstegen. (Trans. Faraday Soc. **58**, 1878—88, Sept. 1962; Kjeller, Norway, Inst. for Atomenergi; engl.) — Die Gleichgew.-Verteilung von HNO_3 zwischen wss. Lsg. u. Tri-n-octylamin (TOA) in Nitrobenzol, Chlf., Bzl. u. Dodecan (mit einem Geh. von 6% n-Octanol) wurde bei verschiedenen Konz.-Verhältnissen untersucht. Zur Konz.-Best. u. zur Aufklärung des Extraktionsmechanismus wurden Viscositäts-, Leitfähigkeits- u. IR-spektroskop. Messungen durchgeführt. Ferner wurden die Rk.-Wärme u. -Entropie für die Salz-Bldg. gemäß TOA + H^+ + NO_3^- $\rightleftharpoons$ $[TOAH]NO_3$ in Bzl. gemessen. Für die Einstellung des Gleichgew. ist im allg. das Massenwirkungsgesetz maßgebend. Die Gleichgew.-Konst. ist vom Lsgm. abhängig u. nimmt mit wachsender DK zu. Alle Beobachtungen lassen auf eine Bldg. von kaum dissoziierten Ionenpaaren in den organ. Lsgm. schließen, wobei der Zusammenhalt der Ionen durch Coulombsche Kräfte bewirkt wird. Diese Moll. weisen ungewöhnlich hohe Dipolmomente auf, die eine Assoziation zu Dimeren oder auch höheren Aggregaten begünstigen. Eine hohe DK des Lsgm. wirkt stabilisierend auf die Ionenpaare. In Lsgm. mit niedriger DK haben sie das Bestreben, sich mit Wasser-Moll. zu umgeben, so daß die organ. Phase bis zu einem gewissen Ausmaß W. aufnimmt. Bei sehr geringer Wasserlöslichkeit (Dodecan) wird eine zusätzliche Stabilisierung der Dipol-Moll. durch Aggregation erreicht. W. Betcke. 224□

Die Affinität von Halogenwasserstoffsäuren gegenüber Tri-n-octylamin. Archie S. Wilson und Ned A. Wogman. (J. physic. Chem. **66**, 1552—54, Aug. 1962; Richland, Wash., Gen. Electr. Co., Hanford Labor. Operat.; engl.) — Die Extraktion der Halogenwasserstoffe HX aus wss. Lsg. in 0,1, 0,2 u. 1,0 m Lsgg. von Tri-n-octylamin (TOA) in Cyclohexan, Toluol, 2-Nitropropan u. Nitrobenzol wird untersucht. Die scheinbaren Affinitäts-Konst. nehmen mit wachsendem Halogenidionenradius sowie mit wachsender DK des Lsgm. u. TOA-Konz. zu. HCl, HBr u. HJ werden bis zur Konz. von ca. 2 m unter Bldg. des Ammoniumsalzes extrahiert. Erst bei Konzz. >2 m wird das Verhältnis HX: TOA >1 u. nimmt bei HCl für [HCl] = 10 n den Wert 2 an; bei HBr u. HJ wird dieser Wert nicht erreicht. Dagegen nimmt das (Säure:TOA)-Verhältnis bei HF bereits von Säure-Konzz. $<0,1$ n u. von Werten <1 an gleichmäßig zu, erreicht bei 1 n HF einen Wendepunkt (Wert >2) u. steigt weiter bis zu den Werten 3 bei 10 n u. 4 bei 28 n HF. — Dem Salz wird die Formel $TOAH \cdot HF_2$ zugeschrieben. W. Betcke. 224□

Die Extraktion von Uran(IV) aus Salpetersäure mit Tri-n-octylamin. A. S. Wilson und W. E. Keder. (J. inorg. nuclear Chem. **18**, 259—62, März 1961; engl.) — Vgl. vorst. Referat. — Die Verteilung von U(IV) zwischen wss. HNO_3 (1—12 n) u. einer Lsg. von Tri-n-octylamin (TOA) in Xylol wurde spektrophotometr. untersucht. In Abhängigkeit von der HNO_3-Konz. weist der Verteilungsquotient (D) ein Maximum bei 6—7 n HNO_3 auf. Log D nimmt (bei der Extraktion aus 4 n HNO_3) linear mit log [TOA] in der organ. Phase zu. Aus dem Anstieg der Geraden ergibt sich ein Verhältnis TOA:U(IV) = 2:1 für den Komplex in organ. Lösung. Das extrahierte U(IV) liegt in Übereinstimmung mit den spektroskop. Daten als $[U(NO_3)_6]^{2-}$ vor. W. Betcke. 224□

Extraktion mit Tributylphosphat aus Perchlorsäurelösungen. 1. Mitt. Die Verteilungskoeffizienten für Zirkonium, Thorium, Cer, Promethium und Yttrium. S. Siekierski. (J. inorg. nuclear Chem. **12**, 129—35, 1959; Warsaw, Inst. of Nucl. Res., Radiochem. Labor.; engl.) — Mit Hilfe radiochem. Meth. wurden die Verteilungs-Koeff. (k = Konz. in der organ./Konz. in der wss. Phase) von Zr, Th, Ce, Pr u. Y für die Verteilung zwischen $HClO_4$-saurer Lsg. u. Tributylphosphat (TBP) in Abhängigkeit von der $HClO_4$-Konz. bestimmt. Werte $k > 1$ werden erst bei $HClO_4$-Konzz. $m > 5—6$ erreicht. Am steilsten ist der Anstieg von k mit der $HClO_4$-Konz. bei Th ($k = 200$ für $m_{HClO} = 6,97$), etwas geringer bei Zr. Bei Zr wurde für $m_{HClO_4} = 9,27$ mit $k = 5000$ der größte k-Wert bestimmt. Das Verhältnis k_{Zr}/k_{Th} ist bei $m_{HClO_4} = 4—7$ annähernd konst. 70. Bei Ce^{3+} wurde die Abhängigkeit von k von der TBP-Konz. (mit Bzl. als Verdünnungsmittel) für die Extraktion aus 7,78 m $HClO_4$-Lsg. gemessen. Eine Abweichung von der idealen Linearität der Beziehung zwischen log k u. der TBP-Konz., die größer ist als im HNO_3–TBP-Syst., wurde festgestellt. Der Temp.-Koeff. von k ist für Zr im Bereich 15—30° ($m_{HClO_4} = 7,42$) gering positiv, für Ce ($m_{HClO_4} = 5,95$) gering negativ. Im $HClO_4$-Konz.-Bereich $m < 3,26$ ist Hexon ein besseres Extraktionsmittel für Zr als TBP.
W. Betcke. 224□

Beziehungen im Verhalten von Scandium, Thorium und Zirkonium bei der Lösungsmittelextraktion in gewissen Tributylphosphat–Mineralsäure-Systemen. D. F. Peppard, G. W. Mason und J. L. Maier. (J. inorg. nuclear Chem. **3**, 215—28, Okt. 1956; Lemont, Ill., Argonne Nat. Labor.; engl.) — Das Extraktions-Verh. von Sc u. Th im wss. Syst. HCl–TBP (Tributylphosphat) unterscheidet sich so genügend, so daß diese Elemente gut zu trennen sind. Obwohl die entsprechenden Extraktionskurven zur Konvergenz neigen, wenn die HCl-Konz. erniedrigt wird, schneiden sie sich nicht. Im Gegensatz dazu kreuzen sich die Sc- u. Th-Extraktionskurven im Syst. HNO_3–TBP. Die vollständigen Zr-Extraktionskurven wurden nicht aufgenommen, jedoch schneidet die Zr-Extraktionskurve im Syst. HNO_3–TBP die Sc- u. Th-Kurven. In diesem Syst. kann jedes der 3 Elemente von den andern beiden abgetrennt werden. Im Syst. HCl–TBP ist die TBP-Abhängigkeit der Extraktions-Koeff. für Sc u. Th nicht gut zu deuten; im Syst. HNO_3–TBP besteht eine Abhängigkeit 4. Potenz von der TBP-Konz. bei hohen HNO_3-Konzz. u. beträchtlich weniger als 4. Potenz bei mittleren u. niedrigen Konzentrationen. Die gegenseitige Trennung der Gemische Th–Sc u. Th–Zr im Syst. HCl–TBP u. die Isolierung der 3 Elemente aus einer Sc–Th–Zr-Mischung im Syst. HNO_3–TBP wird beschrieben. G. Heller. 224□

Die Verwendung von Phosphorsäureestern zur Isolierung von bestimmten Transplutoniden durch Flüssigkeits–Flüssigkeits-Extraktion. D. F. Peppard, G. W. Mason, W. J. Driscoll und S. McCarty. (J. inorg. nuclear Chem. **12**, 141—48, 1959; engl.) — Vgl. vorst. Referat. — Die Verteilung einer Reihe von Actinidenelementen sowie von Y u. Ce zwischen wss. mineralsaurer Lsg. (im allg. starker HCl) u. den Lsgg. verschiedener Phosphorsäureester in Toluol wurde mit radiochem. Meth. untersucht. Aus den Verteilungs-Koeff. wurden die Trennfaktoren (β) für folgende Elementenpaare ermittelt: *Am–Cm*, es besteht keine wirksame Trennmöglichkeit. Der größte β-Wert (1,6) wurde im Syst. Diphenylphosphorsäure (I)–HNO_3 erreicht. — *Am–Pm*: in den Syst. Mono-2-äthylhexylphosphorsäure–HCl u. Mono-p-octylphenylphosphorsäure wurden β-Werte zwischen 8 u. 30 ermittelt; β nimmt mit wachsender HCl-Konz. u. sinkender Temp. zu. Die Phasentrennung wird durch Zusatz von n-Butanol zum Toluol verbessert. Im Syst. I–HCl ist $\beta = 12$. — *Bk–Ce*: mit Bis-[2-äthylhexyl]-phosphorsäure (II)–HCl ist $\beta = 20$. — *Y–Cf*: I–HCl, $\beta = 388$. — *Y–Es* u. *Y–Fm*: I–HCl, $\beta > 70$. — *Cf* (*Es* oder *Fm*)–*Cm* (oder *Am*): in den Syst. Bis-[p-octylphenyl]-phosphorsäure–HCl, I–HCl, Bis-[cyclohexyl]-phosphorsäure–HCl u. Bis-[n-butyl]-phosphorsäure–HCl werden nur bei niedrigen Säure-Konzz. gute β-Werte (8—35) erhalten. — *Cf–Cm*: mit II + Tris-[2-äthylhexyl]-phosphat–HCl bei geringer HCl-Konz., $\beta = 47$. — Extraktionsmechanismus u. Besonderheiten im Verh. werden diskutiert. W. Betcke. 224□

Die heterogene und homogene thermische Zersetzung von Nickeltetracarbonyl. R. K. Chan und R. McIntosh. (Canad. J. Chem. **40**, 845—55, Mai 1962; Toronto, Ontario, Canada, Univ. of Toronto, Dep. of Chem.; engl.) — Die therm. Zers. von $Ni(CO)_4$ bei 35—80° u. 15—80 Torr verläuft über einen homogenen Rk.-Mechanismus in der Gasphase, daneben aber auch über einen heterogenen Mechanismus, der durch Adsorption von $Ni(CO)_4$ an frisch erzeugter Ni-Oberfläche zustande kommt. Durch Messung der totalen Zers.-Geschw. folgt aus der Temp.-Abhängigkeit ihrer Geschw.-Konst. die Aktivierungsenergie der homogenen Rk. zu 19,1 u. die der heterogenen Rk. zu 14,3 kcal·Mol^{-1}. Aus der Temp.-Abhängigkeit der Langmuirschen Adsorptions-Konst. folgt bei heterogener Rk. an der Ni-Oberfläche die Adsorptionswärme des $Ni(CO)_4$ zu 7,4 kcal·Mol^{-1}; für die Adsorptionswärme des CO, das an der gleichen Oberfläche wesentlich fester chemisorbiert wird, ergibt sich 13,3 kcal·Mol^{-1}, d. h. wesentlich mehr, als der Verdampfungswärme des CO entspricht. Bei Ggw. von Ionen-Verbb., z. B. NaCl, wird die homogene Rk., die 1. Ordnung bzgl. $Ni(CO)_4$ verläuft, gehemmt; hierbei wird angenommen, daß intermediär gebildetes $Ni(CO)_3$ adsorbiert wird u. z. T. mit CO rekombiniert. Für die heterogene Rk., die proportional der Ni-Oberfläche ist, zeigt sich bei Absatz des Ni-Films an Glaswolle u. Rutil die gleiche katalyt. Wrkg.; bei Einw. von O_2 wird jedoch die Rk.-Geschw. vermindert. H. D. Freyer. 225□

Kinetik der 1.10-Phenanthrolinchelatbildung. 3. Mitt. **Einfluß von Cyanid- und Azidionen auf die Dissoziationsgeschwindigkeit von Tris-[1.10-phenanthrolin]-eisen(II).** D. W. Margerum und L. P. Morgenthaler. (J. Amer. chem. Soc. **84**, 706—09, 5/3. 1962; Lafayette, Ind., Purdue Univ., Dep. of Chem.; engl.) — 2. vgl. C. **1958**, 4725. — Vff. untersuchten spektrophotometr. die Dissoziation des *Tris-[1.10-phenanthrolin]-eisen(II)*-Komplexes, $[FePh_3]^{2+}$, in Ggw. von CN^--, N_3^-- oder OH^--Ionen. Diese Ionen reagieren mit $[FePh_3]^{2+}$ in ähnlicher Weise u. beschleunigen dessen Dissoziation. Die Rk. von CN^--Ionen mit $[FePh]_3^{2+}$ muß 2 Wegen folgen: 1. der Dissoziation eines Ph von $[FePh_3]^{2+}$ u. der schnellen Anlagerung zweier CN^--Ionen u. 2. nach einer Rk. 2. Ordnung mit direktem Angriff eines CN^- u. schneller Anlagerung eines 2. CN^-: $[FePh_3]^{2+} \xrightarrow{k_d} [FePh_2]^{2+} + Ph$; $[FePh_2]^{2+} + 2\,CN^- \xrightarrow{\text{schnell}} FePh_2(CN)_2$; $[FePh_3]^{2+} + CN^- \xrightarrow{k_1} [FePh_2 \cdot CN]^+ + Ph$; $[FePh_2CN]^+ + CN^- \xrightarrow{\text{schnell}} FePh_2(CN)_2$. Die beobachtete Dissoziations-

Geschw.-Konst. k_0 wird bis zu CN^--Konz. von 1,00 m durch $k_0 = k_d + k_1[CN^-]$ wiedergegeben. Die Rk. des N_3^--Ions mit $[FePh_3]^{2+}$ scheint in ähnlicher Weise zu verlaufen, analoge Rk.-Prodd. konnten jedoch nicht entdeckt werden. Für die Dissoziation von $[FePh_3]^{2+}$ in Ggw. von CN^- oder N_3^- wurden zwischen 10 u. 35° in 2 m KCl folgende Werte bestimmt: CN^-: E_a 20 ± 3 (kcal); ΔH^* 20 (kcal); ΔS^* −3 (Entropieeinheiten). — N_3^-: E_a 22 ± 3; ΔH^* 21; ΔS^* −10. — Für die Dissoziation von $[FePh_3]^{2+}$ wird ein Mechanismus vorgeschlagen, der auf der Wechselwrkg. des nucleophilen Ions mit dem Fe(II) an dessen oktaedr. Oberfläche in Hohlräumen zwischen den Ph-Moll. des Komplexes beruht. P. Scharner. 225□

Kinetik der 1.10-Phenanthrolinchelatbildung. 4. Mitt. Hydroxid-, Cyanid-, Azid- und Äthylendiamintetraacetationen mit Tris-[1.10-phenanthrolin]-nickel(II). L. P. Morgenthaler und D. W. Margerum. (J. Amer. chem. Soc. **84**, 710—13, 5/3. 1962; engl.) — 3. vgl. vorst. Referat. — Die Dissoziations-Geschw. des *Tris-[1.10-phenanthrolin]-nickel(II)-Komplexes*, $[NiPh_3]^{2+}$, wird durch CN- oder N_3-Ionen nicht beeinflußt, OH-Ionen verursachen ein geringes Ansteigen der Geschwindigkeit. Die Racemisierungs-Geschw. von $[NiPh_3]^{2+}$ steigt mit wachsender OH-Ionen-Konz. geringfügig an, EDTA hat auf die Racemisierungs-Geschw. keinen Einfluß. Diaquo-bis-[1.10-phenanthrolin]-nickel(II)-chlorid verändert bei Zugabe von verd. NaOH seine Farbe von Violett nach Grün unter Aufnahme zweier OH^- pro Ni unter Bldg. des Dihydroxokomplexes $NiPh_2 \cdot (OH)_2$, der entsprechend $3\,NiPh_2(OH)_2 \rightarrow 2\,[NiPh_3]^{2+} + 4\,OH^- + Ni(OH)_2$ disproportioniert; $NiPh_2(OH)_2$ u. auch $NiPh_2(CN)_2 \cdot 2\,H_2O$ dissoziieren schneller als $[NiPh_2(H_2O)_2]^{2+}$. In Ni^{2+}, Ph u. EDTA (Y^{4-}) enthaltenden Lsgg. treten gemischte Ligandenkomplexe auf, für deren Gleichgewicht: $[NiPh_3]^{2+} + Y^{4-} \overset{K_1}{\rightleftarrows} [NiPh_2Y]^{2-} + Ph$; $[NiPh_2Y]^{2-} \overset{K_2}{\rightleftarrows} [NiPhY]^{2-} + Ph$; $[NiPhY]^{2-} \overset{K_3}{\rightleftarrows} [NiY]^{2-} + Ph$ folgende Konst. ermittelt wurden: K_1 0,12; K_2 ca. $4 \cdot 10^{-4}$ u. K_3 $4 \cdot 10^{-6}$. Für das Prod. der Gleichgewichts-Konst. $K_1 \cdot K_2 \cdot K_3 = K'$ ergibt sich in 0,4 m NaOH der Wert $1{,}9 \cdot 10^{-10}$, während auf der Grundlage der Stabilitäts-Konst. von $NiPh_3$ u. $[NiY]^{2-}$ für K′ bei einer Ionenstärke 0,1 m ein Wert von $2 \cdot 10^{-6}$ berechnet wurde. Diese Diskrepanz kann auf der Stabilitätsabnahme des $[NiY]^{2-}$-Komplexes bei hoher Ionenstärke beruhen. Die Bldg. gemischter Komplexe von Y^{4-} u. a. ein- oder zweizähnigen Liganden kann eine Fehlerquelle bei der chelatometr. Analyse darstellen.

Versuche: *$[NiPh_2(CN)_2] \cdot 2\,H_2O$*, durch tropfenweise Zugabe einer 1,0 m NaCN-Lsg. zu 30 ml einer 0,053 m $NiCl_2$-Lsg. bis zur Auflsg. des Nd., Zugabe von 0,3 g 1.10-Phenanthrolinmonohydrat in 170 ml W. u. 48 std. Stehen; rosafarbene Kristalle.
P. Scharner. 225□

Photochemische Zersetzung von Ozon in gelbrotem Licht und der Mechanismus seiner thermischen Zersetzung. E. Castellano und H. J. Schumacher. (J. chem. Physics **36**, 2238, 15/4. 1962; La Plata, Argentina, Univ. Nac. de La Plata, Fac. de Quím. y Farm., Inst. Sup. de Invest.; engl.) — Sorgfältige Überprüfung der Ergebnisse von Kistiakowsky (Z. physik. Chem. **117**, [1925], 337). Die photochem. Zers. von O_3 durch Licht von 5800—6200 Å (5—25°; O_3-Druck 25—200 Torr; O_2-Druck 1—250 Torr; einige Verss. in Ggw. von CO_2, N_2, Ar, He) läßt sich eindeutig durch $O_3 + h\nu \rightarrow O_2(^3\Sigma^-) + O(^3P)$, $O + O_3 \rightarrow 2\,O_2$, $O + O_2 + M \rightarrow O_3 + M$ beschreiben. Die höchste Quantenausbeute wurde mit 2,0 Mol/$h\nu$ in O_2-freien Syst. gemessen; Temp.-Änderung u. Ggw. von Inertgasen beeinflussen diesen Wert nicht. Es treten somit keine Energieketten bei der nichtexplosiven therm. O_3-Zers. auf. A. Blaschette. 226□

Photolyse von Distickstoffoxid. 2. Mitt. 1470 und 1830 Å. John P. Doering und Bruce H. Mahan. (J. chem. Physics **36**, 1682—87, 15/3. 1962; Berkeley, Calif., Univ. of California, Dep. of Chem.; engl.) — 1. vgl. C. **1962**, 4841. — Reines $^{15}N^{14}NO$ bzw. $^{14}N^{15}NO$ (5,0—18,0 Torr) sowie Mischungen mit CO, ^{15}NO bzw. ^{14}NO werden mit Licht der Wellenlängen 1470 bzw. 1830 Å, das durch Mikrowellenentladungen in Xe bzw. Ar erzeugt wird, bestrahlt u. die Isotopen-Zus. des durch Photolyse gebildeten N_2 massenspektrometr. untersucht. Das Auftreten von $^{15}N^{15}N$ u. $^{15}N^{14}N$ kann mit der Rk.-Folge $^{15}N^{14}NO + h\nu \rightarrow {}^{15}N + {}^{14}NO$, $^{15}N^{14}NO + h\nu \rightarrow {}^{15}N^{14}N + O(^1S)$, $O(^1S) + {}^{15}N^{14}NO \rightarrow {}^{15}NO + {}^{14}NO$, $O(^1S) + {}^{15}N^{14}NO \rightarrow {}^{15}N^{14}N + O_2$, $^{15}N + {}^{15}NO \rightarrow {}^{15}N^{15}N + O(^3P)$, $^{15}N + {}^{14}NO \rightarrow {}^{15}N^{14}N + O(^3P)$ u. $2\,O + M \rightarrow O_2 + M$ gedeutet werden. Bei Bestrahlung mit 1470 Å wird ein photoangeregtes N_2O-Mol. gebildet, das die Dissoziation eines weiteren N_2O-Mol. bewirkt. Die Abgabe des inneren N-Atoms aus dem linearen N_2O-Mol. wird nur bei Bestrahlung mit 1830 Å beobachtet, da bei dieser Wellenlänge eine starke Knickschwingung angeregt wird. Herbert Müller. 226□

Bei der Radiolyse von wässerigen Systemen gebildete Formen von H und OH. F. S. Dainton und D. B. Peterson. (Proc. Roy. Soc. [London], Ser. A **267**, 443—63,

5/6. 1962; Leeds, Univ., Dep. of Phys. Chem.; engl.) — Lsgg. von N_2O in W. bei verschiedenen pH-Werten u. schwefelsaure Lsgg. von N_2O, die $FeSO_4$ oder Ce(III)- u. Ce(IV)-Ionen enthielten, wurden entlüftet u. mit ^{60}Co-γ-Strahlen oder 40-kVp-Röntgenstrahlen bestrahlt u. darauf analysiert. Bei der Bestrahlung von N_2O-Lsgg. in W. mit ^{60}Co-γ-Strahlen im pH-Bereich 0,1—4 steigt $G(N_2)$ von 0,75 auf 3,1 u. $G(O_2)$ von $0,1 \pm 0,1$ auf 1,23 an, während $G(H_2)$ von 0,45 auf 0,2 abfällt u. $G(H_2O_2) = 0,6$ konst. bleibt. Bei höheren pH-Werten bleibt $G(H_2)$ konst., $G(N_2)$ u. $G(O_2)$ bleiben bis pH 11,2 konst. u. steigen bei noch höheren pH-Werten auf $G(N_2) = 4,1$ u. $G(O_2) = 1,3$ plötzlich an. Dieser Anstieg von $G(N_2)$ wird auf ion. Dissoziation des OH-Radikals in $H^+ + O^-$ u. auf die Folge-Rkk. $O^- + N_2O \rightarrow (N_2O_2)^- \rightarrow {}^1/_2 N_2 + NO_2^-$ zurückgeführt. Bestrahlung der gleichen Lsgg. mit 40-kVp-Röntgenstrahlen ergab ein grundsätzlich gleiches Verh. der G-Werte. Die Bestrahlung von N_2O-Lsgg. in 0,01 u. 0,001 m $FeSO_4$ im pH-Bereich 0,5—3,3 mit ^{60}Co-γ-Strahlen ergab eine Abnahme von $G(N_2)$ u. ein Ansteigen von $G(H_2)$ bei steigender $FeSO_4$-Konz.; mit steigendem pH stieg $G(N_2)$ stark an u. $G(H_2)$ fiel stark u. $G(Fe^{3+})$ schwach ab. Beim Bestrahlen von schwefelsauren [Ce(III) + Ce(IV)]-Lsgg. mit ^{90}Sr-^{90}Y-β-Strahlen u. 40-kVp-Röntgenstrahlen erhielt man in N_2O-freien Lsgg. höhere $G(Ce^{3+})$-Werte als in N_2O-haltigen; Zugabe von O_2 zur N_2O-haltigen Lsg. ergab gleiche $G(Ce^{3+})$-Werte wie N_2O-freie Lösungen. Aus diesen Ergebnissen wurde die Gleichung $4,5\ H_2O \xrightarrow[100\,eV]{\gamma} 0,45\ H_2 + (0,8 - 0,015\ pH)\ H_2O_2 + (2,05 + 0,03\ pH)\ OH + 2,75\ H_a + 0,75\ H_2O^*$ erhalten, worin H_a eine Teilchenart darstellt, die stöchiometr. einem H-Atom entspricht u. mit N_2O schnell unter Bldg. von N_2 u. OH oder mit H^+ unter Bldg. von H_2 reagiert, das mit N_2O wesentlich langsamer reagiert als H_a; H_2O^* bedeutet ein angeregtes H_2O-Mol., das zum Grundzustand zurückkehren kann (Lebensdauer $> 10^{-9}$ s) oder mit H_2SO_4 zu OH u. H_c, einer weiteren Teilchenart, die stöchiometr. einem H-Atom entspricht, reagiert u. mit N_2O wie H_a reagiert. H_a, H_b u. H_c können stöchiometr. Fe(II)-Ionen oxydieren u. Ce(IV)-Ionen reduzieren. Hieraus u. aus Verss.-Ergebnissen anderer Autoren sowie aus Enthalpie-Berechnungen wird geschlossen, daß $H_a = e^-_{aq.}$, $H_b = H$ u. $H_c = H_2^+$ ist. Die Annahme des Auftretens von H_2O^* erlaubt die bisher nicht mögliche Erklärung für das Ansteigen von G(OH) u. „herkömmlichem" G(H) bei pH < 3,5. E. Schiewer. 226□

Reaktorbestrahlung von Phosphorylchlorid. T. J. Clark und H. C. Moser. (J. inorg. nuclear Chem. **17**, 210—14, Juni 1961; Manhattan, Kans., Kansas State Univ., Dep. of Chem.; engl.) — Nach Bestrahlung von $POCl_3$ mit $6 \cdot 10^{11}\,n \cdot cm^{-2} \cdot s^{-1}$ (bis 24 Std.) wurden $^{32}PCl_3$, $^{32}POCl_3$ u. eine hochsd. Komponente durch Träger-Dest. nachgewiesen. Mit zunehmender Bestrahlungszeit nahm der im PCl_3 gebundene Anteil des gesamten ^{32}P von 60 auf 10% ab, der im $POCl_3$ vorhandene von 30 auf 80% zu. Im Syst. PCl_3—$^{32}POCl_3$ tritt nur unwesentlicher P-Austausch ein. Proben von $POCl_3$ mit einem Zusatz von PCl_3 enthalten nach Bestrahlung mit ^{60}Co-γ-Strahlung eine hochsd. Komponente, die für PCl_5 gehalten wird. T. Tamberg. 226□

Bestrahlungseffekt bei der Kinetik einer endothermen Festkörperreaktion. Die Dehydratisierung von Manganoxalatdihydrat. Ted B. Flanagan und Chang Hwan Kim. (J. physic. Chem. **66**, 926—30, Mai 1962; Upton, L.I., N.Y., Brookhaven Nat. Labor.; engl.) — Die Dehydratation von neutronenbestrahltem (I) u. nicht bestrahltem (II) $MnC_2O_4 \cdot 2\,H_2O$ wurde mit einer Quarzspiralwaage bei 70° u. 0,15 Torr He-Druck verfolgt. II wird nach einer Induktionszeit von ca. 30 Min. in weiteren 70 Min. zu 50% entwässert, I je nach Neutronendosis ca. 3mal schneller, jedoch nicht vollständiger u. ohne Induktionszeit. Die Dehydratations-Geschw. steigt, wenn der Neutroneneinfall von 2,2 auf $9,8 \cdot 10^{18}\,n/cm^2$ erhöht wird. Die Aktivierungsenergie beträgt für II $22,3 \pm 0,7$, für I ($6,05 \cdot 10^{18}\,n/cm^2$) $17,3 \pm 0,7$ kcal/mol. γ-Strahlung war ohne Einfluß. Mögliche Ursachen dieser Eigg. werden ausführlich diskutiert.

H. Bürger. 226□

Aktivierender Einfluß von Kobaltsulfat auf die H_2O_2-Katalyse durch Natriumchromate. G. L. Petrowa und G. A. Bogdanow. (Журнал Физической Химии [J. physik. Chem.] **32**, 2324—32, Okt. 1958; russ.) — Die aktivierende Wrkg. von *$CoSO_4$* (I), *$NiSO_4$* (II) u. *Fe-Sulfat* auf die durch Na_2CrO_4 (III) katalysierte Zers. von H_2O_2 (IV) in schwefelsaurer Lsg. wird kinet. untersucht. Die aktivierende Wrkg. nimmt in der Reihenfolge Ni–Co–Fe zu. Im Temp.-Bereich von 15—55° durchläuft die Wrkg. von I u. II bei 25° ein Minimum, um dann mit zunehmender Temp. anzusteigen, wobei der Anstieg bei I ca. doppelt so groß ist wie bei II. Die IV-Ausgangs-Konz. besitzt prakt. keinen Einfl. auf den Verlauf des Zersetzungsprozesses. I katalysiert auch allein die Zers. von IV in schwefelsaurer Lösung. Bei Ggw. von 0,005—0,01 Mol I nimmt die Katalysen-Geschw. (K) mit der I-Konz. linear zu, weitere Erhöhung der I-Konz. ruft nur einen geringeren Anstieg von K hervor. Die Unters. des Einfl. der Säure-Konz. (C_{H^+}) auf die durch I u. III katalysierte Zers. von IV zeigt im Konz.-Bereich $C_{H^+} < C_{Cr}$ eine Zunahme von K mit steigender C_{H^+}, die kinet. Kurve entspricht einer Gleichung 1. Ordnung. Bei $C_{H^+} \geqslant C_{Cr}$ verringert sich K mit zunehmender C_{H^+}. Das gleiche Verh. von K in Abhängigkeit von C_{H^+} wird auch bei Einw. von II u. III beobachtet. Temp.-Koeff., Aktivierungsenergie u. Frequenzfaktor steigen bei Einw. von I mit der Temp. an, während diese Größen bei II durch ein Minimum in Abhängigkeit von der Temp. laufen. Als Zwischenprod. bei der Einw. von I u. III tritt Co-Peroxochromat auf. — Bei der Rk. von I mit III fällt braunes $CoCrO_4$ aus. Durch Lösen des Chromats in 30%ig. IV u. Fällen mit gekühltem A. wird braunes $CoCrO_5$ u. bei tieferen Temp. $CoCrO_6$ erhalten. Die dargestellten Co-Perchromate sind nur bei tiefen Temp. beständig u. zerfallen unter O_2-Abgabe. U.-L. Rau. 227□

Katalytische Reduktion von Stickstoffmonoxid. R. J. Ayen und M. S. Peters. (Ind. Engng. Chem., Process Design Development **1**, 204—07, Juli 1962; Urbana, Ill., Univ. of Illinois; engl.) — In einem Fließbettreaktor wird die katalyt. Red. von NO durch H_2 bei Atmosphärendruck, 375°, 400° u. 425° untersucht; NO u. H_2-Partialdruck 0,005 bis 0,05 atm; Verdünnung mit N_2; Gesamtströmungs-Geschw. 2000 ml/Min.; Girdler-Katalysator (x ZnO·y Cr_2O_3, CuO, ZnO, Cr_2O_3; 10% Cu, 29% Zn, 31% Cr_2O_3). Es treten die Rkk. 1. $NO + H_2 \rightleftharpoons H_2O + {}^1/_2 N_2$ u. 2. $NO + 5/2 H_2 \rightleftharpoons H_2O + NH_3$ auf, deren Mechanismus diskutiert wird; für 1 scheint eine Oberflächen-Rk. zwischen H_2 u. NO, für 2 die Adsorption u./oder Dissoziation von H_2 geschwindigkeitsbestimmend zu sein. Die Gleichungen der Rk.-Geschw. werden aufgestellt u. aus den Vers.-Daten Geschw.- u. Adsorptions-Konst. berechnet. F. Huber. 227□

Zur Kenntnis der Ammoniaksynthese am doppelt verstärkten Kontakt. G.-M. Schwab und R. Putzar. (Z. physik. Chem. [Frankfurt/M.] [N.F.] **31**, 341—46, März 1962; München, Univ., Phys.-Chem. Inst.; dt.) — Eisenkatalysatoren mit u. ohne Träger [reines Fe; Fe/Al_2O_3 (+ La_2O_3); $Fe/Al_2O_3 + K_2O$; $Fe/Al_2O_3 + GeO_2$] wurden an der NH_3-Synth. unter Normaldruck geprüft. Die Aktivierungsenergie der Rk., die als Akzeptor-Rk. gedeutet wurde, ändert sich mit der Dotierung. Durch Dotierung mit Al_2O_3 wird die Aktivierungsenergie des reinen Fe-Katalysators von 13,5 (kcal/Mol) auf 10—12 herabgesetzt; Dotierung des Al_2O_3 mit K_2O erhöht diese wieder, inhibiert aber stark die Sinterung der Proben. GeO_2 zeigt den entgegengesetzten Effekt.
P. Scharner. 227□

Reduktion von CeO_2 bei der Ketonisierung des CH_3COOH. A. M. Rubinstein, A. A. Slinkin, W. I. Jakersson und E. A. Fedorowskaja. (Известия Академии Наук СССР, Отделение Химических Наук [Nachr. Akad. Wiss. UdSSR, Abt. chem. Wiss.] **1961**, 2235—37, Dez.; Zelinsky-Inst. für organ. Chem. der Akad. der Wiss. der UdSSR; russ.) — Vff. untersuchen die Oxydation von CH_3COOH zu Aceton mit CeO_2 als Katalysator zwischen 290 u. 320°. Ce^{4+} wird zu Ce^{3+} reduziert. Neben der CO_2-Entw. wird die magnet. Suszeptibilität von CeO_2 gemessen sowie die Farbe des Katalysators beobachtet. Mit zunehmender Red., ebenso durch H_2-Behandlung, nimmt der Paramagnetismus des Katalysators zu. Die schwarze Farbe wird durch die Bldg. von $CeO_2 \cdot Ce_2O_3$-Mischkristallen hervorgerufen. Ferner treten gelbliche Färbungen auf. Die Red. erfolgt durch Wanderung von Elektronen, nicht durch Kationendiffusion.
D. Hoene. 227□

Eine einfache Darstellung hochaktiver Platinmetallkatalysatoren für die katalytische Hydrierung. Herbert C. Brown und Charles A. Brown. (J. Amer. chem. Soc. **84**, 1494—95, 20/4. 1962; Lafayette, Ind., Purdue Univ., Richard B. Wetherill Labor.; engl.) — Durch Rk. von Pt-Salzen mit wss. $NaBH_4$-Lsgg. bilden sich feinverteilte schwarze Ndd., die hochakt. Katalysatoren für die Hydrolyse von $NaBH_4$ u. für die Hydrierung typ. Olefine wie Octen-(1) darstellen. Analog gewonnene Rh-Katalysatoren sind, bezogen auf die Gewichtseinheit, noch wirksamer.
P. Sartori. 227□

A_8. Präparative anorganische Chemie. Komplexverbindungen. Metallorganische Verbindungen

Grundlinien der Chemie hochmolekularer anorganischer Verbindungen. Erich Thilo. (J. Polymer Sci. **48**, 69—77, Dez. 1960; Berlin-Adlershof, Dt. Akad. der Wiss., Inst. für anorgan. Chem.; dt.) — Als hochmol. anorgan. Verbb. werden nur solche bezeichnet, deren Bausteine durch kovalente Bindungen untereinander verbunden sind, z. B. Polyarsenate (I), Polyarsenoxidchloride (II) u. Polyphosphate (III). Diese 3 Typen unterscheiden sich in ihrem Verh. gegen W.: I wird zu den Monomeren hydrolysiert, bei II stellt sich ein Gleichgewicht verschiedener Polymerisationsgrade P ein, während III stabil ist. Diese Unterschiede sind nicht prinzipieller, nur gradueller Natur. Allg. gilt $\overline{P} = 2\,kc/c_L[(4kc/c_L + 1)^{1/2} - 1]$, wo c = Gesamtkonz. der Grundbausteine im Polymeren, c_L = Konz. an Lsgm., das die Endgruppen an den einzelnen Kettenpolymeren liefert. k beträgt 0,059 für Na-Silicate u. 0,75 für II; für die Schmelze von III gilt P = exp(8,87−5100/RT−0,5 ln p), wo p = Wasserdampfdruck. Daraus folgt, daß die Bldg. von anorgan. Polymeren mit linearem Bau den gleichen Gesetzen wie die Bldg. von organ. Linearpolymeren gehorcht. O. Fuchs. 228□

Die Direktsynthese von Difluoramin. Jeremiah P. Freeman, Al Kennedy und Charles B. Colburn. (J. Amer. chem. Soc. **82**, 5304—05, 20/10. 1960; Huntsville, Ala., Rohm & Haas Co., Redstone Arsenal Res. Div.; engl.) — Aus Tetrafluorhydrazin (I) u. Thiophenol kann Difluoramin (II) neben Diphenyldisulfid in bis zu 75%ig. Ausbeute erhalten werden. Die Umsetzungen von I mit n-Butylmercaptan oder mit AsH_3 ergaben II-Ausbeuten von 9 bzw. 52%.

Versuche: *Difluoramin* (II), HNF_2, a) in 12 ml entgastem Thiophenol wurden im Glaskolben (1 Liter) unter Rühren 483 ml I bei tiefer Temp. (fl. N_2) unter Vakuum umkondensiert, sehr langsam auf bis 50° erwärmt, unter Rühren 4 Std. lang auf dieser Temp. gehalten u. nach dem Erkalten im Vakuum dest.; die Hauptmenge an II wurde in der Vorlage mit −128° kondensiert; b) durch 2std. Erhitzen einer Mischung von 2,25 g n-Butylmercaptan u. 125 ml I in einer Stahlbombe bei 50—60°, Kühlen (fl. N_2) u. Dest.; c) aus 150 ml I u. AsH_3 durch 1std. Erwärmen bei 50° u. Destillation. H.-J. Hartmann. 246□

Chlordifluoramin. Robert C. Petry. (J. Amer. chem. Soc. **82**, 2400—01, 5/5. 1960; Huntsville, Ala., Rohm & Haas Co., Redstone Arsenal Res. Div.; engl.) — NF_2Cl wird aus HNF_2 u. BCl_3 dargestellt. Es ist ein farbloses, an der Luft beständiges Gas, dessen Dampfdruck P_{mm} durch die Gleichung $\log P_{mm} = -(950/T) + 7,478$ wiedergegeben wird; F. −183 bis −196°, Kp. (extrapoliert) bei −67°. Die Verdampfungswärme wurde mit einer Trouton-Konst. von 21,0 zu 4350 cal/Mol berechnet. NF_2Cl ist haltbar in Pyrex-Gefäßen, es reagiert mit Hg zu N_2F_4 u. Hg_2Cl_2. Das IR-Spektrum zeigt starke Banden bei 10,8 (μ), 14,4 (Tripletts), 11,7 (Dublett); Banden mittlerer Intensität 13,4 (Dublett) u. schwache Banden bei 5,4; 5,7; 5,9 u. 7,3; das ^{19}F-kernmagnet. Resonanzspektrum zeigt eine einzelne breite Bande bei 8685 Hz.

Versuche: *Chlordifluoramin*, NF_2Cl, durch Zusammenkondensieren äquivalenter Mengen NHF_2 u. BCl_3 bei −130° im Vakuum (bis −80° beständiger Festkörper), Erwärmen auf Raum-Temp. (HCl-Entw.), Fraktionierung im Vakuum zwischen −142 u. −196°, Durchleiten der −196°-Fraktion durch einen Ascaritturm u. erneute Fraktionierung. H. J. Hartmann. 247□

Hydroxylammoniumperchlorat. A. A. Sinowjew und I. A. Sacharowa. (Журнал Неорганической Химии [J. anorg. Chem.] **5**, 775—77, April 1960; russ.) — Vff. stellen Hydroxylammoniumperchlorat (I) durch Umsetzen von $(NH_3OH)_2SO_4$ mit $Ba(ClO_4)_2$ dar; $D_{\cdot 20}^{20}$ 1,77 (bestimmt in Bzl.). Bei der thermograph. Unters. zeigen sich 2 exotherme Effekte bei 178—220 bzw. 310—370° u. ein endothermer Effekt bei 520°. Bei ca. 180° entwickelte sich durch I-Zerfall NH_4ClO_4 u. O_2. D. Hoene. 247□

Die Darstellung von ^{35}S-markiertem elementarem Schwefel in Curiemengen. H. L. Otto und M. Winand. (Int. J. appl. Radiat. Isotopes **10**, 130—31, April 1961; Delft, Centraal Labor. T.N.O.; Mol-Donk, Belgium, Centre d'Etudes de l'Energie Nucl.; engl.) — Das käufliche $H_2^{35}SO_4$-Präp. (z. B. 1 c) wird mit Na_2SO_4-Träger versetzt, mit rotem P, wss. HJ u. Ameisensäure auf 90—150° (4 Std.) erhitzt, das entwickelte H_2S in wss. NaOH absorbiert u. das Sulfid mit $K_3[Fe(CN)_6]$ bei pH 9 (K_2CO_3) in Ggw. von Bzl. oxydiert. Das gebildete S wird durch Eindampfen der benzol. Lsg. isoliert; Ausbeute 95—100%. Die Meth. eignet sich zur Darst. von 5—25 mg-Atom S_8 mit spezif. Aktivitäten bis zu 100 mc/mg-Atom. A. Blaschette. 253□

Über die Einwirkung von Selenhexafluorid auf Alkalisalze. Christian Dagron. (C. R. hebd. Séances Acad. Sci. **242**, 1027—29, 20/2. 1956; franz.) — SeF_6 reagiert mit KCl bei 500° zu KF, $SeCl_4$ u. Cl_2, mit KBr bei 300° zu KF, Se_2Br_2 u. Br_2, mit trockenem KJ bei 20° zu KF, Se u. J_2; in Ggw. von W. reagieren KCl u. KBr nicht, KJ zu KF, SeO_2, J_2 u. HJ. Zur quant. Best. von SeF_6 eignet sich seine Rk. mit einer wss. KJ-Lsg. in Ggw. von $Na_2S_2O_3$; SeF_6 reagiert nicht mit wss. $Na_2S_4O_6$. Trockenes Na_2S bzw. ~Na_2S_4 werden von SeF_6 nicht angegriffen, ihre Lsgg. liefern hingegen Ndd. von Se u. S. Wss. Na_2SO_3-Lsg. reagiert zu NaF, Na_2SO_4, Na_2SeO_3 u. $NaHSO_3$, trockenes Na_2SO_3 zu Na_2SO_4 u. Se. $KMnO_4$-Lsg. ist ohne Einw.; $K_4[Fe(CN)_6]$ wird über $K_3[Fe(CN)_6]$ in $K_2[Fe(CN)_5 \cdot (H_2O)]$, Pyrexglas bei 700° in SiF_4 u. SeO_2, in Ggw. von Hg bei 20°, rascher bei 200° oder in Ggw. von Ae., in Hg_2F_2, SiF_4 u. SeO_2 übergeführt. A. Blaschette. 254□

Zur Chemie der Selen-Stickstoff-Verbindungen. 1. Mitt. Die Produkte der Umsetzung von SeO_2F_2 mit Ammoniak. Alfred Engelbrecht und Franz Clementi. (Mh. Chem. **92**, 555–69, 1961; Innsbruck, Univ., Inst. für Anorg. u. Analyt. Chem.; dt.) — SeO_2F_2 (**I**) u. NH_3 setzen sich bei ausreichender Kühlung u. NH_3-Überschuß a) mit N_2 verd. in der Gasphase, b) in CCl_4-Lsg. oder c) beim Einleiten von mit N_2 verdünntem **I** in fl. NH_3 gemäß $I + 4\,NH_3 \rightarrow SeO_2N_2H_4$ (**II**) $+ 2\,NH_4F$ um. **II** besteht aus einem Gemisch der Ammoniumsalze der Polyimidoselensäurediamide (**IV**) mit dem Triammonium-cyclotriselenylimid (**IIIa**, n = 3); Selenyldiamid $SeO_2(NH_2)_2$ ist darin nicht enthalten. **II** ist weiß, pulverig, hygroskop., sehr gut lösl. in W., spurenweise in A., unlösl. in organ. Lösungsmitteln. Ag^+ fällt aus den wss. Lsgg. dunkelgelbe bis orangebraune Ag-Salze. **II** ist wie auch seine Hydrolyse-Prodd. u. deren Salze ein gutes Oxydationsmittel u. besitzt nur geringe therm. Stabilität. Oberhalb 100° erfolgt Zers. zu Se, H_2O u. N_2. Krist. Substanzen sind hochexplosiv, detonieren bei Berührung mit einem Glasstab, teilweise sogar unter Wasser. Trockene K^+- sowie die besonders labilen Ag^+- u. Tl^+-Salze verpuffen heftig beim Überschütten mit konz. HCl. Die Anteile von **IV** in **II** kondensieren bereits bei Lagerung nach dem Schema $2\,{-}\overline{N}H_2 \rightarrow {-}\overset{\ominus}{\underline{\overline{N}}}{-} + NH_4^+$, wobei eine Kettenverlängerung von **IV** bis zu 20 Se-Atomen auftritt. In wss. Lsg. hydrolysiert **IV** rasch zu **V** (**IV** + H_2O → **V**), beim Kochen mit 3n KOH erfolgt unter Beibehaltung der Grundkettenlänge Hydrolyse zu **VI**. Starke Säuren bauen **IV** in kürzester Zeit, 10n KOH dagegen erst nach mehrstd. Kochen zu NH_4^+ u. SeO_4^{2-} ab. Die 3 homologen Reihen **IV**, **V** u. **VI** mit ihren Grundsubstanzen Selensäurediamid (**IVa**, n = 0), Amidoselenat (**Va**, n = 0) u. Selenat (**VIa**, n = 0) konnten papierchromatograph. identifiziert werden. Die logarithm. Beziehung zwischen Kondens.-Grad u. P_k-Werten [= (R_F-Wert der Substanz mit n = x) · 100/R_F-Wert der Substanz mit n = 0] ist für alle 3 weitgehend erfüllt. Die wss. Lsgg. von **II** bilden Ndd. mit Tl^+, Ag^+, Ca^{2+}, Ba^{2+}, Sr^{2+}, Li^+, Hg_2^{2+}, Hg^{2+}, Pb^{2+}, Fe^{2+}, $[Co(NH_3)_6]^{3+}$, Benzidin, deren Zus. jedoch uneinheitlich ist.

$(NH_4^+)_n[-SeO_2-\overset{\ominus}{\underline{\overline{N}}}-]_n$ (III)

$(NH_4^+)_n[H_2\overline{N}-(SeO_2-\overset{\ominus}{\underline{\overline{N}}}-)_nSeO_2-\overline{N}H_2]$ (IV)

$(NH_4^+)_{n+1}[H_2\overline{N}-(SeO_2-\overset{\ominus}{\underline{\overline{N}}}-)_nSeO_2-\overset{\ominus}{\underline{\overline{O}}}|]$ (V)

$(NH_4^+)_{n+2}[|\overset{\ominus}{\underline{\overline{O}}}-(SeO_2-\overset{\ominus}{\underline{\overline{N}}}-)_nSeO_2-\overset{\ominus}{\underline{\overline{O}}}|]$ (VI)

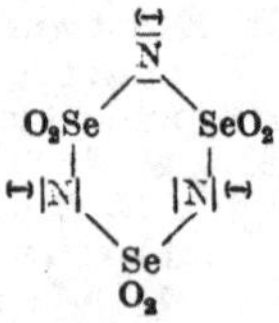

$3\,NH_4^+$

(IIIa)

IIIa läßt sich aus **II** a) durch Ausfällen einer konz. wss. Lsg. mit konz. KCH_3COO-Lsg. u. mehrfaches Umfällen als K-Salz (statt NH_4) isolieren oder besser b) mit fl. NH_3 extrahieren, wobei in **II** vorteilhaft durch Lösen in W., 24std. Stehen u. Ausfällen mit A. der Anteil von **IV** in NH_3-unlösl. **VI** übergeführt wird. **IIIa** krist. aus fl. NH_3 in großen farblosen Kristallen. Seine alkal. Hydrolyse (3–4 Std. lang Kochen mit 3n KOH) führt über das Anion von **Vc** (n = 2) zu Diimidotriselenat (**VIc**, n = 2). Dieses wird unter schärferen Bedingungen (8n KOH, 3½ Std.) zu einem Gemisch von Selenat u. Imidodiselenat (**VIb**, n = 1) abgebaut: $[SeO_2(NSeO_3)_2]^{4-} + 2\,H_2O \rightarrow [N(SeO_3)_2]^{3-} + SeO_4^{2-} + NH_4^+$. Die Selbstkondens.-Prodd. von **IV** bilden schwerlösl. Ba-Salze sowie schlecht kristallisierende, hygroskop. K- u. NH_4-Salze. Sie werden in wss. Lsg., rascher durch sd. 3n KOH unter Kettensprengung in **VI** übergeführt. Glieder der Reihe **V** lassen sich nicht isolieren. Sie wandern im Chromatogramm etwas rascher als die der Reihe **VI**. Das durch alkal. Hydrolyse von **IIIa** intermediär entstehende **Vc** gestattet eine Zuordnung des Chromatogramms. Zusatz von $AgNO_3$ zu wss. Lsgg. von **V** führt zu schwerlösl. gelben Ag-Salzen, nach Vff. infolg Rk. der freien Amidogruppe: $-NH_2 + Ag^+ \rightarrow -NHAg + H^+$, da stark saure Rk. u. rasche Hydrolyse bis zum Selenat auftritt, sofern keine sofortige Neutralisierung vorgenommen wird. Rk. dieses Ag-Salzes mit NH_4Br ergibt dagegen alkal. Rk.: $-NHAg + NH_4Br + HOH \rightarrow -NH_2 + AgBr + NH_4^+ + OH^-$. Der pH-Effekt ist bes. stark bei Amidoselenat (**Va**, n = 0) ausgeprägt. Die farblosen Ba^{2+}- u. Ag^+-Salze von **VI** sind in neutralem u. alkal. Milieu sehr wenig löslich. Die Alkalisalze reagieren infolge Hydrolyse schwach alkal., die NH_4-Salze weisen stets einen Mindergeh. an NH_4^+ auf. Papierchromatograph. konnten die einzelnen Glieder von n = 0 bis 10 erkannt werden, wobei als Schlüsselsubstanz das durch alkal. Abbau von **IIIa** gebildete **VIc** diente. U. Wannagat. 254□

Zur Chemie der Selen-Stickstoff-Verbindungen. 2. Mitt. Salze des Triselenimids und der Diimidotriselensäure. Alfred Engelbrecht und Franz Clementi. (Mh. Chem. **92**, 570–81, 1961; dt.) — 1. vgl. vorst. Referat. — Vff. beschreiben ausführlich die l. c. angegebene Isolierung des NH_4-Salzes von *Cyclo-tris-[dioxoselenimid]* („Triselenimid"; **IIIa**) dessen alkal. Abbau zu *Diimidotriselenat* (**VIc**) sowie eine Reihe von Salzen beider Verbindungen. Eigg. u. Rkk. sind weitgehend ähnlich mit den analogen

Verbb. des S, hervorzuheben sind jedoch größere Oxydationskraft, therm. Labilität, Neigung zu Redox-Rkk. sowie zu explosivem Zerfall.

Versuche: *Salze von* **IIIa**; hochexplosiv in reinem krist. Zustand; leicht lösl. in W. bei *Me* = *NH_4*, *Alkali-* u. *Erdalkalimetallen*, *Pb*, schwer lösl. bei *Ag* (hellgelb), *Tl* (farblos), *Benzidin* (farblos), $Co(NH_3)_6^{3+}$ (fleischfarben). Die Lsgg. des NH_4- u. K-Salzes in W. reagieren fast neutral, beide Salze sind nicht hygroskopisch. In fl. NH_3 löst sich das NH_4-Salz zu 2 g/Liter, in 100 ml W. das K-Salz zu 27 g (20°), das Tl-Salz zu 0,61 g (20°) bzw. 4,8 g (97°). — *Salze von* **VIc**, durch 3—4std. Kochen von **IIIa** mit 3n KOH, Verdünnen, Neutralisieren mit HNO_3, Fällen mit $AgNO_3$ u. Überführen des Ag-Salzes mit MeBr in die entsprechenden Salze. *NH_4-Salz*: farblos, hygroskop., extrem wasserlösl., läßt sich nicht wasserfrei kristallisieren (ca. 5,7% H_2O), weist einen Mindergeh. an NH_4 auf, zersetzt sich ab 120°, stürm. bei 180°, schlagempfindlich. *K-Salz*: farblos, hygroskop., extrem wasserlöslich. *Ag-Salz*: schwach gelblich, wasserfrei. Ndd. fallen mit Hg^{2+} (weiß), $Co(NH_3)_6^{3+}$ (fleischfarben), Tl^+ (krist.), Pb^{2+} (weiß), Benzidin (weiß). Im allg. keine charakterist. Unterschiede zu den Salzen von **IIIa**. IR-Spektren u. Debyeogramme der Salze von **IIIa** u. **VIc** sowie von $[Ag(NH_3)_2]SeO_4$ werden mitgeteilt. — *Silberdiamminselenat* krist. farblos aus wss. Lsgg. von Ag_2SeO_4 in NH_3. U. Wannagat. 254□

Über die Sechswertigkeit des Poloniums. N. Matsuura und M. Haïssinsky. (J. Chim. physique Physico-Chim. biol. **55**, 475—82, Juni 1958; Paris, Labor. Curie; franz.) — Vff. konnten die 6wertige Stufe des Po, die durch Oxydation mit Cl_2, Ce^{4+} oder $K_2Cr_2O_7$ in wss. Lsgg. von HNO_3, H_2SO_4 u. HCl entstand, durch Extraktion mit Methylisobutylketon nachweisen. Es wurde festgestellt, daß die Verteilung von Po^{4+} in Konzz. von 10^{-10} Mol/Liter zwischen 1—6n Lsgg. von HNO_3 oder HCl u. Methylisobutylketon wenig von der Acidität abhängt. Ungefähr 80% Po^{4+} fanden sich bei Normaltemp. in der organ. Phase. In H_2SO_4 zeigte der Extraktionsgrad je nach der Acidität der Lsg. sowohl ein Maximum (pH 5 u. 1) als auch ein Minimum (pH 3—3,5). Je nach Art der in den Po-Lsgg. vorhandenen Säure verschiebt sich dann in Ggw. eines starken Oxydationsmittels (Ce^{4+}, $Cr_2O_7^{2-}$) das Gleichgewicht stark zugunsten der wss. Phase. Bei Zerstörung des Oxydationsmittels durch H_2O_2 stellt sich im Falle von Ce^{4+} die Anfangsverteilung wieder her, während sich im Falle des $Cr_2O_7^{2-}$ eine Intermediärverteilung als Folge unvollständiger Red. einstellt. Die Verteilung des Po zwischen den Phasen hängt nur vom Verhältnis Cr(III)/Cr(VI) oder Ce^{3+}/Ce^{4+} in der Lsg. ab. Diese Beobachtungen u. ihre Analogie zum Verh. des Te bestätigten die Ggw. von Po(IV) in den Oxydations-Lsgg.; das Redoxpotential Po(IV)/Po(VI) wird mit ca. +1,5 V angegeben. H. Fries. 256□

Die Hydrate der 1:1-Borate des Kaliums und Rubidiums. H.-A. Lehmann und W. Gaube. (Z. Chem. **1**, 93, 1961; Dresden, TH, Inst. für anorg. u. anorg.-techn. Chem.; dt.) — Bei den aus alkalireichen Syst. $K_2O(Rb_2O)$-B_2O_3-H_2O zwischen 0 u. 100° auskristallisierenden Salzen handelt es sich um $1^1/_3$-Hydrate, denen nach dem Verlauf der Entwässerung u. nach IR-spektroskop. Unterss. die Konstitution K_3 *(bzw.* Rb_3*)*$(H_2O)_3 \cdot B_3O_5(OH)_2$ zugeschrieben werden kann. Sie verlieren bei 100 bzw. 120° 1 Mol H_2O, bei 160° gehen sie in $K_3B_3O_6$ bzw. $Rb_3B_3O_6$ über, die an feuchter Luft die $1^1/_3$-Hydrate zurückbilden u. denen nach den Debye-Diagrammen ie Konstit. von Trimetaboraten zukommt. W. Betcke. 258□

Zur Kenntnis der Fluoro- und Fluorohydroxoborate. E. Hayek und K. Kleboth. (Mh. Chem. **90**, 600—03, 1959; Innsbruck, Univ., Inst. für Anorg. u. Anal. Chem.; dt.) — Die angeblichen Rkk. (1) $Na_2B_4O_7 \cdot 10\,H_2O + 12\,HF \rightarrow Na_2[O(BF_3)_4] + 16\,H_2O$ u. (2) $6\,NH_4HF_2 + 4\,H_3BO_3 \rightarrow (NH_4)_2[O(BF_3)_4] + 4\,NH_3 + 11\,H_2O$, welche zu „Fluoxyboraten" führen sollen (*A. P. 2 148 514 u. 2 196 907*), wurden durch konduktometr. Titration, Röntgenanalyse u. Ausbeute-Best. erneut untersucht. Rk. 1 verläuft demnach nach $Na_2B_4O_7 \cdot 10\,H_2O + 12\,HF \rightarrow 2\,NaBF_4 + 2\,H_3BO_3 + 4\,HF + 11\,H_2O$, Rk. 2 entweder nach $6\,NH_4HF_2 + 4\,H_3BO_3 \rightarrow 3\,NH_4BF_4 + H_3BO_3 + 3\,NH_3 + 9\,H_2O$ oder nach $6\,NH_4HF_2 + 4\,H_3BO_3 \rightarrow 4\,NH_4[BF_3(OH)] + 2\,NH_3 + 8\,H_2O$ unter Bldg. von *Fluoroboraten* oder *Fluorohydroxoboraten*. P. Sartori. 258□

Reaktionen zwischen elementarem Kohlenstoff und Wasserstoff bei Temperaturen oberhalb 2800° K. Raymond F. Baddour und John M. Iwasyk. (Ind. Engng. Chem., Process Design Development **1**, 169—76, Juli 1962; Cambridge, Mass., MIT; engl.) — Es wird das Gleichgewichtsdiagramm des Syst. $C + H_2$ bei 1 atm zwischen 2500 u. 4200°K u. die durch Abschreckung der Rk.-Gase zu erwartende Zus. der Prodd., bes. der C_2H_2-Geh., berechnet. Ein Hochstrombogenreaktor wird beschrieben, in dem die heißen Rk.-Gase der Rk. von C-Dampf u. H_2 mit Hilfe einer gekühlten Sonde in 10^{-5}—10^{-3}Sek.

auf Raum-Temp. abgeschreckt werden können. C_2H_2 war unter allen Bedingungen das Hauptprod.; bei 1 atm betrug die C_2H_2-Konz. in der abgeschreckten Probe 18,6%, bzw. bei 66,7% He-Verdünnung 23,8%. Die Ergebnisse sprechen in Übereinstimmung mit den Berechnungen für die Hypothese, daß C_2H-Radikale in hoher Konz. in der heißen Rk.-Mischung vorliegen u. beim Abschrecken mit H zu C_2H_2 reagieren, was zu einer beträchtlichen Ausbeuteerhöhung führt. F. Huber. 260□

Die Erzeugung von Dicyan aus den Elementen mit Hilfe eines Plasmabrenners. Hans W. Leutner. (Ind. Engng. Chem., Process Design Development **1**, 166—68, Juli 1962; Philadelphia, Pa., Temple Univ., Res. Inst.; engl.) — Es wird ein Verf. beschrieben, mit dem $(CN)_2$ in Ausbeuten bis zu 15% (bezogen auf eingesetzten C) in einer Plasma-Synth. gewonnen werden kann. Als Kathode dient gewöhnlicher Graphit; pyrolyt. Graphit kann auf Grund seiner Unangreifbarkeit nicht Verw. finden. Als Plasmagase werden N_2 bzw. Ar, dem N_2 beigemischt wird, verwendet. Die Ausbeute wird durch Abschrecken vermindert. Wird dem Ar H_2 beigemischt, so kann bis 46% C_2H_2 gewonnen werden. Die Darst. von HCN soll auf ähnliche Weise durch Synth. aus den Elementen in guter Ausbeute möglich sein. F. Huber. 260□

Einige tetra- und oktasubstituierte Aminolyseprodukte des tetrameren Phosphornitridchlorids. Karl John, Therald Moeller und L. F. Audrieth. (J. Amer. chem. Soc. **83**, 2608—10, 20/6. 1961; Urbana, Ill., Univ. of Illinois, Noyes Chem. Labor.; engl.) — Vgl. C. **1961**, 5003. — Durch eine Vielzahl von Aminen wird tetrameres Phosphornitridchlorid (**I**) vollständig aminolysiert. Bei Verw. geeigneter Mengen des Amins oder eines ster. gehinderten Amins entstehen tetrasubstituierte Aminolyse-Prodd., in denen nach Aussage des kernmagnet. Resonanzspektrums jedes P-Atom je eine Aminogruppe trägt. Die IR-Spektren der Verbb. sind angegeben.

Versuche: *Okta-m-toluidinotetraphosphornitrid*, $P_4N_4(m\text{-}NHC_6H_4CH_3)_8$, F. 199°, aus **I** (0,1 Mol) u. m-Toluidin (1,6) durch 60std. Rk. in sd. abs. Bzl., Filtrieren, Waschen mit W.; 69% (Ausbeute). — $P_4N_4(NHCH_3)_8$, F. 201°, 84%. — $P_4N_4(NHC_2H_5)_8$, F. 122°, 80%. — $P_4N_4[NH(CH_2)_2CH_3]_8$, F. 96°, 74%. — $P_4N_4[NH(CH_2)_3CH_3]_8$, F. 86°, 74%. — $P_4N_4[NH(CH_2)_4CH_3]_8$, F. 79°, 65%. — $P_4N_4[NH(CH_2)_5CH_3]_8$, F. 70°, 80%. — $P_4N_4 \cdot (o\text{-}NHC_6H_4CH_3)_8$, F. 229° (Zers.), 80%. — $P_4N_4(p\text{-}NHC_6H_4CH_3)_8$, F. 207°, 83%. — $P_4N_4(NHCH_2C_6H_5)_8$, F. 121,5°, 48%. — $P_4N_4[\underline{N-(CH_2)_4-CH_2}]_8$, F. >230° (Zers.), 58%. — $P_4N_4[\underline{N-(CH_2)_2-O-CH_2-CH_2}]_8$, F. >230° (Zers.), 42%. — *Tetra-N-methylanilinotetrachlortetraphosphornitrid*, $P_4N_4Cl_4[N(CH_3)(C_6H_5)]_4$, F. 146°, aus **I** (0,1) u. N-Methylanilin (2,0) in 60 Std. in sd. Bzl.; 55%. — *Tetrapiperidinotetrachlortetraphosphornitrid*, $P_4N_4Cl_4[\underline{N-(CH_2)_4-CH_2}]_4$, F. 204°, aus **I** (0,1) u. Piperidin (0,8) in 4 Std. bei 20° in Bzl.; 50%. A. Blaschette. 264□

Beitrag zur Untersuchung der Darstellung von wasserfreiem Natriumsulfid durch Reduktion von Natriumsulfat mit Wasserstoff. R. Lefrançois. (Bull. Soc. chim. France **1961**, 136—43, Jan.; Paris, Fac. de Pharm.; franz.) — Experimentelle Festlegung der Rk.-Bedingungen unter Berücksichtigung nachst. Gesichtspunkte: Verw. eines Katalysators (0,3% Fe_2O_3); Temp. (680—720°); H_2-Menge (Überschuß); Einfl. der Vorgeschichte, bes. der Porosität des Na_2SO_4; Verw. eines H_2–N_2-Gemisches (1 : 7); Einfl. von H_2O-Dampf u. O_2 im Gasgemisch; Durchführung der Red. in der Wirbelschicht. A. Blaschette. 274□

Über die mit empfindlicher thermischer Analyse festgestellte Bildung der inkongruent schmelzenden Verbindung $LiNaCO_3$. E. J. Cairns und D. I. MacDonald. (Nature [London] **194**, 441—42, 5/5. 1962; Schenectady, N.Y., Gen. Electric Res. Labor.; engl.) — Mit Hilfe einer entwickelten hochempfindlichen thermoanalyt. App. (Empfindlichkeit ca. 0,003°) stellen Vff. an Hand von Abkühlungskurven (Geschw. 0,1—0,4°/Min.) das Phasendiagramm des Syst. Li_2CO_3–Na_2CO_3 für den Bereich von 48—55 Mol-% Li_2CO_3 auf. Die inkongruent schmelzende Verb. $LiNaCO_3$ zersetzt sich bei 500, 757 ± 0,005° unter Bldg. von festem Na_2CO_3 u. einer Fl. mit 50,34 Mol-% Li_2CO_3. Ein Eutektikum aus $LiNaCO_3$ u. Li_2CO_3 existiert bei 53,30 Mol% Li_2CO_3 mit einem F. von 499, 754 ± 0,057°. U. Skurnia. 274□

Umwandlung von hydratisiertem Calciummonohydrogenphosphat in wässrig-ammoniakalischem Medium. Paul Rogez und Gabriel Tridot. (C. R. hebd. Séances Acad. Sci. **253**, 1959—61, 30/10.; Erratum: 2793, 4/12. 1961; Lille, Fac. des Sci., Labor. de Chim. appl. III; franz.) — Es wurde die Umwandlung von $CaHPO_4 \cdot 2\,H_2O$ in Lsgg. von NH_4OH unterschiedlicher Konzz. bei 20° untersucht. Die Rk. erfolgt nach 9 $CaHPO_4 \cdot 2\,H_2O + 6\,NH_4OH \rightarrow 3\,Ca_3(PO_4)_2 \cdot aq. + 3\,HPO_4^{2-} + 6\,NH_4^+$. Der Rk.-Verlauf wird in Diagrammen als mg P in Lsg. = f(t, pH, $[NH_4OH]$) wiedergegeben, wobei die P-Mengen in Form von $CaHPO_4$, $Ca_3(PO_4)_2$ u. PO_4^{3-} in Lsg. bestimmt wurden. Die Kurven im Diagramm zeigten zwei unterschiedliche Perioden: Eine erste, relativ lange, in der die Umwandlung langsam voranschreitet, u. eine zweite, in der sich die Rk. beschleunigt. Bei Konzz. an NH_4OH <0,5n verringert sich die Rk.-Geschw. ebenso wie bei Konzz. >0,5n, wobei jedoch als neue feste Phase $CaNH_4PO_4 \cdot H_2O$ erscheint. Weiter wurde festgestellt, daß die Umwandlungs-Geschw. mit sinkendem pH u. bei Zusatz von NH_4^+ in Form von Chlorid oder Nitrat sowie $(NH_4)_2HPO_4$ steigt, jedoch bei Zugabe von $Ca_3(PO_4)_2$ zur Ausgangs-Lsg. sinkt. Das bei der Umwandlung gebildete Ca-Phosphat liegt in hydratisierter Form als $[Ca_3(PO_4)_2]_3 \cdot 23\,H_2O$ vor. H. Fries. 283 □

Eine Untersuchung von Lösungen von Titan mit niedrigen Oxydationsstufen. T. C. Franklin und H. V. Seklemian. (J. inorg. nuclear Chem. **12**, 181—85, 1959; Waco, Tex., Baylor Univ., Chem. Dep.; engl.) — Ti wurde anod. in nachst. Lsgm. aufgelöst: *Dimethylformamid* (I), *Acetonitril* (II), *Formamid*, II + *8-Hydroxychinolin* (III), II + *Pyridin*, II + *Diphenylthiocarbizon* (?), II + *α.α'-Dipyridyl*, I + III, I + Ammoniumfluorid. Weiter wurde die Extraktion von $TiCl_2$ durch verschiedene Lsgm. untersucht: In *Dioxan*, *Bzl.* u. *Dimethylanilin* erfolgt keine Auflösung; in I u. II entsteht eine grüne Lsg., die beim Stehen eine blaue Schicht bildet; *Aceton* u. *Tetrahydrofuran* bilden eine grüne Lsg. mit gelborangefarbener Oberflächenschicht; Formamid bildet eine dunkelgrüne Lsg.; Pyridin eine rotbraune Lsg.; in *Diäthylamin* wird ein roter Nd. gebildet; Pyridin + *o-Phenanthrolin*, Pyridin + α.α'-Dipyridyl u. Pyridin + Thiocarbizon bilden blaurote Lösungen. An II-, I- u. Pyridin-Lsgg. wurden coulometr. Analysen zur Best. der Oxydationsstufe des Ti durchgeführt. Ti liegt in den genannten Lsgm. als Ti(III) vor. Lsgm. mit akt. H reagieren mit Ti(II), in II u. I wird $TiCl_2$ disproportioniert. D. Hoene. 321 □

Über Komplexverbindungen des Thoriums mit Trihydroxyglutarsäure. O. Je. Swjaginzew und L. G. Chromenkow. (Журнал Неорганической Химии [J. anorg. Chem.] **6**, 1074—83, Mai 1961; Kurnakow-Inst. für allg. u. anorg. Chem. der Akad. der Wiss. der UdSSR; russ.) — Mit Hilfe potentiometr. pH- u. Leitfähigkeitsmessung wurden die Strukturen von 5 Th-Trihydroxyglutaraten ermittelt (Trihydroxyglutarsäure = H_5Gl; I). Die Verb. $(ThOH)_2(H_3Gl)_3$ ist ein einfaches Th-Salz. Im sauren Medium existiert das Ion $[ThH_3Gl]^{2+}$. Bei pH 4 erfolgt Teilhydrolyse unter Bldg. von $[Th(OH)H_2Gl] \cdot 2\,H_2O$. Im alkal. Gebiet bildet sich daraus $NaTh(OH)_2H_2Gl$. Die Verbb. $NaTh(OH)(H_3Gl)_2 \cdot H_2O$ u. $Na_2Th(OH)_2(H_3Gl)_2$ gleichen den Tartraten des Th.

Versuche: $(ThOH)_2(H_3Gl)_3$, aus Th-Nitrat u. I in W., Filtrieren, Waschen mit W. u. Aceton u. Trocknen bei 100°. — $Th(OH)H_2Gl \cdot 2\,H_2O$, durch Zutropfen von I- u. NaOH-Lsg. zu Th-Nitrat-Lsg. [$Th(NO_3)_4$:I:NaOH = 1:1:4], Filtrieren, Ausfällen mit Methanol u. Trocknen bei 100°. — $NaTh(OH)_2H_2Gl \cdot H_2O$, aus $Th(NO_3)_4$, I u. NaOH (1:1:5). — $NaTh(OH)(H_3Gl)_2 \cdot H_2O$, aus $Th(NO_3)_4$ u. Na_2H_3Gl (1:3) u. Zusetzen von Methanol. — $Na_2Th(OH)_2(H_3Gl)_2$, aus $Th(NO_3)_4$ u. I (1:3) u. Zusetzen von NaOH [2 Val NaOH auf 1 Val $Th(NO_3)_4$]. Eberhard Fischer. 324 □

Phasenuntersuchung im System $Pb(NO_3)_2$–$NaNO_2$–H_2O. D. G. Vartak und M. B. Kabadi. (J. Univ. Bombay [N. S.] **23**, Nr. 5, Sect. A 5—8, März 1955; Bombay, Inst. of Sci.; engl.) — Durch langsames Einengen eines Gemisches von 1m $Pb(NO_3)_2$ u. 1m $NaNO_2$-Lsg. mit Mol-Verhältnissen zwischen 1:3 u. 3:1 im Exsiccator (P_2O_5) wurde neben gelben bis orangefarbenen Kristallgemischen eine bei Zimmer-Temp. beständige, hygroskop. Verb. $Pb(NO_3)_2 \cdot NaNO_2 \cdot H_2O$ erhalten. In Analogie zu den Verhältnissen im Syst. $Pb(NO_3)_2$–$Pb(NO_2)_2$–H_2O wird der auskristallisierenden Verb. die Konstit. $PbNO_3(NO_2) \cdot NaNO_3$ zugeschrieben. W. Betcke. 328 □

Die Chemie des Vanadins. 1. Mitt. **Aminderivate des Vanadintrichlorids.** Sarju Prasad und Kailash Nath Upadhyaya. (J. Proc. Instn. Chemists [India] **32**, 259—61, Nov. 1960; Banaras, Hindu Univ., Chem. Labor.; engl.) — VCl_3 wurde in Ae. mit verschiedenen Mono- u. Diaminen umgesetzt. Dabei entstanden amorphe, leicht hygroskop., an trockener Luft ziemlich stabile Komplexe, in denen das V die Koordinationszahl 4 betätigt. Die Verbb. sind unlösl. in kaltem W., Bzl., Nitrobenzol, Ae. u. Ae., dagegen leicht lösl. in verd. HCl; von kochendem W. u. verd. NaOH werden sie zersetzt. Es wurden mit folgenden Aminen Komplexe erhalten: Anilin: $[V(C_6H_5NH_2)_4]Cl_3$, F. 173°, hellgrau; α-Naphthylamin: $[V(C_{10}H_7NH_2)_4]Cl_3$, F. 167°, weißlich; β-Naphthylamin: $[V(C_{10}H_7NH_2)_4]Cl_3$, F. 151°, grünlichgrau; o-Toluidin: $[V(CH_3C_6H_4NH_2)_4]Cl_3$, F. 210°, grünlichschwarz; m-Toluidin: $[V(CH_3C_6H_4NH_2)_4]Cl_3$, F. 189°, schwarz; p-Toluidin: $[V(CH_3C_6H_4NH_2)_4]Cl_3$, F. 180°, hellbraun; o-Anisidin: $[V(CH_3OC_6H_4NH_2)_4]Cl_3$, F. 243°, grau; o-Phenetidin: $[V(C_2H_5OC_6H_4NH_2)_4]Cl_3$, F. 213°, violett; p-Anisidin $[V(CH_3OC_6$-

$H_4NH_2)_4]Cl_3$, F. 189°, dunkelviolett; p-Phenetidin $[V(C_2H_5OC_6H_4NH_2)_4]Cl_3$, F. 186°, dunkelviolett; Benzylamin: $[V(C_6H_5CH_2NH_2)_4]Cl_3$, F. 183°, blauviolett; Benzidin: $[V(C_{12}H_8N_2H_4)_2]Cl_3$, F. 289°, dunkelgrau; o-Phenylendiamin: $\{V[C_6H_4(NH_2)_2]_2\}Cl_3$, F. 301°, rötlichbraun; p-Phenylendiamin: $\{V[C_6H_4(NH_2)_2]_2\}Cl_3$, F. 276°, hellbraun; o-Tolidin: $\{V[C_{14}H_{12}(NH_2)_2]_2\}Cl_3$, F. 243°, grünlichgrau u. Dianisidin: $\{V[C_{14}H_{12}O_2\cdot(NH_2)_2]_2\}Cl_3$, F. 297°, dunkelgrau. F. Haenschke. 330□

Die Chemie des Vanadins. 2. Mitt. Aminderivate des Vanadintrichlorids. Sarju Prasad und Kailash Nath Upadhyaya. (J. Proc. Instn. Chemists [India] **32,** 262–64, Nov. 1960; engl.) — 1. vgl. vorst. Referat. — VCl_3 wurde in Ae. mit verschiedenen sek. u. tert. aromat. Aminen u. heterocycl. Basen umgesetzt. In den erhaltenen Komplexen hat das Vanadin die Koordinationszahl 4. Die Verbb. sind amorph, leicht hygroskop., unlösl. in A., Ae., CCl_4, Nitrobenzol, Bzl. u. Toluol, dagegen leicht lösl. in verd. Mineralsäuren. Im allg. sind diese Verbb. nicht mehr so stabil wie die Komplexe aus VCl_3 u. prim. aromat. Aminen. Mit folgenden Aminen wurden Komplexe erhalten: Methylanilin: $[V(C_6H_5NHCH_3)_4]Cl_3$, F. 117°, schwarz; Äthylanilin: $[V(C_6H_5NHC_2H_5)_4]Cl_3$, F. 209°, dunkelbraun; Diphenylamin: $\{V[(C_6H_5)_2NH]_4\}Cl_3$, F. –177°, hellgrün; Amylanilin: $[V(C_6H_5NHC_5H_{11})_4]Cl_3$, F. 171°, hellgrün; Dibenzylamin: $\{V[(C_6H_5CH_2)_2NH]_4\}Cl_3$, F. 210°, schwarz; Benzylanilin: $[V(C_6H_5NHCH_2C_6H_5)_4]Cl_3$, F. 143°, dunkelgrau; Diäthylanilin: $\{V[C_6H_5N(C_2H_5)_2]_4\}Cl_3$, F. 189°, dunkelgrau; Dimethylanilin: $\{V[C_6H_5N\cdot(CH_3)_2]_4\}Cl_3$, F. 210°, schwarz; Tribenzylamin: $\{V[(C_6H_5CH_2)_3N]_4\}Cl_3$, F. 204°, hellgrau; Benzalanilin: $[V(C_6H_5NCHC_6H_5)_4]Cl_3$, F. 143°, dunkelgrau; Dibenzylanilin: $\{V[C_6H_5N\cdot(CH_2C_6H_5)_2]_4\}Cl_3$, F. 183°, graugrün; Diäthyl-p-toluidin: $\{V[C_6H_4(CH_3)N(C_2H_5)_2]_4\}Cl_3$, F. 219°, dunkelgrau; Nicotin: $[V(C_{10}H_{14}N_2)_2]Cl_3$, F. 187°, dunkelgrün; Chinolin: $[V\cdot(C_9H_7N)_4]Cl_3$, F. 224°, grün; Piperidin: $[V(C_5H_{11}N)_4]Cl_3$, F. 219°, hellbraun; Piperazin: $[V(C_4H_{10}N_2)_2]Cl_3$, F. 213°, hellgrau. F. Haenschke. 330□

Die Chemie des Vanadins. 3. Mitt. Über die Bildung von Verbindungen des $VOCl_3$ mit primären aromatischen Mono- und Diaminen. Sarju Prasad und Kailash Nath Upadhyaya. (J. Proc. Instn. Chemists [India] **32,** 265–69, Nov. 1960; engl.) — 2. vgl. vorst. Referat. — Bei der Rk. von $VOCl_3$ mit den Aminen in CCl_4 entsteht eine Mischung der gebildeten $VOCl_2$-Amin-Komplexe mit den entsprechenden Ammoniumchloriden. Durch Extraktion mit Nitrobenzol gelingt die Abtrennung der Komplexe. Die Verbb. sind unlösl. in kaltem W., verd. HCl u. HNO_3, Aceton, Bzl., Xylol, Toluol, CCl_4 u. Ae., wenig in Äthylacetat, A. u. Chlorbenzol, leicht lösl. in Nitrobenzol, konz. HCl u. konz. HNO_3. — In jedem Falle reagierten 2 Mol Monoamin bzw. 1 Mol Diamin mit 1 Mol $VOCl_3$ unter Abspaltung eines Cl-Atoms zu Komplexen der Art $RNH-VOCl_2\cdot RNH_2$ bzw. $NH_2RNH-VOCl_2$, in denen das V die Koordinationszahl 6 betätigt. Die Komplexe sind ziemlich stabil. Mit den angegebenen Aminen wurden Komplexe folgender Farben u. FF. erhalten: *α-Naphthylamin*: dunkelviolett, F. 239°; *β-Naphthylamin*: violett, F. 249°; *Anilin*: grünlichschwarz, F. 231°; *o-Toluidin*: grau, F. 202°; *m-Toluidin*: dunkelgrau, F. 198°; *p-Toluidin*: blauschwarz, F. 219°; *o-Anisidin*: braun, F. 297°; *p-Anisidin*: graubraun, F. 271°; *o-Phenetidin*: dunkelbraun, F. 243°; *p-Phenetidin*: schwärzlichgrün, F. 274°; *Benzylamin*: dunkelgrün, F. 203°; *o-Phenylendiamin* schwarz, F. 325°; *p-Phenylendiamin*: schwarz, F. 349°; *Benzidin*: dunkelbraun, F. 313°; *o-Dianisidin*: schokoladenbraun, F. 323°; *p-Dianisidin*: dunkelgrau, F. 298°. F. Haenschke. 330□

Die Chemie des Vanadins. 4. Mitt. Über die Bildung von Verbindungen des Vanadinoxidtrichlorids mit einigen sekundären und tertiären aromatischen Aminen und heterocyclischen Basen. Sarju Prasad und Kailash Nath Upadhyaya. (J. Proc. Instn. Chemists [India] **32,** 270–76, Nov. 1960; engl.) — 3. vgl. vorst. Referat. — $VOCl_3$ wurde in CCl_4 mit verschiedenen sek. u. tert. aromat. Aminen u. heterocycl. Basen umgesetzt. Die Struktur der mit sek. Aminen erhaltenen Komplexe wird mit $R_2N-VOCl_2 \leftarrow NHR_2$, der mit tert. Aminen u. heterocycl. Basen mit $\equiv N \rightarrow VOCl_3 \leftarrow N\equiv$ angegeben; das V hat die Koordinationszahl 6. Die Verbb. sind krist. u. leicht hygroskop., jedoch in trockener Luft gut beständig. Von W. werden sie zersetzt. Sie sind unlösl. in Aceton, Bzl., Toluol, CCl_4, Ae., wenig in Chlorbenzol u. A., dagegen leicht lösl. in Nitrobenzol, Äthylacetat, konz. HCl u. konz. HNO_3. Mit den angegebenen Aminen wurden Komplexe folgender Farben u. FF. erhalten: *Methylanilin*: grünlichschwarz, F. 178°; *Äthylanilin*: dunkelbraun, F. 167°; *Amylanilin*: hellbraun, F. 155°; *Diphenylamin*: graugrün, F. 143°; *Dibenzylamin*: bräunlichschwarz, F. 149°; *Benzylanilin*: schwarz, F. 153°; *Dimethylanilin*: dunkelgrau; *Diäthylanilin*: blauschwarz, F. 149°; *Dibenzylanilin*: dunkelbraun, F. 130°; *Tribenzylamin*: hellgrün, F. 129°; *Diäthyl-p-toluidin*: hellgrau, F. 117°; *Benzalanilin*: dunkelgrün, F. 113°; *Dimethyl-p-toluidin*: grün, F. 157°; *Chinolin*: hellgrün, F. 145°; *Nicotin*: dunkelbraun, F. 153°; *α-Picolin*: grau, F. 169°. F. Haenschke. 330□

Tantaloxidchlorid. W. A. Jenkins und C. M. Cook jun. (J. inorg. nuclear Chem. **11**, 163—64, 1959; Wilmington, Del., E. I. du Pont de Nemours and Co., Inc., Pigments Dep.; engl.) — Vff. leiteten $TaCl_5$ im trockenen Ar-Strom bei 600, 650 u. 1000° über Ta_2O_5 u. erhielten aus den entstehenden Gasen bei 180° eine weiße Ablagerung, die bei der Verbrennung in Ar weiße Nebel erzeugte u. aus 19% Cl u. 66,5% Ta bestand. Im Falle der Herst. bei 1000° enthielt das restliche Ta_2O_5 0,18% Cl. Es wird angenommen, daß $TaCl_5$ bei höheren Temp. mit Ta_2O_5 ein instabiles flüchtiges Ta-Oxidchlorid der Formel *$TaOCl_3$* bildet, das beim Abkühlen in $TaCl_5$ u. Ta_2O_5 oder TaO_2Cl disproportioniert. D. Hoene. 332□

Änderungen der Wertigkeit in konzentrierten schwefelsauren Lösungen. 3. Mitt. Untersuchungen mit Chrom und Selen. E. Schulek, L. Pataki, L. Barcza und I. Pais. (Ann. Univ. Sci. Budapestinensis Rolando Eötvös nominatae, Sect. Chim. **2**, 593—97, 1960; Budapest, L. Eötvös Univ., Inst. für anorg. u. analyt. Chem.; dt.) — 2. vgl. C. **1963**, 1203. — Cr(VI) wird in konz. H_2SO_4 unter Bldg. einer äquivalenten O_2-Menge in kurzer Zeit zu Cr(III) reduziert. In Ggw. von H_2O verläuft die Red. langsamer. Se wird über $(SeSO_3)_x$ unter SO_2-Entw. zu SeO_2 oxydiert. Se(VI) wird unter Bldg. von ozonhaltigem O_2 zu Se(IV) reduziert. Herbert Hoffmann. 335□

Über den Ionenzustand der Molybdän(VI)-Ionen in Lösung. Ju. W. Moratschewski und L. I. Lebedewa. (Журнал Неорганической Химии [J. anorg. Chem.] **5**, 2238—41, Okt. 1960; russ.) — Die Bldg. vieler verschiedener Anionenformen des Mo(VI) beim Ansäuern einer alkal. Molybdat-Lsg. hängt nicht nur von der Acidität der Lsg., sondern auch von ihrer Mo-Konz. ab. Die gebildeten „Isopolysäuren" werden als Salze von Mo-Kationen u. Mo-Anionen betrachtet. Der Übergang vom „reinen" Anion zum „reinen" Kation geschieht sprunghaft. Bei Mo-Konzz. $<10^{-2}$ sind bei pH 2—5 u. pH 1—2 Di- bzw. Tetramolybdate sehr wahrscheinlich. Bei Mo-Konzz. $>10^{-2}$ bilden sich auch kompliziertere Formen. W. Büttner. 336□

Die Wechselwirkung von Uranylchlorid mit Hydrazin, Ammoniak und Aminen. I. Kalnins und G. Gibson. (J. inorg. nuclear Chem. **11**, 115—23, 1959; Chicago, Ill., Illinois Inst. of Technol., Chem. Dep.; engl.) — Vff. stellten $UO_2Cl_2 \cdot 4\,N_2H_4$ (I), $UO_2Cl_2 \cdot 3\,NH_3$ (II) u. $UO_2Cl_2 \cdot 2-3\,RNH_2$ ($R = CH_3, C_2H_5, C_3H_7$ *u.* C_4H_9) durch Abdestillieren eines anfänglichen Ligandenüberschusses her. Von diesen ist nur **II** bis 200° stabil. Die Syst. $UO_2Cl_2 \cdot RNH_2$ erleiden eine langsame Redox-Rk., bei der sich *UO_2*, RNH_3Cl u. polymere Substanzen bilden. Letztere enthalten C, N u. H u. scheinen in erster Linie *Alkylimin*-Polymere zu sein, die aus dem entsprechenden Amin durch Dehydrierung entstehen. Bei der Redox-Rk. zwischen UO_2Cl_2 u. $(CH_3)_3CNH_2$ werden in den flüchtigen Prodd. *Isobutylen* u. *verzweigtes Hexan* oder *Hexen* festgestellt. Im Syst. UO_2Cl_2–N_2H_4 entstehen als Oxydations-Prodd. lediglich nichtkondensierbare Gase (N_2 u. H_2). Eine wss. 10m Hydrazin-Lsg. red. festes UO_2Cl_2 bei Zimmer-Temp. zu UO_2, nicht jedoch UO_3. D. Hoene. 339□

Die Darstellung und Eigenschaften von Uran(IV)-silicat. L. H. Fuchs und H. R. Hoekstra. (Amer. Mineralogist **44**, 1057—63, Sept./Okt. 1959; Lemont, Ill., Argonne Nat. Labor.; engl.) — Vff. stellen $USiO_4$ (I), das dem Mineral Coffinit entspricht, auf hydrothermalem Wege nach der Meth. von Maurice (Econ. Geol. **44**, [1949], 721) in alkal. Lsg. dar. I ist eine blaue mikrokristalline Verb., isomorph mit Thorit u. Zirkon; das IR-Spektrum zeigt ein Absorptionsmaximum bei 11,1 μ, was für isolierte SiO_4^{4-}-Tetraeder charakterist. ist. I ist im Vakuum bis 1000° u. in Luft bis 500° beständig. U. Skurnia. 339□

Die Komplexbildung von vierwertigem Uran mit Dialkyldiphosphorsäure. D. Grdenić und B. Korpar. (J. inorg. nuclear Chem. **12**, 149—53, 1959; Zagreb, Univ., Fac. of Sci., Labor. for Gen. and Inorg. Chem.; Inst. R. Bošković, Dep. for Structural and Inorg. Chem.; engl.) — Bei der Extraktion von U^{4+} aus schwefelsaurer Lsg. in eine Lsg. von Dioctyldiphosphorsäure (I) in Ligroin wird eine tiefgrüne Lsg. erhalten, aus der beim Verdünnen mit A. U(IV)-Dioctyldiphosphat (II) als blaßgrünes, in W., Säuren u. organ. Lsgm. unlösl., aber in organ. I-Lsg. lösl. Pulver ausfällt. Die grüne Lsg. stellt die Lsg. eines Anlagerungskomplexes von 2 Moll. I an 1 Mol. II von geringer Stabilität dar, in dem U^{4+} mit der Koordinationszahl 8 auftritt. Bei Zusatz von A. zersetzt sich der Komplex, wobei I in Lsg. geht. II wird als Polymeres angesehen u. dessen Struktur diskutiert. — Ähnliche instabile Komplexe, die leicht in Dialkylphosphorsäuren u. U(IV)-Dialkylphosphate zerfallen, bildet U^{4+} auch mit Diäthyl-, Diisopropyl- u. Di-n-butyldiphosphorsäure.

Versuche: *Uran(IV)-di-n-octyldiphosphat*, $C_{32}H_{68}O_{14}P_4U$, Zers.-Punkt 245°, durch Ausschütteln von 50 ml einer wss. $U(SO_4)_4$-Lsg. (1%ig. an U) mit 5 ml einer Lsg. von I (2%) in Ligroin u. Zusatz von 50 ml A. zu der organ. Phase; hellgrünes Pulver; der in der grünen Ligroinphase gelöste Komplex konnte nach dem Abdampfen des Lsgm.

als viscose Masse, $U(Oct_2HP_2O_7)_4$ (Oct = Octyl), $C_{64}H_{140}O_{28}P_8U$, erhalten werden. — *Uran(IV)-diisopropyldiphosphat*, $C_{12}H_{28}O_{14}P_4U$, Zers.-Punkt 230°, durch Ausschütteln einer 10%ig. schwefelsauren U^{4+}-Lsg. mit 1/10 Vol. Diisopropyldiphosphorsäure in Benzol. Der unlösl. Nd. setzt sich in der wss. Phase ab. — *U(IV)-Di-n-butyldiphosphat* u. *U(IV)-Diäthyldiphosphat* wurden entsprechend erhalten. W. Betcke. 339□

Zweikernige Komplexionen. 3. Mitt. **Bildung von Peroxo- und Cyanobrückenkomplexen durch Oxydation des Pentacyanokomplexes von Kobalt(II).** Albert Haim und W. K. Wilmarth. (J. Amer. chem. Soc. **83,** 509—16, 5/2. 1961; Los Angeles, Calif., Univ. of Southern California, Dep. of Chem.; engl.) — Vgl. C. **1957,** 10961. — Vff. beschreiben die Bldg. von $K_6[(CN)_5Fe^{II}CNCo^{III}(CN)_5]$ (I) durch Oxydation einer wss., KCN-haltigen $CoCl_2$-Lsg. mit $K_3[Fe(CN)_6]$, Ausfällung durch A. zusammen mit etwas $K_4[Fe(CN)_6]$ u. Reinigung als $Ba_3[(CN)_5Fe^{II}CNCo^{III}(CN)_5]$. Dieses wird durch J_2 quant. zu $[(CN)_5Fe^{III}CNCo^{III}(CN)_5]^{5-}$ oxydiert. Die Zweikernstruktur von I wird auch durch spektroskop. Unters. der Hydrolyse bei 80°, die zu $[Fe(CN)_6]^{4-}$ u. $[Co(CN)_5(H_2O)]^{2-}$ (II) führt, nachgewiesen. Polarograph. wurden für I u. II etwas verschiedene Halbstufenpotentiale gefunden. in wss. Lsg. von 0,4 m $CoCl_2$ u. 2,1 m KCN entsteht durch rasches Einleiten von O_2 bei 0° $K_6[(CN)_5Co^{III}OOCo^{III}(CN)_5]$ (III). Ausfällung erfolgt nach Zusatz von A.; in Ggw. von Ba^{2+} wird $Ba_3[(CN)_5Co^{III}OOCo^{III}(CN)_5]$ erhalten. Ansäuern der Lsg. von III führt zu quant. Hydrolyse zu H_2O_2 u. II, sobald ca. 1 Val H^+ je Mol. III zugesetzt wurde. Bei langsamem Einleiten von O_2 in die Lsgg. von $CoCl_2$ u. KCN wird die Bldg. von III infolge der von II zurückgedrängt. Ebenso führt die Verw. von H_2O_2 u. $S_2O_3^{2-}$ als Oxydationsmittel nur zur Bldg. von II. Hypobromit u. andere Oxydationsmittel oxydieren III zu $K_5[(CN)_5Co^{III}OOCo^{IV}(CN)_5]\cdot 5\,H_2O$, dessen molare magnet. Susceptibilität in 0,1 m Lsg. $1016\cdot 10^{-6}$ e.s.u. beträgt. Aus Lsgg. von II wird durch Fällen mit Ag^+ u. schonendes Entwässern $Ag_2[Co(CN)_5]$ dargestellt, aus dem definierte Lsgg. von II durch Umsatz mit NaBr darstellbar sind. Deren spektroskop. Unters. zeigt rasche Polymerisation von II in Lsg. u. im festen Zustand an. — Entsprechende Verss. zur Oxydation von Cr(II) in KCN-Lsg. mit O_2 oder H_2O_2 ergaben nur $K_3[Cr(CN)_6]$. Vff. diskutieren den Mechanismus der Komplexbildung. H.-J. Becher. 355□

Über Reaktionen pyridinhaltiger Komplexverbindungen des Nickels mit Thioharnstoff. A. W. Babajewa und Schou-Gan Tschshan. (Журнал Неорганической Химии [J. anorg. Chem.] **5,** 2167—73, Okt. 1960; russ.) — Bei Einw. von Thioharnstoff (**I**; Thio) auf pyridinhaltige Ni-Komplexe können Verbb. mit 6 neutralen Liganden in der inneren Sphäre entstehen ($NiPy_2Thio_4Br$, $NiPy_2Thio_4J_2$; Py = Pyridin). Dabei werden die Halogenidionen in die äußere Sphäre verdrängt. Es findet dabei keine direkte Substitution des Pyridins durch Thioharnstoff statt. Somit wird bewiesen, daß die Ni—N-Bindung der Ni-Pyridinkomplexe beständiger als die Ni—S-Bindung der Ni-Thioharnstoffkomplexe ist.

Versuche: $[NiPy_2Thio_4]Cl_2\cdot 2\,CH_3OH$, durch 3std. Erhitzen von 1,9 g $NiPy_2Cl_2$ u. 1 g I in Methanol auf dem Wasserbad, Konzentrieren u. Stehen an der Luft; grüne, 6eckige Kristalle. — $[NiPy_2Thio_4]Br_2$, aus 1 g $NiPy_2Br_2$ u. 0,4 g I in Methanol in 2 Std.; rechteckige grüne Blättchen. Gibt bei 3std. Kochen in Bzl. gelbes $NiThio_4Br_2$. — $[NiPy_4Thio_2]Br_2$, aus $NiPy_4Br_2$ u. I (Verhältnis 2:1) in Alkohol; blaue 6eckige Kristalle. Geht an der Luft in gelbes $NiPy_2Thio_2Br_2$ über. — $NiPy_3J_2$, durch Einw. von Py auf eine Suspension von NiJ_2 in abs. A.; gelbgrüne Kristalle. — $NiPy_4J_2$, durch Erhitzen von NiJ_2 in Methanol mit Pyridin (1:4); gelbgrün. — $[NiPy_2Thio_4]J_2$, durch 2—3std. Erhitzen von 1 g vorst. Verb. u. 0,48 g **I**; grüne, rechteckige Blättchen. — $[NiPy_4Thio_2]J_2$, aus 1 Mol $NiPy_4J_2$ u. 2 Mol I. — $NiPy_2SO_4\cdot 2\,H_2O$, durch Kochen von $NiSO_4\cdot 7\,H_2O$ in einer großen Menge Methanol mit 2 ml Py; blaugrüne Nadeln. — $NiPy_2Thio_2SO_4$, durch 1—2std. Erhitzen von $NiPy_2SO_4\cdot 2\,H_2O$ u. I (1:2) in Methanol. W. Büttner. 356□

Über Substitutionsreaktionen in komplexen Nickel(II)-Verbindungen. A. W. Babajewa und Schou-Gan Tschshan. (Журнал Неорганической Химии [J. anorg. Chem.] **5,** 2174—83, Okt. 1960; russ.) — Vgl. vorst. Referat. — Durch gemeinsames Auskristallisieren von $NiPy_4Cl_2$ u. $NiPy_4Br_2$ wird *NiPy₄ClBr* dargestellt. Durch Erhitzen äquimol. Mengen der Komponenten auf dem Wasserbad in Methanol u. Abkühlen auf Raum-Temp. werden erhalten: $Ni\,en_2NO_2Cl$ (**Ia**), aus $Ni\,en_2(NO_2)_2$ (**I**) u. $Ni\,en_2Cl_2$, violette Oktaeder; 70% (Ausbeute). $Ni\,en_2NO_2Br$ (**Ib**), aus **I** u. $Ni\,en_2Br_2$; violette Oktaeder. $Ni\,en_2NO_2J$, aus **I** u. $Ni\,en_2J_2$; violette, 6eckige Blättchen. $Ni\,en_2\cdot NO_2SCN$ (**Ic**), aus **I** u. $Ni\,en_2(SCN)_2$ (**II**); rotviolette, rechteckige Blättchen; 53%. $Ni\,en_2ClSCN$, aus $Ni\,en_2Cl_2$ u. **II**, blaue prismat. Kristalle; 70%. $Ni\,en_2BrSCN$, aus $Ni\,en_2Br_2$ u. **II**; blauviolette, rechteckige Blättchen; 60%. $Ni\,en_2JSCN$ (**Id**), aus $Ni\,en_2J_2$ u. **II**; violette Prismen. $Ni\,en_2JCl$, aus $Ni\,en_2J_2$ u. $Ni\,en_2Cl_2$; blaue prismat. Kristalle. Durch Erhitzen einer alkohol. Lsg. von $Ni\,en_2SCNNO_2$ mit Pyridin (1:2) auf dem Wasserbad

u. Eindampfen der Lsg. u. Stehen an der Luft werden blaue Prismen von Ni $en_2Py_2 \cdot (SCN)_2$ erhalten. **Ia** kann auch aus Ni en_2Cl_2 u. $NaNO_2$ (1:1) in Methanol, **Ib** aus **I** u. KBr, **Ic** aus **II** u. $NaNO_2$ u. **Id** aus **I** u. NaJ dargestellt werden. **I** entsteht beim Erhitzen von $NiSO_4 \cdot 7\,H_2O$ u. $NaNO_2$ in W. mit 20%ig. wss. Äthylendiamin-Lsg. (1:3:2), Stehen im Vakuumexsiccator über H_2SO_4, Filtrieren [Rückstand rosafarbenes *Ni* $en_3(NO_2)_2$], Eindampfen auf dem Wasserbad u. Umkristallisieren aus Methanol u. A.; 4eckige, rote Blättchen. Es wird festgestellt, daß die Substitutions-Rkk. bei Verbb. des Typs Ni en_2XY durch die Löslichkeit der entstehenden Verbb. bestimmt werden.

W. Büttner. 356□

Die Chelatbildung von 3.6-Diazaoctylen-α.ω-bis-[salicylidenimin] mit Nickel. G. G. Dodson und D. Hall. (J. inorg. nuclear Chem. **23**, 33—36, Dez. 1961, ausg. März 1962; Auckland, New Zealand, Univ. of Auckland, Chem. Dep.; engl.) — Aus einer Suspension von Bis-[salicylaldehydato]-nickel(II) in W. erhielt man bei Zugabe von 3.6-Diazaoctylen-α.ω-bis-[salicylidenimin] *Bis-{3.6-diazaoctylen-α.ω-bis-[salicylideniminato]}-nikkel(II)-hexahydrat* (**I**); wasserfreie Form (**II**), $C_{20}H_{24}N_4NiO_2$. Bei Umkristallisation aus heißem PAe./$CHCl_3$ wird Form **III**, aus kaltem PAe./$CHCl_3$ Form **IV** (mit 4 H_2O) u. durch Entwässern von **IV** Form **V** gebildet. Von allen 5 Formen wurden das IR-Spektrum u. die Susceptibilität bestimmt (μ_{eff} = 3,0; 3,0; 3,05; 3,0 u. 3,15 B.M.). Die kristallograph. Unters. ergab für **I** tetragonale u. für **III** u. **IV** monokline Struktur. Vff. folgern, daß die organ. Verb. in den erwähnten Chelatkomplexen als 4zähniger Ligand fungiert, wobei allerdings das Ni eine oktaedr. Konfiguration entweder durch W. oder durch starke Annäherung der Atome, die formal zu verschiedenen Moll. gehören, erreichen kann.

K. Huste. 356□

Fluorochlorate. 1. Mitt. Fluorochlorate von Kupfer, Zink, Cadmium, Nickel, Kobalt, Calcium, Strontium, Barium und Blei. Asimbikash Ray und Grihapati Mitra. (J. Indian chem. Soc. **37**, 781—84, Dez. 1960; Calcutta, City Coll., Dep. of Chem.; engl.) — Die Darst. der Fluorochlorate des Cu, Zn, Cd, Ni u. Co wird beschrieben. Sie sind in H_2O lösl. u. wirken oxydierend. Die wss. Lsg. der Fluorochlorate gibt mit $CaCl_2$ in der Kälte keinen Nd., beim Kochen bildet er sich langsam. Danach scheint das F im ClO_3F^{2-} fester gebunden zu sein als im BF_4^-, das als eines der stabilsten Fluorkomplexanionen bekannt ist. Die Äquivalentleitfähigkeit von $ZnClO_3F$-Lsgg. entspricht einem bin. Elektrolyten. Mit Hilfe von Röntgenstruktur-Unterss. wird festgestellt, daß das $NiClO_3F \cdot 6\,H_2O$ mit $ZnAsO_3F \cdot 6\,H_2O$ isomorph ist. Die genannten Fluorochlorate bilden Doppelsalze mit den entsprechenden Sulfaten, Fluoroberyllaten u. Oxofluoroboraten, ebenso mit Alkalisulfaten u. -fluoroberyllaten (die Zus. ist analog den Tutton-Salzen). Beim Versetzen von Fluorochlorat-Lsgg. mit $BaCl_2$-, $CaCl_2$-, $Sr(NO_3)_2$-, oder $Pb(NO_3)_2$-Lsgg. fallen die schwer lösl. Metallfluorochlorate $MeClO_3F$ aus.

Versuche: Darst. der Fluorochlorate von Cu, Zn, Cd u. Ni: Die Carbonate der Metalle werden mit 40%ig. $HClO_3$ umgesetzt u. diese Lsg. wird mit einer frischbereiteten (durch Auflösen des Metallcarbonats in 40%ig. HF) Metallfluorid-Lsg. vermischt; die Mischung wird zuerst auf dem Wasserbad u. dann über H_2SO_4 im Exsiccator eingeengt: *$CuClO_3F \cdot 5\,H_2O$*, blaue Kristalle; *$ZnClO_3F \cdot 7\,H_2O$*; *$CdClO_3 \cdot 8/3\,H_2O$*, weiße schleimige Masse; *$NiClO_3F \cdot 7\,H_2O$*.

W. Dietzel. 358□

Darstellung organischer Metallkomplexverbindungen aus Azofarbstoffen bisher unbekannter Derivate des Diphenylsulfids und des Diphenylsulfons. Bodo Hirsch. (Chem. Ber. **95**, 841—48, 19/4. 1962; Dresden, TH, Inst. für Farbenchem.; dt.) — Aus Azofarbstoffen von Amino-Derivv. des Diphenylsulfids u. des Diphenylsulfons wurden Schwermetallkomplexe erhalten, bei denen das ätherartig gebundene S-Atom an der Komplex-Bldg. beteiligt ist. 4′-Chlor-2′-nitrodiphenylsulfidcarbonsäure-(2)-methylester (**I**) wurde entweder mit $SnCl_2$ in Eisessig zum 4′-Chlor-2′-aminodiphenylsulfidcarbonsäure-(2)-methylester (**II**) red. oder mit 30%ig. H_2O_2 in 4′-Chlor-2′-nitrodiphenylsulfoncarbon-

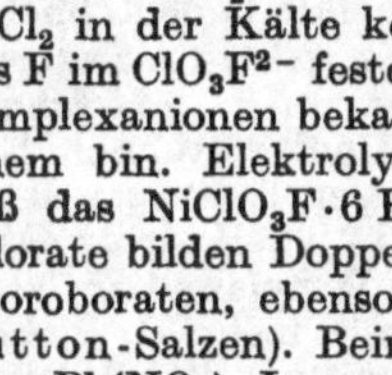

∓

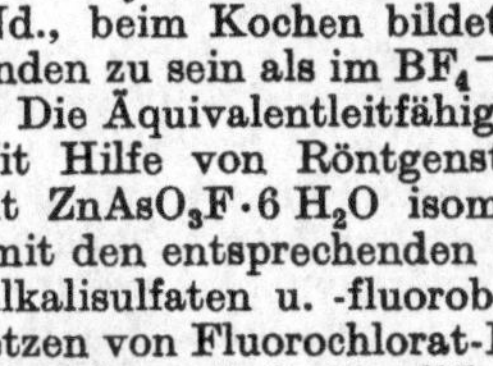

VIII

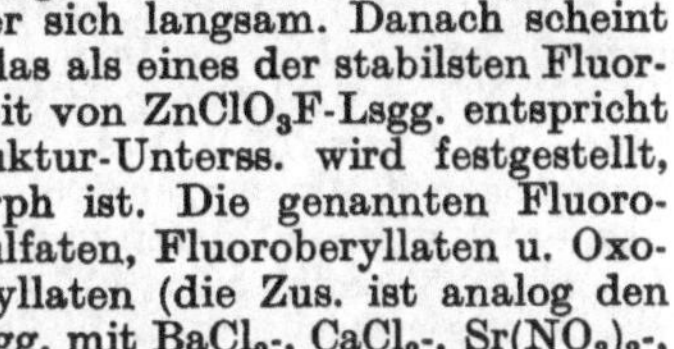

IX

säure-(2)-methylester (**III**) umgewandelt, das, wie vorher red., 4'-Chlor-2'-aminodiphenylsulfoncarbonsäure-(2)-methylester (**IV**) lieferte. **II** u. **IV** wurden in 95% ig. H_2SO_4 diazotiert u. die Diazoniumsalze mit β-Naphthol-Derivv. zu o-Hydroxyazofarbstoffen gekuppelt. Von den Farbstoffen [(F); **V**: Y = S, R' = H; **VI**: Y = SO_2, R' = H; **VII**: Y = S, R' = SO_2NH_2; **a**: R = H; **b**: R = $CONHC_6H_5$; **c**: R = $CONHC_{10}H_7$] sind **V** u. **VI** in W. nicht, in A. sehr wenig löslich. Durch 4—5std. Kochen von in A. suspendiertem **V** mit in A. gelösten Metallsalzen [Cu(II)-, Co(II)- u. Ni(II)-Nitrat] u. in Ggw. von wenig wss. NH_3 wurden organ. Schwermetall-Verbb., die in A. noch schwerer lösl. sind als **V**, isoliert. Diesen wird die Struktur **VIII a—c** (Me^{II} = Ni, Co) zugeschrieben. — Die entsprechenden Cu(II)-Komplex-Verbb. sind gemäß **IXa—c** (Y = S, R' = H) zu formulieren. Unter denselben Bedingungen wie bei den Diphenylsulfid-Derivv. wurden die entsprechenden Metallkomplex-Verbb. **Xa—c** (Y = SO_2, R' = H, Me = Ni, Co, Cu) aus **VI** dargestellt, die die Struktur **IX** besitzen. Durch Diazotierung von **II** u. Kuppeln mit 2-Hydroxynaphthalinsulfonsäure-(6)-amid wurde **VIIa** erhalten, dessen Cu-Komplex-Verb. (**XIa**) mit der Struktur **IX** sich aus neutralem Bade mit guter Egalität ausfärben ließ. Die Löslichkeit der angegebenen F u. Metallkomplexsalze in verschiedenen organ. u. anorgan. Lsgm. wird eingehend untersucht.

Versuche: *4'-Chlor-2'-nitrodiphenylsulfidcarbonsäure-(2)-methylester* (**I**), $C_{14}H_{10}$·$ClNO_4S$, F. 79°, nach Mayer [1910] durch Kochen von Thiosalicylsäuremethylester mit Dichlor-1-nitrobenzol u. Na in CH_3OH; hellgelbe Nadeln, leichtlösl. in Ae., Bzl., Aceton, A. u. CH_3OH; 74% (Ausbeute). — *4'-Chlor-2'-aminodiphenylsulfidcarbonsäure-(2)-methylester* (**II**), $C_{14}H_{12}ClNO_2S$, F. 137°, analog der Meth. von Amstütz u. Mitarbeitern (J. Amer. chem. Soc. **69**, [1947], 1922); farblose Prismen, leichtlösl. in Bzl., A., Ae., Aceton u. Chloroform. — *4'-Chlor-2'-nitrodiphenylsulfoncarbonsäure-(2)-methylester* (**III**), $C_{14}H_{10}ClNO_6S$, F. 135° (A.), durch Erhitzen einer Lsg. von 16,2 g **I** in 100 ml Eisessig mit 20 ml 30% ig. H_2O_2 unter Rückfluß (2 Std.), Eingießen des Rk.-Gemisches in W. u. mehrstd. Stehenlassen; farblose Würfel, gut lösl. in den üblichen organ. Lsgm.; 88%. — *4'-Chlor-2'-aminodiphenylsulfoncarbonsäure-(2)-methylester* (**IV**), $C_{14}H_{12}ClNO_4S$, F. 98° (75% ig. A.), wie **II** aus 17,8 **III**, leichtlösl. in den üblichen organ. Lsgm.; 65%. — Darst. der F **V—VII**: durch Zugabe einer eiskalten Lsg. von 1,5 g $NaNO_2$ in 6 ml 95% ig. H_2SO_4 zu einer auf —10° gekühlten Lsg. von 6,6 g **II**-Ammoniumchlorid bzw. 7,2 g **IV**-Ammoniumchlorid in 8 ml konz. H_2SO_4 unter Rühren, Eingießen nach 20 Min. langem Rühren in ein Gemisch von 150 g Eiswasser, Eintragen dieser Lsg. unter starkem Rühren in eine Lsg. von 2,9 g β-Naphthol oder 5,2 g 2-Hydroxynaphthoesäure-(3)-anilid oder 6,25 g 2-Hydroxynaphthoesäure-(3)-α-naphthylamid in 30 ml W. unter gleichzeitigem Zufließenlassen von konz. NaOH (ca. 40 ml), mehrstd. Stehenlassen bei 5—10°, Ansäuern mit HCl, Waschen des abfiltrierten F mit viel W., 3maliges Auskochen mit A. u. Umkristallisation aus Dimethylformamid: Sulfide: $C_{24}H_{17}ClN_2O_3S$ (**Va**), F. 203°, orangerote Stäbchen; 96% (Ausbeute); $C_{31}H_{22}ClN_3O_4S$ (**Vb**), F. 257 bis 260°, orangerote Stäbchen; 93%; $C_{35}H_{24}ClN_3O_4S$ (**Vc**), F. 212—214°, orangerote Stäbchen; 74%; $C_{24}H_{18}ClN_3O_5S_2$ (**VIIa**), orangerotes Pulver; 66%; Sulfone: $C_{24}H_{17}$·ClN_2O_5S (**VIa**), F. 235°, orangefarbene Stäbchen; 88%; $C_{31}H_{22}ClN_3O_6S$ (**VIb**), F. 242 bis 243°, ziegelrote Blättchen; 85%; $C_{35}H_{24}ClN_3O_6S$ (**VIc**), F. 300—302, ziegelrote Stäbchen; 80%. — Darst. der Komplex-Verbb. **VIII—XI**: durch Suspendieren von 2 g möglichst feingepulvertem **V** bzw. **VI** bzw. **VII** in 100 ml A., in dem 1 g Cu(II)- bzw. Ni(II)- bzw. Co(II)-Nitrat gelöst ist, Zugabe von 2 ml äthanol. Ammoniak-Lsg., 4—5std. Erhitzen auf dem Wasserbad, 24std. Stehen bei Raum-Temp., Auskochen der abfiltrierten Komplex-Verb. mit 3% ig. CH_3COOH, 2maliges Extrahieren mit A., Umkristallisieren aus Dimethylformamid u. Trocknen bei 100° im Vakuum: $(C_{24}H_{16}ClN_2O_3S)_2$·Ni (**VIIIa**), F. 315—317°, rotbraune, unregelmäßig ausgebildete Blättchen; $(C_{24}H_{16}$·$ClN_2O_3S)_2Co$ (**VIIIa**), F. 293—295°, dunkle, olivgrüne Blättchen; $(C_{24}H_{16}ClN_2O_3S)_2Cu$ (**IXa**), F. 287—292°, dunkle, rotbraune Blättchen; $(C_{31}H_{21}ClN_3O_4S)_2Ni$ (**VIIIb**), F. >360°, rote, unregelmäßige Kristalle, 70%; $(C_{31}H_{21}ClN_3O_4S)_2Co$ (**VIIIb**), F. >360°, braunrotes Kristallpulver; 85%; $(C_{31}H_{21}ClN_3O_4S)_2Cu$ (**IXb**), F. 219—220°, dunkelrotbraune Kristalle; 80%; $(C_{35}H_{23}ClN_3O_4S)_2Ni$ (**VIIIc**), F. 276—279°, rotes Kristallpulver; 75%; $(C_{35}H_{23}ClN_3O_4S)_2Co$ (**VIIIc**), F. 212—218°, rotbraunes Kristallpulver; 65%; $(C_{35}H_{23}$·$ClN_3O_4S)_2Cu$ (**IXc**), F. 286—289°, rotbraune Kristalle; 67%; $(C_{24}H_{16}ClN_2O_5S)_2Ni$ (**Xa**), F. 294—295°, dunkelbraune Stäbchen; $(C_{24}H_{16}ClN_2O_5S)_2Cu$ (**Xa**), F. 283—285°, dunkle, rotbraune Blättchen; 80%; $(C_{31}H_{21}ClN_3O_6S)_2Co$ (**Xb**), F. 209—211°, braunrote Stäbchen; 67%; $(C_{31}H_{21}ClN_3O_6S)_2Cu$ (**Xb**), F. 258—261°, rotbraune Würfel; 70%; $(C_{35}H_{23}ClN_3$·$O_6S)_2Ni$ (**Xc**), F. 276—280°, rote Nadeln; 80%; $(C_{35}H_{23}ClN_3O_6S)_2Co$ (**Xc**), F. 241—244°, rote Stäbchen; 73%; $(C_{35}H_{23}ClN_3O_6S)_2Cu$ (**Xc**), F. 263—266°, rotbraune, mikrokristalline Würfel; 73%; $(C_{24}H_{17}ClN_3O_5S_2)_2Cu$ (**XIa**), F. 180—182°, rote Kristalle; 80%.

U. Skurnia. 358□

A_9. Mineralogische und geologische Chemie

Über den Ursprung der Substanzen der Erdkruste. 1. Mitt. A. P. Winogradow. (Геохимия [Geochemie] **1961**, Nr. 1, 3—29; Moskau, Vernadsky-Inst. für Geochem. u. analyt. Chem. der Akad. der Wiss. der UdSSR; russ., Auszug: engl.) — Literaturübersicht an Hand von 71 Literaturangaben über die Entstehung der Chondrite u. anderer Meteorite, die Zus. des Erdmantels, Änderungsprozesse der Silicate, Schmelzzonen, Umwandlung des Ni-haltigen Fe während der Umwandlung der Silicatphase u. Veränderung der Chromite. H. Noack. 378

Ein Beitrag zur Geochemie des Schwefels. Werner Ricke. (Geochim. cosmochim. Acta [London] **21**, 35—80, Dez. 1960; Göttingen, Univ., Miner. Petrograph. Inst. der Univ. Göttingen; dt.) — Vf. untersuchte mit neuen analyt. Best.-Meth. 96 Mineral- u. 132 Gesteinsproben auf Gesamt-, Sulfid- u. Sulfatschwefel. Viele gesteinsbildende Minerale enthalten Sulfatschwefel (0,007—0,022%). Der mittlere Gesamt-S-Geh. der Eruptivgesteine liegt um 0,03% S, nur Alkaligesteine liegen höher. Bei Eruptivgesteinen nimmt Vf. neben Sulfat-Fl.-Einschlüssen SiO_4-Vertretbarkeit durch SO_4 im Silicatgitter an. Der mittlere Gesamt-S-Geh. der Sedimentgesteine liegt je nach Gesteinsart zwischen 0,022% S (Sandsteine) u. 0,22% S (Tone, Tonschiefer). Auch in metamorphen Gesteinen wurde S gefunden (schwankend je nach Art zwischen 0,0125 u. 0,203% Gesamt-S). Sulfidschwefel/Sulfatschwefel-Verteilung wird eingehend für alle Proben untersucht. S-Bilanz u. S-Kreislauf werden diskutiert. K. Jaeger. 378□

Verteilung von Beryllium in Graniten. A. A. Beuss. (Геохимия [Geochemie] **1961**, Nr. 5, 415—19; Moskau, Inst. für Miner., Geochem. u. Kristallchem. der seltenen Elemente der Akad. der Wiss. der UdSSR; russ., Auszug: engl.) — Quant. Best. der Be-Verteilung in Graniten an 375 Granitoiden aus der UdSSR, Japan, den USA, der Korean. Volksrepublik u. anderen Gebieten zeigen, daß der mittlere Be-Geh. ca. 5 g/t (mit einer Fehlergrenze von 9,6%) beträgt. Die Besonderheiten der Be-Verteilung in Muskovit, Biotit u. albitisierten Graniten kommen in den statist. Parametern zum Ausdruck. Je intensiver die metasomat. Prozesse sind, desto komplizierter wird die Be-Verteilung in den Graniten, wie aus Abweichungen vom Verteilungsgesetz hervorgeht. H. Noack. 378

Zur Geochemie des Berylliums. I. G. Ganejew. (Геохимия [Geochemie] **1961**, Nr. 5, 446—52; Moskau, Univ.; russ., Auszug: engl.) — In den Lagerstätten seltener Metalle von Kasachstan wird die Be-Verteilung untersucht, wobei eine vertikale Zonalität festgestellt wird. In den oberen Greisenzonen (2 Phasen) kommt es zur Bldg. von Quarz–Muskovit- bzw. Quarz–Topas-Greisen bei intensivem Abtransport von Alkalien. In seiner Eig. als akzessor. Mineral kommt Beryll zusammen mit Mikroklin, Wolframit, Molybdänit, Cassiterit u. Fluorit vor, in späteren Phasen kommt es zur Bldg. des in den Lagerstätten weitverbreiteten sek. Be-Minerals Bertrandit in enger Paragenese mit Siderit, Rhodachrosit u. Gilbertit. Nach Unterss. in wss. F^--haltigen Lsgg. werden die möglichen Formen der Be-Migration u. der Einfl. der Konz. in Al-, F- u. Ca-haltigen Lsgg. auf die Mineralisation in den Greisen u. Adern festgestellt. H. Noack. 378

Gallium in den Alkaligesteinen des Massivs der Sandyk-Berge (Nord-Kirgisien). L. A. Borissenok und B. I. Slobin. (Геохимия [Geochemie] **1959**, Nr. 6, 505—12; Moskau, Lomonossow-Univ.; Vernadsky-Inst. für Geochem. u. analyt. Chem. der Akad. der Wiss. der UdSSR; russ., Auszug: engl.) — Vff. untersuchen die Ga-Verteilung in verschiedenen alkal. Gesteinen u. anderen Mineralien der Sandyk-Berge (Syenite mit Orthoklas, Plagioklas, Pyroxen, Biotit, Hornblende, Nephelin, Augit, Orthoklas-Perthit u. Gabbroide). Der Durchschnitts-Geh. liegt bei $1{,}9 \cdot 10^{-4}$% ,das Ga/Al-Verhältnis weicht nur wenig vom Durchschnittswert von $1{,}9 \cdot 10^{-4}$ ab. Im Verlauf der Intrusion wird eine Ge-Anreicherung in den ersten Stadien (Alkaligabbroide u. Alkalisyenite) gegenüber den Endstadien (Nephelin–Syenite) beobachtet; dies entspricht der Al-Anreicherung in der gleichen Richtung. Höhere Ga-Geh. werden in Biotiten u. Hornblenden gegenüber Orthoklasen u. Nephelinen festgestellt. D. Hoene. 378□

Über die Verteilung des Galliums in Mineralien archaischer metamorpher Gesteine des Aldan-Plateaus. A. A. Marakuschew und Ju. K. Polin. (Геохимия [Geochemie] **1961**, Nr. 2, 181—83; Wladiwostok, Geol. Inst. der Fernöstlichen Filiale der Sibir. Abt. der Akad. der Wiss. der UdSSR; russ.) — In Mineralien mit Schichtstruktur (Glimmer) wird Al mit der Koordinationszahl 4 bes. leicht durch Ga ersetzt. Ein Ersatz findet auch in Oxiden statt: Im Spinell beträgt der Ga-Geh. 110 g/t. Fe (vorwiegend Fe^{3+} infolge der Ähnlichkeit in Valenz u. Ionenradius) wird ebenfalls isomorph durch Ga ersetzt z. B. im Magnetit. Pyrit, der mit Ga-haltigem Magnetit vergesellschaftet ist, enthält kein Ga. H. Noack. 378

Gallium in Einschlußgesteinen der Fluorit-Sulfid-Vererzung. O. W. Werschkowskaja und W. Ss. Ssaltykowa. (Геохимия [Geochemie] **1961**, Nr. **5**, **440**—45; Moskau, Inst. für Miner., Geochem. u. Kristallchem. der seltenen Elemente der Akad. der Wiss. der UdSSR; russ., Auszug: engl.) — Die porphyrähnlichen Biotitgranite u. Granodiorite, die die Quarz–Fluorit-Adern mit einem hohen Anteil an Ga-reichen Sphaleriten der Lagerstätten Naugarsan u. Takob einschließen, sind durch einen relativ hohen Ga-Geh. von 0,0019—0,0020% gekennzeichnet. Durch hydrothermale Veränderung der Gesteine (Sericitisierung, schwache Kaolinisierung von Feldspäten, Chloritisierung dunkler Minerale, Verquarzung, Carbonatisierung, Pyrit- u. Flußspat-Bldg.) wird der Ga-Geh. nicht verändert. Daraus folgt, daß der hohe Ga-Geh. im Sphalerit bedingt ist durch eine Zufuhr von Ga-Lsgg. zusammen mit den Erzkomponenten u. nicht durch Abtrennung aus den Einschlußgesteinen u. Umkristallisation in den Erzkörpern. H. Noack. 378

Geochemie des Indiums in Cassiterit–Silicat–Sulfid-Erzen. W. W. Iwanow und A. A. Rosbianskaja. (Геохимия [Geochemie] **1961**, Nr. 1, 60—71; Moskau, Vernadsky-Inst. für Miner., Geochem., Kristallchem. der seltenen Elemente der Akad. der Wiss. der UdSSR; russ., Auszug: engl.) — In zeigt eine große geochem. Ähnlichkeit mit Fe(II). Unter oxydierenden Bedingungen im frühen Erzstadium ist In an Fe-haltige Silicate u. Wolframate gebunden, unter reduzierenden Bedingungen im späten Sulfidstadium an Fe-haltige Sulfide u. Carbonate. Bes. hohe In-Konzz. kommen in Cassiterit–Sulfid-Lagerstätten vor. H. Noack. 378

Zur Geochemie des Thalliums und Rubidiums in Eruptivgesteinen. N. T. Wosskressenskaja. (Геохимия [Geochemie] **1959**, Nr. 6, 495—504; Moskau, Lomonossow-Univ., Lehrstuhl für Geochem.; russ., Auszug: engl.) — Vf. untersucht das Rb/Tl-Verhältnis von jüngeren magmat. Gesteinen von Tyrny-Aus (Nordkaukasus) u. vergleicht es mit dem von älteren Gesteinen dieser Gegend. Es ergibt sich, daß jüngere Intrusiv- u. Effusivgesteine eine gemeinsame magmat. Quelle haben. Das Rb/Tl-Verhältnis liegt bei leukokraten Granitoiden (I) u. bei am Kontakt veränderten biotit. Graniten (II) zwischen 60 u. 340. Tl wird z. T. in I u. II (in der Nähe des Kontaktes) angereichert. Für die kontaktmetamorphisierten Granite wird die Anreicherung durch die Entfernung von Tl aus dem Intrusionszentrum zum Endokontakt bewirkt. Der Unterschied von Tl u. Rb in ihrem Verh. in Silicaten u. die hohe Flüchtigkeit der Tl-Halogenide führen zur Trennung von Rb u. Tl u. damit zu einem schwankenden Rb/Tl-Verhältnis in durch Assimilation oder hydrothermale Rkk. veränderten Gesteinen.
D. Hoene. 378□

Zusammensetzung der Seltenen Erden in Gadoliniten aus Lagerstätten verschiedenen genetischen Typs. E. Je. Wainstein, I. T. Alexandrowa und N. W. Turanskaja. (Геохимия [Geochemie] **1960**, Nr. 6, 498—505; Moskau, Allunionsinst. für mineral. Rohstoffe; Vernadsky-Inst. für Geochem. u. anal. Chem. der Akad. der Wiss. der UdSSR; russ., Auszug: engl.) — Mit Hilfe röntgenograph. Analysen wird die Verteilung der Seltenelemente u. des Y in Gadoliniten von Fundstätten unterschiedlichen genet. Typs untersucht. Der Charakter der Verteilung der Elemente hängt streng von den Bldg.-Bedingungen ab. Die Y-reichsten Gadolinite sind in Regionen zu finden, die an granit. u. Alkalipegmatite gebunden sind. Akzessor. Gadolinite sind Ce-reich. Sind merkliche Albitisierungen des Gesteins beobachtet worden, tritt eine Anhäufung von Y u. Elementen der Ce-Gruppe auf. Daher können die Verhältnisse der Seltenen Erden als geochem. Indicatoren Verw. finden. M. Hähnert. 378□

Über die Verteilung von Thorium in einer Serie ultrabasischer Alkaligesteine der Kola-Halbinsel. A. I. Poljakow und M. P. Wolynetz. (Геохимия [Geochemie] **1961**, Nr. 5, 426—32; Moskau, Vernadsky-Inst. für geochem. u. anal. Chem. der Akad. der Wiss. der UdSSR; russ., Auszug: engl.) — Der Th-Geh. ist in den Gesteinen der ultrabas. Serie sehr hoch (bis zu 2770 g/t) im Vgl. zu den normalen bas. Gesteinen. Die Th-Konzentrierung erfolgt während der magmat. Differentiation zusammen mit einer Anhäufung an lithophilen Elementen im pegmatit. bzw. pneumatolyt. Stadium. Der Th-Geh. der akzessor. Minerale ist abhängig vom Gesamt-Geh. im Gestein. H. Noack. 378

Germanium in Kohle. W. I. Lossew und T. Ss. Nikiforowa. (Журнал Прикладной Химии [J. angew. Chem.] **33**, 730—32, März 1960; russ.) — Es wird ein kurzer Überblick über die Natur-Vork. von Ge, bes. in Kohlen, gegeben. Ge ist in Kohlen zu 0,001—0,06% enthalten. Bei geeigneter Aufarbeitung (Oxydation, Bromierung, Ultraschall, γ-Bestrahlung) erweist sich Kohle als wichtiges Ausgangs-Prod. für die Ge-Gewinnung. Es wurde gefunden, daß bei kleinen Ge-Geh. die Bindung des Ge an Kohle fester ist als bei großen. Ferner wurde gezeigt, daß in älteren Kohlen die Bindung fester ist als in jungen. G. Winkhaus. 378□

Charakter der Verteilung von Blei in einigen Granitoiden von Ost-Transbaikal. A. W. Rabinowitsch und S. A. Basskowa. (Геохимия [Geochemie] **1959**, Nr. 6, 546—49;

Leningrad, Allunions-wiss. Forsch.-Inst. für Geol.; russ., Auszug: engl.) — Vff. untersuchen den Pb-Geh. von Granitoiden des Ost-Transbaikal (Quarzit–Diorit, Granodiorit u. biotit. Granit). Es besteht eine Beziehung zwischen dem Abfall des Pb-Geh. u. dem Feldspatüberschuß beim Übergang von Granitoiden der Zn–Pb-Zone zu Granitoiden der Sn–W-Zone. Intrusionen mit Zn–Pb-Mineralisation haben einen niedrigeren Pb-Geh. als magmat. Formationen mit Mo- u. Sn–W-Mineralisation. D. Hoene. 378□

Über die Verteilung des Rheniums in den Molybdänit-Lagerstätten einer Reihe genetischer Typen. K. K. Shirow und G. F. Iwanowa. (Геохимия [Geochemie] **1959,** Nr. 6, 518—23; Moskau, Lomonossow-Univ., Lehrstuhl für Geochem.; russ., Auszug: engl.) — Vff. untersuchen den Re-Geh. von Molybdäniten (I) aus Zentralkasachstan. Der durchschnittliche Wert von bei höheren Temp. abgeschiedenen Lagerstätten liegt bei $2{,}5 \cdot 10^{-4}$ % Re, von bei mittleren Temp. abgeschiedenen Ablagerungen bei $3{,}2 \cdot 10^{-3}$. Durch Vgl. mit Molybdän-Lagerstätten anderer Typen (Skarn, Cassiterit–Wolframit, I-Pyrit, I-Chalkopyrit) wird gezeigt, daß in der Regel der Re-Geh. mit sinkender Abscheidungs-Temp. zunimmt. D. Hoene. 378□

Über die Verbreitung von Nickel, Chrom und Kobalt in gabbro-peridotitischen Gesteinen der Tyi-Flußniederung (West-Vorbaikal). M. I. Grudinin und A. I. Kusnetzowa. (Геохимия [Geochemie] **1961,** Nr. 2, 162—68; Irkutsk, Ost-Sibir. geol. Inst. der Akad. der Wiss. der UdSSR; russ., Auszug: engl.) — In den Gesteinen des Dawyren-Massivs ändert sich der NiO-Geh. proportional dem MgO-Geh.; beträgt der MgO-Geh. mehr als 30%, ändert sich der Ni-Geh. infolge von Sulfid-Bldg. nicht mehr. In den ultrabas. gabbro-peridotit. Gesteinen des Njurundukan-Massivs ist der Ni- u. Cr-Geh. höher, der Co-Geh. geringer. Die Gesteine des Dawyren-Komplexes sind stärker differenziert (von Duniten bis zu Dioriten mit Quarz). H. Noack. 378

Untersuchungen zur Geochemie des Goldes. 1. Mitt. **Die Verteilung von Gold in Gesteinen und Mineralen der Skaergaard-Intrusion, Ost-Grönland.** E. A. Vincent und J. H. Crocket. (Geochim. cosmochim. Acta [London] **18,** 130—42, Jan. 1960; Oxford, Univ. Mus., Dep. of Geol. and Miner.; engl.) — Au wurde durch Neutronenaktivierungsanalysen in Gesteinen des stark differenzierten Skaergaard-Gabbrokomplexes u. seiner Minerale (Silicate, Oxide u. Sulfide) bestimmt. Der Gabbro der Randfazies wurde als repräsentativ für das Initialmagma angenommen u. sein Au-Geh. zu 0,0046 ppm bestimmt. Alle anderen untersuchten Gesteine u. Minerale — mit Ausnahme von 4 Proben — haben Geh. zwischen der Hälfte u. dem Doppelten dieses Wertes. Au ist in keinem der untersuchten Silicate, Oxide oder Fe-Sulfide bevorzugt eingebaut, wohl aber in Cu-Sulfiden stark angereichert. Vff. erklären dies mit der chem. Ähnlichkeit der Au- u. Cu-Atome u. nicht etwa mit irgendwelchen chalkophilen Tendenzen des Au. J. Heinze. 378□

Untersuchungen zur Geochemie des Goldes. 2. Mitt. **Der Goldgehalt einiger basischer und ultrabasischer Gesteine und Steinmeteorite.** E. A. Vincent und J. H. Crocket. (Geochim. cosmochim. Acta [London] **18,** 143—48, Jan. 1960; engl.) — 1. vgl. vorst. Referat. — Analysen zweier tert. Basalte aus Großbritannien u. eines rezenten von Hawaii mit Hilfe der Neutronenaktivierung ergaben 0,002 ppm Au. In Duniten u. olivinreichen Knötchen des Basaltes wurden zwischen 0,001 u. 0,01 ppm Au gefunden. Vier Chondrite hatten Geh. von 0,1—0,3 ppm Au, welches höchstwahrscheinlich in der dispergierten metall. Phase konz. ist. J. Heinze. 378□

Geochemische Untersuchungen an Kalisalzlagerstätten im Südharz. Albert Günter Herrmann. (Freiberger Forsch.-H., Reihe C Heft **43,** 1—111, 1958; dt.) — An Hand von Literaturangaben wird eine Übersicht über die geolog. u. petrograph. Verhältnisse der Kalisalzlagerstätten im Südharz gegeben. Untersucht wurde das Vork. von Pb, Ag, Zn, Sn, Cu, Mn u. Fe in Steinsalz, Sylvin u. Carnallit u. von Pb, Ag, Zn, Sn, Cu, Mn, Al u. Sr in den anhydrit.-kieserit. bzw. tonigen Löserückständen der genannten Mineralien. Die spektrochem. Arbeitsmethodik zur Best. dieser Spurenelemente wird umrissen. Es wurden 375 Proben analysiert, die Ergebnisse von 113 Analysen sind tabellar. zusammengestellt. Es wird versucht, Gesetzmäßigkeiten hinsichtlich der Verteilung der Spurenelemente zwischen den geolog. Schichten abzuleiten. Annahmen über die geolog. Herkunft der Spurenelemente werden diskutiert. — 154 Literaturangaben. W. Betcke. 378□

Über das Vorkommen einiger Spurenelemente in Salzlösungen aus dem deutschen Zechstein. Albert Günter Herrmann. (Kali und Steinsalz **3,** 209—20, Nov. 1961; Göttingen; dt.) — Vgl. vorst. Referat. — Auf Grund quant. geochem. Unterss. über die Verteilung der Spurenelemente *Li, Rb, Sr, Ba, B, Mn, Fe, Cu, Zn, Sn, Pb, P, Br* u. *J* in 22 Salz-Lsgg. aus dem Südharz-, Unstrut–Saale- u. Magdeburg–Halberstädter Zechstein unterscheidet Vf. 4 Gruppen: 1. $CaCl_2$-haltige Lsgg. mit $MgCl_2 < 50$ g/Liter;

2. $CaCl_2$-haltige Lsgg. mit $MgCl_2$ > 50 g/Liter; 3. vorwiegend $MgCl_2$-haltige Lsgg.; 4. vorwiegend NaCl-haltige Lösungen. Mit Hilfe der quant. ermittelten Li-, Br- u. J-Geh. konnte bewiesen werden, daß ein geochem. Zusammenhang zwischen $CaCl_2$-haltigen Lsgg. der Gruppe 1 aus dem Südharz-Hauptdolomit mit einer sog. Kluftlauge von Bischofferde besteht. Ein prim. kieserithaltiges Carnallitgestein wurde in das für den Südharz typ. anhydrit. Hartsalz umgewandelt. Hierbei bildeten sich stark $MgCl_2$-haltige Kluftlaugen. Diskussion genet. bedingter Unterschiede im Spurenelementgehalt. H. Moenke. 378□

Über die anomale Isotopenzusammensetzung von Strontium in Mineralen aus metamorphen Gesteinen. M. L. Jaschtschenko, E. Ss. Warschawskaja und I. M. Gorochow. (Геохимия [Geochemie] **1961**, Nr. 5, 420—25; Leningrad, Labor. für Geol. des Präkambriums der Akad. der Wiss. der UdSSR; russ., Auszug: engl.) — An Beispielen wird das Vork. von Mineralen untersucht, die Anreicherungen von radiogenem Sr als Folge der Metamorphose zeigen. Der Alterswert für diese Minerale, nach der Rb-Sr-Meth. bestimmt, ist anomal hoch ($> 2000 \cdot 10^6$ Jahre). Es wird ein Schema für die Berechnung des Alters der Metamorphite angegeben. H. Noack. 378

Das absolute Alter der seltene Metalle enthaltenden Pegmatite in Ost-Sajan. Ju. Ss. Slepnew und L. L. Schanin. (Геохимия [Geochemie] **1961**, Nr. 1, 56—59; Moskau, Inst. für Miner., Geochem. u. Kristallchem. der seltenen Elemente der Akad. der Wiss. der UdSSR; russ., Auszug: engl.) — Das Alter der seltene Metalle enthaltenden Pegmatite in Ost-Sajan wird nach der K-Ar-Meth. an Muskovit zu 1700—1800 Millionen Jahre, an Mikroklin zu 1300 Millionen Jahre bestimmt. Infolge der unvollkommenen Preservation von radiogenem Ar im Mikroklin werden die an Muskovit erhaltenen Alterswerte als verbindlich angenommen. H. Noack. 378

Über die Deutung der Alterszahl nach der Bleimethode. K. K. Shirow, G. I. Schesstakow und I. B. Iwanow. (Геохимия [Geochemie] **1961**, Nr. 1, 49—55, 2 Nomogramme; Inst. für Geochem. der Sibir. Abt. der Akad. der Wiss. der UdSSR; russ., Auszug: engl.) — Das dargestellte Nomogramm zeigt die Abhängigkeit der Alterszahlen, die den Verhältnissen $^{207}Pb/^{206}Pb$, $^{207}Pb/^{208}Pb$, $^{206}Pb/^{238}U$, $^{208}Pb/^{232}Th$ entsprechen, vom Entzug verschiedener Pb-, U- u. Th-Beträge in unterschiedlichen Zeiten für Minerale, deren Alter $1900 \cdot 10^6$ Jahre beträgt. Die Alterszahlen entsprechen der Intensität u. der Zeit des Pb-, U- u. Th-Zerfalls. H. Noack. 378

Bedingungen der Villiaumit-Bildung in Nephelin-Syeniten (Lowosero Massiv). L. N. Kogarko. (Геохимия [Geochemie] **1961**, Nr. 1, 72—74; Moskau, Vernadsky-Inst. für Geochem. u. analyt. Chem. der Akad. der Wiss. der UdSSR; russ., Auszug: engl.) — Die Möglichkeit der alkal. Halogenidkristallisation aus der Schmelze u. deren Stabilität in Ggw. von Wasserdampf wird experimentell untersucht u. die Ergebnisse zur Erklärung der Anwesenheit von Villiaumit u. der Abwesenheit von Halit im alkal. Gestein des Lowosero-Massivs (Kola-Halbinsel) herangezogen. H. Noack. 378

Bidalotit. B. Rama Rao und L. Rama Rao. (Current Sci. **26**, 319, Okt. 1957; Bangalore; engl.) — Das aus einem Biotit-Cordierit-Hypersthen-Granulit stammende Mineral wurde als neuer orthorhomb. Pyroxen [1937] beschrieben, während Rabbitt (Amer. Mineralogist **33**, [1948], 304) es nach einer röntgenograph. Unters. der Gruppe der orthorhomb. Amphibole (Antigorit) zurechnet. Neuere mkr. Unterss. lassen erkennen, daß es nach seiner Lichtbrechung, seinem Pleochroismus u. seiner Spaltbarkeit zu den Pyroxenen zu zählen ist. Es ist möglich, daß in dem Granulit eine Mischkristallreihe zwischen orthorhomb. Pyroxen u. orthorhomb. Amphibol vorhanden ist. F. Ensslin. 380□

Zink- und bleihaltiger Dolomit von Tsumeb, Südwest-Afrika. Cornelius S. Hurlbut jun. (Amer. Mineralogist **42**, 798—803, Nov./Dez. 1957; Cambridge, Mass., Harvard Univ., Dep. of Miner. and Petrography; engl.) — 5 Proben Zn- u. Pb-haltigen Dolomits von Tsumeb wurden untersucht. Der ZnO-Geh. liegt zwischen 3,23 u. 8,74%, der PbO-Geh. zwischen 0,58 u. 4,96%. Die DTA zeigt eine Abnahme der Temp. der ersten endothermen Rk. mit zunehmendem ZnO-Geh. u. eine Abnahme der Temp. der zweiten endothermen Rk. mit zunehmendem PbO-Gehalt. Die tabellar. angegebenen Brechungsindices, Dichten u. Gitterkonstanten zeigen keine geradlinigen Veränderungen bei Änderungen in der Zusammensetzung. F. Schulte. 380□

Vorkommen von Gibbsit auf der Insel Kauai, Hawaiische Inseln. Agatin T. Abbott. (Econ. Geol. **53**, 842—53, Nov. 1958; Honolulu, Univ. of Hawaii, Dep. Geol. and Geophys.; engl.) — Geolog. u. mineralog. Beschreibung des Vork. von Gibbsit auf Grund der chem. nachgewiesenen stufenweisen Verwitterung von Plagioklas-Feldspat aus basalt. Ausflüssen des Koloa auf Kauai, Hawaiische Inseln. R.-G. Kaiser. 380□

Sekundärer Glaukonit in der Biwabic Eisenformation von Minnesota. S. A. Tyler und S. W. Bailey. (Econ. Geol. **56**, 1033—44, Sept./Okt. 1961; Madison, Wis., Univ., Dep. of Geol.; engl.) — In der präkambr. Fe-Formation wurde Glaukonit als diagenet. Verwitterungs-Prod. an 6 Stellen gefunden. Sein sek. Ursprung geht daraus hervor, daß er in den Randzonen zwischen Fe-Erz u. nichtoxydierter Fe-Formation vorkommt u. als Spaltenfüllung u. in Quarz u. Chalcedongängchen auftritt. Auch sein nach der K–Ar-Meth. bestimmtes Alter von 100—150 Millionen Jahren erhärtet diese Theorie. Wahrscheinlich bildete er sich, als das Kreidemeer die präkambr. Formation überdeckte, in den Spalten unter dem Einfl. des Meerwassers. Auch in den überlagernden Kreidesedimenten wird Glaukonit gefunden. Der MgO-Geh. des Glaukonit stimmt mit dem mariner Glaukonite überein. Alle Glaukonite des obigen Vork. enthalten geringe Mengen Mn, Cr, Ni, Ti u. Rb. F. Ensslin. 380□

α-Kerolith aus der Gegend Zabkowice Ślaskie (Niederschlesien). Andrzej Wiewióra. (Archiwum Mineralog. [Warszawa] **23**, 79—95, 2 Tafeln, 1959; Polska Akad. Nauk, Zaklad Nauk Geol.; pol.) — α-Kerolith (I) wurde bei Ząbkowice Śląskie in Niederschlesien in Hohlräumen des Serpentinits in Paragenese mit Magnesit u. Chalcedon aufgefunden. I hat nach der chem. Analyse die Formel $Mg_4Si_4O_{10}(OH)_4$ u. mit Berücksichtigung der Begleitelemente $(Mg_{3.872}Ca_{0.096}Ni_{0.005})(Si_{3.37}Al_{0.48}Fe_{0.11})O_{10}(OH)_{4.76}$. I ist doppelbrechend: $n_\gamma = 1{,}548$, $n_\alpha = 1{,}537$. Die Dichte beträgt 2,30 in feuchtem u. 2,40 in trockenem Zustand. Die Reflexe der Pulveraufnahme stimmen nur annähernd mit den aus der Literatur für I bekannten überein. Im DTA-Diagramm werden 3 endotherme Effekte (40—140° Abgabe des Zeolithwassers; 510—620° Abgabe des Konstit.-Wassers; um 730°) u. ein exothermer Effekt (810—830° Umwandlung zu einem Mineral der Olivingruppe) beobachtet. I ist wahrscheinlich durch Einw. von carbonathaltigem W. auf Serpentin entstanden. F. Urban. 380□

Der Peridotit aus der Gegend von Aghii Anarghyri von Hermione (Ostpeloponnes). S. Aranitis und M. Nicolaou. (Praktika Akad. Athenon **34**, 221—28, 1959; griech., Auszug: franz.) — Die Hauptmineralien des Peridotits sind Olivin mit 90—100% Forsterit u. Enstatit mit 5—8% $FeSiO_3$. Daneben treten noch geringe Mengen Augit auf u. selten kleine Leisten von Plagioklas mit 80—85% Anorthit. Die Struktur des Gesteins ist granitisch. Es gehört nach den Analysen zu den Peridotiten vom Typ Harzburgit–Leherolit. Es ist nur wenig verwittert unter Serpentinisierung. F. Ensslin. 380□

Eine Untersuchung über Pyrochlor und Betafit. D. D. Hogarth. (Canad. Mineralogist **6**, 610—33, 1961; Ottawa, Canada, Univ. of Ottawa; engl.) — Besprechung der Petrographie von Pyrochlor u. Betafit, einem Pyrochlortypus mit bes. hohem Geh. an U u. geringen Geh. an Alkali u. F, u. Angabe von Analysen beider Mineralien aus kanad. Vorkommen. Die Mineral-Zus. der Betafit–Pyrochlor-Serie entspricht der allg. Formel $A_{16-x}B_{16}(O, OH)_{48}(F, OH)_8$, worin A = Ionen mit Radien 0,9—1,1 Å, B = Ionen mit Radien 0,65—0,75 Å darstellen (A = Na, K, Ca, Mn, Mg, Fe^{2+}, Ce, Y, Th, U, Pb, Sr, Be, Bi; B = Nb, Ta, Ti, Zr, Sn, Fe^{3+}, W). Betafit, strukturell dem Pyrochlor gleich, besitzt einen U-Geh. von >15% u. hohen Nb-Gehalt. R. Kaiser. 380□

Spessartin mit hexakisoktaedrischer Tracht von Jail Hill, Haddam, Connecticut. David M. Seaman und Robert P. Gallant. (Rocks and Minerals **35**, 445—48, Sept./Okt. 1960; Amer. Mus. of Natur. Hist.; Moodus, Conn.; engl.) — Spessartin von Jail Hill zeigt neben der vorherrschenden Form {2 1 1} auch noch die Form {3 2 1}. Er steht damit in guter Übereinstimmung mit der Donnay-Harker-Regel, die die Reihenfolge {2 1 1}, {1 10 }, {3 2 1}, {1 0 0} usw. fordert. J. Heinze. 380□

Hydrothermaler Turmalin von Nagybörzsöny. S. Koch. (Acta Univ. Szegediensis, Acta mineralog.-petrogr. **10**, 47—50, 1957; Szeged, Univ., Inst. for Miner. and Petrography; engl.) — Turmalin tritt in feinen scharfen Nadeln in reichlichen Einschlüssen in Quarz, Calcit, Siderit u. sogar in Pyrrhotit u. Zinkblende in Einkristallen u. in rosettenartig angeordneter Form auf. Die Hauptmenge tritt mit Hydromuskovit verwachsen auf. Die Nadeln sind farblos mit grünlichem Stich u. der Lichtbrechung $\omega = 1{,}65$ u. $\varepsilon = 1{,}63$. Das reine Material hatte die Zus. 36,22(%) SiO_2, 1,97 FeO, 5,89 Fe_2O_3, 34,24 Al_2O_3, 0,66 CaO, 4,21 MgO, 0,01 MnO, 1,17 K_2O, 0,62 Na_2O, 0,26 P_2O_5, 11,24 B_2O_3, 1,10 F u. 2,41 H_2O. F. Ensslin. 380□

Untersuchungen der Kupferminerale alter Kupferbergwerke in Yenamball, Khammam District, Andhra Pradesh. K. Kameswara Rao und C. Mahadevan. (Proc. Indian Acad. Sci., Sect. A **51**, 49—59, Febr. 1960; Waltair, Andhra Univ., Dep. of Geol.; engl.) — In Hornblendeschiefern, Phylliten, Mg-reichen Kalken u. Quarziten sind konkordant Quarzgänge eingeschaltet, die gelegentlich Kupfererze enthalten. Die paragenet. Reihenfolge der Minerale ist: *Arsenopyrit, Pyrit, Chalkopyrit, Covellin* u. *Kupferglanz.* Chem. Analysen der Gesteine brachten Cu-Geh. zwischen 0,23—2,60%. Die Erze wurden mkr. untersucht. J. Heinze. 380□

Chemische Untersuchungen an Mineralien aus Ostasien, die seltene Elemente enthalten. 48. Mitt. Ein Mineral aus Fukushimaken-Ishikawamachi, das eine Art Ishikawait ist und der Samarskit-Reihe angehört. Teikichi Kawai. (J. chem. Soc. Japan, pure Chem. Sect. [Nippon Kagaku Zassi] **81**, 1049—51, Juli 1960; Tibaken, Itikawa-Sugano, Tôkyô-Sika-Daigaku; jap., Auszug: engl. S. A74.) — Ein Mineral, das aus Iriyama (Fukushimaken-Ishikawamachi) gefunden wurde, zeigt ein dem Samarskit ähnliches Röntgenbeugungsdiagramm u. enthält MgO (0,70%), CaO (0,00%), MnO (1,10%), FeO (12,17%), ΣY_2O_3 (7,21%), CeO_2 (0,00%), ThO_2 (0,00%), TiO_2 (0,68%), SnO_2 (0,00%), UO_2 (23,14%), UO_3 (5,15%), $(Nb, Ta)_2O_5$ (49,35%) u. H_2O (1,11%). E. Maekawa. 380□

Chemische Untersuchungen an Mineralien aus Ostasien, die seltene Elemente enthalten. 49. Mitt. Ilmenorutil aus Fukushimaken-Sugakawashi. Teikichi Kawai. (J. chem. Soc. Japan, pure Chem. Sect. [Nippon Kagaku Zassi] **81**, 1052, Juli 1960; jap., Auszug: engl.) — 48. vgl. vorst. Referat. — Ein Mineral aus Uzumine (Fukushimaken-Sugakawashi, Uzumidaira) erwies sich nach dem Röntgenbeugungsdiagramm sowie nach chem. Analyse als Ilmenorutil: MgO (2,43%), CaO (1,52%), MnO (15,96%), FeO (19,12%), Al_2P_3 (5,12%), TiO_2 (37,10%), $(Nb, Ta)_2O_5$ (15,43%), SiO_2 (2,27%), H_2O (0,87%). Es enthält mehr MnO als bisher beschriebene Ilmenorutile u. wird von Vf. als *Manganoilmenorutil* bezeichnet. E. Maekawa. 380□

Chemische Untersuchungen an Mineralien aus Ostasien, die seltene Elemente enthalten. 50. Mitt. Ein fergusonitähnliches Mineral aus Fukushimaken-Sugakawashi. Teikichi Kawai. (J. chem. Soc. Japan, pure Chem. Sect. [Nippon Kagaku Zassi] **81**, 1053, Juli 1960; jap., Auszug: engl. S. A75.) — 49. vgl. vorst. Referat. — Ein samarskitähnliches Mineral, welches in Uzumine (Fukushimaken-Sugakawashi, Uzumedaira) im Pegmatit neben Xenotim u. Monazit gefunden wird, scheint nach dem Röntgenbeugungsdiagramm sowie nach der chem. Analyse ein fergusonitähnliches Mineral zu sein: MgO (4,55%), CaO (3,97%), FeO (4,20%), Al_2O_3 (2,57%), ΣY_2O_3 (17,92%), Ce_2O_3 (0,40%), ThO_2 (1,44%), SnO_2 u. dgl. (0,43%), TiO_2 (7,83%), UO_2 (11,46%), UO_3 (0,53%), $(Nb, Ta)_2O_5$ (41,76%), SiO_2 (1,69%), H_2O (2,07%). Es enthält offenbar *Uraninit*. E. Maekawa. 380□

Chemische Untersuchungen an Mineralien aus Ostasien, die seltene Elemente enthalten. 51. Mitt. Gadolinit aus Fukushimaken-Kawamata. Teikichi Kawai. (J. chem. Soc. Japan, pure Chem. Sect. [Nippon Kagaku Zassi] **81**, 1054—55, Juli 1960; jap., Auszug: engl. S. A75.) — 50. vgl. vorst. Referat. — Ein Mineral, das in Fusamata (Fukushimaken-Kawamata) im Pegmatit gefunden wird, erweist sich nach dem Röntgenbeugungsdiagramm sowie nach der chem. Analyse als Gadolinit: BeO (3,12%), MgO (0,71%), CaO (3,98%), MnO (1,34%), FeO (11,45%), Al_2O_3 (0,52%), Fe_2O_3 (4,36%), Ce_2O_3 (1,52%), ΣY_2O_3 (50,13%), ThO_2 (0,45%), SiO_2 (21,30%), $(Nb, Ta)_2 \cdot O_3$ (0,00%), H_2O (0,58%). E. Maekawa. 380□

Über einige natürliche Sulfate vom Serrenti-Furtei (Cagliari). V. Rossetti und R. Sitzia. (Rend. Seminario Fac. Sci. Univ. Cagliari 28, 205—24, 1958; Cagliari, Univ., Ist. di Miner. e Petrografia; ital.) — Vf. berichtet über drei Gruppen von Sulfatkristallen, welche unter der Schlacke des Serrenti Furtei bei Cagliari gefunden u. opt., chem., physikal. u. röntgenograph. untersucht wurden. Zur 1. Gruppe gehören Cu-Sulfate: $(Fe, Cu)SO_4 \cdot 7\,H_2O$ mit $n_m = 1,516$; D. 1,8—1,9; $(Cu, Fe, Mg)SO_4 \cdot 7\,H_2O$ mit $n_m = 1,5263$; D. 1,98; $(Cu, Mg)SO_4 \cdot 7\,H_2O$ mit $n_m = 1,5232$; D. 1,94; $(Cu, Fe)SO_4 \cdot 5\,H_2O$ mit $n_m = 1,5319$; D. 2,32. Zur 2. Gruppe gehören die Al-, Na- u. Mg-Sulfate: $Al_2(SO_4)_3 \cdot 14\,H_2O$ (bzw. $16\,H_2O$) mit $n_m = 1,4705$; D. 1,75; $NaAl(SO_4)_2 \cdot 11\,H_2O$ mit $n_m = 1,459$; D. 1,69; $Na_2(SO_4) \cdot 10\,H_2O$ mit $n_m = 1,394$; D. 1,50; $MgSO_4 \cdot 7\,H_2O$ mit $n_m = 1,4585$; D. 1,66. Zur 3. Gruppe gehören die Fe(II)–Fe(III)-Sulfate: $3(FeSO_4 \cdot 7\,H_2O) + Fe_2 \cdot (SO_4)_3 \cdot 9\,H_2O$ mit $n_m = 1,4798$; D. 1,88; $5(FeSO_4 \cdot 7\,H_2O) + 2\,[Fe_2(SO_4)_3 \cdot 10\,H_2O]$ mit $n_m = 1,491$; D. 1,90. Ihre Entstehung wird hydrothermal gedeutet. R.-G. Kaiser. 380□

Ausbildung der Gipslagerstätten im südlichen Neufundland. D. M. Baird. (Trans. Canad. Inst. Mining Metallurgy Mining Soc. Nova Scotia **62**, 259—66, 1959; Ottawa, Univ.; engl. — C. **1960**, 12963.) F. Ensslin. 380□

Chalkopyrit-Millerit-Erzlagerstätten von Norilsk-I. M. N. Godlewski und N. I. Schumskaja. (Геология Рудных Месторождений [Geol. d. Erzlagerstätten] **1960**, Nr. 6, 61—72, Nov./Dez.; Leningrad; russ.) — Die Milleritvererzung ist mit der allg. Entw. der Kontaktmetamorphose verbunden u. verläuft über zwei Stadien: 1. Mit dem Anwachsen der S-Aktivität in den Lsgg. wird der Pentlandit instabil u. wandelt sich in Chalkopyrit um u. Ni bleibt in Lösung. Bei Temp.-Erniedrigung u. Konz.-Erhöhung an S bildet sich Millerit u. nickelhaltiger Pyrit aus Chalkopyrit u. restlichem Pentlandit. Ch. Weiske. 380□

Über Quarzeinschiebungen von sulfidischen Erzen in der Nowa-Pokrowsk-Lagerstätte. N. A. Tschitajewa. (Геология Рудных Месторождений [Geol. d. Erzlagerstätten] **1960**, Nr. 6, 88—90, Nov./Dez.; Moskau, Inst. der Miner., Geochem. u. Kristallchem. der seltenen Elemente der Akad. der Wiss. der UdSSR; russ.) — Quarzeinschiebungen in *Galenit–Sphalerit, Pyrit* u. *Pyrrhotin.* Ch. Weiske. 380□

Die Zusammensetzung kanadischer Sulfiderzlagerstätten. H. D. B. Wilson und D. T. Anderson. (Trans. Canad. Inst. Mining Metallurgy Mining Soc. Nova Scotia **62**, 327—39, 1959; Winnipeg, Univ. of Manitoba; engl. — C. **1960**, 11237.) F. Ensslin. 380□

Über die Entstehung massiver Sulfidlagerstätten. H. G. Gunning. (Trans. Canad. Inst. Mining Metallurgy Mining Soc. Nova Scotia **62**, 318—21, 1959; Salisbury, South Rhodesia, Anglo-Amer. Corp.; engl. — C. **1960**, 11237.) F. Ensslin. 380□

Die Kriworochsko-Krementschug-metallogene Zone. Ja. N. Belewzew, G. I. Kaljajew, L. G. Sagoruiko, Ss. A. Skuridin, A. I. Strygin, Ss. Je. Fedjuschin und W. Ju. Fomenko. (Геология Рудных Месторождений [Geol. d. Erzlagerstätten] **1960**, Nr. 6, 3—11, Nov./Dez.; Kiew, Geol. Inst. der Akad. der Wiss. der UdSSR; russ.) — Geolog. Charakteristik u. Entw. der metallogenen Zone des Ukrain. kristallinen Schildes. Beschreibung der einzelnen Mineralzonen. Ch. Weiske. 380□

Eisenerzformationen und Eisenerzlagerstätten des Weißrussischen Bezirks im unteren Pridneprowje. M. N. Dobrochotow, K. F. Schtscherbakowa, W. F. Challo und G. F. Gusenko. (Геология Рудных Месторождений [Geol. d. Erzlagerstätten] **1960**, Nr. 6, 12—29, Nov./Dez.; Dnepropetrowsk, Ukrain. geol. Inst., Dnepropetrowsk, Expedition; russ.) — Beschreibung der chem. Zus. der Eisenerzlagerstätten. Ch. Weiske. 380□

Einige Besonderheiten des geologischen Aufbaus von Eisenerzlagerstätten von Rudabanja in Ungarn. G. Panto. (Геология Рудных Месторождений [Geol. d. Erzlagerstätten] **1960**, Nr. 6, 30—37, Nov./Dez.; Budapest, Geol. Inst.; russ.) — Chem. Zus. der 1. u. 2. Erzlagerstätte von Rudabanja u. Beschreibung der Bldg.-Bedingungen dieser Erze. Ch. Weiske. 380□

Vorkommen von Whitlockit in chondritischen Meteoriten. Louis H. Fuchs. (Science [Washington] **137**, 425—26, 10/8. 1962; Argonne, Ill., Argonne Nat. Labor.; engl.) — Das Vork. von *Whitlockit* in verschiedenen Chondriten wird beschrieben. Whitlockit kommt in xenomorphen Körnern von 0,1—0,6 mm Ø hauptsächlich in der Silicatmatrix der Meteorite vor. Einschlüsse von Silicaten, Fe, Ni, *Troilit, Ilmenit, Magnetit* u. *Chromit* sind häufig. Die Identifizierung des Whitlockit u. von *Chlorapatit* wurde röntgenograph. vorgenommen, die geforderte Existenz von meteorit. *Merrilit* wurde nicht bestätigt. Die d-Werte von Whitlockit des Palermo-Pegmatitsteinbruchs u. vom Allegan-Chondrit sowie von synthet. β-$Ca_3(PO_4)_2$ sind angegeben. Ernst Schulte. 388□

B. Allgemeine und theoretische organische Chemie

Eine vergleichende Untersuchung der Singulett → Triplett-Absorption in einigen halogenierten Toluolen im dampfförmigen und flüssigen Zustand. J. K. Roy. (Indian J. Physics Proc. Indian Assoc. Cultivat. Sci. **35(44)**, 143—50, März 1961; Calcutta, Indian Assoc. for Cultivation of Sci., Opt. Dep.; engl.) — Mit Hilfe der von Sirkar u. Roy (vgl. Indian J. Physics Proc. Indian Assoc. Cultivat. Sci. **34 (43)**, [1960], 581) beschriebenen experimentellen Anordnung untersuchte Vf. den Singulett → Triplett-Übergang in den Absorptionsspektren im nahen UV von *o*- (I), *p-Chlor-*, *m-* (II) u. *p-Bromtoluol* im Dampfzustand bei 24° u. im fl. Zustand. Die dem Singulett–Triplett-Übergang zuzuschreibende Absorption ist kontinuierlicher Natur, u. die langwellige Grenze der maximalen Absorption der Fl. liegt für alle Verbb. bei ca. 29000 cm^{-1}. Für die dampfförmigen Verbb. ist diese Grenze nach höheren Frequenzen zu verschoben, wobei diese Verschiebung für die p-Verbb. kleiner ist als für I u. II. Diesen Unterschied zwischen den p-Verbb. einerseits u. I u. II andererseits kann man mit der Hypothese erklären, daß bei den p-Verbb. das Halogenatom weit entfernt von der CH_3-Gruppe liegt, die daher die Wechselwrkg. zwischen den π-Elektronen des Ringes u. dem Halogenatom des benachbarten Mol. besser abschirmt. C. Gottfried. B 118

Änderungen der Absorptionsspektren von Azofarbstoffen in Lösungsmittelgemischen. Eero P. J. Elenius. (Acta chem. scand. **16**, 256—62, 1962; Turku, Finland, Univ. of Turku, Chem. Dep.; engl.) — Die Absorptionsspektren von *4-Monomethylamino-, 4-Dimethylamino-, 4-Diäthylamino-4'-hydroxyazobenzol, 4-Diäthylamino-4'-nitroazobenzol* u. *4-Dimethylamino-2'-carboxyazobenzol* (I) wurden in C_6H_{14}–A.- u. A.–W.-Gemischen wechselnder Zus. gemessen. Mit zunehmender OH-Gruppen-Konz. verschiebt sich das Absorptionsmaximum durch Einw. des Dipolfeldes auf die Farbstoff-Moll. nach längeren Wellenlängen. Weitere Verschiebungen werden durch Wechselwrkg. der Azogruppe mit dem OH-haltigen Solvens gedeutet, wobei bei I eine Störung einer intramol. H-Brücke (zwischen COOH u. —N=N—) erfolgen könnte.

Harro Zimmer. B 118□

Absorptionsspektren, Fluorescenzspektren und Quantenausbeuten der Fluorescenz einiger Methyl- und Methylmesoarylanthracene. A. Ss. Tscherkassow. (Оптика и Спектроскопия [Optik u. Spektroskopie] **7**, 326—31, Sept. 1959; russ.) — Vgl. C. **1960**, 14995. — Aus den Absorptions- u. Fluorescenzspektren werden die Quantenausbeuten (QA) der Fluorescenz einiger α- u. β-Methyl-Derivv. u. mono- u. dimethylierter meso-Diaryl-Derivv. des *Anthracens* (I) ermittelt. Bei naher räumlicher Lage der CH_3- u. der Arylgruppen treten diese in Wechselwrkg., bes. im angeregten Zustand, u. die Fluorescenzspektren zeigen verwaschene Schwingungsstruktur, eine starke Verschiebung nach geringeren Frequenzen u. in einigen Fällen eine Abnahme der Quantenausbeute. Die QA in alkohol. Lsg. beträgt bei I 0,22, bei den Derivv.: *1-Methyl-* 0,27; *2-Methyl-* 0,16; *9-Methyl-* 0,29; *1.3-* 0,21; *1.4-* 0,25; *2.3-* 0,20; *9.10-Dimethyl-* 0,63; *9.10-Diphenyl-* 0,74; *9.10-Di-o-tolyl-* 0,57; *2-Methyl-9.10-diphenyl-* 0,66; *-di-o-tolyl-* 0,65; *2.3-Dimethyl-9.10-diphenyl-* 0,68; *-di-o-tolyl-* 0,59; *1.3-Dimethyl-9.10-diphenyl-* 0,27; *-di-o-tolyl-* 0,65; *1.4-Dimethyl-9.10-diphenyl-* 0,095; *-di-o-tolyl-* 0,58. R. K. Müller. B 118□

Die Temperaturabhängigkeit der Energieübertragung in Anthracen-Tetracen-Mischkristallen. Peter Avakian und Hans Christoph Wolf. (Z. Physik **165**, 439—44, 1961; Stuttgart, TH, II. Phys. Inst.; dt.) — Im Mischkristall-Syst. *Anthracen-Tetracen* wurde mit Hilfe von Fluorescenzmessungen das Einfrieren der Energieübertragung bei tiefen Temp. als Funktion der Konz. der Gast-Moll. untersucht, wobei sich bei Variierung der Tetracen-Konz. zwischen 10^{-2} u. 10^{-6} Mol/Mol eine Konstanz des Temp.-Bereiches ergibt. Die Halbwerts-Temp. für die Energieübertragung wurde zu 35 ± 2^0 K ermittelt. Es werden zwei Übertragungsmechanismen diskutiert.

Harro Zimmer. B 118□

Über die Elektronenspektren von 2-Aminopyridin und 3-Aminopyridin in verschiedenen Zuständen und in Lösungen. T. N. Misra. (Indian J. Physics Proc. Indian Assoc. Cultivat. Sci. **35 (44)**, 420—33, Aug. 1961; Calcutta, Indian Assoc. for the Cult. of Sci., Opt. Dep.; engl.) — Die UV-Spektren von *2-* (I) u. *3-Aminopyridin* (II) im Dampfzustand zeigen 2 Banden, die $n \rightarrow \pi^*$- (I, 0.0-Bande 33449 cm^{-1}; II, 33015) u. $\pi \rightarrow \pi^*$-Übergängen (I, 0.0-Bande 34324; II, 33854) zugeschrieben werden. Bei I verschiebt sich im fl. Zustand u. in Lsg. die $n \rightarrow \pi^*$-Bande ins langwellige Gebiet, so daß Überlagerung mit der π—π^*-Absorption eintritt. Im festen Zustand bei Zimmer-Temp. u. -180^0 besteht das Spektrum aus 2 Teilen, von denen der 1. Teil dem um 3740 cm^{-1} längerwellig verschobenen π—π^*-Syst. entspricht u. der 2. Teil im selben Gebiet wie die $n \rightarrow \pi^*$-Absorption im Dampfzustand auftritt. Bei II werden in n-Hexan-Lsg. die $n \rightarrow \pi^*$-Banden beobachtet, jedoch ist keine Entscheidung über das Vorhandensein der $n \rightarrow \pi^*$-Absorption in A.-Lsg., in der reinen Fl. oder im festen Zustand bei Zimmer-Temp. u. -180^0 möglich infolge der Überlagerung der beiden Bandensysteme. Die starken Verschiebungen beim Übergang Dampf—Fl. werden einer starken Assoziation der I- u. II-Moll. im fl. Zustand zugeschrieben. Die Verbreiterung der Absorption von II beim Übergang in den festen Zustand wird auf den Einfl. polarer Nachbar-Moll. im Kristall auf das Übergangsmoment zurückgeführt. G. Pötzscher. B 118□

Refraktometrische Untersuchung einiger Äther. M. Meziat. (J. Physique Radium **21**, 63 S—64 S, April 1960; Bordeaux; franz.) — Die Brechungsindices nachst. Äther wurden bei 20⁰ im Wellenlängenbereich 4046—5780 Å bestimmt (Meth. des fl. Prismas) u. zur Konstruktion von Dispersions- u. Refraktionskurven benutzt: *Ae.*, *Dipropyläther, Dibutyläther, Diisoamyläther.* Die red. Wellenlänge dieser Verbb. beträgt ca. 890 Å. A. Blaschette. B 119□

Refraktometrische Untersuchung einiger Ketone im sichtbaren Spektralbereich. R. Sardos. (J. Physique Radium **21**, 65 S—66 S, April 1960; Bordeaux; franz.) — Die n^{20}- u. n^{50}-Werte nachst. Ketone wurden im Bereich 4046—5780 Å ermittelt: *Aceton, Cyclohexanon, Methyläthylketon, Acetophenon* (I). Die graph. Darst. von λ^2/R gegen λ^2 ergibt Geraden [λ = Wellenlänge, $R = (n^2 - 1)/(n^2 + 2)$]. Für die gesätt. Ketone folgt eine red. Wellenlänge von $\lambda_0 = 900$ Å; für I ist $\lambda_0 = 1250$ Å.

A. Blaschette. B 119□

Untersuchungen der optischen Rotationsdispersion. 53. Mitt. Eine Verallgemeinerung der Oktantenregel. Kurt Mislow, M. A. W. Glass, Albert Moscowitz und Carl Djerassi. (J. Amer. chem. Soc. **83**, 2771—72, 20/6. 1961; engl.) — 52. vgl. Tetrahedron Letters [London] **1961**, 237; 48. vgl. C. **1962**, 12596; 55. vgl. C. **1962**, 3762. — Vff. nahmen die Rotationsdispersion von *Dimethyldibenzosuberon* [*1.11-Dimethyldibenzo-*

[*c*;*e*]-*cycloheptadienon-(6)*] zwischen 280 u. 480 mμ in Isooctan auf u. zeigen, daß die Dispersionskurve aus dem UV-Spektrum berechnet werden kann u. die Oktantenregel (vgl. Moffitt u. Mitarbeiter, C. **1962,** 12597 u. früher) auf β,γ-ungesätt. Ketone ausgedehnt werden kann. B. Gnauck. B 119□

Der Einfluß von Ultraschallwellen auf die Geschwindigkeit der Mutarotation von Zuckern. Mieczysław Topa und Karolina Topowa. (Roczniki Chem. [Ann. Soc. chim. Polonorum] **33,** 1493—95, 1959; Warszawa, Inst. Farmac., Prac. Stosow. Ultradźw.; pol., Auszug: dt.) — 2%ig. Zucker-Lsgg. [*D*(+)-*Glucose*, *D*(—)-*Mannose*, *D*(+)-*Xylose*, *D*(+)-*Galaktose*, *L*(+)-*Arabinose*, (+)-*Lactose*, *D*(+)-*Maltose*] erreichen im Ultraschallfeld (1 MHz) schon nach 10 Min. ihren Enddrehwert. Die Mutarotationszeit ist umgekehrt proportional der Feldstärke. F. Urban. B 119□

Bemerkung über die optischen Eigenschaften von Strychnin. A. Rittmann und E. E. El-Hinnawi. (Schweiz. mineralog. petrogr. Mitt. **40,** 383—84, 1960; Catania, Univ., Ist. di Vulcanologia; engl.) — An auf einer Glasunterlage krist. *Strychninkristallen* wurden die opt. Eigg. untersucht. Die gemessenen Brechungsindices sind $n_z = 1{,}720$; $n_y = 1{,}672$; $n_x = 1{,}621$; $2\,V = 87^0$. Die erhaltenen Werte wurden denen von Mayrhofer [1928], Kofler [1936] u. Winchelt (Optical Properties of Organic Compounds, 2nd Edit., Academic Press, New York [1954]) gegenübergestellt.
C. Gottfried. B 119

Spektrophotometrie von Lackmus und verwandten Indicatoren. W. N. Moulton, B. J. Wilson und C. H. Staff. (Trans. Illinois State Acad. Sci. **53,** 115—21, 1960; Carbondale, Southern Illinois Univ.; engl.) — Es werden die Absorptionsspektren im sichtbaren Bereich sowie die Indicator-Konst. von *Lackmus*, seinen Bestandteilen *Erythrolein*, *Erythrolitmin*, *Azolitmin* verschiedener Herkunft u. von den synthet. Indicatoren *Orcein* [aus Orcin (I) durch Kochen mit NH_3-Lsg.; aus Flechten; Handels-Prod.], „*Orcolitmin*" (aus I durch Kochen mit NH_3/Na_2CO_3-Lsg.), „*Resorcolitmin*" (aus Resorcin analog vorst. Verb.) bestimmt. Die Spektren unterscheiden sich wenig im Verlauf der Kurven, stärker in den Absorptionskoeffizienten. Die scheinbaren pK_1-Werte liegen sämtlich zwischen 6 u. 7 u. sind abhängig vom pH-Wert sowie von der Ionenstärke der Pufferlösungen. Alle untersuchten Indicatoren sind keine eintheitlichen Verbb. u. eignen sich nicht für quant. (colorimetr.) pH-Bestimmung.
J. Blanck. B 119□

Beobachtung molekularer Wechselwirkungen in orientierten Monoschichten durch Infrarotspektroskopie mittels totaler innerer Reflexion. Louis H. Sharpe. (Proc. chem. Soc. [London] **1961,** 461—63, Dez.; Murray Hill., N.J., Bell Telephone Labor., Inc.; engl.) — Auf Parallelepipeda von n-Ge (48 $\Omega\cdot$cm) wurden Filme verschiedener Dicke aus *Äthylhydrogendioctadecanoat* (I) aufgebracht (Technik nach Langmuir u. Blodgett [1935] modifiziert) u. das IR-Spektrum eines 10mal im Ge totalreflektierten Strahls aufgenommen (Vgl. mit Ge ohne I). Die an kompaktem I sonst auftretende Säure–CO-Absorptionsbande bei 1705—1715 cm^{-1} ist an orientierten Filmen von ca. 3 Moll. Dicke nicht zu beobachten, dagegen tritt die Ester–CO-Bande 1745 cm^{-1} bei beiden auf. Daraus u. aus der Tatsache, daß *Stearinsäure* als Block nur die Bande bei 1705, als orientierter Film nur die bei 1745 cm^{-1} zeigt, wird geschlossen, daß die Fettsäure-Moll. im Block eine Kopf–Kopf-, Schwanz–Schwanz-, Kopf–Kopf-Orientierung, im kondensierten mol. Film dagegen eine Kopf–Schwanz-, Kopf–Schwanz-Orientierung, also keine H-Bindung, aufweisen. Das Auftreten einer Bande bei ca. 1593 cm^{-1} u. ihre Intensitätszunahme während 2—3 Tagen macht Chemisorption, etwa Rk. von COOH zu einem Ge-Salz, wahrscheinlich. R. Junge. B 120□

IR-Spektren fester Methylammoniumhalogenide. A. Cabana und C. Sandorfy. (Spectrochim. Acta [London] **18,** 843—61, Juni 1962; Montréal, Canada, Univ., Dép. de Chim.; engl.) — Es werden die Spektren krist. Filme von *Methylammoniumfluorid* (**I**; aus **II** mit AgF u. aus CH_3NH_2 mit HF), *-chlorid* (**II**), *-bromid* (**III**) u. *-jodid* (**IV**) bei Temp. zwischen —190 u. 22 bzw. 200° (**II** u. **III**) untersucht. Im untersuchten Temp.-Bereich hat **II** 3, **III** 4, **IV** 2 u. **I** wahrscheinlich 2 Phasen. Es werden der Einfl. der Umgebung im Kristall auf das Spektrum u. die Natur der H-Bindung untersucht. Bei Raum-Temp. entsprechen die Spektren von **II**—**IV** der 3zähligen Symmetrie des $CH_3NH_3^+$-Ions, das wahrscheinlich um die C—N-Achse rotiert. Bei tiefen Temp. werden zahlreiche Aufspaltungen beobachtet, die mit der Aufhebung von Entartung u. intermol. Wechselwrkg. in der Einheitszelle erklärt werden. Zwischen den Spektren der Halogenide bestehen sowohl große Analogien als auch bedeutende Unterschiede. Spektren, Bandentabellen u. Frequenzzuordnungen sind angegeben. J. Richter. B 120□

Spektroskopische Untersuchungen der drei isomeren Chlorbenzotrifluoride. 2. Mitt. Schwingungsspektren. I. Achyuta Rao und V. Ramakrishna Rao. (J. molecular Spectroscopy **6,** 447—64, Mai 1961; Waltair, India, Andhra Univ., Phys. Dep.; engl.) —

1. vgl. J. molecular Spectroscopy **4**, [1960], 43. — Die Raman-Spektren von fl. u. die IR-Spektren (1—24 μ) von fl. u. gasförmigem *o-*, *m-* u. *p-Chlorbenzotrifluorid* werden untersucht. Die meisten Grundschwingungen werden zugeordnet.

G. Pötzscher. B 120□

Infrarotspektroskopische Untersuchungen an aromatischen Sulfochloriden. G. Malewski und H.-J. Weigmann. (Spectrochim. Acta [London] **18**, 725—40, Juni 1962; Berlin-Adlershof, Dt. Akad. der Wiss., Inst. für Optik; dt.) — Vff. untersuchten im Bereich von 400—4000 cm^{-1} die IR-Spektren nachst. Sulfochloride in KBr u. CCl_4 oder CS_2: *Benzol-* ($Kp._{12}$ 117°), *o-* ($Kp._{15}$ 128°), *m-* ($Kp._{11}$ 128°), *p-Toluol-* (F. 68,5 bis 69°; PAe.), *2-* (F. 67,0—67,5°; CCl_4), *3-* (F. 61,5—62°; CCl_4/Ae.), *4-Nitrobenzol-* (F. 77,5—78°), *2.4-Dinitrobenzol-* (F. 101,5—102°; Chlf.), *4-Chlor-* (F. 53—53,5°; PAe.), *4-Brom-* (F. 74—75°; Hexan), *4-Methoxy-* (F. 39—40°; Hexan), *4-Dimethylaminobenzol-* (F. 110,5—111,5°; Bzl./PAe.), *Diphenyl-4-* (F. 115,5—116°; Eisessig), *α-* (F. 66—66,5°; Ligroin), *β-Naphthalin-* (F. 75,5—76°; Eisessig), *Benzyl-* (F. 91,5—92°; CCl_4), *Benzol-1.3-bis-* (F. 60—60,5°; Hexan), *Diphenyl-4.4'-bis-* (F. 210—212°; Chlf.) u. *Diphenyläther-4.4'-bis-* (F. 128—129°; PAe.). Die Bande der $\varrho(SO_2)$ liegt im Bereich von 532 bis 570 [cm^{-1}], die der symm. SO_2-Deformationsschwingung im Bereich von 565—610, während die symm. u. antisymm. $\nu(SO_2)$ dem Bereich von 1170—1204 bzw. 1385—1410 zugeordnet werden können. Die ν(C—S) wird dem Bereich 652—775 zugeordnet u. Einwände gegen diese Zuordnung werden entkräftet. Eine um 1090 auftretende Bande wird als charakterist. für die aromat. gebundene SO_2Cl-Gruppe angesehen, da sie in aliphat. u. araliphat. Sulfochloriden fehlt. Beobachtete Bandenaufspaltungen werden mitgeteilt.

J. Richter. B 120□

Zum Schwingungsspektrum des Benzoesäurekristalls. Das niederfrequente Spektrum der äußeren Molekülschwingungen und der Assoziatschwingungen. W. Maier und O. Schifferdecker. (Spectrochim. Acta [London] **18**, 709—23, Juni 1962; Freiburg/Br., Univ., Physik. Inst.; dt.) — Vff. nahmen an einem *Benzoesäure* (I)-Einkristall das Raman-Spektrum mit linear polarisiertem Erregerlicht auf u. führten für sämtliche Orientierungen des Kristalls eine Polarisationsanalyse des Streulichts aus. Ferner wurde mit unpolarisiertem Licht das Raman-Spektrum von $D_{(OH)}$-I untersucht. Die niederfrequenten Raman-Linien u. das von Genzel u. Weber im Bereich von 600—1200 μ aufgenommene IR-Spektrum werden versuchsweise den äußeren Rotationsschwingungen der Doppelmoll. im Kristallgitter u. deren Assoziatschwingungen zugeordnet, wobei sich Vff. auf rein qual. Symmetriebetrachtungen stützen. Bemerkenswert ist die Koinzidenz der IR-Bande bei 29,4 cm^{-1} mit der Raman-Linie bei 28 cm^{-1}, die sich beide durch besondere Schärfe auszeichnen. Eine sichere Zuordnung konnte noch nicht gegeben werden.

J. Richter. B 120□

Ein eigentümlicher Effekt in den Infrarot-Spektren bestimmter Moleküle. J. C. Evans und N. Wright. (Spectrochim. Acta [London] **16**, 352—57, April 1960; Midland, Mich., Dow Chem. Comp., Spectroscopy Labor.; engl.) — Vgl. C. **1962**, 7460. — Vff. untersuchten die IR-Spektren von *m-Toluidin* (I) u. *$D_{2(NH_2)}$-m-Toluidin* in fl., festem u. gasförmigem Zustand u. in CS_2-Lsg. bei verschiedenen Temperaturen. Es tritt bei I eine Bande mit dem Aussehen einer Emissionsbande bei 735 cm^{-1} im fl. Zustand auf; diese Bande ist im festen Zustand vergrößert, in Lsg. verringert u. fehlt im gasförmigen Zustand. Vff. vermuten, daß in einem Bruchteil der Moll. eine spezielle Störung zwischen den verschiedenen Schwingungsenergieniveaus auftritt, die bei der größten Anzahl der Moll. fehlt.

M.-L. Klaar. B 120

Substituierte p-Oligophenylene als Solute für flüssige Scintillatoren. Uwe Nay, Hans-Joachim Eichhoff, Günter Herrmann und Hermann O. Wirth. (Z. Elektrochem., Ber. Bunsenges. physik. Chem. **64**, 1098—1102, 1960; Mainz, Univ., Inst. für Anorg. Chem. u. Kernchem. u. Org.-chem. Inst.; dt.) — Die relativen Impulshöhen fl. Scintillatoren mit *3.3''-Dimethyl-p-terphenyl*, *p-Quaterphenyl* (I), *3.3'''-*, *2.2'''-*, *3'.2''-Dimethyl-*, *3.3'.2''.3'''-*, *2.2'.3''.2'''-Tetramethyl-*, *2'.3''-*, *3.3'-Dimethoxy-p-quaterphenyl*, *3.3'.2'''.3''''-Tetramethyl-*, *3.3'.2'''.3''''-Tetramethoxy-p-quinquephenyl*, *3.3'.2''''.3'''''-Tetramethyl-* u. *3.3'.2''''.3'''''-Tetramethoxy-p-sexiphenyl* als Solute wurden gemessen. Die untersuchten Verbb. geben zum großen Teil gute Scintillatoren. Sie zeichnen sich ferner durch gute Löslichkeit u. Stabilität aus. Die günstigsten Eigg. haben die Derivv. von I.

A. Maschke. B 125□

Aktivierungsübertragungen in Molekülkristallen: Untersuchung der „verspäteten" Fluorescenz von Verunreinigungen in fester Lösung. A. Rousset, R. Lochet, R. Lacueille und Y. Meyer. (J. Physique Radium **21**, 55S—57S, April 1960; Bordeaux, Fac. des Sci., Labor. d'Opt. mol.; franz.) — Mit Hilfe eines Becquerel-Phosphoroskops wurde die durch einen Hg-Bogen angeregte Fluorescenz nachst. Syst. untersucht: Feste Lsg. von Spuren *Naphthacen* (I) in *Anthracen* (II; I-Konz.: 10^{-8}, 10^{-4}, 10^{-2}); feste Lsg. von II in I (II-Konz.: 10^{-6}, 10^{-4}, 10^{-1}); reines *Chrysen*. Aus den bei Zimmer-Temp. u. der Temp. des fl. N_2 erhaltenen Ergebnissen folgt, daß es sich bei den „Übertragungen von Aktivierungsenergie" im wesentlichen um eine „verspätete" Fluorescenz der Gast-Moll. handelt. A. Blaschette. B 125□

Temperaturabhängigkeit der Fluorescenzausbeute von Dämpfen komplizierter Moleküle. N. A. Borissewitsch und W. A. Tolkatschew. (Известия Академии Наук СССР, Серия Физическая [Nachr. Akad. Wiss. UdSSR, physik. Ser.] **24**, 521—24, Mai 1960; Akad. der Wiss. der BelorussSSR, Physik. Inst.; russ.) — An Dämpfen von *3.6-Bis-[dimethylamino]-* (I), *3-Aminophthalimid* (II) u. *1.4-Dihydroxyanthrachinon* (III) wird die Abhängigkeit der Fluorescenzausbeute (FA) von der Temp. untersucht. Bei höheren Temp. (bei I schon bei 80—100°) nimmt die FA ab, bei Abkühlung aber wieder auf den Ausgangswert zu. Bei I u. II errechnet sich aus der Temp.-Abhängigkeit der FA die Molwärme zu 69 bzw. 61 cal/Mol·Grad. Bei III ist die Abnahme der FA geringer. Bzgl. Geschw. u. Charakter der Änderung der FA mit der Temp. besteht zwischen Antistokes- u. Stokesfluorescenz kein Unterschied, bei beiden folgt die Abnahme der FA mit steigender Temp. einem Exponentialgesetz.
R. K. Müller. B 125□

Grundprozesse der Desaktivierung von Anregungszuständen komplizierter organischer Moleküle. W. A. Borgman, I. A. Shmyrewa, W. W. Selinski und W. P. Kolobkow. (Известия Академии Наук СССР, Серия Физическая [Nachr. Akad. Wiss. UdSSR, physik. Ser.] **24**, 601—06, Mai 1960; russ.) — Vgl. C. **1959**, 6074. — Die Quantenausbeute der Fluorescenz (FA) von *3.6-Bis-[dimethylamino]-*, *3-Methylamino-6-amino-*, *3-Dimethylamino-6-amino-*, *3.6-Diamino-*, *3-Dimethylamino-6-acetylamino-*, *3-Dimethylamino-6-methylacetylamino-*, *3-Methylacetylamino-6-amino-*, *3.6-Diacetylamino-*, *3-Methylacetylamino-6-acetylamino-*, *3-Diphenylamino-*, *3-Dimethylamino-*, *3-Methylamino-*, *3-Hydroxy-*, *3-Amino-*, *3-Acetylamino-*, *3-Methylacetylamino-*, *4-Diphenylamino-*, *4-Dimethylamino-*, *4-Amino-*, *4-Hydroxy-*, *4-Acetylamino-N-methylphthalimid* u. *4-Acetylamino-N-phenylphthalimid* in alkohol. u. methanol. Lsg. bei —180° nimmt mit steigender Frequenz $\nu_{Fl.}^{max}$ der Fluorescenzmaxima zuerst zu, dann stärker ab. Die FA wird hauptsächlich durch Form u. Lage der Energieniveaus des Grundzustands u. der angeregten Elektronenzustände bestimmt. Phosphorescenz tritt bei Abnahme der FA nicht nur mit Anstieg von $\nu_{Fl.}^{max}$, sondern auch unter dem Einfl. bestimmter Substituenten auf u. kompensiert dann nicht die Abnahme der FA. Die strahlungslose Desaktivierung erfolgt bei tiefer Temp., durch Übergang in den metastabilen Zustand u. auf einem dritten Weg, der mit der Prädissoziation zusammenhängen dürfte, wie näher erläutert wird. R. K. Müller. B 125□

Einfluß der Struktur auf die Luminescenzcharakteristiken komplizierter organischer Moleküle. W. W. Selinski und I. I. Resnikowa. (Известия Академии Наук СССР, Серия Физическая [Nachr. Akad. Wiss. UdSSR, physik. Ser.] **24**, 607—09, Mai 1960; russ.) — Vgl. vorst. Referat. — Die Fluorescenzausbeute (FA) von *4-Hydroxy-* u. *3-Hydroxy-N-methylphthalimid* bei —180° ist deutlich kleiner als bei den entsprechenden *Amino*-Derivv. u. wird durch die gleichzeitig mit der Abnahme der FA auftretende Phosphorescenz nicht kompensiert. Die die Wahrscheinlichkeit r des Übergangs in den metastabilen Zustand erhöhenden Substituenten erhöhen auch die Wahrscheinlichkeit q_1^n der strahlungslosen Desaktivierung, z. B. die N-Phenylgruppe (*4-Acetylamino-N-phenyl-* im Vgl. zu *-N-methylphthalimid*) oder Substituenten in 3-Stellung im Vgl. mit solchen in 4-Stellung (Verbb. vgl. l. c.), ferner J oder Br (*3-Acetylamino-6-jod-* u. *-6-brom-N-methylphthalimid*), die allerdings r wesentlich stärker erhöhen als q_{1n}, während die NO_2-Gruppe q_1^n sehr stark erhöht. Die Auslöschung durch NO_2 oder C_6H_5 erfolgt durch andere Desaktivierungsprozesse als diejenige durch J oder Br.
R. K. Müller. B 125□

Brechungsindex und Dielektrizitätskonstante von Freon-13. Wilmot N. Hess, Robert L. Mather und Ralph A. Nobles. (J. chem. Engng. Data **7**, 317—19, April 1962; Berkeley, Calif., Univ. of California, Lawrence Radiat. Labor.; engl.) — Vff. bestimmten für *Chlortrifluormethan* (*Freon-13*) bei ca. 90° F (nahe der krit. Temp.) die DK bei 1000 Hz u. den Brechungsindex für 5461 Å in Abhängigkeit von der Dichte. Aus dem Gesetz von Lorenz-Lorentz u. dem von Clausius-Mosotti folgt die Näherung $(\varepsilon - 1) \sim 2\,\Gamma(n-1) + {}^1/_3\,(4\,\Gamma^2 - \Gamma)\,(n-1)^2$, worin $\Gamma = 1 + (4\pi N/9k)\,(\mu^2/TR)$. Die Meßergebnisse werden durch Kurven am besten wiedergegeben, wenn $R = 12{,}7 \pm 0{,}1$ cm³/g·Mol, $R + (4\pi N/9k)\,(\mu^2/T) = 17{,}7 \pm 0{,}1$ cm³/g·Mol u. $\Gamma = 1{,}40 \pm 0{,}01$. Aus den beiden letzten Parametern ergeben sich $\mu = 0{,}50 \pm 0{,}02$ D u. $\mu^2/TR = (0{,}65 \pm 0{,}015)\cdot 10^{-40}$. J. Richter. B 132□

Über die Konfiguration und Konformation der O-Alkylhydroxamsäuren. 3. Mitt. **über Acylderivate des Hydroxylamins.** O. Exner, V. Jehlička und A. Reiser. (Collect. czechoslov. chem. Commun. **24**, 3207—22, Okt. 1959; Praha, Tschechoslow. Akad. der Wiss., Labor. für makromol. Chem.; dt.) — 1. vgl. C. **1958**, 4149. — Die Konfiguration u. Konformation der aus Benziminoäthyläther (I) bzw. 4-Nitrobenziminoäthyläther (II) u. Hydroxylamin hergestellten *syn-* u. *anti-O-Äthylbenzhydroxamsäure* (*syn-* u. *anti*-III) bzw. *syn-* u. *anti-O-Äthyl-4-nitrobenzhydroxamsäure* (*syn-* u. *anti*-**IV**) wurden durch Vgl. ihrer berechneten u. gemessenen Dipolmomente μ (D) ermittelt: I, μ = 1,70; II, 3,80; syn-III, 2,52; anti-III, 1,41; syn-IV, 4,48; anti-IV, 4,78. Aus dem Vgl. ergibt sich für I u. II eine Konformation mit freier Drehbarkeit um die C—O-Bindung: wobei die unstabile Konfiguration am N etwa zu 50% von jeder Form vorhanden ist. Für syn-III u. syn-IV ergibt sich die s-cis-Konfiguration der N–OH-Gruppe, während anti-III bzw. anti-IV die s-trans-Konfiguration der N–OH-Gruppe zukommt. Die gefundenen Konfigurationen sind den von Werner [1896] angenommenen gerade entgegengesetzt. Zwangsläufig folgt aus diesem Befund, daß die Bldg. von N-Phenylurethan aus syn-III durch Einw. von PCl_5 in ster. Hinsicht keine cis-Umlagerung darstellt, sondern sich analog der normalen Beckmannschen Umlagerung als trans-Umlagerung vollzieht. Die UV-Spektren von syn- u. anti-III bzw. -IV in A. sind angegeben.

Versuche (FF. korr.): *Benziminoäthyläther* (I), Kp.$_{14}$ 101°, n_D^{20} 1,5298, $D._4^{20}$ 1,0317. — *p-Nitrobenziminoäthyläther* (II), $C_9H_{10}N_2O_3$, F. 75° (Cyclohexan). — *anti-O-Äthylbenzhydroxamsäure* (*anti*-III), $C_9H_{11}NO_2$, F. 67,5° (PAe.), 40 g I in A. zu 18,8 g $NH_2OH \cdot HCl$ in W. unterhalb 25° zusetzen, 2 Tage bei Zimmer-Temp. stehen lassen, mit W. verdünnen, mit Ae. ausschütteln, den Auszug zur Trockne eindampfen, in 2n-KOH lösen u. im Craig -Verf. trennen; 6,17 g (Ausbeute). Daneben 6,7 g *syn-Verb.* (*syn*-III), $C_9H_{11}NO_2$, F. 53° (PAe.) u. aus der wss. Schicht 20,3 g *Benzamidoxim*, F. 77° (Bzl.–Cyclohexan). — *anti-O-Äthyl-p-nitrobenzhydroxamsäure* (*anti*-**IV**), $C_9H_{10}N_2O_4$, F. 141° (Bzl.), aus 13,8 g **II** analog III; 2,22 g. Daneben 2,03 g *syn*-**IV**, $C_9H_{10}N_2O_4$, F. 95° (Cyclohexan), 0,77 g *p-Nitrobenzoesäure*, 0,85 g *-äthylester* (F. 56°, Toluol–Hexan) u. 6,6 g *p-Nitrobenzamidoxim* (F. 176°, Zers., A.). A. Emr/Prag. B 132

Das Dipolmoment von 5.5'-Spiro-bis-1.3-dioxan. Eine Berichtigung. I. T. Millar, C. T. Mortimer und H. D. Springall. (J. chem. Soc. [London] **1958**, 536, Jan.; Keele, Staffordshire, Univ. Coll. of North Staffordshire; engl.) — In der C. **1960**, 10889 referierten Arbeit ist der Wert für das Dipolmoment in 2,66 D zu berichtigen. S. Neue. B 132

Nachweis zweier hauptsächlicher Desassoziationsarten der Hydroxyverbindungen durch kernmagnetische Resonanz. Gérard Mavel und Maryvonne Martin. (J. Chim. physique Physico-Chim. biol. **57**, 445—47, Mai 1960; Paris, Sorbonne, Labor. de Spectroscopie Hertzienne; franz.) — An Hand von Literaturangaben über die protonenmagnet. Resonanz von Hydroxyverbb. (*Alkohole, Carbonsäuren*) wird gezeigt, daß die Desassoziierung in inerten Lsgm. (CCl_4, Cyclohexan, Bzl.) kontinuierlich, in komplexierenden Lsgm. (Dioxan bzw. Pyridin) vorwiegend unter Bldg. von Monomeren erfolgt. — 15 Literaturangaben. A. Blaschette. B 137 □

Über die Temperaturabhängigkeit der Hyperfeinstruktur der Elektronenresonanzsignale von γ-bestrahltem Glykokoll. R. Servant, C. Augoyard und Nguyen Ngoc Chau. (J. Physique Radium **21**, 70S—71S, April 1960; Bordeaux; franz.) — *Glykokoll*-Pulver wurde mit ^{60}Co-γ-Strahlung ($1{,}5 \cdot 10^6$ r) bestrahlt u. mit einem 9000-MHz-Elektronenresonanzspektrometer untersucht. Bei Zimmer-Temp. wurden neben dem bekannten Triplett (g = 2,004; H = 20 Oe) zwei schwache seitliche Signale erhalten, so daß die Gesamtstruktur einem Quintett entspricht (Wechselwrkg. des freien Elektrons mit insgesamt vier Protonen). Beim Abkühlen auf die Temp. des fl. N_2 treten Veränderungen auf, die im Verlauf mehrerer aufeinanderfolgender Kreisprozesse vollständig reproduzierbar sind. Bes. auffallend ist das zeitweilige Verschwinden der zentralen Bande; dieses Verh. deutet darauf hin, daß bei tiefer Temp. nur noch eines der beiden CH_2-Protonen an der Wechselwrkg. beteiligt ist. A. Blaschette. B 137 □

Untersuchungen über die elektronenmagnetische Resonanz des Naphthalinions im 3000-MHz-Band. J. Fournol. (J. Physique Radium **21**, 71S—72S, April 1960; Bordeaux; franz.) — Lsgg. des *Naphthalin* (I)-Anions $C_{10}H_8^{2-}$ (II) werden durch Zufügen von Na zu I in Tetrahydrofuran erhalten; sie liefern bei den angewendeten hohen Konzz. lediglich eine paramagnet. Resonanzbande (Breite 4,5 Oe) ohne Hyperfeinstruktur. II liefert mit CO_2 rasch *Naphthalindicarbonsäure*, unter dem Einfl. der Luftfeuchtigkeit *Dihydronaphthalin*. O_2 wirkt nur äußerst langsam ein. Diese Rkk. wurden an Hand der Intensitätsänderung des Resonanzsignals verfolgt. A. Blaschette. B 137 □

Protonenmagnetische Resonanzspektren von Thiazol und dem Thiazoliumion. Børge Bak, J. T. Nielsen, J. Rastrup-Andersen und M. Schottländer. (Spectrochim. Acta [London] **18**, 741—43, Juni 1962; Copenhagen, Univ., Chem. Labor.; engl.) —

Vff. untersuchen die NMR-Spektren von *Thiazol* (I), $D_{(2)}$-, $D_{(5)}$-, $D_{2(2,5)}$-I in Cyclohexan (5 Mol.-%ig. Lsg.) in Ggw. von Tetramethylsilan (TMS) u. den entsprechenden *Thiazoliumionen* (I; 5 Mol.-%ig. Lsg.) in CF_3COOH in Ggw. von TMS als Standard. Für I ergeben sich folgende Werte für die chem. Verschiebungen (in ppm): $H_{(2)}$ 8,68; $H_{(4)}$ 7,83; $H_{(5)}$ 7,19; für J sind die entsprechenden Werte (gleiche Reihenfolge): 10,0; 8,45 u. 8,23. Die Spin–Spin-Kopplungen (in Hz) betragen für I: J_{45} 3,2; J_{25} 1,9; J_{24} $\sim$ 0; für J: 3,6 bzw. 2,2 bzw. 0,9. J. Richter. B 137□

Über einige Eigenschaften der Neutralisationskurven von Säuren. Wanda Wyczałkowska. (Roczniki Chem. [Ann. Soc. chim. Polonorum] **33**, 1389—95, 1959; Warszawa, SGGW, Kat. Chem. ogóln.; pol., Auszug: dt.) — Die Gleichung von Auerbach u. Smolczyk [1924] für die Neutralisationskurve einer einbasigen Säure mit einer starken Base wird umgeformt durch Einführung der Begriffe n = ac (n = Konz. der Base, c = stöchiometr. Konz. der Säure) u. z = av/V (v = Vol. der zugegebenen Base, V = Anfangs-Vol. der Säure). Der Verlauf der nach z aufgelösten Funktion stimmt mit experimentellen Ergebnissen (Titration von *Essigsäure* u. *Monochloressigsäure*) überein. Die umgeformte Funktion stellt eine Kurve mit oder ohne Wendepunkt dar, je nach dem Verhältnis c/K (K = Dissoziations-Konst. der Säure). Die für starke Säuren vereinfachte Gleichung in der Form $z = a(c-c_h)/(ac + c_h)$ mit $c_h = H^+$-Konz. gibt nur annähernd den wirklichen Verlauf der Neutralisation von HCl. F. Urban. B 139□

Organoborhalogenide. 3. Mitt. Lewis-Säurecharakter und ^{19}F-kernmagnetische Resonanzspektren einiger Organodifluorborane. T. D. Coyle und F. G. A. Stone. (J. Amer. chem. Soc. **82**, 6223—28, 20/12. 1960; Cambridge, Mass., Harvard Univ., Dep. of Chem.; engl.) — 2. vgl. C. **1962**, 6002; 4. vgl. C. **1963**, 1627. — Von *Methyl-*, *Äthyl-*, *n-Propyl-* u. *Vinyldifluorboran* wurden die *Trimethylamin-Additions-Verbb.* dargestellt u. deren Sättigungsdampfdrücke in fl. Phase gemessen sowie die Dissoziation in der Gasphase untersucht. Die ermittelten Dissoziationsenthalpien (ΔH^0 = 19,99 bis 20,37 kcal Mol^{-1}) unterscheiden sich nur wenig von einander, jedoch ergibt sich aus den Dissoziations-Konst. folgende Reihe abnehmender Stabilität der Komplexe: $(CH_3)_3N \cdot BF_2C_2H_3 > (CH_3)_3N \cdot BF_2CH_3 > (CH_3)_3N \cdot BF_2C_2H_5 > (CH_3)_3N \cdot BF_2C_3H_7$. Die chem. Verschiebungen der ^{19}F-kernmagnet. Resonanz zeigen, daß der Einfl. des Substituenten X auf die Gruppierung BF_2 im $X-BF_2$-Mol. von anderer Art ist, als er sich auf Grund einfacher Elektronegativitätsbetrachtungen ergibt. Diese Erscheinung wird ausführlich diskutiert.

Versuche: Alkyldifluorborane, aus den entsprechenden Tetraalkyl–Sn-Verbb. u. BF_3; *Methyl-*, $Kp._{78,0}$ —96,1°. — Trimethylaminadditions-Verbb., aus äquivalenten Mengen Amin u. Boran bei Temp. über dem F. des Adduktes im Tensimeter. $(CH_3)_3N-BF_2CH_3$, F. 43,3—43,7°, Kp. 183°. — $(CH_3)_3N-BF_2C_2H_5$, F. 23,7—24,7°, Kp. 185°. — $(CH_3)_3N \cdot BF_2C_3H_7$, F. 23,0—24,0°, Kp. 189°. — $(CH_3)_3N \cdot BF_2C_2H_3$, F. 35,5 bis 36,5°, Kp. 201°. K. Lienhard. B 139□

Über das elektrochemische Verhalten von Pyridin. G. A. Tedoradse, Ss. G. Mairanowski und L. D. Kljukina. (Известия Академии Наук СССР, Отделение Химических Наук [Nachr. Akad. Wiss. UdSSR, Abt. chem. Wiss.] **1961**, 1352—54, Juli; Akad. der Wiss. der UdSSR, Inst. für Elektrochem. u. Zelinsky-Inst. für organ. Chem.; russ.) — Bei der Red. von *Pyridin* (I) an der Hg-Tropfelektrode wurde neben der katalyt. H_2-Ausscheidung die Bldg. eines oberflächenakt. Polymerprod. (II) festgestellt. Die Erhöhung der katalyt. Wrkg. in I-Lsgg. wird durch die Ansammlung von katalyt. akt. II an der Oberfläche der Hg-Elektrode verursacht.

S. Baryschnikow. B 142

Das elektrische Potential auf der freien Oberfläche von Lösungen mit Spuren Progesteron. Janusz Pawełek. (Roczniki Chem. [Ann. Soc. chim. Polonorum] **33**, 1473—75, 1959; Kraków, PAN, Inst. Chem. fiz., Zakł. Fiz.-Chem. Zjawisk powierzchniowych; pol.) — Das in wss. 0,1n KCl-Lsg. schwerlösl. *Progesteron* (I) erhöht das dielektr. Potential der freien Oberfläche der Lsg. gegen Luft. Die Änderung des Potentials ist prakt. proportional der I-Konz.; bei konst. I-Konz. hat das Potential zwischen pH 3 u. 10,5 ein flaches Maximum. F. Urban. B 142□

Polarographische Untersuchung einiger Derivate von p-Nitroacetophenon, p-Nitropropiophenon und 1-[p-Nitrophenyl]-propandiol-(1.3). Wiktor Kemula, Jerzy Chodkowski, Michał Balasiewicz, Jacek Kornacki, Ewa Rakowska und Alina Vincenz. (Roczniki Chem. [Ann. Soc. chim. Polonorum] **33**, 1485 bis 1492, 1959; Warszawa, Uniw. Kat. Chem. nieorgan.; PAN, Inst. Chem. fiz., Zakł. Fiz.-chem. Metod analit.; pol., Auszug: engl.) — Die Halbstufenpotentiale der Verbb. *p-Nitro-* (I), *p-Nitro-ω-brom-* (II), *p-Nitro-ω-amino-* (als Hydrochlorid, III), *p-Nitro-ω-acetamidoacetophenon* (IV), *p-Nitro-α-acetamido-β-hydroxypropiophenon* (V), *1-[p-Nitrophenyl]-2-acetamido-* (VI), *1-[p-Nitrophenyl]-2-aminopropandiol-(1.3)* (VII) u.

rac.-Chloromycetin (**VIII**) wurden ohne Zusatz von oberflächenakt. Stoffen bei Konzz. von 2,5 u. $5 \cdot 10^{-4}$ Mol/Liter polarograph. bestimmt. Die Potentiale sind in ungepufferter 0,1m KCl-Lsg. gleich denen in der Puffer-Lsg. pH 11. Allen Verbb. gemeinsam ist die Red. an der Nitrogruppe, dargestellt in der 1. Stufe der polarograph. Kurve. Die 2. Stufe, die der Red. der in der 1. Stufe gebildeten Hydroxylamingruppe entspricht, verschwindet in alkal. Lösung. Die 3. Stufe tritt bei den Verbb. **I**—**V** u. **VIII** auf; sie entspricht der Red. der Carbonylgruppe, bzw. bei **VIII** der der CH_2Cl_2CO-Gruppe. Eine 4. Stufe tritt nur bei **III** u. **VIII** in einem bestimmten pH-Bereich auf. Ihre Bedeutung ist noch unklar. Polarograph. lassen sich somit nur Verb. **V** neben **VI** bei pH 5—7 in Konzz. von 10^{-5} bis 10^{-3} Mol/Liter unter Auswertung der 1. Stufe bestimmen. F. Urban. B 142□

Organoborhalogenide. 5. Mitt. Perfluorvinylborverbindungen. S. L. Stafford und F. G. A. Stone. (J. Amer. chem. Soc. **82**, 6238—40, 20/12. 1960; Cambridge, Mass., Harvard Univ., Dep. of Chem.; engl.) — 4. vgl. C. **1963**, 1627. — Dargestellt werden Organobor-Verbb. mit perfluoriertem organ. Rest. U. a. werden IR-Absorptionsmaxima, Dampfdruckdaten, Trouton-Konst. u. Verdampfungsenthalpien der dargestellten *Perfluorvinylbor-Verbb.* mitgeteilt.

Versuche: *Perfluorvinyldichlorboran* (I), $C_2BCl_2F_3$, F. —108°, Kp. 48,0°, aus Dimethyl-bis-[perfluorvinyl]-Sn (II) u. BCl_3 (1:2,2) im geschlossenen Rk.-Gefäß (unter Verw. einer Hochvakuum-App.) bei Raum-Temp. u. 1std. Rk. bei 70°; 93% (Ausbeute). *Trimethylaminaddukt*, $C_5H_9BCl_2F_3N$. — *Bis-[perfluorvinyl]-chlorboran* (III), C_4BClF_6, F. —57,5°, Kp. 100,5°; wie vorst., jedoch II: $BCl_3 \approx 1:1$; 85%. — *Perfluorvinyldifluorboran*, C_2BF_5, F. —96°, Kp. —14,0°; a) wie vorst. aus II u. BF_3; 18%; b) aus I u. überschüssigem SbF_3 während 12 Std. bei —23°; 59%; c) aus III u. SbF_3 bei —25°. — *Tris-[perfluorvinyl]-boran*, C_6BF_9, F. —107°, Kp. 104,9°, $Kp._{45}$ 41—42,5°; a) aus II u. BCl_3 als Gemisch zusammen mit Perfluorvinylchlorboranen; b) aus III u. II (2:1) bei 50°; 100%. K. Lienhard. B 150□

Phasengleichgewichte im System Monovinylacetylen-2-Chlorbutadien-(1.3), 2-Chlorbutadien-(1.3)-1.3-Dichlorbuten-(2) und 2-Chlorbutadien-(1.3)-Methylvinylketon. J. Jakubíček. (Collect. czechoslov. chem. Commun. **26**, 300—05, Jan. 1961; Gottwaldov, Forschungsinst. für synth. Kautschuk; dt.) — Die Gleichgewichts-Daten Fl.-Dampf des Syst. *Monovinylacetylen-2-Chlorbutadien-(1.3)* (I; Kp. 58,1°, n_D^{20} 1,4585, $D.^{20}$ 0,959) bei 740 mm Hg, der Syst. I-*1.3-Dichlorbuten-(2)* (Kp. 127,5°, n_D^{20} 1,4694, $D.^{20}$ 1,157) u. I-*Methylvinylketon* (Kp. 81,5°, n_D^{20} 1,4090, $D.^{20}$ 0,804) bei 100 u. 340 mm Hg wurden mittels einer Durchfluß-App. gewonnen. Die Meßwerte u. die Konst. der van Laarschen Gleichung werden angegeben u. die Abweichungen vom idealen Verh. festgestellt. I. Frič/Prag. B 150□

Phasen- und Volumenverhältnisse im System Essigsäure-Butan. I. R. Kritschewski, G. D. Jefremowa, R. O. Prjanikowa und Je. W. Poljakow. (Химическая Промышленность [Chem. Ind.] **1961**, 498—502, Juli; russ.) — Vgl. C. **1962**, 7837. — Im Syst. *Essigsäure* (I)-*Butan* (II) werden die Beziehungen zwischen Vol., Temp. u. Zus. bei 25—275° untersucht. Bis 120° ist die Vol.-Konz. von I in der Gasphase unabhängig vom I-Geh. in II u. gleich der Sättigungsdampfdichte von I bei der Vers.-Temperatur. Zahlen für das Fl.-Gas-Gleichgewicht werden tabellar. mitgeteilt. Bei den Mol.-Anteilen N u. den Flüchtigkeiten f gilt bei konst. Temp. $RTN_1\, d \ln f_1 + RTN_2 \cdot d \ln f_2 - v'\, dP = 0$. Die Partial-Mol-Voll. v von II in Lsgg. von I (cm³/Mol) sind bei 100° 126, 125° 125, 150° 128, 175° 141, 200° 163, 250° 239. Die thermodynam. Kongruenz der Daten des Fl.-Dampf-Gleichgewichts bei den verschiedenen Temp. wird durch Gerade dargestellt. R. K. Müller. B 150□

Gleichgewicht Flüssigkeit-Dampf. 24. Mitt. Gleichgewicht Flüssigkeit-Dampf im System Cyclohexylamin-Cyclohexanol-Anilin. J. Novák, J. Matouš und J. Pick. (Collect. czechoslov. chem. Commun. **25**, 2405—13, Sept. 1960; Prag, TH für Chem., Inst. für physik. Chem.; dt.) — 23. vgl. C. **1961**, 9730. — Mit der Gillespieschen App. wurde bei 760 mm Hg Druck die Unters. des tern. Syst. *Cyclohexylamin* (I, $Kp._{760}$ 134,5°, n_D^{20} 1,4592, $D._4^{20}$ 0,8672) — *Cyclohexanol* (II; $Kp._{760}$ 161,4°, n_D^{25} 1,4645, $D._4^{30}$ 0,94156) — *Anilin* (III; $Kp._{760}$ 184,2°, n_D^{20} 1,5853, $D._4^{20}$ 1,0216) u. der zugehörigen bin. Systeme I—II, I—III u. II—III durchgeführt. Die thermodynam. Konsistenz der Vers.-Daten wurde nach Redlich u. Kister überprüft. Die Ergebnisse wurden mit Hilfe der von Hála für die relative Flüchtigkeit angegebenen Gleichung korreliert, die es ermöglicht, auch nichtideale Dreistoff-Syst. ohne Kenntnis tern. Konst. mit befriedigender Genauigkeit zu charakterisieren. Die angeführten Gleichgewichte sind von technolog. Bedeutung. I. Frič/Prag. B 150

Gleichgewicht Flüssigkeit-Dampf. 25. Mitt. Das System Phenol-Acetophenon bei niedrigen Drücken. V. Fried und J. Pick. (Collect. czechoslov. chem. Commun. **26**, 954—60, April 1961; Prague, Inst. of Chem. Technol., Dep. of Phys. Chem.; engl.) —

24. vgl. vorst. Referat. — Das Syst. *Phenol* (I; F. 40,6, Kp. 181,8°, n_D^{45} 1,5404, $D._4^{45}$ 1,0543)-*Acetophenon* (F. 197°, Kp. 201,8°, n_D^{20} 1,5341, $D._4^{20}$ 1,0281), das bei der Darst. von I aus Isopropylbenzol von Bedeutung ist, wurde bei Drücken 300 bzw. 100 mm Hg untersucht. Die Ergebnisse wurden mit Hilfe der van Laarschen Gleichung ausgewertet. Dieses Syst. bildet unter den genannten Bedingungen ein azeotropes Gemisch mit maximalem Siedepunkt. V. Kačena/Prag. B 150

Gleichgewichte des ternären Systems Caprolactam–Wasser–organisches Lösungsmittel im flüssigen Zustand. K. Tettamanti, M. Nógrádi und J. Sawinsky. (Periodica polytechn. [Budapest], chem. Ingenieurwes. **4**, 201—17, 1960; Budapest, Polytechn. Univ., Dep. of Chem. Engng.; Res. Inst. of Ind. Org. Chem. and Plastics; engl.) — Die Verteilung von *Caprolactam* (I) zwischen organ. Lsgm. u. W. wurde gemessen u. die Grenzkurve der Zweiphasenzone gezeichnet für folgende Syst.: I–W.–*Bzl.*; –*Nitrobenzol*; –*Cyclohexanol*; –$CHCl_3$; –CCl_4 u. –*Trichloräthylen* (II). Bei einem Vgl. der Preise, Verfügbarkeit, Giftigkeit, Brennbarkeit u. Verteilungs-Koeff. erwies sich II als am besten geeignet für die industrielle Extraktion von I. H. Giehring. B 150□

Untersuchungen der Thermochemie von Sulfonen. 2. Mitt. Standardbildungswärmen von Sulfonen des Typs RSO_2CH_3. W. K. Busfield, H. Mackle und P. A. G. O'Hare. (Trans. Faraday Soc. **57**, 1054—57, Juli 1961; Belfast, Queen's Univ., Dep. of Chem.; engl.) — 1. vgl. C. **1963**, 1631. — Die Verbrennungswärmen $-\Delta U$ (kcal/Mol) bei konst. Vol. für die Rk. RSO_2R' (fest oder fl.) + O_2 (Gas) → CO_2 (Gas) + $H_2SO_4 \cdot x H_2O$ (Lsg.) wurden calorimetr. bestimmt u. daraus die Standard-Bldg.-Wärmen $-\Delta H^0_f$ (kcal/Mol) bei 298°K berechnet für folgende Sulfone: *Dimethyl-* (F. 110 bis 110,5°) $-\Delta U$ 428,29 ± 0,07; $-\Delta H^0_f$ 108,3 ± 0,3; *Methyläthyl-* (F. 34,2—34,8°, $Kp._{0,5}$ 98°) 581,64 ± 0,12; 117,0 ± 0,3; *Isopropylmethyl-* ($Kp._{0,5}$ 87°) 739,44 ± 0,15; 121,3 ± 0,3; *tert.-Butylmethyl-* (F. 84,3—84,5°) 889,15 ± 0,56; 133,7 ± 0,7; *Allylmethyl-* ($Kp._{1,5}$ 92°) 700,42 ± 0,15; 92,3 ± 0,3; *Benzylmethyl-* (F. 127,1—127,5°) 1147,43 ± 0,72; 89,5 ± 0,8. G. Pötzscher. B 156□

Untersuchungen der Thermochemie von Sulfonen. 3. Mitt. Schmelz- und Verdampfungswärmen von Sulfonen des Typs RSO_2CH_3. W. K. Busfield, K. J. Ivin, H. Mackle und P. A. G. O'Hare. (Trans. Faraday Soc. **57**, 1058—63, Juli 1961; engl.) — 2. vgl. vorst. Referat. — Von folgenden Sulfonen werden die Schmelzwärmen L_F (kcal/Mol) strahlencalorimetr. u. kryoskop. (mit Campher als gelöstem Stoff) u. die Verdampfungswärmen L_v (kcal/Mol) aus Dampfdruck(p)-Daten gemessen bzw. nach der Meth. von Laidler (vgl. C. **1958**, 6782) berechnet: *Dimethyl-* L_f 4,9 (strahlencalorimetr.); 5,31 (kryoskop.) bei 110,2°; $\log p = 7{,}624 - 2241/(t + 223{,}0)$; L_v 12,95 bei 181°; *Benzylmethyl-* 6,0; 6,22 bei 127,3°; $\log p = (8{,}46 \pm 0{,}04) - (15{,}52 \pm 0{,}10)/2{,}303$ bei 182—256° (mit L_v bei 219°); *Äthylmethyl-* 2,7; 2,69 bei 34,5°; L_v 16,1 (berechnet für 25°); *tert.-Butylmethyl-* —; 5,86 bei 84,4°; L_v 17,9 (berechnet für 25°); *Allylmethyl-* —; —; $\log p = (9{,}95 \pm 0{,}12) - (16{,}30 \pm 0{,}24)/2{,}303\,RT$ bei 132—177° (mit L_v bei 155°); *Isopropylmethylsulfon*, L_v 17,0 (berechnet für 25°). Die nach Laidler (l. c.) u. Kistiakowsky [1923] berechneten u. die beobachteten L_v-Werte stimmen gut überein. G. Pötzscher. B 156□

Untersuchungen der Thermochemie von Sulfonen. 4. Mitt. Bildungswärmen von sechs Sulfonen und des CH_3SO_2-Radikals im Gaszustand. Kohlenstoff–Schwefel-Dissoziationsenergien von Sulfonen und Alkansulfonylradikalen. W. K. Busfield, K. J. Ivin, H. Mackle und P. A. G. O'Hare. (Trans. Faraday Soc. **57**, 1064—69, Juli 1961; engl.) — 3. vgl. vorst. Referat. — Die l. c. calorimetr. gemessenen Daten werden dazu verwendet, die Bldg.-Wärmen $-\Delta H_f$ (kcal/Mol) für den Gaszustand bei 25° zu berechnen für *Dimethyl-* (I) $-\Delta H_f$ 89,9 ± 0,7; *Methyläthyl-* 98,7 ± 0,8; *Methylisopropyl-* 104,2 ± 0,6; *Methyl-tert.-butyl-* 112,3 ± 1,0; *Methylallyl-* 73,5 ± 0,4; *Methylbenzylsulfon* 68,0 ± 1,3. Diese u. frühere Daten (1. Mitt.) für I ergeben für das CH_3SO_2-Radikal $-\Delta H_f$ 61,8 ± 1,8 u. die Dissoziationsenergie $D(CH_3-SO_2)$ 23,3 ± 1,8. Daraus werden die $-\Delta H_f$-Werte für Allyl zu 34,0 ± 2,8 u. Benzyl zu 43,1 ± 3,2 berechnet. Die Thermodynamik der Addition von SO_2 an Alkylradikale u. von Olefinen an Alkansulfonylradikale (**A**) wird diskutiert: Für die erste Rk. liegt bei Zimmer-Temp. u. bei normalen Konzz. das Gleichgewicht auf der Seite der Bldg. der **A**, während für die zweite Rk. das Gleichgewicht weitgehend links liegt u. die Rk. damit thermoneutral ist. G. Pötzscher. B 156□

Untersuchungen der Thermochemie von Sulfonen. 5. Mitt. Verbrennungs-, Bildungs-, Schmelz-, Verdampfungs- und Atomisierungswärmen von elf aliphatischen Sulfonen. H. Mackle und P. A. G. O'Hare. (Trans. Faraday Soc. **57**, 1070—74, Juli 1961; engl.) — 4. vgl. vorst. Referat. — Von folgenden Sulfonen werden die Verbrennungs- ($-\Delta U$ in kcal/Mol, vgl. 2. Mitt.), Schmelz- (L_f in kcal/Mol bei 25°), Verdampfungswärmen (L_v in kcal/Mol bei 25°) bestimmt u. daraus die Standard-Bldg.- ($-\Delta H^0_f$ in kcal/Mol u. $-\Delta H_f$ für den Gaszustand) u. Atomisierungswärmen Q_A ermittelt: *Diäthyl-* (F. 72°) $-\Delta U$ 736,75 ± 0,10; L_f 3,4 ± 0,4; L_v 16,8 ± 0,4; $-\Delta H^0_f$ 124,0 ± 0,2; $-\Delta H_f$ 103,8 ± 0,6; Q_A 1494,1 ± 1,2; *Di-n-propyl-* (I; F. 28,5—29°) 1053,07 ± 0,10; —; 19,7 ± 0,5; 131,8 ± 0,2; 112,1 ± 0,5; 2052,6 ± 1,1; *Di-n-butyl-* (II; F. 43,5°) 1362,37 ± 0,14; 2,7 ± 0,3; 21,7 ± 0,5; 146,7 ± 0,5; 122,2 ± 0,8; 2613,8 ± 1,3; *Diisobutyl-* (III; F. 16,8—17,1°) 1358,79 ± 0,10; —; 23,9 ± 0,6; 150,3 ± 0,2; 129,7 ± 0,6; 2616,9 ± 1,2; *Di-tert.-butyl-* (IV; F. 129—130°, $Kp._{760}$ 248 ± 1°) 1355,08 ± 0,10; 2,9 ± 0,4; 21,3 ± 0,4; 154,0 ± 0,2; 129,7 ± 0,6; 2620,3 ± 1,2; *n-Butylmethyl-* (F. 24°) 893,96 ± 0,06; —; 18,8 ± 0,5; 128,9 ± 0,2; 110,0 ± 0,5; 1775,5 ± 1,1; *tert.-Butyläthyl-* (V) 1046,18 ± 0,10; 1,7 ± 0,2; 19,4 ± 0,4; 138,7 ± 0,2; 117,6 ± 0,5; 2058,1 ± 1,1; *Dimethyl-* Q_A 930,0 ± 1,2; *Methyläthyl-* 1213,19 ± 1,3; *Isopropylmethyl-* 1494,5 ± 1,2; *tert.-Butylmethylsulfon* 1777,8 ± 1,3. Folgende Isomerisierungswärmen werden berechnet: I → V 5,5 ± 0,7; II → III 3,1 ± 0,7; III → IV 3,4 ± 0,7. An Hand der bisherigen Ergebnisse von $-\Delta H_f$-Werten ist es möglich, Additivitätsregeln zur Berechnung unbekannter $-\Delta H_f$-Werte von gesätt. Sulfonen aufzustellen. G. Pötzscher. B 156□

Untersuchungen der Thermochemie von Sulfonen. 6. Mitt. **Verbrennungs-, Schmelz-, Verdampfungs- und Atomisierungswärmen von sechs aromatischen und zwei Allylsulfonen.** H. Mackle und P. A. G. O'Hare. (Trans. Faraday Soc. **57**, 1521—26, Sept. 1961; engl.) — 5. vgl. vorst. Referat. — Wie l.c. wurden die $-\Delta U$-, L_f- (25°), L_v (25°), $-\Delta H^0_f$, $-\Delta H_f$- (für den Gaszustand) u. Q_A-Werte bestimmt: *Diphenyl-* (F. 124°, Ae.; $Kp._{760}$ 378°) 1559,05 ± 0,07; 3,7 ± 0,3; 21,7 ± 0,5; 54,1 ± 0,2; 28,7 ± 0,6; 2887,2; *Dibenzyl-* (F. 150°) 1873,18 ± 0,05; 3,3 ± 0,3; 24,0 ± 0,5; 64,1 ± 0,2; 36,8 ± 0,6; 3344,5; *Phenylmethyl-* (I; F. 87—88°) 991,51 ± 0,09; 1,6 ± 0,2; 18,3 ± 0,5; 83,3 ± 0,2; 63,4 ± 0,6; 1862,2; *Di-p-tolyl-* (F. 158—159°) 1862,03 ± 0,12; 2,4 ± 0,3; 23,8 ± 0,5; 75,2 ± 0,2; 49,0 ± 0,7; 3356,7; *p-Tolylmethyl-* (II; F. 83,6—84,1°, $Kp._{760}$ 316 ± 1°) 1143,69 ± 0,06; 2,0 ± 0,3; 19,6 ± 0,5; 93,2 ± 0,2; 71,6 ± 0,6; 2145,8; *Allyläthyl-* ($Kp._{0,05}$ 70°) 856,48 ± 0,20; —; 19,9 ± 0,5; 98,3 ± 0,3; 78,4 ± 0,6; 1639,6; *Allylmethyl-* —; —; 18,8 ± 0,3; 92,3 ± 0,3; 73,5 ± 0,4; 1359,6; *Benzylmethylsulfon* (F. 126—127°) —; 2,0 ± 0,9; 19,5 ± 0,4; 89,5 ± 0,3; 68,0 ± 1,0; 2140,9. Als Dissoziationsenergien für die $R-SO_2CH_3$-Bindung ergeben sich für I 71,6 ± 2,6, II 70,8 ± 2 (kcal/Mol). Ein Schema zur Berechnung der Q_A-Werte aus Bindungs- u. Gruppenenergien wird aufgestellt, u. dann werden die Q_A-Werte berechnet für *Äthylen* 536,6; *Propylen* 820,5; *Buten-(1)* 1100,4; *2-Methylpropen* 1104,4; *Penten-(1)* 1380,5; *2-Methylbuten-(1)* 1384,4 u. *-(2)* 1388,3; *Hexen-(1)* 1660,5; *2-Methylpenten-(1)* 1664,4 u. *-(2)* 1664,0; *2-Äthylbuten-(1)* 1664,4; *3.3-* 1665,3 u. *2.3-Dimethylbuten-(1)* 1665,9; *Pentadien-(1.4)* 1246,2; *Butadien-(1.3)* 971,8; *m-Xylol* 1884,2; *1-Methyl-3-äthyl-* 2164,2; *Äthyl-* 1881,2; *1.3.5-Trimethyl-* 2167,2; *Isopropylbenzol* 2162,7. G. Pötzscher. B 156□

Untersuchungen der Thermochemie von Sulfonen. 7. Mitt. **Thermochemie von monomerem und polymerem Butadiensulfon.** H. Mackle und P. A. G. O'Hare. (Trans. Faraday Soc. **57**, 1873—76, Nov. 1961; engl.) — 6. vgl. vorst. Ref.; vgl. auch C. **1959**, 10179. — Von *Butadiensulfon* (I; F. 64,0 ± 0,1°) werden folgende thermodynam. Daten ermittelt: $-\Delta U$ 647,7 ± 0,3; $-\Delta H^0_f$ 76,1 ± 0,34 (fest, 25°), L_f 2,5 ± 0,5 (25°); L_v 12,5 ± 0,5 (25°); $-\Delta H_f$ 61,1 ± 0,8 (Gaszustand, 25°); Q_A 1243,0 ± 1,3. Der Unterschied gegenüber dem berechneten Q_A-Wert von 1249,2 wird der ster. Spannungsenergie (6,2 ± 1,3) des 5-Ringes zugeschrieben. Für die Bldg.-Wärme eines ungespannten, offenkettigen Grund-Mol. des I-Polymeren ergibt sich der Wert —67,3 ± 1,6 (Gaszustand, 25°). G. Pötzscher. B 156□

Thermodynamische Untersuchungen über die Jod-Komplexe von symm.-Trithian, Thiacyclohexan und Thiacyclopentan in Tetrachlorkohlenstoff-Lösung. J. D. McCullough und Irmela C. Zimmermann. (J. physic. Chem. **66**, 1198—1200, Juni 1962; Los Angeles, Calif., Univ. of California, Dep. of Chem.; engl.) — Vgl. J. physic. Chem. **65**, [1961], 888. — Aus Messungen der Extinktions-Koeff. bei verschiedenen Konzz. u. Wellenlängen (300—330 nm) wurden mit Hilfe der l. c. beschriebenen Meth. thermodynam. Daten für Gleichgewichte vom Typ $D \cdot J_2 \rightleftharpoons D + J_2$ in CCl_4 abgeleitet. Für K_c (Mol/Liter), ΔG^0_c (kcal/Mol), ΔH^0_c (kcal/Mol) u. ΔS^0_c (cal/Grad·Mol) ergeben sich bei 25° nachst. Werte: D = *symm.-Trithian* (I): $1{,}48 \cdot 10^{-1}$; 1,14 ± 0,04; 4,6 ± 0,4; 11,7 ± 1,4; *Thiacyclohexan* (II): $7{,}40 \cdot 10^{-3}$; 2,92 ± 0,03; 7,1 ± 0,3; 14,1 ± 1,0; *Thiacyclopentan*: $5{,}50 \cdot 10^{-3}$; 3,10 ± 0,03; 8,7 ± 0,4; 8,7 ± 1,4. Die Zunahme von K_c in der Reihe II < 1.4-Dithian < I wird auf induktive Effekte (Abnahme der Elektronendichte am S-Atom) zurückgeführt. A. Blaschette. B 156□

Einfluß des Druckes auf die Normalgeschwindigkeit des Verpuffens von n-Butan–Luft-Gemischen. Michèle Le Foll und Jean Combourieu. (C. R. hebd. Séances Acad. Sci. **253**, 123–24, 3/7. 1961; Paris, Sorbonne, Labor. de Chim. gén.; franz.) — Die Normalgeschw. des Verpuffens von *n-Butan–Luft*-Gemischen (2,4–5 Vol.-% n-Butan) steigt bei Verringerung des Druckes. Die Exponenten n des Gesetzes über die Geschw.-Änderung $V_f \simeq k \cdot p^n$ schwanken je nach Konz. zwischen −0,14 u. −0,25. Die Richtung der Fortpflanzung (aufsteigend oder absteigend) hat keinen merklichen Einfl. auf die Werte. Es werden Analogien zu Propan–Luft-Gemischen festgestellt (vgl. Rev. Inst. franç. Pétrole **15**, [1960], 1). Die Unters. des Einfl. des Zusatzes von 5% H_2 auf die Struktur der absteigenden Flammenfront ergab bei dem 2,4%ig. Gemisch größere Instabilität der Flamme, ohne daß Zellen auftraten, bei dem 5%ig. Gemisch verschwindet die Zellenstruktur entgegen Markstein (vgl. 4th Symposium on Combustion, Williams and Wilkins, [1953]) nicht. K.-F. Schneider. B 157□

Der Einfluß der Temperatur auf die kritische Micellenkonzentration einiger Salze mit Kettenparaffinen. B. D. Flockhart. (J. Colloid Sci. **16**, 484–91, Okt. 1961; Dublin, Univ. Coll., Dep. of Chem.; engl.) — Die Änderung der elektr. Leitfähigkeit bei Variierung der Konz. der wss. Lsg. wird benutzt, um die krit. Micellen-Konz. verschiedener isomerer Na-, C_{10}- u. C_{14}-Alkylsulfate (n-C_{10}, 2-C_{10}, n-C_{12}, n-C_{14}, 2-C_{14} u. 4-C_{14}) bei Temp. von 10–70° zu bestimmen. Mit Hilfe einer Gleichung des Clausius-Clapeyronschen Typs werden die Enthalpieänderungen ΔH_m bei der Micellen-Bldg. berechnet. Die Bedeutung dieser ΔH_m-Werte u. ihre Beziehung zur allg. Micellen-Theorie wird diskutiert. J. Peters. B 162□

Die Viscosität von Kohlenwasserstoffen bei niedrigen Temperaturen. P. I. Ssanin, A. D. Petrow, N. W. Melentjewa, A. P. Meschtscherjakow, Je. P. Kaplan, Je. Ss. Pokrowskaja und D. N. Andrejew. (Химия и Технология Топлив и Масел [Chem. Technol. Brennstoffe Öle] **5**, Nr. 2, 11–19, Febr. 1960; Akad. der Wiss. der UdSSR, Inst. für erdölchem. Synth.; russ.) — Untersucht wurde die Temp.-Abhängigkeit der Viscosität η der nachst. Verbb.: *n-Decan* ($C_{10}H_{22}$, $Kp._{760}$ 172–173°; $D._4^{20}$ 0,7295) $\eta^{100°}$ 0,329 (cP), $\eta^{-30°}$ 2,85; *n-Hexadecan* ($C_{16}H_{34}$, $Kp._{747}$ 280°; $D._4^{20}$ 0,7755) $\eta^{100°}$ 0,887, $\eta^{21°}$ 3,40; *Erdölparaffin* (F. 53°; $D._4^{60}$ 0,7794), $\eta^{100°}$ 2,44, $\eta^{54°}$ 5,89; *n-Hexatriakontan* ($C_{36}H_{74}$, F. 74°; $D._4^{80}$ 0,7819) $\eta^{100°}$ 4,95, $\eta^{76°}$ 7,70; *Erdölceresin* (F. 83,8°; $D._4^{90}$ 0,7907) $\eta^{100°}$ 10,3, $\eta^{85°}$ 15,0; *Isooctan* (*2.2.4-Trimethylpentan*, C_8H_{18}; $D._4^{20}$ 0,6923), *Isododecan* (*2.2.4.6.6-Pentamethylheptan*, $C_{12}H_{26}$, $Kp._{760}$ 99,3°; $D._4^{20}$ 0,7487); *Isohexadecan* ($C_{16}H_{34}$); *1.1.2.2-Tetra-n-amyläthan* ($C_{22}H_{46}$, $Kp._{760}$ 241–243°; $D._4^{20}$ 0,8053) $\eta^{100°}$ 1,36; *Tri-n-heptylmethan* ($C_{22}H_{46}$, $Kp._{15}$ 186–188°; $D._4^{20}$ 0,8036) $\eta^{100°}$ 1,38, $\eta^{-52°}$ 1296; *Polyisobuten* (Fraktion 100–150°/1 mm Hg: $\eta^{100°}$ 2,11, $\eta^{-53°}$ $1{,}223 \cdot 10^6$; Fraktion 150–250°/1 mm Hg: $\eta^{100°}$ 6,43, $\eta^{-40°}$ $2{,}017 \cdot 10^6$); *Polyäthen* (Fraktion 190–260°/1 mm Hg: $\eta^{100°}$ 3,48, $\eta^{-40°}$ 15740); *Cyclohexylbenzol* ($C_{12}H_{16}$, $Kp._{746}$ 236–237°; $D._4^{20}$ 0,9436) $\eta^{100°}$ 0,765, $\eta^{7°}$ 3,86; *x-Cyclohexyltoluol* ($C_{13}H_{18}$, $Kp._{762}$ 261–262°; $D._4^{20}$ 0,9353) $\eta^{100°}$ 0,841, $\eta^{-69°}$ 95500; *p-Di-tert.-butylbenzol* ($C_{14}H_{22}$, $Kp._{760}$ 237°, E. 77°; $D._4^{20}$ 0,8659) η^{1000} 0,897, $\eta^{78°}$ 1,25; *x-Cyclohexylindan* ($C_{15}H_{20}$, $Kp._3$ 130–131°; $D._4^{20}$ 0,9877) $\eta^{100°}$ 1,65, $\eta^{2°}$ 41,7; *x.x-Dicyclopentyl-p-xylol* ($C_{18}H_{26}$, $Kp._5$ 175–178°; E. 70,4°) $\eta^{100°}$ 3,31, $\eta^{73°}$ 6,25; *x.x-Dicyclohexylindan* ($C_{21}H_{30}$, $Kp._3$ 178–179°, F. 15°; $D._4^{20}$ 0,9795) $\eta^{100°}$ 13,4, $\eta^{30°}$ 17270; *1-Cyclohexyl-4-n-hexyldecan* ($C_{22}H_{44}$, $Kp._{11}$ 200–202°; $D._4^{20}$ 0,8532) $\eta^{100°}$ 1,58; *Tetralin* ($C_{10}H_{12}$, $Kp._{760}$ 206,5°; $D._4^{20}$ 0,9699) $\eta^{100°}$ 0,415, $\eta^{-35°}$ 13,9; $x_{(ar)}$-*n-Propyltetralin* ($C_{13}H_{18}$, $Kp._3$ 92–94°; $D._4^{20}$ 0,9395) $\eta^{100°}$ 0,830, $\eta^{-75°}$ $2{,}805 \cdot 10^5$; $x_{(ar)}$-*Isopropyltetralin* ($C_{13}H_{18}$, $Kp._{12}$ 121,5°) $\eta^{100°}$ 0,896; *x-Isopropyldekalin* ($C_{13}H_{24}$, $Kp._4$ 86–93°) $\eta^{100°}$ 0,866, $\eta^{-80°}$ 18100; $x_{(ar)}$-*sek.-Butyltetralin* ($C_{14}H_{20}$, $Kp._3$ 97,5–99°; $D._4^{20}$ 0,9356) $\eta^{100°}$ 1,04, $\eta^{-66°}$ $2{,}926 \cdot 10^5$; *Di-*$x_{(ar)}$-*sek.-butyltetralin* ($C_{18}H_{28}$, $Kp._3$ 127°) $\eta^{100°}$ 2,13, $\eta^{-45°}$ $6{,}73 \cdot 10^5$; $x_{(ar)}$-[*1.1.3.3-Tetramethylbutyl*]-*tetralin* ($C_{18}H_{28}$, $Kp._3$ 126–128°; $D._4^{20}$ 0,9227) η^{-35} $6{,}75 \cdot 10^6$; $x_{(ar)}$-*n-Octyltetralin* ($C_{18}H_{28}$, $Kp._{740}$ 324–326°, $D._4^{20}$ 0,9132) $\eta^{100°}$ 1,99. Danach zeigen die aliphat. n-KW-Stoffe die geringste η-Abhängigkeit von der Temperatur. Etwas größer ist sie bei den aliphat. Isoverbb., bes. mit zunehmender Verzweigung. Die polycycl. Verbb. vom Typ Alkyltetraline zeigen eine weit stärkere Temp.-Abhängigkeit der η als die aliphat. Verbindungen. Die Temp. der beginnenden Kristallisation liegt für die n-aliphat. Verbb. viel höher als für die Isoverbindungen. Mit zunehmender Verzweigung sinkt diese Temperatur. Aus den Ergebnissen folgt, daß die synthet. Schmieröle aliphat. Natur nur so weit verzweigte KW-Stoffe enthalten sollen, wie dies für die Senkung der Kristallisations-Temp. erforderlich ist. Dies gilt auch für die Alkylgruppen für Schmieröle vom Alkylcyclantyp u. für die synthet. Schmieröle vom Säureestertyp. O. Lebtag. B 172□

Einfluß der Rußpressung auf die Adsorptionsisotherme und Adsorptionswärme des n-Hexans. A. A. Issirikjan und A. W. Kisselew. (Коллоидный Журнал [Kolloid-J.] **23**, 67–75, Jan./Febr. 1961; Moskau, Lomonossow-Univ., Chem. Fak.,

Labor. für Adsorption; russ., Auszug: engl.) — Vff. bestimmten die Adsorptionsisothermen u. die differentiellen Adsorptionswärmen (AW) von *n-Hexan* an Proben von Kanalruß „Spheron 6", die bei 2800° in He-Atmosphäre geglüht u. beim Druck von 4—10 t/cm² brikettiert wurden. Es zeigte sich, daß beim Pressen die Inhomogenität der Oberfläche zunimmt, bemerkbar an der Zunahme der AW im Gebiet der geringen Besetzung u. in der Abnahme des AW-Maximums im Gebiet der Sättigung der Monoschicht, außerdem an der Zunahme der AW der Capillar-Kondens. u. am Auftreten scharfer Maxima der AW im Endstadium der Sorption. Durch Integrieren wurden Benetzungsarbeit, -wärme u. -entropie ermittelt. Diese zeigten gute Übereinstimmung mit den Literaturwerten. O. Lebtag. B 176□

Adsorption eines Gemisches aus p-Toluidin mit organischen Säuren an Kohle aus wässerigen Lösungen. N. F. Jermolenko und M. I. Jatzewskaja. (Доклады Академии Наук БССР [Ber. Akad. Wiss. BelorussSSR] **4**, 458—61, Nov. 1960; Akad. der Wiss. der BelorussSSR, Inst. für allg. u. anorgan. Chem.; russ.) — An aktivierter Birkenholzkohle wurde die Adsorption der Gemische von *p-Toluidin* (I) mit *Benzoesäure* (II), *Salicylsäure* (III), *Anthranilsäure* (IV) bzw. *o-Brombenzoesäure* (V) aus wss. Lsg. untersucht u. festgestellt, daß die Adsorbierkeit in der folgenden Reihe abnimmt: II—III—V—VI—I. Die Adsorbierbarkeit von I ist sehr viel geringer als die von Anilin. Wird II mit wechselnden Mengen einer 0,01 n I-Lsg. versetzt, so nimmt die Adsorption von II mit steigendem I-Geh. ab. Ähnliches beobachtet man bei Zusatz von II, IV oder V. Die Adsorption der I-Gemische mit II, III, IV oder V verläuft selektiv. Die Regel, wonach in der Adsorptionsphase im Vgl. zur Gleichgewichts-Lsg. die Komponente mit der stärkeren individuellen Adsorbierbarkeit vorherrschend ist, wird bei III u. V nicht bestätigt. Hier ist I etwas vorherrschend. Diese Anomalie wird theoret. gedeutet.
O. Lebtag. B 176□

Über die Beziehung zwischen Seitenkettenlänge und R_M-Wert. Jaroslaw Franc und Jan Jokl. (J. Chromatogr. [Amsterdam] **2**, 423—27, Juli 1959; Pardubice-Rybitví, Czechoslowakia, Res. Inst. for Org. Synth.; engl.) — Vff. zeigen, daß sich die Abhängigkeit der ΔR_M-Werte der Verteilungschromatographie in Homologenreihen von der Zahl der CH_2-Gruppen in der Seitenkette als logarithm. Funktion $R_{M_p} = k \cdot \log p + R_M$, bzw. $k = (R_{M_p} - R_{M_q}) \log (p/q)$ darstellen läßt, wobei k eine Konst. für eine bestimmte Homologenreihe u. ein bestimmtes chromatograph. Syst. u. R_{M_x} den R_M-Wert des x-ten Gliedes dieser Homologenreihe bedeuten. An Hand der k-Werte können die untersuchten Verbb. in 4 Gruppen eingeteilt werden, innerhalb derer die k-Werte weniger von der Art der Verb. als von den Eigg. des Syst. abhängig sind. Aus Literaturwerten werden die Werte von k u. $(R_{M_p} - R_{M_o})$ in verschiedenen Syst. für folgende Homologenreihen berechnet u. mitgeteilt: *Alkohole* (chromatographiert als Diphenate, Nitrophthalate, Dinitrobenzoate, Alkoxydinitrobenzoate u. Alkylisothiuroniumsalze), *Ketone* (als Rhodanine, Thiosemicarbazone u. o-Nitrobenzaldehyd-Derivv.), *Aldehyde* (als Dinitrophenylhydrazone), *Aminhydrochloride, Indolcarbonsäuren, aliphat. Säuren* (als Hydroxamsäuren u. Hydrazide), *Ketosäuren, aliphat. Dicarbonsäuren, Phenole* (als Aryloxyessigsäuren). K. Prchal. B 177□

Faktoren, die den R_F-Wert amphoterer organischer Substanzen auf gepuffertem Filtrierpapier beeinflussen. Andrzej Waksmundzki und Edward Soczewiński. (Roczniki Chem. [Ann. Soc. chim. Polonorum] **33**, 1423—30, 1959; Lublin, Uniw. M. Curie-Skłodowskiej, Zakł. Chem. fiz.; Akad. Med., Zakł. Chem. nieorgan.; pol.) — Nach theoret. Ausführungen der Vff. ist der R_F-Wert organ. Ampholyte außer von der H^+- u. OH^--Konz. noch von der Säure- u. Basen-Konst. K_s u. K_b sowie vom Prod. $k \cdot r$ (k = Konz.-Verhältnis der Substanz in der beweglichen u. stationären Phase, r = Vol.-Verhältnis der beweglichen u. stationären Phase) abhängig. Die Kurven $R_F = f(pH)$ haben Glockenform, die Höhe des Maximums (isoelektr. Punkt, I), das auch als Plateau ausgebildet sein kann, ist nach $pI = 1/2\ (pK_s + pK_{H_2O} - pK_b)$ festgelegt. pI ist somit von $k \cdot r$, d. h. vom Lsgm. u. von der Feuchtigkeit des Papieres unabhängig. Die Ableitung dieser Verhältnisse gilt auch für die Säulenchromatographie. Die experimentelle Bestätigung der Ableitungen wurde durch Papierchromatographie von *Chinaldinsäure* (I) u. *8-Hydroxychinolin* bei verschiedenem pH der wss. Phase u. mit Chlf., Bzl. u. Cyclohexan als beweglicher Phase erbracht. Aus der experimentell ermittelten Funktion $R_F = f(pH)$ lassen sich umgekehrt K_s, K_b u. pI eines Ampholyten ermitteln. Für I wurde so gefunden: $K_s = 6{,}3 \cdot 10^{-6}$, $K_b = 6{,}3 \cdot 10^{-14}$, pI = 3,0. F. Urban. B 177□

Die Trennung von Zuckern an Kohle-Säulen durch Gradient-Eluierung. M. A. Jermyn. (Austral. J. Chem. **10**, 55—78, Febr. 1957; Melbourne, C.S.I.R.O., Biochem. Unit. Wool Text. Res. Labor.; engl.) — Der Einfl. verschiedener Faktoren auf die

Eluierung von Zuckern aus Holzkohle-Säulen durch Konz.-Zunahme von in W. gelösten organ. Verbb. wird durch Betrachtung des Zuckers u. des desorbierenden Agens als Konkurrenten um die gleiche akt. Oberfläche erklärt. Das Verh. verschiedener Syst. kann nach dieser Hypothese vorausgesagt werden. Die Fähigkeit von *Aceton, n-Butanol* (I), *n-Buttersäure* (II), *Diäthylamin, Diäthylenglykoldiäthyläther, Dioxan, A., Äthylacetat, Äthylenglykolmonomethyläther, -monobutyläther, Äthylenglykol, Ameisensäure* (III), *Milchsäure, Methanol, Piperidin* u. *Pyridin*, 20 mg von *Saccharose* (IV) oder *Lactose* (V) oder *Cellobiose* (VI) von 1 g Holzkohle „Darco G-60" (K) bei 28° zu desorbieren, wird tabellar. angegeben. Einige aus mit Säure hydrolysierter Cellulose erhältliche Cellooligoglucoside (keine näheren Angaben) wurden getrennt. Die Ergebnisse der Trennung von Gemischen aus *Trehalose, Turanose, Melibiose*, IV, V, VI, *Maltose, Raffinose* (VII), *Galaktose* u. *Melezitose* sowie von Gemischen aus *Methyl-, p-Hydroxyphenyl-* (*Arbutin*), *Phenyl-* u. *Naphthyl-(1)-β-glucosid* sind graph. dargestellt, ebenso die Adsorption von I bis VII sowie von *Essigsäure* an K bei 28°. K. Zieloff. B 177

Die Wasserstoffbrückenbindung. Leslie E. Orgel. (Rev. mod. Physics **31**, 100—02, Jan. 1959; Cambridge, England, Univ. of Cambridge, Univ. Chem. Labor., Dep. of Theoret. Chem.; engl.) — Kurze Übersicht. A. Blaschette. B 182□

Eine Einzentren-SCF-Wellenfunktion für das Methan-Molekül. E. L. Albasiny und J. R. A. Cooper. (Molecular Physics **4**, 353—68, Sept. 1961; Teddington, Middlesex, Nat. Phys. Labor.; engl.) — Eine Eindeterminanten-Hartree-Fock-Wellenfunktion für den Grundzustand des CH_4-Mol. wird berechnet. Die Gesamtenergie ergibt sich danach zu —39,90 bzw. —39,53 (Atomeinheiten) bei Erweiterung der Einelektronen-Mol.-Zustände in dieser Determinante auf Terme 3. bzw. 1. Ordnung. G. Pötzscher. B 182□

Elektronenbesetzungsanalyse über LCAO-MO-Molekülwellenfunktionen. 4. Mitt. Bindung und Antibindung in der LCAO- und Valenzbindungstheorie. R. S. Mulliken. (J. chem. Physics **23**, 2343—46, Dez. 1955; engl.) — 3. vgl. C. **1963**, 1576. — Vf. zeigt, daß prakt. eine einfache Beziehung besteht zwischen dem Auftreten von positiven (bindenden) u. negativen (antibindenden) Überlappungsbesetzungen in der LCAO-Theorie einerseits u. von „gebundenen" Anziehungen u. „nichtgebundenen" Abstoßungen in der VB-Theorie. Diese Übereinstimmung wird für das N_2-Mol. diskutiert für den Fall, daß keine s—p-Hybridisierung u. daß eine Hybridisierung vorliegt. Hierbei zeigt es sich, daß Abstoßungen zwischen nichtgebundenen Atomen in der VB-Theorie ihr Gegenstück in negativen Überlappungsbesetzungen zwischen denselben Atomen in der LCAO-Theorie haben. Ferner wurden mit Hilfe der LCAO-Theorie die π-Überlappungsbesetzungen für die verschiedenen Bindungen von *Butadien-(1.3)* berechnet, u. es wird gezeigt, wie sie durch Konjugation beeinflußt werden. Die Ergebnisse wurden mit denen der VB-Theorie verglichen. C. Gottfried. B 182

Die Elektronenstruktur des Iminiumions. (Verbesserte LCAO-Methode.) André Julg und Pierre Carles. (C. R. hebd. Séances Acad. Sci. **251**, 1782—83, 24/10. 1960; franz.) — Im Gegensatz zu den aromat. u. Äthylen-KW-Stoffen darf die Verschiebung der Elektronen im Iminiumion $[H_2C{=}NH_2]^+$ (I) längs der Einfachbindung auf Grund des Elektronegativitätsunterschiedes zwischen dem neutralen C-Atom u. dem ionisierten N-Atom nicht mehr vernachlässigt werden. Unter der Annahme eines C—N-Abstandes von 1,32 Å wurde sowohl mit als auch ohne Berücksichtigung eines induktiven Effektes auf die C—H-Bindnng für die Energie des Übergangs N → V der Wert 6,7 eV berechnet. Aus Literaturangaben über substituierte I wird unter Berücksichtigung eines bathochromen Effekts dieser Substituenten die Übergangsenergie zu 6,2 eV abgeleitet. Bei der Ungewißheit über den geometr. Bau von I u. mit Rücksicht auf den Lsgm.-Effekt sind 8% Abweichung vom berechneten Wert zufriedenstellend. H. Peter. B 182□

Ein Dimeres von Cyclobutadien. Margaret Avram, Gh. Mateescu, I. G. Dinulescu, Elise Marica und C. D. Nenitzescu. (Tetrahedron Letters [London] **1961**, 21—25, Jan.; Bucharest, Acad. of R.P.R., Chem. Inst.; engl.) — Der früher (vgl. C. **1960**, 3525) beschriebene $C_4H_4 \cdot AgNO_3$-Komplex zersetzt sich in wss. NaCl-Lsg. in Ggw. eines organ. Solvens unter Bldg. eines C_8-KW-Stoffes, der nach dem Verdampfen des Lsgm. als farblose Fl. zurückbleibt. Beim Behandeln der äther. Lsg. mit $AgNO_3$-Lsg. bildet sich $C_4H_4 \cdot AgNO_3$ zurück. Nach den gaschromatograph., massenspektrometr. u. IR-spektrometr. (Bandentabelle ist angegeben) Analysen ist die Verb. wahrscheinlich *Tricyclo-[4.2.0.0^{2,5}]-octadien-(3.7)*, für das aus Symmetriegründen trans-Konfiguration mit C_{2h}-Symmetrie angenommen wird. W. Betcke. B 182□

Zur Darstellung reiner organischer Präparate. A. G. Anikin, G. M. Dugatschewa, A. A. Melnikow und A. F. Plate. (Вестник Московского Университета, Серия Математики, Механики, Астрономии, Физики, Химии [Nachr.

Moskauer Univ., Ser. Math., Mechan., Astronom., Physik, Chem.] **13**, Nr. 1, 227—32, 1958; Lehrstuhl für Petrochemie; Lehrstuhl für physik. Chem.; russ.) — Am Beispiel der Synth. von *trans-1.2-Di-n-butylcyclopentan* (I; Ep. —62,58 ± 0,05°) wurde die Meth. der Reinheitsprüfung der End- u. Zwischenprodd. organ. Präpp. durch Aufnahme der Kristallisationskurven geprüft. Zur Darst. von I wurde *1-n-Butylcyclopentanol-(1)* zu *1-n-Butylcyclopenten-(1)* (Ep. —88,35°) dehydratisiert, dieses mit H_2O_2 zu *1-n-Butylcyclopentandiol-(1.2)* oxydiert u. zu *2-n-Butylcyclopentanon-(1)* dehydratisiert. Die Grignard-Synth. mit dem Keton, Dehydratisierung u. Hydrierung lieferte schließlich I. Die Reinigung der Zwischenprodd. erfolgte durch fraktionierte Destillation. Die Kristallisationskurven werden angegeben. Helmut Schäfer. B 190□

Kristallisation von Glucose. 1. Mitt. Verhältnis zwischen Wasserstoffbrücke und inhibierende Wirkung der Beimischungen auf die Kristallisation von Glucose. Soichiro Motoi und Jun Mizuguchi. (J. chem. Soc. Japan, ind. Chem. Sect. [Kogyo Kagaku Zassi] **63**, 1252—55, Juli 1960; Tôkyô-Meguroku, Tôkyô-Kôgyô-Daigaku, Sigen-Kagaku-Kenkyûzyo; jap., Auszug: engl. S. A 68.) — Einige anorgan. Salze u. H_2SO_4 sowie organ. Verbb. (einfache Alkohole, Carbonsäuren, Aldehyde, Äther, Hydrochinon, Furan, Dioxan, Harnstoff, Glycin, Anilin, Diäthylanilin u. -amin, Pyrrol) werden auf inhibierende Wrkg. auf die Kristallisation von *Glucose* (I) aus 75%ig. Lsg. geprüft. In Ggw. von Aldehyden, bes. Furfurol, oder N-haltigen organ. Verbb. wird die Kristallisation von I bes. stark gehindert. Die wss. Lsg. von I zeigt Absorption bei 1,46 u. 1,57 μ, die bei 1,57 μ beruht auf der Ausbldg. von H-Brücken zwischen H_2O-Moll. u. I. Ihre Intensität nimmt in Ggw. von den Substanzen, die die Kristallisation von I hindern, stark zu. Zwischen der inhibierenden Wrkg. u. der Intensitätszunahme der Absorption bei 1,57 μ wird eine Beziehung beobachtet. E. Maekawa. B 190

Die Kristallstruktur des trans-Dimeren von Nitrosoisobutan. Hans Dietrich und Dorothy Crowfoot Hodgkin. (J. chem. Soc. [London] **1961**, 3686—90, Sept.; Oxford, Univ., Chem. Crystallogr. Labor.; engl.) — Die Kristallstruktur des *trans-Dimeren* von *Nitrosoisobutan* wurde durch Berechnung von Patterson- u. Elektronendichte-Projektionen bestimmt. Die Kristalle sind monoklin, Raumgruppe P 2_1/c, a = 8,84, b = 9,93, c = 6,14 Å, β = 96,17°, Z = 2. Das Mol. ist zentrosymm., die N_2O_2-Gruppe planar. Für die Bindungslängen u. Bindungswinkel werden folgende Werte angegeben: N—N 1,27; N—O 1,30; N—C_1 1,51; C_1—C_2 1,53; C_2—C_3 1,51; C_2—C_4 1,50 Å; O—N—N 122,4°, N—N—C_1 117,1°, N—C_1—C_2 112,8°, C_1—C_2—C_3 109,2°, C_1—C_2—C_4 107,2°, C_3—C_2—C_4 113,2°, O—N—C_1 120,5°. Heinz Heß. B 195□

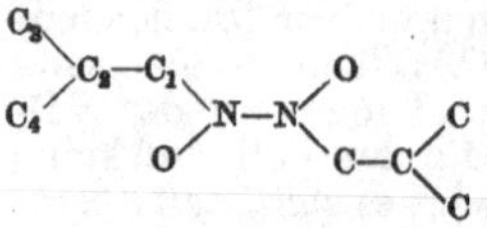

Optische und kristallographische Eigenschaften von 1-[p-Anisoyl]-4-methoxynaphthalin. A. Rittmann und E. E. El-Hinnawi. (Schweiz. mineralog. petrogr. Mitt. **40**, 385—88, 1960; Catania, Univ., Ist. di Vulcanologia; engl.) — Die goniometr. Vermessung von *1-[p-Anisoyl]-4-methoxynaphthalin* ($C_{19}H_{16}O_3$, F. 108°) ergab monoklinholoedr. Symmetrie mit β = 94° 56′ u. a : b = 1,398. Unterss. auf dem Heiztisch ergaben, daß die Verb. nur in einer Form auftritt. Die Kristalle sind farblos, zweiachsig mit einem mittleren Berechnungsindex von n = 1,650. Die Auslöschung ist parallel, 2 V = + 86° 30′. Mit Hilfe der opt. Eigg. ist eine sichere Identifizierung der Verb. möglich. C. Gottfried. B 195

Die Kristall- und Molekularstruktur von Biphenylen. T. C. W. Mak und J. Trotter. (J. chem. Soc. [London] **1962**, 1—8, Jan.; Vancouver, Canada, Univ. of British Columbia, Dep. of Chem.; engl.) — Vgl. C. **1962**, 3045. — *Biphenylen* [$C_{12}H_8$; F. 110°, nach der c-Achse gestreckte Prismen aus Propanol-(1), D. 1,24]. Dreh-, Schwenk- u. Weißenberg-Aufnahmen ergaben monokline Symmetrie u. die Zellendimensionen a = 19,66 ± 0,06 (Å); b = 10,57 ± 0,04; c = 5,85 ± 0,01; β = 91,0 ± 0,5°. Raumgruppe ist C^5_{2h} — P 2_1/a; Z = 6. Die Struktur wurde mit Hilfe einer Elektronendichteprojektion parallel der c-Achse u. weiterer Verfeinerung der Parameter durch eine dreidimensionale Analyse festgelegt. Die folgenden Parameter wurden erhalten: 1 Mol.; $C_{(8b)}$ (x =) 0,0294; (y =) 0,0047; (z =) —0,146; $C_{(1)}$: 0,0743; —0,0007; —0,318; $C_{(2)}$: 0,1237; —0,1006; —0,302; $C_{(3)}$: 0,1250; —0,1782; —0,117; $C_{(4)}$: 0,0821; —0,1696; 0,062; $C_{(4a)}$: 0,0313; —0,0690; 0,045; 2. Mol.; $C_{(8b)}$: 0,3637; 0,0050; 0,587; $C_{(1)}$: 0,4081; 0,0008; 0,753; $C_{(2)}$: 0,4585; —0,1013; 0,729; $C_{(3)}$: 0,4619; —0,1731; 0,541; $C_{(4)}$: 0,4142; —0,1675; 0,346; $C_{(4a)}$: 0,3665; —0,0700; 0,393; $C_{(4b)}$: 0,3048; —0,0035; 0,282; $C_{(5)}$: 0,2599; 0,0012; 0,113; $C_{(6)}$: 0,2029; 0,0999; 0,137; $C_{(7)}$: 0,2058; 0,1748; 0,326; $C_{(8)}$: 0,2529; 0,1684; 0,511; $C_{(8a)}$: 0,3042; 0,0682; 0,478. In dem Gitter sind beide kristallograph. unabhängigen Moll. innerhalb der experimentellen Fehlergrenzen vollkommen eben. Die Bindungslängen u. Valenzwinkel sind zeichner. wiedergegeben. In den sechsgliedrigen Ringen weichen die Valenzwinkel von 120° ab, in den viergliedrigen Ringen betragen

die Winkel fast genau 90°. Ein Vgl. der gemessenen Bindungslängen mit denen, die man rechner. mit Hilfe der einfachen Resonanztheorie u. der MO-Theorie erhält, zeigte, daß die MO-Theorie ein bessere Beschreibung der Elektronenverteilung in dem Mol gibt.
C. Gottfried. B 195

Thiothiophthen, ein ungewöhnlicher neuer Typus eines aromatischen Systems. S. Bezzi, M. Mammi und C. Garbuglio. (Nature [London] **182**, 247—48, 26/7. 1958; Padova, Centro di Strutturistica Chim. del C.N.R.; engl.) — Vgl. Hertz u. Mitarbeiter, C. **1960**, 9502. — Der von Arndt u. Mitarbeitern [1925] aus Diacetylaceton u. P_2S_5 in Bzl. dargestellten u. als *Thiothiophthen* (I) bezeichneten Verb. wird nach der Röntgenanalyse eine neue Strukturformel gegeben (vgl. l. c.). Die Bindungslängen im offenbar ebenen Mol. betragen bei den C—C-Bindungen 1,37—1,38 Å, bei der C—S- 1,82 bzw. 1,78 u. bei der S—S-Bindung 2,36 Å. Die von S—S—C- u. von S—C—C-Atomen eingeschlossenen Bindungswinkel werden mit 89,5 bzw. 91° u. 119,2 bzw. 119° angegeben.
H. Smalla. B 195

Röntgen-Strukturanalyse. 1. Mitt. Über die Ermittlung der Struktur eines bei der Herstellung von 1-[N-Methylpiperidyl-(4')]-3-phenyl-4-benzylpyrazolon-(5) auftretenden Isomeren als 1-[N-Methylpiperidyl-(4')]-4-benzyl-5-phenylpyrazolon-(3). H. G. Leemann und K. Antenen. (Helv. chim. Acta **45**, 177—79, 1/2. 1962; Basel, Sandoz AG, Pharmazeut. Abt., Physikal.-chem. Labor.; dt.) — Für das bei der Herst. von 1-[N-Methylpiperidyl-(4')]-3-phenyl-4-benzylpyrazolon-(5) ($C_{22}H_{25}N_3O$; vgl. Jucker u. Lindemann, Helv. chim. Acta **44**, [1961], 1249) als Nebenprod. anfallende Isomere sind 5 verschiedene isomere Strukturen möglich. Zur Feststellung der Konst. wurde das Jodmethylat des Nebenprod. röntgenograph. untersucht. Die meisten Kristalle sind pseudomonokline Zwillinge nach (0 1 0). Die trikline Zelle hat die Abmessungen a = 13,8 (Å); b = 6,45; c = 12,6; α = 96°; β = 105° 10'; γ = 90°. Raumgruppe ist C_1^1— P_1; mit D. 1,40 ist Z = 2. Aus der Patterson-Funktion P(u, w) ist ersichtlich, daß es sich bei der Verb. um das *Jodmethylat von 1-[N-Methylpiperidyl-(4')]-4-benzyl-5-phenylpyrazolon-(3)* ($C_{23}H_{28}N_3OJ$, F. 284—286°, Zers.) handelt. C. Gottfried. B 195

Verfeinerung der Struktur der Komplexverbindung von Jod mit 1.4-Diselenan, $C_4H_8Se_2 \cdot 2\,J_2$. George Y. Chao und J. D. McCullough. (Acta crystallogr. [Copenhagen] **14**, 940—45, 10/9. 1961; Los Angeles, Calif., Univ., Dep. of Chem.; engl.) — Vgl. C. **1961**, 17157. — Vff. berichten über eine Verfeinerung der C. **1961**, 433 mitgeteilten Struktur von $C_4H_8Se_2 \cdot 2\,J_2$. Zu diesem Zweck wurden Patterson-Funktionen für die 3 Hauptebenen u. dreidimensionale Differenz-Synth. durchgeführt u. die gefundenen Parameter mit Hilfe der Meth. der kleinsten Quadrate verbessert. Die monokline Zelle der Komplex-Verb. hat die Abmessungen: a = 6,876 ± 0,007 (Å); b = 6,325 ± 0,007; c = 17,68 ± 0,01; β = 118° 30' ± 20'; Raumgruppe ist P 2_1/c; Z = 2. Die endgültigen Parameter sind: $I_{(1)}$ (x =) 0,7786; (y =) 0,9189; (z =) 0,1738; $I_{(2)}$: 0,4758; 0,2627; 0,1401; Se: 0,1848; 0,6066; 0,1103; $C_{(1)}$: 0,1454; 0,7117; 0,0004; $C_{(2)}$: 0,9003; 0,4555; 0,0717. Obwohl die Raumgruppe für das Mol. nur zentrosymm. Symmetrie verlangt, ergaben die Berechnungen, daß das Mol. innerhalb der Fehlergrenzen die Symmetrie 2/m hat. Die Bindungsabstände sind $J_{(1)}—J_{(2)}$ = 2,870 ± 0,003 (Å); $J_{(2)}$—Se = 2,829±0,004; Se—$C_{(1)}$ = 1,947 ± 0,024; Se—$C_{(2)}$ = 1,980 ± 0,024; $C_{(1)}—C_{(2)}$ = 1,568 ± 0,030; die Valenzwinkel sind: $J_{(1)}—J_{(2)}$—Se 180,0 ± 0,3°; $J_{(2)}$—Se—$C_{(1)}$ 101,5 ± 1,0°; $J_{(2)}$—Se—$C_{(2)}$ 100,5 ± 1,0°; $C_{(1)}$—Se—$C_{(1)}$ 100,5 ± 1,8°; Se—$C_{(1)}$—$C'_{(2)}$ 117,2 ± 2,0° u. Se—$C_{(2)}$—$C'_{(1)}$ 113,0 ± 2,0°. Im Gegensatz zu der l. c. gefundenen äquatorialen Bindung des J an das S in dem Dithiankomplex, ist das Jod in dem Diselenankomplex in axialen Lagen gebunden.
C. Gottfried. B 195

Die Struktur von Calycanthin. Röntgenanalyse des Dihydrobromiddihydrats. T. A. Hamor und J. Monteath Robertson. (J. chem. Soc. [London] **1962**, 194—205, Jan.; Glasgow, Univ., Chem. Dep.; engl.) — *Calycanthindihydrobromiddihydrat* (I, $C_{22}H_{28}N_4Br_2 \cdot 2\,H_2O$, F. 213—214°; D. 1,568) werden aus wss. A. in gut entwickelten, nach der b-Achse gestreckten rhomb. Prismen erhalten. Präzessionsaufnahmen lieferten die Zellendimensionen a = 9,61 ± 0,01 (Å); b = 14,13 ± 0,01; c = 16,97 ± 0,02; Raumgruppe ist D_2^4 = P2_1 2_1 2_1; Z = 4. Die Struktur wurde mit Hilfe einer dreidimensionalen Patterson-Funktion u. mehreren dreidimensionalen Fourier-Synth. erhalten; die so gefundenen Parameter wurden mit Hilfe der Meth. der kleinsten Quadrate weiter verfeinert. Folgende Parameter wurden gefunden (vgl. Abb.; ohne Br u. W.): $Br_{(0)}$ (x =) 0,1147; (y =) 0,4338; (z =) 0,5024; $Br_{(1)}$: —0,4787; 0,6204; 0,2936; $C_{(2)}$: 0,2011; 0,6732; 0,0704; $C_{(3)}$: 0,2545; 0,6158;

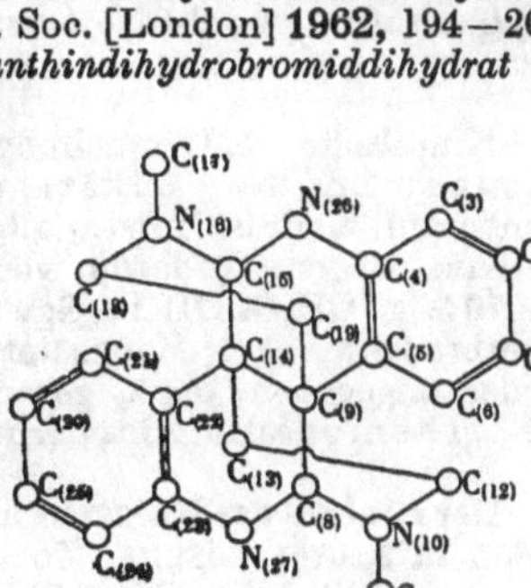

I

0,1305; $C_{(4)}$: 0,1672; 0,5634; 0.1800; $C_{(5)}$: 0,0205; 0,5683; 0,1680; $C_{(6)}$: −0,0289; 0,6265; 0,1105; $C_{(7)}$: 0,0627: 0,6780; 0,0598; $C_{(8)}$: −0,2055; 0,4756; 0,1728; $C_{(9)}$: −0,0737; 0,5068; 0,2202; $N_{(10)}$: −0,2982; 0,4120; 0,2235 ; $C_{(11)}$: −0,4286; 0,3918; 0,1792; $C_{(12)}$: −0,2241 0,3220; 0,2454; $C_{(13)}$: −0,0898; 0,3449; 0,2893; $C_{(14)}$: 0,0047; 0,4146; 0,2406; $C_{(15)}$: 0,1394; 0,4452; 0,2862; $N_{(16)}$: 0,0923; 0,4972; 0,3625; $C_{(17)}$: 0,2151; 0,5158; 0,4141; $C_{(18)}$: 0,0172; 0,5823; 0,3462; $C_{(19)}$: −0,1082; 0,5655; 0,2949; $C_{(20)}$: 0,2062; 0,2758; 0,0840; $C_{(21)}$: 0,1703; 0,3155; 0,1572; $C_{(22)}$: 0,0488; 0,3683; 0,1635; $C_{(23)}$: −0,0334; 0,3796; 0,0982; $C_{(24)}$: 0,0027; 0,3428; 0,0245; $C_{(25)}$: 0,1271; 0,2920; 0,0179; $N_{(26)}$: 0,2223; 0,5075; 0,2387; $N_{(27)}$: −0,1667; 0,4263; 0,1022; $H_2O_{(28)}$: −0,3944; 0,4182; 0,3848; $H_2O_{(29)}$: −0,6405; 0,2772; 0,3483. Angegeben sind noch angenäherte H-Parameter. Das Mol. besitzt eine sehr kompakte dreidimensionale Struktur, die aus 6 sechsgliedrigen zusammenhängenden Ringen besteht. Die beiden Benzolringe sind gegeneinander um 61° geneigt, die 4 anderen Ringe liegen in der Sesselform vor mit den N-Methylgruppen 11 u. 17 äquatorial. Die Benzolringe sind eben u. die 4 benachbarten Atome $N_{(26)}$, $C_{(9)}$, $N_{(22)}$ u. $C_{(14)}$ liegen nahe der Ebenen der entsprechenden aromat. Ringe. Die mittlere Länge der aromat. C—C-Bindung beträgt 1,39 ± 0,03 Å, die der C—C-Einfachbindung 1,54 ± 0,02 Å. Die C—N-Abstände liegen zwischen 1,38 u. 1,56 Å. In dem Kristall sind die Moll. in Schichten parallel (0 1 0) angeordnet. Innerhalb der Schichten werden die Moll. durch H-Bindungen zusammengehalten, wobei die Br-Ionen, das H_2O-Mol. 28 u. die N-Atome beteiligt sind. Der kürzeste Abstand zwischen Atomen verschiedener Schichten ist der Abstand $H_2O_{(28)} \cdots H_2O_{(29)}$ mit 3,15 Å, der also nur eine schwache H-Bindung darstellen kann. C. Gottfried. B 195

Raumgruppe und Elementarzelle des m-Brombenzoats von Photoisopyrocalciferol. G. L. Hardgrove. (Nature [London] **192,** 551, 11/11. 1961; Northfield, Minn., St. Olaf Coll.; engl.) — Vf. untersuchte röntgenograph. das *m-Brombenzoat des Photoisopyrocalciferols* ($C_{35}H_{47}O_2Br$, F. 93,5—95°), dessen Struktur von Dauben u. Fonken (vgl. C. **1961, 8675**) auf Grund chem. u. spektroskop. Unterss. festgelegt worden war. Die Verb. bildet farblose Nadeln mit der b-Achse als Nadelachse. Weißenberg-Aufnahmen ergaben monokline Symmetrie u. die Zellendimensionen a = 21,13 (Å); b = 7,39; c = 10,35; β = 92° 14′. Raumgruppe ist P 2_1; Z ist mit D. 1,17 gleich 2. C. Gottfried. B 195

Untersuchung der Assoziation in Gasphase von n-Butanol, n-Butylamin und deren Mischung. F. Cracco und P. Huyskens. (Bull. Soc. chim. belges **69,** 255—66, März/April 1960; Louvain, Univ. Cathol., Labor. de Chim.-Phys.; franz.) — Durch manometr. Dampfdichtemessungen wurden Aussagen über die bimol. Assoziation in Alkoholen u. Aminen durch Wasserstoffbrückenbindung gewonnen. Die Bindungsenthalpie in Gasphase wurde für die OH—O-Bindung bei *n-Butanol* (I) zu 3,0 ± 0,7 (kcal/Mol) berechnet, für die NH—N-Bindung bei *n-Butylamin* (II) zu 5,8 ± 0,6 u. für die NH—O-Bindung zwischen I u. II zu im Mittel ca. 8,9. Die Amin—Alkohol-Bindung scheint also eine noch höhere Bindungsenthalpie zu besitzen als die Amin—Amin-Bindung. Die Assoziations-Konst. von II ist bei gegebener Temp. niedriger als die von I. Das zeigt, daß das Entropieglied im Ausdruck für die freie Energie der Bindung von größerem Einfl. sein muß als bei den Alkoholen. Dies beruht wahrscheinlich auf einem ster. Effekt, verursacht durch die Existenz nur eines ungebundenen Elektronenpaares am N gegenüber zweien am O. Die Assoziations-Konst. zwischen I u. II liegt zwischen den Werten derjenigen für I bzw. II, jedoch näher bei dem für I. H. Peter. B 223□

Löslichkeitsbestimmung des Monovinylacetylens in 2-Chlorbutadien-(1.3). J. Jakubíček. (Collect. czechoslov. chem. Commun. **26,** 305—07, Jan. 1961; Gottwaldov, Forschungsinst. für synth. Kautschuk; dt.) — Vgl. C. **1963,** 1618. — Die Löslichkeit wurde im Temp.-Bereich 10—50° bei 1 at Druck bestimmt. Um die durch eine Polymerisation von *2-Chlorbutadien-(1.3)* entstehenden Fehler zu vermeiden, wurde ein rasch arbeitendes Gerät nach Macháček u. Lánikova (vgl. C. **1956,** 13372) verwendet. I. Frić/Prag. B 224

Kinetische Untersuchungen über Chromsäureoxydationen. S. V. Anantakrishnan und N. Venkatasubramanian. (Current Sci. **27,** 438—39, Nov. 1958; Tambaram, Madras Christ. Coll., Dep. of Chem.; engl.) — Vgl. C. **1962,** 80. — Es wurde die Kinetik der Oxydation von *Isopropylalkohol* u. von *Cyclohexanol* durch CrO_3 in 30—70%ig. CH_3COOH in Ggw. von CH_3COOK bei 35, 40 u. 45° durch Messung der unverbrauchten CrO_3-Menge untersucht. Die Geschw.-Konst. für die Rk. 2. Ordnung (k_2) werden angegeben; log k_2 gegen die reziproke abs. Temp. aufgetragen ergab Geraden. Die Arrheniusschen Aktivierungsenergien wurden abnorm tief zu ca. 2,5 kcal gefunden. H. Pluskal. B 225□

Der Einfluß des Halogens auf die Richtung der Enolisierung von Chlor- und Bromaceton in saurer Lösung. Zofia Bańkowska. (Roczniki Chem. [Ann. Soc. chim. Polonorum] **33,** 1319—32, 1959; Warszawa, Politechn., Kat. Chem. organ.; pol., Auszug:

engl.) — Die Geschw. der Halogenierung von Ketonen ist abhängig von der Enolisierungs-Geschw. der Ketone. Der Einfl. des Halogenatoms in Halogenketonen auf die Enolisierungsrichtung $XCH{=}C(OH)CH_3$ (A) ⇌ $XCH_2C(OH){=}CH_2$ (B) wurde durch Chlorierung von *Chlor-* (I) u. *Bromaceton* (II) in saurem Medium in Ggw. von trockenem HCl untersucht. Es entstehen in beiden Fällen die symm. u. unsymm. Dihalogenketone, u. zwar aus I 1.3- u. 1.1-Dichloraceton (III) in mol. Verhältnis 0,145 u. aus II 1-Brom-3-chloraceton u. 1-Chlor-1-bromaceton (IV) im Verhältnis 0,286. Die Bldg. der Enolform A ist eine Folge des induktiven Effektes des Halogenatoms. Die Enolform B wird in saurem Medium, in dem die Form $XCH_2C^+(OH)CH_3$ vorherrscht, durch einen dem induktiven Effekt entgegengesetzten Effekt des Halogens gebildet. Dieser Effekt geht parallel mit dem Bestreben des Halogenatoms, sich als Kation (X^+) abzulösen. So wird in einer sauren Lsg. von KJ J_2 durch II schneller freigesetzt, als durch I. IV macht bereits in neutraler Lsg. aus KJ J_2 frei, II dagegen nicht; die Fähigkeit, Halogen als Kation abzuspalten, wird somit durch das Vorhandensein eines 2. Halogenatoms im Mol. verstärkt. Das Analoge gilt auch beim Vgl. von III u. I. Die Bldg. der Enolform B kann ebenso mit der Hyperkonjugation des Halogenatoms in der Kationform des Ketons erklärt werden. Die Richtung des Effektes stimmt mit der Richtung des Hyperkonjugationseffektes des H-Atoms überein. — 14 Literaturangaben. F. Urban. B 225□

Organoborhalogenide. 4. Mitt. **Austauschreaktionen mit Bortrihalogeniden.** F. E. Brinckman und F. G. A. Stone. (J. Amer. chem. Soc. **82**, 6235—37, 20/12. 1960; Cambridge, Mass., Harvard Univ., Dep. of Chem.; engl.) — 3. vgl. C. **1963,** 1617; 5. vgl. C. **1963,** 1618. — Eine Reihe von Austauschreaktionen zwischen BF_3 u. CH_3BBr_2, CH_3BCl_2, $C_2H_5BCl_2$, $CH{=}CHBCl_2$, $(CH_3)_2BCl$ (I) sowie BCl_3 u. BBr_3 wurden massenspektrometr. untersucht. Bei der Rk. von BF_3 mit Diorganohalogenboranen werden keine Organodifluorborane gebildet. I u. BF_3 gibt entsprechend ausschließlich *Dimethylfluorboran.* Hieraus geht hervor, daß keine B—C-Bindungen gespalten werden. Dies wurde bestätigt durch Anwendung von an ^{10}B angereichertem BF_3 bei diesen Rkk.: Das $^{10}B/^{11}B$-Verhältnis im zurückgewonnenen BF_3 war unverändert. Massenspektrometr. konnte die Existenz von Zwischenprodd. des Typs RBFX (X = Cl, Br, R = Alkyl bzw. Alkenyl) nachgewiesen werden. Austausch-Rkk. der Halogenen gegeneinander mit quant. Ablauf erhält man durch Zusatz von Trimethylamin, sofern die entstehende Verb. die stärkere Lewis-Säure darstellt. K. Lienhard. B 225□

Richteffekte bei der aromatischen Substitution. 45. Mitt. **Geschwindigkeitsdaten und Isomerenverteilung bei den Reaktionen von Biphenyl und Fluoren mit Quecksilber(II)-acetat in Essigsäure. Partielle Geschwindigkeitsfaktoren für die Mercurierungsreaktion.** Herbert C. Brown, M. Dubeck und G. Goldman. (J. Amer. chem. Soc. **84,** 1229—32, 5/4. 1962; Lafayette, Ind., Purdue Univ., Richard B. Wetherill Labor.; engl.) — 43. vgl. C. **1961,** 9356. — Vff. verfolgten auf titrimetr. Wege die Kinetik der Mercurierung von überschüssigem *Biphenyl* (I, F. 70°, Eisessig) durch Hg(II)-Acetat (III) in Eisessig (Eg.) zwischen 50 u. 90°. Zur Best. der Isomerenverteilung wurden die Biphenylyl-HgBr-Derivv. mit Br_2 quant. in *o-* (Kp.$_{11}$ 148°, n_D^{20} 1,6284), *m-* (Kp.$_{17}$ 173°, n_D^{20} 1,6415) bzw. *p-Brombiphenyl* (F. 90°, A.) umgewandelt; das Isomerengemisch wurde IR-spektroskop. analysiert. Es entstanden an o- 3,8—7,6%, m- 21,1—23,4% bzw. p-Verb. 75,1—69,0%. Die Rk. von III mit *Fluoren* (II, F. 114°, A.) wurde im Gemisch mit Bzl. wegen der geringen Löslichkeit von II in Eg. untersucht. Bei 25° beträgt der k_2-Wert $2{,}11 \cdot 10^{-6}$ (Liter/Mol·s). Der Geh. des wie bei der Rk. von I behandelten Prod. an *2-Bromfluoren* (F. 110°, A.) wurde kryoskop. ermittelt, er beträgt 80 ± 3%. Für I werden folgende Aktivierungsparameter berechnet: für die Gesamt-Rk. E 21,2 (kcal/Mol), log A 8,60, $\Delta H^{\ddagger}$ 20,5 (kcal/Mol), $\Delta S^{\ddagger}$ —21,5 (cal/Grad·Mol), für die Rk. in o- 25,2, 9,26, 24,5, —18,5, m- 21,8, 7,73, 21,2, —25,4 bzw. p-Stellung 20,7, 7,84, 20,1, —24,9. Die partiellen Geschw.-Faktoren betragen für I zwischen 50 u. 90° o_f 0,132—0,221, m_f 0,735 bis 0,681, p_f 5,23—4,02, für II in 2-Stellung 122; die Daten von I für 25° werden aus denen bei höheren Temp. extrapoliert. Beim Vgl. mit Toluol ergibt sich, daß in m-Stellung der +I-Effekt der CH_3- bzw. der —I-Effekt des Phenylrings einen beherrschenden Einfl. ausüben. Das große Verhältnis für p_f/o_f bei I wird sowohl auf ster. Ursachen als auch auf den induktiven Effekt der benachbarten C_6H_5-Gruppe zurückgeführt. Die relativ geringe Reaktivität der p-Stellung von I wird mit einer mangelhaften Koplanarität der Phenylringe im Übergangszustand in Zusammenhang gebracht. Das höhere Rk.-Vermögen von II wird entsprechend mit der durch die CH_2-Brücke erzwungenen ebenen Lage der aromat. Ringe erklärt. B. Gnauck. B 225□

Richteffekte bei der aromatischen Substitution. 46. Mitt. Relativgeschwindigkeiten und Isomerenverteilungen bei der durch Galliumbromid katalysierten Äthylierung von Biphenyl und Toluol in Äthylendichlorid. Herbert C. Brown und

André H. Neyens. (J. Amer. chem. Soc. **84**, 1233—35, 5/4. 1962; engl.) — 45. vgl. vorst. Referat. — Bei der Unters. der Rk. von *Biphenyl* (**I**) mit C_2H_5Br in Ggw. von $GaBr_3$ in Bzl. bei 25° ergab sich, daß sich das gebildete *o-Äthylbiphenyl* (**III**) innerhalb von 30 Min. vollständig in das *m-* (**IV**) u. *p-Isomere* (**V**) umwandelt. Daher wurde die Kinetik der Rk. in Äthylendichlorid durch gaschromatograph. Analyse untersucht (als Konkurrenz-Rk. mit Bzl.); in diesem Medium verläuft die Isomerisierung sehr viel langsamer. Die Relativgeschw. r von **I** im Vgl. mit Bzl. beträgt 1,81, die Isomerenverteilung 33,3% **III**, 25,6% **IV** u. 41,1% **V**, die partiellen Geschw.-Faktoren lauten o_f 0,905, m_f 0,695, p_f 2,23. Analog wurde die Rk. von *Toluol* (**II**) verfolgt; r 2,34; 38,3% *o-*, 21,1% *m-* u. 40,6% *p-Äthyltoluol*; o_f 2,69, m_f 1,48, p_f 5,70. Diese Ergebnisse sind in guter Übereinstimmung mit früheren (vgl. C. **1957**, 10443). **II** reagiert also in m-Stellung 2,1 mal bzw. in p-Stellung 2,5 mal leichter als **I**. Die CH_3- u. C_6H_5-Substituenten beeinflussen also die Äthylierung ähnlich wie die Mercurierung (vgl. vorst. Ref.) u. die Solvolyse substituierter tert.-Cumylchloride. Die leichte Isomerisierbarkeit von **III** wird mit dem Bestreben des Mol., einen ebenen Bau einzunehmen, u. mit einer Erhöhung der Resonanz-Wechselwrkg. durch diese Rk. erklärt. B. Gnauck. B 225□

Richteffekte bei der aromatischen Substitution. 47. Mitt. **Geschwindigkeitsdaten und Isomerenverteilungen bei der durch Aluminiumchlorid katalysierten Acetylierung und Benzoylierung von Biphenyl und Fluoren in Äthylendichlorid.** Herbert C. Brown und Gianlorenzo Marino. (J. Amer. chem. Soc. **84**, 1236—38, 5/4. 1962; engl.) — 46. vgl. vorst. Referat. — Wie früher (vgl. C. **1961**, 1871) verfolgten Vff. die Kinetik der Rk. von Benzoylchlorid mit *Biphenyl* (**I**) in Ggw. von $AlCl_3$ bei 25° in Äthylendichlorid. Der k_2-Wert beträgt $0{,}568 \cdot 10^{-3}$ Liter/Mol·s, die relative Geschw. r (bzgl. Bzl.) 90,3. Das Prod. enthält 92,2% p-Phenylbenzophenon; der partielle Geschw.-Faktor p_f beträgt 245. Mit der Konkurrenz-Meth. wurde analog die Acetylierung von **I** [in Ggw. von *Toluol* (**II**)] untersucht. Bei dieser Rk. entstehen 97,3% p-Phenylacetophenon (F. 118,5—119,5°, A.). Der r-Wert beträgt 85,1, p_f 248. Analog wurde auch die Acetylierung von *Fluoren* (**III**, in Ggw. von Prehnitol oder o-Xylol) untersucht, bei der sich prakt. nur 2-Acetylfluoren bildet. Der r-Wert dieser Rk. ist 12600, der partielle Geschw.-Faktor 38000. Für **II** wurden folgende Geschw.-Faktoren bestimmt: Benzoylierung o_f 32,6, m_f 4,9, p_f 626; Acetylierung o_f 4,5, m_f 4,8, p_f 749. Für die beiden Rkk. von **I** werden die m_f-Werte zu 0,3 abgeschätzt. **III** reagiert bei der Acetylierung 148 mal schneller als **I**. Die hohen Ausbeuten an p-Verbb. aus **I** sind in Übereinstimmung mit den bei der Acetylierung von **II** u. anderen Monoalkylbenzolen beobachteten ster. Faktoren. Die starke Reaktivität von **III** wird mit dem Einnehmen einer ebenen Anordnung des aromat. Syst. u. daraus folgende Verstärkung der Resonanzstabilisierung des Übergangszustands erklärt. B. Gnauck. B 225□

Richteffekte bei der aromatischen Substitution. 48. Mitt. **Relativgeschwindigkeiten und Isomerenverteilungen bei der Bromierung von Biphenyl und Fluoren in Essigsäure. Partielle Geschwindigkeitsfaktoren für die Bromierungsreaktion.** Herbert C. Brown und Leon M. Stock. (J. Amer. chem. Soc. **84**, 1238—41, 5/4. 1962; engl.) — 47. vgl. vorst. Referat. — Die Relativgeschw. (bzgl. Bzl.) der unkatalysierten Bromierung in Eisessig betragen für *Biphenyl* (**I**) $1{,}00 \cdot 10^3$ bzw. für *Fluoren* (**II**) $2{,}11 - 10^6$ (bei 25°). Aus **I** bilden sich 2,5% o- u. 97,5% p-Brombiphenyl, aus **II** entsteht nur 2-Bromfluoren. Die partiellen Geschw.-Faktoren lauten für **I** o_f 37,5, p_f 2920 bzw. für **II** $6{,}33 \cdot 10^6$ (2-Stellung). Im Gegensatz zu den in vorst. Reff. untersuchten Rkk. wird die Bromierung in p-Stellung zu einer Phenylgruppe stärker aktiviert als in p-Position zu einer CH_3-Gruppe. Vff. vermuten, daß durch den Elektronenverbrauch der hochselektiven Bromierung die beiden aromat. Kerne von **I** sich mehr der ebenen Struktur nähern, wenn durch den C_6H_5-Substituenten die Elektronenzufuhr zum Ort des Elektronenmangels erhöht wird. Der hohe partielle Geschw.-Faktor für **II** wird wie l. c. erklärt.
B. Gnauck. B 225□

Richteffekte bei der aromatischen Substitution. 49. Mitt. **Eine Prüfung der Anwendbarkeit der Selektivitätsbeziehung auf die elektrophilen Substitutionsreaktionen von Biphenyl und Fluoren.** Leon M. Stock und Herbert C. Brown. (J. Amer. chem. Soc. **84**, 1242—48, 5/4. 1962; engl.) — 48. vgl. vorst. Referat. — Vff. prüfen nach, ob die in vorst. Reff. genannten partiellen Geschw.-Faktoren für die Substitutions-Rkk. von *Biphenyl* (**I**) bzw. *Fluoren* (**II**) mit der Selektivitätsbeziehung (vgl. C. **1957**, 10443) in Einklang sind. Die Daten der m-Substitution von **I** stimmen mit der linearen Beziehung der freien Energie überein. Der σ^+-Wert für den m-Phenylsubstituenten beträgt $0{,}05 \pm 0{,}01$. Die Daten der elektrophilen Substitution in p-Stellung zur Phenylgruppe weisen 2 Anomalien auf: 1. die Selektivitätsbeziehung ist nicht anwendbar, 2. die durch den C_6H_5-Substituenten bewirkte Aktivierung des Benzolkerns ist bedeutend geringer, als aus seiner Stabilisierungs-Wrkg. anderer Syst. mit Elektronenmangel zu erwarten wäre. Vff. deuten dies durch Annahme einer veränderlichen u. verminderten Resonanzstabilisierung des aktivierten Komplexes. Die Inhibierung der Resonanz wird einer ster. Energieschwelle zugeschrieben, welche die Einordnung beider Phenylkerne in einer Ebene verhindert. In Übereinstimmung hiermit sind die Befunde für die Substitution von **II** in 2-Stellung, wo die Anomalien nicht auftreten. Die Selektivitätsbeziehung wird erfüllt u. die 2-Stellung zum zweiten Phenylkern ist gegenüber der elektrophilen Substitution stark aktiviert. B. Gnauck. B 225□

Über eine neue Methode, den störenden Einfluß von HCl auf die Alkoholyse organischer Chloride auszuschalten. Constantin Georgoulis, Jean Landais, Charles Prévost und Michel Siemiatycki. (C. R. hebd. Séances Acad. Sci. **250**, 3168—70, 9/5. 1960; Paris, Sorbonne, Labor. de chim. organ. I; franz.) — Bei der Alkoholyse organ. Chloride wird der störende Einfl. von HCl auf die Kinetik der Verätherung durch Zugabe einer Pseudobase, *1.3.5-Triphenylpenten-(2)-dion-(1.5)*, ausgeschaltet, die mit dem durch die Rk. gebildeten HCl unter Austritt von W. irreversibel zu 2.4.6-Triphenylpyryliumchlorid reagiert. Da die Pseudobase farblos, das Pyryliumsalz aber gefärbt ist u. fluoresciert, kann die Kinetik der Rk. zudem colorimetr. verfolgt werden. Es wurde die Alkoholyse von *2-Chlor-2-methyldodecan* (**I**) u. *Benzylchlorid* (**II**) bei 80° in n/100 Lsg. kinet. verfolgt. Die Geschw.-Konst. k_1 beträgt für **I** $5{,}17 \cdot 10^{-4}$, für **II** $5{,}32 \cdot 10^{-6}$ (Mol·g·Liter·s^{-1}). Es folgt außerdem, daß die Verätherung des Alkohols nur auf dem Einfl. von H^+ beruht. H. Peter. B 225□

Intramolekulare nucleophile Reaktionsteilnahme. Die Wirkung gewisser ortho-Substituenten auf die Solvolysengeschwindigkeiten von Benzyl- und Benzhydrylbromiden. Ajaib Singh, L. J. Andrews und R. M. Keefer. (J. Amer. chem. Soc. **84**, 1179—85, 5/4. 1962; Davis, Calif., Univ. of California, Dep. of Chem.; engl.) — Durch Titration wurde die Kinetik der Hydrolyse folgender Benzhydrylbromide bei Temp. zwischen ca. 9,5 u. 45,3° in 90%ig. wss. Aceton (Ac.) verfolgt: *unsubstituiert* E 18,2 (kcal/Mol), $-\Delta$ S 16,8 (cal/Grad·Mol), *o-* 20,8, 12,1, *p-Acetoxy-* (**I**) 18,6, 13,7, *o-* 21,6, 11,7, *p-Benzoyloxy-* (**II**) 18,1, 16,1, *o-* (**III**) 17,7, 18,8 u. *p-Carbophenoxy-* (**IV**) 21,2, 16,1, ferner *o-* 10^5 k bei 9,5° 7,4 (s^{-1}) u. *p-Methylbenzhydrylbromid* 62,8. Die Unters. der Hydrolyse folgender Benzylbromide zwischen 71,4 u. 87,7° in 80%ig. wss. Dioxan ergab: *unsubstituiert* 19,4, 26,1, *α-Brom-o-* (**V**, F. 146°) 18,5, 21,8 u. *-p-toluylsäure* (**VI**, F. 223°) 18,5, 21,8, **V**-*Methylester* (**Va**) 21,4, 19,7, **VI**-*Methylester* (**VIa**) 17,0, 35,1, *o-* (**VII**) 19,8, 27,6 u. *p-Benzoyloxybenzylbromid* (**VIII**) 20,2, 23,2; die Hydrolyse von **Va** u. **VIa** wurde auch in 50%ig. wss. Ac. bei 45° verfolgt: 10^5k 1,40 bzw. 0,78. Die Verhältnisse der k-Werte von o- u. entsprechender p-Verb. wurden ermittelt, wobei sich abweichend von dem üblichen Befund ergab, daß **III** erheblich reaktiver ist als **IV**. Vff. führen dies auf das Vermögen des o-Carbophenoxysubstituenten zurück, am langsamen Rk.-Schritt wie eine Nachbargruppe teilnehmen zu können. Auch **Va** reagiert schneller als **VIa**, doch sind die Unterschiede geringer als zwischen **III** u. **IV**. Hieraus wird abgeleitet, daß ein Benzylkation durch die Überlappung des freien p-Orbitals des trigonalen exocycl. C-Atoms mit der π-Elektronenbahn des Rings stärker stabilisiert wird als durch Überlappung mit einer besetzten Bahn eines nucleophilen o-Substituenten. In Übereinstimmung hiermit liefern **Va** u. **VIa** in 50%ig. wss. Ac. ein kleineres k_0/k_p-Verhältnis. Ferner wurde die Solvolyse folgender Bromide in wss. Ac. in Ggw. von $AgNO_3$ bei 25° untersucht: in 80%ig. Ac. ergaben **VII** u. **VIII** k_0/k_p 0,015 bzw. in 50%ig. Ac. **Va** u. **VIa** 2,0. Die Solvolyse von **V** verläuft ebenfalls viel schneller als die von **VI**. Zur Erklärung dieser Beobachtung nehmen Vff. an, daß während des geschwindigkeitsbestimmenden Rk.-Schritts das Br-Atom elektrophil von der o-COOH-Gruppe angegriffen wird. Als Hydrolyse-Prodd. traten teilweise Phthalide auf. *o-Benzamidobenzhydrylbromid* konnte nicht rein dargestellt werden; bei der Hydrolyse des Rohprod. in 90%ig. wss. Ac., die offenbar sehr rasch erfolgt, bildete sich als Prod. 2.4-Diphenyl-3.1.4-benzoxazin. Schließlich wurden die Dissoziations-Geschw. von *o-* (**XIV**) u. *p-Carbophenoxyjodbenzoldichlorid* (**XV**) in Nitromethan bei 25° auf UV-spektroskop. Wege (380 mμ) bestimmt. Die gemäß $ArJCl_2 \underset{k_2}{\overset{k_1}{\rightleftharpoons}} ArJ + Cl_2$ verlaufende Rk. erfolgt bei **XIV** mit nicht meßbar hoher Geschw., für **XV** beträgt $10^4 k_1$ 1,84—2,14 s^{-1}. Die Gleichgewichts-Konst. $K = k_1/k_2$ lauten für **XIV** 1,4—1,8, **XV** 5,6—5,9. Offenbar wirkt auch bei dieser Rk. eine o-$COOC_6H_5$-Gruppe als ein „innerer nucleophiler Katalysator“.

Versuche: *o-Tolylbenzoat*, Kp.₃ 135°, aus o-Kresol nach Schotten-Baumann. — Analog *p-Tolylbenzoat* (**IX**), F. 69—70°. — *o-Benzylbenzoesäure*, F. 118°, durch Red. von o-Benzoylbenzoesäure (**XII**) mit Zn. *Phenylester*, $C_{20}H_{16}O_2$, F. 58° (Ligroin), durch 1std. Erwärmen (Dampfbad) der Säure mit Phenol (**XI**), Pyridin (**X**) u. $SOCl_2$; 82%. —

p-Benzylbenzoesäure, F. 159° (verd. A.), durch Oxydation von p-Methylbenzophenon mit CrO_3 (→ *p-Benzoylbenzoesäure*, F. 198—200°), 1,5std. Kochen mit KOH u. Hydrazin in Diäthylenglykol, Abdestillieren des W. u. weiteres 5std. Kochen; 84% (Ausbeute). *Phenylester*, $C_{20}H_{16}O_2$, F. 85,5—86°, analog der o-Verb.; 83%. — Diphenylmethane: *o-Hydroxy-*, F. 21—22°, aus Benzylchlorid u. Na-Phenolat. — *p-Hydroxy-*, F. 84°. — *o-Benzoyloxy-*, Kp.$_3$ 195°, Kp.$_{760}$ 247—250°, aus vorst. Verb. mit Benzoylchlorid (**XIII**). — *p-Benzoyloxy-*, F. 87°. — *o-Acetoxy-*, $C_{15}H_{14}O_2$, Kp.$_3$ 132°, mit Acetylchlorid; 83%. — *p-Acetoxydiphenylmethan*, $C_{15}H_{14}O_2$, Kp.$_1$ 140°; 88%. — Benzhydrylbromide, durch Photobromierung vorst. Verb. in CCl_4 nach Eliel u. Rivard (J. org. Chemistry **17**, [1952], 1252): *o-Carbophenoxy-* (**III**), F. 103—105°; 91%. — *p-Carbophenoxy-* (**IV**), F. 101°; 80%. — *o-Benzoyloxy-*, F. 71°; 77%. — *p-Benzoyloxy-* (**II**), F. 97°; 85%. — *o-Acetoxy-*, F. 55°; 75%. — *p-Acetoxy-* (**I**), F. 55°; 85%. — *o-Methyl-* ,$C_{14}H_{13}Br$, Kp.$_2$ 150—155°, durch Einleiten von HBr in die Lsg. von o-Methylbenzhydrol (F. 94—95°, durch Red. von o-Methylbenzophenon mit Zn) in abs. Bzl. unter Eiskühlung; 67%. — *p-Methyl-*, $C_{14}H_{13}Br$, Kp.$_1$ 140—145°, analog aus p-Methylbenzhydrol (F. 52—54°); 73%. — *Benzhydrylbromid*, F. 44—44,5°. — *α-Brom-o-* (**Va**), F. 34—34,5°, u. *-p-toluylsäuremethylester* (**VIa**), F. 55—56°. — *o-* (**VII**), F. 74—74,5°. — *p-Benzoyloxybenzylbromid* (**VII**), F. 111°, aus **XI** u. N-Bromsuccinimid. Analog 86% **VII**. — *3-Phenylphthalid*, F. 114,5°, aus **III**. — *p-Carbophenoxybenzhydrol*, $C_{20}H_{16}O_3$, F. 100°, aus **IV**. — *p-Benzoyloxybenzhydrol*, $C_{20}H_{16}O_3$, F. 116°, aus **II**. — *p-Hydroxybenzhydrol*, F. 161°, aus **I**. — *Phthalid*, F. 73°, aus **V** oder **Va**. — *p-Carbomethoxybenzylalkohol*, $C_9H_{10}O_3$, Kp.$_{4-5}$ 155—157°, aus **VIa**; *freie Säure*, F. 181°, aus **VI**. — *o-Benzoyloxybenzylalkohol*, F. 66°, aus dem Bromid. — *o-Carbophenoxyjodbenzol*, $C_{13}H_9JO_2$, Öl, aus o-Jodbenzoylchlorid u. **XI** nach Schotten-Baumann; n_D^{25} 1,6326; 48% (roh). — Analog *p-Carbophenoxyjodbenzol*, $C_{13}H_9JO_2$, F. 130—131°. — *o-Carbophenoxyjodbenzoldichlorid* (**XIV**), $C_{13}H_9Cl_2JO_2$, F. 86—87° (goldgelb, Zers.), durch Einleiten von Cl_2 in die Lsg. vorvorst. Verb. in Essigsäure. — Analog *p-Verb.* (**XV**), $C_{13}H_9Cl_2JO_2$, F. 124° (goldgeb, Zers.). — *o-Benzamidobenzhydrol*, $C_{20}H_{17}NO_2$, F. 118—119° (A.), aus **XII** über o-Aminobenzophenon, Zugabe von **XIII** zur Lsg. in **X**, Stehenlassen (1 Nacht) [→ *o-Benzamidobenzophenon*, F. 81°, 87%] u. Zugabe von $NaBH_4$ in W. zur Lsg. in CH_3OH; 66%. Liefert durch Einleiten von HBr in Bzl., Lösen des gelbbraunen Öls in 90% ig. wss. Ac. u. Einw. von W.–Ae. oder W. (0,5 Std.) *2.4-Diphenyl-3.1.4-benzoxazin*, $C_{20}H_{15}NO$, F. 114—115° (Methanol). B. Gnauck. B 225□

Chemie der Silylamine. 2. Mitt. **Die Kondensation der Silylamine mit Silandiolen.** Ronald M. Pike. (J. Polymer Sci. **50**, 151—58, März 1961; Lowell, Mass., Lowell Technol. Inst., Dep. of Chem.; Lowell Technol. Inst. Res. Foundation; engl.) — 1. vgl. C. **1961**, 16799. — Die Kondens. von mono- u. difunktionellen Silylaminen (**A**) mit Silandiolen (**B**) wurde untersucht. Für **A** wurde eingesetzt: *N.N-Diäthylaminotrimethylsilan* (**I**, Kp. 126—127°, aus Trimethylchlorsilan u. Diäthylamin; n_D^{25} 1,4062); *Bis-[N.N-diäthylamino]-dimethylsilan* (**II**, $C_{10}H_{26}N_2Si$, Kp.$_3$ 49,5—50,5°, aus 64,5 g Dimethylchlorsilan u. 111 g Diäthylamin in Ae.; 23,8 g Rohausbeute; n_D^{25} 1,4312); *n-Butylaminotrimethylsilan* (**III**, Kp. 132—136,6°, aus n-Butylamin u. Hexamethyldisilazan; n_D^{25} 1,4060). Für **B** wurden eingesetzt: *Diäthylsilandiol* (**IV**, F. 94—95°, aus Diäthyldichlorsilan durch Hydrolyse); *Diphenylsilandiol* (**V**, F. 148—154°); *Tetraphenyldisiloxandiol-(1.3)* (**VI**, F. 112—113°); *Hexamethyltrisiloxandiol-(1.5)* (**VII**, Kp.$_3$ 89—91°, F. 5—7°; n_D^{25} 1,4063bis 1,4067; Spezif. Gew. 1,0003) u. ein fl. *Dimethylsilicon* (**VIII**) mit Hydroxylendgruppen, Molgew. 1530. Struktur der Rk.-Teilnehmer, Zusatz von sauren Katalysatoren, Temp. u. Lsgm. haben Einfl. auf die Rk.-Geschw. der Kondensation. Nachst. Rk.-Geschw. k (Liter·$Mol^{-1}·s^{-1}$) sind angegeben für Rk. bei 30° in Bis-[2-methoxyäthyl]-äther (BMÄ): **I** + **V** (zu 1.1.1.5.5.5-Hexamethyl-3.3-diphenyltrisiloxan), k = $4{,}33·10^{-5}$—$1{,}11·10^{-4}$; für Rk. bei 50° in BMÄ: **I** + **V** (k =) $3{,}60·10^{-4}$—$3{,}79·10^{-4}$; **III** + **V** $1{,}14·10^{-4}$; **II** + **V** $6{,}80·10^{-5}$; **I** + **IV** $8{,}85·10^{-5}$; **III** + **IV** $6{,}41·10^{-5}$; **I** + **VI** $1{,}70·10^{-4}$; **I** + **VII** (zu Dodekamethylpentasiloxan, $C_{12}H_{36}O_4Si_5$, Kp.$_{13}$ 123—133°; $n_D^{26,5}$ 1,3931); für Rk. bei 50° in Xylol: **I** + **VII** $8{,}43·10^{-5}$; **II** + **VII** $3{,}37·10^{-5}$; für Rk. bei 50° in Dioxan **I** + **VII** $1{,}42·10^4$. Die Ergebnisse bei der Kondens. von **VII** u. **I** zeigen, daß unter den angewandten Rk.-Bedingungen keine Selbstkondens. des **VII** eintritt. Die beschriebene Kondens. liefert eine Synth.-Möglichkeit für Siliconpolymere u. -copolymere, die es ermöglicht, Vernetzungsstellen in der Polymerkette festzulegen. J. W. Zimmermann. B 225□

Untersuchungen an chlorierten Paraffinen. 1. Mitt. **Thermische Zersetzung von chlorierten Paraffinen.** Masaaki Yokoyama und Fumiaki Yamada. (J. chem. Soc. Japan, ind. Chem. Sect. [Kōgyō Kagaku Zassi] **63**, 1228—32, Juli 1960; Tôkyô-Sinzyuku, Kôgakuin-Daigaku; jap., Auszug: engl. S. A67.) — Paraffin (F. 52—54°, durchschnittliche Zus., $C_{25}H_{52}$) wird bei 70—75° mit getrocknetem Cl_2 chloriert u. die Geschw. der therm. Zers. der chlorierten Prodd. $C_{25}H_{48}Cl_4$, $C_{25}H_{47}Cl_5$, $C_{25}H_{45}Cl_7$ u. $C_{25}H_{37}Cl_{15}$ gemessen. Die Entw. von HCl aus den gasförmigen Verbb. findet in Luft oder O_2 oberhalb ca. 100° u. in N_2 erst oberhalb ca. 140° statt. Oberhalb 260° werden die Verbb. in allen Trägergasen rapid zersetzt u. verkokt. Die Zers.-Geschw. unterhalb 200° wird durch die Arrheniussche Gleichung ausgedrückt, die Rk. ist 1. Ordnung; die Aktivierungsenergien sind angegeben. E. Maekawa. B 225□

Thermochemie einiger Sulfone. 1. Mitt. Kinetik der Zersetzung von Dimethylsulfon, Benzylmethylsulfon und Allylmethylsulfon. Dissoziationsenergien der $R-SO_2-CH_3$-Bindungen. W. K. Busfield und K. J. Ivin. (Trans. Faraday Soc. **57**, 1044—53, Juli 1961; Leeds, Univ., Dep. of Phys. Chem.; engl.) — 2. vgl. C. **1963**, 1619; vgl. auch C. **1959**, 10179. — Die Kinetik der therm. Zers. von *Dimethyl-* (I, F. 110,0—110,5°), *Benzylmethyl-* (II, F. 127,1—127,5°) u. *Allylmethylsulfon* (III, Kp.$_{1,5}$ 92°) im Strömungs-Syst. mit Toluol als Trägergas bei 510—640°, 390—480 bzw. 360—460° wurde untersucht. In allen Fällen entstanden CH_4, SO_2, Äthylbenzol, Dibenzyl u. geringe Mengen C_2H_6 als Prodd., bei III außerdem Diallyl u. Buten-(1). Die Rkk. sind homogen. Es wird ein Radikalmechanismus angenommen, in dem der 1. Schritt der Bruch der $R-SO_2CH_3$-Bindung ist, an den sich die Spaltung der CH_3SO_2-Radikale in SO_2 u. CH_3-Radikale anschließt. Der Anteil an CH_3-Radikalen, der zur Bldg. von CH_4 führt, steigt von 25% bei 370° auf 70% bei 600°. Die Geschw.-Konst. 1. Ordnung (s^{-1}, berechnet aus der Menge an SO_2) sind unabhängig vom Druck des Toluols u. Sulfons, von der Kontaktzeit u. dem Ausmaß der Zers.; sie betragen für I $\log k = (14{,}33 \pm 0{,}23) - (60{,}6 \pm 0{,}9\ \text{kcal}/2{,}303\ RT)$, II $\log k = (14{,}52 \pm 0{,}18) - (51{,}25 \pm 0{,}6\ \text{kcal}/2{,}303\ RT)$ u. III $\log k = (14{,}10 \pm 0{,}22) - (47{,}7 \pm 0{,}7\ \text{kcal}/2{,}303\ RT)$. Frequenzfaktoren u. Aktivierungsenergien sind in Übereinstimmung mit dem vorgeschlagenen Mechanismus. Die Aktivierungsenergien werden mit der oberen Grenze der Dissoziationsenergien der $R-SO_2CH_3$-Bindungen gleichgesetzt. G. Pötzscher. B 225□

Über die spektroskopische Beobachtung der Zersetzung von Diazomethan. Guy Pannetier, Pierre Goudmand, Odile Dessaux und Marc Durand. (Bull. Soc. chim. France **1962**, 645—46, März; Paris, Fac. des Sci., Labor. de Chim. Gén. du Centre d'Orsay; Labor. de Chim. Organ. Phys.; franz.) — Vff. untersuchten das Emissionsspektrum der CH_2N_2-Zers., die einmal im elektr. Lichtbogen, zum anderen pyrolyt. unter dem Einfl. der isentrop. Kompression in einer Explosionswelle vorgenommen wurde. Bei der Zers. im Lichtbogen beobachtet man bei niedrigem Druck von CH_2N_2 gelbliche Luminescenz, die bei steigendem Druck in Rosa übergeht; als Prodd. wurden Äthylen-Verbb. u. Pyrazoline gefunden. Im Explosionsrohr ist die Luminescenz nur rosa u. nimmt mit steigendem CH_2N_2-Druck an Intensität zu. In beiden Fällen bildet sich ein Beschlag von C. Das Spektrum ist bei beiden Verff. ident. u. von fast gleicher Intensität. Es zeigt einen kontinuierlichen Grund mit 2 Maxima bei 4700 u. 6000 Å, nach letzterem steigt die Intensität bis zur Empfindlichkeitsgrenze der Platte bei 7500 Å laufend an. Insgesamt sind die Spektren durch fast vollständige Abwesenheit von gequantelter Emission charakterisiert. Aus dem kontinuierlichen Grund wird auf einen initialen Zers.-Mechanismus nach $CH_2N_2 \rightarrow \cdot CH_2 + N_2$ geschlossen, nach längeren Wellen scheint der Grund therm. Natur u. die Folge zweier verschiedener Mechanismen zu sein: Rekombination der gebildeten Radikale (hauptsächlich $\cdot CH_2$) zu Olefinen u. Pyrazolinen; Strahlung der wahrscheinlich durch therm. Crackung gebildeten C-Partikel. Von CH oder C_2 ausgehende Emission tritt nicht auf. J. Richter. B 225□

Studium der Kinetik des thermischen Zerfalls des Azobutyronitrils mit Hilfe der paramagnetischen Resonanz. V. Trkal. (Collect. czechoslov. chem. Commun. **26**, 292—95, Jan. 1961; Prag, Tschech. Akad. der Wiss., Inst. für Radiotechn. u. Elektronik; dt.) — Vf. bediente sich bei Unters. des therm. Zerfalls von *Azobutyronitril* (I) in m-Xylol einer indirekten Meth., die in Messung der Verminderung des Resonanzsignals des als Radikalfänger zugefügten α.α-Diphenyl-β-trinitrophenylhydrazyls besteht. Zur Messung wurde ein Hohlraumresonator benutzt, dessen Konstruktion u. Handhabung beschrieben wird. Die gefundenen Werte der Zerfalls-Konst. ($k = 1{,}18 \cdot 10^{-3}\ s^{-1}$) u. der Aktivierungsenergie ($E = 32{,}1$ kcal/Mol^{-1}) stehen in gutem Einklang mit den direkt gewonnenen Werten, was die Anwendbarkeit der benutzten Meth. beweist. I. Frič/Prag. B 225

Über Färbung und Decarboxylierung der Anilinsalze von 2.4.6-Trinitrobenzoesäure in Ketonen und anderen Lösungsmitteln. Minoru Hirota. (Bull. chem. Soc. Japan **33**, 1046—51, Aug. 1960; Tokyo, Univ. of Tokyo, Fac. of Sci., Dep. of Chem.; engl.) — Während aus äquimol. Mengen *2.4.6-Trinitrobenzoesäure* (TNBS) u. *Bzl.*, *Naphthalin* oder *Chrysen* entsprechende Mol.-Verbb. entstehen (IR-Banden bei 1730 u. 1270 cm^{-1}), besitzen die Rk.-Prodd. von TNBS mit Anilin (AN) u. dessen Derivv. Salzcharakter (keine Banden bei 1730 u. 1270 cm^{-1}; COO^--Banden bei 1600 u. 1380 cm^{-1}),

Aus äquimol. Mengen von TNBS u. der entsprechenden Anilinkomponente erhält man in kaltem Aceton (Ac) bei sofortiger Abtrennung des farblosen krist. Prod. das *Anilin-* (**I**, F. 156°), *N-Methylanilin-* (**II**, F. 148°), *N.N-Dimethylanilin-* (**III**, F. 158°), *p-Toluidin-* (**IV**, F. 158°), *p-Anisidin-* (**V**, F. 155—156°), *p-Bromanilin-* (**VI**, F. 129°) u. *Pyridin-trinitrobenzoat* (**VII**, F. 174°) (sämtliche Verbb. aus Bzl.). Aus AN u. TNBS (2 : 1 Mol) resultiert ein nicht näher untersuchtes rotes Prod., das keine Absorption bei 1730 cm^{-1} zeigt. — Beim Erhitzen zur orangegelben oder roten Schmelze oder in Lsgm. zersetzen sich die Salze unter CO_2-Abspaltung u. Bldg. von Mol.-Verbb. aus 1.3.5-Trinitrobenzol (TNB) u. dem Anilin-Deriv., wobei die Decarboxylierung in Ketonen als Lsgm. extrem schnell verläuft. Die Decarboxylierungs-Geschw. von **I** nimmt in der Lsgm.-Reihe Ac > Methyläthylketon ≫ A. > CH_3OH > Dioxan ≃ W. ab. Während der CO_2-Abspaltung ist eine intensiv rote Färbung zu beobachten, deren Intensität rasch abnimmt (freie TNBS bleibt in sd. Ac unverändert). In Alkoholen tritt eine Färbung erst in späterem Rk.-Stadium bei fast beendeter Decarboxylierung auf; ihre Intensität nimmt allmählich zu. Die λ_{max}-Werte der Färbungen liegen für **I** in Ac u. Nitromethan bei 447,5, 595 mμ; in Alkoholen bei 465, 565 mμ. Bei Ac–A.-Gemischen steigt mit wachsendem A.-Geh. die Absorptionsintensität; mit abnehmendem A.-Geh. verringert sich die Zeitspanne bis zum Auftreten der Färbung. Da die Decarboxylierung der TNBS–Anilin-Salze in anderen Lsgm. bei höherer Temp. ohne Färbung erfolgt, ist die farbige Komponente offenbar für die CO_2-Abspaltung nicht notwendig, die Leichtigkeit der Decarboxylierung in Ketonen legt jedoch die Annahme eines besonderen Rk.-Mechanismus nahe. Die Unters. verschieden substituierter Anilinsalze ergab fast parallele Reihen für die Änderung der Decarboxylierungs-Geschw. [**VI** < **III** < p-Nitroanilinsalz (**VIII**) < **II** < **IV** < **I** < **V**] u. der Färbungs-Geschw. (TNBS–Ammonium-Salz ≪ **VIII** < **VI** < **I** < **V**). Die Reihe der Decarboxylierungs-Geschw. entspricht nicht der Basizität der Aniline. Die IR-Spektren von TNBS, ihrem Na-Salz von **I** u. **VII** sowie das Röntgenbeugungsspektrum von TNB-AN werden mitgeteilt. G. G. Fricke. B 225□

Die Wirkung von UV-Licht auf einige Bestandteile der Nucleinsäuren. 2. Mitt. **In rasch eingefrorenen Lösungen.** R. Beukers, J. Ylstra und W. Berends. (Recueil Trav. chim. Pays-Bas **77**, 729—32, Aug. 1958; Delft, TU of Delft, Biochem. Labor.; engl.) — 1. vgl. C. **1959**, 17031; 3. vgl. C. **1960**, 9171. — Die Empfindlichkeit von *Adenin, Guanin, Uracil, Cytosin, Thymin* (**I**), *Adenosin, Guanosin, Uridin, Thymidin* (**II**), *Desoxyadenylsäure, Desoxycytidylsäure, Thymidylsäure* (**III**) u. *DNA* gegen UV-Bestrahlung in wss. Lsg. u. in rasch eingefrorener wss. Lsg. wurde untersucht. **I, II** u. **III** zeigen in gefrorener Lsg. eine höhere Empfindlichkeit als in normaler Lösung. Die Ergebnisse werden diskutiert. Gerhard Schulz. B 226□

Die Strahlungschemie von Chloroform. Michael Ottolenghi und Gabriel Stein. (Radiation Res. **14**, 281—90, März 1961; Jerusalem, Israel, Hebrew Univ., Dep. of Phys. Chem.; engl.) — Vff. weisen auf die Eignung des *Diallyl/Chlf.*-Syst. für Strahlendosimetrie hin. Es wurde das strahlenchem. Verh. von reinem, O_2- u. wasserfreiem Chlf. untersucht. Als Rk.-Prodd. konnten identifiziert werden: HCl, CH_2Cl_2, 1.1.2-Trichlor-, 1.1.2.2-Tetrachlor-, Pentachlor-, Hexachloräthan u. Tetrachloräthylen. Ein Zers.-Mechanismus, der alle experimentellen Daten u. die bekannten Bindungsenergien berücksichtigt, wird diskutiert. Die G-Werte u. deren Abhängigkeit von der Dosisleistung werden für alle End-Prodd. bestimmt. G. Pretzschner. B 226□

Über das Einfangen von Radikalen durch Acridin, Anthracen und ihre Derivate bei der Radiolyse von Kohlenstofftetrachlorid. J. Laplane und N. Ivanoff. (J. Chim. physique Physico-Chim. biol. **57**, 675—76, Juli/Aug. 1960; Paris, Fac. des Sci., Labor. de Chim. Phys.; franz.) — Unter Bezugnahme auf eine frühere Arbeit (vgl. C. **1960**, 16726) berichten Vff. über das Verh. von Lsgg. von *Acridin* (**I**), *9-Methylacridin* (**II**), *Anthracen* (**III**) u. *1.2-Benzanthracen* (**IV**) in CCl_4 bei γ-Bestrahlung mit einer ^{60}Co-Quelle. In **I**-Lsg. bildet sich eine gelbe unlösl. Verb., die die Eigg. des Acridiniumsalzes $[I-Cl_3]Cl$ besitzt. Bei der Bestrahlung einer **I**-Lsg. in CCl_3Br wurde eine Verb. mit der Bruttoformel $C_{14}H_9NCl_3Br$ erhalten, die mit einer ebenfalls früher (l. c.) auf photochem. Wege erhaltenen Verb. ident. zu sein scheint. Bei **II** war das Haupt-Rk.-Prod. analog dem von **I**. Die Vers.-Ergebnisse für **I**—**IV** brachten eine Bestätigung der Theorie von Charlesby u. Lloyd (vgl. C. **1960**, 81). C. Gottfried. B 226

Untersuchungen auf dem Gebiet der katalytischen Synthese von Vinylacetat in der Dampfphase. R. M. Flid, A. W. Tschirikowa, G. W. Rasskina und R. W. Bassowa. (Известия Высших Учебных Заведений (Иваново), Химия и Химическая Технология [Hochschulnachr. (Iwanowo), Chem. u. chem. Technol.] **3**, 343—51, 1960; Moskau, Lomonossow-Inst. für chem. Feintechnol.; russ.) — Es wurde der Einfl. des Verhältnisses Acetylen : Essigsäure (**II**) (16 : 1 bis 1 : 1) ohne u. mit N_2 als Verdünnungsmittel, der Temp. (250—290°) u. der Vol.-Geschw. auf die Ausbeute an *Vinyl-*

acetat (I) am Zn-Acetat–Kohle- u. ZnO/Al_2O_3-Katalysator untersucht. Umwandlungsgrad u. erzielte Ausbeuten werden tabellar. angegeben. Die Rk. verläuft in 2 Richtungen: I bildet sich aus Acetylen u. monomerer II, *Äthylidendiacetat* aus Acetylen u. dimerer II. Die Rk.-Richtung wird durch den Geh. an monomerer u. dimerer II im Rk.-Gemisch bestimmt. Optimale Bedingungen sind: 270—275°, Vol.-Geschw. 250—300 Stunden^{-1}. Dabei wird ein Umwandlungsgrad bei II von 30%, bei Acetylen von ca. 60% erzielt. Der Prozeß kann auch in der Wirbelschicht vorgenommen werden. Die Aktivierungsenergie der Bldg. von I an ZnO/Al_2O_3 bei 230—270° beträgt $22 \pm 0,6$ kcal/Mol.
Helmut Schäfer. B 227

Untersuchung der Gesetzmäßigkeiten der Alkylierung von Xylolen mit Propylen in Gegenwart von $BF_3 \cdot H_3PO_4$. A. W. Toptschijew, R. N. Wolkow und Ss. W. Sawgorodni. (Доклады Академии Наук СССР [Ber. Akad. Wiss. UdSSR] **134**, 844—47, 1/10. 1960; Woronesh, Univ.; russ.) — Bei der Alkylierung von o-, m- u. p-Xylol mit Propylen in Ggw. von $BF_3 \cdot H_3PO_4$ wurden nachst. Verbb. erhalten: Aus o-Xylol: *4-Isopropyl-o-xylol*, Kp. 199,5°; $D._4^{20}$ 0,8713; n_D^{20} 1,5096. — *3-Isopropyl-o-xylol*, Kp. 204,5°; $D._4^{20}$ 0,8940; n_D^{20} 1,5102. — *4.5-Diisopropyl-o-xylol*, Kp. 239,5°; $D._4^{20}$ 0,8809; n_D^{20} 1,5015. — Aus m-Xylol: *4-Isopropyl-m-xylol*, Kp. 197,8°; $D._4^{20}$ 0,8770; n_D^{20} 1,5013. — *5-Isopropyl-m-xylol*, Kp. 194,6°; $D._4^{20}$ 0,8606; n_D^{20} 1,4950. — *4.6-Diisopropyl-m-xylol*, Kp. 236°, F. 16,5°; $D._4^{20}$ 0,8720; n_D^{20} 1,4980. Ferner *2-Isopropyl-m-xylol* u. *2.5-Diisopropyl-m-xylol*. — Aus p-Xylol: *2-Isopropyl-p-xylol*, Kp. 196,0°; $D._4^{20}$ 0,8762; n_D^{20} 1,5010. — *2.5-Diisopropyl-p-xylol*, Kp. 244°, F. 37,4°. — Die Zus. der Isomerengemische wurde außer durch dest. Auftrennung durch Oxydation zu den Benzolpolycarbonsäuren, refraktometr. u. IR-analyt. festgestellt. Der Einfl. der Temp. (20—80°), Rk.-Dauer, Zugabe-Geschw. des Propylens, Katalysatormenge (2—20 Mol-%) u. des Komponentenverhältnisses auf die Ausbeute u. Zus. des Alkylats wurde tabellar. angegeben. Unter optimalen Bedingungen werden die Isopropylxylole in 90%ig. Ausbeute erhalten. — Die Erhöhung der Rk.-Temp. u. der Katalysator-Konz. vermindert die Ausbeute an Dialkylierungsprodukten. Helmut Schäfer. B 227

Isomerisierung von Divinyloxid. F. G. Ponomarew und Je. A. Wodopjanowa. (Научные Доклады Высшей Школы [Москва], Химия и Химическая Технология [Wiss. Hochschulber. (Moskau), Chem. u. chem. Technol.] **1959**, 316—17; Woronesh, Univ., Lehrstuhl für organ. Chem.; russ.) — Durch Überleiten von Divinyloxid bei 350° über akt. Al_2O_3 (10 g Oxid in 80 Min. über 4 g Al_2O_3) wird ein Isomerisat erhalten, das *Buten-(3)-al-(1)* (I) u. *Methylvinylketon* (II) im Verhältnis 1 : 4 enthält. Die Bldg. von II ist durch die Konjugation im II-Mol. begünstigt. Die quant. Zus. wurde durch Oximierung, Oxydation von I mit Ag_2O zu *Ag-Vinylacetat* ($C_4H_5AgO_2$) u. Überführen von II in das *Semicarbazon* ($C_5H_9N_2O$, F. 219—220°, aus W.–A.) ermittelt.
Helmut Schäfer. B 227

Umwandlungen von Isopropenylcyclopropan in Gegenwart von Kieselgur. M. Ju. Lukina, Ss. W. Sotowa, M. A. Markow, W. A. Owodowa und B. A. Kasanski. (Доклады Академии Наук СССР [Ber. Akad. Wiss. UdSSR] **139**, 381—84, 11/7. 1961; Zelinsky-Inst. für organ. Chem. der Akad. der Wiss. der UdSSR; russ.) — Isopropenylcyclopropan (I, $Kp._{760}$ 70,3°; $D._4^{20}$ 0,7513; n_D^{20} 1,4255) wird in 200 Min. bei 100° über Kieselgur in heptanlösl. Polymere (47%) u. ein fl. Katalysat (53%) übergeführt. In letzterem wurden durch Vgl. des Gaschromatogramms mit solchen aus synthet. Gemischen *2-Methylpentadien-(1.4)* ($Kp._{760}$ 56,3°; $D._4^{20}$ 0,6928; n_D^{20} 1,4057; 34%), *cis-* (8%) u. *trans-2-Methylpentadien-(1.3)* (5,1%) (*Gemisch*, $Kp._{760}$ 75,5°; $D._4^{20}$ 0,7207; n_D^{20} 1,4462) neben unverändertem I nachgewiesen. Der Gesamtumwandlungsgrad von I nimmt mit längerer Verwendungszeit des Katalysators ab. Isopropylcyclopropan ($Kp._{760}$ 58,2°; $D._4^{20}$ 0,6981; n_D^{20} 1,3863) wird in 60 Min. bei 100° über Kieselgur zu 30% in Olefine umgewandelt. H.-E. Toussaint. B 227 □

C. Präparative organische Chemie. Naturstoffe

Eine Nomenklatur für Konformationen pyranoider Zucker und Derivate. Horace S. Isbell und R. Stuart Tipson. (Science [Washington] **130**, 793—94, 25/9. 1959; Washington, D.C., Nat. Bur. of Stand., Div. of Chem., Organ. Chem. Sect.; engl.) — Es wird ein Nomenklatur-Syst. zur eindeutigen Bezeichnung aller Sessel- (CA, CE) u. Wannenkonformationen (B_1A, B_1E, B_2A, B_2E, B_3A, B_3E) sämtlicher pyranoider Zucker u. Derivv. angegeben. A u. E bezeichnen eine axiale u. äquatoriale „glykosid." Gruppe der α-Anomeren (D- u. L-Reihe). K. Maier. 450 □

Neues aus der organischen Chemie. 32. Mitt. **Organische Methoden.** H. J. T. Bos. (Chem. Weekbl. **19**, 242—43, 13/5. 1961; Groningen, Rijksuniv., Organ.-Chem.

Labor.; niederl.) — 27. vgl. C. **1962,** 5624. — Rk.-Verlauf u. -Bedingungen folgender Synth. werden zusammenfassend besprochen: *Biphthalyle* aus Phthalsäureanhydrid u. Trialkylphosphiten; Einführung einer α-Methylgruppe in Ketone durch Red. einer Butylmercaptomethylengruppe der Ausgangs-Verb. an Raney-Ni in A.; *Pyranone* durch acetylierenden Ringschluß aus 1.3-disubstituierten Propanonen-(2) in einem Gemisch von Polyphosphor- u. Essigsäure sowie die Schiemann-Rk. zur Darst. von *Diazoniumsalzen* (**A**) von HBF_4 aus aromat. Aminen, HBF_4 u. $NaNO_2$ in wss. Tetrahydrofuran u. Pyrolyse der trocknen **A** in Xylol zu *F-Verbb.* ohne Teerbildung.
G. Kirsten. 460□

Synthese von $^{14}C_{(4)}$-Isopren. K. I. Matkowski. (Украинский Химический Журнал [Ukrain. chem. J.] **27,** 359—61, 1961; Inst. für organ. Chem. der Akad. der Wiss. der UkrainSSR; russ.) — Es wird eine Mikrometh. zur Synth. von $^{14}C_{(4)}$-*Isopren* aus ^{14}C-Methanol beschrieben. — ^{14}C-*Formaldehyd*, man leitet 2 ml ^{14}C-Methanol u. 1,9 ml W. mit Luft bei 550° über Ag auf Bimsstein; 3,9 ml wss. Lsg. mit einem Geh. von 1,2 g $^{14}CH_2O$; 81% (Ausbeute). *2.4-Dinitrophenylhydrazon*, F. 168°. — $^{14}C_{(2)}\cdot{}^{14}C_{(4)}$-*4.4-Dimethyl-1.3-dioxan*, Kp. 121—136°, man erhitzt 1,1 g $^{14}CH_2O$ als Formalin, 2,16 g Isobutylen u. 86 mg 85%ig. H_2SO_4 im Rohr 2½ Std. auf 65° u. 3 Std. auf 80°; 1,32 g. — $^{14}C_{(4)}$-*Isopren*, Kp. 34°, man leitet 1,32 g vorst. Verb. u. 2,65 ml W. bei 350° über einen Phosphatkatalysator (20—25% $CaHPO_4$ u. 2% NaCl); 49%. Helmut Schäfer. 480

Markierung organischer Verbindungen durch Austausch mit tritiumhaltigem Wasser. Bianca Aliprandi und Fulvio Cacace. (Ann. Chimica **49,** 2011—16, Dez. 1959; Roma, Univ., Ist. di chim. farmaceut. e tossicol.; Centro di Chim. nucleare del C.N.R.; ital.) — In Bzl. u. Toluol wurde mit einem Gemisch aus 2 cm³ 60%ig. $HClO_4$ u. 0,125 cm³ T_2O-haltigem W. T eingeführt. Der Einfl. der Rk.-Bedingungen auf die Austausch-Geschw. u. auf die spezif. Aktivität der entstehenden markierten Verbb. wird untersucht. Walter Simon. 480

Weitere Angaben über die Radikalphenylierung von 2.4-Dinitrotritiobenzol. Robert J. Convery und Charles C. Price. (J. Amer. chem. Soc. **80,** 4101, 5/8. 1958; Philadelphia, Pa., Univ., Dep. of Chem.; engl.) — Vgl. C. **1958,** 681. — Mit unmarkierter Verb. verd. 2.4-Dinitrotritiobenzol (I) wird in >75%ig. Ausbeute mit Phenylradikalen, die durch Zers. von Dibenzoylperoxid bei 70—95° erhalten wurden, zu *2.4-Dinitrodiphenyl* phenyliert. Im nicht umgesetzten I wird nach dem Vers. prakt. die gleiche T-Konz. wie vor dem Vers. gemessen u. dadurch der fühere (l. c.) Befund bewiesen, daß bei dieser Rk. kein Isotopeneffekt auftritt. K. Prchal. 480□

Entdeckung eines Cyclopropenylanions durch Deuteriumaustausch. R. Breslow und M. Battiste. (Chem. and Ind. **1958,** 1143—44, 30/8.; New York, N.Y., Columbia Univ., Dep. of Chem.; engl.) — Durch Erhitzen von 1.2-Diphenylcyclopropen-(1)-carbonsäure-(3)-tert.-butylester (I, $C_{20}H_{20}O_2$, F. 88,5—89,5°. *Freie Säure*, F. 209,5 bis 211,5°) mit Deutero-tert.-Butanol (75% OD-Gruppen) in Ggw. von K-tert.-Butylat werden 5% (nach 31 Std.) bzw. 9,4% (nach 57 Std.) monodeuteriert. Das Deuterium befindet sich nicht an einem Benzolring, da die durch $KMnO_4$-Oxydation erhaltene *Benzoesäure* inakt. ist, sondern am $C_{(3)}$. Diese Deuterierung läßt sich nur durch die Annahme eines substituierten Cyclopropenylanions erklären. Anlagerung des Deutero-tert.-Butanols u. anschließende Wiederabspaltung erfolgt nicht, da die aus α-Methoxystilben u. Äthyldiazoacetat dargestellte *1.2-Diphenyl-1-methoxycyclopropan-3-carbonsäure* ($C_{17}H_{16}O_3$, F. 184—186°. *Methylester*, F. 77—78°) durch Erhitzen von I mit K-tert.-Butylat unverändert zurückgewonnen wird. G. Ziebarth. 480

Polycyclische Cinnolinderivate. 7. Mitt. **Benzo-[c]-^{15}N-cinnolin.** P. F. Holt, B. I. Hopson-Hill und C. J. McNae. (J. chem. Soc. [London] **1961,** 1404—05, März; Reading, Univ.; engl.) — 6. vgl. C. **1962,** 13334. — Durch Rk. von $K^{15}NO_2$ (vgl. Heath, C. **1959,** 15962) mit *2.2'-Diaminobiphenyl* [I, F. 79°, durch Red. von 3 g 2.2'-Dinitrobiphenyl; 2—2,44 g (Ausbeute)] nach Täuber [1896] wird *2.2'-Bis-[$^{15}N_{(\beta)}$-hydrazino]-biphenyl* (F. 103—105°) dargestellt; dessen *Dihydrochlorid* wird durch 3std. Rk. mit 20%ig. HCl bei 160 ± 7° im Rohr zu *Benzo-*[c]-^{15}*N-cinnolin* (II, F. 152—153°) cyclisiert. Dabei erfolgt jedoch statt der gewünschten C—N-Spaltung überwiegend N—N-Spaltung, wodurch ein erheblicher Aktivitätsverlust (17,1 → 6,2%) verursacht wird. Besser geeignet ist das Verf. von Sandin u. Cairns [1936], wobei aus 0,5 g I 0,12 g II (F. 154—156°; Aktivitätsabfall 16,2 → 15,8%) entstehen. Beim Vers., II nach der Meth. von Dobbie u. Mitarbeitern [1911] darzustellen, erhielten Vff. nur *2.2'-Dibrombiphenyl*.
W. Hoffmann. 480□

Synthese von 3.3.3-Trichlorpropen-(1). A. N. Nessmejanow und R. Ch. Freidlina. (Известия Академии Наук СССР, Отделение Химических Наук [Nachr. Akad. Wiss. UdSSR, Abt. chem. Wiss.] **1961,** 2102, Nov.; Inst. für metallorgan. Verbb.

der Akad. der Wiss. der UdSSR; russ.) — Vff. weisen auf ihre Priorität bei den Arbeiten über *3.3.3-Trichlorpropen-(1)* hin (vgl. dagegen Ladd u. Towney, Ind. Engng. Chem. **53,** [1961], 58). Helmut Schäfer. 520

Struktur und Verteilungskoeffizient. Synthese und Eigenschaften von Dodecylmethylpentaerythrityläthern. Jim S. Berry. (J. org. Chemistry **25,** 1272—74, Juli 1960; Cincinnati, Ohio, Procter and Gamble Co., Miami Valley Labor.; engl.) — Es wird die Darst. von *O-Dodecylpentaerythrit* (I) u. seiner drei *Methyläther* beschrieben sowie deren freie Energien u. Verteilungs-Koeff. für das Syst. Hexan/Chlf. (7 : 3)–A./W. (8 : 2) bestimmt.

Versuche: *O-Dodecylpentaerythrit* (I), $C_{17}H_{36}O_4$, F. 53,5—55° (Hexan), durch langsames Zutropfen von 3.3-Bis-[hydroxymethyl]-oxacyclobutan in Chlf. zu sd. n-Dodecylalkohol in Ggw. von konz. H_2SO_4 neben wenig *Dipentaerythrit.* — *O-Methyl-O-dodecylpentaerythrit,* $C_{18}H_{38}O_4$, durch 6std. Erhitzen von I mit CH_3J u. verd. NaOH auf 75° u. Trennen durch Craig-Verteilung neben *Di-* ($C_{19}H_{40}O_4$) u. *Tri-O-methyl-O-dodecylpentaerythrit* ($C_{20}H_{42}O_4$). W. Hampel. 580□

Fortschritte in der organischen Synthese. 9. Mitt. **Aldehyde durch Reduktionsprozesse.** Václav Horák. (Chemie [Praha] **10,** 778—80, 1958; Praha, Univ. Karlova, Mat.-fis. fak., Kat. organ. Chem.; tschech.) — 8. vgl. Chemie [Praha] **10,** [1959], 499; 3. vgl. C. **1960,** 8151. — Überblick über neuere Arbeiten zur Darst. von Aldehyden durch Red. von Hydraziden, Nitrilen u. anderen Carbonsäurederivaten. — 11 Literaturangaben. R. K. Müller. 660□

Katalytische Wirkung von Germaniumoxid bei der Reaktion von Piria. Pierre Mastagli, Paulette Lambert, Christiane Hirigoyen und Jacques Pourrière. (C. R. hebd. Séances Acad. Sci. **250,** 1507—09, 22/2. 1960; franz.) — Vff. wandeln Carbonsäuren (**A**) in symm. u. unsymm. *Ketone* um, indem sie ca. 20 g **A** in Dampfform für die Dauer von ca. $^3/_4$ Std. bei 360—450° über auf Asbestwolle verteiltes GeO_2 (2 g pro 20 g **A**), das sich in einem Eisenrohr von 27 cm Länge befindet, leiten u. das Rk.-Prod. der Dest. unterwerfen. Auf diesem Wege erhält man aus Laurinsäure (I) *Diundecylketon* [44% (Ausbeute)], aus Caprinsäure (II) *Dinonylketon* (34%), aus Pelargonsäure *Dioctylketon* (45%), aus Caprylsäure (III) *Diheptylketon* (37%), aus **I** u. Propionsäure (**IV**) *Äthylundecylketon* (11,8%), aus **II** u. **IV** *Äthylnonylketon* (12%) u. aus **III** u. **IV** *Äthylheptylketon* (16%). Der Katalysator kann durch Lösen in Alkali u. Fällen mit Säure regeneriert werden. Seine Verw. wird dadurch eingeschränkt, daß er die **A** z. T. in unerwünschte Polymerisate umwandelt. G. Marquard. 710

Eine Verbesserung der Darstellung von Säuren über Acetessigester. John J. Ritter und Thaddeus J. Kaniecki. (J. org. Chemistry **27,** 622—23, Febr. 1962; New York, N.Y., Univ., Dep. of Chem.; engl.) — Die von Dieckmann [1908 u. früher] beschriebene Säurespaltung von Dialkylacetessigestern kann durch Verw. katalyt. Mengen Alkoholat in überschüssigem abs. A. auch mit Monoalkylacetessigestern (**A**) durchgeführt werden. Die Ausgangsstoffe, die trocken u. frei von Essigsäureäthylester (I) sein müssen, werden zweckmäßig unter laufendem Abdestillieren des **I** in Form des Azeotrops mit A. gekocht. Das wahrscheinlich an der Ketogruppe angreifende Alkoholation wird wegen der offenbar durch die Alkylgruppe verringerten Acidität der **A** nicht angegriffen. Crotonyliden- u. Benzylidenacetessigester reagieren nur zu Polymeren.

Versuche: Äthylester: *Penten-(4)-säure-*, Kp. 142—144°, durch Zugabe von frisch dest. α-Allylacetessigsäureäthylester zu einer Lsg. von 0,1 Val Na in 0,72 Val abs. A., langsame Dest. bei 72—73°, Abdampfen des A. im Vakuum auf dem Wasserbad u. Waschen; 88% (Ausbeute). — Analog (mit 0,12—0,16 Val Na u. 2,9—7,0 Val A.): *Buttersäure-*, Kp. 120—121°; 70%. — *Valeriansäure-*, Kp. 145—146°; 82%. — *4-Methylpenten-(4)-säure-*, Kp. 165—167°; 83%. — *Capronsäure-*, Kp. 166—168°; 81%. — *5-Methylcapronsäure-*, Kp. 181—182°; 88%. — *Laurinsäure-*, $Kp._{1,5}$ 104—106°; 84%. — *Hydrozimtsäure-*, $Kp._2$ 93—95°; 84%. — *5-Phenylpenten-(4)-säure-*, $Kp._1$ 115—116°; 92%. — *Bernsteinsäurediäthylester*, Kp. 215—217°; 84%. H. Heidepriem. 800□

Basenkatalysierte Umlagerung von Diäthyldithiodiglykolat. E. G. Howard. (J. org. Chemistry **27,** 2212—13, Juni 1962; Wilmington, Del., E. I. du Pont de Nemours & Co., Exp. Stat., Central Res. Dep.; engl.) — Bei der Spaltung von Dithiodiglykolsäurediäthylester (I) mit Na-Methylat u. Hydrolyse des Na-Salzes entsteht *2-Mercapto-3-thiaglutarsäurediäthylester* (II), dessen Struktur a) durch das IR-Spektrum, b) durch therm. Zers. zu *Mercaptoessigsäureäthylester*, c) durch Nitroprussid-Na-Test u. d) durch Umsetzung des Na-Salzes von II mit CH_3J zur *2-Methylmercapto-Verb.* bewiesen wird.

Versuche: *2-Mercapto-3-thiaglutarsäurediäthylester* (II), $C_8H_{14}O_4S_2$, $Kp._{0,1}$ 103 bis 104°, durch Zugabe von I zur Lsg. von Na-Methylat in abs. Ae. bei —20°, Zers. mit verd. HCl u. rasche Dest.; n_D^{25} 1,5042; 92% (Ausbeute). — *Mercaptoessigsäureäthylester*, $C_4H_8O_2S$, Kp.$_{21}$ 60—61°, Kp.$_{0,4}$ 28—30°, aus II durch langsame Destillation. Daneben entsteht *polymerer Thioglyoxylsäurediäthylester*. — *2-Methylmercapto-3-thiaglutarsäurediäthylester*, $C_9H_{16}O_4S_2$, Kp.$_{0,4}$ 117—118°, durch Zugabe von CH_3J zum Na-Salz von II bei —30°, 1 Std. bei 0°, 2 Std. bei 30°; n_D^{25} 1,4990; 28%. A. Trede. 850□

Nucleophile Addition von Ketonen an Acrylsäuremethylester. René Bertocchio und Jacques Dreux. (Bull. Soc. chim. France **1962**, 823—27, April; Lyon, Fac. des Sci., Inst. de Chim.; franz.) — In einer Michael-Rk. werden in Ggw. bas. Katalysatoren Ketone durch nucleophile Addition an Acrylsäuremethylester (I) [im Falle des Butanons (II) auch an Acrylsäureäthylester (III)] angelagert. Anthron (V) kondensiert sich dabei mit 2 Mol I. Die erhaltenen *δ-Ketosäureester* werden zu den *δ-Ketosäuren* verseift, der aus Acetylaceton (IV) u. I entstandene Diketoester, *5-Oxo-4-acetylhexansäuremethylester*, wird zu *5-Oxohexansäure* gespalten.

Versuche: 5-Oxohexansäuremethylester: *4-Methyl-*, $C_8H_{14}O_3$, Kp.$_{12}$ 103 bis 104°, durch 1½std. Kochen von überschüssigem I, II u. $NaOC_2H_5$, Neutralisation mit konz. HCl u. Dest.; n_D^{25} 1,4282; D.$_4^{25}$ 1,001; 17% (Ausbeute); *2.4-Dinitrophenylhydrazon*, $C_{14}H_{18}N_4O_6$, F. 77° (abs. A.; gelbe Kristalle). *Freie Säure*, $C_7H_{12}O_3$, Kp.$_{10}$ 151°, durch 2std. Kochen des Methylesters mit äthanol. KOH; n_D^{25} 1,4460; D.$_4^{25}$ 1,067; 44%; *Semicarbazon*, $C_8H_{15}N_3O_3$, F. 136° (abs. A.). — *4-Äthyl-*, $C_9H_{16}O_3$, Kp.$_9$ 102—103°, durch 9std. Kochen von I, Pentanon-(2) u. $NaNH_2$, Neutralisation mit konz. HCl u. Dest.; n_D^{25} 1,4322; D.$_4^{25}$ 0,983; 7%. *2.4-Dinitrophenylhydrazon*, $C_{15}H_{20}N_4O_6$, F. 55,5° (W.-A.; orangegelbe Kristalle). — *4.4-Dimethyl-*, $C_9H_{16}O_3$, Kp.$_{11}$ 106—107°, wie vorst. aus I, 3-Methylbutanon u. $NaNH_2$; n_D^{25} 1,4351; D.$_4^{25}$ 0,992; 10%. *2.4-Dinitrophenylhydrazon*, $C_{15}H_{20}N_4O_6$, F. 94,5° (A.; orangefarbene Kristalle). — *4-Phenyl-*, $C_{13}H_{16}O_3$, Kp.$_{0,5}$ 127 bis 129°, durch 1½std. Kochen von I, Benzylmethylketon u. methanol. KOH, Neutralisation u. Dest.; n_D^{25} 1,5038; D.$_4^{25}$ 1,075; 82%; *2.4-Dinitrophenylhydrazon*, $C_{19}H_{20}N_4O_6$, F. 99,5° (CH_3OH; orangefarbene Kristalle). *Freie Säure*, $C_{12}H_{14}O_3$, Kp.$_{0,5}$ 172 bis 177°, durch 9std. Kochen vorst. Esters mit methanol. NaOH, Abdestillieren des CH_3OH nach Zugabe von W., Ausäthern, Ansäuern der wss. Phase mit 50%ig. H_2SO_4, Ausäthern u. Dest.; 75%; *Semicarbazon*, $C_{13}H_{17}N_3O_3$, F. 168—169° (A.). — *4-Acetyl-*, $C_9H_{14}O_4$, Kp.$_{11}$ 136,5°, durch 2std. Kochen von I, überschüssigem IV u. 2n methanol. KOH, Neutralisation u. Dest.; n_D^{25} 1,4605; D.$_4^{25}$ 1,092; 68%. *Cu-Verb.*, $C_{18}H_{26}CuO_8$, F. 220—221° (grüngraue Kristalle), durch Einw. einer wss. Lsg. von Cu-Acetat auf vorst. Ester in A., Waschen des Nd. mit Ae., Aufnehmen in Chlf., Einengen u. Waschen des Rückstandes mit Ae.; 74%. — *5-Oxohexansäure*, $C_6H_{10}O_3$, Kp.$_{2,5}$ 130—131°, durch 4std. Kochen vorst. Esters mit 25%ig. methanol. KOH, Abdestillieren des CH_3OH nach Zugabe von W., Ansäuern mit 50%ig. H_2SO_4 u. Dest. der Ae.-Extrakte; 61%. *Semicarbazon*, $C_7H_{13}N_3O_3$, F. 174,5° (A.). — *5-Oxo-4-methylhexansäureäthylester*, $C_9H_{16}O_3$, Kp.$_9$ 102°, durch 1½std. Kochen von II, III u. $NaOC_2H_5$, Neutralisation mit konz. HCl u. Dest.; n_D^{25} 1,4266; D.$_4^{25}$ 0,975; 17%. *2.4-Dinitrophenylhydrazon*, $C_{15}H_{20}N_4O_6$, F. 54° (wss. A.; gelbe Kristalle). *Semicarbazon*, $C_{10}H_{19}N_3O_3$, F. 95—96° (wss. A.). — 5-Oxopentansäuremethylester: *5-Phenyl-*, $C_{12}H_{14}O_3$, Kp.$_{12}$ 172°, durch 2¼std. Kochen von I, Acetophenon u. $NaNH_2$, Neutralisation u. Dest.; 11%; *2.4-Dinitrophenylhydrazon*, $C_{18}H_{18}N_4O_6$, F. 148° (Chlf.-CH_3OH; rote Kristalle). *Freie Säure*, $C_{11}H_{12}O_3$, F. 125,5° (W.), durch 2std. Kochen des Esters mit äthanol. KOH; 62%. — *4-Methyl-5-phenyl-*, $C_{13}H_{16}O_3$, Kp.$_{2,5}$ 146°, durch 1½std. Kochen von I, Propiophenon u. 2n methanol. KOH, Zugabe von Ae., Neutralisation mit konz. HCl u. Dest. der mit gesätt. NaCl-Lsg. gewaschenen Ae.-Phase; n_D^{25} 1,5120; D.$_4^{25}$ 1,080; 53%; *2.4-Dinitrophenylhydrazon*, $C_{19}H_{20}N_4O_6$, F. 90° (A.; gelbe Kristalle). *Freie Säure*, $C_{12}H_{14}O_3$, Kp.$_{0,2}$ 144°, durch 4std. Kochen des Esters mit methanol. KOH; n_D^{25} 1,5308; D.$_4^{25}$ 1,130; 79%; *Semicarbazon*, $C_{13}H_{17}N_3O_3$, F. 143—144° (A.). — *4.5-Diphenyl-*, $C_{18}H_{18}O_3$, F. 62° (CH_3OH), durch 1½std. Kochen von I, Benzylphenylketon u. 2n methanol. KOH, Neutralisation der durch Versetzen mit Ae. gebildeten organ. Phase u. Dest.; 62%. *Freie Säure*, $C_{17}H_{16}O_3$, F. 132° (A.), durch 7std. Kochen des Esters mit methanol. NaOH u. Zugabe von 10%ig. H_2SO_4; 91%. — Propionsäuremethylester: *3-[Cyclopentanon-(2)-yl]-*, $C_9H_{14}O_3$, Kp.$_{15}$ 131°, durch 1½std. Kochen von I, Cyclopentanon u. 2n methanol. KOH, Neutralisation der mit Ae. versetzten Lsg. u. Dest. der mit gesätt. NaCl-Lsg. gewaschenen Ae.-Schicht; n_D^{25} 1,4565; D.$_4^{25}$ 1,072; 34%. *Semicarbazon*, $C_{10}H_{17}N_3O_3$, F. 169° (wss. A.). *2.4-Dinitrophenylhydrazon*, $C_{15}H_{18}N_4O_6$, F. 81° (A.; orangefarbene Kristalle). — *3-[Cyclohexanon-(2)-yl]-*, $C_{10}H_{16}O_3$, Kp.$_{11}$ 137°, analog vorst. Verb. aus I u. Cyclohexanon; n_D^{25} 1,4635; D.$_4^{25}$ 1,059; 15%. *Semicarbazon*, $C_{11}H_{19}N_3O_3$, F. 122,5—124° (wss. A.). — *9.9-Bis-[β-methoxycarbonyläthyl]-anthron*, $C_{22}H_{22}O_5$, F. 119—120° (CH_3OH; gelbe Kristalle), durch 1½std. Kochen von V, überschüssigem I u. 2n methanol. KOH; 68%. — *9.9-Bis-*

[*β-carboxyäthyl*]*-anthron*, $C_{20}H_{18}O_5$, F. 252—254° (wss. A.), durch 3std. Kochen des vorst. Esters mit methanol. NaOH; 91%. Gisela Schreiber. 870□

Die Reaktion von N-Perfluoralkylurethanen mit Diazomethan. Ralph L. Dannley und Donald Yamashiro. (J. org. Chemistry **27**, 599—602, Febr. 1962; Cleveland, Ohio, Western Reserve Univ., Morley Chem. Labor.; engl.) — Die N-Alkylierung von N-Perfluoralkylurethanen gelingt mit Diazomethan (I). Die Struktur der so aus Äthyl-N-n-perfluorpropyl- (II), -amyl- (V) u. -heptylurethan (VI) dargestellten *Äthyl-N-methyl-N-n-perfluoralkylcarbamate* wird durch Analyse u. IR-Spektren (Abb.) gestützt. Die Red. von *Äthyl-N-methyl-N-n-perfluorpropylcarbamat* (III) mit $LiAlH_4$ zu *Dimethyl-1.1-dihydroperfluorpropylamin* dient als weiterer Strukturbeweis; daneben entsteht *Methyl-1.1-dihydroperfluorpropylamin* (VII). Neben III entsteht *N-Carbäthoxyfluormethylpentafluoräthylketimin* (IV), dessen Struktur aus der Analyse, dem IR-Spektrum (Abb.) u. der Hydrolyse zu *1.3.3.4.4.4-Hexafluorbutanon-(2)-hydrat*, dessen IR-Spektrum ebenfalls abgebildet ist, folgt. Während die α.α-Difluormethylengruppe von III durch ½std. Einw. von sd. W. kaum angegriffen wird, spaltet II bereits durch 1 Min. langes Schütteln bei Raum-Temp. F ab. Mögliche Rk.-Wege werden erörtert.

Versuche: *Äthyl-N-methyl-N-n-perfluorpropylcarbamat* (III), $C_7H_8F_7NO_2$, Kp.$_{37}$ 55°, aus II in abs. Ae. u. I-Gas durch 6std. Rühren bei 0°; 12% (Ausbeute). — *N-Carbäthoxyfluormethylpentafluoräthylketimin* (IV), $C_7H_7F_6NO_2$, Kp.$_{37}$ 61°, neben III; 14%. — *Äthyl-N-methyl-N-n-perfluorheptylcarbamat*, $C_{11}H_8F_{15}NO_2$, Kp.$_{2,3}$ 60°, analog III aus VI in 11 Std.; 19%. — *Äthyl-N-methyl-N-n-perfluoramylcarbamat*, Kp.$_{3,6}$ 44—45,3, analog III aus V; 20%. — *N-Carbäthoxyfluormethyl-n-perfluorbutylketimin*, $C_9H_7F_{10}NO_2$, Kp.$_{3,6}$ 50,6°, neben vorst. Verb.; 7%. — *N-Methyl-1.1-dihydroperfluorpropylamin* (VII), *Hydrochlorid*, F. 263° (geschlossene Capillare; abs. A./abs. Ae.), aus III u. $LiAlH_4$ in abs. Ae. durch ¾std. Rühueen bei 0° 1 std. Rühren bei Raum-Temp., 1½ std Kochen, 20std. Rühren bei Raum-Temp., Zusatz von W. u. K-Na-Tartrat-Lsg., 4std. Rühren bei Raum-Temp., Extraktion der äther. Phase mit 5%ig. HCl, Versetzen mit 10%ig. NaOH, Aufnehmen in Chlf. u. Sättigen mit HCl-Gas bei 0°; 23%. *N-p-Nitrobenzoyl-Deriv.*, F. 55—57°. — *Dimethyl-1.1-dihydroperfluorpropylaminhydrochlorid*, $C_5H_9ClF_5N$, F. 203—204° (geschlossene Capillare; abs. A./abs. Ae.), a) aus VII u. CH_3J durch 4std. Rühren bei Raum-Temp., Zusatz von 10%ig. NaOH, Extraktion mit Chlf. u. Sättigen mit HCl bei 0°; 27%; b) neben vorst. Hydrochlorid durch Einengen der Mutterlauge u. Kühlen; 19%. — *1.3.3.4.4.4-Hexafluorbutanon-(2)-hydrat*, $C_4H_4F_6O_2$, Kp. 68,5—70,5°, aus IV u. konz. HCl u. W.; 41%. H. Heidepriem. 880□

Über die Bildungsreaktionen von Triäthylsiloxyborosiloxanen. K. A. Andrianow und M. N. Jermakowa. (Журнал Общей Химии [J. allg. Chem.] **31** (**93**), 1310—12, April 1961; Inst. für metallorg. Verbb. der Akad. der Wiss. der UdSSR; russ.) — Triäthylborat u. Triäthylsilanol reagieren auch bei Anwendung gleicher Mol-Mengen bei 150—200° allein unter Bldg. von *Tris-*[*triäthylsilyl*]*-borat* (I); die Bldg. des gemischten Borsäurediäthyltriäthylsilylesters ließ sich nicht nachweisen. Durch Erhitzen von I mit Diäthylsilandiol oder Diäthyldiacetoxysilan wird mit mäßiger Ausbeute *1.1.5.5-Tetrakis-*[*triäthylsiloxy*]*-3.3-diäthyl-1.5-diborosiloxan* erhalten.

Versuche: *Tris-*[*triäthylsilyl*]*-borat* (I), Kp.$_2$ 145—146°, durch Erhitzen von Triäthylborat mit Triäthylsilanol auf 150—200° unter Abdestillieren des gebildeten A.; $D._4^{20}$ 0,8903, n_D^{20} 1,4378; 52% (Ausbeute). — *1.1.5.5-Tetrakis-*[*triäthylsilyloxy*]*-3.3-diäthyl-1.5-diborasiloxan*, $C_{28}H_{70}B_2O_6Si_5$, Kp.$_{12}$ 176—179°, n_D^{20} 1,4390, a) durch Erhitzen von I mit Diäthyldiacetoxysilan unter Abdestillieren des gebildeten Essigesters; 24,7%; b) analog mit Diäthylsilandiol unter Abdestillieren des gebildeten A.; 24,5%. — *1.1.5.5-Tetrakis-*[*triäthylsilyloxy*]*-3.3-dimethyl-1.5-diborasiloxan*, $C_{26}H_{66}B_2O_6Si_5$, Kp.$_8$ 169—175°, analog vorst. Verb. aus I u. Dimethyldiacetoxysilan; n_D^{20} 1,4320; 21,2%.
H.-E. Toussaint. 980□

n-Butylhalogensilane. Bestimmung von Silanwasserstoff in Flüssigkeiten. Herbert H. Anderson. (J. Amer. chem. Soc. **82**, 1323—25, 20/3. 1960; Philadelphia, Pa., USA, Chem. Dep., Drexel Inst. of Techn.; engl.) — Durch Rk. von Hg(II)-Halogeniden mit n-Butylsilan (I) werden die entsprechenden *Mono-* u. *Dihalogensilane* (vgl. C. **1959**, 6059) dargestellt. Hydrolyse bzw. Rk. mit Anilin führen zu *symm.-Bis-*[*n-butyl*]*-disiloxan* bzw. *n-Butylanilinosilan*. Eine Meth. zur Best. von Silanwasserstoff wird beschrieben, wobei das Silan in 95%ig. A. mit methanol. KOH oder wss. NaOH umgesetzt u. die entwickelte H_2-Menge gemessen wird. Der Fehler liegt zwischen 1 u. 2%.

Versuche: *n-Butylsilan* (I), $C_4H_{12}Si$, Kp. 56,1—56,4°, durch Red. von n-Butyltrichlorsilan in Di-n-butyläther mit $LiAlH_4$; 85% (Ausbeute). — *n-Butylchlorsilan* (II), $C_4H_{11}ClSi$, Kp. 102,8°, durch Zugeben von $HgCl_2$ zu I u. 12std. Stehen; $D._4^{20}$ 0,888; n_D^{20} 1,4192; 88%. — *n-Butylbromsilan* (III), $C_4H_{11}BrSi$, Kp. 124,6°, aus $HgBr_2$ u. I in

Ggw. von Natronkalk u. A-Kohle durch 110std. Rk. bei Raum-Temp.; $D._4^{20}$ 1,183; n_D^{20} 1,4514; 80%. — *n-Butyljodsilan* (**IV**), $C_4H_{11}JSi$, Kp. 155,4°, durch Zugabe von 25,5 g J_2 zu 11 g I bei 10° innerhalb 3 Std.; $D._4^{20}$ 1,454; n_D^{20} 1,5028 (82% u. 0,8 g einer höhersd. Fl.) — *n-Butyldijodsilan*, $C_4H_{10}J_2Si$, Kp. 219°, durch Rk. von 43 g J_2 mit 11 g I neben 48% **IV**; $D._4^{20}$ 2,007; n_D^{20} 1,5791; 47%. — *symm.-Bis-[n-butyl]-disiloxan*, $C_8H_{22}OSi_2$, Kp. 182,4°, aus II durch Hydrolyse mit W.; $D._4^{20}$ 0,811; n_D^{20} 1,4181; 92%. — *n-Butylanilinosilan*, $C_{10}H_{17}NSi$, Kp. 229°, aus III durch 2std. Rk. mit einem Überschuß an Anilin in Bzl.; $D._4^{20}$ 0,932; n_D^{20} 1,5219; 50%. H. Groß. 980□

Darstellung und Eigenschaften neuer Chlorid-, Cyanid- und Sauerstoff-Derivate des Disilans. Alan D. Craig, Joseph V. Urenovitch und Alan G. MacDiarmid. (J. chem. Soc. [London] **1962**, 548—53, Febr.; Philadelphia, Pa., Univ. of Pennsylvania, John Harrison Labor. of Chem.; engl.) — Darst. u. Eigg. einiger *Disilanyl-* (**A**) u. *Pentamethyldisilanyl-Derivv.* (**B**) werden beschrieben. *Disilanylchlorid* (**I**) ist an der Luft selbstentzündlich, zeigt jedoch bei 18° nur geringe therm. Zersetzung. Bei —24° wird I in Ggw. von HCl langsam, in Ggw. von $AlCl_3$ hingegen rasch zersetzt. Von Hg wird I bei Zimmer-Temp. nicht angegriffen. *Disilanylcyanid* konnte nicht rein isoliert werden. *Bis-[pentamethyldisilanyl]-äther* wird durch Hydrolyse von Pentamethyldisilanylchlorid (**II**) gewonnen, *1.2-Bis-[pentamethyldisilanyloxy]-tetramethyldisilan* analog durch Cohydrolyse von **II** u. *1.2-Dichlortetramethyldisilan.* Das aus **II** mit AgCN erhaltene *Pentamethyldisilanylcyanid* (**III**) scheint als Gemisch des *Cyanids* u. *Isocyanids* vorzuliegen. Therm. sind die **A** nicht empfindlicher als die entsprechenden Silyl-Verbb., jedoch sind die **A** therm. weniger stabil als die **B**. Die Neigung von **III**, unter Bldg. von *Trimethylsilylcyanid* zu zerfallen, wird diskutiert. Die IR-Spektren der neugewonnenen Verbb. werden diskutiert.

Versuche: *Disilanylchlorid*, H_5ClSi_2 (**I**), F. —111,6°, durch mehrmaliges Durchleiten von Disilanyljodid (**IV**)-Gas durch ein mit Glaswolle, AgCl u. Sand gefülltes Rohr; 68% (Ausbeute). — *Disilanylcyanid*, CH_5NSi_2, analog I aus **IV** u. AgCN. — *Pentamethyldisilanylchlorid* (**II**), Kp. 136—137°, aus Hexamethyldisilan, konz. H_2SO_4 u. NH_4Cl; $D._4^{30}$ 0,8537, n_D^{30} 1,4336. — *Bis-[pentamethyldisilanyl]-äther*, $C_{10}H_{30}OSi_4$, Kp. 214,4° (extrapoliert), aus **II** u. W.; $D._4^{30}$ 0,8028, n_D^{30} 1,4334; 76%. — *1.2-Bis-[pentamethyldisilanyloxy]-tetramethyldisilan*, $C_{14}H_{42}O_2Si_6$, Kp. 278,2° (extrapoliert), durch Cohydrolyse des rohen **II** mit dem in **II** vorhandenen 1.2-Dichlortetramethyldisilan; $D._4^{30}$ 0,8238, n_D^{30} 1,4395. — *Pentamethyldisilanylcyanid* (**III**), $C_6H_{15}NSi_2$, Kp. 176,4° (extrapoliert), durch 24std. Rühren von **II** u. AgCN bei Raum-Temp.; $D._4^{30}$ 0,8136, n_D^{30} 1,43735; 50%. — *Trimethylsilylcyanid*, Kp. 115—116°, durch therm. Zers. von **III** bei 115—130°. K. Rühlmann. 980□

Darstellung von Fluorphenolen durch Hydrolyse von Fluorhalogenbenzolen. G. G. Jakobsson, T. D. Rubina und N. N. Woroshzow jun. (Доклады Академии Наук СССР [Ber. Akad. Wiss. UdSSR] **141**, 1395—96, 21/12. 1961; Nowosibirsk, Inst. für org. Chem. der sibir. Abt. der Akad. der Wiss. der UdSSR; russ.) — Durch Hydrolyse von o- (**I**), m- (**II**), p-Fluorbrombenzol (**III**) u. 2.4-Difluorbrombenzol (**IV**) in Ggw. von Cu^+ u. NaF, KF, CsF, KHF_2 oder K-Acetat wurden die entsprechenden *Fluorphenole* erhalten. Aus **II** u. **III** bilden sich als Nebenprodd. 1—3% *Fluordiphenyläther* u. 2—3% *Diphenylenoxid*. In Abwesenheit von Cu^+ liefert Hydrolyse von m-Fluorchlorbenzol in Ggw. von K-Acetat *m-Chlorphenol*. Die Hydrolyse-Geschw. der Halogenbenzole in Ggw. von Cu^+ nimmt in der Reihe Jod- > Brom- > Chlor- > Fluorbenzol sehr stark ab.

Versuche: Durch Erhitzen von 0,04 Mol **I**—**IV** mit 0,16 Mol NaF (KF, CsF, KHF oder K-Acetat) u. 0,5 g Cu_2O in 100 ml W. auf 100° wurden erhalten: *o-Fluorphenol*, $Kp._{50}$ 73°; n_D^{22} 1,5118; 73% (Ausbeute). *o-Fluorphenoxyessigsäure*, F. 139°. — *m-Fluorphenol*, Kp. 177°; n_D^{21} 1,5075; 78%. *m-Fluorphenoxyessigsäure*, F. 115°. — *p-Fluorphenol*, F. 179°, F. 47°; 73%. *p-Fluorphenoxyessigsäure*, F. 104,5°. — *2.4-Difluorphenol*, Kp. 150°, F. 20°; 53%. *2.4-Difluorphenoxyessigsäure*, F. 126°.

Helmut Schäfer. 1060

Alkylierung von 4-Fluoranisol mit Olefinen in Gegenwart von BF_3, $BF_3 \cdot H_3PO_4$ und $BF_3 \cdot O(C_2H_5)_2$. W. G. Krjutschkowa und Ss. W. Sawgorodni. (Доклады Академии Наук СССР [Ber. Akad. Wiss. UdSSR] **130**, 775—78, 1/2. 1960; Woronesh, Univ.; russ.) — Die Alkylierung von p-Fluoranisol (**I**) mit Propylen (**II**), Buten-(2) (**III**) u. Cyclohexen (**IV**) in Ggw. von BF_3, $BF_3 \cdot H_3PO_4$ oder BF_3-Ätherat liefert die entsprechenden *2-Alkyl-* u. *2.6-Dialkyl-4-fluoranisole.* Die in Abhängigkeit vom Komponentenverhältnis erzielten Ausbeuten an Mono- u. Dialkyl-p-fluoranisolen werden tabellar. angegeben.

Versuche: Man rührt I u. II in Ggw. von $BF_3 \cdot H_3PO_4$ im Verhältnis 2 : 1 : 0,4 (4 : 1 : 0,4) 2 Std. bei 40° (60°), läßt 12 Std. lang Stehen, verd. mit Bzl. u. fraktioniert:

2-Isopropyl-4-fluoranisol [Kp.$_5$ 67°; D.$_4^{20}$ 1,0624; n_D^{20} 1,4880; 55,3 bzw. 84,6% (Ausbeute)] u. *2.6-Diisopropyl-4-fluoranisol* (Kp.$_7$ 95°; D.$_4^{20}$ 1,0363; n_D^{20} 1,4865; 39,7 bzw. 14,8%). — Analog vorst. Verbb. aus I u. III in Ggw. von BF_3 (2 : 1 : 0,4 bei 80°) bzw. in Ggw. von $BF_3 \cdot H_3PO_4$ (4 : 1 : 0,4 bei 60°) *2-sek.-Butyl-4-fluoranisol* (Kp.$_3$ 73—74°; D.$_4^{20}$ 1,0234; n_D^{20} 1,4870; 64,7 bzw. 75,7%) u. *2.6-Bis-[sek.-butyl]-4-fluoranisol* (Kp.$_3$ 104 bis 105°; D.$_4^{20}$ 0,9660; n_D^{20} 1,4830; 3% bzw. 20,1%). — Aus I u. IV in Ggw. von $BF_3 \cdot H_3PO_4$ im Verhältnis 2 : 1 : 0,3 (4 : 1 : 0,4) bei 80° (60°): *2-Cyclohexyl-4-fluoranisol* (Kp.$_5$ 123°; D.$_4^{20}$ 1,0741; n_D^{20} 1,5142; 56,4 bzw. 80,4%) u. *2.6-Dicyclohexyl-4-fluoranisol* (F. 98—99°; 39,1 bzw. 19,6%). — Durch Hydrolyse vorst. Alkylanisole wurden erhalten: *2-Isopropyl-4-fluorphenol*, Kp.$_4$ 75—77°, F. 42°; D.$_4^{20}$ 1,0944; n_D^{20} 1,5048. — *2-sek.-Butyl-4-fluorphenol*, Kp.$_4$ 92°; D.$_4^{20}$ 1,1076; n_D^{20} 1,5022. — *2-Cyclohexyl-4-fluorphenol*, Kp.$_2$ 104—105°; D.$_4^{20}$ 1,1231; n_D^{20} 1,5300. — *4-Fluoranisol* (I), Kp. 155—156°, durch Diazotierung von p-Anisidin u. Zers. des Tetrafluorborats; D.$_4^{20}$ 1,1044; n_D^{20} 1,4878.
Helmut Schäfer. 1060

Polyphenoläther. 2. Mitt. Methyl- und Dimethyläther von Hydroxyhydrochinon-1-benzyläther. Arnfinn Paulsen. (Medd. norsk. farmac. Selsk. **22**, 11—14, Jan. 1960; Oslo, Univ., Farmas. inst., avd. for farmas. kjem.; norw.) — 1. vgl. C. **1962**, 7984. — Durch Umsetzung von Gentisinaldehydmonomethyläther mit Benzylalkohol in der l. c. beschriebenen Weise wird in 95%ig. Ausbeute *5-Methoxy-2-benzyloxybenzaldehyd* [I; $C_{15}H_{14}O_3$, F. 49—50° (A.)] erhalten, daraus entsteht durch Oxydation mit Peressigsäure *4-Methoxy-2-hydroxy-1-benzyloxybenzol* [II; $C_{14}H_{14}O_3$, Kp.$_{12}$ 204—206°, F. 43,5—45° (A.); 43% (Ausbeute)]. Analog wird aus Vanillinbenzyläther *4-Hydroxy-2-methoxy-1-benzyloxybenzol* [III; $C_{14}H_{14}O_3$, Kp.$_{13}$ 228—230°, F. 86—87° (A.); 46%] erhalten. II u. III liefern bei der Methylierung *2.4-Dimethoxy-1-benzyloxybenzol* [$C_{15}H_{16}O_3$, F. 45—46° (A.)]. I kann auch aus Gentisinaldehyd über Gentisinaldehyd-2-benzyläther [$C_{14}H_{12}O_3$, Kp.$_{12}$ 190 bis 200°, F. 92—93° (A.); 30%] erhalten werden, neben dem etwas *2.5-Dibenzyloxybenzaldehyd* ($C_{21}H_{18}O_3$, F. 75—76°) entsteht. R. K. Müller. 1060□

Polyphenoläther. 3. Mitt. Methyl- und Dimethyläther von Hydroxyhydrochinon-4-benzyläther. Arnfinn Paulsen. (Medd. norsk farmac. Selsk. **22**, 45—49, März 1960; norw.) — 2. vgl. vorst. Referat. — Durch Formylierung von Resorcinmonomethyläther wird *4-Hydroxy-2-methoxybenzaldehyd* [F. 157—158° (A.)] erhalten u. daraus *4-Benzyloxy-2-methoxybenzaldehyd* (I; F. 94—95°), der mit Peressigsäure zu *4-Benzyloxy-2-methoxyphenol* [II; $C_{14}H_{14}O_3$, F. 40—41° (A.); 47% (Ausbeute] oxydiert wird. II wird durch Methylierung in *4-Benzyloxyveratrol* [$C_{15}H_{16}O_3$, F. 53—54° (A.)] übergeführt. I ist der Methyläther von *Resorcylaldehyd-4-benzyläther*, der aus Resorcylaldehyd u. Benzylchlorid neben dem *Dibenzyläther* (Kp.$_{12}$ 210—220°, F. 77—80°) erhalten wird u. in 10%ig. $N(CH_3)_4OH$ mit 20%ig. H_2O_2 in *4-Benzyloxybrenzcatechin* [III; $C_{13}H_{12}O_3$, F. 111—112° (W.)] übergeführt wird. Methylierung von 4,3 g III führt zu 2,2 g *4-Benzyloxy-2-hydroxy-1-methoxybenzol* [$C_{14}H_{14}O_3$, Kp.$_{10}$ 204—206°, F. 104—105°].
R. K. Müller. 1060□

Polyphenoläther. 4. Mitt. Darstellung von 3.5-Dimethoxybrenzcatechin. Arnfinn Paulsen. (Medd. norsk farmac. Selsk. **22**, 213—17, Dez. 1960; norw.) — 3. vgl. vorst. Referat. — Die Darst. von *5-Hydroxy-2.4-dimethoxyacetophenon* [I; Kp.$_{10}$ 195 bis 200°, F. 155—156° (A.); 81% (Ausbeute)] aus 2.4-Dimethoxyphenylacetat gelingt durch Friessche Umlagerung mit BF_3 in Essigsäure. Aus I wird nach Ballio (C. **1950**, II. 1563) *2.4.5-Trimethoxyacetophenon* [F. 102—103° (A.)] erhalten. Durch Kochen von 2.4-Dimethoxyphenol auf dem Wasserbad mit NaOH u. Chlf., Aufnehmen in Ae. u. Zusatz von HCl wird *2-Hydroxy-3.5-dimethoxybenzaldehyd* (II; $C_9H_{10}O_4$, F. 132 bis 133°, gelbe Nadeln aus A.) gewonnen. Methylierung von II liefert *2.3.5-Trimethoxybenzaldehyd* [F. 62—63° (A.)], Umsetzung mit Benzolsulfochlorid das *Benzolsulfonat* [$C_{15}H_{14}O_6S$, F. 105—106° (A.)], das mit $MgSO_4$ u. $KMnO_4$ *2-Hydroxy-3.5-dimethoxybenzoesäurebenzolsulfonat* [$C_{15}H_{14}O_7S$, F. 184—185° (A.)] ergibt. Daraus entsteht durch Hydrolyse *2-Hydroxy-3.5-dimethoxybenzoesäure* [$C_9H_{10}O_5$, F. 184—185° (A.)]. Durch alkal. Oxydation von II mit 30%ig. H_2O_2, Stehenlassen über Nacht, Zusatz von HCl u. Aussalzen wird *3.5-Dimethoxybrenzcatechin* (III; $C_8H_{10}O_4$, Kp.$_{10}$ 162—164°; *Diacetat*, $C_{12}H_{14}O_6$, F. 101—102°; Methylierungs-Prod. *1.2.3.5-Tetramethoxybenzol*, F. 45—46°] dargestellt. III entsteht analog auch aus 2-Chloracetophenon-4.6-dimethyläther (F. 82 bis 83°). R. K. Müller. 1060□

Reduktion von Disulfiden mit Kupfer. Darstellung einiger Thioäther. J. Robert Campbell. (J. org. Chemistry **27**, 2207—09, Juni 1962; St. Louis, Mo., Monsanto Chem. Co., Organ. Chem. Div., Res. Dep.; engl.) — Die Darst. einiger *Arylalkyl-* u. *Diarylthioäther* sowie von *Bis-[aryl-* oder *alkylmercapto]-benzolen* durch Einw. des Disulfids auf Brombenzole in Dimethylacetamid (DMA) in Ggw. von Cu-Pulver wird beschrieben, wobei das intermediär entstandene Cu-Mercaptid nicht isoliert wird (vgl. Adams u.

Ferretti, C. **1960**, 3513). Die Darst. von Hexakis-[phenylmercapto]-benzol aus Hexachlorbenzol u. Diphenyldisulfid (II) gelang nicht.

Versuche: Sulfide, durch 1—2std. Erhitzen von 1 Mol Disulfid, 2 Mol Brombenzol bzw. 1 Mol m- oder p-Dibrombenzol u. 2 Val Cu-Pulver in DMA auf 135 bis 140° u. 10—15std. Kochen: *n-Butylphenyl-*, Kp.$_{25}$ 123—129°, aus Di-n-butyldisulfid; n_D^{25} 1,5312; 50,8% (Ausbeute). *$PdCl_2$-Deriv.*, F. 107—108°. — *Diphenyl-*, Kp.$_9$ 139 bis 141°, aus II; n_D^{25} 1,631; 86,5%. — *m-Bromphenyl-p-tolyl-*, $C_{13}H_{11}BrS$, Kp.$_{0,4}$ 135 bis 145°, neben I; n_D^{25} 1,6406. — *m-Bis-[phenylmercapto]-benzol*, $C_{18}H_{14}S_2$, Kp.$_{0,35}$ 180 bis 185°, aus II; n_D^{25} 1,6760; 80,2%. — *m-Bis-[p-tolylmercapto]-benzol* (I), $C_{20}H_{18}S_2$, F. 91—92° (Isopropanol), Kp.$_{0,3}$ 240—250°, aus Di-p-tolyldisulfid; 84%. — *m-Bis-[o-nitrophenylmercapto]-benzol*, $C_{18}H_{12}N_2O_4S_2$, F. 151—152° (CCl_4), aus Bis-[o-nitrophenyl]-disulfid; 400%. — *m-Bis-[benzylmercapto]-benzol*, F. 61—62° (A.), Kp.$_{10}$ 180 bis 200°, aus Dibenzyldisulfid; 46,5%. — *p-Bis-[phenylmercapto]-benzol*, F. 82 bis 83°, aus II in Äthylenglykol; 32%. A. Trede. 1090□

Dialkylarylsulfonylthioharnstoffe. Ss. I. Burmisstrow. (Украинский Химический Журнал [Ukrain. chem. J.] **27**, 73—77, 1961; Dnepropetrowsk, Chem.-Technolog. Dsershinski-Inst.; russ.) — Durch Rk. von Tetraalkylthiuramdisulfiden mit den Alkalisalzen von Arylsulfamiden wurden *N.N-Dialkyl-N'-arylsulfonylthioharnstoffe* dargestellt.

Versuche: Thioharnstoffe: *N.N-Dimethyl-N'-[p-chlorbenzolsulfonyl]-*, $C_9H_{11}ClN_2O_2S_2$, F. 173,5—174° (Chlorbenzol), a) man dampft 19,2 g p-Chlorbenzolsulfamid (I) mit 6 g KOH in 50 ml W. bei 105° ein, löst in 200 ml Isoamylalkohol, gibt 12 g Tetramethylthiuramdisulfid (II) zu, kocht 4 Std., dampft ein, nimmt in W. auf, neutralisiert mit HCl gegen Phenolphthalein, filtriert u. säuert gegen Kongo an; Prismen; 20,5 g (Ausbeute); b) man kocht 0,1 Mol I u. 0,05 Mol II in 50 ml Triäthylamin 9 Std. lang, verd. mit 100 ml W., gibt 5,3 g Soda zu, dest. das Amin ab, extrahiert mit Ae. u. säuert die wss. Lsg. an; 7,1 g. *Disulfid* (?), $C_{18}H_{20}Cl_2N_4O_4S_4$, F. 154—156° (A.), durch Oxydation der neutralisierten Lsg. vorst. Verb. mit Jod; Nädelchen. — *N.N-Dimethyl-N'-benzolsulfonyl-*, $C_9H_{12}N_2O_2S_2$, F. 139—141° (Bzl.), aus dem K-Salz von Benzolsulfamid (III) u. II in Isoamylalkohol (6 Std.); Stäbchen. — *N.N-Dimethyl-N'-[o-toluolsulfonyl]-*, $C_{10}H_{14}N_2O_2S_2$, F. 144° (Bzl.), aus o-Toluolsulfamid u. II; Pulver; 62%. — *N.N-Dimethyl-N'-[p-isopropylbenzolsulfonyl]-*, $C_{12}H_{18}N_2O_2S_2$, F. 124° (Bzl.), aus p-Isopropylbenzolsulfamid u. II; Prismen; 40%. — *N.N-Dimethyl-N'-[p-toluolsulfonyl]-*, $C_{10}H_{14}N_2O_2S_2$, F. 166—167° (Chlorbenzol), aus p-Toluolsulfamid (IV) u. II (3 Std.); Stäbchen; 30,5%. *Disulfid* (?), $C_{20}H_{26}N_4O_4S_4$, F. 137—138,5° (A.), durch Oxydation vorst. Verb. mit Jod; Nädelchen. — *N.N-Diäthyl-N'-[p-chlorbenzolsulfonyl]-*, $C_{11}H_{15}ClN_2O_2S_2$, F. 124° (Bzl.), man löst 2,3 g-Atom Na in 150 ml Isoamylalkohol u. kocht nach Zugabe von 19,2 g I u. 14,8 g Tetraäthylthiuramdisulfid (V) 3½ Std. lang; Rhomboeder; 63%. — *N.N-Diäthyl-N'-benzolsulfonyl-*, $C_{11}H_{16}N_2O_2S_2$, F. 131° (A.), aus dem K-Salz von III u. V; Prismen; 32%. — *N.N-Diäthyl-N'-[p-toluolsulfonyl]-*, $C_{12}H_{18}N_2O_2S_2$, F. 131° (Bzl.), aus IV-Na-Salz u. V in Xylol; Prismen. — *N.N-Hexamethylen-N'-[p-chlorbenzolsulfonyl]-*, $C_{13}H_{17}ClN_2O_2S_2$, F. 123,5—124° (Bzl.-PAe.), durch 1½std. Kochen von Bis-hexamethylenthiuramdisulfid (VI) u. I-K-Salz in Isoamylalkohol; Prismen; 20%. *Disulfid* (?), $C_{26}H_{32}Cl_2N_4O_4S_4$, F. 143° (A.), durch Oxydation vorst. Verb. mit Jod; Nädelchen. — *N.N-Hexamethylen-N'-[p-toluolsulfonyl]-*, $C_{14}H_{20}N_2O_2S_2$, F. 135,5—136,5° (Bzl.), durch 6std. Kochen von IV-K-Salz u. VI in Isoamylalkohol; Stäbchen; 56,5%. *Disulfid* (?), F. 144—146,5°, aus vorst. Verb. durch Oxydation der neutralisierten Lsg. mit Jod; Nadeln. Helmut Schäfer. 1090

Derivate des Sulfanilsäurehydrazids. R. J. Cremlyn. (J. chem. Soc. [London] **1962**, 2133—35, Juni; Hatfield, Herts., Coll. of Technol.; engl.) — Die Darst. von N^4- u. *N'-substituierten Sulfanilsäurehydraziden* wird beschrieben.

Versuche: N^4-Acetylsulfanilsäurehydrazide, nach Lehmann u. Grivsky (Bull. Soc. chim. belges **55**, [1946], 52) bzw. durch Erhitzen von aromat. Aldehyden oder von Ketonen mit N^4-Acetylsulfanilsäurehydrazid (II) in A. in Ggw. von oder ohne Na-Acetat bzw. durch 1std. Erwärmen von II mit einem Chlorameisensäurealkylester in Bzl. in Ggw. von 1 Val Pyridin auf 50—70°: *N'-Methylen-*, $C_9H_{11}N_3O_3S$, F. 84—86°. — *N'-n-Butyliden-*, $C_{12}H_{17}N_3O_3S$, amorph. — *N'-Isobutyliden-*, F. 134—136°. — *N'-Benzyliden-*, $C_{15}H_{15}N_3O_3S$, F. 188—190°. — *N'-[o-Hydroxybenzyliden]-*, $C_{15}H_{15}N_3O_4S$, F. 226—228°. — *N'-[p-Hydroxybenzyliden]-*, F. 206—208°. — *N'-[o-Nitrobenzyliden]-*, $C_{15}H_{14}N_4O_5S$, F. 216—218°. — *N'-[p-Chlorbenzyliden]-*, $C_{15}H_{14}ClN_3O_3S$, F. 210—211°. — *N'-[2.4-Dichlorbenzyliden]-*, $C_{15}H_{13}Cl_2N_3O_3S$, F. 229—230°. — *N'-[p-Dimethylaminobenzyliden]-*, $C_{17}H_{20}N_4O_3S$, F. 220°. — *N'-Cinnamyliden-*, $C_{17}H_{17}N_3O_3S$, F. 204—206°. — *N'-Isopropyliden-*, $C_{11}H_{15}N_3O_3S$, F. 190—192°. — *N'-[Butyliden-(2)]-*, $C_{12}H_{17}N_3O_3S$, F. 181—182°. — *N'-[4-Methylpentyliden-(2)]-*, $C_{14}H_{21}N_3O_3S$, F. 196—198°. — *N'-[1-Äthoxycarbonylpropy-*

liden-(2)]-, $C_{14}H_{19}N_3O_5S$, F. 160—162°. — *N'-[Nonyliden-(5)]-*, $C_{17}H_{27}N_3O_3S$, F. 170 bis 172°. — *N'-[2.4-Dimethylpentyliden-(3)]-*, $C_{15}H_{23}N_3O_3S$, F. 194—196°. — *N'-Benzhydryliden-*, $C_{21}H_{19}N_3O_3S$, F. 220°. — *N'-[α-Cyclohexylbenzyliden]-*, $C_{21}H_{25}N_3O_3S$, F. 200—202°. — *N'-[α-Methyl-p-hydroxybenzyliden]-*, $C_{16}H_{17}N_3O_4S$, F. 212—213°. — N'-[*α-Methyl-p-brombenzyliden*]-, $C_{16}H_{16}BrN_3O_3S$, F. 230—232°. — *N'-Cyclopentyliden-*, $C_{13}H_{17}N_3O_3S$, F. 198—199°. — *N'-Cyclohexyliden-*, $C_{14}H_{19}N_3O_3S$, F. 114—116°. — *N'-[2-Methylcyclohexyliden]-*, $C_{15}H_{21}N_3O_3S$, F. 164—166°. — *N'-[3-Methylcyclohexyliden]-*, F. 118—120°. — *N'-[2-Äthoxycarbonylcyclohexyliden]-*, $C_{17}H_{23}N_3O_5S$, F. 220—222°. — *N'-[4-Methylcyclohexyliden]-*, F. 178—180°. — *N'-[5-Methyl-2-isopropylcyclohexyliden]-*, $C_{18}H_{27}N_3O_3S$, F. 159—160°. — *N'-Cycloheptyliden-*, $C_{15}H_{21}N_3O_3S$, F. 185—187°. — *N'-[2-Methylcycloheptyliden]-*, $C_{16}H_{23}N_3O_3S$, F. 172—174°. — *N'-[2-Äthoxycarbonylcyclopentyliden]-*, $C_{16}H_{21}N_3O_5S$, F. 200—202°. — *N'-[2-Cyancyclopentyliden]-*, $C_{14}H_{16}N_4O_3S$, F. 180—182°. — *N'-Methoxycarbonyl-*, $C_{10}H_{13}N_3O_5S$, F. 166—168°. — *N'-Äthoxycarbonyl-*, $C_{11}H_{15}$· N_3O_5S, F. 160—162°. — *N'-n-Propoxycarbonyl-*, $C_{12}H_{17}N_3O_5S$, F. 163—166°. — *N'-n-Butoxycarbonyl-*, $C_{13}H_{19}N_3O_5S$, F. 104—108°. — N'-Cyclopentylidensulfanilsäurehydrazide, durch 2std. Kochen von Cyclopentanon u. Sulfanilsäurehydrazid (I) in A. [→ *N'-Cyclopentylidensulfanilsäurehydrazid*, $C_{11}H_{15}N_3O_2S$, F. 180—182° (A.)] u. Umsetzung mit dem Säurechlorid in Pyridin während 4—6 Std. bzw. mit dem Chlorameisensäurealkylester in Bzl in Ggw. von Pyridin während 1 Std. bei 50—70°: *N^4-Isobutyryl-*, $C_{15}H_{21}N_3O_3S$, F. 182—183°. — *N^4-n-Capronoyl-*, $C_{17}H_{25}N_3O_3S$, F. 181—182°. — *N^4-n-Lauroyl-*, $C_{23}H_{37}N_3O_3S$, F. 146—148°. — *N^4-β-Chlorpropionyl-*, $C_{14}H_{18}ClN_3O_3S$, F. 198—200°. — *N^4-Äthylmercaptoacetyl-*, $C_{15}H_{21}N_3O_3S_2$, F. 109—111°.— *N^4-Benzoyl-* $C_{18}H_{19}N_3O_3S$, F. 216—218°. — *N^4-n-Valeroyl-*, $C_{16}H_{23}N_3O_3S$, F. 176—178°. — *N^4-n-Önanthoyl-*, $C_{18}H_{27}N_3O_3S$, F. 104—106°. — *N^4-[3.5-Dinitrobenzoyl]-*, $C_{18}H_{17}N_5O_7S$, F. 216—218°. — *N^4-[2.4-Dichlorbenzoyl]-*, $C_{18}H_{17}Cl_2N_3O_3S$, F. 186—188°. — *N^4-Methoxycarbonyl-*, $C_{13}H_{17}N_3O_4S$, F. 152—154°. — *N^4-Äthoxycarbonyl-*, $C_{14}H_{19}N_3O_4S$, F. 210 bis 212°. — *N^4-n-Butoxycarbonyl-*, $C_{16}H_{23}N_3O_4S$, F. 162—164°. — Sulfanilsäurehydrazide: *N'-Cyclohexyliden-*, F. 175—177°, aus Cylcohexanon u. I in sd. A. (2 Std.). — *N^4.N'-Diacetyl-*, $C_{10}H_{13}N_3O_4S$, F. 166—170°. — *N^4.N'-Bis-[äthoxycarbonyl]-*, $C_{12}H_{17}$· N_3O_6S, F. 196—198°, aus I u. Chlorameisensäureäthylester. — *N^4-n-Butyryl-*, $C_{10}H_{15}$· N_3O_3S, F. 141—143° (A.), aus p-Butyramidobenzolsulfonylchlorid u. 90%ig. N_2H_4-Hydrat in wss. Lsg. während 12 Std. bei Raumtemperatur. — *N^4-Acetyl-N'-phenyl-*, F. 160—161° (A.), aus p-Acetamidobenzolsulfonylchlorid u. Phenylhydrazin in wss. Methanol bei 0°, anschließend 12 Std. bei Raumtemperatur. — *N^4-Acetyl-N'.N'-dimethyl-*, $C_{10}H_{15}N_3O_3S$, F. 144—146°, analog vorst. Verb. mit Dimethylhydrazin. — *N^4-Acetylsulfanilsäurehydrazid* (II), $C_8H_{11}N_3O_3S$, F. 188—190°. A. Trede. 1090□

Reaktion von Arylsulfinsäuren mit Azoverbindungen und Nitrosonaphtholen. William Bradley und John D. Hannon. (J. chem. Soc. [London] **1962**, 2713—19, Juli; Leeds, Univ., Clothworker Res. Labor.; engl.) — Azobenzole reagieren mit Arylsulfinsäuren zu *N-Arylsulfonylhydrazobenzolen*, die sich beim Erhitzen unter Dehydrierung in *4-Arylsulfonylazobenzole* umlagern. Diese Rkk. sind jedoch nur begrenzt, d. h. in Abhängigkeit von bestimmten Substituenten, durchführbar u. versagen in anderen Fällen. Mit 1-Phenylazonaphthol-(2) (I) oder 1-Nitrosonaphthol-(2) (II) setzen sich Arylsulfinsäuren zu *4-Amino-3-arylsulfonyloxynaphthyl-(1)-arylsulfonen* um, mit 2-Nitrosonaphthol-(1) (III) ergibt p-Toluolsulfinsäure (IV) [*3-Amino-4-p-toluolsulfonyloxynaphthyl-(2)*]-*p-tolylsulfon*.

Versuche: [*4-Amino-3-benzolsulfonyloxynaphthyl-(1)*]-*phenylsulfon* (V), $C_{22}H_{17}$· NO_5S_2, F. 188° (Essigsäure), durch Zugabe von 25 g II zur kalten Lsg. von Benzolsulfinsäure (VI) in A. u. 1std. Erhitzen; Kochen; 39 g (Ausbeute). — [*4-Amino-3-p-chlorbenzolsulfonyloxynaphthyl-(1)*]-*p-chlorphenylsulfon* (VII), $C_{22}H_{15}Cl_2NO_5S_2$, F. 199° (Chlorbenzol), analog V aus 15 g II u. p-Chlorbenzolsulfinsäure (VIII); 40 g. — [*4-Amino-3-(2.5-dichlorbenzolsulfonyloxy)-naphthyl-(1)*]-*2.5-dichlorphenylsulfon* (IX), $C_{22}H_{13}Cl_4$· NO_5S_2, F. 221° (Chlorbenzol), analog V aus 8,5 g II u. 2.5-Dichlorbenzolsulfinsäure; 12 g. — [*4-Amino-3-hydroxynaphthyl-(1)*]-*phenylsulfon* (X), $C_{16}H_{13}NO_3S$, F. 212—213° (A.), a) durch ³/₄std. Kochen der Lsg. von 2 g V in A. mit wss. KOH; 1 g; b) aus 2 g V u. 93%ig. H_2SO_4 während 2 Std. bei 40—45°; 1 g. *Hydrochlorid*, $C_{16}H_{14}ClNO_3S$, F. 181—182°. — [*4-Amino-3-hydroxynaphthyl-(1)*]-*p-tolylsulfon*, $C_{17}H_{15}NO_3S$, F. 189 bis 190°, aus 2 g XIII analog X nach b); 1,1 g. — [*3.4-Dihydroxynaphthyl-(1)*]-*phenylsulfon*, $C_{16}H_{12}O_4S$, F. 182° (Essigsäure), a) aus V u. 93%ig. H_2SO_4 während 2 Std. bei 40—45° u. 20std. Kochen nach Verdünnen mit W.; b) durch Schütteln von K-Naphthochinon-(1.2)-sulfonat-(4) u. VI in W. während mehrerer Tage. — [*3-Acetoxy-4-diacetamidonaphthyl-(1)*]-*phenylsulfon*, $C_{22}H_{19}NO_6S$, F. 243—244° (A.), aus 0,5 g X·HCl u. Acetanhydrid in Pyridin während 1½ Std. auf dem Dampfbad; 0,2 g. — *4-Phenylsulfonylnaphthalindiazooxid-(1.2)* (XI), $C_{16}H_{10}N_2O_3S$, F. 231° (Zers.; A.), a) durch Lösen von 10,5 g **V** u. Na-Acetat in sd. Eisessig, nach Abkühlen auf 30° Zugabe von $NaNO_2$ u. 30 Min. bei 30—35°; 7 g; b) aus **V** u. $NaNO_2$ in 100%ig. H_2SO_4 bei 30°. — *1-[2-Hydroxynaphthyl-(1)-azo]-4-phenylsulfonylnaphthol-(2)*, $C_{26}H_{18}N_2O_4S$, F. 275—276° (Eisessig), a) aus **XII** u. 93%ig. H_2SO_4 während 3 Std. bei 45°; b) durch 5 Min. langes Erhitzen von **XI** u. β-Naphthol in 40%ig. NaOH auf 120°. — *1-[2-Benzolsulfonyloxy-4-phenylsulfonylnaphthyl-(1)-azo]-naphthol-(2)* (**XII**), $C_{32}H_{22}N_2O_6S_2$, F. 223—224° (Essigsäure), durch Lösen von 5,25 g **V** in sd. Eisessig, Zugabe von Nitrosylschwefelsäure bei 18—20° während 45 Min., nach Abkühlung auf 5° Zugabe von β-Naphthol u. 1 std. Stehen bei 20°; 2,75 g. — *4-p-Tolylsulfonylnaphthalindiazooxid-(1.2)* (**XIV**), $C_{17}H_{12}N_2O_3S$, F. 173—174°, aus **XIII** analog **XI**. — *4-p-Chlorphenylsulfonylnaphthalindiazooxid-(1.2)*, $C_{16}H_9ClN_2O_3S$, F. 175—176°, aus **VII** analog **XI**. — *1-[2-p-Tolylsulfonyloxy-4-p-tolylsulfonylnaphthyl-(1)-azo]-naphthol-(2)*, $C_{34}H_{26}N_2O_6S_2$, F. 190° (A.), aus **XIII** analog **XII**. — *1-[2-Hydroxynaphthyl-(1)-azo]-4-p-tolylsulfonylnaphthol-(2)*, $C_{27}H_{20}N_2O_4S$, F. 246—247°, a) aus vorst. Verb. durch Hydrolyse in 93%ig. H_2SO_4; b) aus **XIV** u. β-Naphthol. *1-[2-p-Chlorbenzolsulfonyloxy-4-p-chlorphenylsulfonylnaphthyl-(1)-azo]-naphthol-(2)*, $C_{32}H_{20}Cl_2N_2O_6S_2$, F. 184°, aus **VII** analog **XII**. — *1-[2.5-Dichlorbenzolsulfonyloxy-4-(2.5-dichlorbenzolsulfonyl)-naphthyl-(1)-azo]-naphthol-(2)*, $C_{32}H_{18}Cl_4N_2O_6S_2$, F. 216° aus **IX** analog **XII**. — *[3-Amino-4-p-tolylsulfonyloxynaphthyl-(2)]-p-tolylsulfon*, $C_{24}H_{21}NO_5S_2$, F. 216—217° (A.), durch 1 std. Kochen von 7,5 g **III** u. **IV** in A.; 10,5 g. — *2-Amino-3-p-tolylsulfonylnaphthochinon-(1.4)*, F. 205—206° (wss. A.), durch Rühren von 2,0 g vorst. Verb. mit konz. HNO_3 während 10 Min.; 1,2 g. — *4-p-Tolylsulfonyl-1.2-benzophenazin*, $C_{23}H_{16}N_2O_2S$, F. 221° (Essigsäure, Toluol), neben vorst. Verb. nach Umsetzung mit o-Phenylendiamin in Eisessig. — **N-Arylsulfonylhydrazobenzole**, durch Umsetzung der Lsg. der Arylsulfinsäure u. des Azobenzols in A. bei Raum-Temp.: *N-Phenylsulfonyl-*, $C_{18}H_{16}N_2O_2S$, F. 107°. — *N-p-Tolylsulfonyl-*, $C_{19}H_{18}N_2O_2S$, F. 117°. — *N-p-Chlorbenzolsulfonyl-*, $C_{18}H_{15}ClN_2O_2S$, F. 122—123°. — *4-Methyl-N-p-tolylsulfonyl-*, $C_{20}H_{20}N_2O_2S$, F. 107°. — *3.3'-Dimethyl-N-p-tolylsulfonyl-*, $C_{21}H_{22}N_2O_2S$, F. 80—82°. — **4-Arylsulfonylazobenzole**, durch 10 std. Kochen der Arylsulfinsäure u. des Azobenzols in A.: *4-Phenylsulfonyl-* (**XV**), $C_{18}H_{14}N_2O_2S$, F. 200—201° (Essigsäure), entsteht außerdem durch 3 std. Erhitzen von p-Aminodiphenylsulfon u. Nitrosobenzol in Eisessig auf 80°. — *4-p-Tolylsulfonyl-* (**XVI**), $C_{19}H_{16}N_2O_2S$, F. 224—225°. — *4-p-Chlorphenylsulfonyl-*, $C_{18}H_{13}ClN_2O_2S$, F. 205°. — *4-Methyl-4'-p-tolylsulfonyl-*, $C_{20}H_{18}N_2O_2S$, F. 223°. — *Diphenyldisulfoxid*, F. 45°, neben **XV**. — *Di-p-tolyldisulfoxid*, F. 76°, neben **XVI**. — *Azobenzolsulfonsäure-(4)*, F. 127—128°, aus **XV** u. 26%ig. Oleum. — *3.3'-Dimethyl-4.4'-bis-[p-tolylsulfonyl]-azobenzol*, $C_{28}H_{26}N_2O_4S_2$, F. 248—249° (Essigsäure), durch 20 std. Kochen von **IV** u. 3.3'-Dimethylazobenzol in C_2H_5OH. — *3.3'-Dimethyl-4-p-tolylsulfonylazobenzol*, $C_{21}H_{20}N_2O_2S$, F. 161° (A.), in geringer Ausbeute neben vorst. Verbindung. — *3.3'-Dimethyl-4.4'-bis-[p-tolylsulfonyl]-hydrazobenzol*, $C_{28}H_{28}N_2O_4S_2$, F. 240° (A.), aus dem entsprechenden Azobenzol durch Erhitzen mit $Na_2S_2O_4$ in Alkohol. — *4-p-Tolylsulfonylhydrazobenzol* (**XVII**), $C_{19}H_{18}N_2O_2S$, F. 219—220° (A.), aus 10 g **XVI** analog vorst. Verb.; 9 g. — *2-[2-Hydroxynaphthyl-(1)-azo]-4'-amino-5-p-tolylsulfonylbiphenyl*, $C_{29}H_{23}N_3O_3S$, F. 205—206° (wss. Essigsäure), durch Lösen von **XVII** in 93%ig. H_2SO_4 bei 80°, Eintragen in W., Filtrieren, Diazotieren des Filtrats, Kuppeln mit β-Naphthol u. A.-Extraktion. — *2.4'-Bis-[2-hydroxynaphthyl-(1)-azo]-5-p-tolylsulfonylbiphenyl*, $C_{39}H_{28}N_4O_4S$, F. 303—304° (Essigsäure), neben vorst. Verb. als in A. unlösl. Anteil. — *2-[2-Hydroxynaphthyl-(1)-azo]-4'-amino-5-phenylsulfonylbiphenyl*, $C_{28}H_{21}N_3O_3S$, F. 189—190°, u. *2.4'-Bis-[2-hydroxynaphthyl-(1)-azo]-5-phenylsulfonylbiphenyl*, $C_{38}H_{26}N_4O_4S$, F. 306°, analog vorst. Verbb. aus 4-Phenylsulfonylhydrazobenzol. — *[4-Amino-3-p-tolylsulfonyloxynaphthyl-(1)]-p-tolylsulfon* (**XIII**), $C_{24}H_{21}NO_5S_2$, F. 151° (A.), durch 18 std. Kochen von **I** u. 32 g **IV** in A.; 4 g. Daneben *Anilin*, *p-Toluolsulfonsäure* u. *Di-p-tolyldisulfoxid*, F. 75° (A.). — **V**, aus **I** u. 30 g **VI** analog **XIII**; 3,5 g. — **VII**, aus **I** u. 36 g **VIII** analog **XIII**; 5,5 g. — *[2-Hydroxy-5-p-toluolsulfonamidophenyl]-p-tolylsulfon*, $C_{20}H_{19}NO_5S_2$, F. 190° (A.), durch 20 std. Schütteln von **IV** u. 7 g 4-Hydroxyazobenzol in A. bei Raum-Temp.; 7,5 g. — *5-Amino-2-hydroxyphenyl-p-tolylsulfon* (**XVIII**), $C_{13}H_{13}NO_3S$, F. 182—183° (A.), durch Erwärmen von 1 g vorst. Verb. in konz. H_2SO_4 während 30 Min. auf 80—90°, Gießen auf Eis u. Neutralisieren mit Na_2CO_3; 0,6 g. *Sulfat*, $C_{13}H_{15}NO_7S_2$, F. 253—254° (W.). — *3-p-Tolylsulfonylbenzoldiazooxid-(1.4)*, $C_{13}H_{10}O_3N_2S$, F. 175—177° (A.), durch Diazotierung von **XVIII** in verd. H_2SO_4. — *o-Hydroxyphenyl-p-tolylsulfon*, $C_{13}H_{12}O_3S$, F. 121° (wss. A.), a) durch Diazotierung von **XVIII** u. Zugabe von 30%ig. H_3PO_2 bei —5°, 2½ Std. bei —5° u. 12 Std. bei 0°; b) durch 3 std. Erhitzen von **IV**, o-Chlornitrobenzol u. Na-Acetat in A. auf 160° [→ *o-Nitrophenyl-p-tolylsulfon*, $C_{13}H_{11}NO_4S$, F. 156—157°], Zugabe zur warmen Lsg. von $SnCl_2$ in A., danach Zusatz von konz. HCl [→ *o-Aminophenyl-p-tolylsulfon*, $C_{13}H_{13}NO_2S$, F. 139° (A.)], Diazotierung u. Aufkochen nach 45 Min. bei Raumtemperatur. A. Trede. 1090□

Äthylenacetale von α-Bromaroylacetaldehyden und ihre Umwandlungen. E. Je. Nifantjew, N. W. Molodzow, L. I. Kudrjaschow und N. K. Kotschetkow. (Доклады Академии Наук СССР [Ber. Akad. Wiss. UdSSR] **130,** 94—97, 1/1. 1960; Moskau, Univ.; russ.) — Durch Bromierung von α-Benzoyl- (I), α-[p-Brombenzoyl]-, α-[p-Chlorbenzoyl]- u. α-[p-Nitrobenzoyl]-acetaldehydäthylenacetal wurden *α-Benzoyl-* (II), *α-[p-Brombenzoyl]-* (III), *α-[p-Chlorbenzoyl]-* bzw. *α-[p-Nitrobenzoyl]-α-bromacetaldehydäthylenacetal* dargestellt. II u. III reagierten mit NaJ unter Substitution von Brom durch Jod. II lieferte mit KSCN *α-Benzoyl-α-rhodanacetaldehydäthylenacetal,* das zu *2-Hydroxy-5-benzoylthiazol* cyclisiert wurde. Bei der Rk. von II mit Benzylmercaptan wurde *α-Benzoyl-α-benzylmercaptoacetaldehydäthylenacetal* erhalten. Die Rk. von II mit Methanol + Phenol bzw. Piperidin lieferte *β-Methoxy-β-phenoxy-α-hydroxyhydrozimtaldehydäthylenacetal* bzw. *Phenyl-[α.β-dipiperidinovinyl]-keton.* Zum Strukturbeweis wurden die UV-Spektren der synthetisierten Verbb. aufgenommen.

Versuche: α-Bromacetaldehydäthylenacetale: *α-Benzoyl-* (II), F. 69—70° (Methanol), man gibt zu 0,055 Mol I in 150 ml abs. Ae. in Ggw. von 11,6 g $BaCO_3$ unter Bestrahlung in 1/4 Std. tropfenweise 4,3 ml Br_2, filtriert u. dampft ein; 64% (Ausbeute). — Analog: *α-[p-Brombenzoyl]-* (III), F. 96—97°; 62%. — *α-[p-Chlorbenzoyl]-*, F. 99,5—101°; 58%. — *α-[p-Nitrobenzoyl]-*, F. 85—86°; 54%. — *α-Benzoyl-α-jodacetaldehydäthylenacetal,* $C_{11}H_{11}JO_3$, F. 84—85°, durch 5 std. Erhitzen von 5 g II u. 5,1 g NaJ in 10 ml Aceton auf 55—60°; gelblich; 37,5%. — *α-[p-Brombenzoyl]-α-jodacetaldehydäthylenacetal,* $C_{11}H_{10}BrJO_3$, aus 0,75 g III u. 1 g NaJ in 6 ml Aceton; 41%. — *α-Benzoyl-α-rhodanacetaldehydäthylenacetal,* $C_{12}H_{11}NO_3S$, F. 74—76° (A.), durch 4 std. Erhitzen von 5,4 g II, 3,9 g KSCN, 30 ml Aceton u. 2,5 ml W. auf 55—60°; gelb; 65%. — *2-Hydroxy-5-benzoylthiazol,* $C_{10}H_7NO_2S$, F. 149—150° (5%ig. HCl), durch 6 Tage langes Rühren von 1 g vorst. Verb. u. 3 ml 5%ig. HCl Plättchen; 50%. — *β-Methoxy-β-phenoxy-α-hydroxyhydrozimtaldehydäthylenacetal,* $C_{18}H_{20}O_5$, F. 54—56° (A.), man läßt 2,7 g II, 2,8 g Phenol, 1,4 g KOH, 1,4 g K_2CO_3 u. 75 ml Methanol 3 Tage lang stehen; Nadeln; 38%. — *α-Benzoyl-α-benzylmercaptoacetaldehydäthylenacetal,* $C_{18}H_{18}O_3S$, F. 67,5—68,5° (Methanol), durch 4 std. Kochen von 2,71 g II u. 1,46 g Na-Benzylmercaptid in 30 ml Methanol; Nadeln; 45%. — *Phenyl-[α.β-dipiperidinovinyl]-keton,* $C_{19}H_{26}N_2O$, F. 105 bis 106° (Ae.), aus 3 g II u. 4,8 ml Piperidin in 10 ml Bzl. (4 Std. erhitzen; gelb); 91%.

Helmut Schäfer. 1180

Untersuchung der Produkte der Überkreuz-Umlagerung von Aldehydarylhydrazonen zu Amidinen. St. Robew. (Доклады Болгарской Академии Наук [C. R. Acad. bulg. Sci.] **13,** 159—62; März/April 1960; russ., Auszug: engl.) — Die Amidin-Umlagerung von Benzaldehyd-N-[p-methoxyphenyl]-hydrazon (I) bzw. β-Naphthaldehyd-N-[p-methoxyphenyl]-hydrazon (II) liefert *N-[p-Methoxyphenyl]-benzimidin* (III) bzw. *N-[p-Methoxyphenyl]-β-naphthamidin* (IV). Der für diese Umlagerung angenommene Radikalmechanismus wird dadurch bestätigt, daß die Umlagerung eines äquimol. Gemisches von II u. Benzaldehyd-N-phenylhydrazon (V) ein Gemisch aus *N-Phenylbenzamidin* (VI), III, *N-Phenyl-β-naphthamidin* (VII) u. IV liefert.

Versuche: *Benzaldehyd-N-[p-methoxyphenyl]-hydrazon* (I), $C_{14}H_{14}N_2O$, F. 123 bis 124°, durch Vermischen von 10,6 g Benzaldehyd u. 13,8 g p-Methoxyphenylhydrazin (VIII; F. 65—66°) in ca. 30 ml A. in Ggw. einiger Tropfen Eisessig; 76% (Ausbeute). — *N-[p-Methoxyphenyl]-benzamidin* (III), $C_{14}H_{14}N_2O$, F. 115—118° (verd. A., Bzl.-PAe. durch 1 std. Erhitzen von 2,26 g I in 30 ml abs. Xylol in Ggw. von 0,4 g $NaNH_2$; glänzende Schuppen; 72%. — *β-Naphthaldehyd-N-[p-methoxyphenyl]-hydrazon* (II), $C_{18}H_{16}N_2O$, F. 178—180° (Toluol-A.), man vermischt 3,12 g β-Naphthaldehyd u. 2,67 g **VIII** in 120 ml A. u. 5 ml Eisessig; Nadeln; 83%. — *N-[p-Methoxyphenyl]-β-naphthamidin* (IV), $C_{18}H_{16}N_2O$, F. 181—182° (Toluol-A.), aus 2,76 g II u. 0,4 g $NaNH_2$ in 30 ml Xylol (1 Std. erhitzen; Nadeln; 85%. — Man kocht 1,38 g II u. 0,98 g V in 40 ml Xylol mit 0,4 g $NaNH_2$ 1 Std. u. erhält nach entsprechender Aufarbeitung: III (F. 113—115°; 51 mg); *N-Phenylbenzamidin* (VI; F. 110—112°; 59 mg); Gemisch aus VI u. VII; *N-Phenyl-β-naphthamidin* (VII; F. 163—164°; 27 mg); IV (F. 178—180°; 115 mg); unverändertes V (F. 154—155°) u. II (F. 178—180°).

Helmut Schäfer. 1210

Suche nach neuen tuberkulostatischen Mitteln. 42. Mitt. **Über den Halogenaustausch in einigen α-Halogencarbonsäuren.** Tadeusz Urbański und Przemysław Gluziński. (Roczniki Chem. [Ann. Soc. chim. Polonorum] **33,** 1031—37, 1959; Warszawa, Politechn., Kat. Technol. organ. II; pol.) — 39. vgl. C. **1961,** 2966. — Die Hydrolyse von α-Brom-β-[p-nitrophenyl]-propionitril (I) mit HCl liefert unerwarteterweise *α-Chlor-β-[p-nitrophenyl]-propionsäure.* Mit HBr wird *α-Brom-β-[p-nitrophenyl]-propionsäure* (II) erhalten. II entsteht auch durch Hydrolyse von α-Chlor-β-[p-nitrophenyl]-propionitril (III) mit HBr. Dieser Austausch des α-Halogens ist allg. bei α-Halogen-β-arylpropionitrilen, -propionsäureamiden -u. propionsäuren zu beobachten. In letzteren ist der Halogenaustausch schon mit Alkalihalogenid durchführbar. Dagegen verläuft die Umsetzung der Nitrile **I** u. **III** mit gesätt. wss. KCl- bzw. KBr-Lsg. nur teilweise (mit 30 bzw. 17%). Voraussetzung eines vollständigen Austausches ist somit die Hydrolyse des Nitrils oder Säureamids zur freien Säure.

Versuche: *α-Brom-β-[p-nitrophenyl]-propionitril* (**I**), $C_9H_7BrN_2O_2$, F. 103—104°, durch Diazotieren von p-Nitranilin u. Umsetzung mit Acrylonitril; gelbe Nadeln aus Methanol; 62,1% (Ausbeute). — *α-Chlor-β-[p-nitrophenyl]-propionamid*, $C_9H_9ClN_2O_3$, F. 143—144°, durch Hydrolyse von **III** mit 10fachem Überschuß an 95%ig. H_2SO_4 bei Zimmer-Temp.; Kristalle aus A.; 70%. — *α-Brom-β-[p-nitrophenyl]-propionamid*, $C_9H_9BrN_2O_3$, F. 150—151°. — *α-Brom-β-[p-nitrophenyl]-propionsäure* (**II**), $C_9H_8BrNO_4$, F. 144°, durch 3std. Kochen von **I** mit 48%ig. HBr; cremefarbene Nadeln aus W.; 62,5%. — *α-Chlor-β-phenylpropionsäure*, $C_9H_9ClO_2$, F. 51—52°, durch Kochen des entsprechenden Nitrils mit 20%ig. HCl u. Extraktion mit Ae.; Kristalle aus Ligroin; 77,9%. — *α-Brom-β-phenylpropionsäure*, $C_9H_9BrO_2$, F. 48—49°, durch Kochen des Nitrils mit 48%ig. HBr u. Extraktion mit Ae.; Kristalle aus Ligroin; 74,3%.

F. Urban. 1210□

Synthese und pharmakologische Eigenschaften von Aminoestern der 3.4.5-Trimethoxybenzoe- und der 3.4.5-Trimethoxyzimtsäure. Giuseppe Palazzo, Lella Bizzi und Carla Pozzatti. (Ann. Chimica **49**, 853—68, Mai/Juni 1959; Roma, Labor. Ricerche A.C.R. Angelini Francesco; ital.) — Es wird eine Reihe von substituierten *3.4.5-Trimethoxybenzoesäure-* u. *3.4.5-Trimethoxyzimtsäureaminoalkylestern* dargestellt u. die pharmakolog. Eigg. der Verbb. untersucht.

Versuche: *3-Morpholino-1.1-dimethylpropanol-(1)*, $C_9H_{19}NO_2$, Kp.$_{16-18}$ 112—113°, durch 16std. Erhitzen von 23 g 3-Chlor-1.1-dimethylpropanol u. 55 g Morpholin im geschlossenen Rohr bei 125—130°; 29,2 g (Ausbeute). *Hydrochlorid*, F. 78°. *Pikrat*, F. 122°. — 3.4.5-Trimethoxybenzoesäureester: *-γ-chlorpropylester* (**I**), $C_{13}H_{17}ClO_5$, F. 60° (PAe.), Kp.$_{0,6}$ 170°, durch Zugeben von 25 g 3.4.5-Trimethoxybenzoesäurechlorid (**II**) in Bzl. zu Trimethylenchlorhydrin in abs. Pyridin u. abs. Bzl. u. kurzes Erhitzen; 21,2 g. —*-α-methyl-γ-chlorpropylester*, $C_{14}H_{19}ClO_5$, Kp.$_{0,5}$ 170°, analog aus 17 g **II** u. 4-Chlorbutanol-(2); 14,8 g. — *-γ-dimethylaminopropylester*, $C_{15}H_{23}NO_5$, Kp.$_{0,3}$ 189°. *Pikrat*, F. 155°. *Hydrochlorid*, F. 141°. — *-γ-piperidinopropylester*, $C_{18}H_{27}NO_5$, Kp.$_{0,3}$ 196°. *Pikrat*, F. 121°. *Hydrochlorid*, F. 167°. — *-γ-morpholinopropylester*, $C_{17}H_{25}NO_6$, Kp.$_{0,1}$ 190°. *Pikrat*, F. 125°. *Hydrochlorid*, F. 173°. — *-γ-[N'-methylpiperazino]-propylester*, $C_{18}H_{28}N_2O_5$, F. $_{0,05}$ 175°. *Pikrat*, F. 223°. *Hydrochlorid*, F. 218°. — *-γ-dimethylamino-β.β-dimethylpropylester*, $C_{17}H_{27}NO_5$, Kp.$_{0,8}$ 185°. *Pikrat*, F. 134—137°. *Hydrochlorid*, F. 159°. — *-β-morpholino-α-methyläthylester*, $C_{17}H_{25}NO_6$, Kp.$_{0,5}$ 191°. *Pikrat*, F. 209°. *Hydrochlorid*, F. 158°. — *-γ-diäthylamino-α-methylpropylester*, $C_{18}H_{29}NO_5$, Kp.$_{0,8}$ 170°. *Pikrat*, F. 134°. *Hydrochlorid*, F. 151°. — *-γ-piperidino-α-methylpropylester*, $C_{19}H_{29}NO_5$, Kp.$_{0,5}$ 188°. *Pikrat*, F. 167°. *Hydrochlorid*, F. 160°. — *-γ-morpholino-α-methylpropylester*, $C_{18}H_{27}NO_6$, Kp.$_{0,5}$ 201°. *Pikrat*, F. 183°. *Hydrochlorid*, F. 159°. — *-γ-morpholino-α.α-dimethylpropylester*, $C_{19}H_{29}NO_6$, F. 99—100°, Kp.$_{0,3}$ 184°. *Pikrat*, F. 167°. *Hydrochlorid*, F. 190°. —*-N-methylpiperidyl-(4)-ester*, $C_{16}H_{23}NO_5$, F. 85—86°, Kp.$_{0,3}$ 164°. *Pikrat*, F. 223°. *Hydrochlorid*, F. 230°. — *-γ-[N'-(β-hydroxyäthyl)-piperazino]-propylester*, $C_{19}H_{30}N_2O_6$, Kp.$_{0,1}$ 230°, durch 36std. Kochen des entsprechenden Amins mit **I** in abs. Benzol. *Pikrat*, F. 197°. *Hydrochlorid*, F. 205°. — *-γ-[N'-(β-hydroxyäthyl)-piperazino]-α-methylpropylester*, $C_{20}H_{32}N_2O_6$, analog. *Hydrochlorid*, F. 217°. — *3.4-Dimethoxybenzoesäure-γ-morpholinopropylester*, $C_{16}H_{23}NO_5$, Kp.$_{0,1}$ 195°. *Pikrat*, F. 182°. *Hydrochlorid*, F. 198°. — Benzoesäure-γ-diäthylaminopropylester: *3.4-Dimethoxy-*, $C_{16}H_{25}NO_4$, Kp.$_{0,6}$ 200°. *Pikrat*, F. 153°. *Hydrochlorid*, F. 169°. — *3.4-Methylendioxy-*, $C_{15}H_{21}NO_4$, Kp.$_{0,4}$ 170°. *Pikrat*, 160°. *Hydrochlorid*, F. 161°. — *3-Methoxy-4-acetoxy-*, $C_{17}H_{25}NO_5$, Kp.$_{0,1}$ 190° [durch 8std. Erhitzen der entsprechenden Säure mit γ-Chlorpropyl-N-diäthylamin in Isopropanol, Eindampfen im Vakuum (Meth. **A**). *Pikrat*, F. 131°. *Hydrochlorid*, F. 86°. — *3.4.5-Trimethoxy-*, $C_{17}H_{27}NO_5$, Kp.$_{0,1}$ 160°. *Pikrat*, F. 149°. *Hydrochlorid*, F. 169°. — 3.4.5-Trimethoxyzimtsäureester: *-γ-diäthylaminopropylester*, $C_{19}H_{29}NO_5$, nach **A**. *Hydrochlorid*, F. 140°. — *-γ-piperidinopropylester*, $C_{20}H_{29}NO_5$. *Hydrochlorid*, F. 163°. — *-γ-morpholinopropylester*, $C_{19}H_{27}NO_6$. *Hydrochlorid*, F. 183—185°.

H. Knieß. 1250□

Synthese und einige Reaktionen 4-substituierter Thiosemicarbazide. W. Ja. Kasakow und I. Ja. Posstowski. (Доклады Академии Наук СССР [Ber. Akad. Wiss. UdSSR] **134**, 824—27, 1/10. 1960; Uraler Polytechn. Kirow-Inst.; russ.) — Nach Jensen [1941] wurden *4-[β-Hydroxyäthyl]-*, *4-n-Amylthiosemicarbazid*, *4.4'-Äthylen-* u. *4.4'-Hexamethylen-bis-thiosemicarbacid* dargestellt. Es gelang nicht, nach dieser Meth.

4.4-Bis-[β-hydroxyäthyl]- (I), *4.4-Tetramethylen-* (II), *4.4-Pentamethylenthiosemicarbazid* (III) u. *N-[Hydrazinothiocarbonyl]-morpholin* (IV) zu erhalten, die dagegen durch Kondens. von Diäthanolamin (V), Pyrrolidin, Piperidin bzw. Morpholin mit S-Methylmercaptothiocarbonylacetophenonhydrazon (VI) unter Abspaltung von Methylmercaptan u. anschließende Hydrolyse der 4.4-disubstituierten *Acetophenonthiosemicarbazone* synthetisiert wurden. Durch Rk. von 4.4-Dimethylthiosemicarbazid (VII), III u. IV mit Acetanhydrid u. anschließende Cyclisierung oder durch Cyclisierung von I, III u. IV durch Einw. von CS_2 oder HNO_2 wurden die entsprechenden *1.3.4-Thiadiazole, 1.3.4-Thiadiazolinthione-(2)* bzw. *1.2.3.4-Thiatriazole* dargestellt.

Versuche: *4-[β-Hydroxyäthyl]-thiosemicarbazid*, $C_3H_9N_3OS$, F. 114—115°, man setzt Äthanolamin mit CS_2 in NH_4OH zum Ammoniumsalz der N-[β-Hydroxyäthyl]-dithiocarbaminsäure um, kondensiert mit Chloressigsäure zu N-[β-Hydroxyäthyl]-dithiocarbaminsäurecarboxymethylester u. läßt darauf Hydrazin einwirken; 36% (Ausbeute). — Analog aus N-Amylamin, Äthylendiamin bzw. Hexamethylendiamin: *4-n-Amylthiosemicarbazid*, $C_6H_{15}N_3S$, F. 141—143°; 57%. — *4.4'-Äthylen-bis-thiosemicarbazid*, $C_4H_{12}N_6S_2$, F. 221° (Zers.); 56%. — *4.4'-Hexamethylen-bis-thiosemicarbazid*, $C_8H_{20}N_6S_2$, F. 140—142° (Zers.); 35%. — *S-Methylmercapthothiocarbonylacetophenonhydrazon* (VI), $C_{10}H_{12}N_2S_2$, F. 142—143° (A.), durch 10 Min. langes Kochen von 12,2 g Dithiocarbazinsäuremethylester u. 12 g Acetophenon in 100 ml A.; gelbe Prismen; 94%. — *4.4-Bis-[β-hydroxyäthyl]-acetophenonthiosemicarbazon*, $C_{13}H_{19}N_3O_2S$, F. 133—135° (50% ig. Methanol), man kocht 18 g VI u. 10,5 g V in 100 ml Methanol 9 Std. u. verd. mit W.; hellgelbe Nädelchen; 90%. — *4.4-Bis-[β-hydroxyäthyl]-thiosemicarbazid* (I), $C_5H_{13}N_3O_2S$, aus dem Hydrochlorid mit Na-Acetat. *Hydrochlorid*, F. 149—151° (Zers.), man schüttelt 28,1 g vorst. Verb. mit 300 ml 3—4% ig. HCl 3 Std. in der Kälte, extrahiert mit Ae., dampft die wss. Phase ein, verreibt den im Vakuum getrockneten Rückstand mit abs. A. u. fällt aus A. mit Ae. um; 67%. — Analog: *4-[β-Hydroxyäthyl]-acetophenonthiosemicarbazon*, $C_{11}H_{15}N_3OS$, F. 108—109°; 97%. — *4.4-Tetramethylenacetophenonthiosemicarbazon*, $C_{13}H_{17}N_3S$, F. 134—135°; 90%. — *4.4-Tetramethylenthiosemicarbazid* (II), $C_5H_{11}N_3S$, F. 163—165° (Zers.). *Hydrochlorid*, F. 206—208° (Zers.); 98%. — *4.4-Pentamethylenacetophenonthiosemicarbazon*, $C_{14}H_{19}N_3S$, F. 101—102°; 96%. — *4.4-Pentamethylenthiosemicarbazid* (III), $C_6H_{13}N_3S$, F. 96—96,5°. *Hydrochlorid*, F. 200—202° (Zers.); 76%. — *N^2-[Morpholinothiocarbonyl]-acetophenonhydrazon*, $C_{13}H_{17}N_3OS$, F. 105—107°; 98%. — *N-[Hydrazinothiocarbonyl]-morpholin* (IV), $C_5H_{11}N_3OS$, F. 176—177° (Zers.). *Hydrochlorid*, F. 164—166° (Zers.); 70%. — 5-Methyl-1.3.4-thiadiazole: *2-Piperidino-*, $C_8H_{13}N_3S$, F. 43—44,5° (Ae.-PAe.), man gibt zu 4.4-Pentamethylen-1-acetylthiosemicarbazid (aus III mit Acetanhydrid) in der Kälte 5 ml Acetylchlorid, rührt 1 Std. lang, alkalisiert mit NaOH u. extrahiert mit Ae.; 88%. — *2-Dimethylamino-, Hydrochlorid*, $C_5H_{10}ClN_3S$, F. 186—188° (Zers.), analog aus VII; 80%. — *2-Morpholino-*, $C_7H_{11}N_3OS$, F. 88—90°, aus IV; 71%. — 1.3.4-Thiadiazolinthione-(5): *2-Piperidino-*, $C_7H_{11}N_3S_2$, F. 165—167° (50% ig. Methanol), man kocht 1,95 g III-Hydrochlorid, 15 ml Pyridin u. 0,9 ml CS_2 4 Std.; 72%. — *2-Dimethylamino-*, $C_4H_7N_3S_2$, F. 174—175°, analog aus VII; 34%. — *2-Morpholino-*, $C_6H_9N_3OS_2$, F. 173—175°, aus IV; 25%. — 1.2.3.4-Thiatriazole: *5-Piperidino-*, $C_6H_{10}N_4S$, F. 28—29° (PAe.), man gibt zu 1,95 g III-Hydrochlorid in 10 ml W. bei 0° 0,7 g $NaNO_2$ in 10 ml W.; 65%. — *5-Dimethylamino-, Hydrochlorid*, F. 48—50°, aus VII; 35%. — *5-Morpholino-*, $C_5H_8N_4OS$, F. 114—115°; aus IV; 87%. Helmut Schäfer. 1280

Diisothiocyanate und Derivate. Eugene Lieber und Ralph Slutkin. (J. org. Chemistry **27**, 2214—17, Juni 1962; Chicago, Ill., Roosevelt Univ. and De Paul Univ., Dep. of Chem.; engl.) — Die aus Diaminen erhaltenen *Diisothiocyanate* (DTC) werden mit Hydrazin in *Bis-thiosemicarbazide* (BTS) übergeführt, aus denen in einigen Fällen mit HNO_2 *Bis-[5-aminothiatriazole]* gewonnen werden. Außerdem werden die BTS durch ihre Diaceton-Verbb. charakterisiert. Die BTC ergeben mit Aziden Bistetrazolinthion-(5)-Verbindungen. Die IR-Spektren der genannten Verbb. werden diskutiert.

Versuche: Diisothiocyanate (DTC), nach Dyson u. Browne [1934]: *p-Phenylen-*, $C_8H_4N_2S_2$, F. 132°; 67% (Ausbeute). — *2-Chlor-p-phenylen-*, $C_8H_3ClN_2S_2$, F. 58°, 59%. — *2-Methyl-p-phenylen-*, $C_9H_6N_2S_2$, F. 75°; 47%. — *m-Phenylen-*, $C_8H_4N_2S_2$, F. 54—55°; 59%. *Monothiourethan*, $C_{10}H_{10}N_2OS_2$, F. 72—73° (A.-Aceton). — *4-Chlor-m-phenylen-*, $C_8H_3ClN_2S_2$, F. 33°; 60%. — *4-Methyl-m-phenylen-*, $C_9H_6N_2S_2$, F. 57°; 45%. — *4-Methoxy-m-phenylen-*, $C_9H_6N_2OS_2$, F. 96°; 70%. — *4.4'-Diisothiocyanatodiphenylmethan*, $C_{15}H_{10}N_2S_2$, F. 138—139°; 69%. — *4.4'-Diisothiocyanatodibenzyl*, $C_{16}H_{12}N_2S_2$, F. 177—178°; 35%. — *1.5-Diisothiocyanatonaphthalin*, $C_{12}H_6N_2S_2$, F. 177 bis 178°; 35%. — *1.2-Diisothiocyanatoäthan*, $C_4H_4N_2S_2$, Kp.$_3$ 100°; 16%. — Bis-thiosemicarbazide (BTS), nach Lieber u. Mitarbeitern (vgl. C. **1961**, 10931); Diisopropylidenderivv. (DID), durch Erhitzen der BTS u. Aceton in Dimethylformamid (DMF) während einer Std. auf dem Dampfbad: *p-Phenylen-*, $C_8H_{12}N_6S_2$, F. 205—206° (Zers.; DMF); 93%. *DID*, $C_{14}H_{20}N_6S_2$, F. 207—208° (Zers.); 76%. — *2-Chlor-p-phenylen-*, $C_8H_{11}ClN_6S_2$, F. 193° (Zers.; DMF); 85%. *DID*, $C_{14}H_{19}ClN_6S_2$, F. 197—198° (Zers.); 78%. — *2-Methyl-p-phenylen-*, $C_9H_{14}N_6S_2$, F. 197—198° (Zers.; DMF); 95%. *DID*, $C_{15}H_{22}N_6S_2$, F. 187° (Zers.); 60%. — *m-Phenylen-*, $C_8H_{12}N_6S_2$, F. 189—190° (Zers.; DMF); 95%. *DID*, $C_{14}H_{20}N_6S_2$, F. 198—199° (Zers.); 76%. — *4-Chlor-m-phenylen-*, $C_8H_{11}ClN_6S_2$, F. 201° (Zers.; DMF); 76%. *DID*, $C_{14}H_{19}ClN_6S_2$, F. 189° (Zers.); 67%. — *4-Methyl-m-phenylen-*, $C_9H_{14}N_6S_2$, F. 196° (Zers.; DMF); 86%. *DID*, $C_{15}H_{22}N_6S_2$, F. 183 bis 184° (Zers.); 69%. — *4-Methoxy-m-phenylen-*, $C_9H_{14}N_6OS_2$, F. 190° (Zers.; DMF); 95%. *DID*, $C_{15}H_{22}N_6OS_2$, F. 192° (Zers.); 73%. — *4.4'-Bis-[thiosemicarbazido]-diphenylmethan*, $C_{15}H_{18}N_6S_2$, F. 193—194° (Zers.; DMF); 94%. *DID*, $C_{21}H_{26}N_6S_2$, F. 189—190° (Zers.); 83%. — *4.4'-Bis-[thiosemicarbazido]-dibenzyl*, $C_{16}H_{20}N_6S_2$, F. 209° (Zers.;/DMF); 88%. *DID*, $C_{22}H_{28}N_6S_2$, F. 208° (Zers.); 53%. — *1.5-Bis-[thiosemicarbazido]-naphthalin*, $C_{12}H_{14}N_6S_2$, F. 223° (Zers.; DMF); 95%. *DID*, $C_{18}H_{22}N_6S_2$, F. 210° (Zers.); 83%. — *1.2-Bis-[thiosemicarbazido]-äthan*, $C_4H_{12}N_6S_2$, F. 225° (Zers.; DMF); 85%. *DID*, $C_{10}H_{20}N_6S_2$, F. 216° (Zers.); 56%. — Bis-[tetrazolinthion-(5)-yl-(1)]-Verbb., aus DTC u. NaN_3 in W., 4 Std. unter Rückfluß: *1.4-, benzol*, $C_8H_6N_8S_2$, F. 210° (A.); 93%. — *1.4-, -2-chlorbenzol*, $C_8H_5ClN_8S_2$, F. 173° (Zers.); 60%. — *1.4-, -2-methylbenzol*, $C_9H_8N_8S_2$, F. 190° (Zers.); 81%. — *1.3-, -benzol*, $C_8H_6N_8S_2$, F. 179° (Zers.); 76%. — *1.3-, -4-chlorbenzol*, $C_8H_5ClN_8S_2$, F. 160° (Zers.); 61%. — *1.3-, -4-methylbenzol*, $C_9H_8N_8S_2$, F. 180° (Zers.); 60%. — *1.3-, -4-methoxybenzol*, $C_9H_8N_8OS_2$, F. 126° (Zers.); 67%. — *4.4'-, -diphenylmethan*, $C_{15}H_{12}N_8S_2$, F. 188° (Zers.); 82%. — *4.4'-, -dibenzyl*, $C_{16}H_{14}N_8S_2$, F. 191° (Zers.); 53%. — Bis-[1.2.3.4-thiatriazolyl-(5)-amino]-Verbb., durch Diazotierung der BTS in DMF bei 5° u. 20 Min. bei 5—10°: *1.4-, -benzol*, $C_8H_6N_8S_2$, F. 180° (Zers.; DMF-A.); 80%. — *1.3-, -benzol*, F. 162° (Zers.); 82%. — *4.4'-, diphenylmethan*, $C_{15}H_{12}N_8S_2$, F. 148° (Zers.); 86%. A. Trede. 1290□

Die optische Spaltung von N-Methyladrenalin. A. La Manna und A. Campiglio. (Farmaco [Pavia], Ediz. sci. **14**, 317—22, April 1959; Pavia, Univ., Ist. di Chim. Farm. e Tossicol.; ital.) — Durch Rk. von ω-Chlor-3.4-dihydroxyacetophenon (I) mit Dimethylamin in A. u. Hydrierung über PtO_2 wird *DL-N-Methyladrenalin* (*DL*-**II**) dargestellt u. mittels des (—)- bzw. (+)-Tartrats in die *opt.-akt. Isomeren* [(+)-**II** bzw. (—)-**II**] gespalten.

Versuche: *ω-Dimethylamino-3.4-dihydroxyacetophenon, Hydrochlorid*, $C_{10}H_{13}NO_3 \cdot HCl$, F. 213—214° (A.), durch Zutropfen von Dimethylamin in A. zu I in A. bei 60°, 2std. Rühren bei 60°, 3std. Stehen, Einengen im Vakuum unter N_2 u. Sättigen mit HCl-Gas; 66,3% (Ausbeute). — *Dimethylaminomethyl-3.4-dihydroxyphenylcarbinol, DL-Form*, (*DL*-**II**; *DL-N-Methyladrenalin*), $C_{10}H_{15}NO_3$, F. 142—143° (abs. A.), aus vorst. Hydrochlorid u. 4 atü H_2 an PtO_2 in abs. A. bei Raum-Temp., Einengen im Vakuum unter N_2 u. Alkalisieren mit NH_4OH; 92,8%. *DL*-**II**-*Methobromid*, $C_{11}H_{18}BrNO_3$, F. 195,5 bis 196,5° (abs. A./abs. Ae.), aus DL-**II** u. CH_3Br in abs. A. bei 0°; 74,3%. (+)-**II**, $C_{10}H_{15} \cdot NO_3$, F. 149—150° (Äthylacetat), aus 0,91 g (+)-**II**-(+)-Bitartrat u. NH_4OH; $[\alpha]_D^{18}$ +63,9 (c = 1.46; 0,5n HCl); 0,42 g. (+)-**II**-*Methobromid*, $C_{11}H_{18}BrNO_3$, F. 189,5—190,5°, aus 0,5 g (+)-**II**; $[\alpha]_D^{18}$ +36,9° (c = 1,6; W.); 0,54 g. (+)-**II**-(+)-*Bitartrat, Trihydrat*, $C_{10}H_{15}NO_3 \cdot C_4H_6O_6 \cdot 3\,H_2O$, F. 88—89°, durch Lösen von je 0,1 Mol DL-**II** u. (+)-Weinsäure in 600 cm^3 sd. Isopropanol/W. (8 : 2), mehrstd. Stehen im Kühlschrank u. fraktionierte Kristallisation des Nd. (25,7 g) aus 80%ig. Isopropanol; $[\alpha]_D^{18}$ +42,4° (c = 1,4; W.). (—)-**II**, $C_{10}H_{15}NO_3$, F. 149—150° (Äthylacetat), aus 5,8 g (—)-**II**-(—)-Bitartrat u. NH_4OH; $[\alpha]_D^{18}$ —65,1° (c = 1,41; 0,5n HCl); 2,6 g. (—)-**II**-*Methobromid*, $C_{11}H_{18}BrNO_3$, F. 189,5—190,5°, aus 0,5 g (—)-**II**; $[\alpha]_D^{18}$ —39,3° (c = 1,53; W.); 0,55 g. (—)-**II**-(—)-*Bitartrat, Trihydrat*, $C_{10}H_{15}NO_3 \cdot C_4H_6O_6 \cdot 3\,H_2O$, F. 89—90°, durch Rk. des aus den Mutterlaugen des (+)-**II**-(+)-Bitartrats isolierten Basengemisches (7,1 g) mit (—)-Weinsäure u. Kristallisation aus 80%ig. Isopropanol; $[\alpha]_D^{18}$ —41,1° (c = 1,5; W.).
F. Heller. 1320□

Darstellung und optische Spaltung von O³.N-Dimethyladrenalin. A. La Manna und V. Ghislandi. (Farmaco [Pavia], Ediz. sci. **14**, 323—29, April 1959; ital.) — Vgl. vorst. Referat. — Durch katalyt. Hydrierung von ω-Dimethylamino-3-methoxy-4-hydroxyacetophenonhydrochlorid wird *DL-Dimethylaminomethyl-3-methoxy-4-hydroxyphenylcarbinol* (*DL*-**I**; *O³.N-Dimethyladrenalin*) dargestellt u. mittels des Tartrats in die *opt. Isomeren* [(+)-**I** u. (—)-**I**] gespalten.

Versuche: *ω-Chlor-3-methoxy-4-hydroxyacetophenon*, F. 99—102°, aus Veratrol u. Chloracetylchlorid; 63% (Ausbeute). — *Vanillinsäure*, F. 207°, aus vorst. oder nachst. Verb. u. $K_2Cr_2O_7$ in sd. Wasser. — *ω-Dimethylamino-3-methoxy-4-hydroxyacetophenon-hydrochlorid*, $C_{11}H_{15}NO_3 \cdot HCl$, F. 224—225° (A.), durch Zutropfen von Dimethylamin in abs. A. zu vorvorst. Verb. in abs. A. bei 60° unter Rühren, 2std. Rühren bei 60°, mehrstd. Stehen u. Eindampfen im Vakuum unter N_2; 66,7%. — *Dimethylaminomethyl-3-methoxy-4-hydroxyphenylcarbinol, DL-Form* (*DL*-I), $C_{11}H_{17}NO_3$, F. 104—105° (Bzl.), aus vorst. Verb. u. 5 at H_2 an PtO_2 in abs. A. bei Raum-Temp., Einengen im Vakuum unter N_2 u. Alkalisieren mit NH_4OH; 95,4%. *DL-I-Methobromid*, $C_{12}H_{20}BrNO_3$, F. 158 bis 160° (abs. A./abs. Ae.), aus DL-I u. CH_3Br in abs. A. u. mehrstd. stehen im Kühlschrank; 93%. (—)-I, $C_{11}H_{17}NO_3$, F. 104° (Bzl.), aus 5,0 g (—)-I-(+)-Bitartrat u. NH_4OH; $[\alpha]_D^{18}$ —50,0° (c = 0,65; Chlf.); 2,9 g. (—)-I-(+)-*Bitartrat*, $C_{11}H_{17}NO_3 \cdot C_4H_6O_6$, F. 160 bis 161°, durch kurzes Aufkochen von 22,8 g DL-I u. 16,6 g (+)-Weinsäure in 510 cm³ abs. A., Abkühlen u. fraktionierte Kristallisation des Nd. aus abs. A.; $[\alpha]_D^{18}$ —22,6° (c = 2,06; W.); 6,6 g. (—)-I-*Methobromid*, $C_{12}H_{20}BrNO_3$, F. 162—163° (abs. A./abs. Ae.), aus (—)-I u. CH_3Br in abs. A.; $[\alpha]_D^{18}$ —36,3° (c = 1,48; W.). (+)-I, $C_{11}H_{17}NO_3$, F. 104° (Bzl.), aus dem (+)-I-(+)-Bitartrat u. NH_4OH; $[\alpha]_D^{18}$ +47,9° (c = 0,65; Chlf.). (+)-I-(+)-*Bitartrat*, $C_{11}H_{17}NO_3 \cdot C_4H_6O_6$, F. 142—143° (abs. A.), aus den Mutterlaugen des (—)-I-(+)-Bitartrats; $[\alpha]_D^{18}$ +29,9° (c = 2,01; W.); 13,5 g. (+)-I-*Methobromid*, $C_{12}H_{20}BrNO_3$, F. 162—163° (abs. A./abs. Ae.), aus (+)-I u. CH_3Br in abs. A.; $[\alpha]_D^{18}$ +36,6° (c = 1,48; W.). F. Heller. 1320□

Potentielle Antikrebsmittel. 63. Mitt. **Analoga von Chlorambucil.** 9. Mitt. **Ein Benzylanalogon von Phenoxyessigsäurelost.** Abelardo P. Martinez, William W. Lee und B. R. Baker. (J. org. Chemistry **26**, 4501—04, Nov. 1961; Menlo Park, Calif., Stanford Res. Inst., Div. of Life Sci.; engl.) — 62. vgl. J. med. pharmac. Chem. **5**, [1962], 1; 60. bzw. 8. vgl. C. **1962,** 5269 bzw. 5268. — Um seine Antikrebs-Wrkg. zu untersuchen, wird *m-[Bis-(2-chloräthyl)-aminomethyl]-phenoxyessigsäurehydrochlorid* dargestellt. Bei der Synth. über *m-[Hydroxymethyl]-phenoxyessigsäure* erwies sich m-Nitranilin als gut geeignete Schutzgruppe, da die Ester zu wenig reaktionsfähig sind.

Versuche: *m-[Hydroxymethyl]-phenoxyessigsäureäthylester*, durch 23std. Kochen von m-Hydroxybenzylalkohol u. Chloressigsäureäthylester mit Na in abs. A., Eindampfen im Vakuum, Aufnehmen in Essigester u. Eindampfen; 69% (Ausbeute). *Freie Säure* (I), $C_9H_{10}O_4$, F. 108—109° (Ae./PAe.), durch 1std. Erhitzen des Esters in A. mit 1n NaOH auf dem Dampfbad; 100%. — *m-[Hydroxymethyl]-phenoxyessigsäure-[m-nitranilid]*, $C_{15}H_{14}N_2O_5$, F. 174—175° (Abs. A.), durch 4std. Kochen von Na, m-Hydroxybenzylalkohol u. Chloressigsäure-[m-nitranilid] in abs. A. unter Feuchtigkeitsausschluß; 62%. — *m-[Chlormethyl]-phenoxyessigsäure-[m-nitranilid]*, $C_{15}H_{13}ClN_2O_4$, F. 141—143° (CH_2Cl/PAe.), durch ½std. Rühren vorst. Verb. mit $SOCl_2$ bei Raum-Temp. u. Eindampfen zur Trockne; 94%. — *m-[Bis-(2-hydroxyäthyl)-aminomethyl]-phenoxyessigsäure-[m-nitranilid]*, $C_{19}H_{23}N_3O_6$, FF. 110—112° (nach a) u. 119—121° (nach b), a) durch 6std. Kochen vorst. Verb. mit Diäthanolamin in Chlf. u. Eindampfen der Chlf.-Phase; aus CH_2Cl_2/PAe. gelbe Kristalle; 92%; b) durch 3std. Kochen von I mit $SOCl_2$, Eindampfen im Vakuum, Eindampfen mit Äthylendichlorid im Vakuum, Lösen des entstandenen *m-[Chlormethyl]-phenoxyacetylchlorids* (96%) in CH_2Cl_2, ¼std. Zugabe von m-Nitranilin in CH_2Cl_2, 10 Min. langes Rühren, Versetzen mit trockenem HCl, Filtrieren durch Celite, Eindampfen des Filtrats, Lösen der entstandenen vorst. Verb. in Chlf./Diäthanolamin, 6std. Kochen, Extrahieren mit 5%ig. HCl, Neutralisieren der sauren Lsg. mit gesätt. wss. $NaHCO_3$ u. Extrahieren mit CH_2Cl_2; 80%. — *m-[Bis-(2-chloräthyl)-aminomethyl]-phenoxyessigsäure-[m-nitranilid]-hydrochlorid*, $C_{19}H_{21}Cl_2N_3O_4 \cdot HCl$, durch 1std. Kochen vorst. Verb. mit $SOCl_2$, Eindampfen im Vakuum, Eindampfen mit Äthylendichlorid im Vakuum, Lösen des halbfesten Schaums in heißem CH_2Cl_2, Fällen mit heißem PAe., Kühlen mit Aceton/Trockeneis, Dekantieren u. Trocknen des öligen Rückstandes; hygroskop. Schaum; 84%. — *m-[Bis-(2-chloräthyl)-aminomethyl]-phenoxyessigsäure-hydrochlorid*, $C_{13}H_{17}Cl_2NO_3 \cdot HCl$, durch Zugabe von heißer 4n HCl zu einer heißen Lsg. vorst. Verb. in 1.2-Dimethoxyäthan, 2¼std. Erhitzen auf 80° (Bad), Eindampfen bei 50°/0,5 Torr, Lösen des Rückstandes in 0,1n HCl, Extrahieren mit Chlf. u. Eindampfen der wss. Phase bei 40°/0,5 Torr; gelbes Öl; 65%. P. Golinske. 1320□

Potentielle Antikrebsmittel. 64. Mitt. **Mit Phenylalaninlost verwandte Alkylierungsmittel.** 5. Mitt. **Ein cyclisches, mit Cytoxan verwandtes Phosphorsäureesterdiamid.** Robert H. Iwamoto, Edward M. Acton, Leon Goodman und B. R. Baker. (J. org. Chemistry **26**, 4743—45, Nov. 1961; engl.) — 63. vgl. vorst. Referat. 4. vgl. C. **1962,** 1966. — Die Rk. von 3-Aminopropanol (I) mit $POCl_3$ in CH_2Cl_2 in Ggw. von Triäthylamin liefert *O.N-Trimethylenphosphorsäureamidchlorid* (II). II liefert mit DL-Phenylalaninäthylester (III) *O.N-Trimethylen-N'-[α-carbäthoxy-β-phenyläthyl]-phosphorsäurediamid*, mit p-[Bis-(2-chloräthyl)-amino]-phenylalaninäthylester (IV) *O.N-Trimethylen-N'-{α-carbäthoxy-β-[p-(bis-[2-chloräthyl]-amino)-phenyl]-äthyl}-phosphorsäurediamid*, das eine erhöhte Antitumor-Wrkg. hat u. weniger tox. ist als schon bekannte ähnliche Verbindungen.

Versuche: *O.N-Trimethylenphosphorsäureamidchlorid* (II; *2-Chlor-2H-tetrahydro-1.3.2-oxazaphosphorin-P-oxid*), $C_3H_7ClNO_2P$, F. 80—83°, durch Zutropfen von $POCl_3$ in abs. CH_2Cl_2 zu I u. Triäthylamin in abs. CH_2Cl_2 bei 5—10°, 16std. Rühren bei Raum-Temp. unter Feuchtigkeitsausschluß, Filtrieren, Eindampfen im Vakuum bei 40° (Bad), Versetzen mit abs. CH_2Cl_2 u. Reinigen durch Sublimation bei 85—90°/0,015 Torr; 48% (Ausbeute, gereinigtes Rohprodukt). — *O.N-Trimethylen-N'-{α-carbäthoxy-β-[p-(bis-[2-chloräthyl]-amino)-phenyl]-äthyl}-phosphorsäurediamid* (*β-{p-[Bis-(2-chloräthyl)-amino]-phenyl}-N-[2H-tetrahydro-1.3.2-oxazaphosphorinyl-(2)]-DL-alaninäthylester-P-oxid*), $C_{18}H_{28}Cl_2N_3O_4P$, F. 100—102° (Essigester/Heptan), durch Versetzen des Hydrochlorids von IV in abs. CH_2Cl_2 mit Triäthylamin, Zugabe von II in abs. CH_2Cl_2, 16std. Rühren unter Feuchtigkeitsausschluß bei Raum-Temp., Verdünnen mit CH_2Cl_2, Rühren mit Norit, Eindampfen des Filtrats im Vakuum u. Anreiben mit Ae.; 54% (roh). — *O.N-Trimethylen-N'-[α-carbäthoxy-β-phenyläthyl]-phosphorsäurediamid* (*β-Phenyl-N-[2H-tetrahydro-1.3.2-oxazaphosphorinyl-(2)]-DL-alaninäthylester-P-oxid*), $C_{14}H_{21}N_2O_4P$, F. 136 bis 136,5° (Bzl.), analog vorst. Verb. aus II u. dem Hydrochlorid von III; 28%.

P. Golinske. 1320□

Organoborverbindungen. B. M. Michailow. (Успехи Химии [Fortschr. Chem.] **28**, 1450—87, Dez. 1959; Zelinsky-Inst. für org. Chemie der Akad. der Wiss. der UdSSR; russ.) — Allg. Überblick über Darst., Eigg. u. Rkk. aliphat. u. aromat. Organoborverbindungen. — 176 Literaturangaben. G. Froelich. 1380

Ester der Monoanilide von Aroylamidophosphorsäuren. O. W. Kirssanow, A. M. Lepessa und G. I. Derkatsch. (Доповіді Академії Наук Української РСР [Ber. Akad. Wiss. UkrainSSR] **1962**, Nr. 3, 384—86; Inst. für org. Chem. der Akad. der Wiss. der UkrainSSR; ukrain., Auszug: engl.) — Die Rk. von Aroylimidophosphorsäuretrichloriden mit Anilin in Ggw. von Triäthylamin liefert nach $ArCON{=}PCl_3 + C_6H_5NH_2 + (C_2H_5)_3N \rightarrow [(C_2H_5)_3NH]^+ + [ArCON{=}P(N{-}C_6H_5)Cl_2]^-$ die *Triäthylammoniumsalze* der *Aroylimidodichlorphosphorsäureanilide.* Diese reagieren mit Alkoholen zu *Aroylaamidoanilidophosphorsäurealkylestern*, *ArCONHPO(NHC₆H₅)(OR)*, mit Na-Phenolat dagegen zu *Aroylimidoanilidophosphorsäurediphenylestern*, *ArCON=P·(NHC₆H₅)(OC₆·H₅)₂*. — Aroylimidodichlorphosphorsäureanilide, Triäthylammoniumsalze: *Benzoyl-*, $C_{19}H_{26}Cl_2N_3OP$; 59% (Ausbeute). — *p-Brombenzoyl-*, $C_{19}H_{25}BrCl_2N_3OP$; 85%. — *m-Nitrobenzoyl-*, $C_{19}H_{25}Cl_2N_4O_3P$; 83%. — *p-Nitrobenzoyl-*, $C_{19}H_{25}Cl_2N_4O_3P$, 98%. — *3.5-Dinitrobenzoyl-*, $C_{19}H_{24}Cl_2N_5O_5P$; 92%. — Aroylamidoanilidophosphorsäurealkylester: Durch Rk. vorst. Verbb. mit Alkoholen: *Benzoyl-, -methylester*, $C_{14}H_{15}N_2O_3P$, F. 169—170° (A.); Nadeln; 60%. — *Benzoyl-, -äthylester*, $C_{15}H_{17}N_2O_3P$, F. 182—183° (A.); Nadeln; 90%. — *Benzoyl-, -phenylester*, $C_{19}H_{17}N_2O_3P$, 199—201° (A.); Prismen; 90%. — *p-Brombenzoyl-, -methylester*, $C_{14}H_{14}BrN_2O_3P$, F. 182 bis 183° (Butanol); Prismen; 78%. — *p-Brombenzoyl-, -äthylester*, $C_{15}H_{16}BrN_2O_3P$, F. 189—190° (Butanol); Prismen; 84%. — *m-Nitrobenzoyl-, -methylester*, $C_{14}H_{14}N_3O_5P$, F. 181—182° (A.); Prismen; 49%. — *m-Nitrobenzoyl-, -äthylester*, $C_{15}H_{16}N_3O_5P$, F. 166 bis 167° (A.); Prismen; 52%. — *3.5-Dinitrobenzoyl-, -phenylester*, $C_{19}H_{15}N_4O_7P$, F. 193 bis 194° (A.); Nadeln; 80%. Helmut Schäfer. 1380

Synthese einiger fluorhaltiger Acyl- und Aryldiäthylentriamide der Phosphorsäure. L. D. Protzenko, K. A. Kornew und Ju. I. Bogodisst. (Украинский Химический Журнал [Ukrain. chem. J.] **27**, 357—59, 1961; Ukrain. sanitär-chem. Forschungsinst.; russ.) — Es werden einige *N-Acyl-* u. *N-Aryl-N'.N';N''.N''-bis-äthylenphosphorsäuretriamide* dargestellt.

Versuche: N'.N';N''.N''-bis-äthylenphosphorsäuretriamide: *N-[o-Fluorbenzoyl]-*, $C_{11}H_{13}FN_3O_2P$, F. 135—136,5°, Zers. bei 195° (Bzl.), man gibt zu 1 g N-[o-Fluorbenzoyl]-amidophosphorsäuredichlorid ($C_7H_5Cl_2FNO_2P$, F. 82,5—84,5°) in 100 ml Bzl. bei 20—30° 0,6 g Äthylenimin (I) u. 1,66 g Triäthylamin (II) in 10 ml Bzl. u. rührt 3 Std.; 60% (Ausbeute). — *N-[p-Trifluormethylbenzoyl]-*, $C_{12}H_{13}F_3N_3O_2P$, F. 143—144°, Zers. bei 225° (Bzl.), aus N-[p-Trifluormethylbenzoyl]-amidophosphorsäuredichlorid ($C_8H_5Cl_2F_3NO_2P$, F. 126—128°) u. I in Ggw. von II; 76,6%. — *N-[m-Trifluormethylbenzoyl]-*, $C_{12}H_{13}F_3N_3O_2P$, F. 158—159°, Zers. bei 225°, analog aus der m-Verb. ($C_8H_5 \cdot Cl_2F_3NO_2P$, F. 102—103°). — *N-[Phenyldifluoracetyl]-*, $C_{12}H_{14}F_2N_3O_2P$, Zers. bei 180 bis 181°, man gibt zu 1,8 g I u. 3,8 g II in 10 ml Bzl. 3,1 g N-[Phenyldifluoracetyl]-amidophosphorsäuredichlorid, ($C_8H_6Cl_2F_2NO_2P$, F. 89—91°) in 150 ml Bzl., dampft ein u. läßt kristallisieren; liegt wahrscheinlich polymer vor; 1,73 g. — *N-[m-Trifluormethylphenyl]-*, $C_{11}H_{13}F_3N_3OP$, F. 172,5—174° (Bzl.), man erhitzt 6,6 g m-Trifluormethylanilinhydrochlorid u. 8 g $POCl_3$ 2 Std. auf 140—150°, dest. überschüssiges $POCl_3$ im Vakuum ab, löst den Rückstand (9 g) in 400 ml Bzl. u. kondensiert mit 5,2 g I u. 12 g II in 10 ml Bzl.; 51,8%. — *N-[p-Trifluormethylphenyl]-*, $C_{11}H_{13}F_3N_3OP$, F. 172—174°, analog vorst. Verb.; 40%. Helmut Schäfer. 1380

Phosphororganische Verbindungen. 27. Mitt. Olefinbildung bei der Autoxydation metallierter Phosphinoxide, Phosphin- und Phosphonsäureester (Sulfone und Sulfoxide). Leopold Horner, Hellmut Hoffmann, Günter Klahre, Vicente G. Toscano und Hartmut Ertel. (Chem. Ber. **94**, 1987—96, Aug. 1961; Mainz, Univ., Inst. für Organ. Chem.; dt.) — 26. vgl. Chem. Ber. **94**, [1961], 1326; 25. vgl. C. **1962**, 17011. — Phosphinoxide, deren α-ständige Methylengruppen durch Alkalimetalle metalliert sind, sind autoxydabel. Das Li-Deriv. von Diphenylbenzylphosphinoxid (I) z. B. gibt bei —10° in Ae. mit O_2 *Diphenyl-α-hydroxybenzylphosphinoxid* (III)-*Li-Verb.* (II), die mit NaOH zu *Na-Diphenylphosphinat* weiterreagiert. Im Falle des K-(IV) oder des Na-Deriv. von I ist die II analoge Verb. nicht faßbar; hier geht die Rk. (über Benzaldehyd) weiter zu *trans-Stilben* (V). Verss., das bei der Oxydation vermutlich prim. entstehende Peroxid nach Walling u. Buckler (C. **1956**, 14315) abzufangen, waren erfolglos. Die Rk. gelingt auch mit tert.-Butyl-OOK (VI) statt O_2 u. mit substituierten Derivv. von I. Für den Verlauf der Spaltung von II oder der nicht faßbaren K- u. Na-Analoga von II zu C_6H_5CHO werden Möglichkeiten erörtert, bes. im Hinblick auf folgende Modell-Verss.: K-Diphenylphosphinit (VII) u. VI reagieren zu *K-Diphenylphosphinat* (VIII) + *K-tert.-Butylat* (IX); IV reagiert mit VI zu VIII, V u. IX; III + I in Ggw. von IX → V + VII + VIII. Der Nachw. der evtl. intermediär auftretenden diphenylphosphinigen Säure (X) durch Addition an Benzalanilin (XI) war wegen der raschen Rk. von XI mit IV zu V u. *Diphenylphosphinsäure* (XII)-*Anilid* nicht möglich. Weitere Verss., z. B. mit [1-Phenyl-n-propyl]- (XIII) oder mit n-Butyldiphenylphosphinoxid (XIV) liefern andere Typen von Folge-Prodd.; im 1. Falle entsteht neben VIII, wahrscheinlich über Propiophenon (XV), durch dessen Benzilsäureumlagerung *Atrolactinsäure*, die auch aus XV u. O_2 in Ggw. von IX dargestellt wird. Im 2. Fall wird ein Gemisch von VIII, Butter-, Propion-, Essig- u. Ameisensäure erhalten; die Autoxydation von Butyraldehyd in Ggw. von IX (vgl. Elkik, C. **1960**, 6451) führt zu ähnlichen Ergebnissen. Benzylphosphin- u. -phosphonsäureester können ebenfalls metalliert werden u. verhalten sich dann ähnlich wie die Phosphinoxide. Aus Phenylbenzylsulfoxid (XVI) u. -sulfon (XVII) erhält man durch Metallierung u. Autoxydation *K-Benzolsulfinat* u. *Benzoesäure*.

Versuche: Diphenylphosphinoxide, aus den entsprechenden Halogeniden u. Diphenylchlorphosphin: *3.4-Dichlorbenzyl-* (XVIII), $C_{19}H_{15}Cl_2OP$, F. 170—171°; 65% (Ausbeute). — *α-Naphthylmethyl-*(XIX), $C_{23}H_{19}OP$, F. 157—159°; 41%. — *Benzhydryl-* (XX), $C_{25}H_{21}OP$, F. 303°. — *β.γ-Diphenylallyl-* (XXI), $C_{27}H_{23}OP$, F. 159—162°; 62%. — *1.2-Diphenyl-3-brompropen-(1)*, $C_{15}H_{13}Br$, Kp.$_{0,1}$ 146—148°, aus α-Methylstilben u. N-Bromsuccinimid; 82%. — *Phenylbenzylphosphinsäureäthylester* (XXII), $C_{15}H_{17}O_2P$, F. 62,5—63,5° (PAe.), Kp.$_{0,2}$ 180—182°, aus Phenylphosphonigsäurediäthylester durch Zutropfen von Benzylchlorid bei 100° u. 3std. Erhitzen auf 200°; 98%. — *Diphenyl-α-hydroxybenzylphosphinoxid* (III), F. 176—179° (Zers.), durch Zugeben von I zu C_6H_5Li in Ae., ¹/₄std. Schütteln bei —10° in O_2, Hydrolyse mit kalter 2n HCl u. Umfällen (mit Chlf./PAe.). — *Diphenylphosphinsäure* (XII), F. 191° (CH_3OH), a) neben III durch 3std. Kochen des in Lsg. gebliebenen Teils mit 2n NaOH; 19%; b) aus X u. IX in Bzl. über VII durch Schütteln mit O_2, Extrahieren mit W. u. Fällen mit HCl; 94%; c) analog b) aus XX u. IX in Bzl.; 90%; daneben 85% *Benzophenon*, Kp.$_{11}$ 145° (*2.4-Dinitrophenylhydrazon*, F. 232—235°); d) analog b) aus XIII u. IX in Bzl.; 52%; daneben 47% *Atrolactinsäurehemihydrat*, $C_9H_{10}O_3 \cdot 1/2\, H_2O$, F. 89—91°; e) analog b) aus XIV u. IX in Bzl.; 49%; daneben *Butter-*, *Propion-*, *Essig-* u. *Ameisensäure*; f) analog b) aus I u. IX in Bzl.; 80%; daneben 11% *Benzoesäure* u. 88% V; g) aus XVIII u. IX analog b); 88%; daneben 78% *3.4.3'.4'-Tetrachlorstilben*, $C_{14}H_8Cl_4$, F. 186—187°; h) aus XIX u. IX wie bei b); 95%; i) aus 3,94 g XXI u. IX in Bzl. durch Schütteln mit O_2, Fällen mit HCl u. Sublimieren der *Benzoesäure* (0,423 g) im Vakuum; 93%; daneben 16% *1.2.5.6-Tetraphenylhexatrien-(1.3.5)*, $C_{30}H_{24}$; j) aus X in Bzl. mit tert.-Butylhydroperoxid (XXIII) u. IX unter N_2 durch 60std. Kochen; 100%; k) aus I, XXIII u. IX in sd. Bzl. unter N_2 (1 Std.); 80%, daneben 56% V. *Anilid*, F. 236°, durch ½std. Kochen von I u. IX in sd. Bzl. unter N_2, Zutropfen von XI in Bzl. u. 4std. Kochen; 55%; daneben 50% V. — *Atrolactinsäure*, F. 89—91° (W.), aus XV u. IX in Bzl. durch Schütteln mit O_2; 69%. — *trans-Stilben* (V), F. 122—124°, aus XXII u. IX in Bzl. durch Schütteln mit O_2; 61%. — *1.2-Di-α-naphthyläthylen*, F. 162—163° (A. oder Bzl./CH_3OH), a) aus α-Naphthylmethylphosphonsäurediäthylester u. IX in Bzl. durch Schütteln mit O_2; 50%; b) neben XII nach h); 90%. *Pikrat*, F. 209°. — *Benzoesäure*, a) aus XVII u. IX in Bzl. durch Schütteln mit O_2, Filtrieren u. Erhitzen mit alkohol. Benzylchlorid; 50%; daneben *Verb. vom F. 186°*; b) aus XVI analog a); 57%; daneben 30% *Benzolsulfinsäure*. H. Gleinig. 1380□

Synthese und Eigenschaften von Phosphin- und Phosphonsäureanhydriden. Kurt Moedritzer. (J. Amer. chem. Soc. **83**, 4381—84, 5/11. 1961; St. Louis, Mo.,

Inorgan. Chem. Div.; engl.) — Durch Einw. von Paraformaldehyd (I) auf Alkyl- oder Aryldichlorphosphine erhält man *Alkyl-* bzw. *Arylchlormethylphosphinsäurechloride.* Überschüssiges I bewirkt die Bldg. von *Alkyl-* bzw. *Arylchlormethylphosphinsäureanhydriden* (**A**). Auch andere Säurechloride, z. B. Acetylchlorid (II) u. Trimethylsilylchlorid (III), lassen sich so in die entsprechenden Säureanhydride überführen. Die **A** wurden durch Umsetzung mit PCl_5 in die *Säurechloride,* mit W. in die *freien Säuren* (**B**), mit Alkoholen in die *Ester* u. **B** sowie durch Umsetzen mit Dialkylaminen in *Säureamide* u. **B** übergeführt. Die unsymm. **A** mit Chlormethylgruppen im Mol. lassen sich nur sehr schwer hydrolyt. spalten. Beim Vers., Phosphonsäureanhydride aus I u. Phosphonsäuredichloriden darzustellen, erhält man Substanzen, die sich von authent. Material offenbar nur im Polymerisationsgrad unterscheiden, denn die Umsetzung mit PCl_5 oder W. liefert die erwarteten *Phosphonsäuredichloride* bzw. die *freien Säuren.* IR-Absorptionsfrequenzen der P=O- u. P—O—P-Bindungen s. Original.

Versuche: *Bis-[chlormethyl]-phosphinsäurechlorid,* Kp.$_1$ 98—101°, a) aus I u. *Chlormethyldichlorphosphin* [Kp.$_{105}$ 80°, durch Rk. von Chlormethylthiophosphonsäuredichlorid mit Triphenylphosphit bei 175° u. 105 mm Hg; 83% (Ausbeute)] unter N_2 u. Kühlen mit kaltem W.; 53,5%; daneben **IV**; b) durch 1 std. Kochen von **IV** mit PCl_5 in CCl_4 (Meth. **A**); 84,5%. — Phosphinsäureanhydride: *Bis-[chlormethyl]-* (**IV**), F. 74°, Kp.$_2$ 205—210°, durch Zugeben von trocknem I zu vorst. Verb. u. Erhitzen auf 100—150° unter Rühren; 85,7%. — *Methylchlormethyl-* (**V**), F. 63°, Kp.$_1$ 180°; 83,5%. — *Dimethyl-*, F. 120°, Kp.$_{0,2}$ 135°; 93,5%. — *Phenylmethyl-*, F. 94°, Kp.$_2$ 200°; 90,4%. — *Phenylchlormethyl-* (**VI**), Kp.$_1$ 210°; 80,5%. — *Diphenyl-*, F. 143°, Kp.$_{0,2}$ 230°; 84,5%. — Phosphinsäurechloride: *Methylchlormethyl-*, Kp.$_{0,8}$ 70°; aus **V** nach Meth. **A**; 77,0%. — *Dimethyl-*, Kp.$_{10}$ 82°; 87,3%. — *Phenylmethyl-*, Kp.$_{10}$ 152°; 90,3%. — *Phenylchlormethyl-*, Kp.$_{0,5}$ 125°; 82%. — *Diphenyl-*, Kp.$_{0,1}$ 145°; 88,6%. — Phosphinsäuren: *Bis-[chlormethyl]-*, F. 78°, durch Hydrolyse von **IV** mit wss. NaOH. — *Dimethyl-*, F. 91°. — *Phenylmethyl-*, F. 133°. — *Phenylchlormethyl-*, F. 96°. — *Diphenyl-*, F. 194°. — *Methylchlormethyl-*. — *Bis-[chlormethyl]-phosphinsäureäthylester,* $C_4H_9Cl_2O_2P$, Kp.$_{1,5}$ 115—116°, aus **IV** u. A. in Ae. bei 20°. — *Chlormethylphenylphosphinsäurediäthylamid,* $C_{11}H_{17}$· ClNOP, Kp.$_5$ 158°, aus **VI** u. Diäthylamin in Ae. bei 20°; 92%. — *Acetanhydrid,* Kp. 140°, durch 19 std. Erhitzen von 20,5 g **II** u. I im Bombenrohr auf 150°; 5,8 g. — *Hexamethyldisiloxan,* Kp. 98°, aus 11 g **III** u. I durch 2 std. Erhitzen im Bombenrohr auf 150°; 6,1 g.

M. Krüger. 1380 □

Synthese von strukturell mit der Glutaminsäure verwandten Phosphinsäuren. Przemysław Mastalerz. (Roczniki Chem. [Ann. Soc. chim. Polonorum] **33**, 985—91, 1959; Wrocław, PAN, Inst. Immun. i Terap. dośw.; pol.) — Vgl. C. **1961**, 8998. — *γ-Äthylphosphino-α-aminobuttersäure* u. *γ-Phenylphosphino-α-aminobuttersäure* wurden durch Kondens. von Acetylaminomalonsäurediäthylester (I) mit Äthyl-[2-bromäthyl]-phosphinsäureäthylester (II) bzw. der Phenyl-Verb. (III) in chromatograph. reiner Form erhalten. Die Ausgangssubstanzen **II** u. **III** wurden aus den entsprechenden Phosphonigsäureestern mit einem Überschuß an Äthylendibromid (**IV**) dargestellt. **III** konnte nicht in reinem Zustand erhalten werden. Die Hydrolyse des Rohprod. von **III** liefert aber reine *Phenyl-[2-bromäthyl]-phosphinsäure* (**V**) neben *Äthylen-[P.P'-diphenyl]-diphosphinsäure.* Letztere wird auch aus **IV** u. Phenylphosphonigsäurediäthylester (**VI**) im Überschuß über den *Diäthylester* erhalten. **V** geht beim Erwärmen mit alkohol. KOH-Lsg. in *Phenylvinylphosphinsäure* über.

Versuche: *Äthyl-[2-bromäthyl]-phosphinsäureäthylester* (**II**), $C_6H_{14}BrO_2P$, Kp.$_2$ 105°, durch Erhitzen von 0,5 Mol Äthylphosphonigsäurediäthylester u. 2 Mol **IV** unter CO_2 auf 130°; 30% (Ausbeute). — *Phenyl-[2-bromäthyl]-phosphinsäure* (**V**), $C_8H_{10}BrO_2P$, F. 94—96°, durch Hydrolyse des Äthylesters (10 g) mit 48%ig. HBr in der Wärme u. fraktionierte Kristallisation aus Methanol; 4,7 g neben 1,2 g *Äthylen-[P.P'-diphenyl]-diphosphinsäure. Äthylester* (**III**), $C_{10}H_{14}BrO_2P$, durch 1 std. Erhitzen von 0,15 Mol **VI** u. 0,64 Mol **IV** unter CO_2 auf 130° u. Abdestillieren des überschüssigen **IV** bei 3 Torr u. 140° Heizbad-Temp. (Zers. bei 180°/0,04 Torr). — *Äthylen-[P.P'-diphenyl]-diphosphinsäure,* $C_{14}H_{16}O_4P_2$, F. 165—168° (Zers.), durch Hydrolyse des Diäthylesters mit konz. HCl in der Wärme; Kristalle aus Essigsäure; 97%. *Diäthylester,* $C_{18}H_{24}O_4P_2$, F. 68—70°, durch 1 std. Erhitzen von 0,026 Mol **IV** mit 0,051 Mol **VI** auf 140° unter CO_2, Zugabe von weiteren 0,025 Mol **VI** u. 1 std. Erhitzen auf 140°, Kristalle aus Ae.; 50%. — *γ-Äthylphosphino-α-aminobuttersäure,* $C_6H_{14}NO_4P$, F. 185—187° (Zers.), aus 0,058 Mol I, 0,058 Mol Na u. 0,056 Mol **II** in abs. A. zunächst bei Zimmer-Temp., dann 20 Std. in der Wärme, Neutralisieren mit einigen Tropfen konz. HCl, Filtrieren, Einengen des Filtrats, Zugabe von Bzl., nochmaliges Filtrieren, Abdestillieren des Lsgm. im Vakuum, Hydrolyse des Rückstandes mit konz. HCl in der Wärme, Eindampfen bis zur Trockne, Lösen des Rückstandes in W. u. Überführen des Hydrochlorids mit Ag_2O in die freie Säure; Kristalle

aus A.; 30%. — *γ-Phenylphosphino-α-aminobuttersäure*, $C_{10}H_{14}NO_4P$, F. 235—237°, analog vorst. Verb. aus 4,2 g **I**, 1 g Na u. 10 g **III**; Kristalle aus W.; 64%.
F. Urban. 1380□

Die Herstellung der o-Vinylbenzoesäure und ihrer Derivate. Giancarlo Berti, Guglielmo Kabas und Antonio Marsili. (Ann. Chimica **49**, 1994—2010, Dez. 1959; Pisa, Univ., Ist. di chim. organ.; ital.) — Vgl. C. **1959**, 17110. — Für die Herst. von *o-Vinylbenzoesäure* u. ihrer Derivv. eignet sich die Schmelze von Phthaliden mit K-Acetat u. vor allem die Pyrolyse von Addukten aus Grignard-Verbb. u. Phthalaldehydsäure, Phthalsäureanhydrid oder Phthalsäuremonomethylester.

Versuche: *3-Methylphthalid* (I), Kp. 272—274°, aus 10 g Phthalidenessigsäure durch Verseifen mit 10%ig. NaOH, Ansäuern mit verd. HCl, Kochen, 4std. Red. mit $NaBH_4$ im schwach alkal. Medium bei Zimmer-Temp. u. ½std. Erhitzen auf 100°; 5 g (Ausbeute). — *3-Isopropylphthalid* (**II**), aus Phthalaldehydsäure u. Isopropyl-MgBr; 68%. — *3.3-Diisopropylphthalid* (**III**), $C_{14}H_{18}O_2$, F. 70—71° (CH_3OH), aus Phthalsäuremonomethylester u. Isopropyl-MgBr u. Zers. mit 5%ig. H_2SO_4. — o-Alkenylbenzoesäuren: *o-Vinyl-*, $C_9H_8O_2$, F. 92—94° (PAe.), a) aus 4,5 g **I** u. der 5fachen Menge K-Acetat durch schnelles Erhitzen auf ca. 300° in Ggw. von Hydrochinon u. ½—1½std. Rk. bei 300° (Meth. **A**); 0,18 g; b) aus Phthalaldehydsäure u. Methyl-MgBr in Ae., 50 Min. langes Kochen u. 1½—2std. Pyrolyse des Addukts bei 190—210°/1—3 mm Hg (Meth. **B**). — *cis-* u. *trans-o-Propenyl-*, $C_{10}H_{10}O_2$, F. 84—86° (Ligroin), bzw. $C_{10}H_{10}O_2$, F. 44—53°, a) aus 3-Äthylphthalid nach **A**; 50%; b) nach **B**; 67%. — *o-[β-Methylpropenyl]-*, $C_{11}H_{12}O_2$, F. 68—70° (W.), a) aus **II** nach **A**; 60%; b) nach **B**. — *o-Isopropenyl-*, F. 69—70°, a) aus 3.3-Dimethylphthalid nach **A**; 40%; b) nach **B**; 82%. — *o-[α-Äthylpropenyl]-*, $C_{12}H_{14}O_2$, Kp.$_{1}$ 147°, a) aus 3.3-Diäthylphthalid nach **A**; 50%; b) nach **B**; n_D^{20} 1,5419; liegt evtl. als cis-trans-Gemisch vor; 77%. — *o-[α-Isopropyl-β-methylpropenyl]-*, $C_{14}H_{18}O_2$, F. 78—80,5° (Ligroin), a) aus **III** nach **A**; 20%; b) nach **B** in Bzl.; c) aus Phthalsäuremonomethylester u. Isopropyl-MgBr in Ae., 40 Min. langes Kochen u. Pyrolyse. Walter Simon. 1610

Kondensation von Triäthylphosphonacetat mit aromatischen Aldehyden. Saul Patai und Abraham Schwartz. (J. org. Chemistry **25**, 1232—34, Juli 1960; Jerusalem, Hebrew Univ., Dep. of Org. Chem.; engl.) — Nach Pudowik u. Lebedewa (vgl. C. **1955**, 1487) entsteht durch Erhitzen von Benzaldehyd (I) u. Phosphonessigsäuretriäthylester (II) *α-Phosphonozimtsäuretriäthylester*, der durch Hydrolyse *α-Phosphonozimtsäure* ergeben soll. Vff. finden unter den gleichen Rk.-Bedingungen nach der Hydrolyse 12% *Zimtsäure* (**III**) neben 85% **I**. Bei Änderung der Rk.-Bedingungen können bis zu 70% **III** erhalten werden. Wird bei der Kondens. als Lsgm. A. u. als Katalysator Piperidin verwendet, so kann *Benzyliden-bis-[phosphonessigsäuretriäthylester]* erhalten werden, der bei der Hydrolyse **III** ergibt. Analog wird aus p-Nitrobenzaldehyd (**IV**) *cis-p-Nitrozimtsäureäthylester* dargestellt, der durch Hydrolyse *trans-p-Nitrozimtsäure* liefert. Benzophenon reagiert nicht.

Versuche: *Zimtsäure* (**III**), a) durch 5½std. Erhitzen von **I**, **II** u. Acetanhydrid auf 160—170° u. Hydrolyse mit alkohol. KOH; 12% (Ausbeute); b) durch 5std. Kochen von **I**, **II** u. A. in Ggw. von wenig Piperidin u. Hydrolyse des entstandenen *Benzyliden-bis-[phosphonessigsäuretriäthylesters]* ($C_{23}H_{38}O_{10}P_2$, Kp.$_{1}$ 140—160°); 40%; c) durch 19std. Erwärmen von **I**, **II**, Pyridin u. wenig Piperidin auf 100° u. Hydrolyse mit alkohol. KOH; 22%; d) durch **44**std. Kochen von **I**, **II** u. Bzl. in Ggw. von wenig Piperidin u. Essigsäure u. Hydrolyse des entstandenen *α-Phosphonozimtsäuretriäthylesters* (Kp.$_{0,01}$ 140°, $C_{15}H_{21}O_5P$; n_D^{20} 1,520—1,524); 67%. — *cis-p-Nitrozimtsäureäthylester*, $C_{11}H_{11}NO_4$, F. 86° (verd. A.; schnelles Erhitzen), durch 5std. Kochen von **IV**, **II** u. A. in Ggw. von Piperidin; gibt beim langsamen Erhitzen bis zum F. *trans-p-Nitrozimtsäureäthylester* (F. 138°). — *trans-p-Nitrozimtsäure*, F. 285° (Zers.), durch Hydrolyse vorst. Verbindung.
W. Hampel. 1780

Synthese von 1-Methyl-1.2-dicyclopropylcyclopropan. A. P. Meschtscherjakow, W. G. Gluchowzew und A. D. Petrow. (Доклады Академии Наук СССР [Ber. Akad. Wiss. UdSSR] **130**, 779—81, 1/2. 1960; Zelinsky-Inst. für organ. Chem. der Akad. der Wiss. der UdSSR; russ.) — Es wird *1-Methyl-1.2-dicyclopropylcyclopropan* dargestellt u. Raman-analyt. untersucht.

Versuche: *Methylcyclopropylketon* (I), man überführt γ-Acetopropylalkohol mit HCl in γ-Acetopropylchlorid [76% (Ausbeute)] u. cyclisiert dieses über KOH; 93,8%. *Azin*, $C_{10}H_{16}N_2$, Kp.$_{44}$ 137°, durch 10std. Erhitzen von 420 g **I** u. 125 g Hydrazinhydrat in 135 A. auf dem sd. Wasserbad; D_4^{20} 0,9456; n_D^{20} 1,5140; 92%. — *5-Methyl-3.5-dicyclopropylpyrazolin*, Kp.$_{37}$ 136°, durch 1½std. Erhitzen von 45 g trockner Oxalsäure,

42 g I u. 82 g I-Azin auf dem sd. Wasserbad; $D._4^{20}$ 0,9603; n_D^{20} 1,5120; 46,3%. — *1-Methyl-1.2-dicyclopropylcyclopropan*, $C_{10}H_{16}$, $Kp._{49}$ 80°, $Kp._{753}$ 158°, man erhitzt 125 g vorst. Verb. u. 9 g KOH allmählich auf 230° unter portionsweiser Zugabe von KOH; $D._4^{20}$ 0,8504; n_D^{20} 1,4574; 52%. Helmut Schäfer. 1810

Chlorierung von fünf- und sechsgliedrigen Cyclanen. W. A. Nekrassowa, N. I. Schuikin und Ss. Ss. Nowikow. (Журнал Общей Химии [J. allg. Chem.] **28** (**90**), 15—20, Jan. 1958; Krim, Landwirtsch. Inst. u. Inst. für organ. Chem. der Akad. der Wiss. der UdSSR; russ.) — Es wird die therm. u. photochem. Chlorierung von Cyclopentan (I) u. Cyclohexan (II) in der Gas- u. Dampfphase mit trocknem u. feuchtem Cl_2 untersucht. Hauptprodd. der Rkk. sind *Chlorcyclopentan* (III, $Kp._{752}$ 114—115°; $D._4^{20}$ 1,0050—1,0052; n_D^{20} 1,4500—1,4512), *Dichlorcyclopentane* u. *Polychlorcyclopentane* (aus I), *Chlorcyclohexan* (IV, $Kp._{752}$ 140—142°; $D._4^{20}$ 0,9990—0,9993; n_D^{20} 1,4623—1,4625), *Dichlorcyclohexane* u. *Polychlorcyclohexane* (aus II). In Ggw. von Feuchtigkeit ist die Ausbeute an III bzw. IV immer größer als bei Verw. von trocknem Cl_2. Die Vers.-Ergebnisse sind tabellar. wiedergegeben. Helmut Schäfer. 1810

Eine Synthesemethode für sekundäre Bromide aus Alkoholen. Glenn L. Jenkins und James C. Kellett jun. (J. org. Chemistry **27**, 624—25, Febr. 1962; West Lafayette, Ind., Purdue Univ., School of Pharm.; engl.) — Die Darst. einiger *Cyclopentylbromide* aus den Cyclopentyl-p-toluolsulfonaten u. $CaBr_2$ in wss. Dimethylformamid (DMF) wird beschrieben. Die Rk., deren Ausbeuten mit zunehmender ster. Hinderung der Hydroxylgruppe abnehmen, verläuft ohne Umlagerung. Verss., das Rk.-Gemisch zu dest., führten zur Zers.; es wird daher mittels Extraktion u. Chromatographie aufgearbeitet.

Versuche: *Cyclopentylbromid*, Kp. 134—136°, aus p-Toluolsulfosäurecyclopentylester [aus Cyclopentanol u. p-Toluolsulfonylchlorid nach Streitwieser u. Mitarbeitern (C. **1960**, 7470)] durch 12std. Rühren mit $CaBr_2$ in DMF mit 1,5% W., Gießen in Eiswasser, Abtrennen, Extraktion der wss. Lsg. mit PAe. u. Chromatographie von Nd. u. PAe.-Extrakt an Al_2O_3 mit PAe.; n_D^{23} 1,4863; 51% (Ausbeute). Analog: *3-Methyl-Deriv.*, $C_6H_{11}Br$, Kp. 146—151°; n_D^{20} 1,4762; 64%. *3-Äthyl-Deriv.*, $C_7H_{13}Br$, Kp. 172 bis 177°; n_D^{24} 1,4780; 59,3%. *2-Methyl-Deriv.*, $Kp._{20}$ 45,5—49,5°; n_D^{25} 1,4757; 18,6%. H. Heidepriem. 1810□

Allylbromierung mit N-Brom-tert.-butylamin. C. E. Boozer und J. W. Moncrief. (J. org. Chemistry **27**, 623—24, Febr. 1962; Atlanta, Ga., Emory Univ., Dep. of Chem.; engl.) — Die Allylbromierung von Cyclohexen (I) mit N-Brom-tert.-butylamin (III) unter variierten Bedingungen, bes. in Ggw. von Azo-bis-isobutyronitril (II), ist beschrieben.

Versuche: *N-Brom-tert.-butylamin* (III), aus tert.-Butylamin (IV) in NaOH durch Zutropfen von 1 Val Br_2 bei 0—5° unter Rühren, Extraktion mit Ae., Trocknen u. Eindampfen; rotorangefarbene Fl.; ca. 100% (Ausbeute). — *3-Bromcyclohexen*, $Kp._{10}$ 48 bis 51°, durch Dest. von 1 Mol [bei *l*) 3 Mol] III mit I in einem Lsgm. mit einem Rücklaufverhältnis von 1:5, bis kein III mehr nachweisbar ist, Filtration (IV-*Hydrobromid*) u. Waschen mit 10n NaOH u. 6n HCl: a) mit 1½ (Mol) I in 750 ml CCl_4; 0%; b) in 750 ml Isohexan mit 1½ I unter Belichten; 18%; c) analog b) in Ggw. von 0,2 g II; 23%; d) analog b) mit 2 I in Ggw. von 1 g II; 38%; e) analog d) mit 3 I; 37%; f) analog e) in 375 ml Isohexan; 59%; g) analog e) in 187,5 ml Isohexan; 31%; h) analog f) mit 1½ I; 40%; i) analog e) in 750 ml Bzl.; 30%; k) analog i) in 375 ml Bzl.; 42%; *l*) analog i) mit 3 Mol III u. 1 Mol I; 17%; daneben 22% *3.6-Dibromcyclohexen*, $Kp._{10}$ 95—100°. H. Heidepriem. 1810□

Über 1-Aminomethylcyclohexen und seine Desaminierung mit salpetriger Säure. Jean Colonge und Henri Daunis. (C. R. hebd. Séances Acad. Sci. **251**, 1080—81, 29/8. 1960; Lyon, Fac. des Sci. Chim. organ.; franz.) — Cyancyclohexen wird mit $LiAlH_4$ in Ae. bei —10° zu *1-Aminomethylcyclohexen* [I; $C_7H_{13}N$, $Kp._{12}$ 55—57°; *Pikrat*, F. 181°; *N-Benzoyl-Deriv.* (ölige Verb.); *N-p-Nitrobenzoyl-Deriv.*, F. 193°] reduziert. I geht durch katalyt. Hydrierung in *Aminomethylcyclohexan* ($C_7H_{15}N$, $Kp._{12}$ 47—48°; *Pikrat*, F. 185°; *N-Benzoyl-Deriv.*, F. 95°; *N-p-Nitrobenzoyl-Deriv.*, F. 186°) über. I liefert bei der Desaminierung mit HNO_2 unter teilweiser Ringerweiterung u. mit 55—60%ig. Ausbeute ein Gemisch von *Cyclohepten-(2)-ol-(1)* [II; $C_7H_{12}O$, $Kp._9$ 66—68°, $D._4^{25}$ 0,952, n_D^{25} 1,4838; 52—56%; *2.4-Dinitrobenzoat*, F. 86°] u. *1-Hydroxymethylcyclohexen* (III; $C_7H_{12}O$, $Kp._9$ 79,5°, $D._4^{25}$ 0,977, n_D^{25} 1,4870; 44—48%; *2.4-Dinitrobenzoat*, F. 94°). II u. III werden durch Dest. getrennt. Die katalyt. Hydrierung des II-III-Gemisches führt zu einem Gemisch (A) von *Cycloheptanol* (IV; $C_7H_{14}O$) u. *Cyclohexylcarbinol* (V; $C_7H_{14}O$). Wird A mit Phthalsäureanhydrid (VI) umgesetzt, so bildet sich zunächst

V-*Hydrogenphthalat* (F. 112°) u. bei der darauffolgenden Rk. mit **VI** in Ggw. von Pyridin **IV**-*Hydrogenphthalat* (F. 99°), wodurch eine Trennung von **IV** u. **V** möglich ist.
G. Marquard. 1870

Dien-Synthesen mit Muconsäureester. Jerzy Wróbel. (Wiadomości chem. **11**, 530—33, Sept. 1957; pol.) — Inhaltlich in den C. **1960**, **4494** u. **4495** referierten Arbeiten enthalten.
G. Sobotta. 2000□

2-Bromcyclobutanon und sein Abbau zu Cyclopropan-Verbindungen. Jean-Marie Conia und Jean-Louis Ripoll. (C. R. hebd. Séances Acad. Sci. **251**, 1071 bis 1103, 29/8. 1960; Caen, Fac. des Sci.; franz.) — *2-Bromcyclobutanon* [I, $Kp._{20}$ 79°, n_D^{23} 1,5040] wird durch Bromierung von Cyclobutanon, das man durch Ozonisierung von Methylencyclobutan in Ggw. von Pyridin gewinnt, in Chlf. bei 35° unter Rühren mit 85%ig. Ausbeute erhalten. I liefert mit äthanol. NaOH, Na_2CO_3, NH_4OH oder NaOH *Cyclopropancarbonsäure* [II; $C_4H_6O_2$, F. 14—15°, $Kp._{11}$ 82°, n_D^{22} 1,4380; 90% (Ausbeute); *Anilid*, F. 111°], die sich auch durch mehrstd. Kochen von I mit W. bildet. Mit fl. NH_3 entsteht aus I *Cyclopropancarbonsäureamid* (III; C_4H_7NO, F. 123—125°; 70%). Durch $^1/_4$std. Rühren mit C_2H_5ONa in abs. Ae. geht I in den *Äthylester* von II ($C_6H_{10}O_2$, $Kp._{15}$ 45—46°, n_D^{29} 1,4163; 67%) über. Die UV-Maxima von I u. die IR-Maxima von I, II-Äthylester u. von III sind angegeben.
G. Marquard. 2010

Synthese ortho-substituierter Benzophenone durch Einführung einer tert.-Butylgruppe als blockierende Gruppe in die Benzophenone. P. S. Hofman, D. J. Reiding und W. Th. Nauta. (Recueil Trav. chim. Pays-Bas **79**, 790—93, Juli 1960; Amsterdam, N. V. Koninklijke Pharm. Fab., Res. Dep.; engl.) — Die Friedel-Crafts-Benzoylierung von 4-tert.-Butyltoluol bzw. 5-tert.-Butyl-m-xylol (**III**) u. Abspaltung der tert.-Butylgruppe ergibt *2-Methyl-* (**V**) bzw. *2.6-Dimethylbenzophenon.*

Versuche: Benzophenone: *2-Methyl-5-tert.-butyl-* (**I**), $C_{18}H_{20}O$, $Kp._2$ 152°, durch Zugabe eines Gemisches aus 4-tert.-Butyltoluol zu $AlCl_3$ in Nitrobenzol bei 10° u. langsames Erwärmen auf 50° (Meth. **A**); n_D^{20} 1,5700; 84,5% (Ausbeute). — *2.6-Dimethyl-4-tert.-butyl-* (**II**), $C_{19}H_{22}O$, F. 106,5—107,5°, $Kp._2$ 140—143°, aus **III** nach **A**; 50%. — *2.6.2'-Trimethyl-4-tert.-butyl-* (**IV**), $Kp._2$ 157—165°, aus o-Toluylchlorid u. **III** nach **A**; 50%. — *2-Methyl-* (**V**), $Kp._2$ 128—130°, durch 8std. Kochen von I mit $AlCl_3$ in Bzl.; n_D^{20} 1,5965; 90,6%. — *2.6-Dimethyl-*, F. 64—65°, analog aus **II**; 90%. — *2.6.2'-Trimethyl-*, F. 69°, analog aus **IV**; 80%. — *2-Methylbenzhydrol*, F. 85,5—88°, durch Red. von **V** mit Al-Isopropylat; 90%.
W. Hampel. 2360□

Die Reaktion von Thionylchlorid mit Benzil- und Diphenylchloressigsäuren. Gegenseitige Überführung von Diphenylchloressigsäureanhydrid und Diphenylchloracetylbenzilsäurechlorid. Harry W. Wasserman und Peter S. Wharton. (J. Amer. chem. Soc. **82**, 3457—60, 5/7. 1960; New Haven, Conn., Yale Univ., Sterling Chem. Labor.; engl.) — Die Rk. von $SOCl_2$ mit Diphenylchloressigsäure (I) ergibt *Diphenylchloressigsäureanhydrid* (**II**) u. *O-[Diphenylchloracetyl]-benzilsäurechlorid* (**III**). Die beiden Isomeren lassen sich durch saure Katalysatoren ineinander überführen, wobei 70% **II** u. 30% **III** entstehen. Der Rk.-Mechanismus der Umlagerungs- u. Bldg.-Rk. von **II** u. **III** wird diskutiert.

Versuche: *Diphenylchloressigsäure* (**I**), F. 119° (Zers.), durch 1½std. Schütteln von Benzilsäure u. Acetylchlorid in CH_3Cl; 62% (Ausbeute). — *Diphenylchloressigsäureanhydrid* (**II**), $C_{28}H_{20}Cl_2O_3$, F. 129,5—130,5° (Bzl./Hexan), a) durch Versetzen von I in CH_2Cl_2 mit Methoxyacetylen in CH_2Cl_2 u. Stehen über Nacht (Meth. **A**); 71%; b) durch 40std. Kochen von I mit $SOCl_2$ in CCl_4 (Meth. **B**); 32%; c) durch 5std. Kochen von **III** in CCl_4 in Ggw. von HCl (Meth. **C**); 57%. — *O-[Diphenylchloracetyl]-benzilsäure, Chlorid* (**III**), $C_{28}H_{20}Cl_2O_3$, F. 120—120,5° (Bzl.), a) aus I nach **A** in 6 Std.; 27%; b) aus **II** nach **C**; 20%. *Methylester*, $C_{29}H_{23}ClO_4$, F. 113,5—114° (Bzl.), durch 3std. Kochen von **III** mit Methanol in Ggw. von Na-Methylat (Meth. **D**); 21%. — *Benzilsäure* (**IV**), F. 149—150° (Bzl.), durch 22std. Erhitzen von **III** mit Methanol u. Na-Methylat auf 140° im Bombenrohr, Zugeben von W. u. 3std. Erhitzen auf 140° im Bombenrohr (Meth. **E**); 53%; daneben *Diphenylmethoxyessigsäure*, F. 107—108° (CS_2/Pentan), a) aus **II** nach **E**; 85%; b) aus Diphenylchloracetylchlorid, methanol. $AgNO_3$ u. Ag_2O durch 18std. Kochen, Zugeben von W., Extrahieren mit Ae., Eindampfen u. 1½std. Kochen; 73%. — *Diphenylmethoxyacetanilid*, F. 150,5—151,5° (Methanol), aus vorst. Verb. nach **A** in 1 Std. u. 2std. Erwärmen mit Anilin auf 90°; 31%. — *Benzophenon*, F. 49—50°, aus **IV** nach **B**, Chromatographieren in Hexan an Silicagel u. Eluieren mit 5%ig. Ae./Hexan; 96%.
W. Hampel. 2410□

Bestimmung der Konfiguration von α.β-Diphenyl-β-arylaminopropionsäuren nach der verschiedenen Fähigkeit der Diastereomeren zur β-Lactambildung. B. Kurtev, N. Mollov, Ek. Simova und J. Stefanovski. (Доклады Болгарской Академии Наук [C. R. Acad. bulg. Sci.] **13**, 167—70, März/April 1960; dt., Auszug: russ.) —

Bei der alkal. Hydrolyse der Äthylester von β-Phenylamino- (I), β-p-Tolylamino- (II) u. β-Naphthylamino-α.β-diphenylpropionsäure (III) entstehen jeweils 2 *Diastereomere* von I, II bzw. III. Durch Veresterung dieser Säuren wurde gezeigt, daß sich I—III bzw. ihre Ester 2 ster. verschiedenen Reihen zuordnen lassen, von denen die Verbb. der einen Reihe mehr zur Bldg von *β-Lactamen* neigen u. deshalb threo-Konfiguration besitzen müßten.

Versuche: Man kocht I-, II- u. III-Äthylester mit 10—15% ig. alkohol. oder wss.-alkohol. KOH 1½—2 Std. lang, säuert mit Essigsäure an u. filtriert das eine Diastereomere ab; nach Verdünnen mit W. fällt das zweite Diastereomere aus. Beide krist. man aus A., dann aus Bzl.–Bzn. um. Zur erneuten Veresterung neutralisiert man I, II u. III mit alkohol. KOH, dampft ein u. kocht 5 Std. lang mit Äthylbromid in Bzl.; zur Reinigung krist. man aus A. oder A.–W. um: *α.β-Diphenyl-β-anilinopropionsäure* (I), **a**) F. 173 bis 174°; **b**) F. 157—158°. — *α.β-Diphenyl-β-p-toluidinopropionsäure* (II), **a**) F. 174—175° (*Äthylester*, F. 120—121,5°); **b**) F. 159—160° (*Äthylester*, F. 153—154°). — *α.β-Diphenyl-β-[naphthyl-(2)-amino]-propionsäure* (III), **a**) F. 180—181° (*Äthylester*, F. 167 bis 168°); **b**) F. 157—158° — *Verss. zur Darst. der β-Lactame*: a) Aus 0,63 g **Ia** ca. 90% unverändertes **Ia**; aus 0,99 g **IIa** 0,88 g *α.β-Diphenyl-β-p-toluidinopropionsäurelactam* ($C_{22}H_{19}NO$, F. 177—178°, Prismen aus A.); aus 1,32 g **IIb** ca. 89% unverändertes **IIb** u. 0,22 g in KOH unlösl. Prodd.; aus 0,40 g **IIIa** ca. 73% unverändertes **IIIa** u. 0,04 g in KOH unlösl. Prod.; b) nach Sheehan u. Mitarbeitern (C. **1959**, 11271), der Lsg. von I, II u. III in Dioxan wurde tropfenweise die doppelt mol. Menge $SOCl_2$ in Dioxan zugegeben, dann wurde 2 Std. lang auf 50° erhitzt, im Vakuum auf die Hälfte eingedampft u. aufgearbeitet: Aus 0,63 g **Ib** 80% *β-Lactam* u. 11% unveränderts **Ib**; aus 1,90 g **Ia** 66% unverändertes **Ia** u. wenig *β-Lactam, Phenylessigsäure, Benzaldehyd* u. *Anilin.*

Helmut Schäfer. 2550

Synthese von 2-Aralkylindandionen-(1.3) durch katalytische Hydrierung von 2-Aralkylidenindandionen-(1.3). T. T. Dumpiss und G. Ja. Wanag. (Доклады Академии Наук СССР [Ber. Akad. Wiss. UdSSR] **141**, 1093—96, 11/12. 1961; Inst. für org. Synth. der Akad. der Wiss. der LettSSR; russ.) — Durch Hydrierung von 2-Aralkylidenindandionen-(1.3) an Ni werden die entsprechenden *2-Aralkylindandione-(1.3)* dargestellt.

Versuche: Indandione-(1.3): *2-Benzyl-*, F. 94—96° (Methanol–W. 1:1), durch Hydrierung von 3,51 g 2-Benzalindandion-(1.3) in 100 ml A. in Ggw. von 2,5 g KJ bei 60—65°; 70,6% (Ausbeute). — Analog: *2-[p-Methoxyphenyl]-*; 52,6%. — *2-[3-Methoxy-4-hydroxyphenyl]-*; 11,8%. — *2-[3.4-Dimethoxyphenyl]-*; 38,4%. — *2-[3.4-Methylendioxyphenyl]-*; 54,4%. — *2-[Furyl-(2)]-*; 54,4%. — *2-[Thienyl-(2)]-*; 95,6%. — *2-[2-Methoxyphenyl]-*, F. 86—88° (Methanol–W. 2:1), ohne KJ-Zusatz; 89,0%.

Helmut Schäfer. 2650

Sulfonierung von β-Diketonen. 14. Mitt. **2-[p-Sulfophenyl]-indandion-(1.3)-Derivate.** A. Ja. Strakow, G. Ja. Wanag und E. Ju. Gudrinijetze. (Журнал Общей Химии [J. allg. Chem.] **31** (**93**), 906—11, März 1961; Riga, Polytechn. Inst.; russ.) — 13. vgl. C. **1962**, 15574. — *2-Phenylindandion-(1.3)* (I) wird durch Chlorsulfonsäure (II) zu *2-[p-Sulfophenyl]-indandion-(1.3)* (III) sulfoniert. Als Nebenprod. entsteht *2-Phenyl-2-sulfoindandion-(1.3)* (IV), das bei Einw. von II in III übergeht. III liefert mit Diazomethan (V) *1-Methoxy-2-[p-sulfophenyl]-indenon-(3)* (VI)*-methylester.* Analog 1-Methoxy-2-phenylindenon-(3) (VII), das mit Br_2 in *2-Brom-2-phenylindandion-(1.3)* übergeht, wird VI-Methylester durch Br_2 an der Äthergruppe unter Bldg. von *2-Brom-2-[p-sulfophenyl]-indandion-(1.3)* (VIII)*-methylester* gespalten. III bzw. III-Na-Salz reagieren mit PCl_5, Ammonacetat u. Anilin entsprechend zu *2-Chlor-[p-chlorsulfonylphenyl]-indandion-(1.3)* (IX), III-*Iminammoniumsalz* bzw. III-*Phenyliminanilinsalz.* Die III-Imine liegen wahrscheinlich in der tautomeren Enaminstruktur vor. III-Imin geht beim Behandeln mit Br_2 in **VIII** über. **IX** liefert mit Anilin *2-Anilino-2-[p-anilinosulfophenyl]-indandion-(1.3).*

Versuche: *2-[p-Sulfophenyl]-indandion-(1.3)* (III), $C_{15}H_{10}O_5S$, F. 110—113° (konz. HCl); man läßt 11,15 g I u. 9,8 ml II in 50 ml 1.2-Dichloräthan 8—10 Std. lang unter öfterem Umschütteln stehen, löst den Nd. in 100 ml konz. HCl u. filtriert heiß; rot; 65% (Ausbeute). *S-Benzylisothiuroniumsalz*, $C_{23}H_{20}N_2O_5S_2$, F. 190—192°. *Iminammoniumsalz*, $C_{15}H_{14}N_2O_4S$, man erhitzt 15 g NH_4-Acetat, 12 ml Eisessig u. 3,24 g III-Na-Salz 15—20 Min., gibt 50 ml A. zu u. erhitzt unter Zugabe von W. bis zur völligen Auflösung; dunkelrote Prismen; 61%. *Phenyliminanilinsalz*, F. 272—274° (Zers.; 80%ig. A.), durch 2std. Kochen von 3,24 g III-Na-Salz, 10 ml Anilin u. 25 ml Eisessig; rote Prismen; 66%. — *2-Phenyl-2-sulfoindandion-(1.3)* (IV), *Na-Salz*, man extrahiert die bei der Darst. von III erhaltenen Dichloräthan-Lsg. mit W., neutralisiert mit Soda u. salzt mit NaCl aus; ca. 5%. *S-Benzylisothiuroniumsalz*, $C_{23}H_{20}N_2O_5S_2$, F. 201—203°. 3,24 g **IV**-Na-Salz u. 2 ml **II** liefern nach 10std. Stehen in 40 ml Dichloräthan 71% **III**-Na-Salz. — *1-Methoxy-2-[p-sulfophenyl]-indenon-(3)* (**VI**), *Methylester*, $C_{17}H_{14}O_5S$, F. 138—140° (A.-W. 2:1), aus **III** mit äther. **V**; Prismen; 91%. Wird durch ¼std. Kochen in 4n HCl zu **III** verseift. — *1-Methoxy-2-phenylindenon-(3)* (**VII**), $C_{16}H_{12}O_2$, F. 76—77° (A.), aus **I** u. **V** in Ae.; gelbe Prismen; 67%. — *2-Brom-2-[p-sulfophenyl]-indandion-(1.3)* (**VIII**), *Methylester*, $C_{16}H_{11}BrO_5S$, F. 158° (A.), man gibt zur Suspension von **VI**-Methylester in Eisessig portionsweise Br_2 u. verd. mit W.; glänzende Kristalle. *Ammoniumsalz*, $C_{15}H_{12}BrNO_5S$, man gibt zu **III**-Iminammoniumsalz in Eisessig unter Erwärmen Br_2 u. salzt mit NH_4Cl aus. — *2-Brom-2-phenylindandion-(1.3)*, F. 104—105° (A.), aus **VII** in Eisessig mit Br_2 u. Fällen mit Wasser. — *2-Chlor-2-[p-chlorsulfonylphenyl]-indandion-(1.3)* (**IX**), $C_{15}H_8Cl_2O_4S$, F. 129—130° (Aceton), man erhitzt 6,5 g **III**-Na-Salz u. 12, 5 g PCl_5 1 Std. lang auf 70—80° u. gießt auf Eis; gelbe Prismen; 70%. — *2-Anilino-2-[p-anilinosulfophenyl]-indandion-(1.3)*, $C_{27}H_{20}N_2O_4S$, F. 299 bis 300° (Zers.; Aceton), durch Erhitzen von **IX** mit überschüssigem Anilin auf dem Wasserbad; gelbe Prismen. Helmut Schäfer. 2650

Sulfonierung von β-Diketonen. 15. Mitt. **Bindonsulfonsäure und ihre Salze.** E. Gudrinijetze, A. Ievinš, G. Wanag und D. Kreitzberg. (Известия Академии Наук Латвийской ССР [Nachr. Akad. Wiss. LettSSR] **1961**, Nr. 2, 111—14; Chem. Inst. der Akad. der Wiss. der LettSSR; russ., Auszug: dt.) — 14. vgl. vorst. Referat. — Bindon [**I**; 3-[Indandion-(1.3)-yliden-(2)]-indanon-(1)] läßt sich mit 98%ig. H_2SO_4-Acetanhydrid leicht zu *Bindonsulfonsäure* (**II**) sulfonieren. **II** kann als einbas. (Sulfonsäuregruppe) oder zweibas. Säure (Sulfonsäuregruppe u. enol. Hydroxyl) wirken. Von beiden Typen werden Salze beschrieben.

Versuche: *Bindonsulfonsäure* [**II**; *3-[Indandion-(1.3)-yliden-(2)]-2-sulfoindanon-(1)*], $C_{18}H_{10}O_6S$, F. 110° (Zers.; W.), man gibt zur Suspension von 2,74 g **I** in 10 ml 1.2-Dichloräthan 2 ml Acetanhydrid u. 0,76 ml 98% ig. H_2SO_4 in 5 ml 1.2-Dichloräthan. Die nachst. Salze werden durch Neutralisieren der wss. Lsg. von **II** mit dem entsprechenden Metallcarbonat u. evtl. Aussalzen mit dem Nitrat oder Chlorid u. Kristallisation aus W. oder A. oder durch Rk. von **II**-Na-Salz mit einem lösl. Salz des entsprechenden Metalls dargestellt: *Li-, Na-, K-, NH_4-, Cu-, Ag-, Mg-, Ca-, Sr-, Ba-, Zn-, Cd-, Al-, Tl-, La-, Pb-, Cr-, Mn-, Co-, Ni-, Th-, Uranylsalz, Pyridinsalz*, F. 213° (Zers.), *Anilinsalz, Dihydrat*, F. 118, *Chinolinsalz*, F. 212° (Zers.), *S-Benzylisothiuroniumsalz*, $C_{26}H_{20}N_2O_6S_2$, F. 252°, *Ag-Salz als Pyridinkomplex*. — *Salze des zweibas.* **II**: *Na-, K-, Rb-, Be-, Mg-, Ca-, Sr-, Ba-, Zn-Salz.* Helmut Schäfer. 2650

Sulfonierung von 2-Veratryl- und 2-Piperonylindandion-(1.3). A. Ja. Strakow, O. Ja. Neiland, E. Ju. Gudrinijetze und G. Ja. Wanag. (Доклады Академии Наук СССР [Ber. Akad. Wiss. UdSSR] **141**, 374—77, 11/11. 1961; Riga, Polytechn. Inst.; russ.) — Die Sulfonierung von 2-[3'.4'-Dimethoxyphenyl]- (**I**) u. 2-[3'.4'-Methylendioxyphenyl]-indandion-(1.3) (**II**) mit konz. H_2SO_4-Acetanhydrid liefert *2-[3'.4'-Dimethoxyphenyl]-* (**III**) bzw. *2-[3'.4'-Methylendioxyphenyl]-indandion-(1.3)-sulfonsäure-(2)* (**IV**) sowie *2-[3'.4'-Dimethoxyphenyl]-* (**V**) bzw. *2-[3'.4'-Methylendioxyphenyl]-indandion-(1.3)-sulfonsäure-(2')* (**VI**), letztere als *Enolsulfonate*. Bei Verlängerung der Rk.-Dauer steigt die Ausbeute an **V** u. **VI**, während die an **III** u. **IV** sinkt. Die Sulfonierung von **I** u. **II** mit Chlorsulfonsäure gibt nur wenig **III** u. **IV** u. 60—70% **V** u. **VI**. Die Enolsulfonate von **V** u. **VI** lassen sich mit alkohol. Alkali zu **V** u. **VI** hydrolysieren, die im Gegensatz zu den Enolsulfonaten alkalilösl. u. leicht bromierbar sind. Die Struktur von **III**—**VI** wurde UV-analyt. bestätigt.

Versuche: *2-[3'.4'-Dimethoxyphenyl]-indandion-(1.3)-sulfonsäure-(2)* (**III**), *Na-Salz*, $C_{17}H_{13}NaO_7S$, man rührt 2,83 g **I** in 35 ml 1.2-Dichloräthan mit 1,1 ml konz. H_2SO_4 u. 6 ml Acetanhydrid 1 Std. lang, verd. mit 50 ml W., filtriert (→ **V**), neutralisiert die wss. Phase mit Na_2CO_3 u. salzt aus; Prismen aus verd. A.; 0,2 g (Ausbeute). *S-Benzylisothiuroniumsalz*, $C_{25}H_{24}N_2O_7S_2$, F. 201° (A.); Prismen. — *2-[3'.4'-Dimethoxyphenyl]-indandion-(1.3)-sulfonsäure-(2')* (**V**), *Enolsulfonat*, $C_{17}H_{12}O_6S$, F. 251°, durchKristallisation des beim vorst. Vers. erhaltenen **V** aus 200 ml Essigsäure; orange Kristalle; 2,1 g. *Na-Salz*, $C_{17}H_{13}NaO_7S$, man kocht 3,44 g **V**-Enolsulfonat u. 4 g NaOH in 80 ml A. 1 Std. lang, dampft ein, säuert an, salzt aus u. krist. aus A. um. — *2-[3'.4'-Dimethoxyphenyl]-2-bromindandion-(1.3)-sulfonsäure-(2')*, $C_{17}H_{12}BrNaO_7S$, durch Rk. von **V** mit Br_2 in W., Aussalzen u. Kristallisation aus verd. Alkohol. — *2-[3'.4'-Methylendioxyphenyl]-indandion-(1.3)-sulfonsäure-(2)* (**IV**), *Na-Salz*, $C_{16}H_9NaO_7S$, aus 2,66 g **II**; Prismen; 0,5 g. *S-Benzylisothiuroniumsalz*, $C_{24}H_{20}N_2O_7S_2$, F. 200° (A.); Prismen. Daneben *2-[3'.4'-Methylendioxyphenyl]-indandion-(1.3)-sulfonsäure-(2')* (**VI**), *Enolsulfonat*, $C_{16}H_8O_6S$, F. 257°; dunkelrot; 2 g. Helmut Schäfer. 2650

Darstellung von 2.2-disubstituierten 1-Aminoindanonen-(3). Ja. F. Freimaniss und G. Ja. Wanag. (Доклады Академии Наук СССР [Ber. Akad. Wiss. UdSSR] **141,** 638—40, 21/11. 1961; Inst. für org. Chem. der Akad. der Wiss. der LettSSR; russ.) — Durch Red. von 2-Methyl-2-benzyl- (**I**) u. 2-Phenyl-2-benzyl-1-iminoindanon-(3) (**II**) mit Zn/Essigsäure wurden *2-Methyl-2-benzyl-* (**III**) u. *2-Phenyl-2-benzyl-1-aminoindanon-*(*3*) (**IV**) dargestellt. **III** wirkt bei geringer Toxizität merklich spasmolyt. u. leicht anästhetisch.

Versuche: *1-Amino-2-methyl-2-benzylindanon-*(*3*) (**III**), $C_{17}H_{17}NO$, F. 75—76°, sintert ab 65° (Ae.–PAe.); Nadeln. *Succinat,* $C_{21}H_{23}NO_5$, F. 164—165° (W.), man kocht 7,4 g I-Hydrochlorid in 30 ml Eisessig mit 7 g Zn 40 Min. u. fällt mit Bernsteinsäure; 29% (Ausbeute). *Acetyl-Deriv.,* $C_{19}H_{19}NO_2$, F. 154—155° (A.–W. 1 : 1), durch 2std. Kochen von 1 g **III**-Succinat, 3,5 ml Acetanhydrid u. 2,5 ml Eisessig; Pulver; 79%. — *1-Amino-2-phenyl-2-benzylindanon-*(*3*) (**IV**), $C_{22}H_{19}NO$, F. 150,5—151,5° (A.). *Hydrochlorid,* $C_{22}H_{20}ClNO$, F. 164,5—165,5° (W.–A.), durch Red. von 2,94 g **II** mit Zn/HCl; 32%. *Phthalyl-Deriv.,* $C_{30}H_{21}NO_3$, F. 206—207° (A.), aus 0,3 g **IV**-Hydrochlorid u. 0,3 g Phthalsäureanhydrid in 5 ml Eisessig (2½ Std. kochen). Helmut Schäfer. 2650

Über die Zusammensetzung der nach verschiedenen Verfahren erhaltenen Gemische der isomeren Tolylnaphthylmethane. N. K. Moschtschinskaja und S. E. Krukowskaja. (Украинский Химический Журнал [Ukrain. chem. J.] **26,** 674—75, 1960; Dnepropetrowsk, Chem.-Technol. Inst.; russ.) — Analog der Kondens. von Toluol mit Naphthalin u. Formaldehyd oder α-Chlormethylnaphthalin (I) mit Toluol (Украинский Химический Журнал [Ukrain. chem. J.] **25,** [1959], 479); liefert auch die Kondens. von Naphthalin mit einem Gemisch der Chlormethyltoluole (o- : p-Isomeres ∼ 1 : 1) neben anderen Kondens.-Prodd. ein Gemisch aus *p-Tolyl-* (**II**) u. *o-Tolyl-α-naphthylmethan* (**III**), wobei **II** überwiegt. Das Gemisch konnte über die *Pikrate* getrennt werden, die Struktur wurde IR-analyt. bewiesen.

Versuche: Man versetzt 1 Mol des Chlormethyltoluolgemisches bei 100—110° mit 4 Mol Naphthalin in Ggw. von $ZnCl_2$ u. erhitzt bis zum Ende der HCl-Entw.: **II–III**-*Gemisch,* $Kp._1$ 176°, n_D^{20} 1,6372; 70% (Ausbeute). — *p-Tolyl-α-naphthylmethan* (**II**), $C_{18}H_{16}$, F. 34°, n_D^{20} 1,6349. *Pikrat,* $C_{24}H_{19}N_3O_7$, F. 123°. — *o-Tolyl-α-naphthylmethan* (**III**), $Kp._1$ 172°; n_D^{20} 1,6420. *Pikrat,* F. 86°. Helmut Schäfer. 2700

Ein Verfahren zur Synthese von [8-Carboxynaphthyl-(1)]-thioglykolsäure. G. M. Okssengendler und E. P. Gendrikow. (Украинский Химический Журнал [Ukrain. chem. J.] **26,** 672—73, 1960; russ.) — Es wird die Darst. von *S-[8-Carboxynaphthyl-*(*1*)]-*thioglykolsäure* aus Na-1-Cynnaphthalin-8-sulfonat (I) beschrieben. — *8-Cyannaphthalin-1-sulfonsäure, Chlorid,* F. 134,5—136,5° (Aceton), aus techn. **I** u. PCl_5. — *8-Mercaptonaphthoesäure-*(*1*), *Anhydrid,* F. 145—145,5° (verd. Essigsäure), man gibt 10 g vorst. Verb. zu $SnCl_2$-Lsg. u. erhitzt 20 Min. auf 80—85°; 74,3% (Ausbeute). — *S-[8-Carboxynaphthyl-*(*1*)]-*thioglykolsäure,* $C_{13}H_{10}O_4S$, F. 181,5—182° (W.), durch 20 Min. langes Erhitzen vorst. Verb. in verd. NaOH mit überschüssigem Na-Chloracetat auf 45—50°; 90%. Helmut Schäfer. 2700

Dehydratisierung von primären und sekundären Alkoholen der Mesodihydroanthracenreihe. Pierre Tardieu. (Ann. Chimie [13] **6.** 1445—1502, 1961; Nov./Dez.; Paris, Univ., Fac. des Sci.; franz.) — Vf. untersuchte die Dehydratisierung von 9.10-Dihydroanthryl-(9)-carbinol (**I**), 9-[α-Hydroxyäthyl]- (**II**), 9-[α-Hydroxybenzyl]- (**III**), cis- (**VIII**) u. trans-9.10-Bis-[hydroxymethyl]-9.10-dihydroanthracen (**IX**) sowie analoge Eliminierungen von CH_3SO_3H aus den Methansulfonaten (**IIa, IIIa, VIIIa** bzw. **IXa**) von **II, III, VIII** u. **IX**. Die Dehydratisierung verlief mit sauren ($ZnCl_2$, Oxalsäure, $KHSO_4$) Reagentien anders als mit alkal. (isoamylalkohol. KOH, alkohol. C_2H_5ONa, tert.-butanol. oder benzol. tert.-C_4H_9OK). Im einzelnen entstand aus **I** unter Wagner-Meerwein-Umlagerung u. Ringerweiterung *2.3;6.7-Dibenzocycloheptatrien* (sauer) bzw. *9-Methylanthracen* (alkal.), die letzte Verb. vermutlich durch Aromatisierung des nicht isolierbaren Primärprod. 9-Methylen-9.10-dihydroanthracen; aus **II** analog *4-Methyl-2.3;6.7-dibenzocycloheptatrien* (**V**; sauer) bzw. unter Retroaldolspaltung *9.10-Dihydroanthracen* (**VI**; alkal.); aus **III** ein Gemisch aus *4-Phenyl-2.3;6.7-dibenzocycloheptatrien* (**VII**), *Bis-{α-[9.10-dihydroanthryl-*(*9*)]*-benzyl}-äther* u. *9-Benzylanthracen*; aus **VIII** u. **IX** nur Harze (sauer) bzw. *9-Methyl-10-hydroxymethylanthracen* (alkal.). Behandeln von **VIIIa** bzw. **IXa** mit sauren Reagentien lieferte dagegen *1-Hydroxymethyl-2.3;6.7-dibenzocycloheptatrien* (**X**) neben wenig *1.2;5.6-Dibenzocyclooctatetraen.* Mit $SOCl_2$ konnte **X** in die *1-Chlormethyl-Verb.* (**XI**) übergeführt werden; weitere Rkk. von **X** u. **XI** sind beschrieben, darunter die Darst. von *1-Methylen-2.3;6.7-dibenzocycloheptatrien* aus **XI** u. KOH. Behandeln von **VIIIa** bzw. **IXa** mit Triton B in CH_3OH/Tetrahydrofuran (THF) bei $-25°$ lieferte das instabile, sich leicht polymerisierende *9.10-Dimethylen-9.10-dihydroanthracen* (**XII**), dessen Bldg. durch Überführung in *9.10-Bis-[jodmethyl]-anthracen* (**XIII**) bzw. durch Hydrierung zu *cis-9.10-Dimethyl-9.10-dihydroanthracen* nachgewiesen wurde.

Versuche: *9.10-Dihydroanthryl-(9)-carbinol* (**I**), $C_{15}H_{14}O$, dimorph, F. 85—86° u. 103—104° (Cyclohexan), a) aus 9.10-Dihydroanthracencarbonsäure-(9) [dargestellt aus Anthracen-Na u. CO_2; Trennung von den entsprechenden meso-Dicarbonsäuren durch selektive Fällung aus alkal. Lsg. mit CH_3COOH/CH_3COONa] oder (besser) deren Methylester u. $LiAlH_4$ in Ae. [6 Std.; 100% (Ausbeute)]; b) aus dem Methylester u. $LiBH_4$; c) aus dem Methylester, KBH_4 u. LiCl in THF; 100%. *Acetat*, $C_{17}H_{16}O_2$, F. 61 bis 62°, Flitter (wss. CH_3OH); 90%. *p-Nitrobenzoat*, $C_{22}H_{17}NO_4$, F. 153—154°, Stäbchen (A.); 94%. *p-Toluolsulfonat*, $C_{22}H_{20}O_3S$, F. 133—134° (A.); 91%. — *2.3;6.7-Dibenzocycloheptatrien*, $C_{15}H_{12}$, F. 131—132° (CH_3OH), aus **I** u. $ZnCl_2$ (2 Std. bei 150°; 84%, daneben 2% *Anthracen*) oder $KHSO_4$ oder Oxalsäure (bei 200°) oder aus 75 mg **I**-p-Toluolsulfonat u. CH_3COOH (6½ Std. lang Kochen; 40 mg). — *9-Methylanthracen*, F. 79—80°, gelbe Kristalle (CH_3OH), aus **I** u. festem KOH (10 Min. bei 120°) oder isoamylalkohol. KOH [20 Min. lang Kochen; 98%; daneben 1,8% *Anthrachinon* (**A**)] oder aus **I**-p-Toluolsulfonat u. methanol. KOH, isoamylalkohol. KOH, alkohol. C_2H_5ONa oder K-tert.-Butylat in tert.-Butanol oder Bzl. (jeweils 5—20 Min. lang Kochen; 100%). — *9-[α-Hydroxyäthyl]-9.10-dihydroanthracen* (**II**), F. 90—91°, Prismen (A)., durch Rk. von 10 g 9.10-Dihydroanthracen (**VI**) mit CH_3COCl in Ggw. von $AlCl_3$ in CS_2 u. Red. des erhaltenen Öls (8,6 g) mit $LiAlH_4$ in Ae. (½ Std. lang Rühren); insgesamt 26,4%. *Acetat*, Öl; 100%. *Methansulfonat* (**IIa**), $C_{17}H_{18}O_3S$, F. 91—92° (CH_3OH); 100%. — *9-[α-Hydroxybenzyl]-9.10-dihydroanthracen* (**III**), F. 153—154°, Nadeln (A.), aus 9-Benzoyl-9.10-dihydroanthracen u. H_2/Raney-Ni. *Acetat*, $C_{23}H_{20}O_2$, F. 159—160°, Nadeln (A.); 100%. *Methansulfonat* (**IIIa**), $C_{22}H_{20}O_3S$, F. 163—164° (Diisopropyläther/Dioxan); 98%; 3std. Kochen mit CH_3COOH gab ca. 100% **III**-*Acetat*. — *4-Methyl-2.3;6.7-dibenzocycloheptatrien* (**V**), $C_{16}H_{14}$, F. 56—57° (CH_3OH), a) aus **II** u. $ZnCl_2$ (10 Min. bei 150°; 98—99%; daneben 1—2% *Anthracen*) oder $KHSO_4$; b) aus **IIa** u. sd. CH_3COOH (3 Std.; 83%); c) durch Rk. von 2.3;6.7-Dibenzocycloheptadienon-(4) (**IV**) u. CH_3MgJ in Ae. u. anschließendes Behandeln mit H_2SO_4 in CH_3COOH (2 Std. lang Stehen; 63%; daneben 20% **IV** zurück). — *4-Phenyl-2.3;6.7-dibenzocycloheptatrien* (**VII**), $C_{21}H_{16}$, F. 117° (A.), a) aus **III** u. $ZnCl_2$ (10 Min. bei 170°; 42%) oder $KHSO_4$; b) aus **IV** u. C_6H_5Li (27%; daneben 30% **IV** zurück). — *Bis-{α-[9.10-dihydroanthryl-(9)]-benzyl}-äther*, $C_{42}H_{34}O$, F. 209°, Prismen (Essigester), neben vorst. Verb. aus **III** u. $ZnCl_2$ (18%) oder $KHSO_4$. Gibt mit konz. H_2SO_4 Dunkelgrünfärbung. — *9-Benzylanthracen*, $C_{21}H_{16}$, F. 132,5—133° (A.), a) neben vorst. Verbb. aus **III** u. $ZnCl_2$ (16%) oder $KHSO_4$ (30%); b) aus **IIIa** u. isoamylalkohol. KOH (14%; daneben 6% **A** u. 14% **VI**), alkohol. C_2H_5ONa (36%) oder K-tert.-Butylat in tert.-Butanol (27%; daneben 69% **VII** u. 0,9% **A**) oder Bzl. (jeweils 20 Min. lang Kochen (11%; daneben 89% **VII**). Gibt mit konz. H_2SO_4 Dunkelgrünfärbung. — *9-[α-Äthoxybenzyl]-9.10-dihydroanthracen*, $C_{23}H_{22}O$, F. 78—79°, Prismen (A.), neben vorst. Verb. aus **IIIa** u. alkohol. C_2H_5ONa; 52%; ferner daneben 2% **A**. — *9-Äthylanthracen*, $C_{16}H_{14}$, F. 59° (CH_3OH), aus **IIa** u. isoamylalkohol. KOH (20 Min. lang Kochen; 100%) oder K-tert.-Butylat in tert.-Butanol (20 Min. lang Kochen; 92%; daneben 4,5% **A** u. 1,5% **V**) oder Bzl. (20 Min. lang Kochen; 80%; daneben 6% **A** u. 10% **V**). *Pikrat*, F. 120°, dunkelrote Prismen. — 30 Min. lang Kochen von **II** mit isoamylalkohol. KOH unter N_2 gab 85% **VI** (F. 107°), das auch beim Erhitzen von **II** mit festem KOH auf 150° unter N_2 (98%) oder durch 15 Min. Kochen von **III** mit isoamylalkohol. KOH (85—94%; daneben etwas *9-Benzylanthracen* u. *Benzoesäure*) entsteht. — *cis-9.10-Bis-[hydroxymethyl]-9.10-dihydroanthracen* (**VIII**), $C_{16}H_{16}O_2$, F. 165°, Stäbchen (Bzl.), aus cis-meso-Dihydroanthracendicarbonsäure-(9.10) bzw. ihrem Dimethylester bzw. ihrem Anhydrid u. $LiAlH_4$ in THF/Ae. [43 (daneben 17% Dicarbonsäure zurück) bzw. 99 bzw. 84%]. *Bis-methansulfonat* (**VIIIa**), $C_{18}H_{20}O_6S_2$, F. 132°, Prismen (A.); 100%. *Diacetat*, $C_{20}H_{20}O_4$, F. 76°, Prismen (PAe.); 94%. — *trans-9.10-Bis-[hydroxymethyl]-9.10-dihydroanthracen* (**IX**), $C_{16}H_{16}O_2$, F. 106—107°, Stäbchen (Bzl.), aus trans-meso-Dihydroanthracendicarbonsäure-(9.10)-dimethylester u. $LiAlH_4$ in THF/Ae.; 87%. *Bis-methansulfonat* (**IXa**), $C_{18}H_{20}O_6S_2$, F. 165°, Nadeln (A.); 100%. *Diacetat*, krist. nicht; 100%. — *1-Hydroxymethyl-2.3;6.7-dibenzocycloheptatrien* (**X**), $C_{16}H_{14}O$, F. 86—87° (Cyclohexan), a) aus **VIII** u. $ZnCl_2$ in Bzl. (1 Std. lang bei 150—160° im Rohr; 15%; daneben Harze u. Öle), b) aus **VIIIa** u. sd. CH_3COOH (50 Std.; 60%; daneben öliges **X**-*Acetat*, aus dem durch Kochen mit methanol. KOH weitere 28% **X** gewonnen wurden). — *1.2;5.6-Dibenzocyclooctatetraen*, F. 107—108°, Prismen (A.), neben **X** aus **VIIIa** u. sd. CH_3COOH; 4%. — *1-Chlormethyl-2.3;6.7-dibenzocycloheptatrien* (**XI**), $C_{16}H_{13}Cl$, F. 70—70,5°, Stäbchen (CH_3OH), a) aus **VIIIa** u. CH_3COOH/konz. HCl (2 Std. bei 130° im Rohr; 92%; daneben 4% **X** u. ebensoviel Öl, dessen alkal. Hydrolyse ebenfalls **X** lieferte); b) aus **X** u. $SOCl_2$/Pyridin (1 Std. lang bei 100°; 80%). — 50std. Kochen von **VIIIa** mit CH_3COOH/konz.

HCl gab 45% **XI** u. 36% **X**. — Mit **IXa** an Stelle von **VIIIa** wurden in allen vorst. Verss. ähnliche Ergebnisse erhalten. — 2std. Erhitzen von **X** mit CH_3COOH/konz. HCl auf 130° im Rohr gab 45% **X**-*Acetat* (Öl), 11% **XI** u. 44% **X** zurück. — *1-Methylen-2.3;6.7-dibenzocycloheptatrien*, $C_{16}H_{12}$, F. 119° (A.), aus **XI** u. alkohol. KOH (20 Min. lang bei 135° im Rohr); 100%. Rotfärbung mit konz. H_2SO_4. — *9-Methyl-10-hydroxymethyl-anthracen*, $C_{16}H_{14}O$, F. 229°, gelbe Nadeln (Bzl.), aus **VIII** bzw. **IX** u. sd. isoamylalkohol. KOH (10 Min. unter N_2); 80 bzw. 90%; im ersten Fall 15% **VIII** zurück. *Acetat*, $C_{18}H_{16}O_2$, F. 148°; gelbe Flitter (Cyclohexan); 99%. — *9-Methyl-10-äthoxymethylanthracen*, $C_{18}H_{18}O$, F. 105—106°, gelbe Kristalle (A.), aus **VIII** u. alkohol. KOH ($1^1/_2$ Std. lang bei 135—140° im Rohr); 93%. *Pikrat*, F. 126°, braunrote Prismen, aus dem Alkohol u. alkohol. Pikrinsäure. — Einw. von Alkali (methanol. KOH, alkohol. C_2H_5ONa, K-tert.-Butylat in tert.-Butanol) auf **VIIIa** bzw. **IXa** gab wechselnde Mengen von orangefarbenen unschmelzbaren Prodd. $(C_{16}H_{12})_n$. — *9.10-Dimethylen-9.10-dihydroanthracen* (**XII**), instabil, durch Behandeln von **VIIa** bzw. **IXa** mit Triton B in CH_3OH/THF bei —25° (Lsg. **B**); Best. der Ausbeute (56 bzw. 80%) jodometr.; beim Einengen der Lsg. erfolgte Polymerisation, auch bei tiefen Temp. (—60°) oder nach Zugabe von Hydrochinon. — *9.10-Bis-[jodmethyl]-anthracen* (**XIII**), unschmelzbare gelbe prismat. Stäbchen, Zers. oberhalb 120°, durch Zugeben von wss. CH_3COOH, dann J_2 in THF bei 0° u. W. zur Lsg. **B**; 83%. — *9.10-Bis-[methoxymethyl]-anthracen*, F. 180—181°, gelbe Kristalle, aus 0,04 g **XIII** u. sd. methanol. KOH (20 Min.); 0,02 g. — *9.10-Bis-[acetoxymethyl]-anthracen*, F. 225°, gelbe Prismen (A. oder Bzl.), aus **XIII** u. CH_3COOK in sd. CH_3COOH (1 Std.). — *cis-9.10-Dimethyl-9.10-dihydroanthracen*, F. 130°, durch Hydrieren einer äther. Lsg. von **XII** (gewonnen aus Lsg. **B**) an Raney-Ni; 40%; daneben 32% rohes **VIIIa** u. 20% *9.10-Dimethyl-1.2.3.4-tetrahydroanthracen*, F. 110°.

J. Rothe. 2800□

Polycyclische Verbindungen mit Brücken. 15. Mitt. **Reaktionen von Dehydronorcampher mit einigen basischen Reagentien.** Stanley J. Cristol und Peter K. Freeman. (J. Amer. chem. Soc. **83**, 4427—32, 5/11. 1961; Boulder, Colo., Univ., Dep. of Chem.; engl.) — 14. vgl. C. **1962**, 7880. — Dehydronorcampher (**I**) liefert mit $NaNH_2$ u. Benzylchlorid (**II**) in sd. Dioxan unter Ringöffnung u. Umlagerung *N-Benzyl-Δ^3-cyclopentenylacetamid* (**III**), während **I** mit $NaNH_2$ allein *Δ^3-Cyclopentenylacetamid* (**IV**) ergibt, das sich zu *Cyclopentylacetamid* hydrieren läßt. Mit tert. K-Butylat liefert **I** *3-Dehydronorbornylidendehydronorcampher* (**V**) u. *Δ^3-Cyclopentenylessigsäure* (**VII**). Mit Na-Äthylat tritt keine Rk. ein. Rk.-Mechanismen werden diskutiert. Die IR-Spektren der Verbb. **I, III, IV, V, VIII, X, XII**, der Epoxide von **IV, X** u. **XII** sowie das UV-Spektrum von **V** sind angegeben.

Versuche: *Dehydronorcampher* (**I**), Kp_{18} 62—65°, $Kp_{18,5}$ 70—71°, $Kp_{\cdot 93}$ 95—97°, a) nach Bartlett u. Tate (vgl. C. **1956**, 13714); b) durch 12std. Rühren von 50 g Dehydronorborneol (**VI**) mit Cr_2O_3 in Pyridin, Filtrieren durch Celit 512, Ansäuern des Filtrats mit H_2SO_4 u. $2^1/_2$tägiges Extrahieren mit Ae.; 54,1% (Ausbeute); c) aus **VI** durch 7tägiges Rühren mit p-Benzochinon u. Al-tert.-Butylat in Bzl. u. Aufarbeiten; 75,5%. *Dinitrophenylhydrazon*, F. 172—173°. — *N-Benzyl-Δ^3-cyclopentenylacetamid* (**III**), $C_{14}H_{17}NO$, F. 78,5—80° (Bzl.), a) durch $1^1/_2$std. Kochen von **I** mit $NaNH_2$ in Dioxan, Abkühlen, Zusatz von **II**, $1^1/_2$std. Kochen, Gießen in gesätt. NaCl-Lsg. u. Ausäthern; 45,6%; b) aus **VII** analog **XII**; 88,5%. *Epoxid* (**VIII**), $C_{14}H_{17}NO_2$, F. 97,5—98,5° (A.–PAe.), aus **III** durch 1std. Schütteln mit Perbenzoesäure (**IX**) in Chlf. bei 0°; 89%. — *Δ^3-Cyclopentenylacetamid* (**IV**), $C_7H_{11}NO$, F. 132,5—133,5° (Bzl. u. A.–W.), durch 20 Min. langes Erhitzen von **I** u. $NaNH_2$ in Dioxan auf 75°, 1std. Kochen, 12std. Stehen, Ansäuern, Gießen in W. u. Ausäthern; 33,1%. *Epoxid*, $C_7H_{11}NO_2$, F. 106,5—107,5° (Methylenchlorid–CCl_4), aus **IV** u. **IX**; 50%. — *9-[Δ^3-Cyclopentenylacetamido]-xanthen* (**XI**), $C_{20}H_{19}NO_2$, F. 190,0—191,5°, nach Phillips u. Pitt (vgl. J. Amer. chem. Soc. **65**, [1943], 1355). — *Cyclopentylacetamid*, F. 144,5—146°, durch Hydrieren von **IV** an 10%ig. Pd-Kohle; ~100%. — *Δ^2-Cyclopentenylacetylchlorid* (**Xa**), $Kp_{\cdot 13}$ 65—75°, aus Δ^2-Cyclopentenylessigsäure nach Noller u. Adams [1926]; 88%. — *Δ^2-Cyclopentenyl-acetamid* (**X**), F. 131,6—132,5° (Bzl. u. A.–W.), nach Buu-Hoi u. Cagniant (vgl. Bull. Soc. chim. France **12**, [1945], 978); 44%. *Epoxid*, $C_7H_{11}NO_2$, F. 116,5—117° (Methylenchlorid–PAe.), aus **X** u. **IX**; 50%. — *9-[Δ^2-Cyclopentenylacetamido]-xanthen*, $C_{20}H_{19}NO_2$, F. 199,0—200,2°, analog **XI**. — *N-Benzyl-Δ^2-cyclopentenylacetamid* (**XII**), $C_{14}H_{17}NO$, F. 79—79,5° (Bzl.–PAe. u. A.–W.), durch Zufügen von **Xa** zu Benzylamin in Bzl., $^1/_2$std. Rühren bei Zimmer-Temp., $^1/_4$std. Kochen, Waschen u. Einengen; 64,7%. *Epoxid*, $C_{14}H_{17}NO_2$, F. 101,5—102,5° (Chlf.–CCl_4 u. A.–PAe.), aus **XII** u. **IX**; 47%. — *3-Dehydronorbornylidendehydronorcampher* (**V**), $C_{14}H_{14}O$, $Kp_{\cdot 1,5}$ 113—119°, aus 20,02 g

I durch $9^1/_2$std. Kochen mit K-tert.-Butylat in tert.-Butanol, 12std. Stehen, Gießen auf Eiswasser, Zusatz von Ae., Abtrennen der Wasserschicht (**A**), Einengen des Ae. u. Dest.; 5,79 g; daneben 2,02 g einer *Verb. vom Kp.*$_{1,5}$ *119—125°*. — *Δ^3-Cyclopentenylessigsäure* (**VII**), $C_7H_{10}O_2$, Kp.$_{3,5}$ 97,5—98°, aus **A** durch Ansäuern; 18,6%.
G. Marquard. 2950□

Synthesen in der Reihe der hochkondensierten polycyclischen Aromaten. 1.12;2.3;4.5;6.7;8.9;10.11-Hexabenzocoronen, 4.5;6.7;11.12;13.14-Tetrabenzoperopyren und 1.14;2.3;7.8;9.10-Tetrabenzobisanthen. A. Halleux, R. H. Martin und G. S. D. King. (Helv. chim. Acta **41**, 1177—83, 1/8. 1958; Bruxelles, Europ. Res. Assoc.; franz.) — Dem durch dehydrierende Cyclisierung aus Hexaphenylbenzol (**II**) mit Hilfe von NaCl/$AlCl_3$ oder aus 1.9;2.3-Dibenzanthron (**IV**) mit Zn/$ZnCl_2$ erhaltenen Rk.-Prodd. wird auf Grund seiner chem. u. physikal. Eigg. u. der Auswertung seines IR-Spektrums die Struktur *1.12;2.3;4.5;6.7;8.9;10.11-Hexabenzocoronen* (**I**) zuerteilt. Bei der Rk. von **IV** mit Zn/$ZnCl_2$ werden neben **I** 2 weitere Verbb. isoliert, von denen für diejenige, die sich mit NaCl/$AlCl_3$ in **I** überführen läßt, die Struktur *4.5;6.7;11.12;13.14-Tetrabenzoperopyren* (**III**) abgeleitet u. durch das UV-Spektrum gesichert wird. Für die neben **I** u. **III** erhaltene Verb. (**V**) wird von Vff. durch Vgl. ihres UV-Spektrums mit den UV-Spektren ähnlicher Verbb. die Struktur *1.14;2.3;7.8;9.10-Tetrabenzobisanthen* wahrscheinlich gemacht, mit der auch der Befund übereinstimmt, daß **V** sich durch NaCl/$AlCl_3$ nicht in **I** umwandeln läßt.

Versuche: *1.12;2.3;4.5;6.7;8.9;10.11-Hexabenzocoronen* (**I**), $C_{42}H_{18}$, F. >600° (Sublimation bei 400—500°/10^{-4} mm), a) durch $2^1/_2$std. Erhitzen eines Gemisches aus gleichen Mengen **II** u. NaCl mit der ca. 4fachen Menge $AlCl_3$ auf 120—130° (Bad-Temp.) unter Durchleiten von trockener Luft, Gießen auf mit Säure versetztes Eis, $^1/_2$std. Kochen des abfiltrierten Nd. mit verd. HCl, Extraktion des abgeschiedenen u. getrockneten Rk.-Prod. mit Dioxan u. darauf mit Pyridin, Sublimation des bei der Extraktion ungelöst bleibenden Anteils, Extraktion des Sublimats mit Pyridin u. erneute Sublimation des zurückbleibenden Anteils; gelbes Pulver mit orangefarbener Fluorescenz; 1—3% (Ausbeute); daneben durch Einengen der Dioxan-Lsg. **II** (25%); b) durch 45 Min. langes Erhitzen von 2 g **IV** mit 2 g Zn-Staub u. 10 g $ZnCl_2$ auf 330—350° (Bad-Temp.), Aufkochen der mit 150 ml verd. HCl bei Raum-Temp. versetzten Lsg., Trocknen des abfiltrierten Nd., Extraktion mit Dioxan u. darauf mit Pyridin u. Aufarbeitung des nach der Extraktion verbleibenden Rückstands durch Sublimation analog a); 50—150 mg; c) aus 50 mg **III**, NaCl u. $AlCl_3$ analog a); 45 mg. — *4.5;6.7;11.12;13.14-Tetrabenzoperopyren* (**III**), $C_{42}H_{22}$, F. 461—462° (Xylol), neben **I** nach b) durch Sublimation des Rückstandes der Pyridin-Lsg. bei 400—430°/10^{-4} mm, Kristallisation des Sublimats aus Xylol u. chromatograph. Reinigung an Al_2O_3; leuchtend gelbe, stark fluorescierende Kristalle; 50 mg. — *1.14;2.3;7.8;9.10-Tetrabenzobisanthen* (**V**), $C_{42}H_{20}$, F. 381—383° (Xylol), neben **I** nach b) durch Chromatographie des Rückstandes der Dioxan-Lsg. an Al_2O_3, Sublimation des erhaltenen Prod. bei 180—200° zur Entfernung von nicht umgesetztem **IV**, Kristallisation des Rückstandes aus Pyridin, darauf aus Xylol u. chromatograph. Reinigung an Al_2O_3; rote Kristalle; 50 mg. A. Steimmig. 2950

Dreigliedrige heteroaromatische Verbindungen. 1. Mitt. M. E. Volpin, Yu. D. Koreshkov, V. G. Dulova und D. N. Kursanov. (Tetrahedron [London] **18**, 107—22, Jan. 1962; Moscow, Acad. of Sci., Inst. of Organo-Element Compounds; engl.) — Diphenylacetylen (**II**) addiert bei Temp. über 200° GeJ_2 unter Bldg. von *1.1-Dijod-2.3-diphenylgermiren* (**I**), ein Teil des **II** wird dabei zum *Hexaphenylbenzol* trimerisiert. **I** ist auch bei erhöhter Temp. gegen Luft-O_2 beständig u. addiert kein Br_2. Beide Jodatome reagieren sofort mit $AgNO_3$ u. werden bei Einw. von Alkali gegen Hydroxyl-, bei Einw. von Grignard-Verbb. gegen Alkylgruppen ersetzt. Das *Hydroxid* (**III**) kondensiert sich beim Erhitzen zu einem hochmol. *Oxid*, durch HJ wird es in **I** zurückverwandelt, mit HCl u. HBr entstehen die *Dichlor-* (**IV**) bzw. *Dibrom-Verb.* (**V**), die sich wie **I** verhalten. Aus Acetylen u. GeJ_2 entsteht *1.1-Dijodgermiren*, das sich in das *Hydroxid* u. die *Methyl-Verb.* überführen läßt. Aus **II** u. intermediär entstehendem $(CH_3)_2Si$ [durch Thermolyse von $[(CH_3)_2Si]_n$ oder aus Dimethyldichlorsilan (**VI**) + Na] bildet sich das ebenfalls sehr beständige *1.1-Dimethyl-2.3-diphenylsiliren.* — Die Verbb. sind in Lsg. assoziiert, bei Extrapolation auf unendliche Verdünnung erhält man aus der kryoskop. Molgew.-Best. den für das Monomere zu erwartenden Wert. Die IR-Spektren werden diskutiert.

Versuche: *1.1-Dijod-2.3-diphenylgermiren* (**I**), $C_{14}H_{10}GeJ_2$, F. 301—303° (Bzl.), a) durch $2^1/_4$std. Erhitzen von 12 g GeJ_2 u. 13,2 g **II** auf 220—230°; 30% (Ausbeute); daneben 1,7 g *Hexaphenylbenzol* [$C_{42}H_{30}$, F. 430—431° (Xylol)]; b) aus **III** durch Schütteln mit konz. wss. HJ. — *1.1-Dihydroxy-2.3-diphenylgermiren* (**III**), $C_{14}H_{12}GeO_2$, schmilzt nicht bis 600°, durch Schütteln der benzol. Lsg. von **I**, **IV** oder **V** mit 10%ig. NaOH;

82%; längeres Trocknen bei 110° → *polymeres Oxid* (Molgew. ca. 25000). — *1.1-Dichlor-2.3-diphenylgermiren* (**IV**), $C_{14}H_{10}Cl_2Ge$, F. 290—292° (Bzl.), durch Einleiten von HCl in eine benzol. Suspension von **III**; 89,3%. — *1.1-Dibrom-2.3-diphenylgermiren* (**V**), $C_{14}H_{10}Br_2Ge$, F. 317—318° (Bzl.), analog **IV** mit HBr; 89%. — *1.1-Dimethyl-2.3-diphenylgermiren*, $C_{16}H_{16}Ge$, F. 295° (Heptan), aus **I** u. Methyl-MgJ; 78,5%. — *1.1-Diäthyl-2.3-diphenylgermiren*, $C_{18}H_{20}Ge$, F. 239—240° (Heptan), aus **I** u. Äthyl-MgBr; 32%. — *1.1-Dijodgermiren*, $C_2H_2GeJ_2$, F. 225—226° (Bzl.), durch 7std. Schütteln von GeJ_2 u. C_2H_2 in Bzl. im Autoklaven bei 130—140° u. 6 atm; 19,5%. — *1.1-Dimethylgermiren*, C_4H_8Ge, Kp.$_{14}$ 67°, aus vorst. Verb. u. Methyl-MgJ; n_D^{20} 1,5009, D.^{20} 1,2850; 74,3%. — *Polydimethylsilan*, $[(CH_3)_2Si]_{55}$, nach Burkhard (vgl. J. Amer. chem. Soc. **71**, [1949], 963) aus 70 g **VI** u. Na in Bzl.; 21,5 g. — *1.1-Dimethyl-2.3-diphenylsiliren*, $C_{16}H_{16}Si$, F. 324 bis 328° (Heptan), a) durch 1std. Rk. von 71,2 g **II** mit Na u. **VI** in sd. Xylol; 0,5%; daneben 3,25 g *1.2.3-Triphenylnaphthalin* [F. 152—153° (Heptan)]; b) durch 7½std. Erhitzen von vorst. Verb. u. **II** auf 260° unter N_2, Bzl.-Extraktion u. Einengen; 6%.

A. Schmidpeter. 3030□

S-Acylthiosemicarbazone. William R. Sherman und Arthur A. Alter. (J. org. Chemistry **27**, 2237—39, Juni 1962; North Chicago, Ill., Sci. Div. Abbott Labor.; engl.) — Vgl. C. **1961**, 18683. — Die Darst. von *S-Acylthiosemicarbazonen* durch Einw. von Säurechloriden auf Thiosemicarbazone wird beschrieben, *S-[5-Nitrofuroyl-(2)]-acetonthiosemicarbazon* (**I**) wird außerdem aus 5-Nitrofurancarbonsäurechlorid-(2) (**II**) u. Thiosemicarbazid (**III**) in Aceton erhalten. Die S-Acylstruktur wird durch die IR-Spektren u. die Bldg. eines Benzal-Deriv. aus **I** u. Benzaldehyd bewiesen.

Versuche: S-Acylthiosemicarbazone, durch Zugabe von Säurechlorid zur Lsg. des Thiosemicarbazons in Tetrahydrofuran (THF) oder Aceton in Ggw. von $NaHCO_3$, nach 2 Std. bei Raum-Temp. 30 Min. kochen: *S-[5-Nitrofuroyl-(2)]-aceton-* (**I**), F. 204° [Zers.; rote Kristalle aus Dimethylformamid (DMF)–W.]; 88% (Ausbeute); oder durch Zugabe von **III** u. $NaHCO_3$ zur Lsg. von **II** in Aceton, 3 Std. lang bei Raum-Temp.; 1 Std. lang unter Rückfluß; 66%. — *S-[5-Nitrofuroyl-(2)]-diäthylketon-*, F. 186—187° (Zers.; rote Kristalle aus Eisessig–W.); 36%. — *S-[5-Nitrofuroyl-(2)]-methyläthylketon-*, F. 190—191° [Zers.; rote Kristalle aus Butanon-(2)]; 51%. — *S-[5-Nitrofuroyl-(2)]-methyltrifluormethylketon-*, F. 155—156° (Zers.; rote Kristalle aus THF–Ae.); 18%. — *S-[5-Nitrofuroyl-(2)]-methylcyclopropylketon-*, F. 169—170° (Zers.; orangerote Kristalle aus THF–Bzl.); 60%. — *S-[5-Nitrofuroyl-(2)]-methyl-β-carboxyäthylketon-*, F. 166—167° (Zers.; rote Kristalle aus THF–Ae.); 56%. — *S-[5-Nitrofuroyl-(2)]-acetophenon-*, F. 168 bis 169° (Zers.; orangerote Kristalle aus DMF–W.); 36%. — *S-[5-Nitrofuroyl-(2)]-cyclopentanon-*, F. 192—193° (Zers.; rote Kristalle aus THF); 78%. — *S-[5-Nitrofuroyl-(2)]-zimtaldehyd-*, F. 207° (Zers.; orangerote Kristalle aus DMF–W.); 87%. — *S-[Furoyl-(2)]-aceton-*, F. 145—146° (gelbe Kristalle aus Bzl.); 77%. — *S-[p-Nitrobenzoyl]-aceton-*, F. 165° (Zers.; gelbe Kristalle aus A.); 55%. — *S-[p-Chlorbenzoyl]-aceton-*, F. 169—170° (Zers.); 70%. — *S-[5-Nitrofuroyl-(2)]-4-benzyliden-1-isopropylidenthiosemicarbazid*, $C_{16}H_{14}N_4O_4S$, F. 217° (gelbe Kristalle aus Äthylenglykoldimethyläther), durch Erhitzen von **I** u. Benzaldehyd; 50%; ergibt beim Erhitzen in A.–konz. HCl **I** zurück.

A. Trede. 3061□

Spaltung von Sulfiden der Thiophenreihe durch Natrium in flüssigem Ammoniak. Ja. L. Goldfarb, M. A. Kalik und M. L. Kirmalowa. (Известия Академии Наук СССР, Отделение Химических Наук [Nachr. Akad. Wiss. UdSSR, Abt. chem. Wiss.] **1960**, 1696—98, Sept.; Zelinsky-Inst. für org. Chem. der Akad. der Wiss. der UdSSR; russ.) — Alkyl-[thienyl-(2)]-sulfide werden durch Na in fl. NH_3 leicht unter Bldg. von *2-Mercaptothiophen* (**I**) bzw. dsssen Derivv. gespalten.

Versuche: *2-Mercaptothiophen* (**I**), Kp.$_{14}$ 69—70°, a) man gibt zu 0,04 Mol Methyl-[thienyl-(2)]-sulfid in 10 ml Ae. u. 50 ml fl. NH_3 bei —60 bis —70° unter N_2 portionsweise 0,08 Mol Na, dampft ein, behandelt mit 20 ml Ae., 10 ml Methanol u. 50 ml W. u. säuert die wss. Phase mit 4n HCl an; 79% (Ausbeute); b) analog aus Äthyl-[thienyl-(2)]-sulfid; 77%. — *5-Äthyl-2-mercaptothiophen* (**II**), Kp.$_{13}$ 84°, aus Äthyl- oder Benzyl-[5-äthylthienyl-(2)]-sulfid (**III**) in NH_3 mit 2 bzw. 4,6 Mol Na oder aus **III** mit 13,6 Mol Na in abs. A. (1 Std., 20°); 82 bzw. 56,3 bzw. 54%. — *2.4-Dinitrophenyl-[thienyl-(2)]-sulfid*, $C_{10}H_6N_2O_4S_2$, F. 118—118,5° (abs. A.), durch 10 Min. langes Kochen von 0,8 g **I**, 0,26 g NaOH, 2 ml W., 25 ml A. u. 1,4 g 2.4-Dinitrochlorbenzol; 85%. — *2.4-Dinitrophenyl-[5-äthylthienyl-(2)]-sulfon*, F. 128°, aus **II**. Helmut Schäfer. 3071

Über die Produkte der Reaktion von 3-Aminocarbazol mit β-Hydroxynaphthoesäure. 8. Mitt. über Untersuchungen der Besonderheiten der Struktur und der chemischen Umwandlungen des Carbazols und einiger seiner Derivate. W. I. Schischkina, S. W. Puschkarewa und T. N. Igonkina. (Журнал Прикладной Химии [J.

angew. Chem.] **34**, 1895—98, Aug. 1961; Ural, Polytechn. Kirow-Inst.; russ.) — 7. vgl. Труды Уралского Политехнического Института Ум. С. М. Кирова [Arb. Uraler polytechn. Kirow-Inst.] **1960**, Nr. **96**, **24**. — Die Kondens. von 3-Aminocarbazol (I) mit 3-Hydroxy-2-naphthoesäure (II) liefert ein Gemisch aus *3-[3-Hydroxynaphthoyl-(2)-amino]-carbazol* (III) u. *3-[3-Hydroxynaphthoyl-(2)-amino]-9-[3-hydroxynaphthoyl-(2)]-carbazol* (IV), wobei die Ausbeute an IV mit abnehmendem II-Geh. im Ausgangsgemisch abnimmt. III u. IV oder deren Gemische können für die Eisfärbung synthet. Fasern verwendet werden, wobei haltbare u. lebhafte Färbungen erzielt werden. Die Struktur von III u. IV wurde auch durch Synth. aus 3-Nitrocarbazol (V) über *3-Nitro-9-[3-hydroxynaphthoyl-(2)]-carbazol* (VI) u. *3-Amino-9-[3-hydroxynaphthoyl-(2)]-carbazol* (VII) bewiesen.

Versuche: *3-[3-Hydroxynaphthoyl-(2)-amino]-carbazol* (III), $C_{23}H_{16}N_2O_2$, F. 306 bis 307° (Nitrobenzol), man gibt zu 10 g I u. 20,7 g II in Chlorbenzol 5,4 g PCl_3, rührt 3 Std. lang bei 130° u. extrahiert IV mit A.; 54% (Ausbeute). Daneben *3-[3-Hydroxynaphthoyl-(2)-amino]-9-[3-hydroxynaphthoyl-(2)]-carbazol* (IV), $C_{34}H_{22}N_2O_4$, F. 264 bis 265° (A.–W.); gelbgrüne Kristalle; 46%. — *3-Nitro-9-[3-hydroxynaphthoyl-(2)]-carbazol* (VI), F. 205° (A.), durch 1std. Erhitzen von 3 g V u. 6,65 g II in 26 ml Chlorbenzol mit 2 Tropfen konz. H_2SO_4 auf dem sd. Wasserbad; dunkelgrün; 5,0 g. — *3-Amino-9-[3-hydroxynaphthoyl-(2)]-carbazol* (VII), F. 198° (60%ig. A.), durch Hydrierung von VI in A. an Raney-Ni; hellgrün. Liefert mit II u. PCl_3 IV. Helmut Schäfer. 3081

Über Benzdithiyliumfarbstoffe. 1. Mitt. L. Soder und R. Wizinger. (Helv. chim. Acta **42**, 1733—37, 3/8. 1959; Basel, Univ., Inst. für Farbenchemie; dt.) — 2. vgl. C. **1960**, 8510. — 4-Methyldithiobrenzcatechin (I) liefert beim Kochen mit Mono- u. Dicarbonsäuren oder Carbonsäurechloriden u. Zusatz von $HClO_4$ Benzdithiyliumverbindungen. Auf diese Weise werden *5-Methyl-* (II) u. *2.5-Dimethyl-1.3-benzdithiyliumperchlorat* (III) sowie *Bis-[5-methyl-1.3-benzdithiol-(2)]-mono-* (IV) u. *-trimethincyaninperchlorat* (V) dargestellt. Aus I u. CS_2 entsteht durch Kochen in NaOH *5-Methyl-1.3-benzdithiolthion-(2)*, das mit Dimethylsulfat u. $HClO_4$ in *5-Methyl-2-methylmercapto-1.3-benzdithiyliumperchlorat* (VI) übergeht. II reagiert mit Orthoameisensäureester analog quatern. N-Heterocyclen unter Bldg. von IV; III liefert mit II bzw. VI IV. Die Absorptionsmaxima der Cyanine IV u. V sind gegenüber den entsprechenden Thiacyaninen um 90 bzw. 110 mμ bathochrom verschoben; der Vinylsprung zwischen III u. IV ist mit 162 mμ ungewöhnlich groß.

Versuche: *5-Methyl-1.3-benzdithiyliumperchlorat* (II), $C_8H_7ClO_4S_2$, bei ~165° Verpuffung (Eisessig), aus 4-Methyldithiobrenzcatechin (I) durch Kochen mit 90%ig. Ameisensäure, Zutropfen von 70%ig. $HClO_4$ u. Ausfällen mit A.; 80—90% (Ausbeute). — *2.5-Dimethyl-1.3-benzdithiyliumperchlorat* (III), $C_9H_9ClO_4S_2$, Zers. bei 170—172° (seidenglänzende Kristalle), a) aus I durch Kochen mit Eisessig, Zutropfen von 70%ig. $HClO_4$ u. Ausfällen mit Ae.; 65—70%; b) durch Zutropfen von 70%ig. $HClO_4$ zu I u. Acetylchlorid unter Kühlung, $^1/_4$std. Stehen, Abdunsten im Vakuum bei 20° u. Zugabe von Eisessig; 90—95%. — *5-Methyl-1.3-benzdithiolthion-(2)*, $C_8H_6S_3$, gelbe Nadeln aus A., aus I in n-NaOH durch 2std. Kochen mit CS_2. — *5-Methyl-2-methylmercapto-1.3-benzdithiyliumperchlorat* (VI), $C_9H_9ClO_4S_3$, F. 140—142°, blaßgelbe Nadeln aus Eisessig, aus vorst. Verb. durch kurzes Erhitzen mit Dimethylsulfat auf 150—160° u. Zugabe von Eisessig u. 70%ig. $HClO_4$. — *Bis-[5-methyl-1.3-benzdithiol-(2)]-monomethincyaninperchlorat* (IV), $C_{17}H_{13}ClO_4S_4$, Zers. bei 270°, glänzende rote Nadeln aus Eisessig, λ_{max} 514 mμ, a) aus I u. Malonsäure durch 5 Min. langes Kochen mit $POCl_3$, Eintragen in Eisessig u. W. u. Zugabe von $HClO_4$; b) aus III u. VI durch 2 Min. langes Kochen in Eisessig; c) aus III u. II durch 5 Min. langes Kochen in Eisessig. — *Bis-[5-methyl-1.3-benzdithiol-(2)]-trimethincyaninperchlorat* (V), $C_{19}H_{15}ClO_4S_4$, Zers. ab 265°, metallisch grünglänzende Nädelchen aus Nitromethan durch Fällen mit Eisessig, λ_{max} 666 mμ, a) aus I u. Glutaconsäure analog IV nach a); b) durch 2 Min. langes Kochen von III u. 0,2 ml Orthoameisensäureester in Eisessig. A. Nowak. 3112□

Synthese von 5.5′-Biisoxazolen und von Bis-[isoxazolyl-(5)]-alkanen. Paolo Grünanger und Ernesto Fabbri. (Gazz. chim. ital. **89**, 598—614, Febr. 1959; Milano, Politecn., Ist. di Chim. gen.; C.N.R., Centro di Chim. ind.; Rho, Ist. Tecn. ind. per Chim.; ital.) — Durch Kondens. von 2 Mol Nitriloxid (A) mit 1 Mol Diin erhält man in guter Ausbeute am Heterocyclus entsprechend substituierte *Bis-[isoxazolyl-(5)]-alkane*. Bei Verw. von Diacetylen (I) u. A entstehen 3.3′-disubstituierte *5.5′-Biisoxazole*. So bildet sich aus 1 Mol I u. 2 Mol Benzonitriloxid (II) *3.3′-Diphenyl-5.5′-biisoxazol* (III). Arbeitet man mit überschüssigem I, so isoliert man neben III *3-Phenyl-5-äthinylisoxazol* (XIII), das bei der Einw. eines weiteren Mols II in III übergeht u. das durch Oxydation mit $KMnO_4$ in *3-Phenylisoxazolcarbonsäure-(5)* verwandelt wird. III kann auch durch CrO_3-Oxydation des aus II u. Vinylacetylen (XVII) synthetisierten 3-Phenyl-5-[3-phenyl-Δ^2-isoxazolinyl-(5)]-isoxazols (XVIII) sowie durch Umsetzung von 1.3.4.6-Tetraoxo-

1.6-diphenylhexan (**IV**) mit NH_2OH in alkal. Lsg. dargestellt werden; läßt man **IV** in saurer Lsg. auf NH_2OH einwirken, so isoliert man an Stelle von **III** das isomere *5.5'-Diphenyl-3.3'-biisoxazol* (**V**). Aus **I** u. m-Chlorbenzonitriloxid (**VI**) entstehen auf analogem Wege *3.3'-Bis-[m-chlorphenyl]-5.5'-biisoxazol* (**XI**) u. *3-[m-Chlorphenyl]-5-äthinylisoxazol* (**VII**), welches zu *3-[m-Chlorphenyl]-isoxazolcarbonsäure-(5)* (**VIII**) oxydiert wird. **VIII** läßt sich auch durch Oxydation von *3-[m-Chlorphenyl]-5-butyrylisoxazol* (**IX**) oder von *3-[m-Chlorphenyl]-5-hydroxymethylisoxazol* (**X**) gewinnen. **IX** entsteht aus **VI** u. β-Chlorvinylpropylketon (**XX**) u. **X** aus **VI** u. Propargylalkohol (**XII**). **VII** liefert mit einem weiteren Mol **VI** **IX**, während aus **VII** u. **II** das unsymm. *3-[m-Chlorphenyl]-3'-phenyl-5.5'-biisoxazol* (**XIV**) gebildet wird, das auch aus **VI** u. **XIII** gewonnen werden kann. Setzt man 2 Mol **II** mit 1 Mol Octadiin-(1.7) (**XXI**), Nonadiin-(1.8) (**XXII**) oder Decadiin-(1.9) (**XXIII**) um, so erhält man *1.4-Bis-[3-phenylisoxazolyl-(5)]-butan* (**XV**), *1.5-Bis-[3-phenylisoxazolyl-(5)]-pentan* bzw. *1.6-Bis-[3-phenylisoxazolyl-(5)]-hexan*. Bei der Rk. von *1.3.8.10-Tetraoxo-1.10-diphenyldecan* mit NH_2OH wird nicht **XV**, sondern das isomere *1.4-Bis-[5-phenylisoxazolyl-(3)]-butan* (**XVI**) gebildet, das auch aus Adipinsäuredichloriddioxim u. Phenylacetylen-MgBr zugänglich ist. Für **III**, **V**, **XV** u. **XVI** sind die UV-Spektren graph. wiedergegeben, für **III**, **XI** u. **XIV** sind die UV-Maxima tabellar. aufgeführt.

Versuche (mit Claudia Gandini): *3.3'-Diphenyl-5.5'-biisoxazol* (**III**), $C_{18}H_{12}N_2O_2$, F. 223° (Bzl.; Schuppen), a) durch Zugabe einer aus 10 g Benzhydroxamsäurechlorid (**XIX**) erhaltenen äther. **II**-Lsg. zu 1 g **I** in Ae. u. Abfiltrieren nach 24std. Aufbewahren; 1,3 g (Ausbeute); weitere 0,2 g werden nach Einengen der Mutterlauge erhalten; daneben durch vollständiges Einengen der Mutterlauge wenig *Diphenylfuroxan*; b) durch 10 Min. langes Kochen von 0,4 g **XIII** mit der berechneten Menge **II** in Ae.; 0,6 g; c) durch Behandeln von 1,0 g des aus **II** u. **XVII** erhaltenen **XVIII** (F. 109—110°) in Essigsäure mit CrO_3; 0,9 g; d) durch 2std. Kochen von 3 g **IV**, 3,6 g $NH_2OH \cdot HCl$ u. 5 g Na_2CO_3 in wss. A. u. Abkühlen; 0,8 g. — *5.5'-Diphenyl-3.3'-biisoxazol* (**V**), F. 191—191,5° (A.; Nadeln), durch 3std. Kochen von 3 g **IV** u. 3,6 g $NH_2OH \cdot HCl$ in wss. A. u. Abkühlen; 2,1 g. — *3-Phenyl-5-äthinylisoxazol* (**XIII**), $C_{11}H_7NO$, F. 51—52° (verd. CH_3OH; Schuppen), durch Zugabe einer aus 5 g **XIX** dargestellten äther. **II**-Lsg. zu 5 g **I** in Ae., Abfiltrieren nach 2tägigem Stehenlassen von 0,3 g **III**, Eindampfen des äther. Filtrats, Aufnehmen des Rückstandes in Bzl. u. chromatograph. Reinigung an Al_2O_3; 1,6 g. — *3-Phenylisoxazolcarbonsäure-(5)*, F. 179—180° (W.; Nadeln), durch Oxydation von **XIII** mit $KMnO_4$ in Aceton, Einengen, Aufnehmen des Rückstandes in warmem W. u. Ansäuern der filtrierten Lösung. — *3.3'-Bis-[m-chlorphenyl]-5.5'-biisoxazol* (**XI**), $C_{18}H_{10}Cl_2N_2O_2$, F. 221—222° (Eisessig; Nadeln), a) durch 3tägiges Aufbewahren von 3 g **VI** u. 6 g **I** in Ae. u. Absaugen; 0,2 g; b) aus **VI** u. der äquimol. Menge **VII**. — *3-[m-Chlorphenyl]-5-äthinylisoxazol* (**VII**), $C_{11}H_6ClNO$, F. 80—81° (Hexan; Nadeln), durch Einengen des äther. Filtrates von **XI** nach a) u. chromatograph. Reinigung an Al_2O_3; 1,4 g. — *3-[m-Chlorphenyl]-5-butyrylisoxazol* (**IX**), $C_{13}H_{12}ClNO_2$, F. 84° (CH_3OH; Nadeln), durch Kochen von 2,5 g **VI** u. 2,2 g **XX** in Ae. während mehrerer Std.; Einengen, Aufnehmen des Rückstandes in CH_3OH, Behandeln der filtrierten Lsg. mit methanol. KOH, Verdünnen mit W. u. Anreiben des öligen Rk.-Prod. mit CH_3OH. *p-Nitrophenylhydrazon*, $C_{19}H_{17}ClN_4O_3$, F. 161—164° (Eisessig). — *3-[m-Chlorphenyl]-5-hydroxymethylisoxazol* (**X**), $C_{10}H_8ClNO_2$, F. 66—67° (Hexan/Bzl.; Nadeln), durch 2std. Kochen von aus 2,5 g m-Chlorbenzhydroxamsäurechlorid hergestelltem **VI** u. 0,8 g **XII** in Ae., Einengen im Vakuum u. chromatograph. Reinigung des Rohprod. (2,0 g) an Al_2O_3. *3.5-Dinitrobenzoat*, $C_{17}H_{10}ClN_3O_7$, F. 138,5—139,5° (A.). — *3-[m-Chlorphenyl]-isoxazolcarbonsäure-(5)* (**VIII**), $C_{10}H_6ClNO_3$, F. 187—188° (Bzl.; Prismen), a) aus **VII** u. $KMnO_4$ in Aceton u. Ansäuern der filtrierten Lsg.; b) analog a) aus **IX**; c) durch 1std. Kochen von 0,5 g **X** mit $K_2Cr_2O_7$ u. 20%ig. H_2SO_4, Abkühlen u. Absaugen; eine 2. Fraktion wird durch Verdünnen des Filtrates mit W. erhalten; 0,4 g. *Anilid*, $C_{16}H_{11}ClN_2O_2$, F. 189° (A.; Nadeln), durch Umwandlung von **VIII** mit PCl_5 in das *Säurechlorid* u. Rk. mit äther. Anilin. — *3-[m-Chlorphenyl]-3'-phenyl-5.5'-biisoxazol* (**XIV**), $C_{18}H_{11}ClN_2O_2$, F. 181—181,5° (Eisessig; Nadeln), a) durch 1½std. Kochen von 0,6 g **XIII** u. 0,5 g **VI** in Ae. u. Absaugen nach einigem Stehen; 0,7 g; b) analog a) aus 1,4 g **VII** u. **II**; 0,5 g. — *1.4-Bis-[3-phenylisoxazolyl-(5)]-butan* (**XV**), $C_{22}H_{20}N_2O_2$, F. 153,5—154° (Bzl.; Schuppen), durch 1½std. Kochen von aus 5 g **XIX** erhaltenem **II** mit 1,1 g **XXI**, Einengen auf die Hälfte des Vol., Aufbewahren über Nacht u. Abfiltrieren; 1,3 g. — *1.5-Bis-[3-phenylisoxazolyl-(5)]-pentan*, $C_{23}H_{22}N_2O_2$, F. 77° (CH_3OH; Schuppen), aus **II** u. 1,2 g **XXII** analog **XV**; 1,9 g. — *1.6-Bis-[3-phenylisoxazolyl-(5)]-hexan*, $C_{24}H_{24}N_2O_2$, F. 112—113° (CH_3OH; Schuppen), analog **XV** durch Rk. von äther., aus 15 g **XIX** erhaltenem **II** mit 3,6 g **XXIII**; 5,5 g. — *1.4-Bis-[5-phenylisoxazolyl-(3)]-butan* (**XVI**), $C_{22}H_{20}N_2O_2$, F. 120—121° (A.; Nadeln), a) durch 30std. Kochen von *1.3.8.10-Tetraoxo-1.10-diphenyldecan* [F. 94—95° (A.; Schuppen), aus 1 Mol Adipinsäurediäthylester u. 2 Mol Acetophenon in Ggw. von $C_2H_5 \cdot$

ONa] mit $NH_2OH \cdot HCl$ in wss. A., Lösen des in der Kälte ausgeschiedenen, abfiltrierten Rk.-Prod. in konz. H_2SO_4 u. Gießen in Eiswasser; b) durch Lösen von Adipindialdehyddioxim in 22%ig. HCl, Einleiten von wenig mehr als der berechneten Menge Cl_2, Gießen des Rk.-Prod. in W., Ae.-Extraktion, Umsetzung der 24 Std. aufbewahrten, *Adipinsäuredichloriddioxim* enthaltenden Ae.-Lsg. mit der aus Mg, C_2H_5Br u. Phenylacetylen dargestellten Lsg. von Phenylacetylen—MgBr, 2std. Kochen, Eingießen in Eis u. H_2SO_4, Ae.-Extraktion u. Einengen. — *1.4-Bis-[3-(p-bromphenyl)-isoxazolyl-(5)]-butan*, $C_{22}H_{18} \cdot Br_2N_2O_2$, F. 188—189° (Eisessig; Schuppen), aus p-Brombenzonitriloxid u. **XXI** analog **XV**. G. Platzer. 3132□

Synthese von Isoxazoloisoxazolen. Adolfo Quilico, Giorgio Gaudiano und Luciana Merlini. (Gazz. chim. ital. **89**, 571—86, Febr. 1959; Milano, Politecn., Ist. di Chim. gen.; Centro di Chim. ind. del C.N.R.; ital.) — Durch Rk. von Acetanhydrid (**XI**) mit *4-Acylisoxazolon-(5)-oximen* (**B**), die Vff. aus Säurechloridoximen u. den Na-Salzen von Isoxazolonen-(5) oder aus 4-Acylisoxazolonen-(5) u. NH_2OH gewinnen, werden erstmalig *Isoxazolo-[4.5:d]-isoxazole* (**A**) dargestellt. Die **B** reagieren dabei in ihrer Enolform. So erhält man aus *3-Phenyl-4-benzoylisoxazolon-(5)-oxim* (**I**) *3.4-Diphenylisoxazolo-[4.5:d]-isoxazol* (**II**), aus *3-Phenyl-4-acetylisoxazolon-(5)-oxim* (**III**) *3-Methyl-4-phenylisoxazolo-[4.5:d]-isoxazol* (**IV**) u. aus *3-Phenyl-4-[o-chlorbenzoyl]-isoxazolon-(5)-oxim* (**V**) *3-[o-Chlorphenyl]-4-phenylisoxazolo-[4.5:d]-isoxazol* (**VI**). Das zur Darst. von **IV** benötigte **III** ist, wie u. a. aus dem IR-Spektrum hervorgeht, ident. mit dem aus 3-Methyl-4-benzoylisoxazolon-(5) (**VII**) u. NH_2OH erhaltenen Prod., da bei der Rk. von **VII** mit NH_2OH Öffnung des Heterocyclus u. erneuter Ringschluß unter Bldg. von **III** erfolgt. Katalyt. Hydrierung der **A** an Raney-Ni führt unter Öffnung der beiden Isoxazolringe zu *Bis-[1-iminoalkyl]-essigsäuren.* So entsteht aus **II** *Bis-[iminobenzyl]-essigsäure* (**VIII**), die auch tautomer als *α-Iminobenzyl-β-aminozimtsäure* reagieren kann u. die in der Hitze in Ggw. von Säuren Hydrolyse u. Decarboxylierung zu *Dibenzoylmethan* (**IX**) erfährt, während mit verd. Alkalien lediglich Decarboxylierung unter Bldg. von *Bis-[iminobenzyl]-methan* (**XII**) beobachtet wird, dessen Konstit. aus seiner Hydrolyse zu **IX** u. aus seiner Umwandlung in *1-[2.4-Dinitrophenyl]-3.5-diphenylpyrazol* folgt. Durch entsprechende Rkk. erhält man aus **IV** *[1-Iminoäthyl]-iminobenzylessigsäure* (**XVI**), *Acetylbenzoylmethan* u. *[1-Iminoäthyl]-iminobenzylmethan.* Durch Säuren werden die **A** in der Wärme über eine in ihrem Mechanismus noch nicht aufgeklärte Rk. in *5-Imino-4-acyl-Δ^2-isoxazoline* umgewandelt. So erhält man aus **II** durch Kochen mit 10%ig. HCl neben CO_2, NH_4Cl u. *Benzoesäure* *5-Imino-3-phenyl-4-benzoyl-Δ^2-isoxazolin* (**XIII**), aus **IV** neben anderen Prodd. *5-Imino-3-phenyl-4-acetyl-Δ^2-isoxazolin.* Durch energ. Einw. von Alkalien werden die **A** vollständig zersetzt. Für **II**, **III**, **IV** u. **VI** sind die IR-Spektren graph. wiedergegeben.

Versuche: *3-Phenyl-4-benzoylisoxazolon-(5)-oxim* (**I**), $C_{16}H_{12}N_2O_3$, F. 165—166° (Zers.; Essigsäure; Nadeln), a) durch Zutropfen von Benzoesäurechloridoxim in A. zu der Lsg. von 3-Phenylisoxazolon-(5) (**X**) u. C_2H_5ONa in A. unter Kühlung u. Eindampfen der von NaCl abfiltrierten Lsg.; 41% (Ausbeute); b) durch 1std. Kochen von 3 g 3-Phenyl-4-benzoylisoxazolon-(5) (**XIV**) in A. mit 1 g $NH_2OH \cdot HCl$ u. der notwendigen Menge Na_2CO_3 in wenig W. u. Aufbewahren in der Kälte; gibt mit $FeCl_3$ in A. violette Färbung; 0,4 g. — *3-Phenyl-4-[o-chlorbenzoyl]-isoxazolon-(5)-oxim* (**V**), $C_{16}H_{11}ClN_2O_3$, F. 175° (Zers.; A.; Prismen), aus o-Chlorbenzoesäurechloridoxim, **X** u. C_2H_5ONa in A. analog **I** nach a); gibt mit $FeCl_3$ in A. violette Färbung; 51%. — *3-Phenyl-4-acetylisoxazolon-(5)-oxim* (**III**), F. 162° (Zers.; A.; Prismen), a) durch ½std. Kochen von 2 g 3-Phenyl-4-acetylisoxazolon-(5) (**XVII**) in A. mit 0,71 g $NH_2OH \cdot HCl$ u. Na_2CO_3 in wenig W., 24std. Aufbewahren der heißfiltrierten Lsg. u. Absaugen; 1,2 g; b) durch 2std. Kochen von **VII** mit $NH_2OH \cdot HCl$ u. Na_2CO_3 in wss. A.; gibt in A. mit $FeCl_3$ blaue Färbung. *2.4-Dinitrophenylhydrazon*, $C_{17}H_{14}N_6O_6$, F. 222—226° (Essigsäure), durch Kochen von nach a) oder b) dargestelltem **III** in A. mit 2.4-Dinitrophenylhydrazin (**XV**) in Ggw. von H_2SO_4. — *3.4-Diphenylisoxazolo-[4.5:d]-isoxazol* (**II**), $C_{16}H_{10}N_2O_2$, F. 122—123° (Zers.; A.; Nadeln), durch Erhitzen von **I** mit überschüssigem **XI** auf 60—70° unter Rühren bis Lsg. eingetreten ist, Einengen auf ein kleines Vol. u. Abkühlen; 72%. — *Bis-[iminobenzyl]-essigsäure* (**VIII**), $C_{16}H_{14}N_2O_2$, F. 196—198° (Zers.; A.), durch Hydrierung von **II** in A. an Raney-Ni u. Einengen der filtrierten Lsg.; 75%. *Hydrochlorid*, $C_{16}H_{14}N_2O_2 \cdot HCl$, F. 242° (verd. HCl; Nadeln), durch Lösen von **VIII** in 10%ig. HCl u. Erwärmen des zunächst gebildeten *Hydrats* ($C_{16}H_{14} \cdot N_2O_2 \cdot HCl \cdot H_2O$, F. 248—250°) über P_2O_5 auf 80°. — *Dibenzoylmethan* (**IX**), a) durch Kochen von **VIII** mit verd. HCl; b) entsprechend aus **XII**. — *3.5-Diphenylisoxazol*, F. 141°, aus **IX** u. $NH_2OH \cdot HCl$. — *Bis-[iminobenzyl]-methan* (**XII**), $C_{15}H_{14}N_2$, F. 37—39°, durch Kochen der Lsg. von **VIII** in 0,1n NaOH u. Aufbewahren des abgeschiedenen Öls zur Kristallisation. *Hydrochlorid*, $C_{15}H_{14}N_2 \cdot HCl$, F. 241—242° (A. + Hexan; Nadeln). *Pikrat*, $C_{15}H_{14}N_2 \cdot C_6H_3N_3O_7$, F. 197—198° (A.; Nadeln). — *1-[2.4-Dinitrophenyl]-3.5-di-*

phenylpyrazol, $C_{21}H_{14}N_4O_4$, F. 154° (A.; gelbe Nadeln), aus **XII** u. **XV**. — *5-Imino-3-phenyl-4-benzoyl-Δ^2-isoxazolin* (**XIII**), F. 273° (A.), durch 1std. Kochen von 5 g **II** mit 10%ig. HCl, Einpressen des frei werdenden CO_2 in $Ba(OH)_2$ durch einen N_2-Strom, Abkühlen, Absaugen u. Waschen des Rk.-Prod. mit CH_3OH; 2,4 g (daneben NH_4Cl); liefert bei der alkal. Hydrolyse **XIV**. — *Benzoesäure*, F. 121° (W.), a) aus der methanol. Wasch-Fl. von **XIII**; 0,2 g; b) durch 1std. Kochen von 1 g **II** mit 1n NaOH u. Ansäuern der filtrierten Lsg.; 0,55 g. — *3-Methyl-4-phenylisoxazolo-[4.5:d]-isoxazol* (**IV**), $C_{11}H_8N_2O_2$, F. 91—92,5° (Zers.; A.; Blättchen), durch Erwärmen von **III** mit überschüssigem **XI** bis Lsg. eingetreten ist u. Abkühlen der filtrierten, eingeengten Lsg.; 48%. — *[1-Iminoäthyl]-iminobenzylessigsäure* (**XVI**), $C_{11}H_{12}N_2O_2$, F. 200—201° (Zers.; A.), durch katalyt. Hydrierung von **IV** an Raney-Ni analog **VIII**; 56%. — *Acetylbenzoylmethan*, aus **XVI** u. 10%ig. HCl analog **IX**. — *3-Methyl-5-phenylisoxazol*, F. 67° (wss. CH_3OH; Blättchen), aus vorst. Verb. u. $NH_2OH \cdot HCl$. — *[1-Iminoäthyl]-iminobenzylmethan*, aus **XVI** analog **XII** u. Isolierung als *Pikrat*, $C_{16}H_{15}N_5O_7$, F. 145—146° (wss. A.; Nadeln). — *5-Imino-3-phenyl-4-acetyl-Δ^2-isoxazolin*, $C_{11}H_{10}N_2O_2$, F. 258° (A.; Nadeln), aus 1 g **IV** u. sd. 10%ig. HCl analog **XIII**; 0,4 g; liefert bei der alkal. Hydrolyse **XVII**. — *3-[o-Chlorphenyl]-4-phenylisoxazolo-[4.5:d]-isoxazol* (**VI**), $C_{16}H_9ClN_2O_2$, F. 123—124° (Zers.; Bzl.; Prismen), aus **V** u. **XI** analog **II**. G. Platzer. 3132□

Chemie der Thiazole. Synthese von 2-Amino-5-alkylthiazolen. K. D. Kulkarni und M. V. Shirsat. (J. sci. ind. Res. [New Delhi], Sect. B **18**, 411—13, Okt. 1959; Bombay, Haffkin Inst., Dep. of Chemotherapy; engl.) — Ausgehend von aliphat. Alkoholen werden durch Chlorierung u. Kondens. mit Thioharnstoff (**I**), wahrscheinlich über Chloracetale, *2-Amino-5-alkylthiazole* dargestellt. Die Ausbeute sinkt mit zunehmender Länge der Seitenkette.

Versuche: 5-Alkyl-2-aminothiazole: *Unsubstituiert*, F. 60° (PAe.), a) durch Einleiten von Cl_2 in A., der etwas W. enthält, bei 8—10° im Tageslicht bis sich das Rk.-Gemisch in 2 Schichten trennt, 4—5tägiges Stehen bei Raum-Temp., Kondens. der unteren Schicht mit **I**, mehrstd. Stehen, Eindampfen im Vakuum, Aufnehmen des Rückstandes in W., Alkalisieren bei $<15°$ u. Filtrieren; 88—90% (Ausbeute, bezogen auf A.); b) durch Einleiten von Cl_2 in 138 g A. bis die Gew.-Zunahme 110—120 g beträgt, Kondens. im wss. Medium mit **I** u. Aufarbeiten analog a); 85%. — *5-Methyl-*, F. 96°, analog vorst. Verb.; 79%. — *5-Äthyl-*, F. 54—55°; 68%. — *5-n-Propyl-*, F. 59°; 34%. — *5-Isopropyl-*, $Kp._5$ 110—115°; 28,5%. — *5-n-Butyl-*, F. 67—68°; 11,5%. P. Golinske. 3142□

Untersuchung der Reaktion von festem p-Carbomethoxysulfanilylchlorid mit festem 2-Aminothiazol und seinem Hydrochlorid. 18. Mitt. über Reaktionen unter Beteiligung fester organischer Verbindungen. M. Ch. Glusman und I. B. Lewitskaja. (Журнал Прикладной Химии [J. angew. Chem.] **31**, 807—10, Mai 1958; russ.) — 11. vgl. C. **1960**, 7469. — Bei der Darst. von Norsulfazol durch Acylierung von 2-Aminothiazol (**I**) mit N-Carbomethoxysulfanilylchlorid (**II**) in wss. Medium treten erhebliche Verluste an dem gewünschten *2-[Carbomethoxysulfanilylamino]-thiazol* (**III**) ein, weil vorwiegend das diacylierte Deriv. *2-[Carbomethoxysulfanilylamino]-3-[carbomethoxysulfanilyl]-thiazolin* (**IV**) entsteht. Höhere Ausbeuten an **III** (bis 70—72%) werden erhalten, wenn man in fester Phase 1 Mol **I** mit 2 Mol **II**, 2 Mol Na_2CO_3 u. 0,1—0,8 Mol $Na_2CO_3 \cdot 10\,H_2O$ umsetzt. Man kann auch **IV** bei 116—125° mit **I** oder **I**-Hydrochlorid (**V**) umsetzen (1 Mol **IV** + 1 Mol **I** + 3 Mol $NaHCO_3$). Ausbeute mit **I** 55%, mit **V** nur 52%, aber mit geringerer Verharzung des **I**. R. K. Müller. 3142

Von Isoxazolon abgeleitete Merocyanine. B. K. Sabata, B. K. Patnaik und M. K. Rout. (J. Proc. Instn. Chemists [India] **33**, 162—67, Juli 1961; Cuttack, Ravenshaw Coll., Mayurbhany Chem. Labor.; engl.) — *Merocyanine* mit 0, 2, 4 u. 6 Methingruppen, die als sauren Kern 3-Phenylisoxazolon-(5) (**I**) u. als bas. Kern Benzothiazol, Chinolin, 4-Phenylthiazol, 4-[p-Chlorphenyl]-thiazol u. 4-[p-Bromphenyl]-thiazol enthalten, werden dargestellt. Ihre Absorptionsmaxima werden gemessen u. mit den berechneten Werten verglichen.

Versuche: 3-Phenylisoxazolone-(5): *4-[1-Methyl-1.2-dihydrochinolyliden-(2)]-*, F. 171—172° (A.), durch 10 Min. langes Kochen von **I** u. 2-Äthylmercaptochinolinmethojodid in abs. A. mit Triäthylamin (**II**); 50% (Ausbeute). — *4-[N-Acetylanilinomethylen]-*, F. 142° (A.), durch $^1/_4$std. Kochen von **I**, Diphenylformamidin u. geschmolzenem Na-Acetat in Acetanhydrid; 50%. — *4-{β-[3-Methylbenzothiazolinyliden-(2)]-äthyliden}-* (**III**), F. 197—198° (Zers.), durch 1½std. Kochen vorst. Verb. mit 2-Methylbenzothiazolmethojodid (**VI**) in abs. A. in Ggw. von **II**; aus A. rote Nadeln; 40%. — *4-[3-Acetanilidoallyliden]-*, F. 165° (A.), durch 3 Min. langes Kochen von **I** u. β-Anilinoacroleinanilhydrochlorid mit Na-Acetat in Acetanhydrid; 50%. — *4-{4-[3-Methylbenzothiazolinyliden-(2)]-butyliden}-* (**IV**), F. 183—185°, durch 3 Min. langes Kochen von **VI** u. vorst. Verb. mit **II** in abs. A.; aus Methanol bläulich violette Nadeln; 50%. — *4-[5-Acetanilido-$\Delta^{2.4}$-penta-*

dienyliden]-, F. 198° (A.), analog vorvorst. Verb.; 45%. — *4-{6-[3-Methylbenzothiazolinyliden-(2)]-$\Delta^{2.4}$-hexadienyliden}-* (V), F. 189—190° (Zers.; A.), durch 2 Min. langes Kochen von **VI** u. vorst. Verb. mit **II** in abs. A.; 50%. — [3-Phenyl-5-oxoisoxazol-(4)]-dimethinmerocyanine, analog **III**: [*3-Methyl-4-phenylthiazol-(2)*]-, F. 166° (Zers.); 50%. — {*3-Methyl-4-[p-bromphenyl]-thiazol-(2)*}-, F. 228° (Zers.); 45%. — [*1-Methylchinolin-(2)*]-, F. 208—212°; 55%. — [*1-Methylchinolin-(4)*]-, F. 196°; 55%. — [3-Phenyl-5-oxoisoxazol-(4)]-tetramethinmerocyanine, analog **IV**: [*3-Methyl-4-phenylthiazol-(2)*]-, F. 109°; 60%. — {*3-Methyl-4-[p-bromphenyl]-thiazol-(2)*}-, F. 223—225°; 50%. — {*3-Methyl-4-[p-chlorphenyl]-thiazol-(2)*}-, F. 201—204° (Zers.); 50%. — [*1-Methylchinolin-(2)*]-, F. 190—192° (Zers.); 45%. — [*1-Methylchinolin-(4)*]-, F. 210—212° (Zers.); 60%. — [3-Phenyl-5-oxoisoxazol-(4)]-hexamethinmerocyanine, analog **V**: [*3-Methyl-4-phenylthiazol-(2)*] -, F. 154—158°; 45%. — {*3-Methyl-4-[p-bromphenyl]-thiazol-(2)*}-, F. 173—175° (Zers.); 40%. — [*1-Methylchinolin-(2)*]-, F. 187—188° (Zers.); 45%. — [*1-Methyl-chinolin-(4)*]-, F. 212—215°; 50%. P. Golinske. 3142□

Chromane. 13. Mitt. Die Epoxydation von 3-Benzylidenchromanonen-(4) zu 3.α-Oxido-3-benzylchromanonen-(4). Otto Dann und Hans Hofmann. (Chem. Ber. **95,** 1446—50, 15/6. 1962; Erlangen-Nürnberg, Univ., Inst. für Angew. Chemie; dt.) — 12. vgl. Naturwissenschaften **48,** [1961], 162; 11. vgl. C. **1962,** 17027. — Die durch Kondens. von Chromanonen-(4) u. aromat. Aldehyden mit HCl-Gas in abs. A. in hoher Ausbeute erhältlichen *3-Benzylidenchromanone-(4)* (**A**) werden durch alkal. H_2O_2 in CH_3OH glatt epoxydiert. Die trans-Stellung von Carbonylgruppe u. Benzolring in den **A** wird durch die leichte Red. von 3-[3.4-Dimethoxybenzyliden]-7-methoxychromanon-(4) (**V**) zum entsprechenden *Chromanol-(4)* wahrscheinlich gemacht. — UV-Spektren vgl. Original.

Versuche: *β-Phenoxypropionsäure,* durch 8std. Kochen von β-Phenoxypropionitril mit der dreifachen Menge konz. HCl unter Rühren; 88% (Ausbeute). — *Chromanon-(4)* (**I**), aus vorst. Verb. u. wasserfreier HF bei 20—50°. — *7-Hydroxychromanon-(4)* (**II**), durch Kondens. von Resorcin u. β-Chlorpropionsäure u. Cyclisieren mit wasserfreier HF. *Methyläther* (**III**), F. 54—56°, aus **II**, K_2CO_3 u. CH_3J in sd. Aceton (11 Std.); 89%. — 3-Arylidenchromanone-(4): *3-Benzyliden-* (**IV**), F. 111—112°, aus 1 Mol **I**, 1,1 Mol frisch dest. Benzaldehyd u. HCl-Gas in abs. A. unter Kühlung u. 24std. Stehen bei Raum-Temp.; aus Isopropylalkohol schwachgelbe Blättchen; 99%. — *3-[2-Methoxybenzyliden]-*, $C_{17}H_{14}O_3$, F. 107,5—108°, wie **IV** aus **I** u. 1,06 Mol 2-Methoxybenzaldehyd; aus A. gelb; 82%. — *3-[4-Methoxybenzyliden]-*, F. 133—134° (A.), wie **IV** aus **I** u. 1,06 Mol 4-Methoxybenzaldehyd; 88%. — *3-[3.4-Dimethoxybenzyliden]-*, F. 124 bis 126°, wie **IV** aus **I** u. 1,08 Mol 3.4-Dimethoxybenzaldehyd; aus A. blaßgelb; 99%. — *3-[3.4-Dimethoxybenzyliden]-7-methoxy-* (**V**), F. 138,5—140° (Isopropanol), wie **IV** aus **III** u. 1,08 Mol 3.4-Dimethoxybenzaldehyd; 99%. — *3-[3.4-Dibenzyloxybenzyliden]-7-benzyloxy-* (**VI**), $C_{37}H_{30}O_5$, F. 176—177°, wie **IV** aus **II** u. 3.4-Dihydroxybenzaldehyd u. 46std. Kochen des rohen *3-[3.4-Dihydroxybenzyliden]-7-hydroxychromanons-(4)* mit Benzylbromid u. K_2CO_3 in Aceton; aus Bzl. blaßgelb; 64%. — 3.α-Oxidochromanone-(4): *3-Benzyl-* (**VII**), $C_{16}H_{12}O_3$, F. 128,5—130° (Bzl.), durch Zugeben von 1,5 Mol 30%ig. H_2O_2 u. 0,8 Mol 2n NaOH zu 1 Mol **IV** in CH_3OH unter Rühren $<40°$ u. 24std. Rühren bei Raum-Temp.; 95%. — *3-[2-Methoxybenzyl]-*, $C_{17}H_{14}O_4$, F. 199—201° (Bzl.), analog **VII** mit 2,6 Mol H_2O_2 u. 0,6 Mol 2n NaOH; 83%. — *3-[4-Methoxybenzyl]-*, $C_{17}H_{14}O_4$, F. 112,5—113,5° (A.), analog **VII**; 81%. — *3-[3.4-Dimethoxybenzyl]-*, $C_{18}H_{16}O_5$, F. 165 bis 167° (Bzl.), analog **VII**; 95%. — *3-[3.4-Dimethoxybenzyl]-7-methoxy-*, $C_{19}H_{18}O_6$, F. 154,5—155,5° (Bzl.), analog **VII** mit 3,6 Mol H_2O_2 u. 0,8 Mol 2n NaOH; 96%. — *3-[3.4-Dibenzyloxybenzyl]-7-benzyloxy-*, $C_{37}H_{30}O_6$, F. 114—115° (A./Äthylacetat), durch Zugeben von 0,36 Mol H_2O_2, 0,12 Mol 2n NaOH u. 300 cm³ CH_3OH zu 0,03 Mol **VI** in 1200 cm³ Aceton unter starkem Rühren, Zugeben von 0,18 Mol H_2O_2 u. 0,07 Mol 2n NaOH nach 18 Std. u. von 0,09 Mol H_2O_2 nach weiteren 30 Std., Filtrieren nach ca. 70std. Rühren u. Fällen des Filtrats mit W.; 92%. — *3-[3.4-Dimethoxybenzyliden]-4-hydroxy-7-methoxychroman,* $C_{19}H_{20}O_5$, F. 102—104° (Bzl.), durch Zugeben von $NaBH_4$ zu **V** in CH_3OH bei Raum-Temp. u. 4std. Erwärmen auf 60°; 89%. F. Heller. 3211□

Über 2.4-Diphenyl-5.6.7.8-tetrahydrobenzopyrylocyanine. 1. Mitt. Hans-Dieter Kirner und Robert Wizinger. (Helv. chim. Acta **44,** 1766—72, 16/10. 1961; Basel Univ., Inst. für Farbenchem.; dt.) — Bei 2.4-Diphenyl-5.6.7.8-tetrahydrobenzopyryliumperchlorat (**I**) erfolgt sowohl mit Orthoameisensäureester als auch mit Malondialdehyddianilidhydrochlorid (**IV**), Glutaconaldehyddianilidhydrochlorid (**V**) u. mit Zinckeschem Aldehyd (**VI**) Kondens. nur im Verhältnis 1:1, sie bleibt also auf der ω-Aldehydstufe stehen. Die Kondens. im Verhältnis 1:2 zu symm. Pyrylocyaninen konnte unter den angewandten Bedingungen nicht beobachtet werden.

Versuche: *2.4-Diphenyl-5.6.7.8-tetrahydrobenzopyryliumperchlorat* (**I**), $C_{21}H_{19}ClO_5$, F. 209—211° (Zers.), durch Zugabe von 70% ig. $HClO_4$ zu 69 g Chalkon in Ae. unter Kühlung, ½ std. Zutropfen von Acetanhydrid unter Kühlen, Zugabe von 35 g Cyclohexanon, 2 std. Rühren u. Filtrieren; aus Eisessig oder Acetanhydrid orangegelbe Nadeln; 50 g (Ausbeute). — *1-Methyl-2.4-diphenyl-5.6.7.8-tetrahydrochinoliniumperchlorat*, $C_{22}H_{22} \cdot ClNO_4$, F. 141° (Zers.), durch Zugabe von 33% ig. wss. Methylamin-Lsg. zu einer sd. Lsg. von **I** in A., 1 std. Erwärmen auf dem Wasserbad, Zutropfen von 70% ig. $HClO_4$ u. Lösen des auskristallisierten Prod. in heißem W.; aus A. Prismen. — *1.2.4-Triphenyl-5.6.7.8-tetrahydrochinoliniumperchlorat*, $C_{27}H_{24}ClNO_4$, F. 218—219° (Zers.), durch 6 std. Kochen von **I** u. Anilin in A. u. 24 std. Stehen; aus A. unter Zusatz einiger Tropfen 70% ig. $HClO_4$ Würfel. — *2.4-Diphenyl-8-äthoxymethylen-5.6.7.8-tetrahydrobenzopyryliumperchlorat* (**II**), $C_{24}H_{23}ClO_6$, F. 220° (Zers.), durch kurzes Kochen von **I** in Acetanhydrid mit Orthoameisensäuretriäthylester u. mehrstd. Stehen; aus Eisessig orangefarbene Nadeln; ca. 100%. — *2.4-Diphenyl-8-hydroxymethylen-5.6.7.8-tetrahydrobenzopyryliumperchlorat* (**III**), $C_{22}H_{19}ClO_6$, F. 237° (Zers.), durch $^1/_4$ std. Kochen von **II** in 80% ig. Essigsäure in Ggw. von 70% ig. $HClO_4$; aus Eisessig orangegelbe Nadeln. — *2.4-Diphenyl-8-formyl-5H-6.7-dihydrobenzopyran*, $C_{22}H_{18}O_2$, F. 153° (Zers.), durch $^1/_4$ std. Kochen von **II** in A. mit wasserfreiem Na_2CO_3, heiß Filtrieren, Versetzen der heißen Filtrate mit W. bis zur Trübung u. 4 std. Stehen; aus A. oder Ligroin rote Nadeln mit grünlichem Oberflächenglanz. — 2.4-Diphenyl-5.6.7.8-tetrahydrobenzopyryliumperchlorate: *8-Anilinomethylen-*, $C_{28}H_{24}ClNO_5$, F. 236° (Zers.), durch Kochen von **II** u. Anilin in A.; aus Eisessig messingglänzende Nadeln; ca. 100%. — *8-[p-Anisidino]-methylen-*, $C_{29}H_{26}ClNO_6$, F. 241° (Zers.), durch 2 std. Stehen von **II** u. p-Anisidin in A. bei Raum-Temp.; aus Eisessig goldglänzende Blättchen. — *8-[p-Phenylaminoanilino]-methylen-*, $C_{34}H_{29}ClN_2O_5$, F. 250° (Zers.), durch kurzes Aufkochen von **III** in A. mit p-Aminodiphenylamin u. Extrahieren des Rohprod. mit A. bis zur Blaufärbung der ablaufenden Lsg. u. weitere Extraktion mit Aceton; violettglänzende Nadeln. — *N.N'-[p.p'-Biphenylen]-bis-[8-aminomethylen-2.4-diphenyl-5.6.7.8-tetrahydrobenzopyryliumperchlorat]*, $C_{56}H_{46}Cl_2N_2O_{10}$, F. >300°, aus **II** u. Benzidin in A.; violettglänzende Kristalle. — *[8-(2.4-Diphenyltetrahydrobenzopyrylo)]-[N-(acetanilido)]-trimethincyaninperchlorat*, durch 20 Min. langes Kochen von **I** u. **IV** in Acetanhydrid, Versetzen mit Ae. u. 12 std. Stehen; braunschwarzes Pulver. — *[8-(2.4-Diphenyltetrahydrobenzopyrylo)]-[N-anilido]-trimethincyaninperchlorat*, $C_{30}H_{26}ClNO_5$, F. 235° (Zers.), durch Lösen vorst. Verb. in Chlf., Filtrieren, Versetzen mit Anilin, kurzes Erhitzen, Kühlen u. Versetzen mit CCl_4; aus Nitromethan durch Überschichten mit abs. Ae. prismat. Nadeln mit blauem Oberflächenglanz. — *[8-(2.4-Diphenyltetrahydrobenzopyrylo)]-[N-(acetanilido)]-pentamethincyaninperchlorat*, durch 10 Min. langes Kochen von **I** u. **V** in Acetanhydrid u. Ausfällen mit Ae.; blauschwarzes Pulver. — *[8-(2.4-Diphenyltetrahydrobenzopyrylo)]-[N-anilido)]-pentamethincyaninperchlorat*, $C_{32}H_{28}ClNO_5$, F. 202° (Zers.), durch Erhitzen vorst. Verb. mit Anilin in Chlf.; aus Nitromethan dunkelgrünglänzende Kristalle. *N-Methyl-Deriv.*, $C_{33}H_{30}ClNO_5$, F. 227° (Zers.), durch $^1/_4$ std. Erhitzen von **I** u. ε-Phenylmethylaminopentadienal (**VI**) in Acetanhydrid auf 100—110°; aus Nitromethan dunkelgrünglänzende Kristalle. P. Golinske. 3211□

Über 2.4-Diphenyl-5.6.7.8-tetrahydrobenzopyrylocyanine. 2. Mitt. **Unsymmetrische Cyanine.** Hans-Dieter Kirner und Robert Wizinger. (Helv. chim. Acta **44,** 1773—78, 16/10. 1961; dt.) — 1. vgl. vorst. Referat. — Ausgehend von einem 2.4-Diphenyl-$\Delta^{2.4}$-tetrahydrobenzopyryliumsalz werden unsymm. *Cyanine* aufgebaut, welche einerseits einen Pyryliumring, andererseits einen Stickstoffheterocyclus als Endglieder tragen. Auch ein unsymm. Dipyrylodiencyanin mit α.α-ständiger Methinkette wird beschrieben. Die Darst. höherer Vinylenhomologen gelang bisher nicht. Maxima der Absorptionsspektren vgl. Original.

Versuche: [8-(2.4-Diphenyltetrahydrobenzopyrylo)]-dimethincyaninperchlorate: *[3-Methylbenzoxazol-(2)]-*, $C_{31}H_{26}ClNO_6$, F. 276° (Zers.), durch kurzes Kochen von 8-Äthoxymethylen-2.4-diphenyl-5.6.7.8-tetrahydrobenzopyryliumperchlorat (**I**) u. 2.3-Dimethylbenzoxazoliumperchlorat in Acetanhydrid, Zugabe von Pyridin u. $^1/_4$ std. Kochen; aus Acetanhydrid braunglänzende Nadeln. — *[1.3.3-Trimethylindolin-(2)]-*, $C_{34}H_{32}ClNO_5$, F. 239° (Zers.), durch 3 Min. langes Kochen von **I** mit der Fischer-Base in Acetanhydrid; aus Eisessig rotglänzende Nadeln. — *[3-Methylbenzthiazol-(2)]-*, $C_{31}H_{26}ClNO_5S$, F. 270° (Zers.), analog vorvorst. Verb. aus **I** u. 2.3-Dimethylbenzthiazoliumperchlorat (**III**) 10 Min. langes Kochen); braunglänzende Nadeln. — *[1-Methylchinolin-(2)]-*, $C_{33}H_{28}ClNO_5$, F. 257° (Zers.), aus **I** u. N-Methylchinaldiniumperchlorat (**IV**) in Acetanhydrid; kupferglänzende Nadeln. — *[1-Methylchinolin-(4)]-*, $C_{33}H_{28}ClNO_5$, F. 271° (Zers.), aus **I** u. N-Methyllepidiniumperchlorat (**V**; ½ std. Kochen); rotglänzende Nadeln. — *[4.6-Diphenyl-α-pyran-(2)]-*, $C_{40}H_{31}ClO_6$, F. 251° (Zers.), aus **I** u. 2-Methyl-4.6-diphenylpyryliumperchlorat (½ std. Kochen); dunkelgrünglänzende Nadeln. —

8-[2.4-Diphenyltetrahydrobenzopyrylo]-tetramethincyaninperchlorate: [*1.3.3-Trimethylindolin-(2)*]-, $C_{36}H_{34}ClNO_5$, F. 242° (Zers.), durch ¹/₄std. Erhitzen von [8-(2.4-Diphenyltetrahydrobenzopyrylo)]-[N-acetanilido]-trimethincyaninperchlorat (II) u. Fischer-Base in Acetanhydrid auf 120°; aus Acetanhydrid messingglänzende Nadeln. — [*3-Methylbenzthiazol-(2)*]-, $C_{33}H_{28}ClNO_5S$, F. 261° (Zers.), durch 20 Min. langes Kochen von II u. III in Acetanhydrid in Ggw. von etwas Pyridin; aus Nitromethan durch Überschichten mit Ae. violettglänzende Nadeln. — [*1-Methylchinolin-(2)*]-, $C_{35}H_{30}ClNO_5$, F. 258° (Zers.), aus II u. IV in Acetanhydrid u. Pyridin durch ¹/₄std. Kochen; aus Nitromethan grünglänzende Nadeln. — [*1-Methylchinolin-(4)*]-, $C_{35}H_{30}ClNO_5$, F. 253° (Zers.), aus II u. V (10 Min.); goldglänzende Kristalle. — [*1.3.3-Trimethylindolin-(2)*]-[*8-(2.4-diphenyltetrahydrobenzopyrylo)*]*-hexamethincyaninperchlorat*, $C_{38}H_{36}ClNO_5$, F. 228° (Zers.), durch 1 std. Erhitzen von [8-(2.4-Diphenyltetrahydrobenzopyrylo)]-[N-acetanilido]-pentamethincyaninperchlorat u. Fischer-Base in Acetanhydrid auf 60—70°; aus Pyridin (25—30°) durch 1 std. Zutropfen von Ae. kupferglänzende Nadeln. — [*2-(1.3.3-Trimethylindolin)*]-[*8-(2.4-diphenyltetrahydrobenzopyrylium)*]*-perchlorat*, $C_{32}H_{30}ClNO_5$, F. 236° (Zers.), durch ¹/₄std. Kochen von 2.4-Diphenyl-$\Delta^{2.4}$-tetrahydrobenzopyryliumperchlorat mit dem Isonitrosoperchlorat der Fischer-Base in Acetanhydrid; aus Acetanhydrid messingglänzende Nadeln. P. Golinske. 3211□

Über 2.4-Diphenyl-5.6.7.8-tetrahydrobenzopyrylocyanine. 3. Mitt. **Merocyanine.** Hans-Dieter Kirner und Robert Wizinger. (Helv. chim. Acta **44**, 1778—83, 16/10. 1961; dt.) — 2. vgl. vorst. Referat. — Durch Kondens. von Verbb. mit reaktionsfähiger Methylengruppe mit geeigneten Derivv. des 8-Formyl-2.4-diphenyl-5H-6.7-dihydrobenzopyrans u. seiner beiden nächsthöheren Vinylenhomologen werden die entsprechenden *Mono-*, *Tri-* u. *Pentamethinmerocyanine* dargestellt.

Versuche: 2.4-Diphenyl-5H-6.7-dihydrobenzopyrane: *8-[β.β-Dibenzoyläthenyl]*-, $C_{37}H_{28}O_3$, F. 224° (Zers.), durch 10 Min. langes Kochen von 8-Äthoxymethylen-2.4-diphenyl-$\Delta^{2.4}$-tetrahydrobenzopyryliumperchlorat (I) u. Dibenzoylmethan in Acetanhydrid in Ggw. von etwas Pyridin u. Versetzen mit W.; aus Acetanhydrid messingglänzende Kristalle. — *8-[3-Oxocumaranyliden-(2)-methyl]*-, $C_{30}H_{22}O_3$, F. 225° (Zers.), analog vorst. Verb. aus I u. Cumaranon mit wasserfreiem Na-Acetat an Stelle von Pyridin; schwarzglänzende Nadeln. — *8-[β-Cyan-β-(p-nitrophenyl)-äthenyl]*-, $C_{30}H_{22}N_2O_3$, F. 262° (Zers.), aus I u. p-Nitrobenzylcyanid mit Na-Acetat; grünglänzende Nadeln. — *8-[2-Thioxo-4-oxothiazolidyliden-(5)-methyl]*-, $C_{25}H_{19}NO_2S_2$, F. 277° (Zers.), durch ¹/₄std. Kochen von I u. Rhodanin in Acetanhydrid mit etwas Pyridin; durch Extrahieren des Rohprod. mit Bzl. schwarzglänzende Nadeln. — *8-[β.β-Dicyanäthenyl]*-, $C_{25}H_{18}N_2O$, F. 229° (Zers.), aus I u. Malonsäuredinitril; messingglänzende Nadeln. — *8-[1-Phenyl-3-methyl-5-oxopyrazolinyliden-(4)-methyl]*-, $C_{32}H_{26}N_2O_2$, F. 232° (Zers.), aus I u. 1-Phenyl-3-methylpyrazolon-(5) mit etwas Na-Acetat; aus Nitromethan kupferglänzende, dunkelbraune Nadeln. — *8-[2.4.6-Trioxohexahydropyrimidyliden-(5)-methyl]*-, $C_{26}H_{20}N_2O_4$, F. 292°, aus I u. Barbitursäure mit Na-Acetat; aus Eisessig durch Überschichten mit Ae. indigoblaue Kristalle. — *8-[1.3-Dioxoindanyliden-(2)-methyl]*-, $C_{31}H_{22}O_3$, F. 231° (Zers.), aus I u. Indandion-(1.3) mit Na-Acetat; aus A. messingglänzende Nadeln. — *8-[4-Cyan-4-(p-nitrophenyl)-butadien-(1.3)-yl]*-, $C_{32}H_{24}N_2O_3$, F. 244° (Zers.), durch ½ std. Kochen von 2.4-Diphenyl-8-[γ-acetanilidoallyliden]-$\Delta^{2.4}$-tetrahydrobenzopyryliumperchlorat (II) u. p-Nitrobenzylcyanid mit Na-Acetat in A.; aus Acetanhydrid messingglänzende Nadeln. — *8-[4.4-Dicyanbutadien-(1.3)-yl]*-, $C_{27}H_{20}N_2O$, F. 232° (Zers.), aus II u. Malonsäuredinitril durch ¹/₄std. Kochen; aus Acetanhydrid goldglänzende braune Nadeln. — *8-{3-[1.3-Dioxoindanyliden-(2)]-propen-(1)-yl}*-, $C_{33}H_{24}O_3$, F. 258° (Zers.), aus I u. Indandion-(1.3) in Acetanhydrid mit Pyridin durch 10 Min. langes Kochen; aus Acetanhydrid messingglänzende Kristalle. — *8-[6-Cyan-6-(p-nitrophenyl)-hexatrien-(1.3.5)-yl]*-, $C_{34}H_{26}N_2O_3$, F. 237° (Zers.), durch ½ std. Kochen von 2.4-Diphenyl-8-[5-acetanilidopentadien-(2.4)-yliden]-$\Delta^{2.4}$-tetrahydrobenzopyryliumperchlorat (III) u. p-Nitrobenzylcyanid in A. in Ggw. von etwas Pyridin; aus Bzl. messingglänzende Nadeln. — *8-[6.6-Dicyanhexatrien-(1.3.5)-yl]*-, $C_{29}H_{22}N_2O$, F. 209° (Zers.), analog vorst. Verb. aus III u. Malonsäuredinitril mit Na-Acetat; aus Nitromethan grünglänzende Nadeln. — *8-[5-(1-Phenyl-3-methyl-5-oxopyrazolinyliden-(4))-pentadien-(1.3)-yl]*-, $C_{36}H_{30}N_2O_2$, F. 227° (Zers.), aus III u. 1-Phenyl-3-methylpyrazolon-(5) mit Na-Acetat; aus Bzl. durch Überschichten mit PAe. grüngoldene Kristalle. P. Golinske. 3211□

Flavanderivate. 1. Mitt. **Die absolute Konfiguration von (+)-Dihydroquercetin.** J. W. Clark-Lewis und W. Korytnyk. (J. chem. Soc. [London] **1958**, 2367—72, Juni; Adelaide, Univ. of Adelaide; engl.) — Die trans-Konfiguration für (+)-*Dihydroquercetin* (I) u. sein Racemat wurde bewiesen u. gezeigt, daß die abs. Konfigurationen der zwei asymm. Zentren in I ident. sind mit denen im (+)-Catechin. (+)-Catechintetramethyläther-3-[p-toluolsulfonat] erleidet beim Erhitzen mit alkohol. K-Acetat eine Wagner-Meerwein-Umlagerung zu (+)-*2-Äthoxy-5.7.3'.4'-tetramethoxyisoflavan.*

Versuche: (±)-*Dihydroquercetin-5.7.3'.4'-tetramethyläther* [(±)-II], $C_{19}H_{20}O_7$, F. 169 bis 170°. *3-Acetat* [(±)-III], $C_{21}H_{22}O_8$, F. 184—185°, durch 14std. Acetylierung von 0,45 g (±)-II; aus A. Nadeln; 0,43 g (Ausbeute). — (+)-*Dihydroquercetin-5.7.3'.4'-tetramethyläther* [(+)-II], $C_{19}H_{20}O_7$, F. 165—168° (A.), aus 5 g I; $[\alpha]_D^{18}$ —19,7° (c = 2,4; Chlf.); 3 g. *3-Acetat,* $C_{21}H_{22}O_8$, F. 162—163° (sintert ab 159°), durch 5std. Rk. von 0,4 g (+)-II in Pyridin mit Acetanhydrid; aus A. Rhomben; $[\alpha]_D^{18}$ +33,4° (c = 2,1; Chlf.); 0,258 g; daneben 0,066 g (±)-III. — (±)-*Catechin-5.7.3'.4'-tetramethyläther* [(±)-IV], $C_{19}H_{22}O_6$, F. 154—164°, durch 17std. Hydrieren einer Suspension von (±)-II in Essigsäure in Ggw. von Pt bei Raumtemperatur. *3-Acetat,* $C_{21}H_{24}O_7$, F. 135—136°. — (+)-*Catechin-5.7.3'.4'-tetramethyläther* [(+)-IV], $C_{19}H_{22}O_6$, F. 143—144°, a) durch Hydrieren von (+)-II; b) durch Kochen von teilweise racemisiertem (+)-Catechin, wasserfreiem K_2CO_3 u. abs. Aceton, Zugabe von Dimethylsulfat u. 4std. Kochen, Wasserdampf-Dest.; $[\alpha]_D^{22}$ —13,3° (c = 4,3; Tetrachloräthan). *3-Acetat,* F. 94—95°. *3-[p-Tosylat]-* (V), $C_{26}H_{28}O_8S$, FF. 115—116° (A.) u. 86—88° (Methanol), aus (+)-IV nach Freudenberg u. Mitarbeitern [1924]; $[\alpha]_D^{21}$ +87,7 (c = 6,1; Tetrachloräthan); aus A. Platten; aus Methanol Nadeln. — (+)-*2-Äthoxy-5.7.3'.4'-tetramethoxyisoflavan,* $C_{21}H_{26}O_6$, F. 122—124°, a) durch 48std. Erhitzen einer alkohol. Lsg. von V u. K-Acetat im Bombenrohr auf 135°; aus Methanol Nadeln; $[\alpha]_D^{20}$ +113°,2 (c = 1,1; Tetrachloräthan); daneben aus den Mutterlaugen eine *Verb. vom F. 100—102°* {$[\alpha]_D^{20}$ +14,9° (c = 0,6; Tetrachloräthan)}; b) durch 5 Min. langes Schütteln von (+)-IV in abs. Bzl. mit PCl_5. P. Becker. 3211

Oxazolderivate in der Diensynthese. G. Ja. Kondratjewa und Tschshi-Chen Chuan. (Доклады Академии Наук СССР [Ber. Akad. Wiss. UdSSR] **142,** 593—95, 21/1. 1962; Zelinsky-Inst. für org. Chem. der Akad. der Wiss. der UdSSR; russ.) — 5-Acetyl-4-methyl- (I), 5-Carbäthoxy-4-methyloxazol (II), 5-Methyl-4-phenyl- (III), 2-Methyl-4-phenyl- (IV) u. 2.5-Dimethyl-4-phenyloxazol (V) reagieren mit Maleinsäureimid (VI) unter Bldg. der *Imide* bzw. (durch teilweise Hydrolyse) der *Amide* der entsprechenden *Alkylpyridin-3.4-dicarbonsäuren.* Aus 2.4-Dimethyl-5-carbäthoxy-, 2.5-Dimethyl-4-carbäthoxy-, 5-Methyl-2-phenyl-, 2-Methyl-5-phenyl- u. 2-Methyl-4.5-diphenyloxazol konnten keine Prodd. der Dien-Synth. mit VI erhalten werden. Bis auf III reagierten die vorst. Oxazole nicht mit Maleinsäureanhydrid (VII). Das Addukt aus III u. VII wurde nur in geringer Ausbeute erhalten.

Versuche: *5-Acetyl-6-methylpyridin-3.4-dicarbonsäureimid,* $C_{10}H_8N_2O_3$, F. 222 bis 223° (Methyläthylketon, Aceton–Bzl.), man erhitzt 8 g I u. 6,5 g VI in 10 ml Xylol in Ggw. von Pyrogallol 5 Std. lang, verd. mit 10 ml Bzl. u. kühlt; 45,4% (Ausbeute). — *5-Carbäthoxy-6-methylpyridin-3.4-dicarbonsäureimid,* $C_{11}H_{10}N_2O_4$, F. 183—184° (Bzl., Aceton–PAe.), durch 3std. Erhitzen von 3,2 g II u. 2,0 g VI in Xylol; 37,5%. — *5-Methyl-6-phenylpyridin-3.4-dicarbonsäure,* $C_{14}H_{11}NO_4$, F. 211° (A.), durch 7std. Kochen von 5 g III u. 6 g VII in Ggw. von Hydrochinon (VIII) in 15 ml Toluol; 15,7%. *3(4)-Amid,* $C_{14}H_{12}N_2O_3$, F. 158,5—159 (A., Aceton), durch 4std. Erhitzen von 3,34 g III u. 2 g VI in 10 ml Toluol in Ggw. von VIII; 75,8%. — *2-Methyl-6-phenylpyridin-3.4-dicarbonsäure-3(4)-amid,* $C_{14}H_{12}N_2O_3$, F. 175—176° (A., Aceton), durch 6std. Kochen von 3,34 g IV u. 2 g VI in Toluol; 68,2%. — *2.5-Dimethyl-6-phenylpyridin-3.4.-dicarbonsäure-3(4)-amid,* $C_{15}H_{14}N_2O_3$, F. 149—149,5° (Äthylacetat–Aceton, Chlf.–Aceton), durch 4std. Kochen von 2,6 g V u. 1,5 g VI in 10 ml Xylol in Ggw. von VIII; 46,7%. Helmut Schäfer. 3231

Derivate von cis- und trans-3-Stilbazolen. Frank H. Clarke, Geraldine A. Felock, Gladys B. Silverman und Clara M. Watnick. (J. org. Chemistry **27,** 533—36, 9/2. 1962; Bloomfield, N.J., Schering Corp., Med. Chem. Res. Dep.; engl.) — *cis-* u. *trans-3-Stilbazole,* die in α- oder β-Stellung eine Carboxy-, Aminocarbonyl- oder Cyangruppe enthalten, werden dargestellt. Die stereochem. Verhältnisse werden auf Grund der UV-Spektren bestimmt u. durch chem. Umwandlungen bestätigt.

Versuche (FF. korr.): cis-3-Stilbazole: *β-Carboxy-,* $C_{14}H_{11}NO_2$, F. 197—200° (A.), durch 2std. Kochen von Na-Phenylacetat u. Pyridin-3-aldehyd in Acetanhydrid, Kühlen u. Verdünnen mit W.; 55% (Ausbeute). — *Unsubstituiert,* $C_{13}H_{11}N$, $Kp._{0,3}$ 103 bis 104°, a) durch ¼std. Zugabe vorst. Verb. zu Cu-Chromit in Chinolin bei 230° u. ½std. Stehen bei dieser Temp.; n^{25} 1,620; 85%; b) analog a) aus der entsprechenden cis-α-Carboxyverbindung. *Hydrochlorid,* $C_{13}H_{11}N\cdot HCl$, F. 148—150° (Aceton). — *β-Aminocarbonyl-,* $C_{14}H_{12}N_2O$, F. 147—149° (Bzl.), durch 1½std. Kochen vorvorst. Verb. mit $SOCl_2$, Entfernen des $SOCl_2$ im Vakuum, Versetzen mit abs. Ae., Filtrieren u. Zugabe zu fl. NH_3; 85%. — *β-Cyan-,* $C_{14}H_{10}N_2$, F. 64—66° (Bzl./PAe.), durch Zugabe von p-Toluolsulfonylchlorid zu vorst. Verb. in Pyridin, 2std. Rühren bei Raum-Temp. u. Verdünnen mit W.; 72%. — *α-Carboxy-,* F. 235—238° (A.), nach Beard u. Katritzky

(C. **1960**, 5164). — *α-Aminocarbonyl-*, $C_{14}H_{12}N_2O$, F. 195—196° (Aceton), aus vorst. Verb. über das Säurechlorid. — trans-3-Stilbazole: *Unsubstituiert*, F. 77—79° (Cyclohexan), durch 20 Min. langes Kochen der entsprechenden cis-Verb. in Nitrobenzol in Ggw. von J_2, Verdünnen mit Ae. u. Extrahieren mit verd. HCl; 86%. — *β-Cyan-*, F. 92—93° (A.), durch Erwärmen von Pyridin-3-aldehyd u. Phenylacetonitril in abs. A. auf 50°, Zugabe von Na-Äthylat in abs. A. u. 1std. Stehen; 98%. — *α-Cyan-*, $C_{14}H_{10}N_2$, F. 107—109° (Aceton/Cyclohexan), analog vorst. Verb.; 70—100%. — *β-Cyan-4'-chlor-*, F. 140—141° (A.). — *β-Cyan-4'-methoxy-*, $C_{15}H_{12}N_2O$, F. 112—114° (Bzl./PAe.). — *β-Cyan-4'-nitro-*, $C_{14}H_9N_3O_2$, F. 156—157° (Methanol). — *β-Cyan-4'-amino-*, $C_{14}H_{11}N_3$, F. 169—171° (A.). — *β-Cyan-4'-acetamido-*, $C_{16}H_{13}N_3O$, F. 223—224° (50% ig. Essigsäure). — *β-Cyan-4'-dimethylamino-*, $C_{16}H_{15}N_3$, F. 122—124° (Isopropanol). — *α-Cyan-4'-dimethylamino-*, $C_{16}H_{15}N_3$, F. 139—141° (Bzl./PAe.). — *β-Aminocarbonyl-*, $C_{14}H_{12}N_2O$, F. 134—137° (Isopropanol u. Isopropylacetat), durch 2std. Erhitzen der entsprechenden Cyan-Verb. in 85% ig. H_2SO_4 auf dem Dampfbad, Gießen in 50% ig. wss. NaOH/Eis; 65%; aus Aceton/Pentan entsteht eine Modifikation vom F. 129—130°. — *α-Aminocarbonyl-*, $C_{14}H_{12}N_2O$, F. 151—152° (Aceton/Ae.). — *β-Aminocarbonyl-4'-chlor-*, $C_{14}H_{11}ClN_2O$, F. 155—159° (Aceton/Cyclohexan). — *β-Aminocarbonyl-4'-dimethylamino-*, $C_{16}H_{17}N_3O$, F. 201—203° (85% ig. Methanol). — *trans-β-Aminocarbonyl-4-stilbazol*, $C_{14}H_{12}N_2O$, F. 178—180° (Aceton). — *trans-β-Cyan-4'-dimethylamino-4-stilbazol*, $C_{16}H_{15}N_3$, F. 154—157° (Bzl./PAe.). — *trans-β-Cyan-4'-dimethylamino-2-stilbazol*, $C_{16}H_{15}N_3$, F. 136—138° (Bzl./PAe.) P. Golinske. 3231□

Polarisation der heterocyclischen Ringe mit aromatischem Charakter. 129. Mitt. **Über eine neue Nitrierung des Chinolin-N-oxids.** 2. Mitt. Eiji Ochiai und Chikara Kaneko. (Chem. pharmac. Bull. [Tokyo] **7**, 191—95, März 1959; Hongo, Tokyo, Univ., Pharmazeut. Fak.; dt.) — 1. vgl. Chem. pharmac. Bull. [Tokyo] **5**, [1957], 56; 128. vgl. J. pharmac. Soc. [Yakugakuzasshi] **78**, [1958], 1438; 139. bzw. 4. vgl. C. **1962**, 7893. — *Chinolin-N-oxid* (**II**) ergibt bei der Nitrierung mit überschüssigem *Benzoylnitrat* (**I**) neben *3-Nitrochinolin-N-oxid* (**IIa**) *N-Benzoyloxy-3.6-dinitrocarbostyril* (**III**), das mit dem gleichen Nitrierungsmittel auch aus **IIa** oder aus *6-Nitrochinolin-N-oxid* (**IIb**) erhalten werden kann. **III** ist gegen 5% ig. HCl sowie gegen Acetanhydrid beständig. Mit 10% ig. KOH entsteht eine intensiv rote Lsg., die sich an der Luft beim Erhitzen auf 100° unter NH_3-Entw. zersetzt u. beim Stehen unter N_2 in der Kälte *3.6-Dinitro-N-hydroxycarbostyril* (**IV**) bildet, das mit Benzoylchlorid in Pyridin wieder **III** ergibt u. mit $POCl_3$ in *2-Chlor-3.6-dinitrochinolin* (**VIII**) übergeführt werden kann. Aus **VIII** lassen sich mit 10% ig. HCl *3.6-Dinitrocarbostyril* (**VII**) u. hieraus mit H_2SO_4/HNO_3 u. $POCl_3/PCl_5$ *2-Chlor-3.6.8-trinitrochinolin* gewinnen. Beim Vers., **III** an Pd-Kohle in Eisessig zu hydrieren, bleibt die Benzoyloxygruppierung erhalten, u. es entsteht die entsprechende *Diacetylaminoverbindung*. Aus 5- (**V**) u. 7-Nitrochinolin-N-oxid (**VI**) entstehen mit **I** *3.5-* bzw. *3.7-Dinitrobenzoyloxycarbostyril*.

Versuche: *N-Benzoyloxy-3.6-dinitrocarbostyril* (**III**), $C_{16}H_9N_3O_7$, F. 258° (Zers.), a) durch Rk. von 1 g **II** mit **I** in Chlf. unter Kühlung u. 3tägiges Stehen; 0,7 g (Ausbeute); b) analog a) aus 0,5 g **IIa**; 0,75 g; c) analog a) aus 0,5 g **IIb**; 0,85 g.; schwachgelbe Nadeln aus Dimethylformamid/Methanol. 5std. Rk. mit $POCl_3/PCl_5$ bei 170—180° → *Tetrachlorchinolin*, $C_9H_3Cl_4N$, F. 167—168°, aus Ae. Nadeln. — *3.6-Dinitro-N-hydroxycarbostyril* (**IV**), $C_9H_5N_3O_6$, F. 193—195° (Zers.), durch 5std. Rk. von 0,2 g **III** mit 10% ig. KOH unter Eiskühlung u. N_2; schwachgelbe Nadeln aus W.; 0,08 g. — *2-Chlor-3.6-dinitrochinolin* (**VIII**), $C_9H_4ClN_3O_4$, F. 160—162°, durch 3std. Erhitzen von 0,12 g **IV** mit $POCl_3$ im Rohr auf 160°, Aufarbeitung u. Chromatographie an Al_2O_3; Nadeln aus Methanol/Aceton; 0,06 g. — *3.6-Dinitrocarbostyril* (**VII**), $C_9H_5N_3O_5$, F. 281—283° (Zers.), durch 3std. Kochen von 0,5 g **VIII** in 10% ig. HCl; gelbe Nadeln aus A.; 0,38 g. — *2-Chlor-3.6.8-trinitrochinolin*, F. 185—187°, durch 3std. Erhitzen von 0,1 g **VII** mit HNO_3–H_2SO_4 auf 100° u. Chlorieren der 0,09 g *Nitro-Verb.* [F. 178—180° (Zers.)] mit $POCl_3/PCl_5$; aus Bzl. Nadeln. — *3.5-Dinitro-N-benzoyloxycarbostyril*, $C_{16}H_9N_3O_7$, F. 176—178°, analog **III** aus **V**; gelbe Nadeln aus Aceton. — *3.7-Dinitro-N-benzoyloxycarbostyril*, $C_{16}H_9N_3O_7$, F. 253° (Zers.), analog **III** aus **VI**; gelbe Prismen aus Aceton. — *3.6-Bis-[acetamido]-N-benzoyloxycarbostyril*, $C_{20}H_{17}N_3O_5 \cdot H_2O$, F. 176—177°, durch Hydrieren von 700 mg **III** an Pd-Kohle in Eisessig; Nadeln aus A.; 420 mg. M. Reiher. 3231□

Polarisation der heterocyclischen Ringe mit aromatischem Charakter. 130. Mitt. **Nitrierung des 6-Methyl- und 3-Bromchinolin-N-oxids mit Benzoylnitrat.** Eiji Ochiai und Chikara Kaneko. (Chem. pharmac. Bull. [Tokyo] **7**, 195—98, März 1959; dt.) — 129. vgl. vorst. Referat. — Die Nitrierungen von *6-Methylchinolin-N-oxid* (**I**) u. *3-Bromchinolin-N-oxid* (**II**) mit *Benzoylnitrat* (**III**) in Chlf. verlaufen ähnlich wie die analoge Rk. beim Chinolin-N-oxid. Aus **I** entstehen *6-Methyl-3-nitrochinolin-N-oxid* (**IV**)

u. *N-Benzoyloxy-3-nitro-6-methylcarbostyril* (**V**), aus **II** dagegen *6-Nitro-3-bromchinolin-N-oxid* (**VI**) u. *N-Benzoyloxy-3-brom-6-nitrocarbostyril* (**VII**). Wegen der Blockierung der 3- bzw. 6-Stellung findet also nur die Mono- u. keine weitere Nitrierung statt. **V** u. **VII** lassen sich auch aus **IV** bzw. **VI** mit **III** erhalten. Mit PCl_3 liefert **IV** *6-Methyl-3-nitrochinolin.*

Versuche: *6-Methyl-3-nitrochinolin-N-oxid* (**IV**), $C_{10}H_8N_2O_3$, F. 232—233°, durch Rk. von 1 g **I** mit **III** in Chlf. unter Eiskühlung u. 3tägiges Stehen; gelbe Nadeln aus Aceton; 0,858 g (Ausbeute). — *N-Benzoyloxy-3-nitro-6-methylcarbostyril* (**V**), $C_{17}H_{12}N_2O_5$, F. 189—191°, a) aus den aceton. Mutterlaugen von **IV**; 0,12 g; b) aus 0,2 g **IV** mit **III** in Chlf.; 0,11 g; gelbe Prismen aus Aceton. — *6-Methyl-3-nitrochinolin*, $C_{10}H_8N_2O_2$, F. 180 bis 181°, durch 20 Min. Kochen von 0,2 g **IV** mit PCl_3 in Chlf., schwachgelbe Nadeln aus Methanol; 0,15 g. — *6-Nitro-3-bromchinolin-N-oxid* (**VI**), $C_9H_5BrN_2O_3$, F. 260—262° (Zers.), aus 1 g **II** analog **IV**; schwachgelbe Nadeln aus Aceton oder Methanol; 395 mg. — *N-Benzoyloxy-3-brom-6-nitrocarbostyril* (**VII**), $C_{16}H_9BrN_2O_5$, F. 188—190°, neben **VI**, schwachbraune Nadeln aus Bzl.; 190 mg. — *4-Hydroxy-3-nitrochinolin-N-oxidmonobenzoat*, $C_{16}H_{10}N_2O_5$, F. 174—176° (Zers.), aus 0,2 g 4-Hydroxy-3-nitrochinolin-N-oxid u. Benzoylchlorid in Pyridin; Prismen aus Bzl.; 0,27 g. — *4-Hydroxy-6-nitrochinolin-N-oxid-monobenzoat*, F. 197—199° (Aceton), 4.6-Dinitrochinolin-N-oxid mit Acetanhydrid, 10std. Kochen der 0,42 g *Nadeln* (Zers. bei 181—183°) in W. u. Benzoylieren des entstandenen *6-Nitro-4-hydroxychinolin-N-oxids* [F. 238—240° (Zers.), gelb; 0,24 g] in Pyridin. M. Reiher. 3231 □

Synthesen in der Isochinolinreihe. 1.2-substituierte Oktahydroisochinoline. M. Walter, H. Besendorf und O. Schnider. (Helv. chim. Acta **44**, 1546—54, 16/10. 1961; Basel, F. Hoffmann-La Roche & Co. AG., Forschungsabt.; dt.) — Die Synth. von substituierten *1-Phenylalkyl-2-alkyl-1.2.3.4.5.6.7.8-oktahydroisochinolinen* u. ihre Spaltung in der opt. Antipoden werden beschrieben. Die *1-[Nitrophenylalkyl]-methyl-Derivv.* sind wirksame Analgetica.

Versuche: Propionsäuren: *β-Phenyl-*, Kp.$_{12}$ 154—157°. — *β-[p-Methoxyphenyl]-*, F. 104—105°. — *β-[p-Chlorphenyl]-*, F. 122—124°. — *β-[p-Fluorphenyl]-*, F. 95°, Kp.$_{22}$ 105—107°. — *β-[p-Nitrophenyl]-*, F. 166—168°. — *β-[o-Nitrophenyl]-*, F. 115°, Kp.$_{12}$ 216—220°. — *β-[m-Nitrophenyl]-*, F. 116—117°. — *β-[m-Trifluormethylphenyl]-*, F. 130 bis 131°, Kp.$_1$ 102°. — Buttersäuren: *γ-Phenyl-*, Kp.$_{12}$ 163—168°. — *γ-[p-Chlorphenyl]-*, F. 62°, Kp.$_{0,1}$ 136°. — *γ-[p-Nitrophenyl]-*, F. 92—93°. — *δ-Phenylvaleriansäure*, Kp.$_{12}$ 174—180°. — *δ-[p-Nitrophenyl]-valeriansäure*, F. 84—85°, Kp.$_{0,1}$ 175—180°. — *α-Methyl-β-phenylpropionsäure*, F. 37°, Kp.$_{11}$ 101—102°. — *α-Methyl-β-[p-nitrophenyl]-propionsäure*, F. 120°. — Propionsäure-[β-cyclohexen-(1)-yläthylamide], durch 5—15std. Kochen der entsprechenden Säure mit 2-[Cyclohexen-(1)-yl]-äthylamin in Xylol mit Amberlit IR-120 (saure Form) am Wasserabscheider, Filtrieren, Kühlen u. mehrstd. Stehen; ca. 100% (Ausbeute; Meth. **A**): *β-Phenyl-*, F. 69—71° (PAe.). — *β-[p-Methoxyphenyl]-*, F. 90—92° (Toluol). — *β-[p-Chlorphenyl]-*, F. 115 bis 117° (PAe.). — *β-[p-Fluorphenyl]-*, F. 94—95° (PAe.). — *β-[p-Nitrophenyl]-*, F. 138 bis 140° (Essigester). — *β-[o-Nitrophenyl]-*, F. 83° (Xylol/PAe.). — *β-[m-Nitrophenyl]-*, wurde nicht isoliert. — *β-[m-Trifluormethylphenyl]-*, F. 83—84° (Xylol/PAe.). — Buttersäure-[β-cyclohexen-(1)-yläthylamide]: *γ-Phenyl-*, F. 55—57° (Diisopropyläther), Kp.$_{0,1}$ 157—158°. — *γ-[p-Chlorphenyl]-*, Kp.$_{0,05}$ 227—230°. — *γ-[p-Nitrophenyl]-*, wurde nicht isoliert. — *δ-Phenylvaleriansäure-[β-cyclohexen-(1)-yläthylamid]*, F. 61—62° (PAe.). — *δ-[p-Nitrophenyl]valeriansäure-[β-cyclohexen-(1)-yläthylamid]*, Kp.$_{0,1}$ 230—240°. — *α-Methyl-β-phenylpropionsäure-[β-cyclohexen-(1)-yläthylamid]*, Kp.$_{0,1}$ 165—168°. — *α-Methyl-β-[p-nitrophenyl]-propionsäure-[β-cyclohexen-(1)-yläthylamid]*, F. 108° (PAe.), Kp.$_{0,15}$ 220—230°. — 1.2.3.4.5.6.7.8-Oktahydroisochinoline: *1-[β-Phenyläthyl]-*, *Oxalat*, $C_{19}H_{25}NO_4$, F. 191° (Methanol), durch Darst. des Cyclohexenyläthylamids nach **A**, 2std. Kochen mit $POCl_3$ in abs. Bzl., Eindampfen im Vakuum, Erwärmen des Rückstands in W., $^1/_4$std. Kochen, Ausschütteln mit Chlf., Eindampfen bei 50° (Bad; Meth. **B**), 1 bis 2tägiges Hydrieren in Methanol am Ni-Katalysator bei Raum-Temp./Normaldruck, Kochen, Filtrieren, Eindampfen, Alkalisieren mit NH_4OH, Extrahieren mit Ae. oder Chlf. (Meth. **C**) u. Überführen in das Oxalat. *Hydrochlorid*, F. 197—198° (A.). — *1-[β-(p-Methoxyphenyl)-äthyl]-*, *Oxalat*, $C_{20}H_{27}NO_5$, F. 196° (W.). nach **A**, **B** u. **C**. — *1-[β-(p-Chlorphenyl)-äthyl]-*, *Hydrochlorid*, $C_{17}H_{23}Cl_2N$, F. 190° (W.), nach **A**, **B** u. **C**. — *1-[β-(p-Fluorphenyl)-äthyl]-*, *Hydrochlorid*, $C_{17}H_{23}ClFN$, F. 235° (W.), nach **A**, **B** u. **C**. — *1-[β-(p-Nitrophenyl)-äthyl]*, $C_{17}H_{22}N_2O_2$, F. 70° (Methanol), durch Darst. des Amids nach **A**, Cyclisierung nach **B**, Lösen des Hexahydroisochinolins in Methanol, Zugabe von KBH_4 bei Raum-Temp., 15—20std. Stehen, Einengen im Vakuum, Verdünnen mit W., Alkalisieren mit NH_4OH u. Ausschütteln mit Ae. (Meth. **D**). *Hydrochlorid*, F. 248—250° (W.).

— *1-[ω-(p-Nitrophenyl)-butyl]-*, *Oxalat*, $C_{21}H_{28}N_2O_6$, F. 145° (A./Ae.), nach **A**, **B** u. **D**. — *1-[1-(p-Nitrophenyl)-propyl-(2)]-*, *Oxalat*, $C_{20}H_{26}N_2O_6$, F. 132° (A.), nach **A**, **B** u. **D**. — *1-[β-(o-Nitrophenyl)-äthyl]-*, *Hydrochlorid*, $C_{17}H_{23}ClN_2O_2$, F. 245° (A./Aceton), nach **A**, **B** u. **D**. — *1-[γ-Phenylpropyl]-*, *Oxalat*, $C_{20}H_{27}NO_4$, F. 154° (Methanol), nach **A**, **B** u. **C**. — *1-[β-(m-Nitrophenyl)-äthyl]-*, *Hydrochlorid*, $C_{17}H_{23}ClN_2O_2$, F. 195° (A./Aceton), nach **A**, **B** u. **D**. — *1-[ω-Phenylbutyl]-*, *Oxalat*, $C_{21}H_{29}NO_4$, F. 112° (Essigester), nach **A**, **B** u. **C**. — 2-Methyl-1.2.3.4.5.6.7.8-oktahydroisochinoline: *1-[β-Phenyläthyl]-*, *Oxalat*, $C_{20}H_{27}NO_4$, F. 145° (Essigester), durch Darst. des 1-substituierten Isochinolins nach **A**, **B** u. **C**, Lösen in Methanol/40% ig. wss. Formaldehyd-Lsg. (100:3), Hydrieren an Raney Ni bei Raum-Temp., Filtrieren u. Einengen im Vakuum (Meth. **E**). *Hydrochlorid*, F. 140° (W.). — *1-[γ-Phenylpropyl]-* (**I**), *Hydrochlorid*, $C_{19}H_{28}ClN$, F. 175° (Essigester), nach **A**, **B**, **C** u. **E**. — *1-[1-Phenylpropyl-(2)]-*, $C_{19}H_{27}N$, Kp.$_{14}$ 200°, nach **A**, **B**, **C** u. **E**. — *1-[β-(p-Methoxyphenyl)-äthyl]-*, *Oxalat*, $C_{21}H_{29}NO_5$, F. 112° (W.), nach **A**, **B**, **C** u. **E**. — *1-[β-(p-Chlorphenyl)-äthyl]-*, *Oxalat*, $C_{20}H_{26}ClNO_4$, F. 130° (W.), nach **A**, **B**, **C** u. **E**. — *1-[β-(p-Fluorphenyl)-äthyl]-*, *Hydrochlorid*, $C_{18}H_{25}ClFN$, F. 189° (Aceton), nach **A**, **B**, **C** u. **E**. — *1-[γ-(p-Chlorphenyl)-propyl]-*, *Oxalat*, $C_{21}H_{28}ClNO_4$, F. 105° (W.), nach **A**, **B**, **C** u. **E**. — *1-[β-(m-Trifluormethylphenyl)-äthyl]-*, *Oxalat*, $C_{21}H_{26}F_3NO_4$, F. 125° (Essigester), durch kurzes Kochen des nach **A**, **B** u. **C** dargestellten Oktahydroisochinolins mit der 2½fachen Menge eines Gemisches gleicher Teile Formaldehyd u. HCOOH (Meth. **F**). — *1-[β-(p-Nitrophenyl)-äthyl]-*, *Oxalat*, $C_{20}H_{26}N_2O_6$, F. 152° (Aceton), nach **A**, **B**, **D** u. **F**. *Hydrochlorid*, F. 195° (Aceton). (—)-*Hydrobromid*, $C_{18}H_{25}BrN_2O_2$, F. 215° (Methanol), durch Lösen der Base in Aceton, Versetzen mit Dibenzoyl-D-weinsäure in Aceton, Animpfen, 1std. Stehen bei 0°, Filtrieren, Zers. des isolierten *Dibenzoyl-D-tartrats* [F. 140° (Methanol/Aceton); $[\alpha]_D^{20}$ —80° (c = 1)] mit NH_4OH/Ae., Eindampfen der Ae.-Lsg. u. Umwandeln der *freien Base* ($[\alpha]_D^{20}$ + 10,6° (c = 1,7; Methanol)] in das Hydrobromid, $[\alpha]_D^{20}$ —25,0° (c = 1,2; Methanol). (+)-*Hydrobromid*, F. 218° (Methanol/Aceton), durch Ausschütteln der Mutterlaugen des obenstehenden Dibenzoyltartrats mit NH_4OH/Ae. u. Umwandeln der Base ($[\alpha]_D^{20}$ —8,35°) in das Hydrobromid; $[\alpha]_D^{20}$ + 25,4° (c = 1,4; Methanol). (—)-*Hydrochlorid*, $C_{18}H_{25}ClN_2O_2$, F. 220° (Methanol), aus dem (—)-Hydrobromid. (+)-*Hydrochlorid*, $C_{18}H_{25}ClN_2O_2$, F. 220° (A.). — *1-[γ-(p-Nitrophenyl)-propyl]-*, *Hydrobromid*, $C_{19}H_{27}BrN_2O_2$, F. 205° (A.), durch Zutropfen von 99—100% ig. HNO_3/Eisessig (10:7) zu dem nach **A**, **B**, **C** u. **E** dargestellten **I** in Eisessig bei 0—5°, 5std. Rühren, mehrstd. Stehen bei 0°, Verdünnen mit Eis, Alkalisieren mit konz. NH_4OH, Extrahieren mit Chlf. u. Umwandeln in das Hydrobromid. — *1-[δ-(p-Nitrophenyl)-butyl]-*, $C_{20}H_{28}N_2O_2$, Kp.$_{0,1}$ 160—170°, nach **A**, **B**, **D** u. **F**. — *1-[1-[p-Nitrophenyl)-propyl-(2)]-*, *Hydrobromid*, $C_{19}H_{27}BrN_2O_2$, F. 212° (Aceton), nach **A**, **B**, **D** u. **F**. — *1-[β-(o-Nitrophenyl)-äthyl]-*, *Oxalat*, $C_{20}H_{26}N_2O_6$, F. 157° (Methanol/Ae.), nach **A**, **B**, **D** u. **F**. — *1-[β-(m-Nitrophenyl)-äthyl]-*, *Hydrobromid*, $C_{18}H_{25}BrN_2O_2$, F. 207° (A./Aceton), nach **A**, **B**, **D** u. **F**. — *1-[β-(p-Aminophenyl)-äthyl]-*, *Dioxalat*, $C_{22}H_{30}N_2O_8$, F. 155° (Methanol), aus der entsprechenden Nitroverbindung. — 1.2.3.4.5.6.7.8-Oktahydroisochinoline: *1-[β-Phenyläthyl]-2-allyl-*, *Hydrobromid*, $C_{20}H_{28}BrN$, F. 194° (Essigester), durch Erhitzen des entsprechenden 1-substituierten Oktahydroisochinolins mit dem Alkylhalogenid u. K_2CO_3 in Dimethylformamid auf 140—150° bis zum Ende der CO_2-Entw., Filtrieren, Eindampfen im Vakuum u. Darst. des Hydrobromids in A. mit 60% ig. wss. HBr; 50—60% (Ausbeute). — *1-[γ-Phenylpropyl]-2-allyl-*, *Hydrobromid*, $C_{21}H_{30}BrN$, F. 130° (Essigester/PAe.), analog vorst. Verbindung. — *1-[β-(p-Chlorphenyl)-äthyl]-2-allyl-*, *Hydrobromid*, $C_{20}H_{27}BrClN$, F. 183° (A.). — *1-[β-(p-Nitrophenyl)-äthyl]-2-allyl-*, *Hydrobromid*, $C_{20}H_{27}BrN_2O_2$, F. 203° (A./Ae.). — *1-[β-(p-Nitrophenyl)-äthyl]-2-propyl-*, *Hydrochlorid*, $C_{20}H_{29}ClN_2O_2$, F. 178° (A.). — *1-[β-(p-Nitrophenyl)-äthyl]-2-isoamyl-*, *Hydrobromid*, $C_{22}H_{33}BrN_2O_2$, F. 176° (A./Ae.). — *1-[β-(p-Nitrophenyl)-äthyl]-2-dimethylallyl-*, *Oxalat*, $C_{24}H_{32}N_2O_6$, F. 134° (Aceton). P. Golinske. 3231□

Untersuchungen in der Chinuclidin-Reihe. 6. Mitt. Die Synthese von 4-Brom- und 4-Hydroxychinuclidin. C. A. Grob und P. Brenneisen. (Helv. chim. Acta **41**, 1184—90, 1/8. 1958; Basel, Univ., Organ.-chem. Anstalt; dt.) — 5. vgl. C. **1961**, 9780. — N-Benzoylpiperidon-(4) (**I**) geht mit Zn u. Bromessigsäureäthylester (**II**) in *[1-Benzoyl-4-hydroxypiperidyl-(4)]-essigsäureäthylester* (**IX**) über, der durch $LiAlH_4$ zu *1-Benzyl-4-hydroxy-4-[2-hydroxyäthyl]-piperidin* (**III**) red. wird. **III** kann auch durch Rk. von *1-Benzylpiperidon-(4)*, dessen Darst. Vff. verbessern, mit Zn u. **II** u. Red. des entstandenen *[1-Benzyl-4-hydroxypiperidyl-(4)]-essigsäureäthylesters* (**IV**) gewonnen werden. **III** geht mit 66% ig. HBr in das *Hydrobromid* des *1-Benzyl-4-brom-4-[2-bromäthyl]-piperidins* über. Dieses liefert nach Überführung in die *Base* beim Erwärmen das *1-Benzyl-4-bromchinuclidiniumbromid*, aus dem durch Hydrierung an Pd-Kohle unter Abspaltung der Benzylgruppe *4-Bromchinuclidin* als *Hydrobromid* (**V**) erhalten wird. **V** liefert mit Zn in Eisessig–HBr *Chinuclidin*. Setzt man 1-Methylpiperidon-(4) (**VI**) mit Essigsäure-tert.-

butylester (**VII**) u. Li-Amid um, so resultiert *[1-Methyl-4-hydroxypiperidyl-(4)]-essigsäure-tert.-butylester,* der mit $LiAlH_4$ *1-Methyl-4-hydroxy-4-[2-hydroxyäthyl]-piperidin* (**X**) ergibt, das in das nicht isolierte *Hydrobromid* des *1-Methyl-4-brom-4-[2-bromäthyl]-piperidins* übergeführt wird, aus dessen ebenfalls nicht isolierter *Base* in der Wärme *1-Methyl-4-bromchinuclidiniumbromid* erhalten wird. **III** bildet mit p-Toluolsulfochlorid (**VIII**) in Pyridin *1-Benzyl-4-hydroxychinuclidinium-p-toluolsulfonat,* das durch Hydrierung an Pd–Kohle in *4-Hydroxychinuclidin-p-toluolsulfonat* übergeht, aus dem man mit K_2CO_3 *4-Hydroxychinuclidin* selbst erhält.

Versuche: *[1-Benzoyl-4-hydroxypiperidyl-(4)]-essigsäureäthylester* (**IX**), $C_{16}H_{21}NO_4$, F. 77–78,5° (Aceton–Ae.; Prismen), Kp.$_{0,05}$ 186–189°, durch Rk. von **I** mit Zn u. **II** nach McElvain u. McMahon (C. **1950**, I. 2354), Zers. der Zn-organ. Verb. mit Eisessig, Verteilung des Rk.-Gemisches zwischen Bzl. u. verd. NH_4OH u. Dest. des Benzolrückstands; 47% (Ausbeute). — *Bis-[2-äthoxycarbonyläthyl]-benzylamin,* Kp.$_{0,05}$ 145–148°, durch Zugabe von 2 Mol Acrylsäureäthylester in abs. A. zu 1 Mol Benzylamin in A. bei 0°, 12tägiges Aufbewahren bei 20°, Abdestillieren des A. u. Dest. des Rückstands; n_D^{20} 1,4932; 95%. — *1-Benzylpiperidon-(4),* $C_{12}H_{15}NO$, Kp.$_{11}$ 157–158°, durch Einrühren vorst. Verb. in 1,1 Mol Na-Hydrid in abs. Bzl. unter N_2, Kochen, bis das Rk.-Gemisch sich in einen Brei verwandelt hat (6–30 Std.), weitere Zugabe von Bzl. u. vorst. Verb. (insgesamt 1 Mol), 4std. Kochen, teilweises Abdestillieren des Bzl. im Vakuum unter N_2, Zers. von überschüssigem Na-Hydrid mit W., Ansäuern mit 20%ig. HCl, Extraktion der Benzolschicht mit 20%ig. HCl, Kochen der vereinigten sauren Lsgg. bis zur negativen $FeCl_3$-Rk. (ca. 4 Std.), Eindampfen im Vakuum, Lösen des Rückstands in wenig W., Alkalisieren mit festem K_2CO_3, Sättigen mit NaCl, Benzolextraktion u. Dest. des Benzolrückstands; n_D^{25} 1,5369; 80%. *Pikrat,* $C_{18}H_{18}N_4O_8$, F. 174–182° (Aceton–Ae.; gelbe Nadeln). — *[1-Benzyl-4-hydroxypiperidyl-(4)]-essigsäureäthylester* (**IV**), $C_{16}H_{23}NO_3$, Kp.$_{0,02}$ 136–137°, durch Zutropfen von 0,25 Mol **II** in Ae.–Bzl. (1:1) zu der Suspension von ca. 30 g Zn in Ae.–Bzl. (1:1) unter N_2, Suspendieren der entstandenen, zähfl. Zn-organ. Verb. durch starkes Rühren, 2std. Kochen u. Rühren, Zutropfen von 0,1 Mol vorst. Verb. bei 20°, 3std. Kochen, Zers. mit 200 ml Eisessig unter Rühren, Abgießen der Lsg. nach 30 Min. von nicht umgesetztem Zn, wiederholte Extraktion der Ae.–Bzl.-Lsg. mit W. u. verd. HCl, Alkalisieren der vereinigten wss. Lsgg. mit konz. NH_4OH, Sättigen mit NaCl, Benzolextraktion u. Dest. des Benzolrückstands; n_D^{23} 1,5214; 83%. *Methojodid,* $C_{17}H_{26}JNO_3$, F. 190–191° (CH_3OH–Ae.; Nadeln). — *1-Benzyl-4-hydroxy-4-[2-hydroxyäthyl]-piperidin* (**III**), $C_{14}H_{21}NO_2$, F. 89–91,5° (Aceton/Ae.), a) durch Einrühren von **IX** in Ae. innerhalb von 30 Min. zu $LiAlH_4$ in Ae., 1std. Kochen u. Rühren, Zusatz von W. u. von gesätt. K_2CO_3-Lsg., Ae.-Extraktion u. Dest. des Ae.-Rückstands; 87%; b) analog a) aus **IV**; 79,5%. *Methojodid,* $C_{15}H_{24}JNO_2$, F. 176–179° (CH_3OH–Ae.; Nadeln). — *1-Benzyl-4-brom-4-[2-bromäthyl]-piperidin, Hydrobromid,* $C_{14}H_{20}NBr_3$, F. 163–169° (Zers.; CH_3OH–W.; Schuppen), durch 8std. Erwärmen von **III** mit 66%ig. HBr auf 60°, Einengen im Vakuum u. Zusatz von sehr wenig W.; 89%. — *1-Benzyl-4-bromchinuclidiniumbromid,* $C_{14}H_{19}Br_2N$, F. 242,5 bis 244° (Zers.; Isopropanol–Ae.; Nadeln), durch Versetzen von vorst. *Hydrobromid* mit Bzl. u. 10%ig. K_2CO_3-Lsg. in der Kälte, Abtrennen der Benzolschicht, Waschen der alkal. Lsg. mit Bzl., 3std. Kochen der vereinigten Benzol-Lsgg., Einengen im Vakuum u. Absaugen; 92,5%. — *4-Bromchinuclidin, Hydrobromid* (**V**), $C_7H_{13}Br_2N$, F. 268 bis 273,5° (Zers.; CH_3OH/Ae.; Nadeln), durch Hydrierung von vorst. Verb. in CH_3OH an Pd–Kohle innerhalb von ca. 6–7 Std. u. Eindampfen der filtrierten Lsg.; 90%. *Base,* $C_7H_{12}BrN$, F. 89–89,5° (Sublimation bei 90°/760 mm), aus **V** in Ae. mit K_2CO_3; 96,8%. — *Chinuclidin,* durch 12std. Kochen von **V** mit portionsweise zugefügtem Zn in Eisessig–HBr (48%ig), Eindampfen im Vakuum, Zugabe von konz. K_2CO_3-Lsg., Wasserdampf-Dest., Versetzen des Destillats mit HCl bis zur kongosauren Rk., Eindampfen im Vakuum, Aufnehmen des Rückstands in A., Zusatz von alkohol. Pikrinsäure u. Absaugen des *Pikrats,* $C_{13}H_{16}N_4O_7$, F. 275–280° (gelbe Nadeln). — *[1-Methyl-4-hydroxypiperidyl-(4)]-essigsäure-tert.-butylester,* durch Zutropfen von **VI** in Ae. zu der äther. Lsg. der aus Li-Amid u. **VII** nach Hauser u. Puterbaugh (vgl. C. **1950/54**, 2378 S) dargestellten **VII**-*Li-Verb.,* 10std. Kochen u. Rühren, Ansäuern mit 2n HCl bei 0°, Alkalisieren der sauren Lsg. mit K_2CO_3, Sättigen mit NaCl, 3tägige Ae.-Extraktion, Eindampfen, fraktionierte Dest. des Ae.-Rückstands, Abtrennen der Fraktion Kp.$_{12}$ 141 bis 146° (n_D^{23} 1,4602; 40,6%) u. Charakterisierung als *Pikrat,* $C_{18}H_{26}N_4O_9$, F. 175–178° (Zers.; Isopropanol; Nadeln). — *1-Methyl-4-hydroxy-4-[2-hydroxyäthyl]-piperidin* (**X**), Kp.$_{0,04}$ 115–116°, durch Eintropfen vorst. Verb. in Ae. zu $LiAlH_4$ in Ae., 5std. Kochen u. Rühren, Zusatz von W. bei 0°, Zugabe von 50%ig. KOH, 4tägige Ae.-Extraktion u. Dest. des Ae.-Rückstands; 92%. *Pikrat,* $C_{14}H_{20}N_4O_9$, F. 185–191° (Aceton–Isopropanol). *Hydrochlorid,* $C_8H_{18}ClNO_2$, F. 95,5–96,5° (Isopropanol–Ae.; Prismen; hygroskop.). — *1-Methyl-4-bromchinuclidiniumbromid*, $C_8H_{15}Br_2N$, F. 260—261,5° (Isopropanol; Prismen), durch 8std. Erwärmen von **X** mit 66%ig. HBr, Lösen des nach dem Eindampfen erhaltenen Öls in Eiswasser, Schütteln mit K_2CO_3 u. Bzl., 3std. Kochen der Benzol-Lsg. u. Absaugen nach einigem Stehen; 61,7%. *Pikrat*, $C_{14}H_{17}BrN_4O_7$, F. 263 bis 266,5° (Aceton–Isopropanol; gelbe Nadeln). — *1-Benzyl-4-hydroxychinuclidinium-p-toluolsulfonat*, $C_{21}H_{27}NO_4S$, F. 211—213° (CH_3OH–Ae.; Nadeln), durch Versetzen von **III** in Pyridin mit **VII** bei 5°, 3tägiges Aufbewahren bei 5°, Abdestillieren des Pyridins im Vakuum, Stehenlassen des öligen Rückstands mit wenig Eiswasser, Zusatz von kalter Na_2CO_3-Lsg., Benzolextraktion, 1std. Kochen u. Absaugen; 53%. — *4-Hydroxychinuclidin, p-Toluolsulfonat*, $C_{14}H_{21}NO_4S$, F. 235—246,5° (CH_3OH–Ae.; Blättchen), durch Hydrierung von 1,0 g vorst. Verb. an Pd–Kohle in CH_3OH; 0,77 g. *Base*, $C_7H_{13}NO$, F. 158—161° (Sublimation bei 78—80° (0,05 mm), durch Zugabe von Chlf. zu 0,3 g vorst. Salzes, Schütteln mit K_2CO_3 u. Aufarbeitung der Chlf.-Lsg.; 0,12 g.

A. Steimmig. 3231

Suche nach tumorhemmenden Verbindungen. 5. Mitt. Bildung von Mono- und Diacridylderivaten des Putrescins. Zygmunt Ledóchowski und Andrzej Chimiak. (Roczniki Chem. [Ann. Soc. chim. Polonorum] **33**, 1207—10, 1959; Gdańsk, Politechn., Kat. Technol. Środków leczn.; PAN, Zakł. Synt. organ.; pol.) — 4. vgl. Roczniki Chem. [Ann. Soc. chim. Polonorum] **34**, [1960], 63; 2. vgl. C. **1962**, 17036. — 9-Phenoxyacridin (I) u. 3-Chlor-7-methoxy-9-phenoxyacridin (II) reagieren mit Putrescin (III) hauptsächlich zu *N.N'-Bis-[acridyl-(9)]-putrescinen*, ganz gleich, in welchem Mol-Verhältnis die Reaktanten gemischt werden. *N-Monoacridyl-(9)-putrescine* bilden sich nur zu 4—10%. Sie lassen sich durch Extraktion mit Ae. aus dem Rk.-Prod. isolieren.

Versuche: *N.N'-Bis-[acridyl-(9)]-putrescin*, $C_{30}H_{26}N_4$, F. 202,5—203°, durch 2std. Erwärmen von 25 mMol III-Hydrochlorid mit 50 mMol I in 50 g Phenol auf 200°, Zugabe von Ae. u. Alkalisieren mit NaOH; braune Nadeln aus A.; 10,8 g (Ausbeute). — *3-Chlor-7-methoxy-9-[4-aminobutylamino]-acridindihydrochlorid, Dihydrat*, $C_{18}H_{20}ClN_3O \cdot 2\,HCl \cdot 2\,H_2O$, F. 255—255,5°, durch 7std. Erwärmen äquimol. Mengen II u. III-Hydrochlorid in Phenol, Zugabe von Ae. u. 2,5n NaOH, Abtrennen der Ae.-Schicht u. Fällen mit HCl; Kristalle aus A.; 6,5%. — *N.N'-Bis-[3-chlor-7-methoxyacridyl-(9)]-putrescindihydrochlorid, Sesquihydrat*, $C_{32}H_{28}Cl_2N_4O_2 \cdot 2\,HCl \cdot 1{,}5\,H_2O$, F. ca. 320° (Zers.), aus dem Ae.-unlösl. Rückstand vorst. Verb. durch Lösen in A. im Soxhlet-App. u. Ansäuern mit HCl.

F. Urban. 3231 □

Die Kondensation von Chloranil mit 2-Aminopyridin. R. J. Boyle. (Chem. and Ind. **1957**, 1069—70, 3/8; Bound Brook, N.J., Amer. Cyanamid Co., Res. Div.; engl.) — Durch Kondens. von Chloranil (I) mit 2-Aminopyridin entsteht *Bis-[1'.3a'-diazaindeno]-[2'.3':2.3;2''.3'':5.6]-benzochinon* [$C_{16}H_8N_4O_2$, F. >360°; aus Nitrobenzol rötlichbraune Nadeln; mit konz. H_2SO_4 gelbe Farb-Rk.; gibt durch Red. mit alkal. Hydrogensulfit-Lsg. eine bläulichrote Küpe; 33% (Ausbeute)]. Analog wird aus I u. 2-Amino-5-methylpyridin *Bis-[5'-methyl-1'.3a'-diazaindeno]-[2'.3':2.3;2''.3'':5.6]-benzochinon* ($C_{18}H_{12}N_4O_2$, F. >360°; aus Nitrobenzol rotbraune Blättchen; mit konz. H_2SO_4 gelbe Farb-Rk.; gibt durch Red. mit alkal. Hydrogensulfit-Lsg. eine rotviolette Küpe) erhalten.

Klaus Lange. 3231

Alkylierung, Desalkylierung und Umalkylierung von 5.5-Diäthylbarbitursäure-imiden-(2) mit Ammoniak und Aminen. Magda Lempert-Sréter, Dezsö Knausz und Karl Lempert. (Chem. Ber. **93**, 2290—94, 12/10. 1960; Budapest, Eötvös-Loránd-Univ., Inst. für Org. Chemie u. Ungar. Akad. der Wiss., Inst. für Experimentelle Med. Forschung, Abt. für Pathophysiol.; dt.) — 5.5-Diäthylbarbitursäureimid-(2) (I) gibt beim Erhitzen mit prim. Aminen in A. in Ggw. der entsprechenden Ammoniumacetate die N^2-substituierten Verbb., die durch Erwärmen mit NH_3 u. NH_4-Acetat in I zurückverwandelt oder durch Einw. eines anderen Amins unter den gleichen Rk.-Bedingungen umamidiert werden können. Bei dieser Rk. handelt es sich wahrscheinlich um eine Transguanylierung.

Versuche: *5.5-Diäthylbarbitursäure*, F. 186—188°, durch Erhitzen von I mit konz. HCl auf 160°. *n-Butylimid-(2)* (II), F. 156—158°, a) durch 119std. Kochen von I mit n-Butylamin in A. (Meth. **A**); 68,2% (Ausbeute); b) aus **III** (nachst. Verb.) nach **A** in 58 Std.; 38%; c) aus **IV** (nachnachst. Verb.) nach **A** in 27 Std.; 46%. *Phenylimid-(2)* (III), F. 248—250° (verd. A.), a) durch 81std. Kochen von II mit Anilin u. Eisessig in Butanol; 14% (Meth. **B**); b) aus I nach **B** in 133 Std.; 5,2%; c) aus **IV** (nachst. Verb.) nach **B** in 94 Std.; 42%. *Benzylimid-(2)* (IV), $C_{15}H_{19}N_3O_2$, F. 166—167° (A.), a) durch 16std. Kochen von 5.5-Diäthyl-2-thiobarbitursäure (V) mit Benzylamin in Butanol (Meth. **C**);

56%; b) aus I nach **C**; 25%; c) aus III nach **C** in 95 Std.; 73%; d) aus II nach **C** in 82 Std.; 22%. *Imid-(2)* (I), F. >310°, a) durch 25std. Erhitzen von 5.5-Diäthylbarbitursäure-methylimid-(2) mit NH_3, Essigsäure u. abs. A. auf 110° im Bombenrohr (Meth. **D**); 43,5%; b) aus II nach **D** in 65 Std.; 79%; c) aus III nach **D** in 67 Std.; 88,5%; d) aus IV nach **D** in 72 Std.; 51,6%. — *5.5-Diäthyl-2-morpholino-2-desoxybarbitursäure*, $C_{12}H_{19}$·N_3O_3, F. 218—220° (Essigester), a) durch 72std. Kochen von **V** u. Morpholin in Butanol; 55,5%; b) analog aus III in A.; 31%. W. Hampel. 3272□

Alkyl- und Alkenylpyridine. 5. Mitt. Neue Derivate der Barbitursäure mit Pyridyläthylresten. Krystyna Godlewska-Zwierzak, Jan Michalski und Kazimierz Studniarski. (Roczniki Chem. [Ann. Soc. chim. Polonorum] **33**, 1215—17, 1959; Łódz, Polytechn. Kat. Chem. Organ.; pol.) — 3. vgl. C. **1959**, 9896. — Dargestellt wurden einige *5-[β-Pyridyl-(2)-äthyl]-barbitursäuren* aus β-[Pyridyl-(2)]-äthylmalonsäurediäthylestern u. Harnstoff. Die Verbb. haben Eigg. der Aminosäuren. Sie bilden mit Alkalihydroxid Alkalisalze.

Versuche: *5-{β-[6-Methylpyridyl-(2)]-äthyl}-barbitursäure*, $C_{12}H_{13}N_3O_3$, F. 278 bis 279° (Zers.), durch Rk. von je 63 mMol β-[6-Methylpyridyl-(2)]-äthylmalonsäurediäthylester u. Harnstoff in Ggw. von 63 mMol Na-Äthylat in abs. A. bei 110—115° (7 Std.), Zugabe von W. u. Ansäuern mit HCl (pH 3); gelbe Blättchen aus W.; 70% (Ausbeute). *Pikrolonat*, $C_{22}H_{21}N_7O_8$, F. 243—244° (Zers.), dunkelgelbe Säulen. — *5-{β-[4-Methylpyridyl-(2)]-äthyl}-barbitursäure, Trihydrat*, $C_{12}H_{13}N_3O_3 \cdot 3\,H_2O$, F. 250—251° (Zers.), analog vorst. Verb. mit β-[4-Methylpyridyl-(2)]-äthylmalonsäurediäthylester; gelbgrüne Blättchen aus W.; 54%. *Pikrolonat, Trihydrat*, $C_{22}H_{21}N_7O_8 \cdot 3\,H_2O$, F. 217—218° (Zers.), gelbe Säulen. — *5-{β-[4.6-Dimethylpyridyl-(2)]-äthyl}-barbitursäure, Trihydrat*, $C_{13}H_{15}$·$N_3O_3 \cdot 3\,H_2O$, F. 246—247° (Zers.), analog aus β-[4.6-Dimethylpyridyl-(2)]-äthylmalonsäurediäthylester; gelbgrüne Blättchen aus W.; 50%. F. Urban. 3272□

Polycyclische Cinnolinderivate. 8. Mitt. Cinnoline und ihre N-Oxide und o.o'-Diaminobiaryle. J. F. Corbett und P. F. Holt. (J. chem. Soc. [London] **1961**, 3695—99, Sept.; Reading, Univ.; engl.) — 7. vgl. C. **1963**, **1634**. — Durch Oxydation einiger o.o'-Diaminobiaryle mit Na-Perborat werden sechs unsubstituierte *polycycl. Cinnoline* dargestellt; bei der Oxydation mit H_2O_2 in Essigsäure entstehen die entsprechenden *Mono-N-oxide*; die o.o'-Diaminobinaphthyle ergeben sehr geringe Ausbeuten an Cinnolinen, u. nur im Falle des *Dibenzo-*[*c.f*]*-cinnolins* ist die Gesamtausbeute (bezogen auf handelsübliche Ausgangs-Prodd.) größer als bei der Darst. der Cinnoline durch $LiAlH_4$-Red. der entsprechenden o.o'-Dinitrobiaryle. Dagegen werden bei der Oxydation von 5.5'-Dibrom- (**IV**), 5.5'-Dinitro- (**V**) u. 3.5.3'.5'-Tetrabrom-2.2'-diaminobiphenyl (**VI**) die *substituierten Benzo-*[c]*-cinnoline* in guten Ausbeuten erhalten; *2.4.7.9-Tetrabrombenzo-*[c]*-cinnolin* bildet — vermutlich infolge ster. Hinderung — kein N-Oxid. Da bei der Oxydation eines Gemisches von Benzo-[c]-cinnolin (I) u. Benzo-[h]-naphtho-[1.2:c]-cinnolin (II) bzw. eines Gemisches von II u. Benzo-[f]-naphtho-[2.1:c]-cinnolin (III) ausschließlich I- bzw. III-*Mono-N-oxid*, aber kein II-N-Oxid entstehen, nehmen Vff. an, daß bei Anellierung der 3.4(bzw. 7.8)-Stellung im I-Syst. durch weitere aromat. Kerne die Oxid-Bldg. am nächstgelegenen N-Atom ster. behindert wird u. daß es sich bei den N-Oxiden der asymm. Verbb. Dibenzo-[c.h]- bzw. Benzo-[f]-naphtho-[1.2:c]-cinnolin jeweils um das *6-Monooxid* handelt.

Versuche: *1-[o-Aminophenyl]-2-naphthylamin* (**VII**), F. 155°, nach Fuchs u. Niszel [1927] in 12std. Rk.; 20% (Ausbeute). — *2.2'-Diamino-5.5'-dibrombiphenyl* (**IV**), F. 140°, durch Bromierung von 2.2'-Bis-[acetamido]-biphenyl (**VIII**) u. Hydrolyse. — *2.2'-Diamino-3.5.3'.5'-tetrabrombiphenyl* (**VI**), $C_{12}H_8Br_4N_2$, F. 170°, durch Rk. von Br_2 mit 2.2'-Diaminobiphenyl (**IX**) in Essigsäure, 1std. Erhitzen auf dem Wasserbad u. Gießen auf Eis; aus A. Nadeln. — *2.2'-Diamino-5.5'-dinitrobiphenyl* (**V**), F. 304°, durch Nitrierung von **VIII** u. Hydrolyse; gelbbraun. — Cinnoline: *Dibenzo-*[*c.f*]-, F. 156°, durch 2std. Oxydation von **VII** mit Na-Perborat in Essigsäure bei Raum-Temp., Gießen in W., Alkalisieren, Chromatographie aus Bzl. an Al_2O_3 u. Reinigen über das *Hydrochlorid*; 53%; *Mono-N-oxid*, analog der freien Base mit 80%ig. H_2O_2 in Essigsäure; daneben in beiden Fällen (aus den Ersteluaten) Spuren von *Benzo-*[c]*-carbazol*, F. 135°. — Analog: *Benzo-*[c]- (I), F. 156°, aus **IX**; 50%; *Mono-N-oxid*, F. 136° (A.). — *Dibenzo-*[*c.h*]-, F. 190°, aus 2-[o-Aminophenyl]-1-naphthylamin; 43%; daneben *Benzo-*[*a*]*-carbazol*, F. 226°; ca. 5%. — *Benzo-*[*f*]*-naphtho-*[*2.1*:*c*]- (**III**), F. 269°, aus 2.2'-Diamino-1.1'-binaphthyl; Spuren; *Mono-N-oxid*, F. 250—252°. — *Benzo-*[*h*]*-naphtho-*[*1.2*:*c*]- (**II**), F. 262°, aus 1.1'-Diamino-2.2'-binaphthyl; 5%; daneben *Dibenzo-*[*a.i*]*-carbazol*, F. 216°; 40%; bei 2std. Erhitzen eines Gemisches von I u. II mit Na-Perborat in Essigsäure auf 40°, Alkalisieren u. Behandeln mit A. werden I-*Mono-N-oxid* (88%) u. unverändertes II (73%; *Hemipikrat*, F. 243—245°) erhalten; analog liefert ein II/III-Gemisch 67% II

u. 94% III-*Mono-N-oxid.* — *Benzo-[f]-naphtho-[1.2:c]-*, F. 185°, aus 2.1'-Diamino-1.2'-binaphthyl; 8%; daneben *Dibenzo-[a.g]-carbazol*, F. 228°; 14%. — *2.9-Dibrombenzo-[c]-*, $C_{12}H_6Br_2N_2$, F. 258°, aus IV; aus A. hellgelbe Nadeln; 70%; *Mono-N-oxid*, $C_{12}H_6Br_2N_2O$, F. 300°, aus Essigsäure hellgelbe Nadeln; 98%; entsteht auch durch Oxydation der freien Base mit Peressigsäure. — *2.4.7.9-Tetrabrombenzo-[c]-*, $C_{12}H_4Br_4N_2$, F. 300°, aus VI mit Na-Perborat oder Peressigsäure; aus Essigsäure hellgelbe Nadeln; 55 bzw. 92%. — *2.9-Dinitrobenzo-[c]-*, *Mono-N-oxid*, $C_{12}H_6N_4O_5$, F. 324° (Zers.; wss. Dimethylformamid), aus V; 97%. — *2.9-Diaminobenzo-[c]-*, $C_{12}H_{10}N_4$, Zers. bei 315°, durch Hydrieren vorst. N-Oxids über Adams-Katalysator in A.; gelbe Nadeln. — *3.5.3'.5'-Tetrabrombiphenyl*, F. 186°, durch Desaminieren von VI nach van Roosmalen [1934].

W. Hoffmann. 3272□

Synthese von 3-[Pyridyl-(3)]- und 3-[Pyridyl-(4)]-symm.-triazolo-[3.4:a]-phthalazin sowie von 3-[Pyridyl-(3)]- und 3-[Pyridyl-(4)]-6-phenyl-symm.-triazolo-[4.3:b]-pyridazin. Andrzej Haase und Stanisław Biniecki. (Acta polon. pharmac. **18**, 461—69, 1961; Warszawa, Akad. Med., Zakł. Technol. chem. Środków lecz.; pol.) — Beschrieben wird die Synth. von *3-[Pyridyl-(3)]-* (I) u. *3-[Pyridyl-(4)]-symm.-triazolo-[3.4:a]-phthalazin* aus 1-Hydrazinophthalazin (V) u. Nicotinsäure- bzw. Isonicotinsäurechlorid. Analog werden *3-[Pyridyl-(3)]-* (II) u. *3-[Pyridyl-(4)]-6-phenyl-symm.-triazolo-[4.3:b]-pyridazin* (III) aus 3-Hydrazino-6-phenylpyridazin (VI) dargestellt. II u. III bilden keine Hydrochloride.

Versuche: *Phthalazon-(1)*, F. 182—183°, a) aus Phthalaldehyd u. Hydrazin (IV)-sulfat in Ggw. von Na-Acetat in der Wärme; 85% (Ausbeute); b) aus 3-Bromphthalid u. IV-Sulfat in Ggw. von NaOH; 57,6%. — *1-Chlorphthalazin*, aus vorst. Verb. mit $POCl_3$. — *1-Hydrazinophthalazin* (V), F. 173°, aus vorst. Verb. u. IV-Hydrat in alkohol. Lsg.; 61,4%. — *3-[Pyridyl-(3)]-symm.-triazolo-[3.4:a]-phthalazin* (I), $C_{14}H_9N_5$, F. 216 bis 217°, durch Umsetzung von 12 g Nicotinsäure mit 75 ml $SOCl_2$ in der Wärme, Zugabe von 30 ml abs. Bzl., Abdestillieren des nichtumgesetzten $SOCl_2$, Zugabe von 40 ml abs. Pyridin u. 7,3 g V u. 3std. Kochen am Rückfluß; Kristalle aus Methanol; 48,8%. *Hydrochlorid*, $C_{14}H_9N_5 \cdot HCl$, F. 240—242°. — *3-[Pyridyl-(4)]-symm.-triazolo-[3.4:a]-phthalazin*, $C_{14}H_9N_5$, F. 257—258°, analog I mit Isonicotinsäure; Kristalle aus Methanol; 48,7%. *Hydrochlorid*, F. 270—271°. — *6-Phenyl-3.4-dihydropyridazon-(3)*, F. 148—149°, aus 80,2 g β-Benzoylpropionsäure u. 63 g IV-Sulfat; 95%. — *6-Phenyl-pyridazon-(3)*, F. 197—200°, durch Bromieren von 67 g vorst. Verb. mit 62,2 g Br_2 in 150 ml Eisessig; Kristalle aus 70%ig. A.; 67%. — *3-Chlor-6-phenylpyridazin*, F. 159 bis 160°, aus vorst. Verb. mit $POCl_3$ in der Wärme; Kristalle aus Methanol; 84,5%. — *3-Hydrazino-6-phenylpyridazin* (VI), F. 145—146°, durch Umsetzung von 25 g vorst. Verb. mit 80 ml 85%ig. IV-Hydrat in A. in der Wärme; Kristalle aus A.; 68%. — *3-[Pyridyl-(3)]-6-phenyl-symm.-triazolo-[4.3:b]-pyridazin* (II), $C_{16}H_{11}N_5$, F. 188—189°, aus 11 g Nicotinsäure u. 60 ml $SOCl_2$, Abdestillieren des überschüssigen $SOCl_2$, Zugabe von abs. Bzl., Abdestillieren des Bzl. im Vakuum u. Sublimation des erhaltenen *Säurechlorids*, das weiter mit VI in abs. Pyridin in der Wärme umgesetzt wird; Kristalle aus 50%ig. A.; 27%. — *3-[Pyridyl-(4)]-6-phenyl-symm.-triazolo-[4.3:b]-pyridazin* (III), $C_{16}H_{11}N_5$, F. 318—320°, analog II mit Isonicotinsäure; Kristalle aus N-Methylacetamid; 76,4%.

F. Urban. 3272□

Potentielle Antikrebsmittel. 69. Mitt. Tetrahydrochinazolin-Analoga von Tetrahydrofolsäure. 4. Mitt. Die Synthese von 5.8-Didesaza-5.6.7.8-tetrahydroaminopterin. Joseph De Graw, Leon Goodman, Boris Weinstein und B. R. Baker. (J. org. Chemistry **27**, 576—80, 9/2. 1962; engl.) — 68. vgl. C. **1963**, 1679; 3. vgl. C. **1962**, 141. — Durch Rk. von 4-Oxocyclohexanaldehyddimethylacetal (I) u. Cyanguanidin (II) entsteht das Schlüsselzwischenprod. für die Synth. von *6-[p-(α.γ-Dicarboxypropylaminocarbonyl)-anilinomethyl]-5.8-didesaza-2.4-diamino-5.6.7.8-tetrahydropterin* (III) *2.4-Bis-[acetyl-amino]-5.6.7.8-tetrahydrochinazolin-6-aldehyd* (IV). Die Überführung von IV in III erfolgt durch reduktive Alkylierung von N-[p-Aminobenzoyl]-L-glutaminsäure (V) mit IV u. anschließende hydrolyt. Abspaltung der Acetylgruppen. IR-Spektren vgl. Original.

Versuche: *2-Hydroxymethylen-4-dimethoxymethylcyclohexanon*, $Kp._{0,25}$ 90—95°, durch Zugabe von 4-Dimethoxymethylcyclohexanon u. Ameisensäureäthylester zu Na-Methylat in Ae., ¼std. Rühren bei 0—5°, mehrstd. Kochen, Gießen in Eiswasser, Extrahieren der Ae.-Lsg. mit 5%ig. NaOH, Einstellen der alkal. Lsg. mit Eisessig auf pH 6—7, Ausäthern u. Dest. im Vakuum; 36% (Ausbeute). — *5-Dimethoxymethyl-4.5.6.7-tetrahydrobenzisoxazol*, durch Zugabe von $NH_2OH \cdot HCl$ in Methanol zu vorst. Verb. in Pyridin, 1½std. Kochen, Eindampfen im Vakuum, Verteilen zwischen W./CH_2Cl_2 u. Eindampfen; Sirup; 74%. — *2-Cyan-4-dimethoxymethylcyclohexanon* (VI), durch Zugabe von Na-Methylat in Methanol zu vorst. Verb. in Bzl., 2std. Stehen bei

Raum-Temp., Gießen in Eiswasser, Extrahieren mit Ae., Extrahieren der Ae.-Lsg. mit 5%ig. NaOH, Einstellen mit Eisessig auf pH 7—8, Sättigen mit NaCl, Extrahieren mit CH_2Cl_2 u. Eindampfen im Vakuum; 66%. — *2-Cyancyclohexanon*, analog **VI** aus Cyclohexanon über *2-Hydroxymethylencyclohexanon* (Kp.$_{14}$ 80—84°; 64%) u. *4.5.6.7-Tetrahydrobenzisoxazol* (89%); 60%. — *1-Cyan-2-isobutoxycyclohexen-(1)*, Kp.$_{0,3}$ 88—93°, durch Kochen vorst. Verb. mit Isobutanol u. p-Toluolsulfonsäure am Wasserabscheider; 73%. — *2.4-Diamino-5.6.7.8-tetrahydrochinazolin*, F. 240—242°, durch Zugabe von Guanidinhydrochlorid u. vorst. Verb. zu Na-Methylat in Methanol, 15std. Erhitzen auf 150° im Rührautoklaven, Eindampfen im Vakuum, Verteilen zwischen W. u. Ae. u. Filtrieren; 48%. — *1-Cyan-2-äthoxy-5-dimethoxymethylcyclohexen-(1)*, durch Kochen von **VI** u. Propionsäuretriäthylester unter Abdestillieren von A. u. Propionsäureäthylester u. Eindampfen bei 70°/5 Torr; 100%. — *2.4-Diamino-5.6.7.8-tetrahydrochinazolin-6-aldehyddimethylacetal*, $C_{11}H_{18}N_4O_2$, F. 202,5—204° (A.), a) durch Zugabe von Guanidinhydrochlorid u. vorst. Verb. zu Na-Methylat in Methanol, 15std. Erhitzen auf 150° im Bombenrohr, Eindampfen im Vakuum, Lösen in W., Extrahieren mit Ae. u. Chlf., Eindampfen der Chlf.-Lsg. im Vakuum u. Umkristallisieren aus Bzl./Chlf. (4:1); 11%; b) durch 2std. Erhitzen von **I** u. **II** auf 180—185°, Versetzen mit sd. W. bei 160°, 10 Min. langes Stehen, Dekantieren, Extrahieren der wss. Lsg. mit warmem Chlf. u. Eindampfen im Vakuum; 17%. — *2.4-Bis-[acetylamino]-5.6.7.8-tetrahydrochiazolin-6-aldehyddimethylacetal*, $C_{15}H_{22}N_4O_4$, FF. 140 u. 156,5—157,5° (Bzl./Ae., 2:5), durch 20 Min. langes Rühren vorst. Verb. mit Acetanhydrid bei 100° u. Eindampfen im Vakuum; 73%. — *2.4-Bis-[acetylamino]-5.6.7.8-tetrahydrochinazolin-6-aldehyd* (**IV**), $C_{13}H_{16}N_4O_3$, FF. 161—164 u. 185—186,5° (Acetanhydrid), durch 4¹/₄std. Stehen vorst. Verb. in 90%ig. HCOOH bei Raum-Temp., Eindampfen bei Raum-Temp./1 Torr, Lösen in Essigester, Fällen mit Ae. u. Kühlen der überstehenden Lsg.; 75%. — *p-{[2.4-Bis-(acetylamino)-5.6.7.8-tetrahydrochinazolinyl-(6)]-methylamino}-benzoesäure*, $C_{20}H_{23}N_5O_4$, F. 265,5—267° (Dimethylformamid/W.), durch Zugabe von PtO_2, vorst. Verb. u. p-Aminobenzoesäure zu 2-Methoxyäthanol. 18std. Hydrieren bei 1 at/35° u. Filtrieren; 33%. — *p-[N-{[2.4-Bis-(acetylamino)-5.6.7.8-tetrahydrochinazolinyl-(6)]-methy}-α.α.α-trifluoracetamido]-benzoesäure*, $C_{22}H_{22}F_3N_5O_5$, F. 240—242°, durch Rühren vorst. Verb. mit Trifluoracetanhydrid bei 0—5°, 2½std. Rühren mit Norit, Filtrieren, Eindampfen im Vakuum zur Trockne bei Raum-Temp., Lösen in Aceton, Versetzen mit etwas Ae. u. Versetzen der überstehenden Lsg. mit überschüssigem Ae.; 45%. — *6-[p-(α.γ-Dicarboxypropylaminocarbonyl)-anilinomethyl]-5.8-didesaza-2.4-diamino-5.6.7.8-tetrahydropterin* (**III**), *Hydrat*, $C_{21}H_{26}N_6O_5 \cdot H_2O$, durch Zugabe von **IV**, **V** u. PtO_2 zu Eisessig, 3½std. Hydrieren bei Raum-Temp./1 at, Filtrieren, Eindampfen bei 50—60°/1 Torr, Extrahieren mit heißem W., Kühlen, Lösen des entstandenen *Bis-[acetylamino]-Deriv.* (46%) in 0,4n NaOH, ½std. Erhitzen auf dem Dampfbad, Ansäuern mit 6n HCl (pH 5—6) u. Dekantieren der überstehenden Lsg.; 28% (zusammen mit dem Hemihydrat). *Hemihydrat*, $C_{21}H_{26}N_6O_5 \cdot {}^1/_2\,H_2O$, durch Ansäuern des Filtrats des Hydrats (pH 3—4). *Dihydrat*, $C_{21}H_{26}N_6O_5 \cdot 2\,H_2O$, F. 240 bis 260° (Zers.), neben dem Hydrat u. Hemihydrat. P. Golinske. 3272□

Die Struktur des Additionsproduktes aus Cyanwasserstoff und einem 2-Vinyldihydro-1.3-oxazin. Albert I. Meyers. (J. org. Chemistry **25**, 145—47, Jan. 1960; New Orleans, La., State Univ., Div. of Sci.; engl.) — Vgl. Lynn, C. **1960**, 11306. — Durch Rk. von 2-Vinyl-4.4.6-trimethyldihydro-1.3-oxazin (**I**) mit HCN in Eisessig erhält man *2-[2-Cyanäthyl]-4.4.6-trimethyldihydro-1.3-oxazin* (**II**). **II** wird auch aus 2-Methylpentandiol-(2.4) (**III**) u. Bernsteinsäuredinitril (**IV**) in konz. H_2SO_4 dargestellt. Alkal. Hydrolyse von **II** mit 10%ig. NaOH gibt *4-Methyl-4-aminopentanol-(2)* neben *Bernsteinsäure*. IR-Spektrum wird diskutiert.

Versuche: *2-[2-Cyanäthyl]-4.4.6-trimethyldihydro-1.3-oxazin* (**II**), Kp.$_{3,5}$ 104—106°, a) aus **I** u. HCN in Eisessig nach Lynn (l. c.); b) durch Zugaben von **III** zu **IV** in konz. H_2SO_4 innerhalb von 3 Std. bei 7—10° u. 1std. Rühren bei 3—5°; n_D^{30} 1,4544; 40% (Ausbeute). *Pikrat*, F. 282° (Zers.; A.). — *4-Amino-4-methylpentanol-(2)*, Kp.$_{12}$ 71—72°, durch 24std. Kochen von 10 g **II** mit 100 ml 10%ig. NaOH neben *Bernsteinsäure*; n_D^{20} 1,4345; 6,3 g. — *2.4.4.6-Tetramethyldihydro-1.3-oxazin*, Kp.$_{25}$ 58°, nach Tillmanns u. Ritter (C. **1957**, 13044); n_D^{25} 1,4385. — *2-Äthyl-4.4.6-trimethyldihydro-1.3-oxazin*, $C_9H_{17}NO$, analog (l. c.); Kp.$_{20}$ 67°; n_D^{25} 1,4385. J. Ruhnke. 3282□

Über Derivate des 1.3-Oxazins. 23. Mitt. Reaktionsprodukte von 2-Hydroxynaphthoesäure-(3)-methylester mit Formaldehyd und Cyclohexyl- oder Benzylamin. Tadeusz Urbański, Andrzej Chimiak und Zygmunt Eckstein. (Roczniki Chem. [Ann. Soc. chim. Polonorum] **33**, 1201—06, 1959; Warszawa, Politechn., Kat. Technol. organ. II; pol.) — 13. vgl. C. **1958**, 2442. — Durch Kondens. von 2-Hydroxynaphthoesäure-(3)-methylester (**I**) mit 2 Mol CH_2O u. 1 Mol Cyclohexylamin (**II**) bzw.

Benzylamin (III) werden *3-Cyclohexyl-3'-carbomethoxy-2.3-dihydronaphtho-[1'.2'.5.6]-1.3-oxazin* (**IV**) bzw. die *3-Benzyl-Verb.* (**V**) erhalten. Hydrolyse von **IV** mit verd. HCl liefert unter Abspaltung von 1 Mol CH_2O u. Verseifung der Estergruppe *1-Cyclohexylaminomethyl-2-hydroxynaphthoesäure-(3)*. Wird die Rk. von **I**, CH_2O u. **II** bei Zimmer-Temp. durchgeführt, so bildet sich *N.N-Bis-[2-hydroxy-3-carbomethoxymenaphthyl-(1)]-cyclohexylamin* (**VI**). **VI** geht beim Erhitzen mit CH_2O u. **II** in **IV** über. **IV** u. **V** haben in vitro bakteriostat. Wrkg. gegen Tbc-Bakterien.

Versuche: *3-Cyclohexyl-3'-carbomethoxy-2.3-dihydronaphtho-[1'.2':5.6]-1.3-oxazin* (**IV**), $C_{20}H_{23}NO_3$, F. 92—93,5°, durch Vermischen von 0,16 Mol **II** in 65 ml Methanol mit 0,33 Mol Paraformaldehyd u. einigen Tropfen 50%ig. KOH, Filtrieren, Zugabe von 0,16 Mol **I**, Erwärmen auf dem Wasserbad u. Abdestillieren des Lsgm. im Vakuum; 68—69% (Ausbeute). *3'-Carbonsäurehydrazid*, $C_{19}H_{23}N_3O_2$, F. 148—150° (Zers.), durch Umsetzung von 6,5 g **IV** in 50 ml Methanol mit 20 ml 40%ig. Hydrazinhydrat; gelbe Kristalle aus Methanol; 77%. — *3-Benzyl-3'-carbomethoxy-2.3-dihydronaphtho-[1'.2':5.6]-1.3-oxazin* (**V**), $C_{21}H_{19}NO_3$, F. 107—107,5°, durch 4std. Erwärmen von je 0,05 Mol **I** u. **III** mit 0,1 Mol Paraformaldehyd in A. in Ggw. weniger Tropfen 20%ig. KOH; Kristalle aus A.; 12,1 g. — *1-Cyclohexylaminomethyl-2-hydroxynaphthoesäure-(3)-hydrochlorid*, $C_{18}H_{22}ClNO_3$, F. 191—193° (Zers.), durch Erwärmen von 1 g **IV** mit 0,6 ml konz. HCl in 10 ml 85%ig. A. unter Abdestillieren des A. u. Eintropfen von frischem 85%ig. A.; Kristalle aus Methanol; 96%. — *N.N-Bis-[2-hydroxy-3-carbomethoxymenaphthyl-(1)]-cyclohexylamin* (**VI**), $C_{32}H_{33}NO_6$, F. 159,5—160°, aus 1,65 g **II** u. 1 g Paraformaldehyd in 50 ml Methanol mit wenigen Tropfen 50%ig. KOH, Filtrieren, Zugabe von 3,3 g **I** in 100 ml A. u. 14tägiges Stehen bei Zimmer-Temp.; Kristalle aus Bzl.; 68,6%. *Diacetyl-Deriv.*, $C_{36}H_{37}NO_8$, F. 208—209°, mit Acetanhydrid in abs. Pyridin; aus Bzl. Kristalle. F. Urban. 3282□

Synthese von Phenothiazinen. 7. Mitt. Methyl- und Arylsulfonierung von Phenothiazin und seinen 10-substituierten Derivaten. John J. Lafferty, Eleanor Garvey, Edward A. Nodiff, Walter E. Thompson und Charles L. Zirkle. (J. org. Chemistry **27**, 1346—51, 12/4. 1962; Philadelphia, Pa., Temple Univ., Res. Inst., French Labor., Smith Kline, Res. and Dev. Div.; engl.) — 6. vgl. C. **1961**, 15385. — *3-Benzolsulfonyl-*, *3-[p-Tosyl]-* u. *3-Mesylphenothiazin* [**IV**; $S_{(5)}$] werden dargestellt durch Rk. von Phenothiazin (**I**) oder der 10-Sulfonyl-Derivv. (**S**) mit den entsprechenden Sulfonylchloriden in Ggw. von $AlCl_3$ sowie durch Umlagerung der entsprechenden **S** mit $AlCl_3$. **IV** entsteht außerdem durch Smiles-Umlagerung von *2'-Formamido-2-nitro-4-mesyldiphenylsulfid* (**III**). UV- u. IR-Maxima vgl. Original.

Versuche: *10-Mesylphenothiazin* (**II**), $C_{13}H_{11}NO_2S_2$, F. 231—233° (A.), durch 24std. Rk. von 200 g **I** mit Mesylchlorid (**V**)/Pyridin bei 27° unter Rühren, Gießen auf Eis u. Ansäuern mit HCl (pH 2—3); 50 g (Ausbeute). — *2'-Amino-2-nitro-4-mesyldiphenylsulfid*, $C_{13}H_{12}N_2O_4S_2$, F. 149,5—150,5°, durch Zugabe der A.-Suspension von [4-Chlor-3-nitrophenyl]-methylsulfon zur Lsg. von o-Aminomercaptobenzol u. NaOH in W./A., 2½std. Kochen, Stehen (1 Nacht) bei Raum-Temp., Aufkochen u. Filtrieren; aus A. orangefarbene Nadeln; 81%. — *2'-Formamido-2-nitro-4-mesyldiphenylsulfid* (**III**), $C_{14}H_{12}N_2O_5S_2$, F. 189,5—190°, durch Kochen (1 Nacht) vorst. Verb. mit 90%ig. Ameisensäure u. Gießen auf Eis; aus Dioxan/CCl_4 gelbe Kristalle. — Phenothiazine: *3-Mesyl-* (**IV**), $C_{13}H_{11}NO_2S_2$, F. 220—221,5°, a) durch Versetzen von je 0,05 Mol **I** u. **V** in Äthylendichlorid mit $AlCl_3$ im Mol-Verhältnis (MV) 1:1 bei 27° unter N_2, 72std. Rühren, Gießen auf Eiswasser, Filtrieren einer ersten Prod.-Menge, Eindampfen im Vakuum, Chromatographie in Chlf. an Al_2O_3, Eluieren mit Bzl./Chlf. u. Kristallisation aus Aceton oder Aceton/Bzl. (Meth. **A**); 2,5%; b) nach **A** im MV 1:2; Spuren; daneben 5—10% **II**; c) analog **A** durch Versetzen von 10-Acetylphenothiazin u. **V** in Äthylendichlorid mit $AlCl_3$ im MV 1:2 (Meth. **B**); 13%; d) nach **B** im MV 1:3; 9% neben 5—10% **II**; e) aus **II** im MV 1:3 nach **B**; 25%; f) aus 10-Benzolsulfonylphenothiazin (**VI**) im MV 1:2,4 nach **B**; 20%; g) analog **A** aus **II** u. $AlCl_3$ in Äthylendichlorid im MV 1:1 (Meth. **C**); 14%; h) durch 4std. Kochen von 5,28 g **III** in Aceton mit äthanol. n-NaOH, Filtrieren, Eindampfen im Vakuum u. Waschen mit PAe.; aus A. gelbe Platten; 3 g. — *3-Benzolsulfonyl-*, $C_{18}H_{13}NO_2S_2$, F. 196,5—198°, a) nach **A** mit Benzolsulfonylchlorid (**VII**) im MV 1:3; 37%; b) nach **B** aus **VI** u. **VII** im MV 1:3; 57%; c) nach b) im MV 1:4; 60% neben 2,3% *3.7-Bis-[benzolsulfonyl]-phenothiazin* ($C_{24}H_{17}NO_4S_3$, F. 242—243°); d) nach **C** aus **VI** im MV 1:3; 60%. — *3-[p-Tosyl]-*, $C_{19}H_{15}NO_2S_2$, F. 249—250°, a) nach **A** mit p-Tosylchlorid (**VIII**) im MV 1:3; 40%; b) nach **B** aus 10-[p-Tosyl]-phenothiazin (**IX**) u. **VIII** im MV 1:2; 62%; c) nach **C** aus **IX** im MV 1:3; 68%.

H.-J. Weigmann. 3292□

Über die Reaktion zwischen ω-Monoarylhydrazon-Derivaten von Glyoxal, Formaldehyd und primären Aminen. Witold E. Hahn. (Roczniki Chem. [Ann. Soc. chim. Polonorum] **33**, 1245—47, 1959; Łódź, Uniw., Zakł. Chem. organ.; pol.) — Vgl. C. **1959**, 17081. — ω-Monoarylhydrazone des Methyl- u. Phenylglyoxals reagieren mit Formaldehyd u. prim. aliphat. oder aromat. Aminen in guter Ausbeute zu leicht kristallisierenden Derivv. des *2.3.4.5-Tetrahydro-1.2.4-triazins*. Dargestellt wurden nachst. 2.4-Diaryl(alkyl)-6-acyl-2.3.4.5-tetrahydro-1.2.4-triazine: *2-Phenyl-4-methyl-6-acetyl-*, F. 89—90°. *Methojodid*, F. 208—210°. — *2-Phenyl-4-äthyl-6-acetyl-*, F. 52 bis 53°. — *2-Phenyl-4-n-propyl-6-acetyl-*, F. 79—80,5°. — *2-Phenyl-4-isopropyl-6-acetyl-*, F. 64—65°. — *2-Phenyl-4-n-butyl-6-acetyl-*, *Hydrochlorid*, F. 150—152°. — *2-Phenyl-4-allyl-6-acetyl-*, F. 43—44°. — *2-Phenyl-4-benzyl-6-acetyl-*, F. 73—74°. — *2-Phenyl-4-cyclohexyl-6-acetyl-*, F. 70—71°. — *2.4-Diphenyl-6-acetyl-*, F. 119—121°. — *2-Phenyl-4-methyl-6-benzoyl-*, F. 101—103°. — *2.4-Diphenyl-6-benzoyl-*, F.126—128°. — *2-[p-Methoxyphenyl]-4-cyclohexyl-6-benzoyl-*, F. 99—100,5°. — *2-[p-Chlorphenyl]-4-benzyl-6-benzoyl-*, F. 140—141°. — *2-[2'.4'-Dinitrophenyl]-4-cyclohexyl-6-benzoyl-*, F. 158—160°. — *2-[m-Carboxyphenyl]-4-methyl-6-benzoyl-*, F. 231—233°. — *2-[p-Carboxyphenyl]-4-methyl-6-benzoyl-*, F. 239—241°. F. Urban. 3313□

Untersuchungen über die Addition von Formaldehyd und Mercaptanen an ω-Monoarylhydrazon-Derivate des Glyoxals. Witold E. Hahn. (Roczniki Chem. [Ann. Soc. chim. Polonorum] **33**, 1249—50, 1959; pol.) — Vgl. vorst. Referat. — ω-Monoarylhydrazone des Methyl- u. Phenylglyoxals geben mit Mercaptanen u. Formaldehyd in Essigsäure *3-Phenylazo-4-alkylmercaptobutanone-(2)* bzw. *α-Arylazo-β-phenylmercaptopropiophenone.* Ihre Darst. gelingt auch mit den entsprechenden Mannich-Basen der ω-Monophenylhydrazone u., wenn auch schwerer, aus α-Phenylazo-β-hydroxypropiophenon-Derivv. u. Mercaptanen. Vf. nimmt an, daß zunächst Mercaptan u. Formaldehyd ein Thiohalbacetal bilden, das weiter mit dem Hydrazon reagiert. Dargestellt wurden folgende α-Arylazo-β-phenylmercaptopropiophenone: *Phenyl-*, F. 86—88°. — *4-Chlorphenyl-*, F. 103—104°. — *3-Chlorphenyl-*, F. 102—103°. — *3-Nitrophenyl-*, F. 123—125°. — *3-Phenylazo-4-carboxymethylmercaptobutanon-(2)*, F. 185—187°. F. Urban. 3313□

Hydrophile 2.4-Diamino-6-chlor-symm.-triazin-Derivate als Herbicide. Vorl. Mitt. György Matolcsy, Mária Hamrán und Antal Végh. (Magyar Kémiai Folyóirat [Ung. Chem. Z.] **65**, 414. Okt. 1959; Budapest, Növényvédelmi Kutató Intézet.; ung.) — *2-Äthylamino-4-[β-hydroxyäthylamino]-6-chlor-symm.-triazin* wurde dargestellt u. zeigte in Treibhaus-Verss. die gleiche herbicide Wrkg. wie 2.4-Bis-[äthylamino]-6-chlor-symm.-triazin (Simazin).

Versuche: *2-Äthylamino-4-[β-hydroxyäthylamino]-6-chlor-symm.-triazin*, C_7H_{12}·ClN_5O, F. 169—170°, aus Cyanurchlorid u. wss. Äthylamin, dann Äthanolamin in Ggw. von NaOH; 85% Ausbeute. G. Halmi. 3313□

Darstellung der 1.3.5-Triacetyl-2-desoxy-β-D-ribofuranose. Harry Venner und Helmut Zinner. (Chem. Ber. **93**, 137—40, 30/1. 1960; Jena, Inst. für Mikrobiol. u. exper. Therapie der Dt. Akad. der Wiss. zu Berlin; Rostock, Univ., Inst. für Organ. Chem.; dt.) — Krist. *1.3.5-Tri-O-acetyl-2-desoxy-β-D-ribofuranose* wird synthetisiert u. ihre Furanosidstruktur durch Vgl. ihres kernmagnet. Resonanzspektrums mit den Aufnahmen von 1.2.3.5-Tetra-O-acetyl-β-D-ribofuranose u. 1.2.3.4-Tetra-O-acetyl-β-D-ribopyranose bewiesen.

Versuche: *1.3.5-Tri-O-acetyl-2-desoxy-β-D-ribofuranose*, $C_{11}H_{16}O_7$, F. 98—99°, durch kurzes Kochen von 2-Desoxyribose mit Pyridin/Acetanhydrid, Gießen in kaltes W. u. Extraktion mit Chlf.; aus Methanol in 1½ Jahren Kristalle; beim Animpfen 2—4wöchige Kristallisationsdauer; $[\alpha]_D^{20}$ —139,4° (c = 0,93; Chlf.); $[\alpha]_D^{20}$ —161,2° (c = 0,60; Methanol); 2% (Ausbeute). Daneben aus der Mutterlauge *1.3.4-Tri-O-acetyl-2-desoxy-β-D-ribopyranose*, $C_{11}H_{16}O_7$, F. 90—91°; $[\alpha]_D^{20}$ —166,6° (c = 1,02; Chlf.); $[\alpha]_D^{20}$ —184,7° (c = 0,72; Methanol). E. Schraven. 3400□

Desoxyzucker. 35. Mitt. **Reine D-Xylo-2-desoxyaldohexose (2-Desoxy-D-gulose).** T. Golab und T. Reichstein. (Helv. chim. Acta **44**, 616—20, 15/3. 1961; Basel, Univ., Organ.-chem. Anst.; dt.) — 34. vgl. C. **1962**, 245. — Die Rein-Darst. von *D-Xylo-2-desoxyaldohexose* (**III**) gelingt ausgehend von *2.3-Anhydro-4.6-benzal-β-methyl-D-gulosid* [I; F. 144—146°, aus 2.3-Di-O-tosyl-4.6-benzal-β-methyl-D-galaktosid; aus Aceton-Pentan Nadeln, $[\alpha]_D^{22}$ —110,2 ± 3° (c = 0,89; Chlf.)] durch Red. mit $LiAlH_4$, Hydrolyse u. chromatograph. Trennung von gleichzeitig entstehender *1.6-Anhydro-D-xylo-2-desoxyaldohexose* (**IV**). **III** wird als *p-Toluidid* u. als *D-Xylo-2-desoxyhexonsäurephenylhydrazid* identifiziert, die Struktur von **IV** nur auf Grund analog entstehender Stoffe formuliert.

Versuche: *4.6-Benzal-β-methyl-D-xylo-2-desoxyaldohexosid-(1.5)* (II), $C_{14}H_{18}O_5$, F. 153—156°, sublimiert bei 120—140°/0,01 Torr, durch 70 Min. langes Kochen von 2,17 g I mit $LiAlH_4$ in Ae., Einengen, Aufnehmen in Chlf., Zers. mit Seignettesalz-Lsg. bei 0°, Einengen u. Chromatographie an Al_2O_3; Nadeln aus Ae., $[\alpha]_D^{23}$ —79,2 ± 2° (c = 1,08; Chlf.); 1,884 g (Ausbeute). — *D-Xylo-2-desoxyaldohexose* (III), $C_6H_{12}O_5$, durch 3/4 std. Kochen von 1,47 g II mit H_2SO_4 in wss. Aceton, Einengen, Wasserzusatz, Ausäthern, 1 std. Erwärmen der wss. Lsg. auf 60°, Neutralisieren mit $BaCO_3$, Filtrieren, Einengen u. Chromatographie in W. an A-Kohle–Kieselgur; Sirup, $[\alpha]_D^{22}$ +12,0 ± 2° (c = 1,01; W.); 0,479 g. *p-Toluidid*, $C_{13}H_{19}NO_4$, a) *vom F. 74—76°* (Methanol–Ae.), durch 1 std. Kochen von 35 mg III mit p-Toluidin in Methanol; $[\alpha]_D^{22}$ —44,4 ± 2° (c = 0,96; A.); 25 mg; b) *vom F. 141—142°* (Zers.), durch Rk. bei maximal 45°; Prismen aus Methanol–Ae., $[\alpha]_D^{22}$ —66,9 ± 2°. — *D-Xylo-2-desoxyhexonsäurelacton*, $Kp._{0,01}$ 155 bis 160° (Bad-Temp.), durch Oxydieren von 110 mg III in W. mit Br_2; $[\alpha]_D^{22}$ —56,6 ± 2° (c = 1,58; Aceton); 90 mg. *Phenylhydrazid*, $C_{12}H_{18}N_2O_5$, F. 124—126°, Blättchen aus Methanol–Ae., $[\alpha]_D^{22}$ —8,1 ± 2° (c = 1; Methanol.). — *1.6-Anhydro-D-xylo-2-desoxyaldohexose* (IV), $C_6H_{10}O_4$, F. 65—80°, neben III; Nadeln aus Aceton–Ae., $[\alpha]_D^{22}$ —21,4 ± 2° (c = 1,1; W.), nach 16 Std. —16,9 ± 2°; 260 mg. H. Rossow. 3400□

Notiz über den Abbau von 3-Desoxy-D-hexosen zu 2-Desoxy-D-pentosen mit Bleitetraacetat. Gerhard Rembarz. (Chem. Ber. **95**, 1565, 15/6. 1962; Rostock, Univ., Inst. für Org. Chem.; dt.) — 3-Desoxy-D-mannose wird mit $Pb(OOCCH_3)_4$ zu *4-O-Formyl-2-desoxy-D-ribose* oxydiert, die dann zu *2-Desoxy-D-ribose* verseift wird. Auf gleiche Weise entsteht aus 3-Desoxy-D-galaktose *2-Desoxy-D-xylose.*

Versuche: *2-Desoxy-D-riboseanilid*, F. 174°, durch Versetzen von 3-Desoxy-D-mannose mit $Pb(OOCCH_3)_4$ in abs. Methanol, ½ std. Rühren, Zugeben von Oxalsäuredihydrat, nach 30 Min. Filtrieren, Neutralisieren mit Wofatit L 150, Eindampfen, Lösen in abs. Methanol u. 48 std. Stehen mit Anilin bei —15°; 60% (Ausbeute). — *2-Desoxy-D-xylose-[α-benzylphenylhydrazon]*, F. 115—117° (Isopropanol), durch Oxydation u. Hydrolyse von 3-Desoxy-D-galaktose wie vorst. beschrieben, Lösen des Sirups in Isopropanol u. 48 std. Stehen mit α-Benzylphenylhydrazin bei 0°; $[\alpha]_D^{20}$ +13,1° (c = 1,10; Pyridin); 48%. E. Schraven. 3400□

Oxydation von Monosacchariden und mehrwertigen Alkoholen mit Quecksilber(II)-acetat in wäßriger Lösung. G. N. Dorofejenko. (Украинский Химический Журнал [Ukrain. chem. J.] **27**, 114—17, 1961; Lugan, landwirtsch. Inst.; russ.) — d-Glucose, d-Mannose, d-Galaktose u. l-Arabinose werden durch Hg(II)-Acetat in W. zu den entsprechenden *Aldonsäuren* oxydiert. Diese lassen sich in 27—47%ig. Ausbeute als *Ca-Salze* isolieren. Die Oxydation von d-Mannit liefert ein Gemisch reduzierender Zucker, aus denen *Fructose* als *Phenylosazon* isoliert wird. Die Oxydation von Sorbit liefert ebenfalls ein Gemisch reduzierender Zucker, aus denen die *Phenylosazone* von *d-Fructose* u. *l-Sorbose* erhalten werden.

Versuche: *Arabonsäure, Ca-Salz, Pentahydrat*, $C_{10}H_{18}CaO_{12} \cdot 5\,H_2O$, man kocht 7,5 g *l*-Arabinose, 100 ml W. u. 32 g Hg-Acetat 1 Std., behandelt mit H_2S, dampft das Filtrat zum Sirup ein u. kocht in 50 ml W. mit $CaCO_3$; 41% (Ausbeute). *Phenylhydrazid*, F. 150—151°. — Analog werden die *Ca-Salze* von *d-Glucon-*, *d-Galakton-* u. *d-Mannonsäure* erhalten; 40, 47,5 bzw. 27%. — *Fructose, Phenylosazon*, F. 203—204° (Zers.), man kocht 9,1 g d-Mannit in 100 ml W. mit 32 g Hg-Acetat 4 Std., fällt Hg^{2+} mit H_2S u. kocht das Filtrat mit Phenylhydrazin (I); 25%. Liefert beim Kochen mit Cu^{2+} das *Phenylosotriazol*, F. 195° (Zers.). *Methylphenylosazon*, F. 161—162°. — Die Oxydation von d-Sorbit mit Hg-Acetat u. Behandeln des Filtrats mit I liefert nach mehrmaligem Umkristallisieren aus A. *d-Fructose* [*Phenylosazon*, F. 203—204° (Zers.)] u. wenig *l-Sorbose* [*Phenylosazon*, F. 167—168°]. Mit Cu^{2+} wird *Glucosephenylosotriazol*, F. 193—194°, erhalten. Helmut Schäfer. 3400

Potentielle Antikrebsmittel. 68. Mitt. **Synthese von alkylierenden Substanzen, abgeleitet von 3-Amino-3-desoxy-D-allose.** Elmer J. Reist, Roland R. Spencer, Leon Goodman und B. R. Baker. (J. org. Chemistry **27**, 202—04, 18/1. 1962; Menlo Park, Calif., Stanford Res. Inst., Life Sci. Div.; engl.) — 64. vgl. C. **1963**, 1647; 69. vgl. C. **1963**, 1675. — Die Synth. von *3-[Bis-(2-chloräthyl)-amino]-3-desoxy-D-allosehydrochlorid* u. *3-[N-(2-Chloräthyl)-äthylamino]-3-desoxy-D-allosehydrochlorid* aus 3-Amino-3-desoxy-1.2;5.6-di-O-isopropyliden-D-allofuranose werden beschrieben. Die Ergebnisse von einigen biolog. Vorunterss. sind angegeben.

Versuche: *3-Desoxy-3-bis-[2-hydroxyäthyl]-amino-1.2;5.6-di-O-isopropyliden-D-allofuranose*, $C_{16}H_{29}NO_7$, F. 87—88° (Pentan), durch 72 std. Erhitzen von 3-Desoxy-3-amino-1.2;5.6-di-O-isopropyliden-D-allofuranose u. Äthylenoxid in 1.2-Dimethoxyäthan in einer Parr-Bombe auf 145°, Verteilen zwischen Chlf./W., Eindampfen der Chlf.-Lsg. u. Reinigen über nachst. Verb.; $[\alpha]_D^{24}$ +122° (c = 1; Chlf.); 67% (Ausbeute, roh). — *3-Desoxy-3-bis-[2-(p-nitrobenzoyloxy)-äthyl]-amino-1.2;5.6-di-O-isopropyliden-D-allofuranose*, $C_{30}H_{35}N_3O_{13}$, F. 135—135,5° (Chlf./Methanol 1:2), durch 20std. Rühren vorst. Verb. mit p-Nitrobenzoylchlorid in abs. Pyridin bei Raum-Temp.; $[\alpha]_D^{24}$ +45° (c = 1; Chlf.); 45%. — *3-Bis-[2-chloräthyl]-amino-3-desoxy-D-allosehydrochlorid, Hydrat*, $C_{10}H_{19}\cdot Cl_2NO_5\cdot HCl\cdot H_2O$, durch 1½std. Kochen von 3,6 g vorvorst. Verb. in abs. CH_2Cl_2 mit $SOCl_2$ u. 1½std. Erhitzen der entstandenen *3-Desoxy-3-bis-[2-chloräthyl]-amino-1.2;5.6-di-O-isopropyliden-D-allofuranose* (gelber Schaum; 4,1 g) mit 6n HCl auf dem Dampfbad; 1,45 g. — *3-Desoxy-3-äthylamino-1.2;5.6-di-O-isopropyliden-D-allofuranose*, $C_{14}H_{25}\cdot NO_5$, $Kp._{0,1}$ 60—65°, durch 20 Min. lange Zugabe von 3-Acetamido-3-desoxy-1.2;5.6-di-O-isopropyliden-D-allofuranose zu $LiAlH_4$ in abs. Ae. bei 0°, 18std. Kochen u. Aufarbeiten; 100%. — *3-Desoxy-3-[N-(p-nitrobenzoyl)-äthylamino]-1.2;5.6-di-O-isopropyliden-D-allofuranose*, $C_{21}H_{28}N_2O_8$, F. 143,5—144° (Methanol); $[\alpha]_D^{25}$ +60° (c = 1; Chlf.); 54%. — *3-Desoxy-3-[N-(2-hydroxyäthyl)-äthylamino]-1.2;5.6-di-O-isopropyliden-D-allofuranose*, $C_{16}H_{29}NO_6$, F. 44,5—45° (Skellysolve B), $Kp._{0,007}$ 107—110°, durch 90std. Erhitzen vorvorst. Verb. mit Äthylenoxid in 1.2-Dimethoxyäthan in einer Parr-Bombe auf 170°, Verdünnen mit Chlf., Eindampfen der Chlf.-Lsg. im Vakuum u. Dest.; $[\alpha]_D^{19}$ +119° (c = 1; Chlf.); 63%. — *3-[N-(2-Chloräthyl)-äthylamino]-3-desoxy-D-allosehydrochlorid, Hydrat*, $C_{10}H_{20}ClNO_5\cdot 1^1/_8$ $HCl\cdot H_2O$, durch 1½std. Erhitzen vorst. Verb. mit $SOCl_2$ in abs. CH_2Cl_2 auf dem Dampfbad, Verdünnen mit abs. CH_2Cl_2, Zutropfen zu gesätt. wss. $NaHCO_3$-Lsg., Eindampfen der organ. Phase im Vakuum, 1½std. Stehen der entstandenen *3-Desoxy-3-[N-(2-chloräthyl)-äthylamino]-1.2;5.6-di-O-isopropyliden-D-allofuranose* (gelber Sirup; 100%) mit 6n HCl bei Raum-Temp. u. 1std. Erhitzen auf dem Dampfbad; 67%. P. Golinske. 3400□

Die Cyclisierung von Dialdehyden mit Nitromethan. 5. Mitt. **Die Darstellung einiger 3-Amino-1.6-anhydro-3-desoxy-β-D-hexosen und deren Strukturaufklärung.** A. C. Richardson und Hermann O. L. Fischer. (Proc. chem. Soc. [London] **1960,** 341—42, Okt.; Berkeley, Calif., Univ., Dep. of Biochem.; engl.) — 4. vgl. C. **1962,** 476; 6. vgl. C. **1962,** 2741. — Der durch Oxydation von Lävoglucosan mit Perjodat erhaltene *Dialdehyd* wurde mit Nitromethan in Ggw. von Na-Methylat kondensiert. Beim Ansäuern mit Ionenaustauscher entsteht eine Mischung von 4 *1.6-Anhydro-3-desoxy-3-nitro-β-D-hexosen,* von denen die der *gulo*-Konfiguration [F. 161—163°, $[\alpha]_D$ +84° (W.)] in 13—14%ig. Ausbeute auskristallisiert u. durch katalyt. Hydrierung in *3-Amino-1.6-anhydro-3-desoxy-β-D-gulose* [I; F. 232° (Zers.), $[\alpha]_D$ +45° (W.)] verwandelt wird. Nach katalyt. Hydrierung der Mutterlaugen kann *3-Amino-1.6-anhydro-3-desoxy-β-D-altrose* (II)-*Hydrochlorid* [F. 214° (Zers.), $[\alpha]_D$ —170° (W.)] in 16%ig. Ausbeute isoliert werden. Die Acetylierung der verbleibenden Mutterlaugen liefert in 4,6%ig. Ausbeute das *Triacetat* des *ido-Isomeren* [F. 240°, $[\alpha]_D$ —70° (Chlf.)]. Zur Strukturaufklärung wurde I-*N.O.O'-Triacetat* desacetyliert zum *N-Acetat,* das in das entsprechende *Bis-[O-methansulfonyl]-Deriv.* (**III**) übergeführt wurde, aus dem durch Rk. mit Na-Acetat in 2-Methoxyäthanol nur die Sulfonyloxygruppe an $C_{(4)}$ entfernt wird. Das so in 60%ig. Ausbeute entstehende *Mono-O-methansulfonyl-Deriv.* läßt sich in ein *Bis-[O-methansulfonyl]-Deriv.* (**IV**) umwandeln, das von **III** verschieden ist u., wegen Walden-Umkehr an $C_{(4)}$, der *allo*-Reihe angehört. **IV** entsteht analog aus II-*N-Acetat* u. aus *3-Acetamido-1.6-anhydro-3-desoxy-β-D-idose.* H. Rossow. 3400□

Identität von Neosamin C, „Diaminohexose II" aus Zygomycin A und 2.6-Diamino-2.6-didesoxy-D-glucose. Kenneth L. Rinehart jun., Martin Hichens, Klaus Striegler, Karen R. Rover, Townley P. Culbertson, Sueo Tatsuoka, Satoshi Horii, Takeshi Yamaguchi, Hiromu Hitomi und Akira Miyake. (J. Amer. chem. Soc. **83,** 2964—65, 5/7. 1961; Urbana, Ill., Univ., Dep. of Chem. and Chem. Engng.; engl.) — Auf Grund von F. u. Misch-F., $[\alpha]_D$, NMR-Spektren u. R_F-Werten der Diacetyl-Derivv. wurde die Identität von *Neosamin C*, einem der 4 Bestandteile von Neomycin C (vgl. C. **1959,** 12869) u. der durch Hydrolyse aus Zygomycin A erhaltenen *Diaminohexose II* (vgl. Horii u. Mitarbeiter, Chem. pharmac. Bull. [Tokyo] **9,** [1961], 340) mit synthet. gewonnener *2.6-Diamino-2.6-didesoxy-D-glucose* bewiesen. — *1-O-Methyl-N-acetyl-6-O-tosyl-α-D-glucosamin*, durch Behandlung von 1-O-Methyl-N-acetyl-D-glucosamin mit p-Toluolsulfonylchlorid in Pyridin; amorph. — *1-O-Methyl-2.6-diacetamido-2.6-didesoxy-α-D-glucose*, F. 240—242°, durch 24std. Erhitzen vorst. Verb. in gesätt. methanol. NH_3 auf 105° u. Acetylieren; Nadeln aus CH_3OH; $[\alpha]_D^{26}$ +119° (c = 0,42; W.). — *2.6-Diamino-2.6-didesoxy-D-glucose, N.N'-Diacetyl-Deriv.*, F. 207—212°; $[\alpha]_D^{25}$ 35,8°. *Dihydrochlorid*, durch Hydrolyse vorst. Verb.; $[\alpha]_D^{27}$ +61,5° (c = 0,96; W.). L. Leichter. 3400□

Chemie von Terminalia-Species. 3. Mitt. Chemische Untersuchung von Terminalia paniculata Roth. Isolierung von 3.3'-Di-O-methylellagsäure-4-glucosid. L. Ramachandra Row und G. S. R. Subba Rao. (Tetrahedron [London] 18, 357—60, März 1962; Waltair, India, Andhra Univ., Dep. of Chem.; engl.) — 2. vgl. J. sci. ind. Res. [New Delhi], Sect. B **20**, [1961], 554. — Aus dem Hartholz von *Terminalia paniculata* (**A**) konnte ein neues Glucosid der Ellagsäure, zusammen mit β-Sitosterin u. einer neuen Triterpencarbonsäure, isoliert u. als *4-Glucosido-3.3'-di-O-methylellagsäure* (**I**) identifiziert werden.

Versuche: *β-Sitosterin*, $C_{29}H_{50}O$, F. 136—137°, durch Extrahieren von 2 kg **A** mit PAe.; aus Methanol Nadeln; $[\alpha]_D^{31}$ —35° (c = 1,25; Chlf.); positive Liebermann-Burchard-Rk.; 1,69 g (Ausbeute). *Acetyl-Deriv.*, F. 124—126°, mit Acetanhydrid/Pyridin bei 100° (½ Std.). — *Säure $C_{30}H_{48}O_4$*, F. 289—290°, durch weiteres Extrahieren von **A** mit Ae.; aus Methanol Prismen; $[\alpha]_D^{30}$ —72° (c = 0,677; Chlf.); in konz. H_2SO_4 gelbe Lsg., die rot wird; rosafarbene Liebermann-Burchard-Rk.; hellgelb mit Tetranitromethan; 420 mg. *Methylester*, $C_{31}H_{50}O_4$, F. 212—213°, mit äther. CH_2N_2; aus Methanol Nadeln; $[\alpha]_D^{30}$ —68° (c = 1,12; Chlf.). — *4-Glucosido-3.3'-di-O-methylellagsäure* (**I**), $C_{22}H_{20}O_{13}$, F. 214—215°, durch weitere Extraktion von **A** mit Aceton; aus wss. Methanol braune Prismen; mit $FeCl_3$ braun; $[\alpha]_D^{30}$ +79° (c = 0,504; A.); 1,5 g. *4'-Methyläther* (**II**), $C_{23}H_{22}O_{13}$, F. 205—207°, mit äther. CH_2N_2; aus Methanol blaßgelbe Prismen. — *3.3'-Di-O-methylellagsäure*, $C_{16}H_{10}O_8$, F. 338—340°, durch 6std. Kochen von **I** mit 4%ig. methanol. H_2SO_4, Einengen im Vakuum, Verdünnen mit W. u. Extrahieren mit Ae.; aus Dioxan Flocken; daneben *D-Glucose* [*Phenylosazon*, F. 203—205° (A.)]. *Diacetat*, $C_{20}H_{14}O_{10}$, F. 300—302°, durch 1std. Erhitzen mit Acetanhydrid/Pyridin auf 100°. — *Tetra-O-methylellagsäure*, $C_{18}H_{14}O_8$, F. 342—344°, a) durch Schütteln von 100 mg vorst. Verb. mit Dimethylsulfat u. 2n NaOH; aus Dioxan blaßgelbe Nadeln; 60 mg; b) aus 100 mg vorst. Verb. mit äther. CH_2N_2; 90 mg. — *3.3'.4-Tri-O-methylellagsäure*, $C_{17}H_{12}O_8$, F. 289—291°, durch Hydrolysieren von **II** mit 4%ig. methanol. H_2SO_4 u. Extrahieren mit Ae.; aus Dioxan Prismen. — *4-O-Äthyl-3.3'.4'-tri-O-methylellagsäure*, $C_{19}H_{16}O_8$, F. 328—330° (Zers.), durch Äthylieren von 20 mg vorst. Verb. mit Diäthylsulfat/2n Na·OH; blaßgelbe Kristalle; 15 mg. — *4-O-Äthyl-3.3'-di-O-methylellagsäure*, $C_{18}H_{14}O_8$, F. 332—334°, durch 4std. Schütteln von 60 mg **I** in 2n NaOH mit Diäthylsulfat, Ansäuern, 4std. Kochen mit 2n methanol. H_2SO_4 u. Extrahieren mit Ae.; 30 mg; gibt mit äther. CH_2N_2 vorst. Verbindung. P. Golinske. 3450□

Beiträge zur Kenntnis der Struktur des Kerasins und des Nervons. J. Kiss, D. Bánfi und J. Kóbor. (Helv. chim. Acta **43**, 2198—2201, 1/12. 1960; Szeged, Ungarn, Univ., Organ. Chem. Inst.; Basel, Forschungslabor. der F. Hoffmann-La Roche & Co. AG.; dt.) — Vgl. C. **1960**, 17084 u. 17116. — Beim Abbau von Kerasin (**II**) mit O_3 wird aus dem in PAe. lösl. Anteil *Myristinaldehyd* u. *Myristinsäure* (**III**) isoliert. Der in PAe. schwerlösl. Anteil ergibt nach Hydrolyse mit HCl *D-erythro-3-Amino-2-hydroxy-γ-butyrolactonhydrochlorid* (**I**), welches auch beim O_3-Abbau des Triacetylsphingosins entsteht. Die Konfiguration am $C_{(2)}$ u. $C_{(3)}$ von **I** ist ident. mit der entsprechenden Konfiguration des trans-1.3-Dihydroxy-2-aminooctadecen-(4)-skeletts von **II**, falls bei der sauren Hydrolyse keine Änderung eingetreten ist. Nach der Hydrierung von Pentaacetylkerasin an Pd-Kohle werden neben *Dihydrosphingosin-Derivv. Essigsäure* u. *Sphingin-Derivv.* isoliert, was die Verknüpfung des Galaktoserestes in **II** mit der prim. OH-Gruppe des Sphingosingerüstes beweist. Um eine hydrogenolyt. Spaltung der Allylhydroxylgruppe zu vermeiden, wird **II** u. Nervon nicht an Pd, sondern an Raney-Ni hydriert. Dabei wird *Dihydrokerasin* erhalten, dessen Konstit. durch H_2SO_4-Hydrolyse unter Bldg. von *Dihydrosphingosin* (u. nicht Sphingin) bewiesen wird. Unter diesen Hydrierbedingungen findet keine hydrogenolyt. Spaltung statt.

Versuche: *Tetradecansäure* (**III**), F. 48—51°, durch Behandeln von 10 g **II** in Chlf. mit 5%ig. O_3 bei Raum-Temp., Eindampfen nach 2 Std. im Vakuum, 1std. Rühren mit W. bei 90°, Erkaltenlassen, Dekantieren, Extraktion des Rückstandes mit PAe. in der Wärme, Trocknen der warmen Lsg. mit Na_2SO_4, Filtrieren, Kühlen auf 18°, Absaugen eines *schwerlösl. Anteils* u. Kühlen des Filtrats auf 0°; aus PAe. Kristalle; 0,6 g. *S-Benzylisothiuroniumsalz*, $C_{22}H_{38}N_2O_2S$, F. 106—107°. — *Myristinaldehyd-2.4-dinitrophenylhydrazon*, $C_{20}H_{32}N_4O_4$, F. 106—107°, durch Eindampfen der Mutterlauge von **III**, Lösen in CH_3COOH, Erwärmen mit 2.4-Dinitrophenylhydrazin, Eindampfen u. Extrahieren mit sd. A.; aus A. gelbrote Kristalle; 0,82 g. — *D-erythro-3-Amino-2-hydroxy-γ-butyrolactonhydrochlorid* (**I**), $C_4H_8ClNO_3$, F. 218—220° (Zers.), durch 6std. Kochen des neben **III** erhaltenen schwerlösl. Anteils mit 2n methanol. HCl, Verdünnen mit W., Einengen, Extrahieren mit Ae., Eindampfen der wss. Phase, Extraktion mit A. u.

Einengen im Vakuum; aus A./Ae. glänzende Prismen; $[\alpha]_D^{20}$ $+47,22^0$ (c = 0,5; W.); 0,32 g. — *Dihydrokerasin*, $C_{48}H_{95}NO_8$, F. 186° (A.), a) durch 2std. Hydrieren von 10 g **II** in Isopropanol an Raney-Ni bei —40°/40 at, Filtrieren u. Eindampfen; 8,3 g; b) analog a) aus 3 g Nervon; 2,83 g. — *Dihydrosphingosin*, $C_{18}H_{39}NO_2$, F. 78—82°, durch 8std. Kochen von 5 g vorst. Verb. in CH_3OH mit konz. H_2SO_4, Einengen im Vakuum, Kühlen auf 0°, Ausschütteln mit PAe., Einengen der CH_3OH-Lsg. im Vakuum, Neutralisieren mit n-KOH unter Eiskühlung, Einengen des Filtrats, Alkalisieren mit 20% ig. NaOH u. Extrahieren mit peroxidfreiem Ae.; aus Ae. Kristalle; $[\alpha]_D^{20}$ $+3,92^0$ (c = 0,5; Dioxan); 1,52 g. *O.O.N-Triacetyl-Deriv.*, $C_{24}H_{45}NO_5$, F. 102—103°, durch Eindampfen der Mutterlauge vorst. Verb. u. Acetylierung; aus Aceton Kristalle; $[\alpha]_D^{20}$ $+18,2^0$ (c = 1; Chlf.); 0,82 g. — *Diacetylsphingin*, $C_{22}H_{43}NO_3$, F. 108, durch 1std. Erhitzen von 5 g **II** mit Pyridin/Acetanhydrid auf 100°, Eindampfen im Vakuum, Lösen in Chlf., Eindampfen, 4std. Hydrieren des Rückstandes in 80% ig. A. an 5% ig. Pd–Kohle bei 20°/20 at, Filtrieren, Dest., Lösen des Rückstandes in CH_3OH, 6std. Kochen mit konz. H_2SO_4, Einengen, Extrahieren mit PAe., Einengen der CH_3OH-Lsg. im Vakuum, Neutralisieren mit methanol. n-NaOH, Einengen des Filtrats, Alkalisieren mit 5n NaOH, Extrahieren mit Ae., Neutralwaschen, Eindampfen sowie Acetylieren u. Aufarbeiten nach Carter u. Greenwood (vgl. J. biol. Chemistry **199**, [1952], 283); 0,32 g; daneben *Essigsäure* [*S-Benzylisothiuroniumsalz*, F. 148°], aus dem Destillat nach der Hydrierung.

H. Knieß. 3450□

Untersuchungen über die Struktur von Aucubin: Die Anwesenheit von Allyl-, Hydroxyl- und Acetalgruppen. Shin-Ichiro Fujise, Hisashi Uda, Toshio Ishikawa, Heitaro Obara und Akira Fujino. (Chem. and Ind. **1959**, 954—55, 25/7.; Sendai, Japan, Tohoku Univ., Fac. of Sci., Dep. of Chem; engl.) — Die von Karrer u. Schmid [1946] bzw. von Nakamura [1950] für *Aucubin* (I), das Glucosid aus *Aucuba japonica*, vorgeschlagenen Strukturformeln werden angezweifelt. Da **I** bei der Oxydation nur 2 Mol Perjodsäure verbraucht, kann keine 1.2-Glykolgruppierung vorliegen. Die Anwesenheit eines Furanringes wird durch das IR-Spektrum widerlegt. Durch Hydrierung von **I** an Pt–Kohle in neutraler Lsg. u. anschließende Acetylierung wird neben *Tetrahydrohexaacetylaucubin A* (F. 155°) u. *B* (F. 114—115°) *Tetrahydrodesoxypentaacetylaucubin* (F. 130—131°) erhalten, das auch durch katalyt. Hydrierung von Hexaacetylaucubin gebildet wird. Durch Hydrierung von **I** in verd. A. in Ggw. von wenig HCl oder H_2SO_4 wird eine *Fraktion vom* $Kp._{12}$ *92—95°* (**II**; *2.4-Dinitrophenylhydrazon*, $C_{15}H_{20}N_4O_5$, F. 134—136°), die keine OH-, CO- u. C=C-Banden zeigt, u. eine *Fraktion vom* $Kp._{0,02}$ *106—114°* (**III**; *2.4-Dinitrophenylhydrazon*, $C_{15}H_{20}N_4O_6$, F. 152—153°) erhalten, die eine OH-, aber keine CO-Gruppe besitzt. Da Tetrahydroanhydroaucubigenin (**IV**) mit 2.4-Dinitrophenylhydrazin erst bei 100° unter Bldg. eines *2.4-Dinitrophenylhydrazons* ($C_{15}H_{20}N_4O_7$, F. 184,5—185,5°) reagiert, wird angenommen, daß es eine stabile Acetal- oder Ketalgruppe besitzt. In **I** wird die Acetalgruppe spektroskop. nachgewiesen; **II**, **III**, **IV** u. andere Aucubigenin-Derivv. haben ähnliche IR-Spektren wie die 2.4-Dinitrophenylhydrazone von alicycl. Hydroxyaldehyden. Durch Oxydation von **IV** mit CrO_3 wird *Tetrahydroanhydroaucubigenon* erhalten, das die charakterist. Absorptionsbande (1742 cm^{-1}) eines 5gliedrigen Ringketons zeigt. Für **I** werden die vorst. Strukturen vorgeschlagen. L. Lamza. 3450

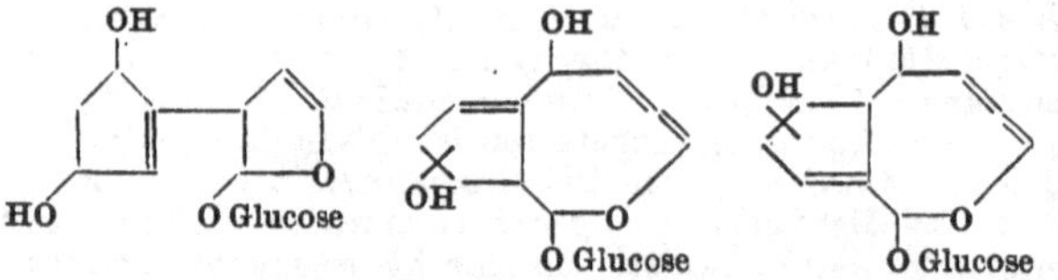

Synthese einiger α-disubstituierter Derivate von Mezcalin. Ghislain Schwachhofer und Jean Chopin. (Bull. Soc. chim. France **1962**, 835—43, April; Lyon, Fac. des Sci., Labor de Chim. biol.; franz.) — Vff. stellten nach einer früher (vgl. Mentzer u. Chopin, Bull. Soc. chim. France **15**, [1948], 586) beschriebenen Technik eine Reihe von *α-Methyl-α-arylmezcalinen* u. *β-Methyl-β-aryl-Derivv.* des höheren Homologen her. Die durch Kondens. von 3.4.5-Trimethoxybenzylchlorid (**I**) u. verschieden substituierten Hydratropasäurenitrilen (Na-Verbb.) erhaltenen *β-[3.4.5-Trimethoxyphenyl]-α-methyl-α-arylpropionitrile* wurden entweder zu den entsprechenden *Amiden* hydrolysiert, die durch Hofmann-Abbau in *α-disubstituierte Amine* übergeführt wurden, oder zu *β-disubstituierten Aminen* reduziert. Vorherige Verss. zur Darst. der α-disubstituierten Amine nach Ritter u. Murphy (vgl. C. **1952**, 7013) bzw. modifiziert nach Jacquier u. Christol (vgl. Bull. Soc. chim. France **1957**, 596) am Beispiel von Methylphenylbenzylcarbinol führten anstatt zum gewünschten Amin zu *α-Methylstilben* (F. 82°).

Versuche: *3.4.5-Trimethoxybenzoesäuremethylester*, F. 83° (CH_3OH), aus Gallussäure mit Dimethylsulfat in abs. Aceton in Ggw. von K_2CO_3; 77% (Ausbeute). — *3.4.5-Trimethoxybenzylalkohol*, Kp.$_1$ 155°, durch $LiAlH_4$-Red. vorst. Esters in abs. Ae.; 80%. *p-Nitrobenzoat*, F. 140°. — *3.4.5-Trimethoxybenzylchlorid* (I), F. 58° (Cyclohexan), durch Sättigen einer benzol. Lsg. vorst. Alkohols mit HCl bei 0°; 86%. — *Methylphenylbenzylcarbinol*, F. 45°, Kp.$_{0,8}$ 134°, aus Desoxybenzoin u. CH_3MgJ; 70%. — *p-Methoxybenzylchlorid* (II), Kp.$_{18}$ 118—123°, durch Chlormethylierung von Anisol nach Quelet u. Allard [1936]; 52%. — *Veratrumaldehyd*, F. 43,5°, durch Methylierung von Vanillin; 84%. — *Veratrylalkohol*, Kp.$_1$ 149—151°, durch Cannizzaro-Rk. aus vorst. Verb. u. CH_2O; 57%. — *3.4-Dimethoxybenzylchlorid*, F. 44—50° (PAe.), durch Sättigen der benzol. Lsg. vorst. Alkohols mit HCl; 63%. — *p-Methoxybenzylcyanid*, Kp.$_{13}$ 140—150°, aus II u. NaCN in wss. Dioxan; n_D^{20} 1,5316; 63%; in wss. A. beträgt die Ausbeute nur 20% neben 50% *p-Methoxybenzyläthyläther* ($C_{10}H_{14}O_2$, Kp.$_{12}$ 113°, n_D^{20} 1,5080). — *3.4-Dimethoxybenzylcyanid*, F. 62—63° (Ae.), analog vorst. Verb.; Kp.$_{0,7}$ 138°; 69%. — *3.4.5-Trimethoxybenzylcyanid*, F. 72—76°, durch Kochen von I in Dioxan mit wss. KCN-Lsg. (7 Std.); Kp.$_{0,5}$ 159°; 76%; in A. oder CH_3OH sehr schlechte Ausbeuten. — Hydratropasäurenitrile, durch Zugabe des entsprechenden Benzonitrils in Ae. zur Lsg. von Na in fl. NH_3 u. Zutropfen von $(CH_3O)_2SO_2$ nach 15 Min.: *unsubstituiert* (*α-Phenylpropionitril*), Kp.$_{11}$ 108—112°, n_D^{20} 1,5143; 80%. — *p-Methoxy-* (*α-[4-Methoxyphenyl]-propionitril*), Kp.$_{11}$ 138—142°, n_D^{20} 1,5205; 80%. — *3.4-Dimethoxy-* (*α-[3.4-Dimethoxyphenyl]-propionitril*), F. 65—69° (Ae.–PAe.), Kp.$_{0,8}$ 133—134°; 59%. — *3.4.5-Trimethoxy-* (*α-[3.4.5-Trimethoxyphenyl]-propionitril*), Kp.$_1$ 156—161°, n_D^{20} 1,5241; 62%. — α-Aryl-α-methyl-β-[3.4.5-trimethoxyphenyl]-propionitrile, durch Kondens. von I mit dem entsprechenden Hydratropasäurenitril in Ggw. von 1 Val $NaNH_2$ in fl. NH_3, Abtrennung des aus vorst. Methylierung stammenden α.α-Dimethylnitrils u. chromatograph. Trennung der gesuchten von den nebenher entstehenden α.α-Bis-[trimethoxybenzyl]-α-arylacetonitrilen an Al_2O_3 u. Elution mit PAe. bzw. Bzl.; UV-Maxima u. -Minima nachst. Nitrile sind angegeben: *α-Phenyl-* (III), $C_{19}H_{21}NO_3$, F. 99° (A.); 58%; daneben *α-Phenyl-α-[3.4.5-trimethoxybenzyl]-β-[3.4.5-trimethoxyphenyl]-propionitril* ($C_{28}H_{31}NO_6$, F. 126°). — *α-[p-Methoxyphenyl]-*, $C_{20}H_{23}NO_4$, F. 129° (CH_3OH–Bzl.); 68%; daneben *α-[p-Methoxyphenyl]-α-[1.4.5-trimethoxybenzyl]-β-[3.4.5-trimethoxyphenyl]-propionitril* ($C_{29}H_{33}NO_7$, F. 144°, A.). — *α-[3.4-Dimethoxyphenyl]-*, $C_{21}H_{25}NO_5$, F. 102° (Ae.–CH_3OH; 66%; daneben *α-[3.4-Dimethoxyphenyl]-α-[3.4.5-trimethoxybenzyl]-β-[3.4.5-trimethoxyphenyl]-propionitril* ($C_{30}H_{35}NO_8$, F. 126°, A.). — *α-[3.4.5-Trimethoxyphenyl]-*, $C_{22}H_{27}NO_6$, F. 116°; 50%; daneben *α.β-Bis-[3.4.5-trimethoxyphenyl]-α-[3.4.5-trimethoxybenzyl]-propionitril* ($C_{31}H_{37}NO_9$, F. 148°, A.). — *α-Methyl-α-phenyl-β-[3.4.5-trimethoxyphenyl]-propionsäure*, $C_{19}H_{22}O_5$, F. 164° (Bzl.), durch Hydrolyse von III in Benzylalkohol mit KOH bei 200—210° unter N_2 (24 Std.); 20%; daneben sehr wenig Amid. — α-Aryl-α-methyl-β-[3.4.5-trimethoxyphenyl]-propionamide, durch 4std. Hydrolyse der Nitrile in A. oder A.–Dioxan in Ggw. von 6n NaOH u. 38%ig. H_2O_2 bei ca. 60° u. Zugabe von H_2O_2 nach 2 Std.: *α-Phenyl-*, $C_{19}H_{23}NO_4$, F. 168° (Bzl.); 42%. — *α-[p-Methoxyphenyl]-*, $C_{20}H_{25}NO_5$, F. 197—198° (Bzl.); 40%. — *α-[3.4-Dimethoxyphenyl]-*, $C_{21}H_{27}NO_6$, F. 155° (Bzl.); 60%. — *α-[3.4.5-Trimethoxyphenyl]-*, $C_{22}H_{29}NO_7$, F. 161 bis 162° (Bzl. oder wss. CH_3OH); 49%. — *α.α-Dimethylmezcalin* (IV), *Hydrochlorid*, $C_{13}H_{22}\cdot ClNO_3$, F. 219° (abs. A.–Ae.), durch Hofmann-Abbau von α.α-Dimethyl-β-[3.4.5-trimethoxyphenyl]-propionsäureamid mit HBrO bei 0° u. Kochen des isolierten Isocyanats mit konz. HCl; 38%; daneben *N.N'-Bis-[α.α-dimethyl-β-(3.4.5-trimethoxyphenyl)-äthyl]-harnstoff*, $C_{27}H_{40}N_2O_7$, F. 212—218° (A., Essigester, Bzl.), Nadeln. — α-Aryl-α-methyl-β-[3.4.5-trimethoxyphenyl]-äthylamine (α-Aryl-α-methylmezcaline), durch Hofmann-Abbau wie vorst. bei Raum-Temp., da hier Bldg. des symm. Harnstoffes nicht auftritt: *α-Phenyl-*, *Hydrochlorid*, $C_{18}H_{24}ClNO_3$, F. 205° (abs. A. + abs. Ae.); 35%. *Pikrat*, F. 217—220° (A.). — *α-[p-Methoxyphenyl]-*, *Hydrochlorid*, $C_{19}H_{26}ClNO_4$, F. 205°; 22%. *Pikrat*, F. 189—191°. — *α-[3.4-Dimethoxyphenyl]-*, *Hydrochlorid*, F. 183 bis 184°; 38%. *Pikrat*, $C_{26}H_{30}N_4O_{12}$, F. 185—188°. — *α-[3.4.5-Trimethoxyphenyl]-*, *Hydrochlorid*, F. 212—215°; 18%. *Pikrat*, $C_{27}H_{32}N_4O_{13}$, F. 120—128° bzw. 200—215°. — β-Aryl-β-methyl-γ-[3.4.5-trimethoxyphenyl]-propylamine, durch rasche Zugabe des α-trisubstituierten Nitrils in abs. Ae.–Bzl. zu einer Suspension von $LiAlH_4$ in abs. Ae. unter Feuchtigkeitsausschluß u. Hydrolyse durch Zutropfen von kaltem W., dann von 10%ig. H_2SO_4 unter Eiskühlung: *β-Phenyl-*, *Hydrochlorid*, $C_{19}H_{26}ClNO_3$, F. 184°; 57%. *Pikrat*, F. 150—151°. — *β-[p-Methoxyphenyl]-*, *Hydrochlorid*, F. 190 bis 192°; 33%. *Pikrat*, $C_{26}H_{30}N_4O_{11}$, F. 210°. — *β-[3.4-Dimethoxyphenyl]-*, *Hydrochlorid*, F. 112—113°; 37%. *Pikrat*, $C_{27}H_{32}N_4O_{12}$, F. 196—197°. — *β-[3.4.5-Trimethoxyphenyl]-*, *Hydrochlorid*, F. 124°; 33%. *Pikrat*, $C_{28}H_{34}N_4O_{13}$, F. 168° (Zers. ab 135°). — *3.3-Dimethyl-6.7.8-trimethoxy-1.2.3.4-tetrahydroisochinolin* (*3.3-Dimethylanhalinin*), $C_{14}H_{21}NO_3$,

F. 187° (Ae.), durch Erwärmen von **IV** u. 40%ig. CH_2O auf dem Wasserbad (30 Min.), Abkühlen, Abhebern der wss. Schicht u. mehrstd. Erhitzen des Öls mit 25%ig. HCl auf 100°; UV-Extrema. J. Richter. 3500□

Über Muscaridin. 1. Mitt. F. Kögl, C. A. Salemink und P. L. Schuller. (Recueil Trav. chim. Pays-Bas **79**, 278–81, März 1960; Utrecht, Rijks-Univ., Organ.-chem. Labor.; dt.) – 2. vgl. C. **1962**, 14869. – Durch A.-Extraktion von 1035 kg Fliegenpilzen (*Amanita Muscaria L.*) u. kombinierte präparative u. chromatograph. Aufarbeitung des alkohol. Extrakts werden neben *Acetylcholin* u. *Muscarin* 300 mg eines neuen, als *Muscaridin* (I) bezeichneten Alkaloids als *Chloroaurat* [$C_9H_{22}AuCl_4NO_2$, F. 129–131° (W.); $[\alpha]_D^{19}$ $+20{,}5 \pm 0{,}5°$ (c = 8,3 g/100 ml; W.). *Diacetyl-Deriv.*, $C_{13}H_{26} \cdot AuCl_4NO_4$, F. 103–105° (W.)] isoliert. I liefert beim Hofmannschen Abbau *Trimethylamin*; bei der Perjodatoxydation entsteht neben *Acetaldehyd* (Nachw. als *Dinitrophenylhydrazon* u. *Dimedon-Deriv.*) ein *Aldehyd*, dessen $KMnO_4$-Oxydations-Prod. als *γ-Trimethylammoniumbuttersäurechloroaurat* [$C_7H_{16}AuCl_4NO_2$, F. 179–182°] identifiziert wird. I besitzt die Konstit. *4.5-Dihydroxyhexyltrimethylammoniumchlorid*.
G. G. Fricke. 3500□

Chaksin. 2. Mitt. **Pyrolyse von Chaksin.** Salimuzzaman Siddiqui, Ahmad Kamal und George Hahn (unter Mitarbeit von Vishwa Nath Sharma). (Pakistan J. sci. ind. Res. **1**, 167–68, April 1958; Karachi, Pakistan Council of Sci. and Ind. Res., Central Labor.; engl.) – 1. vgl. C. **1959**, 6486. – Durch Pyrolyse von 1 g Chaksinjodid in Ggw. von Cu-Bronze bzw. Cu- oder Ag-Spänen bei 310–320° unter N_2 wird neben NH_4HCO_3 ein *Öl* [0,19–0,32 g (Ausbeute)] erhalten, das durch 12std. Kochen mit 20%ig. methanol. KOH neben NH_3 u. *Phthalsäure* [F. 196° (korr.; Zers.; W.), *Anhydrid*, F. 130°] *p-Isopropylbenzoesäure* ($C_{10}H_{12}O_2$, I, F. 116°; aus W. prismat. Nadeln) liefert. – IR-Spektrum von I s. Original. K. Zieloff. 3500

Chaksin. 3. Mitt. Ahmad Kamal, Mohammad Ayub Bokhari, Louis Fernandez und George Hahn. (Pakistan J. sci. ind. Res. **1**, 168–72, April 1958; engl.) – 2. vgl. vorst. Referat. – Bei der Acetylierung von *Chaksin* (I)-Sulfat entsteht *Diacetyldesiminochaksin* (II) neben *Diacetylchaksin* (III). Durch Einw. von methanol. NH_3 oder alkohol. HCl auf II wird *Desiminochaksin* (IV) erhalten, das zu II reacetyliert werden kann. Durch Rk. von I-*Nitrat* mit H_2SO_4 entsteht *Nitrochaksin* (V)-*Sulfat* neben V, das in 2 Formen auftritt. Hydrolyse von V u. V-Sulfat liefert *Nitroureidochaksin*. Die Unterss. machen für I nebenstehende Partialstruktur wahrscheinlich. Der Name I sollte für das freie Guanidin vorbehalten werden, während seine Salze als *Chaksinium-Verbb.* (**Ia**) bezeichnet werden sollten. Der Verlauf der Hydrolyse von I wird diskutiert.

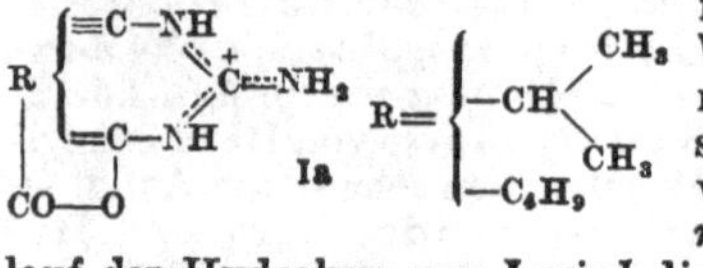

Ia

Versuche: *Diacetyldesiminochaksin* (II), $C_{15}H_{22}N_2O_5$, F. 198–199°, durch 2std. Kochen von 3 g I-Sulfat mit Acetanhydrid u. wenig Pyridin u. 10std. Kochen mit W.; aus verd. Essigsäure prismat. Nadeln; 25,5% (Ausbeute); daneben 1,45 g *Diacetylchaksin* [III, $C_{15}H_{23}N_3O_4$, F. 256° (Zers.); prismat. Nadeln; liefert durch 2std. Kochen mit Acetanhydrid u. wenig Pyridin II. *Nitrat*, $C_{15}H_{24}N_4O_7$, F. 187° (Zers.), aus III u. verd. HNO_3; $[\alpha]_D^{29,5}$ $+74{,}87°$ (W.); aus W. Prismen]. – *Desiminochaksin* (IV), $C_{11}H_{18} \cdot N_2O_3$, F. 253°, a) durch 36std. Stehen von II mit methanol. NH_3 bei 30°; b) durch 10std. Kochen von II mit 1,8%ig. alkohol. HCl; $[\alpha]_D^{34}$ $+72{,}76°$ (Eisessig); aus W., verd. Methanol u. verd. Essigsäure Prismen; liefert durch Acetylierung II. *Nitrat*, $C_{11}H_{19}N_3O_6$, F. 133° (Zers.), durch 5 Min. langes Stehen von IV mit konz. HNO_3; hydrolysiert mit W. zu IV. – *Nitrochaksin* (V), *Sulfat*, F. 180° (Zers.), durch portionsweise Zugabe von 5 g I-*Nitrat* zu konz. H_2SO_4 zwischen –5 u. 0° unter Rühren u. $^3/_4$std. Stehen bei Raum-Temp.; prismat. Nadeln; 4,3 g; daneben 1,12 g *freie Base* [$C_{11}H_{18}N_4O_4$, V; F. 166° (Zers.; Methanol); liefert bei mehrfacher Kristallisation aus 96%ig. A. V vom F. 190° (Zers.), das bei mehrtägigem Stehen in Chlf. in Ggw. von $Na_2 \cdot SO_4$ wieder in V vom F. 166° übergeht. *Oxalat*, $C_{13}H_{20}N_4O_8$, F. 191° (Zers.), aus V (F. 190°) u. $H_2C_2O_4$ in Dioxan. *Hydrochlorid*, $C_{11}H_{19}ClN_4O_8$, F. 215° (Zers.; Dunkelfärbung > 200°), durch Erwärmen von V (F. 190°) mit konz. HCl. – *Nitroureidochaksin*, F. 200° (Zers.), a) durch 36std. Kochen von V-*Sulfat* mit W.; b) aus V mit verd. H_2SO_4; 41,9%.
K. Zieloff. 3500

Tylophorinin. T. R. Govindachari, B. R. Pai, S. Rajappa und N. Viswanathan. (Chem. and Ind. **1959**, 950. 25/7.; Madras, Presidency Coll., Dep. of Chem.; engl.) – Das als Nebenalkaloid aus *Tylophora asthmatica* isolierte *Tylophorinin* (I) weist die aus der Analyse des *Hydrochlorids* [F. 257° (Zers.)] berechnete Bruttoformel $C_{23}H_{25}NO_4$ u. ein dem Kryptopleurin ähnliches UV-Spektrum auf. I ist eine 3 CH_3O-Gruppen, eine alkohol. OH-Gruppe u. ein zwei Ringen gemeinsames N-Atom enthaltende tert. Base, die ein *Acetat* [$C_{25}H_{27}NO_5$, F. 222–223° (Zers.)] u. in der Kälte ein krist. *Jodmethylat* bildet, das zu einem *Imid* ($C_{19}H_{15}NO_5$) u. *2.3.6-Trimethoxyphenanthren-9.10-dicarbonsäure* (*Dimethylester*, $C_{21}H_{20}O_7$, F. 160–162°), aus der Säure mit CH_2N_2 oxydierbar ist. I kommt somit nebenstehende Teilformel zu. H. Flentje. 3500

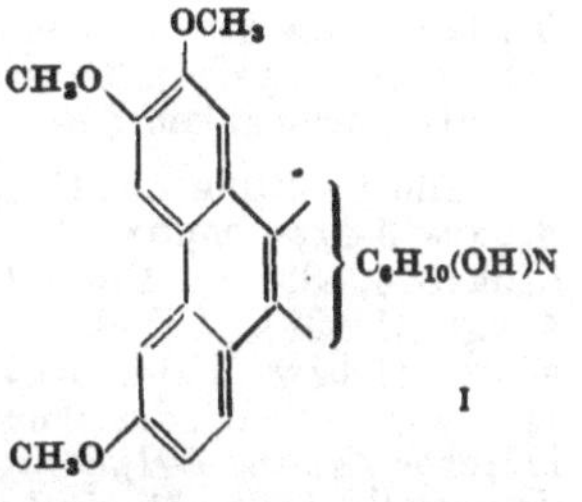

I

Lupinen-Alkaloide. 5. Mitt. **Über Lupaninsäure und Umwandlungen von Lupanin in wässerigen Lösungen.** Jerzy Suszko, Maciej Wiewiórowski und Witold Meissner. (Roczniki Chem. [Ann. Soc. chim. Polonorum] **33**, 1015–25, 1959; Poznań, Uniw. A. Mickiewicza, Kat. Chem. organ.; WSE, Kat. Chem. ogóln.; pol.) — 3. bzw. 4. vgl. C. **1960**, 17172 bzw. C. **1958**, 13538. — Das in der Literatur beschriebene „Lupanindihydrochlorid" (Couch [1936]) ist, wie Vff. beweisen, Lupaninsäure (I)-dihydrochlorid. Lupanin (II) hydrolysiert sehr leicht, z. B. beim Einengen saurer Extrakte der Lupine, u. umgekehrt verläuft auch die Lactam-Bldg. sehr leicht, z. B. in wss. Lsg. bei 4°. Bei pH 0–11 liegen I u. II nebeneinander im Gleichgewicht vor. Das Gleichgewicht liegt bei pH 0–1 fast vollständig auf der Seite von II. Bei pH $\geqq 12$ können II u. das Alkalisalz von I unabhängig voneinander existieren. II wird in wss. oder alkohol. Lsg. nicht hydrolysiert, I wird in stark alkal. Lsg. nicht cyclisiert. Damit verhält sich das Syst. I/II anders als das Syst. Matrin/Matrinsäure oder δ-Aminovaleriansäure/α-Piperidon.

Versuche: *Lupaninsäure* (I)-*dihydrochlorid*, $C_{15}H_{26}N_2O_2 \cdot 2\,HCl$, F. 187°, durch 3maliges Eindampfen von d-II in 10%ig. HCl u. Extraktion des glasigen Prod. mit heißem Aceton; $[\alpha]_D^{20}$ –8,6° (W.); Kristalle aus Isopropanol (getrocknet über P_2O_5); daneben *d-Lupaninhydrochlorid* (F. 131°), das in Aceton leichter lösl. ist. *K-Salz*, $C_{15}H_{25} \cdot KN_2O_2$, F. 209°, aus dem D hydrochlorid mit 10%ig. KOH-Lsg., Extraktion mit wassergesätt. n-Butanol, Abdestillieren des Butanols, Lösen des öligen Rückstandes in abs. A., Einengen u. Extrahieren von II mit Äther. F. Urban. 3500□

Lupinen-Alkaloide. 6. Mitt. **Über die Nebenalkaloide von Lupinus angustifolius.** Maria Danuta Bratek und Maciej Wiewiórowski. (Roczniki Chem. [Ann. Soc. chim. Polonorum] **33**, 1187–93, 1959; pol.) — 5. vgl. vorst. Referat. — Neben den 3 Hauptalkaloiden von *Lupinus angustifolius*, (+)-Lupanin, (+)-Hydroxylupanin u. Angustifolin, konnten weitere 4 Alkaloide in der Gesamt-Konz. von 1% bzgl. des Alkaloidkomplexes isoliert werden. Das *Alkaloid* I (F. 102°; Hexan) wird beim chromatograph. Reinigen von Angustifolin an Kieselerde mit n-Hexan u. Ae. in der äther. Phase gefunden. *Alkaloid* II ($Kp._{0,02}$ 90–100°) wird bei der chromatograph. Fraktionierung der Mutterlauge nach Abtrennung von Roh-Angustifolin in der 2. Fraktion (PAe. + Ae. 10:1) gefunden. II entfärbt saure $KMnO_4$-Lsg. u. verharzt an der Luft. *Alkaloid* III (F. 95°; Hexan) tritt in der 3. Fraktion (PAe. + Ae. 1:1) auf. Es ist eine gesätt. Verbindung. Alkaloid IV wurde als (+)-*Oxolupanin*, $C_{15}H_{22}N_2O_2$, F. 154°, identifiziert. IV tritt in der 4. Fraktion (Ae.) auf. Die 1. Fraktion der Mutterlauge von Angustifolin (PAe.) enthält (+)-*Lupanin* (*Perchlorat*, F. 214°); die 5. (Chlf.) weitere Mengen *Angustifolin* (F. 79°). I u. Angustifolin lassen sich nur chromatograph. an Kieselerde vollständig trennen. Aus dem Samen von Lupinus angustifolius konnte weder Spartein noch α-Isolupanin isoliert werden. F. Urban. 3500□

Lupinen-Alkaloide. 7. Mitt. **Über die tiefsiedenden Basen von Lupinus albus.** Maciej Wiewiórowski. (Roczniki Chem. [Ann. Soc. chim. Polonorum] **33**, 1195 bis 1200, 1959; pol.) — 6. vgl. vorst. Referat. — Der gereinigte Methanolextrakt des Samens von *Lupinus albus* wird durch Vakuum-Dest. fraktioniert. In der Fraktion vom $Kp._{0,02}$ 140–165° (80% der Gesamtalkaloide) wurden gefunden: *rac.-Lupanin* (90%), *Angustifolin* (F. 79; 1,5%), *Alkaloid* I (F. 109; 5%) u. *Alkaloid* II (ca. 3,5%). Die Trennung erfolgt chromatograph. an Kieselerde, die mit wss. KOH-Lsg. getränkt ist. Zum Eluieren dienen PAe., Ae. u. Chloroform. Die so erhaltenen 3 Fraktionen werden im Vakuum (0,02 Torr) dest. u. dann an Al_2O_3 fraktioniert chromatographiert. I ist eine ungesätt. Verb., II konnte bisher nicht rein erhalten werden. F. Urban. 3500□

Natürliche Steroidamine aus Apocynaceen. R. Goutarel. (Tetrahedron [London] **14**, 126–37, Sept. 1961; Paris, Fac. de Pharm., Labor. de Pharm. Galen.; franz.) — In einer Übersicht werden die aus Apocynaceen isolierten *Steroidamine* erfaßt u. in

3 Klassen, als Derivv. des *5α-Pregnans*, des *Δ^5*- bzw. *Δ^8-Pregnens* u. des *Conanins* eingeteilt. Die physikal. Konst. sowie die Strukturaufklärung der Verbb. wird aufgeführt. — 36 Literaturangaben. H. Gleinig. 3500□

Die Spaltung des Campherringes. 5. Mitt. 7-Hydroxy-π-apocamphan und 1-Hydroxy-10-apocampher. Morizo Ishidate und Akiharu Kawada. (Pharmac. Bull. [Tokyo] **4,** 483—86, Dez. 1956; Tokyo, Univ. of Tokyo, Med. Fac., Pharm. Inst.; engl.) — 4. vgl. C. **1959,** 10248. — Aus *l*-π-Apocamphan-7-carbonsäure (*l*-Dihydroteresantalsäure; I) bzw. d-10-Apocampher-1-carbonsäure (d-Ketopininsäure; II) werden durch Hofmannschen oder Curtiusschen Abbau u. anschließende Desaminierung der erhaltenen *Amine 7-Hydroxy-π-apocamphan* (III) bzw. *l-1-Hydroxy-10-apocampher* (IV) dargestellt. III u. IV sind im Gegensatz zu 7-Hydroxy-π-apocampher stabil gegenüber Alkalien. III wird in einer opt.-inakt. Form erhalten; bei der Darst. von IV erfolgt keine ster. Inversion. Der Rk.-Mechanismus wird diskutiert.

Versuche: *l-π-Apocamphan-7-carbonsäure* (I), *Chlorid* (V), $Kp._{48}$ 112—113°, durch Wolff-Kishner-Red. von d-Isoketopininsäure u. Chlorieren des erhaltenen I mit $SOCl_2$; $[\alpha]_D^{13,5}$ —26,1° (c = 4,6; Chlf.). *Amid*, $C_{10}H_{17}NO$, F. 205—206°, durch Rk. des Chlorids in Ae. mit NH_3; $[\alpha]_D^{13,5}$ —15,3 (c = 6,70; A.); aus Ligroin Prismen. — *l-7-Methoxycarbonylamino-π-apocamphan*, $C_{11}H_{19}NO_2$, F. 69—70°, durch Zutropfen von 1 g Br_2 zu einem Gemisch aus Na-Methylat (aus 0,3 g Na) u. 1 g vorst. Amids in Methanol unter Kühlen, 4std. Erhitzen, mehrstd. Stehen, Versetzen mit Eiswasser u. Ausäthern; $[\alpha]_D^{13,5}$ —37,3° (c = 10,10; A.) aus PAe. Prismen; 1 g (Rohausbeute). — *l-7-Amino-π-apocamphan*, F. 161—162°, a) durch Erhitzen vorst. Verb. mit 36%ig. HCl, Lösen des erhaltenen *Hydrochlorids* [$C_9H_{17}N \cdot HCl$, F. 285—290° (Zers.); aus A. Prismen] in W., Alkalisieren mit NaOH, Ausäthern u. Sublimieren; $[\alpha]_D^{13,5}$ —10,4° (c = 6,70; A.); Platten; b) durch 4std. Kochen nachst. Verb. mit 38%ig. HCl, Alkalisieren mit NaOH u. Ausäthern. *p-Toluolsulfonyl-Deriv.*, $C_{16}H_{23}NO_2S$, F. 175°, durch mehrstd. Rk. des Amins mit p-Toluolsulfonylchlorid in Pyridin; aus verd. A. Platten. — *π-Apocamphan-7-isocyanat*, $Kp._7$ 193—198°, durch 16std. Erhitzen von 5 g V in Xylol mit 3 g NaN_3 im Rohr auf 170—180°; 2,5 g. — *rac.-7-Hydroxy-π-apocamphan* (*rac.*-III), F. 128°, durch 3std. Zutropfen von 5%ig. $NaNO_2$-Lsg. zu 3 g vorvorst. Verb. in 10%ig. H_2SO_4 u. Ausäthern; $[\alpha]_D^{18}$ ±0° (c = 4,10; A.), aus PAe. (Kühlung mit Trockeneis) Nadeln; 2,1 g. — *d-10-Apocampher-1-carbonsäure* (II), F. 234°, aus 10-Hydroxycampher (aus d-Campher durch CrO_3-Oxydation); $[\alpha]_D^{24}$ +31,2°. *Säurechlorid*, durch Rk. der Säure mit $SOCl_2$. — *l-10-Apocampher-1-isocyanat*, $C_{10}H_{13}NO_2$, F. 105°, durch Rk. vorst. Säurechlorids mit NaN_3 in Bzl.; $[\alpha]_D^{16}$ —24,4° (c = 5; A.); aus PAe. Platten. — *d-1-Amino-10-apocampher*, $C_9H_{15}NO$, F. 194°, durch Erwärmen vorst. Verb. mit 20%ig. HCl auf 70°, Alkalisieren u. Ausäthern; $[\alpha]_D^{17,5}$ +107,5° (c = 2,45; A.); aus PAe. Nadeln. — *l-1-Hydroxy-10-apocampher* (IV), F. 153°, durch Zugabe von 20%ig. $NaNO_2$-Lsg. zu 3 g vorst. Verb. bei 60° unter Rühren u. Ausäthern; $[\alpha]_D^{18}$ —81,0° (c = 0,28; A.); aus PAe. Nadeln; 0,7 g. *Semicarbazon*, $C_{10}H_{17}N_3O_2$, F. 200° (Zers.); Aceton. K. Lange. 3600

Über den neuen Sesquiterpen-Kohlenwasserstoff Daucen. G. W. Pigulewski und W. I. Kowalewa. (Доклады Академии Наук СССР [Ber. Akad. Wiss. UdSSR] **141,** 1384—85, 21/12. 1961; Botan. Komarow-Inst. der Akad. der Wiss. der UdSSR; russ.) — Aus dem äther. Öl von *Daucus carota L.* wurde aus der Sesquiterpenfraktion

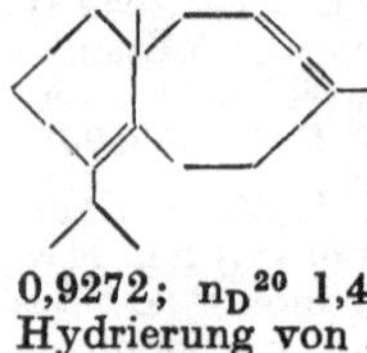

durch mehrfaches Chromatographieren an Al_2O_3 *Daucen* $C_{15}H_{24}$, isoliert, für den die nebenstehende Struktur vorgeschlagen wird. Bei der Hydrierung von Daucen erfolgt die Aufnahme von 1 Mol H_2 leicht, während das 2. Mol H_2 schwer angelagert wird. Die Verbb. wurden IR- u. Raman-analyt. untersucht. Die IR-Spektren von Daucan u. Daucen unterscheiden sich etwas. — *Daucen*, $C_{15}H_{24}$; $D._4^{20}$ 0,9272; n_D^{20} 1,4978; $[\alpha]_D$ +23,9°. *Nitrosochlorid*, $(C_{15}H_{24}ClNO)_2$, F. 104°. — Die Hydrierung von Daucen an Pt liefert *Dihydrodaucen*, dann *Tetrahydrodaucen*, $C_{15}H_{28}$, $Kp._5$ 103°; $D._4^{20}$ 0,8772; n_D^{20} 1,4731; $[\alpha]_D$ +2,4°. Helmut Schäfer. 3600

Die Triterpensäuren von Fomes Hartigii Allescher (Fr.). Luigi Canonica, Enzo Fedeli und Alberto Fiecchi. (Gazz. chim. ital. **89,** 818—23, März 1959; Milano, Univ., Ist. per la Laurea in Chim. indust.; ital.) — Aus dem PAe.-Extrakt von *Fomes Hartigii* Allescher (Fr.) wird eine Verb. erhalten, die sich als *3β-Hydroxy-$\Delta^{8,24}$-lanostadien-21-säure* erweist, da sie mit H_2 in Ggw. von Pd-Kohle in *3β-Hydroxy-Δ^8-lanosten-21-säure* (I) übergeführt werden kann, welche durch CrO_3-Oxydation in *3-Oxo-Δ^8-lanosten-21-säure* übergeht, die auch durch katalyt. Hydrierung von Pinicolsäure A (II) erhalten wird. Bei Red. des Pinicolsäuremethylesters A mit $NaBH_4$ wird I-*Methylester* erhalten. Durch PAe.-Extraktion wird aus *Polyporus pinicola* (Fr.) II neben *3α-Hydroxy-Δ$^{8.24}$-lanostadien-21-säure* erhalten. Letztgenannte Verb. bildet einen *Methylester*, der durch Oppenheimer-Oxydation II-*Methylester* liefert.

Versuche: *3β-Hydroxy-Δ$^{8.24}$-lanostadien-21-säure*, $C_{30}H_{48}O_3$, F. 262—263° (Aceton u. Isopropyläther), durch 15std. PAe.-Extraktion von 435 g *Fomes Hartigii* Allescher (Fr.)-Schwamm, Eindampfen, Lösen in Ae., Ausschütteln mit 1%ig. $NaHCO_3$, Ansäuern, Ae.-Extraktion u. Extraktion des in PAe. unlösl. Rückstandes mit Methanol; $[\alpha]_D^{20}$ + 54,6° (c = 1,0; Dioxan); 9,75 g (Ausbeute). — *3β-Hydroxy-Δ^{8}-lanosten-21-säure* (I), $C_{30}H_{50}O_3$, F. 274—276° (CH_3OH), durch Red. von 776 mg vorst. Verb. mit H_2 bei Raum-Temp. in Ggw. von 10%ig. Pd-Kohle in Dioxan; $[\alpha]_D^{20}$ + 54,6° (c = 0,7; Dioxan); 595 mg. *Methylester*, $C_{31}H_{52}O_3$, F. 141—143° (95%ig. CH_3OH), a) aus I in Ae./Aceton mit äther. CH_2N_2; $[\alpha]_D^{20}$ + 51° (Chlf.); b) durch Red. von II-Methylester mit $NaBH_4$ in wss. CH_3OH, Eindampfen nach 1 Std., Aufnehmen in W., Ae.-Extraktion, Eindampfen u. Chromatographieren an Al_2O_3 (Aktivität I); gibt *Acetyl-Deriv.* [$C_{33}H_{54}O_4$, F. 143—144°; $[\alpha]_D^{20}$ + 62,5° (c = 0,95; Chlf.)]. — *3-Oxo-Δ^{8}-lanosten-21-säure*, $C_{30}H_{48}O_3$, F. 232—233° (CH_3OH), a) durch mehrstd. Stehen von I in CH_3COOH/CrO_3 bei Raum-Temp., Eindampfen, Aufnehmen in Ae. u. n-H_2SO_4 u. Einengen; $[\alpha]_D^{20}$ + 57,2° (c = 1,02; Dioxan); b) durch Red. von II mit H_2 in Ggw. von 10%ig. Pd-Kohle bei Zimmer-Temp. in CH_3OH. — *Pinicolsäure A* (II), $C_{30}H_{46}O_3$, F. 193—197° (Essigester), durch PAe.-Extraktion von 1200 g getrocknetem *Polyporus pinicola* (Fr.)-Schwamm, Eindampfen, 2std. Kochen mit NaOH in 90%ig. A., Neutralisieren mit HCl, Eindampfen, Lösen in W., PAe./Ae.-Extraktion (1 : 1), Versetzen der wss. Phase mit HCl, Absaugen, Lösen in Essigester, Kochen mit Kohle, Eindampfen, Absaugen, Lösen in abs. A. u. CH_3COOH, 2std. Kochen mit Reagens P von Girard, Eindampfen, Lösen in abs. Glykol, Ae.-Extraktion, Zugabe von konz. HCl zur Glykolphase, ½std. Erhitzen auf 50° u. Ae.-Extraktion; $[\alpha]_D^{20}$ + 66°; 2 g; daneben *3α-Hydroxy-Δ$^{8.24}$-lanostadien-21-säure*, $C_{30}H_{48}O_3$, F. 264—267° (Essigester u. Aceton), aus den Ae.-Extrakten nach Behandlung mit Reagens P von Girard u. Eindampfen; $[\alpha]_D^{20}$ + 45° (c = 0,33; Dioxan). *Methylester*, F. 121—123°; $[\alpha]_D^{20}$ + 70,5° (c = 0,96; Chlf.); gibt *2.4-Dinitrophenylhydrazon* (F. 197 bis 198°). — *3α-Hydroxy-Δ$^{8.24}$-lanostadien-21-säuremethylester*, $C_{31}H_{50}O_3$, F. 130—131,5° (PAe. u. 90%ig. CH_3OH), aus vorst. Verb. mit Diazomethan; $[\alpha]_D^{20}$ + 54,2° (c = 1,05; Chlf.). *Acetyl-Deriv.*, $C_{33}H_{52}O_4$, F. 135—135,5° (CH_3OH); $[\alpha]_D^{20}$ + 9,0° (c = 0,97; Chlf.).

H. Knieß. 3600□

Stereospezifische Oxydation eines Methylmercaptosteroids zum Sulfoxid durch Calonectria decora. C. E. Holmlund, K. J. Sax, B. E. Nielsen, E. R. Hartman, R. H. Evans jun. und R. H. Blank. (J. org. Chemistry 27, 1468—70, 12/4. 1962; Pearl River, N.Y., Amer. Cyanamid Co., Lederle Labor. Div., Biochem. Res. Sect.; engl.) — Fermentierung von 17β-Acetoxy-7α-methylmercapto-Δ^{4}-androsten-3-on (I) mit *Calonectria decora* (CBS) bewirkt Hydrolyse des Acetats u. Oxydation der Methylmercaptogruppe unter Bldg. von *17β-Hydroxy-7α-methylsulfinyl-Δ^{4}-androsten-3-on* (II). Zum Strukturbeweis wurde II mit KOH in *17β-Hydroxy-Δ$^{4.6}$-androstadien-3-on* übergeführt. Das durch Acetylierung von II erhaltene *Acetyl-Deriv.* unterscheidet sich durch seine verschiedene Konfiguration am S-Atom von der durch Monoperphthalsäure (MP)-Oxydation von I erhaltenen Acetyl-Verb.; beide Acetyl-Derivv. ergeben mit MP *17β-Acetoxy-7α-mesyl-Δ^{4}-androsten-3-on.* UV-Maxima vgl. Original.

Versuche: *17β-Hydroxy-7α-methylsulfinyl-Δ^{4}-androsten-3-on* (II), $C_{20}H_{30}O_3S$, F. 189,5—189,8° (Zers.; Aceton), durch 52std. Inkubation des mit 20 mg I in Methanol versetzten *Calonectria decora* (CBS)-Mycels (pH 7, Wuchsmedium vgl. Original), Filtrieren, Extraktion mit Äthylacetat, Reinigung des Konzentrats durch Verteilungschromatographie an Celite [befeuchtet mit der unteren Phase des Syst. W./Dioxan/Cyclohexan (1 : 5 : 3)] u. Entwickeln mit der oberen Phase; aus dem analog behandelten Mycelextrakt weitere 19 mg; $[\alpha]_D^{25}$ + 11° (0,49%; Methanol); 271 mg (Ausbeute). — *17β-Hydroxy-Δ$^{4.6}$-androstadien-3-on*, F. 202,5—203° (Methanol), a) durch 70 Min. lange Rk. von 50 mg II in Methanol mit 9%ig. wss. KOH u. Eindampfen im Vakuum; $[\alpha]_D^{25}$ + 103° (Chlf.); 23 mg; b) analog aus I; $[\alpha]_D^{25}$ + 90° (Chlf.). — *17β-Acetoxy-7α-methylsulfinyl-Δ^{4}-androsten-3-on*, F. 172° (Zers.; Aceton/PAe.), durch 24std. Rk. von 140 mg II mit Acetanhydrid/Pyridin bei Raum-Temp.; $[\alpha]_D^{25}$ + 16,6° (Chlf.); 84 mg. — *17β-Acetoxy-7α-mesyl-Δ^{4}-androsten-3-on*, $C_{22}H_{32}O_5S$, F. 154—155° (Zers.), durch 1½std. Rk. von 50 mg vorst. Verb. in CH_2Cl_2 mit äther. MP-Lsg. bei Raum-Temp., Dekantieren, Extraktion mit $NaHCO_3$-Lsg., Versetzen des trocknen Konzentrats mit Äthylacetat u. chromatograph. Reinigung an Celite in W./Methanol/Dioxan/Cyclohexan (2 : 2 : 6 : 10); $[\alpha]_D^{25}$ + 21,7° (Chlf.); 17,5 mg.

H.-J. Weigmann. 3700□

Eine allgemeine Synthese von 17-hydroxylierten Steroiddiazoketonen. B. G. Christensen, N. G. Steinberg und R. Hirschmann. (Chem. and Ind. **1958**, 1259 bis 1260, 27/9.; Rahway, N.J., Merck & Co., Inc., Merck Sharp & Dohme Res. Labor.; engl.) — Eine allg. Synth. von *17-Hydroxysteroiddiazoketonen* wird am Beispiel von *21-Diazo-$\Delta^{1.4}$-pregnadien-11β.17α-diol-3.20-dion* entwickelt, das aus Prednisolon-21-aldehydhydrat ($\Delta^{1.4}$-Pregnadien-11β.17α-diol-3.20-dion-21-ald hydhydrat) über das *Hydrazon* durch Oxydation mit HgO erhältlich ist. Die Verbb. werden durch Phosphorsäure in das entsprechende *17.21-Oxid* u. eine nicht identifizierte N-haltige Substanz übergeführt.

Versuche: *Prednisolon-21-aldehydhydrat*, $C_{21}H_{26}O_5 \cdot H_2O$, F. 188,5—191,5° (Zers.), durch Oxydation von Prednisolon in methanol. Lsg. mit Cu(II)-Acetat. *21-Hydrazon*, $C_{21}H_{28}N_2O_4$, F. 213—215° (Zers.), aus dem Aldehyd u. Hydrazinhydrat in äthanol. Lösung. — *21-Diazo-$\Delta^{1.4}$-pregnadien-11β.17α-diol-3.20-dion*, $C_{21}H_{26}N_2O_4$, F. 234—238° (Zers.), aus vorst. Hydrazon durch Oxydation mit HgO in Ggw. von KOH.

G. Ziebarth. 3750□

1,2-Dehydroderivate von Reichstein's Substanzen U und E. S. A. Szpilfogel, P. A. van Hemert und M. S. de Winter. (Recueil Trav. chim. Pays-Bas **75**, 1227—32, Sept./Okt. 1956; Oss, N. V. Organon, Res. Labor.; engl.) — Durch Inkubation von Cortison (I) mit einer Mycelsuspension von Stämmen verschiedener *Fusarium*-Species u. von *Calonectria decora* (C.d.) wird *17α.20β.21-Trihydroxy-3.11-diketo-$\Delta^{1.4}$-pregnadien* (*1,2-Dehydro-Reichstein's-Substanz U*; II) erhalten, das auch bei der Fermentation von Prednison (III) u. Reichstein's-Substanz U (IV) entsteht. HJO_4-Oxydation von II liefert *3.11.17-Triketo-$\Delta^{1.4}$-androstadien*. Durch SeO_2-Dehydrierung von 17α.20β.21-Trihydroxy-3.11-diketo-Δ^4-pregnen-20.21-diacetat (V) oder $NaBH_4$-Red. von Prednisonacetat (VI) u. anschließende Acetylierung wird *17α.20β.21-Trihydroxy-3.11-diketo-$\Delta^{1.4}$-pregnadien-20.21-diacetat* dargestellt. Red. von III liefert II, die von Prednisolon (VII) *11β.17α.20β.21-Tetrahydroxy-3-keto-$\Delta^{1.4}$-pregnadien* (VIII; *1,2-Dehydro-Reichstein's-Substanz E*). II u. VIII besitzen im Glykogenspeichertest an adrenalektomierten Mäusen 15—20 bzw. 100% der Aktivität von I. Die IR-Maxima sind angegeben.

Versuche: *17α.20β.21-Trihydroxy-3.11-diketo-$\Delta^{1.4}$-pregnadien* (II), $C_{21}H_{28}O_5$, F. 180 bis 181° (Aceton), a) durch 4std. Inkubation von I mit C.d., Extraktion mit Chlf. u. Chromatographie an Al_2O_3; b) durch Red. von 0,9 g III mit 143 mg $NaBH_4$ in Methanol unter N_2 bei 0°; $[\alpha]_D$ +118° (Dioxan); 450 mg (Ausbeute); c) durch Inkubation von IV mit C.d. u. Chlf.-Extraktion. *20.21-Diacetat*, $C_{25}H_{32}O_7$, F. 239—240° (Aceton), a) durch 4tägiges Inkubieren von 5,8 g I mit C.d. bei 30°, Extraktion mit Chlf., Eindampfen, mehrstd. Rk. mit Acetanhydrid/Pyridin, Gießen auf Eis, Extrahieren mit Chlf., Waschen mit HCl u. Chromatographie an Al_2O_3; $[\alpha]_D$ +146° (Dioxan); 2,55 g; daneben 750 mg *Prednisonacetat* (VI); b) durch 165std. Rühren von 1 g V mit 400 mg SeO_2 in tert.-Butanol bei 70° unter N_2; c) durch Rk. des 21-Monoacetats in abs. Pyridin mit Acetanhydrid; d) durch analoge Acetylierung von II. *21-Monoacetat*, $C_{23}H_{30}O_6$, F. 231—233° (Methanol/PAe.), durch Rk. von 1 g VI in Methanol mit 143 mg $NaBH_4$ bei 2° unter N_2, 1std. Rühren bei 0°, Einstellen mit Essigsäure auf pH 5,4, Einengen im Vakuum u. Extrahieren mit Chlf.; $[\alpha]_D$ +128° (Dioxan); 640 mg. — *3.11.17-Triketo-$\Delta^{1.4}$-androstadien*, F. 195—197° (Aceton), durch 4std. Rk. von 100 mg II in Methanol/wenig Pyridin mit 100 mg $HJO_4 \cdot 2\,H_2O$ in W., Verdünnen mit W. u. Extraktion mit Chlf.; $[\alpha]_D$ +230° (Aceton); 80 mg. — *11β.17α.20β.21-Tetrahydroxy-3-keto-$\Delta^{1.4}$-pregnadien* (VIII), *20.21-Diacetat*, $C_{25}H_{34}O_7$, F. 244—247,5°, durch Red. von 780 mg VII in Methanol mit 174 mg $NaBH_4$ u. Acetylieren; $[\alpha]_D$ +110° (Dioxan); 481 mg. K. Lange. 3750

16α-Hydroxysteroide. 5. Mitt. 11β-Ester von Triamcinolon. Sidney M. Fox, Victor E. Origoni und Leland L. Smith. (J. Amer. chem. Soc. **82**, 2580—85, 20/5. 1960; Pearl River, N.Y., Amer. Cyanamid Co., Lederle Labor., Chem. Process Improvem. Dep.; engl.) — 4. vgl. C. **1962**, 15235. — Die Acetylierung der 11β- u. 17α-Hydroxylgruppen in Triamcinolon (I) u. 16α-Hydroxyhydrocortison (II) gelingt leicht mit warmem Acetanhydrid (AA) in Pyridin (Py). Aus I entstehen dabei das *11β.16α.21-Triacetat* u. das *11β.16α.17α.21-Tetraacetat*. Hydrocortison (III) u. 9α-Fluorhydrocortison (IV) werden ebenfalls an der 11β-Hydroxylgruppe acetyliert. Eine Übersicht über opt. Drehwerte von 11β-Estern folgender Verbb. wird gegeben: I, III, IV, 5β-Dihydro-, 4ξ-Brom-5β-dihydrocortison, 11β.17α-Dihydroxyprogesteron, 11β.17α-Dihydroxy-5β-pregnan-3.20-dion, 11β-Hydroxy-Δ^4-androsten-3.17-dion, 11β-Hydroxytestosteron, 9α-Brom- u. 9α-Chlorprednisolon.

Versuche (opt. Drehungen in Methanol; IR- u. UV-Spektren sind angegeben): *11β.16α.21-Triacetoxy-9α-fluor-17α-hydroxy-$\Delta^{1.4}$-pregnadien-3.20-dion*, $C_{27}H_{33}FO_9$, F. 190 bis 191,5°, Erstarrung bei 195°, F. 221—223° (Aceton/PAe.), a) aus 30 g 16α.21-Diacetoxy-9α-fluor-11β.17α-dihydroxy-Δ^4-pregnen-3.20-dion durch Dehydrierung mit *Nocardia corallina*, 16std. Stehen des entstehenden Gemisches mit AA/Py bei Zimmer-

Temp. u. Verteilungschromatographie; 0,65 g (Ausbeute); b) aus 2 g I-16α.21-Diacetat durch 20std. Rk. mit AA/Py bei 80° (Meth. A); 0,21 g; c) aus 4,75 g I-11β-Acetat durch 6std. Rk. mit AA/Py bei Zimmer-Temp.; 3,1 g; $[\alpha]_D^{22}$ +55° (Chlf.). — *11β.16α.17α.21-Tetraacetoxy-9α-fluor-$\Delta^{1.4}$-pregnadien-3.20-dion*, $C_{29}H_{35}FO_{10}$, F. 217—219° (Zers.; Methanol), neben vorst. Verb. nach **A** durch verteilungschromatograph. Abtrennung; $[\alpha]_D^{22}$ +99,8°. — *11β-Acetoxy-9α-fluor-16α.17α.21-trihydroxy-$\Delta^{1.4}$-pregnadien-3.20-dion*, $C_{23}H_{29}$·FO_7, F. 228—230° (Isopropanol), aus 10 g I durch Rk. nach **A** u. ½ std. Rühren des Prod. mit 10%ig. wss.-methanol. K_2CO_3 unter N_2; $[\alpha]_D^{22}$ +156,8°; 8,7 g. — *11β.16α.17α.21-Tetraacetoxy-Δ^4-pregnen-3.20-dion*, $C_{29}H_{38}O_{10}$, F. 210—211° (Aceton/PAe.), aus 0,5 g II nach **A**; $[\alpha]_D^{22}$ +57,4°; 0,28 g. — *11β.21-Diacetoxy-9α-fluor-17α-hydroxy-Δ^4-pregnen-3.20-dion*, $C_{25}H_{33}FO_7$, F. 215—216° (Aceton/PAe.), aus 1 g IV-21-Acetat nach **A** u. Verteilungschromatographie; $[\alpha]_D^{22}$ +134°; 224 mg. — *11β.21-Diacetoxy-17α-hydroxy-Δ^4-pregnen-3.20-dion*, F. 185—187,5° (Essigester/PAe.), aus 1 g III-21-Acetat nach **A**; $[\alpha]_D^{22}$ +168°; 0,96 g. — *11β.21-Diacetoxy-9α-fluor-16α.17α-isopropylidendioxy-$\Delta^{1.4}$-pregnadien-3.20-dion*, $C_{28}H_{35}FO_8$, F. 230—232° (Aceton/PAe.), aus 0,6 g I-16α.17α-Acetonid nach **A**; $[\alpha]_D^{22}$ +138°; 0,7 g. — *11β-Acetoxy-9α-fluor-21-hydroxy-16α.17α-isopropylidendioxy-$\Delta^{1.4}$-pregnadien-3.20-dion*, $C_{26}H_{33}FO_7$, F. 215—217° (Methanol), a) aus 1,5 g I-11β-Acetat durch 24std. Stehen mit konz. HCl in Aceton bei Zimmer-Temp.; 1,4 g; b) aus 0,17 g vorst. Verb. durch 3std. Kochen mit wss.-methanol. HCl; 0,12 g; $[\alpha]_D^{22}$ +126,1°. Walter Simon. 3750

Die Synthese von 16α-Methoxyhydrocortisonacetat und verwandten Verbindungen. George R. Allen jun. und Nancy A. Austin. (J. org. Chemistry 26, 4574—83, Nov. 1961; Evansville, Ind., Mead Johnson and Co., Dep. of Natural Prod. Res.; engl.) — Die Alkylierung von 3.3;20.20-Bis-[äthylendioxy]-16α.17α-dihydroxy-Δ^5-pregnen (**I**) u. 3.3;20.20-Bis-[äthylendioxy]-16α.17α-dihydroxy-Δ^5-pregnen-11-on mit CH_3J liefert die entsprechenden *16α-Methoxy-Derivate*. Die Verw. dieser Rk. in Verbindung mit bekannten Meth. liefert die 16α-Methoxyanaloga von 17α-Hydroxyprogesteron, von Reichstein's Substanz S, Δ^4-Androsten-3.17-dion, 21-Desoxycortison, 21-Desoxyhydrocortison, Cortisonacetat, Hydrocortisonacetat, Prednisonacetat, Prednisolonacetat, 21-Desoxy-9α-fluorhydrocortison, 9α-Fluorhydrocortisonacetat u. 9α-Fluorprednisolonacetat.

Versuche (Drehungen bei 24° im 2dm-Rohr in Dioxan bei c = 1—2): *3.3;20.20-Bis-[äthylendioxy]-17α-hydroxy-16α-methoxy-Δ^5-pregnen* (**III**), $C_{26}H_{40}O_6$, F. 236—238,5° (Aceton), a) durch Zugabe von Na zu tert.-Butanol, Zugabe von I, Kochen, 5std. Zutropfen von CH_3J in tert.-Butanol, ¾std. Kochen, Gießen in W., Extrahieren mit Chlf., Eindampfen, Chromatographie an Silicagel u. Eluieren mit A./Bzl. (15 : 85); $[\alpha]_D$ —85,7°; 58% (Ausbeute); b) durch 24std. Kochen von 17α-Hydroxy-16α-methoxyprogesteron (**II**) u. p-Toluolsulfonsäurehydrat in Bzl./Äthylenglykol (5 : 2) unter Abdestillieren des W., Alkylisieren mit festem $NaHCO_3$, Verdünnen mit W. u. Eindampfen der organ. Phase; 52%. — *17α-Hydroxy-16α-methoxyprogestosteron* (**II**), $C_{22}H_{32}O_4$, F. 165 bis 167°, durch ¼std. Erhitzen von **III** mit 60%ig. HCOOH auf 100°; aus Aceton/Hexan Platten; $[\alpha]_D$ +73°; 90%. — *17α.20β-Dihydroxy-16α-methoxy-Δ^4-pregnen-3-on* (**IV**), $C_{22}H_{34}O_4$, F. 188—191° (Aceton/Hexan), durch Versetzen von II in Methanol mit $NaBH_4$ bei 0°, 1std. Rühren bei 0°, Ansäuern mit Eisessig, Eindampfen, Verteilen zwischen Essigester/W., Eindampfen der organ. Phase; Chromatographie an Silicagel u. Eluieren mit Ae./Bzl. (1 : 9); $[\alpha]_D$ —18,4° (Chlf.); 30%. *17.20-O-Isopryliden-Verb.*, $C_{25}H_{38}O_4$, F. 202—205°, mit Aceton/$HClO_4$; aus Aceton/Hexan Prismen; $[\alpha]_D$ —36,3°. — *16α-Methoxy-Δ^4-androsten-3.17-dion*, $C_{20}H_{28}O_3$, F. 132—134° (Aceton/Hexan), a) durch 21std. Stehen von **IV** u. HJO_4 in Methanol/W. (10 : 1) bei Raum-Temp., Verdünnen mit W., Extrahieren mit CH_2Cl_2, Eindampfen, Chromatographie an Silicagel u. Eluieren mit Ae./Bzl. (1 : 9); $[\alpha]_D$ +178° (Chlf.); 45%; b) durch 2std. Rühren von 17α.21-Dihydroxy-16α-methoxyprogesteron in 50%ig. Essigsäure mit Na-Bismutat bei Raum-Temp. u. Aufarbeiten analog a); 49%. — *3-Acetoxy-17α-hydroxy-16α-methoxy-$\Delta^{3.5}$-pregnadien-20-on*, F. 112—115° (verd. Methanol), durch 1std. Rühren von **II** u. p-Toluolsulfonsäurehydrat in Eisessig/Acetanhydrid (5 : 1) bei Raum-Temp., Verdünnen mit W., Extrahieren mit CH_2Cl_2, Eindampfen der organ. Phase, Chromatographie in Bzl. an Silicagel u. Eluieren mit Bzl./Ae. (94 : 6); 13%; daneben *17α.20β-O-Isopropyliden-16α-methoxy-Δ^4-pregnen-3-on*, F. 163—165°, durch Eluieren mit Bzl./Ae. (4 : 1); aus Aceton/Hexan Platten; 78%. — *17α.21-Dihydroxy-16α-methoxyprogesteron*, $C_{22}H_{32}O_5$, F. 169—171° (Aceton/Hexan), durch 4std. Rühren von **II**, J_2, CaO, Tetrahydrofuran (peroxidhaltig) u. Methanol bei Raum-Temp., Gießen in Eis/W./$Na_2S_2O_3$, Rühren mit Eisessig, Extrahieren mit CH_2nl_2, Eindampfen, 16std. Kochen mit K-Acetat in Aceton, Verdünnen mit W., Extrahieren mit CH_2Cl_2, Lösen des Prod. in Methanol, Versetzen mit $NaHSO_3$ in W., 1std. Kochen, Isolieren des Prod. mit CH_2Cl_2, Lösen in Methanol, 1std. Rühren mit 10%ig. K_2CO_3 unter N_2, Ansäuern mit Eisessig, Isolieren des Prod.

mit CH_2Cl_2, Chromatographie in Bzl. an Silicagel u. Extrahieren mit Ae./Bzl. (1 : 9); $[\alpha]_D$ + 64,5°; 38%. *21-Acetyl-Deriv.*, $C_{24}H_{34}O_6$, F. 143—144,5°, mit Pyridin/Acetanhydrid; aus Aceton/Hexan; $[\alpha]_D$ + 92,2° (Chlf), + 98° (A.). — *3.3;20.20-Bis-[äthylendioxy]-$\Delta^{5.16}$-pregnadien-11-on*, $C_{25}H_{34}O_5$, F. 178—180°, durch 16std. Stehen von 3.3;20.20-Bis-[äthylendioxy]-17α-hydroxy-Δ^5-pregnen-11-on in Pyridin mit $SOCl_2$ bei 0° u. Gießen in Eis/W.; aus Aceton Nadeln; $[\alpha]_D$ — 11° (Chlf.); 65%. — *$\Delta^{4.16}$-Pregnadien-3.11.20-trion*, $C_{21}H_{26}O_3$, F. 202—204°, durch Hydrolysieren vorst. Verb. mit 60%ig. HCOOH, Chromatographie des Rohprod. an Silicagel u. Eluieren mit Ae./Bzl. (1 : 4); aus Essigester/PAe. Nadeln; $[\alpha]_D$ + 228°; 67%. — *3.3;20.20-Bis-[äthylendioxy]-16α.17α-dihydroxy-Δ^5-pregnen-11-on*, $C_{25}H_{36}O_7$, F. 248—250° (Chlf./Hexan), durch 17,5std. Rühren vorvorst. Verb. in Bzl./Pyridin (20 : 1) mit OsO_4 in Bzl. bei Raum-Temp., 4std. Rühren mit Bzl./Methanol u. wss. Na_2SO_3- u. $KHCO_3$-Lsg., Filtrieren, Waschen mit Chlf. u. Eindampfen der organ. Phase; 86%. — *3.3;20.20-Bis-[äthylendioxy]-17α-hydroxy-16α-methoxy-Δ^5-pregnen-11-on*, $C_{26}H_{38}O_7$, F. 250—251°, a) durch Methylierung vorst. Verb. analog **III**, Chromatographie an Silicagel u. Eluieren mit Ae./Bzl. (1 : 4); aus Aceton prismat. Nadeln; $[\alpha]_D$ — 41,5°; 74%; daneben 18% **IV**; b) durch Ketalisieren von **V** (s. unten) mit der Bzl./Äthylenglykol-Meth.; 64%. — *17α-Hydroxy-16α-methoxy-Δ^4-pregnen-3.11.20-trion* (**V**; *16α-Methoxy-21-desoxycortison*), $C_{22}H_{30}O_5$, F. 212,5—214,5° (Aceton/Hexan), a) durch Hydrolyse von 1,809 g vorst. Verb. mit 60%ig. HCOOH, Chromatographie an Florisil u. Eluieren mit Aceton/PAe. (5 : 95); $[\alpha]_D$ + 160°; 1,437 g; b) durch Versetzen von 11β.17α-Dihydroxy-16α-methoxyprogesteron in Pyridin mit CrO_3 in Pyridin bei 5° u. 16std. Stehen bei Raum-Temp.; 55%. — *3.3;20.20-Bis-[äthylendioxy]-11β.17α-dihydroxy-16α-methoxy-Δ^5-pregnen* (**VI**), $C_{26}H_{40}O_7$, F. 182—184°, durch 19std. Kochen vorvorst. Verb. mit $NaBH_4$ u. NaOH in A., Verdünnen mit W. u. Umkristallisieren des mit Chlf. isolierten Prod. aus Aceton/Hexan; Prismen; $[\alpha]_D$ — 77,5°; 90%. — *3.3;20.20-Bis-[äthylendioxy]-11α.17α-dihydroxy-16α-methoxy-Δ^5-pregnen* (**VII**), $C_{26}H_{40}O_7$, F. 244—246°, neben **VI**; aus Chlf./Hexan Nadeln; $[\alpha]_D$ — 67°; 3%. *11α-Acetyl-Deriv.*, $C_{28}H_{42}O_8$, F. 244—245°, mit Acetanhydrid/Pyridin; aus Aceton/Hexan Nadeln; $[\alpha]_D$ — 89,5°. — *11β.17α-Dihydroxy-16α-methoxyprogesteron* (*16α-Methoxy-21-desoxyhydrocortison*), $C_{22}H_{32}O_5$, F. 220—223°, durch Hydrolyse von **VI** mit 60%ig. HCOOH, Chromatographie an Florisil u. Eluieren mit Aceton/PAe. (1 : 9); aus Aceton/Hexan Nadeln; $[\alpha]_D$ + 106°; 88%. — *16α-Methoxycortisonacetat*, $C_{24}H_{32}O_7$, F. 208,5—211°, a) durch 4std. Rühren von **V**, J_2 u. CaO in Methanol/Tetrahydrofuran (3 : 5) bei Raum-Temp., Gießen in W./Eis/$Na_2S_2O_3$, Rühren, Versetzen mit Eisessig, Extrahieren mit CH_2Cl_2, Eindampfen bei 220°, Lösen in Aceton, das K-Acetat enthält, 16std. Kochen, Verdünnen mit W., Extrahieren mit CH_2Cl_2, 1std. Kochen des Rohprod. mit $Na_2S_2O_3$ in W./Methanol (3 : 5), Isolieren des Prod. mit CH_2Cl_2, Chromatographie an Florisil u. Eluieren mit Aceton/PAe. (1 : 9) u. Aceton/PAe. (3 : 7); aus Aceton/Hexan Blättchen; $[\alpha]_D$ + 178°; 43%; b) durch Versetzen von 100 mg nachst. Verb. in Pyridin mit CrO_3 in Pyridin; 72 mg. — *16α-Methoxyhydrocortisonacetat*, $C_{24}H_{34}O_7$, F. 234—236°, analog vorst. Verb. nach a) aus vorvorst. Verb.; aus Aceton/Hexan Nadeln; $[\alpha]_D$ + 109°; 17%. — *16α-Methoxyprednisonacetat*, $C_{24}H_{30}O_7$, F. 204—206°, durch 28std. Kochen vorvorst. Verb. mit SeO_2 in tert.-Butanol in Ggw. von Pyridin unter N_2, Filtrieren durch Celite, Waschen mit heißem Essigester, Eindampfen der Filtrate, Chromatographie an Florisil u. Eluieren mit Aceton/PAe. (1 : 9); aus Aceton/Hexan Nadeln; $[\alpha]_D$ + 151°; 64%. — *16α-Methoxyprednisolonacetat*, $C_{24}H_{32}O_7$, F. 244—245,5° (Zers.), analog vorst. Verb. aus vorvorst. Verb.; aus Aceton/Hexan Nadeln; $[\alpha]_D$ + 69,5°; 55%. — *3.3;20.20-Bis-[äthylendioxy]-17α-hydroxy-16α-methoxy-$\Delta^{5.9,11}$-pregnadien*, $C_{26}H_{38}O_6$, F. 219—221° (Chlf./Hexan), a) durch Versetzen von **VI** in Pyridin mit $POCl_3$ unter Eiskühlung, 45std. Stehen bei Raum-Temp. u. Gießen auf Eis/W.; $[\alpha]_D$ — 47°; 94%; b) analog a) aus **VII**; 64%; c) durch Rk. von p-Toluolsulfonsäurehydrat u. nachst. Verb. in Bzl./Äthylenglykol (2 : 1); 46%. — *17α-Hydroxy-16α-methoxy-$\Delta^{4.9,10}$-pregnadien-3.20-dion*, $C_{22}H_{30}O_4$, F. 196—198°, durch Hydrolyse vorst. Verb. mit 60%ig. HCOOH; aus Methanol Platten; $[\alpha]_D$ + 71,5° (Chlf.); 89%. — *9α-Brom-11β.17α-dihydroxy-16α-methoxyprogesteron, Hemiacetonsolvat*, $C_{22}H_{31}BrO_5 \cdot {}^1/_2\, C_3H_6O$, F. 165—167° (Zers., Dunkelfärbung ab 150°), a) durch ½std. Zugabe von N-Bromsuccinimid zu vorst. Verb. u. 0,5n $HClO_4$ in peroxidfreiem Dioxan bei 15°, ½std. Rühren, Zers. mit gesätt. Na_2SO_3-Lsg., Verdünnen mit W. u. Umkristallisieren aus Aceton/Hexan; $[\alpha]_D$ + 118° (Chlf.); 83%; b) durch Versetzen nachst. Verb. in CCl_4/Eisessig (1 : 1) mit 30%ig. HBr in Eisessig u. 10 Min. langes Stehen bei Raum-Temp.; 79%. — *9β.11β-Oxido-17α-hydroxy-16α-methoxyprogesteron*, $C_{22}H_{30}O_5$, F. 176—178° (Aceton/Hexan), durch 16std. Kochen vorst. Verb. mit K-Acetat in A., Einengen u. Verdünnen mit W.; $[\alpha]_D$ — 30,3° (Chlf.); 91%. — *9α-Fluor-11β.17α-dihydroxy-16α-methoxyprogesteron*, $C_{22}H_{31}FO_5$, F. 250—252° (Zers.), durch Zugabe vorst. Verb. in CH_2Cl_2/Tetrahydrofuran (1 : 1) zu HF in CH_2Cl_2 bei — 50°,

4std. Rühren im Eisbad, Gießen in $NaHCO_3$-Lsg., Verdünnen mit CH_2Cl_2 u. Eindampfen der organ. Phase; aus Aceton/Hexan Nadeln; $[\alpha]_D$ +93,6°; 47%. — *9α-Fluor-16α-methoxyhydrocortisonacetat, Acetonsolvat*, $C_{24}H_{33}FO_7 \cdot C_3H_6O$, F. 196—198° (Aceton/Hexan), durch Rk. vorst. Verb. mit J_2 u. CaO in Methanol/Tetrahydrofuran; $[\alpha]_D$ +98° (Chlf.); 43%. — *9α-Fluor-16α-methoxyprednisolonacetat*, $C_{24}H_{31}FO_7$, F. 238—240° (Zers., Aceton/Hexan), aus vorst. Verb. mit SeO_2 in tert.-Butanol in Ggw. von Pyridin; $[\alpha]_D$ +70,5° (Aceton); 32%. P. Golinske. 3750□

Wasserlösliche Steroidphosphate. G. I. Poos, R. Hirschmann, G. A. Bailey, F. A. Cutler jun., L. H. Sarett und J. M. Chemerda. (Chem. and Ind. **1958**, 1260 bis 1261, 27/9.; Rahway, N.J., Merck & Co., Inc., Merck Sharp & Dohme Res. Labor.; engl.) — Biolog. akt. *wasserlösl. Steroidphosphate*, bes. der 11β.17α-Dihydroxy-Verbb., können durch Einw. von AgH_2PO_4 auf die 21-Jod-Derivv. erhalten werden. Die jodierten Verbb. sind über die 21-Mesylate erhältlich.

Versuche: *Cortison-21-dihydrogenphosphat*, $C_{21}H_{29}O_8P$, F. 198—204° (Zers.), aus 17α-Hydroxy-21-jod-Δ^4-pregnen-3.11.20-trion; 50% (Ausbeute); daneben 25% andere Phosphate. *Mononatriumsalz*, $C_{21}H_{28}NaO_8P$, F. 166—170° (Zers.). *Dinatriumsalz*, $C_{21}H_{27}NaO_8P$, F. 290—295° (Zers.). *Dimethylester*, $C_{23}H_{33}O_8P$, F. 228,5—230,5° (Zers.). — *Hydrocortison-21-dihydrogenphosphat*, analog aus 21-Jod-Δ^4-pregnen-11β.17α-diol-3.20-dion. *Dimethylester*, $C_{23}H_{35}O_8P$, F. 219—221°; $[\alpha]_D$ +126,5° (Dioxan). — *Prednison-21-jodid*, F. 175° (Zers.), aus Prednison-21-mesylat [$C_{22}H_{28}O_7S$, *Dihydrat*, F. 195—197° (Zers.)]. — *Δ^1-Dehydrocortison-21-dihydrogenphosphat*, $C_{21}H_{27}O_8P$, F. 180—182° (Zers.), aus vorst. Verbindung. — *11β.17α-Dihydroxy-21-jod-$\Delta^{1.4}$-pregnadien-3.20-dion*, $C_{21}H_{27}JO_4$, F. 188° (Zers.), aus Prednisolon-21-mesilat [$C_{22}H_{30}O_7S$, F. 206° (Zers.)]. — *Prednisolon-21-dihydrogenphosphat*, aus vorst. Verbindung. *Dimethylester*, $C_{23}H_{33}O_8P$, F. 221 bis 222°. — *9α-Fluorhydrocortison-21-jodid*, $C_{21}H_{28}FJO_4$, F. 175° (Zers.), aus dem *21-Mesylat* [$C_{22}H_{31}FO_7S$, F. 219° (Zers.)]. *21-Dihydrogenphosphat*, $C_{21}H_{30}FO_8P$, F. 172° (Zers.), aus vorst. Verbindung. G. Ziebarth. 3750

Studien in der Vitamin-D-Reihe. 29. Mitt. Aufbau der Seitenkette des Vitamins D_3. Zugleich Beendigung der Totalsynthese des Vitamins D_3. Hans Herloff Inhoffen, Hans Burkhardt und Gerhard Quinkert. (Chem. Ber. **92**, 1564—72, 14/7. 1959; Braunschweig, TH, Inst. für Organ. Chem.; dt.) — 28. vgl. C. **1961**, 3331. — Rk. von (+)-8-Methyl-trans-hydrindanol-(4)-on-(1) (**IX**) mit Crotyl-MgBr (**X**) führt in anomaler Rk. zur Bldg. des *Buten-(1)-yl-(3)-carbinols* **I**, aus dem durch Criegeesche Rk. mit OsO_4 das entsprechende *Tetrol* u. durch Pb-Tetraacetatspaltung der *β-Hydroxyaldehyd*

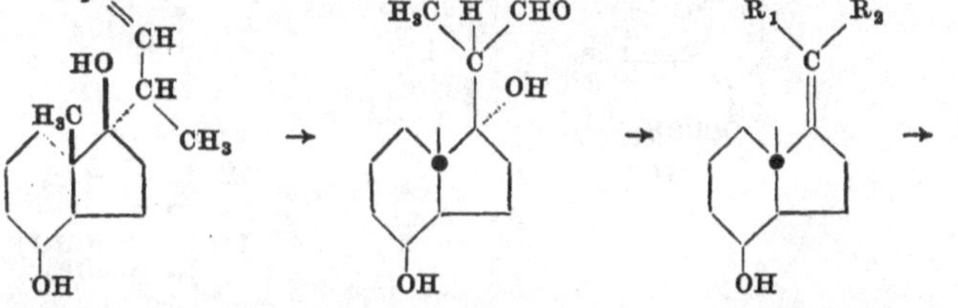

I II III R_1 = $-CH_3$, R_2 = $-CHO$

VI R_1 = $-CH{=}CH-C_4H_9$(iso), R_2 = $-CH_3$

IV R_1 = $-CHO$, R_2 = $-CH_3$

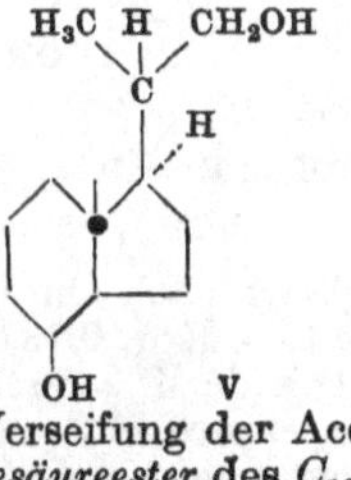

V

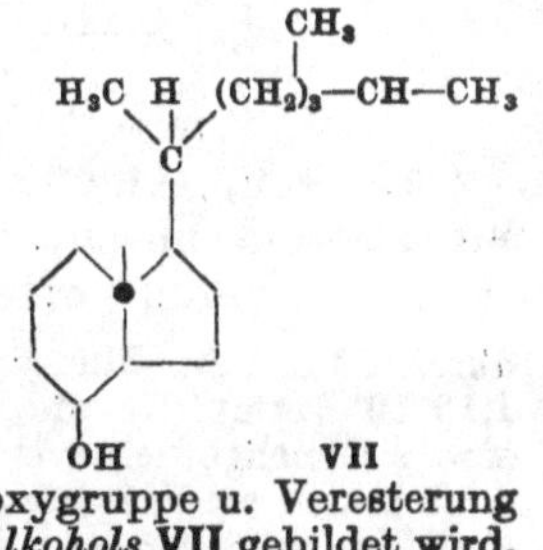

VII

II erhalten wird. Durch Wasserabspaltung werden aus **II** die beiden cis/trans-isomeren *ungesätt. Aldehyde* **III** u. **IV** gebildet, die als *Acetate* (**IIIa**, **IVa**) oder als deren *2.4-Dinitrophenylhydrazone* chromatograph. getrennt werden können. Katalyt. Hydrierung der Doppelbindung des cis-Aldehyds **IV** führt unter gleichzeitiger Red. der Aldehydgruppe zum *Diol* **V**, dessen *Bis-[3.5-dinitrobenzoat]* mit dem beim Abbau von Dihydrovitamin D_2 erhaltenen *Diolester* ident. ist. Umsetzung von **IV**-Acetat nach Wittig mit Triphenylphosphinisoamyliden liefert das *Dienacetat* **VIa**, aus dem durch katalyt. Hydrierung, Verseifung der Acetoxygruppe u. Veresterung mit Dinitrobenzoylchlorid der *Dinitrobenzoesäureester* des *C_{18}-Alkohols* **VII** gebildet wird, der mit der beim Abbau von Vitamin D_3 (**VIII**) erhaltenen Verb. ident. ist. Die nachfolgenden, zu **VIII** führenden Rkk. sind bereits vorher durchgeführt worden, so daß damit die Totalsynth. von **VIII** beendet ist.

Versuche (IR- u. UV-Spektren sind angegeben): *Buten-(1)-yl-(3)-carbinol* **I**, aus **IX** durch Grignard-Rk. mit **X** in Tetrahydrofuran; kristallisierendes Öl. — *β-Hydroxyaldehyd* **II**, aus **I** durch 4tägiges Stehen mit OsO_4 in abs. Ae., Abfiltrieren des *Osmiumsäureesters*, 3½std. Kochen mit Na_2SO_3 in wss. A. u. 1¹/₄std. Schütteln des *Tetrols* [Öl; 88% (Ausbeute)] mit Pb-Tetraacetat in abs. Dioxan unter N_2; 74,5%. — *cis-Acetoxyaldehyd* **IVa**, durch 2³/₄std. Erhitzen von 1,27 g **II** mit 89%ig. H_3PO_4 in abs. A. auf 100°, Neutralisieren mit methanol. KOH, Filtrieren, Einengen, Lösen in Bzl., Waschen, Einengen, 1std. Erhitzen des **III–IV**-*Gemisches* (89%) mit Acetanhydrid (AA) in Ggw. von Na-Acetat auf 100°, Einengen, Lösen in Bzl. u. Chromatographie an Al_2O_3; 11,7%. *Dinitrophenylhydrazon*, $C_{21}H_{26}N_4O_6$, F. 187—189° (Umwandlungspunkt 152—153°; Methanol). — *trans-Acetoxyaldehyd* **IIIa**, neben **IVa** durch chromatograph. Abtrennung; 11,3% *2.4-Dinitrophenylhydrazon*, $C_{21}H_{26}N_4O_6$, F. 206,5—207,5° (Methanol). — *Diol* **V**. *Diacetat* (**Va**), aus 203 mg **IVa** durch katalyt. Hydrierung mit vorred. PtO_2 in Eisessig. *Bis-[3.5-dinitrobenzoat]*, $C_{27}H_{28}N_4O_{12}$, F. 239—240° (Essigester), durch 2std. Kochen von **Va** in methanol. KOH, 1std. Kochen des 163 mg *freien Diols* **V** mit 3.5-Dinitrobenzoylchlorid in Bzl.–Pyridin u. Chromatographie an Al_2O_3; 39,5 mg. — *17.20-Dienacetat* **VIa**, durch Rk. von Isoamyltriphenylphosphoniumbromid mit Butyl-Li in abs. Ae., 1std. Rk. der Ylen-Lsg. mit 334 mg **IVa** in abs. Ae. bei Zimmer-Temp., Einengen, 11std. Erhitzen des Rückstandes mit abs. Dioxan auf 100°, Einengen, 1std. Erhitzen mit AA/Na-Acetat, Einengen u. Chromatographie in PAe.–Bzl. an Al_2O_3; 208 mg. — *C_{18}-Alkohol* **VII**, durch 2¹/₄std. Hydrierung von 208 mg **VI** an vorred. PtO_2 in Eisessig, 3std. Kochen des *Prod.* in methanol. KOH u. Chromatographie an Al_2O_3; 146 mg. *3.5-Dinitrobenzoat*, F. 161° (Aceton), aus 146 mg **VII**; $[\alpha]_D^{20}$ +65° (Chlf.); 89 mg.

B. Rässler. 3800

Studien in der Vitamin-D-Reihe. 30. Mitt. Gegenseitige Umwandlung der vier gesättigten und ungesättigten C_{13}-Seitenketten-Aldehyde. Hans Herloff Inhoffen, Klaus Irmscher, Gerhard Friedrich, Dieter Kampe und Otmar Berges. (Chem. Ber. **92**, 1772—88, 25/8. 1959; dt.) — 29. vgl. vorst. Referat. — Zwischen den *gesätt. Acetoxyaldehyden* **I** u. **II** besteht ein echtes Gleichgewicht. Die Isomerisierung

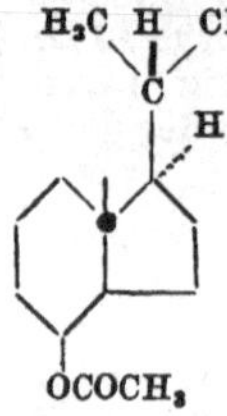

I

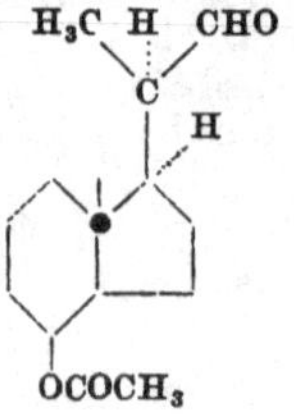

II

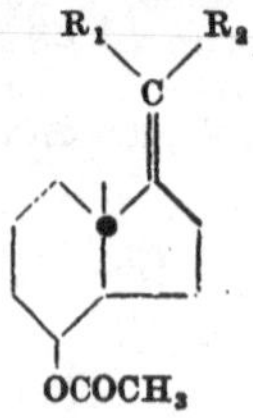

III R_1 = —CH_3, R_2 = —CHO

IV R_1 = —CHO, R_2 = —CH_3

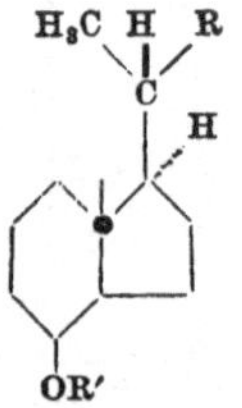

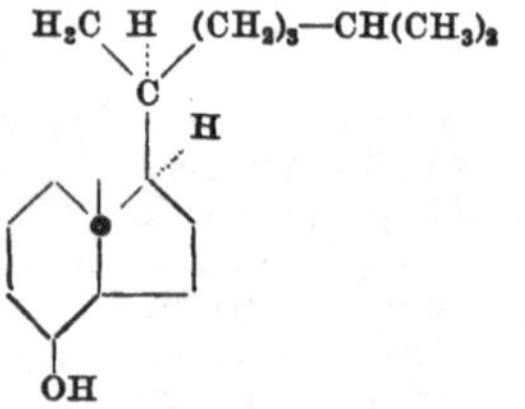

VI

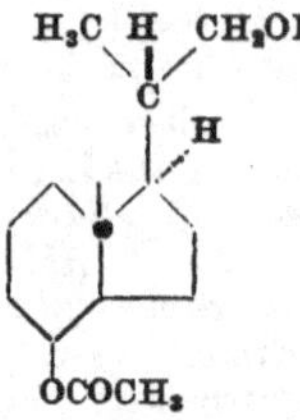

VIII

V R = —$(CH_2)_3$—$CH(CH_3)_2$; R′ = H

VII R = —CH=CH—CH_2—$CH(CH_3)_2$; R′ = H

IX R = —CH=CH—$CH(CH_3)$—$CH(CH_3)_2$; R′ = $COCH_3$

durch Säurebehandlung verläuft nach einer Rk. 1. Ordnung mit den Geschw.-Konst. $1{,}15 \cdot 10^{-2}$ min^{-1} für die Rk. **I** → **II** u. $0{,}73 \cdot 10^{-2}$ min^{-1} für die Rk. **II** → **I** u. führt zu einem Gleichgewichtsverhältnis **I** : **II** = 39 : 61. Die *2.4-Dinitrophenylhydrazone* von **I** u. **II** bilden ein *1:1-Isomerengemisch*, das chromatograph. zerlegt werden kann. Durch Red. des ungesätt. trans-Acetoxyaldehyds **III** mit Li in fl. NH_3 in einer Spezialapp. (vgl. Orig.) wird ein *Isomerengemisch* von **I** u. **II** erhalten, das durch Wittig-Rk. mit

Triphenylphosphinisoamyliden (Y) u. katalyt. Hydrierung in ein Gemisch der *isomeren* C_{18}-*Alkohole* **V** u. **VI** übergeführt wird. Das *Dinitrobenzoat* von **V** wird nach Rk. des Gemisches mit 3.5-Dinitrobenzoylchlorid (BC) durch fraktionierte Kristallisation gewonnen. Bromierung von **I** u. HBr-Abspaltung führt zu einem Isomerengemisch der *ungesätt. Aldehyde* **III** u. **IV**, die sich beide durch 3std. Erhitzen mit 89% ig. H_3PO_4 in A. zu einem 1:1-Gleichgewicht isomerisieren lassen. Durch Ozonisierung des Acetats **IX** des Vitamin-D_2-Abbaualkohols u. $NaBH_4$-Red. des Ozonids wird das *Diolmonoacetat* **VIII** gewonnen, das ohne Isomerisierung mit CrO_3 zu **I** oxydiert u. mit $NaBH_4$ aus diesem wieder gewonnen werden kann.

Versuche: *Acetoxyaldehyd* **I**, *2.4-Dinitrophenylhydrazon* (DNP) (**Ia**), $C_{21}H_{28}N_4O_6$, F. 149—150° (Ae.-Methanol, aus 250 mg **I** mit methanol.-essigsaurer 2.4-Dinitrophenylhydrazin-Lsg. (PH); $[\alpha]_D^{20}$ +83° (Bzl.); 373 mg (Ausbeute). — *Acetoxyaldehyd* **II**, *DNP* (**IIa**), F. 161,5—162°, aus 800 mg **Ia**, durch 3std. Kochen in A. in Ggw. von wss. 5% ig. H_2SO_4 u. Filtrieren, Einengen, Rk. des **I/II**-*Isomerengemisches* mit PH u. Chromatographie an Al_2O_3 mit PAe.–Bzl.; kanariengelbe Kristalle aus Ae.–Methanol; $[\alpha]_D^{20}$ —167° (Bzl.); 239 mg. — *1:1-DNP-Gemisch*, F. 172—173°, a) aus 100 mg **Ia** analog **IIa**; 41 mg; b) aus einem 1:1-Gemisch von **I** u. **II** (durch Isomerisierung von 748 mg **I** u. Chromatographie an akt. Kieselgel), Rk. mit PH u. mehrfache Kristallisation aus Methanol; 328 mg; c) durch gemeinsames Kristallisieren von je 25 g **Ia** u. **IIa** aus Methanol; 43 mg; $[\alpha]_D^{20}$ —43° (Bzl.). — *Isoamyltriphenylphosphoniumbromid*, $C_{23}H_{26}PBr$, F. 152—153° (Methanol–Ae.), durch 15std. Erhitzen von Triphenylphosphin u. Isoamylbromid in abs. Xylol auf 160° in der Druckflasche; 58%. — *Alkohol* **VII**, $C_{18}H_{32}O$, Kp.$_{0,01}$ 108—112° (Kugelrohr), durch Rk. vorst. Verb. mit Butyl-Li in abs. Ae., Zugeben der Y-Lsg. zur äther. Lsg. von 560 mg **I** bei 0°, 1std. Rühren bei Zimmer-Temp., 12std. Erhitzen des Prod. in Dioxan auf 110°, Aufarbeitung, 2std. Kochen mit 10% ig. methanol. KOH, Reinigung, Kugelrohr-Dest. u. Filtrieren der benzol. Lsg. über Al_2O_3; 350 mg. *3.5-Dinitrobenzoat* (DNB), $C_{25}H_{34}N_2O_6$, F. 119—120°, durch 2std. Erhitzen mit BC in abs. Bzl.–Pyridin auf 100° u. Chromatographie in PAe.–Bzl. an Al_2O_3; $[\alpha]_D^{20}$ +76° (Chlf.), +85° (Bzl.); 84%. — C_{18}-*Alkohol* **V**, Kp.$_{0,01}$ 118—122° (Kugelrohr), a) durch Hydrierung von 98 mg **VII** an PtO_2 in Eisessig; 98 mg; b) durch Wittig-Rk. von 509 mg des **I/II**-Gemisches mit Y, Nachacetylieren, Hydrieren u. Zerlegen des **V/VI**-*Gemisches* durch Rk. mit BC, Chromatographie an Al_2O_3 u. fraktionierte Kristallisation der *DNB* aus Aceton–Methanol u. Aceton; 27 mg (als DNB). *DNB*, $C_{25}H_{36}N_2O_6$, F. 163° (Aceton–Methanol), $[\alpha]_D^{20}$ +63° (Chlf.). — C_{18}-*Alkohol* **VI**. *DNB*, F. 111—112°, aus 288 mg **II** durch Rk. mit Y, Nachacetylierung, katalyt. Hydrierung des 161 mg *ungesätt. Alkohols* u. Rk. mit BC; $[\alpha]_D^{20}$ +9° (Bzl.); 143 mg. — *Ungesätt. cis-Acetoxyaldehyd* **IV**, durch Bromieren von 2,38 g **I**, HBr-Abspaltung mit Kollidin, Aufarbeitung u. Chromatographie in Bzl. an Al_2O_3; 258 mg. *DNP*, F. 187—189° (Umwandlungspunkt 155°). — *Ungesätt. trans-Acetoxyaldehyd* **III**, neben **IV**; 375 mg. *DNP*, F. 207—208° (Methanol). — *Diolmonoacetat* **VIII**, $C_{15}H_{26}O_3$, Kp.$_{0,01}$ 140—190°, aus **IX** durch Ozonisieren bei —70° in Methanol u. $NaBH_4$-Red.; $[\alpha]_D^{20}$ +30,5° (CH_2Cl_2); 49%. *DNB*, $C_{22}H_{28}N_2O_8$, F. 123,5—124° (Aceton–Methanol) 15std. Rk. von **VIII** mit CrO_3 in Pyridin bei Zimmer-Temp. → 41% **I**.

B. Rässler. 3800

Verbindungen der Vitamin-K-Gruppe. Synthese von 2-Methyl-3-[1'-phenylpropyl]-1.4-naphthochinon. Stanisław Lewak. (Roczniki Chem. [Ann. Soc. chim. Polonorum] **33**, 1211—13, 1959; Warszawa, Uniw., Kat. Chem. organ.; pol.) — *2-Methyl-3-[1'-phenylpropyl]-naphthochinon-(1.4)* wurde in Anlehnung an die Meth. von Hirschmann, Miller u. Wendler (vgl. C. **1956**, 5025) synthetisiert: *2-Methyl-3-[1'-phenylpropyl]-naphthohydrochinonmonoacetat* (I), $C_{22}H_{22}O_3$, F. 117—118°, aus 5 g 1-Phenylpropanol-(1), 10 g 2-Methylnaphthohydrochinonmonoacetat u. 5 ml 40% ig. äther. BF_3-Lsg. in Dioxan unter 1std. Erwärmen auf 50°, dann bei 100° (2 Std.), Abdestillieren des Lsgm., Zugabe von Ae., Waschen der äther. Lsg. mit 10% ig. Na_2CO_3-Lsg., W. u. 1n NaOH/2,5% ig. $NaHSO_3$-Lsg., Trocknen mit wasserfreiem $MgSO_4$, Einengen u. Fällen mit PAe.; Kristalle aus Methanol; 3,5 g (Ausbeute). — *1.4-Di-O-acetyl-2-methyl-3-[1'-phenylpropyl]-naphthohydrochinon*, $C_{24}H_{24}O_4$, F. 179—180°, aus I u. Acetanhydrid in Ggw. von Na-Acetat in der Wärme oder aus nachst. Verb. mit Acetanhydrid u. Na-Acetat in Eisessig mit Zn-Staub unter Erwärmen; Nadeln aus Essigsäure. — *2-Methyl-3-[1'-phenylpropyl]-naphthochinon-(1.4)*, $C_{20}H_{18}O_2$, F. 77—78°, aus 1 g I in heißer 2% ig. NaOH unter Durchleiten von Luft u. Extraktion mit Ae.; gelbe Nadeln aus A.; 0,7 g.

F. Urban. 3800□

Über die chemische Struktur der Komponenten A_2 und A_3 des Antibioticums Aurantin. W. Ss. Kusnetzowa, I. B. Mironowa, T. I. Orlowa und A. B. Ssilajew. (Антибиотики [Antibiotika] **7**, 30—34, März 1962; Moskau, Lomonossow-Univ., Labor. für Antibiotika der biolog.-bodenkundl. Fak.; russ., Auszug: engl.) — Die A_3-

Fraktion von *Aurantin* ist in einigen ihrer Eigg. ident. mit Actinomycin C_2. Die A_2-Fraktion enthält die Aminosäuren der Peptidketten in der Reihenfolge (vom Heterocyclus an): Threonyl-valyl-prolyl-sarkosyl-N-methylvalin. Diese Kette ist mit dem chinoiden Teil des Heterocyclus verbunden, wie durch H_2O_2-Oxydation u. anschließende Chromatographie gezeigt wird. Die zweite Peptidkette unterscheidet sich von der ersten bei der A_2-Fraktion dadurch, daß Valin durch Isoleucin ersetzt ist. Die Reihenfolge der Aminosäuren wurde durch partielle Hydrolyse u. Chromatographie festgestellt.
Helmut Schäfer. 3900

Über die Konstitution des Nocardamins. R. F. C. Brown, G. Büchi, W. Keller-Schierlein, V. Prelog und J. Renz. (Helv. chim. Acta **43**, 1868—71, 17/10. 1960; Cambridge, Mass., Massachusetts Inst. of Technol.; Zürich, ETH, Organ.-chem. Labor.; Basel, Pharm.-chem. Labor. Sandoz; dt.) — Das N-haltige Spaltprod. des Antibioticums Nocardamin (I) wurde als *1-Amino-5-hydroxylaminopentan* (II) identifiziert. Für I folgt daraus die Konstit. eines *1-Hydroxy-8.11-dioxo-1.7-diazacycloundecans.* Eine neue Synth. von II wird beschrieben.

Versuche: *1-Benzamido-5-hydroxylaminopentan,* $C_{12}H_{18}N_2O_2$, F. 90° (A.–Ae.), durch 14std. Erhitzen von 17 g Hydroxylaminhydrochlorid u. 14 g KOH in 9 Liter Methanol mit einer Lsg. von 5 g 1-Benzamido-5-chlorpentan u. 3,3 g NaJ in 20 ml Methanol auf 100° unter N_2; 906 mg (Ausbeute). — *1-Amino-5-hydroxylaminopentan,* (II), *Dihydrochlorid,* $C_5H_{16}Cl_2N_2O$, F. 139° (A.–Ae.), durch 36std. Kochen von 700 mg vorst. Verb. mit 30 ml 3n HCl. *Monohydrochlorid,* $C_5H_{15}ClN_2O$, F. 121—123°, aus abs. A. hygroskop. Nadeln. *O.N.N'-Triacetyl-Deriv.,* $C_{11}H_{20}N_2O_4$, F. 83° (Aceton/Ae.). — *N^1-Salicylidenpentamethylendiamin-N^1-oxid, Hydrochlorid,* $C_{12}H_{19}ClN_2O_2$, F. 152—153° (A./Ae.), nach Stoll u. Mitarbeitern (C. **1952**, 1659). — *Inneres Salz der 1-Hydroxypentamethylendiamin-1-dithiocarbonsäure,* $C_6H_{14}N_2OS_2$, F. 130—140° (Zers.), nach Stoll u. Mitarbeitern (l. c.); aus W. schwachgelbliche Blättchen. — *N-[5-Aminopentyl]-dithiocarbaminsäure,* $C_6H_{14}N_2S_2$, F. 150—157° (wss. A.), durch Zutropfen von 1.5-Diaminopentan in A. zu CS_2 in A. u. 16std. Stehen bei Raumtemperatur. Gernot Schulz. 3900□

Styrol als Ausgangsprodukt für die Darstellung von Synthomycin und Lävomycetin. 1. Mitt. **Synthese von p-Nitro-α-acylaminoacetophenonen.** W. A. Michalew, M. I. Dorochowa, N. Je. Smolina, A. M. Shelochowzewa, A. P. Skoldinow, A. I. Iwanow, A. P. Arendaruk, M. I. Galtschenko, W. A. Skorodumow und D. D. Smolin. (Антибиотики [Antibiotika] **4**, Nr. 2, 21—24, März/April 1959; russ.) — Es wird ein Weg zur Darst. von *Chloramphenicol* (I) u. *Synthomycin* (DL-I), ausgehend von Styrol, beschrieben: Durch Rk. mit HOCl wurde Styrol in *Phenylchlormethylcarbinol* ($Kp._{10-12}$ 117—120°) übergeführt, das nach Acetylierung zu *α-Acetoxy-β-chloräthylbenzol* ($Kp._{10}$ 125—126°) nitriert wurde. Das Gemisch der Nitro-Derivv. wurde durch fraktionierte Kristallisation getrennt u. das *p-Nitro-α-acetoxy-β-chloräthylbenzol* (F. 115°) zu *p-Nitro-α-hydroxy-β-chloräthylbenzol* (II; F. 82—84°) verseift. Die Oxydation von II lieferte *p-Nitro-α-chloracetophenon,* das sich jedoch mit Urotropin nicht in p-Nitro-α-aminoacetophenon überführen ließ, da das Urotropinsalz nur in sehr geringer Ausbeute entstand. Dagegen ließ sich II mit NH_3 in *1-[p-Nitrophenyl]-2-aminoäthanol-(1)* (III; F. 136—137°) umwandeln, das zu *1-[p-Nitrophenyl]-2-acetylaminoäthanol-(1)* (F. 152°) acetyliert wurde. Aus letzterem wurden nach bekannten Meth. I u. DL-I erhalten. Das durch Dichloracetylierung von III mit Dichloressigsäuremethylester zugängige *1-[p-Nitrophenyl]-2-dichloracetylaminoäthanol-(1)* (F. 117—117,5°) ließ sich leicht zu *p-Nitro-α-dichloracetylaminoacetophenon* (F. 147—148°) oxydieren, aus dem in glatter Rk. *p-Nitro-α-dichloracetylamino-β-hydroxypropiophenon* (F. 123—124°) erhalten wurde. Die Red. des letzteren mit Al-Isopropylat lieferte DL-I. Ausführliche experimentelle Daten sind nicht angegeben. G. Froelich. 3900□

Styrol als Ausgangsprodukt für die Darstellung von Synthomycin und Lävomycetin. 2. Mitt. **Synthese von p-Nitroacetophenon und p-Nitro-α-bromacetophenon.** W. A. Michalew, M. I. Dorochowa, N. Je. Smolina, A. M. Shelochowzewa, O. Ja. Tichonowa, A. P. Skoldinow, A. P. Arendaruk, D. D. Smolin, T. W. Golowkina und L. A. Slonowa. (Антибиотики [Antibiotika] **4**, Nr. 4, 21—25, Juli/Aug. 1959; russ.) — 1. vgl. vorst. Referat. — Das aus Styrol mit Cl_2 + NaOH erhältliche *Phenylchlormethylcarbinol* geht beim Erhitzen in Ggw. von Fe-Verbb. in ein Gemisch der diastereoisomeren *α.α'-Diphenyl-β.β'-dichlordiäthyläther* (I) über, die in das *Racemat* (**Ia**; F. 81,5—82,5°) u. die *meso-Verb.* (**Ib**; F. 52,5—53°) getrennt wurden. Bei der Dehydrochlorierung gehen **Ia** u. **Ib** in *α.α'-Diphenyldivinyläther* ($Kp._4$ 143—144°) über, der in Ggw. von Mineralsäuren quant. unter Bldg. von *Acetophenon* gespalten wird. Aus den Nitrierungs-Prodd. von **Ia** u. **Ib** wurden *rac.* (F. 172—173°) bzw. *meso-α.α'-Bis-*

[p-nitrophenyl]-β.β'-dichlordiäthyläther (F. 128,5—130°) isoliert, die bei Einw. von Alkali in wss. A. in *α.α'-Bis-[p-nitrophenyl]-divinyläther* (F. 141—142°) übergehen. Dieser liefert in wss. Mineralsäuren *p-Nitroacetophenon* u. bei Bromierung *α.α'-Bis-[p-nitrophenyl]-α.α'.β.β'-tetrabromdiäthyläther*, der unbeständig ist u. beim Stehen an der Luft oder schneller beim Eintragen in W. in *p-Nitro-ω-bromacetophenon* (II) umgewandelt wird. — Zu II gelangten Vff. auch auf folgendem Wege: Aus Styrol wurden mit Br_2 bzw. Cl_2 in Methanol in guter Ausbeute *β-Brom-* (III; $Kp._{20}$ 121—123°) bzw. *β-Chlor-α-methoxy-äthylbenzol* (IV; $Kp._{15}$ 101—102°) erhalten, die bei Dehydrohalogenierung in *α-Methoxy-styrol* übergehen, das in Ggw. von Mineralsäuren leicht zu *Acetophenon* hydrolysiert wird. Bei der Nitrierung von III u. IV entstehen Gemische aller 3 möglichen Isomeren, aus den durch Ausfrieren *p-Nitro-β-brom-* (F. 70—71°) bzw. *p-Nitro-β-chlor-α-methoxy-äthylbenzol* (F. 58,5—59,5°) isoliert wurden. Beide gehen bei Einw. von Alkali in wss. A. in *p-Nitro-α-methoxystyrol* (V; F. 83,5—84,5°) über, das in Methanol oder A. wenig lösl. ist u. mit Säuren in wss. A. *p-Nitroacetophenon* liefert. Bei der Bromierung von V entsteht das unbeständige *p-Nitro-α.β-dibrom-α-methoxyäthylbenzol* (F. 73—78°), das bei Einw. von W. zu II hydrolyt. gespalten wird. In Ggw. von Fe-Salzen geht V bei der Bromierung teilweise in ein Polymeres über, so daß die Ausbeute an II stark absinkt. Es empfiehlt sich daher, V vor der Weiterverarbeitung sorgfältig zu reinigen. Ausführliche experimentelle Angaben werden nicht gemacht. G. Froelich. 3900□

Olivomycin — ein neues Antibioticum, das von Actinomyces olivoreticuli gebildet wird. G. F. Gause, R. Ss. Ucholina und M. A. Sweschnikowa. (Антибиотики [Antibiotika] **7**, 34—38, März 1962; Inst. zur Erforschung neuer Antibiotika der Akad. der med. Wiss. der UdSSR; russ., Auszug: engl.) — Das neue Antibioticum *Olivomycin*, das Antigeschwulst-Wrkg. besitzt, wird von einem Strahlenpilz gebildet, der sich auf die Art *Actinomyces olivoreticuli* beziehen läßt. Das Antibioticum reichert sich in der Kultur-Fl. an. Seine biolog. Aktivität kann durch Diffusion in Agar-Agar bestimmt werden, wobei als Testobjekte Staphylokokkenmutantien u. als Standard ein krist. Präp. des Olivomycins verwendet werden. Am günstigsten für die Bldg. des Antibioticums ist eine Nähr-Fl., die Sojamehl u. Glucose enthält. Helmut Schäfer. 3900

Isolierung, Reinigung und Untersuchung einiger physikalisch-chemischer Eigenschaften des neuen Antibioticums Olivomycin. M. G. Brashnikowa, Je. B. Krugljak, I. N. Kowscharowa, N. W. Konstantinowa und W. W. Proschljakowa. (Антибиотики [Antibiotika] **7**, 39—44, März 1962; Inst. zur Erforschung neuer Antibiotika der Akad. der med. Wiss. der UdSSR; russ., Auszug: engl.) — Das Antibioticum *Olivomycin* läßt sich in Form gelblicher Nadeln aus der Kultur-Fl. von *Actinomyces olivoreticuli* isolieren. Das Präp. löst sich leicht in organ. Lsgm. außer KW-Stoffen u. bildet ein in W. lösl. Na-Salz. Es enthält nicht N, S oder Halogen. Nach den Ergebnissen der Gegenstromverteilung enthält es mindestens 3 Varianten, die sich in der biolog. Aktivität unterscheiden, doch läßt sich die Aktivität des Präp. durch Umkristallisation nicht erhöhen. Die isolierte *Variante* I unterscheidet sich in bezug auf Löslichkeit, Beständigkeit u. Absorption im UV (3 Maxima bei 280, 320 u. 420 mμ) nicht vom Ausgangs-Präp., wohl aber im F. u. n_D. — *Olivomycin*, F. 158—161°; man extrahiert die von den Micellen befreite Kultur-Fl. mit Butylacetat, wäscht mit angesäuertem W. u. extrahiert mit 0,025n NaOH (pH < 9!); die wss. Lsg. säuert man an (pH 3—4), extrahiert mit Äthylacetat, dampft ein, nimmt in wenig Chlf. auf u. fällt mit PAe. oder Bzn.; aus wss. 40%ig. Aceton oder 60%ig. A. gelbe Nadeln; $[\alpha]_D^{20}$ —35° (Methanol); 70—80% (Ausbeute). Das erhaltene Olivomycin enthält ca. 52,3% der Variante I. Ein Präp. mit 83% der Variante I [F. 168—171° (Zers.); $[\alpha]_D^{24}$ —20,9°] wird erhalten, indem man Olivomycin in Chlf.-CCl_4 (17 : 10) löst, mit W.-Methanol (16 : 15) extrahiert, die Chlf.-CCl_4-Phase eindampft u. aus Chlf.-PAe. (70 : 30) umkristallisiert.
Helmut Schäfer. 3900

Polyacetylenverbindungen. 33. Mitt. **Synthesen eines Polyins aus Tanacetum vulgare L. und des Falcarindions.** Ferdinand Bohlmann und Hans Bornowski. (Chem. Ber. **94**, 3189—92, 28/12. 1961; Berlin, TU, Organ.-Chem. Inst.; dt.) — 32. vgl. Chem. Ber. **94**, [1961], 3179; 31. vgl. C. **1962**, 4936. — Das aus Wurzeln von *Tanacetum vulgare L.* isolierte *Tetradecatriin-(8.10.12)-dien-(4.6)-yl-(1)-acetat* (I) wird synthetisiert. Umsetzung von 4-Chlorbutanol-(1) u. NaJ liefert *4-Jodbutanol-(1)*, das mit Dihydropyran in Ggw. von $POCl_3$ in *4-Jodbutyl-(1)-tetrahydropyranyl-(2)-äther* (II) übergeführt wird. Umsetzung von II mit Triphenylphosphin gibt das entsprechende *Phosphoniumsalz* u. daraus mit Butyl-Li das *Ylen*, das mit Decatriin-(4.6.8)-en-(2)-al-(1) über den Äther *Tetradecatriin-(8.10.12)-dien-(4.6)-ol-(1)* (III) liefert. III gibt mit Acetanhydrid I. Das aus den Wurzeln von *Carum carvi L.* neben Falcarinolon (IV) isolierte *Falcarindion* (V) wird ebenfalls synthetisiert. MnO_2-Oxydation von IV liefert V. 1-Brompenten-(4)-in-(1)-

ol-(3) wird mit 3.3-Diäthoxypropin-(1) in Ggw. von Hydroxylaminhydrochlorid, Äthylamin-Lsg. u. CuCl zu *6-Hydroxyoctadiin-(2.4)-en-(7)-al-(1)* (**VI**) umgesetzt, das mit der Li-Verb. aus *cis-1-Bromnonen-(1)* zu *Falcarindiol* reagiert, das mit MnO_2 zu **V** oxydiert wird. **V** gibt in Methanol in Ggw. von H_2SO_4 *Dihydromethoxyfalcarindion.*

Versuche: *4-Jodbutanol-(1)*, $Kp._{0,08}$ 62°, aus 4-Chlorbutanol-(1) u. NaJ in sd. Aceton (48 Std.); gelb; 61% (Ausbeute). — *4-Jodbutyl-(1)-tetrahydropyranyl-(2)-äther* (II), $Kp._{0,02}$ 86—91°, aus Dihydropyran in Ggw. von $POCl_3$ u. Zutropfen vorst. Verb. (12 Std.); 68%. *Triphenylphosphoniumsalz*, $C_{27}H_{32}JO_2P$, F. 181° (Ae.–Aceton), aus **II** u. Triphenylphosphin bei 100° im Rohr (48 Std.). — *Tetradecatriin-(8.10.12)-dien-(4.6)-ol-(1)* (**III**), *Acetat* (I), F. 36—37° (PAe.), aus 4,9 g vorst. Phosphoniumsalzes u. Butyl-Li in Ae. (30 Min.) u. Kochen mit Decatriin-(4.6.8)-en-(2)-al-(1) in Ae. (3 Std.), Kochen des Rk.-Prod. in 10%ig. methanol. H_2SO_4 (30 Min.), Filtrieren über Al_2O_3 u. Vereinigen der spektraleinheitlichen Fraktionen von **III**, Erwärmen mit Acetanhydrid auf dem Wasserbad (2 Std.) u. Chromatographie an Al_2O_3 mit PAe.–Ae.; 200 mg. *Azobenzolcarbonat*, $C_{27}H_{22}N_2O_2$, F. 117°, aus **III** u. Azobenzolcarbonsäurechlorid in Pyridin/Bzl. u. Chromatographie; aus PAe. orangefarben. — *Penten-(4)-in-(1)-ol-(3)*, $Kp._{60}$ 58°, aus Li-Acetylid (aus Li in fl. NH_3 mit Acetylen) u. Acrolein (15 Min.) u. Zers. mit NH_4Cl; 56%. — *1-Brompenten-(4)-in-(1)-ol-(3)*, $Kp._{12}$ 85°, durch Schütteln von 9 g vorst. Verb. mit Na-Hypobromit-Lsg. in Ggw. von K-Stearat (6 Std.); 11,9 g. — *6-Hydroxyoctadiin-(2.4)-en-(7)-al-(1)* (**VI**), aus 3.3-Diäthoxypropin-(1) in Methanol in Ggw. von Hydroxylaminhydrochlorid, 50%ig. Äthylamin-Lsg. u. CuCl unter Zutropfen von 6,2 g vorst. Brom-Verb. <30° (30 Min.), Zers. mit wss. KCN, Lösen des Prod. in wss. Methanol u. 10%ig. H_2SO_4 (24 Std.) u. Chromatographie an Al_2O_3; 2,1 g. — *cis-1-Bromnonen-(1)*, $Kp._{0,6}$ 46°, aus 20 g n-Octylaldehyd u. Malonsäure in sd. Pyridin (3 Std.), Ansäuern mit verd. H_2SO_4 über *n-Decensäure* ($Kp._{0,2}$ 120°; 15 g), Lösen in CS_2 u. Zutropfen von Br_2 unter Eiskühlung, Stehenlassen (15 Std.), Kochen der erhaltenen *α.β-Dibromcaprinsäure* in Pyridin (6 Std.) u. Ansäuern mit konz. HCl unter Eiskühlung; 6,5 g. — *Falcarindiol*, aus vorst. Brom-Verb. in Ae. mit Li u. Zutropfen von **VI** unter Eiskühlung u. Rühren, Zers. mit NH_4Cl-Lsg. u. Chromatographie an Al_2O_3 mit Benzol. — *Falcarindion* (**V**), aus vorst. Diol u. MnO_2 in Ae. unter Rühren (4 Std.) u. Chromatographie an SiO_2. — *Dihydromethoxyfalcarindion*, aus **V** u. sd. Methanol in Ggw. von 10%ig. H_2SO_4 (15 Min.) u. Chromatographie an SiO_2 mit PAe./Äther. — Die IR- u. UV-Spektren der Verbb. sind angegeben. H. Gleinig. 3950□

Struktur von Agropyren. J. Cymerman Craig, Ruth E. Lack und W. Treibs. (Chem. and Ind. **1959**, 952—53, 25/7.; Sydney, Univ. of Sydney, Dep. of organ. Chem.; Leipzig; Univ., Inst. für organ. Chem.; engl.) — Durch Synth. von *trans-1-Phenylhexen-(2)-in-(4)* ($n_D^{26,5}$ 1,5510; $D._4^{26,5}$ 0,9450) u. dessen Vgl. mit *Agropyren* [I; $n_D^{15,5}$ 1,5780; n_D^{20} 1,5695; $D._4^{20}$ 0,9744) wird gezeigt, daß I nicht die bisher angenommene Konstit. besitzt (vgl. C. **1947**, E. 723). Durch Oxydation von I mit Girard-Reagens P entsteht *1-Phenylhexadiin-(2.4)-on-(1)*, dessen Struktur infolge seiner Identität mit dem von Imai (J. pharmac. Soc. Japan [Yakugakuzasshi] **76**, [1956], 405) aus *Artemisia capillaris* Thunb. isolierten *Capillin* (II; F. 81°) gesichert ist. Aus den IR-Spektren folgt, daß I die Konstit. *1-Phenylhexadiin-(2.4)* besitzt u. mit *Capillen* ($C_{12}H_{10}$; n_D^{20} 1,5802; $D._4^{20}$ 0,9740) ident. ist. Durch Luftoxydation bzw. durch Oxydation mit CrO_3 entsteht deshalb ebenfalls II. Die konjugierte Diinstruktur von I wird außerdem durch Best. der Exaltation bestätigt. L. Lamza. 3950

Chemische Untersuchung von Embelia-Blattrippen. 2. Mitt. **Analoga von Vilangin und Anhydrovilangin.** Ch. B. Rao und V. Venkateswarlu. (Tetrahedron [London] **18**, 361—64, März 1962; Waltair, Andhra Univ. Dep. of Chem.; engl.) — 1. vgl. J. org. Chemistry **26**, [1961], 4529. — Durch Kondens. von Embelin (I) mit verschiedenen Aldehyden entstehen Analoga von Vilangin u. Anhydrovilangin, deren Eigg. beschrieben werden.

Versuche: Vilangine: *Methyl-*, $C_{36}H_{54}O_8$, F. 133—134°, durch Kondens. von 2 Mol I mit 1 Mol Aldehyd in Essigsäure oder 25%ig. äthanol. Essigsäure u. 3std. Kochen (Meth. **A**); aus Methanol blaßorangefarbene Platten; mit $FeCl_3$ braun. — *Tetra-O-methylmethyl-*, $C_{40}H_{62}O_8$, F. 82—83°; aus PAe. gelbe Prismen. — *Äthyl-*, $C_{37}H_{56}O_8$, F. 107—108°, nach **A**; aus PAe. graue Prismen; mit $FeCl_3$ tiefbraun. — *Phenyl-*, $C_{41}H_{56}O_8$, F. 112 bis 113°, nach **A**; aus PAe. orangegelbe Rhomben; mit $FeCl_3$ purpurfarben bis braun. — Anhydrovilangine: *9-Methyl-*, $C_{36}H_{52}O_7$, F. 182—183°, durch 2std. Kochen mit 10%ig. alkohol. H_2SO_4 oder mit gesätt. HCl u. Reinigen durch Säulenchromatographie (Meth. **B**); aus Essigsäure orangerote Prismen; mit $FeCl_3$ rotbraun. — *2.7-Di-O-acetyl-9-methyl-*, $C_{40}H_{56}O_9$, F. 75—76°; aus PAe. blaßgelbe Rhomben. — *9-Äthyl-*, $C_{37}H_{54}O_7$, F. 144—145°, nach **A**; aus Bzl. orangerote Prismen; purpurfarben mit $FeCl_3$. — *9-Phe-*

nyl-, $C_{41}H_{54}O_7$, F. 150—152°, nach **B**; aus Bzl. orangefarbene rektanguläre Prismen; intensiv purpurfarben mit $FeCl_3$. — *9-Benzyl-*, $C_{42}H_{56}O_7$, F. 150—151°, durch 24—36 std. Rk. in Piperidin in der Kälte u. Reinigen durch Chromatographie (Meth. **C**); aus Bzl./PAe. orangefarbene rektanguläre Prismen; purpurfarben mit $FeCl_3$. — *9-[β-Phenylvinyl]-*, $C_{43}H_{56}O_7$, F. 170—172°, nach **B**; aus Bzl. goldgelbe rektanguläre Prismen; purpurfarben mit $FeCl_3$. — *9-[p-Dimethylaminophenyl]-*, $C_{43}H_{59}NO_7$, F. 99—100°, nach **C**; aus Bzl. scharlachrote Prismen; mit $FeCl_3$ tiefbraun. — *9-[p-Methoxyphenyl]-*, $C_{42}H_{56}O_8$, F. 132—133°, nach **B** oder **C**; aus Methanol orangerote rektanguläre Prismen; mit $FeCl_3$ intensiv purpurfarben. — *9-[3.5-Dinitrophenyl]-*, $C_{41}H_{52}N_2O_{11}$, F. 129—130°, nach **B**; aus Methanol tief purpurfarbene Rhomben; mit $FeCl_3$ intensiv braun. — *9-[o-Methoxyphenyl]-*, $C_{42}H_{56}O_8$, F. 129 bis 130°, nach **B** oder **C**; aus PAe. tief orangefarbene Prismen; mit $FeCl_3$ weinrote Farbe, die nach Braun umschlägt. — *9-[3.4-Methylendioxyphenyl]-*, $C_{42}H_{54}O_9$, F. 111—112°, nach **B**; aus PAe. orangerote rektanguläre Prismen; mit $FeCl_3$ braun. — *9-[3.4-Dimethoxyphenyl]-*, $C_{43}H_{58}O_9$, F. 157—158°, nach **B**; aus Bzl. hellorangegelbe Prismen; mit $FeCl_3$ rötlichbraun. — *9-[p-Hydroxyphenyl]-*, $C_{41}H_{54}O_8$, F. 168—169°, nach **B**; aus Bzl. orangefarbene Platten u. Prismen; mit $FeCl_3$ braune Farbe, die nach Schwarz umschlägt. — *9-[4-Hydroxy-3-methoxyphenyl]-*, $C_{42}H_{56}O_9$, F. 229—230°, nach **B**; aus Bzl. orangerote Platten u. Prismen; mit $FeCl_3$ braun. — *9-[o-Hydroxyphenyl]-anhydrovilangin* oder *Verb.* II, $C_{41}H_{54}O_8$, a) F. 154—155°, nach **B**; aus Bzl. scharlachrote irreguläre Prismen; mit $FeCl_3$ purpurfarben; b) F. 161—162°, nach **C**; aus Bzl. orangegelbe rektanguläre Prismen; mit $FeCl_3$ rotbraun. P. Golinske. 3950□

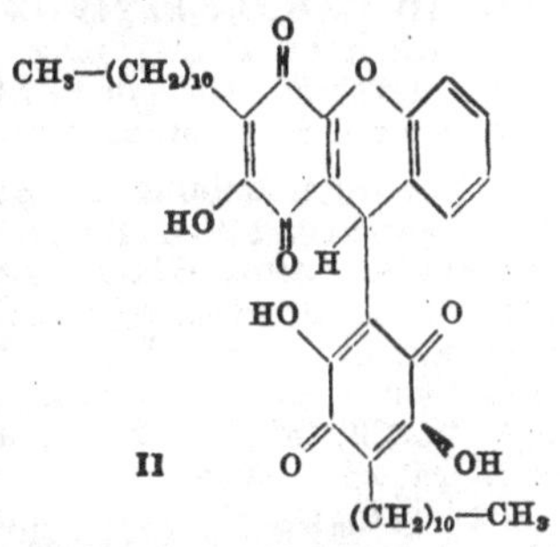

II

Verwandtschaftsbeziehungen in der Cucurbitacinreihe. D. Lavie, Y. Shvo, D. Willner, P. R. Enslin, Jennifer M. Hugo und K. Barbara Norton. (Chem. and Ind. **1959**, 951—52, 25/7.; Rehovoth, Israel, Weizmann Inst. of Sci., Daniel Sieff Res. Inst.; Pretoria, South African Council for sci. and ind. Res., Nat. Chem. Res. Labor.; engl.) — Cucurbitacin **D** (I) liefert durch Oxydation (seines α-Hydroxyketo-Syst. im Ring A) mit Bi_2O_3 *Cucurbitacin I* (II). Analog wird aus Cucurbitacin B (III) *Cucurbitacin E* [**IV**; F. 223—235°; $[\alpha]_D$ —62° (c = 1,0; Chlf.)] erhalten. Aus I-Diacetat entsteht durch Rk. mit Perjodsäure *Hexanorcucurbitacin-D-diacetat* [**V**; $C_{28}H_{38}O_7$, F. 208 bis 209°; $[\alpha]_D$ +110° (c = 1,1; Chlf.); λ_{max} 288 mμ (ε = 200)], das auch analog aus III-Acetat gebildet wird. Durch Oxydation von **II**-Diacetat oder **IV**-Diacetat mit Perjodsäure wird eine *Hexanor-Verb.* $C_{28}H_{36}O_7$ (λ_{max} 231 mμ; ε = 7000) gebildet, die durch katalyt. Hydrierung in **V** übergeht. Durch Oxydation von amorphem **III**-Acetat mit CrO_3 in Eisessig bei 60° entsteht *Cucurbiton B* [$C_{28}H_{36}O_8$, F. 233—234°; $[\alpha]_D$ +104° (c = 0,78; Chlf.)]. Auf Grund der Ergebnisse besitzen **III, I** u. **II** die (korr.) Summenformeln $C_{32}H_{46}O_8$, $C_{30}H_{44}O_7$ u. $C_{30}H_{42}O_7$. L. Lamza. 3950

Struktur von Palustrinsäure. W. H. Schuller, R. N. Moore und R. V. Lawrence. (Chem. and Ind. **1959**, 954, 25/7.; Olustee, Fla., U. S. Dep. of Agric., Agric. Res. Serv., Southern Utilisation Res. and Dev. Div., Naval Stores Res. Stat.; engl.) — Für *Palustrinsäure* {I; $[\alpha_D]$ + 71,8° (c = 2,0; A.)} wird die angenommene Konstit. *1.4a-Dimethyl-1-carboxy-7-isopropyl-1.2.3.4.4a.5.6.9.10.10a-dekahydrophenanthren* bestätigt. I liefert bei der photosensibilisierten 1.4-Addition von O_2 ein kristallines transannulares *Peroxid* [II; $C_{20}H_{30}O_4$, F. 154° (Zers.); $[\alpha]_D^{27}$ —78,1° (c = 1; 95%ig. A.)], das in der Wärme die Polymerisation von Styrol, Acrylsäure u. Methacrylsäuremethylester auslöst. **II** verändert sich beim Kochen mit alkohol. NaOH nicht. Die Lage der Doppelbindungen in **I** wird durch das magnet. Kernresonanzspektrum sowie durch Vgl. der spezif. Drehung von **I** mit der von Dehydroabietinsäure [$[\alpha]_D$ + 62° (c = 2,0; A.)] bestätigt. L. Lamza. 3950

Xanthotoxin aus Früchten von Pastinaca sativa L. N. P. Makssjutina und D. G. Kolessnikow. (Журнал Общей Химии [J. allg. Chem.] **31** (93), 1386—89, April 1961; Charkow, Wiss. chem.-pharmazeut. Forschungsinst.; russ.) — Vgl. C. **1962**, 9434. — Die früher (vgl. l. c.) aus den Fruchtsamen der Pastinake neben *Imperatorin* (I), *Bergapten, Xanthotoxol* (II) u. *Isopimpinellin* isolierte „Substanz B" wurde als *Xanthotoxin* (III; *9-Methoxycopalen*) identifiziert. III wird in Eisessig zur *4-Nitro-Verb.* nitriert; die Bromierung gibt das *4-Bromderivat*. Mit Bzl. reagiert III unter Friedel-Crafts-Bedingungen zu *6-[α.β-Diphenyläthyl]-7.8-dihydroxycumarin.* I wandelt man durch Hydrolyse zu II u. Methylieren in III um.

Versuche: *Xanthotoxin* (III), $C_{12}H_8O_4$, F. 145—147° (A.), a) aus dem A.-Extrakt von 5 kg Pastinakensamen durch Eindampfen, Aufnehmen in Chlf.-PAe. (1:4), Chromatographieren an neutralem Al_2O_3 u. fraktionierte Kristallisation (neben Bergapten) aus Bzl.; 5,2 g (Ausbeute); b) aus 20 g II u. Dimethylsulfat in Soda-Lsg.; 21,2 g; c) aus 5 g II u. äther. CH_2N_2; 5,2 g. — *9-Methoxy-4-nitrocopalen,* $C_{12}H_7NO_6$, F. 235—237° (A.), durch Zutropfen von konz. HNO_3 zu 2 g III in Eisessig bei 20°, Stehen u. Gießen in W.; gelb; 1,94 g. — *9-Methoxy-4-bromcopalen,* $C_{12}H_7BrO_4$, F. 185—186° (A.), aus 1 g III u. Br_2 in Chlf.; 1,16 g. — *6-[α.β-Diphenyläthyl]-7.8-dihydroxycumarin,* $C_{23}H_{18}O_4$, F. 241 bis 243° (verd. A.), durch ½ std. Kochen von 1 g III mit $AlCl_3$ in Bzl.; 0,82 g. — *Xanthotoxol* (II), $C_{11}H_6O_4$, F. 242—244° (Ae.), durch 18std. Stehen von 100 g I in Eisessig in Ggw. von konz. H_2SO_4; 62 g. — *Furan-2.3-dicarbonsäure,* $C_6H_4O_5$, F. 220—221° (Essigester), durch 20 Min. langes Stehen von 1 g III mit 3%ig. H_2O_2 in 5%ig. NaOH, 6std. Erhitzen auf 80°, Ansäuern mit HCl u. Ausäthern; 0,28 g. H.-E. Toussaint. 3950□

Zur Untersuchung des Harzes der Sibirischen Fichte (Abies sibirica Ldb.). G. W. Pigulewski und W. G. Kosstenko. (Вестник Ленинградского Университета, Серия Физики и Химии [Nachr. Leningrader Univ.] **14,** Nr. 4, [Ser. Physik Chem.] Nr. 1, 154—56, 1959; russ., Auszug: engl.) — Aus dem rohen Harz der sibir. Fichte wurden nach Extraktion mit PAe. 30% in PAe. unlösl. *Harzsäuren* erhalten. Der in PAe. lösl. Anteil wurde mit Ae.-wss. KOH in ca. 13% *Terpentin* u. 17% *Abienol* [harzige Masse, n_D^{20} 1,5332; $[\alpha]_D^{20}$ +20,0°; *Abienolhydrat,* $C_{17}H_{30}O_2$, F. 62—63° (A.); $[\alpha]_D^{20}$ +19,2°] sowie ca. 23% Säuren getrennt, aus denen über die Diäthylammoniumsalze *Neoabietinsäure* [$C_{20}H_{30}O_2$, F. 179—179,5° (A.); $[\alpha]_D^{15}$ +164,4°; *Diäthylammoniumsalz,* F. 155 bis 157° (Aceton); $[\alpha]_D^{15}$ +114,2°] u. *Abietinsäure* [$C_{20}H_{30}O_2$, F. 173—174,5°; $[\alpha]_D^{16}$ —124,9°; *Diäthylammoniumsalz,* F. 116—118°; $[\alpha]_D^{18}$ —53°] erhalten wurden. Die Struktur der Verbb. wurde IR-analyt. bestätigt. Helmut Schäfer. 3950

D. Makromolekulare Chemie

Untersuchungen über die Entmischung verdünnter Lösungen makromolekularer Substanzen. 1. Mitt. **Einfluß des Polymerisationsgrades auf die Grenze der Entmischung und auf das Verhalten der entmischten Systeme in einem Strömungsgefälle. Beispiel des Systems Benzol–Polystyrol–Äthylcellulose.** F. Burkhardt, H. Majer und W. Kuhn. (Helv. chim. Acta **43,** 1192—1208, 1/8. ; Erratum 1887, 17/10. 1960; Basel, Univ., Phys.-Chem. Inst.; dt.) — Für die Lsg. von *Polystyrol* u. *Äthylcellulose* in Bzl. werden als Funktion des Polymerisationsgrades der makromol. Substanzen die Bedingungen (Konz. u. Temp.) für eine Phasentrennung festgestellt. Eine Phase entsteht in Form von kleinen Tröpfchen, die in der anderen Phase suspendiert sind. Bei Aufrechterhaltung eines Strömungsgefälles kann eine Aufhebung der Entmischung nach Deformation der Tröpfchen infolge starker Vergrößerung der Grenzflächen eintreten. Durch Messung der Intensität der Lichtstreuung werden Größe u. Form der suspendierten Tröpfchen in Abhängigkeit vom Strömungsgefälle bestimmt, u. es wird — im Gegensatz zu einer früheren Arbeit (vgl. Silberberg u. Kuhn, C. **1955,** 4605) — festgestellt, daß beim krit. Strömungsgefälle, bei welchem die geometr.-opt. Lichtstreuung verschwindet, nicht sofort eine völlige Aufhebung der Entmischung, sondern zunächst eine Aufteilung der Tröpfchen in langgezogene, kürzere u. nicht mehr parallel zur Strömungsrichtung orientierte Fäden oder Ellipsoide eintritt. J. Juilfs. 4000□

Untersuchungen über die Entmischung verdünnter Lösungen makromolekularer Substanzen. 2. Mitt. **Form, Zerfall und Wiedervereinigung suspendierter Tropfen bei hohem Strömungsgefälle.** W. Kuhn, H. Majer und F. Burkhardt. (Helv. chim. Acta **43,** 1208—14, 1/8. 1960; dt.) — 1. vgl. vorst. Referat. — Der Effekt, daß bei großem Strömungsgefälle in einem Zweiphasen-Syst., in welchem die eine Phase als Tröpfchen in der anderen suspendiert ist, nur noch kleinere Teilchen vorhanden sind, wird mit Hilfe des Zerfalls sehr dünner, länglicher Tröpfchen in kleinere Bruchstücke u. der geringeren Wahrscheinlichkeit der Wiedervereinigung der sehr kleinen Tröpfchen beschrieben u. gedeutet. J. Juilfs. 4000□

Eliminiertes Volumen in der Theorie der Deformation von gequollenen Netzpolymeren. T. N. Chasanowitsch. (Высокомолекулярные Соединения [Hochmolekulare Verbind.] **1,** 1659—69, Nov. 1959; Moskau, Pädagog. Potemkin-Inst.; russ., Auszug: engl.) — Vgl. C. **1960,** 12701. — Unter Anwendung des „Perlenhalsband"-Modells einer Polymerenkette wird die freie Energie eines gequollenen Polymeren berechnet. Die Theorie der realen Gase ist anwendbar, wenn die Wechselwrkg. zwischen den Segmenten mit ihrem Abstand rasch abnehmen. Der dimensionslose Ausdehnungsfaktor der freien Energie ergibt sich proportional dem Vol.-Anteil des Polymeren in der Probe. Die Verteilung der relativen Schwankungen im Gaussschen Netzwerk von Ketten gleicher Länge u. willkürlicher Funktion wird für ein Paar von Segmenten der gleichen Kette oder nebeneinanderliegender Ketten oder für Segmentpaare in großem Abstand berechnet. Die Parameter aller dieser Verteilungen werden durch eine Interpolationsgleichung beschrieben, die eine lineare Annäherung der Vol.-Effekte im tetrafunktionalen Netzwerk erlaubt. Diese Berechnungen zeigen, daß der ausgeschlossene Vol.-Effekt einen deutlichen Einfl. auf die Beziehungen zwischen Spannung u. Deformation auch bei stark gequollenen Polymeren hat. R. K. Müller. 4000□

Mechanismus der Bildung polymerer Kristalle. 1. Mitt. W. A. Kargin und T. A. Koretzkaja. (Высокомолекулярные Соединения [Hochmolekulare Verbind.] **1**, 1721—23, Nov. 1959; Physik.-chem. Karpow-Inst.; russ., Auszug: engl.) — Das Problem, ob Polymere in amorphem Zustand in geordneten Syst. in Form von Kügelchen oder zu Paketen zusammengefaßten geraden Ketten vorliegen, wird elektronenmkr. geprüft, u. zwar an *Niederdruckpolyäthylen* (I), *Copolymeren* aus *Tetrafluoräthylen* u. *Vinylidenfluorid* (1 : 2), *Guttapercha* u. *Copolymeren* aus *ε-Caprolactam* u. *Hexamethylendiamin* bzw. *Adipinsäure* (Polyamid). Die elektronenmkr. Aufnahmen werden besprochen. Die beiden obengenannten Formen existieren nebeneinander. Die Kugelform von I wird dargestellt u. gezeigt, daß in diesem Falle keine Kristallisation erfolgt. Die Ggw. von Paketstrukturen ist offenbar für die Kristallisation notwendig. R. K. Müller. 4000□

Das Verhalten von Makromolekülen in Lösung. 2. Mitt. **Die Beziehung zwischen Viscosität, Molekulargewicht und Trägheitsradius.** P. Munk, P. Kratochvíl und B. Sedláček. (Collect. czechoslov. chem. Commun. **26**, 2992—3002, Dez. 1961; Prague, Czechoslov. Acad. of Sci., Inst. of Macromol. Chem.; engl.) — 1. vgl. C. **1961**, 9739. — Die oft gebrauchte Beziehung $M\,[\eta]/(\overline{h^2})^{3/2} = \Phi$ wird diskutiert. Φ hält man gewöhnlich für eine allg. gültige Konstante. Die vorliegende Arbeit zeigt, daß diese Voraussetzung nur für spezielle Syst. streng gültig ist, während in allg. Fällen die Konst. Φ durch eine Reihe von Korrektions-Koeff. korrigiert werden muß. Den tatsächlichen Wert von Φ kann man als ein Produkt des theoret. Wertes u. einer Reihe von Korrektions-Koeff. ansehen. Diskutiert werden die Koeff. für die Asymmetrie der Partikeln, für ihre hydrodynam. Permeabilität, für die Massenverteilung, bezogen auf den Schwerpunkt, für den Typ der Begrenzung der Partikel u. für die Polydispersität des Systems. Die numer. Werte der Koeff. für die Asymmetrie u. Polydispersität sind tabelliert. Falls berechtigte Annahmen über die Werte einiger Korrektions-Koeff. gemacht werden können, gestattet der experimentelle Wert von Φ, aus den Werten der weiteren Koeff. wertvolle Schlüsse über das untersuchte Syst. zu ziehen. I. Frič/Prag. 4000

Diffusionskontrollierte Polymerisation und Lösungsviscosität. A. M. North. (Makromolekulare Chem. **49**, 241—42, 1961; Liverpool, Univ., Dep. of Inorgan. and Phys. Chem.; engl.) — Krit. Bemerkungen zu den von Patrick (vgl. C. **1961**, 16489) angestellten Betrachtungen. O. Fuchs. 4000□

Methoden zur Erhöhung der Kältebeständigkeit von Polymeren. W. W. Tschernaja und R. L. Woltschenko. (Успехи Химии [Fortschr. Chem.] **31**, 336—50, März 1962; russ.) — Kurze Behandlung der theoret. Grundlagen u. Überblick über Methoden. — 78 Literaturangaben. G. Froelich. 4000□

Einfluß des flach-radialen Reckens auf die dielektrischen Eigenschaften und die Struktur von Polyäthylen. A. M. Arjew. (Высокомолекулярные Соединения [Hochmolekulare Verbind.] **1**, 1279—84, Sept. 1959; Nowotscherkassk, Polytechn. Inst.; russ., Auszug: engl.) — Die dielektr. Permeabilität ε von *Polyäthylen* (I, Folien von 0,06 mm Stärke) ändert sich bei geringen Graden des flach-radialen (zweiseitigen) Reckens wenig oder nicht, nimmt aber bei stärkerem Recken rasch zu. Röntgenaufnahmen zeigen, daß sich die Struktur von I durch Umlagerungs- u. Rekristallisationsvorgänge ändert, wobei nicht nur die Braggschen Winkel, sondern auch die Abstände der Ebenen u. die Intensitäten der Beugungslinien sich ändern. Die Rekristallisations- u. Umkristallisationsprozesse sind beim flach-radialen Recken stärker ausgeprägt als bei einseitigem Zug. R. K. Müller. 4010□

Die Schmelzwärmen von Polymeren. N. A. Netschitailo, P. I. Ssanin und I. M. Toltschinski. (Пластические Массы [Plast. Massen] **1961**, Nr. 8, 3—5; russ.) — Nach der von Vff. entwickelten differentiellen therm. Meth. werden die Schmelzwärmen für *Polyäthylen* (I) u. *Polypropylen* (II) ermittelt. Die Meth. beruht darauf, daß eine lineare Proportionalität zwischen der Wärme des Phasenübergangs u. der Fläche des Maximums auf den differentiellen Kurven der Erwärmung bzw. Abkühlung besteht. Unter Verw. von Eichsubstanzen erhält man relativ einfach die Schmelzwärmen. Bei 4 Testsubstanzen (Naphthalin, p-Dichlorbenzol, Dotriakontan, Benzoesäure) wird eine gute Übereinstimmung mit den calorimetr. Literaturwerten gefunden (maximale Abweichung 6,9%). Die Werte sind gegenüber der colorimetr. Meth. ungenauer. Für Hochdruck-I (η = 1,17; F. 120°) wird ein Wert von 33,6 cal/g u. für Niederdruck-I (η = 2,26; F. 135°) 59,9 gefunden. Bei Gemischen von amorphem u. kristallinem II fällt die Schmelzwärme mit steigendem amorphem Anteil von 16,4 cal/g (0%) auf 8,2 (37,2%). O. Kramm. 4010□

Chromatographische Trennung von flüssigen Gemischen aus Polymeren und Mineralöl. P. I. Brewer. (Nature [London] **188**, 934–35, 10/12. 1960; Abingdon, Berkshire, Esso Res. Ltd.; engl.) — Läßt man eine Lsg. von *Polyisobutylen* (Molgew. 18000, I) u. Mineralöl (II) in Heptan durch eine Säule, die mit Stückchen aus vulkanisiertem Naturkautschuklatex (III) gefüllt ist, laufen, so diffundiert II in das gequollene III ein u. wird dort festgehalten, während I durch die Säule läuft. 98% des eingesetzten I wurden so wiedergewonnen. Ähnlich verhalten sich die Gemische aus II u. anderen (nicht genannten) Polymeren. O. Fuchs. 4010□

Untersuchung der Molekülanisotropie durch Lichtstreuung. Anwendung auf Kettenmoleküle. Gilbert Weill. (Ann. Physique [13] **6**, 1063–1119, Sept./Okt. 1961; Strasbourg, Centre de Rech. sur les Macromol.; franz.) — Eine systemat. Unters. der Depolarisation des durch Kettenmoll. in Lsg. gestreuten Lichts wurde durchgeführt. Es wird gezeigt, daß die Größe der Komponente H_v die Anisotropie des Gelösten charakterisiert u. wie die Beziehungen zwischen Lage u. Orientierung berechnet werden können. Zur Unters. wurden *Polyisobutylen, Polyisopren, Polystyrol, Polyäthylenglykol* u. *Nitrocellulose* verwendet. R. Schäff. 4010□

Über die Abhängigkeit der Temperaturmaxima des Verlustwinkels weichgemachter Polyvinylchloridmischungen von Dipolmoment und Konzentration der Weichmacher. Günther Zaeschmar. (Kolloid-Z. **160**, 107–14, Okt. 1958; Berlin-Neukölln, Nordd. Kabelwerke AG, Entw.- u. Forsch.-Abt.; dt.) — Vf. untersuchte die Abhängigkeit der Temp., bei welcher der Verlustwinkel von weichgemachten *Polyvinylchlorid*-Gemischen sein Maximum hat, u. zwar in Abhängigkeit von der Konz. u. den gemessenen Dipolmomenten der Weichmacher. Die Frequenz betrug 800 Hz. Als Monomerenweichmacher wurden verwendet: *Dibutoxytetrachlorbenzol, Dinonylphthalat, Dihexylphthalat, Trikresylphosphat* u. *Dioctylphthalat.* Die für diese Verbb. gemessenen Dipolmomente μ in der obigen Reihenfolge sind: 2,14; 2,65; 2,70; 2,84 u. 3,06 D. Die Vers.-Ergebnisse sind in graph. Darstellungen wiedergegeben, in denen tg δ gegen die Temp. für die verschiedenen Weichmacher-Konzz. aufgetragen wird. Trägt man die Temp. T_m, bei der tg δ sein Maximum hatte, als Funktion von Dipolmoment μ der Weichmacher mit der Konz. C der Weichmacher als Scharparameter auf, dann erhält man Gerade, die sich durch die Gleichung $T_m = -a\mu + t(C)$ wiedergeben lassen, wobei a eine Konst. bedeutet. Es wird der Vers. einer theoret. Deutung der Ergebnisse gegeben. Die Theorie basiert auf der statist. Mechanik u. Thermodynamik. Sie berücksichtigt die Änderung des mittleren Potentialverlaufs in der Materie durch das äußere Feld mit Hilfe des Zusammenhanges von Entropie u. DK. C. Gottfried. 4010

Gelbildung in Polyvinylchlorid bei der Bestrahlung. M. A. Crook und B. J. Lyons. (Nature [London] **194**, 734–35, 26/5. 1962; London, Brit. Insulated Callender's Cables, Ltd.; engl.) — *Polyvinylchlorid* (PVC)-Pulver u. daraus hergestellte Filme werden mit 2 MeV-Elektronen bestrahlt; das Pulver geht bei wesentlich niedrigeren Mrad-Dosen in den Gelzustand über als der Film. Die Unterschiede werden mit dem verschiedenen Verhältnis der Oberfläche zum Vol. erklärt u. damit, daß HCl die Vernetzung von PVC verhindert. Wird PVC nach der Bestrahlung $^1/_2$ Std. lang im Vakuum auf 50° erwärmt, so ist eine merkbare Verstärkung der Gel-Bldg. neben vermehrter HCl-Entw. festzustellen. Die erhöhte Gel-Bldg. wird auf eine Steigerung der Ungesättigtheit durch die Wärmebehandlung u. die darauf beruhende stärkere Beteiligung an der „Ketten"-Vernetzung zurückgeführt. M. Hagedorn. 4010□

Mechanische Relaxationserscheinungen in Polytetrafluoräthylen. K. H. Illers und E. Jenckel. (Kolloid-Z. **160**, 97–106, Okt. 1958; Aachen, TH, Inst. für theoret. Hüttenkunde u. Physikal. Chem.; dt.) — Vgl. C. **1962**, 3830. — An Proben von *Polytetrafluoräthylen* mit Kristallisationsgraden von 21; 26 u. 65% wurden in dem Temp.-Bereich von −150° bis +150° u. im Frequenzbereich zwischen 0,1 u. 3 Hz mit Hilfe eines registrierenden Torsionspendels die viscoelast. Eigg. untersucht. Bei der Unters. der Temp.-Abhängigkeit des mechan. Verlustfaktors tg δ bei einer Frequenz von 1 Hz waren 3 Absorptionsgebiete festzustellen, deren Schwerpunkte bei —100°, zwischen 20 u. 50° u. zwischen 100 u. 130° lagen. Eine Messung der Temp.-Abhängigkeit des Schubmoduls G′ für die gleiche Frequenz zeigte, daß den 3 obigen Absorptionsgebieten 3 Temp.-Bereiche entsprechen, in denen der Modul absinkt. Die gesamte Moduländerung zwischen den sehr tiefen Temp. u. Temp. kurz unterhalb des F. beträgt jedoch nur ca. 1,5—2 Zehnerpotenzen. Die Intensität der „Absorptionsbande" bei —100° hängt stark vom Kristallisationsgrad ab; sie ist um so größer, je kleiner dieser ist. Dies deutet darauf hin, daß als mol. Ursache Platzwechselvorgänge in den amorphen Bereichen anzusehen sind. Aus der Frequenzabhängigkeit dieses Absorptionsmaximums läßt sich eine scheinbare Aktivierungsenergie von 18 ± 1 kcal/Mol herleiten. Diese scheinbare Aktivierungsenergie ist unabhängig vom Kristallisationsgrad. Unter Beachtung der früher durchgeführten Kernresonanz- u. Röntgen-Unterss. wird geschlossen, daß es sich bei diesem Absorptionsgebiet nicht um dasjenige handelt, welches mit dem Einfriervorgang der amorphen Bereiche im üblichen Sinn zusammenhängt. Das mechan. Verh. der Proben zwischen 0 u. 60° wird maßgeblich durch einen bei 20° liegenden Modifikationswechsel innerhalb der kristallinen Bereiche u. eine bei 30° stattfindende Rotationsumwandlung beeinflußt. In diesem Temp.-Bereich führt Änderung des Kristallisationsgrades u. auch der Frequenz zu großen Änderungen in der Form der Absorptionskurve. Dies läßt sich bes. deutlich aus Messungen von tg δ in dem Frequenzbereich zwischen 0,1 u. 1000 Hz erkennen. Danach existieren mindestens 2 Relaxationsmechanismen, von denen einer nur oberhalb, der andere nur unterhalb 30° zur Absorption beiträgt. Das > 100° beobachtete Absorptionsmaximum ist in Übereinstimmung mit Röntgen-Unterss. dem Einfriervorgang der amorphen Bereiche zuzuordnen. In ihm sind die Platzwechselvorgänge größerer Mol.-Teile abgebildet. C. Gottfried. 4010

Über den Aggregatzustand von lumineseierenden organischen Verbindungen in Polystyrol. 2. Mitt. Bestimmung des Molekulargewichtes der Polymeren. Je. Je. Baroni und W. M. Schonija. (Высокомолекулярные Соединения [Hochmolekulare Verbind.] **1**, 1285—86, Sept. 1959; russ., Auszug: engl.) — 1. vgl. C. **1959**, 11274. — Wenn *Polystyrol* (I), das durch Polymerisation bei 125, 150, 175 oder 200° erhalten wird, als luminescierende Zusätze 1,5% 1.1.4.4-Tetraphenylbutadien-(1.3), 1,5% 1.3.5-Triphenyl-Δ^2-pyrazolin, 3% p-Terphenyl oder 2% Perylen zugemischt werden, ändert sich das nach $[\eta] = 1{,}6 \cdot 10^{-4} \cdot M^{0{,}60}$ bei 20° in Toluol ermittelte Molgew. M prakt. nicht. Eine Copolymerisation von I mit den Zusatzstoffen liegt nicht vor, auch ein merklicher katalyt. Einfl. der Zusatzstoffe ist nicht anzunehmen. Bei ≧ 150° erreicht das Molgew. von I nach 6 Std. ein Maximum. R. K. Müller. 4010□

Verteilung von Methanol–Wasser- und Äthanol–Wasser-Gemischen in stark basischen Polystyrol-Anionenaustauschern in der basischen Form. Eero Sjöström, Lalli Nykänen und Pekka Laitinen. (Acta chem. scand. **16**, 392—402, 1962; Helsinki, Finland, Lääketehdas Onion Oy; engl.) — Zur Best. der Verteilung von CH_3OH–W.- u. A.–W.-Gemischen zwischen Lsg. u. Harz wurden gemahlenes *Dowex-1* [I; 0,15—0,30 mm Teilchengröße, 7,5% *Divinylbenzol* (II)] u. ein nach Gregor u. Mitarbeitern (vgl. C. **1954**, 9356) aus *Styrol* u. 0,5% II hergestelltes poröses *Harz* (III) — jeweils in der OH-Form — nach Einstellung des Gleichgewichtes zentrifugiert u. die Lsgm.-Komponenten eluiert. Unter Berücksichtigung des Gleichgewichtes $ROH + OH^- \rightleftharpoons RO^- + H_2O$ wurde eine Gleichung zur Berechnung des OH^-- u. Alkoxyl-Geh. des Harzes abgeleitet. In Übereinstimmung mit bekannten Regeln nimmt das Harz im gesamten Mischungsbereich W. bevorzugt aus der Lsg. auf. Der Aussalzeffekt von I ist bis 70 Gew.-% CH_3OH bzw. bis 83% A. größer, darüber kleiner als der der Chloridform von I, wahrscheinlich weil OH^- am Harz gegen RO^- ausgetauscht u. dadurch die Aufnahmefähigkeit des Harzes für ROH vergrößert wird. An III ist der Aussalzeffekt viel geringer als an I. Die Daten für die Lsgm.-Vol. V_S im Harz zeigen, daß I mehr Lsgm. aufnimmt als die Chloridform u. daß sich in I $V_S/V_{S(H_2O)}$ mit wachsender Alkohol-Konz. ändert. In III ist V_S ca. 15mal größer als in I. $V_S/V_{S(H_2O)}$) nimmt an III bei ca. 10% CH_3OH (im Harz) kontinuierlich mit wachsender CH_3OH-Konz. ab bis ca. $V_S/V_{S(H_2O)} = 0{,}66$ bei 100% CH_3OH. R. Junge. 4010□

Spinnbarkeit von Flüssigkeiten. 6. Mitt. Strukturviscosität und Spinnbarkeit. 2. Teil. Shunsuke Shishido und Yoshio Ito. (J. chem. Soc. Japan, pure Chem. Sect. [Nippon Kagaku Zassi] **81**, 1016—20, Juli 1960; Niigata-Daigaku, Rigakubu. Kagaku-Kyôsitu; jap., Auszug: engl. S. A72.) — 5. vgl. C. **1963**, 147. — Die Spinnbarkeit einer 17,1- u. 21,1%ig. wss. Lsg. von *Polyvinylalkohol* wird bei 30° durch Hochziehen eines in die Lsg. getauchten Glasstabs (Halbmesser 1,1 bzw. 2,1, 4,0 oder 6,0 mm) geprüft u. mit der einer 10%ig. Lsg. (vgl. l. c.) verglichen. Während die aus den Daten des stationären Fließens im Rohr berechnete „differentielle" Viscosität mit steigender Konz. zunimmt, nimmt die longitudinale Viscosität beim Spinnen mit der Konz. in der Reihenfolge 21,1, 10, 17,1% zu, u. diese Reihenfolge stimmt mit der aus den viscoelast. Eigg. der Lsgg. abgeleiteten Relaxationsdauer überein. Vff. schließen daraus, daß die Spinnbarkeit der Fll. mit längerer Relaxationsdauer (ca. $5 \cdot 10^{-2}$ sec) nicht auf das viscose Fließen der Fll., sondern auf die Relaxation der viscoelast. Fll. zurückzuführen ist. E. Maekawa. 4010□

Über die Darstellung von Phenol–Formaldehyd-Kondensaten bekannter Konstitution und einheitlicher Molekelgröße. 6. Mitt. über molekulareinheitliche Phenol–Formaldehyd-Kondensate mit einheitlicher Konstitution. H. Kämmerer und H. Lenz. (Kunststoffe **51,** 26–31, Jan. 1961; Mainz, Univ., Org.-chem. Inst.; dt.) – 5. vgl. C. **1960,** 9576. – Es werden *Phenol–Formaldehyd-Kondensate* mit einheitlichem Molgew. u. einheitlicher Konstit. synthetisiert, wobei ein Zusammenhang zwischen Molgew. u. Konstit. einerseits u. den physikal. u. chem. Eigg. andererseits untersucht wird. Aus Chlorphenolen in Ggw. von $ZnCl_2$ in saurem Medium synthetisierte homologe *Novolake* ließen sich noch bis zum verzweigten 16kernigen Octadekachlorphenolkondensat verfolgen, für das ein Molgew. von 2300 gemessen wird. Die Abspaltung des aromat. gebundenen Chlors erfolgt durch Hydrierung in Methanol (**VIII**)/Dioxan (**VI**) an Raney-Ni bei Zimmertemperatur. Die halogenfreien Mehrkern-Verbb. weisen niedrigere FF., erhöhte Löslichkeit u. höhere Sauerstoffempfindlichkeit auf. Verzweigte Phenol–Formaldehyd-Kondensate werden in Ggw. von p-Toluolsulfonsäure als Katalysator in **VI** aus Chlorphenolen bei 115° in 50 Std. erhalten. Alle Kondensate haben keinen scharfen F. mehr u. schmelzen im Bereich von 200°. Die vielgliedrigen Verbb. zeigen Quellungsvorgänge. Die IR-Spektren der linear verknüpften Kondensate unterscheiden sich nicht von denen des verzweigten Typs.

Versuche: *2.4-Dichlor-6-hydroxymethylphenol* (**I**), $C_7H_6Cl_2O_2$, F. 82–83°, aus 2 Mol geschmolzenem 2.4-Dichlorphenol (**II**), das in eine Lsg. von 2,2 Mol NaOH in 130 ml W. eingerührt wird, Abkühlen, Zugeben von 216 g 20%ig. Formalin (**III**), Überschichten mit hochsd. PAe., je 48std. Stehen bei 40° u. 18°, 6std. Stehen in der Kälte, Absaugen des *Na-Salzes,* Lösen in W. unter Rühren u. Eintropfen der Lsg. in ein eisgekühltes Gemisch aus 70 ml Eisessig u. 600 ml W.; 56% (Ausbeute). – *3.5.5'-Trichlor-2.2'-dihydroxydiphenylmethan* (**IV**), F. 186–187° (aus A. mit wenig W.), aus 0,2 Mol **I** in 1 Mol geschmolzenem 4-Chlorphenol, Zugabe von 16 ml konz. HCl u. 24std. Stehen bei 40°; 95%. – *4.4'-Dihydroxy-3.5.3'.5'-tetrakis-[2-hydroxy-5-chlorbenzyl]-diphenylmethan* (**IX**), $C_{41}H_{32}Cl_4O_6$, F. 182–185°, analog **IV**; 59%. – *2.2'-Dihydroxy-3.5.3'.5'-tetrachlordiphenylmethan,* F. 169° (Bzl.), aus 0,015 Mol **II** u. 0,01 Mol 6-Brommethyl-2.4-dichlorphenol in 1 ml Chlorbenzol nach Zusatz von 0,01 Mol $ZnCl_2$ bei 100°, 2std. Erhitzen auf 140° bis zum Ende der HBr-Entw., Lösen des Rückstandes in A. u. Einrühren in HCl; 80%. – *3.3'-Bis-[2-hydroxy-3.5-dichlorbenzyl]-2.2'-dihydroxy-5.5'-dichlordiphenylmethan,* $C_{27}H_{18}Cl_6O_4$, F. 234–236° (Bzl.), durch 3std. Erhitzen von 0,005 Mol 2.2'-Dihydroxy-3'-chlormethyl-3.5.5'-trichlordiphenylmethan (**V**), 0,005 Mol **IV** in 3,5 ml **VI** u. 0,001 Mol $ZnCl_2$ auf 95–100°, 3std. Stehen, Verrühren des Rückstandes mit **VIII**, Lösen in A. u. Einrühren in HCl; 65%. – *2.4-Bis-[2'-hydroxy-3'-(2''-hydroxy-3''.5''-dichlorbenzyl)-5'-chlorbenzyl]-6-chlorphenol,* $C_{34}H_{23}Cl_7O_5$, F. 199–200°, wie vorst. Verb. aus **V** u. o-Chlorphenol in Ggw. von $ZnCl_2$; 50%. – *4.4'-Dihydroxy-3.5.3'.5'-tetrabromdiphenylmethan* (**VII**), $C_{13}H_8Br_4O_2$, F. 224–226° (aus Bzl./**VIII** = 2 : 1), durch Einrühren von 0,12 Mol 2.6-Dibromphenol in 20 ml **VIII** in 170 g auf –10° gekühlte 93%ig. H_2SO_4, 1std. Zutropfen von 5 ml 40%ig. **III** unter Rühren, 20std. Rühren u. Eintragen in 2 Liter Eiswasser; 83%. – *4.4'-Dihydroxy-3.5.3'.5'-tetrachlordiphenylmethan,* $C_{13}H_8Cl_4O_2$, F. 184–185°, analog **VII**; 74%. – *2.4.6-Tris-[5-methyl-3-chlor-2-hydroxybenzyl]-phenol,* $C_{30}H_{27}Cl_3O_4$, F. 169–170° (Bzl.), aus 0,03 Mol 2-Chlor-4-methyl-6-chlormethylphenol u. 0,01 Mol Phenol unter mehrstd. Stehen, 2std. Erhitzen unter N_2 auf 100° u. 2 Std. auf 120° u. Fällen der in Toluol gelösten Schmelze mit hochsd. PAe.; 41%. – *2.4.6-Tris-[3.5-dichlor-2-hydroxybenzyl]-phenol,* $C_{27}H_{18}Cl_6O_4$, F. 200–202° (Bzl.), durch Erhitzen von 0,01 Mol Phenol u. 1,2 g p-Toluolsulfonsäure in 15 ml **VI** auf 115°, portionsweise Zugabe von 0,03 Mol **I** innerhalb 24 Std., Abdest. von **VI** nach 24 Std., Ausäthern in Ggw. von wenig W. u. Fällen des in Toluol gelösten Rückstandes mit PAe.; 33%. – *2.2'-Dihydroxy-3.5.3'.5'-tetrakis-[2-hydroxy-3.5-dichlorbenzyl]-diphenylmethan,* $C_{41}H_{28}Cl_8O_6$, F. 195–199°, aus 4 Mol **I** u. 1 Mol 2.2'-Dihydroxydiphenylmethan analog vorst. Verb.; 22%. – *Verzweigter Nonachlorsiebenkern* (*2.4.6-Tris-[2'-hydroxy-3'-(2''-hydroxy-3''.5''-dichlorbenzyl)-5'-chlorbenzyl]-phenol*; **X**), $C_{48}H_{33}Cl_9O_7$, F. 180–184° (Toluol), aus 0,03 Mol **V** u 0,01 Mol Phenol in 15 ml **VI** bei 120° unter N_2, nach 1 Std. 2std. Erhitzen auf 140°, Fällen des in **VI** gelösten Rückstandes mit viel **VIII** u. azeotrope Dest. von **VI** mit Toluol; 39%. – Analog: *Verzweigter Dodekachlorzehnkern* (**XI**), $C_{69}H_{48}Cl_{12}O_{10}$, F. 200–205°; 20%. – *Verzweigter Pentadekachlordreizehnkern* (**XII**), $C_{90}H_{63}Cl_{15}O_{13}$, F. 187–191°; 13%. – *Verzweigter Octadekachlorsechzehnkern,* $C_{111}H_{78}Cl_{18}O_{16}$, F. 189–194°; 5%. – *3.5.3'.5'-Tetrakis-[2'-hydroxy-3'-(2''-hydroxy-3''.5''-dichlorbenzyl)-5'-chlorbenzyl]-4.4'-dihydroxydiphenylmethan,* $C_{69}H_{48}Cl_{12}O_{10}$, F. 181–184°, aus 4 Mol **V** u. 1 Mol 4.4'-Dihydroxydiphenylmethan; 10%. – *4.4'-Dihydroxydiphenylmethan,* $C_{13}H_{12}O_2$, F. 161–162° (aus **VIII**), durch Einrühren von 0,0522 Mol **VII** in 110 ml **VIII** u. 40 ml **VI** in die Lsg. von 40 ml **VIII** u. 0,23 Mol KOH, Hydrieren an Raney-Ni bei Raum-Temp., Einengen des Filtrats,

Ansäuern mit Eisessig u. Fällen mit W.; 95%. — *4.4'-Dihydroxy-3.5.3'.5'-tetrakis-[2-hydroxybenzyl]-diphenylmethan*, $C_{41}H_{36}O_6$, F. 184—185°, durch Hydrieren von **IX** wie vorst. Verb.; 73%. — *Verzweigter Siebenkern, 2.4.6-Tris-[2'-hydroxy-3'-(2''-hydroxybenzyl)-benzyl]-phenol*, $C_{48}H_{42}O_7$, F. 160—162°, analog aus **X**; 77%. — *Verzweigter Zehnkern*, $C_{69}H_{60}O_{10}$, F. 130—135°, aus **XI**; 80%. — *Verzweigter Dreizehnkern*, $C_{90}H_{78}O_{13}$, F. 133—137°, aus **XII**; 65%. L. Träger. 4010□

Ein neues Redox-System zur Vinylpolymerisation in wässerigem Medium. C. C. Menon und S. L. Kapur. (J. Polymer Sci. **54**, 45—51, Sept. 1961; Poona, India, Nat. Chem. Labor.; engl.) — Die Kombination Hydrazin, Cu^{2+} u. mol. Sauerstoff wird als ein neues Redox-Syst. für die Radikalpolymerisation beschrieben. Als Monomeres dient *Methylmethacrylat*. Die Polymerisations-Geschw. sinkt mit steigender H^+-Konz. u. steigt mit zunehmender Cu^{2+}- u. Monomerenkonzentration. Das Monomere wird bei 30° mit Hydrazin u. 10^{-4} bis 10^{-5} Mol Cu^{2+}-Ionen unter ½—1 std. Rühren versetzt u. die Rk. durch Ansäuern mit verd. HCl gestoppt. J. W. Zimmermann. 4010□

Polymerisation von Methylmethacrylat in Gegenwart eines farbigen Katalysators. Bestimmung der Zahl der auf der Polymerkette fixierten Endgruppen. François Rocaboy und Hermann Kämmerer. (C. R. hebd. Séances Acad. Sci. **254**, 3366—67, 7/5. 1962; Mayence, Inst. für Org. Chem.; franz.) — Durch Polymerisation von *Methylmethacrylat* (I) in Ggw. von Bis-[p-phenylazobenzoyl]-peroxid (II) wurden die Zers.-Prodd. von II an die Ketten des Polymeren in kovalenter Bindung addiert u. färben diese. Bei der fraktionierten Fällung des polymeren I aus Toluol mit Methanol entspricht die Anordnung der Fraktionen auf Grund der Intrinsicviscosität der colorimetr. ermittelten oder visuell getroffenen Reihenfolge. Die auf den Polymerketten von I fixierten Endgruppen des zersetzten II weisen bei 450 mμ u. bei 326 mμ Extinktionsmaxima auf u. sind dadurch bestimmbar. Die exakte Zahl der gefärbten Endgruppen ist wegen der noch unbekannten Polydispersität der Fraktionen noch nicht genau anzugeben. Ein Kettenabbruch wird diskutiert. M. Hagedorn. 4010□

Versagen von unter Spannung stehendem Polyäthylenterephthalat. R. P. Sheldon. (Nature [London] **194**, 767—68, 26/5. 1962; Bradford, Inst. of Technol., Dep. of Chem. Technol., Polymer Res. Labor.; engl.) — Eine Platte von 0,1×1×5 cm aus *Polyäthylenterephthalat* (I) wird einer Biegespannung unterworfen. Beim Betupfen des unter Biegespannung stehenden Flächenteils mit Aceton wird die Platte opak u. zerbricht. Es wird eine mechan. Vorstellung über den Bruch von I durch Kristallisation unter Einw. organ. Fll. u. durch den Einfl. von Biegespannungen entwickelt.
M. Hagedorn. 4010□

Alkalische Polymerisierung des 6-Caprolactams. 6. Mitt. Darstellung der Alkalisalze des 6-Caprolactams. P. Čefelín und J. Šebenda. (Collect. czechoslov. chem. Commun. **26**, 3028—38, Dez. 1961; Prag, Tschechoslowak. Akad. der Wiss., Inst. für makromol. Chem.; dt.) — 5. vgl. Chem. Průmysl **11**, [1961], 377. — Vff. beschreiben die Darst. des reinen *Li-*, *Na-* u. *K-Salzes* von *6-Caprolactam* (I) aus den entsprechenden Alkoholaten u. I. Es werden die optimalen Bedingungen für die Polymerisation der I-Alkalisalze bei Temp. von 120—200° in Abständen von je 20° u. Umsätzen von 4 bis 9% angegeben. Als Kriterium für die Initiatoraktivität wurden die Dauer der Trübung der Lsg., der Umsatz sowie die Viscosität des Polymeren nach 1std. Rk. angesehen. Die Salze von I sind am besten aus den Methylaten der Alkalimetalle zugänglich. Das *Na-* u. *K-Salz* von I sind in reiner Form leicht darstellbar, weniger rein ist das I-*Li-Salz* zu erhalten. Die beste Initiatoraktivität bei der Polymerisierung von I zeigt das I-*K-Salz*, schwächere das I-*Na-Salz* u. die schwächste das I-*Li-Salz*, bei dem die Ergebnisse auch schwer reproduzierbar sind. J. Plešek/Prag. 4010

Synthetische Untersuchungen, ausgehend von Lävulinsäure. Als Ausgangsprodukt zur Synthese von Hochpolymeren. Katsumi Hayashi. (Bull. Tokyo Inst. Technol., Ser. B **1959**, 117—20; Tokyo, Inst. of Technol.; engl.) — Durch Cyclisierungs-Rkk. der 1.4-Diketogruppe von γ.γ'-Diketosebacinsäurediäthylester (I) wurden verschiedene *Furan-*, *Pyrrol-* u. *Thiophen-Derivv.* dargestellt. Die erhaltenen *Bis-carbonsäuren* bzw. *Bis-isocyanato-Derivv.* dienen als Ausgangsstoffe für neue *Polyurethane*, *Polyamide* u. *Polyester*, deren Eigg. kurz beschrieben werden.

Versuche: *δ-Furfurylidenlävulinsäure*, aus Lävulinsäure u. Furfurol. — *γ.γ'-Diketosebacinsäurediäthylester* (I), durch Kochen vorst. Säure mit A. u. wasserfreiem HCl; 60—70% (Ausbeute). — *2.5-Bis-[β-carbäthoxyäthyl]-furan*, aus I. — *2.5-Bis-[β-carbäthoxyäthyl]-tetrahydrofuran*, durch Hydrierung vorst. Verb. in Ggw. von Raney-Ni. — *1-Alkyl(aryl)-2.5-bis-[β-carbäthoxyäthyl]-pyrrole*, aus I u. Alkyl(aryl)aminen. — *1-Alkyl(aryl)-2.5-bis-[β-carbäthoxyäthyl]-pyrrolidine*, durch Hydrierung vorst. Verb. in Ggw.

von Raney-Ni. — *α.ω-Bis-{2.5-bis-[β-carbäthoxyäthyl]-pyrryl-(1)}-alkane*, aus I u. α.ω-Diaminoalkanen. — *Bis-{2.5-bis-[β-carbäthoxyäthyl]-pyrryl-(1)}-phenylene*, aus I u. Arylendiaminen. — *2.5-Bis-[β-carboxyäthyl]-thiophen*, aus I u. P_2S_5 u. anschließende Hydrolyse. — *γ.γ'-Dihydroxysebacinsäuredi-γ-lacton, α-Isomeres*, F. 111—112°, durch Hydrieren von I in Ggw. von Raney-Ni; daneben das *β-Isomere* (F. 36°). — *γ.γ'-Dibromsebacinsäurediäthylester, α-Isomeres*, F. 62—63°, aus vorst. Verb. mit A. u. HBr; daneben das *β-Isomere*. — *2.5-Bis-[β-carboxyäthyl]-tetrahydrothiophen, α-Ismeres*, F. 138°, durch Rk. vorst. Verb. mit Na_2S u. nachfolgende Hydrolyse. *β-Isomeres*, F. 129°. — *2.5-Bis-[β-isocyanatoäthyl]-furan* (II), aus 2.5-Bis-[β-carboxyäthyl]-furan über *2.5-Bis-[β-carbäthoxyäthyl]-furan* u. *2.5-Bis-[β-hydrazinocarbonyläthyl]-furan*. — *2.5-Bis-[β-isocyanatoäthyl]-tetrahydrofuran*, wie II aus 2.5-Bis-[β-carboxyäthyl]-tetrahydrofuran. — *1-Methyl-2.5-bis-[β-isocyanatoäthyl]-pyrrol*, wie II aus 1-Methyl-2.5-bis-[β-carboxyäthyl]-pyrrol. — *1-Methyl-2.5-bis-[β-isocyanatoäthyl]-pyrrolidin*, wie II aus 1-Methyl-2.5-bis-[β-carboxyäthyl]-pyrrolidin. — *2.5-Bis-[β-isocyanatoäthyl]-thiophen*, wie II aus 2.5-Bis-[β-carboxyäthyl]-thiophen. P. Becker. 4010

Eine neue Synthese für Mono- und Polycarbodiimide. Tod W. Campbell und John J. Monagle. (J. Amer. chem. Soc. **84**, 1493, 20/4. 1962; Wilmington, Del., du Pont de Nemours & Co., Pioneering Res. Div., Text. Fibres Dep.; Org. Chem. Dep.; engl.) — Werden zu 21 g geschmolzenem p-Nitrophenylisocyanat bei 60° 0,03 g 1-Äthyl-3-methyl-Δ^3-phospholin-1-oxid (I) gegeben, so entsteht sofort unter CO_2-Entw. in 100% ig. Ausbeute das Kondens.-Prod. *Bis-[4-Nitrophenyl]-carbodiimid*, $C_{13}H_8N_4O_4$, gelbe Kristalle, F. 164—166° (aus PAe./Chlf.). Werden zu einer Lsg. von 20 g 4.4'-Methylenbis-[phenylisocyanat] in 150 cm³ sd. Xylol 0,03 g I gegeben, so bildet sich in 4 Std. das *Poly-N.N'-[p.p'-ditylen]-carbodiimid* (II) der Struktur $(-C_6H_4-CH_2-C_6H_4-N{=}C{=}N-)_n$. II läßt sich bei 250° zu einem klaren kristallinen Film mit guten mechan. Eigg. verpressen. Die chem. Analyse u. die IR-Daten (N=C=N-Bande bei 4,76 μ) stimmen mit der genannten Struktur überein. II ist beständig gegen sd. Säuren u. Amine. O. Fuchs. 4010□

Untersuchung der elektrischen Eigenschaften und der Struktur von flüssigen ω.ω'-Hexamethylpoly-[phenylaminomethyl]-methylsiloxanen. G. Je. Golubkow und K. A. Andrianow. (Высокомолекулярные Соединения [Hochmolekulare Verbind.] **1**, 1273—78, Sept. 1959; Elektrotechn. Lenin-Inst.; russ., Auszug: engl.) — Als Beispiele für Methylsiloxane mit 2 endständigen $Si(CH_3)_3$-Gruppen u. eingebauten Anilinomethylgruppen werden bzgl. ihrer elektr. Eigg. untersucht: *1.1.1.5.5.5-Hexamethyl-3-anilinomethyl-3-methyltrisiloxan* (I), *1.1.1.7.7.7-Hexamethyl-3.5-bis-[anilinomethyl]-3.5-dimethyltetrasiloxan* (II), *1.1.1.9.9.9-Hexamethyl-3.5.7-tris-[anilinomethyl]-3.5.7-trimethylpentasiloxan* (III), *1.1.1.5.5.5-Hexamethyl-3-[o-chloranilinomethyl]-3-methyltrisiloxan* (IV), *1.1.1.7.7.7-Hexamethyl-3.5-bis-[o-chloranilinomethyl]-3.5-dimethyltetrasiloxan* (V), *1.1.1.5.5.5-Hexamethyl-3-[äthylanilinomethyl]-3-methyltrisiloxan* (VI), *1.1.1.7.7.7-Hexamethyl-3.5-bis-[äthylanilinomethyl]-3.5-dimethyltetrasiloxan* (VII), *1.1.1.9.9.9-Hexamethyl-3.5.7-tris-[äthylanilinomethyl]-3.5.7-trimethylpentasiloxan* (VIII), zum Vgl. *1.1.1.5.5.5-Hexamethyl-3-[diäthylaminomethyl]-3-methyltrisiloxan* (IX), *1.1.1.7.7.7-Hexamethyl-3.5-bis-[diäthylaminomethyl]-3.5-dimethyltetrasiloxan* (X) u. *1.1.1.5.5.5-Hexamethyl-3-phenyl-3-methyltrisiloxan* (XI). In Tabellen werden die physikal. u. elektr. Eigg. von I—XI, u. a. die dielektr. Permeabilität ε u. das Dipolmoment μ (nach Onsager) mitgeteilt. Mit wachsender Mol.-Länge nehmen ε u. μ zu, ebenso die Relaxationszeit bei gleicher Temp., das Relaxationsgebiet wird breiter. Mit zunehmendem Molgew. nimmt die Steilheit der Änderung von ε mit der Temp. u. der Temp.-Abhängigkeit von tg δ ab. Bei Abkühlung gehen alle untersuchten Fll. allmählich, ohne sprunghafte Änderung der elektr. Eigg., in den amorphen, glasigen Zustand über. Bei IX u. X ist im Vgl. zu I—VIII wegen des Ersatzes des Anilinorestes durch den Diäthylaminorest das Relaxationsgebiet nach niedrigeren Temp. verschoben. Bei I—VIII sind die μ-Werte erheblich höher (2,09 bis $3{,}33\cdot10^{-18}$) als die von IX—XI ($1{,}00$—$1{,}40\cdot10^{-18}$). R. K. Müller. 4010□

Über die Bildung von Polyorganotitanosiloxanen. K. A. Andrianow und Sch. W. Pitschchadse. (Высокомолекулярные Соединения [Hochmolekulare Verbind.] **3**, 577—81, April 1961; Inst. für elementorg. Verbb. der Akad. der Wiss. der UdSSR; russ., Auszug: engl.) — Bei der Cohydrolyse von je 1 Mol Dimethyl- (I), Diäthyl- (II) u. Methylphenyldichlorsilan (III) mit 0,1 Mol Bis-[cyclopentadienyl]-dichlortitan (IV) in NaOH wurden unter Abspaltung der Cyclopentadienylreste *Polytitanodialkyl(aryl)-siloxane* mit linearer Struktur u. einem Si : Ti-Verhältnis von 10 : 1 erhalten. Die Copolymeren sind bei 20° zähe, in Toluol u. Xylol gut lösl. Flüssigkeiten. Beim Vers. der gemeinsamen Hydrolyse von I u. IV in saurer Lsg. wurden *Oktamethylcyclotetrasiloxan* u. TiO_2 gebildet. Die Austausch-Rk. zwischen dem Di-Na-Salz von 1.3-Dihydroxytetramethyldisiloxan bzw. dem von 1.5-Dihydroxyoktamethyltetrasiloxan u. **IV** führt unter nur teilweiser Abspaltung der Cyclopentadienylreste zu *Polytitanodimethylsiloxanen* mit einem Verhältnis Si : Ti = 2 : 1 bzw. 4 : 1, für deren Aufbau eine Struktur mit abwechselnden Polytitanosiloxanketten u. -ringen angenommen wird, wobei die in der Kette gebundenen Ti-Atome noch die Cyclopentadienylreste tragen. Die Polymeren wurden IR-analyt. u. thermomechan. untersucht.

Versuche: Man gibt zu Toluol u. der berechneten Menge 10% ig. NaOH in 1 Std. bei 45° tropfenweise 0,12 Mol **I**, **II** bzw. **III** u. 0,012 Mol **IV** in Toluol, wäscht die Toluolschicht u. dampft ein. — *Oktamethylcyclotetrasiloxan*, $C_8H_{24}O_4Si_4$, $Kp._{20}$ 74°, analog durch Hydrolyse von 3 g **IV** u. 15,5 g **I**; n_D^{20} 1,3966; 6,8 g (Ausbeute). Daneben 0,8 g TiO_2. Helmut Schäfer. 4010

Reaktionen von Polymeren in fester Phase. 1. Mitt. Einfluß des Füllstoffes auf den Vernetzungsgrad von Kautschuk. J. Janáček. (Collect. czechoslov. chem. Commun. **26**, 2484—95, Okt. 1961; Prag, Tschechoslowak. Akad. der Wiss., Inst. für makromol. Chem.; engl.) — Mittels der Quellungs-Meth. wurde die Beziehung zwischen der Vernetzungsdichte u. der theoret. Kautschuk–Ruß-Gesamtkontaktoberfläche untersucht. Es wurden 2 Elastomertypen, *Naturkautschuk* (Typ *RSS-I*) u. *Butadien–Styrol-Kautschuk* (*Buna S-3*), verwendet. Die Vulkanisate wurden unter Anwendung von verschiedenen Vulkanisations-Syst. u. verschiedenen Konzz. von Ruß (Vol.-Konz. C = 0—1, bezogen auf den Kautschuk) mit unterschiedlicher spezif. Oberfläche, unterschiedlichem Verkettungsgrad u. verschiedener chem. Aktivität (31 Rußproben amerikan., sowjet., deutscher, rumän. u. tschechoslowak. Herkunft) hergestellt. Die Quellung wurde in Bzl. bzw. Xylol durchgeführt. Als Ausdruck für die relative Vernetzungs-Wrkg. der Ruße wurde die charakterist. Größe α vorgeschlagen, die die theoret. Kautschuk–Ruß-Kontaktoberfläche in m^2 angibt, die man zur Steigerung der Vernetzungsdichte auf den doppelten Wert des ungefüllten Vulkanisats unter Beibehaltung eines konst. Vulkanisations-Syst. in 1 cm^3 Kautschuk einführen muß. Der Wert für α wird vor allem durch den Charakter der angewandten Ruße beeinflußt; er ist konst. für Ruße von niedriger spezif. Oberfläche u. steigt an bei Rußen mit hoher spezif. Oberfläche u. solchen mit niedriger chem. Oberflächenaktivität. α ändert sich in erster Näherung nicht mit der Ruß-Konz., wird jedoch durch den Charakter des Vulkanisations-Syst. u. dessen Vernetzungsfähigkeit bestimmt. Das Verhältnis der α-Werte verschiedener Rußsorten kann bei Anwendung unterschiedlicher Vulkanisations-Syst. verschieden sein. Aus den Ergebnissen folgt, daß man bei Anwendung eines gegebenen Elastomeren u. eines gegebenen Vulkanisations-Syst. die Größe α für ein relatives Maß der Vernetzungs-Wrkg. verschiedener Ruße ansehen kann. I. Frič/Prag. 4030

Reaktionen von Polymeren in fester Phase. 2. Mitt. Beitrag zur Frage des Einflusses der Vernetzungsdichte auf das deformationsmechanische Verhalten gefüllter Vulkanisate. J. Janáček. (Collect. czechoslov. chem. Commun. **26**, 2817—27. Nov. 1961; dt.) — 1. vgl. vorst. Referat. — Das deformationsmechan. Verh. von mit Ruß gefüllten Elastomeren wurde in Abhängigkeit von der Vernetzungsdichte untersucht. Fünf verschiedene Sorten von Elastomeren wurden verwendet: *Naturkautschuk*, *Butadien–Styrol-Kautschuk* (*Buna S-3*), *Butadien–Acrylonitril-Kautschuk* (*Hycar1042*), *Chloroprenkautschuk* (*Svitpren K*) u. *Butylkautschuk*. Der Einfl. verschiedener Füllstoff-Konzz. wurde an Naturkautschukvulkanisaten untersucht, die mit den Rußen GTL(EPC) u. KO-1(MT) gefüllt waren. Folgende deformationsmechan. Eigg. wurden bestimmt: der Modul bei 100 u. 300% Dehnung, die Shorehärte u. die Rückprallelastizität nach Schob. Die Vernetzungsdichte wurde auf Grund des Quellungsgleichgewichtsgrades bestimmt. Das Maß der physikal. Wrkg. der Ruße in verschiedenen Elastomeren wurde durch den Unterschied der bei konst. Vernetzungsdichte gemessenen deformationsmechan. Werte der gefüllten u. ungefüllten Vulkanisate ausgedrückt. Die Beeinflussung der einzelnen deformationsmechan. Eigg. durch den Vernetzungsgrad u. durch die Qualität des Elastomeren wird ausführlich diskutiert. Im Gebiet höherer Deformationen zeigt das Verh. der nicht kristallinen u. kristallinen Vulkanisate einen deutlichen Unterschied. I. Frič/Prag. 4030

Reaktionen von Polymeren in fester Phase. 3. Mitt. Komplexer Einfluß der spezifischen Oberfläche und der Füllstoff-Konzentration auf das Deformationsverhalten von Vulkanisaten. J. Janáček. (Collect. czechoslov. chem. Commun. **26**, 2683—94, Nov. 1961; dt.) — 2. vgl. vorst. Referat. — Da sowohl steigende Ruß-Konzz. als auch steigende Rußoberfläche das Deformations-Verh. der Vulkanisate in derselben Richtung beeinflussen, versuchte Vf. für Ruße ähnlichen Charakters, d. h. nach Ausschalten des Einfl. der verschiedenen chem. Aktivität des Rußes, beide Veränderlichen in einen einzigen Ausdruck zusammenzuziehen, der ihren komplexen Einfl. beschreiben würde.

Die Verss. wurden mit Vulkanisaten von *Naturkautschuk* u. *Butadien–Styrol-Kautschuk* (*Buna S-3*) durchgeführt, die in verschiedenen, mitunter auch sehr hohen Vol.-Konzz. (**C**) mit Ruß verschiedener spezif. Oberfläche (**P**) gefüllt waren. Aus den Deformations-Eigg. wurden der Modul bei 100 u. 300% Deformation, die Shorehärte u. die Rückprallelastizität nach Schobe sowie nach Lüpke bestimmt. Es zeigt sich, daß der Modul vom Prod. von **P** u. der n-ten Potenz von **C** abhängt. Für den Modul M_{100}, die Shorehärte u. die Rückprallelastizität wurde n = 2 gefunden, während für den Modul M_{300} n = 1,5 gilt. Die Feststellung gilt für Ruß, von dem man voraussetzen kann, daß er nicht in größerem Maße agglomerieren wird, von ähnlichem Verkettungsgrad u. von genügend kleinem **P**-Wert. Auf Grund der erhaltenen Ergebnisse wird zur Erklärung der Beeinflussung des Deformations-Verh. der Vulkanisate durch das Füllmittel folgender Mechanismus vorgeschlagen: Die Geschw. der Spannungsrelaxation gefüllter Vulkanisate ist vor allem von der gesamten Kontaktoberfläche des Syst. Kautschuk–Ruß, **K** = **P**·**C**, beeinflußt. Bezieht man **K** auf das Einheits-Vol. des Kautschuks, dann weist ein Syst., das mit Teilchen niedriger spezif. Oberfläche hochgefüllt ist, höhere Steifheit auf als ein solches, das in geringerem Maße mit Teilchen von höherem **P** u. von gleichem **K**-Wert gefüllt ist. Bei konst. **K**-Wert verursacht das Vol. der Füllstoffteilchen durch seinen ster. Einfl. eine Verlangsamung der Relaxationsvorgänge, die im Syst. verlaufen. Diesen ster. Einfl. kann man als proportional der n-ten Potenz von **C** annehmen; im Falle geringer Deformationen ist er dem **C**-Wert des Füllstoffes direkt proportional. Bei höheren Deformationen kommt der ster. Effekt deutlicher schon bei niedrigen **C** zum Ausdruck u. der Wert n nimmt ab. I. Frič/Prag. 4030

Reaktionen von Polymeren in fester Phase. 4. Mitt. Einfluß der Agglomeration und Verkettung von Rußteilchen auf das Deformationsverhalten von Kautschukvulkanisaten. J. Janáček. (Collect. czechoslov. chem. Commun. **26**, 2695–2704, Nov. 1961; dt.) — 3. vgl. vorst. Referat. — Das Deformations-Verh. von gefüllten Kautschukvulkanisaten hängt vom Grad der Verkettung der Rußteilchen u. von ihrer Agglomerationsfähigkeit ab, weil diese Größen einerseits die gesamte effektiveKautschuk–Ruß-Kontaktoberfläche u. andererseits die Relaxationsvorgänge durch ster. Effekte beeinflussen. Es wurden Vulkanisate von *Naturkautschuk* (**I**) untersucht, die mit 31 verschiedenen Rußsorten in sehr breiten Grenzen der spezif. Oberfläche (**P**) u. von verschiedenem Verkettungsgrad gefüllt waren (Vol.-Konz. des Rußes **C** = 0,25). Weiter wurden Vulkanisate von **I** u. *Butadien–Styrol-Kautschuk* untersucht, die mit verschiedenen, auch extrem hohen Konzz. einiger Rußsorten gefüllt waren. Die Bedeutung des Verkettungsgrades u. der Agglomeration der Rußteilchen wird unter Berücksichtigung des **P**- u. **C**-Wertes, des Vernetzungsgrades, der Größe der Deformation u. des Charakters des Polymer-Syst. ausführlich diskutiert. I. Frič/Prag. 4030

Reaktionen von Polymeren in fester Phase. 5. Mitt. Deformationsverhalten von mit anorganischen Füllstofftypen gefüllten Vulkanisaten. J. Janáček. (Collect. czechoslov. chem. Commun. **26**, 2974–80, Dez. 1961; dt.) — 4. vgl. vorst. Referat. — Folgende Deformations-Eigg. der mit anorgan. Füllstoffen gefüllten Naturkautschuk-Vulkanisate wurden untersucht: Modul bei 100 u. 300% Deformation, die Shore-Härte u. die Rückprallelastizität nach Schobe. Als Füllstoffe wurden verschiedene Sorten von SiO_2, Calciumsilicat, Kaolin, gefälltes $CaCO_3$, fein gemahlener Kalkstein u. ZnO verwendet. Die Vernetzungsdichte der mit anorgan. Füllstoffen gefüllten Vulkanisate ist der Vol.-Konz. des Füllstoffes in den meisten Fällen nicht in dem Maße proportional, wie dies beim Ruß der Fall ist, ferner übt der chem. Charakter der verschiedenen Füllstoffe einen viel unterschiedlicheren Einfl. auf den Verlauf der Verkettungs-Rkk. aus. Es ergibt sich jedoch, daß nach Ausschalten des Einfl. der unterschiedlichen chem. Aktivität der Füllstoffe das Deformations-Verh. der mit anorgan. Stoffen gefüllten Vulkanisate von denselben physikal. Kennzahlen abhängt wie im Falle des Rußes. I. Frič/Prag. 4030

Reaktionen von Polymeren in fester Phase. 6. Mitt. Einfluß der Deformationen auf die durch Quellung bestimmte Abnahme der Vernetzungsdichte. J. Janáček. (Collect. czechoslov. chem. Commun. **26**, 2981–91, Dez. 1961; dt.) — 5. vgl vorst. Referat. — Zweck dieser Arbeit war es, festzustellen, inwiefern sich der Vernetzungsgrad infolge vorheriger Deformationen ändert, welche Faktoren diese Änderungen beeinflussen u. wie sich diese Änderungen am Modul von verschiedenen, in verschiedenem Maße vernetzten u. in verschiedenen Konzz. mit Ruß gefüllten Elastomeren äußern wird. Vulkanisate von folgenden Elastomeren wurden untersucht: *Naturkautschuk, Butadien–Styrol-Kautschuk* (*Buna S-3*), *Butadien–Acrylonitril-Kautschuk* (*Hycar 1042*), *Chloroprenkautschuk* (*Svitpren K*) u. *Butylkautschuk*. Es wurden die Spannung, die einer bestimmten Deformation entspricht, die Größe der Spannungsabnahme in 4 Min.

langer Relaxation u. die Konz. der wirksamen Ketten des Kautschuknetzes durch Quellung bestimmt. Der Einfl. der Deformationsbedingungen u. auch der Vernetzung durch das Vulkanisations-Syst. u. die Füllung, die Beziehung der Spannungsrelaxation zur Vernetzungsdichte der Vulkanisate u. die Wiederherstellung der Spannung wurden untersucht. Die Abnahme der Vernetzungsdichte hängt von der Größe der Deformation ab, ist dem Vernetzungsgrad des nichtdeformierten Kautschuks direkt proportional u. nimmt mit der spezif. Oberfläche u. mit der Ruß-Konz. zu. Vulkanisate mit herabgesetztem Vernetzungsgrad weisen dann infolge der Deformationen ein Verh. wie Vulkanisate auf, die durch das Vulkanisations-Syst. in geringerem Maße vernetzt worden waren. I. Frič/Prag. 4030

Die Strukturviscosität von Cellulose, gelöst in Cupriäthylendiaminlösung. W. Lang. (Rheol. Acta [Ergänzungsh. z. Kolloid-Z.] **1**, 248—50, Aug. 1958; Linz, Österreich. Stickstoffwerke A.G.; dt.) — Vf. berichtet über die Messung von Fließkurven am Syst. *Cellulose–Cuen* von Cellulosen mit Depolymerisationsgraden (DP) zwischen ca. 300 u. 2100. Die Maximalkonzz. betragen ca. 0,7% bei hohem, ca. 2,5% bei niedrigem DP. Bei Schubspannungen (τ) von ca. 10^2—10^5dyn/cm^2 treten Strömungsgradienten (D) von 10—$10^6 s^{-1}$ auf. Die Fließkurven zeigen Wendepunkte. Bei den einzelnen Cellulosetypen liegen die Strömungsgradienten im Wendepunkt ($\hat{D}$) nicht auf einer Parallelen zur $\log\tau$-Achse, sondern sinken mit steigenden Konzz. ab. Der Effekt ist bei niederpolymeren Lsgg. kaum merklich u. verstärkt sich mit steigendem DP. Eine hypothet. Deutung wird versucht. Die Schurzsche Beziehung zwischen $\hat{D}$ u. Polymerisationsgrad (P): $\hat{D} = a \cdot P^{-b}$ wird bestätigt. Die Auswertung der Fließkurven nach der Umstätter-Meth. zur Ermittlung einer Kettenlängenverteilung gelang nicht. Hans-Dieter Jacobi. 4050

Spinnbarkeit von Flüssigkeiten. 7. Mitt. Strukturviscosität und Spinnbarkeit. 3. Teil. Shunsuke Shishido und Yoshio Ito. (J. chem. Soc. Japan, pure Chem. Sect. [Nippon Kagaku Zassi] **81**, 1020—25, Juli 1960; jap., Auszug: engl.) — 6. vgl. C. **1963**, 1701. — Die Spinnbarkeit von *Acetylcellulose*-Lsgg. (Lsgm. Aceton–W. [90 : 10], Konzz. 15, 20, 21, 24 u. 25%) wird in Acetondampf geprüft. Die Spinnbarkeit der konzentrierteren Lsgg. (20, 21, 24, u. 25%), deren Relaxationsdauer 10^{-1} bis 10^{-2}Sek. beträgt, beruht nicht auf dem viscosen Fließen der Fll., sondern auf der Relaxation der viscoelast. Eigenschaften, während die einer 15% ig. Lsg. (Relaxationsdauer 10^{-2} bis 10^{-3} Sek.) sowohl auf die Relaxation der viscoelast. Eigg. als auch auf viscoses Fließen zurückzuführen ist. E. Maekawa. 4050□

Über die Abhängigkeit des Polymerisationsgrades und des Substitutionsgrades von den Nitrierbedingungen für Cellulosenitrate verschiedener Herkunft. M. Marx-Figini. (Makromolekulare Chem. **50**, 196—219, 1961; Mainz, Univ., Inst. für physikal. Chem.; dt.) — *Native Baumwolle* (**I**), hydrolyt. abgebaute *Baumwolle* (**II**), *Buchenzellstoff* (**III**) u. mercerisierte u. durch Oxydation abgebaute *Alkalicellulose* (**IV**) werden nach Reinigung u. Vorbehandlung mit wss. Alkalilauge mit Nitriersäure (**A**) nach Staudinger u. Mohr [1937] u. mit Nitriersäure (**B**) nach Alexander u. Mitchell (Analytic. Chem. **21**, [1949], 1497) sowie mit einer mit H_3PO_4 verd. Nitriersäure (**C**) nach Alexander u. Mitchell behandelt. Bei 20° wurde in 120 Min. ein N-Geh. von 13,76—13,83% bei einer für **A**, **B** u. **C** gleichen Viscositätszahl erzielt, lediglich **I** wird durch **C** etwas abgebaut. Die mit **B** nietrierte **I** ergibt für 20° bei gleichem N-Geh. niedrigere Viscositätszahlen als für 0° oder —20°, die sich nur unwesentlich unterscheiden. Bei 35 u. 50° wird noch stärker abgebaut. **III** verhält sich analog, während sich **II** auch bei 20° polymeranalog nitrieren ließ. Dieser Befund wird mit der Anwesenheit chem. modifizierter Gruppen in **III** u. vermutlich auch in **I** erklärt. Erwartungsgemäß wurde bei **IV** die Viscosität nur wenig verändert. Die Vorbehandlung der Celluloseproben mit 2% ig. NaOH beschleunicht die Nitrierung stark, ebenso der Zusatz von H_3PO_4 zur Nitriersäure. Die Abhängigkeit des N-Geh. von der Temp. ergab ein Minimum bei ca. +5° u. einem N-Geh. von 13,8%. Vf. nimmt ein Gleichgewicht für die Nitrierung an, kann jedoch das Minimum nicht erklären. Ein Zusatz von W. zur Nitriersäure ergibt eine deutliche Abnahme des N-Gehaltes. Der Nitrierverlust für **I** u. **II** liegt bei 3—4%, für **III** dagegen bei 10 bis 15%. Es dürfte sich dabei um *Hemicellulosen* handeln. — Die Proben wurden mehrere Std. mit Bzl. u. Aceton extrahiert u. anschließend 6 Std. unter reinem N_2 mit 2% ig. Natronlauge gekocht; vor der Nitrierung wurden sie zerkleinert u. mit wenig W. zu einem Brei verrührt; das W. wurde mit Methanol verdrängt u. die Cellulose an der Luft u. im Vakuum bei Raum-Temp. getrocknet; zur Nitrierung wurde 1 g portionsweise zu 100 g Nitriersäure gegeben u. gelegentlich umgerührt; nach der Rk. wurde abgesaugt, in 3 Liter kaltes W. eingerührt, abgesaugt u. mit 20 Liter dest. W. gewaschen. U. Hutten. 4050□

Molekulare Eigenschaften von sechs 4-O-Methylglucuronoxylanen. D. A. I. Goring und T. E. Timell. (J. physic. Chem. **64**, 1426—30, Okt. 1960; Montreal, Canada, McGill Univ., Pulp and Paper Res. Inst. of Canada, Dep. of Chem.; engl.) — 6 *4-O-Methylglucuronoxylane* (**A**) wurden aus verschiedenen Hartholz-Angiospermen mit maximaler Ausbeute u. unter minimaler Depolymerisation isoliert. 4 dieser **A** (aus dem Holz von *Betula papyrifera*, *Betula lutea*, *Acer saccharum* u. der Innenrinde von *Betula papyrifera*) enthalten ein lineares Gerüst aus (1 → 4)-verknüpften β-D-Xylopyranose-Resten, von denen durchschnittlich jeder 10. einen 4-O-Methyl-α-D-glucuronsäurerest enthält, der als einzige Seitenkette mit dem $C_{(2)}$-Atom verknüpft ist. Das 5. **A** (aus *Ulmus americana*) hatte die gleiche Konstit., jedoch nur 7 Xylosereste je Säureseitenkette. Das 6. **A** (ebenfalls aus dem Holz von *Betula papyrifera*) ist ein *O-Acetyl-4-O-methylglucuronoxylan* mit einer (1 → 2)-verknüpften 4-O-Methyl-α-D-glucuronsäureseitenkette u. 3.6-O-Acetylgruppen je 10 Xyloseresten. Aus osmot. Messungen erhält man Zahlenmittelwerte für den Polymerisationsgrad (PG) dieser **A** zwischen 185 u. 234. Lichtstreuungsmessungen an Lsgg. der **A** in Dimethylsulfoxid führen nur dann zu brauchbaren Ergebnissen, wenn die sedimentierenden u. schwebenden koll. Verunreinigungen durch Ultrazentrifugieren bei 140000 g u. anschließender nochmaliger Ultrazentrifugierung in den Spezial-Meßküvetten der Lichtstreuungs-App. bei 35000 g entfernt werden. Für die gereinigten Lsgg. werden dann Gew.-Durchschnittswerte des PG zwischen 440 u. 550 erhalten. Ein Vgl. zwischen den Werten für den PG u. die Intrinsicviscosität ergab, daß die sauren Seitenketten der **A** das effektive Vol. der Moll. in Cu^{2+}-Äthylendiamin zwar erhöhen, doch ist dieses nur die Hälfte desjenigen von Cellulose im gleichen Lösungsmittel. E. Uhlein. 4050□

Chemie der Depsipeptide. M. M. Schemjakin. (Успехи Химии [Fortschr. d. Chem.] **31**, 269—84, März 1962; Inst. für die Chem. der Naturstoffe der Akad. der Wiss. der UdSSR; russ.) — Allg. Überblick über Darst.-Meth. u. Eigg. von Verbb., die aus Hydroxy- oder Aminosäureresten bestehen, die miteinander durch Amid- oder Estergruppen verbunden sind (Depsipeptide). — 79 Literaturangaben. G. Froelich. 4070□

Die Polymerisation von N-Carboxyglycinanhydrid mit p-Bromanilin. Gilbert E. Moos, Paul E. Merritt und Francis P. Chen. (J. Polymer Sci. **55**, 515—23, Dez. 1961; Canton, N.Y., St. Lawrence Univ., Dep. of Chem.; engl.) — Die Anwesenheit eines Bruchstücks des Starters p-Bromanilin (**I**) in dem aus N-Carboxyglycinanhydrid (**III**) gebildeten *Polyglycin* (**II**) wurde durch Br-Analyse u. IR-spektroskop. bestätigt. Halogenanalyse nach Carius, Na-Schmelze sowie die Beilstein-Probe zeigen, daß Br in **II** vorhanden ist. Sowohl der Br-Geh. als auch der Geh. an Amino-N ergeben im wesentlichen ein Molgew. von 1500—1700 für **II**. Die Polymerisation von **III** in Ggw. von **I** verläuft in Dioxan bei 37° bis zu 51%ig. Umsatz nach der 2. Ordnung ($k = 1{,}8 \cdot 10^{-3}$ Liter/Mol·s), darüberhinaus fällt die berechnete Konst. rasch ab. — *Polyglycin-ω-[p-bromanilid]* wird durch 4tägige Rk. von 2 Mol **III** in 5 ml Dioxan in Ggw. von **I** bei 37° erhalten. U. Hutten. 4070□

Die Reaktionen zwischen Methylrot-Derivaten und Rinderserumalbumin. R. K. Burkhard, Frank A. Moore und Spiro J. Louloudes. (Arch. Biochem. Biophysics **94**, 291—300, Aug. 1961; Manhattan, Kans., Kansas State Univ., Dep. of Chem.; engl.) — Die Rk. zwischen *4'-Dimethylaminoazobenzolcarbonsäure-(2)* (**I**; *o-Methylrot*), *-carbonsäure-(3)* (**II**; *m-Methylrot*) bzw. *-carbonsäure-(4)* (**III**; *p-Methylrot*) u. *Rinderserumalbumin* (**IV**), die Art der Bindung dieser Farbstoffe an das Protein sowie einige mol. Parameter bei Protein–Farbstoff-Rkk. werden mittels Gleichgewichtsdialyse u. Messung spektraler Verschiebungen untersucht. Gemische aus **I**, **II** u. **III** lassen sich papierchromatograph. an Whatman Nr. 1 mit NaH_2PO_4/KH_2PO_4-Puffer (pH 6,8) trennen. *o-*, *m-* bzw. *p-Aminobenzoesäure* wird bei 0° u. pH 6,8 zu 0,8, 0,6 bzw. 0,3 Mol. Säure/Protein-Mol. gebunden, während für **I**, **II** bzw. **III** bei 0° dieses Verhältnis 0,62, 1,26 bzw. 0,32, bei 25° 0,59, 0,69 bzw. 0,33 Mol. Farbstoff/**IV**-Mol. beträgt. Für die Bindung des 1. Anions an **IV** bei pH 6,8 betragen $-\Delta F^0$ (bei 25°) u. $-\Delta H^0$ in kcal/Mol^{-1} bzw. $-\Delta S^0$ in kcal/Mol^{-1}·Grad^{-1} für **I** 7,16, 0,44 bzw. 23, für **II** 7,19, 4,3 bzw. 9,6 u. für **III** 6,56, −0,40 bzw. 23. Die Ggw. von *Aminobenzoatanionen* (**A**) verursacht bei Zugabe von **IV** zu **I** bzw. **III** eine Umkehrung der spektralen Verschiebung (Kurven), u. zwar im Falle von **I** in der Reihenfolge *o-* > *p-* > *m-*, im Falle von **III** in etwa gleichem Maße für sämtliche **A**. Im Falle von **II** entsteht im Spektrum ein neues Maximum bei 420 mμ nach Zugabe von **A**, wobei die Wrkg. *o-* > *m-* > *p-* beobachtet wird. Die **A** treten in der normalen Bindung von **I**—**III** an **IV** als konkurrierende Rk.-Partner auf, u. zwar im Falle von **I** in der Reihenfolge *o-* > *p-* > *m-*, von **II** *p-* > *m-* > *o-* u. von **III** in etwa gleichem Ausmaß, nämlich zu 54%. Vff. diskutieren den möglichen Rk.-Mechanismus bei der Bindung von **I**–**III** an **IV** u. weisen nach, daß bei **I** u. **II** prim. u.

sek. Bindungszentren auftreten, deren Anzahl bei **I** zu 0,835 u. 5,16 errechnet wird u. die mit einer Änderung der freien Energie $-\Delta F^0$ von 6,59 u. 5,63 behaftet sind. Bindung von **III** an **IV** ist von einer Streckung des gefalteten **IV**-Mol. begleitet. Da **I–III** in verd. Lsgg. untereinander nicht um die Bindungszentren konkurrieren, scheinen letztere für jedes der Methylrot-Derivv. verschieden zu sein. Zwischen der Bindung an **IV** u. den ster. Eigg. von **I–III** existiert keine einfache Beziehung. — 4′-Dimethylaminoazobenzolcarbonsäuren, durch Diazotieren der entsprechenden Aminobenzoesäuren u. Kuppeln mit Dimethylanilin: *-2-carbonsäure* (**I**), F. 179,5—180° (A.). — *-3-carbonsäure* (**II**), F. 196,5—197° (A.). — *-4-carbonsäure* (**III**), F. 245° (Mesityloxid u. Vakuumtrocknung). G. Kirsten. 4070□

Adsorption von Proteinen an „Sephadex". A. N. Glazer und Daniel Wellner. (Nature [London] **194**, 862—63, 2/6. 1962; Rehovoth, Israel, Weizman Inst. of Sci., Dep. of Biophys.; engl.) — Das zum Entsalzen von Protein-Lsgg. verwendete „Sephadex G-50" (vernetztes Dextran; **I**) adsorbiert aus salzfreier Lsg. nach Bar-Eli u. Katchalski (C. **1962**, 5333) zahlreiche Proteine; durch verd. Salz-Lsgg. können diese wieder eluiert werden. Vff. bestimmten die Kapazität einer 8,5·1,2-cm-Säule von **I** gegenüber *Lysozym* (**II**; aus Eiweiß), *Ribonuclease* (**III**; aus Rinderpankreas) u. *Rinderserumalbumin* (**IV**) zu 7,2, 2,8 u. 2,4 mg. **II**, **III** u. **IV** wurden durch 0,1 m NaCl-Lsg. quant. eluiert, **II** noch durch 10^{-2} m NaCl-Lsg.; 10^{-3} m NaCl-Lsg. eluiert **II** nicht mehr aus **I**. An **I** adsorbiertes *Trypsin* wurde durch 10^{-3} m HCl eluiert, jedoch nicht mehr mit 10^{-4} m HCl. Durch Adsorption an **I** u. Eluieren mit 0,1 m NaCl konnte **III** aus einer Lsg. von 0,025 mg/ml auf 1,6 mg/ml eingeengt werden. Alkoholdehydrogenase aus Hefe u. Pepsin aus Schweinen wird aus salzfreier Lsg. an **I** nicht adsorbiert. Der Adsorptionsmechanismus wird diskutiert. W. Walter. 4070□

Diffusionsversuche mit Proteinen und Nucleinsäuren an Membranen. Jack Goldstein und Lyman C. Craig. (J. Amer. chem. Soc. **82**, 1833—34, 5/4. 1960; New York, N.Y., Rockefeller Inst.; engl.) — Die Durchlässigkeit von Cellophan-Dialyseschläuchen für Proteine kann durch Dehnen der nassen Schläuche mit u. ohne Anwendung von hydrostat. Druck geändert werden. Durch Behandlung mit $ZnCl_2$ kann eine weitere Differenzierung der Selektivität erreicht werden. Die lösl. *Ribonucleinsäure* (RNS) aus Rattenleber passiert die unbehandelte Membran nicht. Nach maximaler Dehnung des Schlauches passieren 50% (E_{50}-Wert) der lösl. RNS einer 0,4%ig. Lsg. in 1 m NaCl-Lsg. die Membran in 18 Stunden. Nach Behandlung der Membran mit $ZnCl_2$ wird ein E_{50}-Wert von ca. 4 Std. erhalten. L. Laschet. 4090□

Die Viscosität der Lösungen von Natriumhuminat aus Kohle. N. Rajalakshmi, S. R. Sivarajan und R. D. Vold. (J. Colloid Sci. **14**, 419—29, Aug. 1959; Bangalore, Indian Inst. of Sci., Dep. of Inorg. and Phys. Chem.; engl.) — Wss. Lsgg. von *Na-Huminaten* (**I**), die durch Rk. zwischen nach 4 verschiedenen Meth. aus oxydierter Kohle isolierten Huminsäuren u. wss. NaOH u. anschließende Fällung mit 95%ig. A. hergestellt wurden, zeigten ähnliche Abhängigkeit der auf die Konz.-Einheit bezogenen spezif. Viscosität η_{sp} von der Konz. c u. NaCl-Zusätzen, unabhängig davon, ob die **I** noch Lignine enthielten oder nicht; stets war für die wss. Lsgg. η_{sp}/c linear proportional c. Damit konnte entsprechend der Beobachtung von Mukherjee u. Lahiri (C. **1959**, 3390) bestätigt werden, daß die **I** sich als typ. flexible Polyelektrolyte verhalten, zumal die Kurven für die Konz.-Abhängigkeit von η_{sp}/c der NaCl-haltigen Lsgg. stets ein Maximum durchlaufen. Zur Erklärung der Konfigurationsänderungen wird vermutet, daß die Struktur der **I**-Moll. nicht ausschließlich aus massiven kondensierten Ringen aufgebaut sein kann, sondern zahlreiche Einfachbindungen enthalten muß, damit die relativ freie Rotation möglich ist. Der scheinbare Dissoziationsgrad des reinsten **I**-Präp. beträgt nur ca. 50%. E. Uhlein. 4090□

E. Biologische Chemie. Physiologie. Medizin

E_1. Allgemeine Biologie und Biochemie

Ein auf dem Prinzip der statistischen Verteilung beruhendes System für eine automatische, dynamische, biochemische Analyse. Raymond Jonnard. (Ann. New York Acad. Sci. **87**, 669—728, 22/7. 1960; Newark, N.J., Prudential Insurance Comp.; engl.) — Vf. gibt an vielen Abb. u. Schaltbildern Beispiele automat. biochem. Analysen nach dem Fließprinzip, wobei die automat. colorimetr. Analyse im Vordergrund steht. W. Hiller. 4100□

Darstellung und Eigenschaften einiger Polysaccharidsulfate. Roy L. Whistler und W. W. Spencer. (Arch. Biochem. Biophysics **95**, 36—41, Okt. 1961; Lafayette,

Ind., Purdue Univ., Dep. of Biochem.; engl.) — *Amylose* (I), *Amylopektin* (I), *Guaran* (Galaktomannan, III), *Cellulose* u. *Laminaran* (IV) wurden in Dimethylformamid mit Triäthylamin–SO_3-Komplex bei 0° sulfuriert. Hierbei trat nur ein geringfügiger Abbau der Polysaccharide ein. Dextran (1 → 6) u. Alginat reagierten nicht. Perjodatoxydationen der Polysaccharidsulfate zeigten, daß die Hälfte der SO_3H-Gruppen sich am $C_{(6)}$-Atom befindet. I, II u. III-Sulfat liefern mit Lsgg. von Gelatine, Eialbumin u. Methylenblau Fällungen, nicht aber mit menschlichem Plasma. Sie bilden Filme, dispergieren leicht in W. u. sind hygroskopisch. Ähnlich wie Carragheen (Pflanzenschleim) bilden ihre Lsgg. mit K^+ u. NH_4^+ keine Gele. Die SO_3H-Gruppen werden aus II-Sulfat leicht, aus IV-Sulfat nicht abgespalten.

Versuch: *Polysaccharidsulfat*: 15 g Polysaccharid werden in 500 ml Dimethylformamid gelöst u. bei 0° mit Trimethylamin–SO_3H-Komplex 24 Std. gerührt, das Prod. 24 Std. gegen eine 10%ig. $NaHCO_3$-Lsg. u. 48 Std. gegen W. dialysiert u. das Polysaccharidsulfat durch Gefriertrocknen gewonnen. B. Görlich. 4100□

Einige Bemerkungen zur „mutagenen" Wirkung von Aluminiumchlorid bei Vicia faba. A. Michaelis und R. Rieger. (Mber. dtsch. Akad. Wiss. Berlin **1**, 596—99, 1959; Gatersleben, Forschungsgemeinschaft der Dt. Akad. der Wiss., Inst. für Kulturpflanzenforsch.; dt.) — Vgl. C. **1960**, 2903. — Verss. mit m/200 $AlCl_3$ an 4—6 cm langen Primärwurzeln führten nicht zur Entstehung von Chromosomenaberrationen. $AlCl_3$ hat in dieser Konz. im Wurzelspitzenmeristem von *Vicia faba* keine radiomimet. Wirkung. Diese Ergebnisse stehen im Widerspruch zu den Befunden von Deufel (Chromosoma **4**, [1951], 95). W. Moldenhauer. 4130□

Zur Lokalisation der DNS während der Meiose im Mikrosporangium von Antirrhinum majus L. M. Remmel. (Ber. dtsch. Akad. d. Wiss. Berlin **1**, 599—602, 1959; Gatersleben, Forschungsgemeinschaft der Dt. Akad. der Wiss., Inst. für Kulturpflanzenforsch.; Halle-Wittenberg, Martin-Luther-Univ., Inst. für Genet.; dt.) — Mittels der Feulgen-Meth. werden die histochem. Verhältnisse über die Lokalisation der *Desoxyribonucleinsäure* (I) während der Meiose untersucht. Von der prämeiot. bis zur postmeiot. Entw.-Periode erweist sich das Cytoplasma als feulgennegativ. In der prämeiot. Periode verhalten sich alle Kerne im sporogenen Komplex gleich feulgenpositiv. Deutliche Unterschiede zwischen den I-reichen Tapetumkernen u. den I-armen Kernen der Pollenmutterzellen sind in der früh- u. spätmeiot. Periode zu beobachten. Im Verlauf der postmeiot. Periode ist eine allmähliche Abnahme der Feulgen-Positivität festzustellen. Extranucleares, feulgenpositives Chromatin ist während der gesamten Entw. des Mikrosporangiums bei *Antirrhinum majus* nicht vorhanden. W. Moldenhauer. 4130□

Die Wechselwirkung von Actomyosin mit Adenosintriphosphat bei niedriger Ionenstärke. 1. Mitt. **Die Dissoziation von Actomyosin während der klaren Phase.** K. Maruyama und J. Gergely. (J. biol. Chemistry **237**, 1095—99, April 1962; Boston, Mass., Massachusetts Gen. Hosp., Dep. of Med., Cardiac Biochem. Res. Labor.; Harvard Med. School; engl.) — Physikochem. (Strömungsdoppelbrechung, Lichtstreuung, Viscosität, Sedimentations-Verh., Elektrophorese) u. enzymat. Unterss. an *Actomyosin* (I) bei einer Ionenstärke von ca. 0,16 μ in Ggw. von Mg u. Adenosintriphosphat (klare Phase) u. an *Myosin* (II) u. *F-Actin* (III) unter gleichen Bedingungen ergaben, daß I in II u. III aufspaltet. Hierfür sprechen auch Verss. mit Actin, das ^{14}C-Adenosindiphosphat gebunden enthält, sowie der Vgl. der enzymat. Aktivität von klarem I mit der von II.

K. Maier. 4150□

Die Wechselwirkung von Actomyosin mit Adenosintriphosphat bei niedriger Ionenstärke. 2. Mitt. **Klärungsreaktion und Superpräcipitation beeinflussende Faktoren: Adenosintriphosphatase und Strömungsdoppelbrechungsuntersuchungen.** K. Maruyama und J. Gergely. (J. biol. Chemistry **237**, 1100—06, April 1962; engl.) — 1. vgl. vorst. Referat. — In Ggw. von 0,15 m KCl sind für die Klärung von *Actomyosin* (I) Mg u. Adenosintriphosphat spezif. verantwortlich. Bei einer Ionenstärke $\mu < 0{,}1$ unterbleibt dieser Vorgang u. tritt erst in Ggw. von Chelatbildnern oder relaxierenden Granula ein. Die Klärungs-Rk. ist von einer niedrigen *Adenosintriphosphatase* (II)-Aktivität begleitet. Blockierung weniger SH-Gruppen durch chem. Mittel (0,5—10 Mol/Mol Myosin) beschleunigt das Einsetzen der Superpräcipitation. Zusatz von Adenosindiphosphat beschleunigt den Vorgang in gleicher Weise. Die Superpräcipitation ist stets von vermehrter II-Aktivität begleitet. K. Maier. 4150□

Unterschiedliche Ribonucleinsäure-Fraktionen während des Zellwachstums und synchronisierter Teilung in Massenkulturen von Tetrahymena pyriformis. Erik Christensson. (Acta physiol. scand. **54**, 1—8, Jan. 1962; engl.) — In Massenkulturen von *Tetrahymena pyriformis* (Ciliate) wurde durch Hitzebehandlung die Teilung synchronisiert. Es wurden in allen Stadien des Zellcyclus 2 metabol. u. chem. unterschiedliche *Ribonucleinsäure* (I)-Fraktionen gefunden. Die eine (in Phenol = I_P) hatte weniger

Guanylsäure u. baute radioakt. P schneller ein als die zweite (phenolwässerig = I_w). I_p nahm bei Hitze ab, vermehrte sich jedoch schnell vor der Teilung. I_w vermehrte sich dagegen fast proportional zu der Zellgröße der wachsenden Zelle bis zur Teilung. I_w wurde auf Ecteola–Cellulose-Ionenaustauschersäulen chromatographiert. M. Metze. 4150□

Nucleinsäure- und Proteingehalt von Bacterium lactis aerogenes. 1. Mitt. Gleichgewichts- und Nichtgleichgewichtsbedingungen. A. C. R. Dean. (Proc. Roy. Soc. [London], Ser. B **155,** 580—88, 10/4. 1962; Oxford, Univ., Physic. Chem. Labor.; engl.) — Vgl. C. **1961,** 9462. — *Bacterium lactis aerogenes* wurde einmal in normaler Kultur (Impfen einer Nährlsg. u. anschließendes Wachstum bis zur Erschöpfung derselben; a) u. zum anderen in einer kontinuierlichen Kultur bei stets gleichen Bedingungen des Nährmediums kultiviert (App. nach Rotman, J. Bacteriol. **70,** [1955], 1955; b). In graph. Darst. ist die Menge der *Desoxyribonucleinsäure* (I) per Masseneinheit, das Verhältnis *Ribonucleinsäure* (II) zu I, das Verhältnis Protein zu II für a u. b wiedergegeben. Die bei b erhaltenen Kurven haben nicht das sehr starke Maximum, das die bei a erhaltenen Kurven zu Beginn der Kultur aufweisen. Vf. gibt Erklärungen für das aufgetretene Überschußphänomen (Maxima). Werden bei a Zellen aus der log·Wachstumsphase benutzt, so stimmen die Kurven besser mit den in b erhaltenen überein. Die Ergebnisse zeigen die Problematik des Vgl. von Analysenwerten bei verschiedenen Kulturmethoden. W. Hiller. 4150□

Nucleinsäure- und Proteingehalt von Bacterium lactis aerogenes. 2. Mitt. Veränderungen während der Nährstoffmangelbedingungen. A. C. R. Dean. (Proc. Roy. Soc. [London], Ser. B **155,** 589—98, 10/4. 1962; engl.) — 1. vgl. vorst. Referat. — *Bacterium lactis aerogenes* wurde unter C-, N-, P-, S-, K- u. Mg-Mangel kultiviert. Das Verhältnis Protein zu *Ribonucleinsäure* (I) wird durch C-, N- u. S-Mangel kaum, durch K-Mangel mäßig u. durch P- u. Mg-Mangel stark beeinflußt. Das Verhältnis I zu Desoxy-I wird ebenfalls durch P- u. Mg-Mangel stark vermindert. Der relative Geh. von Desoxy-I änderte sich durch den Nährstoffmangel wenig. W. Hiller. 4150□

Nucleinsäure- und Proteingehalt von Bacterium lactis aerogenes. 3. Mitt. Die Wirkung bestimmter Arzneimittel. A. C. R. Dean. (Proc. Roy. Soc. [London], Ser. B **155,** 599—603, 10/4. 1962; engl.) — 2. vgl. vorst. Referat. — Nach Zusatz von *Chloramphenicol, 5-Aminoacridin* u. *Streptomycin* wurden die Zellen zu Beginn der Kultur ungewöhnlich groß, in späteren Stadien waren sie kleiner als die aus normaler Kultur. Bei Rückführung der Zellen in normale Kultur-Fl. blieben viele der im Arzneimittelmedium eingetretenen Veränderungen für längere Zeit erhalten. W. Hiller. 4150□

Stimulatorische Wirkungen von Glycin, L-Serin, Folsäure und verwandten Verbindungen auf das Wachstum von Zellkulturen. Robert E. Nauman und Alfred A. Tytell. (Proc. Soc. exp. Biol. Med. **103,** 763—67, April 1960; West Point, Pa., Merck Inst. for Therapeut. Res.; engl.) — Eine große Anzahl von Zellkulturen wird durch Zusatz von *Glycin* (0,1—0,2 mm) u. *L-Serin* (0,5—1,0 mm) stimuliert. 5—20 μg *Fol-* u. *Folinsäure*/ml verstärken den Aminosäure-Einfl. auf das Wachstum noch.
P. Gregorzewski. 4150□

53. Jahrestreffen, 13.—15. April 1962, Atlantic City, New Jersey. Anonym. (Cancer Res. **3,** 299—378, März 1962; engl.) — Der Bericht enthält die Zusammenfassungen von 301 wissenschaftlichen Berichten, die auf dem 53. Jahrestreffen der Amer. Assoc. for Cancer Res., Inc., gehalten wurden (mit Autorenindex).
W. Hiller. 4160□

Neuere Fortschritte bei Gewebekulturen in der Krebsforschung. R. Murray. (Experientia [Basel] **15,** 289—94, 15/8. 1959; New York, N.Y., Columbia Univ.; engl.) — Überblick über die bisher mit Hilfe von Gewebekulturen erzielten Forschungsergebnisse sowie über Möglichkeiten u. Grenzen dieser Methode. R. Reiss. 4160□

Fortschritte in der Tumorpathogenese. I. Berenblum. (Experientia [Basel] **15,** 285—89, 15/8. 1959; Rehovoth, Israel, Weizmann Inst. of Sci., Isaac Wolfson Building, Dep. of Exp. Biol.; engl.) — Vf. gibt im Zusammenhang mit dem VII. Internationalen Krebskongreß (London 1958) einen Überblick über den Stand der Krebsforschung. Im Hinblick auf die Tumorpathogenese wird über verschiedene zur Zeit im Vordergrund des Interesses stehende Forschungsrichtungen referiert (Carcinogenstoffwechsel, Wirkungsweise der Carcinogene, Zweistufentheorie der Krebsentstehung, Virustheorie).
R. Reiss. 4160□

Über das Resteiweiß der Kerne von normalen und Geschwulstzellen. I. B. Sbarski, L. P. Jermolajewa und N. P. Dmitrijewa. (Вопросы Медицинской Химии [Fragen med. Chem.] **8,** 218—21, März/April 1962; Moskau, Ssewertzow-Inst. für Veterinärmorpholog. der Akad. der Med. Wiss. der UdSSR; russ.) — In elektronenmkr.

Unterss. trat das Resteiweiß (I) der Zellkerne von Mäuse- u. Rattenleber, erhalten nach der *Saccharo–Glycerophosphat-* u. *Citrat-*Meth. oder aus Kernfraktionen der Homogenate in *Saccharose-*Lsg. (0,25 m), als Membranen u. ihre Fragmente auf, während das I aus Walker-Carcinosarkom oder Sarkom Kroker vorwiegend aus einer kompakten Masse mit nur einzelnen Membranen besteht. Normales u. patholog. I unterscheiden sich durch den *Aminosäure-*Geh. (*Tryptophan, Prolin, Hydroxyprolin, Arginin, Lysin, Histidin*) u. tragen keinen kollagenen Charakter. I. v. Kloch-Kornitz. 4160□

Der Einfluß glykolytischer Fermente auf den Stoffwechsel von Tumorzellen. 5. Mitt. Proteolytische Aktivierung von Fructose-1.6-diphosphatase mit Trypsin. E. Heise und Ch. Kleitke. (Z. Naturforsch. **17 b**, 284—85, April 1962; Berlin, Dt. Akad. der Wiss., Robert-Rössle-Klinik des Inst. für Med. u. Biol.; dt.) — 4. vgl. C. **1963**, 927. — *Fructose-1.6-diphosphatase* (FDPase) wurde aus Rinderleber in Milchsäurepuffer angereichert u. 5—40 Min. bei 40° mit Trypsin in verschiedenen Konzz. inkubiert. Die Trypsin-Wrkg. wurde mit Trysalol (Trypsin–Kallikrein-Inaktivator, Bayer-Leverkusen) abgestoppt. Die FDPase zeigte eine Aktivitätssteigerung auf 200—300% der Homogenataktivität ohne Trypsin. Die Aktivierung durchlief in Abhängigkeit von der Trypsin-Konz. ein Maximum. Dieses lag bei Inkubationszeiten von 5, 10 u. 15 Min. bei 0,7, von 20 u. 30 Min. bei 0,6 u. von 40 Min. bei 0,5 mg Trypsin/ml Homogenat.
K. Thielmann. 4160□

Lipidsynthese durch Ascitestumorzellen. Dorothy L. Fillerup, James W. Knauf und James F. Mead. (Proc. Soc. exp. Biol. Med. **103**, 862—65, April 1960; Los Angeles, Univ. of California, Dep. of Biophys. and Nuclear Med., Labor. of Nuclear Med. and Radiat. Biol.; engl.) — Ehrlich-Ascitestumorzellen von Mäusen werden zusammen mit Ascites-Fl. u. einem $^{14}C_{(1)}$-Palmitinsäure–Albumin-Komplex 60 Min. inkubiert, abgetrennt u. in frischer Ascites-Fl. erneut verschieden lange inkubiert. Nach der Extraktion der Lipide aus den Zellen u. dem Medium werden eine Abnahme der freien Fettsäure in den Tumorzellen u. eine Zunahme der markierten Fettsäure in den Lipiden, bes. im *Phospholipid*, beobachtet. Im Inkubationsmedium kann nur eine Zunahme von Phospholipid festgestellt werden. P. Gregorzewski. 4160□

Vermehrte Indicanurie bei malignen Erkrankungen des Magen–Darm-Kanals. Stefan Ilca. (Acta biol. med. german. [Berlin] **8**, 437—38, 1962; Lugoj, Rumänien, Spitalul Raional de Adulti; dt.) — 83% der Patienten mit malignen Tumoren des Magen–Darm-Trakts scheiden erhöhte *Indican* (I)-Mengen im Urin aus. Dagegen haben von Patienten mit Tumoren an anderen Organen oder Tuberkulösen nur 18—37% eine erhöhte I-Ausscheidung. Verminderung der Eiweißzufuhr senkt bei 40% der tumortragenden Patienten die I-Ausscheidung, doch liegen die Werte immer noch weit über denen Gesunder. Es gibt Hinweise, daß die Darmflora von Patienten mit malignen Tumoren des Magen–Darm-Trakts eine erhöhte *Tryptophanase-*Aktivität besitzt.
U. Hinterberger. 4160□

Untersuchungen über die Quellfähigkeit von Rattenlebermitochondrien in Beziehung zur Tumorbildung während der Verfütterung von Aminoazofarbstoffen. J. C. Arcos, G. W. Griffith und R. W. Cunningham. (Experientia [Basel] **15**, 316—17, 15/8. 1959; Gainesville, Fla., Univ. of Florida, J. Hillis Miller Health Center; engl.) — In Unterss. an Ratten wird gezeigt, daß bei Verfütterung von *3′-Methyl-p-dimethylaminoazobenzol* (I; 0,06% im Futter) die Quellfähigkeit der Lebermitochondrien 4 Wochen nach Beginn des Vers. ein Minimum erreicht. Die niedrigsten Werte werden im Hepatom beobachtet. Während die Quellfähigkeit der Lebermitochondrien bei pH 7,4 am größten ist, erweist sich die von Hepatommitochondrien als nicht pH-abhängig. Im Gegensatz zu I ist das nichtcancerogene *2-Methyl-p-dimethylaminoazobenzol* ohne Einfl. auf die Quellfähigkeit der Mitochondrien. Bei normalen Lebermitochondrien wirken *Alloxan* u. *Diacetyl* (II) als Quellinhibitoren, nicht aber Aceton, Chloraceton, Acetylaceton u. Acetonylaceton. Die Inhibition durch II wird aufgehoben, wenn die Tiere mit I gefüttert werden. In weiteren Unterss. wird festgestellt, daß *red. Glutathion* die Quellfähigkeit der Mitochondrien fördert, während sie *2.3-Dimercaptopropanol* vollständig inhibiert. $Na_2S_2O_3$ ist ohne Einfluß. R. Reiss. 4160□

Viruswachstum und Onkolysis in Krebs-2-Zellen und deren Beeinflussung durch das Substrat. Monroe D. Eaton, Anthony R. Scala und Harriet C. Rouse. (Proc. Soc. exp. Biol. Med. **103**, 832—36, April 1960; Boston, Mass., Harvard Med. School, Dep. of Bact. and Immunol.; engl.) — Krebs-2-Zellen werden mit Influenzavirus in einem Lactat–Glutamin- oder Glucose–Glutamin-Medium inkubiert. Im ersten Medium erreicht der Hämagglutinintiter sehr viel höhere Werte (300—400 gegenüber 10—15). Ein merklicher onkolyt. Effekt tritt im Lactatmedium nach 4 Std. auf. Auch das Newcastle-Virus wirkt onkolyt., doch wird diese Wrkg. durch das Substrat nicht beeinflußt. P. Gregorzewski. 4160□

Einige Unterschiede zwischen verschiedenen Säugetierzellinien bezüglich der Wachstumshemmung durch 5-Fluoruracil. Marvin A. Rich, Leonard Saslaw und Maxwell L. Eidinoff. (Proc. Soc. exp. Biol. Med. **103,** 791—96, April 1960; Sloan-Kettering Inst., Div. of Biophys.; Cornell Univ., Med. Coll., Sloan-Kettering Div.; engl.) — Es wird die Wachstumshemmung von HeLa- u. H.Ep. # 1-Zellen durch *5-Fluoruracil* (I) u. *5-Fluordesoxyuridin* (II) sowie die Beseitigung der Hemmung mit *Thymin* (III) u. *Thymidin* (IV) untersucht. Die Wachstumshemmung durch I u. II ist bei beiden Zellarten gleich. III hebt aber nur bei HeLa-Zellen die Inhibition teilweise auf. IV kehrt die Hemmwrkg. von II bei beiden Zellarten um, die von I nur bei HeLa-Zellen. P. Gregorzewski. 4160□

Prüfungsergebnisse am Sarkom 180. C. Chester Stock, Donald A. Clarke, Frederick S. Philips und Ralph K. Barclay. (Cancer Res. **18,** Teil 2, 49—224, Sept. 1958; New York, N.Y., Sloan-Kettering Inst., Div. of Exp. Chemotherapy; Cornell Univ., Med. Coll., Sloan-Kettering Div.; engl.) — Vgl. C. **1961,** 6889. — Tabellar. Bericht über die Prüfung von 2469 Verbb. am soliden *Sarkom 180* in ♀ Mäusen. Außer Namen u. Formel der Verbb. sind Dosis, Anzahl der Injektionen, Gew.-Veränderungen u. Zahl der Todesfälle bei Vers.- u. Kontrolltieren angegeben. — Bei allen Verss. negative Ergebnisse. S. Dittmann-Mitzscherlich. 4160□

E_2. Enzymologie. Gärung

Störung der Enzymaktivität durch gegengekoppeltes Kontrollsystem (feedback). H. S. Moyed. (Cold Spring Harbor Sympos. quantitat. Biol. **26,** 323—29, 1961; Boston, Mass., Harvard Med. School, Dep. of Bacteriol. and Immunol.; engl.) — *2-Thiazoalanin* (I) vermag in Bakterienzellen die Synth. der *Histidin* bildenden Enzyme zu steigern, analog wird durch *Psicofuranin* (II) die Synth. der *Guanylsäure* erzeugenden Fermente beeinflußt. In Abwesenheit der Antimetaboliten tritt während der Wachstumsphase eine Normalisierung der Enzym-Synth. ein. Als Mechanismus wird in beiden Fällen angenommen, daß I u. II die Enzym-Synth. fördern, weil sie die Bldg. eines synthesehemmenden Enzyms antagonist. beeinflussen. H. Struck. 4210□

Schlußfolgerung auf intracelluläre enzymatische Eigenschaften aus an lebenden Zellen erhaltenen kinetischen Daten. 3. Mitt. **Art des Eintritts von Glucose in die Hefezelle. — Auswertung durch verkleinerte X^2-Schätzung und Vergiftung durch Uran.** Jay Boyd Best. (J. cellular comparat. Physiol. **53,** 187—204, April 1959; Washington, D.C., Walter Reed Army Med. Center, Walter Reed Army Inst. of Res., Dep. of Neurophysiol.; engl.) — 2. vgl. C. **1958,** 11846. — Vf. diskutiert die von ihm aufgestellte Gleichung $a - v = k/S/V - c$, die die Kinetik eines in einer semipermeablen Membran eingeschlossenen Enzyms vom Michaelis- u. Menten-Typ beschreibt (v = Ausnutzungsrate, S = externale Substrat-Konz., k u. a sind die Michaelis- u. Menten-Parameter, c = Membranwiderstand). Mit Hilfe der X^2-Meth. leitet Vf. ein Verf. zur Best. von a, k u. c aus erhaltenen Meßdaten ab. Die Meß- u. Berechnungs-Verff. sind mitgeteilt. Die Auswertung ergibt folgende Resultate. *Glucose* (I) dringt in die Zellen von Bäckerhefe (Fleischmann) unter Diffusion durch eine Oberflächenschranke ein, welche für *UO_2* undurchdringlich ist, u. reagiert innerbalb der Zelle mit einem Enzym, vermutlich *Hexokinase*. — Die Verwertung von I in unverletzten Zellen wird durch UO_2 gehemmt; dies beruht lediglich auf der Verminderung der Zellpermeabilität durch UO_2. — Vf. ist der Meinung, daß die bisher aufgefundenen Tatsachen nicht die Annahme eines enzymat. Mechanismus für den Eintritt von I in die Zelle rechtfertigen. — Die Permeabilität der Zelle für I ist im Bereich von 0—200 mg% prakt. konstant. A. Hesse. 4210□

Untersuchung der elektronentransportierenden Enzyme. 1. Mitt. Die Reinigung des Cytochroms 556 aus Schweineleber. Isaias Raw, Rubens Molinari, Dea Ferreira do Amaral und H. R. Mahler. (J. biol. Chemistry **233,** 225—29, Juli 1958; São Paulo, Univ., Dep. of Physiol. Chem., School of Med., Labor. of Enzymol; engl.) — Aus Schweineleber läßt sich ein als *Cytochrom 556* (I) bezeichnetes Enzym extrahieren. Die Absorptionsmaxima des I liegen bei 275, 360, 412, 530 u. 560 mμ (oxydierte Form) bzw. bei 320, 423, 528 u. 556 mμ (red. Form). Als prosthet. Gruppe wurde *Protoporphyrin* identifiziert. In diesen u. anderen Eigg. (z. B. Absorptionsspektrum, Extinktions-Koeff. u. dem minimalen Molgew.) entspricht I dem Cytochrom b_5 aus Kaninchenlebermikrosomen. I läßt sich durch DPNH in Ggw. einer spezif. Reduktase, nicht aber durch Cystein, reduzieren. Reoxydiert wird I durch Cytochrom c. W. Schütze. 4210

Untersuchung der elektronentransportierenden Enzyme. 2. Mitt. Isolierung und einige Eigenschaften einer Cytochrom-spezifischen reduzierten Diphosphopyridinnucleotiddehydrogenase aus Schweineleber. H. R. Mahler, Isaias Raw, Rubens

Molinari und Dea Ferreira do Amaral. (J. biol. Chemistry **233**, 230—39, Juli 1958; engl.) — 1. vgl. vorst. Referat. — Ein *Flavoprotein* (I), das die Dehydrierung von red. Diphosphopyridinnucleotid (DPNH) katalysiert, läßt sich aus Schweineleber durch Extraktion mit 10%ig. A. bei 40°, Fraktionierung mit $(NH_4)_2SO_4$, Säulenchromatographie an Hydroxylapatit u. Elution mit 0,1 m Phosphatpuffer, pH 6,8, isolieren. I katalysiert die Dehydrierung von 60000 Mol DPNH pro Mol Flavin pro Min. bei 30° u. pH 6,0. I ist spezif. gegenüber dem Elektronendonator (DPNH) u. dem Elektronenacceptor [zwei lösl. Cytochrom-b_5-ähnliche Hämoproteine aus dem gleichen Extrakt, oder $Fe(CN)_3$]. K_m bei 22° beträgt für DPNH 10^{-5} m, für Cytochrom $5 \cdot 10^{-7}$ m u. für $Fe(CN)_3$ 10^{-4} m. Minimales Molgew. pro Flavin-Mol. ca. 70000. Die Red. von $Fe(CN)_3$ durch DPNH in Ggw. des I wird aktiviert durch substituierte Ammoniumionen u. gehemmt durch SH-Inhibitoren. Die Red. von Cytochrom 556 wird darüber hinaus auch durch Metallchelatbildner, Nucleosidtriphosphat, 2.4-Dinitrophenol u. Amytal gehemmt. Der Flavinrest des I wurde durch Papierchromatographie, Papierelektrophorese u. durch seine Aktivität als Coenzym der D-Aminosäureapooxydase als Flavinadenindinucleotid identifiziert. W. Schütze. 4210

Untersuchung der elektronentransportierenden Enzyme. 3. Mitt. Cytochrom b_5 der Schweinelebermitochondrien. Isaias Raw und H. R. Mahler. (J. biol. Chemistry **234**, 1867—73, Juli 1959; Bloomington, Ind., Univ., Dep. of Chem.; engl.) — 2. vgl. vorst. Referat. — Extraktion eines mehrmals gewaschenen Mitochondrien-Präp. aus Schweineleber mit A., *Lipase* (III), Pankreatin u. *Naja naja*-Gift bewirkt Lösung wechselnder Mengen von *Cytochrom* (I) *556* u. einer *red. Diphosphopyridinnucleotid* (II_{red}) oxydierenden enzymat. Aktivität, die auf Ferricyanid u. I *556* wirkt. Entsprechende Ergebnisse liefert die Mikrosomenextraktion (Leber), jedoch unterscheidet sich dieses II_{red} oxydierende Enzym in der Empfindlichkeit gegen kleine Dicumarolkonzentrationen. Der Geh. des gewaschenen I*c*-freien Mitochondrien-Präp. an Ribonucleinsäure, I *556*, I *b*, I c_1 (aus Wasch-Fl.), I *a* u. I a_3 wurde bestimmt. I *556* ist etwa in äquimol. Konz. wie die anderen Cytochrome vorhanden. 50% oder mehr der ursprünglich vorhandenen I *556*-Menge sind mittels III extrahierbar. I ist offensichtlich mit I b_5 aus Schweinelebermikrosomen identisch. Beide sind im Redox-Syst.: II_{red} → *Reduktase* (IV) → I *556* bzw. I b_5 → I *c* gleich wirksam. Die Funktion des IV–I b_5-Syst. beim mitochondrialen Elektronentransport, als Komponenten des „externen", nichtphosphorylierenden Weges wird besprochen. K. Maier. 4210□

Untersuchung der elektronentransportierenden Enzyme. 4. Mitt. Oxydation und Reduktion von Cytochrom b_5 durch Rattenlebermitochondrien. Isaias Raw, Nicola Petragnani und Otilia Camargo Nogueira. (J. biol. Chemistry **235**, 1517—20, Mai 1960; São Paulo, Univ. of São Paulo, School of Med., Dep. of Physiol. Chem.; Labor. of Enzymol.; engl.) — 3. vgl. vorst. Referat. — *Rattenlebermitochondrien* (M) vermögen *Cytochrom* b_5 (I) mit *red. Diphosphorpyridinnucleotid* (*DPNH*) als Elektronenacceptor (Ea) zu reduzieren. *β-Hydroxybutyrat* (II) kann DPNH nur unter nichtphosphorylierenden Bedingungen u. bei Anwesenheit von oxydiertem Diphosphopyridinnucleotid ersetzen. Durch Differenzspektroskopie wurde I in der Mitochondrialfraktion nachgewiesen. *Amytal* (V) hemmte die Red. der *Cytochrome* $a—a_3$, *c* u. b_5, *Antimycin A* (VI) u. *2-n-Nonyl-4-hydroxychinolin-N-oxyd* hemmen die der Cytochrome $a—a_3$ u. b_5, wenn II als Ea dient; dient DPNH als Ea, tritt keine Hemmung auf. Es werden Beweise für die normale Anwesenheit von I in M diskutiert, ebenso die Beziehungen von I zum nichtphosphorylierenden Weg der DPNH-Oxydation, der unempfindlich gegen **V** u. **VI** ist. G. Seltmann. 4210□

Untersuchungen über Cytochromoxydase. 4. Mitt. Die Cytochromoxydase-Aktivität. Takashi Yonetani. (J. biol. Chemistry **237**, 550—59, Febr. 1962; Philadelphia, Pa., Univ. of Pennsylvania, Johnson Res. Foundat.; engl.) — 3. vgl. C. **1962**, 12323. — Die Aktivität hochgereinigter *Cytochromoxydase* (I) aus Rinderherzmuskel (vgl. l. c.) wird polarograph. im Syst. *Ascorbat* (II)–*Cytochrom c* (III)–I–O_2 in 0,05 m K-Phosphatpuffer in Ggw. von Emasol 4130 u. Äthylendiamintetraessigsäure bei pH 7,0 u. 25° untersucht. Die spezif. I-Aktivität ist eine Funktion der I–III-Konzz., ausgedrückt als sog. Umsatzzahlen (turnover numbers; Tabelle). Aus einem Lineweaver-Burk-Diagramm der I-Aktivität u. III-Konz. ergibt sich strenge Proportionalität zwischen dem Verhältnis der III-Konz. bei 50% der maximalen Aktivität zur I-Konz. u. $[II]^{-1/2}$. Die maximale spezif. I-Aktivität läßt sich durch Extrapolieren der Aktivität auf unendliche III-Konz. oder auf unendlich verd. I-Konz. ermitteln (Kurven). Das pH-Optimum der I-Aktivität ist bei konst. II- u. III-Konz. von der I-Konz. abhängig u. verschiebt sich mit abnehmender I-Konz. zu niedrigeren pH-Werten. Bei $200 \cdot 10^{-9}$ Mol I/Liter beträgt es $>$ pH 7,2. Die Red. von III durch II verläuft rascher bei hohen pH-Werten, hohen II- u. niedrigeren I-Konzz. (Kurven.)

Vf. untersucht die Änderung der I-Umsatzzahlen bei fortschreitender I-Reinigung u. diskutiert verschiedene Best.-Meth für I. — 76 Literaturangaben. G. Kirsten. 4210□

Stabilität von Flavinadenindinucleotid in wässeriger Lösung. 2. Mitt. Der Einfluß von Phenolderivaten auf die Hitzezerstörung von Flavinadenindinucleotid. Kunio Yagi und Minoru Harada. (Vitamins [Kyoto] **20,** 218—20, 1960; Nagoya, Nagoya Univ., Fac. of Med., Dep. of Biochem.; jap., Auszug: engl.) — Beim Erhitzen wss. *Flavinadenindinucleotid*-Lsgg. auf 100° entsteht *cycl. Riboflavin-4'.5'-phosphat.* Diese Zerstörung wird durch die Ggw. von *Phenol, p-Kresol, Guajakol, Phloroglucin, Na-Salicylat, Na-p-Aminosalicylat, Na-Phosphat* u. *Borat* inhibiert. *Anilin, Benzylalkohol* u. *Na-Benzoat* sind ohne Einfluß. P. Gregorzewski. 4210□

Charakterisierung der Uterusperoxydase. Arlene P. Martin, Harold A. Neufeld, Fred V. Lucas und Elmer Stotz. (J. biol. Chemistry **233,** 206—08, Juli 1958; Rochester, N.Y., Univ., Dep. of Biochem. and Pathol.; School of Med. and Dent.; engl.) — Um die Natur der aus Rattengebärmutter erhaltenen *Peroxydase* (I) zu erforschen, wurden die Geschw. der Oxydation von 3 verschiedenen Donatoren durch I sowie durch *Lactoperoxydase* (II), *Verdoperoxydase, Hefe-Cytochrom-c-Peroxydase, Meerrettichperoxydase* u. eine *Karottenperoxydase* gemessen u. miteinander verglichen. Als Donatoren wurden verwendet *red. Cytochrom c, Pyrogallol* bzw. *2.3.3'-Trichlorindophenolnatrium.* Die Meßergebnisse zeigen, daß sich die Säugetierperoxydasen von Hefe- oder Pflanzenperoxydasen deutlich unterscheiden. Unter den tier. Peroxydasen verhält sich I bei der Oxydation des Leukofarbstoffes u. des Pyrogallols ähnlich wie II. Ob I tatsächlich mit II ident. ist, läßt sich erst durch Vgl. spektrophotometr. u. anderer physikal. Eigg. nach weiterer Reinigung des Enzym-Präp. I feststellen.
W. Schütze. 4210

Peroxydase und Cytochromoxydase in Rattengeweben. Harold A. Neufeld, A. N. Levay, Fred V. Lucas, Arlene P. Martin und Elmer Stotz. (J. biol. Chemistry **233,** 209—11, Juli 1958; Rochester, N.Y., Univ., Dep. of Biochem. and Pathol.; School of Med. and Dent.; engl.) — Vgl. vorst. Referat; C. **1958,** 8950. — *Peroxydase* wurde bisher im Uterus u. im Walker-Carcinosarkom der Ratte gefunden. In beiden Fällen handelt es sich um Gewebe mit starker Zellvermehrung. Um zu erkennen, ob die Peroxydase an der Zellvermehrung beteiligt ist, wurden verschiedene andere Gewebe der Ratte untersucht. Parallel dazu wurde der Geh. an *Cytochromoxydase* ermittelt. Die untersuchten Gewebe besitzen entweder geringe Peroxydaseaktivität u. hohe Cytochromoxydaseaktivität (Skelettmuskel, Herzmuskel, Gehirn, Leber u. Niere), oder sie zeigen bedeutende Peroxydaseaktivität, aber nur geringe Cytochromoxydaseaktivität (Darm, Uterus, Milz, Lunge, Magen u. Walker-Carcinosarkom, also Gewebe mit Zellvermehrung). Die Gewinnung von möglichst Hämoglobin-freiem Gewebematerial für die Prüfung auf Peroxydase- u. Cytochromoxydase-Geh. u. die Meßmeth. werden beschrieben. W. Schütze. 4210

Diphosphopyridinnucleotidgebundene Aldehyddehydrogenase. 1. Mitt. Spezifität und Sigma-Rho-Funktion. Richard A. Deitrich, Leslie Hellerman und John Wein. (J. biol. Chemistry **237,** 560—64, Febr. 1962; Baltimore, Md., Johns Hopkins School of Med., Dep. of Physiol. Chem.; engl.) — Vgl. Abstr. Meeting of Amer. Chem. Soc., Sept. 1961, 38C. — Die Darst. von diphosphopyridinnucleotidgebundener *Aldehyddehydrogenase* (I) aus Rinderleber nach einer modifizierten Meth. von Racker („Methods of Enzymology", Bd. I, New York 1955, S. 514) mit doppelter Aktivität wird beschrieben. K_m für die Oxydation von *Propionaldehyd, Benzaldehyd* u. folgende Benzaldehyde (**II**) durch I wird nach einer neuen Meth. bestimmt (Tabelle): *p-Fluor-, p-* u. *m-Hydroxy-, p-Methoxy-, p-Carboxy-, p-Dimethylamino-, m-Brom-* u. *p-Trimethylammoniumchlorid-.* Die relative Oxydations-Geschw. der **II** steht zur σ-Funktion der Substituenten nach Hammett in direkter linearer Beziehung u. ergibt eine zweiarmige Kurve, wie sie auch bei nichtenzymat. Rk. der **II** erhalten wird. Vff. diskutieren die Vers.-Ergebnisse hinsichtlich eines Modells enzymat. Oxydationen, das auf einer Substrataktivierung durch nucleophile Abstoßung in einem charakterist. „push-pull"-Mechanismus beruht.
G. Kirsten. 4210□

Glucoseoxydase — Gewinnung, Eigenschaften, Anwendung. J. Voigt. (Ernährungsforschung **6,** 563—78, 1961; Potsdam-Rehbrücke, Inst. für Ernährung; dt.) — Allg. Überblick. — 30 Literaturangaben. M. Ulmann. 4210□

Der Pentosestoffwechsel von Candida. 2. Mitt. Die Diphosphopyridinnucleotid-spezifische Polyoldehydrogenase von Candida utilis. M. Chakravorty, L. A. Veiga, Metry Bacila und B. L. Horecker. (J. biol. Chemistry **237,** 1014—20, April 1962; New York, New York Univ., School of Med., Dep. of Microbiol., Curitiba, Parana,

Brazil, Univ. of Parana, Inst. of Biochem.; engl.) — 1. vgl. Biochem. Biphys. Res. Commun. **2**, [1960], 440. — *C. utilis*-Extrakte enthalten eine *Diphosphopyridinnucleotid* (I) spezif. *Polyoldehydrogenase* (**II**), die die reversible Oxydation einer Anzahl von Polyolen, wie *Xylit* (**III**) (relative Aktivität = 100%), *D-Sorbit* (**IV**; 87), *L-Idit* (41), *D-Altrit* (32), *D-Glycero-D-glucoheptit* (27), *L-Glycero-D-glucoheptit* (25), *D-Mannit* (**V**) (23), *Ribit* (**VI**; 23), *D-Arabit* (7), *L-Glucit* (5), zu den Ketosen katalysiert. **II** wurde aus Extrakt durch $(NH_4)_2 \cdot SO_4$- u. Acetonfraktionierung ca. 35fach angereichert. Die gereinigten **II**-Präpp. katalysierten die Oxydation von **III** zu *D-Xylulose* (**VII**), von *D*-**IV** u. *D*-**V** zu D-Fructose sowie von **VI** zu D-Ribulose. **III** u. *D*-**VII** sind vermutlich die natürlichen **II**-Substrate. Bei neutralem pH liegt das Gleichgewicht stark zugunsten der Polyolbildung. **II** wird durch Inkubation mit EDTA irreversibel inaktiviert. I_{red}, nicht aber **I**, schützt gegen diesen Effekt. In mehrfacher Hinsicht ähnelt **II** der **I**-Polyoldehydrogenase der Säugersamenbläschen. Vermutlich katalysiert **II** eine notwendige Stufe des *D*-Xylose-Stoffwechsels bei *Candida*. K. Maier. 4210□

Alginsäureumsatz in Bakterien. 1. Mitt. Enzymatische Bildung von ungesättigten Oligosacchariden und 4-Desoxy-L-erythro-5-hexosulose-uronsäure. Jack Preiss und Gilbert Ashwell. (J. biol. Chemistry **237**, 309—16, Febr. 1962; Bethesda, Md., US Public Health Serv., Nat. Inst. of Health, Nat. Inst. of Arthritis and Metabol. Dis.; engl.) — Es wird eine *Pseudomonas*-Varietät isoliert, die *Alginsäure* (I) als einzige C-Quelle metabolisieren kann. Unter Heranziehung eines daraus hergestellten zellfreien *Alginase* enthaltenden Extraktes wird I abgebaut. Es entstehen ungesätt. Oligosaccharide u. ein schneller wanderndes Monosaccharidendprodukt. Die Rk.-Prodd. werden über eine Dowex-1-Formiat-Säule (14 cm lang, 4 cm ∅) gegeben u. durch Elution mit 0,15n Ameisensäure u. anschließende Gradientenelution mit 2n Ammoniumformiat-Lsg. aufgetrennt. Identifizierung der bei der Fraktionierung erhaltenen 3 Maxima ergibt für die ersten beiden Maxima *4-Desoxy-L-erythro-5-hexosulose-uronsäure*, wobei die Ursache für das Vorliegen zweier Maxima für eine Verb. noch nicht geklärt ist. Die dritte Fraktion wird auf papierchromatograph. Wege in 4 weitere Komponenten aufgetrennt u. jeweils ungesätt. Tri-, Tetra-, Hexa- u. Nonaoligosaccharid charakterisiert. A. Täufel. 4210□

Alginsäureumsatz in Bakterien. 2. Mitt. Die enzymatische Reduktion von 4-Desoxy-L-erythro-5-hexosulose-uronsäure zu 2-Keto-3-desoxy-D-gluconsäure. Jack Preiss und Gilbert Ashwell. (J. biol. Chemistry **237**, 317—21, Febr. 1962; engl.) — 1. vgl. vorst. Referat. — Bei Einw. von *Alginase* auf *Alginsäure* wird *4-Desoxy-L-erythro-5-hexosulose-uronsäure* gebildet, die in Ggw. von einer spezif. an TPNH-gebundenen *Dehydrogenase* (I) zu *2-Keto-3-desoxy-D-gluconat* (II) red. wird. Das auf verschiedene Weise gereinigte Enzym (Streptomycinsulfat, Fraktionierung, Ammoniumsulfat-Fraktionierung, Fraktionierung über Calciumphosphatgel u. Aluminiumgeladsorption) wird auf seine Eigg. untersucht. Die Stabilität von I ist von der Ggw. von TPNH abhängig; das pH-Optimum liegt bei 7,0—7,5. Durch *β*-Mercaptoäthanol (10^{-2} m), Natriumarsenit (10^{-3} m), EDTA (10^{-2} m) u. Rinderserumalbumin wird keine Hemmung festgestellt. p-Hydroxymercuribenzoat (10^{-4} m) u. Tris-HCl-Puffer (0,05 m) wirken hemmend. I ist auf Ketodesoxygluconaldehyd spezifisch. Aus einem zellfreien Extrakt von auf Uronsäuren adaptierter *Escherichia coli* wird ebenfalls II als Intermediärprod. gebildet. Ggw. von ATP führt zum weiteren Umsatz von II unter Bldg. von Pyruvat. Nach Angaben der Vff. entstehen aus II nach vorangegangener Phosphorylierung Pyruvat u. Triosephosphat. A. Täufel. 4210□

Biosynthese von Valin und Isoleucin. 5. Mitt. Elektrophoretische Untersuchungen der Reduktoisomerase und Reduktase von Salmonella. F. B. Armstrong und R. P. Wagner. (J. biol. Chemistry **236**, 3252—56, Dez. 1961; Austin, Texas, Univ. of Texas, Dep. of Zool., Genetics Labor.; engl.) — 4. vgl. J. biol. Chemistry **236**, [1961], 2027; 3. vgl. C. **1961**, 5125. — Zwei an der Biosynth. von Valin u. Isoleucin beteiligte Enzyme, *Reduktase* (I) u. *Reduktoisomerase* (II; in zellfreien Extrakten aus Salmonella thyphimurium) wurden in der Stärkegel-Elektrophorese gegenüber Hydroxyketoverbb. (für I *α*-Keto-*β*-hydroxy-Verbb.: *α*-Keto-*β*-hydroxyisovaleriansäure, Hydroxybrenztraubensäure, *α*-Acetyl-*α*-hydroxybuttersäureäthylester, *α*-Acetylmilchsäureäthylester, Äthylmethylcarbinol, Acetyläthylcarbinol; für II *α*-Hydroxy-*β*-keto-Verbb.: *α*-Acetyl-*α*-hydroxybuttersäure, *α*-Acetylmilchsäure) untersucht. Zu ihrer Ermittlung im Stärkegel wurde den Substrat-Lsgg. TPNH-Lsg. zugesetzt, bei deren Red. durch I bzw. II das TPN entsteht. Die unterschiedlichen Fluorescenz-Eigg. von TPNH u. TPN bei 360 mμ-Licht ermöglichten die Lokalisation von I u. II im Stärkegel. I läßt sich elektrophoret. in drei akt. Bestandteile aufspalten, deren Aktivität vom Substrat abhängt. II aus einem zellfreien Extrakt von Salm. typh. ist elektrophoret. offenbar einheitlich, dagegen weist ein von I gereinigtes II bei der Stärkegel-Elektrophorese sowohl die für I als auch für II charakterist. akt. Zonen auf. Dieser Befund wird mit einem Abbau II—I während der Elektrophorese gedeutet. Wahrscheinlich ist I auch in den zellfreien Extrakten ein natürliches Abbau-Prod. von II. K. Heyns. 4210□

Regulierung der Enzymaktivität der Glutaminsäuredehydrogenase durch Veränderungen an ihrer Struktur. Gordon M. Tomkins und K. Lemone Yielding. (Cold Spring Harbor Sympos. quantitat. Biol. **26**, 331—41, 1961; Bethesda, Md., Nat. Inst. of Arthritis and Metabol. Diseases, Nat. Inst. of Health, Public Health Serv., U.S. Dep. of Health, Education and Welfare; engl.) — Es wird gezeigt, daß *Steroide, Aminosäuren* u. Aggregation die Aktivität der *Glutaminsäuredehydrogenase* beeinflussen. Die Substanzen bewirken Desaggregationen oder verändern die Tertiärstruktur des Enzyms, so daß angenommen werden muß, daß diese für die Aktivität von entscheidender Bedeutung ist. H. J. Struck. 4210□

Denaturierung und Inaktivierung von Enzymproteinen. 12. Mitt. **Hitzeinaktivierung und Denaturierung von Glutaminsäuredehydrogenase und der Einfluß ihres Coenzyms auf diese Vorgänge.** Minoru Inagaki. (J. Biochemistry [Tokyo] **46,** 1001—10, Aug. 1959; Osaka, Univ., Fac. of Sci., Dep. of Biol.; engl.) — 11. vgl. C. **1962,** 12326. — Die Inaktivierung der *Glutaminsäuredehydrogenase* (I) der Schweineleber durch Erwärmen (55°, 3—5 Min.) oder durch Ggw. von Harnstoff wird durch Zusatz von oxydiertem *Diphosphopyridinnucleotid* (DPN⁺) oder von *Glutaminat* (II) verringert, durch DPNH oder den DPN-CN-Komplex verstärkt. — DPNH wird bei Inkubation mit I in Abwesenheit von II oxydiert; das Ausmaß der Oxydation ist der I-Menge proportional. — I wird gegen therm. Inaktivierung durch vorherigen Zusatz von Cystein oder Hydroxylamin geschützt. A. Hesse. 4210□

Die Wirkung von Eidotter und seinen isolierten Bestandteilen auf die Dehydrogenase-Aktivität von Rinderspermatozoen. J. T. Smith, D. T. Mayer und C. P. Merilan. (J. Dairy Sci. **39,** 552—60, Mai 1956; Columbia, Univ. of Missouri, Dep. of Agric. Chem., Animal Husbandry and Dairy Husbandry; engl.) — Eidotter hat eine stimulierende Wrkg. auf *Bernsteinsäure* (I)-, *Äpfelsäure* (II)- u. *Glycerinaldehyd-3-phosphat* (III)-*Dehydrogenase* von Rinderspermatozoen. Der stimulierende Faktor befindet sich in der acetonlösl. Fraktion des Eidotters u. scheint das Ergebnis der aktivierenden Wrkg. von *Cholesterin* (IV) u. *Carotin* auf I-Dehydrogenase zu sein. Isoliertes IV wirkt auf die Aktivitäten von II- u. III-Dehydrogenase hemmend. *Lecithin* ist ohne Wrkg. auf I-Dehydrogenase. F. Krusen. 4210□

Über die Rolle der Phenoloxydaseaktivität bei der hypersensitiven Reaktion von mit Stengelrost infiziertem Weizen. Z. Király. (Phytopathol. Z. **35,** 23—26, März 1959; Budapest, Res. Inst. for Plant Protection; engl.) — Wird anstatt Hydrochinon + Brenzcatechin *Gallussäure* als Substrat verwendet, so kann an gesunden u. gegen *Puccinia graminis* var. *tritici* resistenten Sorten eine *Phenoloxydase*-Aktivität festgestellt werden, nichtresistente Sorten zeigen keine. Infizierte Blätter zeigen gesteigerte Aktivität, sie ist bei den nichtresistenten Sorten geringer, u. die höchste Aktivität wird hier erst bei voller Entw. der Krankheit erreicht. F. Hiller. 4210□

Beitrag zur in vitro-Wirkung von Phenothiazinen auf die Aktivität der Ribonuclease. T. Kusch, I. Heinrich und H. Hofmann. (Acta biol. med. german. **8,** 439—41, 1962; Jena, Friedrich-Schiller-Univ., Inst. für Pharmakol.; dt.) — Pankreasribonuclease wird in vitro bei pH 5,0 von *Phenothiazinen* (Chlorpromazin, Diethazin, Promethazin) nicht gehemmt, während *Heparin,* wie bekannt, eine starke Hemmung bewirkt. U. Hinterberger. 4210□

Die regulierende Rolle des Adenosin-3.5-phosphats. T. W. Rall und Earl W. Sutherland. (Cold Spring Harbor Sympos. quantitat. Biol. **26,** 347—54, 1961; Cleveland, Ohio, Western Reserve Univ., Dep. of Pharmacol.; engl.) — Übersicht über die Bedeutung des *cycl. 3.5-Adenosinmonophosphats* (I) für den Stoffwechsel. — 60 Literaturangaben. H. Struck. 4210□

Glucose-6-phosphatdehydrogenase, Stabilität, Aktivierung und Inaktivierung. Paul A. Marks. (Cold Spring Harbor Sympos. quantitat. Biol. **26,** 343—45, 1961; New York, Columbia Univ., Dep. of Med.; engl.) — Es wird die Stabilität von menschlicher *Erythrocyten-Glucose-6-phosphatdehydrogenase* (I) untersucht. Es zeigt sich, daß *Triphosphopyridinnucleotid* (TPN) für die Stabilität u. Aktivität des Enzyms von wesentlicher Bedeutung ist. Im Stroma der Erythrocyten kommt ein Hemmstoff der I vor, welcher TPN ase Aktivität besitzt. H. Struck. 4210□

Der Pentosephosphatstoffwechsel der menschlichen Erythrocyten. 1. Mitt. **Die Umwandlung von Ribose-5-phosphat in Ketopentose-5-phosphat.** Y. S. Brownstone und O. F. Denstedt. (Canad. J. Biochem. Physiol. **39,** 527—32, März 1961; Montreal, Que., McGill Univ., Dep. of Biochem.; engl.) — Erythrocytenhämolysat führt *Ribose-5-*

phosphat (I) in *Ketopentose-5-phosphat* über (3,6 Millimol/g Hämoglobin/Std. bei 37°). Die Aktivität der Enzyme blieb innerhalb pH 6,5—9,0 weitgehend konstant. Die Kinetik war nullter Ordnung. Die *Pentoseisomerasen* der Erythrocyten, die die gegenseitige Umwandlung von I u. *Xylulose-5-phosphat* (II) (I $\xrightleftharpoons{\text{Isomerase}}$ Ribulose-5-phosphat $\xrightleftharpoons{\text{Epimerase}}$ II) katalysieren, entsprechen in Stabilität u. Aktivität weitgehend denen anderer Tiere u. sogar denen pflanzlicher Gewebe. K. Maier. 4210□

Der Pentosephosphatstoffwechsel der menschlichen Erythrocyten. 2. Mitt. Die Transketolase- und Transaldolaseaktivität der menschlichen Erythrocyten. Y. S. Brownstone und O. F. Denstedt. (Canad. J. Biochem. Physiol. **39**, 533—43, März 1961; engl.) — 1. vgl. vorst. Referat. — Die *Transketolase* (I) der menschlichen Erythrocyten ist auf die lösl. Zellfraktion beschränkt. Die Aktivierungsenergie der Bldg. von *Sedoheptulose-7-phosphat* (II) aus Pentosephosphat beträgt 11 500 cal, die Geschw. der II-Bldg. ist der I-Konz. direkt proportional. K_m mit Ribose-5-phosphat als Substrat war $6 \cdot 10^{-3}$ m. Die I-Aktivität lag innerhalb pH 7,1—8,3 nahe dem Maximum. Im dialysierten stromafreien Hämolysat ist I ohne Zusatz von Mg^{2+} oder Thiaminpyrophosphat wirksam. SH-bindende Inhibitoren, Äthylenamintetraacetat u. Oxythiaminpyrophosphat beeinflussen die I-Aktivität nicht. Erythrocytenhämolysat enthält *Transaldolase* (III)-Aktivität. Hexosephosphat wird aus II mit einer Geschw. von 40 μMol/g Hämoglobin/Std. gebildet. Zwischen pH 7,18—7,75 liegt die Aktivität nahe dem Maximum. K. Maier. 4210□

Der Pentosephosphatstoffwechsel der menschlichen Erythrocyten. 3. Mitt. Die Stabilität des Pentosephosphatstoffwechselsystems in konservierten Erythrocyten. Y. S. Brownstone und O. F. Denstedt. (Canad. J. Biochem. Physiol. **39**, 545—50, März 1961; engl.) — 2. vgl. vorst. Referat. — Die Aktivität der Enzyme des Pentosephosphatstoffwechsels in dialysiertem stromafreien Hämolysat aus Humanerythrocyten bleibt nach längerer Lagerung des Bluts im angesäuerten Citrat–Dextrose-Medium bei 4° unverändert, während der Glykolyseweg infolge Hexokinaseinaktivierung irreversibel inaktiviert wird. Erythrocyten von Kindern mit Galaktosämie besitzen normale Transketolase- u. Transaldolaseaktivität. K. Maier. 4210□

Cytopyathogene Effekte der Adenoviren, Typ 5. 3. Mitt. Die sauren Phosphatasen. Y. Chardonnet, M. Prunieras und R. Sohier. (Ann. Inst. Pasteur **102**, 129—36, Febr. 1962; Lyon, Fac. de Méd., Labor. d'Hygiène; franz.) — 2. vgl. Ann. Inst. Pasteur **102**, [1962], 26. — Mittels zweier Meth., der Pb-Meth. nach Mulnard u. der *Diazonium*-Meth. nach Green u. Vernay, wurden die sauren Phosphatasen in mit Adenoviren, Typ 5, infizierten menschlichen in vitro gezüchteten Nierenzellen untersucht. Die Gesamtenzymaktivität bleibt bis 48 Std. nach der Infektion der von nicht-infizierten Zellen gleich, dann sinkt sie beträchtlich. Die sauren Phosphatasen nehmen während der Bldg. der „runden Zellen" u. während der Mitose ab. Während der ersten Periode der Infektion nehmen sie in der Golgi-Zone zu. M. Wiedemann. 4210□

Veresterung von anorganischem Phosphat durch Glykolyse in Extrakten von normalen und mit n-Pentanol behandelten Erbsenkotyledonen. A. M. Mayer und L. W. Mapson. (J. exp. Botany **13**, 201—12, Mai 1962; Cambridge, Low. Temp. Res. Inst.; engl.) — Mitochondrienextrakte von Erbsenkotyledonen waren in der Lage, PO_4^{3-} zu verestern. Die Rk. wurde durch Zusatz von *D-Fructose-1.6-diphosphat* stark stimuliert. In Ggw. von *NaF* im Inkubationsmedium war die Veresterung noch von dem Vorhandensein von *Acetaldehyd* abhängig. Zusatz von *Adenosintriphosphat* (I) inhibierte die Phosphorylierung. Die Inhibierung konnte durch stärkeren Zusatz von *Diphosphopyridinnucleotid* beseitigt werden, *red. Glutathion* oder *Cystein* hatten diese Wrkg. nicht. Die Hemmung durch I war größer, wenn die Samen vorher mit *n-Amylalkohol* behandelt worden waren. Mit *Thioharnstoff* u. *Cumarin* behandelte Samen verhielten sich so wie unbehandelte. W. Hiller. 4210□

Über Adenosintetraphosphat. 2. Mitt. Enzymatische Entphosphorylierung. Claude Liébecq, Kazimierz Jaroszewicz und Annette Lallemand. (Bull. Soc. Chim. biol. **43**, 571—79, 1961; Liège, Univ., Inst. supérieur d'Education physique, Labor. de Biochim.; franz.) — 1. vgl. Bull. Soc. Chim. biol. **43**, [1961], 331. — Die Unters. des Verh. von *Adenosintetraphosphat* (I) in Ggw. dephosphorylierender Enzyme der Kartoffeler gab keine *Phosphat* (II)-Abspaltung durch *5-Nucleotidase*, d. h. $C_{(3')}$ von I trägt offensichtlich kein II. Adenosindi-, -tri- u. -tetraphosphat wurden von Kartoffel-*Apyrase* entphosphoryliert, die gebildete *Adenylsäure* chromatograph. als 5'-Isomeres identifiziert. Die als Verunreinigung vorhandene 5'-Nucleotidase dephosphoryliert weiter zu Adenosin. Es wird angenommen, daß Ribose-$C_{(5')}$ der ausschließliche Träger der 4 II-Gruppen ist. K. Maier. 4210□

Amylase in Frischwasserfischen. Robert L. Mc Geachin und James W. Debnam jun. (Proc. Soc. exp. Biol. Med. **103**, 814–15, April 1960; Louisville, Ky., Univ. of Louisville, School of Med., Dep. of Biochem.; engl.) — Es wird die *Amylase* (I)-Aktivität in verschiedenen Organen von 2 Frischwasserfischen, „Blue-gill“ u. „Largemouth black bass“, untersucht. Im Gastrointestinaltrakt u. in den anderen Eingeweideorganen ist die I-Aktivität relativ hoch, sie beträgt 1000–8000 Einheiten/100 g, im Serum dagegen nur 290 bzw. 870; ebenfalls niedrig ist die I-Aktivität in Kiemen, Herz, Nieren u. Muskeln, 100–280 Einheiten/100 g. P. Gregorzewski. 4210□

Coenzymstörung bei Krankheiten mit mangelhaftem Gasaustausch und verschiedenen Leberkrankheiten. Helge Colldahl. (Acta med. scand., Suppl. **154**, Nr. 312, 756–60, 15–18/9. 1954, herausgeg. 1956; Stockholm; engl.) — Der veränderte Gasdruck während schwerer Asthmaanfälle bewirkt bei Tieren Veränderungen in der Gewebeatmung, die auf einer Zerstörung der *Cozymase* (I) beruhen. Bei Verss. mit Methylenblau zur Unters. der Oxydored. in Geweben zeigt I eine Steigerung der Respirationsaktivität in geschädigtem Lebergewebe auf die gleichen Werte wie im normalen Lebergewebe. Eine ähnliche Steigerung wird im Warburg-Vers. mit ATP oder ATP + I + Bicarbonat beobachtet. Da Nicotinsäure ein Teil des I-Mol. ist, können die bei humanen Atmungserkrankungen festgestellten Änderungen im Nicotinsäuremetabolismus ebenfalls durch veränderte Gewebeatmung erklärt werden.
R. Lenschau. 4210□

Untersuchungen über Chitinasen. 2. Mitt. Reinigung einer Streptomycetenchitinase und elektrophoretische Trennung chitinolytischer Fraktionen. Ch. Jeuniaux. (Arch. int. Physiol. Biochim. **67**, 597–617, Okt. 1959; Univ. de Liège, Biochim. Inst. Lèon Fredericq, Centre Nat. de Prod. et d'Étude de Subst. d'origine microbienne; franz.) — 1. vgl. C. **1960**, 173. — In Fortsetzung früherer Arbeiten (C. **1960**, 17152) trennt Vf. die aus Streptomyceten gewonnene gereinigte *Exochitinase* elektrophoret. bei pH 8,2 auf Agar–Agar-Platten. Es werden 3 verschiedene Chitinasen, die die gleiche spezif. Aktivität aufweisen, u. eine kleine Fraktion (4,5%) nichtchinolyt. Protein erhalten. Nach Rekombination wird eine synergist. Wrkg. auf die Chitinhydrolyse beobachtet.
R. Lenschau. 4210□

Eine Methode zur Isolierung der Rinderleberesterase. Booker T. White. (J. Dairy Sci. **39**, 547–51, Mai 1956; Greensboro, N. C., Agric. and Techn. Coll., Div. of Biochem.) — Aus mit Aceton u. Ae. extrahiertem Pulver von Rinderleber wurde durch Wasserextraktion u. Fällung mit Aceton ein auf 60fache Aktivität angereichertes *Esterase*-Präp. gewonnen. Bei Verw. von Triacetin als Substrat wurde das pH-Optimum zu ca. 8,0 festgestellt. F. Krusen. 4210□

Untersuchungen über esterspaltende Enzyme von Versuchstieren und Methoden zu ihrer routinemäßigen Bestimmung. 1. Mitt. Routinebestimmung der Acetylcholinesterase im Rattenvollblut. W. Pilz und G. Kimmerle. (Hoppe-Seyler's Z. Physiol. Chem. **327**, 280–82, 1962; Leverkusen, Ärztl. Abt.; Wuppertal, Toxikol. u. Gewebehyg. Labor. der Farbenfabrik Bayer AG; dt.) — Eine photometr. Mikrometh. zur Routine-Best. der *Acetylcholinesterase* (I) im Rattenblut wurde ausgearbeitet. Da das Blut der Ratte im Vgl. zu dem des Meerschweinchens sehr viel weniger I enthält u. sich eine quant. Trennung von Serum u. Erythrocyten im Routinebetrieb als nicht durchführbar erwies, wurde die Bebrütungszeit auf 20 Std. festgesetzt u. die Best. im Vollblut vorgenommen. Dazu eignet sich die Prostigmin-Meth. (Pilz u. Bergmeyer, Meth. der enzymat. Analyse), die jedoch zum vorliegenden Zweck in den Mikrobereich übertragen werden mußte.
G. Kimmerle. 4210

Der Mechanismus des gegengekoppelten Kontrollsystems (feedback) der biosynthetischen *l*-Threonindesaminase durch *l*-Isoleucin. Jean-Pierre Changeux. (Cold Spring Harbor Sympos. quantitat. Biol. **26**, 313–18, 1961; Paris, Inst. Pasteur, Serv. de Biochim. Cellul.; engl.) — Es wird gezeigt, daß die Hemmung der *l-Threonindesaminase* (I) durch *l-Isoleucin* trotz der strukturellen Verschiedenheit der beiden Aminosäuren kompetitiv verläuft. Nach Reinigung des Enzyms bleibt die I-Aktivität erhalten, die Hemmung durch *l-Isoleucin* ist dagegen verringert. Die Rk. des nativen Ferments scheint in bezug auf Substrat u. Inhibitor bimolekular zu sein. Die Rk. des gereinigten Enzyms verläuft in bezug auf das *Threonin* normal (nach der klass. Michaelis-Menten-Kinetik). Es wird angenommen, daß verschiedene Gruppen des Enzyms für die Bindung von *l-Threonin* u. *l-Isoleucin* verantwortlich sind. H. Struck. 4210□

Selektive Hemmung des gegengekoppelten Kontrollsystems (feedback) und Unterdrückung zweier Asparaginkinasen im Stoffwechsel von Escherichia coli. Earl R. Stadtman, Georges N. Cohen, Gisèle Le Bras und H. de Robichon-Szulmajster. (Cold Spring Harbor Sympos. quantitat. Biol. **26**, 319–21, 1961; Gif-sur-

Yvette, France, Centre Nat. de la Rech. scient., Labor. d'Enzymol.; engl.) — In *Escherichia coli K 12* ist es möglich, durch Ammonsulfatfraktionierung zwei *Asparaginkinasen* voneinander zu trennen. Die eine wird durch *l-Lysin* u. die andere durch *l-Threonin* gehemmt. Wachsen die Bakterien in Ggw. von *Lysin*, so wird das Enzym nur noch durch *l-Threonin* gehemmt. Bei längerem Stehen (1—2° mehrere Tage, pH 8,0) verliert sich die *l-Threonin*-Empfindlichkeit des Enzyms fast ganz, u. es bleibt nur noch die des *l-Lysins* übrig. Das gleiche Resultat wird bei Erhitzen auf 45° (10 Min.) erzielt. Das Prinzip, daß ein Organismus die gleiche biochem. Rk. durch mehrere Enzyme katalysiert, scheint von allg. Art. H. Struck. 4210□

Ein proteolytisches Enzym aus Streptomyces griseus. 1. Mitt. Reinigung einer Protease von Streptomyces griseus. Masao Nomoto und Yoshiko Narahashi. (J. Biochemistry [Tokyo] **46**, 653—67, Mai 1959; Tokyo, Inst. for Physical and Chem. Res.; engl.) — Vff. fanden, daß ein zur industriellen Gewinnung von *Streptomycin* dienender Stamm von *Streptomyces griseus* erhebliche Mengen einer bisher unbekannten *Protease* an die Kultur-Fl. abgibt. Die Menge der als „*Streptomyces Protease G*" (I) bezeichneten Protease ist fast derjenigen der besten Präpp. aus *Bacillus subtilis* gleich. — Abtrennung u. Reinigung der I (die durch Aussalzen nicht gut gelingt) erfolgte durch Fällen von Verunreinigungen mittels $Ca_3(PO_4)_2$-Gel (das in der filtrierten Kultur-Fl. erzeugt wurde), Aussalzen von I mittels $(NH_4)_2SO_4$ (wobei Streptomycin in Lsg. bleibt), Lösen u. Dialysieren des Nd., Adsorption von I an einer Säule von Ionenaustauscherharz Kaken C-1 (SP-3) bei neutraler Rk., Elution mit Boratpuffer pH 9,2, Aussalzen, Fällen mit Aceton, Kristallisation (Gesamtausbeute: 5—10%). — Außer dem erwähnten Kaken C-1 können auch Duolite C-10, S-30 oder ein Kaken-Phenoltypharz verwendet werden. Es scheint, daß beim letzgenannten auch noch eine Adsorption an undissoziierte OH-Gruppen erfolgt. — Krist. I erweist sich bei Papierelektrophorese als einheitlich. Die bei pH 5—9 ziemlich stabile I wirkt optimal bei pH 7—8. A. Hesse. 4210□

Wirkung von Chymotrypsin auf synthetische Substrate. 3. Mitt. Einwirkung von α-Chymotrypsin auf Aminoacyl-L-tyrosinamide und -äthylester. Takeshi Yamashita und Nobuo Izumiya. (J. Biochemistry [Tokyo] **46**, 991—1000, Aug. 1959; Fukuoka, Kyushu Univ., Fac. of Sci., Labor. of Biochem.; engl.) — 2. vgl. C. **1960**, 8224. — Aus der Messung der proteolyt. Koeff. bei Einw. von *Chymotrypsin* (I) auf synthet. *Aminoacyl-L-tyrosinamide* [Aminoacylreste: Sarkosyl (s), L-Prolyl (p), α-L-Glutaminyl, L-Phenylalanyl (pa), L-u. D-Tryptophyl (t), L-Lysyl, α- u. ε-Acetyl-L-lysyl (al) u. ε-Benzoyl-L-lysyl] bei pH 8,0 u. 30° wird geschlossen, daß die Spaltbarkeit in gewissem Umfang von der Änderung der N-endständigen Aminosäurereste beeinflußt wird. — In Tabellen wird ferner die Spaltbarkeit von *Aminoacryl-L-tyrosinäthylester* (Aminoacylreste: s, p, pa, t, al) in Ggw. u. in Abwesenheit von I angegeben.

Versuche: *Carbobenzoxy-γ-benzyl-α-L-glutamyl-L-tyrosinamid*, $C_{29}H_{31}N_3O_7$, F. 171° (CH_3OH–W.), $[\alpha]_D^{25}$ —4,1° [c = 2; Dimethylformamid (DMF)]; aus dem gemischten Anhydrid von Carbobenzoxy-γ-benzyl-L-glutaminsäure u. Isobutylchlorcarbonat sowie L-Tyrosinamidhydrochlorid in Ggw. von Triäthylamin u. DMF; 67% (Ausbeute). — *α-L-Glutamyl-L-tyrosinamid*, $C_{14}H_{19}N_3O_5$, F. 200° (W.–A.), durch Behandlung des vorst. Amids mit H_2 in Ggw. von Pd-Schwarz; 63%; schwer lösl. in kaltem W., leicht lösl. in wss. Puffer bei pH 8,0. — *L-Phenylalanyl-L-tyrosinäthylesterhydrochlorid*, $C_{20}H_{25}ClN_2O_4 \cdot H_2O$; $[\alpha]_D^{20}$ +13,4° (c = 2; W.), durch Hydrieren von *Carbobenzoxyphenylalanyltyrosinäthylester* in 0,2n methanol. HCl; 78%. — *L-Phenylalanyl-L-tyrosinamidhydrochlorid*, $C_{18}H_{22}ClN_3O_3$, F. 233—235° (Zers.), $[\alpha]_D^{20}$ +25,3° (c = 2; W.); aus *Carbobenzoxyphenylalanyltyrosinamid*; 92%. — *Carbobenzoxy-L-tryptophyl-L-tyrosinamid*, $C_{28}H_{28}N_4O_5$, F. 201—202°, $[\alpha]_D^{15}$ —46,8° (c = 2; DMF), aus dem gemischten Anhydrid von *Carbobenzoxy-L-tryptophan* in Tetrahydrofuran durch Kuppeln mit Tyrosinäthylester; 58%. — *L-Tryptophyl-L-tyrosinäthylesterhydrochlorid*, $C_{22}H_{26}ClN_3O_4 \cdot {}^1/_2\, H_2O$, nichtkrist. Pulver, $[\alpha]_D^{20}$ +27,6° (c = 2; W.), aus dem öligen Carbobenzoxyester; 81%. — *L-Tryptophyl-L-tyrosinamidhydrochlorid*, $C_{20}H_{23}ClN_4O_3 \cdot H_2O$, $[\alpha]_D^{20}$ +55,9° (c = 2; W.), aus dem krist. Carbobenzoxyamid; 76%. — *Carbobenzoxy-D-tryptophyl-L-tyrosinamid*, $C_{28}H_{28}N_4O_5$, F. 199—200°, $[\alpha]_D^{15}$ +10,0° (c = 2; DMF); die Kupplung von *Carbobenzoxy-D-tryptophan* mit Tyrosinester ergab einen öligen Carbobenzoxyester, der in das krist. Amid übergeführt wurde; 46%. — *D-Tryptophyl-L-tyrosinäthylesterhydrochlorid*, $C_{22}H_{26}ClN_3O_4 \cdot {}^1/_2\, H_2O$, nichtkrist. Pulver aus dem öligen Carbobenzoxyester; 84%. — *D-Tryptophyl-L-tyrosinamidhydrochlorid*, $C_{20}H_{23}ClN_4O_3 \cdot H_2O$, nichtkrist., $[\alpha]_D^{20}$ —22,3°, aus dem Carbobenzoxyamid; 85%. — *α-Acetyl-ε-carbobenzoxy-L-lysyltyrosinamid*, $C_{25}H_{32}N_4O_6$, F. 171°, $[\alpha]_D^{15}$ —15,0°; Kupplung von α-Acetyl-ε-carbobenzoxylysin mit Tyrosinester ergab einen öligen Carbobenzoxyester, der in das krist. Amid übergeführt wurde; 72%. — *α-Acetyl-L-lysyltyrosinamidhydrochlorid*, $C_{17}H_{27}ClN_4O_4$, nichtkrist. Pulver, $[\alpha]_D^{20}$ —5,7° (c = 2; W.) aus dem vorst. Amid; 94%. A. Hesse. 4210□

Die Wirkung von Trypsin auf Glutaminsäure-γ-hydrazid-Derivate. Mituo Ebata. (J. Biochemistry [Tokyo] **49,** 110—15, Febr. 1961; Osaka, Univ., Fac. of Sci., Labor. of Biochem.; engl.) — *Äthylester* (I) u. *Amid* (II) von *Carbobenzoxy-L-glutaminsäure-γ-hydrazid* (III) wurden synthetisiert u. als Trypsinsubstrat geprüft. Sie wurden teilweise hydrolysiert; pH-Optimum 7,3—7,5 (I) u. 7,5 (II); K_m $71 \cdot 10^{-3}$ m (I) u. $24 \cdot 10^{-3}$ m (II). *L-Polyglutaminsäure-γ-hydrazid* u. *Carbobenzoxy-L-γ-hydrazinoglutamyl-L-alanin* wurden langsam gespalten. Die Hemmung der trypt. Aktivität gegenüber normalem Substrat durch III erfolgt kompetitiv (K_i $12 \cdot 10^{-3}$m).

Versuche: *Carbobenzoxy-L-glutaminsäure-α-äthylester-γ-hydrazidhydrochlorid*, $C_{15}H_{22}ClN_3O_5$, F. 192°, aus III u. A., gesätt. mit HCl bei 5°; $[\alpha]_D^{20}$ —16,5° (2%, W.); 72% (Ausbeute). — *Carbobenzoxy-L-isoglutamin-γ-hydrazid*, $C_{13}H_{18}N_4O_4$, F. 136°, aus vorst. Verb.; $[\alpha]_D^{20}$ —4,5° (2%, W.); 56%. — *Carbobenzoxy-L-γ-hydrazinoglutamyl-L-alanin*, aus Carbobenzoxy-L.γ-methylglutamyl-L-glutaminyl-L-alanin mit überschüssigem Hydrazinhydrat. — L- u. *D-Polyglutaminsäure-γ-hydrazid*, aus Polyglutaminsäure-γ-methylester u. Überschuß von wasserfreiem Hydrazin bei Raum-Temp.; L-Form; $[\alpha]_D^{20}$ —89,8°; D-Form, $[\alpha]_D^{20}$ +54,5°. K. Maier. 4210□

Die Rolle von 8-Hydroxychinolin bei der Hemmung der enzymatischen Aktivität von Papain durch Fe^{2+}-, Cu^{2+}- und Mn^{2+}-Ionen. K. Bahadur und R. C. Sinha. (Indian J. appl. Chem. **21,** 111—13, 1958; Allahabad, Univ., Chem. Labor.; engl.) — Zusatz von *8-Hydroxychinolin* (I) hebt die Hemmung von *Papain* (II) durch Fe^{2+} oder Cu^{2+} auf, nicht aber die durch Mn^{2+} bewirkte Hemmung. — Die von NaCN bewirkte Aktivierung von II wird durch I nicht verstärkt; dagegen erhöht I die durch $Na_2S_2O_3$ bewirkte Aktivierung von II u. auch die Wrkg. von Cu^{2+}-II. — *Cupripapain*-Komplex (Cu^{2+}-II) wird hergestellt durch Mischen von 0,1 g frisch gefälltem u. getrocknetem $Cu(OH)_2$ im Achatmörser mit 2,0 g II, Schütteln mit 50 cm² dest. W., Filtrieren u. weiteres Verreiben des Filterrückstandes mit dest. W. (Auffüllen auf 100 cm³). A. Hesse. 4210□

Die Antiproteaseaktivität der menschlichen Amnionflüssigkeit. P. C. Stichbury und E. Geiringer. (J. Obstetr. Gynaecol. Brit. Commonwealth [N.S.] **69,** 331—33, April 1962; Duredin, N.Z.. Univ. of Otago Med. School.; engl.) — Die *Antiprotease*-Aktivität (gemessen durch die opt. Dichte einer Casein-Lsg. nach trypt. Digestion mit bzw. ohne Zusatz von 1 ml Amnion-Fl.) der Amnion-Fl. liegt im Mittel bei 41 mg Casein/ml (9—65), die des Urins Neugeborener bei 3,4 (1,4—5,6), die des mütterlichen Plasmas bei normaler Schwangerschaft bei 763 (486—1077) u. die des Blutes des Rückenmarkes bei 248 (122—343) Einheiten. W. Hiller. 4210□

Untersuchungen über Bromelain. 2. Mitt. Seine Aktivierung und Fraktionierung. Shoshi Ota, Tsen-Hui und Ryozo Hirohata. (J. Biochemistry [Tokyo] **49,** 532 bis 537, Juni 1961; Ube, Yamaguchi, Med. School, Labor. of Protein Chem.; engl.) — Die Wrkg. des aus Ananas gewinnbaren proteolyt. Enzyms *Bromelain* (I) bzgl. Milchgerinnung u. Hydrolyse von Protein u. synthet. Substraten (Benzoyl-*L*-argininamid u. Benzoyl-L-argininmethylester rascheste Hydrolyse) werden durch *Cystein* (II), *Cyanid* oder *2.3-Dimercaptopropanol* stimuliert; die größte Wrkg. geht dabei von II + Äthylendiamintetraacetat (EDTA) aus. Das durch CN^- aktivierte I kann durch *p-Chlormercuribenzoat, Diisopropylfluorphosphat, Hydroxylamin* oder *Phenylhydrazin* gehemmt werden; das durch II aktivierte I reagiert kaum auf diese Hemmstoffe. — Als optimale Bedingungen zur Synth. von *Hippurylanilid* ist pH 4,4 Acetatpuffer mit 0,005m II u. 0,001m EDTA anzusehen. — Es werden elektrophoret. u. säulenchromatograph. Resultate über I verschiedener Herkunft mitgeteilt. U. Tausendfreund. 4210□

Virusinduzierte Erwerbung einer Stoffwechselfunktion. 5. Mitt. Reinigung und Eigenschaften von Desoxycytidylathydroxymethylase und Untersuchungen über deren Herkunft. Lewis I. Pizer und Seymour S. Cohen. (J. biol. Chemistry **237,** 1251—59, April 1962; Philadelphia, Pa., Univ. of Pennsylvania, School of Med., Dep. of Biochem.; engl.) — Das in Extrakten aus T6r⁺-Bakteriophagen-induzierten *Escherichia coli*-Zellen enthaltene Enzym *Desoxycytidylathydroxymethylase* (I) wurde durch Streptomycinfällung u. Chromatographie an Diäthylaminoäthylcellulose 40fach angereichert (Ausbeute 25—45%). Ca. 90% des Proteins des I-Präp. besaßen ein ähnliches Molgew. wie I, das aus Sedimentations- u. Diffusionsmessungen zu ca. 68000 ermittelt wurde. Vor der Infektion mit *^{14}C-Methionin* (II) oder nach dieser mit $^{35}SO_4^{2-}$ markierte Bakterien zeigten, daß die chromatograph. I-haltigen Fraktionen im Protein den höchsten Anteil eingebautes II (nach der Infektion) enthielten, wobei nur ca. $^1/_3$ des Proteins dieser Fraktionen aus solchem nach der Infektion gebildeten bestand.
K. Maier. 4210□

Enzymatische Demethylierung von Dimethyl-^{14}C-aminoantipyrin. H. Aebi und G. Roggen. (Pharmac. Acta Helvetiae **33,** 413—28, Aug./Sept./Okt. 1958. Beilage zu:

Schweiz. Apotheker-Ztg.; Bern, Univ., Med.-Chem. Inst.; dt., Auszug: franz., ital., engl.) — Vgl. C. **1962**, 894. — Abbau von ^{14}C-*Dimethylaminoantipyrin* (I) wird nach Belastung mit 10—50 μMol I/100 g in der Atemluft von Maus, Ratte u. Meerschweinchen an der Ausscheidung von $^{14}CO_2$ verfolgt. Das Demethylierungsvermögen ergab sich zu 15—20 (Maus) bzw. 5 (Meerschweinchen) μMol I/100 g/Stunde. Überlebende Schnitte von Meerschweinchenleber zeigten unter optimalen Bedingungen eine $^{14}CO_2$-Bldg., welche die in vivo gemessene übertrifft. — Die Demethylierungs-Geschw. läßt sich durch Zusatz von *Brenztraubensäure* steigern (60%), durch Dinitrophenol u. strukturanaloge Verbb. hemmen (50% Hemmung bei 10^{-4}m Diphosphopyridinnucleotid). — Azid, Dichlorphenol, Dimethylglykokoll u. CH_3OH sind unwirksam.

Versuche: ^{14}C-*Dimethylaminoantipyrin* (I) wird durch Erhitzen von 203 mg 4-Aminoantipyrin, 67,1 mg Paraformaldehyd, 2,9 mg ^{14}C-Paraformaldehyd, 5 ml 83%ig. Ameisensäure u. 5 ml dest. W. während 3 Std. im Bombenrohr bei 125° erhalten.

A. Hesse. 4210□

Die Konfigurationsspezifität der Lipase des Samens von Chelidonium majus. 2. Mitt. Über asymmetrische Esterhydrolyse durch pflanzliche Enzyme. Eugen Bamann, Rudolf Boshart und Elsa Ullmann. (Arch. Pharmaz. Ber. dtsch. pharmaz. Ges. **292/64**, 602—10, Nov. 1959; München, Univ., Inst. für Pharmazie u. Lebensmittelchem.; dt.) — 1. vgl. C. **1954**, 8369. — Bei Einw. von *Lipase* (I) der entfetteten Trockenpräpp. aus Samen von *Chelidonium majus* bzw. der aus ihnen gewonnenen lyo- u. desmo-Fraktionen auf *Mandelsäuremethylester* (II) (pH 5,2; 37°; stalagmometr. Messung) zeigt bei Beginn der Spaltung die isolierte *Mandelsäure* (III) bei in der Regel positiver Orientierung niedrige Werte für $[\alpha]_D$ auf, die dann (bis zu einem gewissen Spaltungsgrad) ansteigen u. bei noch weiterer Hydrolyse wieder abfallen. Es ergeben sich so Kurven für $[\alpha]_D$/Spaltungsgrad, die von den für andere I bekannten Kurven abweichen. Ferner ist bei einem in wss. Medium vorgequollenen Material die Umsetzungs-Geschw. von II geringer als beim I-Trockenpräp.; damit ist auch eine Änderung der Spezifität im Sinne einer stärker bevorzugten (+)-II-Spaltung verbunden; dabei wählt lyo-I anderes aus als die protoplasmat. stärker verankerte desmo-I. Schließlich wurde gefunden, daß verschiedene Mengen eines I-Präp. bei gleichen II-Spaltungsgraden stark unterschiedliche $[\alpha]_D$-Werte der isolierten III ergeben. — Diese von früheren Beobachtungen abweichenden Erscheinungen lassen sich auf Grund reaktionskinet. Behandlung durch den großen (hemmenden) Einfl. der gebildeten (+)- bzw. (−)-III erklären (s. Original).

A. Hesse. 4210□

Protamin und die Umwandlung von Mevalonsäure in Cholesterin durch Leberhomogenate. Lemuel D. Wright und Rosemarie Hanson. (Proc. Soc. exp. Biol. Med. **103**, 854—57, April 1960; Ithaca, N.Y., Cornell Univ., Graduate School of Nutr.; engl.) — Durch Präinkubation des bei 200·g erhaltenen Rattenleberhomogenatüberstandes mit *Protamin* (1 mg/ml) wird die Biosynth. von nicht verseifbarem Material aus *Mevalonsäure*, das normalerweise überwiegend aus *Cholesterin* besteht, inhibiert. Diese Hemmung kann durch 5 mg Polyäthylensulfonat verhindert werden; Desoxy- u. Ribonucleinsäuren sind weniger wirksam.

P. Gregorzewski. 4200□

Untersuchungen über Schwefelsäureester. 13. Mitt. **Über die enzymatische Synthese von Steroiddisulfaten.** Bo Wengle und Harry Boström. (Acta chem. scand. **16**, 502—04, 1962; Stockholm, Univ., Wenner-Gren Inst., Dep. of Metabolic Res., and Karolinska Sjukhuset, Pediatric Clinic; engl.) — Nach Inkubation von *Androsten-(5)-diol-(3β.17β)* (I) mit dem *Sulfokinasen* (II) enthaltenden mikrosomenfreien 105000·g-Überstand von Rattenleber in Ggw. von KH_2PO_4 (pH 6,8), K_2SO_4, $MgCl_2$, ATP (Di-Na-Salz) u. ^{35}S-Sulfat wurden papierchromatograph. u. mittels Hochspannungselektrophorese 2 ^{35}S-Schwefelsäureester abgetrennt, die auf Grund des Verh. gegen Steroidsulfatase als I-*3-Sulfat* u. I-*Disulfat* angesprochen wurden. Für deren Bldg. sind vermutlich 2 II verantwortlich.

K. Maier. 4210□

Zur Chemie und Biochemie der „Cobalamine". 19. Mitt. Über die Lichtspaltung des Cobalamincoenzyms zu B_{12r}. Konrad Bernhauer und Otto Müller. (Biochem. Z. **334**, 199—202, 1961; Stuttgart, TH, Lehrstuhl für Biochem.; dt.) — 18. vgl. Biochem. Z. **333**, [1961], 560; 16. vgl. C. **1962**, 1299. — Lichtspaltung von *Cobalamin-Coenzym* (I) unter O_2-Ausschluß in W. oder A. führt innerhalb weniger Min. zu B_{12r}, der red. Form des *Hydroxocobalamins* (II) (Farbumschlag rot → gelbbraun), u. zu einem einheitlichen Adeninnucleosid. Bei Zutritt von Luft-O_2 färbt sich die Lsg. infolge Rückoxydation von B_{12r} zu II rasch rosa. Die I → B_{12r}-Umwandlung wurde auch polarograph. nachgewiesen. Die Lichtspaltung bei pH 10 (NH_3) verläuft bei O_2-Ausschluß wie in schwach saurer oder neutraler Lösung Bei der I-Spaltung mit KCN, die an der Luft freies Adenin liefert, war kein O_2-Einfl. feststellbar.

K. Maier. 4210□

Störungen bei Coenzymen mit Vitamin-B-Gehalt bei verschiedenen Krankheiten. William Kerppola. (Acta med. scand., Suppl. **154**, Nr. 312, 742—45, 15.—18. Sept. 1954, herausgeg. 1956; Helsingfors, 1st Med. Dep. of the Univ.; engl.) — Bei Schizophrenie (S.), Sklerosis disseminata, Tuberkulose (T.) u. neurocirculator. Asthenie (n.A.) handelt es sich um eine Störung von Coenzymen; n.A. ist die einzige Krankheit, bei der sowohl die Gruppe der thiaminhaltigen als auch die der nicotinamid- u. riboflavinhaltigen Coenzyme gestört ist. Bei S. u. T. ist nur die Wrkg. der letzteren beeinträchtigt, wobei bei S. die riboflavinhaltigen u. bei T. die nicotinamidhaltigen Coenzyme stärker gehemmt sind. R. Lenschau. 4210□

Enzymausscheidung und Holzabbau durch Phellinus igniarius Quél. und Collybia velutipes Curt. H. Lyr und H. Ziegler (unter Mitarbeit von Ch. Heffe). (Phytopathol. Z. **35**, 173—200, April 1959; Eberswalde, Inst. für Forstbot.; dt.) — Holzmehl von *Fagus silvatica* wurde nach Zusatz einer Nährlsg. mit Mycelaufschwemmungen von *Phellinus igniarius* (P.i.) bzw. *Collybia velutipes* (C. v.) beimpft u. der Abbau über 212 Tage verfolgt. Bei P.i. wurden folgende Ektoenzyme ermittelt: *Peroxydase, Laccase, Cellulase, Pektinase, Pektase, Amylase, Tannase*; bei C.v. Cellulase, Pektinase, Pektase, *Amylase, Proteinase*. In den ersten 70 Tagen war die höchste Enzymaktivität; der Holzabbau setzte erst später verstärkt ein. C.v. hatte geringere Enzymaktivitäten als P.i., was sich bes. in einem geringeren Ligninabbau äußerte. Nicht nachgewiesen wurden folgende Enzyme: Cellobiase, Saccharase, Glucoseoxydase, α-Hydroxysäureoxydase, Oxalsäureoxydase, Phosphoresterase u. Orthophosphattransglucosidasen. W. Hiller. 4210□

Hydrolytische Enzyme in experimentell erzeugter Encephalomyelitis im Meerschweinchen. Eine histochemische Untersuchung. Robert D. Neubecker. (Lab. Invest. **5**, 441—50, Sept./Okt. 1956; Rochester, N.Y., Univ., School of Med. and Dent., Dep. of Pathol.; engl.) — Vf. untersucht histochem. die Anwesenheit verschiedener *hydrolyt. Enzyme* [*alkal.* (I) u. *saure Phosphatase* (II), *Esterase* (III) u. *Lipase* (IV)] in Meerschweinchen mit experimenteller Encephalomyelitis. I wurde in einigen mononuclearen Zellen der focalen Gehirnverletzung nachgewiesen, II sowohl intra- als auch extracellular in der Inflammatio. III u. IV konnten nicht nachgewiesen werden. P. Teichgräber. 4210□

Fermentdiagnostik in der Klinik. 1. Mitt. **Allgemeines über Fermente und ihre Bestimmungsmethodik.** K. Vetter und G. Mohnike. (Dtsch. Gesundheitswes. **15**, 1056—61, 19/5. 1960 u. 1104—13, 27/5. 1960; Berlin, Charité, I. Med. Klin.; dt.) — Übersichtsbericht. Allgemeines über Fermente u. ihre Best.-Technik, Hydrolasen (Esterasen, Glykosidasen), Lyasen, Oxydoreduktasen, Transferasen, diagnost. Indicationen (Herz-, Leber-, Pankreas-, Carcinomdiagnostik), Erkrankungen mit Serumenzymänderungen. — 133 Literaturangaben. A. Hesse. 4210□

Zur Frage der Stoffwechselsteigerung und Säuerung bei Aspergillus niger in Abhängigkeit von Züchtungs- und Substratbedingungen. 3. Mitt. Ein Beitrag zur Frage der „definierten" Gärlaugenoberfläche bei der Biosynthese von Citronensäure nach dem Oberflächengärverfahren. Kurt Wendel. (Zbl. Bakteriol., Parasitenkunde Infektionskrankh. Hyg., II. Abt. **113**, 193—201, 30/1. 1960; dt.) — 2. vgl. C. **1958**, 4827. — Salze (Na-Salze) der Fettalkoholschwefelsäureester (Fettalkoholsulfate, -sulfonate) u. die Ester polyhydr. Alkohole mit Fettsäuren bzw. Fettsäureamiden, die sich vorzugsweise vom Cetyl-, Stearyl- u. Laurylalkohol ableiten, verbesserten, bei Anwendung eines bestimmten Auftragungs-Verf. (emulgierte Zusätze zur Sporensuspension), den Vergärungsgrad „beanstandeter" Melassen sehr wesentlich. Die Erscheinungen erwiesen sich als vom biolog. Material unabhängig. Auch bei normal vergärbaren Melassen ließ sich noch eine bedeutende Steigerung der Endausbeute an Citronensäure erzielen. Es wird angenommen, daß die Wrkg. dieser grenzflächenakt. Substanzen komplexer Art ist u. der erzielte Effekt aus einer Sekundärwrkg. resultiert. Die direkte Veränderung der physikal.-chem. Eigg. einer Melasse, z. B. der Oberflächenspannung oder Viscosität, stellt nämlich keine Erklärung für die gärungsstimulierenden Symptome dar. — 17 Literaturangaben. W. Kreipe. 4210□

E_3. Mikrobiologie. Bakteriologie. Immunologie

Ein definiertes Medium für Haemophilus influenza und Haemophilus parainfluenza. L. O. Butler. (J. gen. Microbiol. **27**, 51—60, Jan. 1962; London, St. Georges Hosp. Med. School, Bacteriol. Dep.; engl.) — Vf. gibt ein Medium für das Wachstum von *Haemophilus influenza* u. *H. parainfluenza* an, es hat folgende Zus.: *Glucose* 3810 (mg/Liter); K_2HPO_4 3300; KH_2PO_4 940; $ZnSO_4 \cdot 7\,H_2O$ 34,2; *Na-Acetat* 41,9; $NaHCO_3$ 225; $MgSO_4 \cdot 7\,H_2O$ 180; $FeSO_4 \cdot 7\,H_2O$ 1,14; *NaCl* 8000; *Na-Oleat* 4,8; Agar 10000; DL-*Valin*

137,1; *L-Leucin* 137,1; *DL-Isoleucin* 76,2; *DL-Asparaginsäure* 137,1; *L-Glutaminsäure* 228,5; *L-Arginin-HCl* 45,7; *DL-β-Phenylalanin* 68,55; *L-Tyrosin* 76,2; *L-Tryptophan* 22,9; *L-Histidin-HCl* 56,7; *L-Cystein-HCl* 118,9 oder *Glutathion* 59,5; *Adenin* 9,5; *Guanin* 0,95; *Uracil* 0,95; *Pyridoxin-HCl* 8,0; *Thiamin* 8,0; *Ca-Pantothenat* 8,0; *Glutamin* 300; *Putrescin* 2,98; *Hämatin* 23,8; *Coenzym I* 2,9. Die 3 Stämme Rd, RdTr u. FID wachsen alle auf diesem Medium ohne Agar u. mit Albumin, die ersten beiden wachsen nur in fl. Medium, das Polyvinylalkohol enthält aber kein Oleat. W. Hiller. 4310□

Ein neues natürlich vorkommendes Disaccharid β-D-Ribofuranosyl-β-D-Ribofuranosid. Eugene Rosenberg und Stephen Zamenhof. (J. biol. Chemistry **237,** 1040—42, April 1962; New York, N.Y., Columbia Univ., Coll. of Physicians and Surgeons, Dep. of Biochem.; engl.) — Es wird das aus *Hämophilus influenzae* Typ b isolierte Disaccharid, *β-D-Ribofuranosyl-β-D-ribofuranosid* (I) sowie sein Hexabenzoat unter Modifizierung der König-Knorr-Meth. synthet. dargestellt.

Versuche: *β-D-Ribofuranosyl-β-D-ribofuranosidhexabenzoat,* $C_{52}H_{42}O_{15}$, F. 144 bis 145°, $[\alpha]_D^{25}$ +32,5° (c = 0,1; Chlf.): Zu 200 ml Bzl. werden 10 g „Drierit", 8 g akt. Ag_2CO_3, 0,5 g $AgClO_4$ u. 15 g 2.3.5-Tri-O-benzoyl-β-D-ribose gegeben, in der Dunkelheit gemischt (15 Min.), danach eine Lsg. von 2.3.5-Tri-O-benzoyl-D-ribosylbromid (in 50 ml Bzl.) zugesetzt u. 5 Std. bei Dunkelheit gerührt. Nach dem Filtrieren u. Eindampfen (unter vermindertem Druck) wird der in Bzl. gelöste Sirup auf einer Al_2O_3-Säule unter Elution mit 1500 ml Methylenchlorid fraktioniert, das Eluat eingedampft u. aus 200 ml A. bei 5° auskristallisiert. Ausbeute 2 g (53%); Orcin-Rk. positiv, nicht reduzierend. — *β-D-Ribofuranosyl-β-D-ribofuranosid,* $[\alpha]_D^{25}$ —88° (c = 0,015; Methanol). Aus 0,5 g vorst. Verb. werden mit 10 ml Natriummethylat (0,05m) in Methanol (abs.) versetzt. Nach Beendigung der Debenzoylierung (24 Std.) wird neutralisiert u. eingedampft. Der Sirup wird auf einer Kohle–Celite-Säule chromatographiert, das Orcin-positive Material mit 100 ml A. (10%) eluiert, auf 5 ml eingedampft u. ausgefroren. Ausbeute: 148 mg (98% Pentose), Hydrolyse ergibt nur Ribose (0,5n HCl, 100°, 4 Std.), nicht reduzierend; 99,8 mg I (0,00033 Mol) verbrauchen 2,01 Mol Perjodat. Es wird nachgewiesen, daß das natürlich vorkommende Disaccharid mit dem synthet. hergestellten ident. ist. A. Täufel. 4315□

Physiologische und chemische Untersuchungen über Schimmelproteine. 2. Mitt. **Extraktion und Fraktionierung der Proteine von Schimmelsporen.** Ezz Eldin Taha und S. G. Knight. (Arch. Mikrobiol. **41,** 27—36, 1962; Univ. of Wisconsin, Dep. of Bacteriol.; engl.) — Die Verss. erfolgten an *Penicillium roqueforte,* Stamm P-12-1. Bei Extraktion mit W. wurden die meisten Proteine (im Vgl. zu Phosphatpuffer u. Phosphat-NaCl) erhalten. Extraktion im Schallfeld war der im Mixer überlegen. Eine Extraktionsdauer von 10 Min. genügte, längere Zeiten ergaben keine höheren Geh. an N-haltigen Substanzen im Extrakt. Von den extrahierten N-haltigen Verbb. waren 12% dialysierbar u. von niedrigem Molgew. u. 88% Rohprotein. Das *Rohprotein* bestand ungefähr zu 40% aus *Albuminen* u. zu 60% aus *Globulinen.* W. Hiller. 4315□

Physiologische und chemische Untersuchungen über Schimmelproteine. 3. Mitt. **Extraktion und Fraktionierung der Proteine des Schimmelmycels.** Ezz Eldin Taha und S. G. Knight. (Arch. Mikrobiol. **41,** 37—43, 1962; engl.) — 2. vgl. vorst. Referat. — Die angewandten Lsgm. (1% NaCl + 0,1 m Phosphat; 1% NaCl + 0,006 m Phosphat; 1% NaCl + 0,003 m Phosphat; W.) zeigten keine Unterschiede in der Extraktionsfähigkeit, wenn 2mal mit dem Lsgm. u. 1mal mit *Borat* extrahiert wurde. Das Verhältnis Lsgm./Mycelmasse hatte kaum Einfl.; bei 2,5 ml/100 mg befand sich ein kleines Optimum. Die optimalen Zeiten lagen bei Wasserextraktion bei 30 Min. u. bei Phosphatextraktion bei 45 Minuten. Die Fraktionierung der Proteine zeigte beim Mycel die gleichen Ergebnisse wie bei den Sporen (l. c.) W. Hiller. 4315□

Cytoplasmatische Kristalle der Amöben, Amoeba proteus und Chaos chaos. 1. Mitt. **Isolierung und Reinigung der Kristalle und Bestimmung ihrer Dichte.** Richard S. Thomas. (C. R. Trav. Lab. Carlsberg **32,** 155—78, 1961; Kopenhague, Labor. Carlsberg; engl.) — Die Isolierung der im Cytoplasma von *A. proteus* u. *C. chaos* enthaltenen Kristalle wurde untersucht. Durch Verreiben der gefriergetrockneten Zellen in Kerosen, Brombenzol u. Bromoform u. Zentrifugieren der Suspension in einem nichtwss. Dichtegradienten gelang die Isolierung der Kristalle (Dichte 1,74—1,75 g/ml, lipidfreies, kristallfreies, trockenes Cytoplasma ca. 1,40 g/ml). Die Kristalle machen ca. $^1/_4$ der lipidfreien Amöbentrockenmasse aus. K. Maier. 4315□

Cytoplasmatische Kristalle der Amöben, Amoeba proteus und Chaos chaos. 2. Mitt. **Herstellung von Amoebakristallen in mg-Mengen.** B. W. Grunbaum. (C. R. Trav. Lab. Carlsberg **32,** 179—83, 1961; engl.) — 1. vgl. vorst. Referat. — Aus gewaschenen u. lyophil getrockneten *A. proteus*-Zellen wurden die cytoplasmat. Kristalle mit Hilfe von Fl.-Mischungen aus Bromoform, Brombenzol u. Kerosen verschiedener Dichte isoliert (10 mg trockene Kristalle aus 10 ml Frischamöben). K. Maier. 4315□

Veränderungen des Polyphosphatgehalts während des Wachstums von Knallgasbakterien unter Phosphatmangel. H. G. Schlegel und H. Kaltwasser. (Flora [Jena] **150,** 259—73, 29/4. 1961; Göttingen, Univ., Inst. für Mikrobiol.; dt.) — Vff. untersuchen an Phosphatmangelzellen von *Hydrogenomonas* Stamm 20 die Veränderungen im Phosphat-Geh. einzelner Zellfraktionen bei Zusatz verschiedener Mengen PO_4^{3-} zum Kulturmedium. Zusatz kleiner PO_4^{3-}-Mengen führt zur Anhäufung von *Polyphosphat* (I), nach dem Aufbrauchen von PO_4^{3-} verschwindet I wieder (fortschreitende Ribonucleinsäure-Synth.). Bei Zusatz großer PO_4^{3-}-Mengen ist ebenfalls I-Akkumulation zu verzeichnen. I nimmt am Ende der lag-Phase ab, obwohl die Nährlsg. noch PO_4^{3-} enthält. D. Groß. 4320□

Weitere Untersuchungen zur Kenntnis der Harnstoffassimilation bei Torulopsis utilis und Endomycopsis vernalis. Maximilian Steiner und Horst Kating. (Flora [Jena] **150,** 294—305, 29/4. 1961; Bonn, Univ., Pharmakognost. Inst.; dt.) — *Torulopsis utilis* bildet auf *Harnstoff*-Medium keine Urease, zeigt auf diesem jedoch stärkeres Wachstum im Vgl. zu NH_4-Succinat u. Asparagin. 2.4-Dinitrophenol, Monojodessigsäure u. Menadion hemmen das Wachstum von *T. utilis* nicht, aber das von *Endomycopsis vernalis* völlig. Monojodessigsäure hemmt bei *T. utilis* die Assimilation von Harnstoff u. Asparagin, jedoch nicht die von NH_4-Salzen. D. Groß. 4320□

Oxydation von alkylsubstituierten cyclischen Kohlenwasserstoffen durch Nocardia während des Wachstums auf n-Alkanen. J. B. Davis und R. L. Raymond. (Appl. Microbiol. **9,** 383—88, Sept. 1961; engl.) — *Nocardia* oxydiert während des Wachstums auf n-Alkanen kurzkettige alkylsubstituierte cycl. KW-Stoffe zu cycl. Säuren. Diese werden aber auch aus relativ langkettigen alkylsubstituierten cycl. KW-Stoffen wie n-Nonylbenzol oder n-Dodecylbenzol erzeugt, die allein in einem mineralsalzhaltigen Medium das Wachstum unterhalten. Cycl. Säuren wie Cyclohexanessigsäure u. Phenylessigsäure mit $-CH_2-COOH$-Substituenten sind gegenüber einer weiteren Oxydation resistent. Cycl. Säuren mit $-COOH$- oder $-(CH_2)_2-COOH$-Substituenten werden sofort oxydiert u. für das Wachstum verwendet. Die Spezifität von mikrobiellen Oxydationen wird am Beispiel der Umwandlung von p-Isopropyltoluol zu p-Isopropylbenzoesäure in Kulturen von *Nocardia* auf n-Alkanen gezeigt. D. Pöhland. 4320□

Die bakterielle Zersetzung von Indolylessigsäure. Shukichi Tsubokura, Yukiya Sakamoto und Katashi Ichihara. (J. Biochemistry [Tokyo] **49,** 38—42, Jan. 1961; Osaka, Osaka Univ., Med. School, Biochem. Dep.; engl.) — Ein aus der Luft isoliertes Bakterium oxydierte nach Adaptation an *Indolylessigsäure* (I) diese oxydativ. Bei der Umwandlung von I in *Anthranilsäure* (**IV**) trat *o-Formaminobenzoylessigsäure* (II) als Zwischenstufe auf. II-*Methylester* wurde aus Anthranilsäureäthylester durch Formylieren in sd. 90%ig. HCOOH (30 Min.) zu *o-Formaminobenzoesäureäthylester* (**III**), Kp. 135 bis 142°, Rk. desselben mit Na-Acetessigester (130—140°, 2—3 Std.) u. Ansäuern hergestellt. Äthylgruppe u. Formylgruppe werden von Säure abgespalten. **II** u. **III** wurden von **I**-adaptierten Bakterien gespalten. Rattenleberextrakt führte **II** ebenfalls in **IV** über. K. Maier. 4320□

Zur Kenntnis des Fettsäureabbaus durch Schimmelpilze. 4. Mitt. **Versuche zum weiteren Umsatz der Methylketone.** Wilhelm Franke, Arno Platzeck und Gisela Eichhorn. (Arch. Mikrobiol. **41,** 154—68, 1962; Köln, Univ., Inst. für Gärungswiss. u. Enzymchemie; dt.) — 3. vgl. C. **1962,** 15273. — Bei der Einw. von *Aspergillus niger* (A.n.) auf Fettsäuren bilden sich *Methylketone,* die nach hinreichender Inkubationszeit wieder verschwinden. *Butter-* u. *Laurinsäure* (I) sind die besten Methylketonbildner. Vff. untersuchten die weitere Umwandlung des *Methylnonylketons* (**II**) durch wachsende u. ruhende Zellen von A.n., sowie durch Mycelextrakte, wobei die quant. Hydrierung des **II** zum *Methylnonylcarbinol* (**III**) nachgewiesen wurde. In einer mit Sporen von A.n. beimpften Nährlsg., die **I** (0,3%, mit NH_3 neutralisiert) als einzige C-Quelle enthielt, erreichte die Bldg. von **II** nach 4 Tagen bei 28° ein Maximum, um nach 9 Tagen auf 0 abzusinken. In Ggw. von 1% Saccharose verkürzen sich diese Zeiten stark. In den Ansätzen ließ sich **III** in Mengen nachweisen, die dem Maximum der **II**-Bldg. entsprach. Als Substrat eingesetztes **II** wird unter anaeroben Bedingungen von vorgezüchteten Mycelsuspensionen im Verlauf mehrerer Std. quant. zum **III** reduziert. Glucosezusatz beschleunigte die Reduktion. Auch aerob wird im wesentlichen **III** aus **II** gebildet. Umgekehrt liefert **III** (gewonnen aus **II** durch Red. mit $LiAlH_4$) in geringem Maße **II**. In Mycelextrakten von A.n. findet sich eine für Diphosphopyridinnucleotid (DPN) spezif. *Alkoholdehydrogenase,* die Methylketone mit red. DPN zu den Carbinolen hydriert. Die Rk.-Geschw. fällt mit steigender Kettenlänge des **II** stark ab, was auf eine Abnahme der

Affinität zwischen Enzym u. Substrat zurückzuführen ist. Vermutlich wirken die nur von den Pilzsporen gebildeten höheren Methylketone infolge ihrer starken Oberflächenaktivität als unspezif. Hemmstoffe während der Keimphase. B. Görlich. 4320□

Stoffwechselmodelle bei Essigsäurebakterien. K. E. Cooksey und C. Rainbow. (J. gen. Microbiol. **27,** 135—42, Jan. 1962; Birmingham, Univ., Dep. of Applied Biochem.; engl.) — Extrakte von lactophilen Essigsäurebakterien (l.E.; *A. acidum-mucosum, A. mobile, A. rancens, A. ascendens, A. oxydans*) bewirken reversible Transaminierungen im Gegensatz zu glykophilen (g.E.; *A. capsulatum, A. gluconicum, A. turbidans, A. viscosum*). Zellextrakte von l.E. besitzen eine *Asparaginsäuredecarboxylase*, von den g.E. besitzt nur *A. viscosum* diese. Ganze Organismen der l.E. haben ein größeres Oxydationsvermögen für organ. Säuren als die g.E., die nur hauptsächlich *Milchsäure, Brenztraubensäure* u. *Oxalessigsäure* oxydieren. Extrakte von l.E. haben im Gegensatz zu g.E. *Citrogenaseaktivität*. Vff. schließen, daß die l.E. im Gegensatz zu den g.E. einen funktionierenden Citronensäurecyclus besitzen. W. Hiller. 4320□

Untersuchungen über das Wachstums und die Sporulation einiger Species von Penicillium. S. N. Basu und J. P. Bhattacharyya. (J. gen. Microbiol. **27, 61—73,** Jan. 1962; Calcutta, India, Jute Mills Ass. Res. Inst., Microbiol. Section; engl.) — Vff. untersuchten an 30 *Penicillium*-Species den Einfl. von 8 C-Quellen (Cellulose, Stärke, Dextrin, Maltose, Saccharose, Fructose, Glucose, Xylose) u. 5 N-Quellen [Asparagin, Caseinhydrolysat, Pepton, $(NH_4)_2SO_4$, $NaNO_3$] auf das Wachstum u. die Sporenbildung. Anfangs geringer Geh. an lösl. Zuckern förderte die Bldg. von Perithecien. Das Wachstum der Perithecien war am besten mit *Polysacchariden* als C-Quelle. Als beste N-Quelle wurde *Pepton* ermittelt, *Asparagin* hemmte teilweise: Von 5 getesteten Vitaminen der B-Gruppe (Thiamin, Riboflavin, Nicotinsäure, Pyridoxin, Ca-Pantothenat) zeigte nur *Thiamin* einen fördernden Einfluß. W. Hiller. 4320□

Untersuchungen an einem mutierten Stamm von Escherichia coli, der Methionin und Lysin für das Wachstum erfordert. K. J. C. Back und E. G. Westaway. (J. gen. Microbiol. **27,** 41—50, Jan. 1962; Brisbane, Australia, Univ. of Queensland, Dep. of Microbiol.; engl.) — Vff. isolierten eine *E. coli*-Mutante, die für das Wachstum *Methionin* (I) u. *Lysin* (II) erforderte. I konnte durch *Cystathionin* oder *Homocystein* u. II durch *Diaminopimelinsäure* ersetzt werden. Andere untersuchte Aminosäuren waren nicht aktiv. Optimales Wachstum fand bei 10^{-5} m I u. 10^{-6} m II statt. I u. II fördern das Wachstum indirekt. Sie dienen nicht als zellbildende Materialien, sondern überwinden einen Stoffwechselblock. Geringe Mengen Hefeextrakt ersetzen das Aminosäurebedürfnis. W. Hiller. 4320□

Produktion von L-Threonin durch auxotrophe Mutanten von Escherichia coli. H. T. Huang. (Appl. Microbiol. **9,** 419—24, Sept. 1961; Groton, Conn., Chas. Pfizer and Co., Inc.; engl.) — Vf. berichtet über die Produktion von *L-Threonin* durch $\alpha.\varepsilon$-Diaminopimelinsäure u. Methionin bedürftige Mutanten von *Escherichia coli*. Stamm 13071 wurde auf synthet. Medium mit Mannit als C-Quelle bei 37° gehalten u. ergab in 28 Std. eine Ausbeute von 1,5 g Threonin/Liter. Stamm 13070 produzierte auf synthet. Medium mit Sorbit als C-Quelle bei 28° 2,0 g Threonin/Liter in 44—48 Std.; Zusatz von Melasse oder Saccharose erhöhte die Ausbeute von 2 auf 4 g/Liter. Die Ausbeuten sind abhängig von der Konz. der eingesetzten Aminosäuren. D. Pöhland. 4320□

16α-Hydroxysteroide. 11. Mitt. 2β- und 16α-Hydroxylierung von 9α-Fluorhydrocortison durch Stämme von Streptomyces roseochromogenes. Joseph J. Goodman und Leland L. Smith. (Appl. Microbiol. **9,** 372—75, Sept. 1961; Pearl River, N.Y., American Cyanamid Co., Chem. Proc. Improvement Dep., Lederle Labor.; engl.) — 10. vgl. C. **1961,** 9800. — *9α-Fluorhydrocortison* wird hydroxyliert durch *Streptomyces roseochromogenes* in der 16α- bzw. 2β- u. in 16α- u. 2β-Stellung. 16α-Hydroxylierung scheint der vorherrschende u. rasche Weg der Transformation zu sein. Der Grad der 2β-Hydroxylierung ist stark abhängig vom verwendeten *Streptomyces*-Stamm. D. Pöhland. 4320□

Untersuchung der Thiaminsynthese in der Hefe. 2. Mitt. **Thiaminsynthese aus den Pyrimidin- und Thiazolhälften durch Hefeextrakt.** Kuniko Miyagawa. (Vitamins [Kyoto] **20,** 250—55, 1960; Osaka, Osaka City Univ., Fac. of Sci. of Living, Food and Nutr. Labor.; jap., Auszug: engl.) — 1. vgl. C. **1962,** 8299. — Aus Hefeextrakt wird mit 56%ig. gesätt. $(NH_4)_2SO_4$-Lsg. eine Enzymfraktion gefällt, die bei der Inkubation in Ggw. von Adenosintriphosphat u. Mg^{2+} bei pH 7,4 u. 37° aus *2-Methyl-4-amino-5-hydroxymethylpyrimidin* u. *4-Methyl-5-β-hydroxyäthylthiazol Thiamin* synthetisiert. Das Enzym wird bei 45° innerhalb von 10 Min. inaktiviert. P. Gregorzewski. 4320□

Untersuchung der Thiaminsynthese in der Hefe. 3. Mitt. **Nachweis eines aktivierten Pyrimidins.** Kuniko Miyagawa. (Vitamins [Kyoto] **20,** 255—59, 1960;

jap., Auszug: engl.) — 2. vgl. vorst. Referat. — Bei der Inkubation von *2-Methyl-4-amino-5-hydroxymethylpyrimidin* (I) u. *4-Methyl-5-β-hydroxyäthylthiazol* (II) mit einer durch 65% gesätt. $(NH_4)_2SO_4$-Lsg. erhaltenen Hefeextraktfraktion, Adenosintriphosphat u. Mg^{2+} entstehen I-*Monophosphat*, I-*Diphosphat* u. II-*Monophosphat*. Außerdem werden in diesem Hefeextrakt mehrere Phosphatasen beobachtet, die die Dephosphorylierung von I-Diphosphat katalysieren. P. Gregorzewski. 4320□

Untersuchung der Thyaminsynthese in der Hefe. 4. Mitt. Thiazolmonophosphatsynthese aus Thiazol in Hefezellen. Die Thiazolkinase. Kuniko Miyagawa. (Vitamins [Kyoto] **20**, 260—65, 1960; jap., Auszug: engl.) — 3. vgl. vorst. Referat. — *4-Methyl-5-β-hydroxyäthylthiazolmonophosphat* wird in Hefezellen gebildet, wenn entweder *Saccharomyces cerevisiae* auf Reader-Medium, das das entsprechende Thiazol enthält, kultiviert wird, oder wenn eine Hefesuspension bei 37° in einer Puffer-Lsg. mit Thiazol u. Glucose inkubiert wird. Die *Thiazolkinase* (I) ist bei pH 4,2—8,0 stabil, das pH-Optimum liegt zwischen 5,8 u. 7,8. I wird durch 10 Min. langes Erhitzen auf 65° inaktiviert. Bei 55° wird I nicht vollständig inaktiviert. P. Gregorzewski. 4320□

Der Bedarf einiger Nocardia rugosa-Mutanten bei der Biosynthese von Vitamin B_{12}. A. Di Marco, M. P. Marnati, A. Migliacci, A. Rusconi und C. Spalla. (Int. Z. Vitaminforsch. [Bern] **31**, 350—51, 1961; Milano, Farmitalia, Labor. Ric.; engl.) — Die durch UV-Bestrahlung von *N. rugosa* erhaltene Mutante 466 bildet eine Substanz, *Faktor* V_1a, die in den Kulturen der Mutanten 635 u. 959 die Biosynth. von *Vitamin* B_{12} (I) auslöst, Stamm 959 bildet eine Substanz, die das gleiche bei 635 bewirkt. Letztere enthält Co u. hat ein ähnliches Spektrum wie *Faktor B.* Beide Substanzen sind aus dem Mycel als adeninderivathaltige (ähnlich Cobalamincoenzym von Barker) Verbb. extrahierbar. Stamm 466 baut kein D-*1-Aminopropanol-(2)* (II) in die Derivv. von Cobyrinsäure ein, Stamm 959 keine Amidgruppen. Bei der I-Biosynth. durch *N. rugosa* wird II vor oder nach der letzten Amidgruppe eingebaut. K. Maier. 4320□

Untersuchungen über Vitamin B_{12}. 15. Mitt. **Untersuchungen mit einer Versuchsanlage für die Produktion von kristallinem Vitamin B_{12} aus aktiviertem Schlamm.** 4. Mitt. **Produktion von kristallinem Vitamin B_{12}.** Tatsuo Matsuda, Fumio Goto, Keichi Nunome, Ryohei Takata, Toshio Miyawaki und Toshizo Takahashi. (Rep. Government ind. Res. Inst., Nagoya **8**, 564—73, Aug. 1959; jap., Auszug: engl.) — Der mit W. (90—100°) erhaltene Extrakt aus dem Schlamm wurde filtriert. Zum Filtrat wurde A-Kohle gegeben, dieses mit 75%ig. Aceton behandelt bei pH 9,5, auf pH 6,8 gebracht u. unter vermindertem Druck konzentriert. Danach wurde das Konzentrat auf pH 2,6 gebracht, an Amberlite IRC-50 adsorbiert u. mit 75%ig. Aceton + 0,1 n HCl eluiert, HCl wurde durch IR-4B entfernt. Nach wiederholter Konz. u. Reinigung wurde mit Bzl.–Phenol ausgeschüttelt, das Vitamin in eine wss. Phase gebracht, eingetrocknet u. aus Aceton auskristallisiert. W. Hiller. 4320□

Untersuchungen über die Vitamin-B_{12}-Produktion mit Streptomyces olivaceus. 2. Mitt. **Untersuchungen über einige Fermentationsbedingungen.** Osamu Terada, Kazuo Ohishi und Shukuo Kinoshita. (Vitamins [Kyoto] **18**, 16—20, 1959; Tokyo, Kyowa Fermentation Ind. Co.; jap., Auszug: engl.) — 1. vgl. C. **1959**, 12894. — Nach 3 Tagen ist die *Vitamin-B_{12}* (I)-Bldg. abgeschlossen, nach 7 Tagen ist das gesamte I in Freiheit gesetzt. Zuckerzusatz erhöht die I-Ausbeute nicht, dagegen wird die I-Bldg. verdreifacht, wenn 1—200 ppm $CoCl_2 \cdot 6\,H_2O$ zugesetzt werden. 500 ppm verringern die I-Produktion. P. Gregorzewski. 4320□

Untersuchungen über die Vitamin-B_{12}-Produktion mit Streptomyces olivaceus. 3. Mitt. **Untersuchungen über das Produktionsmedium.** Osamu Terada, Kazuo Ohishi und Shukuo Kinoshita. (Vitamins [Kyoto] **18**, 21—27, 1959; jap., Auszug: engl.) — 2. vgl. vorst. Referat. — Als Grundmedium wird ein Medium von Hall verwendet u. modifiziert. Die wirkungsvollste N-Quelle ist pflanzliches Protein; als C-Quelle liefert eine Mischung von Glucose u. Lactose die besten Ergebnisse. Die höchste *Vitamin-B_{12}*-Ausbeute beträgt 7,0 μg/ml. P. Gregorzewski. 4320□

Untersuchungen über die Vitamin-B_{12}-Produktion mit Streptomyces olivaceus. 4. Mitt. **Untersuchungen über das Produktionsmedium.** Osamu Terada, Kazuo Ohishi und Shukuo Kinoshita. (Vitamins [Kyoto] **18**, 28—33, 1959; jap., Auszug: engl.) — 3. vgl. vorst. Referat. — Zugabe von *o-Phenylendiamin, Prolin, Cyanid, Chlorophyllin* u. *Pflanzenhormonen* stimulieren nicht die *Vitamin-B_{12}* (I)-Produktion, *Maltose* (II) ist die wirkungsvollste C-Quelle, wenn sie allein verwendet wird, in Kombination mit *Glucose* ist II weniger akt. als *Lactose.* Zugabe von mehr als 6% pflanzlichem Protein verringert die I-Produktion. Die höchste I-Ausbeute beträgt nach 12tägiger Fermentation 8,5 μg/ml. P. Gregorzewski. 4320□

Untersuchungen über Vitamin-B_{12}-Analoga in natürlichen Vorkommen. 3. Mitt. Abtrennung von Vitamin-B_{12}-Analogen aus Bakterienzellfraktionen aus der Überstandsflüssigkeit von mit Fäkalien behandelten Pflanzen. Shotaro Tada. (Vitamins [Kyoto] **20,** 221—24, 1960; Kyoto, Kyoto Univ., Fac. of Engng., Dep. of Ind. Chem.; jap., Auszug: engl.) — Bei der papierchromatograph. u. ionophoret. Abtrennung der Vitamin-B_{12}-Analoga ist das verwendete Lsgm. von großem Einfl. sowohl auf die Gesamtmenge als auch auf das Verhältnis der einzelnen Analoga zueinander. Bei der Extraktion mit KCN-Lsg. werden 60% *Cyanocobalamin* (I), 20% *Faktor III*, 3% *Faktor A*, 2% *Faktor B* u. 5% *Pseudovitamin B_{12}* erhalten. Der wss. Extrakt enthält nur die Hälfte der Gesamtaktivität verglichen mit dem KCN-Extrakt u. der I-Geh. ist prozentual geringer. Im $Na_2S_2O_6$-Extrakt ist die Gesamtaktivität nicht geringer, die I-Aktivität aber stark erniedrigt. P. Gregorzewski. 4320□

Chemische Untersuchungen an Flavinadenindinucleotid. 11. Mitt. Isolierung zerstörender Mikroorganismen. Tokio Kobayashi. (Vitamins [Kyoto] **20,** 212—18, 1960; Kyoto, Kyoto Univ., Fac. of Engng., Dep. of Ind. Chem.; jap., Auszug: engl.) — Aus einer wss. *Flavinadenindinucleotid* (I)-Lsg. werden zwei Pilze u. ein Bakterium mit I-zerstörenden Wrkg. isoliert. Vorzugsweise wird die *Adenosinhälfte* von diesen Organismen aufgebraucht. Außerdem produzieren sie eine Phosphatase, die I zu *Flavinmononucleotid* oder *Riboflavin* hydrolysiert. P. Gregorzewski. 4320□

Stoffwechsel von Sarcina lutea. 3. Mitt. Endogener Stoffwechsel. E. A. Dawes und W. H. Holms. (Biochim. biophysica Acta [Amsterdam] **30,** 278—93, Nov. 1958; Univ. of Glasgow, Dep. of Biochem.; engl.) — Die endogene O_2-Aufnahme u. die Red. von *2.3.5-Triphenyltetrazoliumchlorid* durch ruhende Zellen von *Sarcina lutea* kann durch starke Belüftung fast zum Verschwinden gebracht werden, während die durch Zugabe von *Glucose* verursachte O_2-Aufnahme u. CO_2-Abgabe vergrößert wird; die Intensität der endogenen Atmung bestimmt also die Oxydations-Geschw. eines exogenen Substrates. Mit der endogenen Atmung nimmt bei der Belüftung auch der Aminosäurepool ab, während Fett- u. Kohlenhydrat-Geh. der Zellen unverändert bleiben. In das Medium werden dabei geringe Mengen von Aminosäuren sowie *Ammoniak* u. *Koproporphyrin* abgegeben. Bei der Inkubation von Zellen mit starker endogener Atmung mit Glucose nimmt der Geh. der Zellen an Kohlenhydraten zu u. der Aminosäurepool ab, während die endogene O_2-Aufnahme fällt. Beim gleichen Vers. mit Caseinhydrolysat tritt jeweils das Gegenteil ein. Bei der Inkubation von Zellen mit verminderter endogener Atmung (u. entsprechend kleinem Aminosäurepool) mit Glucose oder Caseinhydrolysat nehmen Atmung u. Pool zu, wobei Caseinhydrolysat erheblich wirksamer ist. Von den in gleichartigen Verss. verabreichten Aminosäuren haben *Glutaminsäure*, *Serin* u. *Alanin* die stärkste Wirkung. Aus den Ergebnissen wird geschlossen, daß der Aminosäurepool das Substrat der endogenen Atmung ist. U. Eberhardt. 4320□

Physiologische Untersuchungen des Pansenprotozoen Ophryoscolex caudatus Eberlein. P. P. Williams, R. E. Davis, R. N. Doetsch und J. Gutierrez. (Appl. Microbiol. **9,** 405—09, Sept. 1961; College Park, Md., Univ. of Maryland, Dep. of Microbiol.; Beltsville, Md., U.S. Dep. of Agricult., Agricult. Res. Serv., Animal Husbandry Res. Div.; engl.) — *Ophryoscolex caudatus* baut Stärke ab u. produziert Essig-, Butter- u. Milchsäure, CO_2 u. H_2. Cellulose wird nur in geringem Maße metabolisiert, obwohl Pektin rasch in der Warburg-App. angegriffen wird. Baumwollsamen, Sojabohnen u. Leinölmehl als Proteinquellen u. die Aminosäuren DL-Alanin, DL-Valin u. DL-Leucin werden vom Protozoen genutzt, während Ammoniak als Endprod. des Stickstoff-Stoffwechsels auftritt. Meth. zur Trennung von *O. caudatus* vom Panseninhalt werden beschrieben. D. Pöhland. 4320□

Die Wirkungsweise toxischer Kernholzinhaltsstoffe (Thujaplicine und Pinosylvine) auf den Stoffwechsel von Mikroorganismen. Horst Lyr. (Flora [Jena] **150,** 227—42, 29/4. 1961; Eberswalde, Humboldt-Univ. zu Berlin, Inst. für Forstbot.; dt.) — Vgl. C. **1961,** 12886. — Von *β-* u. *γ-Thujaplicin*, *7-Hydroxy-4-isopropyltropolon* u. *Pinosylvinmonomethyläther* wird der Einfl. auf den Stoffwechsel von Hefen u. holzzerstörenden Pilzen untersucht. Die untersuchten Verbb. sind als Kernholztoxine typ. Entkopplungsgifte, die eine spezif. Hemmung der oxydativen Phosphorylierung bewirken. D. Groß. 4330□

O-Methylthreonin, ein neues Bleichmittel für Euglena gracilis. S. Aaronson und Barbara Bensky. (J. gen. Microbiol. **27,** 75—98, Jan. 1962; Flushing, N.Y., Queens Coll., Biol. Dep.; New York, N.Y., Haskins Labor.; engl.) — Vff. untersuchten den Einfl. von 46 Carbonsäuren, 23 Aminosäuren, 8 Alkoholen u. Aminen u. 9 Sterinen u. deren Vorstufen auf die Vermehrung u. die Fähigkeit, bei Mikroorganismen den Pigment-Geh. zu beeinflussen. *D-Methylthreonin* (I) hemmt die Vermehrung u. photosynthet.

Pigment-Synth. bei *Euglena gracilis* u. *Ochromonas danica*, jedoch nicht bei *Chlamydomonas reinhardi* oder *Rhodopseudomonas palustris*. *L-Isoleucin* (II) hemmt die Wrkg. von I. I bewirkt in *Euglena gracilis* dauernden Verlust von Chlorophyll u. Carotinoiden; II, *α-Aminobuttersäure*, *α-Ketobuttersäure*, *L-Threonin*, *L-Homoserin* u. *L-Methionin* wirken dem entgegen. Wurde *E. gracilis* ^{14}*C-Isoleucin* gegeben, so war der ^{14}C-Einbau in Chlorophyll u. Carotin durch I- u. durch *Streptomycin*-Zusatz vermindert. Bei blockierter Pigment-Synth. reichern sich die Aminosäuren in der Kultur stark an. W. Hiller. 4330□

Einige die Reaktionen zwischen Formaldehyd und Pepton betreffende Beobachtungen. Kenneth Bullock und V. Subba Rao. (J. Pharmacy Pharmacol., Suppl. **10,** 72 T—81 T, Dez. 1958; Manchester, Univ., Pharmacy Dep.; engl.) — Die zunehmende Bindung von *CH_2O* an *Pepton* (I) in CH_2O–I-Lsgg. hat auf die Desinfektions-Wrkg. von CH_2O auffallend wenig Einfluß. Die Hauptmenge von so fest an I gebundenem CH_2O daß unter vermindertem Druck keine Abspaltung aus trockenem Material stattfand, war in Lsg. baktericid. Selbst derart fest an I gebundener CH_2O, daß keine Übertragung auf Dimedon in Lsg. erfolgte, besaß noch eine gewisse, wenn auch herabgesetzte Aktivität. K. Maier. 4330□

Die Wirkung von Peptonzusatz auf die bactericide Wirkung von Formaldehydlösungen. Kenneth Bullock und V. Subba Rao. (J. Pharmacy Pharmacol., Suppl. **10,** 82 T—86 T, Dez. 1958; Manchester, Univ., Pharmacy Dep.; engl.) — Vgl. vorst. Referat. — Relativ beständige *Formol-Peptone* (I) sind durch 4tägige Einw. von Formalindämpfen auf *Pepton* (II)-Pulver u. Vakuumtrocknung erhältlich. Der Bindungszustand zwischen CH_2O u. II in Pulver u. Lsg. wurde mittels Chromotropsäure u. Vorländerscher Rk. (Dimedon) untersucht. Die Festigkeit der CH_2O-Bindung an II in Lsg. hängt nicht nur von der CH_2O- u. II-Menge ab, sondern auch von der Art der Herst. der Lösungen. Die Rkk. zwischen CH_2O u. II sind komplexer Natur. Der Gleichgewichtszustand stellt sich weder in Lsg. noch bei Einw. von Formalindämpfen auf II-Pulver leicht ein. K. Maier. 4330□

Grundlegende Untersuchung über die Scheibenmethode des Antibioticumsensibilitätstestes. Ōsuke Murayama. (J. Antibiotics [Tokyo], Ser. A **12,** 263—84, Sept. 1959; Univ. of Tokyo, School of Med., Dep. of Phys. Therapy and Med.; engl.) — Vf. hält auf Grund der mit verschiedenen Antibioticis durchgeführten Unterss. die Scheiben-Meth. als Sensibilitätstest für geeignet, wenn eine Standardisierung der experimentellen Bedingungen u. der Kriterien für die Deutung der Ergebnisse auf der Basis von Vgl. mit der Verdünnungs-Meth. erfolgt. W. Knöbel. 4340□

Streptomyces galbus nov. sp. und einige Bemerkungen über Streptomyces als Erzeuger von Antibioticis der Streptomycingruppe. Yoshirō Okami, Motoko Suzuki, Tomoharu Takita, Kofumi Ohi und Hamao Umezawa. (J. Antibiotics [Tokyo], Ser. A **12,** 257—62, Sept. 1959; Tokyo, Japan, Nat. Inst. of Health; engl.) — Mitgeteilt werden die Unterscheidungsmerkmale zwischen der neuen Streptomyces-Species *S. galbus* Okami et Umezawa u. 3 nahe verwandten Species u. Betrachtungen über die verwandtschaftlichen Beziehungen zwischen den Streptomyceten, die *Streptomycin*, *Hydroxystreptomycin* u. *Dihydrostreptomycin* erzeugen. W. Knöbel. 4340□

Untersuchungen an antifungalen Antibiotika. 3. Mitt. **Das Moldcidin, ein neues durch Streptomyceten erzeugtes Antibioticum.** Jean Marie J. Sakamoto. (J. Antibiotics [Tokyo], Ser. A **12,** 169—72, Juli 1959; Inst. Meigi Seikato; franz.) — 2. vgl. J. Antibiotics [Tokyo], Ser. A **12,** [1959], 21. — Vff. isolierten aus dem Streptomycetenstamm Nr. 1068, der in japan. Böden vorkommt, ein neues Pentaen-Antibioticum in kristalliner Form, welches sie wegen seiner starken Wrkg. auf pathogene u. apathogene Pilze *Moldcidin* (I) nannten. Die Toxizitätsprüfung im Mäuse-Vers. ergab eine DL_{50} von 10 mg/kg intravenös. I enthält Stickstoff u. red. Fehlingsche Lsg. nicht. Im klin. Experiment wurde es erfolgreich bei Pilzkrankheiten im Gebiet der Gynäkologie u. Dermatologie eingesetzt. S. Groitzsch. 4340□

Untersuchungen über Streptomyces kanamyceticus, den Erzeuger von Kanamycin. Yoshirō Okami, Tadakatu Tazaki, Syodi Katumata, Kikuo Honda, Motoko Suzuki und Hamao Umezawa. (J. Antibiotics [Tokyo], Ser. A **12,** 252—56, Sept. 1959; Tokyo, Nat. Inst. of Health and Shinshu Univ., Fac. of Med., Dep. of Bact.; engl.) — Von dem *Kanamycin* (I) bildenden Originalstamm K-2 J wurden bei Prüfung der Kolonietypen auf Agarplatten mehrere Varianten oder Mutanten festgestellt, die zusammen mit induzierten Mutanten auf ihre kulturellen Merkmale u. ihre I-Produktivität untersucht u. mit dem Originalstamm verglichen wurden. Bei einigen blieb die I-Bldg. aus. W. Knöbel. 4340□

Stoffwechselprodukte von Actinomyceten. 28. Mitt. **Die „in vitro"-Resistenz gegen Ferrimycin.** E. Bachmann und H. Zähner. (Arch. Mikrobiol. **38,** 326—38,

1961; Zürich, ETH, Inst. für spez. Bot.; dt.) — 27. vgl. Helv. chim. Acta **43**, [1960], 2129. — Die Unters. der Resistenz von Mikroorganismen gegen *Ferrimycin* (I) ergab 3 Typen: natürliche genotyp., z. B. *Escherichia coli*, wobei eine ganze natürliche Population I-resistent ist; induzierte genotyp., die in einem Schritt entsteht u. genet. fixiert ist (Resistenzrate: 1 resistenter auf 10^4—10^5 empfindliche Keime); ernährungsbedingte Resistenz, bedingt durch Umwandlung von I in ein *Sideramin* (II). Analog zu den Verss. mit I wurde auch eine bakterielle Umwandlung mit *Albomycin* versucht. Letzteres wurde von *B. subtilis*, *S. aureus* u. *B. megatherium* nicht abgebaut; es trat keine II-Bldg. ein. K. Maier. 4340□

Stoffwechselprodukte von Actinomyceten. 23. Mitt. Zur Kenntnis der Sideromycinwirkung. H. Zähner, R. Hütter und E. Bachmann. (Arch. Mikrobiol. **36**, 325—49, 1960; Zürich, ETH, Inst. für spez. Bot.; dt.) — 24. vgl. C. **1961**, 4355. — Es wird der qual. u. quant. Nachw., die Herst., Anreicherung u. Auftrennung von *Ferrioxaminen* (II) aus *Streptomyceten* für *Sideromycine* (I) beschrieben. I sind Antibiotica, die gekreuzte Resistenz mit *Grisein* aufweisen u. die durch II in ihrer Wrkg. gegen grampositive Bakterien kompetitiv enthemmt werden. Folgende Antibiotica werden zu I gezählt: *Grisein, Albomycin, Antibioticum 1787, LA 5352* u. *LA 5937, Ferrimycine* (III) u. *Antibioticum 22765*. II fördern das Wachstum verschiedener Mikroorganismen. Die Wrkg. von III als Beispiel für ein I wird auf die eines kompetitiven Inhibitors eines Enzym-Syst. mit II oder analogen Verbb. als Substrat zurückgeführt. Die II aus *Streptomyceten* sind in bezug auf die Wrkg. u. im Chemismus mit den Wachstumsfaktoren *Ferrichrom, Terregens-Faktor* u. *Coprogen* verwandt u. werden als *Sideramine* bezeichnet. 2 Hypothesen für die I-Wrkg. werden einander gegenübergestellt: I als Konkurrenten eines Atmungsfermentes u. wahrscheinlicher, I als Inhibitoren von „Coenzymen“ des Fe-Transportes im mikrobiellen Stoffwechsel. P. Gregorzewski. 4340□

Kombinierte Gärung. 1. Mitt. Trichothecium-Penicillium-Gärung. B. Johan, A. Szabó und E. Keresztessy. (Acta microbiol. Acad. Sci. hung. **6**, 315—26, 1959; Budapest, Inst. of Serum- and Vaccine-Prod. „Phylaxia“; engl.) — 2. vgl. Biochim. biophysica Acta [Amsterdam] **29**, [1958], 82. — Die Gärung von *Trichothecium roseum* (Tr.) führte zu einer stark erhöhten Produktion von *Trichothecin* (I), wenn der Kultur-Fl. („Tr VIII“) *Penicillium sp.* (Pen.) zugeimpft wurde („kombinierte Gärung“). Hohe Ausbeuten an I wurden erhalten, wenn die Zuimpfung von *Penicillium* nach einer bestimmten Inkubationszeit erfolgte u. bei einem bestimmten Verhältnis Tr./Pen. Auf Agarplatten hemmt Pen. das Wachstum von Tr., während Tr. auf Pen. nicht hemmend wirkt. Bei der kombinierten Gärung mit Pen. erleidet Tr. charakterist. morpholog. Veränderungen. H. Aman. 4340□

Biologische Aktivität von Bulbiformin im Boden. R. S. Vasudeva, G. P. Singh und M. R. S. Iyengar. (Ann. appl. Biol. **50**, 113—19, März 1962; New Delhi, Indian Agric. Res. Inst., Div. of Mycology and Plant Pathol.; engl.) — *Bacterium subtilis* ist in der Lage das Antibioticum *Bulbiformin* (I) zu bilden. Die I-Bldg. kann durch Sterilisierung der Böden u. Zusatz von *Asparaginsäure, Asparagin* u. *Dextrose* gesteigert werden. Auch Zusatz von Wurzelresten von *Cajanus cajan*, Erbsen, *Melilotus indica* u. *Cicer arieticum* zu sterilen Böden stimuliert die I-Bldg.; I bleibt in Ggw. von Wurzel-Rückständen im Boden längere Zeit erhalten. Der I-Abbau ist in einem im Autoklaven behandelten Boden geringer im Vgl. zu einem unbehandelten. W. Hiller. 4340□

Untersuchungen über Variotin — ein neues antifungales Antibioticum. 1. Mitt. Darstellungen und Eigenschaften von Variotin. Setsuo Takeuchi, Hiroshi Yonehara und Hamao Umezawa. (J. Antibiotics [Tokyo], Ser. A **12**, 195—200, Sept. 1959; Univ. of Tokyo, Inst. of Appl. Microbiol.; engl.) — Zur Gewinnung von *Variotin* (I) wurde Kultur-Lsg. von *Paecilomyces varioti* Bainier var. *antibioticus* (einschließlich Mycel) nach einer Fermentationsdauer von 90 Std. mit Äthylacetat extrahiert. Die konz. Extrakte wurden in heißem Methanol (II) gelöst, nach Fällung durch Kühlen das Lösliche eingeengt u. mit PAe. unter Kühlen gefällt. Diese ölige Substanz wurde abgetrennt, mit PAe. gewaschen, in CCl_4 gelöst, nach Kühlen das Überstehende zur Trockne eingeengt. Die vorliegende schwachgelbe ölige Substanz hat einen I-Reinheitsgrad von 145 E/ml; durch weitere Reinigung mittels Gegenstromverteilung wurde ein farbloses öliges I mit 166 E/ml erhalten. I zeigt keinen deutlichen Kp. oder Zers.-Punkt, es ist unstabil, ziemlich stabil in organ. Lsgm., sehr unstabil unter alkal. Bedingungen, es ist wenig lösl. in W., PAe. u. Ligroin, gut lösl. in vielen organ. Lsgm.; $[\alpha]_D^{28}$ 5,68° (c = 1,0% in II). Das UV-Absorptionsspektrum von I in II zeigte ein Maximum bei 318—324 mμ ($E_{1cm}^{1\%}$ = 1198). Die wahrscheinlichste Formel ist: $C_{18}H_{27}NO_4$. Red. I ist auch eine farblose ölige Substanz, hat aber keine biolog. Aktivität. I gibt positive Diazo-, Nitroalkyl- u. Hydroxamsäure-Rkk., negativ waren die $FeCl_3$-, Millon-, Ehrlich-, Sakaguchi-, Molisch-, Biuret-, Xanthoprotein- u. Ninhydrin-Reaktionen. Am empfindlichsten gegen **I** sind *Trichophyton, Epidermophyton, Microsporum, Cryptococcus* u. *Blastomyces*; auch gegen mehrere pflanzenpathogene Pilze ist **I** aktiv. Die Toxizität von **I**, suspendiert in W. mit 5% Carboxymethylcellulose, intraperitoneal Mäusen injiziert, ist gering; 330 mg/kg zeigten keine tox. Reaktion. W. Knöbel. 4340□

Untersuchungen über Variotin — ein neues antifungales Antibioticum. 2. Mitt. **Taxonomische Untersuchungen über den Variotin-produzierenden Stamm.** Shigeo Abe, Setsuo Takeuchi und Hiroshi Yonehara. (J. Antibiotics [Tokyo], Ser. A **12**, 201—02, Sept. 1959; Tokyo, Univ. of Tokyo, Inst. of Appl. Microbiol.; engl.) — 1. vgl. vorst. Referat. — Der *Variotin* produzierende Stamm Nr. K-5201 wird auf Grund seiner kulturellen u. mkr. Eigg. als eine neue Varietät „antibioticus" von *Paecilomyces varioti* Bainier beschrieben. W. Knöbel. 4340□

Plattentest von Thiamin. 1. Mitt. **Verwendung von Kloeckera brevis.** A. Jones und M. Finch. (Appl. Microbiol. **7**, 309—11, Sept. 1959; Brentford, Middlesex, Beechan Maclean Ltd., Prod. Res. Labor., Biol. Dep.; engl.) — Beschreibung einer Platten-Meth. zur *Thiamin* (**I**)-Best. unter Verw. der Hefe *Kloeckera brevis*. Die *Pyrimidin-* u. *Thiazol-*Anteile von **I** werden nicht genutzt, weder allein noch zusammen; auch werden die Testwerte durch relativ große Mengen von Lactose oder Ascorbinsäure nicht beeinflußt. Die Meth. eignet sich hauptsächlich zur Best. von **I** in fl. Multivitamin-Präpp. u. in Tabletten mit Vitaminen der B-Gruppe. H. Aman. 4360□

Plattentest von Thiamin. 2. Mitt. **Verwendung von Lactobacillus fermenti.** Barbara J. Hughes und A. Jones. (Appl. Microbiol. **7**, 311—14, Sept. 1959; engl.) — Plattentests von *Thiamin* (**I**) unter Verw. von *Lactobacillus fermenti* Stamm 36 wurden auf zwei Basalmedien verglichen. Die Trübung der Inoculum-Suspension hat einen deutlichen Einfl. auf die Bestimmung. Im Plattentest hatte Ascorbinsäure keine **I**-einsparende Wirkung. H. Aman. 4360□

Biologische Bestimmung von Cephalosporin C. Jillian M. Bond, R. W. Brimblecombe und R. C. Codner. (J. gen. Microbiol. **27**, 11—19, Jan. 1962; Clevedon, Somerset, Med. Res. Council, Antibiotic Res. Stat.; engl.) — Vff. untersuchten gramnegative Organismen (grampositive sind nicht geeignet, weil sie gegen *Chephalosporin P* empfindlich sind) auf ihre Rk. gegen das Antibioticum *Cephalosporin C* (**I**), u. fanden *Vibrio cholerae* Stamm 1077 am meisten sensitiv. Die Methodik der Prüfung wird beschrieben. Da *V. cholerae* auch gegen *Cephalosporin N* (**II**) teilweise empfindlich ist, muß dieses vor der Prüfung auf **I** aus der Kultur-Fl. entfernt werden. Dies erfolgt durch verd. Säuren gegen die **I** im Gegensatz zu **II** stabil ist (Ansäuern mit 2m H_3PO_4 bis pH 2—3, 2 Std. bei 37°, Neutralisieren auf pH 7 mit NaOH u. 1 Std. bei 37°). Die durch **I** bei *V. cholerae* gebildeten Hemmzonen werden beschrieben. Der Test ist bes. geeignet für geringe Konzz. von **I**. W. Hiller. 4360□

Zur Kinetik der Virusinaktivierung durch Formaldehyd. Unter besonderer Berücksichtigung des Poliomyelitisvirus. D. Stur. (Zbl. Bakteriol. Parasitenkunde, Infektionskrankh. Hyg., I. Abt., Orig. **173**, 1—11, Nov. 1958; Wien, Bundesstaatl. bakteriol.-serolog. Untersuchungsanstalt; dt.) — Vf. stellt die *Formaldehyd*-Inaktivierung des Poliomyelitisvirus in einer Arbeitshypothese als Eintreffervorgang mit stetig kleiner werdendem formalen Trefferbereich dar. Die Verminderung des formalen Trefferbereichs wird z. T. auf einen Gerbungseffekt (tanning effect bei Gard), hervorgerufen durch einen Vieltreffervorgang am Virusprotein, zurückgeführt. Die Inaktivierung selbst geschieht als Eintreffervorgang wahrscheinlich an der Nucleinsäure. Hierfür sprechende Tatsachen, wie auch der Einfl. von Eiweißstoffen auf die Inaktivierung, werden diskutiert. Die Aktivierungsenergie der Inaktivierung durch CH_2O wird — in guter Übereinstimmung mit der bei T_3-Phagen u. TMV-Virus gefundenen — zu 18550 cal/Mol berechnet. L. Heinisch. 4374□

Hydroxymethylcytosin-enthaltende und tryptophanabhängige aus Stadtabwässern isolierte Bakteriophagen. D. Kay und P. Fildes. (J. gen. Microbiol. **27**, 143—46, Jan. 1962; Oxford, Univ., Sir William Dunn School of Pathol., British Empire Cancer Campaign Unit for Virus Res.; engl.) — Vff. isolierten aus den Abwässern von Oxford u. Salisbury 12 Phagen. In allen wurde *Hydroxymethylcytosin, Putrescin* u. *Spermidin* gefunden. Im Elektronenmikroskop sind diese Virusarten nicht zu unterscheiden. Mit Ausnahme eines Phagens erforderten alle *Tryptophan*. W. Hiller. 4374□

Die Thermolabilität von Tryptophan-abhängigen Bakterien. D. Kay und P. Fildes. (J. gen. Microbiol. **27**, 147—53, Jan. 1962; Oxford, Sir William Dunn School of Pathol., Bristish Empire Cancer Campaign Virus Unit; engl.) — Vgl. vorst. Referat. — Die *Tryptophan*-bedürftigen Bakteriophagen sind in Ggw. von *Tryptophan* hitzelabil.

Zusatz von NaCl u. LiCl zeigt bei der Phage K 18/3 bei 0,02m ein Maximum u. bei 0,5m ein Minimum der Inaktivierung durch Erhitzen für 60 Min. auf 40°; bei der Phage Y nahm die Inaktivierung proportional der NaCl-Konz. zu. Zusatz von $MgSO_4$ ($0,5-4\cdot10^{-4}$m) bewirkt bei steigenden Konzz. Abnahme der Inaktivierung.

W. Hiller. 4374□

Lipidnatur der für die hämolytische Aktivität verantwortlichen Substanzen beim Myxovirus Parainfluenzae I (Sendai Virus). G. Rebel, R. Fontanges und L. Colobert. (Ann. Inst. Pasteur **102**, 137—52, Febr. 1962; Lyon, Labor. de Bacteriol.; franz.) — Das Sendai-Virus (Parainfluenza-Gruppe der Myxoviren) wurde auf Hühnerembryonen gezüchtet. Die Lipide wurden mittels Ae. freigesetzt u. durch Extraktion mit A. u. Chlf., Chromatographie an SiO_2, Desacylierung u. schwach alkal. Hydrolyse analysiert. Die Verteilung der Lysophosphatide, die für die hämolyt. Eigg. verantwortlich sind, ist in dem Virus-Syst. (Virion) u. im Überstand verschieden. Das erstere enthält nur Lipolecithin, der letztere Lysolecithin, Lysocephalin u. weitere in $CHCl_3$ lösl. Lipide. Die Chorioallantois-Membran enthält Acetalphosphatide. Die Freisetzung der Lysolecithine scheint durch die Zellnekrose hervorgerufen zu werden, sie dürften oberflächlich an das Virion adsorbiert werden.

M. Wiedemann. 4374□

Untersuchungen über Chemotherapeutica gegen Viren. 23. Mitt. **Über die Synthese und die Antiviruswirkung von 3-Alkylphenoxy- und 3-Alkanoylaminophenoxy-propandiol-(1.2).** Fumio Ueda. (Chem. pharmac. Bull. [Tokyo] **7**, 823—28, Okt. 1959; Shinjuku-ku, Tokyo, Keio-Gijuku Univ., Pharmaceut. Inst.; engl.) — 22. vgl. Pharmac. Bull. [Tokyo] **2**, [1954], 429. — Es wurden Verbb. der 3-(o-Alkylphenoxy)-, 3-(p-Alkylphenoxy)- u. 3-(o-Alkanoylaminophenoxy)-propandiol-(1.2)-Reihe synthetisiert u. auf ihre Antivirus-Wrkg. untersucht. *3-(o-Decanoylaminophenoxy)-propandiol-(1.2)* hat in vivo Antivirus-Wrkg. gegen Japan B-Encephalitisvirus. Verbb. der *3-(o-Alkylphenoxy)-* u. der *3-(p-Alkylphenoxy)-propandiol-(1.2)*-Reihe sind gegen Lansing-Stammvirus in Konzz. von 500 γ/ml wirksam, *3-(o-Alkanoylaminophenoxy)-propandiol-(1.2)* dagegen besitzt nur geringe Aktivität. In einer Konz. von 200 γ/ml ist *3-(p-Alkylphenoxy)-propandiol-(1.2)* noch wirksam. Eine Erklärung für die Wirksamkeit dieser Verbb. ist kaum zu geben.

Versuche: *3-Alkylphenoxypropandiole-(1.2)* aus Fettsäurephenylestern durch ihre Umlagerung (Fries) zu o- u. p-Alkanoylphenolen, Red. nach Clemmensen zu o- u. p-Alkylphenolen u. Kondens. mit 3-Chlorpropandiol-(1.2) in Ggw. von Natriumäthylat in A. zu 3-(o-Alkylphenoxy)- u. 3-(p-Alkylphenoxy)-propandiol-(1.2) mit Alkylketten von 6—14 C-Atomen. *3-(o-Alkanoylaminophenoxy)-propandiole-(1.2)* mit Alkanoylketten von 8—12 C-Atomen durch Kondens. von o-Alkanoylaminophenolen mit 3-Chlorpropandiol-(1.2) in Ggw. von Natriumäthoxid in Äthanol.

K. Böhm. 4374□

Untersuchungen über Chemotherapeutica gegen Viren. 24. Mitt. **Über die Synthese und die Antiviruswirkung von 2-Alkylphenoxyalkansäuren.** Fumio Ueda, Takeo Ueda und Shigeshi Toyoshima. (Chem. pharmac. Bull. [Tokyo] **7**, 829—33, Okt. 1959; engl.) — 23. vgl. vorst. Referat. — Es wurden 2-Alkylphenoxyessig-, -propion-, -butter- u. -valeriansäuren synthetisiert u. auf Antivirus-Wrkg. untersucht. *o-Hexylphenoxyessigsäure* war in vivo gegen Japan B-Encephalitisvirus wirksam. In vitro wirkten *2-(o-Decylphenoxy)-*, *2-(p-Octylphenoxy)-*, *2-(p-Decylphenoxy)-buttersäure, 2-(o-Hexylphenoxy)-*, *2-(o-Octylphenoxy)-*, *2-(o-Decylphenoxy)-* u. *2-(p-Octylphenoxy)-valeriansäure* gegen den PR-8-Stamm. In Konzz. von 500 γ/ml waren in vitro gegen den Lansing-Stamm *o-Hexylphenoxy-* u. *o-Decylphenoxyessigsäure, 2-(o-Decylphenoxy)-* u. *2-(p-Octylphenoxy)-propionsäure, 2-(o-Octylphenoxy)-* u. *2-(o-Decylphenoxy)-buttersäure, 2-(p-Octylphenoxy)-buttersäure, 2-(o-Hexylphenoxy)-*, *2-(o-Octylphenoxy)-* u. *2-(o-Decylphenoxy)-valeriansäure* wirksam.

K. Böhm. 4374□

Untersuchungen über Chemotherapeutica gegen Viren. 25. Mitt. **Über die Synthese und die Antiviruswirkung von 2-Dimethylaminoäthylalkylphenyläther.** Fumio Ueda, Takeo Ueda und Shigeshi Toyoshima. (Chem. pharmac. Bull. [Tokyo] **7**, 834—36, Okt. 1959; engl.) — 24. vgl. vorst. Referat. — *2-Dimethylaminoäthylalkylphenyläther*, die Alkylketten von 8—14 C-Atomen am Benzolring in o- oder p-Stellung haben, wurden durch Kondens. von Alkylphenol mit 2-Dimethylaminoäthylchlorid synthetisiert. Die Antivirus-Wrkg. dieser Verbb. wurde gegen den Nakayama-Stamm des Japan B-Encephalitisvirus u. den Lansing-Stamm des Poliomyelitisvirus getestet. *2-Dimethylaminoäthyl* (**I**)*-o-octylphenyläther* u. **I**-*p-octylphenyläther* besaßen in vivo eine Antivirus-Wrkg. gegen den Nakayama-Stamm. **I**-*o-octylphenyläther*, **I**-*o-decylphenyläther* u. **I**-*p-octylphenyläther* hatten in vitro gegen den Lansing-Stamm einen Antiviruseffekt.

K. Böhm. 4374□

Die Wirkung von Mucoproteinen in vivo und in Gewebekultur auf den Poliomyelitisvirus. N. Ercoli, G. Bobalik, R. K. Stubbs und O. Nunez-Montiel.

(Proc. Soc. exp. Biol. Med. **103**, 706—08, April 1960; Kaukakee, Ill., Armour Pharm. Co.; Caracas, Inst. Venezolano de Invest. Cient.; engl.) — Unabhängig von der Dosis u. Verabreichungsart (subkutan oder oral) erhöhen verschiedene *Mucoprotein*-Fraktionen aus der Magenschleimhaut des Schweines die Überlebensrate von mit Poliomyelitisvirus infizierten Mäusen von 5 auf 33,5%. Dagegen sind die *Mucoproteine* bei Gewebekulturen des Virus unwirksam. P. Gregorzewski. 4374□

E_4. Pflanzenchemie. Pflanzenphysiologie. Pflanzenpathologie

Die Wirkung des Respirationskohlendioxidkurven-Registriergerätes. J. Weldon Bellville und J. C. Seed. (Science [Washington] **130**, 1079—83, 23/10. 1959; New York, Sloan Kettering Inst.; Tuckahoe, N.Y., Wellcome Res. Labor.; engl.) — Vff. geben Wrkg.-Schema, Schaltbild u. die vom Gerät registrierten Kurven wieder. Die Wirkungsweise wird beschrieben. W. Hiller. 4400□

Die Verteilung einiger anorganischer Elemente in Pflanzengewebeextrakten. H. J. M. Bowen, P. A. Cawse und J. Thick. (J. exp. Botany **13**, 257—67, Mai 1962; Wantage, Berks., Res. Labor.; engl.) — Tomaten wurden in Nährlsg. kultiviert, die radioakt. *Ca, Co, Cu, Fe, Mg, Mn, Mo, K, Na, W* u. *Zn* enthielt. Danach wurde die Verteilung in folgenden Fraktionen bestimmt: A.- (I), HCl- (II), Aceton unlösl. (III), $HClO_4$-(IV), Nucleinsäure- (V), Soda- (VI) u. Restfraktion (VII). 97% des Ca waren in den Fraktionen II, III u. IV; 82% des Co in I u. II; Cu fand sich zu 9,1% in I, zu 72,3% in II u. zu 13,7% in IV; Fe zu 75% in II u. IV; Mg zu 87% in I u. II, Mn zu 94% in II; Mo zu 92% in I, II u. IV; K zu 88% in I u. II; Na zu 95% in I u. II; W zu 89% in I, II u. IV u. Zn zu 82% in II. W. Hiller. 4410□

Jodgehalt von Weidepflanzen. 1. Mitt. Bestimmungsmethode und Vorversuche über Art- und Stammunterschiede. June M. Johnson und G. W. Butler. (Physiol. Plantarum [Copenhagen] **10**, 100—11, 1957; Palmerston North, New Zealand, D.S.I.R., Plant Chemistry Laboratory; engl.) — Zur Best. des *Jod*-Geh. von Pflanzen modifizierten Vff. die Meth. von Fister zur Jod-Best. in Blut u. Schilddrüsengewebe. Der Jod-Geh. der untersuchten Weidepflanzen ist jahreszeitlichen Schwankungen unterworfen, ist aber unabhängig vom Jod-Geh. des Bodens. Die höchsten Werte wurden bei *Lolium perenne* u. *L. multiflorum* gefunden (146 bzw. 85 μg/100 g Trockengew.).
U. Eberhardt. 4410□

Untersuchungen über die Alkaloide von Rauwolfiaserpentina Benth. und die Art ihres Vorkommens. Salimuzzaman Siddiqui, S. A. Warsi und M. Alauddin. (Pakistan J. sci. ind. Res. **2**, 80—85, April/Juli 1959; Karachi, Pakistan Council of Scient. and Industr. Res.; engl.) — Vgl. Pakistan J. sci. ind. Res. **1**, [1958], 3. — Vff. geben ein Verf. an zur Extraktion u. Isolierung der Alkaloide von *Rauwolfia serpentina* Benth. 16 kg frische Wurzeln 21 Monate alter Pflanzen werden mit A. extrahiert. Nach Einengen des A.-Extraktes werden die Alkaloide entsprechend ihrer Löslichkeit durch Extraktion mit PAe., Essigsäureäthylester, Amylalkohol u. W. in definierte Fraktionen aufgetrennt. Das in PAe. lösl. Alkaloidgemisch wird als „Resajmalin" (55 g Ausbeute) bezeichnet u. enthält 2,3% *Reserpin*, 0,5% *Rescinnamin*, einige andere schwächere Basen u. Spuren *Ajmalin*. Bei der Aufarbeitung konnten außerdem *Serposterin*, F. 160°, *Neoajmalin*, F. 205°, u. *Ajmalicin*, F. 250—254°, isoliert werden. — Das in Essigsäureäthylester lösl., in PAe. u. W. unlösl. Alkaloidgemisch (24 g Ausbeute) wird „Ajmalexin" genannt u. enthält vorwiegend die Alkaloide der Ajmalingruppe u. die schwächeren Basen einschließlich 5,5 % *Reserpin* u. 2,5% *Rescinnamin*. Aus 6 g „Ajmalexin" wurden 0,19 g *Reserpin*, F. 268—271°, erhalten. — Im „Serpajmalin" (Ausbeute 97 g) sind die in Essigsäureäthylester unlösl. u. in Amylalkohol lösl. Alkaloide enthalten. Durch Aufarbeitung lassen sich *Ajmalin*, *Serpentin* [Hydrojodid, F. 278° (Zers.)], *Serpentinin*, F. 264°, sowie zwei unbekannte Verbb. isolieren. Es wurde eine Verb. isoliert, die bei 300—310° sublimiert u. wahrscheinlich mit *Serpinin* ident. ist. Das „Serpajmalin" von im Januar geernteten Wurzeln enthält nur *Neoajmalin*, F. 205—207°. — Vff. untersuchen weiterhin die Veränderungen der Serpajmalin-, Ajmalexin- u. Resajmalin-Geh. während einer Wachstumszeit von 21 Monaten. D. Groß. 4420□

Über die Isolierung von Rutosid aus den Blättern der Vogelkirsche (Prunus avium) und das Vorkommen dieses Flavonheterosids in den Blättern der Aprikose (Prunus armeniaca), der Pflaume (Prunus domestica) und der Schlehe (Prunus spinosa). Lucien Cronenberger. (C. R. hebd. Séances Acad. Sci. **249**, 2423—24, 30/11. 1959; Lyon, Fac. des Sci., Labor. de Chim. biol.; franz.) — Aus dem alkohol. Extrakt grüner Blätter von *Prunus avium* wird durch Pb-Acetatfällung u. Chromatographie *Rutosid* [I; *Dihydrat*, $C_{27}H_{30}O_{16} \cdot 2\,H_2O$, F. 190°; R_F 0,75 (60%ig. Essigsäure),

0,64 (Butanol/Eisessig/W., 4:1:5), 0,50 (15%ig. Essigsäure), 0,56 (Isopropanol/W., 22:78), 0,21 (2%ig. Essigsäure)] isoliert u. durch direkten Vgl. mit authent. I, das UV-Spektrum (vgl. Original) sowie Hydrolyse zu je 1 Mol *Glucose*, *Rhamnose* u. *Quercetin* identifiziert. Papierchromatograph. wird I auch in Blättern von *P. armeniaca*, *P. domestica* u. *P. spinosa* nachgewiesen. F. Heller. 4420□

Die Isolierung von β-Amyrin aus Orthosiphon stamineus Benth. Pier Filippo Rossi und Gaetano di Modica. (Atti Accad. Sci. Torino, Cl. Sci. fisiche, mat. natur. **93**, 461—65, 1958/59; ital.) — Aus dem Unverseifbaren des PAe.-Extraktes von *Orthosiphon stamineus* Benth. werden *α-Amyrin* [*Benzoyl-Deriv.*, F. 189—190° (Chlf./CH_3OH)] sowie *β-Amyrin* [$C_{30}H_{50}O$, F. 196—197° (CH_3OH); $[\alpha]_D^{22}$ +85,5° (c = 1,49; Chlf.). *Acetyl-Deriv.*, $C_{32}H_{52}O_2$, F. 239° (CH_3OH); $[\alpha]_D^{22}$ +83° (c = 2,03; Chlf.). *Benzoyl-Deriv.*, $C_{37}H_{54}O_2$, F. 231,5—233° (A./Bzl.); $[\alpha]_D^{22}$ +96° (c = 1,75; Chlf.)] durch Chromatographie der Benzoyl-Derivv. an Al_2O_3 abgetrennt. F. Heller. 4420□

Über das gleichzeitige Vorkommen von Cumarin, o-Cumarinsäure und Melilotsäure bei Gliricidia sepium und Dipterix odorata. L. A. Griffiths. (J. exp. Botany **13**, 169—75, Mai 1962; Trinidad, Westindien, Univ. Coll. of the West Indies, Fac. of Agricult (I.C.T.A.); engl.) — Vf. untersuchte Blattgewebe verschiedenen Alters von *Gliricidia sepium* (G.s.) u. *Dipterix odorata* (D.o.) auf das Vork. von *Cumarin* (I), *Cumarinsäure* (II) u. *Melilotsäure* (III). Bei G.s. u. D.o. nahmen I u. II mit dem Alter ab. Der I-Geh. fiel bei G.s. in alten Blättern auf ca. $^1/_{10}$. III stieg in der gleichen Pflanze in alten Blättern auf das 8fache im Vgl. zu jungen an. Bei D.o. blieb der III-Geh. in den Blättern konst. im Verlaufe des Alterungsprozesses. In D.o.-Blättern wurden noch p-II, *Salicyl-*, *Ferula-* u. *p-Hydroxybenzoesäure* gefunden. Die höchsten Geh. waren hier in älteren Blättern. W. Hiller. 4420□

Pigmente der Blüten von „Fu-Yong" (Hibiscus mutabilis L.). Ping-Yuan Yeh, Wei-Fu Ling und Reiko Takasaka. (Science [Washington] **128**, 312, 8/8. 1958; Taiwan Univ., Dep. of Chem.; engl.) — Durch Extrahieren der rosafarbenen äußeren Blütenblätter von *Hibiscus mutabilis* L. mit alkohol. HCl u. Hydrolyse des Extraktes wird als einziges Anthocyanidin durch direkten papierchromatograph. Vgl. mit einem authent. Präp. *Cyanidin* (R_F 0,38; Eisessig/36%ig. HCl/W., 5:1:5) nachgewiesen. In dem bei der Hydrolyse gebildeten Nd. wird durch die orangerote Farb-Rk. mit Mg/HCl das Vork. von Flavonen wahrscheinlich gemacht. F. Heller. 4420□

Die Flavonoidglykoside von Dahlia variabilis. 2. Mitt. **Glucoside der gelben Varietäten Pius IX und Coton.** C. G. Nordström und T. Swain. (Arch. Biochem. Biophysics **60**, 329—44, Febr. 1956; Cambridge, Univ., Low Temp. Stat. Res. in Biochem. and Biophysics and Dep. of Sci. and Ind. Res.; engl.) — Vgl. C. **1950/54**, 4034 S. — Die Isolierung von *3'.4'.6-Trihydroxyauron* (P_2) (I) aus *Pius IX* wird beschrieben. Aus der Varietät Coton wurden folgende Komponenten isoliert: I-*6-monoglucosid*, I-*6-diglucosid*, *Liquiritigenin-7-monoglucosid*, *Liquiritigenin-7-diglucosid*, *Butein-4-monoglucosid*, *2.4.4'-Trihydroxychalcon-4-monoglucosid* u. *2.4.4'-Trihydroxychalcon-4-diglucosid*. Die R_F-Werte u. die UV-Absorptionsbanden sind angegeben. Die Synth. einer Reihe von Vgl.-Substanzen wird beschrieben.

Versuche: *3'.4'.6-Trihydroxyauron* (P_2) (I), $C_{15}H_{10}O_5$, F. 312° (Zers.), 1. aus 500 g Blütenblättern, 0,54 g (Ausbeute), orange Kristalle. — *-triacetat*, $C_{21}H_{16}O_8$, F. 168—169°, blaßgelbe Rhomben. — *-trimethyläther*, $C_{18}H_{16}O_5$, F. 184—185°, aus P_2 mit K_2CO_3/Dimethylsulfat, blaßgelbe Kristalle, 2. F. 315° (Zers.), durch Kondens. von 6-Hydroxycumaranon-(3) (0,2 g) u. Protocatechualdehyd (0,19 g) in A. bei Ggw. von konz. HCl, 100°, 30 Min. 0,22 g, orangefarbene kleine Kristalle (verd. A.). — *-triacetat*, $C_{21}H_{16}O_8$, F. 167—168°, cremefarbene Nadeln. — *-trimethyläther*, $C_{18}H_{16}O_5$, F. 186°, gelbe Nadeln. — *6-Hydroxy-3'.4'-dimethoxyauron*, $C_{17}H_{14}O_5$, F. 221—222°, aus 0,5 g 6-Hydroxycumaranon-(3) u. 0,62 g Veratraldehyd in A., Verdünnen mit W. u. Ansäuern, gelbe mkr. kleine Kristalle (A.), 0,8 g. — *4'-Benzyloxy-6-hydroxy-3-methoxyauron*, $C_{23}H_{18}O_5$, F. 259—260°, wie vorst. Verb., nur statt Veratraldehyd Benzyl-O-vanillin, gelbe Nadeln. — *4'-Benzyloxy-3'.6-dimethoxyauron*, $C_{24}H_{20}O_5$, F. 170—171°, durch Methylierung vorst. Verbindung. — *4'-Hydroxy-3'.6-dimethoxyauron*, $C_{17}H_{14}O_5$, F. 196—197°, durch Entbenzylierung vorst. Verb., gelbe Nadeln (A.). — Chalcone: durch Kondens. äquimol. Mengen des entsprechenden Acetophenons u. Benzaldehyd in alkohol. Alkali bei Raum-Temp., Ansäuern mit verd. Essigsäure u. Umkristallisieren. — *4'-Hydroxy-2.3'.4'-trimethoxychalcon*, öliges Prod., papierchromatograph. einheitlich. — *7-Hydroxy-3'.4'-dimethoxyflavanon*, $C_{17}H_{16}O_5$, F. 141—142°, aus Resacetophenon u. Veratraldehyd, blaßgelbe Nadeln (A.). Flavanone: mit 2n HCl, 100°, 2 Std., aus Chalcon, 90—100% (Ausbeute).

W. A. Schäfer. 4420□

Die Flavonoidglykoside von Dahlia variabilis. 3. Mitt. **Glykoside weißer Varietäten.** C. G. Nordström und T. Swain. (Arch. Biochem. Biophysics **73**, 220—23, Jan. 1958; engl.) — 2. vgl. vorst. Referat. — Fortsetzung der Arbeiten über papierchromatograph. Trennung von Flavonoiden aus den Petalen der Zungenblüten der elfenbeinfarbenen Varietät ‚Helly Boudewyn' (a) u. der weißen Varietät ‚Clare White' (b). In a wurden *Apigenin*, *-4'-glucosid*, *-7-glucosid*, *-7-rhamnoglucosid*, *Luteolin*, *-7-diglucosid* u. eine noch nicht identifizierte Verb. gefunden. b enthielt 6 Aglykone, von denen 2 als *Naringenin* u. *Eriodictyol* identifiziert werden konnten. Weiter wurden gefunden *Protocatechusäure* u. *Phloracetophenon* mit Spuren von *Resacetophenon* u. *Resorcylsäure*, *Gallussäure* mit einer Spur von *p-Hydroxybenzoesäure*. G. Casperson. 4420

Die Flavonoidglykoside von Dahlia variabilis. 4. Mitt. **3-Glucosido-5-arabinosidocyanidin aus der Varietät Dandy.** C. G. Nordström. (Acta chem. scand. **10**, 1491—96, 1956; Helsingfors, Univ., Inst. of Chem.; engl.) — 3. vgl. vorst. Referat. — Das aus den Blütenblättern der blauen Gartendahlie ‚Dandy' isolierte *Anthocyan* (I) wird chromatograph. gereinigt u. zeigt dann an Whatman Nr. 3 MM folgende R_F-Werte: 0,08 (Butanol–Essigsäure–W.; 6 : 1 : 2), 0,03 (Butanol–2n HCl), 0,32 (Aceton–0,1n HCl; 1 : 3), λ_{max} 533 mμ. Hydrolyse von I mit HCl bei 100° liefert zunächst *3-Glucosidocyanidin* (λ_{max} 536 mμ), dann *Cyanidin* (λ_{max} 545 mμ [ε = 29270]) u. *Glucose*. Die Stellung der Arabinose im I-Mol. wird durch Methylierung mit $(CH_3)_2SO_4$ u. n NaOH u. Hydrolyse zu *Cyanidin-3'.4'.5.7-tetramethyläther* durch alkal., dann saure Hydrolyse des Tetra-O-methyl-Deriv. von I zu *Phloroglucindi-* u. *-trimethyläther* u. *Veratrumsäure* bewiesen. Das Mol-Verhältnis Cyanidin: Glucose: Arabinose wird spektrophotometr. u. colorimetr. ermittelt. Zum Vgl. mit I werden *Mecocyanin* u. *Cyanin* papierchromatograph. untersucht. E. Hanschke. 4420

Über die Vitamine der Samen von Coffea arabica L. (Moka). 1. Mitt. **Der Gehalt an Thiamin, Phosphorsäureestern und Thiochrom in rohen und gerösteten Kaffeebohnen.** Angela Jole Siesto. (Quarderni Nutriz. **19**, 129—35, Mai/Aug. 1959; Roma, Univ., Ist. die Farmacol.; ital.) — Rohe Kaffeebohnen enthalten 0,8 mg% *Thiochrom* (I), 1,168 mg-% *Thiamin* (II) u. kleine Mengen *Thiaminphosphorsäureester*. Bei 150° gerösteter Kaffee enthält noch 75% der ursprünglichen Mengen I u. II, während bei 250° gerösteter Kaffee ebenso wie Kaffee Hag nur noch 25% I u. Spuren an II enthält. F. Heller. 4425□

Untersuchungen über Thiamin bei Getreide und Bohnen mittels der photographischen Methode. 5. Mitt. **Verteilung von Thiamin in Bohnenkeimlingen in verschiedenen Stadien der Dunkelkeimung.** Shinjiro Chikubu, Hisaya Horiuchi, Masaki Furuya und Shigeya Niizeki. (J. agric. chem. Soc. Japan [Nippon Nōgei-Kagaku Kaishi] **30**, 7—11, 1956; jap., Auszug: engl.) — 4. vgl. C. **1962**, 13090. — Bei photograph. Beobachtung der Thiochromfluorescenz während 14tägiger Keimung von Bohnen (kidney beans) bei 25° im Dunkeln ergibt sich: Der *Thiamin* (I)-Geh. in den Keimblättern nimmt nach 2tägiger Keimung ab, im Embryo aber rasch zu. Der I-Geh. im Gesamtsamen nimmt nach 2tägiger Keimung ab. Vff. führen dies darauf zurück, daß die Keimung im Dunkeln erfolgt, wobei keine I-Synth., wohl aber fortlaufend Verbrauch erfolgt. Während der 14tägigen Keimung ist keine auffallende Veränderung in der I-Fluorescenz in irgend einem Teil des Samens zu beobachten. Wenn die Seitenwurzeln sich entwickeln, konz. sich die Fluorescenz jedoch im Primordium u. Procambium der Übergangsregion, bes. in der sich lebhaft entwickelnden Fraktion. L. Schuler. 4425□

Sporenkeimung. 1. Mitt. **Aktivatoren.** F. Heiligman, N. W. Desrosier und H. Broumand. (Food Res. **21**, 63—69, Jan./Febr. 1956; Lafayette, Ind., Purdue Univ., Dep. of Horticult.; engl.) — Unterss. über den Einfl. mehrerer biolog. wirksamer Stoffe auf die Sporenkeimung von *Bacillus thermoacidurans* F. S. 787, *B. globigii* u. anaerobes Fäulnisbakterium 3679 zeigen, daß die Keimung nur in Substraten erfolgt, die Kohlenhydrate oder verwandte Verbb. als Energiequelle enthalten. Phosphate spielen bei der Keimung eine wichtige Rolle. Auf Fettsäuren als Energiequelle der Keimung sprechen die Sporen nicht an. Von den untersuchten Aminosäuren hat nur *l-Alanin* (I) einen stimulierenden Einfluß. Die stärkste Keimung zeigt sich, wenn das Substrat *Glucose*, I u. *Adenosin* gemeinsam enthält. W. Wesly. 4455□

Sporenkeimung. 2. Mitt. **Inhibitoren.** F. Heiligman, N. W. Desrosier und H. Broumand. (Food Res. **21**, 70—74, Jan./Febr. 1956; engl.) — 1. vgl. vorst. Referat. — *Malonsäure* wirkt auf die Sporenkeimung von *B. thermoacidurans* F. S. 787 in Substraten, die Säuren des Krebs-Cyclus enthalten, als Inhibitor; sie inhibiert den Stoffwechsel von *Citronen-* u. *Bernsteinsäure*, hat aber nur geringen oder keinen Einfl. auf *Fumar-* u. *Maleinsäure* als Energiequellen der Keimung. Die stimulierende Wrkg. von Glucose oder brenztraubensaurem Na auf die Keimung wird durch Stoffe inhibiert, die

die Oxydation dieser Verbb. inhibieren. Atmungsinhibitoren wie 2.4-Dinitrophenol, Na_3AsO_4, NaN_3, Na_3AsO_3, NaF u. Jodessigsäure vermindern die Zugänglichkeit zu mehreren, üblichen Energiequellen, wodurch die Keimung verzögert wird.

W. Wesly. 4455□

Calcium und die Regulierung der Lignifikation in Gewebekulturen. Jacques Lipetz. (Amer. J. Bot. **49**, 460—64, Mai/Juni 1962; New York, N.Y., Rockefeller Inst.; engl.) — Bei niedrigen *Ca*-Geh. zeigen Kronengallengewebe von *Helianthus, Parthenocissus, Nicotiana* u. normale Gewebe von Möhren u. *Parthenocissus* stärkere Verholzung. Die Verholzung erfolgt sowohl an tracheidalen als auch an parenchymalen Zellwänden. Sr u. Mg können Ca nicht ersetzen. W. Hiller. 4460□

Zur Frage der Biosynthese von Allantoin und Allantoinsäure in höheren Pflanzen. 2. Mitt. **Die Ureidsynthese in Allantoinsäurepflanzen.** H. Reinbothe. (Flora [Jena] **150**, 474—92, 29/4. 1961; Halle/Saale, Martin-Luther-Univ., Inst. für Allg. Bot. u. Dt. Akad. der Wiss., Inst. für Biochem. der Pflanzen; dt.) — In chlorophylldefekte Blätter von *Acer negundo, Aesculus hippocastanum* u. *Pelargonium zonale* sowie in weiße Früchte von *Acer negundo* werden $^{14}C_{(1)}$- u. $^{14}C_{(2)}$-*Glycin*, $^{14}C_{(1.2)}$-*Glyoxylsäure* (I) u. ^{14}C-*Harnstoff* (II) appliziert. Nach unterschiedlichen Inkubationszeiten bestimmt Vf. radioautograph. die Verteilung der Radioaktivität. Bei Applikation von ^{14}C-Glycin sind Allantoin, Allantoinsäure u. von den Aminosäuren hauptsächlich Serin radioaktiv. Nur aus $^{14}C_{(2)}$-Glycin wird **II** gebildet. **I** wird schon nach kurzer Zeit in radioakt. Glycin u. Serin umgewandelt u. nimmt über diese Verbb. an der Ureid-Synth. teil. **II** wird nur wenig gespalten, verbindet sich aber leicht mit **I** zu Allantoinsäure. Für die Allantoin-Synth. durch Kondens. von **II** u. **I** wird ein hypothet. Bldg.-Schema angegeben u. ausführlich diskutiert.

D. Groß. 4460□

Untersuchungen zum Phosphathaushalt von Grünalgen. 3. Mitt. **Das Verhalten der Zellfraktionen von Scenedesmus quadricauda (Turp.) Bréb. im Tagescyclus unter verschiedenen Belichtungsbedingungen und bei verschiedenen Phosphatverbindungen.** J. Overbeck. (Arch. Mikrobiol. **41**, 11—26, 1962; Potsdam-Sanssouci, Bot. Inst.; dt.) — Vf. untersucht die *P*-Aufnahme aus KH_2PO_4, $Na_4P_2O_7$, *Na-Glycerophosphat, Na-Nucleinat* u. *Ca-Phytat* unter verschiedenen Belichtungsbedingungen (16 : 8, 12 : 12, Dauerlicht, Dauerdunkel). Der bei weitem größte Teil der Zellphosphate ist in *Trichloressigsäure* (**I**) unlöslich. Bei längeren Belichtungszeiten steigt das in **I** lösl. Phosphat an. *Pyrophosphat* u. *organ. Phosphate* können von *Scenedesmus* nicht verwertet werden, die Zellen zeigen hier P-Mangelsymptome. Die Ergebnisse beweisen, daß zum Einbau des Phosphats in die in **I** unlösl. Fraktion kein Licht erforderlich ist. Neben der photosynthet. Phosphorylierung existiert demnach noch eine lichtunabhängige Phosphorylierung.

W. Hiller. 4460□

Der Einfluß von Alkyl-N-phenylcarbamaten auf die photolytische Aktivität isolierter Chloroplasten. D. E. Moreland und K. L. Hill. (J. agric. Food Chem. **7**, 832—37, Dez. 1959; Raleigh, N.C., North Carolina State Coll., U. S. Dep. of Agric. Field Crops Dep.; engl.) — Die photochem. Aktivität isolierter Chloroplasten aus Weißen Rübchen (Brassica sp.) wurde nach Zugabe verschiedener Derivv. von Phenylcarbaminsäureestern potentiometr. bestimmt. Jede Probe enthielt 0,0002 m Kaliumferricyanid, 0,01 m KCl, 0,17 m Saccharose, 0,05 m Kaliumphosphatpuffer von pH 6,85, 2 Vol.-% A. u. Chloroplasten mit 0,3 mg Chlorophyll. Die Rk.-Gefäße wurden mit N_2 durchspült, mit 2800 food candles bestrahlt u. in Abständen von 4 Min. der Übergang $Fe^{3+} \rightarrow Fe^{2+}$ potentiometr. gemessen. Folgende Verbb. wurden geprüft: *N-Phenylcarbaminsäureisopropylester, N-[2-Chlorphenyl]-, N-[3-Chlorphenyl]-, N-[4-Chlorphenyl]-, N-[2.3-Dichlorphenyl]-, N-[2.4-Dichlorphenyl]-, N-[2.5-Dichlorphenyl]-, N-[3.4-Dichlorphenyl]-, N-[3.5-Dichlorphenyl]-, N-[m-Trifluormethylphenyl]-, N-[m-Bromphenyl]-, N-[m-Methylphenyl]-, N-[m-Äthoxyphenyl]-, N-[m-Nitrophenyl]-, N-[m-Hydroxyphenyl]-, N-[m-Acetophenyl]-, N-[m-Cyanphenyl]-carbaminsäureisopropylester* u. die *Methyl-, Äthyl-, n-Propyl-, n-Butyl-, sek.-Butyl-, Amyl-, Hexyl-, Capryl-* u. *Laurylester der N-[3-Chlorphenyl]-carbaminsäure.* Weiterhin *N-Phenyl-, N-Äthyl-N-phenyl, N.N-Diphenyl-, N-Phenyl-N-benzylcarbaminsäureäthylester, N-Phenylthiocarbaminsäureisopropylester* u. *3-Chlorisobutyranilid.* Die Hill-Rk. wird von solchen *Alkyl-N-phenylcarbamaten* am stärksten gehemmt, die ein freies Iminwasserstoffatom besitzen; dessen Substitution durch *Alkyl-* oder *Aryl-* führt zur Verminderung oder zum Verschwinden der Hemmung. Von den untersuchten Substanzen erwiesen sich die *Propyl-* u. *Butylester* der *Phenylcarbaminsäure* u. von den ringchlorierten Derivv. die *m-Chlorphenylcarbaminsäureester* am wirksamsten.

W. Schenk. 4460

Die Wirkung von Kohlendioxidkonzentration, Lichtintensität und Isonicotinylhydrazin auf die photosynthetische Produktion von Glykolsäure durch Chlorella. G. G. Pritchard, Wendy J. Griffin und C. P. Whittingham. (J. exp. Botany **13**,

176—84, Mai 1962; Univ. of London, Queen Mary Coll., Dep. of Bot.; engl.) — Die *Glykolsäure* (I)-Bldg. zeigte ein Maximum bei geringen CO_2-Konzz. (0,1% CO_2) u. tendiert nach Null bei CO_2-Sättigung der Photosynthese. 0,4% CO_2 zeigen nur $^1/_{10}$ der I-Bldg. im Vgl. zu 0,1%. Eine I-Bldg. wird meßbar bei Intensitäten über 200 lux, sie steigt mit zunehmender Lichtintensität bis 60000 lux. Die Zunahme hat die gleiche Charakteristik wie eine Wachstumsfunktion. Zusatz von *Isonicotinylhydrazin* (II, 10^{-2}m) stimuliert die I-Bldg. auf das 3fache. Vff. nehmen an, daß Ribulosediphosphat die Vorstufe der I ist u. daß II den weiteren Stoffwechsel von I hemmt. W. Hiller. 4460□

Die Photosyntheserate in isolierten Chloroplasten. U. Heber und E. Tyszkiewicz. (J. exp. Botany **13**, 185—200, Mai 1962; Berkeley, Calif., Univ. of California, Dep. of Chem. and Lawrence Radiation Labor.; engl.) — Vff. untersuchten Chloroplasten in wss. (a) u. nichtwss. Medium (b). Herst. von a: Isolierung der Chloroplasten im gepufferten Saccharosemedium nach der Meth. Hohn-Hansen u. Mitarbeiter (Physiol. Plantarum [Copenhagen] **12**, [1959], 475), Verdünnen mit W. u. Beschallen. Herst. von b: Isolierung mit CCl_4–PAe. (ausführlich beschrieben), Filtrieren durch Baumwolle u. Zentrifugieren. Bei a gehen 50% der lösl. Proteine während der Isolierung verloren. Bei b bleiben alle lösl. Enzyme erhalten, daß Präp. hat jedoch die Fähigkeit verloren, die Licht-Rk. der Photosynth. durchzuführen. Vff. stellten ein Chloroplasten-Syst. her, indem zu a lösl. Enzyme von b zugefügt werden u. bestimmten die Aktivität des neuen Chloroplastenpräparates. Folgende Eigg: wurden gefunden. Die CO_2-Fixierung war 3—4mal höher als bei a (ca. 4 μMol/mg Chlorophyll/Std.). Während der Lichtfixierung akkumulierte das Syst. *Phosphorglycerinsäure*. Die CO_2-Fixierung konnte bis 12 μMol/mg Chlorophyll/Std. durch Zusatz von *Adenosintriphosphat* u. *red. Triphosphopyridinnucleotid* gesteigert werden. Mit der hergestellten Präparation ist es möglich eine CO_2-Fixierung von 15% im Vgl. zu ganzen intakten Blättern zu erreichen, d. h. das 15fache der bisher üblichen Präparate. W. Hiller. 4460□

Eine quantitative Untersuchung der Fixierung und Übertragung des Stickstoffes bei Alnus. W. D. P. Stewart. (J. exp. Botany **13**, 250—56, Mai 1962; Univ. of Glasgow, Dep. of Bot.; engl.) — *Alnus* wurde in N-freier Nährlsg. kultiviert. Nach einer bestimmten Zeit wurde die Knötchen-Bldg. durch Inokulation induziert. 15 Tage nach Inokulation konnten die Knötchen entdeckt werden. Das Maximum der N-Fixierung lag bei 2,5 mg per Tag bei Ende August. Danach erfolgte starker Abfall. Die Übertragungsrate des in den Knöllchen fixierten N stieg von Juni bis September von 88 auf 100% an. Die jungen Knöllchen sind aktiver in der N-Fixierung als die älteren.
W. Hiller. 4470

Untersuchung über die physiologische Rolle des Phosphors in höheren Pflanzen. 5. Mitt. **Gerste. Einfluß der gegenseitigen Beziehungen zwischen Phosphor, Stickstoff, Eisen und Mangan auf den Stoffwechsel der Kohlenhydrate und N-Verbindungen bei der Gerste.** Akio Fujiwara und Koji Ohira. (J. Sci. Soil Manure, Japan [Nippon Dozyo-Hiryo-Gaku Zasshi] **31**, 105—12, Juni 1960; jap.) — 4. vgl. J. Sci. Soil Manure, Japan [Nippon Dozyo-Hiryo-Gaku Zasshi] **31**, 53, Mai 1961. — Nach den gleichen Verff. wie bei Reis (l. c.) werden in verschiedenen Stadien des Wachstums der *Gerste* die Geh. an Gesamt-N, Eiweiß-, NO_3^--, NH_4^+- u. Amid-N, Gesamtkohlenhydrate (KH), Rohstärke, reduzierenden u. nichtreduzierenden Zuckern bestimmt u. folgende Zusammenhänge mit der Mn-, N- usw. -Düngung festgestellt: Als verwertbare N-Quelle ist der NO_3^-—N dem NH_4^+—N deutlich überlegen. Mn-Mangel ergibt einen hemmenden Einfl. auf die Speicherung der KH; der Gesamt-N steigt ungewöhnlich an, oder, bei gutem Wachstum, steigt der Anteil an reduzierendem Zucker im lösl. Zucker stark an, darin vom Sumpfreis abweichend. L. Schuler. 4470□

Über die Ernährungsphysiologie von veredelten Pflanzen. 5. Mitt. **Unterschiede im Aufnahmevermögen von Wurzeln für schwerlösliche Phosphorsäure.** 1. Teil. **Aufnahmevermögen von gepfropften Tomaten für Phophorsäure aus Mineralphosphat.** Kyoji Otsuka. (J. Sci. Soil Manure, Japan [Nippon Dozyo-Hiryo-Gaku Zasshi] **31**, 116 bis 119, Juni 1960; jap.) — Vgl. J. Sci. Soil Manure, Japan [Nippon Dozyo-Hiryo-Gaku Zasshi] **30**, [1959], 105; 4. vgl. J. Sci. Soil Manure, Japan [Nippon Dozyo-Hiryo-Gaku Zasshi] **28**, [1957], 303. — In Topfkulturen wird das Wachstum u. Aufnahmevermögen (AV, in Blatt u. Stengel) für Ca u. P [aus Floridaphosphat (I) usw. im Vgl. mit Thomassuperphosphat (II)] von Tomatenpflanzen, die auf eigner (T) u. Daturaunterlage gepfropft (T/D) waren, verglichen, zugleich auch mit dem bei Mischungspflanzung (MPf) verschiedener Pfropfungen im gleichen Topf. Das AV für P aus I u. II ist deutlich verschieden je nach der Unterlage, wobei ein gutes AV für Ca einem guten für P parallel geht. Bei T/D ist das Ca-AV kaum 50% von jenem bei T, während jene für P nicht stark unterschieden sind. Für Ca u. P zeigen die Wurzeln individuelles Verhalten. Durch MPf werden Wachstum u. P- u. Ca-AV von T/D auffallend erniedrigt, während das entsprechende

AV von T durch Ggw. von T/D erhöht wird. Ein Vorteil für die Aufnahme von schwerlösl. P durch MPf mit Pflanzen mit gutem P-AV ließ sich nicht nachweisen.
L. Schuler. 4470□

Düngeprüfungen an essentiellen Spurenelementen und Phosphaten anderer Schwermetalle. 3. Mitt. **Düngewirkung an Gerste.** Akio Fujiwara und Hiroshi Tatekawa. (J. Sci. Soil Manure, Japan [Nippon Dozyo-Hiryo-Gaku Zasshi] **31**, 95—98, Juni 1960; jap.) — 2. vgl. J. Sci. Soil Manure, Japan [Nippon Dozyo-Hiryo-Gaku Zasshi] **31**, 63, Mai 1960. — Zur Prüfung der Wrkg. auf Wachstum, Aufnahme u. Verteilung der Elemente auf Wurzel, Halm, Ähre usw. von *Gerste* werden die *Phosphate* von *Cu*, *Zn* u. *Co* mit jenen von *Na*, *Ca* u. *Mg* im Verhältnis $5 \cdot 10^{-4}$/Liter in je 3,5 kg vulkan. Aschenboden von Sento (Miyagi-Ken) eingebracht u. außerdem als Grundelemente noch je 0,4 g N als $(NH_4)_2SO_4$, 0,3 g P_2O_5 u. 0,4 g K_2O als KCl u. 1,5 g $MgSO_4$. Da für jedes Metallphosphat die Herauslösbarkeit (zur Aufnahme in die Pflanze) für PO_4^{3-}- u. Metallion abweicht, zeigt sich als Endeffekt für das Wachstum der Gerste, daß der PO_4^{3-}-Effekt u. der (schädliche) des Metallions eine algebraische Summe bilden. Für den Fall des an Cu u. Zn mangelnden Sentobodens wirken die Phosphate der Metalle als Quelle für diese essentiellen Spurenelemente. L. Schuler. 4470□

Durch Gaben von K, Ca und Mg verursachte Variationen von Youngs Modul bei Nutzpflanzen. 5. Mitt. **Variationen von Youngs Modul durch Magnesiumgaben.** Takeshi Hashimoto. (J. Sci. Soil Manure, Japan [Nippon Dozyo-Hiryo-Gaku Zasshi] **31**, 99—104, Juni 1960; jap.) — 4. vgl. J. Sci. Soil Manure, Japan [Nippon Dozyo-Hiryo-Gaku Zasshi] **30**, [1960], 577. — Nach den Verff. l. c. werden Topf- bzw. Freilandkulturen von Weizen, Sumpfreis u. Binsen mit Gaben von (g/Topf) 0,4 KCl u. 0—62 $MgSO_4 \cdot 7\,H_2O$ gedüngt, überpflanzt usw. u. jeweils der Einfl. auf den Young-Modul (YM) des Stengels sowie der Zusammenhang mit anderen Faktoren wie Geh. an Lignin, K + Na, Rohfaser, SiO_2 usw. untersucht. Mit steigenden *Mg*-Gaben nimmt der Mg-Geh. bei allen Pflanzen zu, bes. bei Rotklee u. Binsen. Die Mg-Gaben haben auf den *Ca*-Geh. einen hemmenden Einfl., bes. bei Rotklee, auch gegenüber dem *K*-Geh., mit Ausnahme der Binsen. Der YM zeigt mit zunehmenden Mg-Gaben eine steigende Tendenz. Bei Rotklee zeigen die Pflanzen auf den nicht mit Mg gedüngten Beeten an den unteren Stengelabschnitten bes. hohen YM. Bei Sumpfreis u. Weizen besteht zwischen dem YM u. dem Geh. an K + Na sowie $K_p + Na_p$ eine negative Beziehung, nicht aber bei Rotklee u. Binsen. Wird der Lignin (**I**)-Geh. bei den Binsen größer als bei den früheren Verss., so zeigt sich deutlich eine lineare Beziehung zwischen **I**-Geh. u. YM. L. Schuler. 4470□

Über den Einfluß von Molybdän auf das Wachstum von Salat und auf die Pigmentanreicherung. A. W. Leschina. (Доклады Аладемии Наук БССР [Ber. Akad. Wiss. BelorussSSR] **4**, 316—17, Juli 1960; Beloruss. Lenin-Univ.; russ.) — Wachstum sowie *Chlorophyll*- u. *Carotinoid*-Geh. von Salat werden durch Beimengungen von 0,25—1,0 mg Mo/Liter zur Nährfl. erhöht. Die stärkste Wrkg. wird durch 1 mg Mo/Liter bei gleichzeitiger Beimengung von Br, Mn u. Cu hervorgerufen.
I. v. Kloch-Kornitz. 4470□

Wirkung von Kieselsäure und Kieselsäureschlacke auf Sumpfreis. 3. Mitt. **Änderungen im N-Stoffwechsel von Sumpfreis durch Gaben von Kieselsäure.** Hiroshi Miyoshi und Hideyuki Ishii. (J. Sci. Soil Manure, Japan [Nippon Dozyo-Hiryo-Gaku Zasshi] **31**, 113—15, Juni 1960; jap.) — 2. vgl. C. **1961**, 11866. — Bei 2 Reihen von Wagner-Pflanztöpfen mit u. ohne SiO_2 (**I**; 10 g, als Gel) u. 6 abgestuften Zugaben an $(NH_4)_2SO_4$, neben 2 g KCl usw. werden die Wrkg. auf das Wachstum u. den Geh. an **I** u. *N* in verschiedenen Pflanzenteilen in verschiedenen Wachstumsperioden untersucht Durch **I** wird die N-Aufnahme für Stengel u. Halm gehemmt u. deren N-Geh. vermindert, jener des Ährenteils erhöht. In jedem Zeitabschnitt wird N aus den unteren, mittleren u. oberen Halminsertionen nach den akt. Stellen transportiert, so daß die neuen Triebe gut gedeihen, junge Ähren gebildet werden u. gut zur Reife gelangen. Unter dem Einfl. von **I** wird durch steigende N-Gaben das Niveau der jeweils zuträglichsten N-Menge erhöht.
L. Schuler. 4470□

Untersuchungen über Determination und Differenzierung. 5. Mitt. **Über die Wirkungsweise des Wuchsstoffes in dem Epikotyl von Phaseolus.** P. Boysen Jensen. (Kong. danske Vidensk. Selsk., biol. Medd. **23**, Nr. 8, 1—51, 1958; Kopenhagen, Univ., Pflanzenphysiolog. Labor.; dt.) — 4. vgl. C. **1958**, 4513. — Es wird der Einfl. von *Indolyl-(3)-essigsäure* auf das Epikotylwachstum untersucht. Bei waagerechter Lage ist die **I**-Konz. auf der unteren Seite höher als in der oberen. Wenn durch Drehung um 180° die Wuchsstoff-Konz. vertauscht wird, geht das schnelle Wachstum mit der Bldg. dünnwandiger Zellen in ein langsames Wachstum unter Bldg. dickwandiger Zellen über u. umgekehrt.
P. Gregorzewski. 4485□

Das Wachstum etiolierter Abschnitte von Erbseninternodien nach Behandlung mit Indolyl-(3)-essigsäure, 2.4-Dichlorphenoxyessigsäure und 2.5-Dichlorbenzoesäure. Daphne J. Osborne. (Plant Physiol. **33,** 46—57, Jan. 1958; Univ. of Oxford, Dep. of Agricult., Agricult. Res. Unit of Exp. Agron.; engl.) — Internodialabschnitte etiolierter Erbsenpflanzen wurden mit Lsgg. von *Indolyl-(3)-essigsäure* (**I**), *2.4-Dichlorphenoxyessigsäure* (**II**) u. *2.5-Dichlorbenzoesäure* (**III**) in verschiedener Weise behandelt. Bei 24 std. Behandlung mit suboptimalen Konzz. der genannten Verbb. nehmen die Abschnitte ebenso stark oder stärker an Gewicht zu als die mit W. behandelten Kontrollen. Werden die Abschnitte zunächst mit **I** behandelt u. dann in W. übertragen, so liegen die Wachstumsraten unter denen der Kontrollen, die ständig in **I**-Lsgg. bzw. W. gelegen haben. Mit **II** u. **III** tritt diese Erscheinung nicht auf. Erklärungsmöglichkeiten dafür werden diskutiert. U. Eberhardt. 4485□

Die Wirkung von Indolyl-(3)-essigsäure und 2.4-Dichlorphenoxyessigsäure auf die Wachstumsrate von Wurzelhaaren und Wurzeln von intakten Weizenkeimlingen. Ivar Ekdahl. (Physiol. Plantarum [Copenhagen] **10,** 112—25, 1957; Uppsala, Royal Agricult. Coll., Inst. of Plant Physiol.; engl.) — Unter dem Einfl. von *Indolyl-(3)-essigsäure* bzw. *2.4-Dichlorphenoxyessigsäure* wird das Wurzelwachstum von intakten Weizenkeimlingen gehemmt, während das Wachstum der Wurzelhaare gefördert wird. Die Wurzelhaare reagieren wesentlich unempfindlicher als die Wurzeln.
U. Eberhardt. 4485□

Untersuchungen über die Auxine in Kronengallengewebe von Tomaten. M. H. Dye, G. Clarke und R. L. Wain. (Proc. Roy. Soc. [London], Ser. B **155,** 478—92, 10/4. 1962; Univ. of London, Wye Coll.; engl.) — Vff. induzierten Gallen durch Inokulierung mit *Agrobacterium tumefaciens.* Die Ae.-lösl. Auxine wurden papierchromatograph. untersucht. In den Extrakten von normalem u. Gallengewebe wurde *Indolyl-(3)-carbonsäure, Indolyl-(3)-essigsäure* u. *Indolyl-(3)-acetonitril* nachgewiesen. Die mit Hilfe des Weizenzylindertestes u. mit Ehrlichs Reagens durchgeführte quant. Best. ergab größere Auxinmengen (8—12 μg/kg) in dem Gallengewebe im Vgl. zum normalen Gewebe. W. Hiller. 4485□

Die Wirkungen von Auxinen und Kinetin auf die Differenzierung des Xylems im Erbsenepikotyl. Helen P. Sorokin, S. N. Mathur und Kenneth V. Thimann. (Amer. J. Bot. **49,** 444—54, Mai/Juni 1962; Cambridge, Mass.; Harvard Univ., Biol. Labor.; engl.) — Segmente des 2. Internodiums von etiolierten Erbsensämlingen wurden mit *Indolyl-(3)-essigsäure* (I) u. *2.4-Dichlorphenoxyessigsäure* (II) behandelt. Folgende Wrkg. wurden beobachtet: Aktivierung von fascikulärem u. Neubldg. von interfascikulärem Kambium. Stärkere Bldg. von sek. Xylem u. Bldg. von hyperplast. Gewebe. Zusatz von *Kinetin* (**III**) bewirkt auch bei Anwesenheit von **I** u. **II** die Bldg. von noch aktiverem Kambium u. von sek. Xylem. **III** verhindert die Bldg. von hyperplast. Gewebe. W. Hiller. 4485□

Untersuchungen über Pflanzenwachstumsregulatoren. 16. Mitt. **Die Auxinaktivität von S-[N.N-Dimethylthiocarbamyl]-ω-mercaptoalkancarbonsäuren und ihre β-Oxydation innerhalb des Pflanzengewebes.** J. L. Garraway und R. L. Wain. (Ann. appl. Biol. **50,** 11—20, März 1962; Univ. of London, Wye Coll.; engl.) — 15. vgl. C. **1961,** 17250. — Folgende S-[N.N-Dimethylthiocarbamyl]-ω-mercaptoalkancarbonsäuren wurden untersucht: *S-[N.N-Dimethylthiocarbamyl]-mercaptoessigsäure* (**I**), F. 152 bis 153°; *-β-mercaptopropionsäure* (**II**), F. 143,5—145,0°; *-γ-mercaptobuttersäure* (**III**), F. 96,5—98,0; *-δ-mercaptovaleriansäure* (**IV**), F. 91,5—92,5°; *-ε-mercaptocapronsäure* (**V**), F. 82,0—83,5°; *-ζ-mercaptoönanthsäure* (**VI**), F. 84—85°; *-α-mercaptopropionsäure* (**VII**), F. 136—137°; *S-[N.N-Dimethylthiocarbamyl]-β-methyl-γ-mercaptobuttersäure* (**VIII**), F. 72,5—73,5°; *-γ-methyl-* (**IX**), F. 79,0—80,5°; *S-[N-Methylthiocarbamyl]-mercaptoessigsäure* (**X**), F. 83—85°; *N-Methylrhodanin* (**XI**), F. 69,0—70,5°; *Phenoxyessigsäure,* F. 99—100°; *γ-Phenoxybuttersäure,* F. 65—66°; *ε-Phenoxycapronsäure,* F. 71—72°. Die höchsten Aktivitäten im Weizenzylinder- u. Erbsensegmenttest zeigten **I, V, VII, X** u. **XI** (mit Alkali); keine Wrkg. zeigten **II, IV, VI, VIII** u. **XI** (ohne Alkali). In den Pflanzengeweben durchgeführte Stoffwechsel-Unterss. ergaben, daß die Fettsäurekette bei diesen Verbb. in der Pflanze durch β-Oxydation abgebaut wird.
W. Hiller. 4485□

Wirkung von Heteroauxin und 2.4-Dichlorphenoxyessigsäure in reinem Zustand oder mit Zusatz von Vitamin B$_1$ auf die Ertragsfähigkeit der Zuckerrübe und das Wachstum der Weinsetzlinge. I. Bărbat, S. Cernea und E. Bălibanu. (Comun. Acad. Republ. Populare romîne [București] **6,** 127—34, Jan. 1956; rumän., Auszug; franz.) — Das Behandeln der Samen der Zuckerrübe mit *Heteroauxin* (**I**) in reinem Zustand oder mit Zusatz von *Vitamin* B_1 (III) hatte eine stimulierende Wrkg. auf das Wachstum der Pflanzen, so daß die Ertragsfähigkeit der angelegten Kulturen um 14,5—21,1% verbessert wurde. Das beste Resultat wurde durch 24std. Behandeln der Samen mit einer Lsg. von 10 mg I/Liter W. erzielt. Der Zusatz von 0,001% III begünstigte das Keimen. Das Präp. *2.4-Dichlorphenoxyessigsäure* (II) ergab gute Resultate nur in einer Konz. von 0,01 mg/Liter W., bei anderen Konzz. erwies es sich als unwirksam u. z. T. inhibierend. Bei den Verss. mit Weinsetzlingen wurden die optimalen Bedingungen durch eine 24std. Behandlung mit 100 mg I/Liter W. + 0,001% III oder mit 1 mg III/Liter W. + 0,001% III erreicht. Die Ergebnisse der Verss. sind tabellar. angegeben. — 8 Literaturangaben. M. Moldenschardt. 4485□

Einige Wechselwirkungen von Gibberellsäure mit Naringenin (5.7.4'-Trihydroxyflavanon) bei der Regulation von Ruhe und Wachstum in Pflanzen. I. D. J. Phillips. (J. exp. Botany **13,** 213—26, Mai 1962; Griffith, N.S.W., Australien; Irrigation Res. Stat., C.S.J.R.O; engl.) — *Naringenin* (I), das in ruhenden Pfirsichknospen gefunden wurde, wirkt als kompetitiver Antagonist von *Gibberellin* A_3 (II) bei der Brechung der Ruhe. Vorhandensein von I im Salatsamen bewirkt, daß Salat zum obligaten Lichtkeimer wird, II macht dieses Erfordernis rückgängig. Das Lichtbedürfnis ist von den vorhandenen I- u. II-Mengen abhängig. Verss. mit dem Salathypokotylwachstumstest zeigten, daß in nicht ruhendem Gewebe die Wechselwrkg. zwischen II u. I oder *Cumarin* nicht kompetetiv ist. W. Hiller. 4485□

Papierchromatographische Trennung von Gibberellsäure und Gibberellin A. Harold L. Bird jun. und Charles T. Pugh. (Plant Physiol. **33,** 45—46, Jan. 1958; Indianapolis, Ind., The Lilly Res. Labor.; engl.) — *Gibberellin A* u. *Gibberellsäure* können durch 36std. absteigende Chromatographie mit der oberen Phase eines Gemisches aus 10 Vol. Thiophen-freiem Benzin, 2,5 Vol. Eisessig u. 5 Vol. deionisiertem W. getrennt werden, sofern für ausreichenden Nachfluß des Lsgm.-Syst. gesorgt ist. Beim anschließenden Nachw. mit $KMnO_4$ erscheinen die Flecken (nach Auswaschen des überschüssigen Permanganats) braun auf fast weißem Grund. U. Eberhardt. 4485□

Untersuchungen über Isokinetin und dessen Analogen. 1. Mitt. **Synthese von Isokinetin, 2-[N-Furfuryl]-aminopurin und dessen blattwachstumsfördernde Aktivität.** F. Shigeo Okumura, Hiroshi Kusaka und Tetsuo Takematsu. (J. Biochemistry [Tokyo] **49,** 133—37, Febr. 1961; engl.) — *Isokinetin* (I) wurde synthetisiert u. seine blattwachstumsfördernde Wrkg. mit der von *Kinetin* (II) bei *Raphanus sativus* u. *Brassica juncea* verglichen. I zeigt ca. 80% der II-Aktivität. I u. II hemmen das Wurzelwachstum beider Pflanzen. Der Wrkg.-Mechanismus von I u. II unterscheidet sich weitgehend von dem des Gibberellins u. von Indolyl-(3)-essigsäure.

Versuche: *2.6-Dihydroxy-5-nitropyrimidin,* $C_4H_3N_3O_4$, F. 294—295°, aus Uracil u. rauchender HNO_3 bei 62—66° ($1^1/_2$ Std.) u. anschließend bei 70°; Nadeln (W.); 92,5% (Ausbeute). — *2.6-Dichlor-*, aus 10,7 g vorst. Verb., $POCl_3$ u. Dimethylanilin unter Rückfluß (120—130°, $1^1/_2$ Std.); 8,5 g. — *2-Chlor-6-amino-*, $C_4H_3ClN_4O_2$, F. 220 bis 221°, aus vorst. Verb. in Ae. u. NH_3-gesätt. CH_3OH bei 0—5° (30 Min. bei dieser Temp. nachrühren) u. Neutralisation unter Kühlen; orange Nadeln (CH_3OH-W., 2 : 1); 60%. — *2-Furfurylamino-6-amino-*, $C_9H_9N_5O_3$, F. 159—160°, aus vorst. Verb. u. Furfurylamin unter Rückfluß ($1^1/_2$ Std., 90—105°); schwachgelbliche Prismen (abs. A.) 67%. — *2-[N-Furfuryl]-aminopurin,* $C_{10}H_9N_5O$, F. 195—196°, aus vorst. Verb. u. sd. Formamid (2 Std.); rötlich orange Nadeln (W.); 24%. K. Maier. 4485□

Herstellung und Pflanzenwachstum-regulierende Aktivität von DL-2-(2.4-Dichlorphenoxy)-propionsäure-Derivaten roher Proteinhydrolysate. Charles F. Krewson, Joan F. Carmichael, Paul S. Schaffer, B. C. Smale und John W. Mitchell. (J. agric. Food Chem. **7,** 837—41, Dez. 1959; Philadelphia, Pa.; Beltsville, Mol., U.S., Dep. of Agricult.) — Eine Anzahl kommerziell verfügbarer, roher Proteinhydrolysate pflanzlicher Herkunft wurden mit *2-(2.4-Dichlorphenoxy)-propionylchlorid* (I) acyliert u. die wachstumsregulierenden Eigg. dieser Prodd. bestimmt. Nach den Ergebnissen halten es Vff. für möglich, auf diesem Wege nichtflüchtige *Amid-Herbicide* zu produzieren. Die erhaltenen Prodd. zeigten an den getesteten Pflanzen nur wenig schwächere Wirkung als *2-(2.4-Dichlorphenoxy)-propionsäure,* während bei Mais u. Kürbis eine gegenüber der Stammsäure gesteigerte Wrkg. gefunden wurde.

Versuche: 4,88 g (entspricht 0,04 Mol) rohes Proteinhydrolysat werden in 120 ml n NaOH gelöst u. bei 5° C mit 10 g (0,04 Mol) I in 20 ml Benzol versetzt. Die Acylierungs-Prodd. scheiden sich nach Ansäuern als ölige Substanzen ab. Ausbeute 10,88 g. W. Schenk. 4485□

Neue von Wurzeln ausgeschiedene Pflanzenwachstumsregulatoren. John W. Mitchell, Bernard C. Smale und William H. Preston jun. (J. agric. Food Chem. **7,** 841—43, Dez. 1959; Beltsville, Md., U.S., Dep. of Agricult. Agricult. Res. Serv.; engl.)

— *α-Methoxyphenylessigsäure* (I) wird von Bohnenblättern aufgenommen, breitet sich in der Pflanze aus u. wird von den Wurzeln ausgeschieden. Von den opt. Isomeren erwies sich nur die L(+)-Form von I als wachstumsregulierend wirksam. Die *m-Chlor-*, *m-Fluor-* u. *p-Fluor-Derivv.* von I besitzen wie I wachstumsregulierende Eigg. u. werden ebenfalls in nachweisbaren Mengen von den Wurzeln ausgeschieden. Unterss. einer Anzahl weiterer Derivv. von I zeigen, daß das Vermögen, durch die Wurzel exudiert zu werden, durch Substituenten sowohl im aromat. Ring als auch im aliphat. Teil des Mol. beeinflußt werden kann. W. Schenk. 4485

Externale Blattwachse und ihre Veränderung durch die Behandlung der Pflanzen mit Trichloracetat über die Wurzeln. O. R. Dewey, G. S. Hartley und J. W. G. MacLauchlan. (Proc. Roy. Soc. [London], Ser. B **155**, 532—50, 10/4. 1962; Saffron Walden, Essex, Chesterford Park Res. Stat., Tisons Pest Control Ltd.; engl.) — Wirsing, Erbsen u. Nesseln wurden in Gefäßen kultiviert, deren Erdmischung *Trichloracetat* (I) enthielt. Bei Wirsing u. Erbsen wurde das Oberflächenwachs durch I-Behandlung verringert. Die Abnahme ist bei den leichter lösl. Komponenten am stärksten. W. Hiller. 4485□

Untersuchungen der Physiologie der Zwiebelpflanzen. 5. Mitt. Eine Untersuchung über den Gehalt der Wachstumssubstanzen in den Zwiebeln der Speisezwiebel. J. E. Clark und O. V. S. Heath. (J. exp. Botany **13**, 227—49, Mai 1962; Slunfield Grange, Berks. Univ. of Reading, Horticult. Res. Labor.; London, Imp. Coll., Res. Inst. of Plant Physiol.; engl.) — Zwiebeln, die Kurz- u. Langtagsbedingungen ausgesetzt wurden, zeigten nach einer 7tägigen Behandlung ein Maximum eines Wuchsstoffes, der bei der papierchromatograph. Analyse *Indolyl-(3)-essigsäure* (I) entsprach. Das Maximum war bei den Langtagspflanzen stärker ausgeprägt. Da die Knolleninduktion im Langtag erfolgt, geht dem Ausschwellen der Blattbasis eine Zunahme eines I entsprechenden Stoffes voraus, nach 5—7 Tagen nach Induktionsbeginn erfolgt starker Abfall z. T. bis unter das Niveau nicht induzierter Pflanzen. W. Hiller. 4485□

Die Fusariumkrankheit der Kartoffel. 9. Mitt. Die Wirkung von Diphenyldampf auf die Fusariuminfektion der Kartoffelknolle. R. K. McKee und A. E. W. Boyd. (Ann. appl. Biol. **50**, 89—94, März 1962; Bayfordbury, Hertford, John Innes Inst.; Edinburgh School of Agricult.; engl.) — *Diphenyl* (I) hemmt das Wachstum von: *Fusarium caeruleum* in Kartoffelgewebestücken mit zunehmender Konz. stärker. Die Wrkg. von I ist um so stärker, je kürzer das Intervall zwischen Fusariuminokulation u. I-Anwendung ist. Das Wrkg.-Verhältnis im Vgl. zu anderen Fungiciden war wie folgt: 2.5-Dichlornitrobenzol : Tecnazene 3% : Thiram 50% ; Dichlone : I wie 10 : 26 : 40 : 40 : 67. Die Ergebnisse der Feld-Verss. waren nicht zufriedenstellend. Bei einer wirksamen Fusariumbekämpfung waren phytotox. Wrkg. zu verzeichnen. W. Hiller. 4490□

Untersuchung über Fungicide. 5. Mitt. Die fungiciden Eigenschaften von 2-Methyl-4.6-dinitrophenol (DNC) und einige seiner Ester. Angela N. Bates, D. M. Spencer und R. L. Wain. (Ann. appl. Biol. **50**, 21—32, März 1962; Ashford, Kent., Wye Coll., Plant Growth Substance and System. Fungicides Unit., Agricult. Res. Council.; engl.) — 4. vgl. C. **1961**, 14337. — Im Vers. standen folgende 2-Methyl-4.6-dinitrophenylester: *Essigsäure-*, F. 95—96,5°; *Propionsäure-*, F. 92,5—94°; *Buttersäure-*, F. 49—50°; *2-Methylpropionsäure-*, F. 45—48°; *Monochloressigsäure-*, F. 111—112°; *Kohlensäuremonoäthylester-*, F. 44,5—46°; *2.4-Dichlorphenoxyessigsäure-*, F. 125—126°; *4-Chlor-2-methylphenoxyessigsäure-*, 123,5—125°; *Phenylessigsäure-*, F. 129—131°; *2-Phenylpropionsäure-*, F. 97—98°; *Benzoesäure-* (I), F. 132—133,5°; *2-Chlorbenzoesäure-*, F. 113 bis 115°; *3-Chlor-*, F. 104—105°; *4-Chlor-*, F. 132—133,5°; *3-Nitrobenzoesäure-*, F. 140 bis 141°. Die aliphat. Ester zeigten ähnliche Aktivität wie *2-Methyl-4.6-dinitrophenol* (II), die aromat. Ester waren weniger fungitox. wirksam. Die Benzoesäureester zeigten in vivo gute fungicide Schutz-Wrkg., wirkten aber weniger hemmend auf Sporenkeimung u. Mycelwachstum. I erwies sich in Ggw. von Pilzsporen, bei Licht u. hoher Feuchtigkeit stabil, zeigte jedoch auf Blättern von *Vicia faba* leichte Hydrolyse. Die Hydrolyse zeigt keine Phytotoxizität, das hierbei entstehende II kann für die fungicide Schutz-Wrkg. verantwortlich sein. W. Hiller. 4490□

Untersuchungen über die Fungitoxizität von Captan. 1. Mitt. Die strukturelle Spezifität von Captan und 6 N-Trichlormethylthioanaloga. D. V. Richmond und E. Somers. (Ann. appl. Biol. **50**, 33—43, März 1962; Univ. of Bristol; Long Ashton Res. Stat.; engl.) — Untersucht wurden *N-[Trichlormethylthio]-tetrahydrophthalimid* (**I**, *Captan*), F. 173—174°; *-phthalimid* (**II**, *Phaltan*), F. 181—182°; *-hexahydrophthalimid* (**III**), F. 83°; *-4-methylhexahydrophthalimid* (**IV**), F. 136°; *-4.5-dimethyltetrahydrophthalimid* (**V**), F. 126°; *-3.6-endoxohexahydrophthalimid* (**VI**), F. 160°; *-4.5-epoxy-* (**VII**),

F. 188—190°. Die Löslichkeit der Verbb. in W. war unterschiedlich, sie lag zwischen 11 u. 663·10^{-6} Mol/Liter. Die fungitox. Wrkg. wurde gegen *Alternaria tenuis* u. *Neurospora crassa* getestet. Die Lipidlöslichkeit der Verbb. korrelierte nicht mit der fungitox. Wrkg. u. der Aufnahme der Verbb. durch die Sporen. Eine Ausnahme hiervon bildeten **VI** u. **VII**. Die relative Wirksamkeit der Verbb. gegen A. tenuis hatte folgende Höhe: **I** 1,00; **II** 0,94; **IV** 0,34; **V** 0,81; **VI** 0,17 u. **VII** 0,47. W. Hiller. 4490□

Untersuchungen über die Fungitoxizität von Captan. 2. Mitt. **Die Aufnahme von Captan durch Konidien von Neurospora crassa.** D. V. Richmond und E. Somers. (Ann. appl. Biol. **50**, 45—56, März 1962; engl.) — 1. vgl. vorst. Referat. — Die Aufnahme von *Captan* (**I**) durch *Neurospora crassa*-Konidien steigt von 1·10^{-5}m bis 2·10^{-5}m linear an, über 2·10^{-5}m ist der Anstieg nicht mehr linear. Temp.-Erhöhung von 0—40° bewirkt linearen Anstieg. Wurden Sporen mit Hitze, 80% *A.*, *Chlf.* oder *Tetradecylsulfat* behandelt, so wurde kein **I** aufgenommen, wenn nach der Behandlung mit W. gewaschen wurde. Inkubation mit Salz-Lsg. (*K*-, *Na*-, *Ca*-, *Mg*- u. *Al*-Chlorid) erhöhte Aufnahme des **I**. Vorbehandlung mit Thiolreagentien (*Jodessigsäure*, *p-Chlormercuribenzoat*) verminderte die **I**-Aufnahme, ohne die Lebensfähigkeit der Sporen u. Toxizität von **I** zu beeinflussen. Die hohe Aufnahme von **I** ist auf den Geh. der Zelle an Thiolen zurückzuführen. W. Hiller. 4490□

Der Abbau von Lignin durch Bodenbakterien und Komplexbildung zwischen autooxydiertem Lignin und organischen Stickstoffverbindungen. H. Sørensen. (J. gen. Microbiol. **27**, 21—34, Jan. 1962; Lyngby, Denmark, State Labor. for Soil and Trop. Res.; engl.) — Bakterien der Genera *Pseudomonas* u. *Flavobacterium* sind in der Lage, *Lignin* (**I**) abzubauen. **I**-Zusatz von 0,25 Gew.% erhöhte die CO_2-Produktion auf das Doppelte. Die vom Vf. isolierten **I**-abbauenden Mikroorganismen waren in allen Fällen Bakterien. Pilze u. Actinomyceten traten erst nach dem Impfen mit diesen Organismen auf. Unabhängig vom biolog. Abbau geht eine nicht biolog. Umbildung in den späteren Stadien vor sich, wenn das Medium austrocknet. Die hierbei entstehenden Prodd. (Autoxydations-Prodd. eines Teils des Lignins) sind dunkelbraun lösl. in W., jedoch in A. unlöslich. Sie reagieren schnell mit den N-Verbb. in Pepton, wobei Komplexe mit 2,5% N gebildet werden, von dem die Hälfte Amino-N war. W. Hiller. 4499□

Untersuchung über die Struktur der Bodenkolloide. 3. Mitt. Hiroyasu Kashiwagi und Kan'ichi Ōta. (J. Sci. Soil Manure, Japan [Nippon Dozyo-Hiryo-Gaku Zasshi] **26**, 405—09, Febr. 1956; Shige Agric. Coll.; jap.) — 2. vgl. C. **1955**, 10119. — *Kaolin* (**I**), durch Schlämmen gereinigt, mit einem Teilchendurchmesser von $<0,1\ \mu$ u. einer Anfangs-Konz. von 9,22% wird mit u. ohne Zusatz von organ. Koll., wie „*wahre Huminsäure*" (**II**), nach Simon (Anfangs-Konz. 0,033%), anderen *Humusstoffen* (**IIa**), *Ovalbumin* (**III**), *Gummi arabicum* (**IV**), *Fulvosäure* (**V**), *K-Polyvinylalkoholsulfonat* (**VI**) bzw. *Chitosan-HCl* (**VII**), in Verdünnungsreihen bis $^1/_{32}$ unter Konstanthaltung der **I**- bzw. der **II**-Konz. auf seinen Verteilungsgrad durch Trübungs-Best. (Lichtdurchlässigkeit) bzw. Nd.-Bldg. untersucht u. die graph. dargestellte Beziehung Verdünnungsgrad/Lichtabsorption mit den theoret. aus den Koll.-Gesetzen errechneten verglichen. Zugleich wird die jeweilige relative Viscosität bestimmt. Aus den Diagrammen ergibt sich u. a., daß bei einem Verhältnis **I** : **II** = 1 : 1 bis 1 : 1,5 mit steigender **I**-Konz. Peptisation eintritt, bei kleineren Konzz. dagegen nicht. Die Abweichungen von dem rein kolloidchem. errechneten Verh. deuten auf chem. Bindungen zwischen **I** u. **II**. **IIa** u. **IV** zeigen ähnliches Verh. wie **II** gegen **I**. **III** füllt die Zwischenräume zwischen den **I**-Teilchen u. führt zu Koagulation. Bei einem Verhältnis **I** : **VI** = 1 : 2 führt steigende **VI**-Konz. zu Koagulation, bei 1 : 1 bzw. 1 : 0,5 dagegen tritt Peptisation ein (Rolle des K^+!). Bei **VII** spielt die gegenseitige Ladungsneutralisation die Hauptrolle bzgl. Fällung u. Peptisation. L. Schuler. 4499□

E$_5$. Tierchemie. Tierphysiologie. Tierpathologie

Beitrag zur Untersuchung der Wirkung von Wärme auf die Caseine. M. Swirski, R. Allouf und H. Cheftel. (Bull. Soc. Chim. biol. **43**, 909—27, 1961; Labor. de Rech. des Etablissements J. J. Carnaud et Forges de Basse-Indre; franz.) — Es wurde der Einfl. der Erhitzung auf gewisse Eigg. des *Gesamtcaseins* (**I**), des *α-Caseins* (**II**) u. des *β-Caseins* (**III**) in Puffer-Lsg. bei pH 7,2 untersucht. Bei **I** u. **II** sind Farbe, Löslichkeit als Funktion des pH-Wertes, Sedimentations-Konst., Phosphor-Geh., Verlauf der trypt. Hydrolyse u. die Geschw. der Freisetzung der Aminosäuren verändert. Die Absorption im UV-Spektrum bleibt unverändert. Bei **III** ist die Absorption im UV-Spektrum erhöht, die anderen Eigg. bleiben unverändert. Wird **III** zu **II** hinzugefügt, so sichert **III** bei bestimmten Bedingungen einen Schutz gegen die Hitzeeinwirkung. Die pept. Hydrolyse von **I** ist unverändert. S. Groitzsch. 4500□

Kohlenhydrate im Protein. 4. Mitt. Die Bestimmung von Mannose im Albumin des Hühnereis durch radioisotope Verdünnung. C. François, R. D. Marshall und A. Neuberger. (Biochem. J. **83**, 335—41, Mai 1962; London, St. Mary's Hosp., Med. School, Dep. of Chem. Pathol.; engl.) — 3. vgl. C. **1961**, 18375. — Unter Berücksichtigung des bei der Säurehydrolyse in Ggw. von Aminosäuren auftretenden Saccharidverlustes wird zur Best. der *Mannose* (I) im Albumin des Hühnereies eine Meth. der radioisotopen Verdünnung angewandt. Eieralbumin wird mit 2n HCl in Ggw. einer gewogenen Menge radioakt. I hydrolysiert, I als Phenylhydrazon auf Radioaktivität geprüft u. aus der Zahl der Impulse — der isolierten Verb. einerseits u. der eingesetzten radioakt. I anderseits — die aus dem Protein freigesetzte Menge an I ermittelt. Die maximal freigesetzte Menge beträgt ca. 2%. Der geringstmögliche Geh. an I im Protein beträgt bei Isolierung über das Phenylhydrazon 1,77%. A. Täufel. 4520□

Isolierung und einige Eigenschaften der nativen Lipoproteine vom Eigelb. Hiroshi Sugano und Iku Watanabe. (J. Biochemistry [Tokyo] **50**, 473—80, Dez. 1961; Niigata, Niigata Univ., Fac. of Med., Labor. of Biophys. Chem.; Fac. of Sci., Dep. of Chem.; engl.) — Vff. beschreiben die Isolierung einer *Lipoproteingruppe von hoher Dichte* (I) u. einer von *niederer Dichte* (II) aus Hühnereigelb. I enthält 20% u. II 84% Lipid. Die Isolierung von I u. II durch Verdünnungs-Meth. u. Ultrazentrifugation wird beschrieben. Die Sedimentations- u. Elektrophoresediagramme zeigen, daß sowohl I als auch II 2 Lipoproteine enthält. Die chem. Analyse ergab für I u. (II) N 12,1% (2,7%); P 0,81 (0,75); Lipide 20 (84); Cholesterin 5 (4); Phospholipid 53 (24); Triglyceride 42 (62); Protein 80 (16). Über pH 9 sind I u. II bei den untersuchten Ionenstärken gut lösl., bei pH 7 nimmt die Löslichkeit mit sinkender Ionenstärke ab, unter pH 4,3 waren die Beziehungen zwischen Ionenstärke u. Löslichkeit umgekehrt u. hier besonders stark bei I ausgeprägt. W. Hiller. 4520□

Fettsäurezusammensetzung der Cholesterinester in Geweben älterer Atherosklerotiker. Leon Swell, Henry Field jun., P. E. Schools jun. und C. R. Treadwell. (Proc. Soc. exp. Biol. Med. **103**, 651—55, April 1960; Washington, D.C., George Washington Univ., School of Med., Dep. of Biochem.; Martinsburg, W.Va., Vet. Admin. Center; engl.) — Untersucht werden Aorten u. Lebern von 6 Patienten innerhalb von 6 Std. nach dem Tode sowie Nüchternseren von 6 älteren Patienten. Die Cholesterinester werden extrahiert, säulenchromatograph. gereinigt, umgeestert u. die Fettsäuremethylester gaschromatograph. getrennt. 86% der *Cholesterinesterfettsäuren* (A) bestehen aus *Palmitin-* (I), *Öl-* (II) u. *Linolsäure* (III), allein 39% bestehen aus III. In der Leber beträgt der Anteil der polyungesätt. A nur 20% der Gesamt-A, I 37%, *Stearinsäure* 8,4% (gesätt. Gesamt-A 35%). Im Serum sind die Haupt-A 43,3% III, 25,8% II u. 13,7% I, nur 16% bestehen aus gesätt. A. In allen Seren werden kleine Mengen $C_{(20)}$-Säuren gefunden. P. Gregorzewski. 4520□

Über das Neurotoxin des Skorpiongiftes. 2. Mitt. Die Verwendung der Papierelektrophorese zur Orientierung und Kontrolle der Reinigung. François Miranda, Hervé Rochat und Serge Lissitzky. (Bull. Soc. Chim. biol. **43**, 945—52, 1961; Marseille, Fac. de Méd. et de Pharm., Labor. de Biochim. Méd.; franz.) — 1. vgl. C. **1961**, 14371. Vgl. C. **1961**, 17630. — Die Papierelektrophorese zeigt, ebenso wie die Chromatographie auf Amberlit u. die Ultrazentrifugation, daß die aus den Giftdrüsen u. den Giften von zwei Arten Skorpionen isolierten Neurotoxin-Proteine sehr rein sind; außerdem weist sie die bas. Eigg. dieser Substanzen nach. S. Groitzsch. 4520□

Fluoridübertragung in Placenta und Speicheldrüse der Ratte. Wolfgang Buttner und Joseph C. Muhler. (Proc. Soc. exp. Biol. Med. **103**, 822—24, April 1960; Indianapolis, Ind., Indiana Univ., Med. Center, Dep. of Biochem.; engl.) — Es wird der Einfl. des *Fluorid*-Geh. im Futter der Ratte während der Trächtigkeit u. Laktation auf die Säurelöslichkeit (S) der Zähne der Jungen untersucht. Wenn die Ratte täglich 50 ppm F^- während der Trächtigkeit erhält, ist die S der Molares der Jungen signifikant verringert. F^--Gaben während der Laktation sind ohne Wrkg., daraus folgt, daß F nicht die Speicheldrüsenbarriere überwindet. P. Gregorzewski. 4550□

Immunochemische Untersuchungen über Blutgruppen. 26. Mitt. Isolierung von Oligosacchariden aus der Blutgruppen-A-Substanz der menschlichen Ovarialcyste einschließlich zweier Disaccharide und einem Trisaccharid, das die Spezifität der A-Blutgruppen-Antigendeterminante bestimmt. Gerald Schiffman, Elvin A. Kabat und Sidney Leskowitz. (J. Amer. chem. Soc. **84**, 73—77, 5/1. 1962; Boston, Mass., Gen. Hosp.; New York, N.Y., Columbia Univ., Coll. of Phys. and Surg., Dep. of Microbiol. and Neurol., and Neurolog. Inst., Presbyt. Hosp.; engl.) — 25. vgl. C. **1961**, 8725. — Vff. isolieren aus menschlicher Ovarialcysten-Fl. durch Fällung mit A., Behandlung des Nd. mit Pepsin, Dialyse, erneute Fällung mit A., Extraktion des getrockneten Präp.

mit Phenol u. Versetzen mit A. die immunochem. akt. A-Blutgruppensubstanz, die unter gemäßigten Bedingungen (pH 1,9—1,6, 2 Std. lang 100°) einer Hydrolyse mit anschließender Dialyse unterworfen wird. Die im Dialysat enthaltenen Kohlenhydratbestandteile werden über Darco-Celit-Säulen, auf papierchromatograph. Wege u. mit Hilfe von Phosphat-imprägnierten Glasgewebebändern fraktioniert. In den erhaltenen 11 Fraktionen werden 3 Disaccharide u. 1 Trisaccharid nachgewiesen, die durch Perjodatoxydation vor u. nach Red. mit $NaBH_4$ u. opt. Drehung als *α-N-Acetylgalaktosaminoyl-(1 → 3)-galaktose* (I, $[\alpha]_D$ +120°), *β-Galaktosyl-(1 → 4)-N-acetylglucosamin* ($[\alpha]_D$ +23°), *β-Galaktosyl-(1 → 3)-N-acetylglucosamin* ($[\alpha]_D$ + 33°) u. *α-N-Acetylgalaktosaminoyl-(1 → 3)-β-galaktosyl-(1 → 3)-N-acetylglucosamin* (II, $[\alpha]_D$ +110°) identifiziert werden. Es zeigt sich, daß von den Disacchariden nur I im Präcipitintest menschliches A-Antigen-Präp. inhibiert. II weist dagegen die stärkste Inhibitions-Wrkg. auf u. bildet wahrscheinlich die ersten 3 Einheiten der A-Blutgruppen-Antigen-Determinante.

P. Fahrnlaender. 4551 □

Immunochemische Untersuchungen über Blutgruppen. 27. Mitt. Perjodatoxydation von A-, B- und O(H)-Blutgruppensubstanzen. Gerald Schiffman, Elvin A. Kabat und William Thompson. (J. Amer. chem. Soc. **84**, 463—67, 5/2. 1962; New York, N.Y., Presbyt. Hosp., Neurolog. Inst.; Columbia Univ., Coll. of Phys. and Surg., Dep. of Microbiol. and Neurol; engl.) — 26. vgl. vorst. Referat. — Vff. unterwerfen menschliche A-Blutgruppensubstanz (a), deren nach Hydrolyse nichtdialysierbare Pl-Fraktion (b) nach McDon, menschliche B-Substanz (c) u. deren Pl-Fraktion (d) nach Beach sowie A- (e), O(H)- (f) u. Mucinfraktion 2 [A + OH)] (g) aus der Magenwand des Schweines vor u. nach Red. mit $NaBH_4$ einer *Perjodat*-Oxydation u. stellen fest, daß die vorst. Präpp. innerhalb von 2 Std. rasch 2,7—3,7 μMol/mg des Oxydationsmittels verbrauchen. Die Rk. ist bei 0—4° nach 24 Std. beendet, ein weiterer Perjodatverbrauch findet bis zu 346 Std. nach Vers.-Beginn nicht statt. a, c, e, f u. g enthalten 10—15%; b u. d 23—30% an reduzierenden Zuckern. Die hohen Anfangswerte werden nur bei b u. d durch $NaBH_4$-Red. erniedrigt. Nach Perjodatoxydation besitzen die Polyaldehyde einen höheren Red.-Wert als die unbehandelten Substanzen (a, c, e, f u. g); die reduzierenden Zucker von b u. d sinken dagegen auf 50% ihres Anfangswertes ab. Durch die Perjodatoxydation wird die in den Präpp. enthaltene *Methylpentose* (*Fucose* 20—22% in a u. c; 3—9% in b, d, e, f, g) vollständig, *Galaktose* (I, 20—30%) zu 70—90% unter Bldg. von HCOOH zersetzt. Die Menge derselben ist jedoch bei e, f u. g höher als der sich aus der Zers. der Zucker ergebende äquivalente Anteil. Die N-Geh. werden durch Perjodatoxydation bzw. $NaBH_4$-Red. kaum verändert. Von den in den Präpp. vorkommenden Aminozuckern werden *Hexosamin* (II, 30—36%), bes. *Glucosamin* (11 bis 22%) am wenigsten angegriffen u. weisen den höchsten Resistenzgrad in a u. c auf. *Galaktosamin* (10—25%) u. *Acetylhexosamin* (17—25%) werden in unterschiedlichem Ausmaß zersetzt u. bes. bei dem ersten um so stärker, je höher der Anfangs-Geh. ist, u. weist in c, e, f u. g die höchste Beständigkeit auf. Die nichtdialysierbare Fraktion der nach Perjodatoxydation, $NaBH_4$-Red., Hydrolyse (1n HCl) u. Dialyse erhaltenen Präpp. enthält erhebliche Mengen I, II u. Aminosäuren u. weist höhere N-Geh. (8—9%) auf als die nichtbehandelten Blutgruppensubstanzen (5—6%). Aus diesen Ergebnissen geht hervor, daß die Präpp. eine stark verzweigte Struktur besitzen u. einen Anteil an Perjodat-resistenten Kohlenhydratresten u./oder Aminosäuren in Peptidbindung enthalten.

P. Fahrnlaender. 4551 □

Weitere Untersuchungen über die passive Übertragung des Schutzes gegen die Letalität von Endotoxin. Henry H. Freedman. (Proc. Soc. exp. Biol. Med. **103**, 867—69, April 1960; Princeton, N.J., Princeton Labor.; engl.) — Im Tier-Vers. wird gezeigt, daß bei der Übertragung der *Endotoxin* (I)-Toleranz durch Verabreichung von I-tolerantem Kaninchenserum an normale Mäuse *Hydrocortison*, *Properdin* oder der *Phagocytose-fördernde Faktor* keine Vermittlerrolle spielen. P. Gregorzewski. 4551 □

Erzeugung von Gallensteinen bei Hamstern durch die Nahrung. 10. Mitt. **Die Wirkung oral zugeführter Gallensäuren auf die Entwicklung von Cholesteringallensteinen bei Hamstern unter fettfreiem Futter mit Glucose als Kohlenhydratkomponente.** Henrik Dam und Frede Christensen. (Z. Ernährungswiss. **2**, 154—59, Mai 1962; Copenhagen, Polytechn. Inst., Dep. of Biochem. and Nutrit.; engl.) — 6. vgl. C. **1957**, 4161. — Bei Verabreichung von fettfreiem Futter mit Glucose als Kohlenhydratkomponente bilden sich bei jungen Hamstern regelmäßig in kurzer Zeit *Cholesterin-Gallensteine* aus. Diese konnten durch Zusatz von 0,1% *Hyodesoxycholsäure* immer verhütet werden, während *Cholsäure* (I), *Desoxycholsäure* (II), *Dehydrocholsäure* u. *Lithocholsäure* keine sichere Schutz-Wrkg. zeigten. Bei Verfütterung von 2% Schweineschmalz u. Saccharose entfaltete 0,1% II eine sichere Schutz-Wrkg., die Wrkg. von I war dagegen weniger sicher.

K. Zingraf. 4552 □

Neuraminsäure und ihre Beziehung zur chronischen Bronchitis. 2. Mitt. M. Z. Atassi, S. A. Barker, L. E. Houghton und M. Stacey. (Clin. chim. Acta [Amsterdam] **4,** 741—47, Sept. 1959; Edgbaston, Birmingham, Univ., Chem. Dep.; Harefield, Middlesex, Harefield Hosp.; engl.) — 1. vgl. Clin. chim. Acta [Amsterdam] **2,** [1957], 491. — Der *Neuraminsäure* (I)-Geh. des Bronchialschleims ist 30mal so hoch wie im Speichel. Bei Normalpersonen ist der I-Geh. nur 8mal so hoch wie im Speichel.
P. Gregorzewski. 4555□

17-Ketosteroide in Frauenmilch. F. Cetinić. (Glasnik Društva Hemičara Tehnol. NR Bosne Hercegovine **8,** 53—56, 1959; Sarajevo, Klinikspital, Chem. Zentrallabor.; kroat.) — *17-Ketosteroide* in Frauenmilch werden nach Fettverseifung mit der Farb-Rk. nach Zimmermann (Hoppe-Seyler's Z. physiol. Chem. **233,** [1935], 257) bestimmt. Als Normalwerte werden 20—100 mg/Liter gefunden.
Ph. Fresenius. 4555□

Lactosesynthese. 6. Mitt. **Markierung von Lactosevorläufern durch $^{14}C_{(2.3)}$-Glycerin und $^{14}C_{(2)}$-Glucose.** R. G. Hansen, Harland G. Wood, Georges J. Peeters, Birgit Jacobson und JoAnne Wilken. (J. biol. Chemistry **237,** 1034—39, April 1962; East Lansing, Mich., Michigan State Univ., Dep. of Biochem.; Cleveland, Ohio, Western Reserve Univ., Dep. of Biochem.; Ghent, Belgium, Univ., Vet. School; engl.) — 3. vgl. C. **1960,** 17517. — Unter Hinweis auf die bisherigen Kenntnisse über die Biosynth. der *Lactose* (I) u. die biochem. möglichen Wege (Entstehung von I aus UDP-Galaktose u. Glucose-1-phosphat oder Bldg. aus UDP-Galaktose u. freier Glucose) werden an Kühen in vivo u. in vitro Verss. mit *$^{14}C_{(1.3)}$-Glycerin* (II) u. *$^{14}C_{(2)}$-Glucose* (III) vorgenommen. In die Arterie der lactierenden Milchdrüse von Kühen (Holsteiner) wird II injiziert, in weiteren Verss. in vitro das Euter mit Blut durchströmt, das II u. III gemeinsam enthält. Aus den aufgearbeiteten Gewebeschnitten werden UDP-Galaktose, UDP-Glucose, Zuckerphosphate u. Lactose isoliert, quant. ermittelt u. auf Geh. u. Lokalisierung von ^{14}C untersucht. Es werden in vivo u. in vitro spezif. Aktivitäten der UDP-Hexosen gemessen (11,95—12,22 c.p.m./μMol), die 10mal größer sind als die von Glucose-6-phosphat (1,22 c.p.m./μMol). UDP-Galaktose hatte eine etwas größere Aktivität als UDP-Glucose. Die Verteilung von ^{14}C in den Nucleotidhexosen sowie den Phosphatestern nach Injektion von II ergibt allg. eine höhere Aktivität der C-Atome 4 u. 6. Die Verteilung von ^{14}C bei Injektion von II u. III ergibt hingegen eine bevorzugte Markierung bei $C_{(1)}$, $C_{(2)}$ u. $C_{(3)}$. Die bei Ggw. von II u. III in der Glucosehälfte der gebildeten I nachgewiesene hohe Aktivität fast ausschließlich am $C_{(2)}$ läßt erkennen, daß freie Glucose zur I-Synth. herangezogen wird. Es wird von Vff. gefolgert, daß I aus UDP-Galaktose u. freier Glucose, also nicht Glucose-1-phosphat gebildet wird.
A. Täufel. 4555□

Untersuchungen über Mucoproteine. 7. Mitt. **Die Bindung der prosthetischen Gruppe an Asparagin- und Glutaminsäurereste in Rindersubmaxillardrüsenmucoprotein.** W. H. Murphy und A. Gottschalk. (Biochim. biophysica Acta [Amsterdam] 52, 349—60, 16/9. 1961; Canberra, Australian Nat. Univ., Dep. of Microbiol.; engl.) — 6. vgl. Biochim. biophysica Acta [Amsterdam] **46** [1961], 98. — Durch Behandlung von Rinder-Submaxillar-Drüsenmucoprotein (RSM) mit $LiBH_4$ in Tetrahydrofuran erfolgt Red. von ca. 83% der Gesamt-Dicarbonsäurereste u. ein Freiwerden von nichtred. prosthet. Gruppen, die bereits als *α-D-Sialyl (2 → 6)-N-acetylgalaktosamin* identifiziert wurden. Bei Fraktionierung des sauren Hydrolysats des mit $LiBH_4$ behandeltem RSM nach Stein u. Moore wurde *Homoserin* (I) u. *α.δ-Aminohydroxy-n-valeriansäure* (II) erhalten. II wurde durch Umwandlung in Prolin im sauren Medium, I mittels Papierchromatographie identifiziert. Auf Grund der Ergebnisse schließen Vff., daß ca. 81% der prosthet. Gruppen im RSM durch eine glykosid. Esterbindung an die β-Carboxylgruppe des Asparaginsäure- oder an die γ-Carboxylgruppe des Glutaminsäurerestes gebunden sind. Durch Alkalibehandlung von RSM werden auch 84% der prosthet. Gruppen in Freiheit gesetzt. Die restlichen prosthet. Gruppen sind wahrscheinlich O-glykosid. an Serin u./oder Threonin gebunden. I u. II wurden durch $LiBH_4$-Behandlung von β-Methylasparaginat u. γ-Methylglutamat synthetisiert.
G. Bratfisch. 4555□

Freisetzung eines Hormons bei Reizung der Samenbläschen und der Ampullen des Schafbocks. M. Debackere und G. Peeters. (Arch. int. Pharmacodynam. Thérap. **130,** 467—69, 1/3. 1961; Gand, Univ., École vét., Labor. de Physiol. et de Pharmacodynamie; franz.) — Wurde zwischen einem ♀ u. einem ♂ Schaf durch Anastomose der Jugularvenen der Blutkreislauf verbunden, so löste rektale Massage der Samenbläschen u. der Ampulle des Bockes in der Mehrzahl der Verss. beim ♀ Tier Milchejektion aus. Die Erscheinung war mehrere Male wiederholbar. Injektion von synthet. *Oxytocin* (I) beim ♀ Tier hatte den gleichen Effekt. *Atropin* verhinderte beide Effekte nicht. Der beschriebene Effekt beruht wahrscheinlich auf I-Freisetzung im Hirn des männlichen Tieres. K. Maier. 4558 □

Untersuchungen über Harnsteroide bei der Vermehrung von Tieren. 5. Mitt. **Die colorimetrische Bestimmung von Östrogenen im Harn trächtiger Kühe.** Junji Masaki, Kazumasa Hiroe und Tsuneo Tomizuka. (Bull. nat. Inst. agric. Sci. [Chiba, Japan] Ser. G, Nr. **20,** 191—97, Mai 1960; jap., Auszug: engl.) — 4. vgl. Bull. nat. Inst. agric. Sci. [Chiba, Japan], Ser. G, Nr. **18,** [1959], 57. — Die Kober-Chromogene im Harn trächtiger Kühe werden mit einfacher Chromatographie u. Korrekturformel zur Ausschaltung der Störsubstanzen bestimmt. Nach der Acetonbehandlung nach Jayle u. Crepy (Ciba found. Coll. on Endocrinol. II, **1952,** 84) wird der erhaltene Wert auf Grund der Differenz der Chromatogramme der *Östrogene* (I) u. der braungefärbten Substanzen durch eine Formel korrigiert. Im Harn trächtiger Kühe erhöht sich die *Östron* (II)-Ausscheidung vom mittleren zum späten Stadium. Während der späten Tragzeit wird auch *Östradiol* ausgeschieden. *Östriol* wurde nicht bestimmt. Ein Teil der braun gefärbten Substanzen jeder I-Fraktion wird durch die Acetonbehandlung entfärbt u. zeigt in seiner Ausscheidung während der Tragzeit ein ähnliches Verh. wie II. Ph. Fresenius. 4559 □

Frühe Permeabilitätswirkungen von Östradiol auf den Uterus der kastrierten Ratte. I. D. K. Halkerston, J. Eichhorn, M. Feinstein, E. Scully und O. Hechter. (Proc. Soc. exp. Biol. Med. **103,** 796—99, April 1960; Shrewsbury, Mass., Worcester Found. for Exp. Biol.; engl.) — Kastrierten, funktionell nephrektomierten ♀ Ratten werden 10 μg *17β-Östradiol* (I) i.v. u. später $^{14}C_{(10)}$-*Inulin*, ^{14}C-*Saccharose*, $^{14}C_{(1)}$-D-*Xylose*, ^{14}C-*α-Aminobuttersäure* oder ^{22}Na subkutan gegeben. 1½ Std. nach I-Gaben sind noch keine Veränderungen des Gew. u. des Wasser-Geh. der Uteri festzustellen, nach 6 Std. ist beides erhöht. Nach 1½ Std. wird auch keine Beeinflussung der Permeabilität des Uterus für die markierten Substanzen festgestellt, während die Veränderung des Kohlenhydrat- u. Proteinstoffwechsels bereits begonnen hat. P. Gregorzewski. 4559 □

Migräneprophylaxe mit Progesteronen. P. O. Lundberg. (Acta endocrinol. [Copenhagen], Suppl. **40,** 1—22, 1962; Uppsala, Akademiska Sjukhuset, Neurologiska Kliniken; engl.) — Bei 55 von 84 Personen wurde durch Gaben von 1—2 mg *Methylöstrenolon* (*Orgasteron,* I) oder 2,5—15 mg *Allylöstrenol* (*Gestanyn,* II) täglich eine Beseitigung der Migräne erreicht. Nach Beendigung der Applikation trat Migräne nach 1 bis 12 Wochen wieder auf. Bei 36 von 76 Frauen traten menstruelle Störungen auf. 9 von 70 der mit I, jedoch keine der 21 mit II behandelten Frauen zeigten geringe Virilisationssymptome. W. Hiller. 4559 □

Experimentelle Untersuchungen über die Wirkungen hypothalamischer Schädigungen auf die Kontrolle der ACTH-Freisetzung aus der Adenohypophyse bei Ratten. 3. Mitt. **Wirkungen hypothalamischer Schädigungen auf das Gewicht von Nebennieren und Thymus und die Wasseraufnahme von Ratten.** Yoichiro Nishimura. (Jap. Arch. intern. Med. **8,** 837—48, 1961; Kyoto Univ., Fac. of Med., Dep. of Int. Med., 2. Div.; jap., Auszug: engl.) — Aus den vorgelegten Resultaten über die für die Sekretion von *adrenocorticotropem Hormon* (ACTH) als essentiell zu betrachtenden Hirnpartien u. der mit Schädigung dieser Partien einhergehenden verstärkten Wasseraufnahme der Ratten wird der Schluß gezogen, daß die Regulierung der ACTH-Freisetzung durch einen komplizierten Mechanismus zustande kommt, bei dem *antidiuret. Hormon,* Sekretion von *Epinephrin* u. Kontrolle des hypothalam.-splanchn.-Nerven-Syst. ineinandergreifen; dazu kommt die Beteiligung des „feed-back"-Mechanismus der Nebennierensteroide. U. Tausendfreund. 4560 □

Wachstumshormon und Kohlenhydrattoleranz bei adrenalektomierten Ratten. Norman B. Marshall und Frank L. Engel. (Proc. Soc. exp. Biol. Med. **103,** 743—45, April 1960; Durham, N.C., Duke Univ., Med. Center, Div. of Endocrinol., Dep. of Physiol. and Med.; engl.) — Es wird die hyperglykäm. Wrkg. von gereinigtem *Wachstumshormon* (I) an adrenalektomierten Ratten bei verschiedenen Formen der Nebennierentherapie untersucht. I verursacht keine Hyperglykämie u. Glykosurie, wenn die Tiere täglich 0,25 mg *Cortisol* (II, subkutan) erhalten, dagegen entwickelt sich eine Glykosurie, wenn täglich 0,5 mg II verabreicht werden. Wenn an Stelle von II Kochsalz-Lsg. oder DOCA gegeben werden, hat I keinen signifikanten Einfl. auf die Glucose-Konz. im Blut oder Urin. P. Gregorzewski. 4560 □

Plasma-Clearance und Glucuronidkonjugation von 11-Desoxycortisol (Substanz S) beim Menschen. Ernest M. Gold. (Proc. Soc. exp. Biol. Med. **103,** 829—32, April 1960; San Francisco, Calif., Univ. of California, School of Med., Dep. of Med.; Metabol.

Unit for Res. in Arthritis and Allied Diseases; engl.) — Es wird die Plasma-Clearance-Geschw. u. die Glucuronid-Bldg. von *11-Desoxycortisol* (I) bei Normalpersonen u. Patienten mit Leberkrankheiten (L) u. Hypothyreoidismus (H) untersucht. Die biolog. Halbwertszeit von **I** beträgt bei Normalpersonen 42 Min., bei L 80 Min. u. bei H 108 Minuten. Die I-Clearence im Plasma ist doppelt so schnell wie die von *Cortisol* (II); die Halbwertszeit für I- u. **II**-*Glucuronide* beträgt 102 Minuten. P. Gregorzewski. 4561 □

Chemische Bestimmung der 17-Hydroxycorticostereoide im Blut von Milchvieh und einige Hinweise auf ihre physiologische Bedeutung. W. G. Robertson und J. P. Mixner. (J. Dairy Sci. **39,** 589—97, Mai 1956; Sussex, N.J., New Jersey Agric. Exp. Stat.; engl.) — Das Verf. beruht auf der Extraktion der *17-Hydroxycorticosteroide* (I) aus dem kalten Plasma mit kaltem Äthylacetat u. Best. der I mittels Farb-Rk. nach Porter-Silber (J. biol. Chemistry **185,** [1950], 201). Wie Vgl.-Unterss. zeigten, werden dabei 81% der im Plasma enthaltenen I erfaßt. Verss. mit dem Verf. ergaben, daß i.m. Verabreichung von 600 Einheiten ACTH an Kühe zu einem durchschnittlich 120%ig. Anstieg der Plasma-I nach 2 Std. führt. Bei 23 tragenden, trockenstehenden Kühen wurden 6,90—17,62 (im Mittel 9,77) γ% I, bei 20 lactierenden Tieren 2,14—8,40 (im Mittel 4,58) γ% I festgestellt. F. Krusen. 4561 □

Der Einfluß von Adrenalin, Histamin und Pitressin auf den Phosphorstoffwechsel der Nebenniere. Doris Nicholls und Carolyn Graham. (Canad. J. Biochem. Physiol. **35,** 401—06, Juni 1957; London, Ontario, Univ. of Western Ontario, Dep. of Biochem.; engl.) — Intraperitoneale Injektionen von *Adrenalin, Histamin* oder *Pitressin* 2 Std. nach ^{32}P-Injektion erhöhten bei Ratten die relative spezif. Aktivität des anorgan. P in den Nebennieren, bei Hypophysektomie oder *Cortison*-Behandlung bleibt diese Rk. aus oder ist nur sehr gering. ACTH-Gaben erhöhen den ^{32}*P*-Einbau bei hypophysektomierten Tieren, Cortisonvorbehandlung beeinflußt diese Wrkg. nicht. Es wird angenommen, da der erhöhte ^{32}P-Einbau immer mit einer verstärkten *Ascorbinsäure*-Entleerung der Nebennieren einhergeht, daß beide Rkk. durch die gleichen Faktoren kontrolliert werden. P. Gregorzewski. 4561 □

In vivo-Decarboxylierung von α-Methyl-DOPA und α-Methylmetatyrosin. Arvid Carlsson und Margit Lindqvist. (Acta physiol. scand. **54,** 87—94, Jan. 1962; Sweden, Univ. of Göteborg, Dep. of Pharmacol.; engl.) — *α-Methyl-DOPA* (*α-Methyl-3.4-dihydroxyphenylalanin*; I) u. *α-Methylmetatyrosin* (II) wurden Mäusen (400 mg/kg, intraperitoneal) u. Kaninchen (200 mg/kg, i.v.) injiziert, u. nach verschiedenen Zeitintervallen das Gehirn nach den Monoaminen [*5-Hydroxytryptamin* (III), *Noradrenalin* (IV), *Dopamine* (V) u. α-Methylanaloge] untersucht. **III** u. **IV** nahmen nach den I- u. II-Gaben vorübergehend ab, **IV** nahm bemerkenswert u. andauernd ab. Die α-Methylaminosäuren unterlagen einer Decarboxylierung u. nachfolgender β-Hydroxylierung in vivo. M. Metze. 4561 □

Eine Methode zur Bestimmung von Normetanephrin im Gehirn. Arvid Carlsson und Margit Lindqvist. (Acta physiol. scand. **54,** 83—86, Jan. 1962; Sweden, Univ. of Göteborg, Dep. of Pharmacol.; engl.) — Hirngewebe wird mit Perchlorsäure extrahiert der Extrakt säulenchromatographiert. *Normetanephrin* (3-O-methyliertes Stoffwechsel-Prod. von *Noradrenalin*) wird in eine stark fluorescierende Verb. umgewandelt (Trihydroxyindol-Meth.) u. die Fluorescenz gemessen. M. Metze. 4561 □

Die Freigabe von Brenzcatechinaminen aus den isolierten Chromaffingranula des Nebennierenmarks durch Sulfhydrylinhibitoren. Antoine D'Iorio. (Canad. J. Biochem. Physiol. **35,** 395—400, Juni 1957; Montréal, Quebec, Univ. de Montréal, Labor. de Physiol.; engl.) — Chromaffingranula aus Rindernebennierenmark werden bei 37° mit verschiedenen SH-Gruppeninhibitoren inkubiert u. die Freigabe von *Brenzcatechinaminen, Adenosintriphosphat* (*ATP*) u. *Proteinen* untersucht. Sämtliche Verbb., *p-Chlormercuribenzoesäure, p-Chlormercuriphenylsulfonsäure, Jodosobenzoesäure, N-Äthylmaleinimid* u. *Bis-[2-succinylaminophenyl]-disulfid*, bewirken eine ATP-Freisetzung, ähnlich ist der Einfl. auf die *Brenzcatechin*-Freisetzung. Eine Proteinfreisetzung bewirken nur die Hg-Verbb., auch sind diese bei den anderen Verss. die wirkungsvollsten. Zugabe von *Glutathion* zur Inkubations-Lsg. verhindert die Einw. von *p-Chlormercuribenzoesäure*, kann aber deren Wrkg. nicht umkehren. P. Gregorzewski. 4561 □

Bestimmung der Wirkung von Thyreotropin auf die Funktion der Schilddrüse mittels der ^{131}J-Trijodthyroninaufnahme durch Erythrocyten in vitro. Anders Parrow. (Acta Soc. med. Upsaliensis [N. S.] **66,** 287—96, 1961; Uppsala, Univ., Dep. of Internal Med.; engl.) — Mit Hilfe der Aufnahme von ^{131}*J-Trijodthyronin* (I) durch Erythrocyten in vitro untersuchte Vf. die Wrkg. von *Thyreotropin* (II) auf die Funktion der Schilddrüse bei gesunden, euthyroiden Personen sowie bei Patienten mit prim. u.

sek. Myxödem. Es zeigte sich, daß die I-Aufnahme bei euthyroiden Personen bis zu einer II-Menge von 10 I.E. · 1—2 nicht nennenswert anstieg u. erst bei höheren Dosen nachweisbar war. Bei Patienten mit prim. Myxödem (behandelt u. nicht behandelt) änderte sich die I-Aufnahme auch bei II-Dosen nicht, die bei euthyroiden Personen einen deutlichen Anstieg der I-Aufnahme bewirkten. Auch bei Personen mit sek. Myxödem konnte keine nennenswerte Steigerung der I-Aufnahme nachgewiesen werden, während sich beim Radio-J-Test eine deutliche Wrkg. auf die Schilddrüsenfunktion zeigte. Die Steigerung der I-Aufnahme durch die Erythrocyten nach Behandlung der Patienten mit II führt Vf. vorwiegend auf eine Erhöhung der Schilddrüsenhormonmenge im Blut u. weniger auf einen peripheren Effekt der II auf die Bindung der Schilddrüsenhormone durch Plasmaproteine zurück. Gegenüber der Radio-J-Test-Meth., bei der bereits geringe II-Mengen durch eine deutliche J-Akkumulation in der Schilddrüse nachweisbar sind, ist die Ermittlung der I-Aufnahme (durch Erythrocyten in vitro) auf Grund vorliegender Ergebnisse nur für bestimmte Diagnosen von Bedeutung, z. B. zur Feststellung, ob eine Hypothyreose oder ein Hypometabolismus nicht thyreoidalen Ursprungs vorliegt.
B. Görlich. 4562□

Die Stimulierung der Neurosekretion in Haifischembryonen durch Thyroidhormone. Aubrey Gorbman und Susumu Ishii. (Proc. Soc. exp. Biol. Med. **103**, 865—67, April 1960; Columbia Univ., N.Y., Barnard Coll.; engl.) — Nach intraperitonealer Injektion von 50 µg *Propylthiouracil*, 10 µg u. 100 µg *L-Thyroxin* (I), 100 µg *Trijodthyronin* (II) oder 10 oder 100 µg *Trijodthyroessigsäure* (III) wird bei Haifischembryonen (*Squalus suckleyi*) die Differenzierung des hypothalam. neurosekretor. Syst. durch I, II u. III beschleunigt.
P. Gregorzewski. 4562□

Wirkung von Insulin in vitro auf die Glucoseaufnahme des Rückenmarks von Ratten. J. L. R.-Candela und D. Martin-Hernandez. (Experientia [Basel] **15**, 439—40, 15/11. 1959; Madrid, Inst. de Metabol. y Nutric.; engl.) — *Insulin* (I) bewirkt am Rückenmark der Ratte nur dann eine Erhöhung der *Glucose*-Aufnahme, wenn die Tiere mit CO_2/O_2-Gemisch (1:1; zur Gewebeentnahme) narkotisiert sind u. nicht dekapitiert waren (Warburg-Verss.). Auf die Atmung hat I keinen Einfluß.
H. Schimassek. 4564□

Untersuchungen über den Einfluß von Tolbutamid auf den Kohlenhydratstoffwechsel. 3. Mitt. B. Leijnse, H. J. Ybema und Chr. E. Kamminga. (Clin. chim. Acta [Amsterdam] **4**, 424—26, Mai 1959; Rotterdam, Coolsingel Hosp., Biochem. Labor. u. Clin.-Chem. Labor.; engl.) — 2. vgl. Clin. chim. Acta [Amsterdam] **3**, [1958], 143. — Am isolierten Rattenzwerchfell erhöht *Tolbutamid* (I; 250 γ/ml) den Verbrauch von *Glucose*, *Fructose* u. *Galaktose*. Die Wrkg. ist gering. Eine Erhöhung des *Insulin*-Geh. des Serums nach Gaben von I (50 mg, 150 Min. vorher) ist nicht nachweisbar. Nach Ansicht der Vff. geben derartige Verss. keinen Anhaltspunkt für die Hypothese von v. Holt u. Mitarbeiter, daß die Wrkg. von I auf einer Steigerung der Sekretion oder Produktion von Insulin beruht.
H. Schimassek. 4564□

Die Wirkung von Pankreaslipase in homogener Lösung. 4. Mitt. Die Wirkung synthetischer Lebensmittelfarbstoffe auf Pankreaslipase. Morie Nishida. (J. Biochemistry [Tokyo] **49**, 169—72, Febr. 1961; Fukuoka, Univ. of Kyushu, Fac. of Med., Dep. of Pharmacy; engl.) — 3. vgl. C. **1961**, 7261. — Die kinet. Unters. der Hemmung von *Pankreaslipase* (I; Substrat: Polyoxyäthylensorbitanmonolaurat) durch Lebensmittelfarbstoffe ergab eine nichtkompetitive Hemmung durch wasserlösl. Azofarbstoffe (*Ponceau 3 R*, *Ponceau SX*, *Ponceau R*, *Orange 1* u. *Sunset Yellow FCF*) u. Xanthenfarbstoffe (*Erythrosin*, *Eosin*, *Phloxin*), während fettlösl. Azofarbstoffe (*Orange SS*, *Yellow AB*, *Yellow OB*) auf I ohne Einfl. waren. Die Triphenylmethanfarbstoffe *Light Green SF yellowish* u. *Fast Green FCF* hemmten I schwach nichtkompetitiv. *Naphthol Yellow S* u. *Indigo Carmin* waren unwirksam.
K. Maier. 4564□

Die aktuelle Behandlung des Diabetes mellitus. Kost.-Hypoglykämische Sulfonamide. — Insulin. P. Boulet und J. Mirouze. (Arch. Maladies profess. Méd. Travail Sécurité soc. **21**, 490—91, Juli/Aug. 1960; franz.) — Die moderne Behandlung des Diabetes mellitus wird kurz abgehandelt. Neben Verabreichung einer Diabetikerkost wird auf Verabreichung von hypoglykäm. Sulfonamiden (*BZ 55, D 860, 2259 R.P = Glipasol, P. 607 = Chlorpropamid*) hingewiesen u. die *Insulin*-Therapie besprochen.
G. Kimmerle. 4564

Die Extrahierbarkeit von Histonfraktionen aus dem Kälberthymus. L. Hnilica. (Experientia [Basel] **15**, 139—40, 15/4. 1959; Bratislava, Czechoslovakia, Oncolog. Res. Inst.; engl.) — Vgl. C. **1960**, 7573 u. 7574. — Bei der Extraktion von *Histon* (I) aus den Zellkernen des Kälberthymus mit verd. HCl ändert sich die Zus. der Extrakte in Abhängigkeit von der Konz. der HCl. Die *Arginin-* u. *Tyrosin* (II)-reiche I-Fraktion scheint fester an die *Desoxyribonucleinsäure* des Zellkerns gebunden zu sein als die II-arme u. *Lysin*-reiche I-Fraktion. K. Zingraf. 4566□

Der Einfluß von Acetylcholin auf die ^{42}Kalium-Abgabe postnataler, denervierter und reinnervierter Skeletmuskulatur. W. Klaus, H. Lüllmann und E. Muscholl. (Experientia [Basel] **16**, 498, 15/11. 1960; Mainz, Univ., Pharmakolog. Inst.; dt.) — Verss. mit Zwerchfell von Ratten, 3—4 Tage post natum (A), Kontrollmuskeln von 100 bis 120 g schweren Ratten (B), Zwerchfell nach Exhärese des N. phrenicus (C) u. Muskeln, die nach ca. 20 Wochen reinnerviert waren (D) ergaben, daß A auf Zusatz von *Acetylcholin* (I) mit einer Steigerung der ^{42}K-Abgabe reagiert, B u. D gegen I unempfindlich sind u. C mit einer starken Zunahme der ^{42}K-Abgabe reagiert. Die postnatale Ausreifung des N. phrenicus u. der Reinnervationsprozeß führen zum selben Ergebnis: Einengung des I-empfindlichen Areals auf die Endplattenregion. H. Goebel. 4569□

Technische Probleme der Hämoglobinelektrophorese im Stärkeblock. H. R. Marti. (Experientia [Basel] **17**, 235—37, 15/5. 1961; Basel, Univ., Medizin. Poliklinik; dt.) — Es wird eine einfache Hochspannungselektrophorese-App. für die Stärkeblockelektrophorese beschrieben. Ihre Brauchbarkeit wird an der Auftrennung des Hämoglobins geprüft. H. Struck. 4572□

Die Hämolyse menschlicher Erythrocyten in Beziehung zur Gitterstruktur des Wassers. 2. Mitt. Die Wirkung von Elektrolyten auf die Malonamid-induzierte Hämolyse. William Good. (Biochim. biophysica Acta [Amsterdam] **48**, 229—41, 1/4. 1961; Glasgow, Western Infirm., Dep. of Biochem.; engl.) — 1. vgl. C. **1961**, 12537. — Durch Unters. der Wrkg. von *Elektrolyten* auf die durch *Malonamid* hervorgerufene Hämolyse konnte ein weiterer Beweis dafür erbracht werden, daß als Hauptfaktor des Mechanismus dieser Hämolyse die strukturelle Integrität des extracellulären Wassergitters angesehen werden muß. U. Tausendfreund. 4573□

Die hämolytische Wirkung von Primaquine. 14. Mitt. Pentosestoffwechsel in Primaquin-empfindlichen Erythrocyten. R. W. Kellermeyer, P. E. Carson, S. L. Schrier, A. R. Tarlov und. A. S. Alving. (J. Lab. clin. Med. **58**, 715—23, Nov. 1961; Chicago, Ill., Univ. of Chicago, Army Med. Res. Inst.; engl.) — Es wurden die Gesamtaktivität der nichtoxydativen Rkk. des *Pentosephosphat*-Stoffwechsels, die Veränderungen des Gesamt-*Pentose*-Geh. vor u. nach Inkubation mit Glucose in vitro, sowie die O_2-Aufnahme durch Hämolysate u. intakte Erythrocyten bei *Primaquin*-empfindlichen u. normalen Erythrocyten verglichen. Obwohl Mangel an *Glucose-6-phosphatdehydrogenase* bei Primaquin-empfindlichen Erythrocyten zu verminderter Aktivität des Pentosestoffwechsels mit verminderter Regenerierung von Triphosphopyridinnucleotid, verminderter CO_2-Bldg. u. verminderter O_2-Verwertung führt, konnte ein gleicher Pentose-Geh. in empfindlichen u. normalen Erythrocyten nachgewiesen werden; ferner eine gleich hohe Gesamtkapazität für die reversible Umwandlung von Pentosephosphat zu Triosephosphat u. Hexosemonophosphat durch Aldolase- u. Transketolase-Austausch-Rkk. des Pentosestoffwechsels in Hämolysaten. Die Anregung oxydativer Rkk. durch Methylenblau führte bei normalen Erythrocyten zu gesteigerter O_2-Verwertung u. Pentoseanhäufung; bei empfindlichen Erythrocyten war diese Rk. nicht so stark ausgeprägt. U. Tausendfreund. 4573□

Glucose-6-phosphatdehydrogenasemangel in Griechenland. 1. Mitt. **Glutathion-Stabilität und Glucose-6-phosphatdehydrogenaseaktivität in Erythrocyten griechischer Patienten mit Favismus.** 2. Mitt. **Geographische Verteilung und Häufigkeit des Erythrocytendefektes. Vorläufige Angaben.** Leda Zannos-Mariolea und Christos Kattamis. (Blood **18**, 34—47, Juli 1961; Athen, Athens Univ., Ped. Clinic; St. Sophie's Children's Hosp.; engl.) — Die Best. der *Glutathion* (I)-Stabilität von Erythrocyten bei 40 Fällen mit akuter Hämolyse nach Verzehr von Fava-Bohnen ließ weite individuelle Schwankungen erkennen, wenn auch die Abweichungen von der Norm in 39 Fällen eine Diagnose zuließen. Es waren zwar Befunde aus Zeiten vor u. nach hämolyt. Episoden nicht erhältlich, doch zeigten die Postinkubations-I-Spiegel Werte an der unteren Grenze der Norm. Die jungen Erythrocyten weisen einen gleichen I-Mangel wie die alten Zellen auf. Die Prüfung der I-Stabilität bei 44 Müttern u. 37 Vätern ergab Resultate, die mit der Annahme übereinstimmen, wonach bei ♂ Patienten die Mutter der Träger des biochem. Defekts ist u. bei ♀ Patienten beide Eltern als Träger fungieren. — Der Motulsky-Test eignet sich weniger zum Nachw. der Empfindlichkeit außerhalb hämolyt. Episoden. *Glucose-6-phosphatdehydrogenase*-Mangel ist in Griechenland überall anzutreffen, wenn auch keine gleichmäßige Verteilung vorliegt. Das häufigste Vork. wurde auf Cypern u. Kreta mit 3%, das Vork. in Athen mit 0,7% erkannt. U. Tausendfreund. 4573□

Untersuchungen über Hämoglobin. 5. Mitt. **Chromatographische Spaltung von Rinderglobin in die Valyl-leucyl- und Methionylkette.** Shigeru Sasakawa. (J. Biochemistry [Tokyo] **49**, 200—04, März 1961; Tokyo, Metropolitan Univ., Fac. of Sci., Dep. of Chem.; engl.) — 4. vgl. C. **1962**, 3523. — Rinderhämoglobin oder *Globin* (I) wurde durch Behandlung (2—3 Tage, Raum-Temp.) mit 8m *Harnstoff* (II) in 2n HCOOH, Chromatographie an Amberlite CG-50 (H^+-Form) u. Elution mit II-haltiger 2n HCOOH (4 → 8m II) in 2 Untereinheiten, die *Valyl-leucyl*-(α)- u. die *Methionyl*-(β)-Kette zerlegt. Entsprechend ließ sich mit Perameisensäure oxydiertes I in die beiden oxydierten Ketten zerlegen. K. Maier. 4574□

Metallionen in biologischen Systemen. 2. Mitt. **Die Verwendung von pM-Indicatoren in Gegenwart großer Moleküle. Eine Bestimmung der Assoziationskonstanten des Serumalbumins.** J. Ettori und S. M. Scoggan. (Arch. Biochem. Biophysics **91**, 27—31, Nov. 1960; Ottawa, Canada, Univ. of Ottawa, Fac. of Med., Dep. of Biochem.; engl.) — Vgl. C. **1962**, 14534. — Die unter Verw. von pM-Indicatoren mit 2 Wellenlängen arbeitende spektrophotometr. Meth. zur Best. von Metallionen (l. c.), deren Anwendbarkeit in Ggw. kleiner Moll. nachgewiesen worden ist, wurde nun auf Makromoll., wie Proteine, enthaltende Medien übertragen. Als Beispiel wurde die Wechselwrkg. von *Ca* mit Rinder-*Serumalbumin*, mit *Murexid* als Indicator, untersucht. K. Maier. 4574□

Chelatbildung und Eisenstoffwechsel. 1. Mitt. **Relative Eisenbindung chelatbildender Agentien und Siderophilin im Serum.** Martin Rubin, J. Houlihan und Joseph V. Princiotto. (Proc. Soc. exp. Biol. Med. **103**, 663—66, April 1960; Washington, D.C., Georgetown Univ., Schools of Med. and Dent., Dep. of Biochem. and of Physiol. and Biophys.; engl.) — Es werden die *Fe*-Bindungsfähigkeiten von *β-Hydroxyäthyliminediessigsäure, Nitrilotriessigsäure, Di-β-hydroxyäthylglycin, Propylen-(1)-diaminotetraessigsäure, β-Hydroxyäthyläthylendiamintriessigsäure* (II), *Äthylendiamintetraessigsäure* (III) u. *trans-1.2-Diaminocyclohexantetraessigsäure* mit der von *Siderophilin* (I) in Kaninchenserum verglichen. Keine der untersuchten Verbb. ist in der Lage, im Serum Fe aus dem Fe-I-Komplex zu entfernen. Dagegen ist I befähigt, Fe aus den Komplexen mit den Ammoniak-Essigsäure-Derivv., nicht aber aus den Komplexen von II u. III herauszulösen. P. Gregorzewski. 4574□

Steroide. 3. Mitt. **Dünnschichtchromatographie von Cholesterin aus Blut.** Mathieu Van Dam. (Bull. Soc. chim. belges **70**, 122—24, Jan./Febr., 1961; Veenendaal, Nederland, D.S. van Schuppen, N.V.; franz.) — 2. vgl. C. **1961**, 8060. — Vf. berichtet über die Trennung von *Cholesterin* (I) von seinen Fettsäureestern aus Blutserum mittels Dünnschichtchromatographie. Die Trennung gelingt mit folgenden Lsgm.: *Bzl.*, Bzl.-*Äthylacetat* (II; 9:1), *1.2-Dichloräthan, Chlf., Toluol* oder Toluol-II (9:1), wobei die I-Ester kurz hinter der Front laufen, I hat R_F-Werte zwischen 0,08 u. 0,38. Vgl. mit synthet. I-Oleat, -Palmitat u. -Stearat ergaben Übereinstimmung der R_F-Werte mit Chromatogrammen von Blutseren bzw. einer Vitamin-F-Probe aus I. Nachw. der getrennten Verbb. mit $SbCl_3$ bei 105°. M. Finke. 4574□

Die Exkretion von α-Ketoglutarat, Harnstoff und Aminosäuren bei normalen und muskeldystrophischen Mäusen. Charles McGaughey. (Proc. Soc. exp. Biol. Med. **103**, 730—34, April 1960; Long Beach, Calif., Vet. Admin. Hosp.; engl.) — Vgl. C. **1963**, 575. — Im Mäuse-Vers. wird gezeigt, daß der Urin muskeldystroph. Tiere signifikant mehr *α-Ketoglutarat* u. *Harnstoff* pro Lebendgew. enthält als der Urin von Normaltieren. Die Aminosäureausscheidung zeigt keine Abweichungen. P. Gregorzewski. 4577□

Klinische Biochemie. 2. Mitt. E. J. King. (Lab. Pract. **9**, 725—30, Okt. 1960; engl.) — 1. vgl. Lab. Pract. **9**, [1960], 664. — Besprechung u. Abb. der automat. Pipette nach Wootton [1957] u. des „Technicon Autoanalyser". Besprechung der papierchromatograph. Trennung von DNP-Aminen u. ihre Anwendung bei der Harn-Unters., der Papierchromatographie von Harnsteroiden u. der Plasmapapierelektrophorese. — Abbildung. Ph. Fresenius. 4577□

Der Cholesterinstoffwechsel im Hühnerembryo. 3. Mitt. **Lokalisierung und Umsatz von Desmosterin (24-Dehydrocholesterin).** William A. Fish, John E. Boyd und William M. Stokes. (J. biol. Chemistry **237**, 334—37, Febr. 1962; Providence, R.I., Providence Coll., Med. Res. Labor.; engl.) — 2. vgl. C. **1961**, 5873. Aus Hühnerembryonen (9. Inkubationstag — Schlüpftermin) wurden nach Injektion von $^{14}C_{(1)}$-Acetat die *Rohsterine* chromatograph. in eine *Cholesterin* (I)-Fraktion u. eine komplex zusammengesetzte mit *Desmosterin* (*24-Dehydrocholesterin,* II) als Hauptkomponente zerlegt. Bis 11,2% des Gesamt-II fanden sich im Hirn, wobei die relative Menge gegen Inkubationsende deutlich absank. Die Umsatzzeit der C-Aktivität der II-Fraktion des Hirns war ca. 1 Tag. II bildete die Hauptquelle für neu im Hirn synthetisiertes I. Daneben verlaufen noch weitere Wege der I-Biosynthese. Im restlichen Embryo verhielt sich der II-Pool, ca. 1,5% des Gesamtsterins, relativ reaktionsträge. K. Maier. 4583□

Biochemische Veränderungen während der Anurametamorphose. 8. Mitt. Veränderungen der Natur der roten Zellproteine. Albert E. Herner und Earl Frieden. (Arch. Biochem. Biophysics **95,** 25—35, Okt. 1961; Tallahassee, Fla., Florida State Univ., Dep. of Chem.; engl.) — 7. vgl. C. **1961,** 11788. — Die Metamorphose des *Rana grylio* ist von einer Veränderung der Verteilung der wasserlösl. roten Zellproteine begleitet. In den roten Zellen findet sich zu Beginn der Metamorphose eine *Hämoglobin* (I)-Fraktion mit einer hohen anod. elektrophoret. Beweglichkeit, in den späteren Phasen ein zusätzliches, langsamer wanderndes I, das auch in den Froscherythrocyten vorherrscht. 2 oder 3 lösl. nicht-I-Proteine finden sich in den roten Zellen der Kaulquappe, jedoch nicht in den Froscherythrocyten. Eines derselben wird als Vorstufe des vorherrschenden Frosch-I angesehen. Ähnlich verläuft die Metamorphose der *Rana catesbeiana* (R.c.), *R. heckscheri* (R.h. u. *Xenopus laevis* (X.l.) im Hinblick auf die Bldg. des langsamer wandernden I. Nicht-I-Proteine finden sich auch in den roten Zellen der Kaulquappe von R.c. u. R.h., jedoch nicht in den Kaulquappenerythrocyten von X.l. oder in roten Zellen anderer Froschspecies. Während der Metamorphose des R.h. u. R.c. beobachtet man eine Zunahme der roten Blutzellen u. der I-Konzentration. B. Görlich. 4583□

Die Einwirkung einer fettreichen Mahlzeit auf die Gerinnbarkeit des Blutes. 1. Mitt. **Bei fettarm und bei fettreich sich ernährenden (fettungewohnten und fettgewohnten) jungen Leuten.** K. Wacholder, H. Egli, K. Kesseler, H. Buscha und E. Felderhoff. (Z. Ernährungswiss. **2,** 159—82, Mai 1962; Bonn, Univ., Physiol. Inst.; dt.) — Nach einer Mahlzeit von 932 kcal mit einem Fettanteil von 73,6% konnten bei Normalpersonen im Alter von 21—26 Jahren keine eindeutigen Beziehungen zwischen der Fettzufuhr u. der Gerinnungszeit bzw. den gerinnungsfördernden u. gerinnungshemmenden Faktoren im Blut ermittelt werden. Die Gerinnungszeit war häufiger verkürzt als verlängert, die Verkürzung überschritt aber nie die Grenze des Normalbereichs. K. Zingraf. 4585□

Schwellung von Rattenlebermitochondrien bei Mangelernährung in bezug auf essentielle Fettsäuren. Takuya Hayashida und Oscar W. Portman. (Proc. Soc. exp. Biol. Med. **103,** 656—59, April 1960; Boston, Mass., Harvard School of Public Health, Dep. of Nutrit.; engl.) — In vitro wird bei Lebermitochondrien von mangelernährten jungen Ratten eine höhere Schwellungs-Geschw. in 0,3m Saccharose beobachtet als bei Normalmitochondrien. Zusatz von Adenosintriphosphat oder Serumalbumin hemmt nur bei Normalmitochondrien die Schwellung. Respirationsinhibitoren (Cyanid, Amytal u. Antimycin A) hemmen die Mitochondrienschwellung. Die Mangelmitochondrien zeigen einen sehr niedrigen Geh. an *Linol-* u. *Arachidonsäure,* ebenso die Mikrosomen u. der Überstand. 21% der Lipidfettsäuren der Mangelmitochondrien bestehen aus *Eikosadien-* oder *Eikosatriensäure* unbekannter spezif. Struktur gegenüber 0% bei den Kontrollen. P. Gregorzewski. 4585□

Linolsäure als Ursache für Encephalomalacie bei mit oxydierten Fetten gefütterten Küken. L. J. Machlin und R. S. Gordon. (Proc. Soc. exp. Biol. Med. **103,** 659—63, April 1960; St. Louis, Mo., Monsanto Chem. Co.; engl.) — Verfütterung von erhitztem Baumwollsaatöl zu einer Diät mit niedrigem Vitamin-E-Geh. verursacht bei Küken ein starkes Auftreten von Encephalomalacie. Durch Fütterungs-Verss. mit anderen Ölen wird gezeigt, daß die Häufigkeit der Erkrankung dem Geh. an *Linolsäure* in den einzelnen Ölen proportional ist. Gleichzeitige hohe *Vitamin-E*-Gaben schützen vor dem Krankheitsbefall. P. Gregorzewski. 4585□

Verträglichkeit bestrahlter Fette. Konrad Lang. (Z. Ernährungswiss. **2,** 141—46, Mai 1962; Mainz, Johannes-Gutenberg-Univ., Physiol.-Chem. Inst.; dt.) — Mit einer Dosis von 10 Mrad oder mehr bestrahltes Sojaöl bewirkte bei 3—6monatiger Verfütterung bei Ratten eine hohe Letalität sowie Ablagerung eines braunen Fe-haltigen Pigments in Leber u. Milz, Funktionsstörungen der Leber, Veränderung der Plasmaeiweißkörper, Inaktivierung der Schilddrüse, Abnahme der Körper-Temp., Senkung des Grundumsatzes, Bradycardie u. Linksverschiebung der Zellkerngröße in der Nebennierenrinde. Die Latenzzeit bis zum Auftreten der Symptome hängt von der Strahlungsdosis ab. K. Zingraf. 4585□

Die biologischen Wirkungen von Futterzusätzen. 1. Mitt. **Nisin.** A. C. Frazer, M. Sharratt und J. R. Hickman. (J. Sci. Food Agric. **13,** 32—42, Jan. 1962; Birmingham, Univ. of Birmingham, Med. School, Dep. of Med. Biochem. u. Pharmacol.; engl.) — *Nisin* (I) wurde in 3 verschiedenen Dosierungen in Käse u. in 2 Dosierungen als das handelsübliche Präp. *Meganisin* zu einer Grunddiät an Ratten verfüttert. Bei der Sektion wurden keine krankhaften Veränderungen u. Abnormalitäten bei allen Organen festgestellt. Die Gew.-Zunahme wurde durch I in den meisten Fällen nicht beeinflußt. Die mit I gefütterten Ratten nahmen in der Regel etwas weniger Futter auf. Im Gesamt-Verh. u. in der Sterblichkeit zeigten die mit I gefütterten Tiere keine Unterschiede zu den Kontrollen. Kein Tier starb an Krebs. W. Hiller. 4585□

Die Toxizität des Sphingosins und anderer langkettiger Amine. K. K. Carroll. (Proc. Soc. exp. Biol. Med. **103**, 734—37, April 1960; London, Ontario, Univ. of Western Ontario, Collip Med. Res. Labor.; engl.) — Wenn junge Ratten ein Futter mit 1—2% freien Aminolipiden (*Sphingosin* u. *Dihydrosphingosin*) aus Rinderrückenmark-Cerebrosiden erhalten, verlieren sie schnell an Gew. u. sterben nach ca. 2 Wochen; ebenso wirkt freies Aminolipid (*Sphingosin*) aus Gehirn-Cerebrosiden. Keine tox. Wrkg. über die Sulfate oder Triacetyl-Verbb. aus. Bei normalen Aminen nimmt die Toxizität mit der Kettenlänge zu. P. Gregorzewski. 4585□

Das Schwanken des Nährwerts von Fischmehl. A. B. Morrison und J. M. McLaughlan. (Canad. J. Biochem. Physiol. **39**, 511—17, März 1961; Ottawa, Canada, Dep. of Nat. Health and Welfare, Food and Drug Labor.; engl.) — Die korr. Werte des Proteinwirksamkeitsverhältnisses (PER; g Gew.-Zuwachs/g Protein) verschiedener Fischmehlproben schwankten zwischen 1,51 u. 2,76. Die Koeff. der Eiweißverdaulichkeit glichen bei den geprüften Fischmehlen einander weitgehend. Das *Lysin* (I; Rattentest) war in der Probe mit dem niedrigsten PER am wenigsten nutzbar. Obgleich die Schwankung des Nährwerts nicht Unterschieden in Gesamt-I-, *Methionin* (II)- u. *Cystin*-Geh. der Proben zuzuordnen war, wurden durch pankreat. Verdauung des Mehls mit dem kleinsten PER verringerte Mengen I u. II abgespalten. Obwohl Fischmehl im Nährwert stark schwanken kann, stellen geeignet hergestellte Proben ein hochwertiges Protein für die menschliche u. tier. Nahrung dar. K. Maier. 4585□

Die radioaktive Verseuchung von Obst und Gemüse. H. Seidler und M. Härtig. (Ernährungsforschung **6**, 596—600, 1961; Potsdam-Rehbrücke, Inst. für Ernährung; dt.) — Es werden Fall out-Aktivitäten von verschiedenen Gemüsen u. Obst der Ernte 1959 im Raum Potsdam gebracht. Man findet recht unterschiedliche Werte von 400 bis 5000 pc/kg Frischsubstanz, wofür die Lage (ober- oder unterird.), die Größe u. Form der Oberfläche u. die Dichte der Epidermis verantwortlich gemacht werden. M. Ulmann. 4585□

Ernährungssoziologische Untersuchung über den effektiven Lebensmittelverzehr von Werktätigen aus 5 großen Industriebetrieben. 4. Mitt. Zur Ernährungssituation der Produktionsarbeiter in einem feinmechanischen Betrieb (Bezirk Potsdam). H.-K. Gräfe und I. Räke. (Ernährungsforschung **6**, 601—10, 1961; Potsdam-Rehbrücke, Inst. für Ernährung; dt.) — 3. vgl. C. **1962**, 8687. — Die im vorliegenden Frauenbetrieb festgestellte Situation ähnelt derjenigen der vorher untersuchten Werktätigen. Während der energet. Bedarf angemessen gedeckt wird, findet man einen erheblichen Fettüberschuß u. ein Defizit bei den Kohlenhydraten. Die Mineralstoff- u. Vitaminversorgung weist signifikante Lücken für Ca u. die Vitamine B_1, B_2 u. C auf. M. Ulmann. 4585□

Der Stoffwechsel von Thiamin verwandten Substanzen. 2. Mitt. Der Einfluß von oberflächenaktiven Stoffen auf die intestinale Resorption von Thiamin. Chikataro Kawasaki, Takashi Suhara und Nobuko Iritani. (Vitamins [Kyoto] **18**, 58—62, 1959; Toyonaka, Osaka Univ., School of Pharm.; Osaka, Tezukayama-Gakuin Junior Col.; jap., Auszug: engl.) — 1. vgl. C. **1961**, 1999. — Gleichzeitige Verabreichung von *Thiamin* (I) u. *Na-Oleylmethyltaurat* verstärkt die I-Ausscheidung mit dem Urin u. erniedrigt die I-Ausscheidung mit den Faeces. Tween 80, Span 20, CMC, Na-Alginat, pulverisierte Galle, Lecithin, Aerosol OT, Na-Cholat u. Na-Taurocholat sind ohne Einfluß. P. Gregorzewski. 4587□

Untersuchungen über den Thiaminstoffwechsel bei verschiedenen Hautkrankheiten. 8. Mitt. Die Beziehungen des Thiaminstoffwechsels zu Ekzemen und Dermatitis. Katsu Takenouchi, Kazuo Aso und Shinjiro Yamamoto. (Vitamins [Kyoto] **18**, 211—30, 1959; Chiba, Chiba Univ., Fac. of Med., Dep. of Dermato-Urology; jap.; Auszug: engl.) — 10. vgl. C. **1962**, 9047. — Bei einer großen Zahl von Patienten mit Dermatitis, akutem u. subakutem sowie chron. Ekzem werden der *Thiamin* (I)-Geh. im Blut u. im Urin u. der *Brenztraubensäure* (II)-Geh. im Blut nach I-Gaben untersucht. Der I-Stoffwechsel ist nur selten bei Dermatitis u. einfachem Ekzem gestört. Dagegen ist bei den meisten Fällen von weit ausgebreitetem Ekzem der I-Stoffwechsel gestört, es treten Makrocytenanämie, Funktionsstörungen der Leber u. Achylia gastrica zusammen mit I-Mangel auf. P. Gregorzewski. 4587□

Untersuchungen über den Thiaminstoffwechsel bei verschiedenen Hautkrankheiten. 9. Mitt. Die Beziehung der Makrocytenanämie zu Ekzem und Dermatitis.

Shinjiro Yamamoto. (Vitamins [Kyoto] **18**, 231—41, 1959; jap., Auszug: engl.) — 8. vgl. vorst. Referat. — Unter 103 Fällen von Dermatitis u. Ekzem werden 16 Makrocyten- u. 9 Normocytenanämien beobachtet. Bei 62,5% der Makrocytenanämie liegen Leberfunktionsstörungen vor, bei 12 Fällen Achylia gastrica. Kaninchen entwickeln im fortgeschrittenen *Thiamin*-Mangelstadium Anämie. Es wird vermutet, daß Erythrocyten bei *Thiamin*-Mangel dazu neigen, makrocyt. zu werden.
P. Gregorzewski. 4587□

Stoffwechsel von mit Thiamin verwandten Verbindungen und ihre biologische Aktivität. Chikataro Kawasaki. (Vitamins [Kyoto] **18**, 1—9, 1959; Toyonaka, Osaka Univ., Fac. of Pharm.; jap.) — Übersicht. — 38 Literaturangaben.
P. Gregorzewski. 4587□

Untersuchungen über experimentell erzeugten Thiaminmangel. 2. Mitt. Gewebszerstörung und Glyoxylsäurebildung. Chi-Chin Liang. (Biochem. J. **83**, 101—06, April 1962; London, Nat. Inst. for Med. Res., Human Nutrit. Res. Unit.; engl.) — 1. vgl. C. **1962**, 11270. — An *Thiamin* (**I**) mangelernährten bzw. mit fettarmer Nahrung unter **I**-Zusatz gehaltenen Ratten (vgl. l. c.) wird das Ausmaß des Gewebestoffwechsels, gemessen an der *Kreatin* (**II**)-Ausscheidung im Urin, im Vgl. zur *Glyoxylsäure* (**III**)-Bldg. u. *Glycin* (**IV**)-Ausscheidung untersucht. Die *Kreatinin* (**V**)-Ausscheidung bleibt bei mangelernährten Tieren bis kurz vor dem Tode ziemlich konst., während die **II**-Ausscheidung in den ersten 14 Tagen allmählich absinkt, nach beginnender Gew.-Abnahme rasch auf ein Maximum ansteigt (37.—42. Vers.-Tag) u. danach steil bis zum Tode absinkt (Kurven). Analoge **II**- bzw. **V**-Ausscheidung wird bei zusätzlich mit **I** ernährten Tieren beobachtet, ohne daß sich die ausgeschiedene **II**-Menge anfänglich vermindert (Kurven). In **I**-mangelernährten Tieren fällt der **IV**-Geh. in Blut u. Harn anfänglich, um danach langsam anzusteigen. Die Zu- u. Abnahme des **III**-Geh. in Blut u. Harn verläuft proportional den beobachteten **II**- u. **IV**-Konzentrationen. Während gesunde Tiere nur 15% der mit $^{14}C_{(2)}$-**IV** injizierten Radioaktivität als CO_2 veratmen u. einen kleinen Anteil im Pyruvat u. α-Oxoglutarat in Blut u. Harn speichern, findet sich nach längerem **I**-Mangel mehr als 50% des ^{14}C im CO_2 u. 6,9% ausschließlich im Blut- u. Harn-Glyoxylat, das vermutlich infolge ausgedehnter Gewebszerstörung aus freigesetztem **IV** gebildet wird.
G. Kirsten. 4587□

Über Thiaminanreicherung von Preßgerste. 3. Mitt. Die Waschverluste bei mit Thiamin angereicherter gepreßter Gerste. Soichi Niwa, Nobu Katayama und Kinichiro Kato. (Vitamins [Kyoto] **20**, 184—86, 1960; Nagoya, Aichi Inst. of Public Health; jap., Auszug: engl.) — 2. vgl. C. **1960**, 3607. — Der Waschverlust an *Thiamin* (**I**) beträgt bei kurzzeitigem Waschen 15—20% u. nimmt bei längerem Waschen stark zu Es bestehen keine Unterschiede zwischen den verwendeten **I**-Derivv. *Dibenzoyl*-**I**, **I**-*Diacetylsulfat* u. **I**-*Naphthalin-2.6-disulfonat*.
P. Gregorzewski. 4587□

Über die biologische Aktivität des Thiothiamins. 3. Mitt. Biologische Aktivität von Thiothiamin bei gleichzeitiger Verabreichung von Cystein, Na-Thioglykolat, Flavinadenindinucleotid, Ascorbinsäure oder Menadione an Ratten. Takashi Suhara und Nobukor Iritani. (Vitamins [Kyoto] **18**, 63—66, 1959; Osaka, Tezukayama-Gakuin Junio Coll.; jap., Auszug: engl.) — 2. vgl. C. **1959**, 6204. — 10 μg *Thiothiamin* (**I**) täglich kann in Kombination mit den obengenannten Verbb. junge Ratten nicht vor Thiaminmangelerscheinungen schützen, bei einigen Tieren kommt es jedoch bei Verabreichung von 50 μg **I** allein zu einem langsamen Wachstum.
P. Gregorzewski. 4587□

Über die biologische Aktivität des Thiothiamins. 4. Mitt. Thiothiaminveränderungen in der Leber bei gleichzeitiger Verabreichung mit Cystein oder Menadione. Takashi Suhara und Nobuko Iritani. (Vitamins [Kyoto] **18**, 67—71, 1959; jap., Auszug: engl.) — 3. vgl. vorst. Referat. — Bei Albinoratten, die täglich 50 μg *Thiothiamin* (**I**) mit *Cystein* (**III**) oder *Menadione* (**IV**) erhalten, ist der *Thiamin* (**II**)-Geh. der Leber $^1/_4$—$^1/_{10}$ so hoch wie bei Tieren, die täglich 5 μg **II** erhalten. Leberhomogenate besitzen nicht die Fähigkeit zur Umwandlung von **I** in **II**. **I**-Zugabe zu geschütteltem Homogenat erhöht den O_2-Verbrauch nicht, u. auch **III** u. **IV** haben keinen Einfl. auf die Eigg. der Leberhomogenate.
P. Gregorzewski. 4587□

Über die biologische Aktivität des Thiothiamins. 5. Mitt. Die Thiamin- und Thiothiaminausscheidung mit dem Urin nach überschüssiger Verabreichung. Takashi Suhara und Nobuko Iritani. (Vitamins [Kyoto] **18**, 72—75, 1959; jap., Auszug: engl.) — 4. vgl. vorst. Referat. — *Thiothiamin* (**I**) wird bei Ratten schneller vom Darm resorbiert u. auch schneller mit dem Urin ausgeschieden als *Thiamin* (**II**). Nach oraler Verabreichung wird **I** zu 26—51% u. **II** zu 7—12% in 24 Std. ausgeschieden. Im Gegensatz dazu wird subkutan verabreichtes **II** (30 oder 50 mg) in 24 Std. zu 80% mit dem

Urin ausgeschieden, während I im gleichen Maße wie nach oraler Gabe ausgeschieden wird. Es wird angenommen, daß die Intestinalmembranen für I leichter durchlässig sind u. I in größerem Ausmaß als II zerstört wird. P. Gregorzewski. 4587□

Klinische Wirkung von Thiamin-8-(methyl-6-acetyldihydrothioctat)-disulfid (TATD) auf Hautkrankheiten und Untersuchungen der Wirkungen auf Leberschaden bei Versuchstieren. Tadayoshi Arakawa, Katsuyuki Takeda und Masako Shinno. (Jap. J. Dermatol. **72,** 471—83, Juni 1962; Tokushima, Tokushima Univ., School of Med., Dep. of Dermatol.; jap., Auszug: engl.) — Eine Verb. von *Vitamin B_1* u. *Thioctsäure* (*TATD*) ergab bei Verabreichung bei Patienten mit Dermatosen gute Ergebnisse. TATD-Applikation beschleunigt alle Hautfunktionen in gesunden Kaninchen u. verbessert die Hautfunktionen bei Tieren mit durch Äthionin verursachten Leberschäden. W. Hiller. 4587□

Der Einfluß von Calciferol auf den Thiaminstoffwechsel. Akira Yamada. (Vitamins [Kyoto] **20,** 173—76, 1960; Kumamoto, Women's Univ., Domestic Sci., Nutrit. Labor.; jap., Auszug: engl.) — Durch Verabreichung von *Calciferol* (I) an Kaninchen wird die Ausscheidung von *Thiamin* mit dem Urin inhibiert. Es wird gefolgert, daß I die Exkretion derjenigen Vitamine steuert, die durch Phosphorylierung aktiviert werden. P. Gregorzewski. 4587□

Experimentelle Untersuchungen über den Riboflavinstoffwechsel unter ^{60}Co-γ-Bestrahlung. 2. Mitt. **Fluktuation der Riboflavinverteilung im Körper der Albinoratte nach Ganzkörperbestrahlung mit γ-Strahlen von ^{60}Co.** Toshiro Fukumori. (Vitamins [Kyoto] **20,** 229—40, 1960; Kyoto, Kyoto Pref. Univ., School of Med., Dep. of Pediatrics; jap., Auszug: engl.) — Ratten werden täglich mit 25 μg *Riboflavin* (I) gefüttert u. mit 400, 800 oder 2000 r bestrahlt. Das auffälligste Bild bietet die Milz. Die abs. I-Menge nimmt in der Milz ab, die Menge pro Gew.-Einheit zu. Im Dünndarm nimmt I sowohl abs. als auch relativ zu. Mit Ausnahme der Lunge u. des Dünndarms sinkt oder bleibt die I-Menge in allen Eingeweiden konstant. Im Blut nimmt I ab, im Urin u. den Faeces zu. Diese Veränderungen des I-Geh. in Blut, Urin u. Faeces sind der Bestrahlungsintensität proportional. Bei 400 r nimmt der *Flavinadenindinucleotid* (II)-Geh. der meisten Eingeweide zu, der *Flavinmononucleotid* (III)-Geh. nimmt ab u. I bleibt konstant. Bei 800 u. 2000 r fällt der II-Geh. u. der III- u. I-Geh. steigt. Bes. charakterist. ist die I-Zunahme im Dünndarm. Es wird eine inhibitor. Wrkg. auf die I-Phosphorylierung angenommen. P. Gregorzewski. 4587□

Experimentelle Untersuchungen über den Riboflavinstoffwechsel unter ^{60}Co-γ-Bestrahlung. 3. Mitt. **Faktoren für die Fluktuation der Riboflavinverteilung im Rattenkörper.** Toshiro Fukumori. (Vitamins [Kyoto] **20,** 240—45, 1960; jap., Auszug: engl.) — 2. vgl. vorst. Referat. — Bei gleicher Diät zeigen Ratten nach Bestrahlung mit 2000 r eine charakterist. Fluktuation der *Riboflavin* (I)-Verteilung im Körper gegenüber nicht bestrahlten Tieren. 72 Std. nach der Bestrahlung beträgt das Milz-Gew. nur noch $^1/_3$ des ursprünglichen. Der Wasser-Geh. der verschiedenen Eingeweide bleibt konstant. Die I-Zerstörung in Lsg. durch intensive γ-Bestrahlung ist gering. P. Gregorzewski. 4587□

Experimentelle Untersuchungen über den Riboflavinstoffwechsel unter ^{60}Co-γ-Bestrahlung. 4. Mitt. **Der Einfluß von Riboflavingaben vor der γ-Bestrahlung auf die Fluktuation der Riboflavinverteilung im Rattenkörper.** Toshiro Fukumori. (Vitamins [Kyoto] **20,** 245—49, 1960; jap., Auszug: engl.) — 3. vgl. vorst. Referat. — Tägliche Verabreichung von 0,5 μg *Riboflavin* (I; i.v.) vor der Bestrahlung verringert die durch die Bestrahlung verursachte Fluktuation der I-Verteilung. Es wird gefolgert, daß I-Gaben vor der Bestrahlung die Strahlenschäden mildern. Bei Tieren, die nach der Bestrahlung I verabreicht bekommen, ist der I-Geh. in Nieren, Leber u. Dünndarm u. der *Flavinadenindinucleotid*-Geh. in Nieren u. Leber höher als bei Tieren, die nach der Bestrahlung keine I-Gabe erhalten. Es wird angenommen, daß die I-Phosphorylierung nicht gestört wird, wenn große Mengen I vor der Bestrahlung verabreicht werden. P. Gregorzewski. 4587□

Eine Untersuchung über den Riboflavinstoffwechsel bei Hautkrankheiten. 3. Mitt. **Statistische Beobachtung über die Ergebnisse der Belastungsprobe von Riboflavin bei verschiedenen Arten von Hautkrankheiten.** Ko Utsumi. (Jap. J. Dermatol. **72,** 308—24, April 1962; Chiba, Chiba Univ., School of Med., Dep. of Dermat.; jap., Auszug: engl. S. 323—24.) — 2. vgl. Jap. J. Dermatol. **72,** [1962], 116. — Die Belastungsprobe (loading test) wurde durchgeführt, indem 10 mg freies *Riboflavin* (I) oder *Flavyliummononucleotid* i.m. injiziert wurden u. die Konz. von freiem oder verestertem I im Blut vor u. 30—120 Min. nach der Injektion bestimmt wurden. Zwischen dem I-Geh. vor der Injektion u. der Krankheit bestand eine geringe Beziehung. Diese war nach der Injektion stärker ausgeprägt, bes. bei der Esterform. W. Hiller. 4587□

Der Einfluß von Riboflavin und Vitamin B_6 auf den Tryptophanstoffwechsel bei Ratten mit künstlichem Fieber. Yoshimasa Arii. (Vitamins [Kyoto] **20**, 177—80, 1960; Wakayama, Med. Coll., Dep. of Internal Med., Dep. of Biochem.; jap., Auszug: engl.) — Bei Ratten mit durch *Streptococcus pyogenes* erzeugtem Fieber ist nach *Tryptophan*-Gaben die *Xanthurensäure* (I)-Ausscheidung erhöht. *Pyridoxalphosphat* verringert die I-Ausscheidung. Bei Ratten mit durch 2.4-Dinitrophenolinjektion erzeugtem Fieber ist außerdem die *Kynurenin*-Ausscheidung etwas geringer. P. Gregorzewski. 4587□

Der Einfluß von Metrazol auf die Dynamik der Ascorbinsäure bei Ratten. T. Kusch, I. Heinrich und H. Hofmann. (Acta biol. med. german. **8**, 442—44, 1962; Jena, Friedrich-Schiller-Univ., Pharmakolog. Inst.; dt.) — Führt man Albinoratten 5 mg *Metrazol* (*Pentamethylentetrazol*)/100 g Körper-Gew. zu, so findet man nach einer Std. einen Anstieg der *Ascorbinsäuremenge* in der Nebenniere, nicht aber in der Leber. U. Hinterberger. 4587□

Untersuchungen über den α-Liposäurestoffwechsel bei verschiedenen Krankheiten. 2. Mitt. **Die Ausscheidung mit dem Urin und der Serumspiegel der α-Liposäure bei Patienten mit verschiedenen Krankheiten.** Geno Hiraizumi. (Vitamins [Kyoto] **18**, 184—88, 1959; Osaka, Osaka Univ., Fac. of Med., Dep. of Internal Med.; jap., Auszug: engl.) — 1. vgl. Vitamins [Kyoto] **15**, [1958], 349. — *α-Liposäure* (I) wird bei Patienten mit Leberkrankheiten, Diabetes mellitus u. Polyneuritis in Urin u. Serum bestimmt. I ist bes. niedrig bei Lebercirrhose. P. Gregorzewski. 4587□

Untersuchungen über den α-Liposäurestoffwechsel bei verschiedenen Krankheiten. 3. Mitt. **Der α-Liposäuregehalt der Leber und deren Ausscheidung mit dem Urin bei Ratten unter verschiedenen experimentellen Bedingungen.** Geno Hiraizumi. (Vitamins [Kyoto] **18**, 189—93, 1959; jap., Auszug: engl.) — 2. vgl. vorst. Referat. — Chron. CCl_4-Vergiftung u. *Thiamin*-Mangel verursachen einen erheblichen Abfall der *α-Liposäure* (I)-Ausscheidung mit dem Urin. Bei alloxandiabet. Ratten ist die I-Ausscheidung erhöht. Unter allen experimentellen Bedingungen ist der I-Geh. der Lebern erniedrigt. P. Gregorzewski. 4587□

Untersuchungen über den α-Liposäurestoffwechsel bei verschiedenen Krankheiten. 5. Mitt. **Der Einfluß der α-Liposäure auf die acetylierende Aktivität und den α-Ketosäurestoffwechsel bei Patienten mit verschiedenen Krankheiten.** Geno Hiraizumi. (Vitamins [Kyoto] **18**, 193—96, 1959; jap., Auszug: engl.) — 3. vgl. vorst. Referat. — Durch Verabreichung von 10 mg *α-Liposäure* werden bei Patienten mit Leberkrankheiten, Diabetes mellitus u. Polyneuritis die Störungen des α-Ketosäurestoffwechsels verringert u. die Acetylierung verbessert. P. Gregorzewski. 4587□

Untersuchungen über den Myocardstoffwechsel. 3. Mitt. **Eine Therapie für Herzkrankheiten durch Adenosintriphosphatverabreichung und gleichzeitige Verabreichung von Cocarboxylase und α-Liposäure.** Tomoe Ito. (Vitamins [Kyoto] **18**, 148—60, 1959; Nagoya, Univ., Fac. of Med., Dep. of Internal Med.; jap., Auszug: engl.) — 2. vgl. C. **1960**, 7921. — Bei der Behandlung einer Reihe von Herzkrankheiten ist eine fortgesetzte Verabreichung wirkungsvoller als eine einmalige Gabe. Die gleichzeitige Gabe von *Adenosintriphosphat* (I), *Cocarboxylase* u. *α-Liposäure* ist besser als I allein. P. Gregorzewski. 4587□

Der Stoffwechsel von intravenös verabreichtem Carotin. 1. Mitt. **Exkretion und Verteilung von Carotin bei normalen Ratten.** Tetsuzo Takahashi. (Vitamins [Kyoto] **20**, 159—63, 1960; Tokyo, Inst. of Public Health, Dep. of Nutrition and Biochem.; jap., Auszug: engl.) — Ausgewachsene ♂ Ratten erhalten nach 3wöchiger Carotinmangeldiät eine einmalige Dosis *β-Carotin* (I) i.v. verabreicht. Ein kleiner Teil des I wird mit den Faeces ausgeschieden. I verschwindet sehr schnell aus dem Serum u. wird von der Leber aufgenommen, wo es langsam metabolisiert wird. Geringe I-Mengen werden in Lunge, Milz, Gonaden u. Dünndarm, Spuren in Herz, Nieren u. Dickdarm gefunden. In Gehirn, Augen, Magen, Muskel u. Fett wird kein I gefunden. P. Gregorzewski. 4587□

Der Stoffwechsel von intravenös verabreichtem Carotin. 2. Mitt. **Exkretion und Verteilung von Carotin in Vitamin-A-Mangelratten.** Tetsuzo Takahashi. (Vitamins [Kyoto] **20**, 163—66, 1960; jap., Auszug: engl.) — 1. vgl. vorst. Referat. — *Vitamin-A*-Mangelratten erhalten zwei *β-Carotin* (I)-Injektionen intravenös. Der I-Geh. der Faeces schwankt von Tag zu Tag. Die I-Exkretion nach der 2. Injektion ist wie nach der ersten. Bei Tieren, die geringere I-Gaben erhalten, ist der I-Geh. in Faeces u. Leber geringer als bei Tieren nach höheren I-Gaben. Es wird angenommen, daß die I-Ausscheidung mit zunehmendem Vitamin-A-Mangel abnimmt. P. Gregorzewski. 4587□

Der Stoffwechsel von intravenös verabreichtem Carotin. 3. Mitt. **Die Verteilung von Carotin und Vitamin A in Ratten nach intravenöser oder oraler Verabreichung von Carotin.** Tetsuzo Takahashi. (Vitamins [Kyoto] **20**, 166—69, 1960; jap., Auszug: engl.) — 2. vgl. vorst. Referat. — Bei Vitamin-A-Mangel beträgt der *Vitamin A* (**I**)-Geh. im Rattenauge 2—3 I.E. Dieser **I**-Geh. wird durch **I**- oder *β-Carotin* (**II**)-Gaben nicht verändert. Der **I**-Geh. im Serum u. den Organen, außer in der Leber, den Lungen u. Nieren, ist nach oraler u. i.v. Verabreichung von **II** gleich. Die Leber nimmt 32% des i.v. verabreichten **II** auf u. der **I**-Geh. steigt leicht an, dagegen wird nach oraler **II**-Verabreichung nur eine leichte **II**-Zunahme u. ein signifikanter **I**-Anstieg in der Leber beobachtet. In Lunge u. Niere wird nach i.v. **II**-Gabe eine stärkere Zunahme des **I**-Geh. beobachtet, als nach oraler Verabreichung. P. Gregorzewski. 4587 □

Der Stoffwechsel von intravenös verabreichtem Carotin. 4. Mitt. **Der Einfluß von Vitamin A und Fett auf den Carotinstoffwechsel.** Tetsuzo Takahashi. (Vitamins [Kyoto] **20**, 169—72, 1960; jap., Auszug: engl.) — 3. vgl. vorst. Referat. — Durch Zugabe von *Vitamin A* (**I**) oder Maisöl zu einer Grunddiät wird bei Ratten die *β-Carotin* (**II**)-Ausscheidung nach i.v. **II**-Gabe erhöht. Mit steigendem **I**-Mangel sinkt die **II**-Exkretion. Es wird angenommen, daß **I**-Mangel die Umwandlung von **II** in **I** beeinträchtigt. Ratten mit einer Maisöldiät nutzen **II** besser aus als Tiere mit einer Fettmangeldiät. P. Gregorzewski. 4587 □

Untersuchungen über freies und verestertes Vitamin A im lebenden Körper. 1. Mitt. **Der Einfluß von Carotingaben auf freies und verestertes Vitamin A im Plasma.** Hiroshi Sakiyama. (Vitamins [Kyoto] **20**, 266—69, 1960; Osaka, Osaka City Univ., Fac. of Med., Dep. of Pediatrics; jap., Auszug: engl.) — Nach Verabreichung von 200 mg *β-Carotin* (**I**) an 34 ♂ Patienten nach vorangegangener Diät mit niedrigem **I**-Geh. steigt der **I**-Geh. im Plasma nur unwesentlich u. der *Vitamin A* (**II**)-Geh. schwach an. Die **II**-Zunahme besteht nur aus der veresterten Form. P. Gregorzewski. 4587 □

Untersuchungen über freies und verestertes Vitamin A im lebenden Körper. 2. Mitt. **Der Gehalt an freiem und verestertem Vitamin A in den Proteinfraktionen des Plasmas.** Hiroshi Sakiyama. (Vitamins [Kyoto] **20**, 270—75, 1960; jap., Auszug: engl.) — 1. vgl. vorst. Referat. — Chem. u. elektrophoret. nach Tiselius wird *Vitamin A* (**I**) im Plasma von Mensch u. Kaninchen bestimmt. Freies u. verestertes **I** findet sich hauptsächlich in der Globulinfraktion. P. Gregorzewski. 4587 □

Untersuchungen über freies und verestertes Vitamin A im lebenden Körper. 3. Mitt. **Umwandlung von β-Carotin in Vitamin A im lebenden Körper.** Hiroshi Sakiyama. (Vitamins [Kyoto] **20**, 276—80, 1960; jap., Auszug: engl.) — 2. vgl. vorst. Referat. — In Leberhomogenat wird *β-Carotin* sehr schnell in *Vitamin A* (**I**), bes. in die veresterte Form verwandelt, doch nimmt die Menge des gebildeten **I** mit der Inkubationszeit wieder ab. P. Gregorzewski. 4587 □

Untersuchungen über freies und verestertes Vitamin A im lebenden Körper. 4. Mitt. **Die Wirkung überschüssiger Vitamin-A-Gaben auf den Gehalt verschiedener Gewebe an freiem und verestertem Vitamin A.** Hiroshi Sakiyama. (Vitamins [Kyoto] **20**, 281—90, 1960; jap., Auszug: engl.) — 3. vgl. vorst. Referat. — Der Geh. an freiem u. verestertem *Vitamin A* (**I**) wird in Serum, Leber u. Niere der Ratte 24, 72 u. 120 Std. nach Verabreichung von 10000, 50000, 100000 oder 200000 I.E. **I** bestimmt. Im Serum nimmt nur das veresterte **I** zu. Nur nach extrem hohen **I**-Gaben nimmt auch das freie **I** zu, verschwindet aber sehr schnell wieder. In der Leber steigt das veresterte **I** ebenso wie im Serum an. In den Nieren steigt **I** weniger stark an als in Serum u. Leber. P. Gregorzewski. 4587 □

Vitamin-D-Bestimmung in pharmazeutischen Präparaten. Atsushi Watanabe, Toshiko Yoshida und Hideo Ochi. (Vitamins [Kyoto] **20**, 205—12, 1960; Osaka, Takeda Pharm. Ind., Ltd.; jap., Auszug: engl.) — Zur Abtrennung von *Vitamin D* aus pharmazeut. Präpp., die natürl ches V taminöl enthalten, eignet sich am besten *Superfiltrol*, das vorher 1—2 Std. auf 130—200° erhitzt wird. Während der Adsorption soll die Temp. der Chromatographiesäule ca. 31° betragen. P. Gregorzewski. 4587 □

Selen und Vitamin E in Beziehung zum Wachstum und der Weißmuskelkrankheit bei Lämmern. J. E. Oldfield, O. H. Muth und J. R. Schubert. (Proc. Soc. exp. Biol. Med. **103**, 799—800, April 1960; Corvallis, Oreg., Oregon State Coll., Dep. of Dairy and Animal Husbandry, Vet. Med. and Agric. Chem.; engl.) — Es wird die Wachstums-Geschw. (WG) u. das Auftreten der Weißmuskelkrankheit (WMK) bei Lämmern untersucht, deren Mütter dystrophogenes Futter mit u. ohne *Se*- u. *Vitamin-E*-Zusatz erhielten. Vor der Geburt per os an d e Mutterschafe verabreichtes Na_2SeO_3 oder nach der Geburt i.m. den Lämmern gegebenes Na_2SeO_3 erhöht WG u. verhindert das Auf-

treten von WMK. Vor der Geburt ist die Se-Behandlung wirkungsvoller. Hohe *Vitamin-E*-Gaben bei der Geburt schützen vor WMK, erhöhen aber WG nicht.
P. Gregorzewski. 4587□

Die Wirkung von Pyridoxalphosphat auf Leberkrankheiten. Masuko Sakata. (Vitamins [Kyoto] **20,** 187—204, 1960; Nagoya, Nagoya Univ., Fac. of Med., Dep. of Internal Med.; jap., Auszug: engl.) — Im Ratten-Vers. zeigt *Pyridoxalphosphat* (I) schützende u. heilende Wrkg. bei der experimentellen Leberschädigung durch CCl_4. Nach 10tägiger i.v. Verabreichung von täglich 10 mg **I** an Patienten mit verschiedenen Leberschäden trat eine Besserung ein. P. Gregorzewski. 4587□

Über einige cis-Formen des Luteochroms. Nobuo Suzuki und Kiyoshi Tsukida. (Chem. pharmac. Bull. [Tokyo] **7,** 878—83, Dez. 1959; Kobe, Women's Coll. of Pharm.; engl.) — Die Isomerisierung von *all-trans-Luteochrom* (I; $C_{40}H_{56}O_2$, F. 177 bis 178°, aus Bzl./CH_3OH gelblichorangefarbene Kristalle) wird unter verschiedenen Bedingungen untersucht, die Isomerengemische chromatograph. getrennt u. der Geh. an Isomeren photometr. bestimmt. Gefunden werden an **I,** *Neo-V-*, *Neo-U-*, *Neo-A-*, *Neo-B-Luteochrom* (**Ia—d**) u. *Aurochrom* bei der Isomerisierung von **I** (0,34% J_2 in Hexan; ½ Std. UV-Licht) in %: 94; 0,8; Spur; 1; 4; 0,2; (0,14% J_2 in Hexan; 5 Min. lang UV-Licht): 60; 0; 40; 0; Spur; Spur (in Hexan; 1std. Kochen im Dunkeln): 97; 0; 0; 0; 2,7; 0,3 (in Hexan; 1std. Belichten mit 100-W-Mazda-Lampe): 95,6; 0,6; 0; 1,3; 2,3; 0,2 (in Hexan; 2std. Einw. von direktem Sonnenlicht): 94; 1; 0; 1,9; 3,1; Spur (Erhitzen im Vakuum auf 200° für 90 Sek.): 57; 3; 0; ca. 34; ca. 6; Spur. Die cis-Formen **Ia—d** konnten nicht krist. erhalten werden. Die IR- u. UV-Spektren (vgl. Original) machen für **Ia** die 9'.10'-cis-, für **Ib** die 9.10-cis-, für **Ic** die 13.14-cis- u. für **Id** die 13'.14'-cis-Konfiguration wahrscheinlich. F. Heller. 4587□

Vitaminspiegel in normaler Cerebrospinalflüssigkeit. Harry Sobotka, H. Baker und O. Frank. (Proc. Soc. exp. Biol. Med. **103,** 801—02, April 1960; New York City, Mount Sinai Hosp.; engl.) — Mikrobiolog. wird der Geh. folgender Vitamine in normaler Cerebrospinal-Fl. bestimmt. In Klammern die Vgl.-Werte für Blut. *Pantothensäure* 100—1000 mμg/ml (100—1000), *Folsäure* 10—30 (7—40), *Folinsäure* 1—5 (0), *Thiamin* 10—20 (25—80), *Cyanocobalamin* 0—0,03 (0,3—1,0) u. *B_6-Gruppe* 0—0,75 (100—180). P. Gregorzewski. 4587□

Untersuchungen über die fluorescierenden Substanzen in der Galle. 1. Mitt. **Identifizierung der fluorescierenden Substanzen.** Mamoru Sugiura, Etuko Tanaka, Osamu Yoshida und Kazuo Hotta. (Vitamins [Kyoto] **20,** 181—84, 1960; Gifu, Coll. of Pharm.; Wakayama, Med. Coll., Dep. of Biochem.; jap., Auszug: engl.) — Außer *Riboflavin* (I) werden drei fluorescierende Verbb. in der Galle gefunden. Die Verbb. mit den R_F-Werten 0,23 u. 0,46 (n-Butanol–Essigsäure–W. 4:1:5) sind Folsäure-Derivv., die mit dem R_F-Wert 0,80 ist *3-Hydroxyanthranilsäure.* Die beiden ersten Verbb. beeinflussen die I-Messung, sie können durch $KMnO_4$-Oxydation vollständig eliminiert werden. P. Gregorzewski. 4587□

Experimentelle Untersuchung der Wirkungen verschiedener Vitamine und anderer Verbindungen auf die Cycloserinintoxikation des Zentralnervensystems. Tatsunori Shimizu, Yomei Hiraga, Mitsuo Asakawa, Akiji Kasagi und Heihachi Sasaki. (Jap. Arch. intern. Med. **8,** 876—83, 1961; Sapporo, Med. Coll., Dep. of Int. Med., Sect. for Tuberculosis; jap., Auszug: engl.) — Vorherige u. nachfolgende subkutane Injektion von *Vitamin B_6* hemmt bei Mäusen die Intoxikationserscheinungen auf 1500 mg *Cycloserin* (I)/kg (subkutan injiziert, motor. Lähmung u. Koma nach 1 Std., völlige Erholung nach 4 Std.); *Pantothensäure* wirkt ebenfalls hemmend, falls sie gleichzeitig mit **I** verabreicht wird; eine nur leichte Hemmwrkg. auf die I-Intoxikationserscheinungen üben *Vitamin B_2*, *Vitamin C*, *Vitamin A*, *Nicotinsäure*, *Glucuronsäure* u. *dl-Methionin* aus; ohne Wrkg. bleibt *γ-Aminobuttersäure*; zu einer Verstärkung der I-Intoxikationserscheinungen führten *Vitamin B_1* u. *Adenosintriphosphat.* U. Tausendfreund. 4587□

Die Synthese von Sterogallensäuren. 35. Mitt. **Die Bildung von Gallensäuren aus Cholesterin im Organismus von Rana catesbiana.** Takako Masui. (J. Biochemistry Tokyo] **49,** 211—16, März 1961; Hiroshima, Hiroshima Univ., School of Med., Dep. of Biochem.; engl.) — 33. vgl. C. **1962,** 2749. — Nach Injektion von *$^{14}C_{(14)}$-Cholesterin* wurden in der Galle des Ochsenfrosches ^{14}C-Gallensterine als Hauptmetabolite nachgewiesen u. *^{14}C-Trihydroxycoprostansäure* u. *-Cholsäure* (I) identifiziert. Normale Ochsenfroschgalle enthält kleine Mengen **I** u. *Desoxycholsäure.*
K. Maier. 4594□

Der Mechanismus der Gallensäurebildung aus Cholesterin: Oxydation von 5β-Cholestan-3α.7α.12α-triol und Bildung von Propionsäure aus der Seitenkette durch Rattenlebermitochondrien. Helga M. Suld, Ezra Staple und Samuel Gurin. (J. biol. Chemistry **237,** 338—44, Febr. 1962; Philadelphia, Pa., Univ. of Pennsylvania,

School of Med., Dep. of Biochem.; engl.) — Durch Überstandfraktion (105500 g), Adenosintriphosphat, *Diphosphopyridinnucleotid* (I), Glutathion, Nicotinamid, $MgCl_2$ u. Citrat ergänzte Rattenlebermitochondrien oxydieren $^{14}C_{(26.27)}$-*5β-Cholestan-3α.7α12α-triol* (II) zu *5β-Cholestan-3α.7α.12α.26-tetrol* (III) u. *3α.7α.12α-Trihydroxy-5β-cholestan-26-carbonsäure*. In Abwesenheit von I ist das Hauptprod. III. Das Enzym-Syst. spaltet auch die Seitenkette von II als *Propionsäure* (IV) ab. Bei Carrier-Verss. fanden sich 21% des Substrat-^{14}C in IV ($^{14}C_{(1.3)}$-IV). Coenzym-A-Zusatz aktivierte diese Umwandlung. II-Inkubation mit *Trägerpropionyl-CoA* (V) ermöglichte die Isolierung von ^{14}C-V. V wird als das wesentliche bei der Umwandlung von Cholesterin in Gallensäuren gebildete C_3-Bruchstück angenommen. Cholyl-CoA u. V entstehen vermutlich durch thiolyt. Spaltung der angenommenen Zwischenstufe *3α.7α.12α-Trihydroxy-24-keto-5β-cholestan-26-oyl-CoA*. K. Maier. 4594□

Physiologische Aspekte der Alterung. 3. Mitt. **Der Einfluß der Alterung auf den Calciumstoffwechsel bei Ratten.** R. Hironaka, H. H. Draper und J. Kastelic. (J. of Nutrit. **71**, 356—60, Aug. 1960; Urbana, Ill., Univ. of Illinois, Div. of Animal Nutrition; engl.) — 1. vgl. C. **1959**, 12301. — 10—12 bzw. 22—32 Monate alte Ratten zeigten im *Ca*-Stoffwechsel Unterschiede. Die älteren Tiere zeigten sowohl größere endogene Exkretion als auch größere intestinale Resorption. Die Retention des Ca im Skelett war bei den älteren Ratten geringer. W. Hiller. 4596□

Die Beziehungen zwischen Calcium-Phosphor-Stoffwechsel, „Krebs"-Cyclus und Steroidstoffwechsel. Ettore de Toni jun. und Sergio Nordio. (Arch. Disease Childhood **34**, 371—82, Okt. 1959; Genoa, Italy, Univ., School of Med., Dep. of Paed., Gaslini Children's Hospital; engl.) — Neuere Unterss. über die Mechanismen, die den *Ca/P*-Stoffwechsel u. den Ossifikationsprozeß regulieren, zeigen, daß dabei auch dem Citronensäurecyclus (CSC) u. den *Nebennierensteroiden* (I) Bedeutung zukommt. Bei klass. u. bei Vitamin-D-resistenter Rachitis wurden ebenso wie beim de Toni-Debré-Fanconi-Syndrom Störungen im CSC u. bei den I gefunden. Die gleichen Störungen fanden sich auch bei einem Fall von Tetanie mit Hyperadrenocorticismus. Wahrscheinlich sind diese biochem. Störungen miteinander verwandt. In einem Fall von de Toni-Debré-Fanconi-Syndrom u. in 2 Fällen von Rachitis, die nicht auf Vitamin D_2 ansprachen, war die Schwelle für Citronensäure erniedrigt (renaler Citratdiabetes). Es ist möglich, daß diese verschiedenen Störungen des *Ca/P*-Stoffwechsels auf einer einheitlichen Pathogenese beruhen. K. Böhm. 4596□

Die Mineralbestandteile von calcifizierten Geweben. 7. Mitt. **Kinetik der in vivo-Rekristallisation des Tricalciumphosphates.** P. Cartier und J. Clément-Métral. (Bull. Soc. Chim. biol. **40**, 247—63, 12/3. 1958; Paris, Fac. de Méd., Labor. d'Etude de l'Os et de la Croissance.) — 5. vgl. C. **1962**, 14573. — In Unterss. mit erwachsenen Ratten, denen $Na_2H^{32}PO_4$ intraperitoneal appliziert wurde, zeigen Vff., daß beim Einbau des ^{32}P in die mineral. Knochensubstanz zwei Vorgänge beteiligt sind: Ionenaustausch u. Rekristallisation. Der initiale Ionenaustausch ist eine sehr schnell ablaufende Rk. zwischen der fl. Phase u. der Knochenoberfläche, bei der sich das Gleichgewicht schon nach 1—2 Std. einstellt. Der Ionenaustausch verläuft bei jungen Tieren in größerem Umfang als bei erwachsenen, er ist entsprechend auch in der Metaphyse größer als in der Diaphyse. Seine Geschw. wird außerdem durch morpholog. u. vasculäre Faktoren beeinflußt, sie ist z. B. in der Tibia höher als in der Femura. Durch die anschließende Rekristallisation werden die an der Knochenoberfläche durch Austausch aufgenommenen $^{32}PO_4^{3-}$-Ionen in die übrige Knochensubstanz transportiert. Die Kinetik der Rekristallisation wurde durch fraktionierte Ablösung einzelner Knochenschichten durch steigende HCl-Konz. zu verschiedenen Zeiten nach der $^{32}PO_4^{3-}$-Zufuhr verfolgt. Die Unterss. ergaben, daß die Rekristallisierungs-Geschw. in der Metaphyse, also im wachsenden Knochen, größer als in der Diaphase ist. Das rekrist. $^{32}PO_4^{3-}$ ist im Knochen fest fixiert u. nicht mehr austauschbar. Die so fixierte Radioaktivität bleibt im Knochen viele Monate konstant. Vff. zeigen, daß bei experimentellen Frakturen der erhöhte Mineralbedarf durch Mobilisierung der Knochenmineralien befriedigt wird, die nur das noch nicht rekristallisierte $^{32}PO_4^{3-}$ angreift. F. Krusen. 4596

Die Mineralbestandteile von calcifizierten Geweben. 8. Mitt. **Die Bindung zwischen dem Kollagen und dem „Knochensalz".** Pierre Cartier und Albino Lanzetta. (Bull. Soc. Chim. biol. **43**, 981—92, 1961; franz.) — 7. vgl. vorst. Referat. — Vff. bestimmen den Geh. des Knochengewebes an freien NH_2-Gruppen mittels *Dinitrofluorbenzol* (I) an dem Knochen des erwachsenen Rindes, der einer allmählichen Demineralisation in vitro unterworfen wurde, u. an dem Dia- u. Metaphysenknochengewebe von Ratten verschiedener Wachstumsstufen. Im aus dem Knochen isolierten Kollagen oder im vollständig demineralisierten Knochen reagieren 15% der ε-Aminogruppen mit I; im Gesamtknochen sind es 53%. Freie ε-NH_2-Gruppen verschwinden im Laufe der Mineralisation u. ihr Geh. bleibt beim erwachsenen Tier konstant. Die Befreiung von ε-NH_2-Gruppen im Verlauf der Demineralisation (16,6 μmol/g Gesamtknochen) findet nur dann statt, wenn 97% der Knochensalze verschwunden sind. Unter diesen Bedingungen wird auch die Pyrophosphatfraktion des Knochens frei, u. zwar in einem ε-NH_2/Pyrophosphat-Verhältnis von 2:1. S. Groitzsch. 4596□

Isotopenuntersuchungen am exogenen und endogenen Cholesterinstoffwechsel bei normalen und hypercholesterämischen Personen. David Adlersberg, Leon Hellman und Robert S. Rosenfeld. (Acta med. scand., Suppl. **154**, Nr. 312, 737—41, 15.—18. Sept. 1954, herausgeg. 1956; New York, N.Y., Mount Sinai Hosp. and Sloan Kettering Inst.; engl.) — Vff. markieren Acetat u. *Cholesterin* (I) mit ^{14}C bzw. ^{3}H, um das Verh. des mit der Nahrung aufgenommenen I u. des aus Acetat gebildeten I zu beobachten. Von 7 Patienten hatten 3 normale I-Werte u. 4 Werte über 300 mg%. Es wurden freies I u. I-Ester aus Plasma u. roten Blutkörperchen getrennt isoliert, u. Urin- u. Faecesanalysen durchgeführt. Exogenes u. endogenes I mischen sich nach dem Absorptions- u. Verteilungsprozeß ununterscheidbar miteinander. Nur bei Patienten mit Hypercholesterämie wurden Differenzen im Lipoidkreislauf während der anfänglichen Absorption festgestellt. R. Lenschau. 4596□

Über flammenphotometrische Bestimmungen von Kalium und Natrium im menschlichen Herzen. Günther Schmidt. (Beitr. pathol. Anatom. allg. Pathol. **121**, 437—41, 1959; Leipzig, Bezirkskrankenhaus St. Georg, Zentrallabor.; dt.) — *K*- u. *Na*-Best. erfolgen im Herzmuskel flammenphotometr. aus einer Einwaage von 250 mg Frisch-Gew. nach Trocknen zur Wasser-Best., Veraschen mit 1 ml H_2SO_4 mit späterem Zusatz von 0,5 ml HNO_3 u. Auffüllen der klaren Lsg. auf 20 ml, die direkt zur Flammenphotometrie dienen. Die gefundenen Werte entsprechen den in der Literatur angegebenen Bereichen, wobei für K im normalen Herz für linken u. rechten Ventrikel statist. gut gesicherte Unterschiede festgestellt wurden.
Ph. Fresenius. 4597□

Der Einfluß von Tetrachlorkohlenstoff auf die Glucuronidbildung durch die Meerschweinchenleber. Kurt J. Isselbacher und Elizabeth A. McCarthy. (Proc. Soc. exp. Biol. Med. **103**, 819—22, April 1960; Boston, Mass., Harvard Med. School, Dep. of Med., Mass. Gen. Hosp.; engl.) — Es wird der Einfl. akuter *CCl_4*-Leberschädigung auf die Glucuronid-Bldg.-Kapazität (GC) u. die *Glucuronyltransferase*-Aktivität (I) in den Mikrosomen an Meerschweinchen untersucht. Sowohl die GC als auch I pro Leber-Gew. sind nach CCl_4 (intraperitoneal) signifikant erniedrigt, nicht aber I in isolierten Mikrosomen. P. Gregorzewski. 4597□

Säurelösliche nucleotidgebundene Peptide in der Kaninchenleber. 2. Mitt. **Die Verteilung in verschiedenen Leberzellfraktionen.** Gunnar Ågren. (Acta Soc. med. Upsaliensis [N.S.] **66**, 297—314, 1961; Uppsala, Univ., Inst. of Med. Chem.; engl.) — 1. vgl. C. **1962**, 3842. — Kaninchen wurde ^{32}P intraperitoneal verabreicht, 30 Min. später ihre Leber in 0,25 m Saccharose homogenisiert u. durch Sedimentation eine Nuclear-, Mikrosomen-, Mitochondrien- u. Überstandfraktion abgetrennt. Trichloressigsäureauszüge dieser Fraktion wurden auf *nucleotidgebundene Peptide* (I) mittels kombinierter Papier- u. Säulenchromatographie u. Papierelektrophorese analysiert. Die Hauptmenge der I fand sich im Überstand, die nächstgrößere I-Menge in der Nuclearfraktion. Die an Protein gebundenen Nucleotide enthielten *Uridyl-*, *Cytidyl-* u. *Guanylsäure*; nach der Hydrolyse konnten Hexosamin u. 6—9 Aminosäuren (Glycin, Glutamin-, Asparaginsäure, Alanin, Leucin, Isoleucin, β-Alanin, Serin, Threonin, Valin u. mehrere bas. Aminosäuren) nachgewiesen werden. In kleinen Mengen wurden auch Phosphorylserin u. Phosphorylthreonin erhalten. Vf. nimmt an, daß die I an der Protein-Synth. als „Vorläufer" teilnehmen. B. Görlich. 4597□

Die nervöse Regulierung der Natriumrückresorption in den Nierentubuli. P. Bálint, K. László und Zs. Szalay. (Acta physiol. Acad. Sci. hung. **10**, 247—62, 1956; Budapest, Univ. Med. School, Inst. of Physiol.; engl.) — Eine Analyse der *Na*- u. Wasserausscheidung u. Filtration der innervierten u. transplantierten Niere zeigt, daß bei osmot. u. hyperton. NaCl-Diurese u. bei gleichem GFR-Spiegel der Na- u. Wasserausstoß der transplantierten Niere erheblich größer ist als bei der innervierten Niere. Bei der denervierten Niere ist also die Wasser- u. Na-Ausscheidung verringert. Dabei wird durch die Denervierung nicht nur die Filtrations-Wrkg. beeinflußt, sondern auch die direkte Wrkg. der Tubuli. G. Kimmerle. 4597

Untersuchungen über die Proteine des Fischskelettmuskels. 5. Mitt. **Molekulargewicht und Form von Kabeljaufaserproteinen.** J. J. Connell. (Biochem. J. **70**, 81—91, Sept. 1958; Aberdeen, Food Investigation Organ. Torry Res. Stat., Dep. of Sci. and Industr. Res.) — 4. vgl. C. **1959**, 12284. — Durch Trennung in der Ultrazentrifuge wurden Lsgg. von monomerem *Kabeljau-Myosin* (I) nach Dissoziation des Actomyosins durch Adenosintriphosphat bzw. Pyrophosphat erhalten. Aus den Sedimentations- u. Diffusions-Koeff. von I bei unendlicher Verdünnung u. dem spezif. Partial-Vol. wurde das Molgew. von I zu ca. 530000 errechnet, während die Archibald-Meth. Werte zwischen 540000 u. 640000 liefert. Aus dem Diffusions-Verh. schließt Vf., daß die I-Präpp. heterogen sind. Kabeljauactin wurde in der Ultrazentrifuge gereinigt u. der Diffusions-Koeff. zu $1{,}10 \cdot 10^{-7}$ $cm^2 \cdot s^{-1}$ bestimmt. Aus Trübungsmessungen ergibt sich die Größenordnung des Molgew. von Kabeljauactomyosin zu ca. $6-8 \cdot 10^7$. Da Größe u. Form der Kabeljaufaserproteine denjenigen der entsprechenden Kaninchenproteine ähnlich sind, lassen sich ihre ungewöhnlichen Eigg. hierdurch nicht erklären. E. Schwerdtfeger. 4597

Untersuchungen über die Proteine des Fischskelettmuskels. 6. Mitt. **Aminosäurezusammensetzung der Kabeljaufaserproteine.** J. J. Connell und P. F. Howgate. (Biochem. J. **71,** 83—86, Jan. 1959.) — 5. vgl. vorst. Referat. — Aus frischem Skelettmuskel des *Kabeljaus* wurden *Myosin* (I), *Actin* (II) u. *Actomyosin* (III) isoliert u. nach Hydrolyse durch Ionenaustauschchromatographie an Amberlite IR-120 auf die Aminosäure-Zus. untersucht. Tryptophan wurde im intakten Protein nach Spies u. Chambers bestimmt, Cystein + Cystin nach Perameisensäureoxydation als Cysteinsäure. Es wurden für I bzw. II bzw. III gefunden (gN/100 g Protein-N) *Asparaginsäure* 7,21; 6,08; 6,94; *Threonin* 3,04; 4,81; 4,04; *Serin* 3,87; 4,71; 4,61; *Glutaminsäure* 12,31; 7,56; 10,94; *Prolin* 2,51; 4,35; 2,60; *Glycin* 3,77; 5,51; 4,25; *Alanin* 6,03; 5,80; 6,03; *Valin* 3,75; 4,22; 3,99; *Methionin* 1,67; 2,42; 1,20; *Isoleucin* 2,95; 4,89; 3,42; *Leucin* 6,52; 5,50; 6,35; *Tyrosin* 1,26; 2,77; 1,43; *Phenylalanin* 1,98; 2,30; 1,96; *Lysin* 12,14; 7,37; 11,01; *Histidin* 3,33; 5,26; 3,95; *Arginin* 12,99; 14,22; 13,00; *Tryptophan* 0,62; 1,29; 0,75; *Cystin*/2 0,61; 0,97; 0,81; Amid N 8,45; 5,20; 8.15. Aus den Aminosäurewerten ergibt sich ein Verhältnis von I : II im „natürlichen" III von 2—4 : 1. Dieses Verhältnis stimmt mit dem entsprechenden des Kaninchenmuskels annähernd überein. E. Schwerdtfeger. 4597

Untersuchungen über die Proteine des Fischskelettmuskels. 7. Mitt. **Denaturierung und Aggregation von Kabeljaumyosin.** J. J. Connell. (Biochem. J. **75,** 530—38, Juni 1960; engl.) — 6. vgl. vorst. Referat. — Vf. isolierte aus der Muskulatur des Kabeljaus (*Gadus callarias* L.) *Myosin* (I) u. verfolgte das Aggregations-Verh. des monomeren I bei Konzz. zwischen 0,2 u. 1,5% durch Unters. des durchschnittlichen Molgew., der Sedimentation, Diffusion, Viscosität u. opt. Drehung. Die Analyse der Kinetik führt Vf. zu dem Schluß, daß die Rk. in 2 Stufen abläuft: a) erfolgt eine Denaturierung u. b) eine verhältnismäßig schnell ablaufende Seite-an-Seite-Aggregation. Die Unters. der Aggregation bei verschiedenen Temp., pH-Werten u. Ionenstärken sowie die Wrkg. des Zusatzes verschiedener Verbb. (Monothioglykol, Äthylenglykol, Jodosobenzoesäure, N-Äthylmaleimid, p-Chlormercuribenzoat, Harnstoff, Na-Dodecylsulfat) u. die Veränderungen der Adenosintriphosphataseaktivität stützen die Annahme, daß zunächst eine Denaturierung erfolgt, bei der Sulfhydryl-Disulfid-Wechselwrkg. keine Rolle zu spielen scheinen. E. Schwerdtfeger. 4597☐

Über das Sehsystem der Biene (Apis mellifera). Timothy H. Goldsmith. (Ann. New York Acad. Sci. **74,** 223—29, 12/11. 1958; Cambridge, Mass., Harvard Univ., Biol. Labor.; engl.) — Vgl. C. **1962,** 7228. — Der Kopf der Honigbiene enthält kleine Mengen von *Retinen*$_1$, das mindestens teilweise an Protein, unter Bldg. eines lichtempfindlichen Farbstoffs (λ_{max} ca. **440** mμ), gebunden ist. Die Messung der spektralen Empfindlichkeit der Stirn- u. der Facettenaugen ergab mehrere Empfindlichkeitsmaxima in verschiedenen Spektralbereichen. Eines, das im Facettenauge der Drohne beobachtet wurde, beruht wahrscheinlich auf dem **440** mμ-Photopigment. Die Acellen der Arbeiterinnen weisen Photoreceptortypen auf mit maximaler Empfindlichkeit bei 335—340 mμ u. bei **490** mμ. Diese Befunde zeigen, daß Facettenaugen u. Acellen der Honigbienen mehrere Sehfarbstoffe enthalten. K. Maier. 4598☐

Die Naturgeschichte der Sehfarbstoffe. Frederick Crescitelli. (Ann. New York Acad. Sci. **74,** 230—55, 12/11. 1958; Los Angeles, Calif., Univ. of California, Dep. of Zool.; engl.) — Übersicht. — 68 Literaturangaben. K. Maier. 4598☐

E6. Pharmakologie. Therapie. Toxikologie. Hygiene

Untersuchungen über die perkutane Resorption. 3. Mitt. **Kinetik der perkutanen Resorption.** Manabu Hanano. (Chem. pharmac. Bull. [Tokyo] **7,** 300—05, Mai 1959; Tokyo, Univ., Fac. of Pharmaceut. Sci.; engl.) — 2. vgl. Chem. pharmac. Bull. [Tokyo] **6,** [1958], 249. — Für die Resorption aus einem lipoidunlösl. Vehikel wird ein Diffusionsmodell beschrieben u. im Hinblick auf den Abfall der Konz. der untersuchten

Substanz die Gleichung $C/C_0 = \exp(-At/RV)$ abgeleitet, in der C_0 die Anfangs-Konz. einer Substanz, C die Konz. z. Z. t, R der Gesamtwiderstand, V das Vol. des Vehikels u. A das Gebiet, auf dem die Einw. stattfindet, bedeuten. Die Beziehung zwischen der Größe der Abnahme u. dem Grad der Dissoziation einer Substanz für das gleiche Modell findet in der Gleichung $C/C_0 = \exp[-At(1-)/RV]$ Berücksichtigung. In Verss. am Vorderarm von ♂ Vers.-Personen wurde gezeigt, daß beide Gleichungen für die Resorption von Salicyl- u. Benzoesäure aus wss. u. Puffer-Lsg. durch die intakte Haut mit den Vers.-Ergebnissen gut übereinstimmen. K. Böhm. 4600□

Beendigung der Pharmacawirkung durch Ausscheidung des unveränderten Arzneimittels. Thomas C. Butler. (Federat. Proc. **17,** 1158—62, Dez. 1958; Chapel Hill, N. C., Univ. of North Carolina, School of Med., Dep. of Pharmacol.; engl.) — Übersicht. Verlauf des Verschwindens von *Pharmacis* (I) aus Geweben: Einfache exponentielle Abnahme, Verschiedenheit der Äquilibrierungs-Geschw. nach Injektion i. v., nach Entzug von Inhalationsagentien; I-Eliminierung aus dem Körper durch die Lungen, durch die Nieren. — 7 Literaturangaben. K. Maier. 4600□

Beendigung der Pharmacawirkung durch enzymatische Inaktivierung. Bernard B. Brodie, Roger P. Maickel und W. Robert Jondorf. (Federat. Proc. **17,** 1163—74, Dez. 1958; Bethesda, Md., Nat. Heart Inst., Labor. of Chem. Pharmacol.; engl.) — Vgl. vorst. Referat. — Übersicht. Oxydation von Pharmacis durch Enzym-Syst. in Lebermikrosomen: N- u. O-Entalkylierung, Entaminierung, Sulfoxid-Bldg., Hydroxylierung, Seitenkettenoxydation, oxydative Syst. der Mikrosomen; andere Oxydationstypen: A.- u. Aldehyddehydrogenase, Aromatisierung hydroaromat. Verbb.; Red.: Nitroreduktase, Azoreduktase; Hydrolyse: Verseifung, Entamidierung; Konjugation: Glucuronid-Bldg., Sulfatkonjugation, Acylierung, Mercaptursäurekonjugation; Enthalogenierung, Ersatz von S durch O; biolog. Unterschiede: Art-, Geschlechts-, Stammunterschiede, normale Funktion von Pharmakaenzymen. — 44 Literaturangaben. K. Maier. 4600□

Untersuchungen über einen biologischen Strahlenschutz. 40. Mitt. Veränderungen des Aminosäurestoffwechsels weißer Mäuse durch subletale Ganzkörperbestrahlung. Hanns Langendorff, Hans-Joachim Melching und Christian Steffer. (Strahlentherapie **114,** 525—34, April 1961; Freiburg/Br., Univ., Radiol. Inst.; dt.) — 39. vgl. C. **1962,** 13847. — ♀ weiße Inzuchtmäuse erhielten Ganzkörperbestrahlung (690r). Die *Tryptophan*-Metaboliten u. *Taurin* (I) wurden im 24-Std.-Urin untersucht. Best. 4—5 Tage vor u. bis 14 Tage nach der Bestrahlung. Bestimmt wurden der Geh. an I, *Kynurensäure* (II), *Kynurenin* (III), *Anthranilsäure* (IV) u. *Xanthurensäure* (V). Bei der Best. von V wurden vor u. nach der Bestrahlung täglich 10 mg *DL-Tryptophan*/Tier verabreicht. Die Ausscheidung von I erreicht am 2. Tage nach der Bestrahlung ihr Maximum, fällt vom 4.—9. Tag unter den Ausgangswert u. steigt erneut bis zum 14. Tag an. Die II-Ausscheidung zeigt mehrere Maxima u. ist deutlich vermehrt. Das Ausscheidungsmaximum von III liegt am 7. Tag u. insgesamt niedriger als das von II. V wird zunächst vermindert u. vom 7.—10. Tag signifikant vermehrt ausgeschieden. Vff. sehen in der Störung des *Pyridoxal-5-Phosphat*-Syst. eine wesentliche Ursache der strahlenbedingten Veränderungen des Aminosäurestoffwechsels. H. Hüller. 4601□

Über den Einfluß des N-Phenylamidin der Thiophen-2-carbonsäure auf die Knochenmarkveränderungen bei akuter Strahlenkrankheit. D. G. Zographov und I. A. Baev. (Acta biol. med. german. [Berlin] **8,** 337—43, 1962; Sofia, Onkolog. Forsch.-Inst., Radiobiol. Abt.; dt.) — Werden ♂ weiße Ratten mit Röntgenstrahlen bestrahlt (650r), so findet man bei der anschließenden Unters. des Knochenmarks, daß vorherige Verabreichung vom *N-Phenylamidin der Thiophen-2-carbonsäure* (I) den Strahlungsschaden vermindert u. die Erholung des Knochenmarks fördert. I selbst zeigt keine signifikante Wirkung. Im einzelnen liegen bei den mit I behandelten im Vgl. zu den unbehandelten Tieren a) die Mitoseraten dauernd höher u. zeigen am 1. Tag kein Absinken unter den Normalwert, b) die Reifungsindizes der Granulocyten u. Erythroblasten am 1. Tag tiefer, c) die Blutzellwerte nicht so tief u. erholen sich schneller, d) ist die Anzahl der Granulocyten, Erythroblasten u. Makrokaryocyten im Knochenmark weniger stark vermindert u. erholt sich schneller. Nur bei den Lymphocyten finden sich keine besseren Verhältnisse nach I-Gabe. U. Hinterberger. 4601□

Bedeutung der Partikelgröße in der Aerosoltherapie. Frank W. Lovejoy jun., Herbert Constantine und Lucien Dautrebande. (Proc. Soc. exp. Biol. Med. **103,** 836—38, April 1960; Rochester, N.Y., Univ. of Rochester, School of Med. and Dent., Dep. of Med., Pharmacol. and Radiation Biol.; Strong Memorial and Rochester Municipal Hosp.; engl.) — Bei der Zerstäubung eines Präp. aus 0,1% *Isoproterenol* u. 2% *Phenylephrine* mit einem normalen Zerstäuber (Partikelgröße 0,8—7,4μ) werden bei

normalen Vers.-Personen Tachycardie u. Blutdruckerhöhung erzeugt. Bei Verw. des Generators D-30 (Partikelgröße $< 0{,}5\mu$) entstehen keine system. Wirkungen.
P. Gregorzewski. 4607□

Eine durch Formaldehydharze in Textilien verursachte Dermatitis. P. V. Marcussen. (Dermatologica [Basel] **125**, 101—11, 1962; Copenhagen, Finsen Inst., Dep. of Dermatol.; engl.) — Die in Textilien verwendeten *Formaldehydharze* verursachten 1960 in Dänemark 50% aller Formaldehydekzeme. Vf. benutzte einen Ausscheidungstest mit Chromotropsäure, um den Formaldehyd-Geh. von Kleidungsstücken festzustellen u. die Patienten bei künftigen Käufen zu beraten. W. Hiller. 4607□

Experimentelle Untersuchungen über die biologischen Wirkungen von Petroleum. Shiko Okamoto. (Fukuoka Acta med. [Fukuoka-Igaku-Zassi] **50**, 1973—2024, Juni 1959; Fukuoka, Kyushu Univ., Fac. of Med.; jap., Auszug: engl.) — Petroleumfraktionen, *Gasolin* (I), *Kerosin* (II), *Leichtöl* (III), *Maschinenöl* (IV), *Motorenöl* (V), wurden Ratten einmal wöchentlich i.m. injiziert. Die stärkste tox. Wrkg. verursachte **II**. Nach längerer Applikation traten bei **I**—**V** Lungenfibrosen u. Leberzyrrhosen auf. Durch **I**—**III** wurde die Zahl der Leukozyten vermehrt, durch **IV** u. **V** dagegen reduziert. Versprühtes **IV** wurde von Ratten täglich 60—90 Min. inhaliert. Als Folgeerscheinungen wurden Wandverstärkungen der Alveolen, Einlagerung von Öltröpfchen in die Kupfferschen Sternzellen u. größere Mengen Polyblasten in den Glissonschen Kapseln festgestellt. Die Rückenhaut von Mäusen wurde mit **I**—**V** täglich eingerieben. Eine Verdickung der Epidermis u. des Coriums, Dermatitis u. Hyperkeratose wurden beobachtet.
H. D. Schlabitz. 4607□

Eluierung von polycyclischen Kohlenwasserstoffen aus Ruß und Gummiprodukten. Jack Neal, Merle Thornton und Carl A. Nau. (Arch. environment. Health **4**, 598—606, Juni 1962; Galveston, Texas, Univ. of Texas Med. Branch, Div. of Ind. Hyg., Dep. of Prev. Med. a. Publ. Health; engl.) — Rußproben u. Gummi-Prodd., die 10 bis 20 Gew.-% Ruß enthielten, wurden mit folgenden Mitteln extrahiert: Blutplasma, künstlicher Magen- u. künstlicher Darmsaft, Öl, Citronensäure (pH 3,85), Essigsäure (3%), Bicarbonat-Lsg. (3%), NaCl-Lsg. (3%), süße Milch. Es wurde keine signifikante Zunahme von *polycycl. KW-Stoffen* in den Extraktionsmitteln festgestellt.
H. Zeller. 4607□

Untersuchungen über das sekundäre Malabsorptionssyndrom unter besonderer Berücksichtigung der therapeutischen Wirkungen von Festal. Masuke Masuda, Kakugen Kuzuya, Shiro Hosoda, Jiro Nishimura, Keigo Fujita und Yoshibumi Nonomura. (Z. Ernährungswiss. **2**, 147—54, Mai 1962; Kyoto, Japan, Kyoto Prefect. Univ. of Med., Dep. of Gastroenterol.; engl.) — Bei Patienten mit gestörter Darmresorption wurden Resorptionsteste mit *^{131}J-Triolein* u. *^{131}J-Ölsäure* durchgeführt u. eine erhöhte Ausscheidung von ^{131}J im Stuhl beobachtet; diese (sowie die Ausscheidung von ^{131}J im Stuhl von Normalpersonen) wurde durch *Festal* (I) verringert. I besserte auch Sodbrennen, Meteorismus u. Appetitlosigkeit. K. Zingraf. 4607□

Über den Einfluß von Dinitrophenol und Thyroxin auf die Ultrastruktur des Herzmuskels bei der Ratte. Reinhard Poche. (Virchow's Arch. pathol. Anatom. Physiol. klin. Med. **335**, 282—97, 1962; Düsseldorf, Med. Akad., Path. Inst.; dt.) — An 23 erwachsenen weißen Ratten, die 14 Tage lang subcutane Injektionen von 1 mg *Thyroxin* (I)/kg/d u. 14 weiteren Tieren, die 30 Min. vor Vers.-Beginn eine subcutane Injektion von 20 mg *Dinitrophenol* (II)/kg erhalten hatten, wurden O_2-Verbrauch u. Lactat-Konz. des Blutes im Wachzustand u. nach intraperitonealer Injektion von 200 mg Luminal-Na/kg in Vollnarkose bestimmt. Der O_2-Verbrauch stieg bei den wachen Tieren (Werte für die Narkosetiere in Klammern) nach **I** um 62 (132), nach **II** um 113 (260)%, die Lactat-Konz. nach **I** um 83 (48), nach **II** um 157 (233)% gegenüber den Werten der unbehandelten Kontrolltiere. Befunde an **I**- bzw. **II**-behandelten Tieren nach Dekapitation: Herzmuskeln, die in kaltem HCHO fixiert wurden, zeigten lichtmkr. Glykogenverlust u. Homogenisierung einzelner Herzmuskelzellen. Herzmuskeln, die in 1%ig. gepufferter isoton. Osmiumsäure-Lsg. fixiert wurden, zeigten unter dem Elektronenmikroskop anfangs Aufhellung des Grundsarkoplasmas mit progredienter Abnahme der ca. 150 Å messenden Cytogranula (Glykogen), später leichte bis mittelgradige Mitochondrienschwellung, starke Schwellung des endoplasmat. Reticulums (longitudinales Syst. des Sarkoplasmareticulums) mit Vacuolen-Bldg. u. Vermehrung der Fetttropfen. Außerdem zeigten sich stark kontrahierte Herzmuskelzellen mit Kontrakturstreifendistanzen von $0{,}8$—$0{,}4\mu$ nach **II**-Gaben häufig, nach **I**-Gaben nur vereinzelt. Nach **I**-Gaben zeigten die Mitochondrien perlschnurartige Schwellungen der Innenmembranen mit umschriebenen Erweiterungen des osmiophoben Spatiums von 50 auf 100—150 Å u. starke Fragmentation der Innenmembranen.
H. G. W. Gleiß. 4607□

Chemische und pharmakologische Untersuchung der β-Phenoxyisopropylamine. 2. Mitt. Neue stickstoffsubstituierte Derivate. Marcel Pesson, Henri Schmitt und P. Rajzman. (Arch. int. Pharmacodynam. Thérap. **108,** 153—69, 1/11. 1956; Paris, Fac. de Méd., Labor. de Biochim.) — Vgl. C. **1954,** 1530. — Es wurden die pharmakolog. Eigg. neuer N-substituierter *β-Phenoxyisopropylamine* untersucht. Die *Jodmethylate* u. *Jodäthylate von N.N-Dimethyl-β-phenoxypropylaminen* haben Nicotinwirksamkeit. An N durch einen Butyl-, Cyclopentyl-, Pentamethylen-, Morpholino- oder 2 Methyl-, Äthyl- + Methyl-, Butyl- + Methyl- u. Cyclopentyl- + Methylrest substituierte Verbb. wirken adrenolytisch. Die Jodmethylate des N-Butyl-, N-Methyl, N-Pentamethylen-β-phenoxyisopropylamins u. des N-Morpholinophenoxy-2-propans sind Hypotensoren u. Ganglienblocker. Geprüfte Verbb.: β-Phenoxyisopropylamine: *unsubstituiertes*; *N-Methyl-*; *N.N-Dimethyl-*, *Jodmethylat*; *N-Methyl-N-äthyl-*, $Kp._{14}$ 126—127°, *Pikrat*, F. 108—109°, *Jodmethylat*, F. 104—105°; *N.N-Diäthyl-*, *Jodmethylat*, ca. 70° (sehr hygroskop.); *N-Butyl-*, *Hydrochlorid*, F. 123—124°; *N-Butyl-N-methyl-*, $Kp._1$ 104—106°, *Hydrochlorid*, F. 108—109°, *Jodmethylat*, F. 110—111°; *N-Cyclopentyl-*, $Kp._{13}$ 160—161°, *Hydrochlorid*, F. 119—220°; *N-Cyclopentyl-N-methyl-*, $Kp._3$ 133—136°, *Hydrochlorid*, F. 148—150°, *Jodmethylat*, F. 105—106°; *1-Phenoxy-2-morpholinopropan*, $Kp._{15}$ 173—174°, *Hydrochlorid*, F. 146—148°, *Jodmethylat*, F. 126 bis 127°; *1-Phenoxy-2-piperidinopropan*, *Jodmethylat*. K. Maier. 4607□

Das Vorkommen von Äthylvanillinsäure im menschlichen Urin und ihr Stoffwechsel. Chris Nolan und Marvin D. Armstrong. (Proc. Soc. exp. Biol. Med. **103,** 716—18, April 1960; Salt Lake City, Univ. of Utah Coll. of Med., Dep. of Biol. Chem., Labor. of Hereditary and Metabolic Disorders; engl.) — Nach Verabreichung von 100 bzw. 500 mg *Äthylvanillinsäure* (I; *3-Äthoxy-4-hydroxybenzoesäure*) an einen erwachsenen Mann werden im Urin freie I, mit Glucuronsäure gepaarte I u. *Äthylvanillolglycin* papierchromatograph. nachgewiesen. P. Gregorzewski. 4607□

Über die Wirkung kurzer oder längerer Verabreichung von Phlorrhizin auf Glucose, Chlorid und Harnstoff im Blut von Nierenvene und Oberschenkelarterie, auf Bestandteile des Urins und die Diurese. Therapeutische Anwendungen. G. Giraud, A. Loubatières, H. Latour und P. Bouyard. (Acta med. scand., Suppl. **154,** Nr. 312, 727—37, 15—18/9. 1954, herausgeg. 1956; Montpellier.) — Vff. führen 2 Vers.-Reihen durch, wobei a) eine einmalige i.v. Injektion von 150—250 mg *Phlorrhizin* (I) u. b) mehrere Tage hintereinander je 300 mg I in Polyvinylpyrrolidon injiziert werden. Als primäre I-Wrkg. wird eine verstärkte Ausscheidung von Glucose, W. u. Urinbestandteilen beobachtet, wobei eine allg. Wrkg. auf die Phosphorylierung von Eingeweide u. Gewebe wegen des hohen Zucker-Geh. in Venen u. Arterien nicht ausgeschlossen werden kann. R. Lenschau. 4607□

Weitere pharmakologische Untersuchungen einiger Derivate des 1.3-Dioxolans. 2. Mitt. F. Melson. (Acta biol. med. german. **8,** 381—86, 1962; Friedrich-Schiller-Univ. Jena, Inst. für Pharmakol.; dt.) — 1. vgl. C. **1962,** 15316. — Bei Mäusen führt *2-Methyl-2-p-chlorphenyl-4-hydroxymethyl-1.3-dioxolan* (I) in der Kombination mit Schlafmitteln bei Barbituraten zu einer Potenzierung der Schlafdauer. I, nicht aber *2-Phenyl-2-äthyl-4-hydroxymethyl-1.3-dioxolan* (II) zeigt auch mit Piperidin-Derivv. einen deutlichen Potenziereffekt. Gibt man I 150 Min. vor Evipan, so erhält man eine Erhöhung der Evipanwirkung. Dieser Effekt wird durch Serotonininjektionen noch weiter verstärkt. I zeigt einen ausgeprägten Antagonismus gegenüber Krampfgiften (Strychnin, Metrazol, Pikrotoxin). I u. II dämpfen den sexuellen Erregungszustand weißer Mäuse, wobei I dem II überlegen ist. Auch in der Beeinflussung des Elektroschocks von Albinoratten zeigen I u. II deutlich tranquilizierende Eigg., die wieder bei I stärker ausgeprägt sind. U. Hinterberger. 4607□

Das Elektroretinogramm von Calliphora erythrocephala (Wildform) bei Vergiftung mit Strychnin. Fritz Klingberg. (Acta biol. med. german. [Berlin] **8,** 387—99, 1962; Friedrich-Schiller-Univ. Jena, Physiolog. Inst.; dt.) — Bei der Registrierung des Elektroretinogramms (ERG), das aus dem isolierten Komplexauge von *Calliphora erythrocephala* abgeleitet wird, wird nach Applikation von 1%ig. *Strychnin-*(I)-Lsg. auf die opt. Ganglien eine nach wenigen Sek. beginnende ähnliche Formveränderung wie nach der Applikation von DDT (Hattwich, Klingberg, Acta biol. med. german. [Berlin] **6,** [1961], 509) gefunden. Der positive Eineffekt u. der negative Auseffekt nehmen ständig an Amplitude ab, bis sie schließlich ganz verschwinden. Dagegen entwickelt sich ein negativer Ein- u. ein positiver Auseffekt so daß als Ergebnis eine Umpolung des ERG eintritt. Gleichzeitig verschiebt sich die Zwischenpotentiallinie zur negativen Seite. Mehrere Variationen dieses Übergangs werden beschrieben. Diese neue ERG-Form ist über lange Zeit (bis zu einer Std.) ableitbar. Wird I in geringerer Konz. angewendet, so ist die Umkehrzeit verzögert, oder es werden nur Zwischenstufen erreicht. 0,1%ig. Lsgg. sind schließlich wirkungslos. Benetzung der Ganglien mit Insektenringer-Lsg. oder dest. W. löst keine ERG-Veränderungen aus. I bringt auch vorher vorhandene Belichtungsrhythmen u. (selten auftretende) Dunkelrhythmen zum Verschwinden. U. Hinterberger. 4608□

Einflüsse der Lipoid-A-Komponente des Escherichia coli-Endotoxins auf die Hautreaktivität auf Epinephrin bei Kaninchen. Erwin Neter, Hiroshi Anzai, Eugene A. Gorzynski, Alois Nowotny und Otto Westphal. (Proc. Soc. exp. Biol. Med. **103,** 783—86, April 1960; Buffalo, N.Y., Univ. of Buffalo Med. School, Children's Hosp.; Freiburg/Br., Wander-Forschungsinst.; engl.) — Kaninchen wird aus Lipopolysaccharid von *Escherichia coli 0111* : *B4* gewonnenes *Lipoid A* (I), F. 180—182°, i.v. injiziert u. die Rk. der so vorbehandelten Tiere auf intracutan gegebenes *Epinephrin* (II) untersucht. Durch I-Behandlung wird die Haut-Rk. auf II verstärkt, es treten Rot- u. Braunfärbung sowie hämorrhage Verletzungen auf. I ist bis zu 2 μg/kg wirksam, aber nur $^1/_{10}$ so wirksam wie das intakte Lipopolysaccharid. *Phenoxybenzaminhydrochlorid* inhibiert die II-Rk. bei mit I behandelten Kaninchen. P. Gregorzewski. 4608□

Saponine. 2. Mitt. **Fraktionierung und pharmakologische Eigenschaften der Luzernesaponine. Die möglichen Beziehungen von diesen zu Anschwellungen (Blähungen).** C. B. Coulson und T. Davies. (J. Sci. Food Agric. **13,** 53—57, Jan. 1962; Bangor, Univ. Coll. of North Wales, School of Agricult., Dep. of Biochem. and Soil Sci.; engl.) — 1. vgl. C. **1959,** 6851. — Vff. verwendeten getrocknete Luzerne (*Medicago sativa*) von Schwellungen verursachenden (a) u. nicht Schwellungen verursachenden (b) Standorten der Ernte 1957. Zwischen a u. b waren keine Unterschiede in den Protein-Geh. u. in dem Proteinverhältnis Cytoplasma/Chloroplasten festzustellen. Beim in vitro Respirationstest mit Rattenzwerchfell konnten keine qual. jedoch quant. Unterschiede ermittelt werden. Die Hemmung der O_2-Aufnahme war bei a größer als bei b. W. Hiller. 4608□

Zur Pharmakologie von Staphylokokkentoxin (Wood 46). 4. Mitt. **Wirkung von Staphylokokkentoxin auf den isolierten Uterus der Ratte und des Meerschweinchens.** B. Wiegershausen. (Acta biol. med. german. [Berlin] **8,** 344—66, 1962; Deutsche Akad. der Wiss. zu Berlin, Inst. für Med. und Biol., Bereich Pharmakol.; dt.) — 3. vgl. C. **1962,** 11976. — Läßt man *Toxine* von *Staphylococcus pyogenes* var. *aureus* (To.) auf Uteri multiparer Ratten, die sich bei 29° in modifizierter Ringer-Lsg. befinden, einwirken, so zeigen die Uteri eine Erhöhung von Motilität u. Tonus. Die Wrkg. großer Dosen besteht in einer maximalen Kontraktion, die im Gegensatz zu der Wrkg. kleiner Dosen nicht durch Auswaschen zu beseitigen ist. Die Latenzzeit verkürzt sich mit steigender Dosis. Nach To.-Gabe spricht der Uterus auf Acetylcholin oder Serotonin nicht mehr an. Nach Eintritt der Kontraktion führen hohe Adrenalingaben zur Erschlaffung. Weitere To.-Gabe verstärkt die Kontraktion nicht weiter, wohl tut das aber in einem geringen Maße $BaCl_2$. Vorbehandlung mit Atropin oder Cepentyl ändert die To.-Wrkg. nicht, allerdings führen größere Mengen Cepentyl zu einer starken Hemmung der Reaktion. Vorbehandlung mit Atropin u. Lysergamid führt zu einer starken Abschwächung der Toxin-Rk., ebenso wirkt Lysergamid allein. Auch Reserpin u. Chlorpromazin hemmen die Toxinwirkung. Auf 100° erhitztes Toxin ist wirkungslos. Meerschweinchenuteri reagieren auf To.-Gaben wenig empfindlich. Es wird angenommen, daß To. in den Uteri Serotonin u. Stoffe mit Polypeptidcharakter freisetzen, die die beschriebenen Wrkg. auslösen. U. Hinterberger. 4608□

Synthese neuer Derivate von p-Äthoxyphenylthioharnstoff. F. Horák, J. Kalamár und N. Melnikovová. (Českolov. Farmac. **11,** 80—81, Febr. 1962; Bratislava, chem. fak. SVST, Katedra org. technologie; tschech.) — Durch die Kondens. von *p-Äthoxyphenylthioharnstoff* mit 4-Aminoantipyrin, 2-Aminothiazol u. p-Aminosalicylsäure haben die Vff. neue Derivv. des p-Äthoxyphenylharnstoffes, u. zwar *N-Äthoxyphenyl-2.3-dimethylpyrazolon-[5]-thioharnstoff*, *N-4-Äthoxyphenyl-N'-2-thiazolthioharnstoff* u. *N-4-Äthoxyphenyl-N'-4-carboxy-3-hydroxyphenylthioharnstoff* hergestellt. Die neuen Verbb. wurden auf tuberculostat. Wrkg. gegen 3 verschiedene Stämme von *Mycobacterium tuberculosis* geprüft. Nur p-Äthoxyphenylthioharnstoff u. die Kondens.-Prodd. mit 2-Aminothiazol u. p-Aminosalicylsäure waren wirksam. J. Spinka. 4610□

Antituberculotica. 3. Mitt. **Synthese einiger Derivate der am Kern substituierten Isonicotinsäure.** L. Nováček, K. Palát, M. Čeladník und E. Matusková. (Českolov. Farmac. **11,** 76—79, Febr. 1962; Bratislava, Katedra anorg. chem. farmac. fak.; a Ústav pro výzkum tuberkulozy Bratislava; tschech.) — Um weitere Erkenntnisse über die Beziehung der Struktur zur tuberkulostat. Wrkg. zu gewinnen, haben Vff. folgende Verbb. synthetisiert u. mikrobiolog. geprüft: *2-Mercapto-*, *2-Methoxy-* u. *2-Äthoxyisonicotinsäurehydrazid*, *3-Hydroxyisonicotinhydroxamsäure* u. *3-Amino-1.6-dihydropyridino-[3'.4'.4.5]-pyridazinon-(6)*. Die Wirksamkeit der 5 synthet. hergestellten Präpp. wurde mikrobiolog. in vitro in Konzz. von 1, 10, 50 u. 100 γ/ml u. die der Präpp. T_{10} *3-Methoxyisonicotinsäurehydrazid*) u. T_{11} (*3-Äthoxy-*) in Konzz. von 200 u. 300 γ/ml geprüft. T_{10} inhibiert das Wachstum des Standardstammes $H_{37}Rv$ in Konzz. von 200 γ/ml; T_{11} war erst in Konzz. von 300 γ/ml wirksam. Die übrigen Verbb. haben sich in den geprüften Konzz. als unwirksam erwiesen.

Versuche: *2-Mercaptoisonicotinsäure*, $C_6H_5NO_2S$, F. 297°, aus 2-Chlorisonicotinsäure durch Erwärmen mit NaHS in Propylenglykol; 61% (Ausbeute). — *3-Hydroxyisonicotinsäure*, $C_6H_5NO_3$, F. 314°, aus 3-Jodisonicotinsäure durch Verseifen mit 20%ig. NaOH in Ggw. von Cu; 80%. — *-äthylester*, $C_8H_9NO_3$, F. 42°; 78%. — *3-Äthoxyisonicotinsäureäthylesterhydrochlorid*, $C_{10}H_{14}ClNO_3$, F. 142—143°, aus 3-Hydroxyisonicotinsäure, A. u. Diazoäthan. — *3-Jodisonicotinsäureäthylester*, $C_8H_8JNO_2$, $Kp._3$ 148°, aus 3-Jodisonicotinsäure u. Äthylalkohol. — *3-Cyanisonicotinsäureäthylester*, $C_9H_8N_2O_2$, F. 64°, aus vorst. Verb. u. Cu-Cyanid; 44%. — *3-Amino-1.6-dihydropyridino-(3'.4'.4.5)-pyridazinon-(6)* aus vorst. Verb., A. u. Hydrazinhydrat. — 8 Literaturangaben.

J. Spinka. 4610□

Aktivität von Variotin, einem neuen antifungalen Antibioticum. Shigemi Suzuki, Atsushi Suganuma, Tsunatarō Kishida, Akio Mizunoya, Fumiko Ueda, Yoshitaka Suzuki, Ichirō Kiji, Taiyo Kyō, Mannei Takeuchi, Shōzō Nakazawa, Norie Kishi und Sumie Tsumura. (J. Antibiotics [Tokyo], Ser. A **12**, 244—48, Sept. 1959; Kyoto Prefectural Med. Coll., Dep. of Microbiol.; Kyoto Pharmaceut. Coll., Dep. of Microbiol.; engl.) — *Variotin* (I) ist nicht akt. gegen Bakterien, aber sehr akt. gegen Pilze, bes. *Cryptococcus* u. *Trichophyton*, bei denen die minimale Hemmungs-Konz. 0,25—0,50 E/ml betrug. Im Vgl. zu anderen Antibioticis ist die Wrkg. von I gegen Protozoen schwach. Entw. von Resistenz gegen I wurde nicht festgestellt. I hemmte die Atmung von Protozoen u. Ehrlich-Ascitestumorzellen stark, aber nicht die von *Cryptococcus*.

W. Knöbel. 4611□

Untersuchungen über die antifungale Aktivität von Variotin. Akira Matsuda, Noboru Hachiya und Yoshio Kawamura. (J. Antibiotics [Tokyo], Ser. A **12**, 203—09, Sept. 1959; Nippon Kayaku Co., Ō ji Pharmaceut. Plant, Res. Labor.; engl.) — *Variotin* (I) ist wirksam bes. gegen *Trichophyton*, *Cryptococcus* u. *Blastomyces*, auch gegen mehrere phytopathogene Pilze, aber unwirksam gegen Bakterien. Zusatz von 10—50% Serum verminderte die Aktivität auf $^1/_2$—$^1/_4$, der pH-Wert ist in einem weiten Bereich ohne Einfluß. Die Toxizität von I ist bei intraperitonealer, subcutaner u. oraler Applikation sehr gering; tox. Rkk. wurden intraperitoneal bei $>$160000 E/kg Körper-Gew. festgestellt.

W. Knöbel. 4611□

Experimentelle und klinische Untersuchungen über Variotin. Ein vorläufiger Bericht. Hiroaki Miyazaki, Shigeru Tanuma, Kazuo Kuroda, Tetsuya Horie, Hideo Yaguchi, Kisaharu Satō, Eizo Yahagi und Toshirō Maeda. (J. Antibiotics [Tokyo], Ser. A **12**-**5**, 237—38, Sept. 1959; Juntendo Univ., Fac. of Med., Dep. of Dermatol.; engl.) — In vitro hemmte *Variotin* (I) *Trichophyton asteroides*, *Tr. interdigitale* u. *Tr. rubrum* in Konzz. von 60 μg bzw. 15 μg bzw. 8 μg/ml. 4 von 9 mit I behandelten Läsionen experimentell mit Tr. asteroides erzeugter Dermatophytose zeigten einen geringeren Entzündungsgrad als die Kontrollen. Die lokale Behandlung von insgesamt 40 Fällen von Trichophytia pompholyciformis u. Tr. eczematosa ergab in 4 Fällen Heilung, in 12 Fällen deutliche Verbesserung u. in 18 Fällen eine günstige Beeinflussung.

W. Knöbel. 4611□

Pharmakologische Untersuchungen über Variotin. Masayuki Nakatsuka, Harue Aratani, Koji Ōshita, Hisae Mikawa, Shigenori Mikawa und Akie Tsuchimoto. (J. Antibiotics [Tokyo], Ser. A **12**-**5**, 214—21, Sept. 1959; Hiroshima, Hiroshima Univ., Dep. of Pharmacol.; engl.) — Lokale Anwendung von *Variotin* (I) erzeugte keine bemerkenswerten Veränderungen hinsichtlich Hautreizbarkeit, Hämogramm u. Körpergewicht. I unterdrückt, aber nur vorübergehend, die Bewegung des isolierten Krötenherzens proportional seiner Konz., *Atropin* wirkt antagonistisch. I beschleunigt die Bewegung des isolierten Darmes von Kaninchen u. Meerschweinchen in niedrigen Konzz. u. unterdrückt sie, proportional der Dosis, in hohen Konzentrationen. Vorübergehende Erniedrigung des Blutdruckes u. Beschleunigung der Atmung werden nur durch hohe Dosierung verursacht. Die Empfindlichkeit von Kaninchen gegen Drogen, die auf das autonome Nerven-Syst. wirken, wurde durch fortlaufende Anwendung von I erniedrigt. Aus den Wrkg. auf die isolierten Organe, die Atmung u. den Blutdruck wurde auf eine, wenn auch geringe cholinerg. Wrkg. von I in niedrigen Konzz. geschlossen. Hohe Konzz. übten bes. auf Muskeln eine narkot. Wrkg. aus. W. Knöbel. 4611 □

Untersuchungen über Stabilisierung von Variotin. Hiroshi Yamaguchi, Yūya Nakayama, Tomohisa Takita, Eiichirō Akito, Wataru Tanaka, Keihei Ueno und Kōsaku Tahara. (J. Antibiotics [Tokyo], Ser. A **12**, 210—13, Sept. 1959; Nippon Kayaku Co., Ōji Pharmaceut. Plant; engl.) — *Variotin* (**I**), unstabil als Substanz, ist stabiler in Lsgg. organ. Lsgm., von denen eine stabilisierende Wrkg. in der Reihenfolge Ketone > Ester > Alkohole ausgeübt wird. Ausgezeichnet stabilisiert 75% ig. wss. A. bei pH zwischen 6,0 u. 7,0 in Ggw. des Di-Na-Salzes der Äthylendiamintetraessigsäure oder von Butylhydroxyanisol. Die Stabilität in 25% ig. wss. A. variiert mit der **I**-Konz., im Bereich von 800—8000 E/ml ist sie bei niedrigen **I**-Konzz. besser. **I**-Salbe auf Polyäthylenglykolbase ist bei pH 4,0 am stabilsten; die Stabilität wird gesteigert durch Zusatz von Thioharnstoff oder Natriummetabisulfit oder Propylgallat. W. Knöbel. 4611 □

Korrelationen aktivierender und letaler Wirkungen erregender Pharmaka bei gruppenweise und isoliert gehaltenen Mäusen. E. N. Greenblatt und A. C. Osterberg. (J. Pharmacol. exp. Therapeut. **131**, 115—19, Jan. 1961; Pearl River, N.Y., Amer. Cyanamid Co., Lederle Labor. Div., Exp. Therapeutics Res. Section; engl.) — Die Unters., ob von sympathomimet. Aminen verschiedene Stimulanzen bei gruppenweise oder einzeln gehaltenen Mäusen eine verstärkte letale Wrkg. aufweisen, zeigte, daß *Methamphetamin, dl-Amphetamin, Methylphenidat, β-Phenylisopropylhydrazin, Pipradrol, Amiphenazol, Caffein* u. *Picrotoxin* bei der 1. Gruppe signifikant tox. waren als bei isolierten Tieren, während *Phenelzin, Mescalin, Ephedrin, Cardiazol* u. *Benegrid* keine Unterschiede ergaben. Signifikante Beziehungen bestanden bei Gruppenmäusen zwischen erhöhter Letalität u. Wrkg. auf motor. Aktivität u. Rektal-Temp., keine entsprechenden bei isolierten Tieren. K. Maier. 4620 □

Über den Mechanismus der Isopropylnoradrenalinumkehr. W. Osswald und S. Guimarães. (Naunyn-Schmiedebergs Arch. exp. Pathol. Pharmakol. **243**, 1—15, 9/4. 1962; Porto, Med. Fak., Pharmakol. Labor.; dt.) — Vergleichende Unterss. über die Wrkg. von *Isoprenalin* (**I**; *Aludrin*; *Isopropylnoradrenalinsulfat*; C. H. Boehringer Sohn, Ingelheim), *Alupent* (**II**; *rac.* *3.5-Dihydroxyphenylisopropylaminoäthanolsulfat*; C. H. Boehringer Sohn), *Noradrenalin* (**III**) u. *Tyramin, Hydrochlorid* (**IV**; F. Hoffmann-La Roche, Basel) an verschiedenen Testobjekten (Blutdruck u. Nickhaut der Katze, Blutdruck des narkotisierten oder spinalisierten Hundes, Rattenblutdruck, Herzvorhof-Präp. des Meerschweinchens u. isoliertes Kaninchenherzohr) u. bes. über die **I**-Umkehr ergaben Folgendes: *Ergotamin* (**V**) oder *Ergotoxin* riefen an mit Barbituraten narkotisierten Katzen u. Hunden stets eine Umkehr der Blutdruck-Wrkg. von **I** u. **II** hervor (speciesabhängig). Die **I**-Umkehr wird von einer Potenzierung der Blutdruck-Wrkg. von *Adrenalin*, **III**, *Dimethylphenylpiperaziniumjodid* (*DMPP*, Pharmacia, Kopenhagen) u. bes. **IV** begleitet. Die pressor. **I**-Wrkg. war nach Ganglienblockern, Monoaminoxydasehemmung, *Guanethidin* (*Ismelin*, Ciba AG, Basel), *Reserpin* u. *Cocain* unverändert, nach *Atropin* verstärkt u. *Physostigmin* abgeschwächt. *Dibenamin* u. a. Sympatholytica beeinflussen die pressor. **I**-Wrkg. antagonist. u. lassen **I** wieder depressor. wirken. Am Vorhof-Präp. hob Cocain die **I**-Wrkg. auf. Am isolierten Kaninchenohr wirkte **I** (wie **III**) konstriktor.; niedrige **V**-Dosen verstärkten diese Wrkg., hohe waren antagonist. wirksam. Als Ursache der **I**-Umkehr wird die durch **V** potenzierte gefäßverengende **I**-Wrkg. u. als Angriffspunkt noradrenerg. Receptoren angenommen. — 30 Literaturangaben. M. Metze. 4620 □

Die Wirkungen von L-Norepinephrin auf den Herzstoffwechsel des Hundes während des hämorrhagischen Schocks. Donald B. Hackel. (Proc. Soc. exp. Biol. Med. **103**, 780—82. April 1960; Western Reserve Univ., School of Med., Dep. of Pathol., Cleveland Metropolitan General Hosp.; engl.) — Im Hunde-Vers. wird festgestellt, daß der durch hämorrhag. Schock verursachte abnormale Myocardstoffwechsel nicht durch *l-Norepinephrin,* wohl aber durch Bluttransfusion gebessert werden kann. P. Gregorzewski. 4620 □

Phenothiazinderivate als Hemmstoffe des oxydativen Glucosestoffwechsels in menschlichen Erythrocyten. M. J. Carver und Nadine Roesky. (Experientia [Basel] **15**, 138—39, 15/4. 1959; Omaha, Nebr., Nebraska Psychiatr. Inst., Coll. of Med., Neurochem. Labor.; engl.) — *10-[3-Dimethylaminopropyl]-2-trifluormethylphenothiazinhydrochlorid* (*Adazin*) hemmte die *Glucose* (**I**)-Oxydation in menschlichen Erythrocyten stärker als *N.N-Dimethyl-10-[3-(1-methyl-4-piperazinyl)-propyl]-2-phenothiazinsulfonamiddimethansulfonat* (SKF 5883) u. *Promazin.* Bei Kombination der Verbb. erhielt man Hemm-Wrkg., die zwischen denen der Einzel-Verbb. lagen. Es scheint sich bei der Hemmung des oxydativen **I**-Stoffwechsels nicht um die prinzipielle Wirkungsweise der Phenothiazin-Derivv. zu handeln. K. Zingraf. 4620 □

Die Beeinflussung der Pentetrazolkrampfschwelle durch intracerebrale Injektion von Reserpin und biogenen Aminen. Joachim Schmidt und Hansjürgen Matthies. (Acta biol. med. german. [Berlin] **8**, 426—36, 1962; Magdeburg, Medizin. Akad., Pharmakolog. Inst.; dt.) — Injiziert man Mäusen in die Schwanzvene *Pentetrazol* (**I**), so treten ton. u. klon. Krämpfe auf. Werden außerdem biogene Amine intracerebral injiziert, so erhält man folgendes Ergebnis: *5-Hydroxytryptamin* (**II**) beeinflußt die **I**-Wrkg. weder bei Vorder- noch bei Hinterhirninjektion. *Adrenalin, Noradrenalin* u. *Dopamin* zeigen 15 Min. nach Injektion eine geringe Erhöhung der **I**-Krampfschwelle. Setzt man durch intraperitoneale Reserpin-(**III**)-Injektion die **I**-Krampfschwelle herab u. spritzt dann Adrenalin oder Noradrenalin ins Vorderhirn, so erhöht sich die Krampfschwelle wieder u. erreicht bei hohen Dosen den Normalwert. Auch **II** hebt bei Vorderhirninjektion die **III**-Wrkg. auf, während Dopamin nur bei Hinterhirninjektion so wirkt. *Lysergsäurediäthylamid* ist ohne Einfl. auf die **III**-Wirkung. Wird **III** ins Hinterhirn injiziert, kommt es auch zu einer Erniedrigung der Krampfschwelle. Die Vorderhirninjektion führt zu keinen signifikanten Effekten. Die Beeinflussung der **I**-Krampfschwelle durch **III**-Injektionen ins Hinterhirn wird durch Vorderhirninjektion von Noradrenalin nur abgeschwächt. Injiziert man **III** auch ins Vorderhirn u. außerdem Noradrenalin ins Vorderhirn, so wird die **III**-Wrkg. aufgehoben. U. Hinterberger. 4620□

Über den Mechanismus der Wirkung des Reserpins auf den Glykogengehalt der Organe. H. Balzer und D. Palm. (Naunyn-Schmiedebergs Arch. exp. Pathol. Pharmakol. **243**, 65—84, 9/4. 1962; Frankfurt/M., Univ., Pharmakol. Inst.; dt.) — Eine einmalige subkutane Injektion von 5 mg *Reserpin* (**I**) /kg führt bei Mäusen zu einer Erhöhung des *Glykogen* (**II**)-Geh. in Skelettmuskulatur, Herz, Gehirn u. Leber um 70 bis 300%. Dieser **II**-Anstieg ist, wie aus Verss. mit ^{14}*C-Alanin* hervorgeht, mit einer vermehrten Gluconeogenese verbunden u. geht mit einem erhöhten **II**-Umsatz einher. Verss. mit ^{14}*C-α-Aminoisobuttersäure* (**III**; als Modellsubstanz für körpereigene, einem akt. Transport unterliegende Aminosäuren) ergaben, daß die nach **I** gesteigerte Gluconeogenese in der Leber mit einem erhöhten Aminosäure-Einstrom, im Gehirn mit einem verminderten exogenen Aminosäureangebot verbunden ist. *Iproniazid* wirkt umgekehrt wie **I**, indem es die **III**-Konz. im Gehirn erhöhte. Eine Mitbeteiligung von Nebennierenrindenhormonen am Zustandekommen der **I**-Wrkg. wird diskutiert. — 40 Literaturangaben. M. Metze. 4620□

Untersuchungen zum Wirkungsmechanismus des Guanethidins. G. Kroneberg und H. J. Schümann (unter Mitarbeit von A. Eckardt). (Naunyn-Schmiedebergs Arch. exp. Pathol. Pharmakol. **243**, 16—25, 9/4. 1962; Frankfurt/M., Univ., Pharmakol. Inst.; dt.) — Nach *Guanethidin* (**I**; *2-[Oktahydroazocinyl-(1)]-guanidinsulfat*; i. v.) kommt es bei der Katze zunächst zur Blutdrucksteigerung u. Nickhautkontraktion (sympathicomimet. Wrkg.). Da nach Adrenalektomie diese Wrkg. nicht vermindert wird, sind die Nebennieren dabei nicht maßgeblich beteiligt. Am isolierten Meerschweinchenvorhof wirkt **I** ebenfalls wie ein Sympathicomimeticum (indirekte Wrkg.), diese Wrkg. wird durch Cocain- u. Reserpinvorbehandlung aufgehoben. **I** setzt nicht nur *Noradrenalin* (**II**) frei, sondern verhindert auch die **II**-Freisetzung, die durch Tyramin hervorgerufen wurde. Die adrenerg. **I**-Hemm-Wrkg. wird diskutiert. M. Metze. 4620□

Der Einfluß von Guanethidin und Bretylium auf die Freisetzung von Brenzcatechinaminen. A. Philippu und H. J. Schümann. (Naunyn-Schmiedebergs Arch. exp. Pathol. Pharmakol. **243**, 26—35, 9/4. 1962; Frankfurt/M., Univ., Pharmakol. Inst.; dt.) — Vgl. auch vorst. Referat. — An isoliert durchströmten Rindernebennieren hemmt *Guanethidin* (**I**) die durch *Doryl, Nicotin* u. *Phenyläthylamin* (**II**) bedingte *Brenzcatechinamin* (**III**)-Freisetzung. *Bretylium* (*[o-Brombenzyl]-äthyldimethylammonium-p-toluolsulfonat*; **IV**) ist gegenüber Doryl schwächer u. gegenüber **II** gar nicht wirksam. *TM 10* (*Cholin-2.6-xylylätherbromid*) hemmt die Doryl-Wrkg. nicht, die **II**-Wrkg. nur wenig. Hohe Dosierung von **I, IV** u. TM 10 setzt **III** frei. An isolierten Nebennierenmarkgranula setzt **I** dosisabhängig Adrenalin u. Noradrenalin frei u. hemmt die durch **II** verursachte **III**-Freisetzung nicht. Am isolierten Meerschweinchenatrium hemmen **I**, Cocain u. Pantocain die positiv ino- u. chronotrope Wrkg. von Nicotin u. Tyramin. Ecolid hemmt nur die Nicotinwirkung. Die Ergebnisse zeigen, daß **I** neben seiner ganglionärblockierenden u. lokalanästhet. Wrkg. auch eine ausgeprägte „membrandichtende" Wrkg. hat, nicht jedoch **IV**. M. Metze. 4620□

Über eine Wirkung von Guanethidin auf Skelettmuskulatur und Rückenmarkreflexe. G. Kroneberg und K. Stoepel. (Naunyn-Schmiedebergs Arch. exp. Pathol. Pharmakol. **243**, 36—43, 9/4. 1962; Frankfurt/M., Univ., Pharmakol. Inst.; dt.) — Vgl. auch vorst. Referat. — *Guanethidin* (**I**) hemmt erst bei hohen Dosen (5—10 mg/kg i. v.) die polysynapt. Reflexe (Extensorreflex, Beugereflex) u. Reizung des Musculus gastrocnemius der Katze. Der Patellarsehnenreflex wird in ähnlicher Weise gehemmt. In curarisierten Spinalkatzen hemmt I die Kontraktion des direkt stimulierten Muskels. Bei intraarterieller (i. a.) I-Injektion werden die Muskelkontraktionen sofort gehemmt, gleichgültig, ob sie nervös oder reflektor. stimuliert wurden. Die Wrkg. der nervösen Reizung wird durch i. a. Injektion von kleineren I-Dosen eher gehemmt als die Wrkg. durch direkte Reizung auf den Muskel. Die Ergebnisse werden in Hinblick auf den Angriffspunkt von I diskutiert. M. Metze. 4620□

Untersuchungen über das Verhalten des α-[m-Hydroxyphenyl]-β-aminoäthanol-hydrochlorids im Organismus. Karl Credner, Gerhard Renwanz und Heinz-Joachim Hinze. (Naunyn-Schmiedebergs Arch. exp. Pathol. Pharmakol. **243**, 85—90, 9/4. 1962; Berlin-Waidmannslust, Wiss. Labor. der Diwag AG.; dt.) — Zur Klärung der Frage nach dem Abbauweg körperfremder Amine wurde das Sympathicomimeticum *Novadral* (I; *α-[m-Hydroxyphenyl]-β-aminoäthanol, Hydrochlorid*) Ratten u. Meerschweinchen subkutan u. oral appliziert u. der Urin auf I-Stoffwechsel-Prodd. untersucht. Neben I tritt im Urin *m-Hydroxymandelsäure* (II; chromatograph. identifiziert) auf. Hemmt man die *Monoaminoxydase* durch *Iproniazid*, so erscheint I unabgebaut im Urin, denn II ist nicht mehr nachweisbar. M. Metze. 4620□

Untersuchungen über analgetische Heilmittel. 7. Mitt. **Morphinantagonisten als Analgetica.** Jane Telford, C. N. Papadopoulos und Arthur S. Keats. (J. Pharmacol. exp. Therapeut. **133**, 106—16, Juli 1961; Houston, Texas, Baylor Univ., Coll. of Med., Div. of Anestesiol.; Jefferson Davis Hosp.; engl.) — 4. vgl. Keats, J. Pharmacol. exp. Therapeut **130**, [1960.] 218. — Es wurde versucht, eine Verb. mit Antimorphin-Wrkg. u. derselben analget. Wrkg. wie *Nalorphin* (I) ohne dessen schwere subjektive Neben-Wrkg. zu finden. Es wurden dazu *N-Allylnordihydrocodeinonbitartrat* (*NIH 7305*), (—)-*3-Hydroxy-N-[3.3-dimethylallyl]-morphinanhydrobromid* (*NIH 7446*; *Ro 4—0775/2*), (—)-*3-Hydroxy-N-propargylmorphinantartrat* (*NIH 6045*; *Ro 17780*), (—)-*3-Hydroxy-N-propylmorphinanhydrobromid* (*NIH 6076*; *Ro 1—7779*), *N-Methallylnormorphinhydrochlorid* (*NIH 7796*) u. *N-n-Propylnormorphinhydrochlorid* (*NIH 5704*) beim Menschen untersucht. NIH 7796 erwies sich als wirksamer Morphinantagonist in Dosen, die kaum Analgesie u. Sedation hervorriefen, ohne daß morphinähnliche Neben-Wrkg. oder solche wie nach I auftraten. Als Morphinantagonist bietet NIH 7796 bereits den Vorteil einer isolierten antagonist. Wrkg., so daß weitere Forschungen in dieser Richtung berechtigt erscheinen. NIH 6045 hat gegenüber I keine Vorteile. Ebenso stellt NIH 7305 keine Verbesserung dar. Insgesamt kann keinem der Medikamente die gewünschte suchtfreie analget. Wrkg. ohne die Neben-Wrkg. von I zugeschrieben werden. — NIH 7446 erwies sich als morphinähnlicher Stoff mit starker analget., aber auch atemdepressor. Wrkg.; dazu Übelkeit, Erbrechen, Sedation u. psych. Wrkg. wie nach Morphin; immerhin sind die atemdepressor. Wrkg. halb so stark wie die einer 10 mg Morphin entsprechenden Dosis; die subjektive Wrkg. sind geringer. U. Tausendfreund. 4627□

Acetylsalicylsäuretoxizität und Vitamin K. Clyde H. Kelchner. (Acta med. scand., Suppl. **154**, Nr. 312, 471—72, 15. bis 18/9. 1954, herausgeg. 1956; Allentown, Pa.; engl.) — Um die hämorrhag. Wrkg. von Salicylaten zu untersuchen, erhielt eine Gruppe Patienten mit rheumat. Arthritis steigende Mengen *Aspirin* (I) u. eine andere Gruppe I + *Vitamin K* (II). In beiden Gruppen wurden täglich 4 Prothrombin-Best. durchgeführt. Nach 2 Wochen wurden die Verss. ausgesetzt, bis die Blutgerinnung normale Werte zeigte, u. dann die Medikation in beiden Gruppen getauscht. Nach >40 g I zeigten sich bei 41% der Patienten Neben-Wrkg. u. Verlängerung der Blutgerinnungszeit. Bei II-Dosierung von 0,25 g II/0,33 g I wurde eine Verringerung der tox. Erscheinungen beobachtet. R. Lenschau. 4627□

Die Pharmakologie von Halothane beim Menschen: Eine Übersicht. E. J. D'Arcy, Martin H: son Holmdahl und J. P. Payne. (Brit. J. Anaesthesia **31**, 424—32, Okt. 1959; Windsor Group of Hospitals England; Uppsala, Akad. Sjukhuset; London, Postgraduate Med. School, Dep. of Anästhesia; engl.) — Mit *Halothane* (I) ist eine schnelle, wirksame u. flexible Anästhesie möglich. I ist weder explosiv noch entflammbar u. erzeugt leichte Hypertension. — 47 Literaturangaben. W. Hiller. 4627□

Halothane und Blutzucker. A. R. Hunter. (Brit. J. Anaesthesia **31**, 490—92, Nov. 1959; Manchester Royal Infirmary, England; engl.) — Die Wrkg. von *Halothane* (I) auf den Blutzucker-Geh. war bei den allg. chirurg. Fällen unterschiedlich. Bei neurochirurg. Fällen blieb der Blutzucker-Geh. über eine lange Periode der I-Administration konstant. In keinem Fall traten starke Abweichungen vom Normal-Geh. auf. W. Hiller. 4627□

Sernyl (Cl-395) in der klinischen Anästhesie. M. Johnstone, V. Evans und S. Baigel. (Brit. J. Anaesthesia **31**, 433—39, Okt. 1959; Manchester, Gumpsall Hosp. and Royal Infirmary; engl.) — Vff. beschreiben die anästhet. Eigg. von *Sernyl* (I; 1-[1-

Phenylcyclohexyl]-piperidinhydrochlorid). I ist wirksam gegen Schmerzen in Haut, subkutanem Gewebe, Muskel, Knochen, Gelenken u. Perineum. I verursacht keine Depressionen der cardiovaskulären u. respirator. Funktionen. Die Anwendung von I ist durch seine erregende Wrkg. jedoch begrenzt. Vff. erwähnen 9 Fälle. W. Hiller. 4627 □

Untersuchungen über den Mechanismus der narkoseverkürzenden Wirkung von Monoaminoxydase-Hemmstoffen. K. Stock und E. Westermann. (Naunyn-Schmiedebergs Arch. exp. Pathol. Pharmakol. **243**, 44—64, 9/4. 1962; Frankfurt/M., Univ., Pharmakol. Inst.; dt.) — Injektionen (subkutan) an Mäusen von 100 mg *Iproniazid* (I)/kg wirkten auf die Hexobarbitalnarkose 2—12 Std. nach I-Injektion verlängernd u. 20—60 Std. nach I-Injektion verkürzend (a). Der *Serotonin* (II)-Geh. des Gehirns wird durch I um fast 100% erhöht. Andere Monoaminoxydase (III)-Hemmer wirken je nach chem. Struktur u. Zeitintervall unterschiedlich. *Nialamid* (*N-Isonicotinoyl-N'-[β-(N-benzylcarbamoyl)-äthyl]-hydrazin*) u. *JB 807* (*N-Isopropyl-N'-phenylisopropylhydrazin*) wirken wie I. MO 911 (*Propin-(2)-yl-methylbenzylamin*) u. *SKF 385* (*Tranylcypromin*; *Parnate*; *1-Amino-2-phenylcyclopropan*) verkürzen (b) die Narkosedauer (Gegensatz zu I), wenn man sie 1—6 Std. vor dem Narkoticum injiziert. II erhöhen alle III-Hemmer, ähnlich wie es I tut. Die Narkoseverkürzung wird anscheinend durch verschiedene Mechanismen bedingt. Die a-Verkürzung ist offenbar unabhängig von einer Hemmung der III (Nicht-III-Hemmer verkürzen auch, Beispiel Chlorpromazin) u. dem Amin-Geh. des Gehirns; zu diesem Zeitpunkt (20—24 Std. nach Injektion des Hydrazin-Deriv.) ist der Einstrom von Barbituraten in das Gehirn vermindert („Membran-Wrk."), 48 Std. nach Injektion ist auch die Elimination des Narkoticums beschleunigt. Die b-Verkürzung könnte durch eine zentralerregende Wrkg. der sich im Gehirn anhäufenden Amine bedingt sein. — 35 Literaturangaben. M. Metze. 4627 □

Das Wesen des von Stickoxydul bei einem visuellen Unterscheidungs- und einem Reaktionsverzögerungstest an Affen hervorgerufenen Wirksamkeitsdekrements. Murray E. Jarvik und Martin W. Adler. (J. Pharmacol. exp. Therapeut. **131**, 108—14, Jan. 1961; New York, N.Y., Albert-Einstein-Coll. of Med., Dep. of Pharmacol.; engl.) — 5 Macacusaffen, die eine Mischung von 80% N_2O in O_2 erhielten, zeigten in einem visuellen Unterscheidungstest u. einem Rk.-Verzögerungstest keine eindeutigen Unterschiede in der Beeinflussung beider Wrkg., obgleich Genauigkeit u. Gesamtreaktions-Geschw. durch N_2O vermindert waren. N_2O verschlechtert das Unterscheidungsvermögen u. ruft allg. Depression hervor. K. Maier. 4627 □

Eine Methode zur Sauerstoffbestimmung in Stickoxydul enthaltenden Gasmischungen. H. Smith und E. A. Pask. (Brit. J. Anaestesia **31**, 440—45, Okt. 1959; Newcastle-upon-Tyne, Kings Coll., Dep. of Anaesthetics; engl.) — Vff. beschreiben ein Gerät zur O_2-Best. in Gasmischungen mit Stickoxydul. In 0,15—0,40 ml Gas können weniger als 0,1 μg O_2 bestimmt werden. W. Hiller. 4627 □

Chemopharmakologische Untersuchungen über antispasmodische Wirkung. 16. Mitt. **Wirkung der H-Ionen-Konzentration auf den Acetylcholinreceptor.** Masayasu Kimura. (Chem. pharmac. Bull. [Tokyo] **7**, 837—40, Okt. 1959; Tokyo, Univ., Fac. of Pharmaceut. Sci.; engl.) — 15. vgl. Chem. pharmac. Bull. [Tokyo] **6**, [1958], 716. — Um die Wrkg. des pH-Wertes am Dünndarm der Maus zu untersuchen, wurde eine modifizierte Salz-Lsg., die kein Natriumhydrogencarbonat enthält, benutzt. Die Dosis/Kontraktionskurve von *N-Butyltrimethylammoniumbromid* (I) verläuft nach der Gleichung von Clark, u. die Neigung lag bei 1,2. Die Kurve wurde kompetitiv im pH-Bereich zwischen 6,0 u. 5,5 gehemmt. Aus der Wechselwrkg. zwischen I u. H^+ wurde p_K des Acetylcholinreceptors mit 6,15 u. im Falle von Acetylcholin u. H^+ mit 6,16 bestimmt. Diese Werte liegen nahe dem p_K 6,2 der Acetylcholinesterase, bestimmt durch Wilson u. Bergmann. K. Böhm. 4628

Chemopharmakologische Untersuchungen über antispasmodische Wirkung. 17. Mitt. **Die Wirkung der H-Ionen-Konzentration auf Atropin- und Papaverin-ähnliche Effekte.** Masayasu Kimura. (Chem. pharmac. Bull. [Tokyo] **7**, 841—44, Okt. 1959; engl.) — 16. vgl. vorst. Referat. — Die kompetitiv hemmende Wrkg. von *Atropin* (I) gegenüber *Acetylcholin* (II) wird durch einen niedrigen pH-Wert gesteigert. Der synergist. Effekt von I u. *H-Ionen* liegt zwischen einer Addition u. Potenzierung. Im Gegensatz dazu hat *1.1-Diphenyl-3-piperidino-1-butanol* (III) nur einen additiven Effekt auf I im Konz.-Bereich, in dem es nur I-ähnliche Wrkg. besitzt. Dieses Verh. von H-Ionen auf den II-Receptor wird diskutiert. Die I-ähnliche Wrkg. von III wurde im gleichen Maße durch H^+ wie bei I potenziert, u. die *Papaverin* (IV)-ähnliche Aktivität von III wurde durch H^+ im Bereich von pH 5,6—7,4 stark beeinträchtigt. Daraus wird gefolgert, daß ein spezif. Receptor für die IV-ähnliche Wrkg. eine starke Acidität besitzt oder daß das Vorhandensein eines solchen Receptors geleugnet werden muß. K. Böhm. 4628 □,

Kreuzresistenz gegen cardiotoxische Agentien. H. Selye, E. Bajusz und R. Strebel. (Canad. J. Biochem. Physiol. **39**, 519—25, März 1961; Montreal, Quebec Canada, Univ. de Montréal, Inst. de Méd. et de Chirurgie exp.; engl.) — Bei Ratten rufen nach Vorbehandlung mit *Fluorcortisol* (subkutan) + Na-Acetat (peroral) verschiedene Stressoren, wie Muskeltraining, Kaltbäder, Noradrenalin, Bewegungsausschaltung, ausgebreitete Herznekrosen u. hohe Sterblichkeit hervor. Allmähliche Gewöhnung durch Vorbehandlung mit den genannten Stressoren schützt gegen die Herznekrose-auslösende Wrkg. durch anschließende Immobilisierung. Vff. betrachten diese Erscheinung als weiteres Beispiel einer „Kreuzresistenz" gegen eine streßbedingte Schädigung u. zeigen die Unspezifität des Streßmechanismus. Bei ähnlich behandelten Ratten ruft verstärkte Ölverfütterung (Maisöl) in gleicher Weise Herznekrosen hervor. Jedoch beruht dieser Effekt vermutlich auf einer spezif. Stoffwechsel-Wrkg., da Öl keine sichtbaren Erscheinungen auslöst u. Vorbehandlung mit Öl nur gegen den herznekrosenauslösenden Effekt des Öls selbst, nicht aber gegen den anderer Stressoren schützt. K. Maier. 4630□

Über die Gefäßwirkung des Yobyrins. Raymond-Hamet. (C. R. hebd. Séances Acad. Sci. **249**, 2425—27, 30/11. 1959; franz.) — An mit 12 cg Chloralose/kg narkotisierten u. mit 10 mg Na-Polyanetholsulfonat/kg i. v. vorbehandelten, künstlich beatmeten, am Hals bivagotomierten Hunden wird unter Anwendung der Meth. von Schilf [1927] festgestellt, daß *Yobyrin* die gleiche vasodilatator. Wrkg. wie Yohimbin, jedoch im Gegensatz zu letzterem keine sympathicolyt. Wrkg. besitzt. F. Heller. 4630□

Wirkungsdauer und enterale Resorption von Digitoxigeninmonodigitoxosid. G. Kroneberg, W. Schaumann und K. Stoepel. (Naunyn-Schmiedebergs Arch. exp. Pathol. Pharmakol. **243**, 91—98, 9/4. 1962; Mannheim-Waldhof, C. F. Boehringer u. Soehne G. m. b. H., Pharmakol. Labor.; dt.) — Vgl. C. **1961**, 7664. — Vorangegangene Unterss. (l. c.) hatten ergeben, daß *Digitoxigeninmonodigitoxosid* (*Dt 21*; **I**) u. *Digitoxin* (**II**; das entsprechende *Tridigitoxosid*) bei i. v. Dauerinfusion an Katzen u. Meerschweinchen auf molarer Basis gleich wirksam waren. Diese Verss. ergaben, daß **II** bei einmaliger subkutaner Injektion mehr als doppelt so tox. ist wie **I** (die Tiere wurden über 2 Wochen beobachtet). Das wird darauf zurückgeführt, daß **I** mit nur einem Digitoxose-Mol. bei Abspaltung desselben schneller inaktiviert wird als **II** (mit 3 Moll.). Nach Auffüllverss. mit *g-Strophanthin* konnte die schnellere Eliminations-Geschw. von **I** bewiesen werden. **I** wird bei Katzen enteral gut resorbiert. M. Metze. 4630□

Der Einfluß von D- und L-Lactat und osmotischer Diureticis auf die Harnsäureclearance beim Kaninchen. Jesper V. Møller. (Acta physiol. scand. **54**, 30—36, Jan. 1962; Denmark, Univ. of Aarhus, Dep. of Biochem.; engl.) — *D*- u. *L-Lactat* (**I**) wurde Kaninchen i. v. injiziert u. rief eine Red. der *Harnsäure* (**II**)-Clearance hervor, wenn die mittlere Harn-**I**-Ausscheidung mindestens 1,1—3,1 mg/Min. betrug. Diese Wrkg. beruht auf einer Hemmung der tubulären Harnsekretion. Bei einer **I**-Ausscheidung von 7,9 u. 10,0 mg/Min. trat bedeutende Uricosurie auf. Vf. nimmt als Ursache dafür einen osmot. **I**-Effekt an; denn eine durch *Mannit-* u. *Sulfat*-Infusion hervorgerufene osmot. Diurese wird durch ähnlich hohe **II**-Exkretion begleitet. Die Ergebnisse sprechen für ein Vork. von akt. Resorption u. Sekretion von **II** beim Kaninchen. M. Metze. 4634□

Vergleich der choleretischen Wirkungen von CYN und Na-Dehydrocholat. P. Preziosi, B. Loscalzo und E. Marmo. (Experientia [Basel] **15**, 135—39, 15/4. 1959; Naples, Univ., Dep. of Farmacol.; engl.) — 15—30 mg *1.4-Dikaffeeylchinasäure* (*Cynarin*, *CYN*; **I**)/kg besitzen bei der Ratte eine choleret. Wrkg. von gleicher Dauer u. Intensität wie äquimol. Dosen von *Na-Dehydrocholat* (**II**); bei 75—100 mg/kg ist die Wrkg.-Dauer von **I** länger als die von **II**. **I** besitzt keinen ungünstigen Einfl. auf die Ausscheidungsfunktion der Leber. K. Zingraf. 4640□

Betrachtung einiger schwerer Folgen von Kohlenmonoxid-Vergiftung. J. Godard, Ch. Thomas und A. Delabroise. (Arch. Maladies profess. Méd. Travail Sécurité soc. **21**, 479—81, Juli/Aug. 1960; franz.) — Es werden 3 Fälle von akuter *CO*-Vergiftung beschrieben, bei denen neurolog. u. psych. Veränderungen resistierten. Es wird darauf hingewiesen, daß durch eine sofortige massive Behandlung das Auftreten solcher Schäden bei CO-Vergiftung vermieden werden kann. G. Kimmerle. 4675

Kutane Toxizität der Blausäure. P. Bocquet, R. Chary und J. Jayot. (Arch. Maladies profess. Méd. Travail Sécurité soc. **21**, 456—58, Juli/Aug. 1960; Bouchet, Centre d'Études, Serv. de Physiol.; franz.) — Taucht der Schwanz von Ratten (Oberfläche 8—9 cm^2) in *HCN*, so sterben die Tiere zwischen 10 u. 70 Min. (Mittel 33 Min.). Am Meerschweinchenbauch (Gew. 500 g) beträgt die DL_{50} bei kutaner Applikation für HCN 100 mm^3. 200 mm^3 sind abs. u. 30 mm^3 minimal tödlich. G. Kimmerle. 4675

Versuche und Ergebnisse der Behandlung des Manganismus und der Prophylaxe der Manganvergiftung durch EDTA-Ca oder Calcitetracemat-Dinatrium. J. Ritter und C. Marti Feced. (Arch. Maladies profess. Méd. Travail Sécurité soc. **21,** 115 bis 130, März 1960; Rabat, Min. du Travail, Insp. Méd.; franz.) — Eine Behandlung von *Manganismus* mit *Calciumäthylendiamintetraacetat* (CaEDTA; I) bewirkte keine Besserung, aber die Entw. der Krankheit schien aufgehalten zu werden. Wird I bei exponierten Personen vor dem Auftreten von schweren Symptomen gegeben, so kommt es zu einem Verschwinden aller Vergiftungssymptome. D.e tägliche i.v. Infusion von 3 g I wird gut vertragen. Die Ergebnisse der Prophylaxe der Mn-Vergiftung mit *Calcitetracemat-Dinatrium* ($Na_2CaEDTA$; 0,5 g/Tag oral, 5mal wöchentlich) sind sehr ermutigend. G. Kimmerle. 4675

Proteinurie bei chronischer Cadmiumvergiftung. 1. Mitt. Elektrophoretische und chemische Untersuchung von Harn- und Serum-Eiweißen bei Arbeitern mit chronischer Cadmiumvergiftung. Magnus Piscator. (Arch. environmental Health **4,** 607—21, Juni 1962; Stockholm, Karolinska Inst., Inst. of Hyg., Dep. of Gen. Hyg., Nat. Inst. of Publ. Health; engl.) — Bei 40 Cadmium exponierten Arbeitern wurden mit elektrophoret. u. chem. Meth. die Harn-Koll. u. Serumeiweiße untersucht. Die Eiweißausscheidung von Cd-exponierten Personen lag höher als die normaler u. war von der Dauer der Exposition abhängig. H. Zeller. 4675□

Über Arsengehalt in den Muskeln und inneren Organen bei vergifteten Rindern. R. Svobodová und T. Medek. (Sborník českoslov. Akad. zemědělských Věd, veterin. Med. **4 (32),** 929—36, Dez. 1959; Praha, Statní vědecký veterinární ústav, pobôcka Brno; tschech.) — Bei 60 mit *Ca-Arsenat* vergifteten Rindern wurde der As-Geh. der Organe bestimmt. Der mittlere Geh. betrug in mg/kg bei Muskeln 2,78; Leber 9,29; Niere 10,26; Milz 16,16; Herz 1,41; Galle <0,50 u. Blut 0,84 (Maximalwerte: 5,77; 22,10; 29,00; 33,00; 2,30; — u. 1,53). Bei nur 5% der Fälle überstieg der As-Geh. des Fleisches 5 mg/kg. Die Autoren finden den Konsum von Fleisch von mit As vergifteten Tieren als zulässig. W. Hiller. 4675□

Die Biochemie der Methanolvergiftung. 2. Mitt. Die Stoffwechselacidose beim Affen. Jack R. Cooper und Philip Felig. (Toxicol. appl. Pharmacol. **3,** 202—08, März 1961; New Haven, Conn., Yale Univ., School of Med., Dep. of Pharmacol.; engl.) — 1. vgl. Biochim. et Biophys. Acta **44,** [1960], 599. — Bei Rhesusaffen, die Methanol in Mengen erhielten, die sichtbare tox. Erscheinungen, einschließlich Tod, auslösten, nahm im Harn die Ausscheidung titrierbarer organ. Säuren nicht zu. Die Dosen, die Vergiftungserscheinungen auslösen u. diejenigen, die als untere letale Dosen anzusehen sind, ähnelten den entsprechenden bei tieferstehenden Tieren. In einigen wenigen Fällen glich das Krankheitsbild annähernd dem beim Menschen beobachteten. K. Maier. 4675□

Über die toxikologischen Eigenschaften der Petroleumbestandteile. René Fabre. (Arch. Maladies profess. Méd. Travail Sécurité soc. **21,** 97—106, März 1960; Paris; franz.) — Literaturübersicht über toxikolog. Eigg. von *Petroleum* u. *Benzinen.* Dabei werden eingehender Benzinismus, Toxikologie der reinen Mineralöle u. Dermatosen erzeugende Öle besprochen. G. Kimmerle. 4675

Unfälle durch Verschwelungs- beziehungsweise Verbrennungsprodukte von Kunststoffen, Polyurethan und Polyurethan-beschichtetes Nylon. H. N. Mac Farland und K. J. Leong. (Arch. environment. Health **4,** 591—97, Juni 1962; Ottawa, Ontario, Canada; engl.) — Unters. an Ratten, die verschieden lange Zeit den Verschwelungs- bzw. Verbrennungs-Prodd. der beiden Materialien ausgesetzt waren. Dabei scheinen die Verschwelungs-Prodd. toxischer zu sein als die Verbrennungsprodukte. Eingehende histolog. Unters. der Lungen bei den verendeten bzw. getöteten Tieren. H. Zeller. 4675□

Untersuchung der Anti-γ-Globulin-Serumantikörper durch passive Hämagglutination bei der menschlichen Silicose. M. Gaultier, Ch. Guyotjeannin, E. Fournier und N. Guyotjeannin. (Arch. Maladies profess. Méd. Travail Sécurité soc. **21,** 150—57, März 1960; Paris, Hôpital F. Wiclal; franz.) — Bei 39 Personen mit Silicose konnten bei 11 im Serum *Anti-γ-Globulin-Antikörper* (I) nachgewiesen werden. Von 9 Personen mit Silico-Tuberkulose u. 11 Bergleuten ohne akt. Silicose war I je einmal nachweisbar. G. Kimmerle. 4681

Die individuelle Verhütung der durch Chromderivate verursachten Hautschäden durch Silicone. Harou, Liegault und Sierra. (Arch. Maladies profess. Méd. Travail Sécurité soc. **21,** 148—50, März 1960; franz.) — Bei 4 Chromatarbeitern, die Haut- u. Schleimhautläsionen hatten, wurde durch die Behandlung der Haut der sichtbaren Körperteile ein protektiver Effekt gegen die Cr-Schädigungen erzielt. G. Kimmerle. 4681

Die Risiken des Mercurialismus in Werkstätten der Thermometer-Fabrikation. Ergebnisse einer Umfrage. G. Jenny, A.-J. Chaumont, E. Weil und G. Jenny. (Arch. Maladies profess. Méd. Travail Sécurité soc. **21**, 439—55, Juli/Aug. 1960; Straßburg, Fac. de Méd., Inst. de Méd. Légale et de Méd. Sociale; franz.) — Luftanalyt. Messungen in Thermometerfabriken ergaben 0,2—0,35 mg Hg/Liter, wodurch die zulässige Konz. von 0,1 mg Hg/Liter stets überschritten war. Von 36 Arbeitern konnte bei 7 sicher u. bei 6 wahrscheinlich eine chron. Hg-Vergiftung angenommen werden. Sicherheitsmaßnahmen werden besprochen. — 42 Literaturangaben.
G. Kimmerle. 4681

Unilateraler Mangan-Parkinsonismus. M. Marchand. (Arch. Maladies profess. Méd. Travail Sécurité soc. **21**, 571—72, Sept. 1960; franz.) — Ein Fall von unilateralem Parkinsonismus bei einem *Mangan*-Erzarbeiter wird beschrieben.
G. Kimmerle. 4681

F. Pharmazeutische Chemie. Desinfektion

Willard M. Box, Toronto, Ontario, Canada, **Oral zu verabreichendes Mittel** auf einer Grundlage von plast. KW-Stoffmaterial (z. B. medizin. Petrolatum mit F. 125 bis 130° F), welches ein pflanzliches Gummi, z. B. Ind. Gummi, u. Mg- oder Zn-Peroxid enthält. — Zus. z. B.: 15 (Gew.-Teile) Petrolatum, welches 1½ Polyoxyäthylensorbitanmonostearat, 1 ind. Gummi u. 31 Mg-Peroxid enthält. (**Can. P. 559 142** vom 1/3. 1954, ausg. 24/6. 1958.) H.-J. Nitzschke. 4767

Cassella Farbwerke Mainkur Akt.-Ges. (Erfinder: Werner Zerweck, Adolf Stachel und Armin Kutzsche), Frankfurt/M., **Herstellung von Verbindungen, die die Ausscheidung von Heilmitteln verzögern,** der allg. Formel I (Benzolkerne können weitere Substituenten enthalten) durch Rk. von Carboxybenzolsulfonsäuren oder deren funktionellen Derivv. mit sek. Aminen, dad. gek., daß man als sek. Amine Dibenzylamin oder dessen Kernsubstitutions-Prodd. verwendet. — Aus 3 Mol Dibenzylamin in 500 ml dest. W. u. 1 Mol p-Carboxybenzolsulfochlorid bei 20—25° nach 10 Std. → *p-Carboxybenzolsulfonsäuredibenzylamid*, aus A. verfilzte Nadeln, F. 206°. Ferner sind Verbb. herstellbar, in denen das Dibenzylamin ein- oder mehrmals durch OH-, Alkyl-, Alkyloxygruppen oder Halogenatome substituiert ist. — Die Verbb. verzögern die Ausscheidung von *p-Aminosalicylsäure*, *Penicillin* u. *Röntgenkontrastmitteln*. — Vgl. D. B. P. 944 949. (**D. B. P. 963 422** Kl. 12o vom 16/7. 1954, ausg. 9/5. 1957. Anmeldung bekanntgemacht 22/11. 1956.)

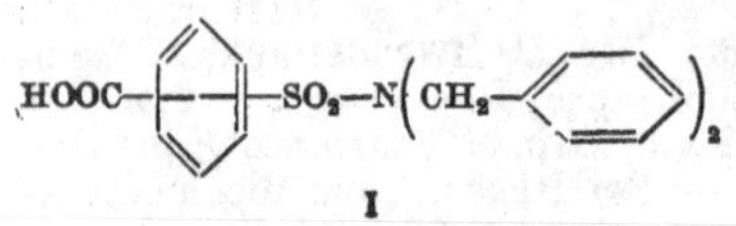

I

G. Krauß. 4787

Armour & Co., Chicago (Erfinder: Paul Ellis Bradford, Kankakee, Charles William Frank Damaskus, La Grange, und James Bennett Lesh, Flossmoor), Ill., V.St.A., **Herstellung von stabilen Chymotrypsinlösungen,** dad. gek., daß man der wss., pro cm^3 1—10 mg, bes. 4—6, Chymotrypsin, bes. α-Chymotrypsin, enthaltenden Lsg. als Stabilisator 0,5—10%, bes. 4—6, sulfhydryl- bzw. disulfidfreie Aminosäuren zusetzt u. das pH auf ca. 3,5—6, bes. 3,7—4,3, einstellt. (**D. A. S. 1 121 769** Kl. 30h vom 10/3. 1959, ausg. 11/1. 1962. A. Prior. 21/3. 1958.) W. Heyer. 4791

Jacques Louis Peck, Seine, Frankreich, **Gewinnung von festen Bestandteilen tierischer Gewebe und ihrer wässerig-alkoholischer Lösungen.** Man gewinnt die als „*Endocytine*" bezeichneten Gewebebestandteile durch selektive Extraktion eines Gewebes, Organs oder Bestandteils eines Fötus oder Lebewesens unter Verw. geeigneter Mittel mit Hile einer Elektrophorese, die derjenigen, welche die fraglichen Endocytine, in den Geweben, Organen oder Körperbestandteilen fixiert, entgegengesetzt verläuft; man verbindet z. B. ein endocytinhaltiges tier. Organ mit dem in Betracht kommenden Pol einer 220 V-Stromquelle u. taucht es in ein Bad aus dest. W., in das man in gleicher Weise eine mit dem anderen Pol der elektr. Stromquelle verbundene Elektrode eintaucht u. so eine Elektrophorese der entstandenen wss. Endocytin-Lsg. in dem erwähnten Sinne herbeiführt; bes. verwendet man hierzu Elektroden aus reinem Pt; bes. versetzt man die erhaltenen wss. Endocytin-Lsgg. ferner mit ¼ ihres Vol. 96%ig. A. u. erhält so wss.-alkohol. Endocytin-Lsgg., die ihre biolog. Eigg. mehrere Jahre lang beibehalten. — 2 Zeichnungen. (**F. P. 1 269 052** vom 13/1. 1955, ausg. 13/12. 1961.) W. Heyer. 4791

Soc. Parisienne d'Expansion Chimique (S.P.E.C.I.A.) (Erfinder: Marcel Guillot), Frankreich, **Verdickungsmittel als Zusätze zu Salben und Einreibungen,** bestehend aus einem Gel eines bei Raum-Temp. festen α-Polyolefins (I) u. einer mit I in der Wärme mischbaren organ. Fl., z. B. Limonen, Terpentinöl, Alkohole oder Ester. I sind z. B. Polyäthylene (Molgew. 5000—25000) u. feste Polypropylene. (**F. P. 1 233 506** vom 26/7. 1956, ausg. 12/10. 1960.) M. F. Müller. 4793

Ernst Kalden, Deutschland, **Herstellung eines Schutzlackes** für lebende Zähne, welche mit einer Krone versehen werden sollen, durch Vermischen eines filmbildenden synthet. Vinyl-Prod., z. B. Polyvinylchlorid, Polyvinylacetat oder Polystyrol, mit einem Cumaron- oder Indenharzbindemittel u. Zusatz einer wasserabstoßenden Substanz, z. B. Ca-, Ag-, Ba-, Pb-, Co-, Mn-, Na-, Ni-, Zn- oder Ti-Stearat, u. eines Lösungsmittels. — Beispiel: 10 (g) Polystyrol, 10 Cumaronharz, 40 Äthylacetat, 40 CCl_4, 0,5 Zn-Stearat werden zusammen auf 70° erhitzt, bis eine vollständige Lsg. eingetreten ist; dann werden 2% Eugenol zugegeben. (**F. P. 1 232 848** vom 20/8. 1959, ausg. 12/10. 1960.) M. F. Müller. 4799

W. D. Besugly, E. G. Aronow, M. Ja. Ssolomonow, L. N. Maz, A. E. Rofe und W. N. Dmitrijewa, **Plastische Masse „AST" zur Zahnplombierung** aus einem Pulver mit 74,5(%) Polymethacrylat, 25 Polystyrol u. 0,5 Benzoylperoxid u. einer Fl. mit 96 Methylmethacrylat u. 4 Dimethylanilin, die beide vor der Anwendung im Verhältnis 3:1 (Gew.-Teile) vermischt werden u. nach 4—6 Min. verschlossenem Stehen optimale Adhäsion für die Zahnfüllung aufweisen. Nach 15—20 Min. ist die Masse erhärtet. (**UdSSR. P. 118 373** vom 18/9. 1954.) B. Pankow. 4799

Carter Products, Inc., V.St.A., **Herstellung einer Muskelerschlaffung hervorrufenden Verbindung.** Man setzt 2-Methyl-2-[n-propyl]-propandiol-(1.3) mit Phosgen in Ggw. einer säurebindenden Verb., wie NaOH, Antipyrin oder Dialkylanilin, u. das so erhältliche Dichlorcarbonat dann mit NH_4OH oder NH_3 um. Das erhaltene *2-Methyl-2-[n-propyl]-propandiol-(1.3)-dicarbamat*, $C_9H_{18}N_2O_4$, F. 104—105°, ist in wss. Lsg. beständig u. stellt ein Mittel zur Erschlaffung der Muskeln mit interneuronaler Blockade-Wrkg. dar; es ist wertvoll für die Wiederherst. der Muskelspannung, bei Nervosität, schneller Erschöpfung, Zittern u. Zucken, sowie für die Verringerung der Schweißabsonderung, u. verursacht weder Schwindel noch Übelkeit, Erbrechen, Durchfall oder Hautausschlag; auch besteht keine Gefahr der Gewöhnung. — Beispiel. (**F. P. 1 259 972** vom 24/10. 1955, ausg. 18/8. 1961.) W. Raetz. 4807

Chinoin Gyógyszer és Vegyészeti Termékek Gyára R. T. (Erfinder: László Institoris, Frau des Dezsö Horváth und Endre Csányi), Budapest, Ungarn, **Herstellung von 1.6-Dibrom-1.6-didesoxy-D-manit** aus Derivv. des D-Dianhydromannits (1.4;3.6-Dianhydro-D-mannit oder 1.2;5.6-Dianhydro-D-mannitacetal) durch Behandlung mit 30%ig. HBr bei 90—105° (½—2 Std.) oder mit bei 0° gesätt. wss. HBr bei 70—90° (2—5 Std.). — *Cytostaticum.* (**Ung. P. 149 870** vom 6/9. 1961, ausg. 20/4. 1962.) F. Landsberger. 4807

Merck & Co., Inc., Rahway, übert. von: Arthur F. Wagner, Princeton, N.J., V.St.A., **α.γ-Bis-[mercapto]-buttersäuren** der allg. Formel $R-S-CH_2-CH_2-CH-(S-R)-COOH$ und **Mercapto-γ-butyrolactone** der allg. Formel I (R = Alkyl, Aryl, Aralkyl, Alkenyl; R' = Alkyl; Y = NH_4, Alkali- oder Erdalkalimetall) erhält man durch Rk. von α.γ-Dihalogenbuttersäuren mit einem NH_4-, Alkali- oder Erdalkalimercaptid u. Hydrolyse des entstandenen Salzes. α-Halogen-γ-butyrolacton wird mit den vorst. Mercaptiden zu dem entsprechenden Mercapto-γ-butyrolacton u. dieses mit den gleichen Mercaptiden nochmals umgesetzt. — Aus Methylmercaptan u. Na-Methylat in wasserfreiem A. → Na-Methylmercaptid; daraus mit α.γ-Dibrombuttersäure (erhältlich nach A. P. 2 530 348; C. **1950**/54, 2862 S) bei 30—40° → *α.γ-Bis-[methylmercapto]-buttersäure*; daraus mit $SOCl_2$ → *α.γ-Bis-[methylmercapto]-butyrylchlorid* daraus mit Methanol → *α.γ-Bis-[methylmercapto]-buttersäuremethylester.* — Äthylmercaptan → *α.γ-Bis-[äthylmercapto]-buttersäure.* — Butylmercaptan → *α.γ-Bis-[butylmercapto]-buttersäure*; *Äthylester.* — Phenylmercaptan → *α.γ-Bis-[phenylmercapto]-buttersäure*; *Methylester.* —Benzylmercaptan → *α.γ-Bis-[benzylmercapto]-buttersäure*; *Äthylester.* — α-Brom-γ-butyrolacton + Na-Methylmercaptid → *α-Methylmercapto-γ-butyrolacton*, Kp.$_{0,1}$ 64—66,5°; n_D^{25} 1,5040; daraus *Bis-[methylmercapto]-butyrolacton*, aus dem durch Verseifen die entsprechende *Säure*, Kp.$_{0,15}$ 154—158°, u. daraus mit Diazomethan der *Methylester*, Kp.$_{0,13}$ 72—74°, gewonnen wird. — α-Methylmercapto-, α-Propylmercapto-, α-Benzylmercaptolacton, Kp.$_{0,03}$ 137—140°, u. die entsprechenden Bis-[mercapto]-lactone. — Allylmercaptid → *α.γ-Bis-[allylmercapto]-buttersäure* → *Säureclorid*, Kp.$_{1-2}$ 130—137°, → *Methylester*, Kp.$_{0,5}$ 80—82°. — *Zwischenprodd.* zur Herst. von *α-Liposäure.* (**A. P. 2 872 458** vom 30/12. 1954, ausg. 3/2. 1959.) G. Krauß. 4807

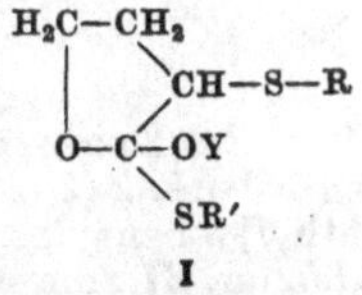

I

Soc. Dautreville & Lebas, Frankreich (Erfinder: Maurice Paillard), **Herstellung von Cholinsalzen,** z. B. dem *neutralen* u. *sauren Citrat* u. dem *sauren Tartrat*, dad. gek., daß man Trimethylamin in A. oder wasserfrei mit wasserfreier Citronensäure (I) oder I in W. oder Weinsäure in Methanol umsetzt u. bei Temp. unter 45° Äthylenoxid zusetzt. (**F. P. 1 168 266** vom 27/12. 1956, ausg. 5/12. 1958.) S. Böttcher. 4807

Chimie et Atomistique, Seine, Frankreich (Erfinder: Joseph Redel), **Herstellung von Cholinphenyläthylacetat** durch Zugabe von 191 ml, 3,18n Cholinbicarbonat-Lsg. (= 73,5 g Cholin) zur äquimol. Menge (100 g) α-Phenyl-α-äthylessigsäure (F. 42°). Nach Entgasung u. Neutralisation kann die erhaltene Lsg. als solche verwendet werden. (**F. P. 69 757** vom 9/8. 1954, ausg. 30/12. 1958. **Zusatz zu F. P. 1 107 871.**) H.-J. Nitzschke. 4807

„Gerot-Pharmazeutika" Dr. Walter Otto K. G. (Erfinder: Walter Otto), Wien, Österreich, **Herstellung von Alkanolaminen** der Formel $A-CHR_5-CHR_2-NR_1-CHR_3-CH(R_4)(OH)$ (A = ggf. substituierter Phenyl- oder Cyclohexylrest; R_1 = Alkyl-, Aryl-, Aralkyl-, hydroaromat. oder heterocycl. Rest; R_2, R_3 u. R_4 = H, Alkyl-, Aryl-, Aralkyl-, hydroaromat. oder heterocycl. Rest; R_5 = H oder OH), deren *Salzen* u. opt.-akt. Derivv. durch Rk. von Verbb. $A-CHR_5-CHR_2-NHR_1$ (II) mit Verbb. I oder $R_3CHX-CH(OH)R_4$ (X = Halogen) bei erhöhter Temp., bes. 40—150°, in Lsgm. (Toluol, Xylol usw.). Bei Anwendung äquimol. Mengen werden statt überschüssigem II andere Basen, z. B. Pyridin, als Säureacceptoren zugesetzt. — *N-Hydroxyäthyl-1-cyclohexyl-2-methylaminopropan*, Kp.$_2$ 110—111°, durch Zutropfen von 7,5 g Äthylenchlorhydrin in Xylol zu der sd. Lsg. von 29 g 1-Cyclohexyl-2-methylaminopropan in Xylol; 78,5% (Ausbeute). *Pikrat*, F. 88°. — *d-N-Hydroxyäthyl-1-phenyl-2-methylaminopropan*, Kp.$_1$ 112—116°, aus d-1-Phenyl-2-methylaminopropan; 74%. *Hydrochlorid*, F. 128°; $[\alpha]_D^{20}$ +20,8°. — *Pharmazeutica*. (**Oe. P. 205491** vom 23/12. 1955, ausg. 25/9. 1959.) H.-J. Nitzschke. 4807

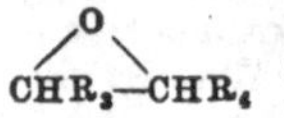

I

M. Ja. Kraft, Je. N. Ssytina, G. W. Jarosslawzewa, Je. A. Sserych und I. Ju. Mosskalenko, **Herstellung von Nowarsenol (Neosalvarsan)** aus Salvarsanbase u. Rongalit, dad. gek., daß zur Gewinnung eines wenig tox. Präp. das Neosalvarsan in CO_2-W. gelöst u. mit A. gefällt wird. — Zu der aus 2 kg Salvarsansulfat mit Soda-Lsg. erhaltenen Base u. 1,7 Liter W. werden bei 35° 1530 g Rongalit u. 150 ml 50%ig. $NaHSO_4$-Lsg. gegeben, dann wird auf 60—65° erwärmt. Zu dieser Lsg. (4½ Liter; D. 1,34) werden nach Kühlung 9 Liter mit CO_2 gesätt. W. gegeben. Nach 24 Std. wird mit 40 Litern A. rasch gefällt u. nochmals aus A.–W. umkrist.; Ausbeute 1,5 kg; As-Geh. 23—24%. (**UdSSR. P. 121 907** vom 20/11. 1958.) L. Großner. 4807

Ciba Akt.-Ges., Basel, Schweiz, **Herstellung von Isoindolinen** der allg. Formel I (R = Aryl- oder Aralkylrest; R_1 = Aminoalkylrest), deren *Salzen* u. *quart. Ammonium-Verbb.* a) durch Red. der 1ständigen CO-Gruppe in 3-Aryl-, 3-Aralkyl- oder 3-Aralkyliden-2-aminoalkylphthalimidinen, bes. mit $NaAlH_4$, Mg-Al-Hydrid, $LiAlH_4$, auch in Ggw. von $AlCl_3$, oder mit H_2 in Ggw. von z. B. Cu–Ba-Chromit oder elektrolyt. oder b) durch Behandlung von 2-Acylbenzoesäure-N-aminoalkylamiden mit einem solchen Red.-Mittel, welches die CO-Gruppe des Amids zur CH_2-Gruppe red., bes. mit den vorst. genannten Di-Leichtmetallhydriden, u. ggf. anschließende Red. der Exodoppelbindung der erhaltenen 1-Aralkylidenisoindoline. — 1-Benzylisoindoline: *2-[2'-Dimethylaminoäthyl]-* (III), durch Kochen von 9 g 2-[2'-Dimethylaminoäthyl]-3-benzylphthalimidin [**VII**; dieses aus 3-Benzalphthalid u. N.N-Dimethyläthylendiamin (**II**) durch Rk. in Ggw. von Essigsäure u. PtO_2-Hydrierung; Hydrochlorid, F. 200°] mit 3 g $LiAlH_4$ in Ae., Zugabe von Essigester, W. u. 15%ig. NaOH, Filtration u. Abdestillieren des Äthers. *Dihydrochlorid*, aus 95%ig. A. als *Hemihydrat*, F. 200 bis 201°. *Monomethojodid*, F. 130° (W.). *Dimethojodid*, F. 190° (W.). — *2-[2'-Diäthylaminoäthyl]-*, *Dihydrochlorid*, F. 192—193°. *Dioxalat*, F. 165°. *Dimethojodid*, F. 170° (Zers.; A. + W.). — *2-[2'-Pyrrolidinoäthyl]-*, *Dihydrochlorid*, F. 255° (Methanol–A.). *Monomethojodid*, F. 185—186° unter Zers. (A.). *Dimethojodid*, aus W. als *Monohydrat*, F. 160° (Zers.). — *2-[2'-Morpholinoäthyl]-* (V), *Dihydrochlorid*, F. 240—241°. *Dioxalat*, F. 215 bis 216°. — *2-[2'-(4''-Methylpiperazino)-äthyl]-*, *Trihydrochlorid*, F. 252° (A.). *Dimethojodid*, aus A.–W. als *Monohydrat*. F. 226—228°. — *2-[3'-Dimethylaminopropyl]-*, *Dihydrochlorid*, F. 205°. *Monomethojodid*, F. 135—136° (A.–Essigester). *Dimethojodid*, F. 125 bis 130° (W.). — *2-[3'-Diäthylaminopropyl]-*, *Dihydrochlorid*, F. 165° (CH_3OH-Ae.). *Dioxalat*, F. 187° (A.–W.). *Methojodid*, isoliert als *Reineckat*, F. 105—110°. — *2-[3'-(4''-Methylpiperazino)-propyl]-*, *Trihydrochlorid*, F. 250—255° (A.–W.). *Trimethojodid*, F. 210° (W.). — *2-[3'-Morpholinopropyl]-*, *Dihydrochlorid*, F. 195° (A.–Ae.). *Monomethojodid-hydrat*, F. 220—225° (A.–W.). — *2-[4'-Dimethylaminobutyl]-*, *Dihydrochlorid*, F. 175 bis

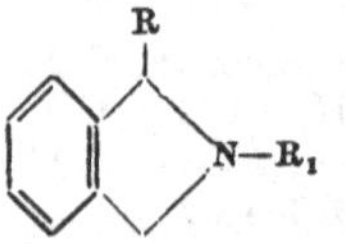

I

178° (A.–Ae.). *Monomethojodidhydrat*, F. 130° (Zers.; W.). — *2-[5'-Dimethylaminopentyl-(2)]-*, *Dihydrochlorid*, $Kp._{0,1}$ 200°. — *2-[3'-Diäthylaminopropyl]-5-*(oder *-6*)*-chlor-*, *Dioxalat*, F. 162—163° (wss. CH_3OH), durch Red. von 2-[3'-Diäthylaminopropyl]-3-benzyl-5-(oder -6)-chlorphthalimidin. — *2-[2'-Diäthylaminoäthyl]-5-*(oder *-6*)*-chlor-*, *Dioxalat*, F. 112—115° (A.–W.). — *2-[3'-Dimethylaminopropyl]-5-*(oder *-6*)*-chlor-*, *Dihydrochlorid*, F. 276°. *Methojodid*, F. 210° (W.). — *2-[3'-Dimethylaminopropyl]-4.5.6.7-tetrachlor-*, *Dihydrochlorid*, F. 175—178° (A.–Ae.). *Monomethojodid*, isoliert als *Reineckat*, F. 145—150° (wss. Aceton). — Weitere 2-[2'-Dimethylaminoäthyl]-isoindoline: *1-[2''-Methylbenzyl]-*, *Dioxalat*, F. 183—184° (CH_3OH–W.). — *1-[3''-Methylbenzyl]-*, *Dihydrochloridhemihydrat*, F. 250° (A.). — *1-[4''-Methylbenzyl]-*, *Dihydrochlorid*, F. 246 bis 248°. — *1-[2''-Chlorbenzyl]-*, *Dihydrochlorid*, F. 208° (A.–Ae.). — *1-[4''-Chlorbenzyl]-* *Dihydrochlorid*, F. 240°. — *1-[4''-Brombenzyl]-*. *1-[4''-Hydroxybenzyl]-*, *Dioxalat*, F. 113 bis 115° (A.–W.). — *1-[3''-Methoxybenzyl]-*, *Dihydrochlorid*, F. 228—230°. *Dioxalat*, F. 187 bis 188°. *Dimethojodid*, F. 190° (Zers.; W.–A.). — *1-[3''.4''-Dimethoxybenzyl]-* (**VI**), *Dihydrochlorid*, F. 225—226° (A.–Ae.). *Dioxalat*, F. 187—188°. — *1-[3''.4''.5''-Trimethoxybenzyl]-*, *Dihydrochlorid*, F. 226° (A.). — *1-[3''-Phenylpropyl]-*, *Dihydrochlorid*, F. 216—217° (A.–Ae.). — *1-Benzyl-4-chlor-*, *Dihydrochlorid*, F. 218—220° (A.–Ae.). *Dioxalat*, F. 176—178° (A.–W.). — *1-Benzyl-5-* (oder *-6-*)*-chlor-* (**IV**), *Dihydrochlorid*, F. 228—229°. *Monomethochlorid*, F. 190—191° unter Zers. (A.). *Dimethochlorid*, F. 228 bis 229° (W.). — *1-[1''-Phenyläthyl-(1'')]*. — *1-Benzyl-4.5.6.7-tetrachlor-*, *Dihydrochlorid*, F. 216—220° (A.–Ae.). — *1-Phenyl-*, *Dihydrochlorid*, F. 163—165° (A. + Ae.), aus 20 g 2-Benzoylbenzoesäure-N-[2'-diäthylaminoäthyl]-amid [F. 136—137° (Essigester), aus 2-Benzoylbenzoylchlorid u. **II** in Bzl.] in Tetrahydrofuran u. 8 g $LiAlH_4$ in Äther. *Monomethojodid*, F. 244—245° (A.). — *l-*III*-Dihydrochloridhemihydrat*, F. 217—220° (A.), $[\alpha]_D$ −9° (W.), aus der rac. Verb. über das *Di-l-Tartrat*, F. 205°, $[\alpha]_D$ −20,5° (W.), aus dessen Mutterlaugen das *Di-d-Tartrat*, $[\alpha]_D$ +24,5° (W.), gewonnen wird, welches *d-*III*-Dihydrochloridhemihydrat*, F. 218—220°, $[\alpha]_D$ +9° (W.), liefert. — **III** wird auch durch $LiAlH_4$-Red. von 2-Phenacetylbenzoesäure-N-[2-dimethylaminoäthyl]-amid (F. 100°) oder durch elektrolyt. Red. von 2-[2'-Dimethylaminoäthyl]-3-benzalphthalimidindihydrochlorid in Eisessig + konz. H_2SO_4 gewonnen. — **IV** entsteht ebenso auch aus 2-[2'-Dimethylaminoäthyl]-3-benzal-5-(oder -6)-chlorphthalimidinhydrochlorid (F. 240—243°, hergestellt aus Phenylessigsäure durch Erhitzen mit 4-Chlorphthalsäureanhydrid u. wasserfreiem CH_3COONa auf 230—240°, fraktionierte Kristallisation aus Bzl. unter Gewinnung von 3-Benzal-5(oder 6)-chlorphthalid, F. 175°, u. Rk. mit **II**]. — **V** wird auch aus 2-[2'-Morpholinoäthyl]-3-benzalphthalimidinhydrochlorid (F. 225—226°) erhalten, welches aus 3-Benzalphthalid u. Morpholinoäthylamin entsteht. — 2-[2'-Dimethylaminoäthyl]-3-[3''.4''-dimethoxybenzal]-phthalimidin (F. 128—130°; Hydrochlorid, F. 242—246°), erhalten aus 3.4-Dimethoxyphenylessigsäure wie vorst. über 3-[3'.4'-Dimethoxybenzyl]-phthalid [F. 114—115° (A.)], gibt in gleicher Weise **VI**. — Wie **VII** werden folgende Phthalimidine aus Ausgangsstoffen gewonnen: *2-[3'-Dimethylaminopropyl]-3-benzyl-*, *Hydrochlorid*, F. 180—181°, aus N.N-Dimethyl-1.3-diaminopropan über die Benzalverbindung. — *2-[2'-Dimethylaminoäthyl]-3-[4''-chlorbenzal]-*, *Hydrochlorid*, F. 245°, u. *-benzyl]-*, *Hydrochlorid*, F. 235°. — *2-[2'-Diäthylaminoäthyl]-3-benzal-*, *Hydrochlorid*, F. 204—205°, u. *-benzyl-*. — *2-[2'-Morpholinoäthyl]-3-benzyl-*, *Hydrochlorid*, F. 198—200°. — *2-[2'-Dimethylaminoäthyl]-3-[4''-methylbenzal]-*, *Hydrochlorid*, F. 228—229°, u. *-benzyl]-*, *Hydrochlorid*, F. 188—190°. — *2-[4'-Dimethylaminobutyl]-3-benzal-*, *Hydrochlorid*, F. 175° (CH_3OH–Ae.), u. *-benzyl-*. — *2-[2'-Dimethylaminoäthyl]-7-chlor-3-benzal-*, F. 98°, u. *-3-benzyl-*, *Hydrochlorid*, F. 280° (A.–Ae.). — *2-[3'-Dimethylaminopropyl]-4.5.6.7-tetrachlor-3-benzal-*, *Hydrochlorid*, F. 300°, u. *-3-benzyl-*, F. 115—116°, *Hydrochlorid*, F. 155°. — *2-[5'-Dimethylaminopentyl-(2')]-3-benzal-*, *Hydrochlorid*, F. 172—173°, u. *-benzyl-*. — *2-[2'-Dimethylaminoäthyl]-3-[3''.4''.5''-trimethoxybenzal]-*, *Hydrochlorid*, F. 275—276°, u. *-benzyl]-*, *Hydrochlorid*, F. 198°. — *2-[2'-Pyrrolidinoäthyl]-3-benzal-*, *Hydrochlorid*, F. 248—250°, u. *-benzyl-*, *Hydrochlorid*, F. 173 bis 174°. — *2-[2'-Dimethylaminoäthyl]-3-[2''-chlorbenzal]-*, F. 105°, *Hydrochlorid*, F. 199 bis 200°, u. *-benzyl]-*, *Hydrochlorid*, F. 115—117°. — *2-[2'-Dimethylaminoäthyl]-3-[4''-hydroxybenzal]-*, *Hydrochlorid*, F. 153—155°, u. *-benzyl]-*. — *2-[2'-(4''-Methylpiperazino)-äthyl]-3-benzal-*, *Dihydrochlorid*, F. 275°, u. *-benzyl-*, *Hydrochlorid*, F. 265°. — *2-[3'-(4''-Methylpiperazino)-propyl]-3-benzal-*, *Dihydrochlorid*, F. 265—266°, u. *-benzyl-*, *Hydrochlorid*, F. 240—241°. — *2-[3'-Dimethylaminopropyl]-5*(oder *6*)*-chlor-3-benzal-*, *Hydrochlorid*, F. 265°, u. *-benzyl-*. — *2-[3'-Morpholinopropyl]-3-benzal-*, *Hydrochlorid*, F. 215°, u. *-benzyl-*, *Hydrochlorid*, F. 225°. — *2-[2'-Dimethylaminoäthyl]-3-benzyl-4.5.6.7-tetrachlor-*, F. 170—171° (wss. A.), aus 3-Benzal-4.5.6.7-tetrachlorphthalid u. **II** in Bzl. bei nachheriger Behandlung mit Acetanhydrid über die *Benzal-Verb.*, F. 45°. — *2-[2'-Dimethylaminoäthyl]-3-[3''-methoxybenzyl]-*, *Hydrochlorid*, F. 224—226°, aus 3-[3'-Methoxybenzal]-

phthalid (F. 114—115°) über die *Benzal-Verb.* (*Hydrochlorid*, F. 46—48°). — *2-[2'-Dimethylaminoäthyl]-3-[3''.4''-dimethoxybenzyl]-*, *Hydrochlorid*, F. 154—155°. — *2-[2'-Dimethylaminoäthyl]-3-benzyl-5*(oder *6*)*-chlor-*, *Hydrochlorid*, F. 175—176°. — *2-[2'-Dimethylaminoäthyl]-3-[3''-phenylpropyl]-*, aus 3-[3'-Phenylpropen-(2')-yliden]-phthalid [dieses aus Phthalsäureanhydrid u. 4-Phenylbuten-(3)-säure] über *2-[2'-Dimethylaminoäthyl]-3-[3''-phenylpropen-(2'')-yliden]-*, F. 105—106°. — *Heilmittel*, bes. *Antihistaminica*, *Beruhigungs-* u. *antiinflammator. Mittel.* (**Oe. P. 204 031** vom 30/12. 1957, ausg. 25/6. 1959. A. Prior. 2/1., 21/3. u. 21/10. 1957.) H.-J. Nitzschke. 4807

Ciba Akt.-Ges., Basel (Erfinder: Emil Schlittler, Basel, und Johannes Müller, Arlesheim), Schweiz, **1.1-Dimethyl-6-[N.N-dimethylcarbamyloxy]-indoliniumbromid,** F. (aus Methanol–Ae.) 158—164°, erhält man durch Rk. von 1-Methyl-6-hydroxyindolin, NaOH u. Dimethylcarbamylchlorid durch Kochen unter Rückfluß in benzol. Lsg. u. Behandeln des erhaltenen *1-Methyl-6-[N.N-dimethylcarbamyloxy]-indolins*, F. 63—64°, sublimiert bei 110° u. 0,5 mm Hg, mit CH_3Br in Bzl. durch Erhitzen im Bombenrohr auf 80°. — Verb. mit einer dem *Physostigmin* ähnlichen Wirkung. (**Schwz. P. 316 079** vom 6/1. 1953, ausg. 31/10. 1956. **Zusatz zu Schwz. P. 307 796.**) R. Link. 4807

Soc. des Usines Chimiques Rhône-Poulenc, Frankreich (Erfinder: Robert Michel Jacob und Raymond Jacques Horclois), **Nitroimidazol-Derivate.** 1-Alkyl- oder ggf. am Arylkern durch Alkyl-, Alkoxy-, Nitrogruppen oder Halogen substituierte 1-Aralkyl-4(oder 5)-nitroimidazole werden durch Alkylierung bzw. Aralkylierung von 4-Nitroimidazol (I) oder durch Nitrierung entsprechender 1-Alkyl- bzw. 1-Aralkylimidazole gewonnen. — 5-Nitroimidazole: *1-Äthyl-*, *Hydrochlorid*, F. 150°, aus 17 (g) I u. 26 Diäthylsulfat (II) durch 2 std. Erhitzen auf 120°; 11,5 g (Ausbeute). — *1-[n-Propyl]-*, *Hydrochlorid*, F. 135°, aus 9,6 I u. 18,5 n-Propyl-p-toluolsulfonat durch 4 std. Erhitzen auf 120—140°; 2,7 g. — *1-[n-Butyl]-*, F. 52° (Hexan), aus 11,3 I u. 21 Dibutylsulfat durch 1 std. Erhitzen auf 140°; 4,8 g. — *1-Benzyl-*, *Hydrochlorid*, F. 144°, neben nachst. Prod. aus den sauren Mutterlaugen durch Alkalisieren, Chlf.-Extraktion u. Reinigung über das Pikrat; 6 g. — 4-Nitroimidazole: *1-[p-Nitrobenzyl]-*, F. 185° (W.), aus 28,5 1-Benzylimidazolsulfat durch 1 std. Nitrieren bei 120°; 11,3 g. — *1-Äthyl-*, F. 40—41°, aus 17 I u. II in 10%ig. NaOH bei 40—45°; 5,8 g. — *1-[n-Propyl]-*, verfestigt sich bei 21°, aus 11,3 I durch Umsetzung mit K-Äthylat/A. in Dimethylformamid, Abdestillieren des A. u. 2 std. Kochen mit 12,3 n-Propylbromid; 4,8 g. — *1-[p-Chlorbenzyl]-*, F. 122° (Dichloräthan), aus 4,5 I u. 8,2 p-Chlorbenzylbromid analog vorst. Verb.; 5 g. — *1-Benzyl-*, F. 76° (Cyclohexan), aus 11,3 I u. 12,6 Benzylchlorid analog vorst. Verb.; 11,3 g. — *Heilmittel.* (**F. P. 1 200 718** vom 21/5. 1957, ausg. 23/12. 1959.) Eberhard Riedel. 4807

Dow Chemical Co., übert. von: Robert O. Dorton, Midland, Mich., V.St.A., **Dinitrobenzoxazole.** Inhaltlich ident. mit A. P. 2 746 971; C. **1957**, 8294, wobei es dort statt „Pikrinsäure„ „Pikraminsäure" heißen muß. (**Can. P. 554 541** vom 22/7. 1955, ausg. 18/3. 1958. A. Prior. 2/11. 1954.) S. Böttcher. 4807

Cassella Farbwerke Mainkur Akt.-Ges. (Erfinder: Werner Zerweck und Otto Trosken), Frankfurt/M., **Anästhetica** der allg. Formel I, in der X = Halogen, R = H, Alkyl, Aralkyl, Cycloalkyl u. R_1 = Alkyl, Aralkyl oder Cycloalkyl bedeuten, die Reste R u. R_1 auch zusammen mit dem N-Atom einen heterocycl. Ring bilden können, der Naphhalinkern auch noch weitere Substituenten tragen oder in 5.6.7.8-Stellung hydriert sein kann, erhält man durch Rk. eines geeigneten 1-Amino-naphthalins mit einem Chloracylchlorid in einem inerten Lsgm. unter Rückflußbedingungen u. Rk. des erhaltenen Prod. mit einem prim. oder sek. Amin der allg. Formel NH—R(R_1). — Zum Beispiel erhitzt man 127 (g) 1-Chloracetylamino-2-chlornaphthalin mit 130 Piperidin in 1000 Bzl. 10 Std. unter Rückfluß. — Man erhält das *1-[Piperidinoacetylamino]-2-chlornaphthalin*, F. (aus Bzl.) 123°; *Hydrochlorid*, F. (aus wss. Dioxan) 227°. — Analog: *1-[Piperidinoacetylamino]-2-bromnaphthalin*, F. (aus Bzn.) 130°; *Hydrochlorid*, F. 236—237°. — *1-[Piperidinoacetylamino]-2.4-dichlornaphthalin*, F. 119—120°; *Hydrochlorid*, F. 214 bis 215°. — *1-[Piperidinoacetylamino]-2.4-dibromnaphthalin*, F. (aus Bzl.–Bzn.) 176 bis 177°; *Hydrochlorid*, F. 243—244°. (**E. P. 766 870** vom 21/11. 1955, ausg. 23/1. 1957. **Zusatz zu E. P. 764 958.**) R. Link. 4807

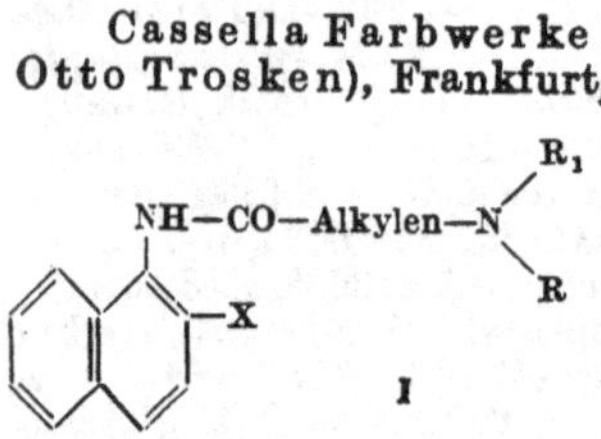

I

Lakeside Laboratories, Inc., übert. von: John H. Biel, Milwaukee, Wis., V.St.A., **Herstellung von N.N-disubstituierten Aminomonocarbonsäureestern von**

N-substituierten 3-Hydroxy- beziehungsweise 4-Hydroxypiperidinen oder Hydroxyalkylpiperidinen durch Rk. eines Aminosäureesters, z. B. des 3-Morpholino-, 3-Pyrrolidino- oder 3-Piperidinopropionsäureesters oder Ester der 2-Dimethylaminoessigsäure, 3-Dimethylaminopropionsäure, 4-Dipropylaminobuttersäure, Diphenylaminoessigsäure oder 5-Dibenzylaminovaleriansäure, in einem inerten Lsgm., wie n-Heptan, Methylcyclohexan oder Xylol, in Ggw. von Na-Alkoholat unter Rückfluß mit N-Methyl- oder N-Äthylpiperidinol-(3) oder -(4), N-Propylpiperidinol-(4), N-Benzylpiperidinol-(3), N-Phenäthylpiperidinol-(3) oder N-Phenylpropylpiperidinol-(4) bzw. einem Hydroxyalkylpiperidin, wie N-Methyl-2-hydroxymethyl-, N-Äthyl-3-[2-hydroxyäthyl]-, N-Propyl-4-[2-hydroxyäthyl]-, N-Benzyl-3-[3-hydroxypropyl]- oder N-Phenäthyl-2-[4-hydroxybutyl]-piperidin. — *N-Methylpiperidyl-(3)-3'-morpholinopropionat*, $Kp._{0,7}$ 126—129°; der entsprechende *Pyrrolidinoester*, $Kp._{0,3}$ 105—108°, *Morpholinoester*, $Kp._{0,7}$ 126—129°, *Dimethylaminoester*, $Kp._8$ 110—113°; *N-Methylpiperidyl-(3)-2'-N'-dimethylaminoacetat, Dimaleat*, F. 121—122°, *Bis-methobromid*, F. 183—184°; *N-Methylpiperidyl-(3)-3'-N'-methyl-N'-o-chlorbenzylaminopropionat-bis-methojodid*, F. 125°. *N-Methylpiperidyl-(2)-methyl-3'-morpholinopropionat*, $Kp._{0,8}$ 140—141°, aus N-Methyl-2-hydroxymethylpiperidin u. Methylmorpholinopropionat; *N-Methylpiperidyl-(2)-methyl-3'-morpholinopropionat-bis-methobromid*, F. 188—189°; *N-Methylpiperidyl-(3)-methyl-N'.N'-dimethylaminoacetat-dimaleat*, F. 73—74°, *Bis-methobromid*, F. 232—233° (Zers.). — *Diuretica u. blutdrucksenkende Mittel*. (**A. PP. 2 856 406** u. **2 856 407** vom 8/8. 1956, ausg. 14/10. 1958.)
W. Heyer. 4807

E. Merck Akt.-Ges., Darmstadt, übert. von: Jan Thesing, Trautheim, **N-{β-[Indolyl-(3)]-äthyl}-isochinoliniumsalze** (I) erhält man durch Rk. eines Trialkylskatylammoniumhalogenids oder -alkylsulfats mit einer Verb. der allg. Formel II

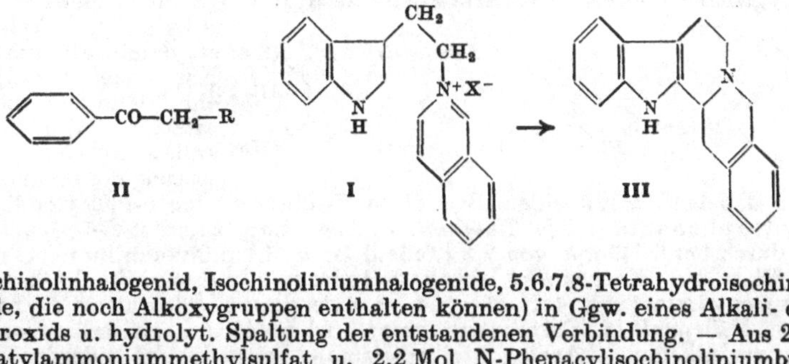

II I III

(R = Isochinolinhalogenid, Isochinoliniumhalogenide, 5.6.7.8-Tetrahydroisochinoliniumhalogenide, die noch Alkoxygruppen enthalten können) in Ggw. eines Alkali- oder Erdalkalihydroxids u. hydrolyt. Spaltung der entstandenen Verbindung. — Aus 2 Mol Trimethylskatylammoniummethylsulfat u. 2,2 Mol N-Phenacylisochinoliniumbromid in 20 ml Methanol in Ggw. von 4 Mol $Ba(OH)_2$ in Methanol bei Raum-Temp., dann Neutralisieren mit 50%ig. wss. Essigsäure, Einengen der Lsg. auf 6 ml u. Zusatz von 5 Mol KJ in 1 ml W. → *N-{β-[Indolyl-(3)]-äthyl}-isochinoliniumjodid*, aus Methanol, F. 242—244,5°; 99% (Ausbeute). — N-Phenacyl-5.6.7.8-tetrahydroisochinoliniumbromid, aus Isopropanol, F. 209—210°, → *N-{β-[Indolyl-(3)]-äthyl}-5.6.7.8-tetrahydroisochinoliniumjodid*, aus Methanol, F. 222—223°; 89%. — Trimethylskatylammoniumjodid + N-Phenacyl-4-methoxyisochinoliniumbromid, F. 173—175° (Zers.), → *N-{β-[Indolyl-(3)]-äthyl-}4-methoxyisochinoliniumjodid*, aus Methanol, F. 227—228°; *-bromid*, F. 200—203°; 86%; *-perchlorat*, aus Methanol, F. 170—173°. — N-Phenacyl-6.7-dimethoxyisochinoliniumbromid, F. 121—122,5°, → *N-{β-[Indolyl-(3)]-äthyl}-6.7-dimethoxyisochinoliniumjodid*, aus W., F. 247—248°; quantitativ. — *Zwischenprodd.* zur Herst. von *Indolo-[2.3:a]-chinolizinen* (III), wie Yohimbin u. Reserpin. (**A. P. 2 891 955** vom 18/11. 1957, ausg. 23/6. 1959. D. Prior. 23/11. 1956.)
G. Krauß. 4807

I. M. Scharapow, M. W. Rubzow, E. Ss. Nikitskaja, M. D. Maschkowski und A. D. Janina, **„Diochin" = α-Chinuclidincarbonsäurediäthylaminoäthylesterdijodmethylat** wird medizin. verwendet als ganglienblockierendes Mittel bei hyperton. Krankheiten, bei gestörtem peripherem Blutkreislauf, bei Magen- u. Zwölffingerdarmgeschwüren u. Nieren- sowie Leberkoliken. (**UdSSR. P. 118 775** vom 6/9. 1958.)
B. Pankow. 4807

Hans Hummel, Leipzig, **Herstellung von 2.4-Dimethyl-6-aminopyrimidin (Kyanmethin- I)** aus den Salzen u. der äquivaltenten Menge Alkali- oder Erdalkalihydroxid oder -carbonat in Ggw. eines die freie Base lösenden Lsgm. durch Erhitzen, Abdestillieren des W., Filtration u. Kühlen des Filtrats. — 159,5 (Gew.-Teile) I-Hydrochlorid werden mit 800 Xylol u. 106 wasserfreier Soda auf 140° erhitzt; nach Abdestillieren der theoret. Wassermenge mit etwas Xylol wird filtriert u. gekühlt: I, F. 180—181°; 96% Ausbeute. Statt Soda kann NaOH oder $Ca(OH)_2$, statt Xylol Dekahydronaphthalin verwendet werden. — 193 (Gew.-Teile) α-Aminopyridinsulfat werden mit 700 Dekahydronaphthalin u. 40 NaOH auf 120—180° erhitzt; Aufarbeitung wie vorst.: *α-Aminopyridin*, F. 57°. Ebenso *β-Aminopyridin*, F. 66°, u. *γ-Aminopyridin*, F. 157°. — Zwischenprodd. für *Pharmazeutica*. (**D. P. [DDR] 11 795** Kl. 12p vom 9/12. 1951, ausg. 27/6. 1956 [Wirtschaftspatent]. **Zusatz zu D. P. [DDR] 1077.**) H.-J. Nitzschke. 4807

Chinoin Gyógyszer és Vegyészeti Termékek Gyára R. T. (Erfinder: Thomas Windholz, Oskar Winterstein und Johann Kollonitsch), Budapest, Ungarn, **2-[p-Aminobenzolsulfonamido]-4.6-dimethylpyrimidin** erhält man bei der Kondens. von p-Aminobenzolsulfoguanidin der Formel Ac—NH—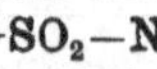—SO_2—NH—C=NH·(NH_2) (I) mit Acetylaceton u. anschließende Desacylierung des erhaltenen 2-[p-Acylamino]-benzolsulfonamido-4.6-dimethylpyrimidins. In I bedeutet Ac ein Acyl-Deriv., z. B. Acetyl-, Propionyl-, Benzoyl- oder eine Carbalkoxygruppe. — 40 g Acetylaceton u. 60 g I werden 16 Std. mit 70 ml Eisessig bei dessen Kp. gerührt. Nach dem Abkühlen setzt man 100 ml W. zu u. stellt das Rk.-Gemisch mit 2n NaOH auf pH 6,5. Man trennt den kristallinen Nd., suspendiert ihn in A., filtriert u. trocknet. Man erhält *2-[p-Acetylaminobenzolsulfonamido]-4.6-dimethylpyrimidin*, F. 237—240°, welches mit 2n NaOH verseift *2-[p-Aminobenzolsulfonamido]-4.6-dimethylpyrimidin*, F. 193—195°, ergibt, F. 196—198° (A.). (**Ung. P. 143 644** vom 29/10. 1953, ausg. 1/8. 1957.) G. König. 4807

J. R. Geigy Akt.-Ges., Basel, Schweiz, **Herstellung von Phenazinderivaten** der allg. Formel I (Ar = ggf. durch Halogenatome, niedermol. Alkyl- oder Alkoxygruppen in gleicher Weise substituierte Phenylreste; R = ggf. substituierter Phenylrest, Alkyl-, Cycloalkyl- oder Dialkylaminoalkylrest) durch Einw. von Alkalijodat auf ein Gemisch aus Brenzcatechin (III) u. einem Arylamin, Ar—NH_2, u. Umsetzung des erhaltenen Kondens.-Prod. **IIa** bzw. **b** mit einem Salz eines N-substituierten o-Phenylendiamins. —

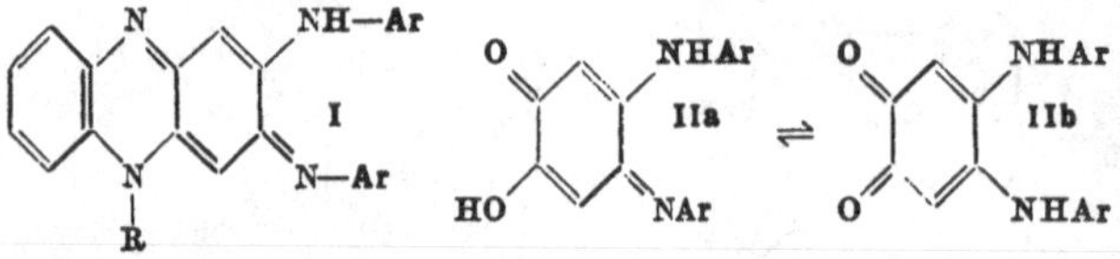

3.5-Dihydrophenazine: *2-[p-Chloranilino]-3-[p'-chlorphenylimino]-5-phenyl-*, F. 241 bis 242°, durch 3std. Rühren von 2,2 (Teilen) III u. 5,1 p-Chloranilin in A. mit 4 Na-Jodat in W., 3std. Kochen des rohen 2-Hydroxy-5-[p-chloranilino]-p-benzochinon-4-[p'-chlorphenylimins] mit 4 N-Phenyl-o-phenylendiaminhydrochlorid in heißem A., Alkalisieren, Fällen mit W., Chromatographie in Bzl. an Al_2O_3 u. Kristallisation aus Bzl., Bzl./PAe. oder Alkohol. — Analog *2-[p-Anisidino]-3-[p'-methoxyphenylimino]-5-phenyl-*, F. 218—219°, aus p-Anisidin. — *2-[p-(n-Propoxy)-anilino]-3-[p'-(n-propoxy)-phenylimino]-5-phenyl-*, F. 204—206°, aus p-[n-Propoxy]-anilin. — *2-Anilino-3-phenylimino-5-[p-chlorphenyl]-*, F. 205—206°, dunkelrote Kristalle, aus Anilin über 4.5-Dianilino-o-benzochinon (**IV**, F. 185—190°) durch dessen Umsetzung mit N-[4-Chlorphenyl]-o-phenylendiaminhydrochlorid. — Analog *2-[p-Toluidino]-3-[p-tolylimino]-5-[p''-chlorphenyl]-*, F. 243 bis 244°, aus p-Toluidin. — *2-[p-(n-Hexyloxy)-anilino]-3-[p'-(n-hexyloxy)-phenylimino]-5-[p''-chlorphenyl]-*, F. 182—183°, aus p-[n-Hexyloxy]-anilin. — *2-Anilino-3-phenylimino-5-cyclohexyl-*, F. 185—186°, rote Nadeln, aus **IV** u. N-Cyclohexyl-o-phenylendiamindihydrochlorid. — Ebenso *2-[p-Chloranilino]-3-[p'-chlorphenylimino]-5-cyclohexyl-*, F. 198°. — *2-[p-Toluidino]-3-[p'-tolylimino]-5-cyclohexyl-*, F. 199—200°. — *2-[p-Anisidino]-3-[p'-methoyyphensylimino]-5-cyclohexyl-*, F. 176—178°. — *2-[p-(n-Propoxy)-anilino]-3-[p'(n-propoxy)-phenylimino]-5-cyclohexyl-*, F. 143—144°. — *2-Anilino-3-phenylimino-5-methyl-*, F. 205—206°, aus N-Methyl-o-phenylendiamindihydrochlorid. — *2-Anilino-3-phenylimino-5-diäthylaminoäthyl-*, F. 146—147°, aus N-Diäthylaminoäthyl-o-phenylendiamintrihydrochlorid. — *2-[p-Chloranilino]-3-[p'-chlorphenylimino]-5-methyl-*, F. 245 bis 246°. — *2-[p-(n-Hexyloxy)-anilino]-3-[p'-(n-hexyloxy)-phenylimino]-5-methyl-*, F. 136 bis 138°. — *2-[p-Chloranilino]-3-[p'-chlorphenylimino]-5-äthyl-*, F. 190—192°. — *2-[p-(n-Propoxy)-anilino]-3-[p'-(n-propoxy)-phenylimino]-5-äthyl-*, F. 156—157°. — *2-[p-Chloranilino]-3-[p'-chlorphenylimino]-5-diäthylaminoäthyl-*, F. 168—169°. — *Tuberkulostatica*. (**Oe. P. 204 048** vom 3/10. 1957, ausg. 25/6. 1959. Schwz. Prior. 27/3. 1957.) H.-J. Nitzschke. 4807

Soc. des Usines Chimiques Rhône-Poulenc (Erfinder: Robert Michel Jakob und Gilbert Louis Regnier), Paris, Frankreich, **Phenthiazinverbindungen** der allg. Formel I [B = Alkylrest gerade oder verzweigt 2—5 C; Z_1 u. Z_2 = H oder

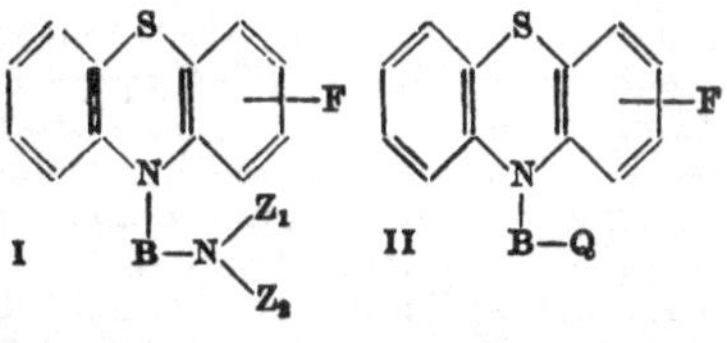

Alkylreste bis 4 C] werden erhalten durch Rk. von 1- oder 3-Fluorphenthiazin mit Verbb. der allg. Formel $Y-B-N(Z_1Z_2)$ [Y = Chlor- oder Bromatom; Z_1 u. Z_2 = wie vorst.] oder durch Kondens. von Fluorphenthiazin-Verbb. der allg. Formel II [B = wie vorst., Q = Rest eines reaktionsfähigen Esters, wie Halogenatom oder Schwefelsäure- oder Sulfonsäureesterrest] mit Aminen, $HN(Z_1Z_2)$ [Z_1 u. Z_2 = wie vorst.], oder durch Alkylierung von 10-[Aminoalkyl]-fluorphenthiazinen nach an sich bekannten Verfahren. — Zum Beispiel werden 10 (g) 3-Fluorphenthiazin, $Kp._8$ 153—156°, u. 2,16 $NaNH_2$ in 75 ml Xylol 1 Std. unter Rückfluß erhitzt, hierzu unter Rühren 27,4 ml einer 23,4%ig. Lsg. von 1-Dimethylamino-3-chlorpropan gegeben u. weitere 5 Std. erhitzt. Aus dem Rk.-Gemisch wird die bas. Verb. mittels verd. H_2SO_4 extrahiert u. aus dem Extrakt in üblicher Weise isoliert → *3-Fluor-10-[3'-dimethylaminopropyl]-phenthiazin*, $Kp._{0,1}$ 181—189°, *Hydrochlorid*, F. 181—182°, aus A./Ae., *Pikrat*, F. 184°. — Analog wird erhalten: *3-Fluor-10-[3'-dimethylamino-2-methylpropyl]-phenthiazin*, $Kp._{0,1}$ 182—184°, *Hydrochlorid*, F. 188—189°, aus Aceton/Äthyläther. — *Heilmittel*. (**E. P. 789 016** vom 21/4. 1955, ausg. 15/1. 1958. **Zusatz zu E. P. 716 206.**)
H. Bräucker. 4807

Soc. des Usines Chimiques Rhône-Poulenc, Paris (Erfinder: Paul Gailliot, Paris, und Jacques Gaudechon, Thiais, Seine), Frankreich, **Neue Phenthiazinderivate.** *10-[3'-Diäthylaminopropyl]-1-chlorphenthiazin* (I), $Kp._1$ 200—215°, *Hydrochlorid*, F. 155—156°, u. *10-[3'-Diäthylaminopropyl]-3-chlorphenthiazin* (II), $Kp._{0,5}$ 221—222°, *Hydrochlorid*, F. 178°, erhält man durch Kondens. von 1-Chlorphenthiazin bzw. 3-Chlorphenthiazin mit 1-Diäthylamino-3-chlorpropan in Ggw. eines aromat. KW-Stoffes als Lsgm. u. von Kondens.-Mitteln, wie Alkalimetalle, -hydroxide, -hydride, -amide, -alkoholate, -alkyle oder -aryle. I u. II werden auch erhalten durch Kondens. von 10-Halogenpropyl-1-chlorphenthiazin bzw. 10-Halogenpropyl-3-chlorphenthiazin mit Diäthylamin. — Die erhaltenen Verbb. potenzieren die chemotherapeut. Wrkg. von *Anästhetica* u. *Analgetica*. (**E. P. 731 966** vom 5/12. 1952, ausg. 15/6. 1955. **Zusatz zu E. P. 716 206. D. B. P. 944 951** Kl. 12p vom 21/11. 1952, ausg. 28/6. 1956. Anmeldung bekanntgemacht 5/1. 1956. **Belg. P. 514 821** vom 14/10. 1952, ausg. 9/7. 1954. Alle F. Prior. 28/12. 1951.)
H. Bräucker. 4807

Allied Laboratories, Inc., Kansas City, Mo., übert. von: Harold A. Nash und Robert M. Brooker, Indianapolis, Ind., V.St.A., **Gleichmäßiges Gemisch aus Protoveratrin A und B,** das 44 ± 5% B-Anteil enthält. Protoveratrin (**P**), das unbekannte Mengen A u. B enthält, wird in Gegenstromverteilung mit wss. Essigsäure u. Chlf. (49,5 W. : 49,5 Chlf. : 1 Essigsäure) behandelt; die abgetrennten Fraktionen werden mit H_2SO_4 versetzt u. der Geh. durch die entstandene Farbe colorimetr. bestimmt, wodurch das Verhältnis von A : B in **P** gegeben ist. Dem **P** wird dann die entsprechende Menge **P** A oder B zugesetzt, damit der B-Geh. 45% beträgt. **P** A: $C_{27}H_{39}NO_5 \cdot OCOCH_3 \cdot OCOCH_3 \cdot OCOCH(CH_3)CH_2CH_3 \cdot OCOC(OH)(CH_3)CH_2CH_3$, F. 267—269° (Zers.); $[\alpha]_D^{25}$ —40,5° (Pyridin); —10,5° (Chlf.); gibt bei der Hydrolyse je 1 Mol Protoverin, 2-Methylbuttersäure, 2-Hydroxy-2-methylbuttersäure u. 2 Mol Essigsäure. **P** B: $C_{27}H_{39}O_5N \cdot OCOCH_3 \cdot OCOCH_3 \cdot OCOCH(CH_3)CH_2CH_3 \cdot OCOC(OH)(CH_3)CH(OH)CH_3$ F. 268—270° (Zers.); $[\alpha]_D^{25}$ —37° (Pyridin); —3,5° (Chlf.); gibt bei der Hydrolyse je 1 Mol Protoverin, 2-Methylbuttersäure, 2.3-Dihydroxy-2-methylbuttersäure u. 2 Mol Essigsäure. — Vgl. A. P. 2 749 112. — *Blutdrucksenkend wirkende Mittel*. (**A. P. 2 831 796** vom 4/6. 1954, ausg. 22/4. 1958.)
G. Krauß. 4807

Sandoz Akt.-Ges., Basel (Erfinder: Arthur Stoll, Arlesheim, Ernst Jucker, Binningen, und Adolf Lindenmann, Basel), Schweiz, **Quartäre 6-Alkoxytropinester** der allg. Formel I erhält man durch Quaternieren der entsprechenden

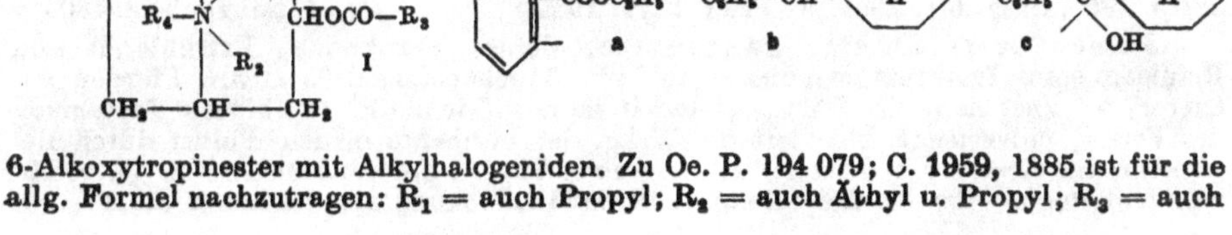

6-Alkoxytropinester mit Alkylhalogeniden. Zu Oe. P. 194 079; C. **1959,** 1885 ist für die allg. Formel nachzutragen: R_1 = auch Propyl; R_2 = auch Äthyl u. Propyl; R_3 = auch

a, b u. **c**; R_4 = Methyl, Äthyl, Butyl; X = Cl, Br, J. Ferner werden hergestellt: die Brommethylate von: *6-Methoxytropinbenzilsäureester*, aus Methanol–Ae., F. 239—241°; *Jodmethylat*, aus Aceton, F. 220—222° (Zers.); *Brombutylat*, aus Methanol–Ae., F. 176 bis 178° (Zers.); *Chlormethylat*, aus Methanol–Ae., F. 230—232° (Zers.); *Bromäthylat*; *Jodäthylat*. — *6-Methoxytropinbenzoesäureester*, aus Methanol–Ae., F. 272—274° (Zers.); *Brombutylat*, aus Methanol–Ae., F. 227—228° (Zers.). — *6-Methoxytropinveratrumsäureester*, aus Methanol–Ae., F. 227—228°; *Brombutylat*, aus Methanol–Ae., F. 181—182° (Zers.). — *6-Methoxytropinmandelsäureester*, F. 216° (Zers.). — *6-Äthoxytropinbenzilsäureester*, aus A.–Ae., F. 224—225° (Zers.); *Brombutylat*, aus A.–Ae., F. 192—193° (Zers.). — *6-Äthoxytropinbenzoesäureester*, aus A.–Ae., F. 260—262° (Zers.). — *N-Butyl-6-methoxynortropinbenzilsäureester*, aus Methanol-Aceton-Ae., F. 200—202° (Zers.). — *N-Butyl-6-methoxynortropinbenzoesäureester*, aus Methanol–Ae., F. 218—220° (Zers.). — *N-Butyl-6-äthoxynortropinbenzilsäureester*, aus A.–Ae., F. 211—212° (Zers.). — *N-Butyl-6-äthoxynortropinbenzoesäureester*, aus A.–Ae., F. 187—188° (Zers.). — *6-Isopropoxytropinbenzilsäureester*, aus Methanol–Ae., F. 204—208° (Zers.). — *6-Äthoxypseudotropinbenzilsäureester*, aus Methanol–Ae., F. 245—247° (Zers.). — *6-Methoxypseudotropinbenzoesäureester*, aus Methanol–Ae., F. 252—253° (Zers.). — *6-Methoxypseudotropinveratrumsäureester*, aus Methanol–Ae., F. 208—209° (Zers.). — Die Verbb. wirken wie *Curare* u. *ganglienblockierend*. *Curareersatzmittel*, *Krampflöser*, *Neuroplegika* (= psych. entspannend wirkende Heilmittel). (**Schwz. PP. 327 915** vom 22/1. 1954, ausg. 31/3. 1958, **332 056** [Zusatz-Pat.] vom 22/4. 1954, ausg. 30/9. 1958, **331 758** [Zusatz-Pat.] vom 9/12. 1954, ausg. 15/9. 1958. **A. P. 2 800 477** vom 17/1. 1955, ausg. 23/7. 1957. Schwz. Prior. 22/1. 1954. **Belg. P. 535 056** vom 21/1. 1955, ausg. 21/11. 1958. **E. P. 765 821** vom 21/1. 1955, ausg. 16/1. 1957. **D. A. S. 1 015 811** Kl. 12p vom 10/1. 1955, ausg. 19/9. 1957. Letztere drei Schwz. Prior. 22/1., 22/4. u. 9/12. 1954.) G. Krauß. 4807

Jean Eugène Thuillier und Lucien Susiain Grand, Frankreich, **Herstellung von Reserpinascorbat,** dad. gek., daß man eine lauwarme Lsg. von Resperin in Aceton unter Rühren mit Ascorbinsäure versetzt. (**F. P. 73 343** vom 22/2. 1957, ausg. 30/11. 1960. **Zusatz zu F. P. 1 229 614; C. 1962, 14956.**) S. Böttcher. 4807

W. M. Turssin, L. G. Tschjebotarewa, N. D. Kolotilowa und L. N. Bjeloussowa, **Herstellen von Vitamin B_1.** 2-Methyl-4-amino-5-[acetamidomethyl]-pyrimidin wird 4 Std. mit 15%ig. wss. NaOH bei 110° verseift u. der Alkaliüberschuß neutralisiert. Dazu gibt man CS_2, 25%ig. NH_4OH u. in A. gelöstes γ-Chlor-γ-acetopropylacetat, mischt 2 Std. bei 35° u. läßt 8 Std. kristallisieren: *γ-Aceto-α-acetoxypropyl-N-[2′-methyl-4′-aminopyrimidyl-(5′)-methyl]-dithiocarbamat*. Dieses Prod. erhitzt man 10 Min. mit 10%ig. HCl zum Sieden, wobei der Thiazolring geschlossen wird. Man neutralisiert mit konz. NaOH u. versetzt das abfiltrierte *Thiothiamin* mit W. u. wenig 60%ig. HNO_3 u. läßt bei 30° 15%ig. H_2O_2 zutropfen. Dann gibt man nochmals HNO_3 zu u. neutralisiert nach 20 Min. bei 5—10° mit Bicarbonat. Umkristallisation des *Thiaminmononitrats* aus Wasser. — Bei der Darst. von *Thiaminchloridchlorhydrat* oder *Thiaminbromidbromhydrat* verwendet man zur Neutralisation der bei der Thiothiaminoxydation gebildeten H_2SO_4 Calciumoxid. (**UdSSR. P. 118 502** vom 14/8. 1958.) B. Pankow. 4809

Upjohn Co., übert. von: Douglas A. Lyttle und Robert H. Levin, Kalamazoo, Mich., V.St.A., **Herstellung von 17-Halogen-Δ^4-pregnen-3.11.20-trionen,** dad. gek., daß man aus 4.17-Dihalogenpregnan-3.11.20-trionen Halogenwasserstoff abspaltet, indem man sie mit einem Hydrazin zu den entsprechenden 3-Hydrazonen umsetzt u. diese mit Brenztraubensäure, -aldehyd oder Benzaldehyden hydrolysiert. — *17-Brom-Δ^4-pregnen-3.11.20-trion*, aus 4.17-Dibrompregnan-3.11.20-trion über das 3-Semicarbazon. (**Can. P. 554 735** vom 6/10. 1954, ausg. 18/3. 1958. A. Prior. 21/12. 1953.) S. Böttcher. 4809

Merck & Co., Inc., Rahway, übert. von: Earl M. Chamberlin und Torlief Utne, Westfield, N.J., V.St.A., **Herstellung von $\Delta^{9,11}$-Androsteroiden,** z. B. *$\Delta^{4,9,11}$-Pregnadien-17α.21-diol-3.20-dion-21-acetat*, aus 11β-Hydroxysteroiden, z. B. Δ^4-Pregnen-11β.17α.21-triol-3.20-dion-21-acetat, durch Rk. mit einem Alkylhalosulfinat, z. B. Methylchlorsulfinat in Dimethylamid, auch in Ggw. von Pyridin. (**Can. P. 568 633** vom 12/12. 1955, ausg. 6/1. 1959. A. Prior. 21/2. 1955.) H.-J. Nitzschke. 4809

Jules Pierre Daniel Santenoise, Seine, Frankreich, **Extrahieren und Reinigen eines Pankreashormons.** Man läßt Bauchspeicheldrüsen von Pferden gefrieren, trocknet sie in der Kälte, behandelt sie mit Trichloräthylen bis zur Entfernung des Fettes, pulverisiert, blockiert die Wrkg. der Fermente in dem Pulver durch Behandeln mit Aceton, weicht das Pankreaspulver 12—18 Std. im 5fachen Vol. W. von 0° ein, zentrifugiert die bei pH 4,2 entstandene Ausflockung ab, behandelt die Fl. mit

50%ig. Na-Acetat-Lsg., filtriert u. fällt das Hormon aus der klaren Fl. durch Zusatz von NaCl; dann löst man den abzentrifugierten Nd. in W., dialysiert die Lsg. durch eine Membran aus regenerierter Cellulose, führt wiederholt Fällungen mit LiCl durch, zentrifugiert den letzten Nd. ab u. trocknet ihn im Vakuum; man erhält das Hormon als weißes Pulver. (**F. P. 1 267 101** vom 29/10. 1953, ausg. 17/11. 1961.) W. Raetz. 4809

Sterling Drug, Inc., New York, übert. von: Benjamin F. Tullar, East Greenbush, N.Y., V.St.A., **Linksdrehendes N-Isopropylarterenol** (*l*-I) u. seine *Salze* erhält man durch Rk. von rac. I mit d-Weinsäure in wss. CH_3OH, fraktionierte Kristallisation der diastereomeren Salze u. Alkalisieren des *l*-I-d-Bitartratdihydrats. Durch Behandlung von *l*-I mit Säuren, welche eine Dissoziations-Konst. von ca. 10^{-5} bis 10^{-2} haben, erhält man entsprechende *Säureadditionssalze*. (**Can. P. 568 449** vom 5/3. 1952, ausg. 6/1. 1959. A. Prior. 6/3. 1951.) H.-J. Nitzschke. 4809

Soc. des Usines Chimiques Rhône-Poulenc, Frankreich, **Herstellung von allo-1-[4-Nitrophenyl]-2-aminopropandiol-(1.3)** durch Rk. von Phthalimidoacetaldehyd mit p-Nitrobenzaldehyd in Ggw. von Tetrahydrofuran als Lsgm. unter Zusatz einer alkohol. Lsg. von K-Äthylat bei ca. 0° unter Kühlung u. anschließende Red. mit Na-Metall u. Wasser. — Es entsteht zunächst das *allo-1-[4-'Nitrophenyl]-2-[2''-carboxybenzoylamino]-propandiol-(1.3)*, F. 171—173°, welches zu dem *allo-1-[4-Nitrophenyl]-2-aminopropandiol-(1.3)* hydrolysiert wird. — Weitere geeignete Lsgm. sind Acetonitril, Dimethylformamid, Formylmorpholin, Tetrohydropyran. (**F. P. 65 456** vom 5/1. 1952, ausg. 21/2. 1956. **Zusatz zu F. P. 1017784.**) M. F. Müller. 4811

Farbwerke Hoechst Akt.-Ges., vormals Meister Lucius & Brüning (Erfinder: Kurt Sellhorn, Leonhard Middendorf und Ludwig Schörnig), Frankfurt/M., **Herstellung stabilisierter wässeriger, Dihydrostreptomycin enthaltender Procainpenicillin-G-Suspensionen** für die parenterale Medikation unter Verw. von Na-Carboxymethylcellulose als Suspendierhilfsmittel, dad. gek., daß man der Suspension ein lösl. Salz oder Doppelsalz einer mindestens 4 Hydroxylgruppen enthaltenden aliphat. Polyoxycarbonsäure, bes. der Glucon- oder Heptagluconsäure, mit Metallen der I. u. II. Gruppe des Period. Syst. zugesetzt. (**D. A. S. 1 121 275** Kl. 30h vom 29/3. 1960, ausg. 4/1. 1962.) W. Heyer. 4811

American Cyanamid Co., New York, übert. von: Harold J. F. Eisner, Nyack, und Jerome J. Oleson, Pearl River, N.Y., V.St.A., **Stabilisierung von Antibiotica,** wie *Chlor* u. *Hydroxytetracylin* u. ihren Metallsalzen oder Säuresalzen, dad. gek., daß man Citronen-, Wein- oder Äpfelsäure bzw. deren Salze im Gew.-Verhältnis 0,5—10:1 zusetzt. (**Can. P. 555 557** vom 27/2. 1953, ausg. 8/4. 1958. A. Prior. 1/8. 1952.) S. Böttcher. 4811

Bristol Laboratories, Inc., East Syracuse, übert. von: Frank H. Buckwalter, Dewitt, und Edmund S. Granatek, Baldwinsville, N.Y., V.St.A., **Gewinnung von Streptomycin** aus wss. Lsg., dad. gek., daß man die Lsg. bei pH 7—8 mit Phytinsäure behandelt u. *Streptomycinphytat* abtrennt. (**Can. P. 554 872** vom 23/1. 1956, ausg. 25/3. 1958.) S. Böttcher. 4811

Hamao Umezawa Masahiro Ueda und Kenji Maeda, **Gewinnung des Antibioticums Kanamycin B** durch submerse Kultur von Streptomyces kanamyceticus ATCC Nr. 12853 bei 25—35° in einem N- u. C-haltigen Nährmedium unter aeroben Bedingungen u. Abtrennen des gebildeten Antibioticums durch Adsorption an ein Kationenaustauscherharz oder als Dodecylbenzolsulfonat. — IR-Spektrum (Kurve). (**Aust. P. 232 168** vom 26/11. 1958, ausg. 23/2. 1961. A. Prior. 16/12. 1957. **Zusatz zu Aust. P. 226 518; C. 1962, 6517.**) C. Lüttgen. 4811

Farmaceutici Italia Soc. An. (Erfinder: Federico Arcamone, Cesare Bertazzoli, Mario Ghione und Tullio Scotti), Mailand, Italien, **Herstellung des Antibioticums F. I. 1600 (Amminosydin; I).** Man züchtet Streptomyces Krestomyceticus N.C.I.B. 8995 bzw. Commonwealth Mycological Institute No. 79589 oder seine Mutanten oder Varianten in einem wss. Medium, das eine C- u. N-Quelle sowie Mineralsalze enthält, unter aeroben Bedingungen, bis das Medium eine wesentliche antibakterielle Wirksamkeit besitzt, wobei man dem Nährmedium bes. Schwermetallspuren, z. B. von Cu, Zn, Mn, Fe oder Cr, zusetzt, die Züchtung bei 24—32° 2 Tage bis eine Woche lang bei pH 6,3—7,8 submers unter Belüften u. Rühren des Mediums durchführt, den Wirkstoff aus dem Medium durch Adsorption an ein festes Adsorbens, z. B. ein Ionenaustauscherharz, darauffolgendes Eluieren u. Eindampfen des ggf. filtrierten Eluats gewinnt, ggf. durch Umkristallisieren aus organ. Lsgm., wie CH_3OH oder CH_3COCH_3, reinigt u. in Salze, z. B. durch Behandeln der Lsg. des I-Hydrochlorids mit Triäthylaminsulfat in das Sulfat, überführt. I stellt ein therapeut. wertvolles Breitbandantibiotikum dar. — Beispiele; Diagramm. (**Oe. P. 220 293** vom 30/3. 1960, ausg. 12/3. 1962. E. Prior. 31/3. 1959.) W. Raetz. 4811

Upjohn Co., übert. von: John W. Nelson und William B. Bass, Kalamazoo, Mich., V.St.A., **Narcoticum** aus einer sterilen wss. Lsg. mit 0,1—10 (Vol.-%) eines Morphinalkaloids u. 0,1—10 lösl. Polyphloretinphosphat, das die Wrkg. verlängert. (**Can. P. 554 736** vom 12/12. 1955, ausg. 18/3. 1958. A. Prior. 7/2. 1955.) S. Böttcher. 4815

Shaw Research, übert. von: Charles G. Shaw, Omemee, Ontario, Canada, **Arzneimittel** zur Behandlung von Pilzinfektionen, bestehend aus 0,01—1 (%) eines tri-, tetra- oder pentahalogenierten Phenol-Deriv., 0,1—2,5 Phthalsäure oder deren Chlorsubstitutions-Prodd. in einem therapeut. Träger. (**A. P. 2 961 375** vom 27/8. 1957, ausg. 22/11. 1960.) K. Koebke. 4815

I. Ja. Glebowa und A. W. Massjukow, **Lebendvaccin gegen Pasteurellosis (Cholera) der Vögel** zur subkutanen Immunisierung durch Züchtung des schwach virulenten Stammes K auf halbfl. 0,15%ig. Fleischpeptonagar. Die Immunisierung hält bei einmaliger Impfung 1—1½, bei 2maliger Impfung >3 Monate vor. (**UdSSR.P. 119 657** vom 7/5. 1958.) L. Großner. 4815

Warner-Lambert Pharmaceutical Co., Morris Plains, N.J., übert. von: Harold M. Baum, Ladue, Mo., V.St.A., **Zahnreinigungsmittel,** welches außer den üblichen Reinigungsmitteln ≧0,5% eines wasserlösl. Oxalats, z. B. Na-, K-, NH_4- oder Harnstoffoxalat, enthält. — Diagramme. (**Can. P. 559 463** vom 1/9. 1954, ausg. 24/6. 1958. A. Prior. 4/6. 1954.) H.-J. Nitzschke. 4823

Knoll Akt.-Ges., Chemische Fabriken, Ludwigshafen/Rh., **1-Aminopropanol-(2)-hydrofluorid.** Man läßt HF oder ein Fluorid auf 1-Aminopropanol-(2) oder ein Salz desselben einwirken. Hygroskop. Kristalle, F. 113—115°. Wirkt *prophylakt.* gegen *Zahncaries.* (**Schwz. P. 310 710** vom 11/12. 1954, ausg. 14/1. 1956. **Zusatz zu Schwz. P. 304 183.**) G. Langer. 4823

Stéphan Nourhan Tawcor, Frankreich (Erfinder: René Seiler), **Herstellung von Baktericiden und Fungiciden,** die farb- u. geruchlos, ungefährlich u. wetterbeständig sind, dad. gek., daß man m-Hydroxybenzoesäure mit Bromacetylbromid umsetzt u. die Alkalisalze der Ester in W. löst. — *Desinfektionsmittel.* (**F. P. 1 118 111** vom 28/12. 1954, ausg. 31/5. 1956.) S. Böttcher. 4833

Laboratoire Roger Bellon, Neuilly-sur-Seine, Frankreich, *Herstellung von Visnadin.* (**E. P. 867 290** vom 1/6. 1959, ausg. 3/5. 1961. F. Prior. 10/6. 1958. — **C. 1960,** 16519 [D. A. S. 1 083 019].)

Strong, Cobb & Co., Inc., Cleveland, Ohio, V.St.A., *Arzneimittel mit verzögerter Wirkung.* (**Ind. P. 64 684** vom 17/7. 1958, ausg. 7/11. 1960. — **C. 1960,** 17538 [E. P. 835 532].)

Merck & Co., Inc., Rahway, übert. von: **Ashton C. Cuckler,** Westfield, N.J., V.St.A., *Mittel zur Behandlung von Trichomonas vaginalis.* (**A. P. 2 988 480** vom 21/10. 1952, ausg. 13/6. 1961. — **C. 1957,** 2009 [E. P. 747 273].)

Farbenfabriken Bayer Akt.-Ges., Leverkusen, *Herstellung von Estern, Acetalen oder Ketalen von 1-[p-Nitrophenyl]-2-azidoacetylaminopropandiol-(1.3).* (**Niederl. P. 100 801** vom 26/1. 1956, ausg. 15/3. 1962. D. Prior. 4/6. 1955. — **C. 1961,** 10289 [Jap. A. S. 1180/1959].)

Adolf C. J. Opfermann, Bergisch-Gladbach, *Di-α.γ-dihydroxybutyroferrisäure.* (**Can. P. 555 170** vom 20/10. 1952, ausg. 1/4. 1958. — **C. 1956,** 6470 [E. P. 728 683].)

Glenwood Laboratories, Inc., Teaneck, übert. von: **Paul Setz,** Ridgefield Park, N.J., V.St.A., *K-p-Aminosalicylat.* (**Can. P. 555 321** vom 22/4. 1955, ausg. 1/4. 1958. A. Prior. 18/6. 1954. — **C. 1960,** 3313 [Schwz. P. 337 857].)

F. Hoffmann-La Roche & Co. Akt.-Ges., Basel, Schweiz, *Herstellung substituierter Hydrazide.* (**Niederl. P. 100 526** vom 1/7. 1958, ausg. 15/2. 1962. Schwz. Prior. 3/7. 1957. — **C. 1960,** 14789 [Ung. P. 146 123].)

J. R. Geigy Akt.-Ges. (Erfinder: **Rudolf Pfister** und **Franz Häfliger**), Basel, Schweiz, *Neue Carbostyrilderivate.* (**Schwz. P. 358 799** vom 6/8. 1957, ausg. 31/1. 1962. — **C. 1961,** 15123 [Oe. P. 205 502].)

Upjohn Co., Dover, Del., V.St.A., *Herstellung von 3-[2'-Hydroxyäthyl]-indolen.* (**Niederl. P. 100 639** vom 18/3. 1955, ausg. 15/3. 1962. A. Prior. 28/4. 1954. — **C. 1961,** 9128 [Schwz. P. 343 398].)

F. Hoffmann-La Roche & Co. Akt.-Ges., Basel, Schweiz, *Herstellung heterocyclischer Hydrazinderivate.* (**Niederl. P. 100 539** vom 19/11. 1958, ausg. 15/2. 1962. A. Prior. 15/4. 1958. — **C. 1961,** 14385 [E. P. 843 440].)

Chimie et Atomistique (Erfinder: **David Liberman**), Paris, Frankreich, *Neue Isonicotinthioamide.* (**Schwz. P. 358 798** vom 16/3. 1957, ausg. 31/1. 1962. F. Prior. 27/3., 19/4., 6/8. u. 7/12. 1956. — **C. 1962,** 3190 [Niederl. P. 96 679].)

Aktiebolaget Bofors (Erfinder: **Bo Thuresson af Ekenstam** und **Börje Per Harald Egner**), Bofors, Schweden, *N-Alkyltetrahydrochinaldinsäureamide.* (**Schwz. P. 358 800** vom 29/12. 1956, ausg. 31/1. 1962. Schwed. Prior. 18/1. 1956. — **C. 1959,** 11006 [Oe. PP. 195 929 u. 195 930].)

Nordmark-Werke G. m. b. H., Hamburg, übert. von: **Werner Loop,** Hamburg-Lokstedt, *4-[p-Aminobenzolsulfonamido]-pyrimidine.* (**Can. P. 555 397** vom 16/12. 1953, ausg. 1/4. 1958. D. Prior. 22/12. 1952. — **C. 1957,** 6835 [F. P. 1 089 732].)

American Cyanamid Co., New York, N.Y., übert. von: **Margaret M. Lester**, San Francisco, Calif., und **Jackson P. English**, Stamford, Conn., V.St.A., *3-Sulfonamido-6-chlorpyridazine.* (**Can. P. 555 200** vom 14/10. 1954, ausg. 1/4. 1958. A. Prior. 24/12. 1953. — C. **1956**, 5090 [A. P. 2 712 011].)

American Cyanamid Co., New York, N.Y., übert. von: **Richard W. Young**, Riverside, **Kathryn H. Wood**, Old Greenwich, Conn., und **James R. Vaughan jun.**, New City, N.Y., V.St.A., *Heterocyclische Sulfonamide.* (**Can. P. 555 202** vom 23/2. 1956, ausg. 1/4. 1958. A. Prior. 4/3. 1955. — C. **1957**, 11102 [A. P. 2 783 241].)

Ciba Ltd., Basel, übert. von: **Jean Druey**, Riehen, und **Paul Schmidt**, Therwil, Schweiz, *Pyridazonderivate.* (**Can. P. 555 239** vom 12/4. 1954, ausg. 1/4. 1958. Schwz. Prior. 30/4. u. 4/9. 1953, 20/1. u. 29/1. 1954. — C. **1957**, 2817 [D. B. P. 951 994].)

Ciba Ltd., Basel, übert. von: **Jean Druey**, Riehen, **Konrad Meier** und **Alexander Staehelin**, Basel, Schweiz, *Aminopyridazon-(6)-Verbindungen.* (**Can. P. 555 240** vom 25/4. 1955, ausg. 1/4. 1958. Schwz. Prior. 29/4. 1954. — C. **1957**, 12550 [A. P. 2 786 840].)

American Cyanamid Co., New York, N.Y., übert. von: **John S. Webb** und **Herbert G. Arlt jun.**, Somerset, N.J., V.St.A., *Pyrazin-3-carbonsäure-2-carbonsäureamid.* (**Can. P. 555 558** vom 18/3. 1953, ausg. 8/4. 1958. A. Prior. 29/1. 1953. — C. **1955**, 6085 [A. P. 2 675 385].)

American Cyanamid Co., New York, N.Y., übert. von: **John S. Webb** und **Herbert G. Arlt jun.**, Somerset, N.J., V.St.A., *Pyrazinamid.* (**Can. P. 555 559** vom 18/3. 1953, ausg. 8/4. 1958. A. Prior. 29/1. 1953. — C. **1958**, 4874 [A. P. 2 780 624].)

Imperial Chemical Industries Ltd., London (Erfinder: **James Allan Hendry, Manchester**), England, *Herstellung von Triazinderivaten.* (**Schwz. P. 359 716** vom 16/4. 1957, ausg. 15/3. 1962. E. Prior. 20/4. 1956 u. 22/3. 1957. — C. **1959**, 3582 [D. A. S. 1 044 092].)

Merck & Co., Inc., Rahway, N.J., V.St.A., *Herstellung von Benzothiadiazinverbindungen.* (**Niederl. P. 100 323** vom 2/5. 1957, ausg. 15/1. 1962. A. Prior. 2/5. 1956. — C. **1960**, 15495 [A. P. 2 809 194].)

National Research Development Corp., übert. von: **Philip C. Spensley**, London, England, und **William W. Easton**, Edinburgh, Schottland, *Hecogenin.* (**Can. P. 555 395** vom 14/6. 1955, ausg. 1/4. 1958. E. Prior. 15/6. 1954. — C. **1958**, 8136 [E. P. 770 542].)

Ciba Ltd., Basel, Schweiz, übert. von: **Paul R. Ulshafer**, Summit, N.J., V.St.A., *Deserpidinsäurelactone.* (**Can. P. 555 241** vom 15/11. 1955, ausg. 1/4. 1958. A. Prior. 26/11. 1954. — C. **1961**, 11053 [Schwz. P. 338 838].)

Nopco Chemical Co., Newark, N.J., V.St.A., *Herstellung von Vitamin A.* (**Niederl. P. 100 807** vom 9/5. 1959, ausg. 15/3. 1962. — C. **1962**, 8720 [F. P. 1 225 299].)

Badische Anilin- & Soda-Fabrik Akt.-Ges. (Erfinder: **Horst Pommer**, Ludwigshafen/Rh., und **Georg Wittig**, Tübingen), *Herstellung von Axerophten.* (**Schwz. P. 360 682** vom 25/6. 1957, ausg. 30/4. 1962. D. Prior. 27/6. 1956. — C. **1959**, 223 [D. A. S. 1 029 366] u. C. **1961**, 8041 [F. P. 1 177 977].)

N. V. Philips' Gloeilampenfabrieken, Eindhoven, Niederlande, *Herstellung von Hydrierungsprodukten der Vitamin-D-Reihe.* (**Oe. P. 218 179** vom 11/2. 1957, ausg. 10/11. 1961. Niederl. Prior. 14/2. 1956. — C. **1959**, 12327 [D. A. S. 1 040 547].)

Laboratoires Français de Chimiothérapie, Paris, Frankreich, *Herstellung von Steroiden.* (**E. P. 880 362** vom 21/5. 1958, ausg. 18/10. 1961. F. Prior. 14/6. 1957. — C. **1960**, 3318 [D. A. S. 1 052 399].)

Laboratoires Français de Chimiothérapie, Paris, Frankreich, *Herstellung von Steroiden.* (**E. P. 880 363** vom 21/5. 1958, ausg. 18/10. 1961. F. Prior. 14/6. 1957. — C. **1960**, 3318 [D. A. S. 1 052 399].)

G. D. Searle & Co., Chicago, Ill., V.St.A., *Herstellung von Steroiden.* (**E. P. 883 615** vom 14/7. 1960, ausg. 6/12. 1961. A. Prior. 16/7. 1959. — C. **1962**, 2094 [A. P. 2 946 786].)

Upjohn Co., Kalamazoo, Mich., V.St.A., *Herstellung von Steroiden.* (**E. P. 877 636** vom 28/3. 1960, ausg. 20/9. 1961. A. Prior. 1/5. 1959. — C. **1961**, 943 [A. P. 2 913 457].)

Upjohn Co., Kalamazoo, Mich., V.St.A., *Trennung von Steroidgemischen.* (**E. P. 883 058** vom 25/4. 1958, ausg. 22/11. 1961. A. Prior. 2/5. 1957. — C. **1960**, 5648 [D. A. S. 1 058 509].)

Syntex Soc. An., Mexico, Mexico, *Herstellung von 6α-Chlorsteroiden.* (**Niederl. P. 100 816** vom 7/9. 1959, ausg. 15/3. 1962. Mexican. Prior. 17/9. 1958. — C. **1962**, 5026 [D. A. S. 1 113 934].)

Upjohn Co., Dover, Del., V.St.A., *Herstellung von 2α-Methylsteroiden.* (**Niederl. P. 100 540** vom 26/11. 1958, ausg. 15/2. 1962. A. Prior. 29/11. 1957. — C. **1959**, 12636 [A. P. 2 838 502].)

N. V. Philips' Gloeilampenfabrieken, Eindhoven (Erfinder: **Pieter Westerhof**, Bussum), Niederlande, *Herstellung von 3-Keto-$\Delta^{4,6}$-10α-methylsteroiden.* (**Niederl. P. 100 593** vom 15/12. 1958, ausg. 15/3. 1962. — C. **1961**, 7676 [F. P. 1 220 313].)

G. D. Searle & Co., Chicago, Ill., V.St.A., *Herstellung von 18-Dimethylaminosteroiden.* (**E. P. 884 176** vom 21/5. 1959, ausg. 6/12. 1961. A. Prior. 22/5. 1958. — C. **1961**, 5543 [A. P. 2 913 455].)

G. D. Searle & Co., Chicago, Ill., V.St.A., *Herstellung von 18.20-Epoxysteroiden.* (**E. P. 884 571** vom 3/12. 1959, ausg. 13/12. 1961. A. Prior. 15/12. 1958. — C. **1961**, 11437 [A. P. 2 911 404].)

G. D. Searle & Co., Chicago, Ill., V.St.A., *Herstellung von 18.20-Epoxysteroiden.* (**E. P. 884 572** vom 21/5. 1959, ausg. 13/12. 1961. A. Prior. 4/9. u. 20/11. 1958. — C. **1961**, 16859 [A. P. 2 890 948].)

Miroslav Protiva und **Jiří Jílek**, Prag, Tschechoslowakei, *Herstellung von östrogen wirksamen Oktahydrophenanthrencarbonsäuren.* (**Schwz. P. 360 991** vom 5/8. 1957, ausg. 15/5. 1962. Tschech. Prior. 9/8. 1956. — C. **1962**, 226 [D. P. [DDR] 18263].)

G. D. Searle & Co., Chicago, Ill., V.St.A., *Herstellung von Pregnanderivaten.* (**E. P. 884 177** vom 30/10. 1959, ausg. 6/12. 1961. A. Prior. 20/11. 1958. — C. **1961**, 11437 [A. P. 2 907 758].)

Laboratoires Français de Chimiothérapie, Paris (Erfinder: **Georges Muller**, Nogent-sur-Marne, und **Roland Bardoneschi**, Tremblay-les-Gonesses), Frankreich, *Herstellung von 9α-Fluor-11β-hydroxy- oder 6β-Fluor-5α-hydroxysteroiden der Pregnan- und Androstanreihe.* (**D. A. S. 1 122 943** Kl. 12o vom 8/1. 1960, ausg. 1/2. 1962. F. Prior. 22/1. 1959. — C. **1962**, 16417 [F. P. 1 224 139].)

Organon Laboratories Ltd., *Herstellung von ungesättigten Verbindungen der Östranreihe.* (**Ind. P. 64 691** vom 18/7. 1958, ausg. 5/12. 1960. — C. **1961**, 12188 [Niederl. P. 95 252].)

Novo Terapeutisk Laboratorium A/S, Kopenhagen, Dänemark, *Herstellung von protrahiert wirkendem Insulin.* (**Ind. P. 64 739** vom 23/7. 1958, ausg. 12/10. 1960. — C. **1962**, 3194 [E. P. 860 515].)

Organon, Inc., West Orange, N.J., V.St.A., übert. von: **Jan Daniel Herman Homan** und **Laurens Pieter Ederzeel**, Oss, Niederlande, *Gewinnung und Reinigung des ACTH.* (**A. P. 2 985 560** vom **24/6.** 1957, ausg. 23/5. 1961. Niederl. Prior. 28/7. 1956. — C. **1959,** 11010 [Niederl. P. 88 560].)

Dr. Karl Thomae G. m. b. H., übert. von: **Johannes Keck**, Biberach/Riss, *Gewinnung des UR-Faktors und Relaxin.* (**A. P. 3 008 878** vom 20/10. 1958, ausg. 14/11. 1961. D. Prior. 21/10. 1957. — **C. 1959,** 16734 [D. A. S. 1 061 035].)

Glaxo Laboratories Ltd., Greenford, übert. von: **Frederick James Wilkins**, Ruislip, und **Thomas Eric Holt**, Bushey Heath, England, *Gewinnung von Sapogeninen.* (**A. P. 2 989 525** vom 9/11. 1959, ausg. 20/6. 1961. E. Prior. 30/1. 1957. — C. **1960,** 4287 [D. A. S. 1 048 577].)

Merck & Co., Inc., Rahway, übert. von: **Robert G. Denkewalter** und **James Gillin**, Westfield, N.J., V.St.A., *Gewinnung von Antibiotica aus ihren Fermentationslösungen.* (**A. P. 3 000 792** vom 21/5. 1957, ausg. 19/9. 1961. — C. **1960,** 16525 [D. A. S. 1 062 891].)

Frank W. Horner Ltd., Montreal, übert. von: **Norman Brudney**, L'Abord a Plouffe, Quebec, Canada, *Penicillin-Adsorbat.* (**A. P. 2 987 441** vom 12/2. 1959, ausg. 6/6. 1961. Can. Prior. 14/11. 1958. — C. **1962,** 3909 [D. A. S. 1 110 819].)

Bristol Laboratories, Inc., East Syracuse, N.Y., übert. von: **Milton Wolf**, Worcester, Mass., **Frank H. Buckwalter**, Dewitt, und **Harry L. Dickson**, Fayetteville, N.Y., V.St.A., *Streptomycinsalze.* (**Can. P. 554 873** vom 24/1. 1956, ausg. 25/3. 1958. — C. **1962,** 1719 [Schwz. P. 344 812].)

Chas. Pfizer & Co., Inc., Brooklyn, übert. von: **Virgil V. Bogert** und **Isaiah A. Solomons III**, Garden City, N.Y., V.St.A., *Dihydrostreptomycinsalze.* (**Can. P. 554 692** vom 21/4. 1952, ausg. 18/3. 1958. A. Prior. 4/5. 1951. — C. **1955,** 4889 [E. P. 708 158].)

Merck & Co., Inc., Rahway (Erfinder: **Karl August Folkers**, Plainfield), N.J., V.St.A., *Dihydronovobiocin.* (**Schwz. P. 359 713** vom 9/2. 1957, ausg. 15/3. 1962. A. Prior. 9/2. 1956. — C. **1961,** 17213 [Belg. P. 554 829].)

Soc. des Usines Chimiques Rhône-Poulenc, übert. von: **Leon Ninet, Sylvie Pinnert** und **Jean Preud'homme**, Paris, Frankreich, *Herstellung von Spiramycinen.* (**A. P. 3 000 785** vom 12/1. 1956, ausg. 19/9. 1961. F. Prior. 31/7. 1953. — C. **1959,** 3911 [Oe. P. 197 967].)

Soc. Farmaceutici Italia, Mailand, Italien, *Herstellung des Antibioticums FJ 1163.* (**E. P. 876 635** vom 14/3. 1958, ausg. 6/9. 1961. F. Prior. 15/3. 1957. — C. **1960,** 231 [D. A. S. 1 060 092].)

Commonwealth Engineering Co. of Ohio, übert. von: **Leo J. Novak** und **Everette E. Witt**, Dayton, Ohio, V.St.A., *Ca-Dextran.* (**A. P. 2 988 482** vom 15/10. 1956, ausg. 13/6. 1961. — C. **1960,** 14795 [E. P. 813 960].)

Smith, Kline & French Laboratories, Philadelphia, Pa., V.St.A., *Stabilisieren von Phenthiazinverbindungen.* (**Ind. P. 64 793** vom 30/7. 1958, ausg. 15/6. 1960. Can. Prior. 3/4. 1958. — C. **1962,** 4648 [D. A. S. 1 109 693].)

American Cyanamid Co., New York, übert. von: **Evan L. R. Stokstad**, Pearl River, N.Y., V.St.A., *Tierarzneimittel.* (**Can. P. 568 575** vom 5/5. 1955, ausg. 6/1. 1959. A. Prior. 14/9. 1954. — C. **1958,** 10453 [A. P. 2 809 914].)

Schering Akt.-Ges., Berlin, *Röntgenkontrastmittel.* (**E. P. 884 623** vom 3/3. 1959, ausg. 13/12. 1961. D. Prior. 5/4., 20/6., 29/8. u. 13/12. 1958. — C. **1961,** 14454 [D. A. SS. 1 076 894 u. 1 080 266].)

Farbenfabriken Bayer Akt.-Ges., Leverkusen (Erfinder: **A. Distelmaier** und **W. Scholtan**), *Röntgenkontrastmittel.* (**Belg. P. 571 090** vom 10/9. 1958, ausg. 15/12. 1961. D. Prior. 11/9. 1957. — C. **1961,** 14762 [Oe. P. 206 109].)

West Laboratories, Inc. (Erfinder: **Murray William Winicov**), *Desinfektionsmittel.* (**Aust. P. 232 541** vom 30/12. 1957, ausg. 10/11. 1961. A. Prior. 10/1. u. 29/11. 1957. — C. **1961,** 1661 [E. P. 825 676].)

American Cyanamid Co., New York, N.Y., übert. von: **Robert P. Parker**, Ridgewood, und **Anthony Abbey**, Jamesburg, N.J., V.St.A., *Neomycin enthaltende Cellulosematerialien.* (**Can. P. 568 634** vom 16/12. 1955, ausg. 6/1. 1959. A. Prior. 17/1. 1955. — C. **1959,** 7234 [E. P. 788 968].)

Max Factor & Co., Los Angeles, übert. von: **George F. Sherrill**, Newport Beach, Calif., V.St.A., *Fungicide Therapeutica.* (**Can. P. 554 932** vom 27/6. 1955, ausg. 25/3. 1958. A. Prior. 8/10. 1954. — C. **1961,** 17674 [Oe. P. 200 723].)

G. Analyse. Laboratorium

Ein einfacher drehbarer Verdampfer. W. Brady und J. B. Thomson. (Lab. Pract. **8,** 415—16, Dez. 1959; Dublin, Univ. Coll., Dep. of Chem.; engl.) — Es wird ein Verbindungsstück beschrieben, mit dessen Hilfe ein Kolben mit der zu verdampfenden Substanz drehbar an die Vakuumleitung angeschlossen werden kann. F. Voigt. 5010□

Die Messung von Drucken von verschiedenen Gasen in einem Pirani-Manometer. S. Veis. (Vacuum [London] **9,** 186—89, Juli/Sept. 1959; Bratislava, Komensky Univ., Fac. of Natural Sci., Dep. of Phys.; engl.) — Es werden Gleichungen zur Berechnung der Eichkurve eines Pirani-Manometers mit der Abhängigkeit des Gasdruckes von der Potentialdifferenz in der Diagonale der Wheatstone-Brücke abgeleitet, wonach aus der Eichkurve für ein bestimmtes Gas auch die für verschiedene andere Gase berechnet werden können. W. Luchsinger. 5016□

Ausrüstung für kryoskopische Präzisionsmessungen unter kontrollierbarer Atmosphäre bis zu Temperaturen von 500°. C. Solomons und G. J. Janz. (Rev. sci. Instruments **29,** 302—04, April 1958; Troy, N.Y., Rensselaer Polytechn. Inst., Dep. of Chem., Walker Labor.; engl.) — Vff. beschreiben ausführlich ein Kryoskop, das für die sehr genaue Best. der Epp. von Salzschmelzen unter definierter Atmosphäre bis zu Temp. von 500° verwendet werden kann. Untersucht wurde die Erstarrung u. Unterkühlung der eutekt. Schmelze im Syst. LiCl–KCl; der F. konnte zu $353{,}9_5{}^0$ ermittelt werden. G. Gattow. 5018□

Automatische Programmierung und Registrierung der Temperatur in einem Platin–Rhodium-Ofen. J. M. Cutter und R. Derry. (J. sci. Instruments **35,** 26—27, Jan. 1958; Teddington, Middlesex, Admiralty Res. Labor.; engl.) — Beschreibung einer App. zur Programmierung u. Aufzeichnung der Temp. in einem Pt–Rh-Ofen im Hinblick auf die Temp.-Abhängigkeit des elektr. Widerstands von Pt–Rh-Legierungen. G. Gattow. 5028□

Apparat zur kontinuierlichen Extraktion von Flüssigkeiten. O. I. Ssorokin. (Заводская Лаборатория [Betriebs-Lab.] **27,** 117—18, 1961; Zelinsky-Inst. für organ. Chemie der Akad. der Wiss. der UdSSR; russ.) — Beschreibung der Konstruktion u. Arbeitsweise von 2 App. zur kontinuierlichen Extraktion von Fll. mit Lsgm. von niedrigerem bzw. höherem spezif. Gew. als das zu extrahierende Produkt. S. Baryschnikow. 5034

Eine modifizierte isopiestische Methode zur Mikrobestimmung von Molekulargewichten. R. S. Boraman und A. D. Campbell. (Analytica chim. Acta [Amsterdam] **26,** 496—98, Mai 1962; Otago, Dunedin, New Zealand, Univ., Dep. of Chem.; engl.) — Beschreibung einer verbesserten Mikro-Meth. u. der App. zur isopiest. Molgew.-Bestimmung. Das Verf. beruht auf der Best. der Aktivitäts-Koeff. nach Sinclair [1933]; Probe u. Standard-Substanzen befinden sich in getrennten Pt-Bechern innerhalb eines größeren Behälters, die Lsgm.-Menge wird durch Abwägen bestimmt. Molgew.-Best. wurden mit Atropin, Salicylsäure u. a. unter Verw. von Chlf., Aceton oder Bzl. als Lsgm. durchgeführt. W. Betcke. 5044□

Über einen einfachen Laborthermostaten. H. Trutnovsky. (Mikrochim. Acta [Wien] **1962,** 735—37; Graz, Univ., Inst. für org. u. pharmazeut. Chem., Mikrochem. Abt.; dt.) — Die Herst. eines einfachen Gerätes wird beschrieben, mit dem die Temp. elektr. beheizter Gefäße im Bereich von Zimmer-Temp. bis 180° unabhängig von äußeren Einfl. konst. gehalten werden kann. F. Sarfert. 5046□

Eine elektrodenlose Bestimmungsmethode der elektrolytischen Leitfähigkeit und magnetischen Susceptibilität. W. R. Myers. (J. sci. Instruments **35,** 173—75, Mai 1958; Southampton, Univ., Phys. Labor.; engl.) — Beschreibung einer Meth., mit der elektrodenlos die elektrolyt. Leitfähigkeit starker Elektrolyte u. die magnet. Susceptibilität bestimmt werden können. Das Schaltschema ist angegeben. G. Gattow. 5052□

Ein Festkörper-Potentiostat. J. E. Harrar, F. B. Stephens und R. E. Pechacek. (Analytic. Chem. **34,** 1036—37, Juli 1962; Livermore, Calif., Univ., Lawrence Radiat. Labor.; engl.) — Beschreibung eines Potentiostaten für elektrochem. Analysen, der ausschließlich Halbleiter-Bestandteile enthält u. deshalb eine Aufwärmzeit von nur $15 \cdot 10^{-3}$ s erforderlich macht. W. Betcke. 5054□

Ein Gerät zur automatischen coulometrischen Titration. P. G. W. Scott und T. A. Strivens. (Analyst **87,** 356—61, Mai 1962; Cambridge, W. G. Pye & Co. Ltd., Instrument. Labor.; engl.) — Es wird ein Gerät zur coulometr. Titration mit annähernd konst. Stromstärke beschrieben. Die Integrierung des Stroms, der über Widerstände einer Batterie entnommen wird, führt ein elektron. Gerät durch. Die potentiometr. Endpunktsanzeige erlaubt die Anwendung eines üblichen Titratorreglers zur Verringerung des Stromes in der Nähe des Endpunktes u. zum Abschalten des Stromes beim festgelegten Endpunktspotential. Der Integrator ist mit einem Registriergerät verbunden, das die Ergebnisse als Strichdiagramm wiedergibt. Mit einem zweiten Registriergerät wird die Titrationskurve aufgenommen. Es wird die Best. von Cr mit elektrolyt. erzeugten Fe^{2+}-Ionen u. die Best. von Cl^- mit elektrolyt. erzeugten Ag^+-Ionen beschrieben. Bei der Best. von 2 mg Cr betrug der mittlere Fehler +0,03% bei einer Standardabweichung von ±0,18%; bei 0,02 mg Cr −3,2% bei einer Standardabweichung von ±1,27%. Bei der Best. von 3,6 mg Cl^- betrug der mittlere Fehler +0,07% bei einer Standardabweichung von ±0,17%; bei 0,2 mg Cl^- lagen die Werte bei +1,6 bzw. ±4,65%. P. Kurzmann. 5054□

Coulometrie bei kontrolliertem Potential in einem geschmolzenen Lithiumchlorid–Kaliumchlorid-Eutektikum. John D. van Norman. (Analytic. Chem. **34,** 594—96, Mai 1962; Upton, N.Y., Brookhaven Nat. Labor.; engl.) — In einer eutekt. Schmelze von LiCl (59 Mol-%)–KCl bei 450° lassen sich Zn(II) u. Cd(II) an einer Bi-Bodenelektrode elektrolyt. anreichern. Die Metalle werden dann coulometr. aufgelöst („Stripping-Technik") u. bestimmt. Zn u. Cd lassen sich nebeneinander mit 1% Genauigkeit bestimmen. Ni(II) läßt sich unter Verw. einer Pt-Netzelektrode analog bestimmen. Das Verf. wird zur Best. von U in U-Bi-Legg. herangezogen. Harro Zimmer. 5054□

Bezugselektroden für die Voltametrie in Acetonitril. Robert C. Larson, Reynold T. Iwamoto und Ralph N. Adams. (Analytica chim. Acta [Amsterdam] **25**, 371—74, Okt. 1961; Lawrence, Kans., Univ. of Kansas, Dep. of Chem.; engl.) — Während für die Polarographie in wss. Lsgg. gewöhnlich die gesätt. Kalomelelektrode als Bezugselektrode dient, werden bei polarograph. Unterss. in nicht-wss. Lsgm. noch zahlreiche weitere Bezugselektroden verwendet, wodurch sich die Vergleichbarkeit von Meßergebnissen verschiedener Autoren sehr erschwert. Da bes. Acetonitril häufig als polarograph. Medium benutzt wird, bestimmten Vff. in bezug auf die gesätt. wss. Kalomelelektrode die Potentiale 14 verschiedener Bezugselektroden-Syst., denen sämtlich das Halbelement Ag-Ag-Salz-Lsg. in Acetonitril mit oder ohne Zusatzelektrolyt zugrunde lag. Als Ag-Salze dienten $AgNO_3$ oder $AgClO_4$, als Zusatzelektrolyte $NaClO_4$, $LiClO_4$ u. $(C_2H_5)_4NClO_4$. Bemerkenswerte Potentialdifferenzen der einzelnen Syst. untereinander ergeben sich aus der verschiedenen Natur u. Konz. der Elektrolyt-Lsgg., in die die gesätt. Kalomelelektrode eintaucht. R. Günther. 5054□

Eine kompakte Kalomelvergleichselektrode, die besonders für Untersuchungen in der angewandten Elektrochemie geeignet ist. S. R. Rajagopalan und B. V. K. S. R. A. Tilak. (Current Sci. [Bangalore] **30**, 459—60, Dez. 1961; Karaikudi, Central Electrochem. Res. Inst.; engl.) — Eine inverse Kalomelelektrode ist durch eine Schliffverbindung mit einem mit gesätt. KCl-Lsg. gefüllten Rohr verbunden. Diese Anordnung steht abermals mit einem die Elektrolyt-Lsg. enthaltenden Rohr in Verbindung. Eine feine Capillare verbindet Elektrode u. KCl-Lsg., die durch eine Glassinterplatte mit der Elektrolyt-Lsg. verbunden wird. Das Gefäß, in dem sich die Elektrolyt-Lsg. befindet, endet in einer Luggin-Spitze. Die Bauweise sichert bequeme Handhabung bei prakt. völligem Ausschluß von Verunreinigungen des Elektrolyten oder der Elektrodenflüssigkeit. R. Ristow. 5054□

Platinierte Silberchloridelektrode. Kenneth S. Cole und Uichiro Kishimoto. (Science [Washington] **136**, 381—82, 4/5. 1962; Bethesda, Md., Nat. Inst. of Health; engl.) — Vff. beschreiben eine „Hybrid"-Elektrode (HE) aus platiniertem Ag–AgCl, die das stabile Potential E u. gleiche Widerstands-Eigg. bei niedrigen Frequenzen u. Gleichstrom wie die Ag/AgCl-Elektrode (AE) u. die niedrigen Impedanzen einer platinierten Pt-Elektrode (PE) bei hohen Frequenzen aufweist. Zunächst wird in 0,5 m KCl-Lsg. mit $\geqslant 10$ Coulomb/cm^2 bei 2 mA/cm^2 eine dicke AgCl-Schicht auf Ag abgeschieden. Diese wird dann in Kohlrauschscher Lsg. mit 1—5 Coulomb/cm^2 bei ca. 2 mA/cm^2 platiniert. Danach erfolgt erneute Abscheidung von AgCl in 0,5 m KCl-Lösung. Das Gleichgewichtspotential der HE entspricht bis auf wenige mV dem der AE mit einer Impedanz von einigen Ω/cm^2 bei 20 Hz oder weniger, sie nähert sich damit der Impedanz einer PE bei höheren Frequenzen. Bei zusätzlicher Chloridabscheidung aus einer KCl-Lsg. bleibt E unverändert u. die Impedanz nimmt stark zu. Bei Stromumpolung (Auflösung von Chlorid) bleibt E konst., bis die gleiche Ladungsmenge wie bei der AgCl-Abscheidung durchgeflossen ist. Darüber bleibt die Impedanz bei hohen Frequenzen unverändert, nimmt jedoch bei niedrigen Frequenzen zu. E ist undefiniert u. instabil. Bei erneuter Chloridabscheidung stellen sich die ursprünglichen Widerstands- u. E-Werte wieder ein. P. Frenzel. 5054□

Eine transparente halbleitende Indicatorelektrode. W. Cooper. (Nature [London] **194**, 569—70, 12/5. 1962; Rochester, N.Y., Eastman Kodak Co., Res. Labor.; engl.) — Vf. verwendet als transparente, leitende Elektrode, die gegenüber Halogen empfindlich ist, dünne Schichten von (wahrscheinlich verunreinigtem) SnO_2 (0,05—0,5 μ stark, spezif. Widerstand ca. $2{,}5 \cdot 10^{-4}$ $\Omega \cdot$cm) auf Nesa-Glas. Als Kontaktmaterial dient Ag-Paste, als Bezugselektrode eine Pt- oder gesätt. Kalomelelektrode. Die Indicatorelektrode ist hochempfindlich gegenüber Halogen in 0,001 m K-Halogenidlösungen. Bei Br_2-Konzz. von $2{,}5 \cdot 10^{-6}$ bis $8 \cdot 10^{-5}$ m ändert sich ihr Potential E linear mit der Quadratwurzel der Br_2-Konzentration. Kleine, aber scharfe Knicke in den Kurven in einem großen Konz.-Bereich weisen auf die Bldg. von mehrkernigen Halogenkomplexionen oder auf Hydrolyse-Prodd. hin, die einen Beitrag zu E liefern. Bei gegebener Halogen-Konz. nimmt E in der Reihenfolge $Cl_2 > Br_2 > J_2$ ab. Die Elektrode ist weiterhin hochempfindlich gegenüber MnO_4^-, Ce^{4+}, $Cr_2O_7^{2-}$, $S_2O_3^{2-}$, Ti^{3+}, Tl^+ u. NO_2^-, wodurch die Verw. für potentiometr. Unterss. von Redox-Rkk. gegeben ist. Eine Titrationskurve für Fe^{2+} mit 0,1 m $KMnO_4$ in 1 n H_2SO_4 wird mitgeteilt, sie zeigt einen großen E-Sprung am Äquivalenzpunkt. Ähnliche Beobachtungen werden bei der Titration von J_2 mit $S_2O_3^{2-}$ gemacht. Überschuß an $S_2O_3^{2-}$ ist zu vermeiden. Unter bestimmten Bedingungen erweist sich die Elektrode einer Pt-Elektrode überlegen. P. Frenzel. 5054□

Eine neue Form einer Rotationsplatten-Elektrode. Shaukat Azim und A. C. Riddiford. (Analytic. Chem. **34**, 1023—25, Juli 1962; Southampton, England, Univ., Dep. of Chem.; engl.) — Anleitung zur Herst. einer Elektrode, bei der die Vorteile der Draht- mit denen der Rotationsplattenelektrode verbunden werden. W. Betcke. 5054□

Einfluß einiger organischer Säuren und Basen auf das Potential der Antimonelektrode in alkoholischen Lösungen. Zbigniew Było und Bolesław Waligóra. (Zeszyty naukowe Uniw. jagiellońskiego, Ser. Nauk mat.-przyrodniczych, Mat., Fizyka, Chem. **1956**, Nr. 2, 67—72, Krakow, Uniw. Jagiell., Kat. Chem. fiz. i Elektrochem.; pol., Auszug: engl.) — Das Potential der Sb-Elektrode gehorcht in wss.-alkohol. Lsg. nicht der Nernstschen Gleichung, die Abweichungen sind jedoch gleichmäßig u. reproduzierbar u. abhängig von der A.-Konzentration. Mit steigender A.-Konz. nimmt die Empfindlichkeit der Elektrode gegen pH-Änderungen ab. Sb-Elektroden ohne SiO_2-Gelschicht sind somit zur Best. von Säuren u. Basen im Eluat bei der chromatograph. Trennung in wss.-alkohol. Lsg. geeignet. F. Urban. 5054□

Ein Elektrodenhalter für das Arbeiten in kontrollierten Atmosphären. A. M. Pommer und J. F. Abell. (Analytic. Chem. **31**, 1443, Aug. 1959; Washington, D.C., U.S. Geolog. Survey; engl.) — Beschreibung eines Methylmethacrylat-Verschlußdeckels zum luftdichten Einsetzen von Elektroden in Rk.-Gefäße. W. Betcke. 5054□

Versorgungs- und Meßgerät zur gesicherten Zonenelektrophorese. W. L. Van Es und H. Bloemendal. (Chem. Weekbl. **57**, 554—55, 28/10. 1961; Amsterdam, Nederl. Kankerinst., Labor., Fys. en Biochem. Afd.; niederl.) — Beschreibung eines Gerätes mit Schutz-Vorr., das bei konst. Spannung den für verschiedene zonenelektrophoret. Unterss. erforderlichen Strom liefert. W. Wesly. 5062□

Ionophoretisches Modell bei der zweidimensionalen Elektrophorese. Hub. Peeters, P. Vuylsteke und R. Noë. (J. Chromatogr. [Amsterdam] **2**, 308—19, Mai 1959; Bruges, Labor. of the St. Jans Hosp.; engl.) — In einer vollständig abgedichteten App. mit Kaskadenelektroden wird an Hand von Li-, K- u. Na-Veronalpuffer die Ionenverteilung auf dem Papier untersucht. Hierzu wurde das nach der Elektrophorese getrocknete Papier in Rechtecke zerschnitten, in deren Eluat neben der Leitfähigkeit flammenphotometr. der Li-, Na- bzw. K-Geh. u. die Absorption des Veronals (I) im UV-Bereich gemessen wurde. Die im Anodenvorfeld beobachtete Anreicherung an Alkali u. I, die auf der Gesamtfläche unterschiedliche Ionenstärken verursacht, erklären Vff. mit der geringeren Wanderungs-Geschw. von I. F.-M. Friedrich-Anderseck. 5062□

Ein neues Trägermaterial für die elektrophoretische Auftrennung. K. H. Maier und K. Voggel. (Z. analyt. Chem. **186**, 257—65, 1962; Göttingen, Membranfilterges. G. m. b. H., Labor.; dt.) — Membranfolien aus Cellulosedi- u. -triacetaten mit einer Schichtdicke von 150—200 μ, einem Holhraum-Vol. von 85—90% u. einem mittleren Porendurchmesser von 1—3 μ können als Trägermedium bei der Elektrophorese verwendet werden. Sie wurden zur Trennung von Eiweißen benutzt. Die Trennzeit beträgt 1,5 h bei 400 V u. 30 cm Streifenlänge. Die Vorzüge bestehen in guter Trennschärfe, im Fehlen von Adsorption, so daß fast die Bedingungen der freien Elektrophorese herrschen, u. exakter photoelektr. Auswertungsmöglichkeit, da mit CH_3COOH bei 100° ein transparenter Film erhalten wird. R. Krämer. 5062□

Moderne apparative Hilfsmittel zur Elektrophorese und Chromatographie im biochemischen Forschungslaboratorium. 2. Mitt. H. Pelzer. (Glas-Instrumenten-Techn. **5**, 35—43, Febr. 1961; Tübingen; dt.) — 1. vgl. C. **1961**, 13289. — Fortsetzung des früher (l. c.) gegebenen Berichtes. Folgende App. zur Säulenchromatographie werden ausführlich beschrieben: verschiedene Säulenformen, Vorratsbehälter für Elutions-Fll. u. Vorr. zur Gradientelution. Alle nicht im Handel befindlichen Geräte sind so beschrieben, daß sie leicht nachgebaut werden können. Ch. Zimmer. 5062□

Ein Zusatzgerät für das Beckman-Spektrophotometer zur Auswertung von Chromatogrammen und Elektropherogrammen. G. Ceriotti. (Experientia [Basel] **13**, 44, 15/1. 1957; Busto Arsizio, Italy, Centre for the Study and Cure of Tumours; engl.) — Zur quant. Auswertung der Flecken u. Banden auf Papierchromatogrammen durch photometr. Extinktions-Best. bei einer bestimmten Wellenlänge beschreiben Vff. eine Zusatz-Vorr. für das Beckman-Spektralphotometer, die an Stelle des Küvettenhalters eingesetzt wird. Das Gerät wurde zur Best. von 5-Hydroxytryptamin nach Elektrophorese auf Filtrierpapier mit Acetatpufer bei pH 4,0 u. $\mu = 0{,}1$ u. Farb-Entw. mit α-Nitroso-β-naphthol angewendet. Nach der Rk. wurde das überschüssige Reagens durch Extraktion mit Dichloräthylen entfernt u. die Extinktion bei 545 nm ermittelt. Die Standardabweichung betrug $\pm$ 5%. 1 μg der Verb. kann noch zuverlässig bestimmt werden. Gerhard Schulze. 5062□

Lineare Elutions-Adsorptionschromatographie. 2. Mitt. **Trennbarkeit von Verbindungen mit Aluminiumoxid als Adsorbens.** L. R. Snyder. (J. Chromatogr. [Amsterdam] **6**, 22—52, Juli 1961; Brea, Calif., Union Res. Center, Union Oil Co. of California; engl.) — 1. vgl. C. **1962**, **4653**. — An Hand zahlreicher Beispiele untersucht Vf. die Einfl. der Struktur des Adsorbats, Art des Eluens u. Aktivität des Adsorbens (Al_2O_3) auf die Trennbarkeit von Verbb., ausgedrückt durch deren Retentionsvolumina. Die Desaktivierung des Adsorbens durch W. vermindert stark die Zahl der Adsorptionsstellen, die verbleibenden Stellen sind geschwächt. Bei Geh. $< 5\%$ W. spielen die Verteilungseffekte keine Rolle. Es wird eine mathemat. Beziehung zur Vorausberechnung von Retentionswerten aufgestellt, die mit den experimentell gefundenen Werten befriedigend übereinstimmt. Die Verss. wurden überwiegend mit API-Reinsubstanzen in Säulen von 10 mm Ø bei 24° durchgeführt, das verwendete Adsorbens wurde 8—16 Std. bei 400° aktiviert, dann mit verschiedenen Wassermengen desaktiviert. M. Finke. 5062□

Nomogramme für die Gradientenelutionschromatographie. A. Kočent. (J. Chromatogr. [Amsterdam] **6**, 324—32, Okt. 1961; Brno, CSSR, Cancer Res. Inst., Biochem. Dep.; engl.) — Darst. zahlreicher Nomogramme für die Berechnung der Konz.-Veränderungen in der Mischkammer bei der Gradientenelution. M. Finke. 5062□

Ein photoelektrisch programmierter elektrolytischer Gradientengenerator. C. C. Curtain. (J. Chromatogr. [Amsterdam] **7**, 24—28, Jan. 1962; Melbourne, Australia, Baker Med. Res. Inst.; engl.) — Beschreibung eines App. (Abb. u. Schaltschema) zur Einstellung auch komplizierter Gradienten bei der Gradientenelution. Der Gradientenverlauf wird von einem Schwarz-Weiß-Filmstreifen durch zwei Photozellen abgetastet; die Veränderung der Helligkeitswerte wird zur elektrolyt. Gaserzeugung benutzt, mit dessen Hilfe Puffer-Lsg. in die Mischkammer bzw. direkt in die Säule gedrückt wird. M. Finke. 5062□

Das sphärische Fabry-Perot-Interferometer als Instrument hohen Auflösungsvermögens für den Gebrauch mit äußeren oder inneren Atomstrahlen. D. A. Jackson. (Proc. Roy. Soc. [London], Ser. A **263**, 289—308, 19/9. 1961; Bellevue, Seine-et-Oise, C.N.R.S., Labor. A.-Cotton; engl.) — Das von Connes [1958] konstruierte sphär. Fabry-Perot-Interferometer bes. hohen Auflösungsvermögens bei großer Lichtstärke wurde erfolgreich zur Strukturauflösung in der Resonanzlinie des Ba-Bogenspektrums benützt. Es wurden Komponenten mit einer Trennung von $2{,}0 \cdot 10^{-3}$ cm^{-1} aufgelöst; sie wurden in der Absorption, die durch einen Jackson-Kuhn-Atomstrahl erzeugt wurde, bei hoher Kollimation beobachtet. Die App. wurde ebenfalls zur Beobachtung der Linienstruktur mit einem absorbierenden Atomstrahl verwendet, der das Innere des Interferometers durchquert. Dadurch kann die Materialmenge, die zur Beobachtung der Hyperfeinstruktur bei Verw. eines Atomstrahls nötig ist, selbst bei sehr hoher Kollimation auf ein paar mg reduziert werden, bzw. man braucht ca. 100mal weniger als mit einem Atomstrahl außerhalb des Interferometers, so daß in kleinen Mengen erhältliche Isotope verwendet werden können. Andererseits kann eine adäquate Absorption mit viel höheren Strahlkollimationen u. entsprechend verbessertem Auflösungsvermögen erhalten werden. J. M. Spaeth. 5063□

Ein Vakuummonochromator für das ferne Ultraviolett. Jacques Romand und Boris Vodar. (Rev. Opt. théor. instrument. **39**, 167—74, April 1960; Bellevue, Labor. des Hautes Pressions; franz.) — Beschreibung der Konstruktion eines Vakuum-Konkavgittermonochromators in modifizierter Eagle-Anordnung mit nahezu normaler Inzidenz. Bei Verw. eines Gitters mit 1200 Strichen/mm u. einem Krümmungsradius von 1 m wird eine reziproke lineare Dispersion von 8 Å/mm u. ein Auflösungsvermögen von 0,5 Å erreicht. Der nutzbare Spektralbereich ist 500—3000 Å. H.-J. Eichhoff. 5063□

Starke Lichtquellen für das Vakuum-Ultraviolett. 2. Mitt. E. W. Schlag und F. J. Comes. (J. opt. Soc. America **50**, 866—67, Sept. 1960; Bonn, Univ., Inst. für Phys. Chem.; engl.) — 1. vgl. C. **1960**, 5587. — Es wird eine starke Lichtquelle für das Vakuum-UV unter Verw. einer Mikrowellenenergiequelle beschrieben u. die erhaltenen Ergebnisse mit denen, die bei Gleichstromentladungen erhalten wurden, verglichen. Die Lichtintensität kann kontinuierlich durch eine NO-Ionisationskammer, die nahe am LiF-Fenster angeordnet ist, gesteuert werden. E. Schulte. 5063□

Ultraviolettspektrometrie. Robert C. Hirt. (Analytic. Chem. **34**, 276R—281R, April 1962; Stamford, Conn., American Cyanamid Co., Central Res. Div.; engl.) — Zusammenfassende Übersicht über die Esiev. auf dem Gebiet der UV-Spektrometrie unter Berücksichtigung der Literatur bis zum Oktober 1961 im Anschluß an den vorangegangenen Bericht (C. **1961**, 2381). Die Verw. der Spektren für Beziehungen zwischen Spektrum u. Struktur, zur Charakterisierung von Verbb. u. für kinet. Unterss. wird m allg. nicht berücksichtigt. — 166 Literaturangaben. Gerhard Schulze. 5063□

Analytische Verwendung der Ultraviolett-Absorptionsspektren gesättigter Dampfgemische. Gy. Varsányi. (Acta chim. Acad. Sci. hung. **14**, 397—406, 1958; Budapest, TU, Dep. of Phys. Chem. and Hung. Acad. of Sci., Central Res. Inst. for Chem.; engl.) — Bei der analyt. Auswertung von UV-Dampfspektren sind folgende Tatsachen zu berücksichtigen: Der Spalt des Spektrographen muß auf $^1/_{20}$—$^1/_{25}$ der normalen Spaltbreite vermindert werden, um die Vibrationsstruktur aufzulösen. Um zu lange Expositionszeiten zu vermeiden, muß auf die gleichzeitige Aufnahme eines Vgl.-Spektrums verzichtet werden. Dadurch sind die Absolutwerte der Extinktion nicht meßbar; zur analyt. Auswertung werden daher die Extinktionsunterschiede nahe beieinander liegender Punkte herangezogen, die ebenfalls der Konz. proportional sind. Bei idealen Gemischen läßt sich aus der Dampf-Zus. die Zus. des Fl.-Gemisches auf Grund des Raoultschen bzw. Daltonschen Gesetzes ermitteln, wenn man die Dampfdrücke der reinen Komponenten kennt. Im Falle nichtidealen Verh. können nach dieser Meth. nur die Aktivitäten der einzelnen Komponenten bestimmt werden. Für ein reguläres Gemisch läßt sich die Margulessche Gleichung zur Best. der Aktivitäts-Koeff. heranziehen. Liegen keine regulären Gemische vor, so müssen Eichtabellen aufgestellt werden. Die Genauigkeit der Best. hängt von der Möglichkeit der Auswahl geeigneter Grundbanden ab. Die beiden Meßpunkte sollen so ausgewählt werden, daß die Extinktion der einen Komponente zwischen den Punkten eine sprunghafte Änderung aufweist, während die Extinktionen aller anderer Komponenten eine entgegengesetzte oder gar keine Änderung erfahren. Die Ergebnisse der Dampfspektren können mit denen der Lsg.-Spektren kombiniert werden, z. B. bei der gleichzeitigen Best. von Naphthalin, Tetralin u. den isomeren Fluornitrobenzolen. Die beschriebene Meth. wurde bei der Best. von in gesätt. KW-Stoffen gelöstem Naphthalin u. Tetralin, von Isomeren des Kresols, Fluornitrobenzols, Chlorfluor- bzw. Bromfluorbenzols, ferner bei der Best. von Gemischen aus den Isomeren des Chlorfluorbenzols, Bzl., Fluorbenzol u. Chlorbenzol sowie aus den Isomeren des Bromfluorbenzols, Bzl., Fluorbenzol u. Brombenzol erfolgreich angewendet. Gerhard Schulze. 5063□

Einfaches Ultraviolett-Photometer. Ralph E. Thiers, Marvin Margoshes und Bert L. Vallee. (Analytic. Chem. **31**, 1258—61, Juli 1959; Boston, Mass., Harvard Med. School, Biophys. Res. Labor. u. P. Bent Brigham Hosp.; engl.) — Beschreibung eines UV-Photometers mit Photozellen für Absorptionsmessungen im Bereich bei 355 mμ. W. Betcke. 5064□

Photochemisches Dosimeter für Ultraviolettstrahlen. A. A. Katschan und W. G. Golowaty. (Гигиена и Санитария [Hyg. u. Sanitätswes.] **27**, Nr. 5, 44—47, Mai 1962; Belaga Zerkow, Landwirtsch.-Inst., Lehrstuhl für anorgan. u. analyt. Chem.; russ.) — Auf der Kurve, welche die Menge des in einer Lsg. photochem. entstehenden Farbstoffes in Abhängigkeit von der Einw.-Dauer der UV-Bestrahlung darstellt, befindet sich ein geradliniger Abschnitt, dessen Charakter von der Natur der zur Ansäuerung der Lsg. angewandten Säure u. der Temp. (Temp.-Intervall 15—30°) nur wenig abhängig ist. Dieser Kurvenabschnitt kann zur Dosierung der UV-Strahlung im Bereiche von 290 bis 400 mμ benutzt werden. Die tragbare App. ermöglicht es, nach der elektrophotometr. bestimmten Menge des aus $0{,}5 \cdot 10^{-3}$m Lsg. der Leukobase (pH 1,0) entstandenen Methylenblaus die Intensität der UV-Strahlung zu ermitteln. S. Baryschnikow. 5064

a) Elemente und anorganische Verbindungen

Trennung und Identifizierung von Mikromengen metallischer Ionen durch die Ringofentechnik. 3. Mitt. **EDTA als Komplexmittel.** Eric John Singh und Arun K. Dey. (Z. analyt. Chem. **183**, 248—51, 1961; Allahabad, India, Univ., Chem. Labor.; engl.) — 2. vgl. J. Indian chem. Soc. **38**, [1961], 323. — Durch die Verw. von Äthylendiamintetraessigsäure (EDTA) als Komplexbildner lassen sich Mischungen von Kationen leicht u. schnell papierchromatograph. mit Hilfe des Ringofens nach Weisz im Mikromaßstab qual. trennen. Folgende Ionen wurden untersucht: Ag(I), Hg(I), Pb(II), Cu(II), Bi(III), Cd(II), Hg(II), As(III), Sb(III), Sn(II). Für verschiedene Gemische dieser Ionen werden quant. Angaben über die Vollständigkeit der Trennungen gemacht. H. Nentwig. 5106□

Papierchromatographie anorganischer Ionen in Nitratlösungen. 3. Mitt. **Trennung von Calcium, Strontium, Barium und Radium.** M. C. Levi und J. Danon. (J. Chromatogr. [Amsterdam] **6**, 269—73, Sept. 1961; Rio de Janeiro, Brazil, Centro Brasileiro de Pesquisas Fis.; engl.) — 2. vgl. C. **1961**, 8407. — Vff. untersuchten die chromatograph. Trennung der Erdalkalien auf nitratimprägniertem Filterpapier (Whatman Nr. 1) mit verschiedenen Alkoholen als Laufmittel unter Zusatz von Nitratlösungen. Sie konnten zeigen, daß die Trennung von Ca–Sr–Ba mit n-Propanol oder A. in Ggw. von 7—9 m

$LiNO_3$ u. 2 m HNO_3 gut gelingt. Ba zeigt bei Verw. von $LiNO_3$ oder $Al(NO_3)_3$ Doppelfleck-Bldg., die von der abs. Konz. abhängig ist. Nur bei Konzz. $< 10^{-4}$ mg Ba^{2+}/Fleck wird ein einziger Fleck erhalten. Die Trennung Ba–Ra wurde mit ^{140}Ba u. ^{228}Ra (MsTh I) durchgeführt, wobei sich zeigte, daß eine gute Trennung nur bei sehr kleinen Ba^{2+}-Konzz. möglich ist, da sonst die Doppelfleck-Bldg. des Ba stört. Ca wurde mit 8-Hydroxychinolin, Sr u. Ba mit K-Rhodizonat nachgewiesen, die akt. Elemente wurden mit dem Geiger-Müller-Zählrohr vermessen. M. Finke. G 280□

Schnellmethode zur Bestimmung des Aluminium- und Magnesium-Gehaltes im Elektronmetall. András Halász, Antal Jánosi und Katalin Villányi. (Veszprémi Vegyipari Egyetem Közleményei [Mitt. Univ. chem. Ind. Veszprém] **5**, 151—58, 1961; Veszprém, Univ. Chem. Ind., Inst. Analyt. Chem; ung.) — Zur Al- u. Mg-Best. wird Elektronmetall in HCl gelöst. Nach Versetzen mit überschüssiger 0,05 m EDTA-Lsg. wird Al in schwach saurer Lsg. gegen Eriochromcyanin-R mit Zn-Acetat-Lsg. titriert. In einem 2. Anteil wird nach Zugabe von $NH_2OH \cdot HCl$, KCN u. $K_4Fe(CN)_6$ — zur Maskierung der störenden Ionen — u. Na-Silicat-Lsg. — zum Fällen des Al — die Lsg. schwach alkal. gemacht, Puffer-Lsg. von pH 10 zugegeben u. Mg mit EDTA in Ggw. von Eriochromschwarz-T titriert. J. Plank. G 294

Ein neues qualitatives Reagens auf Aluminium. Carl T. Jones und Max B. Williams. (J. chem. Educat. **38**, 411, Aug. 1961; College Place, Wash., Walla Walla Coll. u. Corvallis, Oreg., Oregon State Coll.; engl.) — Zum Nachw. des Al im allg. Trennungsgang wird der $Al(OH)_3$-Nd. abzentrifugiert u. in verd. CH_3COOH (pH 3—7) gelöst. Zu dieser Lsg. werden 2 Tropfen einer 0,001 m Lsg. von Arsenazo-Reagenz (I) [*3-(2-Arsonophenylazo)-4.5-dihydroxy-2.7-naphthalindisulfonsäure*] hinzugegeben. Ist Al anwesend, so erscheint eine rötliche Purpurfärbung. Bei Abwesenheit von Al wird die Lsg. orangefarben. I ist wasserlösl. u. seine Lsg. unbegrenzt haltbar. Der Al-Komplex ist stabil. Cu ergibt ebenfalls eine Purpurfärbung mit I u. darf deshalb nicht mitgeschleppt werden. Die Lsgg. dürfen nicht allzu verd. sein, da sonst evtl. die schwache Färbung nicht mehr erkannt wird. W. Hein. G 294□

Über die katalytische Oxydation des Alizarins und deren Anwendung zum Nachweis von Aluminiumspuren. J. Laszlovszky. (Mikrochim. Acta [Wien] **1962**, 441 bis 448; Budapest, L. Eötvös-Univ., Inst. für anorg. u. analyt. Chem.; dt.) — Die durch Co katalysierte Oxydation des Alizarins (I) wird durch Komplex-Bldg. mit Zn, Ni, bes. aber mit Al stark gehemmt. Auf Grund der allg. angenommenen Struktur der Metall–I-Komplexe sowie infolge der die Peroxid-Zus. hemmenden Wrkg. des I nimmt Vf. eine Ringspaltung zwischen der Carbonylgruppe u. der Hydroxylgruppe in peri-Stellung an. Auch das opt. Verh. weist auf einen Zerfall des I-Mol. hin. Durch die katalyt. Oxydation des I-Überschusses in Ggw. von Co mit Peroxid konnte die Empfindlichkeit des Nachw. von Al um 2 Größenordnungen gesteigert werden. In 2 Proberöhren pipettiert man je 1,00 ml einer ca. 10^{-2} oder 10^{-3} μg Co^{2+} enthaltenden Lsg., je 1,00 ml einer 10^{-3} m alkohol. I-Lsg., je 1,00 ml einer gesätt. Na-Perborat-Lsg. oder NaOH–Borax-Puffer-Lsg. (pH 10—11) u. je 1,00 ml 10^{-1} m H_2O_2-Lsg. ein. Zu der einen Lsg. gibt man die zu untersuchende Al-Lsg., füllt beide Lsgg. mit W. auf 5,00 ml auf u. erhitzt im sd. Wasserbad. Nach 2 Min. zeigt die Al-haltige Lsg. eine violette Farbe, während die Al-freie Lsg. orangegelb ist. Die Erfassungsgrenze beträgt 0,1 μg Al, die Grenz-Konz. $1 : 5 \cdot 10^7$. F. Sarfert. G 294□

Bestimmung der „Aktivität nach Ziegler" von Organoaluminiumverbindungen mit physikalischer Indizierung. 2. Mitt. **Calorimetrische Titration.** E. G. Hoffmann und W. Tornau. (Z. analyt. Chem. **188**, 321—34, 1962; Mülheim/Ruhr, MPI für Kohleforsch.; dt.) — 1. vgl. C. **1962**, 12409. — Das Verf. der calorimetr. Titration wird auf die Best. von Al-Trialkylen auf Grund der Wärmetönung der Komplex-Bldg.-Rkk. mit tert. Aminen u. mit Äthern in organ. Lsgm. u. der Wärmetönung bei der Solvolyse mit Alkoholen angewendet. Die Solvolyse erfolgt mit prim. Alkoholen in 3 Rk.-Stufen, von denen die ersten beiden durch ausgeprägte Knickpunkte in der Titrationskurve markiert werden. In der Analysensubstanz vorhandene oxydierte Anteile bewirken eine Verringerung des Titrationsmittelverbrauches in der 1. Solvolysenstufe gegenüber dem Verbrauch in der 2. Stufe, so daß eine Best. der „Aktivität" der aluminoorgan. Verb. aus dem Verhältnis der für die beiden Rk.-Schritte verbrauchten Titriermittelmenge möglich ist. Bei Verw. von sek. Alkoholen als Titriermittel ist die 2. Rk.-Stufe kaum noch, bei Verw. von tert. Alkoholen überhaupt nicht mehr zu erkennen, die 1. dafür um so ausgeprägter. — Als Beispiele sind angegeben: die Titration von Al-Triäthyl (I) mit Triäthylamin (TA) in Cyclohexan, von Dipropylaluminiumhydrid mit Ta u. mit Di-n-butyläther, von Diäthylaluminiumchlorid (II) sowie eines Gemisches von I u. II mit Ta, die stufenweise Titration von Al-Trimethyl in Cyclohexan mit 2-Äthylcyclohexanol, von Al-Tri-n-butyl in Bzl. mit Methanol, von Al-Triisobutyl mit Methanol sowie die Titration von I mit Isopropanol, Cyclohexanol u. tert.-Butanol. — Aus dem Anstieg am Beginn der Titrationskurve läßt sich die Rk.-Enthalpie berechnen. Als Beispiele sind die für die Rkk. mit einer Reihe von Al-Trialkylen u. Dialkylaluminiumchloriden als Acceptoren u. TA als Donator gefundenen ΔH-Werte aufgeführt. W. Betcke. G 294□

Die Trennung des Indiums von Aluminium durch Extraktion als Dibutylammoniumindiumsulfid. Max Ziegler. (Z. analyt. Chem. **180**, 348—50, 1961, Göttingen, Univ., Anorgan.-Chem. Inst.; dt.) — *Dibutylammoniumpolysulfid*, $[DBA]_2S_x$ (I), aus 130 g Di-n-butylamin (II) in 200 ml Methanol, 32 g Schwefel u. Einleiten von H_2S hergestellt, eignet sich zur Abtrennung des *In* vom Al bis zum Verhältnis 1 : 15. — Die schwach saure Probe-Lsg. mit $\leqq$ 40 mg In wird mit 10 ml I-Lsg. u. 8 ml II (zur Neutralisation) versetzt u. der gebildete anion. Metallkomplex mit CH_2Cl_2 extrahiert. Für die 2. Extraktion wird die gleiche Menge CH_2Cl_2 unter Zusatz von 5 ml I-Lsg. u. 2,5 ml II verwendet u. dann nochmals mit 20 ml CH_2Cl_2 ausgeschüttelt. In der organ. Phase wird In als In_2O_3, in der wss. Phase Al als Al_2O_3 bestimmt. E. Faulhaber. G 296□

Die Bestimmung von Gallium und Indium in Glycerin-Plattierungsbädern. Eugene P. Cocozza. (Chemist-Analyst **49**, 46—47, Juni 1960; Landsdale, Pa., Landsdale Tube Co.; engl.) — Zur Best. von Ga u. In nebeneinander in galvan. Glycerinbädern der elektron. Industrie wird Ga als Chlorokomplex in Ae. extrahiert u. ebenso wie In komplexometr. titriert. 50 ml der Bad-Lsg. (ca. 15 mg Ga u. ca. 375 mg In) werden 6n an HCl gemacht u. mit HCl-gesätt. Ae. ausgeschüttelt. Der Rückstand der Ae.-Phase wird in 2%ig. HCl aufgenommen u. die Lsg. mit CH_3COONa auf pH 3,5 gebracht. Ein entsprechender Teil der wss. Phase wird auf pH 2,5 eingestellt. Beide Metalle werden nach Zusatz von 3 Tropfen einer Mischung aus äquivalenten Teilen 0,02m $CuSO_4$ u. 0,02m EDTA u. 4 Tropfen einer 0,1%ig. alkohol. Lsg. von 1-(2-Pyridylazo)-2-naphthol als Indicator gegen 0,02m EDTA (Ga in der Hitze) titriert. W. Betcke. G 296□

Rücktitration mit Quecksilber(II)-nitrat in alkalischem Medium. Mikrobestimmung von Gallium und Indium sowie die Analyse ihrer Gemische mit einigen anderen Metallen. H. Khalifa und M. M. Khater. (Z. analyt. Chem. **184**, 92—98, 1961; Giza, Egypt., Cairo Univ., Fac. of Sci.; engl.) — Vff. beschreiben ein Verf. zur Best. von 0,07—11 mg Ga u. 0,05—18 mg In in ca. 25 ml Lsg. bei pH 9,5, wonach zunächst mit überschüssiger EDTA-Lsg. versetzt u. anschließend mit $Hg(NO_3)_2$-Lsg. potentiometr. zurücktitriert wird. Die Gemische Ga/Cu, Ga/Cu/Hg, In/Zn, In/Cd, In/Cu u. In/Ni sowie In/Hg/Zn oder Cd, Cu, Ni wurden analysiert. K. Ohls. G 296□

Die Bestimmung von Indium und Thallium in G-1, W-1 und anderen Silicatgesteinen mit Hilfe eines neuen Verfahrens. R. R. Brooks und L. H. Ahrens. (Geochim. cosmochim. Acta [London] **23**, 145—47, April 1961; Kapstadt, Univ., Dep. of Chem.; engl.) — Vorläufige Mitt. über ein kombiniertes Emissions-Verf. mit chem. Voranreicherung der In u. Tl-Spuren aus Silicaten. G 1 enthält 1,29 ppm, W 1 ca. 0,15 ppm Tl. Die Werte für In liegen zwischen 0,026 u. 0,042 ppm für G 1-Granit sowie zwischen 0,064 u. 0,094 ppm für W 1-Diabas. H. Moenke. G 296□

Potentiometrische Bestimmung von Thallium(III) mit Ascorbinsäure. Rita Bhatnagar, M. L. Bhatnagar und N. K. Mathur. (J. sci. ind. Res. [New Delhi], Sect. B **21**, 44—45, Jan. 1962; Jodphur, Jaswant Coll, Dep. of Chem.; Jodhpur, Engng. Coll.,Chem. Labor.; engl.) — Als Red.-Mittel bei der potentiometr. Titration von Tl(III) ist Ascorbinsäure wegen ihrer guten Luftbeständigkeit bes. geeignet. Die Red. erfolgt am besten in 2n H_2SO_4 bei 40—50°. Als Indicatorelektrode dient eine Pt-Spirale u. als Bezugselektrode eine gesätt. Kalomelelektrode. Der relative Fehler beträgt $\pm$ 0,6%. G. Pankow. G 297□

Photometrische Bestimmung von Titan mit 2-[α-Piperidinoisopropyl]-4-hydroxytetrahydrofuranon-(3). O. R. Skorochod, I. G. Tischtschenko und I. N. Wolheiko. (Журнал Аналитической Химии [J. analyt. Chem.] **16**, 426—29, Juli/Aug. 1961; Minsk, Weißruss. Lenin-Univ.; russ., Auszug: engl.) — Titan(IV) reagiert in saurer Lsg. mit 2-[α-Piperidinoisopropyl]-4-hydroxytetrahydrofuranon-(3) unter Bldg. eines Komplexes der Zus. 1 : 2. Die Lsg. des Komplexes ist rotbraun, das Maximum der Absorption liegt bei 420 nm. Die Lsgg. gehorchen dem Beerschen Gesetz u. sind 1 Std. hindurch farbbeständig. Die Nachw.-Empfindlichkeit für Ti beträgt 1 : 10^6. Fe(III) in größeren Mengen stört die Ti-Bestimmung. In Ggw. von Fe(III) wird Ti mit NH_3 nach Zugabe von Komplexon III abgetrennt. Der Nd. wird in H_2SO_4 gelöst u. die Lsg. mit dem Reagens angefärbt. E. Asmus. G 321□

Einige Besonderheiten der spektralen Sauerstoffbestimmung in Titan. N. Ss. Swentitzki, K. I. Taganow und S. I. Schlepkowa. (Известия Академии Наук СССР, Серия Физическая [Nachr. Akad. Wiss. UdSSR, physik. Ser.] **23**, 1118—20, Sept. 1959; russ.) — Vff. untersuchen die Intensität der Linien Ti II 4571,9 Å u. Cu II 4555,9 sowie Zr II 4156,2 u. Cu II 4909,0 von TiO_2 bzw. ZrO_2 (0,5—5%) in Cu-Pulvern. Ferner wird die Intensität verschiedener O-Linien bestimmt. Ebenso wird die Intensität der O-Linien in metall. Ti ermittelt sowie der Einfl. von Ca u. Elektroden aus Spektralkohle, W, reinem Al u. Ti-Jodid untersucht. O aus TiO_2 wird unter verschiedenen Entladungsbedingungen gut bestimmt, während die Best. in Ti bei sehr geringen O-Konzz. nicht sehr genau ist. Die Genauigkeit steigt bei Verringerung der Entladungsenergie. D. Hoene. G 321□

Photometrische Bestimmung von Zirkonium mit Xylenolorange. W. F. Lukjanow und Je. M. Knjasewa. (Журнал Аналитической Химии [J. analyt. Chem.] **16**, 248—59, März/April 1961; russ., Auszug: engl.) — 0,2—0,5 g des zu untersuchenden Erzes u. 5—10 g Na_2O_2 werden bei 650° geschmolzen. Die abgekühlte Schmelze wird mit 250 bis 300 ml W. bis zur Zers. von H_2O_2 gekocht (W. wird nachgefüllt) u. das Gemisch durch ein hartes Papierfilter abfiltriert. Der 1. Teil des Filtrats wird auf die Abwesenheit von H_2O_2 kontrolliert. Der Rückstand auf dem Filter wird 3—4mal mit 5%ig. NaOH-Lsg. u. 1—2mal mit W. gewaschen, in etwas warmer 2n HCl gelöst, abgekühlt u. mit 2n HCl auf 200 bzw. 250 ml aufgefüllt. 5 bzw. 10 ml dieser Lsg. werden mit 0,5 ml wss. 0,01 m Xylenolorange (**I**)-Lsg. versetzt u. mit 0,5n HCl auf 50 ml aufgefüllt. Die Best. der opt. Dichte erfolgt unter Verw. des Lichtfilters Nr. 5 ($\lambda = 536$ mμ); die Schichtdicke der Lsg. beträgt 20 mm. Die Empfindlichkeit u. Selektivität des **I**-Reagens ist der von Alizarin S, Arsenazo I, Arsenazo III u. von Brenzcatechinviolett gleichwertig. Die Best. wird durch Cl^-, NO_3^-, ClO_4^-, SO_4^{2-} u. Tartrat nicht, von Cr^{3+}, Bi^{3+}, F^- u. PO_4^{3-} dagegen gestört. S. Baryschnikow. G 322□

Spektrophotometrie von Thorium mit Thoron in Gegenwart von Zirkonium. E. Cerrai und F. Gazzarrini. (Energia nucleare **7**, 358—60, Mai 1960; Milano, Labor. CISE; ital.) — Bei der Th.-Best., die häufig zur Altersbest. gewisser pluton. Gesteine in Ggw. von Zr ausgeführt wird, stört Zr stark durch Bldg. einer absorbierenden Verb. mit Thoron. Zusatz von 1 ml 35%ig. H_2O_2 für 25 ml Endvol. unterdrückt diese Störung so vollständig, daß die spektrophotometr. Best. bei 545 nm von 0,2 mg Th in Ggw. der 200fachen Zr-Menge nur einen Überbefund von 3,5% gibt. W. Stross. G 324□

Radiochemische Bestimmung von Thoriumisotopen in Uran-Prozeßwässern. Henry G. Petrow, Bernard Sohn und Robert J. Allen. (Analytic. Chem. **33**, 1301—03, Sept. 1961; Cambridge, Mass., Ionics Inc.; engl.) — Die *Th*-Best. in U-Fabrikabwässern erfordert eine genaue, empfindliche u. von Störungen durch anion. oder kation. Verunreinigungen freie Methode. 200 ml der Unters.-Lsg. werden mit H_2SO_4 oder Ammoniak auf pH 0,5—2 eingestellt u. mit 11 ml konz. H_2SO_4 versetzt. Nach Red. von Fe^{3+} u. V^{5+} mit Ascorbinsäure wird 2 Min. lang mit 50 ml einer 10%ig. Lsg. von Alamine 336 [Tricaprylylamin (**I**)] in Bzl. geschüttelt. Die wss. Phase wird 2mal je 2 Min. lang mit 50 ml einer 10%ig. Lsg. von Primene JM-T (C_{18}—C_{23} aliphat. prim. Amingemisch) in Bzl. extrahiert, u. die organ. Schicht 2mal mit je 20 ml 1 m H_2SO_4 2 Min. lang gewaschen. *Th* wird aus dieser organ. Lsg. durch 2 Min. langes, 2maliges Schütteln mit je 15 ml 9m HCl ausgezogen. 50 ml 10%ig. **I**-Lsg. dienen zur Entfernung letzter Verunreinigungen u. werden nach 2maligem Waschen mit je 5 ml 9m HCl verworfen. Die wss. Lsg. wird eingedampft, u. der Rückstand nach Glühen bei 600—700° in 10 ml konz. HNO_3 gelöst. Nach Einengen auf 1 ml wird genau auf 10 ml verd. u. zur ^{230}*Th*-Best. ein aliquoter Teil in einem Zählschälchen (rostfreier Stahl) eingedampft, geglüht u. dessen α-Aktivität gemessen. Zur Best. von natürlichem *Th* wird ein Teil der gereinigten Lsg. mit 1 ml 70%ig. $HClO_4$ versetzt u. zur Trockne eingedampft, der Rückstand mit 0,33m HCl aufgenommen, mit 1 ml einer 0,1%ig. wss. Thoron-Lsg. gemischt, mit 0,33 m HCl auf 10ml aufgefüllt, u. die Absorption dieser Lsg. bei 545 mμ gegen eine Lsg. von 0,01% Thoron in 0,30m HCl gemessen. Zur Analyse von festen Proben wird mit konz. HNO_3, 48%ig. HF u. 70%ig. $HClO_4$ abgeraucht, mit konz. HCl aufgenommen u. dann wie vorher verfahren. Der Dekontaminationsfaktor für U ist 10^5, für Po u. Bi 10^4, für Ra u. Pb $5 \cdot 10^3$. Ca, Mg, Mo, Al, Seltenerdmetalle, Ac, Pa, Fe^{2+}, V^{4+}, Ni, Co, Cu, Zn, Alkalien, Cr^{3+}, Cr^{6+}, Mn^{2+}, Mn^{7+} u. Zr (0,2 g ZrO_2/Liter) stören nicht. Bei Anwesenheit von Ti muß an Stelle der 9m HCl 12m HCl verwendet u. hieraus Ti mit 100 ml einer 30%ig. Lsg. von Aliquat 336 (Methyltricaprylylammoniumchlorid) in Bzl. extrahiert werden. Einige Anionen stören, wenn sie in höheren Konzz. vorhanden sind. Maximal 22 g NO_3^-, 25 g Cl^-, 30 g ClO_4^-, 50 g PO_4^{3-}, 10 g F^- u. 50 g SO_4^{2-} pro Liter stören nicht. Die Meth. kann zur Best. anderer Th-Isotope ebenfalls benutzt werden. Empfindlichkeit u. Genauigkeit sind gut. W. Hein. G 324□

Bestimmung von Spurenverunreinigungen im metallischen Uran. 8. Mitt. **Die photometrische Bestimmung von Thoriumspuren im metallischen Uran.** Daido Ishii und Tsugio Takeuchi. (Japan Analyst **10,** 1125—29, Okt. 1961; Nagoya, Univ., Fac. of Engng., Inst. of Technoanalyt. Chem.; jap., Auszug: engl.) — Vgl. C. **1962,** 13144. — Große Mengen U lassen sich durch Extraktion mit Tributylphosphat–Bzl. aus einer 4,5—5n HCl-Lsg. vom begleitenden Th trennen. Diese Meth. ist der Trennung durch Ausfällen oder mittels Ionenaustauscher überlegen. Bei 1 g Probenmaterial in 10 ml Lsg. konnten mit Thorin als Reagens 10—60 ppm Th bei 545 mμ u. 1 cm Schichtdicke bestimmt werden. Außerdem wurde eine Unters. zur Abtrennung der Th-Spuren im U erfolgreich durch Verw. der von Anfang an vorhandenen Träger UX_1 u. UX_2 u. durch ihre Best. nach dem Abwarten des Strahlungsgleichgewichts durchgeführt.
K. Ross. G 324□

Bestimmung von Spurenverunreinigungen im metallischen Uran. 16. Mitt. **Die gleichzeitige Bestimmung von Spurenmengen an Kupfer, Blei, Cadmium, Zink, Nickel und Kobalt im metallischen Uran durch Dithizonextraktion und Wechselstrompolarographie.** Ken Saito und Tsugio Takeuchi. (Japan Analyst **10,** 1129—34, Okt. 1961; Nagoya, Univ., Fac. of Engng., Inst. of Technoanalyt. Chem.; jap., Auszug: engl.) — Vgl. vorst. Referat. — Das metall. U wird in HCl/H_2O_2 gelöst, zur Trockne eingeengt u. in verd. HCl aufgenommen. Dann wird NH_4-Citrat zugegeben u. mit NH_4OH pH 8,5—9 eingestellt. Cu, Pb, Cd, Zn, Ni u. Co werden mit Dithizon–Bzl. extrahiert u. Pb, Cd u. Zn mit 0,3n $HClO_4$ ausgeschüttelt. Durch Wechselstrompolarographie wird zunächst Pb u. Cd u. nach Zugabe von Pyridin Zn bestimmt. Der Dithizonextrakt mit Cu, Ni u. Co wird fast zur Trockne eingeengt, mit $HClO_4$ versetzt u. nochmals zur Trockne erhitzt. Nach dem Abkühlen wird mit 0,3n $HClO_4$ aufgenommen. Durch Wechselstrom-Polarographie wird Cu u. nach Zugabe von Pyridin Ni u. Co bestimmt. K. Ross. G 339□

Analytische Verwendung von Embelin. 3. Mitt. **Bestimmung und Trennung von Kupfer und Cadmium.** C. Bheemasankara Rao, V. Venkateswara Rao und V. Venkateswarlu. (Z. analyt. Chem. **185,** 216—18, 1962; Waltair, India, Andhra Univ., Dep. of Chem.; engl.) — 2. vgl. C. **1962,** 962. — Cu wird durch Embelin (I) bei pH 2,5—6 quant. als braunvioletter Nd. schwankender Zus. gefällt; bei pH 6,0—6,5 bildet sich ein unlösl. Komplex der konst. Zus. $CuC_{17}H_{24}O_4$, der sich direkt oder nach Veraschung als CuO gewichtsanalyt. bestimmen läßt. Da Cd ebenfalls bei pH 6,0—6,5 quant. als grünlichblaues Embelat fällt, lassen sich beide Elemente nebeneinander durch Umstimmung des pH-Wertes quant. trennen, indem man erst Cu bei pH 2,5—3 fällt, u. nach der Veraschung als CuO auswägt. Cd wird im Filtrat bei pH 6,0—6,5 u. 60° gefällt u. nach dem Trocknen bei 110—115° als $CdC_{17}H_{24}O_4$ gewogen.
H. Nentwig. G 358□

Beiträge zur Kenntnis des Mechanismus der Redox-Reaktionen. 2. Mitt. **Die volumetrische Bestimmung von Kupfer und Zink ohne vorherige Trennung.** E. Trandafirescu und Jana Iordăchescu. (Farmacia [Bucureşti] **6,** 37—42, Jan./Febr. 1958; Bucureşti, Univ., Fac. farm., Labor. chim. neorgan.; rum.) — Vff. gehen davon aus, daß sich gewisse klass. Redox-Rkk., die für Cu- u. Zn-Ionen charakterist. sind, für die Best. dieser Ionen eignen. In einer neutralen oder schwach sauren Lsg., die außer $CuSO_4$ u. $ZnSO_4$ auch KJ enthält, wird zuerst Cu mit 0,1 $Na_2S_2O_3$-Lsg. u. anschließend Zn in Ggw. von $K_3[Fe(CN)_6]$ u. K_2SO_4 jodometr. bestimmt. Gravimetr. u. polarograph. Kontroll-Verss. rechtfertigen die Anwendung dieser Meth., die sich bes. für die Best. von Cu u. Zn in Legg. eignet. J. Lehmberg. G 358□

Die Bestimmung von Kupfer, Blei und Zink in Abbränden und Flugstäuben. M. Herrmann. (Rev. univ. Mines, Métallurgie, Mécan., Trav. publ., Sci. Arts appl. Ind. [9] **17 (104),** 257—59, April 1961; Frankfurt/M.-Höchst, Farbwerke Hoechst AG; dt.) — Mit Hilfe der Röntgenemissions-Spektralanalyse läßt sich die Best. von Cu, Pb u. Zn in Abbränden u. Flugstäuben in 45 Min. mit hinreichender Genauigkeit durchführen. Eine gut reproduzierbare Verteilung der Analysensubstanz im Probehalter wird durch die Emulgier-Meth. (vgl. Bock u. Herrmann, C. **1958,** 1657) erzielt. Zur Cu-, Pb- u. Zn-Best. wird eine Einwage von 2,0 g benötigt. Die daraus hergestellte Emulsion wir in den Präp.-Träger eingefüllt, in den als Bodenfolie eine Hostaphanfolie eingespannt wird. Zur Anregung wird eine Mo-Röhre verwendet, die mit 30 kV u. 10 mA belastet wird. Zur Cu-Best. werden die Impulse der Kα-Linie bei 45,02° gezählt u. nach Abzug der Untergrundintensität bei 48,00° wird aus einer Eichkurve der Cu-Geh. ermittelt. Die Cu-Werte sind auf 0,1% reproduzierbar. Nach der Cu-Best. werden in der gleichen Probe die Intensitäten der Pb-Lα-Linie bei 33,95° u. der Zn-Kα-Linie bei 41,83° ermittelt. Die Vorsatzblenden vor dem Geiger-Müller-Zählrohr werden so ausgewählt, daß ca. 100—300 Impulse/sec aufgenommen werden. Bei As-haltigen Abbränden u. Flugstäuben beeinflußt der As-Geh. die Intensität der Pb–Lα-Linie. Deshalb benutzt man die Intensität der Pb–Lβ-Linie, wobei sich die Zugabe von U als innerer Standard bewährt hat. Eine zweite Möglichkeit ist, die Intensität der Pb–Lβ-Linie zu vermessen u. nach Abzug der Untergrundintensität auszuwerten.

H. Teschner. G 358□

Dalzin als analytisches Reagens: Die Bestimmung von Kupfer, Zink und Nickel in einer Mischung. N. K. Dutt und A. Datta Ahmed. (Sci. and Cult. [Calcutta] **27**, 207, April 1961; Calcutta, Univ. Coll. of Sci., Inorg. Chem. Labor.; engl.) — Das bereits bei Einzel-Best. von Cu, Zn u. Ni u. bei der Trennung von Zn oder Ni von Cu verwendete Reagens Dalzin läßt sich auch für Ni–Zn-Trennungen benutzen: Ni u. Zn werden durch Zusatz von KCN in die Cyanidkomplexe übergeführt. Beim Kochen der mit Essigsäure angesäuerten Lsg. (pH 6,6) wird der Zn-Komplex zerstört u. Zn kann bei pH 8,3 gefällt werden. Der Ni-Komplex wird dann durch Kochen mit verd. H_2SO_4 zerstört. Ist Cu anwesend, so wird dieses vorher in Ggw. von Citronensäure bei pH 3 gefällt.

W. Betcke. G 358□

Chromatographische Mikrobestimmung von Kupfer, Nickel, Cadmium und Zink. Jerzy Minczewski und Aleksandra Fołdzińska. (Chem. analit. [Warszawa] **5**, 575—80, 1960; Warszawa, Inst. Badań Jądr., Zakł. Chem. analit.; pol.) — Streifen von Whatman Nr. 2-Papier werden in eine Puffer-Lsg. (pH 9) getaucht, getrocknet u. mit einer 0,05%ig. Dithizon-Lsg. in CCl_4 getränkt. Die Lsg. der Metallnitrate wird aufgetragen u. mit Ammoniak entwickelt. Die geringste Beweglichkeit auf dem Papier hat der Cu-Komplex (brauner Fleck), es folgen Cd (gelbbraun), Ni (violett) u. Zn (hellrot). Der günstigste Konz.-Bereich für die Trennung u. Best. ist 1—10 μg/ml. Für die Best. wird nur 1 Tropfen der Lsg. benötigt. Für die quant. Auswertung ist ein Vgl.-Chromatogramm heranzuziehen. Pb u. Mn stören nicht, Co darf in Mengen von höchstens 3 μg/ml vorhanden sein.

F. Urban. G 358□

Methode der colorimetrischen Mikrobestimmung von Kobalt und Kupfer mit Natrium-p-aminosalicylat. Radu Ralea und Neculai Iorga. (An. ştiinţ. Univ. „Al. I. Cuza" Iaşi, Secţ. I **2**, 211—26, 1956; rum.) — In Ggw. von Na-p-Aminosalicylat (I) werden Co^{2+} u. Cu^{2+} durch Na_2O_2 unter intensiver Braunfärbung oxydiert. Vff. entwickeln aus dieser Rk. ein Verf. zur Mikrobest. von Co u. Cu. Bei der Co-Best. gibt man in einen 25-ml-Meßkolben einige ml einer Lsg. mit 0,003—0,3 mg Co, 5 ml 4m I-Lsg. u. einige Körner Na_2O_2, nach 10 Min. 0,75 ml 1m Na_2SO_4-Lsg. u. W. bis zur Marke. Die colorimetr. Best. erfolgt auf Grund einer Eichkurve, die bei 0,0021 mg Co/ml einen Knickpunkt zeigt. Die Co-Best. ist auch in Ggw. von Fe (1 : 40), Pb, Sn, V (1 : 1000), Mn (1 : 60), Cr (1 : 600) u. Ni (1 : 70) durchführbar, Cu stört. Bei der Cu-Best. verfährt man analog mit einer Lsg. von 0,008—0,8 mg Cu, 5 ml I-Lsg., 10 ml NaOH, 0,15—0,20 g Na_2O_2 u. nach 20 Min. 1,25 ml Na_2SO_4 u. W. bis zur Marke. Fe (1 : 40), Pb, Sn (1 : 100) u. Cd (1 : 60) stören nicht, wohl aber Co. Die Braunfärbung wird in beiden Fällen durch Grünfilter aufgenommen.

R. K. Müller. G 358□

Bis-[salicylaldehyd]-äthylendiamin als analytisches Reagens. 2. Mitt. Bestimmung von Kupfer. Bhu Ratna Singh und Satya Kumar. (Z. analyt. Chem. **185**, 259 bis 262, 1962; Nainital, India, D.S.B. Governm. Coll., Chem. Labor.; engl.) — 1. vgl. C. **1962**, 7262. — Cu läßt sich mit Bis-[salicylaldehyd]-äthylendiamin bei einem pH-Wert 10,5—13,5 als Komplex der Zus. $C_{16}H_{14}N_2O_2 \cdot Cu$ quant. fällen, bei 100—120° trocknen u. gewichtsanalyt. bestimmen. Der Nd. ist beständig gegen überschüssiges Ammoniak, 0,1n Alkali, Ammoniumsalze sowie Tartrat, Citrat, Thiosulfat, F^-, Thioharnstoff, Triäthanolamin u. ÄDTA. In Ggw. von Tartrat u. Ammoniak stören nicht: Alkalien, Erdalkalien, Ag(I), Tl(I) u. (III), Pb(III), Cd(II), Co(II), Mn(II), Pd(II), Al(III), Cr(III), La(III), Ce(III), Au(III), Pt(IV), Ti(IV), Zr(IV), Th(IV), UO_2^{2+} sowie VO_3^-, MoO_4^{2-}, WO_4^{2-}, CrO_4^{2-}, PO_4^{3-} u. AsO_4^{3+}. Ni(II) u. Hg(II), lassen sich mit Tartrat, EDTA u. NH_3, As(III), Sb(III) u. Sn(II) mit K_2F_2 maskieren. In 0,1n alkal. Lsg. in Ggw. von Tartrat können As(III), Sb(III), Sn(II), Bi(III), Zn(II) u. Fe(III) abgetrennt werden. Fe(III) kann auch mit Triäthanolamin bei pH 13,0 maskiert werden. H. Nentwig. G 358□

Respropiophenonoxim als Reagens zur Bestimmung von Kupfer. J. S. Dave und A. R. Patel. (Current Sci. [Bangalore] **29**, 472, Dez. 1960; Baroda, M. S. Univ., Fac. of Sci., Chem. Dep.; engl.) — Verd., mit NaOH neutralisierte u. mit 2n Essigsäure erneut angesäuerte $CuCl_2$-Lsg. wird in der Siedehitze mit überschüssiger 1%ig. Respropiophenoxim-Lsg. tropfenweise versetzt, der braune Nd. abgesaugt, mit essigsaurem W. gewaschen, bis das Filtrat keine $FeCl_3$-Rk. mehr gibt u. der Nd. bei 110—120° getrocknet. Der Cu-Geh. des Prod. (F. 284°) beträgt 15,008%, entsprechend der theoret. Zus. $Cu(C_9H_{10}O_3N)_2$. F.-M. Friedrich-Anderseck. G 358□

Radiometrische und amperometrische Titrationen von Kupfer mit T-Anthranilsäure. G. H. Aylward, J. L. Garnett, J. W. Hayes und S. W. Law. (J. inorg. nuclear Chem. **16**, 350—55, Febr. 1961; Sydney, Univ. of N.S. Wales, Dep. of Anal. and Phys. Chem., Radiation Labor.; engl.) — Es wird eine Meth. der radiometr. Titration von Metallionen mit einem ^3H-indizierten organ. Reagens beschrieben (Tritiometrie), bei der das Reagens im Überschuß zugegeben u. aus der Aktivität der überstehenden, nicht verbrauchten Maß-Lsg. auf die Menge des zu bestimmenden Ions geschlossen wird. Als Beispiel wurden Titrationen von 1,5 u. 3,0 mmol Cu^{2+}-Lsgg. gegen ^3H-markierte Anthranilsäure durchgeführt. Zum Vgl. wurde Cu^{2+} in 0,1 m Acetat-Lsg. mit einem Geh. von 0,002% Triton X-100 amperometr. gegen 0,17 m Na-Anthranilat-Lsg. (das in dem Trägerelektrolyten nicht red. wird) titriert. Die Ergebnisse stimmen gut überein u. sind reproduzierbar. W. Betcke. G 358□

Spektrophotometrische Bestimmung von Kupfer mit Äthylendiamin. E. A. Tomic und J. L. Bernard. (Analytic. Chem. **34**, 632—35, Mai 1962; Wilmington, Del., E. I. du Pont de Nemours & Co., Explosives Dep.; engl.) — Äthylendiamin(en) bildet mit Cu^{2+} die blauen Komplexionen $[Cu\ en_2]^{2+}$ u. $[Cu\ en_3]^{2+}$. Wenn ein 500facher Überschuß an en gegenüber Cu nicht überschritten wird, kann die Best. bei 540 nm durchgeführt werden. Das Beersche Gesetz ist für 20—1000 ppm Cu erfüllt. Der pH-Wert soll > 5 sein. CH_3COO^-, NO_3^-, SO_4^{2-} u. Tartrat in 1 m Konzz. stören nicht. Cl^- stört durch Erhöhung der Extinktion. Th^{4+}, Fe^{3+}, Al^{3+}, Cr^{3+}, Ti^{3+}, Mn^{2+}, Ca^{2+}, Mg^{2+}, Sn^{2+}, UO_2^{2+}, WO_4^{2-}, MoO_4^{2-} u. VO_3^- stören nicht. Co u. Ni stören, Ni jedoch nur in Konzz. über 23 mg/100 ml. Nach dieser Meth. wurden Erze u. Legg. analysiert. P. Kurzmann. G 358□

Photometrische Bestimmung von Kupfer mit Diacetyldithiobenzhydrazon. Gerhard Bähr und D. Thiele. (Chem. Techn. **10**, 420, Juli 1958; Greifswald, Ernst-Moritz-Arndt-Univ., Inst. für anorg. Chem.; dt.) — Cu^{2+} bildet mit Diacetyldithiobenzhydrazon in halbkonz. H_2SO_4 einen violetten Chelatkomplex, der mit Chlf. extrahierbar ist. Die Absorptionsmaxima der Verb. liegen bei 5300 Å ($\varepsilon = 3090$) u. 3750 Å ($\varepsilon = 16620$), das Beersche Gesetz wird im Konz.-Bereich von 6—488 μg/ml erfüllt. Bei Cu-Geh. von 150—400 μg beträgt der mittlere Fehler des Verf. $\pm$ 0,9%. Ag, Zn, Cd, Al, Pb, Sn, Cr, Mn, Fe, Co, Ni stören nicht; As, Sb u. Au müssen durch Dest. aus HBr-Lsg. entfernt werden, wenn ihr Verhältnis zu Cu den Wert 40, 4 bzw. 1 übersteigt. Das Verf. eignet sich zur Unters. H_2SO_4- bzw. $HClO_4$-lösl. Leichtmetall-Legg. mit 0,01 bis 0,1% Cu. F.-M. Friedrich-Anderseck. G 358□

Bestimmung von Kupfer durch eine Luminescenzaktivierungsmethode. Richard C. Ropp und Nelson W. Shearer. (Analytic. Chem. **33**, 1240—42, Aug. 1961; Towanda, Pa., Sylvania Electric Prod., Inc.; engl.) — Es wird eine Luminescenzaktivierungs-Meth. zur Best. von Cu in Lsgg. beschrieben, die auf der Adsorption des Cu auf Ag-aktiviertem ZnS beruht. Durch anschließendes Erwärmen erfolgt die Cu-Aktivierung des Leuchtstoffes. Die Intensität der induzierten grünen Fluorescenz, die neben der ursprünglichen blauen beobachtet wird, ist dem Cu-Geh. der Lsg. direkt proportional u. kann mit Standard-Cu-Lsgg. geeicht werden. Die beschriebene Meth. ist nahezu selektiv auf Cu. Fremdionen ergeben nur geringe Veränderungen. Die Erfassungsgrenze liegt bei 0,007 ppm Cu, 0,010—500 ppm Cu können mit einer Genauigkeit von 2—3% bestimmt werden. Die Luminescenz-Meth. wird mit der photometr. Neocuproin-Meth. verglichen. Die Reproduzierbarkeit ist für beide Meth. gleich. K. Ohls. G 358□

Analyse von Messing bei Anregung des Spektrums mit Hochfrequenzentladung. Je. Ss. Kudelja. (Заводская Лаборатория [Betriebs-Lab.] **26**, 1374—75, 1960; Inst. für Metallkeramik u. Spezial-Legg. der Ukrain. Akad. der Wiss.; russ.) — Bei Anregung mit einer Tesla-Entladung (Primärstrom 0,8 A, Sekundärspannung 3500 V, $c = 0{,}001\ \mu F$) wird der Einfl. dritter Partner unterdrückt u. *Zn, Si, Pb, Sn, Mn* u. *Fe* können in Si- u. Pb-haltigem Messing nach gemeinsamen Eichkurven bestimmt werden. Die Proben werden mit Cu-Gegenelektrode 50—60 Sek. lang abgefunkt, zur Aufnahme dient ein Spektrograph ISP-22 (ISP-28) mit linsenloser Spaltbeleuchtung. Der Variations-Koeff. beträgt 3—3,5%. R. Gerbatsch. G 358□

Schnellanalyse binärer Messingsorten mit einem automatischen Spektrometer. János Belán und Bruno Vorsatz. (Kohászati Lapok [Ung. Z. Hüttenwes.] **95**, Nr. 3, Öntöde **13**, 67—69, März 1962; Budapest, Csepel Eisen- u. Metallwerke u. Zentralforsch.-Inst. Phys.; ung.) — Verss. bewiesen, daß das automat. Spektrometer (Spectro-Lecteur, Firma CAMECA) zur Analyse binärer Messingsorten geeignet ist. Die Analysenbedingungen sind angegeben. L. Zombory. G 358

Die Bestimmung von Gold durch extraktive Titration. A. W. Titley. (Analyst **87**, 349—55, Mai 1962; Holmes Chapel, Cheshire, Benger Labor. Ltd.; engl.) — Vf. beschreibt ein Verf. zur Best. von mg-Mengen Au in 0,5n H_2SO_4 bei dem Au mit einer 0,01%ig. Lsg. von Dithizon in Chlf. extraktiv titriert wird. Störungen durch Hg können durch Abdestillieren des Hg, Störungen durch Pt durch vorhergehende Red. des Au^{3+} zu Au u. Filtration, Störungen durch zu hohe HCl- oder HNO_3-Konz. durch Abdampfen bis zum Entstehen von SO_3-Nebeln beseitigt werden. Die Beseitigung der Störungen durch einen großen Überschuß (10facher Überschuß ergab einen Fehler von 2—4%) Co, Cu, Ni, Mn, Zn, Fe, Sn, Pb oder Cd erfolgt wie bei Pt. Die Analysenwerte des Verf., das ca. 30 Min. benötigt, sind bei einem Au-Geh. von 0,2—1,5 mg Au innerhalb 1% reproduzierbar. Eine Vorschrift zur Best. von Au in Au-haltigen Erzen wird angegeben.

J. Kraetsch. G 360□

Spektrophotometrische Bestimmung von Ruthenium mit Thiocyanat. W. L. Belew, G. R. Wilson und L. T. Corbin. (Analytic. Chem. **33**, 886—88, Juni 1961; Oak Ridge, Tenn., Oak Ridge Nat. Labor., Analyt. Div.; engl.) — Vff. beschreiben eine photometr. Best. von Ru über den blauen $[Ru(SCN)]^{2+}$-Komplex. Nach Oxydation zum RuO_4 wird es in CCl_4 extrahiert u. durch NaSCN in salpetersaurer Lsg. aus der organ. Phase entfernt. Nach dieser Meth. wird Ru von störenden Substanzen abgetrennt. Die photometr. Best. des Ru wird nach 30 Min. bei einer Wellenlänge von 590 nm durchgeführt. Das Beersche Gesetz ist für 1—15 ppm Ru erfüllt; der molare Extinktions-Koeff. beträgt $4 \cdot 10^{-4}$ Liter/Mol·cm. Die Extinktion der Probe-Lsg. ist über 24 Std. konstant. Der Einfl. der Fremdionen Th(IV), U(VI) u. Os(IV) wurde untersucht. Die Standardabweichung beträgt für Analysen mit 0,2 mg Ru/ml 1,96%.

K. Ohls. G 363□

Radiochemische Bestimmung von Ruthenium durch Solventextraktion und Darstellung trägerfreier Rutheniumaktivität. Jesse W. T. Meadows und George M. Matlack. (Analytic. Chem. **34**, 89—91, Jan. 1962; Los Alamos, N.Mex., Univ. of California, Los Alamos Sci. Labor.; engl.) — Zur Best. des als Spalt-Prod. in Pu, das unter Neutronenbeschuß stand, vorkommenden Ru wird es als RuO_4 aus einer wss. Lsg. vom pH 4 mit CCl_4 extrahiert. In Ggw. von Zr als Rückhalteträger wird Ru in einem Extraktionsschritt von allen anderen Spalt-Prodd. getrennt. Ru wird dann mit verd. NaOH aus dem CCl_4 extrahiert, als Mischoxid gefällt u. die β- oder γ-Zählrate bestimmt. Die Extraktions-Meth. ist ebenso genau wie die Dest.-Meth., aber viel schneller. Die Meth. ist ebenfalls zur Darst. trägerfreier Ru-Aktivitäten geeignet.

R. Krämer. G 363□

Spektrophotometrische Bestimmung von Osmium mit Chinisatinoxim. Gilbert H. Ayres und Tedford C. Briggs. (Analytica chim. Acta [Amsterdam] **26**, 340—48, April 1962; Austin, Tex., Univ. of Texas, Dep. of Chem.; engl.) — Os bildet mit Chinisatinoxim (I) in mit Phthalat–HCl-Lsg. auf pH 7 gepufferter methanol. Lsg. einen purpurrot gefärbten Komplex (Absorptionsmaximum bei 515 nm), der sich zur analyt. Best. eignet. Zu 10 ml des Puffergemisches vom pH 5 gibt man 12 ml einer $1{,}5 \cdot 10^{-3}$m I-Lsg. in Methanol + Dimethylformamid (7 : 3), 21,6 ml Methanol u. 6 ml der Probelösung. Die Lsg. wird $1^1/_2$ Std. lang auf dem Wasserbad erhitzt u. mit Methanol auf 50 ml verdünnt. Gegen eine Blindprobe wird die Extinktion bei 515 nm gemessen. Os u. I reagieren im molaren Verhältnis 1 : 2, doch scheinen sich auch höhere Komplexe zu bilden. Die Farbe entwickelt sich langsam, ist aber ca. 7 Tage lang stabil. Der optimale Bereich liegt bei 2—10 ppm Os. Der molare Extinktions-Koeff. beträgt $(1{,}55 \pm 0{,}43) \cdot 10^4$. Verschiedene Elemente, vor allem Fe, Cu u. Ru, stören u. müssen vorher abgetrennt werden.

J. Peters. G 366□

Trennung durch Solventextraktion und spektrophotometrische Bestimmung von Rhodium und Iridium. G. G. Tertipis und F. E. Beamish. (Analytic. Chem. **34**, 623—25, Mai 1962; Toronto, Ontario, Univ. of Toronto, Dep. of Chem.; engl.) — Rh wird von Ir durch Extraktion des in $HClO_4$–HBr-saurer Lsg. mit $SnBr_2$ gebildeten gelben Komplexes mit Isopentylalkohol abgetrennt. Rh wird in der organ. Phase bei 429 nm photometr. bestimmt. Die wss. Phase wird zur Entw. des Ir-Komplexes erwärmt u. dann bei 403 nm photometriert. Es wurden so 10—100 μg Rh u. 7,5—73,8 μg Ir getrennt u. bestimmt.

P. Kurzmann. G 367□

Über die Thermogravimetrie analytischer Fällungen. 65. Mitt. **Bestimmung von Iridium.** Clément Duval, Pierre Champ und Pierre Fauconnier. (Analytica chim. Acta [Amsterdam] **20**, 152—53, 1959; Paris, Labor. de Rech. Micro-analyt., École nat. Supér. de Chim.; Paris, Labor. de l'adm. des Monnaies; franz.) — 64. vgl. C. **1956**, 1689. — Zur Best. von Ir wurden folgende Fällungsmittel erprobt. *Ameisensäure, Mercapto-2-benzothiazol* u. Na_2S. Die therm. Zers. der Ndd. ist graph. dargestellt.

W. Kästner. G 367□

b) Organische Verbindungen

Über eine Adsorption farbiger Stoffe aus Farbreaktionen. 2. Mitt. L. Rosenthaler. (Z. analyt. Chem. **183**, 190–193, 1961; Bern; dt.) — 1. vgl. C. **1962**, 16429. — Es wird Floridin u. teilweise frisch gefälltes AgCl zur Adsorption der Rk.-Prodd. von Farb-Rkk. organ. Verbb. in saurem Medium benutzt. Bei Anwendung von genügend Floridin ist die Adsorption oft quantitativ. Die Farbe der Adsorbate stimmt allerdings nicht immer mit der der Fl. überein. Dauer-Präpp. können mit Nitrocellulose hergestellt werden. H. Nentwig. 5350□

Mikrobestimmung von Kohlenstoff und Wasserstoff mit Stickstoff als Trägergas. Tetsuo Mitsui, Keikichi Yoshikawa und Chieko Furuki. (Mikrochim. Acta [Wien] **1962**, 386–99, Kyoto, Japan, Kyoto Univ., Coll. of Agricult. Dep. of Agricult. Chem.; engl.) — Vff. beschreiben ein Verf. zur Mikro-Best. von C u. H, in dem die Probe im N_2-Strom verbrannt wird, dem eine geeignete Menge elektrolyt. hergestellten O_2 zugemischt wird. Die App. wird ausführlich beschrieben. Ein neues Absorptionsmittel für Halogene u. S-Oxide, ein Verbrennungskatalysator u. eine Rolle aus red. Cu-Drahtnetz dienen als Rohrfüllung. Die N-Oxide aus N-haltigen Substanzen werden am Cu-Drahtnetz reduziert. Ca. 50 Best. können ohne Erneuerung der Drahtnetzrolle durchgeführt werden. Das neue Absorptionsmittel für Halogene u. S-Oxide hat im Vgl. zu dem sonst verwendeten Ag-Draht oder granulierten Ag eine bes. große Kapazität u. beschädigt auch das Verbrennungsrohr nicht, wenn es erschöpft ist. Als Absorptionsröhrchen für W. u. CO_2 werden die von den Vff. beschriebenen Metall-Nadel-Röhrchen verwendet. F. Sarfert. 5352□

Vereinfachtes Verfahren zur Bestimmung des Kohlenstoffs und Wasserstoffs sowie des Schwefels organischer Substanzen. Walter Radmacher und Aloys Hoverath. (Z. analyt. Chem. **181**, 77–84, 1961; Essen, Ruhrkohlen-Beratung G. m. b. H., Brennstoffchem. Inst.; dt.) — Es wird ein neues Verf. zur Best. von C u. H beschrieben (Skizze der App.). Zunächst werden die Dest.- bzw. therm. Zers.-Prodd. der Einwaage mittels eines indifferenten Gases (N_2) durch eine als Brenner wirkende erhitzte Capillare in den Verbrennungsraum des Rk.-Rohres geleitet, in dem sie im reinen O_2 verbrannt werden. Anschließend werden die Verbrennungsrückstände im Entgasungsraum mit O_2 restlos verbrannt. Die sehr heiße Flamme gewährleistet vollständige Verbrennung. Die Beobachtung der Flamme gestattet, den Verbrennungsvorgang zu regeln. Der apparative Aufwand ist gering. Zur Beheizung dienen 2 Bunsenbrenner. Die Endbest. erfolgte gravimetrisch. Das gleiche Prinzip wird zur S-Best. angewandt. E. Faulhaber. 5352□

Mikromethode zur Schwefelbestimmung in organischen Substanzen mit dem neuen Indicator Carboxyarsenazo zur Titration von SO_4^{2-}-Ionen. K. F. Nowikowa, N. N. Bassargin und M. F. Zyganowa. (Журнал Аналитической Химии [J. analyt. Chem.] **16**, 348–51, Mai/Juni 1961; Moskau, Samoilow-Inst. für Düngemittel u. Insektofungicide; Moskau, Vernadsky-Inst. für Geochem. u. anal. Chem.; russ., Auszug: engl.) — Beschreibung einer Mikrometh. zur S-Best. in organ. Substanzen [SO_4^{2-}-Titration mit 0,02n $Ba(NO_3)_2$-Lsg., Carboxyarsenazo (I) als Indicator]. Die vorherige Zers. der Substanz erfolgt nach Schöniger (vgl. C. **1957**, 9177). Die Ggw. von P in der zu untersuchenden Substanz ist störend. Die Fehlergrenze der Best. beträgt ± 0,25%. Die Eigg. u. Synth. von I werden erörtert. S. Baryschnikow. 5352

Schnelle Mikromethode zur Schwefelbestimmung in monomeren und polymeren organischen Verbindungen in Gegenwart von Halogeniden, Stickstoff und Alkalimetallen. A. I. Lebedewa und I. W. Nowoshilowa. (Журнал Аналитической Химии [J. analyt. Chem.] **16**, 223–25, März/April 1961; Leningrad, Inst. für hochmolekulare Verbindungen der Akad. der Wiss. der UdSSR; russ., Auszug: engl.) — Eine schnelle Mikrometh. zur S-Best. in monomeren u. polymeren organ. Verbb. in Ggw. von Cl, Br, N u. Alkalimetallen nach der modifizierten Meth. von Boetius (vgl. C. **1960**, 16206) wird erörtert. Die Fehlergrenze der Meth. beträgt ± 0,3%. S. Baryschnikow. 5352

Eine einfache Prüfreaktion für den Nachweis von Phosphor in organischen Verbindungen. Roger Ketcham und Anne de G. Low-Beer. (J. chem. Educat. **38**, 414, Aug. 1961; San Francisco, Calif., Univ. of California, School of Pharm.; engl.) — Zum qual. Nachw. von P in organ. Verbb. wird während der üblichen Na-Schmelze ein vorher mit einer $AgNO_3$-Lsg. befeuchtetes Stück Filtrierpapier, kurz nachdem die zu untersuchende Substanz in den Na-Dampf getropft wurde, über die Öffnung des Reagensglases gehalten. Bei Anwesenheit von P entsteht sofort ein pechschwarzer Fleck auf dem Papier. Enthalten die organ. Verbb. P in höherer Oxydationsstufe, z. B. Phosphorsäureester, muß zum Gelingen des Nachw. Saccharose zugesetzt werden. N-, J- oder S-haltige Verbb. ergeben graue oder braune Flecke, die erst beim längeren Stehen schwarz werden. W. Hein. 5352□

Modifizierung der Fleischer-Methode zur Bestimmung von Phosphor in organischen Verbindungen. A. M. Rjadnina. (Заводская Лаборатория [Betriebs-Lab.] **27,** 405—06, 1961; Inst. für org. Chem. der Akad. der Wiss. der UkrainSSR; russ.) — Modifizierung der von Fleischer u. Mitarbeitern (vgl. C. **1959,** 237) vorgeschlagenen Meth. zur P-Best. in organ. Verbindungen. Die Umwandlung von P_2O_5 in H_3PO_4 erfolgt durch 10—15 Min. langes Kochen mit verd. HNO_3 (1 : 4). Die Konz. der angewandten Ascorbinsäure beträgt 1%. Die relative Fehlergrenze der modifizierten P-Best. beträgt 1,35%. S. Baryschnikow. 5352

Mikro-Cariusbestimmung von Phosphor in organischen Verbindungen. Carmine Di Pietro, Roslyn E. Kramer und Warren A. Sassaman. (Analytic. Chem. **34,** 586—87, April 1962; Natick, Mass., U.S. Army, Quatermaster Res. and Engng. Center, Pioneering Res. Div.; engl.) — Während in Abwesenheit von Alkalisalzen die Carius-Best. zu niedrige P-Werte liefert u. die nichtbenetzten Teile der Innenwand des Rk.-Gefäßes einen P-haltigen Beschlag zeigen, finden Vff. in Ggw. von ca. 20 mg KCl u. bei P-Geh. von ca. 0,4 mg Werte, die auf $\pm$ 0,2% der Theorie entsprechen. Den gleichen, theoret. noch ungeklärten Effekt haben RbCl, LiCl, NaCl, NaBr, Na-Acetat u. K-Phthalat. F.-M. Friedrich-Anderseck. 5352□

Quantitative Auswertung von Chromatogrammen durch doppelte Zersetzung mit einfachen radioaktiven Reagentien. 1. Mitt. Die Verwendung von $Ag^{131}J$ bei der radiometrischen Bestimmung von organischen Säuren und Phosphorsäuren. Z. J. Zubrzycki, A. Z. Budzyński und I. G. Campbell. (Talanta [London] **2,** 165—70, März 1959; Warsaw, Inst. of Nucl. Res., Dep. of Radiobiol. and Radiochem.; engl.) — Das Verf. beruht auf der Fixierung der durch aufsteigende Phasenumkehr-Verteilungschromatographie entwickelten, lufttrocknenen Chromatogramme von gesätt. Fettsäuren (Laurin-, Myristin-, Palmitin-, Stearinsäure) bzw. anorgan. Phosphaten (PO_4^{3-}, $P_2O_7^{4-}$, $[PO_3^-]_3$, $P_2O_6^{4-}$) u. Glucose-1-phosphat (I) durch Behandeln mit gesätt. Ag-Acetatlösung. Durch 15 Min. langes Eintauchen der gewaschenen Chromatogramme in 0,01 m KJ-Lsg., die ca. 3 μc $K^{131}J$/ml enthält, werden die Ag-Seifen bzw. Ag-Phosphate in AgJ übergeführt. Aus den Aktivitätsmessungen ergeben sich bei Geh. von 50—400 μg Fettsäure, 50—500 μg Phosphat u. 20—300 μg I Fehler von 4,6—7,1%, 4,9—11,2% bzw. 1,9%. Die maximale Aktivität ist bei den Fettsäuren u. Phosphaten, nicht aber bei I, dem log des Flecken-Geh. proportional. F.-M. Friedrich-Anderseck. G 800□

Untersuchungen einer analytischen Methode zur Bestimmung von Kresolen auf der Grundlage der Capillaraktivitätseigenschaften. E. Angelescu und Y. Davidescu. (Studii Cercetări Chim. [Bucureşti] **6,** 213—31, 1958; Bucureşti, Acad. R.P.R., Centr. de cerc. chim.; rum.) — Die Best. der drei Isomeren von Kresol (I) in wss. Lsg. kann durch Titration mit NaOH unter Messung der Oberflächenspannung σ erfolgen. Bei dieser „Capillartitration" steigt σ zuerst an u. wird dann konst., wenn das gesamte I in Kresolat übergegangen ist. Infolge Hydrolyse an der Oberfläche ist der Äquivalenzpunkt gegenüber dem stöchiometr. etwas verschoben; der empir. Korrekturfaktor (KF) ist für o-, m- u. p-I 132, 135 bzw. 147. Die Orientierung der I-Moll. an der Oberfläche wird durch das Dipolmoment μ u. den ster. Faktor des Isomeren beeinflußt. Bei p-I bewirkt die hydrophobe CH_3-Gruppe ein Ansteigen des I-Mol zur Oberfläche; bei o-I erfolgt dieser Anstieg in einem Neigungswinkel, m-I liegt zwischen p- u. o-I. Die durch die Stellung der OH-Gruppe bedingte Zunahme von μ in der Reihenfolge o- $<$ m- $<$ p- erhöht die Capillaraktivität. Die Änderung des KF mit der Anfangs-Konz. von I könnte durch veränderliche Neigung der Mol.-Achse zur Oberfläche erklärt werden. Bei sehr verd. Lsgg. liegen die Moll. von o- u. p-I fast parallel zur Oberfläche. Mit zunehmender I-Konz. wird das Mol. zur Oberfläche gehoben. Bei ca. 1,2%ig. Konz. erreicht die Neigung der Mol.-Achse einen konst. Wert, der bis zur Löslichkeitsgrenze bleibt. Die Neigung der Mol.-Achse ist bei den 3 isomeren I verschieden. Die Dicke der orientierten Oberflächenschicht ist $>$ 1 Mol., aber nicht $>$ 3 Moleküle. R. K. Müller. G 1010□

Dünnschichtchromatographie phenolischer Carbonsäuren vom Brenzcatechin- und Guajacol-Typ an mit chelatbildenden Anionen behandelten Schichten. Jaakko Halmekoski. (Suomen Kemistilehti B **35,** 39—40, 1962; Helsinki, Finland, Univ., Dep. of Chem.; engl.) — Zur chromatograph. Trennung von phenol. Carbonsäuren wurden Kieselgur-Dünnschichten verwendet, die mit Na_2MoO_4-, Na_2WO_4- oder Borax-Lsg. behandelt u. bei 100—105° getrocknet waren. Als Lsgm. wurden die Syst. n-Butanol–CH_3COOH (I)–W. (4 : 1 : 5), Bzl.–Methanol–I (45 : 8 : 4), Bzl.–Dioxan–I (90 : 25 : 4), n-Butyläther–I (10 : 1) u. Äthylacetat–Isopropanol–W. (65 : 24 : 11) verwendet. Die R_F-Werte (auch für eine unbehandelte Dünnschicht) sind für die Säuren: Vanillin-, Protocatechu-, Gujacylessig-, Homoprotocatechu-, Guajacylpropion-, Dihydrocoffein-, Ferula-, Coffein-, Hesperitin- u. Chlorogensäure tabellar. aufgeführt. W. Betcke. G 1060 □

Colorimetrische Schnellbestimmung der Kristallviolettbase (KVB). Marius Rebek und Manfred K. Semlitsch. (Mh. Chem. **92,** 254—60, 1961; Graz, TH, Inst. für Chem. u. chem. Technol. des Papiers u. Zellstoffes; dt.) — Die Kristallviolettbase, $[(CH_3)_2NC_6H_4]_3COH$ (I), bildet in benzol. Lsg. ein Pikrat, das sich zur colorimetr. I-Best. in Bzl. eignet. Zur Best. wird zu der ca. 10^{-5}m benzol. I-Lsg. benzol. Pikrinsäure-Lsg. im Überschuß gegeben u. auf 100 ml aufgefüllt. Die Absorption wird nach 30 Min. bei 600 mμ gemessen. W. Betcke. G 2510 □

Untersuchungen über die chromatographische Trennung einiger Pyrazolonverbindungen. Janina Chojnacka. (Zeszyty naukowe Uniw. jagiellońskiego, Ser. Nauk mat.-przyrodniczych, Mat., Fizyka, Chem. **1956,** Nr. 2, 163—72; Kraków, Uniw. Jagiell., Kat. Chem. fiz. i Elektrochem., Akad. Med., Zakł. Chem. farmac.; pol., Auszug: engl.) — Antipyrin (I) u. Pyramidon (II) werden in wss. alkohol. Lsg. auf Whatman-Nr. 2-Papierstreifen aufgetragen u. mit PAe.–Aceton–n-Butanol–W. (5:5:1:5 Vol.-Teile) getrennt: R_F I 0,25; R_F II 0,74. Salipyrin wird in alkohol. Lsg. aufgetragen u. ebenso entwickelt, doch wird das Papier vorher mit 1%ig. H_3PO_4 imprägniert: erhalten werden I (R_F 0,25) u. Salicylsäure (R_F 0,96). Die Flecken werden durch Besprühen mit 5%ig. $FeCl_3$-Lsg. sichtbar gemacht. Die Empfindlichkeit der Rk. beträgt 25 μg. Zur quant. Best. werden die Flecken mit W. eluiert u. nach Zusatz von $FeCl_3$ bzw. J_2 (aus HCl + KJO_3) bei II photocolorimetriert. F. Urban. G 3122 □

Polarographische Bestimmung von 2.2′-Bis-pyrazolanthron neben Pyrazolanthron. M. Matrka, F. Navrátil, V. Štěrba und J. Arient. (Collect. czechoslov. chem. Commun. **26,** 1763—67, Juli 1961; Pardubice-Rybitví, Forsch.-Inst. org. Synth., Organ.-technol. Labor. I; dt.) — *Pyrazolanthron* (I) wird in 0,65n NaOH-Lsg. mit 50%ig. A. an der Hg-Tropfelektrode bei —1,24 V (gegen die gesätt. Kalomelelektrode), *2.2′-Bis-pyrazolanthron* (II) bei —0,91 V reduziert. Mit Hilfe der polarograph. Stufen kann I in techn. Präpp. von II bestimmt werden. P. Zuman/Prag. G 3122

Unterscheidung von Glykosidtypen der Flavonole durch Polyamid-Dünnschichtchromatographie. Kurt Egger. (Z. analyt. Chem. **182,** 161—66, 1961; Heidelberg, Univ. Botan. Inst.; dt.) — Es wurden 14 Glykoside der Aglykone Kaempferol, Quercetin u. Myricetin auf ihr Verh. im Perlondünnschichtchromatogramm geprüft, als Fließmittel diente A.–W. (3 : 1), Zusätze von Äthylmethylketon u. Acetylaceton verbesserten die Trennwirkung. Folgende Gesetzmäßigkeiten wurden festgestellt: Das Aglykon hat nur geringen Einfl. auf den R_F-Wert, der weitgehend vom Glykosidierungsmuster bestimmt wird. Alle 3-Monoside verhalten sich gleich (R_F 15); 3-Bioside wandern rascher als die Monoside (R_F 27—32); 3.7-Glykoside erreichen die höchsten Wanderungswerte (R_F 60 bis 62). Dadurch lassen sich 3-Monoside, 3-Bioside u. 3.7-Glykoside scharf voneinander trennen u. können an den stark verschiedenen R_F-Werten erkannt werden.
H. Nentwig. G 3450 □

Reaktion der Steroide mit Essigsäureanhydrid und Schwefelsäure (Lieberman-Burchard-Test). R. P. Cook. (Analyst **86,** 373—81, Juni 1961; Dundee, Univ. of St. Andrews, Queen's Coll., Biochem. Dep.; engl.) — Von einer größeren Anzahl C_{18}—C_{30}-Steroiden geben nur einige die bis jetzt als typ. angesehene blaugrüne Färbung beim Liebermann-Burchard-Test (Umsatz der gelösten Steroide mit Essigsäureanhydrid, das geringe Mengen H_2SO_4 enthält). Entw.-Dauer u. Ton der Färbung werden gegenüber der mit *Cholesterol* (I, F. 149,5—150° [Capillare], F. 148—149° [Kofler] [Eisessig, dann Methanol], $[\alpha]_D^{20}$ —39,8°) als Standard erzeugten verglichen. Für die Farbentw. scheint die Art u. Konfiguration der Substanz an C_3 u. C_7 von Bedeutung zu sein. Verbb. mit axialen OH-, SH- oder AAc-Gruppen an C_3 sowie solche mit einer Doppelbindung (aber der Möglichkeit der Bldg.) an C_7 sind am reaktivsten. Untersucht wurden folgende Verbb.: *5α-* (braungrün) u. *5β-Cholestan-3α-ol* (schwachblau); *5α-*(—) u. *5β-Cholestan-3β-ol* (grünblau), *4α-Methyl-* (grün) u. *4.4-Dimethyl-5α-cholestan-3β-ol* (grün-bau), *5α-Cholestan-3β.5α-diol* (tiefblaugrün), *5α-Cholestan-3β.7α-diol-3-acetat* (blaugrün), *5α-Cholestan-3β.7β-diol-3-acetat* (—), *5α-Cholestan-3β.5α.6β-triol* (grün), *Cholesten-(4)-3β-ol* (blaugrün), *Cholesten-(5)-3α-ol* (grün), *Cholesten-(5)-3β-ol* (blaugrün), I-*Hydrat* (blaugrün), *19-Norcholesten-(5)-3β-ol* (orange), *5α-Cholesten-(6)-3β-ol-acetat* (blaugrün), *5α-Cholesten-(7)-3β-ol* (blau), *5β-Cholesten7)-3β-ol* (purpur), *4α-Methyl-5α-cholesten-(7)-3β-ol* (tiefpurpur), *4α-Methyl-5α-cholesten-(8)-3β-ol* (blaupurpur), *4α-Methyl-5α-cholesten-(8[14])-3β-ol* (blaupurpur), *4α-Methyl-5α-cholesten-(14)-3β-ol* (purpur), *4.4-Dimethylcholesten-(5)-3β-ol* (grünblau), *24a-Methylcholesten-(5)-3β-ol* (blaugrün), *24b-Äthlylcholesten-(5)-3β-ol* (grün), *24-Äthylidencholesten-(5)-3β-ol* (grün), *Cholesten-(4)-3β.6β-diol* (grün), *Choelsten-(5)-3β.4β-*

diol (grün), *Cholesten-(5)-3β.7α-diol* (blaugrün), *Cholesten-(5)-3β.7β-diol* (blau), *Cholesten-(5)-3β.24b-diol* (grün), *Cholesten-(5)-3β.25-diol* (grün), *Cholesten-(5)-3β.26-diol* (blaugrün), *Cholestadien-(5.7)-3β-ol* (grün), *Cholestadien-(5.22)-3β-ol* (blaugrün), *Cholestadien-(5.24)-3β-ol* (grün), *Cholestadien-(5.25)-3β-ol* (grün), *Cholestadien-(8[9].22)-3β-ol* (blaugrün), *24b-Methylcholestadien-(8[14].22)-3β-ol* (grünblau), *24b-Methylcholestadien-(5.22)-3β-ol* (grün), *24b-Methylcholestatrien-(5.7.22)-3β-ol* (grün), *24b-Äthylcholestadien-(5.22)-3β-ol* (blaugrün), *24b-Äthylcholestadien-(7.22)-3β-ol* (blaugrün), *5α-* (—) u. *5β-Cholestanon* (—), *Cholesten-(4)-3-on* (—), *Cholesten-(5)-3-on* (—), *Cholesten-(7)-3-on* (blaugrün), *Cholestadien-(3.5)-7-on* (schwachgrün), *Cholestadien-(4.6)-3-on* (apfelgrün), *24b-Methylcholestatrien-(4.7.22)-3-on* (intensive grüne Fluorescenz), *-enolacetat* (intensive grüne Fluorescenz), *Cholesten-(4)-6β-hydroperoxy-3-on* (—), *Cholesten-(5)-3β-ol-7-on* (—), *Cholesten-(5)-3β.26-diol-16.22-dion* (rotgelbe Fluorescenz), *Cholestenonpinacol* (blaugrün), *3.3-Bis-(cholestadien-(3.5)-yl)* (dunkelblau), *7-Oxocholesterylacetatpinacol* (gelb), *Cholesten-(5)-3β-thiol* (blaugrün), *Cholesterylmethyläther* (blaugrün), *Dicholesteryläther* (—), *Isocholesterol* (gelbgrüne Fluorescenz), *4.4.14-Trimethylcholesten-(8)-3β-ol* (gelbgrüne Fluorescenz). Die in Klammern angegebenen Farbtöne beziehen sich auf 35 Minuten. U. Uhlich. G 3700□

Trennung und Bestimmung von Östron, 17β-Östradiol und 16α.17β-Östriol mit Hilfe der Dünnschichtchromatographie. Hansjürgen Struck. (Mikrochim. Acta [Wien] **1961,** 634—43; München, Chem.-pharm. Fabrik Adolf Klinge & Co., Forsch.-Labor.; dt.) — *Östron* (I), *17-β-Östradiol* (II) u. *Östriol* (III) lassen sich dünnschichtchromatograph. trennen u. quant. bestimmen. Als Adsorbens wird Kieselgel G, als Laufmittel Bzl./A. (9 : 1) verwendet. Die R_F-Werte lagen für I bei 0,51 ± 0,04, II 0,30 ± 0,03 u. III 0,11 ± 0,02. Für den qual. Nachw. wird mit $SbCl_5$ in CCl_4 1 Min. lang besprüht. Erfassungsgrenze: 0,25 μg. — Für die quant. Best. wird der mittlere Teil der Platte, in dem der Meß- u. 2 Blindwerte liefen, abgedeckt, die beiden äußeren Streifen mit dest. W. besprüht u. anschließend nach Art eines Stempel-Verf. mit der Farb-Lsg. gut durchfeuchtet. Nach 8—10 Min. langem Trocknen bei 100° wird, analog den angefärbten Bahnen, aus den 3 inneren Streifen das Kieselgel getrennt abgekratzt, ½ Std. lang mit 3 ml einer frisch hergestellten 0,5n NaOH-Lsg. in 80%ig. A. extrahiert u. unter Eiskühlung bei 3000 U/min 4 Min. lang zentrifugiert. Die dekantierten Lsgg. (Blind- u. Meßwert) werden bei 242 nm gegen 0,5n alkohol. NaOH-Lsg. photometriert. Die Meth. gestattet noch 1,67 μg/ml der Einzelkomponenten mit einer Genauigkeit von ca. ± 10% zu bestimmen. — 66 Literaturzitate. J. Weiner. G 3750□

c) Bestandteile von Pflanzen und Tieren

Färben von formalinfixiertem Nervengewebe mit Quecksilber(II)-nitrat. E. G. Bertram und H. K. Ihrig. (Stain Technol. **34,** 99—108, März 1959; Milwaukee, Wis., Marquette Univ., School of Med., Dep. of Anatomy; Graduate School and Allis-Chalmers Res. Labor.; engl.) — Zum Anfärben von Nervengewebe wird ein der Meth. von Golgi analoges Verf. benutzt, bei dem aber mit $Hg(NO_3)_2$ statt mit Ag^+-Salz imprägniert wird. Das Material (tier. Hirn) wird nach der Meth. von Haushalter u. Bertram fixiert, mit Salzakazien-Lsg. (pH 7,0) gewaschen, mit Formalin (I)-Salzakazien-Lsg. (10% ig.; pH 7) fixiert u. in 3 mm dicke Scheiben geschnitten. Nach 1—2tägiger Fixierung in 10% ig. I-Lsg. (pH 7) wird das Material mit saurer $ZnCrO_4$-Lsg. (pH 3,1) getönt (1 Tag) u. dann für 2 Tage mit gesätt. $Hg(NO_3)_2$-Lsg. (pH 5,0—6,0) behandelt. Die $ZnCrO_4$-Behandlung ist nicht unbedingt erforderlich, verbessert aber den Färbeeffekt. W. Betcke. 5661□

Eisenalaun-Acetocarmin-Färbung für Chromosomen und andere anatomische Gebilde der Rhodophyceen. A. P. Austin. (Stain Technol. **34,** 69—75, März 1959; Anglesey, Marine Biol. Stat.; engl.) — Chromosomen, gewisse Intercellularstrukturen u. größere anatom. Details einiger Rotalgen lassen sich durch Färben mit Acetocarmin nach einer Eisenalaunbeize sichtbar machen. Eisessig–Methanol (1 : 3) oder Eisessig–Methanol–Chlf. (1 : 6 : 3 u. 3 : 6 : 1) wird als Kernfixativ u. Formalin–A. (1 : 12) oder Formalin–Eisessig–A. (1 : 2 : 12) als Fixativ für anatom. Strukturen verwendet. Auswaschen vor u. nach dem Behandeln mit 0,5—5% ig. $FeNH_4(SO_4)_2$-Lsg. (30 Sek. bis 1 Std.) ist erforderlich. Das Färben geschieht mit Acetocarmin-Lsg. nach Belling (eine Spur Fe-Acetat enthaltend). W. Betcke. 5661□

Die Konservierung methylenblaugefärbter Nervenenden durch Plastik-Einbettung. A. R. Tindall. (Stain Technol. **35,** 104—05, März 1960; San Francisco, Calif., Univ. of California, Med. Center, Dep. of Anat. and Biomechan. Labor.; engl.) — Es wird eine Meth. zum Schutz histolog., mit Methylenblau angefärbter Nerven-Präpp. gegen das Verblassen der Farbe beschrieben, bei der „Astrolite R-350" als plast. Einbettungsmaterial verwendet wird. W. Betcke. 5661□

Bestimmung von Mikrogramm-Mengen Chlor in pflanzlichem Material. C. M. Johnson, R. P. Huston und P. G. Ozanne. (J. agric. Food Chem. **6**, 114—18, Febr. 1958; Berkeley, Calif., Univ. of California, Dep. of Soils and Plant Nutrition; engl.) — Die Mikrodiffusions-Meth. von Conway erlaubt noch die Best. von 0,4 μg Cl^- in Lsgg. der Asche pflanzlichen Materials. Die potentiometr. Titration nach Kolthoff u. Kuroda eignet sich für wss. Extrakte wie für Lsgg. der Asche von Pflanzenmaterial. Zur Verminderung von Cl-Verlusten beim Veraschen müssen die Proben vorher mit $Ca(OH)_2$-Suspension oder K_2CO_3-Lsg. behandelt werden. K. Maier. 5664□

Die Bestimmung von Fluoressigsäure und Fluoracetamid in Pflanzenmaterial. C. C. Thompson. (J. Sci. Food Agric. **10**, 388—94, Juli 1959; Harpenden, Herts., Ministry of Agric., Fisheries & Food, Plant Pathol. Labor.) — Zur Best. des gesamten organ. gebundenen F eines Gemisches von *Fluoracetamid* (I) u. *Fluoressigsäure* in Pflanzenmaterial werden nach Ramsey u. Clifford (J. Assoc. off. agric. Chemists **32**, [1949], 788) Fluoride u. Fluosilicate auf einer Silicagelsäule abgeschieden u. so von den F-haltigen, organ. Säuren getrennt. Dieses Perkolat wird eingedampft, mit CaO, steigend bis 600°, verascht, die Asche mit W., $HClO_4$ u. $AgClO_4$ versetzt, während bei 125—135° Dampf durchgeleitet u. das Destillat durch Zutropfen von 0,05n KOH ständig neutral gehalten wird. Nach Wiederholen des Veraschens u. der Dampf-Dest. wird der F-Geh. im Destillat nach Icken u. Blank (C. **1954**, 7936) bestimmt. In 100-g-Proben sind 0,1 mg% mit 13%, 0,01 mg% mit 50% Genauigkeit bestimmbar. Zur I-Best. werden alle sauren F-haltigen Verbb. durch ein Anionaustauschharz, De-Acidite FF, abgetrennt u. anschließend I-F bestimmt. K. Maier. 5666□

d) Medizinische und toxikologische Analyse

Untersuchungen der Stabilität von 0,05n Natriumthiosulfat und 0,05n alkalischem Kaliumhexacyanoferrat(III). Arne Brink Nielsen. (Dansk Tidsskr. Farmaci **34**, 61—72, April 1960; Århus, kommun. hosp. apotek.; dän.) — Bei Aufbewahrung in braunen Flaschen mit Kunststoffverschluß kann man 0,05n $Na_2S_2O_3$-Lsg. 6 Monate, 0,05n $K_3Fe(CN)_6$-Lsg. bei Raum-Temp. 3 Wochen, im Kühlschrank 2 Monate lagern, ohne daß bei der Best. des Glucose-Geh. im Blut nach Hagedorn [1935] ein unzulässig hoher Fehler entsteht. Da die Lsgg. in den ersten 24 Std. nach ihrer Herst. deutliche Veränderungen erleiden, ist die Verw. frischer Lsgg. nicht ratsam. Bei Aufbewahrung in autoklavbehandelten Ampullen ist 0,05n KJO_3-Lsg. prakt. unbegrenzt haltbar. R. K. Müller. 5727□

Schnellbestimmung der Zuckerkonzentration im Blut mit Hilfe des Photoelektrocolorimeters FEK-M. P. A. Borissow. (Лабораторное Дело [Laboratoriumswesen] **7**, Nr. 10, 29—31, Okt. 1961; russ.) — In ein Reagensglas bringt man 1,8 ml dest. W. u. fügt 0,2 ml Blut dazu. Der Inhalt des Reagensglases wird umgeschüttelt. Zum hämolysierten Blut fügt man 1 ml 1,2%ig. Pikrinsäure. Dann wird nochmals geschüttelt. Die Mischung wird durch ein aschefreies Filter filtriert. Zu 1 ml des Filtrats fügt man 0,1 ml 20%ig. NaOH. Man verschließt das Reagensglas u. stellt es für 5 Min. in ein siedendes Wasserbad. Hierauf wird abgekühlt. Man colorimetriert mit dem Photoelektrocolorimeter FEK-M in einer Küvette von 1 mm Breite mit blauem Filter. E. Steinberg. 5727□

Eine neue automatische spektrophotometrische Geschwindigkeitsmethode zur selektiven Bestimmung von Glucose in Serum, Plasma oder Blut. H. V. Malmstadt und S. I. Hadjiioannou. (Analytic. Chem. **34**, 452—55, April 1962; Urbana, Ill., Univ. of Illinois, Dep. of Chem. and Engng.; engl.) — *Glucose* wird in Ggw. von Glucoseoxidase selektiv oxydiert, u. das bei dieser enzymat. Rk. entstehende H_2O_2 reagiert in Ggw. eines Molybdatkatalysators augenblicklich mit J^- unter Bldg. von J_3^-, das bei 360 $m\mu$ stark absorbiert. Die Geschw. der J_3^--Bldg. ist anfangs der Glucose-Konz. proportional u. dient bei deren Best. als Maß. Die Best. läßt sich mit 0,08 ml Serum, Plasma oder Blut mit einem mittleren Fehler von $\pm 2\%$ u. einer Rk.-Zeit von 1—3 Min. durchführen. W. Betcke. 5727□

Die Aminosäurezusammensetzung von Hämoglobin. 1. Mitt. **Eine verbesserte Methode zur Trennung der Peptidketten von Humanhämoglobin.** Amoz I. Chernoff. (J. Chromatogr. [Amsterdam] **6**, 252—57, Sept. 1961; Knoxville, Tenn., Univ. of Tennessee, Memorial Res. Centre; engl.) — Eine Modifizierung der Meth. von Wilson u. Smith (C. **1961**, 6208) zur Austauschadsorptionstrennung von α- u. *β-Globin* aus Humanhämoglobin (I) an Amberlite CG 50/2, H^+-Form wird beschrieben. Die Globine wurden aus I durch Oxalsäure in Aceton gefällt. Der Austauscher wurde in 11,7%ig. Ameisensäure suspendiert u. in die Säulen (1,9×90 cm) gefüllt. Das adsorbierte Globin (500 bis

700 mg) wurde mit wss. salzsauren Harnstoff-Lsgg. steigender Molarität eluiert, wobei α- u. β-Globin einwandfrei getrennt werden konnten. Auswertung der Eluate erfolgte durch Ausmessung der Absorption bei 280 μm. M. Finke. 5727□

Eine photometrische Methode zur Bestimmung der Erythrocytenresistenz. E. Kaufmann-Truninger. (Röntgen- u. Laboratoriumsprax. **12**, L57—L58, April 1959; Rorschach.) — Das Verf. beruht auf der photometr. Ermittlung der *Hämoglobin*-Konz., die als Maß für die Hämolyse gesetzt wird. Als Vorteile des Verf. werden genannt: quant. Best. der Erythrocytenresistenz durch graph. Aufzeichnung der Hämolyse, automat. Korrektur von Bilirubin u. anderen Farbstoffen im Blut, keine Korrektur bei akuter Anämie u. charakterist. Kurven bei verschiedenen Arten verminderter osmot. Erythrocytenresistenz. F. Krusen. 5727□

Bestimmung von Kohlenstoff-14 in wässerigen Hydrogencarbonatlösungen mit Hilfe der Flüssigkeitsscintillationszählung. Anwendung auf biologische Flüssigkeiten. Gerald A. Bruno und John E. Christian. (Analytic. Chem. **33**, 1216—18, Aug. 1961; Lafayette, Ind., Purdue Univ., Binucl. Dep.; engl.) — Vff. untersuchen die Best.-Möglichkeiten von ^{14}C in wss. Lsgg., die $Na_2{}^{14}CO_3$ enthalten, mit Hilfe der Fl.-Scintillationsanalyse u. empfehlen als Scintillations-Syst. bei Proben-Vol. bis zu 3 ml eine Mischung aus Xylol, Dioxan u. Cellosolve (I) im Verhältnis 1 : 3 : 3, die 1% 2.5-Diphenyloxazol (II), 0,05% 1.4-Bis-[2-(5-phenyloxazolyl]-benzol (III) u. 8% Naphthalin enthält, während sie für Vol. $>$3 ml eine Mischung aus 5 Teilen Dioxan u. 1 Teil **I**, die 1% **II**, 0,05% **III** u. 5% Naphthalin enthält, vorschlagen. Die 2. Mischung kann 29,2% W. (5,84 ml in 20 ml Lsgm. bei 5°) bei einer Zählausbeute von 46,5% aufnehmen. Weiterhin beschreiben Vff. die Verw. dieses Scintillations-Syst. zum Nachw. von ^{14}C in Harn oder Plasma, wobei Zählausbeuten von 24,8 bzw. 26,3% erreicht werden. Die abs. Aktivität von ^{14}C wurde nach der von Vff. entwickelten „count rate ratio method" (C. **1962**, 18003) bestimmt. J. Kraetsch. 5732□

Verbesserte direkte mercurimetrische Titration von Chlorid in biologischen Flüssigkeiten. Eugene W. Rice. (Amer. J. clin. Pathol. **28**, 694—97, Dez. 1957; Pittsburgh, Pa., Clin. Labor. of Presbyterian and Woman's Hosp.; Univ. of Pittsburgh, School of Med., Dep. of Pathol.) — Es wird eine einfache Modifikation der Meth. von Schales u. Schales (J. biol. Chemistry **140**, [1941], 879) beschrieben, welche die direkte mercurimetr. Best. von Cl^- in Serum, Cerebrospinal-Fl. u. Harn ohne vorherige Deproteinisierung ermöglicht. 0,20 ml Probe werden zu 1,8 ml W. gegeben; 0,06 ml einer Lsg. von Diphenylcarbazon, 1 Tropfen 1n HNO_3 u. 1 ml Äthyläther werden hinzugefügt. Das Gemisch wird unter Schütteln mit einer Standard-Lsg. von $Hg(NO_3)_2$ unter Verw. einer Mikrobürette titriert bis die Farbe des Ae. von Schwachgelb nach Violett umschlägt.
K. F. Müller. 5732□

Komplexometrische Bestimmung von Calcium und Magnesium im Harn. Ss. I. Pechterewa. (Лабораторное Дело [Laboratoriumswesen] **6**, Nr. 3, 17—20, Mai/Juni 1960; Moskau, 1. Med. Ssetschenow-Inst., Lehrstuhl für biolog. u. organ. Chem.; russ.) — Zu 10 ml (trübem) Harn setzt man 5 ml 1%ig. HCl, rührt um (wobei Ca- u. Mg-Phosphat aufgelöst werden) u. filtriert durch ein aschefreies (bzw. gewöhnliches mit 10%ig. HCl gewaschenes) Filter. Danach setzt man zu 10 ml des Filtrats 3 Tropfen Methylrot-Lsg. (30 mg Methylrot in 100 ml A. gelöst u. mit W. 20fach verd.), danach tropfenweise 10%ig. NaOH bis zur grünlichgelben Färbung, zuletzt 10%ig. CH_3COOH bis zum ersten Auftreten einer Rosafärbung u. füllt zur Marke (25 ml) auf (Gesamtverdünnung, 3,75fach). Die HCl-Behandlung erübrigt sich, wenn der Harn keinen Nd. enthält. Dann fällt man das Ca aus 5 ml Harn mit dem gleichen Vol. 0,2n Na- oder K-Oxalat-Lsg. u. zentrifugiert oder filtriert nach 1 Stunde. Wenn man jetzt 2 ml des Filtrats sowie parallel 1 ml Harn + 1 ml W. mit Trilon-B-Lsg. (0,01n: 1,86 g Trilon/Liter; Titerstellung mit Standard-$MgSO_4$- bzw. $CaCl_2$-Lsg.) nach Zusatz von 1 ml Methylrot-Lsg. (s. oben) u. 1 ml Chromogenschwarz ET-OO-Lsg. (0,1 g des Präp., in 100 ml A. gelöst u. 20fach mit W. verd.) sowie 0,5 ml Puffer-Lsg. (20 g NH_4Cl + 10 ml 25%ig. NH_3/Liter) tropfenweise unter starkem Schütteln bis zum Übergang Rot → Grün titriert, so erhält man in der Harn-Lsg. (1 + 1) die Summe Ca + Mg, im Filtrat (2 ml, nach der Ca-Ausfällung) nur Mg allein. Ca ergibt sich aus der Differenz. Die Best.-Fehler sind bei Ca u. Mg $\leqq 3\%$. Auch Zusatz größerer Mengen (0,5 ml 0,1m) Na_2HPO_4 beeinträchtigt die Genauigkeit der Bestimmung nicht. A. v. Wilpert. 5732□

Bestimmung von Blei und anderen Schwermetallen in Urin durch Atomarabsorptionsspektroskopie. J. B. Willis. (Analytic. Chem. **34**, 614—17, Mai 1962; Melbourne, C.S.I.R.O. Chem. Res. Labor., Div. of Chem. Phys.; engl.) — Spuren ($<$1 mg/Liter) von Pb, Hg, Bi u. Ni in Urin können durch Extraktion mit Ammoniumpyrrolidindithiocarbamat u. Methyl-n-amylketon u. anschließendes Versprühen dieser Lsg. in der Flamme eines Atomarabsorptionsspektrophotometers bestimmt werden. Wegen der hohen Empfindlichkeit der Geräte für Zn u. Cd können außerdem diese Elemente bei direktem Versprühen des Urins in der Flamme bestimmt werden. P. Kurzmann. 5732□

Über die Bestimmung von Phthioazid und anderen Abkömmlingen der Isonicotinsäure im Harn. Je. A. Ginsburg und I. G. Schklowskaja. (Лабораторное Дело [Laboratoriumswesen] **7**, Nr. 10, 17—20, Okt. 1961; Moskau, Ministerium für Gesundheitsschutz der RSFSR, Tuberkulose-Forsch.-Inst.; russ.) — Vf. benutzt hierzu die Naphthochinonprobe. Reagenzien: 1. Boratpuffer-Lsg. (I): 12,4 g Borsäure u. 15 g KCl löst man in 1000 ml dest. W. u. fügt 860 ml 0,2n NaOH hinzu. 2. 0,1%ig. wss. Lsg. von Na-1.2-Naphthochinon-4-sulfonat (II). 3. 5%ig. $HgCl_2$-Lsg. (III). Best.-Meth.: Zu 5 ml Harn fügt man 2,5 ml I-Lsg. u. 0,5 ml II-Lösung. Man schüttelt die Mischung u. fügt nach 5—10 Min. 1 ml III-Lsg. hinzu. Nach 5 Min. langem Zentrifugieren ist der gebildete Nd., wenn Derivv. der Isonicotingruppe vorliegen, violett gefärbt. Ggw. von Streptomycin im Harn stört die Rk. nicht. E. Steinberg. 5732□

Chromatographische Analyse des Ekgonins im Urin von gewohnheitsmäßigen Cocakauern. Catalina Aguayo Sanchez. (An. Fac. Farmac. Bioquím. **8**, 82—86, 1957; Lima, Escuela Nac. de Agric., Cát. Bioquím. Labor. de Bioquím.; span.) — Die konz. Urinproben wurden aufsteigend eindimensional chromatographiert. Als Lsgm. diente n-Butanol, Eisessig, W. (100 : 4 : 50) u. als Träger Whatman Nr. 1. Die Alkaloide wurden vorher mit Essigester extrahiert. Als einziges Stoffwechsel-Prod. ließ sich Ekgonin (I) mit R_f 0,05 nachweisen. Es wurden zwischen 2,44—7,74 mg% bei einem Cocaverbrauch von täglich 30—40 g gefunden, d. h., bei einem Geh. der Blätter von 0,30—0,56 g erscheinen nur 1,1—8,6% des I im Urin. K. Huste. 5764□

H. Angewandte Chemie

H_1. Allgemeine chemische Technologie

Herbert L. Sanders und Edward A. Knaggs, Chicago, Ill., V.St.A., **Emulgiermittel** aus 1. mindestens einem in W. lösl. oder dispergierbaren höhermol. Äther oder Thioäther oder höhermol. Carbonsäureester von Polyoxyäthylenglykolen, wobei die höhermol. Reste 8—22 C-Atome enthalten u. der Polyoxyäthylenglykolrest ein Mol-gew. von 200—6000 hat, z. B. auch der Ester aus einer höhermol. Fettsäure u. einem Polyoxyäthylenglykoläther eines Zuckeralkohols, u. 2. einem öllösl. Ca- oder Mg-Salz von Mineralölsulfonsäuren bei einem Verhältnis von 1. zu 2. = 19:1—1 : 19. (**Can. P. 559 134** vom 23/2. 1953, ausg. 24/6. 1958. A. Prior. 2/12. 1952.) H.-J. Nitzschke. 5825

N. V. Philips' Gloeilampenfabrieken, Niederlande, **Herstellung von Pasten aus in Wasser schlecht löslichen Materialien.** Man verwendet einen Zusatz von 3—10 Gew.-% eines oberflächenakt. Stoffes, bes. Dodecylbenzolsulfonat, Butylnaphthalinsulfonat, Monostearinsäureester des Glycerins, Alkali- u. Erdalkalisulfonate des Lignins, Polyglykoläther aliphat. Alkohole oder Rk.-Prodd. von Polyglykolen mit Fettsäuren. Anwendung in der Dünger-, Insektenschutzmittel- u. Kautschukherstellung. (**F. P. 1 146 240** vom 9/3. 1956, ausg. 7/11. 1957. Niederl. Prior. 11/3. 1955.) G. Weltzien. 5825

Directie van de Staatsmijnen in Limburg, Niederlande, **Herstellung basischer Anionenaustauscher,** dad. gek., daß man eine organ. Verb. mit tert. Sulfoniumgruppen polymerisiert oder polykondensiert. Man leitet z. B. SO_2 bei 0° in eine Lsg. von $AlCl_3$ in Anisol u. Toluol, erhält nach Extraktion mit Chlf. ein Sulfoniumsalz u. kondensiert dieses mit Hilfe von HCHO in Ggw. von H_2SO_4, wobei ein stark bas. Harz entsteht. (**F. P. 65 777** vom 9/2. 1954, ausg. 12/3. 1956. Niederl. Prior. 10/2. 1953. **Zusatz zu F. P. 1 067 910.**) S. Böttcher. 5827

Fyltis (Fyltis-Digomet & Pillot Réunis), Frankreich, **Filtergewebe** für saure oder bas. korrodierende Fll., dessen Kette aus in der Wärme schrumpfbaren Fasern aus Polyvinylchlorid u. dessen Schuß aus bereits geschrumpften PVC-Fasern, die durch mit PVC umhüllte Glasfasern oder Fasern aus einem Mischpolymerisat oder Vinyl- u. Vinylidenchlorid verstärkt sind, besteht. (**F. P. 1 168 770** vom 4/3. 1957, ausg. 16/12. 1958.) P. Kühn. 5831

Aluminum Co. of America, Pittsburgh, Pa., übert. von: Wilburn L. Mowe, Mobile, Richard S. Stokes, Spring Hill, Ala., und Ralph W. Brown, East St. Louis, Ill., V.St.A., **Behandlung von Filtertuch** zur Entfernung von Festteilchen aus Na-Aluminat-Lsgg. durch Überziehen mit $\geqq$1,75 g $Fe(OH)_3$ pro sq.ft., indem das Tuch mit einer 200—250 g $FeSO_4$ pro Liter enthaltenden Lsg. getränkt, das $FeSO_4$ auf dem Tuch mit Soda-Lsg. in $Fe(OH)_2$ übergeführt u. dieses zu $Fe(OH)_3$ oxydiert wird. (**Can. P. 558 508** vom 6/1. 1945, ausg. 10/6. 1958. A. Prior. 30/3. 1944.) H.-J. Nitzschke. 5831

Johannes Hentschel, Pirna, Doris Werner, Dresden, und Maria Klemm, Heidenau, **Herstellung von Filterstoffen** mit hohem Abscheidungsvermögen unter Verw. von Stoffbahnen aus Gemischen von Zellstoffasern mit anorgan., z. B. Glas-, Asbest-, Quarzfasern, Schlackenwolle, u/oder. organ. synthet. Fasern, z. B. Polyamid-, Polyacrylnitril- u. Polyesterfasern. Die Stoffbahnen werden zur Erhöhung des Poren-Vol. u. der Steifigkeit einer nachträglichen Pergamentierung oder Acetylierung unterzogen u. können hydrophob, kraftstoffest oder ölfest imprägniert werden. (**D. P. [DDR] 21 913** Kl. 12d vom 3/7. 1959, ausg. 15/9. 1961 [Wirtschaftspatent].) P. Kühn. 5831

C. J. B. Struelens, Brüssel, Belgien, **Mittel zur Reinigung der Luft** erhält man durch Mischen von $^1/_3$ gemahlenem S, $^1/_3$ gemahlenem Fe-Sulfat u. $^1/_3$ Holzkohlekörnchen. Das Mittel kann durch alle 6 Monate wiederholtes Spülen mit W. (15 Min.) wieder auf seine volle Aktivität gebracht werden. (**Belg. P. 526 694** vom 23/2. 1954, ausg. 17/8. 1956.) K. Koebke. 5851

Horst Voigt, Emmerich Markus, Erich Krawiki, Karl Hartung, Heinrich Gierden, Kurt Kappaun, Berlin, Rudolf Böhm, Berlin-Niederschöneweide, Rostislav Speransky, Berlin-Lichtenberg, und Hans Soost, Ahrensfelde/Berlin (Erfinder: Rostislav Speransky), **Reinigung von Abrauchgasen** u. Abscheidung schädlicher Stoffe durch Kühlung des Gases auf 20—25°, Abscheidung des Teers u. Adsorption des SO_2 u. SO_3 an einem Copperkoksfilter. (**D. P. [DDR] 20 456** Kl. 24g vom 3/8. 1956, ausg. 9/12. 1960 [Wirtschaftspatent].) P. Kühn. 5851

Aktiebolaget Svenska Fläktfabriken, Schweden, **Entstaubung von Gasen oder Dämpfen** durch kombinierte mechan. u. Elektroentstaubung. Die Gase, z. B. alkalihaltige Abgase der Cellulose-Herst., werden zunächst mit einer solchen Geschw. durch ein Elektrofilter geführt, die gering genug zum Absetzen der Staubteilchen auf den Elektroden u. groß genug zum Fortführen der an den Elektroden agglomerierten Staubteilchen ist, so daß die Trennleistung des Elektrofilters im allg. 50% beträgt. Abschließend werden die so agglomerierten Staubteilchen in einem mechan. Entstauber auf nassem oder trockenem Wege abgeschieden. (**F. P. 1 166 285** vom 12/2. 1957, ausg. 4/11. 1958.) P. Kühn. 5851

Messing & Sowen, Duisburg (Erfinder: Theodor Messing, Mülheim/Ruhr), **Vermeiden der Schaum- und Krustenbildung in Vakuum-Eindampfern für ungesättigte Salzlösungen.** Die einzudampfende Fl. wird vor dem Eindampfprozeß auf einen Druck entspannt, der niedriger als der der ersten Eindampfstufe ist. Durch die gleichzeitig erfolgte Entgasung der Fl., wird den Verdampfern nur entgaste Fl. zugeführt. Die hierbei frei gewordenen Gase werden dem Kondensator der Anlage zugeführt. (**D. A. S. 1 111 149** Kl. 12a vom 27/10. 1959, ausg. 20/7. 1961.) G. Fritsch. 5865

Gesellschaft für Teerverwertung m. b. H. (Erfinder: Walter Fischer), Duisburg, **Flüssigkeitsverteiler für Füllkörper-Kolonnen,** der die aufzugebende Fl. in einzelne gleiche Ströme aufteilt, dad. gek., daß der Abstand der über den gesamten Turmquerschnitt gleichmäßig verteilten Fl.-Aufgabestellen nicht größer als das 3fache, vorzugsweise nicht größer als das Doppelte u. nicht kleiner als die Hauptabmessung des einzelnen Füllkörpers ist. — Vorrichtung. (**D. A. S. 1 110 613** Kl. 12a vom 22/6. 1959, ausg. 13/7. 1961.) G. Fritsch. 5865

Werkspoor N.V., Amsterdam, Niederlande, **Verdampfer zur Erzeugung einer übersättigten Lösung** mit einer Einlaßöffnung für die einzudampfende Fl. an der Umfangwand des Verdampfers, dad. gek., daß mindestens 2 Zufuhrleitungen für die Fl. in entgegengesetztem Sinne tangential an der Umfangwand angeschlossen sind. — Vorr., 5 Figuren. (**D. A. S. 1 107 192** Kl. 12a vom 3/5. 1960, ausg. 25/5. 1961. Niederl. Prior. 9/5. 1959.) G. Fritsch. 5865

Metallgesellschaft Akt.-Ges. (Erfinder: Herbert Unland), Frankfurt/M., **Entnahme von Wärme aus den gesättigten Brüden mehrstufiger Verdampferanlagen,** dad. gek., daß ein gewünschter Anteil der Brüden vor Eintritt in den Heizkörper mit Brüdenkondensat einer nachfolgenden Verdampferstufe niedergeschlagen wird. (**D. A. S. 1 113 679** Kl. 12a vom 23/5. 1959, ausg. 14/9. 1961.) G. Fritsch. 5865

Comp. de Raffinage Shell-Berre, Seine, Frankreich (Erfinder: Pierre Coant und Jean Conan), **Schmierend wirkende hydraulische Flüssigkeiten.** Aus 35—70 (Gew.-%) eines oder mehrerer Alkyläther mehrwertiger Alkohole (z. B. Glykol, Diglykol), 5—40 verdicktem Ricinusöl (Viscosität 20—600 P bei 20°; SZ. <20), 5—30 eines Polyoxyalkylenglykols (z. B. Polyoxypropylenglykol) u. bzw. oder eines neutralen Esters einer aliphat. Dicarbonsäure (z. B. Octylsebacinat). Ferner kann die hydraul. Fl. noch Ricinusöl, Ricinolsäureester, Phosphate, halogenierte KW-Stoffe, Silicone, Alkohole, Äther, Antioxydations- u. Antikorrosionsmittel enthalten. (**F. P. 1 160 313** vom 15/11. 1956, ausg. 11/7. 1958.) T. Oppermann. 5893

Atomic Energy of Canada Ltd., Ottawa, übert. von: Donald E. McKenzie und Archibald McK. Aikin, Deep River, Ontario, Canada, **Trennung der Spaltprodukte** von mit Neutronen bestrahltem U, seinen Legg. oder Pu-Legg. durch Erhitzen des Materials auf 1150—1350° in inerter Atmosphäre (z. B. Luft) in Ggw. von U-, Th-, Mg-, Zr-, Al- oder Be-Oxid u. Entfernung der Spaltprodd. aus der geschmolzenen Masse; flüchtige Spaltprodd. werden in Dampfform abgeführt. Bestrahltes U wird z. B. in Ggw. von U-Oxid im Vakuum auf 1200—1250° erhitzt, die geschmolzene Masse wird nach Entfernung der gasförmigen Prodd. gekühlt, u. die Oxide werden von dem Metall durch Behandlung mit HNO_3 abgetrennt. (**Can. P. 568 411** vom 26/2. 1957, ausg. 6/1. 1959.) H.-J. Nitzschke. 5895

H_2. Betriebsschutz. Feuerschutz

Erfahrungen mit neuentwickelten Staubmeßgeräten, die nach gravimetrischen Prinzipien arbeiten. Martin Landwehr. (Staub **22**, 112—17, 1/3. 1962; Bochum, Bergbau-Berufsgenossensch., Silikose-Forsch.-Inst.; dt.) — Übersicht über die Entw. von Staubmeß- u. -sammelgeräten seit 1952. Die neuste Entw. stellt ein Gerät für 50 Liter/Min. angesaugte Staubluft dar, wobei der Grobstaub in einem Plattenpaket, der Feinstaub auf einem Membranfilter niedergeschlagen wird. W. Wesly. 5932□

γ-Spektrometrie von Staubproben. Martin Sedlacek. (Staub **22**, 87—90, 1/3. 1962; Wien, Univ., 1. Physikal. Inst.; dt.) — Mittels eines γ-Spektrometers ausgeführte Unterss. von Stäuben auf Spaltprodd. ergeben γ-Linien im Bereich 0—1 MeV, die zu folgenden Elementen gehören: ^{147}Nd, ^{141}Ce, ^{144}Ce, ^{140}Ba, ^{140}La, ^{106}Ru, ^{103}Ru, ^{137}Cs, ^{95}Zr u. ^{95}Nb. Zur Ermittlung der abs. γ- u. β-Aktivität aus einer Photolinienfläche wird eine Gleichung abgeleitet. Möglichkeiten zur Best. des Alters von Spaltprod.-Gemischen werden erörtert. W. Wesly. 5932□

Chemischer Schutz gegen ionisierende Strahlung. S. Popa und Gh. Furnică. (Rev. Chim. [București] **9**, 570—75, Okt. 1958; rum.) — Untersucht werden *Cystein, 2-Mercaptoäthanol, Gluconsäure-2-mercaptoäthylamid, BAL, Cystamin, Cysteamin, 3-Mercaptopropylamin, 2-Mercaptothiazolin, 2-Mercaptochinolin, 4-Mercaptobutylamin, 2-[Dimethylamino]-äthylmercaptan, 2-Mercaptoäthylguanidin, 4-Mercaptobutylguanidin, Phenylalanin, Phenyläthylamin, Tyramin, Tryptamin, Morphoylcysteamin (2-Morpholinoäthylmercaptan), Cystin, S-[2-Aminoäthyl]-isothioharnstoff, 2-Aminothiazolin, 2-Methylthiazolin, S-[2-Piperidinoäthyl]-isothioharnstoff, S.S'-Äthylen-bis-isothioharnstoff, Bis-[2-guanidoäthyl]-disulfid, 2-Mercaptoäthyl-N-methylguanidin, 2-Mercaptoäthyl-N-phenylguanidin, Cysteinäthylester, 4-Mercaptobutylguanidin, 2-Cyanäthylisothioharnstoff, S-[2-Acetylaminoäthyl]-isothioharnstoff, S-[2-Pyrolidinoäthyl]-isothioharnstoff, S-[2-Acetylaminoäthyl]-N-carbonylmethylisothioharnstoff, S-[p-Aminophenyl]-isothioharnstoff, S-[2-Dimethylaminoäthyl]-isothioharnstoff, S-[2-(2-Aminoäthylamino)-äthyl]-isothioharnstoff, S-[2-Aminoäthyl]-N.N'-dimethylisothioharnstoff, Pyrogallol, 4-Caprylpyrogallol, 4-Decanoylpyrogallol, 4-Lauroylpyrogallol, 4-Behenoylpyrogallol, 4-Behenoylresorcin, 1-Behenoylnaphthol-(2), 2-Behenoylnaphthol-(1).* K. Lange. 5932

Sicherheitsvorschriften in der chemischen Industrie. Sicherheitsvorschriften bei der Herstellung von Explosivstoffen. B. A. Weston und T. Wardle. (Chem. and Ind. **1958**, 239—45, 1/3.; engl.) I. Koschitzki. 5936

Untersuchungen über die Bindung abgelagerter Stäube aus den sächsischen Steinkohlenbergwerken mit Hilfe von magnesiumchloridhaltigen Laugen unter Zusatz von Netzmitteln. Günter Flachowsky. (Bergakademie [Freiberg] **12**, 504, Sept. 1960; Freiberg; dt.) — Untersucht wurden Stäube von 4 Steinkohlenwerken. Zur $MgCl_2$-Lauge (I) wurde zwecks Erreichung einer guten Benetzbarkeit das Netzmittel „*Leuna R I 51*" (II), ein Äthylphenylpolyglykoläther, gegeben. Mit zunehmender Menge von II oder zunehmender Stärke der I-Schicht steigen die benetzbaren Staubmengen u. die Benetzungs-Geschwindigkeit. Letztere nimmt mit zunehmender Dichte von I ab. Die Kosten für die Anwendung des Verf. sind infolge des hohen Preises von II zu hoch. E. Boye. 5940□

Bleirauch beim Schweißen von verzinkten und mit Zinksilicat-Überzügen versehenen Stählen. W. Leak Pegues. (Amer. ind. Hyg. Assoc. J. **21**, 252—55, Juni 1960; Texas City, Tex., Union Carbide Chemicals Co.; engl.) — Beim Schweißen oder

Brennschneiden von Stahl mit Zn-Silicat-Überzügen entsteht in schlecht belüfteten Räumen Rauch, der das 4—75fache der höchst zulässigen Pb- u. das 1—14fache der zulässigen Zn-Konz. enthält. Verzinkter Stahl entwickelt unter den gleichen Voraussetzungen das 2—4fache des zulässigen Pb- u. das 3—12fache des zulässigen Zn-Gehaltes. Bei ausreichender Belüftung der Arbeitsräume werden die höchst zulässigen Pb- u. Zn-Konzz. nicht sehr überschritten. W. Wesly. 5940□

Brandgefahren durch mißratenen Schaumstoff. Knop. (VFDB-Z., Forsch. Techn. Brandschutz **11**, 15—16, Febr. 1962; Wiesbaden; dt.) — Durch freie reaktionsfähige Isocyanatgruppen kann im fertigen Schaumstoff eine Nach-Rk. einen erheblichen Temp.-Anstieg auslösen. Bei mißratenen Schaumstoff mit Desmodur-T-Überdosierung ergibt sich nach 2—4 Std. eine Temp. von 50—70°. Die Brandgefahr ist bei Desmophen-Zufuhr weniger akut. Als Schutzmaßnahmen werden genaue Dosierung des Katalysators, feuerbeständige Arbeitsräume, Abtransport mißratenen Schaumstoffs ins Freie empfohlen. Gesundheitsgefahren für die Löschmannschaften sind zu beachten. A. Kunze. 5944□

Neue Entwicklungen der Bekämpfung der Luftverschmutzung: Eine Übersicht über die veröffentlichten Arbeiten. David G. Stephan. (Chem. Engng. Progr., Symposium Ser. **57**, Nr. 35, 39—50, 1961; Cincinnati, Ohio, U.S. Public Health Serv., Robert A. Taft Sanitary Engng. Center; engl.) — Fortschrittsbericht. — 336 Schrifttumshinweise. W. Wesly. 5948□

Jean Léon Cousin, Frankreich, **Strahlenschutzbekleidung,** bes. gegen β- u. γ-Strahlen, bestehend aus verschieden gefärbten Gewebebahnen aus Leinen bzw. Hanf mit einer Imprägnierung eines Schwermetallsalzes, z. B. bas. Pb-Acetat, u. Nachbehandlung mit einer Seife, z. B. mit NH_4-Oleat. Vor der Imprägnierung wird das Gewebe mit einer Lsg. einer biolog. Kultur von Lein- u. Hanf-Mikroorganismen behandelt, z. B. 20 Min. bei 70° eingetaucht. — Die Kultur wird in einer Nährlsg. von sterilisiertem Gemüse gezüchtet. (**F. P. 69 494** vom 19/3. 1956, ausg. 7/11. 1958. **Zusatz zu F. P. 1 126 538.**) M. F. Müller. 5933

N. P. Komar und W. P. Majewskaja, **Demercurisierung von Räumen** durch aufeinanderfolgende Behandlung mit einer Lsg., die mit Hg Acidokomplexe bildet, bes. Jodjodkalium-Lsg., u. einer Lsg., die mit Hg-Acidokomplexen ein schwerlösl. Salz gibt, bes. einer Na-Disulfitocuprat-Lsg. (aus 35,5 [g] $CuCl_2 \cdot 2\,H_2O$, 36 $Na_2SO_3 \cdot 7\,H_2O$ u. 60 $NaHCO_3$ in 4,5 Litern). (**UdSSR. P. 122 141** vom 4/12. 1958.) L. Großner. 5941

H_3. Elektrotechnik

Koronamessungen, Leerräume und Lebensdauer von mit Polyäthylen isolierten Kabeln. W. T. Starr und J. P. Agrios. (Nat. Acad. Sci. — Nat. Res. Council, Publ. Nr. **973,** 39—50, Jan. 1962; Schenectady, N.Y., Gen. Electr. Co.; Fort Monmouth, N.J., Signal Corps Engng. Labor.; engl.) — Zur Unters. der Lebensdauer von Kabeln, die mit Polyäthylen (I) isoliert sind, dient ein Hochfrequenz-Beschleunigungsgerät. Prüfverff. zur Unters. von I-Kabeln u. die Einfll. von Herst.-Art, Beginn des Versagens, Endstromverlust, mechan. Spannung des I u. umgebendem Gas auf die Lebensdauer des Kabels werden beschrieben. W. Wesly. 5956□

Untersuchung über den Ladungstransport in isolierenden, festen Körpern. W. E. Spear. (Nat. Acad. Sci. — Nat. Res. Council, Publ. Nr. **973,** 1—10, Jan. 1962; Leicester, Univ.; engl.) — Übersicht über die Arbeitsweisen zur Unters. der elektr. Eigg. von isolierenden festen Körpern. — 14 Literaturangaben. W. Wesly. 5956□

Ein beschleunigtes Prüfverfahren für Polyäthylen-Hochspannungsisolierungen. D. W. Kitchin und O. S. Pratt. (Nat. Acad. Sci. — Nat. Res. Council, Publ. Nr. **973,** 87—89, Jan. 1962; Cambridge, Mass., Simplex Wire and Cable Co.; engl.) — Zur Ermittlung der Isolierfähigkeit von Polyäthylen (I)-Verbb. bettet man bes. spitze Nadeln in erwärmte Prüfblöcke ein, erhitzt u. kühlt die festgeklemmte Probe ab, legt eine Wechselstromspannung zwischen Nadel u. Erde u. zeichnet in logarithm. Maßstab die Spannung u. die Zeit auf, die die Hälfte einer Probengruppe bis zum Versagen benötigt. Als Maß der Durchschlagsfestigkeit dient die 1-Std.-Spannung, d. h. die Spannung, bei der die Hälfte einer Probengruppe in 1 Std. versagt. Unterss. zeigen, daß I mit hohem Molgew. eine größere „Wechselstromspannungs-Lebensdauer“ als I mit niedrigem Molgew. haben, u. daß „färbende“ Antioxydantien enthaltende I den I mit „nichtfärbenden“ Antioxydantien überlegen sind. Durch Zusatz von 2% bestimmter chem. Verbb. wird die Durchschlagsfestigkeit von I bei Zimmer-Temp. verbessert, wobei die

Verbesserung mit der chem. Struktur schwankt. Die wirksamste dieser Verbb. erhöht die 1-Std.-Spannung von handelsüblichem, reinem I von 19 auf 80 kV.
W. Wesly. 5956□

Feste Aluminium-Elektrolytkondensatoren mit geätzter Aluminium-Folie. W. Post. (Nat. Acad. Sci. — Nat. Res. Council, Publ. Nr. **973,** 143—52, Jan. 1962; Singen, Hohentwiel, Aluminium-Walzwerke Singen G.m.b.H.; engl.) — Unterss. über die günstigsten Bedingungen zur Herst. von festen Elektrolytkondensatoren mit geätzter Al-Folie zeigen: Nach Herst. der Folie unter bestmöglichen Bedingungen ist eine Beschädigung der Oxidschicht zu vermeiden. Die Folie wird durch Wärme, Vakuum oder Verdünnung in innige Berührung mit $Mn(NO_3)_2$ gebracht. Die 10 Min. lange Pyrolyse erfolgt bei 400°. Der $Mn(NO_3)_2$-Überzug u. die Pyrolyse werden 2—3 mal ausgeführt. Langsame Folien-Bldg. in wss. Elektrolyten zwischen jeder Pyrolyse u. $Mn(NO_3)_2$-Behandlung u. langsame Kondensatoraufladung bei ständig steigender Spannung sind ratsam.
W. Wesly. 5982□

H_4. Wasser. Abwasser

Die Ozonisierung von Wasser zu Trinkzwecken unter technischen Bedingungen. B. L. Wachler. (Водоснабжение и Санитарная Техника [Wasserversorg. sanit. Techn.] **1961,** Nr. 8, 21—25, Aug.; russ.) — Bei der Chlorierung von W. mit starkem Algen-Geh. kann eine Verstärkung der Geruchs- u. Geschmacksbeeinträchtigung durch ausgeschiedene äther. Öle des Planktons auftreten. Die üblichen Aufbereitungs-Verff. mit $Al_2(SO_4)_3$ u. Aktivkohle sind umständlich u. teuer u. führen nicht immer zum gewünschten Erfolg. In solchen Fällen ist die Ozonisierung ein wirksames Hilfsmittel. Vff. beschreiben die Vers.-Ozonisierungsanlage am Kanal nördlicher Donez-Donbass. Mit einer Dosierung von 3 mg/Liter O_3 wurde eine Farbaufhellung um das 3fache, eine Senkung der Keimzahl um das 10—12fache, des Colititers um das 100fache u. die Beseitigung des Geruchs u. Beigeschmacks erreicht.
D. Wolter. 6014□

Aussichten für die Kontrolle der Korrosion bei der Behandlung von Kühlwasserkreisläufen. J. M. Brooke und B. G. Witt. (Corrosion [Houston] **17,** 22—25, Aug. 1961; Sweeny, Tex., Phillips Petroleum Comp.; engl.) — Vff. gehen auf die Kontrolle der Wasserstein-Bldg., die Ausschaltung der Kühlwasserkorrosion, Verhinderung der Verschmutzung von Kühlflächen u. den Schutz von Holzkühlflächen vor Zerstörung ein.
H.-J. Taschow. 6030□

Untersuchung der Verhältnisse der freien Kohlensäure bei Kreislaufsystemen mit Meerwasser. N. A. Malischewski. (Водоснабжение и Санитарная Техника [Wasserversorg. sanit. Techn.] **1959,** Nr. 6, 4—7, Juni; russ.) — Freies CO_2 im Kreislaufwasser ist für das Bicarbonatgleichgewicht u. somit für die Bldg. von Abscheidungen in Kondensatorrohren verantwortlich. Bei Best. des CO_2-Geh. in Süßwasser in Abhängigkeit von der Fallzeit wurde festgestellt, daß unabhängig von der Ausgangs-Konz. der CO_2-Geh. in 1,8—2,4 Sek. auf eine prakt. konst. Endkonz. von 0,5—12 mg/Liter sinkt. Zur Stabilisierung der Carbonathärte muß folglich das gesamte W. nach Abkühlung oder Zerstäubung wieder mit CO_2 gesätt. werden. Der CO_2-Geh. von Meerwasser in Abhängigkeit von der Ausgangs-Temp. u. -Konz. wurde bei konst. Fallhöhe u. Zerstäubungs-Geschw. bestimmt. Analog dem Süßwasser sank der CO_2-Geh. in 3 Sek. bis zu einem prakt. konst. Wert von 0—8 mg/Liter ab. Folglich muß zur Stabilisierung der Carbonathärte bei Kreislauf-Syst. mit Meerwasser ebenfalls das gesamte W. in der Kühlvorr. mit CO_2 gesätt. werden.
D. Wolter. 6030□

Apparatur zur elektromagnetischen Behandlung des Wassers. O. Pesskow. (Молочная Промышленность [Milch-Ind.] **23,** Nr. 7, 34, Juli 1962; Essentuki, Molkerei des Stawropoler Volkswirtschaftsrates; russ.) — Beschreibung einer kontinuierlich arbeitenden App. zur elektromagnet. Enthärtung des Kesselwassers. Durch Veränderung der Ladungen der die Härte bedingenden Salzionen wird die elektr. Anziehungskraft zwischen den Ionen verändert. Demzufolge verändern sich die Kristallisationsbedingungen; die Hauptmasse der den Kesselstein bildenden Salze wird aus der App. als Schlamm entfernt.
S. Baryschnikow. 6030

Experimentelle Daten für die Feststellung der höchstzulässigen Konzentration von Tallöl in Gewässern. Nai-Tun Tschshen. (Гигиена и Санитария [Hyg. u. Sanitätswes.] **27,** Nr. 5, 9—13, Mai 1962; Moskau, Erisman-Forsch.-Inst. für Hygiene; russ.) — Verss. mit Warmblütern (WB) zeigen, daß eine dauernde (6 Monate) Dosis von 0,03 (mg/kg) Tallöl (Kaninchen) bzw. 0,03 u. 1,50 (weiße Ratten) keine schädliche Wrkg. auf den Organismus der Tiere ausübt. Die Grenz-Konz. des Tallöls (I) in Wasserbecken der 1. bzw. 2. Kategorie beträgt: nach dem Geruch 0,16 (mg/Liter) bzw. 1,25, nach der Färbung 1,25 bzw. 2,50, nach dem Einfl. auf den BSB 1,00 u. nach dem Einfl. auf den Organismus der WB ca. 30. Demzufolge kann eine I-Konz. von 0,2 mg/Liter als höchstzulässige für Wasserbecken bezeichnet werden. S. Baryschnikow. 6036

Über die Natur der Kolloide der Abwässer. O. T. Bolotina. (Водоснабжение и Санитарная Техника [Wasserversorg. sanit. Techn.] **1962**, Nr. 4, 4—6, April; russ.) — Die Koll. der Abwässer von zwei Moskauer Kläranlagen enthielten 59% Eiweiß-N 86% Bakterien u. 15% der durch den BSB_5 bestimmten Stoffe. Auf Trockenmasse berechnet, enthalten die Koll. 8,82 (%) Asche, 7,02 Gesamt-N, 5,24 in 0,5%ig. NaOH lösl. N, 7,2 Kohlenhydrate u. 24,88 Fette. In den Hydrolyse-Prodd. der Eiweißstoffe wurde Humin-N, NH_3-N u. N der Monoaminosäure festgestellt. 8% von N entfallen auf Purin- u. Pyrimidinverbindungen. D. Wolter. 6036□

Über die Höhe des biochemischen Sauerstoffbedarfes von Haushaltabwässern bei der Berechnung von Reinigungsanlagen. B. O. Botuk. (Водоснабжение и Санитарная Техника [Wasserversorg. sanit. Techn.] **1961**, Nr. 7, 18—19, Juli; russ.) — Als mittlerer Wert des O_2-Verbrauchs (BSB_5) von Stadtabwässern werden 35 g O_2 (pro Tag u. Kopf der Bevölkerung) angegeben. W. Herfurt. 6036□

Die Vermischung der Abwässer in den Flüssen. W. M. Schesstakow. (Водоснабжение и Санитарная Техника [Wasserversorg. sanit Techn.] **1961**, Nr. 7, 15—18, Juli; russ.) — Aussagen über die in gegebener Entfernung vom Vorfluter auftretende maximale Fremdstoff-Konz. sowie die zum vollständigen Konz.-Ausgleich erforderliche Strecke turbulent strömender Gewässer werden auf Grund einer angeführten Differentialgleichung gemacht. Vf. macht Angaben über die Größe der auftretenden Koeff. bei Anwendung der Gleichung unter vereinfachenden Bedingungen (vergleichsweise geringe Abwassermengen, annähernd gradliniger Flußlauf) u. zeigt am Beispiel die erreichbare Übereinstimmung mit analyt. ermittelten Werten. W. Herfurt. 6038□

Wege zur Verbesserung der Reinigung von Abwässern von Erdölanlagen. W. G. Perewalow und B. I. Karapajew. (Нефтяное Хозяйство [Erdöl-Wirtsch.] **38**, Nr. 7, 29—32, Juli 1960; russ.) — Durch unvollkommene techn. Einrichtungen u. Unachtsamkeit gelangen in Erdölförderungsanlagen große Mengen von Öl in die Abwässer, was ein wirtschaftliches u. sanitäres Problem darstellt. Es werden Ölverlustquellen sowie Vorr. u. Maßnahmen zu deren Beseitigung aufgezählt. Bes. ausführlich wird eine schwimmende selbstregulierende Rinne zur Abführung des Öls von der Oberfläche von Abwasserteichen beschrieben (Abb.). Horst Braun. 6040□

Die Ausnutzung von Asche für die Reinigung einiger industrieller Abwässer. S. Ss. Okun. (Водоснабжение и Санитарная Техника [Wasserversorg. sanit. Techn.] **1959**, Nr. 10, 13—16, Okt.; russ.) — Die hydraul. entfernte Asche moderner Wärmekraftwerke eignet sich gut zur Reinigung von Industrieabwässern. Die Aschepulpe wird mit den Abwässern gemischt u. in Absetzbecken geleitet. Das Absetzen vollzieht sich in 7—8 Std. gegenüber 48 Std. ohne Abwasser. 1 t Flugasche kann 250 (g) *Phenol*, 40 bis 60 *As*, 250—350 *Erdöl-Prod.* u. 2000 H_2S adsorbieren. Grobdisperse Teilchen werden zu 95% sedimentiert, saure Abwässer neutralisiert, der Fe- u. Chlorid-Geh. um 35—40% gesenkt. Am Beispiel von 4 Industriewerken werden genaue Angaben über die Adsorption u. die ökonom. günstige Seite des Verf. gemacht. D. Wolter. 6040□

Eine Reagenzmethode zur Reinigung von Rohrleitungen und Pumpen von Zuwachsungen. A. Ch. Bork, M. A. Gubarewa und N. N. Tschernobajewa. (Водоснабжение и Санитарная Техника [Wasserversorg. sanit. Techn.] **1961**, Nr. 8, 26—28, Aug.; russ.) — An Entwässerungsrohren der Moskauer Metro wurde ein starkes Zuwachsen festgestellt, hauptsächlich bedingt durch Absetzungen von $CaCO_3$ u. $MgCO_3$. Zur Entfernung der Salze wurden Rohre u. Pumpen mit 15%ig. HCl, versetzt mit *PB-5* als Inhibitor, gefüllt. Nach 24 Std. waren die Salze restlos entfernt. Es wurde reichlich mit W. nachgewaschen. Die Meth. ist schneller u. billiger als die mechan. Reinigung oder das Auswechseln der Rohre. D. Wolter. 6050□

Bei der chemischen Untersuchung von Schwefelwässern zu beobachtende Maßnahmen (Bemerkungen zur Technik). N. Borgioli und M. Talenti. (Nuovi Ann. Igiene Microbiol. **12**, 285—88, Juli/Aug. 1961; Roma, Univ., Ist. d'Ig. „G. Sanarelli"; ital.) — Beschreibung der Arbeitsweise bei der Best. von gesamtem u. freiem H_2S, Cl^-, NH_3 u. *Fe* in Schwefelwässern. K. Zingraf. 6058□

Objektive Methoden zur Analyse der Qualität des Wassers. Je. Ss. Schalaschowa und B. I. Krotkowa. (Водоснабжение и Санитарная Техника [Wasserversorg. sanit. Techn.] **1960**, Nr. 8, 18—22, Aug.; russ.) — Ausführliche Beschreibung der Meth. u. App. für die Unters. von W. auf mechan. u. chem. Verunreinigungen. H. Jäger. 6060□

Bestimmung von flüchtigen, nicht mischbaren Flüssigkeiten in Wasser und Abwasser. J. G. Sherratt. (Analyst **87**, 595, Juli 1962; Warrington, Lancs., Public Analyst's Labor.; engl.) — Vf. weist darauf hin, daß die bei der vom Joint Committee of the Association of British Chemical Manufacturers and the Society for Analytical Chemistry vorgeschlagenen Meth. zur Best. geringer Mengen flüchtiger, nicht mischbarer Fll. in Flußwasser u. Abwasser angegebene Vorschrift, an der Innenseite der Probeflasche anhaftende Ölspuren mit Aceton zu entfernen u. die Aceton-Lsg. zur Probe zu geben, nicht zu empfehlen ist. Das Aceton kann die Adsorption des flüchtigen Öles an bestimmten Aktivkohlearten stören. Die Flasche sollte daher besser mit 2—3 Stückchen Filtrierpapier ausgewischt werden, die man dann zur Probe fügt.
Gerhard Schulze. 6068□

Frank Lewis Chappell, Victoria, Canada (Erfinder: Patrick Ernest Heathfield, Woldingham, Henry Guthrie Gow, Dore, Arthur William Richardson, Kensington, England), **Elektrolytische Wasserreinigung.** Zur Erzielung einer tox. Wrkg. enthält die aus Al u./oder Fe bestehende Anode As u./oder Sb. Eine Anode aus Al enthält 3 Gew.-% As oder 0,5—10 Gew.-% Sb. Eine Anode aus Fe enthält 0,5—2 Gew.-% As oder 0,5—6 Gew.-% Sb. (**A. P. 2 928 778** vom 7/8. 1957, ausg. 15/3. 1960. E. Prior. 21/8. 1956.) H. Blachetzki. 6029

Pure Oil Co., Chicago, übert. von: George G. Bernard, Crystal Lake, Ill., V.St.A., **Behandeln von trüben und sulfathaltigen Industriewässern,** bes. für die Erdölgewinnung, durch Zusatz von $BaCl_2$ oder -Acetat oder $PbCl_2$ oder -Acetat zusammen mit CaO u./oder Alaun in jeweils stöchiometr. Mengen. Hierdurch wird gleichzeitig die Entw. sulfatreduzierender Bakterien verhindert. (**A. P. 2 912 378** vom 19/6. 1956, ausg. 10/11. 1959.) H. Schindler. 6043

American Cyanamid Co., New York, N.Y., V.St.A., **Entfetten von suspendierten organischen Feststoffen aus Abwässern** durch Zusatz eines anorgan. Flockungsmittels, z. B. $Al_2(SO_4)_3$, u. eines oder mehrerer wasserlösl. (Misch-)Polymerisate (I) mit einem Mol.-Gew. von 400000—2,5 Million. Als I dienen Polymerisate von (Meth-)Acrylsäure oder deren Alkalisalze oder Derivv., (Meth-)Acrylamid, N-alkylierte Amide usw., sowie deren Mischpolymerisate mit Äthylen, Styrol, Vinylacetat usw. Aus zahlreichen Tabellen geht die Kürzung der Absetz- u. Filtrierzeit hervor. (**E. P. 816 399** vom 13/4. 1956, ausg. 15/7. 1959. A. Prior. 20/4. 1955. **Zusatz zu E. P. 725 460; C. 1959, 16855.**)
H. Schindler. 6043

Degremont ACFI, Max Schmitt und M[illegible]el Neveu, Frankreich, **Reinigung radioaktiver Abwässer** durch Filtration über Schichten aus Lithothamnium Calcareum (Maerl), einem korallenartigen Meeressediment, wobei ein Austausch der radioakt. Ionen gegen Ca^{++} u. Mg^{++} erfolgt. Der zeolith-ähnliche Stoff besitzt eine hohe Austauschkapazität. (**F. P. 1 217 216** vom 4/12. 1958, ausg. 2/5. 1960.)
W. Wittholz. 6050

Siemens-Schuckertwerke Akt.-Ges., Berlin und Erlangen (Erfinder: **Rolf Gremmelmaier, Rudolf Grimm, Otto Folberth und Heinrich Welker**, Erlangen), *Zersetzungsfreies Umschmelzen von Verbindungen.* (**Oe. P. 214 484** vom 1/6. 1954, ausg. 10/4. 1961. D. Prior. 19/9. 1953. — C. **1957**, 10843 [D. B. P. 960 268].)

Union Carbide Corp., New York, N.Y., V.St.A., *Galvanisches Trockenelement.* (**Ind. P. 65 371** vom 26/9. 1958, ausg. 8/12. 1960. — C. **1961**, 5923 [E. P. 842 819].)

H_5. Anorganische Industrie

Der Wasserstoff in der Elektrochemischen Fabrik von Guardo (Palencia). Rubén Cardenosa González. (Ion [Madrid] **20**, 543—48, Sept. 1960; Unión Española de Explosivos, S.A.; span.) — In der genannten Fabrik wird H_2 bei der NaCl-Elektrolyse, als Nebenprod. bei der Hydratation von Acetaldehyd zu Aceton, bei der Wasserelektrolyse u. in therm. Verff. gewonnen u. von den jeweiligen Verunreinigungen befreit.
R. K. Müller. H 238□

Das Shell-Chlorverfahren. J. Th. Quant, J. van Dam, W. F. Engel und F. Wattimena. (Chem. Weekbl. **58**, 397—404, 11/8. 1962; niederl.) — Übersicht über Entw., Grundzüge, Ausführung u. Wirtschaftlichkeit des Shell-Verf. zur Cl_2-Gewinnung aus HCl. — 49 Literaturangaben. W. Wesly. H 247□

Ein Verfahren zur Gewinnung von Ammoniummolybdat aus Lösungen mit hohem Gehalt an Natriumsulfat. K. Ja. Schapiro. (Цветные Металлы [Nichteisenmetalle] **34**, 57—60, Juli 1961; Allunions Forsch.-Inst. für Hartmetalle; russ.) — Ausgearbeitet wird ein neues Verf. zur Abscheidung von $(NH_4)_2MoO_4$ (I) (mit einer geringen *Na*-Beimengung) unmittelbar aus *Na-Molybdat*-Lösungen. Die vollständige Mo-Ausscheidung dauert prakt. 6 Std. bei einem NH_4Cl-Verbrauch von 60—80% von der zur Bldg. von I erforderlichen Menge. Die hydrolyt. Ausscheidung des Mo in einem sauren Mittel (pH 1,5—2) in Form eines kristallinen Nd. bewirkt einen hohen Reinheitsgrad an Beimengungen. Die Endreinigung von Na wird auf dem Wege der Behandlung von I mit einer *NH_4Cl*-Lsg. durchgeführt, wobei der Geh. an *NaCl* im Nd. von 0,5 auf 0,01% vom Mo-Geh. erniedrigt wird. H. Hochstein. H 336□

Johnson, Matthey & Co. Ltd., London, übert. von: Alan Sydney Darling, Northwood, England, **Abtrennen von Wasserstoff aus wasserstoffhaltigen Gasen mit Palladium.** Das an sich bekannte Abtrennen von H_2 durch Inkontaktbringen des H_2-haltigen Gases mit Pd-Flächen erfolgt bei Temp., die über dem Umwandlungspunkt der α-Phase in die β-Phase des Pd–H_2-Syst., bes. über 350°, liegen. Das Verf. wird bes. so durchgeführt, daß das Pd bei 350° mit dem Ausgangsgas in Kontakt gebracht u. der vom Pd aufgenommene H_2 bei 700° abgegeben wird. (**A. P. 2 962 123** vom 8/5. 1958, ausg. 29/11. 1960. E. Prior. 17/5. 1957.) K. Wolk. H 238

Jean Charles Seailles, Frankreich, **Gewinnung der Isotopen des Wasserstoffs und des Wassers.** In ein mit den üblichen Elektroden ausgerüstetes Elektrolysiergefäß wird zusätzlich eine Pd-Elektrode angeordnet, welche keine feste Verbindung mit den anderen Elektroden aufweist. Bei der Elektrolyse von W. wird auch an der Pd-Elektrode auf der einen Seite H_2 entwickelt, der durch diese hindurch diffundiert u. mit dem auf der anderen Seite dieser Pd-Elektrode entwickelten O_2 bildet, welches einen erheblich höheren %-Satz an *D_2O* aufweist als das der gewöhnlichen Elektrolyse unterworfene Wasser. Für die Gewinnung von *D_2* wird H_2 unter leichtem Überdruck in ein ggf. erhitztes Pd-Rohr geleitet, welches in einem zweiten festen Rohr angeordnet ist. Da D_2 langsamer durch Pd diffundiert als H_2, wird sich *D_2* im Inneren des Pd-Rohres anreichern. (**F. P. 1 203 110** vom 21/7. 1958, ausg. 15/1. 1960.) W. Wittholz. H 238

Air Products, Inc., übert. von: Loyal Clarke, South Whitehall Township, Lehigh County, Pa., V.St.A., **Reinigen von Gasen für die Ammoniaksynthese.** Man wäscht aus komprimierter Luft mit 10%ig. NH_3-Lsg. die sauren Verunreinigungen, wie CO_2 u. H_2S, aus, zerlegt durch Verflüssigung die Luft in reinen N_2 u. 95%ig. O_2, unterwirft mittels dieses O_2 ein KW-Stoff-Öl in Ggw. von Dampf der partiellen Verbrennung, reinigt das H_2 enthaltende Gas mit 10%ig. NH_3-Lsg., die zusammen mit der von der Reinigung der komprimierten Luft stammenden NH_3-Lsg. auf $(NH_4)_2SO_4$ verarbeitet wird, wäscht mit einem Teil des komprimierten N_2 die im H_2 enthaltenen Verunreinigungen, wie CO, CH_4, O_2, aus u. benutzt den anderen Teil des N_2 zusammen mit dem gereinigten H_2 zur NH_3-Synthese. — Verfahrensschema. (**A. P. 2 955 909** vom 5/6. 1957, ausg. 11/10. 1960.) K. Demmler. H 243

Engelhard Industries, Inc., V.St.A. (Erfinder: Johann G. Cohn, Holger G. Andersen und William J. Green), **Reinigung von Stickstoff für die NH_3-Synthese.** Der mit Stickoxiden u. anderen O-Verbb. verunreinigte N_2 wird mit elektrolyt. gewonnenem H_2 vermischt, wobei dieser Überschuß zu der zur Beseitigung der Verunreinigungen erforderlichen Menge angewendet wird, das Gemisch dann auf 10 bis 371° erhitzt u. über einen Pd-Katalysator geleitet. Der gereinigte N_2 kann infolge Red. der NO-Verbb. geringe Mengen von NH_3 aufweisen, die für die weitere Verw. nicht stören. (**F. P. 1 210 708** vom 4/6. 1958, ausg. 10/3. 1960. A. Prior. 12/7. 1957.) W. Wittholz. H 243

Koppers Co., Inc., übert. von: Edward J. Helm und Elwood V. Schulte, Pittsburgh, Pa., V.St.A., **Rückgewinnung von Ammoniak** aus Koksofengas in Form von Diammoniumphosphat. Man leitet das Gas bei 30—60° in eine wss. NH_4-Phosphat-Lsg. (Verhältnis $NH_4OH : H_3PO_4 = 1 : 1{,}45-1{,}55$). Bis man eine gesätt. Lsg. erhält, erhitzt man diese mit NH_3 angereicherte Lsg. zum Siedepunkt. Unter Rühren u. Abkühlen erhält man unter Zusatz von wss. NH_3-Lsg. bis zum Verhältnis $NH_3 : H_3PO_4 = 2 : 1$ einen Diammoniumphosphat-Schlamm, den man trocknet u. granuliert. (**A. P. 2 946 655** vom 22/8. 1957, ausg. 26/7. 1960.) H. Nebelsiek. H 243

Union Oil Co. of California, Los Angeles, übert. von: William D. Schaeffer, Pomona, Calif., V.St.A., **Herstellung von Hydrazin.** NH_3 wird mit einem sauren Salz der Hydroxylamin-o-sulfonsäure unter wasserfreien Bedingungen bei —77 bis 250° umgesetzt u. das Hydrazin aus den Rk.-Prodd. isoliert. (**A. P. 2 935 378** vom 29/7. 1957, ausg. 3/5. 1960.) E. Miessgang. H 243

Dow Chemical Co., Midland, Mich., übert. von: Kernal Glenn Shaw, Concord, Calif., V.St.A., **Gewinnung von Jod aus wäßrigen Lösungen,** in dem man diese mit einem quatern. Ammoniumanionenaustauschharz behandelt, das Austauschharz mit einer angesäuerten Alkalibromid- oder -chlorid-Lsg., die 10—50 Gew.-Teile SO_2 pro

Million Teile der wss. Lsg. enthält u. ein pH 2—3 hat, eluiert, das eluierte Jodid mit Cl_2 oxydiert u. das elementare J mit einem inerten Gas austreibt. — Vorr., Zeichnung. (**A. P. 2 945 746** vom 28/5. 1959, ausg. 19/7. 1960.) K. Demmler. H 249

Raffineries de Soufre Réunies, Frankreich (Erfinder: Pierre Varnat), **Gewinnung von sublimiertem Schwefel** durch Dest. u. Kondens. unter Luftabschluß u. konst. Druck in einem korrosionsbeständigen Gefäß, z. B. einem Trocken- oder Naßgasometer. Hierdurch wird die Bldg. von SO_2 bei der Dest. erheblich verringert, so daß das Sublimat eine Acidität von nur 0,01% (ausgedrückt als H_2SO_4) aufweist. (**F. P. 1 213 693** vom 4/6. 1958, ausg. 4/4. 1960.) W. Wittholz. H 253

Raffineries de Soufre Réunies, Frankreich (Erfinder: Pierre Varnat), **Gewinnung von sublimiertem Schwefel.** S-Dampf wird mit einem auf 30—70° erwärmten Inertgasstrom langsam in eine Absetzkammer geleitet, in welcher eine Temp. von ca. 105° gehalten wird. Die Geschw. des Inertgasstromes ist so bemessen, daß in der Kammer keine Zusammenballung der S-Teilchen erfolgt. — Anlageschema, Vorrichtungen. (**F. P. 1 216 464** vom 26/11. 1958, ausg. 26/4. 1960.) W. Wittholz. H 253

Olin Mathieson Chemical Corp., V.St.A., **Gewinnung von Borhydriden.** Elementares B, Borcarbid oder ein Metallborid wird mit Metalloxiden in feinstpulverigem Zustand innigst gemischt, ggf. zu Tabletten oder Pastillen verpreßt u. unter Zuleiten von H_2 auf 850—1000° erhitzt. Genannt sind die Oxide des Mg, Zn, Al, Th, Zr; man kann auch elementares B bei 1200° nur mit H_2 behandeln, welcher durch 60—70° warmes W. perlt. Das mol. Verhältnis von B : O (O-Anteil des Metalloxids) soll zwischen 1 : 1 u. 10 : 1 liegen. (**F. P. 1 203 317** vom 17/9. 1958, ausg. 18/1. 1960.) W. Wittholz. H 258

Olin Mathieson Chemical Corp., V.St.A. (Erfinder: Richard H. Toeniskoetter und George W. Schaeffer), **Herstellung von Natriumdekaboran.** Man setzt 2 Mol metall. Na mit 1 Mol Dekaboran bei — 60 bis + 40° in Lsg. in fl. NH_3 um. — Vorrichtung. (**F. P. 1 207 344** vom 12/11. 1958, ausg. 16/2. 1960. A. Prior. 13/11. 1957.) W. Wittholz. H 258

N. V. de Bataafsche Petroleum Mij., Niederlande, **Gewinnung von Ruß** aus rußhaltigen Gasgemischen, die bei der partiellen Verbrennung von KW-Stoffen entstehen u. bes. H_2 u. CO enthalten. Das Gemisch wird zunächst mit W. gewaschen, wobei der größte Teil an Ruß entfernt wird. Danach wird mit einer organ. Fl. gewaschen, die mit W. nicht mischbar ist u. die für Ruß keine höhere Adhäsion besitzt als W., z. B. mit einem schweren Gasöl, Kp. 250—350°. — Schema der Anlage. — Vgl. Oe. P. 204 667; C. **1960**, 7640. (**F. P. 1 201 815** vom 25/8. 1958, ausg. 6/1. 1960. Niederl. Prior. 26/8. 1957.) M. F. Müller. H 260

Aluminum Co. of America, Pittsburgh, übert. von: Luther M. Foster und George Long, New Kensington, Pa., V.St.A., **Konzentrierung von Galliumoxid.** Ga_2O_3 u. Al_2O_3 enthaltendes Material wird unter reduzierenden Bedingungen auf über 1000° erhitzt, um Ga_2O_3 u. Al_2O_3 zu verdampfen. Das Dampfgemisch wird unter reduzierenden Bedingungen kondensiert, wobei ein Kondensat anfällt, in dem das Mol.-Verhältnis $Ga_2O_3 : Al_2O_3$ höher ist als in dem Ausgangsmaterial. (**A. P. 2 962 370** vom 20/2. 1959, ausg. 29/11. 1960.) M. Neckermann. H 295

Potasse & Engrais Chimiques, Paris, übert. von: Pierre Pagny, Villeneuve-la-Garenne, Frankreich, **Rückgewinnung von Uran** aus U-haltigen Ablaugen. Man erhitzt die Alkalicarbonate enthaltenden Ablaugen, die ein pH von 8—12 aufweisen, auf ca. 60 u. fügt ein feinteiliges, dreibas. Phosphat, z. B. $Ca_2Ba(PO_4)_2$, zu. Es bildet sich ein Phosphat-Nd., der das U adsorbiert enthält. Diesen Nd. arbeitet man in üblicher Weise auf. (**A. P. 2 981 593** vom 12/6. 1958, ausg. 25/4. 1961. F. Prior. 30/7. 1957.) H. Nebelsiek. H 339

United States Atomic Energy Commission, übert. von: Burt F. Faris, Richland, Wash., und Carl M. Olson, Newark, Del., V.St.A., **Abtrennen von Plutoniumverbindungen aus salpetersauren Lösungen, die daneben noch Uranspaltprodukte enthalten.** Man oxydiert zuerst so, daß Pu(IV) in Pu(VI) übergeführt ist, dann fällt man durch Zusatz geringer Mengen an Bi-Ionen u. eines Überschusses an H_3PO_4 die U-Spaltprodd. zusammen mit $BiPO_4$ aus. Dann versetzt man mit geringen Mengen Ce-Ionen, so daß sich zusammen mit der überschüssigen H_3PO_4 ein Ce-Phosphat-Nd. bildet. Die Ndd. trennt man durch Zentrifugieren ab u. fällt aus der übrigbleibenden Lsg. in üblicher Weise Pu aus. (**A. P. 2 991 150** vom 5/9. 1946, ausg. 4/7. 1961.) H. Nebelsiek. H 343

United States Atomic Energy Commission, übert. von: Thomas Harrison Davies, Oak Ridge, Tenn., V.St.A., **Abtrennen von Plutonium aus mineralsauren Lösungen, die Uran und Spaltprodukte enthalten.** Man führt Pu in den 6wertigen Zustand über u. fällt durch Zusatz von $BiPO_4$ u. anschließend durch Zusatz von SiO_2

oder TiO_2 die Spaltprodd. mit aus, während Pu(VI) in Lsg. bleibt, aus der es dann in üblicher Weise ausgefällt wird. (**A. P. 2 992 889** vom 5/9. 1945, ausg. 18/7. 1961.) H. Nebelsiek. H 343

Kennecott Copper Corp., New York, N.Y., übert. von: Stuart R. Zimmerley und Emil E. Malouf, Salt Lake City, Utah, V.St.A., **Gewinnung von Rheniumverbindungen** aus MoS_2-Erzen. Man schlämmt das feingetrocknete Erz mit H_2SO_4 an u. erhitzt diesen Schlamm ca. 3 Std. oxydierend auf ca. 300°. Anschließend oxydiert man nochmals 5 Std. unter Rühren bei 400°. Die entweichenden Gase leitet man durch einen Cyclon u. eine Gaswäsche. Die im Cyclon anfallenden Stäube leitet man in den zum Rösten verwendeten Drehrohrofen zurück, während man die Waschlsg. auf Re verarbeitet. (**A. P. 2 967 757** vom 31/10. 1958, ausg. 10/1. 1961.) H. Nebelsiek. H 352

Houdry Process Corp., Wilmington, Del., übert. von: Milton Orchin, Cincinnati, Ohio, V.St.A., **Herstellung von Kobalthydrocarbonyl** als Haupt-Rk.-Prod., indem man bei wenigstens 75° F u. Überdruck ein Gemisch aus Dikobaltoctacarbonyl, H_2 u. CO zur Rk. bringt, wobei das Mol.-Verhältnis von $H_2 : CO$ 1 : 4 bis 4 : 1 beträgt, das unter Druck stehende Rk.-Gemisch wenigstens auf −53° kühlt u. anschließend entspannt. (**A. P. 2 985 504** vom 17/6. 1957, ausg. 23/5. 1961.) K. Demmler. H 355

International Nickel Co., Inc., New York, N.Y., V.St.A., übert. von: David M. Llewelyn, Clydach, und De Witt H. West, Port Eynon, Wales, England, **Herstellung von reinem Nickeloxid.** Man röstet ein Gemisch von feinteiligem Ni-Carbonylpulver mit $<0,2\%$ C u. $<0,01$ Fe u. von feinteiligem NiO-Pulver, wobei der Anteil an NiO $>30\%$ beträgt, mit wenigstens 20%ig. Überschuß an O_2 bei 500—800°, vermeidet durch sorgfältige Kontrolle des Röstprozesses ein Sintern u. Schmelzen, trennt durch Sieben des gemahlenen Prod. eine Fraktion mit einer Korngröße bis 1 μ ab u. führt den Rest in den Röstprozeß zurück. (**A. P. 2 989 373** vom 4/2. 1959, ausg. 20/6. 1961. E. Prior. 21/2. 1958.) K. Demmler. H 356

Edogawa Kagaku Kogyo Kabushiki Kaisha, Japan, *Herstellung von Wasserstoffperoxid.* (**F. P. 1 235 329** vom 29/9. 1958, ausg. 8/11. 1960. Jap. Prior. 12/10. 1957. — C. **1962**, 3939 [D. A. S. 1 112 051].)

Wacker-Chemie G. m. b. H., Deutschland, *Herstellung von Wasserstoffperoxid.* (**F. P. 1 235 852** vom 15/9. 1959, ausg. 10/11. 1960. D. Prior. 16/9. 1958. — C. **1960**, 14481 [D. A. S. 1 073 454].)

Farbenfabriken Bayer Akt.-Ges. (**Erfinder: Friedrich Schubert**), Leverkusen, *Isolierung von Hydrazin.* (**Schwz. P. 355 441** vom 23/3. 1957, ausg. 31/8. 1961. D. Prior. 28/4. 1956. — C. **1959**, 17364 [D. A. S. 1 044 048].)

Farbenfabriken Bayer Akt.-Ges., Leverkusen, *Gewinnung von Hydrazinhydrat.* (**E. P. 839 820** vom 31/7. 1958, ausg. 29/6. 1960. **A. P. 2 955 921** vom 28/7. 1958, ausg. 11/10. 1960. Beide D. Prior. 1/8. 1957. — C. **1960**, 13808 [D. A. S. 1 066 559].)

Farbenfabriken Bayer Akt.-Ges., Leverkusen, *Herstellung von Hydrazinhydrat.* (**E. P. 854 997** vom ?8/1. 1959, ausg. 23/11. 1960. **A. P. 2 993 758** vom 20/1. 1959, ausg. 25/7. 1961. Beide D. Prior. 29/1. 1958. — C. **1961**, 12602 [D. A. S. 1 088 939].)

Farbenfabriken Bayer Akt.-Ges., Leverkusen, *Herstellung von Hydrazinhydrat.* (**E. P. 876 038** vom 13/10. 1959, ausg. 30/8. 1961. D. Prior. 13/10. 1958. — C. **1961**, 3443 [D. A. S. 1 087 119].)

Farbenfabriken Bayer Akt.-Ges., Leverkusen, *Entfernen von Aceton aus acetonhaltigen wäßrigen Hydrazinlösungen.* (**E. P. 839 415** vom 31/7. 1958, ausg. 29/6. 1960. D. Prior. 1/8. 1957. — C. **1959**, 13911 [D. A. S. 1 049 833].)

Badische Anilin- & Soda-Fabrik Akt.-Ges., Ludwigshafen/Rh., *Herstellung schwefeldioxidhaltiger Gase.* (**Belg. P. 563 001** vom 6/12. 1957, ausg. 3/6. 1960. D. Prior. 7/12. 1956. — C. **1959**, 12663 [D. A. S. 1 043 295].)

Food Machinery & Chemical Corp., San José, Calif. (**Erfinder: Donald Oliver Flach**, Williamsville, und **Reed E. Garver**, Snyder, N.Y.), V.St.A., *Herstellung von Persulfaten.* (**Jap. A. S. 13469/1960** vom 21/7. 1958, ausg. 15/9. 1960. A. Prior. 14/11. 1957. — C. **1960**, 15176 [A. P. 2 899 272].)

United States Borax & Chemical Corp., V.St.A. (**Erfinder: Nelson Perry Nies**), *Herstellung von Borsäure.* (**F. P. 1 221 076** vom 27/1. 1959, ausg. 31/5. 1960. A. Prior. 13/2. 1958. — C. **1962**, 9853 [E. P. 861 416].)

Farbenfabriken Bayer Akt.-Ges., Leverkusen, *Gewinnung reiner Alkaliboranate.* (**E. P. 838 842** vom 22/1. 1959, ausg. 22/6. 1960. D. Prior. 3/2. 1958. — C. **1960**, 8643 [D. A. S. 1 051 254].)

Wacker-Chemie G. m. b. H., Deutschland, *Gewinnung von Silicium.* (**F. P. 1 235 965** vom 8/4. 1959, ausg. 10/11. 1960. D. Prior. 11/4. 1958. — C. **1961**, 10328 [D. A. S. 1 098 496].)

E. I. du Pont de Nemours & Co., Wilmington, Del., V.St.A., *Herstellung von elementarem Silicium.* (**E. P. 865 249** vom 14/1. 1958, ausg. 12/4. 1961. — C. **1961**, 261 [A. P. 2 909 411].)

Union Carbide Corp., V.St.A. (**Erfinder: Earl Glen Caswell und Robert Allen Lefever**), *Reinigung von Silan.* (**F. P. 1 236 327** vom 21/9. 1959, ausg. 16/11. 1960. D. Prior. 24/9. 1958. — C. **1961**, 5215 [D. A. S. 1 092 893].)

Th. Goldschmidt Akt.-Ges., übert. von: **Wilhelm Brügger**, Essen, *Herstellung von Zirkoniumoxid.* (**A. P. 3 000 703** vom 5/11. 1957, ausg. 19/9. 1961. — C. **1959**, 258 [D. A. S. 1 028 108].)

H_6. Silicatchemie. Baustoffe

Pittsburgh Plate Glass Co. (Erfinder: Raymond George Rieser), **Herstellung einer Farblösung zum Färben von organischen Sicherheitsglasplatten.** Man stellt eine konz. Lsg. aus einem nichtsulfonierten *Pyrazolonazofarbstoff*, der auf ein pH von 10,5—11 eingestellt ist, her, fügt ein Netzmittel u. ein Lsgm. aus 23—27 (Vol.-%) W. u. 73—77 Äthylenglykolmonoäthyläther zu. Dann stellt man durch Zusatz von Essigsäure den pH-Wert auf 9,0—10,5, bes. 9,5, ein. — In eine solche Lsg. taucht man die Platten, z. B. aus Polyvinylacetat, wäscht sie nach u. trocknet im O_2-Strom bei 90—100° F. (**Aust. P. 219 832** vom 15/1. 1957, ausg. 19/2. 1959. A. Prior. 30/1. 1956.) H. Nebelsiek. 6177

Pittsburgh Plate Glass Co., Pittsburgh, übert. von: James E. Duncan, Brackenridge, Pa., V.St.A., **Glas** aus 55—75 C%) SiO_2 11—21 Na_2O + K_2O + Li_2O (davon 5—15 Na_2O u. 0—10 K_2O), 2—12 Al_2O_3, 0,005—0,5 NiO, 0,005—0,5 Cr_2O_3, 0,001—0,1 CoO u. 1—6 F_2. (**Can. P. 568 513** vom 27/8. 1954 u. 2/1. 1957, ausg. 6/1. 1959. A. Prior. 21/12. 1953 u. 24/8. 1956.) H.-J. Nitzschke. 6201

Ernst Leitz G. m. b. H., Wetzlar (Erfinder: Heinz Brömer und Norbert Meinert), **Optisches Glas.** Dieses enthält 16—32 (Gew.-%) B_2O_3, 10—23 Al_2O_3, 25—50 La_2O_3 u. 8—31 Oxide 2wertiger Elemente, wie CaO, MgO, BaO oder dgl.; der Geh. an B_2O_3 + Al_2O_3 soll 29—48,3 betragen. Bis 10 ZrO_2 u. bis 10 Ta_2O_5 können in dem Glase enthalten sein. — Beispiel für eine Glas-Zus.: 25,2 B_2O_3, 21,0 Al_2O_3, 40,3 La_2O_3 u. 13,5 CaO; n_D 1,6837; ν = 53,2. (**E. P. 869 616** vom 3/4. 1958, ausg. 31/5. 1961.) Hans Hoffmann. 6201

Československá Socialistická Republika (Erfinder: Franz Schill, Königgrätz), Tschechoslowakei, **Schaumgemisch für die Bereitung von Schaumglas** durch Mahlen u. Mischen der einzelnen Bestandteile, wobei das Vermahlen des Glases u. verschiedener Füllmittel trocken u. kontinuierlich u. das Vermischen mit dem Schaummittel absatzweise oder fortlaufend in Mischapp. erfolgt. Die Teilchengröße des Schaummittels ist 5—10mal kleiner als die der übrigen Bestandteile des Gemisches; die Feuchte der Grundstoffe wird vor dem Vermahlen auf 0,1—0,5% eingestellt. (**Tschech. P. 98 863** vom 1/9. 1959, ausg. 15/3. 1961.) L. Macher. 6201

Georgia Kaolin Co., übert. von: Ben W. Rowland, Elizabeth, N.J., V.St.A., **Viscositätserniedrigung von Ton.** Um natürliche Vorkommen, die wegen zu hoher Viscosität für manche techn. Verw., z. B. als Füllstoffe, nicht geeignet sind, zu verbessern, werden diese in W. dispergiert u. mit 0,25—3% (vom Gew. des Tons) eines Guanidinsalzes versetzt u. nach genügender Verteilung dieses Prod. wieder vom W. getrennt u. getrocknet. — Zum Beispiel wurde zu einer 40% Ton enthaltenden wss. Suspension 1% Guanidincarbonat gefügt u. verrührt. Der mit Alaun ausgefällte getrocknete Ton zeigte in 63%ig. Suspension eine Viscosität von 45000 (c.p.m.) nach Brookfield gegen 108800 einer unbehandelten 51%ig. Suspension. (**A. P. 2 994 616** vom 31/3. 1958, ausg. 1/8. 1961.) G. Frikell. 6217

Kenneth M. Taylor, Lewiston, N.Y., V.St.A., **Feuerfeste Masse** aus B-Nitrid u. $\geqq$50 (Gew.-%) Zr- oder C-Borid, z. B. aus 80 Zr-Borid u. 20 B-Nitrid, erhält man durch Pressen der gewünschten Bestandteile bei ca. 2100° u. mindestens 500 bis 750 lbs./sq.in. in einer Graphitform. Auch Ti-, Mo-, Cr-Borid oder Mischungen können verwendet werden. (**Can. P. 559 160** vom 7/5. 1953, ausg. 24/6. 1958. A. Prior. 17/5. 1952.) H.-J. Nitzschke. 6219

Carborundum Co., Niagara Falls, übert. von: Kenneth M. Taylor, Lewiston, N.Y., V.St.A., **Feuerfeste Masse** aus granuliertem, durch kub. Si-Carbid gebundenem B-Nitrid. Sie wird hergestellt durch Erhitzen von B-Nitrid, Si-Carbid u. gepulvertem Si (200 mesh Größe u. feiner) in solcher Menge, daß mindestens 5 Gew.-% SiC in dem Endprod. gebildet werden, in CO-Atmosphäre auf 1200—1400°. (**Can. P. 568 515** vom 20/9. 1954, ausg. 6/1. 1959.) H.-J. Nitzschke. 6219

Carborundum Co., Niagara Falls, übert. von: Kenneth M. Taylor, Lewiston, N.Y., V.St.A., **Feuerfeste Masse** aus B-Nitrid u. einem Bindemittel aus Si- oder Al-Nitrid; Herst. durch Erhitzen von B-Nitrid u. feinverteiltem Si oder Al in nichtoxydierender N_2-Atmosphäre auf $\geqq$1300°. (**Can. P. 568 516** vom 20/9. 1954, ausg. 6/1. 1959.) H.-J. Nitzschke. 6219

Carborundum Co., V.St.A. (Erfinder: Carl Franklin Cline), **Herstellung feuerbeständiger Graphitgegenstände.** Um die Oxydation von Graphitgegenständen beim Erhitzen auf hohe Temp. zurückzudrängen, wird in der Masse eine zusammenhängende Carbidmatrix erzeugt, in der die Graphitteilchen eingebettet sind. Hierzu kommen bes. SiC, aber auch die Carbide von B, Hf, Zr, Ti, V, Nb, Ta, Cr, Mo, W, Th u. U in Frage. Aus feinverteiltem Graphit wird unter Verw. eines verkokbaren Bindemittels, wie einer härtbaren Kunstharz-Lsg., zunächst ein Formling gepreßt, der nach dem Brennen offene, durchgehende Poren aufweist. Dieser wird bei hohen Temp. bes. mit Si bedampft, wobei sich unter Ausnutzung eines Teils des Graphits als Rk.-Partner zusammenhängendes SiC bildet, in das der restliche Graphit eingebettet ist. — Verf.-Schema. (**F. P. 1 209 544** vom 13/8. 1958, ausg. 2/3. 1960. A. Prior. 22/8. 1957.) Hans Hoffmann. 6219

Veitscher Magnesitwerke Akt.-Ges., Österreich, **Feuerfeste Auskleidung für metallurgische Geräte.** Zur dünnschichtigen Auskleidung metallurg. Geräte wird eine Mischung aus 52 (Gew.-%) Chromit (I) der Korngröße 0—1,7 mm, 20 I der Korngröße 1,7—4 mm, 10 MgO von 0—0,5 mm u. 15 Tonerdezement von 0—0,5 mm verwendet, die mit 8 W. angemacht wird. (**F. P. 1 206 554** vom 4/11. 1958, ausg. 10/2. 1960. Oe. Prior. 7/11. 1957.) Hans Hoffmann. 6219

Esso Research and Engineering Co., Elizabeth, N.J., übert. von: Bryan E. Morgan, Houston, und George K. Dumbauld, Bellaire, Tex., V.St.A., **Zement** für *Schächte*, gek. durch einen Geh. von 0,5—10% akt. Cocosnußkohle im Portlandzement. (**Can. P. 555 290** vom 13/6. 1952, ausg. 1/4. 1958.) S. Böttcher. 6223

Ministerul Industriei Petrolului şi Chimiei, Rumänien (Erfinder: Tudor Ionescu und Alexandru Braniski), **Herstellung von Puzzolanzementen.** Einem auf der Basis $BaO \cdot SiO_2$ hergestellten Zementklinker werden beim Vermahlen natürliche oder künstliche Puzzolane sowie Gips zugesetzt. Der fertige Zement besteht im wesentlichen aus 75—25 (%) $BaO \cdot SiO_2$, 20—70 Puzzolan u. 5 Gips. Ein Teil des Ba-Silicats kann durch Portlandzement ersetzt werden. — Zum Beispiel wird aus Baryt u. feuerfestem Ton ein Klinker von der ungefähren Zus. 8,5 SiO_2, 80,5 BaO u. 0,3 CaO gebrannt. 65 dieses Klinkers werden im Gemisch mit 32 Traß u. 3 Gips auf Portlandzementfeinheit gemahlen. (**F. P. 1 268 055** vom 18/8. 1960, ausg. 1/12. 1961.) Hans Hoffmann. 6223

René Marie Berthier, Frankreich, **Verformen wasserreicher Gipsmörtel.** Zur Vermeidung der Risse-Bldg. bei durch reichlichen Wasserzusatz leicht verformbar gemachten Gipsmassen werden diesen zum Abzug des überschüssigen W. Faserstoffe beigemischt, worauf die verformte Masse zum Entfernen des nicht zum Erhätten erforderlichen W. gepreßt wird. (**F. P. 1 220 003** vom 19/5. 1954, ausg. 20/5. 1960.) Hans Hoffmann. 6227

Minnesota and Ontario Paper Co., Minneapolis, übert. von: Edgar A. Lauring, International Falls, Minn., V.St.A., **Flammfeste Faserplatten** für *Bauzwecke*. Der Überzug besteht aus etwa gleichen Mengen Kohlenhydraten u. einem filmbildenden Polymerlatex, ferner Harnstoff u. Monoammoniumphosphat, auf den ein weiterer Überzug aus etwa gleichen Mengen Polymerlatex u. Harnstoff-HCHO-Harz aufgebracht ist. Der Polymerlatex des inneren Überzugs soll nicht mehr als 20—25% der Menge des Polymerlatex des äußeren Überzugs ausmachen. Es kann auch noch eine Zwischenschicht aus Kohlenhydraten, Harnstoffharz u. Polymerlatex vorhanden sein. — Zeichnung. (**Can. P. 557 377** vom 4/10. 1957, ausg. 13/5. 1958.) H.-J. Nitzschke. 6229

N. Zelmanoff, Haifa, Israel, **Kunststein aus Calciumcarbonat.** Zur Erzielung hoher mechan. Festigkeit wird eine geformte plast. Masse aus $Ca(OH)_2$, die ca. 30 bis 120% W. [bezogen auf trocknes $Ca(OH)_2$] enthält, der Einw. von CO_2 ca. 3 Wochen lang ausgesetzt. Hierbei muß der Geh. an W. so geregelt werden, daß bis zur vollständigen Umwandlung des Hydrats stets genügend W. zur Bldg. einer konz. Kalksuspension vorhanden ist. Die Abnahme des Wasser-Geh. läuft proportional der Bldg. von $CaCO_3$ u. beträgt am Ende der Rk. 1—10% vom gebildeten Carbonat. Die Verw. von dolomit. Kalk u. von Füllstoffen ist möglich. (**Belg. P. 556 244** vom 29/3. 1957, ausg. 26/2. 1960. Israel. Prior. 4/1. 1954.) G. Frikell. 6229

Comp. de Pont-à-Mousson, Frankreich, **Herstellen glänzender Kunstharzüberzüge auf Zementplatten.** Platten aus Asbestzement u. dgl. werden nach Art des Abziehverf. wie folgt mit einer glänzenden Kunstharzauflage versehen: Eine Hilfsunterlage mit glatter Oberfläche, z. B. ein poliertes Blech, wird mit einem Film aus Siliconöl u. dgl. als Trennauflage überzogen u. mit einem polymerisierbaren Kunstharz, z. B. einem Polyester, beschichtet. Nach dem Gelieren der Masse wird sowohl diese als auch die Zementplatte je mit einer Kunstharzschicht besprüht, von denen die eine einen Katalysator u. die andere einen Beschleuniger enthält. Nach dem Vorreinigen der so vorbehandelten Teile durch Pressen u. Erhitzen wird die Hilfsunterlage entfernt. — 4 Abbildungen. (**F. P. 1 215 873** vom 20/11. 1958, ausg. 21/4. 1960.) Hans Hoffmann. 6229

Union Carbide & Carbon Corp., New York, übert. von: Hendrik de W. Erasmus, Lewiston, und William D. Forgeng, Niagara Falls, N.Y., V.St.A., **Schleifmittel** aus Si-Nitrid u. -Carbid im Verhältnis $\geqq 2:1$ werden durch Nitridierung von mindestens 65% nitridierbares Si enthaltenden Materialien (Ferrosilicium) durch Erhitzen auf 1000—1600° in N_2-Atmosphäre erhalten. (**Can. P. 558 763** vom 16/4. 1953, ausg. 10/6. 1958. A. Prior. 1/5. 1952.) H.-J. Nitzschke. 6239

Carborundum Co., übert. von: Henry R. Houchins, Niagara Falls, N.Y., V.St.A., **Schleifmittel** werden durch Schmelzen von Al_2O_3-Teilchen mit Li_2O enthaltendem B-Silicat mit $\geqq 60$ (%) SiO_2, $\leqq 15$ B_2O_3 u. so viel Li_2O erhalten, daß das Bindemittel bei 1000° fl. ist u. die Al_2O_3-Teilchen bindet (1,5—5 Li_2O). — Abbildungen. (**Can. P. 568 443** vom 19/2. 1951, ausg. 6/1. 1959. A. Prior. 28/2. 1950.)
H.-J. Nitzschke. 6239

American-Marietta Co., Chicago, Ill., übert. von: **Edward W. Scripture jun.**, Cleveland Heights, Ohio, V.St.A., *Zementmischung.* (**Can. P. 554 469** vom 10/12. 1949 u. 12/8. 1954, ausg. 18/3. 1958. A. Prior. 29/4. 1949 u. 8/9. 1953. — C. **1958**, 1119 [A. PP. 2 776 901, 2 776 902 u. 2 776 903].)

Owens-Illinois Glass Co., übert. von: **George L. Kalousek**, Toledo, Ohio, V.St.A., *Poröse Calciumsilicate.* (**Can. P. 554 996** vom 12/7. 1954, ausg. 25/3. 1958. — C. **1959**, 3616 [D. A. S. 1 012 857].)

H_7. Agrikulturchemie. Schädlingsbekämpfung

Herstellung von Präzipitat (Dicalciumphosphat) aus Superphosphat. V. Ionescu und A. Wohl. (Rev. Chim. [Bucuresti] **9**, 601—05, Nov. 1958; rum.) — Im Labor. sowie in Vers.-Anlagen wird die Herst. des Phosphatdüngemittels „*Präzipitat*" (*hydratisiertes Dicalciumphosphat*) untersucht. Besondere Aufmerksamkeit wurde der Entfernung des F u. der Trocknung des End-Prod. gewidmet. Die Rückgewinnungsausbeuten betrugen über 90%. Das Prod. enthielt ca. 36% citratlösl. P_2O_5. K. Lange. 6282

Landwirtschaftlich-chemische Untersuchung der Böden von Ligurien. 3. Mitt. **Das Gebiet von Savona.** Ettore Bottini. (Staz. chim.-agrar. sperim. Torino, Annu. **19**, Parte B, 117—55, 1955/1957; ital. — C. **1959**, 7597.) — 2. vgl. C. **1958**, 4301.
M. Winiker. 6300□

Die Podsole und die podsoligen Böden. Alex. Muir. (Advances in Agronomy **13**, 1—56, 1961; Harpenden, Herts., Rothamsted Exp. Stat.; engl.) — Fortschrittsbericht. — 114 Literaturangaben. M. Winiker. 6304□

Genese und chemische Zusammensetzung eisenhaltiger Bodenneubildungen. Jan Siuta und Zygfryd Gawęda. (Rozniki Nauk rolniczych, Ser. A **84**, **1961**; Puławy, IUNG, Zakł. Glebozn.; pol.) — In Gley- u. Gley-Bielice-Böden, die zeitweise zu naß sind u. verschlammen, wird Fe durch Redox-Vorgänge beweglich. Beim erneuten Ausfällen wird Fe nicht mehr gleichmäßig im Boden verteilt, sondern akkumuliert. Meist tritt es als $Fe_2O_3 \cdot aq$ in kugeligen oder röhrenförmigen Gebilden auf. Die Form rührt von Wurzelkanälen u. Gashohlräumen her, in denen Fe^{3+} ausgefällt wird. — 20 Literaturangaben. F. Urban. 6304□

Kinetische Untersuchung des Verhaltens des Phosphorsäure-Anions in Gegenwart von Bodenproben, die besonders reich an Eisenhydroxid sind. Christian Juste und Jacques Delmas. (C. R. hebd. Séances Acad. Sci. **251**, 2226—28, 14/11. 1960; Pont de la Maye, Gironde, Domaine de la Grande Ferrade, Stat. d'Agron., Centre de Rech. agronomiques du Sud-Ouest; franz.) — Bei Temp. zwischen 40 u. 80° wird die P-Adsorption an stark Fe-Hydroxid-haltigen Erdböden mit der Meth. der radioakt. Indikatoren über das ^{32}P gemessen. Aus den Ergebnissen dieser chem. Kinetik kann auf die Art der Wechselwrkg. zwischen den Elementen des Erdbodens geschlossen werden.
H. Fahlenbrach. 6304□

Über die Faktoren, welche die Düngerwirkung von mikronisierten Rohphosphaten erhöhen. Ettore Bottini und Emanuele Morra di Lavriano. (Staz. chim.-agrar. sperim. Torino, Annu. **20**, 53—68, 1958—1960; ital. — C. **1959**, 12976.)
M. Winiker. 6304□

Über die Bestimmung des im Boden enthaltenen assimilierbaren Phosphors. Carlo Sapetti. (Staz. chim.-agrar. sperim. Torino, Annu. **20**, 77—87, 1958/1960; ital. — C. **1959**, 12976.) M. Winiker. 6304□

Die Theorie der Düngung, das Problem der maximalen Erträge. I. A. Pastac. (Chim. et Ind. **86**, 53—58, Juli; 135—42, Aug. 1961; franz.) — Vf. vertritt die Ansicht, daß der Nutzwert von Düngemitteln von ihrem Geh. an N u. P (als Anionen) sowie an K (als Kation) abhängt, u. daß bei einem harmon. Düngemittel der Geh. an K (in Grammatomen) gleich dem Geh. an P + N (ebenfalls in Grammatomen) sein muß.
M. Winiker. 6304□

Über die Wirkung der Walddüngung auf die Massenvermehrung der Kiefernbuschhornblattwespe (Diprion pini L.) 1959 in Mittelfranken und die hieraus ableitbaren gradologischen Folgerungen. W. Schwenke. (Z. angew. Entomol. **46**, 371—77, Sept. 1960; München, Inst. für angew. Zoologie; dt.) — Die in einem Kiefernbestand in Mittelfranken vorgenommene Waldbodendüngung (Volldüngung, wobei in einem Falle N in Form von Ammonsulfatsalpeter, in einem anderen Falle als gasförmiges NH_3 gegeben wurde) bewirkte eine Verminderung der Schädlingsdichte um über die Hälfte. Entsprechend der Auffassung von Zwölfer über den Zusammenhang zwischen Boden, Wasserhaushalt des Baumes, Insektenvermehrung u. Düngung wird als wahrscheinlich angesehen, daß die von der Wasserbilanz des Baumes abhängige Menge an reduzierenden Zuckern in den Blättern ein Regulativ für die Vermehrung der Schädlinge darstellt. M. Winiker. 6304□

Dreißig langjährige Düngungsversuche bei kontinuierlicher Bepflanzung in Ghana. 1. Mitt. Ernteerträge und Reaktionen auf Mineral- und Wirtschaftsdünger. R. K. Djokoto und D. Stephens. (Empire J. exp. Agric. **29**, 181—95, April 1861; Ghana, Dep. of Agric.; engl.) — Es wurden auf verschiedenen Standorten Ghanas 30 drei- bis neunjährige faktorielle Düngungs-Verss. mit N, P, K, Kalk, Grasmehl u. Stallmist bei kontinuierlicher Bepflanzung mit verschiedenen Früchten (Cassava, Erdnuß, Getreide) durchgeführt. Die Nährstoffbedürftigkeit der Kulturen erwies sich in Abhängigkeit vom Standort als unterschiedlich. In der „Waldzone" wurden die größten Mehrerträge durch P, gefolgt von K, erzielt. Im Ashanti-Gebiet u. allen Savannenstandorten erwies sich N als bes. notwendig, gefolgt von P. Im Norden lag ein deutlicher N- u. P-Bedarf u. auch Kalkbedarf vor. Die organ. Düngung brachte fast immer höhere Erträge als die Mineraldünung, bes. nach mehrjähriger Kultur der Böden. Dies ist sowohl auf die Nachlieferung von Nährstoffen als auch auf Verbesserung von physikal. Boden-Eigg. (Wasserhaltefähigkeit) zurückzuführen. Wilfried Werner. 6304□

Dreißig langjährige Düngungsversuche bei kontinuierlicher Bepflanzung in Ghana. 2. Mitt. Beziehung zwischen Bodenuntersuchungen und der Wirkungen von Düngern und Stallmist auf die Erträge. R. K. Djokoto und D. Stephens. (Empire J. exp. Agric. **29**, 245—58, Juli 1961; Ghana, Dep. of Agric.; engl.) — 1. vgl. vorst. Ref. — Die Ergebnisse langjähriger Düngungs-Verss. werden zu den Ergebnissen der chem. Boden-Unters. der jeweiligen Böden in Beziehung gesetzt. Der Getreidemehrertrag durch K-Düngung korrelierte eng mit dem Ca(K-Verhältnis (austauschbar) der Kontrollparzelle, die Mehrerträge durch Superphosphat standen in negativer Beziehung zum Geh. an säurelösl. + adsorbiertem P. Weitere Korrelationen bestanden zwischen der Ertragshöhe u. dem C-Geh. der Böden (Gamfrucht) bzw. dem pH-Wert (negativ; Erdnüsse). Dagegen wurde die erwartete Abhängigkeit der N-Wrkg. vom C/N-Verhältnis nicht gefunden. — Die kontinuierliche Bepflanzung führte zu einer Verringerung der Bodenfruchtbarkeit, u. zwar am schnellsten bei den fruchtbaren Böden der Waldzone. Boden-Rk. u. Nährstoff-Geh. sanken ab. Die jährliche Humusabbaurate betrug 2% des Ausgangsgehaltes. Wilfried Werner. 6304□

Blattverbrennungen bei der Freilandlilie. James B. Shanks und Conrad B. Link. (Proc. Amer. Soc. horticult Sci. **73**, 503—12, Juni 1959; College Park, Univ. of Maryland, Agric. Exp. Stat., Dep. of Hortic.; engl.) — Vff. versuchten, in mehrjährigen Unterss. Hinweise auf die Ursache von Blattverbrennungen bei der Freilandlilie zu erhalten. Als mögliche Ursachen wurden folgende Faktoren getestet: Wurzelparasiten, Bodenacidität u. Versorgung mit N, P, K, Ca u. Mg. Eine Anhebung der Boden-Rk. resultierte in einer Abschwächung der Symptome, bes. bei hoher N-Düngung. Bei hoher Bodenacidität führten N- u. P-Düngung zu verstärktem Auftreten der Blattflecken. Bei unzureichender P- u. N-Versorgung vergilbten bzw. bräunten sich die unteren Blätter in verstärktem Maße. Zwischen dem Mineralstoff-Geh. der Blätter u. dem Schweregrad der Blattverbrennungen bestanden keine Beziehungen, wahrscheinlich auch keine direkten kausalen Zusammenhänge. — Eine Behandlung der Zwiebel mit system. Pesticiden war ohne Erfolg. Wilfried Werner. 6304□

Über Mineralstoffverluste aus Blättern durch Auswaschung. K. C. Bhan, A. Wallace und O. R. Lunt. (Proc. Amer. Soc. horticult. Sci. **73**, 289—93, Juni 1959; Los Angeles, Univ. of California; engl.) — Die Blätter von 8 Tage in einer ^{22}Na enthaltenden Nähr-Lsg. angezogenen Pflanzen (Baumwolle, Spinat) wurden durch kontinuierliche Besprühung bzw. durch 24std. Schütteln in dest. W. behandelt. Durch das Schütteln wurden 52% des aufgenommenen ^{22}Na bei Baumwolle u. 28% bei Spinat wieder ausgewaschen. Eine mechan. Beschädigung des Gewebes kann bei dieser Technik aber nicht ausgeschlossen werden. Der Na-Verlust durch die Besprühung war nur gering. In einem weiteren Vers. wurden Bananenblätter einer 24std. künstlichen Beregnung ausgesetzt. In dieser Zeit wurden zwischen 4,5 u. 8% des ursprünglichen K-Geh. u. zwischen 6,1 u. 14,6% des Mg-Geh. ausgewaschen. Bei Blättern von Süßorangen trat weder bei Immersion noch durch Schütteln in W. ein Verlust an P oder Kationen ein. Wilfried Werner. 6304□

Der Einfluß von Bor, Mangan, Kupfer, Zink und Magnesium auf den Produktionswert der Zichorie. Jerzy Łachowski. (Roczniki Nauk rolniczych, Ser. A. **84**, 89 bis

103, 1961; pol.) — Feld-Verss. mit Düngung der Zichorie mit B, Mn, Cu, Zn u. Mg 1956—1959 ergaben eine Erhöhung des Wurzelertrages mit B um 5,7, mit Mn um 7,2, mit Cu um 4,8 u. mit B, Mn u. Cu zusammen um 10,2%. Eine Erhöhung des Blattertrages um 3,8% trat mit B, Cu, Mn nur auf leichten Böden ein. B u. Mn erhöhen den Blattertrag auch auf Lehmböden. Die Trockenmasse wird um 0,3, der *Insulin* (I)-Geh. um 0,73% erhöht. Zn u. Mg erhöhen den Wurzelertrag um 4,7—5,0, den Blattertrag um 9,2—10,7%. Zn allein erhöht die Trockenmasse um 0,4 u. Mg allein den I-Geh. um 0,47%. Pflanzenkrankheiten werden durch B, Mn u. Cu zurückgedrängt.
F. Urban. 6304□

Der Einfluß von Heizöl im Boden auf die Pflanzenentwicklung. Adolf Kloke und Ulrich Sahm. (Nachrichtenbl. dtsch. Pflanzenschutzdienstes [Braunschweig] **13**, 124—26, Aug. 1961; Berlin-Dahlem, Biol. Bundesanst., Inst. für nichtparasitäre Pflanzenkrankheiten; dt.) — In einem Gefäß-Vers. sollte untersucht werden, bei welchen *Heizöl* (I)-Mengen im Boden noch eine Pflanzen-Entw. zu erwarten ist, u. welche Möglichkeiten zur Minderung der pflanzenschädigenden Wrkg. von I bestehen. Als Vers.-Frucht diente Lihoraps. Es zeigte sich, daß bereits 100 ml I pro 10 g Boden den Ertrag um ca. 65% mindern. Organ. Zusätze zum verunreinigten Boden (Torf, Stroh, Zucker) konnten nach einer Verweildauer von ca. 5 Monaten im Boden die ertragsmindernde Wrkg. des I nicht abschwächen. M. Winiker. 6304□

Verseuchung von Böden durch Erdöl-Kohlenwasserstoffe. Roscoe Ellis jun. und Rusell S. Adams jun. (Advances in Agronomy **13**, 197—216, 1961; Manhattan, Kansas State Univ., Dep. of Agron.; Urbana, Ill., Univ. of Illinois, Dep. of Agrochem.; engl.) — Fortschrittsbericht. — 55 Literaturangaben. M. Winiker. 6304□

Versuchsergebnisse zur mikrobiellen Aufschließung schwerlöslicher Phosphate durch Bodenpilze. L. Meyer und Eva König. (Landwirtsch. Forsch. **13**, 7—24, 1960; Hohenheim, Landw. Hochsch., Inst. für Bodenkunde; dt.) — 24 Stämme von Bodenpilzen u. 3 von Streptomyceten wurden in Brut-Verss. in Reinkultur hinsichtlich ihrer Fähigkeit, Rohphosphate aufzuschließen, getestet. 3 weicherdige (Nordafrika, Florida) u. 2 harterdige (Kola) Rohphosphate kamen zur Anwendung. Es zeigte sich, daß lediglich diejenigen Pilze Rohphosphate als P-Quelle benutzen können, die mit einer geringen Anfangsmenge an Phosphorsäure (I) ein säureproduzierendes Mycel zu bilden vermögen u. dann bei fortschreitendem Mycelwachstum den pH-Wert des Substrats stark absenken. Die Ausnutzbarkeit des Rohphosphat-I, bes. die Geschw. des Mycelwachstums, war von der Herkunft u. Struktur der Rohphosphate abhängig. Bei ausreichender Bebrütungszeit vermochten z. B. 2 Aspergillus niger-Stämme das angebotene Rohphosphat vollständig aufzunehmen. Mkr. konnte nachgewiesen werden, daß im I-freien Medium, durch Säure-Bldg. der Pilze freigewordene Rohphosphat-I eine starke chemotrop. Wrkg. auf die Pilzhyphen ausübt. Wilfried Werner. 6306□

Anwendung von Herbiciden für die Unkrautbekämpfung. G. K. Fatuss, T. M. Matwejenko und M. T. Wownjanko. (Табак [Tabak] **21**, Nr. 4, 41—44, 1960; Allunions-Mikojan-Forschungsinst. für Tabak u. Machorka; russ.) — Es wurden Verss. mit *Dichloralharnstoff* (I), *Isopropylphenylcarbamat* (II), *Na-Trichloracetat* (III), *Dikonirt* (IV; Na-Salz der 2.4-Dichlorphenoxyessigsäure) u. *Dikotex* (V) an Tabakpflanzen durchgeführt. Aus den mitgeteilten Ergebnissen ist zu ersehen, daß I die Sprossen der Monokotyledonen u. Gräser, II die der Dikotyledonen u. in geringem Maße jene der Monokotyledonen vorwiegend hemmt. Beide Herbicide hemmen das Wachstum der Tabakpflanzen nicht, wenn sie zusammen mit den Unkrautsamen wenigstens 20 Tage vor der Tabakaussaat in die Nährlsg. eingebracht werden. III wirkt ähnlich wie I. Noch aussichtsreichere Ergebnisse wurden mit einem Gemisch von I (10 g/m^3) mit IV oder V (je 3 g/m^3) erhalten. Setzt man noch 30 g/m^3 *Selinon* zu, so werden auch die Chlamidosporen der schwarzen Wurzelfäule mit vernichtet. A. v. Wilpert. 6312□

Erfahrungen bei der Sterilisation von Huflattichblüten durch Herbicide. Gerd Haronska und Friedrich Leuchs. (Nachrichtenbl. dtsch. Pflanzenschutzdienstes [Braunschweig] **12**, 97—101, Juli 1960; Bad Godesberg, Pflanzenschutzamt der Landwirtschaftskammer Rheinland; Fischenich, Kr. Köln, Biol. Bundesanst., Inst. für Gemüsekrankheiten u. Unkrautforschung; dt.) — Bericht über erfolgreiche Verss. mit *MCPA*. M. Winiker. 6312□

Neue Unkrautbekämpfungsmittel im Weinberg und in Obstgärten. Versuche in Alella. J. Gostinchar. (Agricultura [Madrid] **29**, 673—76, Dez. 1960; span.) — Bei der Bekämpfung von Sorghum halepense u. Cynodon dactylon mit *Dalapon* (I) u. *Diuron* (II) bzw. I allein wirkt I langsam, während bei II die lang anhaltende Wrkg. charakterist. ist. R. K. Müller. 6312□

Unkrautbekämpfung mit Dinoseb (Amin) an Busch- und Stangenbohnen. H. A. Roberts. (J. horticult. Sci. **35**, 266—74, Okt. 1960; Warwick, Nat. Vegetable Res. Inst.; engl.) — *Dinoseb* (I) eignet sich in Mengen von 3 u. 6 lb/acre zur Unkrautbekämpfung an Busch- u. Stangenbohnen ohne nachteilige Einw. auf Wachstum, Reife u. Ertrag. Heftiger Regen bewirkt bei Anwendung von 6 lb/acre I Wachstumsverzögerung u. Ertragsminderung, die aber 30% nicht übersteigt. Der Ertrag der mit I behandelten Pflanzen ist stets höher als der unbehandelter Proben. W. Wesly. 6312□

Verminderung der Winterschädigung von Pangolagras durch Verwendung von Maleinsäurehydrazid. O. Charles Ruelke. (Agronomy J. **53**, 405—06, Nov./Dez. 1961; Gainesville, Fla., Univ. of Florida, Coll. of Agric., Dep. of Agron.; engl.) — Das im Sommer beginnende Wachstum von Pangolagras (Digitaria decumbens Stent) wird durch leichten Frost unterbunden, so daß bei wiederholtem Wechsel von warmer u. kalter Witterung die Nährstoffe der Pflanze erschöpft werden u. die Pflanze geschädigt wird oder eingeht. Durch Anwendung von 6 bzw. 18 lb/acre *Maleinsäurehydrazid* vor Winterbeginn werden Wucherungen u. damit Schädigungen der Pflanze vermieden, wie der Futterertrag des nächsten Jahres zeigt. W. Wesly. 6312□

Die Bekämpfung von Erdbeerausläufern mit Maleinsäurehydrazid. P. A. Thompson. (J. horticult. Sci. **35**, 249—59, Okt. 1960; Dundee, Scott. Horticult. Res. Inst.; engl.) — Treibhaus-Unterss. über die Bekämpfung der Bldg. von Erdbeerausläufern mit *Maleinsäurehydrazid* (I) zeigen, daß die erforderliche I-Menge mit der Reife des Ausläufers steigt. Die 1 oder 2mal angewandte Menge I schwankt zwischen 50 u. 3000 mg/kg. Die Erdbeerernte in dem auf die I-Behandlung folgenden Jahr ist dem Grad der Ausläufervernichtung proportional. Der Ertrag der behandelten Pflanzen ist besser als der der Pflanzen, deren Ausläufer frei gewachsen sind oder in gewissen Zeitabständen von Hand entfernt worden sind. W. Wesly. 6312□

Chemische Bekämpfung der Blattfleckenerkrankung des Kentucky-Riedgrases, verursacht durch Helminthosporium vagans. Nicky A. Smith und Gordon Guyer. (Michigan State Univ., agric. Exp. Stat., quart. Bull. **44**, 226—29, Nov. 1961; engl.) — Verss. zur Bekämpfung der Blattfleckenkrankheit des Kentucky-Riedgrases wurden mit $1^1/_2$ oz. *Actidion-RZ* (1,3% Cycloheximid, 75% Pentachlornitrobenzol, 23,7% inerte Bestandteile), $3^1/_2$ oz. *Actidion-Thiram* (0,75% Cycloheximid, 75% Thiram, 24,25% inerte Bestandteile), 8 oz. *Dyren* (50% 2.4-Dichlor-6-o-chloranilin-s-triazin, 50% inerte Bestandteile) u. 3 fl. oz. *Panogen* (2,2% Quecksilbermethyldicyandiamid, 97,8% inerte Bestandteile) pro 1000 square feet durchgeführt. In allen Fällen trat eine signifikante Verringerung der krankhaften Blattfleckensymptome auf den obersten beiden Blättern ein. Die Wrkg. von Panogen war dabei am geringsten. W. Kreipe. 6312□

Ertragssteigerung bei Radieschen und Mohrrübe durch Behandlung des Saatgutes mit Röntgen- und γ-Strahlen. L. P. Bresslawetz, N. M. Beresina, G. I. Schtschibrja, M. L. Romantschikowa, W. A. Jasykowa und S. F. Mileschko. (Биофизика [Biophysik]**5**, 81, 1960; russ.) — Bei einer Dosis von 1000 r beobachtete man bessere Entw. der Radieschenkeimlinge u. Ertragssteigerung um 11—33%. Auch die Reifung der Radieschen wurde durchschnittlich um 5—6 Tage beschleunigt. Beim Saatgut von Mohrrüben äußerte sich die Wrkg. der Behandlung mit 2000—4000 r in einer Erhöhung der Keimung, Förderung des Längenwachstums der Wurzeln um 20—24%, Ertragssteigerung um 26% u. Erhöhung des Carotin-Geh. in den Wurzeln um 35—57%. Zur Behandlung des Saatgutes von Roggen werden 1000 r, von Gurken 300 r, Tomaten 1000 r, Erbsen 500 r empfohlen. M. Gordienko. 6312□

Theoretische Erwägungen verschiedener Faktoren, die die Wirksamkeit von Bodenbegasungsmitteln unter Feldbedingungen beeinflussen. John B. Hemwall. (Soil Sci. **90**, 157—68, Sept. 1960; engl.) — Für die vom Vf. abgeleitete partielle Differentialgleichung der Fortbewegung von Begasungsmitteln im Boden (C. **1961**, 2759) wurden verschiedene Lösungen bei Veränderung verschiedener Variabler elektron. berechnet u. graph. in Form von biolog. kontrollierten Bodenarealen dargestellt. Es ergab sich hierbei, daß die Wirksamkeit eines Bodenbegasungsmittels verbessert werden kann durch Verminderung des Porenvol., der Bodenfeuchtigkeit, der Adsorptionsgeschwindigkeit des Mittels, Vermehrung seiner Löslichkeit u./oder Verminderung seines Dampfdruckes, Verminderung der Diffusion durch Luft, Verminderung der Rk.-Bereitschaft mit Bodenbestandteilen u. durch Vergrößerung der Injektionstiefe im Boden. G. Jagnow. 6312□

Die Verwendung entblätternder Sprühmittel zur Steuerung des zweijährigen Tragens von Äpfeln. R. M. Fulford. (J. horticult. Sci. **35**, 202—13, Juli 1960; Kent, East Malling Res. Stat., engl.) — Zwei Verss. in Apfelplantagen wurden an der Varietät

Laxtons Superb zur Wrkg. einer 3/4- bis 4%ig. $CuSO_4$-Lsg. auf den Blührhythmus angestellt. Im 1. Vers. hatte die Spritzung (3 gal./Baum), 21 Tage nach der Vollblüte vorgenommen, neben starken Blattverbrennungen u. Schäden an grünem, unreifem Holz eine Änderung des Blührhythmus zur Folge. Der Ernteertrag wurde in den der Behandlung folgenden Jahren erhöht, da in jedem Jahr geerntet werden konnte. Bes. die schwächeren $CuSO_4$-Konzz. förderten das jährliche Fruchttragen. Im 2. Vers. traten bei einer Spritzung 11 Tage nach der Vollblüte geringere Blattverbrennungen auf als 21 Tage nach der Blüte. Die Behandlung zum früheren Termin mit der 3%ig. Lsg. bewirkte die gleichmäßigste Blüten-Bldg. in den folgenden Jahren, während nach einer Spritzung mit 4%ig. Lsg. zum späteren Termin lediglich eine Verschiebung des Blührhythmus eintrat. Wilfried Werner. 6312□

Die Verwendungsmöglichkeiten für Organozinnverbindungen in der Industrie. Ernest S. Hedges. (Research appl. in Ind. **13**, 449—52, Nov. 1960; engl.) — Kurzer zusammenfassender Überblick über die wichtigsten, in der Industrie verwendeten Organozinnverbindungen. Das Hauptanwendungsgebiet derselben beruht auf ihrer fungiciden Wirkung. C. Gottfried. 6312

Anwendung von Phosphorwasserstoff in der Schädlingsbekämpfung. Laubmann. (Zucker- u. Süßwaren-Wirtsch. **9**, 627—28, 20/6. 1956; München, Bayer. Landesverband für Pflanzenbau u. Pflanzenschutz; dt.) — Allg. Ausführungen. M. Winiker. 6312□

Carbamate. Eine neue Gruppe von Insekticiden mit Auswirkung auf die Schädlingsbekämpfung. Robert L. Metcalf und Richard E. Back. (Pest Control **30**, Nr. **6**, 20—22, 24, 26, 28, Juni 1962; Riverside, Calif., Univ. of Calif., New York. N.Y.; engl.) — Zusammenfassende Darstellung der Geschichte u. bisherigen Vers.-Ergebnisse mit *Carbamaten* (**I**), die als Kontakt- u. Magengifte, nicht aber gasförmig wirken. Zur Zeit sind *Sevin* u. *Zectran* in allen möglichen Zubereitungsarten im prakt. Gebrauch, in Prüfung befindet sich *UC-10854* u. *Bayer-39007*. Die Gruppe der **I** ist durch Cholinesterasehemmung auch bei Insekten wirksam, die gegen BHC, DDT u. Chlordan resistent sind. Ihre Wrkg. kann mit Synergisten wie *Piperonylbutoxid* verstärkt werden. Sie besitzen infolgedessen eine große Wirkungsbreite. — 12 Literaturangaben.
Fritz Müller/Ludwigshafen. 6312□

Ein aussichtsreicher Verstärker für DDT. J. H. Fales und O. F. Bodenstein. (Soap chem. Specialties **37**, Nr. 11, 77—80, 188, Nov. 1961; Beltsville, Md., Entomol. Res. Div.; engl.) — *Warf-Antiresistant* (**I**, *N.N-Dibutyl-p-chlorbenzolsulfonamid*) bewährte sich als wirksamer Vertreter für *DDT* (**II**) bei resistenten Fliegen bzgl. Sofort- u. Gesamt-Wrkg. sowohl bei Raumsprays [2(%) **II** + 0,75 **I** + 0,02 *Pyrethrin* (**III**) + 0,16 *Sulfoxide* (**IV**) in *Deobase* (**V**), als auch in Aerosolsprays (3,5 oder 4 **II** + 0,7 oder 0,8 **I** + 0,2 **III** + 2 **IV** + 6 oder 7 *Cyclohexanon* + 0,80—3,05 **V** + 85 Treibmittel). Als Vgl.-Mittel diente *G-1357* (0,6 **III** + 1,4 *Piperonylbutoxid* + 13 *Erdöldestillat* + 85 Treibmittel), das dieselbe Wrkg. gegen resistente Fliegen zeigt wie **II** gegen nichtresistente.
Fritz Müller/Ludwigshafen. 6312□

Prüfung von Belägen gegen Musca autumnalis De Geer. Otelia F. Bodenstein und John H. Fales. (Soap chem. Specialties **38**, Nr. 5, 125—28, Mai 1962; Beltsville, Md., Ent. Res. Div.; engl.) — Eine Labor.-Prüfung der Wrkg. von 21 verschiedenen Insekticidbelägen (10,0—0,16 mg/sq.ft.) auf Musca autumnalis DeGeer (**a**) u. zum Vgl. auf empfindliche (**b**) u. gegen *DDT* widerstandsfähige (**c**) Musca domestica L. ergab, daß **a** im allg. empfindlicher war als **b** u. **c**, vielleicht mit Ausnahme von *Strobane* (**I**), *Endrin* (**II**) u. *Toxaphen* (**III**). Am wirksamsten war *Dieldrin* (**IV**), gefolgt von *Ronnel* (**V**) u. *Diazinon* (**VI**). **c** zeigte sich ebenfalls resistent gegen **III**, *Methoxychlor*, **I**, *Perthane*, *Heptachlor*, *Chlordan*, **II**, **IV** u. *Hercules-426D*, teilweise gegen *Malathion* u. **VI**. Nicht resistent war **c** gegen *Chrysanthemumsäureester*, **V**, *Hercules-AC-5727*, *Monsanto-CP-16266*, *Dibrom* u. *Baytex*. Fritz Müller/Ludwigshafen. 6312□

Toxizität organischer Phosphorinsekticide für Fische. Croswell Henderson und Quentin H. Pickering. (Trans. Amer. Fisheries Soc. **87**, 39—51, 1957, herausgeg. 1958; Cincinnati, Ohio, U.S. Dep. of Health, Educat., and Welfare, Publ. Health Serv., Bur. of State Serv., Sanit. Engin. Center.; engl.) — Bei Bioverss. mit *Paraoxon* (**I**), *TEPP*, *Parathion*, *Methylparathion*, *Chlorthion*, *Systox*, *Malathion*, *OMPA*, *Dipterex* u. *EPN* (**II**) zeigte sich, daß die Toxizität derselben für Pimephales promelas u. Leponus macrochirus sehr unterschiedlich ist. Zwischen Toxizität u. chem. Struktur der Verbb. war keine Beziehung erkennbar. *Toxaphen*, *Dieldrin*, *Aldrin*, *DDT*, *Lindan*, *Methoxychlor* u. *Chlordan* sind für die Fische ebenso tox. wie die genannten organ. P-Verbb. mit Ausnahme von **I** u. **II**. — 25 Literaturangaben. F. Rang. 6312□

Untersuchungen über die Wirksamkeit von Metaldehydködern auf Nacktschnecken unter Berücksichtigung ihrer Verhaltensreaktionen. Dora Godan. (Nachrichtenbl. dtsch. Pflanzenschutzdienstes [Braunschweig] **13**, 113—20, Aug. 1961; Berlin-Dahlem, Biol. Bundesanst., Inst. für Zoologie; dt.) M. Winiker. 6312 □

Köderstoffe und ihre Anwendung im Pflanzenschutz. Karl Mayer. (Nachrichtenbl. dtsch. Pflanzenschutzdienstes [Braunschweig] **13**, 120—24, Aug. 1961; Berlin-Dahlem, Biol. Bundesanst., Inst. für Zoologie; dt.) — Zusammenfassender Überblick. — 49 Literaturangaben. M. Winiker. 6312 □

Eine Methode der Abscherwiderstandsmessung bei Ackerböden zur Beurteilung ihrer Strukturfestigkeit im Felde. G. Schaffer. (Landwirtsch. Forsch. **13**, 24—33, 1960; Hohenheim, Landw. Hochsch., Inst. für Bodenkunde; dt.) — Vf. entwickelte eine Meth. u. eine App., mit deren Hilfe der Abscherwiderstand des natürlich gelagerten Bodens als Kriterium für die Festigkeit des Bodens (Kohärenz des Bodenverbandes in situ) gemessen wird. Ein zylindr. Bodenkörper wird mit einem Bohrer, welcher 4 radial angeordnete flügelförmige Platten besitzt, vom umgebenden Boden in natürlicher Lagerung abgeschert. Zur Überwindung des Scherwiderstandes ist ein bestimmtes Drehmoment erforderlich, welches gemessen wird. Dieser Scherwiderstand ist vom Tonanteil u. Wassergeh. des Bodens sowie von der jeweils vorliegenden Struktur u. Lagerungsdichte abhängig. Die Brauchbarkeit der Meth. wird an 2 Bodenbearbeitungs-Verss. nachgewiesen. Wilfried Werner. 6324 □

Untersuchungen über pflanzenaufnehmbare Nährstoffe in Moormarschböden und Festsetzung vorläufiger Grenzzahlen. W. Hoffmann und K. Steinfatt. (Landwirtsch. Forsch. **13**, 175—85, 1960; Bremen, Staatl. Moorversuchsstat.; dt.) — In Labor.-Unterss. wurde die Brauchbarkeit der Doppellactat (DL)-Meth. u. der Ammoniumlactat-Essigsäure (Al)-Meth. zur Best. der pflanzenaufnehmbaren Nährstoffe in Moormarschböden überprüft. Mit Hilfe von Gewächshaus- u. Freiland-Verss. wurden vorläufige Grenzzahlen für die pflanzenaufnehmbaren Nährstoffe nach beiden Verff. erarbeitet. Es zeigte sich, daß beide Meth. infolge der bes. Eigg. der Moormarschböden nur begrenzten Aussagewert haben u. die ermittelten Grenzzahlen lediglich als Anhaltspunkte für weitere Unterss. anzusehen sind. Die Al-Meth. ergab im allg. höhere u. auch differenziertere Werte, so daß sie der DL-Meth. überlegen zu sein scheint. Für gute Versorgung an P u. K werden folgende vorläufige Grenzzahlen empfohlen (mg/100 g Boden): DL-Meth.: 11 K_2O u. 5—6 P_2O_5; Al-Meth.: 15 K_2O u. 7—8 P_2O_5. — Wichtig ist, daß derartige Unterss. stets am naturfrischen Boden durchzuführen sind. Wilfried Werner. 6324 □

Bestimmung von Thiram in Ferbam. Warren K. Lowen. (J. Assoc. off. agric. Chemists **44**, 584—85, Aug. 1961; Wilmington, Del., E. I. du Pont de Nemours and Co., Inc., Exp. Stat., Ind. and Biochem. Dep.; engl.) — Die Best. beruht auf der Titration von *Thiram* (I) mit Na_2S unter N_2, wobei der Endpunkt elektrometr. unter Verw. von Pt–HgCl-Elektroden ermittelt wird. Störendes Fe^{3+} wird durch Zusatz von KF in FeF_5^{2-} oder FeF_6^{3-} übergeführt. Bei I-Geh. von 1—5% beträgt die mittlere Abweichung ca. 0,2%. S-Verbb. ohne Disulfidbindung stören nicht. W. Wesly. 6328 □

Bestimmung von Arsen in Ansätzen von Schädlingsbekämpfungsmitteln. William F. Carey. (J. Assoc. of. agric. Chemists **44**, 586—88, Aug. 1961; New Brunswick, N.J., Rutgers Univ., New Jersey Agric. Exp. Stat.; engl.) — Eine Nachprüfung des Ionenaustausch-Verf. von Odenerantz u. Rieman (C. **1951**, II, 1197) u. des offiziellen Dest.-Verf. zur As-Best. in Ansätzen (unter Verw. von Hydrazinsulfat an Stelle von CuCl) zeigt, daß die mittlere Abweichung der mit dem Ionenaustausch-Verf. erhaltenen Werte größer ist als die der entsprechenden Werte des Dest.-Verfahrens. Das Ionenaustausch-Verf. bedarf einer weiteren Untersuchung. W. Wesly. 6328 □

Gesamt-Chlor- und Infrarot-Verfahren zur Bestimmung von Aldrin-, Dieldrin- und Endrin-Ansätzen. L. Lykken. (J. Assoc. off. agric. Chemists **44**, 595—605, Aug. 1961; New York, N.Y., Shell Chem. Co., Agric. Chem. Div.; engl.) — Ein Verf. zur Gesamt-Cl-Best. in *Aldrin* (I)-, *Dieldrin* (II)- u. *Endrin* (III)-Ansätzen wird beschrieben; es setzt die Abwesenheit anderer, Cl enthaltender organ. Verbb. voraus u. besteht darin, die Verbb. mit Na-Diphenyl zu reduzieren u. das entstandene Cl^- zu titrieren. Weiter wird die IR-spektrophotometr. Best. von I, II u. III beschrieben. Die in mehreren Labor. ausgeführte Prüfung beider Verff. führt zu ihrer Empfehlung. W. Wesly. 6328 □

Bestimmung von Aldrin, Dieldrin oder Endrin in Ansätzen. T. T. White und G. G. McKinley. (J. Assoc. off. agric. Chemists **44**, 591—95, Aug. 1961; Union, N.J., Shell Chem. Co., Union Techn. Serv. Labor., Agric. Chem. Dep.; engl.) — Die Verff. zur

Best. von *Aldrin-*, *Dieldrin-* u. *Endrin*-Ansätzen u. ihre Vor- u. Nachteile werden erörtert. Die chem. Verff. (Cl-Best., Rk. mit Phenylazid u. Diazotierung) erfordern einen geringen App.-Aufwand, sind aber meist nur halbspezifisch. Die IR-Verff. sind spezif. u. rasch ausführbar; störende Stoffe lassen sich ausschalten. Der apparative Aufwand ist jedoch beträchtlich. W. Wesly. 6328□

Bestimmung von Phosdrin oder Methylparathion in Ansätzen. T. T. White und G. G. McKinley. (J. Assoc. off. agric. Chemists **44**, 589—91, Aug. 1961; Union, N.J., Shell Chem. Co , Union Techn. Serv. Labor., Agric. Chem. Dep.; engl.) — Zur Best. von *Phosdrin* u. *Methylparathion* in Ansätzen eignen sich die rasch ausführbaren IR-Verfahren. W. Wesley. 6328□

Bestimmung von Malathion in Ansätzen. J.H. Ware. (J. Assoc. off. agric. Chemists **44**, 608—10, Aug. 1961; Princeton, N.J., Amer. Cyanamid Corp.; engl.) — Man zersetzt *Malathion* (I) durch Alkali in A. in Na-Fumarat u. Na-O.O-Dimethyldithiophosphat, das in eine in Cyclohexan lösl., gelb gefärbte Cu(II)-Komplex-Verb. übergeführt wird. Die bei 420 mμ bestimmte Farbstärke ist dem I-Geh. proportional. Zur Ausschaltung störender, Cu^{2+} reduzierender Stoffe setzt man $FeCl_3$ zu. Eine Nachprüfung des Verf. wird empfohlen. Das früher von Upham (C. **1961**, 14430) beschriebene IR-Verf. zur Unters. von Ansätzen, die nur I enthalten, wird empfohlen. W. Wesly. 6328□

Bestimmung von O.O-Dimethyl-S-[N-methylcarbamoylmethyl]-thiolthionophosphat in technischem Rogor und seinen Handelspräparaten. L. F. Dupée, K. Gardner und P. Newton. (Analyst **85**, 924, Dez. 1960; engl.) — Ergänzung zu der C. **1961**, 272 referierten Arbeit. *O.O-Dimethylthiolthionophosphat* (I) wird nicht (wie zuvor angenommen) vor *Dimethoat* (II) bei der Verteilungschromatographie eluiert. Zudem ist I in techn. Rogor nur in Spuren vorhanden u. wird erst viel später als II eluiert, so daß die II-Best. nicht durch I gestört werden kann. E. Dehmlow. 6328□

Die chromatographische Trennung von Schädlingsbekämpfungsmitteln an Kieselsäure. J. P. Barrette und R. Payfer. (J. Assoc. off. agric. Chemists **44**, 606—08, Aug. 1961; Ottawa, Canada, Dep. of Agric., Plant Prod. Div., Analyt. Contr. Labor.; engl.) — Zur chromatograph. Trennung von Schädlingsbekämpfungsmitteln dient ihr Wanderungs-Vol. in einem SiO_2–Chlf.-Gemisch, das sich in einer Bürette befindet. Man gibt die in Chlf. gelöste, zu untersuchende Probe auf die transparente Säule u. verfolgt die Wanderung der als undurchsichtige Bande erkennbaren Probe. Stark polare Proben werden stark adsorbiert u. wandern weniger weit als die schwächer polaren Verb. (KW-Stoffe), die schwach adsorbiert werden. Das Wanderungs-Vol. zahlreicher Schädlingsbekämpfungsmittel wird bestimmt. W. Wesly. 6328□

Monsanto Chemical Co., St. Louis, Mo., übert. von: Marion D. Barnes, Glendale, Mo., und John E. Lyon, Conway, Ark., V.St.A., **Herstellung von Ammoniumnitrat-Monoammoniumphosphat-Mischdüngemittel-Körnern.** In Spritztürmen werden Gemische aus 50—85 (Teilen) NH_4NO_3 u. 50—15 $NH_4H_2PO_4$ bei 170—225° in kühlende, inerte Gasströme von ca. 70—84°, bes. Luft, mittels Lochplatten oder dgl. verspritzt. Die erhaltenen Kügelchen können noch mit Kieselgur, Kalkstein, Gips, Silicaten u. dgl. eingepudert werden. Die Ausgangsgemische werden durch Zusammenschmelzen von festem NH_4NO_3 u. $NH_4H_2PO_4$ oder durch Neutralisation von Gemischen aus HNO_3 u. H_3PO_4 mit anhydr. NH_3 hergestellt. Der W.-Geh. der Schmelzen beträgt ca. 0,2—0,5%. Die frei fließenden, nicht zusammenbackenden, dichten u. harten Körner haben eine einheitliche Korngröße u. bleiben selbst bei sehr langer Lagerung stabil. Der Geh. an N_2 beträgt ca. 25,70—30,50 (%) u. an P_2O_5 10,8—23,2. (**A. P. 2 957 763** vom 8/4. 1957, ausg. 25/10. 1960.) H. Karst. 6291

Swift & Co., Chicago, übert. von: Joseph P. Kealy, Lansing, Ill., V.St.A., **Harnstoff-Formaldehyd-Polymere von hohem landwirtschaftlichem Wert als Düngemittel.** In rotierenden Mischtrommeln werden feste Düngemittel, z.B. Superphosphate, Metaphosphate, andere Mono- oder Diphosphate, KNO_3, K_2SO_4, Dolomit, $CO(NH_2)_2$ u. fl., anhydr. NH_3 innig vermischt u. auf ein pH von ca. 3,0—6,5 eingestellt. Die Masse wird mit solchen Mengen CH_2O (37%ig.) versetzt, daß auf 1,7—6,7 Mol. $Co(NH_2)_2$ 1 Mol. CH_2O vorhanden ist, worauf die Kondens. bei ca. 24—73° durchgeführt wird. Die Masse wird dann ca. 24 Std. gekühlt, mit weiteren Mengen CH_2O bis zum Mol.-Verhältnis 1,0—2,7 $CO(NH_2)_2$: 1 CH_2O versetzt u. bei 24—73° einer Ausreifung unterworfen. Das trockne Düngemittel ruft keine Verbrennungserscheinungen bei den gedüngten Pflanzen hervor. Der Aufnehmbarkeitsindex des N-Geh. des Kondens.-Prod. beträgt ca. 40. Die

Mengen an dem verwendeten fl. NH_3 sollen ausreichen, um die freie H_3PO_4 in Superphosphat in $NH_4H_2PO_4$ u. das $CaH_4(PO_4)_2$ in $CaHPO_4$ umzuwandeln. — Kurventafel. (**A. P. 2 955 930** vom 19/10. 1956, ausg. 11/10. 1960.) H. Karst. 6293

Union Carbide Corp., übert. von: Victor Auerbach, North Plainfield, und Cecile L. Tatton, Bound Brook, N.J., V.St.A., **Verbesserung der Ackerkrume,** dad. gek., daß man auf die Oberfläche des Bodens eine kleine Menge eines schmelzbaren, harzartigen Kondens.-Prod. (I) von Phenol u. einem Aldehyd, bes. CH_2O, gibt. Das I soll < 50% wasserlösl. Komponenten enthalten, ein Molgew. von 350—2000 aufweisen u. bes. mit Anilin modifiziert sein. Es wird bes. in 0,001—2%ig. wss. Dispersion angewandt. Durch die Behandlung wird gleichzeitig die Erosion des Bodens verringert. (**A. P. 2 934 511** vom 27/1. 1955, ausg. 26/4. 1960.) C. Lüttgen. 6303

Commonwealth Engineering Co. of Ohio, Dayton, Ohio, V.St.A., **Mittel zum Konditionieren und Stabilisieren des Bodens,** gek. durch einen Geh. an hydrolysierbarem Dextran mit einem Molgew. von 5000—50000 oder ≧ 100000. (**Belg. P. 565 525** vom 8/3. 1958, ausg. 15/7. 1960.) C. Lüttgen. 6303

IBC Research Laboratories, Inc., New York, N.Y., übert. von: Wallace L. Minto, Westwood, N.J., V.St.A., **Verbessern der Ertragsfähigkeit von Acker- und Gartenböden** durch Erhöhen der Aktivität der Bodenbakterien, dad. gek., daß man den Böden *3.5.3'-Trijodtyrosin* oder *jodierte Galaktane* in Form ihrer wss., 10^{-5} bis 10^{-7} Mol/Liter enthaltenden Lsgg. zusetzt. — Diagramm. (**A. P. 2 963 357** vom 6/11. 1956, ausg. 6/12. 1960.) C. Lüttgen. 6307

Monsanto Chemical Co., St. Louis, übert. von: Philip C. Hamm, Webster Groves, und Angelo J. Speziale, Kirkwood, Mo., V.St.A., **Herbicides Mittel,** bestehend aus einer Verb. der allg. Formel I, in der R ein Alkylrest mit 7—14 C-Atomen bedeutet, R' einen aliphat. Rest mit 1—4 C-Atomen, wie Alkyl, Alkenyl, Alkynyl oder einen entsprechenden halogensubstituierten Rest darstellt u. X für Cl, Br oder J steht, u. einem üblichen Trägerstoff. — Man erhält I durch Rk. gemischter Diamine mit einem Halogenacetylchlorid in einem organ. Lsgm. in Ggw. eines Alkalihydroxyds. — Beispiele für I: *α-Chlor-N-äthyl-N-decylacetamid*, Kp.$_{0,16}$ 134°, n_D^{25} 1,4662; *α-Chlor-N-propyl-N-2-methylhexylacetamid*; *α-Chlor-N-n-octyl-N-allylacetamid*; *α-Chlor-N-decyl-N-3-chlorbutylacetamid*; *α-Brom-N-tetradecyl-N-äthylacetamid*; *α-Jod-N-äthylhexyl-N-methylacetamid*. (**A. P. 2 973 258** vom 30/12. 1957, ausg. 28/2. 1961.) H. Nebelsiek. 6313

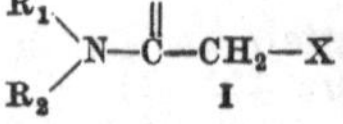

I

E. I. du Pont de Nemours & Co., Wilmington, Del., übert. von: Max T. Goebel, Chadds Ford, Pa., V.St.A., **Herbicides Mittel,** enthaltend Trialkylamin-Schwefeltrioxydaddukte der allg. Formel $R_1R_2R_3N \cdot SO_3$ (I), in der R_1, R_2 u. R_3 Alkylgruppen mit 1—4 C-Atomen bedeuten, u. einen üblichen Trägerstoff. — Die Herst. der I ist bekannt. — Beispiele: Trimethylamin-SO_3 u. Triäthylamin-SO_3. — Außer gegen Unkräuter kann das Mittel auch zur Bekämpfung von Gestrüpp u. Unterholz verwendet werden. (**A. P. 2 973 259** vom 26/9. 1958, ausg. 28/2. 1961.) H. Nebelsiek. 6313

Melvin J. Josephs, Midland, Mich., V.St.A., **Mittel zur Bekämpfung des Pflanzenwachstums,** bestehend aus 2.3.6-Trichlorbenzylalkohol (I), F. 67—68°, u. einem üblichen Trägerstoff. — I hat eine lange Wirksamkeit im Boden u. wird in Mengen von 2—150 (Gew.-Teilen) I auf 1 Million Boden angewendet. Beim Bewässern wendet man Mengen von 0,0002 an. (**A. P. 2 926 078** vom 3/12. 1956, ausg. 23/2. 1960.) H. Nebelsiek. 6313

Dow Chemical Co., Midland, übert. von: Dorsey R. Mussell, Clare, Mich., V. St. A., **Unkrautbekämpfungsmittel,** bestehend aus einem Dialkylmononitrophenol der allg. Formel I, in der X für den tert. Butyl- oder tert.-Amylrest steht, im Gemisch mit einem üblichen Trägerstoff u. einem oberflächenakt. Mittel oder gelöst in einem aromat. KW-Stoff. — Man erhält I durch Rk. eines 2.4-ditert. Alkylphenols mit überschüssiger, rauchender HNO_3 bei <0° in Ggw. eines Gemisches aus Essigsäure u. Essigsäureanhydrid. — Beispiele: *2.4-ditert.-Butyl-6-nitrophenol*, F. 62,5—63°; *2.4-ditert.-Amyl-6-nitrophenol*. Anwendung in Stäuben 1—10 (Gew.-%), in Lsgg. 10—40. (**A. P. 2 935 392** vom 5/3. 1956, ausg. 3/5. 1960.) H. Nebelsiek. 6313

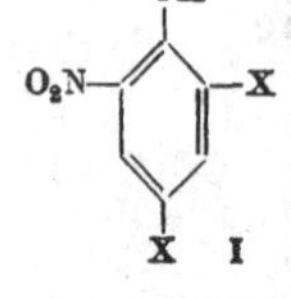

I

Boots Pure Drug Co. Ltd., Nottingham, England, **Selektive Unkrautvernichtungsmittel** enthalten als Wirkstoffe *α-[2-Methyl-4-chlorphenoxy]-* u. *α-[2.4-Dichlorphenoxy]-propionsäure* in Form ihrer *Salze, Ester, Aminsalze*, bes. *Diäthanolaminsalze*. Anwendung gegen Klebkraut (Galium aparine) u. Vogelmiere (Stellaria media) in wachsenden Getreidekulturen. — Vgl. D. A. S. 1 064 286; C. **1960,** 3355 u. 1 071 411; C. **1960,** 11444. (**Oe. P. 217 241** vom 10/10. 1957, ausg. 11/9. 1961. E. Prior. 11/10. 1956.) W. Wittholz. 6313

Monsanto Chemical Co., übert. von: Richard S. Gordon, St. Louis, Mo., und Robert J. Wineman, Concord, Mass., V.St.A., **Pflanzenschutzmittel** zur Bekämpfung von Virus-, Bakterien- u. Pilzkrankheiten, gek. durch den Geh. von *4-äthylmercapto-2-hydroxybuttersaurem Na, Ca, Cu* oder *Zn.* (**A. P. 2 954 315** vom 15/12. 1958, ausg. 27/9. 1960.) C. Lüttgen. 6313

Murphy Chemical Co. Ltd., St. Albans, und Max Pianka, Wheathampstead, England, **Fungicides Pflanzenschutzmittel,** gek. durch den Geh. einer Verb. der allg. Formel **I**, in der R eine Alkylgruppe mit ≦ 6 Atomen u. ein X eine Nitrogruppe, das andere X H bedeutet, bes. 1-(p-Nitrophenyl)-2-nitropropylen u. -butylen evtl. im Gemisch mit den m- oder o-Isomeren, 1-(p-Nitrophenyl)-2-nitropentyl-(1)-en, -methylpentyl-(1)-en oder -heptyl-(2)-en. (**E. P. 866 506** vom 7/5. 1956, ausg. 26/4. 1961.) C. Lüttgen. 6313

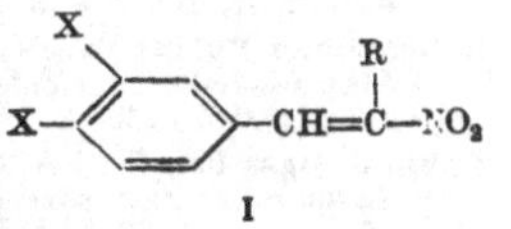

I

Diamond Alkali Co., Cleveland, übert. von: Irving Rosen und Frank B. Slezak, Painesville, Ohio, V.St.A., **Baktericides und fungicides Pflanzenschutzmittel,** enthaltend α.α'-Dijod-, α.α'-Dibrom-p-, -m-, -o-xylol, α.α'-Dithiocyan-p-, m-, -o-xylol, α.α'-Dichlor-m-, α.α.α'-Trichlor-p-xylol, 2-Brom-p- u. 2.4-Dichlor-m-xylol. (**A. P. 2 943 016** vom 30/4. 1958, ausg. 28/6. 1960.) C. Lüttgen. 6313

Henry Bower Chemical Mfg. Co., Philadelphia, übert. von: Edward C. Page jun., Bryn Mawr, und Roland W. Erling, Upper Darby, Pa., V.St.A., **Herstellung eines Fungicids,** bestehend aus einer komplexen Cu-Verb., z. B. der Zus. 72,6 bis 75,2% CuO u. nicht < 3,5% PO_4 durch Rk. von 1—1,5 (Mol) $CuSO_4$ mit 1 Na_3PO_4. Zu dem entstandenen Schlamm gibt man getrennt auf 1 Schlamm 28,5 NaOH u. auf 1 Schlamm 14,25 $CuSO_4$, trennt den Nd. ab, wäscht u. trocknet. — Von dem getrockneten Pulver fügt man 1 (Gew.-Teil) auf 5000 W. u. versprüht diese Lsg.; bes. wirksam zur Bekämpfung von Schnecken. (**A. P. 2 924 505** vom 3/1. 1956, ausg. 9/2. 1960.) H. Nebelsiek. 6313

Merck & Co., Inc., Rahway, übert. von: James M. Merritt, Mountainside, N.J., V.St.A., **Saatgutbeize,** bes. für Baumwollsaat, bestehend aus einem Gemisch von Gibberellin u. einem Zn-haltigen Fungicid, bes. Zinktrichlorphenolat. (**A. P. 2 921 410** vom 11/12. 1957, ausg. 19/1. 1960.) C. Lüttgen. 6313

Pineapple Research Institute of Hawaii, übert. von: Carl T. Schmidt, Honolulu, Hawaii, **Begasungsmittel zur Bodenbehandlung,** bes. zur Bekämpfung von *Nematoden,* bestehend aus 1.2-Dibrom-3-chlorpropan (**I**), verd. mit Gasolin, Kerosin oder Dieselöl oder absorbiert von Bentonit oder Pyrophyllit. Anzuwendende Menge: 1 (Teil) **I,** $Kp._{760}$ 200°F: 9 Lösungsmittel. (**A. P. 2 937 936** vom 27/10. 1954, ausg. 24/5. 1960.) H. Nebelsiek. 6313

Cooper McDugall & Robertson Ltd. (Erfinder: David Michael Langbridge), Berhamsted, Hertfordshire, England, **Herstellung von mahlbaren Insekticiden** aus wärmehärtenden ungesätt. Alkydharzen u. O.O-Diäthyl-O-[2-isopropylpyrimidyl-(4)]-thiophosphat, 1.4-Dioxan-2.3-dithiol-bis-[O.O-diäthyldithiophosphat], O.O-Diäthyl-O-[2.4-dichlorphenyl]-thiophosphat oder O.O.O'.O'-Tetraäthyl-S.S'-methylen-bis-dithiophosphat u. einem oberflächenakt. Mittel. Die insekticiden Verbb. werden mit dem ungehärteten Vorprod. des Harzes vermischt u. nachher gehärtet. (**Ung. P. 149 742** vom 19/8. 1960, ausg. 20/2. 1962. E. Prior. 21/8. 1959.) F. Landsberger. 6313

Minerals & Chemicals Philipp Corp., übert. von: Edgar W. Sawyer jun., Metuchen, und James A. Polon, Milltown, N.J., V.St.A., **Trägerstoff für Thiophosphatwirkstoffe,** z. B. Malathion, bestehend aus einem Ton, der Triäthylenglykol, Äthylsilicat oder ein alkyliertes Phenol adsorbiert enthält. — Man erreicht durch Verw. dieser mit einem Adsorbens beladenen Tone eine längere Lagerfähigkeit der fertigen Schädlingsbekämpfungsmittel; denn viele Tone, z. B. des Montmorillonit- oder Kaolinittyps, neigen dazu, den Thiophosphatwirkstoff zu zersetzen. (**A. P. 2 967 127** vom 29/5. 1957, ausg. 3/1. 1961.) H. Nebelsiek. 6313

S. B. Penick & Co., Inc., New York, übert. von: Morley R. Kare, Ithaca, N.Y., V.St.A., **Repellentmittel für Vögel,** bestehend aus Methyl-o-N-methylaminobenzoat, Methylanthranilat, Äthylanthranilat, Phenyläthylanthranilat oder Dimethylbenzylcarbinylacetat, dispergiert in einem Trägerstoff oder Lösungsmittel. — Man bestäubt oder besprüht den vor den Vögeln zu schützenden Gegenstand, z. B. im Wachstum stehendes Getreide, mit einem solchen Gemisch. (**A. P. 2 967 128** vom 6/6. 1957, ausg. 3/1. 1961.) H. Nebelsiek. 6313

United States of America, Secretary of Interior, übert. von: Victor L. Loosanoff, Milford, Conn., V.St.A., **Verfahren zum Abtöten der Feinde von Austernbänken,** wie z. B. Bohrschwamm, Seestern, Crepidula, Molgula usw., dad. gek., daß man sie kurze Zeit mit gesätt. NaCl-, KCl- oder $CaCl_2$-Lsg. behandelt u. der Luft aussetzt. (**A. P. 2 955 068** vom 10/10. 1958, ausg. 4/10. 1960.) C. Lüttgen. 6313

Stamicarbon N. V., Heerlen, Niederlande, *Herstellung von Düngemitteln.* (**Ind. P. 65 491** vom 13/10. 1958, ausg. 28/5. 1960. — C. **1961,** 13332 [E. P. 834 766].)

United States Rubber Co., V.St.A. (Erfinder: **Allen Elston Smith, Winchester Loomis Hubbard** und **John Alan Riddell**), *Herbicide auf Basis von Alkylamino-1.4-benzochinonen.* (**F. P. 1 234 538** vom 2/9. 1959, ausg. 18/10. 1960. A. Prior. 3/10. 1958. — C. **1961,** 14072 [D. A. S. 1 104 756].)

Rohm & Haas Co., V.St.A. (Erfinder: **Frank Morris Eaton** und **Dougal Harold McRae**), *Behandlung von Baumwollsaatgut oder -pflanzen.* (**F. P. 1 206 141** vom 10/5. 1958, ausg. 8/2. 1960. A. Prior. 10/5. 1957. — C. **1962,** 8389 [A. P. 2 889 662].)

Ruhrchemie Akt.-Ges., Oberhausen, *Oktahalogen-methylen-tetrahydrophthalane.* (**E. P. 847 245** vom 13/12. 1956, ausg. 7/9. 1960. D. Prior. 7/1. 1956. — C. **1959,** 2946 [D. A. S. 1 034 412].)

Nederlandse Centrale Organisatie voor Toegepast-Natuurwetenschappelijk Onderzoek, Niederlande, *Mittel zur Bekämpfung von Pflanzenkrankheiten.* (**F. P. 1 235 690** vom 27/7. 1959, ausg. 16/11. 1960. Niederl. Prior. 28/7. 1958. — C. **1962,** 5071 [D. A. S. 1 110 942].)

Joh. A. Benckiser G. m. b. H., Chemische Fabrik, Deutschland, *Baktericide und fungicide Mittel.* (**F. P. 1 235 919** vom 22/10. 1957, ausg. 10/11. 1960. D. Prior. 26/10. 1956 u. 13/4. 1957. — C. **1959,** 7333 [D. A. S. 1 040 359], C. **1960,** 624 [D. A. S. 1 060 660] u. C. **1960,** 7308 [D. A. S. 1 067 634].)

Union Carbide Corp., New York, N.Y., V.St.A., *Insekticide Mittel.* (**Ind. P. 66 395** vom 12/1. 1959, ausg. 25/10. 1960. — C. **1960,** 10376 [A. PP. 2 904 463, 2 904 464 u. 2 904 465].)

Farbenfabriken Bayer Akt.-Ges., Leverkusen, *Dithiophosphonsäureester.* (**E. P. 878 729** vom 20/7. 1959, ausg. 4/10. 1961. D. Prior. 29/7. 1958. — C. **1960,** 8657 [D. A. S. 1 071 701].)

Soc. des Usines Chimiques Rhône-Poulenc, Paris, Frankreich, *Herstellung von Methylpyronylestern von Phosphorsäure- oder Thionophosphorsäuredialkylestern.* (**Niederl. P. 99 703** vom 27/1. 1958, ausg. 15/11. 1961. F. Prior. 4/3. 1957. — C. **1960,** 13499 [A. P. 2 905 700].)

C. H. Boehringer Sohn, Deutschland, *Herstellung von Dialkylphosphiten.* (**F. P. 1 233 888** vom 20/8. 1959, ausg. 12/10. 1960. D. Prior. 25/8. 1958. — C. **1960,** 14495 [D. A. S. 1 078 558].)

Farbenfabriken Bayer Akt.-Ges., Leverkusen, *Herstellung von S-Benzylmercaptomethylestern von Thiosäuren des Phosphors.* (**E. P. 883 566** vom 6/11. 1959, ausg. 29/11. 1961. D. Prior. 7/11. 1958. — C. **1961,** 3129 [D. A. S. 1 083 811].)

H_8. Metallurgie. Korrosion

Über die drückende Wirkung von Kaliumbichromat. W. M. Araschkewitsch und A. A. Golikow. (Цветные Металлы [Nichteisenmetalle] **33,** Nr. 9, 28—31, Sept. 1960; Swerdlowsk, Inst. für Bergbau; Uraler Forsch.-Inst. für mechan. Behandlung der Erze u. Mineralien; russ.) — Zur Klärung des Einfl. verschiedener Faktoren auf die drückende Wrkg. von $K_2Cr_2O_7$ (**I**) u. K_2CrO_4 (**II**) auf die Flotation des *Galenits* wurden Verss. mit *Butylxanthogenat* (**III**) u. *Butyldixanthogen* (**IV**) als Sammler durchgeführt. Erwiesen wurde, daß sich bei Anwendung von **IV** die drückende Wirkung des **I** bei pH > 5 bemerkbar macht, während bei **III** das **I** im engen Bereich pH 4,5—7,5 wirksam ist. Die Verlängerung der KW-Stoffkette vom *Methyl-* zum *Amylxanthogenat* bringt eine Verschlechterung des Drückens, die nach einer weiteren Verlängerung aufgehoben wird. Die drückende Wrkg. des **I** hängt von der Oxydation des **III** ab, die bei gleichzeitigem Vorhandensein von Galenit in der Trübe eintritt. Else Heinemann. 6362

Abtrennung des Carbonatanteils der Uranerze mittels Flotation. Jan Jančárek und Jaroslav Cibulka, (Jaderná Energie **6,** 239, 1960; Praha, Ústav pro výzkum rud; tschech.) — Aus dem gemahlenen Erz (70—80% — 200 mesh; Dichte der Trübe 300 g/Liter) wird nach Zusatz von 640 (g/t) *Kerosin*, 1180 *Trichloräthylen*, 100 *Kiefernöl* u. 800 *Wasserglas* das *Graphit* u. der Großteil der *Sulfide* abgetrennt; ist Graphit nicht anwesend, wird dieser Vorgang weggelassen. Die Carbonate werden dann nach Zusatz von 600 g/t *Ölsäure* (u. Wasserglas, falls die erste Flotation wegfällt) abgetrennt (Ausbringen 84,4%). J. Tůmová. 6362 □

Über die mit den Robur-Ziegelsteinen gewonnenen Erfahrungen. Pál Molnár. (Kohászati Lapok [Ung. Z. Hüttenwes.] **95,** 272—78, Juni 1962; Budapest, Magnesitind.; ung.) — In die aus bas., feuerfestem Grundstoff hergestellten, chem. gebundenen, aufhängbaren „Robur"-Ziegelsteine ist ein Metallrohreinsatz als Hilfselement zum Aufhängen montiert. Vf. beschreibt die mit diesen Ziegelsteinen in ungar. Stahlwerken gebauten Gewölben erworbenen Erfahrungen, welche bewiesen, daß die Verw. dieses Bau-

materials eine Haltbarkeitserhöhung brachte, außerdem wurde es möglich, die Gewölbereparaturen auch während des Betriebes auszuführen. — Abbildungen.
L. Zombory. 6370

Vergleich des Energieverbrauchs und der Schmelztechnologie von Leichtmetall-Schmelzöfen. Béla Tamás. (Kohászati Lapok [Ung. Z. Hüttenwes.] **95,** Nr. 6, Öntöde **13,** 125—30, Juni 1962; ung.) — Nach kurzer Besprechung der früher verwendeten Ofentypen (mit Koks, Öl u. elektr. beheizt) beschreibt Vf. die mit dem Sklenarschen Schmelzofen gewonnenen Erfahrungen. Aus dem Vgl. der Heizkosten wird festgestellt, daß die Verw. des Sklenarschen Ofens vorteilhaft u. sparsam ist. L. Zombory. 6370

Analyse und Berechnung der Leistungen von Hochöfen. L. Bousmanne. (Rev. univ. Mines, Métallurg., Mécan., Trav. publ., Sci. Arts appl. Ind. [9] **17 (104),** 337—64, Juni 1961; Ougrée, Soc. An. Cockerill-Ougrée; franz.) — Die verwendete Analysen-Meth. besteht in der Prüfung von 5 Betriebsfaktoren des Hochofens: Staubauswurf, Leistungen an H_2 u. an CO_2, die Wärmeverluste an der Gicht u. durch die Wände. Unter Verw. von Betriebsergebnissen einer großen Anzahl von Hochöfen werden die mittleren Werte dieser Faktoren mit den Betriebskennwerten verglichen. Die Prüfung der Wärmeverluste der Gicht bes. führt zum Studium der Wärmeaustauscherscheinungen, für die eine bes. Theorie entwickelt wird. Die Kenntnis der Beziehungen, welche die Betriebsfaktoren mit dem Nutzungsgrad verbinden, ermöglicht eine Vorausberechnung der Hochofenleistung u. bes. des Koksverbrauches. Die Berechnung wird einzeln erklärt.
H. Hochstein. 6370□

Erfahrungen bei der Beheizung von Siemens-Martin-Öfen mit Erdgas. Teil I und Teil II. Hermann Tiemeyer und Max Petz. (Stahl u. Eisen **81,** 30—41, 5/1. 1961; Georgsmarienhütte, Ternitz; dt.) — Nach einem Überblick über den bei *Erdgas*-Beheizung feststehender 60 t- u. kippbarer 150 t-SM-Öfen erreichten Erfolg wurde der Einfl. des Schmelzgewichts, des Erdgas/Öl-Verhältnisses u. der Zerstäubungsart ermittelt u. dabei auf die Veränderung der Abgasmengen bei verschiedener Beheizung hingewiesen. Der Ofenzustand kann durch laufende Druckmessungen gut überwacht werden. Bei der Umstellung eines ölbeheizten 50 t-Ofens auf Erdgas sind besondere Forderungen an die Verbrennungsverhältnisse, bes. an den Brenner, zu stellen. Die Umstellung von Öl auf Ergas-Öl-Beheizung bringt keine Leistungsminderung; jedoch ist der Wärmeverbrauch bei Erdgasbetrieb um 4% angestiegen. Die Senkung der Brennstoffkosten durch die Umstellung erbringt 12—13%. Die Ofenführung ist bei Erdgasbetrieb empfindlicher als bei Ölbetrieb, da es schwieriger ist, das Erdgas im Ofen einwandfrei zum Ausbrennen zu bringen. H. Hochstein. 6370□

Halbtechnische Prüfungen des Schmelzens von oxydierten Nickelerzen im bis 45% Sauerstoff enthaltenden Luftstrom. L. M. Botschkarew, A. T. Ragulina, W. I. Sserpow, L. L. Tschermak und B. P. Scherman. (Цветные Металлы [Nichteisenmetalle] **33,** Nr. 7, 23—28, Juli 1960; russ.) — Durch Verss. wird bewiesen, daß die Anreicherung des Gebläsewindes mit 45% O_2 eine Verbesserung des Durchschmelzens von *Ni*-Erzen auf das 2,2fache bei gleicher Senkung des Koksverbrauches bringt. Die Abhängigkeit des Schmelzens, des O_2- u. Koksverbrauchs vom O_2-Geh. im Wind, der Einfl. der Windmenge auf den Durchschmelzprozeß, sowie die techn. Daten werden tabell. u. graph. gebracht. Else Heinemann. 6380

Bestimmung des Wärmeleitfähigkeitskoeffizienten der Chloridschicht. A. Ss. Berengard und W. A. Koshemjakin. (Цветные Металлы [Nichteisenmetalle] **33,** Nr. 7, 87—88, Juli 1960; russ.)— Um den für die Gewinnung seltener Metalle aus chlorierten Rohstoffen erforderlichen Wärmeleitfähigkeits-Koeff. der Chloridschichten in den Kondens.-App. zu bestimmen, wurden durch Chlorierung eines *Loparit*-Kondensates Proben mit 45,8 (%) $NbOCl_3$; 32,4 $FeCl_3$ u. 18,3 $AlCl_3$ hergestellt. Vff. beschreiben die Verss. u. bringen Berechnungsformeln, wonach der Koeff. der Chlorid schichten 1,57 kgcal/m.h. Grad bei einer Genauigkeit von $\pm 5\%$ beträgt.
Else Heinemann. 6380

Verarbeitung von Blei-Kupfer-Stein. Dezsö Bódi. (Kohászati Lapok [Ung. Z. Hüttenwes.] **95,** 264—68, Juni 1962; Budapest, Forsch.-Inst. NE-Metalle; ung.) — Die Trennung des *Cu* vom *Pb* kann auf nassem Wege in der Weise ausgeführt werden, daß man nach dem Rösten in der Wirbelschicht das Cu mit verd. H_2SO_4 löst. Es werden 90% des Cu-Geh. gelöst, das Cu wird mit *Fe* auszementiert u. der Pb-reiche Rückstand auf Pb verarbeitet. L. Zombory. 6380

Kornbewegung während des Zusammenpressens. D. C. Williams. (Mod. Castings **39,** Nr. 1, 60—62, Jan. 1961; Columbus, Ohio State Univ., Dep. of Met. Engng.; engl.) — Die Kornbewegung beim Formpressen setzt sich aus je einer Bewegung in waage- u.

senkrechter Richtung zusammen. Zur Erzielung einer besseren Formpressung wird die Verw. kleinerer Preßbretter empfohlen, womit der Vorteil stärkerer Sandbewegung verknüpft ist. W. Wesly. 6382□

Faktoren, die die Güte von Legierungen mit langem und kurzem Erstarrungsbereich beeinflussen. J. T. Berry und T. Watmough. (Mod. Castings **39**, Nr. 1, T 63 bis T 74, Jan. 1961; Chicago, Illinois Inst. of Technol., Armour Res. Found.; engl.) — Unterss. über den Einfl. des Formenwerkstoffes (Grünsand, Kernsand, mit Na_2SiO_3 oder Zement gebundener Sand) auf die Eingußerfordernisse von Legg. mit kurzem Erstarrungsbereich [*Al*-Leg. mit 13 (%) *Si*, *Grauguß* mit eutekt. *C*-Äquivalent, *Stahl* mit 0,2 C] zeigen, daß der Schrumpffaktor von Formwerkstoff, Gußstückform, Querschnittsgröße u. Erstarrungs-Temp. abhängt. Aus Verss. über den Einfl. des auf den Gießkopf angewandten Druckes (bis 20 lbs./sq.in.) bei Legg. mit langem Erstarrungsbereich [Al-Legg. *43*, *220* u. *355* mit 0—1,17 (%) *Cu*, 0,07—0,36 *Fe*, 0,09—4,90 *Si*, 0,01—10,14 *Mg*, 0,09 bis 0,12 *Ti*] auf die interdendrit. Schrumpfung geht hervor, daß die Innenoberflächen der Schrumpfhohlräume ein den Warmbruchflächen entsprechendes Aussehen zeigen, was beweist, daß das halbfeste Gußmetall durch den Druck in die Form gezwungen worden ist. W. Wesly. 6382□

Die Gase in den Gußlegierungen. M. Georges Blanc. (Fonderie **1961**, 251—71, Juli/Aug.; Centre techn. des Ind. de la Fonderie.; franz.) — In der sehr ausführlichen Arbeit werden die Bedingungen für die Ggw. von Gasen in fl. u. festen Metallen u. Legg. u. die Ursachen für das Vorhandensein von Gasen u. deren Einfl. auf die Gußstückqualität, die Mikrostruktur sowie die mechan. Eigg. im festen u. fl. Zustand aufgezeigt. Abschließend wird über Maßnahmen berichtet, um die schädliche Wrkg. der Gase zu beseitigen. — 121 Literaturangaben. K. Hillinger. 6382□

Steigerlänge bei in Präzisionsformen hergestellten Stäben. H. Present und H. Rosenthal. (Mod. Castings **39**, Nr. 3, 70—72, März 1961; Brooklyn, N.Y., Arwood Corp.; Philadelphia, Pa., Frankford Arsenal; engl.) — Unters. des Einfl. von Form- u. Gießtemp. auf die Steigerabmessungen bei Rundstäben unterschiedlicher Durchmesser u. Länge. K. Hillinger. 6382□

Erfahrungen mit Blockaufsätzen aus verbrennlichen Platten und Hauben mit exothermer Innenauskleidung. Alois Schöberl und Rudolf Plessing. (Stahl u. Eisen **81**, 22—30, 5/1. 1961; Kapfenberg/Steiermark; dt.) — Bei Stahlblöcken mit Schamotteaufsätzen beträgt der Anteil des verlorenen Kopfes je nach Blockgröße u. Verwendungszweck 12—20%. Bei Walzblöcken mit Aufsätzen aus verbrennlichen Platten konnte der Kopfanteil um 6,5% vermindert u. das Knüppelausbringen um 6% erhöht werden. Bei Blöcken mit exothermen Hauben konnte der Anteil des verlorenen Kopfes bei größeren Walzblöcken u. kleineren Schmiedeblöcken um ca. 8—12% vermindert u. das Knüppelausbringen um 7—10,5% erhöht werden. Es wurde dad. bei hochlegierten Stählen eine Verminderung des Knüppelpreises bis zu 3% erreicht. Hierdurch sowie durch das erhöhte Blockgewicht bei gegebener Rohstahlmenge wird die Wirtschaftlichkeit des neuen Verf. bedingt. — Diskussion. H. Hochstein. 6382□

Bronze-Ventilvertikalguß in Formmasken. F. E. Murphy, G. J. Jackson und R. A. Rosenberg. (Mod. Castings **40**, 81—87, Juli 1961; South Braintree, Mass., Walworth Co., Braintree Worths; engl.) — Eine Gießform für Bronzeteile wird durch Verss. an halben, mit Glas abgedeckten Formmasken entwickelt. Vertikalguß ist dem Horizontalguß in der Herst. einwandfreier, sauberer u. druckdichter Bronzestücke überlegen. Ein Gießsyst. vom Saxophontyp mit einem kon. Gießkopf am Boden u. einer Vorr. zur Richtungsumkehr wird beschrieben. Die Wirksamkeit des Syst. beweist der geringe Ausschuß von $<3\%$. W. Wesly. 6382□

Die Aufbereitungsprobleme kieselreicher komplexer Eisenerze. Drago Ocepek. (Aufbereitungs-Techn. **2**, 437—42, Nov. 1961; Ljubljana; dt.) — Am Beispiel von 2 jugoslaw. Lagerstätten wird das Problem der Eisenerzaufbereitung silicatreicher u. komplexer Erze mit 34,90 23,90) (%) SiO_2, 22,12 (20,25) *Fe*, 2,23 (16,30) *FeO*, 7,37 (7,07) Al_2O_3, 1,46 (10,86) *CaO*, 11,18 (11,84) *MgO*, 1,68 (1,58) Cr_2O_3, 1,05 (0,71) *Ni*, 0,006 (0,005) *P* dargestellt. Die naßmechan. Aufbereitung hatte nur geringen Erfolg: Ein Konzentrat mit 35% *Fe* bei einem Ausbringen von 60%. Durch reduzierendes Rösten u. Magnetaufbereitung ergaben sich Konzentrate mit 38—39% Fe bei einem Ausbringen von 75%. W. Wesly. 6390□

Untersuchungen über die Metallurgie von siliciumhaltigem Eisen. 4. Mitt. **Kinetik der selektiven Oxydation.** A. U. Seybolt. (Trans. metallurg. Soc. AIME **215**, 756—59, 1959, herausgeg. 1960; Schenectady, N.Y , General Electric Res. Labor.; engl.) — Vgl. 1. u. 2. Mitt. C. **1962**, 9872. — Eine Unters. der Oxydations-Geschw. einer *Fe*-Leg. mit 3,2% *Si* bei 0,002% *C* ergab, daß die selektive Oxydation der Leg. ziemlich kompliziert werden kann u. daß es unmöglich ist, sie in einer unzweideutigen Art vernunftgemäß zu erklären. In einigen Temp.-Gebieten, bes. bei ca. 800° u. bei 1000°, scheinen die durch die Unters. erhaltenen Werte dem bekannten parabol. Geschw.-Gesetz zu gehorchen. Jedoch bei Zwischentemp. werden Komplikationen festgestellt, von denen einige auf die Ordnung–Unordnung-Rk. im Fe–Si-Mischkristall zurückgeführt werden können. H. Hochstein. 6390□

Die Ofenentschwefelung von geschmolzenem Gußeisen durch das Calciumcarbid-Einblasverfahren. R. B. Coates und J. V. Harding. (B.C.I.R.A. Journal **8,** 89—111, Jan. 1960; engl.) — Das CaC_2-Einblas-Verf. wird unter Beschreibung der hierzu erforderlichen App. u. Ausrüstung eingehend erläutert. Eine Anzahl von Faktoren, wie Art u. Größe von CaC_2, Gußeisen-Temp., Trägergas, Eintauchtiefe der Einblaslanze, Zuführungs-Geschw., S-Geh., Einfl. auf die Dünnflüssigkeit der Schmelze, auf das Schrumpfen, die Porosität mechan. Eigg., Schreck-Wrkg., den Temp.-Verlust, die Veränderung der chem. Zus. sowie Art u. Menge der gebildeten Schlacke, welche die Leistungsfähigkeit des Prozesses beeinflussen, wird überprüft. Geeignete Anwendungen in der Industrie werden erörtert u. Angaben über die CaC_2-Lagerung gemacht. H. Hochstein. 6402□

Wachsen und Zundern von Gußeisen. I. C. H. Hughes. (B.C.I.R.A. Journal **8,** 7—28, Jan. 1960; engl.) — Die Vorgänge des Wachsens u. Zunderns von Gußeisen werden erläutert u. die Bedingungen, welche diese Erscheinungen fördern, beschrieben. Der Einfl. von verschiedenen Leg.-Elementen wird erörtert u. die Zus. von legierten, gegen Wachsen u. Zundern beständige Gußeisensorten werden angegeben. Das Verh. von legiertem Gußeisen mit Lamellen- oder Kugelgraphit unter Bedingungen, die Wachsen u. Zundern begünstigen, u. die Meth. zum Messen, Berechnen u. zur Voraussage der beiden Eigg. werden behandelt. — 46 Literaturangaben. H. Hochstein. 6402□

Ein Einfluß von Phosphor auf die Ausdehnung bei der Erstarrung und Fehlerlosigkeit von Gußeisen mit Kugelgraphit. K. E. L. Nicholas. (B.C.I.R.A. Journal **8,** 29—38, Jan. 1960; engl.) — Die Ggw. von *P* in Gußeisen mit Kugelgraphit verursacht eine starke innere Porosität, Neigung zur Riß-Bldg. u. Oberflächenlunker-Bldg. im Kopf der Gußstücke. Ein Zusatz von P zu einem Gußeisen mit Kugelgraphit bewirkt eine außerordentlich große Ausdehnung beim Gießen. Diese nimmt mit steigendem P-Geh. zu, jedoch tritt die größte relative Ausdehnung in den Gußeisensorten mit niedrigem oder mittlerem P-Geh. auf. Die Ausdehnungsstärke bei der Erstarrung in mittlerem u. hoch P-haltigem Gußeisen reicht aus, um den Umfang der üblicherweise beobachteten Kontraktion zu verringern, wenn Gußeisen mit Kugelgraphit u. niedrigem P-Geh. in Zement–Sand-Formen vergossen wird. Eine Tiefätzung läßt das Vorhandensein eines kontinuierlichen Netzwerkes aus Phosphid-Eutektikum erkennen, welches die eutekt. Zellen in einem Gußeisen mit über 0,4% P umgibt. H. Hochstein. 6404□

Herstellung, Eigenschaften und Verwendungsmöglichkeiten der Windfrischstähle. H. Kulke. (Technik **17,** Nr. 7, Stahlberatungsstelle Eisenforsch.-Inst. WTZ VVB Stahl- u. Walzwerke Freiberg/Sa., Mitt. Nr. 31, 1—11, Juli 1962; dt.) — Überblick. — 17 Literaturangaben. M. Gehlen-Keller. 6408□

Die Neuverteilung von Carbiden als eine der Formen der strukturellen Instabilität von Stahl. B. I. Bruk und A. Ss. Sawjalow. (Металловедение и Термическая Обработка Металлов [Metallkunde therm. Metallbearb.] **1962,** Nr. 3, 14—18, März; russ.) — Das Auftreten von struktureller Instabilität folgender Stähle wird durch Autoradiographie untersucht: 1. Stahl *1Ch19N10* mit 0,07 (%) C, 19,3 Cr, 0,30 Si, 0,22 Mn, 10,1 Ni; 2. Stahl *1Ch15N25M5* mit bis 0,12 C, 15—17,5 Cr, 5,5—7,0 Mo, 0,1—0,2 V, 0,5—1 Si, 1—2 Mn, 24—27 Ni; 3. *10ChMF* mit 0,07 C, 1,6 Cr, 0,88 Mo, 0,23 V, 0,23 Si, 0,30 Mn; 4. *10ChMFSs3* mit 0,06 C, 1,6 Cr, 0,89 Mo, 0,22 V, 2,7 Si, 0,32 Mn. Hierbei zeigte sich, daß ein Halten der Stähle bei erhöhten Temp. eine Ansammlung der Carbide im Bereich der Zwischenkorngrenzen hervorrufen kann. Die Ggw. carbidbildender Elemente im Stahl hemmt die Neuverteilung der Carbidphase. Die Ggw. von nicht carbidbildenden Elementen, z. B. von Si, führt zu einer intensiven Neuverteilung der Carbide in Richtung der Zwischenkristallitgrenzen. Die Neuverteilung des C im *Cr–Mo–V–Si*-Stahl der perlit. Klasse tritt bei 350 u. 500° am intensivsten auf. Eine Temp.-Erhöhung auf 650° führt zu einer merklichen Schwächung der Intensität dieses Prozesses. H. Hochstein. 6410□

Die Ausscheidung der Laves-Phase in Stählen mit 12% Cr. Ja. Koutski und Ja. Jeshek. (Металловедение и Термическая Обработка Металлов [Metallkunde therm. Metallbearb.] **1962,** Nr. 3, 29—33, März; Metal Treatment Drop Forging **28,** 302 bis 305, 307, Aug. 1961; Pilsen, Lenin-Werk; Prag, Forsch.-Inst. für Materialien u. für Technologie; russ.) — Die Ausscheidung der Laves-Phase Fe_2Mo kann in *Mo*-haltigen Stählen mit 12% *Cr* u. bei heterogener Mikrostrukturausbldg. bei einem niedrigen atomaren Verhältnis Mo/C auch bei Fehlen von *V* auftreten. In folgenden Fällen üben unterschiedliche Konzz. im Ferrit u. Austenit (Sorbit) einen bestimmenden Einfl. aus. Die Ausscheidung der Laves-Phase Fe_2W in *W*-haltigen Stählen mit 12% Cr, die mit einer höheren *Co*-Menge legiert sind u. die im Vergütungszustand eine sorbit. Struktur bei einem niedrigen atomaren W/C-Verhältnis aufweisen, kann auch bei Fehlen von V auftreten. Es wird angenommen, daß in diesem Falle Co eine katalyt. Wrkg. bei der Ausscheidung von Fe_2W ausübt. H. Hochstein. 6410□

Übersicht über Zinn-Blei-Lagerweißmetalle. E. Roemer. (Metall **16,** 766—72, Aug. 1962; Wiesbaden-Schierstein, Glyco-Metallwerke Daelen & Loos GmbH.; dt.) M. Gehlen-Keller. 6430□

Widerstandsmessungen an eutektoidem Beryllium-Kupfer. Robert J. Block und G. H. Kehl. (Trans. metallurg. Soc. AIME **215,** 878—79, 1959, herausgeg. 1960; Urbana, Ill., Univ.; New York, Columbia Univ.; engl.) — An einer bin. *Cu*-Leg. mit 5,965% *Be* werden durch elektr. Widerstandsmessungen die Möglichkeiten einer spontanen Niedertemp.-Umwandlung verfolgt. Die Widerstand/Temp.-Kurve zeigt bei -62^0 eine deutliche Diskontinuität. Der plötzliche Anstieg des elektr. Widerstandes legt eine spontane Umwandlung von einer der vorhandenen Phasen nahe. Die Instabilität der raumzentrierten kub. Struktur bei niedrigen Temp. führt zu der Folgerung, daß die γ-Phase der Be–Cu-Leg. einer spontanen martensit. Rk. bei ca. -62^0 unterliegt. H. Hochstein. 6432□

Ursachen der Dendritbildung auf Kathodennickel. T. W. Gran. (Цветные Металлы [Nichteisenmetalle] **33,** Nr. 7, 32—39, Juli 1960; russ.) — Untersucht wurde der Einfl. verschiedener Keime, wie Hydrate, Suspensionen des Anodenschlammes, Co- u. Fe-Kuchen, auf das Wachstum der Dendriten. Als Kathoden dienten Ni-Unterlagen, Stärke 0,3 mm, Strom 400 A/m², pH des Katolyts 2,2 bei 60 (g/Liter) Ni; 156 SO_4; 32 Cl_2; 5 H_3BO_3; Temp. 60°. Vf. beschreibt den Einfl. der Dendriten der Unterlagen auf die Qualität der Kathoden, den Einfl. der Schlammtrübe im Elektrolyt u. der Trübe des Co–Fe-Kuchens auf die Bldg. der Dendriten, das Verh. der Ni-Kathode bei einer maximalen Stromdichte, u. bringt in Auswertung der Verss. graph. u. Bildmaterial. Else Heinemann. 6434

Die Einflüsse von Veränderungen im Stickstoff- und Mangan-Gehalt auf die Struktur und die Hochtemperatureigenschaften der X-40-Gußlegierung. E. E. Fletcher und A. R. Elsea. (Trans. metallurg. Soc. AIME **215,** 917—25, 1959, herausgeg. 1960; Columbus, Ohio, Battelle Mem. Inst.; engl.) — Die *X-40*-Guß-Leg. etwa mit der Zus.: 0,50—0,54 (%) *C*, 0,71—0,73 *Mn*, 0,65—0,70 *Si*, 25,95—25,44 *Cr*, 10,00—10,53 *Ni*, 7,5 *W*, 1,53—1,34 *Fe*, 0,005—0,011 *P*, 0,016—0,013 *S*, Rest *Co* hatte bei dem geringsten untersuchten N-Geh. (0,010) bei 1500°F eine 100std. Zeitstandfestigkeit etwa gleich der der handelsüblichen Legierung. Wachsende N-Geh. erniedrigen allmählich die Bruchfestigkeit u. bei 0,1—0,2 N wird die geringste Festigkeit erreicht; eine Veränderung des Feingefüges trat dabei jedoch nicht auf. Eine weitere Zunahme des N-Geh. bewirkte die Bldg. von allmählich zunehmenden Mengen einer lamellaren, perlitartigen Struktur an den Korngrenzen mit gleichzeitiger Zunahme der Bruchfestigkeit u. oberhalb von ca. 0,25—0,33 N überschritt die Bruchfestigkeit die als normal bekannten Werte. Es wird angenommen, daß einige nicht identifizierte Spurenelemente, die durch das Vakuumschmelzen nicht entfernt worden waren, einen starken Einfl. auf die durch die unterschiedlichen N-Geh. bedingte Veränderungen ausüben. In einer weiteren Reihe von Vers.-Schmelzen mit Mn-Geh. von 0,6—3,2% hatte die Leg. mit dem niedrigsten Mn-Geh. die höchste Zeitstandfestigkeit bei 1500°F u. einer Vers.-Zeit von 100 Stunden. Die Änderungen im Mn-Geh. riefen keinen wahrnehmbaren Einfl. auf das Feingefüge hervor. H. Hochstein. 6434□

Feingefüge-Untersuchung einer komplexen Superlegierung nach Wärmebehandlung. J. R. Mihalisin und J. S. Iwanski. (Trans. metallurg. Soc. AIME **215,** 912 bis 916, 1959, herausgeg. 1960; Bayonne, N.J., International Nickel Co.; engl.) — Das Verh. von *Inconel „700“* in der Zus.: 0,10 (%) *C*, 0,07 *Mn*, 0,42 *Fe*, 0,007 *S*, 0,12 *Si*, 0,02 *Cu*, 14,90 *Cr*, 2,85 *Al*, 2,22 *Ti*, 27,61 *Co*, 2,92 *Mo*, Rest *Ni* bei einer Warmbehandlung wird durch Licht- u. Elektronenmikroskopie sowie durch Röntgenstrahl- u. Elektronenbeugungs-Meth. untersucht. Eine Wärmebehandlung (Ausalterung), welche eine geringe Verformbarkeit für diese Leg. hervorruft, scheint mit der Bldg. von M_6C-Carbid an den Korn- u. Zwillingsgrenzen in einer Widmanstättenschen Verteilung verbunden zu sein. Diese Ausscheidungsart kann durch eine geeignete Wärmebehandlung bei 2000°F mit gleichzeitiger Erhöhung des Formänderungsvermögens unterdrückt werden. Verschiedene andere, in der Leg. ausgeschiedene Phasen werden identifiziert.
H. Hochstein. 6434□

Beryllium: Ein problematisches Metall. H. M. Finniston. (Res. appl. in Ind. **15,** 109—18, März 1962; Newcastle, C. A. Parsons & Co. Ltd.; engl.) — Eigg., Herst., Verarbeitung u. Verw. von *Be.* F. Vier. 6442□

Leerstellen in Aluminium. D. Altenpohl. (Aluminium **37,** 401—11, Juli 1961; Zürich; dt.) — Literaturbericht mit bes. Bezug auf die prakt. Metallkunde über die Herkunft, den Nachweis u. das Verh. von therm. Leerstellen bei der plast. Verformung u. bei Wechselwrkg. mit Fremdatomen. — 67 Literaturangaben. F. Vier. 6446□

Einfluß nichtmetallischer Bestandteile auf die Qualität der Al-Gußstücke. H. Rogoss und L. Hainke. (Kohászati Lapok [Ung. Z. Hüttenwes.] **95,** Nr. 6, Öntőde **13,** 97—103, Mai und 131—42, Juni 1962; ung.) — Vff. besprechen die Gußfehler u. Wrkg. nichtmetall. Einschlüsse. Die Bldg. der *Spinell*-Einschlüsse, der Einfl. des *Mg*-Geh., der Gasaufnahme u. der *Be*-Zugabe auf die Bldg. der Spinelleinschlüsse, die Röntgen-Unters. der *Oxid*-Schichten, weiterhin werden die Bldg.-Möglichkeiten der *Korund*-Einschlüsse ausführlich behandelt. Vorschläge zur Verminderung der nichtmetall. Verunreinigungen werden gegeben. L. Zombory. 6446

Einfluß der thermischen Vorgeschichte auf die Vorzugsorientierungen bei der Rekristallisation von handelsüblich reinem Aluminium. R. E. Green jun., B. G. Liebmann und H. Yoshida. (Trans. metallurg. Soc. AIME **215,** 610—13, 1959, herausgeg. 1960; Providence, Brown Univ.; engl.) — Die Unterschiede der Ergebnisse bei Graham-Cahn einerseits u. bei Liebmann-Lücke-Masing andererseits bei der Unters. der Orientierung rekristallisierter Körner u. ihrer Wachstums-Geschw. von kaltgerecktem Al-Einkristallen von handelsüblicher Reinheit (99,6% bzw. 99,8%) werden erörtert u. auf den Unterschied im Geh. an gelöstem *Fe* zurückgeführt. Eine Glühung der Kristalle bei 620° vor der Streckung vermindert die Erholung der Wachstums-Geschw. bei der Rekristallisation. H. Hochstein. 6446□

Aluminium bei tiefen Temperaturen. P. Douady. (Aluminium Suisse **12,** 162 bis 186, Juli 1962; Neuhausen/Rhein, AIAG; franz./dt.) — Überblick über die Verwendung. — 26 Literaturangaben. F. Vier. 6446□

Kubisches Gleiten in Aluminiumlegierungskristallen. C. J. Beevers und R. W. K. Honeycombe. (Acta metallurg. [New York] **9,** 513—15, Mai 1961; Sheffield, Univ., Dep. of Metallurgy; engl.) — Einkristalle einer *Al–Cu*-Leg. mit 5,3% *Cu,* die nach der Verformungs-Anlaßmeth. erhalten worden waren, wurden nach 16std. Alterung bei 165° Zugbelastungen bei 77, 293 u. 373° K unterworfen. Die metallograph. Unters. ergab, daß bei dem größten Teil der Orientierungen Gleiten auf dem normalen oktaedr. Syst. stattfand; bei Proben jedoch, die nach der [1 1 1]-Ecke zu orientiert waren, trat kub. Gleiten auf, u. zwar bes. in den Gebieten, wo zum Schluß Bruch auftrat. Dieses Auftreten von kub. Gleiten war deutlich temperaturabhängig; bei 77° K trat kub. Gleiten nur bei den Kristallen auf, die sehr nahe dem [1 1 1]-Pol orientiert waren u. mit steigender Temp. erweiterte sich dieser Orientierungsbereich um den [1 1 1]-Pol. Nach nahe [1 1 1] orientierte Kristalle zeigten eine viel ausgeprägtere Bearbeitungsaushärtung, die selbst größer war als nach nahe [0 0 1] orientierte Kristalle. C. Gottfried. 6446

Über das Umwandlungsverhalten von Titan–Molybdän-Legierungen. Karl Bungardt und Klaus Rüdinger. (Z. Metallkunde **52,** 120—35, Febr. 1961; Krefeld, Deutsche Edelstahlwerke A. G.; dt.) — Untersucht wurde das Umwandlungs-Verh. der 3 *Ti*-Legg. mit 2, 4 u. 8% *Mo.* Bei ausreichender Haltezeit beeinflußt die Homogenisierungs-Temp. im β-Bereich nicht das Umwandlungsverhalten. Die Legg. mit 2 u. 4% Mo bilden beim Abschrecken aus der β-Phase die α'-Phase, dabei ist M_s temperaturunabhängig. Nach Abschrecken aus dem $(\alpha + \beta)$-Bereich verlagert sich M_s mit sinkender Abschreck-Temp. zu tieferen Temperaturen. Mit weiter sinkenden Abschreck-Temp. tritt teilweiser Zerfall der β-Phase in die ω-Phase auf. Beim Abschrecken der Ti-Leg. mit 8 Mo aus dem β-Gebiet tritt die ω-Phase auf. Beim Abschrecken unter 700° zerfällt die β-Phase nicht mehr. F. Vier. 6448□

Entfernung von Spaltprodukten aus einer geschmolzenen Thorium–Uran-Legierung. A. G. Buyers, J. Chilton und W. E. McKee. (Trans. metallurg. Soc. AIME **215,** 624—26, 1959, herausgeg. 1960; Canoga Park, Calif., Atomic Internation; engl.)— *Th–U* (10%)-Leg.-Proben wurden teilweise durch ein Salzschicht-Verf. gereinigt. Diese Meth. besteht aus einer Induktionsschmelzung der durch eine senkrechte Säule aus kompaktem CaF_2 getragenen Legierung. Das geschmolzene Metall schmilzt dann seine Salzumgebung auf u. passiert infolge seiner Schwere die Salzsäule. Verss., bei denen Schmelzperioden von 3—28 Min. für das bestrahlte Metall u. CaF_2-Säulen von 1—6 $^1/_8$ in. Länge verwendet wurden, bewirkten eine Entfernung von 35—98% *Ce, Seltener*

Erden, Sr u. *Cs*. 70—80% des anwesenden *Te* wurden entfernt. Die Verluste an *Th* betrugen 1—12%. *Zr, Ru, Pa* u. *U* jedoch wurden bis zu einem großen Betrage nicht entfernt. Es wird angenommen, daß dieses Salz–Metall-Syst. nicht den Gleichgewichtszustand in bezug auf das Spalt-Prod. u. auf die Verteilung des spaltbaren Elementes erreicht. Andere Anwendungen der Salzschichtbehandlung werden aufgezeigt. Diese umfassen grundsätzliche Unterss. von reinen Syst., Rückgewinnung von wertvollen Stoffen wie *Pu*, die Metallreinigung u. die Verw. von feuerfesten Säulen bei der Schlickerarbeitsforschung. H. Hochstein. 6448□

Die Umwandlungstemperatur von Hafnium. D. K. Deardorff und Haruo Kato. (Trans. metallurg. Soc. AIME **215**, 876—77, 1959, herausgeg. 1960; Albany, Ore., U.S. Bureau of Mines; engl.) — Die Umwandlungs-Temp. von Hf wird durch Verss. bei 1750 ± 20° gefunden. H. Hochstein. 6448□

Einige Legierungseinflüsse auf die Festigkeitseigenschaften von Niob bei erhöhten Temperaturen. Gordon D. Gemmell. (Trans. metallurg. Soc. AIME **215**, 898—901, 1959, herausgeg. 1960; E. I. du Pont de Nemours & Co., Inc.; engl.) — Die Einfl. der Mischkristalle bildenden Leg.-Elemente, wie *Ti, Mo* u. *W*, bei Konzz. bis zu 10% auf die Festigkeit von reinem *Nb* bei erhöhten Temp. (bei 1600—2000°F) wurden mittels Kriechdehnungsbruchprüfungen, Best. der Warmfestigkeit u. -härte sowie durch Rekristallisations-Unterss. bestimmt. Hierbei zeigt sich, daß die 3 im Nb gelösten Elemente Ti, Mo u. W die Hochtemp.-Festigkeit von Nb verbessern. W ist je At.-% Zusatz am wirksamsten. Die Hochtemp.-Festigkeit von *Nb–Ti*-Legg. durchläuft bei ca. 9 At.-% Ti ein Maximum. Bei Zusätzen bis zu 2 At.-% ist Ti auf die Verfestigung in gleichem Maße wie Mo u. W wirksam. Ein Ti-Zusatz über 2 At.-% zu reinem Nb verliert seine Wirksamkeit auf die Härtesteigerung bei einer Temp.-Erhöhung von 1600 auf 2200°F. Die Geschw. der Härtezunahme mit zunehmendem Mo-Geh. fällt schwach ab, wenn die Temp. von 1600° auf 2200°F erhöht wird, jedoch ist W stets in dieser Hinsicht bei höherer Temp. wie auch bei der niedrigeren wirksam. H. Hochstein. 6448□

Festigkeit in Legierungen. R. W. K. Honeycombe. (Metal Ind. [London] **100,** 22—24, 12/1., 47—50, 19/1. 1962; engl.) — Überblick über die Rolle der Versetzungen bei der Verminderung der Festigkeit von Legg. u. über die Bedeutung von gelösten Fremdatomen, von Ausscheidungen u. Stapelfehlern. Auf den Wert von elektronenmkr. Unterss. bei der Aufklärung fernerer Einzelheiten in der Struktur wird verwiesen. F. Vier. 6470□

Über das Auftreten von plattenförmigen Entmischungszonen in Metallegierungen. U. Heubner. (Metall **16**, 403—07, Mai 1962; Clausthal, Bergakad., Inst. für Metallkunde; dt.) — Überblick über das Auftreten plattenförmiger Entmischungszonen in Legierungen. Neben den Vorstellungen über den Aufbau der Entmischungszonen u. deren Anordnung innerhalb des Mischkristalls wird die Bldg. der Zonen u. ihr Wachstum erörtert. Der weitere Verlauf der Entmischung bzw. Ausscheidung wird behandelt. — 40 Literaturangaben. H. Hochstein. 6470□

Keramische Schneidwerkstoffe, Teil 1. W. Dübel, E. Weitz und G. Blum. (Fertigungstechn. u. Betr. **12,** 393—98, Juni 1962; dt.) — Überblick. — 13 Literaturangaben. M. Gehlen-Keller. 6476□

Metallographische und röntgenographische Messungen an Plattierschichten von AlCuMg-Blechen. W. Gruhl. (Aluminium **37,** 416—23, Juli 1961; Bonn, Vereinigte Leichtmetallwerke; dt.) — Die Dicke der Plattierschicht von mit Rein-Al plattierten Al–Cu–Mg-Blechen wurde metallograph. u. mittels Röntgenfluorescenzanalyse bestimmt u. übereinstimmende Ergebnisse bis zu Plattierschichtdicken von 0,1 mm erhalten. Darüber hinaus war die Röntgen-Meth. ungenau. Bei 490° wurde die Diffusion von *Cu* u. *Mg* in die Plattierschicht beobachtet. Aus den metallograph. für die Kristallgitterdiffusion des Cu ermittelten Diffusions-Koeff. wurden Konz.–Weg-Kurven für verschiedene Glühzeiten aufgestellt u. zur Beurteilung der Meßmeth. herangezogen. Die Dicke der metallograph. sichtbaren Diffusionszone ist weitgehend von den Ätzbedingungen abhängig. Der Diffusions-Koeff. von Cu für die Korngrenzendiffusion ist ca. $2 \cdot 10^5$ größer als der der Gitterdiffusion. F. Vier. 6478□

Betriebliche Erfahrungen mit einer Tauchtemperaturmeßanlage im VEB Stahl- und Walzwerk Brandenburg. Franz Kreibich. (Neue Hütte **7,** 471—75, Aug. 1962; Brandenburg; dt.) M. Gehlen-Keller. 6480□

Eine einfache Warmhärte-Prüfvorrichtung. O. Walter und E. Heinrich. (Technik **17,** 505—09, Juli 1962; Henningsdorf, Eisen-Forschungsinst.; dt.) — Nach einem Überblick über Wärmhärteprüfungen wird eine App. beschrieben, die bes. für die Unterss. an *Stahl* geeignet ist. — 13 Literaturangaben. M. Gehlen-Keller. 6480□

Gemeinschaftsuntersuchung warmfester metallischer Werkstoffe in der DDR. H. Seidel. (Technik **17**, 493—96, Juli 1962; Dresden, Forschungs- u. Versuchsanst. für Strömungsmaschinen; dt.) M. Gehlen-Keller. 6480□

Die Auswertung von Eigenschaften, die bei einer an Luft induktiv sowie im Vakuumlichtbogenofen erschmolzenen Hochtemperatur-Legierung erhalten wurden. J. Bulina und J. T. Brown. (Trans. metallurg. Soc. AIME **215**, 571—77, 1959, herausgeg. 1960; East Pittsburgh, Pa., Westinghouse Electric Corp.; engl.) — Bei einem Vgl. der Zugfestigkeit bei Raum-Temp., der Warmfestigkeit bei 1200° F, des Zeitstand-Verh. bei 1200° F, 80000 lbs./sq.in. u. bei 1300° F, 65000 lbs./sq.in. von im Vakuumlichtbogenofen erschmolzenen *W-545*-Legg. mit 0,022—0,035 (%) *C*, 0,31—0,41 *Si*, 1,39—1,73 *Mn*, 25,1—26,4 *Ni*, 12,3—13,9 *Cr*, 1,35—1,68 *Mo*, 0,050—0,055 *B*, 2,74—2,80 *Ti*, Rest *Fe* mit den gleichen Legg., die induktiv an Luft erschmolzen waren, zeigte sich, daß die Eigg. des vakuumerschmolzenen Materials um 13% höher lagen. H. Hochstein. 6480□

Die Struktur von Metallen und die Festigkeit von Strukturen. Maxwell Gensamer. (Trans. metallurg. Soc. AIME **215**, 2—18, 1959, herausgeg. 1960; New York, N.Y., Columbia Univ.; engl.) — Auf Grund der Literatur werden Ausführungen über die Griffith-Theorie der spezif. Brucharbeit, die Übergangs-Temp., die Charpy-Kerbschlagprüf-Meth., die Festigkeit u. die Übergangs-Temp. von *Bainit*, über den Zusammenhang der Übergangs-Temp. mit der Korn- u. Subkornausbldg., Zugfestigkeitsprüfung bei tiefen Temp., die mechan. Zwillings-Bldg. (Neumann-Linien), die Spannung-Dehnung-Kurven bei tiefen Temp., Vakuumschmelzen, Ni in Fe bei tiefen Temp., die rheotrop. Versprödung sowie über den Sprödbruch von Zn-Kristallen gemacht. — 34 Literaturangaben. H. Hochstein. 6480□

Strukturelle Veränderungen beim Altern von technischem Eisen. Ju. A. Skakow, Ss. K. Maximow und A. W. Scharschatkina. (Металловедение и Термическая Обработка Металлов [Metallkunde therm. Metallbearb.] **1962**, Nr. 3, 20—24, März; Moskau, Stahl-Inst.; russ.) — Bei einer Niedertemp.-Alterung von weichem, beruhigtem oder unberuhigtem Siemens-Martin-Stahl tritt eine Ausscheidung von Phasen des Nitridtyps auf, in denen *N* z. T. durch *C* ersetzt wird. Die selbständige C-Ausscheidung u. die Carbid-Bldg. tritt erst bei 200° u. darüber auf. Offenbar bildet sich aus einer schwachen Übersättigung Zementit. Bei einer Niedertemp.-Alterung des weichen Siemens-Martin-Stahls scheidet sich C in der Zus. der metastabilen α''-Phase $Fe_{16}(N_1C)_2$ aus. Diese Phase läßt sich elektronograph. als Ergebnis einer 1std. Alterung bei 100° nachweisen. Am wesentlichsten ändern sich die Eigg. infolge der Zunahme der Ausscheidungen der α''-Phase u. infolge ihrer Umwandlung in die γ'-Phase. Teilchen der γ'-Phase $Fe_4(N,C)$ können sich offenbar aus sich orientiert ausscheidenden u. alternden α''-Phasenteilchen bilden. Die Bldg.-Geschw. der γ'-Phase bei der Niedertemp.-Alterung hängt von der voraufgegangenen Wärmebehandlung u. von der Stahl-Zus. ab. Wahrscheinlich beschränkt die C-Menge, welche durch die Abschreckung in fester Lsg. verbleibt u. darauf in die Zus. der α''-Phasenteilchen übergeht, das kohärente Wachsen dieser Teilchen u. beschleunigt die $\alpha'' \rightarrow \gamma'$-Umwandlung. H. Hochstein. 6480□

Untersuchung der Abschreck- und Deformationsalterung verschiedener Stähle durch Dämpfungsmessungen. Horst Fiedler, Rudolf Flechsig und Ernst Joachim Giessmann. (Wiss. Z. Hochschule Schwermaschinenbau Magdeburg **5**, 53—59, März 1961; dt.) — An mehreren Stählen mit verschiedenen C-Geh. ausgeführte Dämpfungs-Unterss. haben den Zweck, die Alterung zu verfolgen. Die innere Dämpfung ergibt sich aus dem Abklingen der erzeugten Torsionsschwingungen. Die Dämpfungs-Temp.-Abhängigkeit im Anlieferungszustand, nach Abschreckung von hoher Temp. u. nach plast. Verformung, die zeitliche Änderung der Fremdatom-Konz. im Mischkristall nach Abschreckung u. die atomist. Vorgänge nach der Verformung werden (Diagramme) wiedergegeben. W. Wesly. 6480□

Eigenschaften einiger Metalle und Legierungen bei niedrigen Temperaturen. R. E. Lismer. (J. Inst. Metals **89**, 145—61, Jan. 1961; Crawley, Sussex, Lloyd's Register of Shipping; engl.) — Der Einfl. der Temp. auf die Eigg. einer Anzahl von Metallen, die bei niedrigen Temp. Verw. finden, wurde untersucht. Es wird über die Ergebnisse bis —196° bei *Cu* u. *Cu*-Legg., *Ni*-Legg., austenit. rostfreien *Stählen* u. Ni-Stählen mit niedrigem C-Geh. berichtet. Mit abnehmenden Temp. stieg bei Cu, *Cupronickel* u. *Kunifer* die Festigkeit leicht an bei ausgezeichneter Dehnbarkeit bis —196°. Die Dehnbarkeit von *60/40-Messing* ist erheblich niedriger, wird jedoch durch abnehmende Temp. nicht beeinflußt. *Mn-Al-Bronze* von hoher Zugfestigkeit u. 80/20 *Cupronickel* wurde gekerbt untersucht, Festigkeit u. Schlagarbeit nahm mit abnehmender Temp. ab. Die Festigkeit der Ni-Legg. (*Monel* u. *Inconel*) stieg mit abnehmender Temp. bei ausgezeichneter Dehnbarkeit u. zähem Bruch bis —196°. Die austenit. rostfreien Stähle (Ti-stabilisiert mit 18% Cr, 8% Ni u. mit u. ohne 3% Mo) haben bis —196° ausgezeichnete Eigg., doch sind sie kerbempfindlich, u. zwar stärker als bei den üblichen Proben. Die Empfindlichkeit war größer bei der Festigkeit als bei der Dehnbarkeit. Ein Stahl mit 9% Ni besitzt über den ganzen Temp.-Bereich eine höhere Festigkeit als die austenit. rostfreien Stähle bei ähnlicher Dehnbarkeit u. Schlagfestigkeit u. weniger ausgeprägter Kerbempfindlichkeit. F. Vier. 6480□

Über die Methodik der Durchführung von Prüfungen auf Ermüdung in der Wärme (Übersicht). Ss. W. Sserenssen und P. I. Kotow. (Заводская Лаборатория [Betriebs-Labor.] **24**, 1097—1106, 1958; russ.) — Der Prozeß der Deformation bei einer Ermüdung von Metallen in der Wärme wird erörtert u. die Faktoren, welche die Größe u. die Verteilung der nichstationären Temp.-Spannungen beeinflussen, rechner. für den unlegierten Stahl *45* u. die nichtrostenden Stähle *EI 437* u. *EI 69* ermittelt. Die Deformations-Geschw. bei einer Pendelwärmebehandlung wird erörtert u. Angaben über den Einfl. einer cycl. Temp.-Veränderung (ohne Wärmespannungen) auf die Ermüdungsfestigkeit der *EI*-Markenstähle sowie über die Entw. von Rissen bei der therm. Ermüdung in Abhängigkeit von Spannungs-Konzz. gemacht. Meth. zur Best. des Widerstandes von Metallen gegen eine Ermüdung in der Wärme werden behandelt u. hierbei Angaben über die Nachbldg. des Prozesses der Ermüdung von Metallen in der Wärme gemacht. — 40 Literaturangaben. H. Hochstein. 6480□

Beitrag zum Einfluß von Kaltverformung auf die Aushärtung der Legierung AlCu 3. F. Erdmann-Jesnitzer und H. Wenzlaff. (Bergakademie [Freiberg] **13,** 294—99, Mai 1961; Freiberg; dt.) — Der Entfestigungsverlauf der Leg. *AlCu 3* nach Lösungsglühen, Abschrecken, Kaltverformen u. Anlaßglühen wurde durch Best. der Härte u. Messungen der elektr. Leitfähigkeit verfolgt. Der Verlauf der Brinellhärte wurde in einem räumlichen Schaubild dargestellt. Die wie früher für *AlAg* auch hier bei 180—120° beobachtete Rinne läßt auf ein Rückbldg.-Gebiet bei der Aushärtung schließen. F. Vier. 6480□

Die aus Korngrenzengleitung entstehende Verformung. H. Brunner und N. J. Grant. (Trans. metallurg. Soc. AIME **215,** 48—56, 1959, herausgeg. 1960; Cambridge, Mass., Massachussets Inst. of Technol.; engl.) — Aufgestellt werden Gleichungen zur Ermittlung der Abhängigkeit der Dehnung von dem Schubbetrag, der längs der Korngrenzen sowie in den Gleitlinien vielkristalliner Aggregate während des Kriechens stattfindet. H. Hochstein. 6480□

Gefügeänderung in einigen Magnesiumlegierungen während der Verformung bei erhöhter Temperatur. Yōtaro Murakami, Toshio Enjō und Hiroshi Kubo. (Light Metals [Tokyo] **11,** Nr. 5 (50), 42—54, Sept. 1961; Kyoto Univ., Fac. of Engng., Dep. of Metallurgy; jap., Auszug: engl.) — Unterss. über die Eigg. von Mg u. der Mg-Legg. *Magnox A 12, Magnox C, ZA* u. *ZW 1* bei einer Anfangsbeanspruchung von 0,25 kg/mm² u. bei 350, 400 u. 450° zeigen, daß die Werkstoffe im spröden oder plast. verformbaren Zustand bei Kriechprüfungen zu Bruch gehen. Der Umfang der Korngrenzenwanderung steigt mit der Temp., wird aber kaum an den Korngrenzen beobachtet, die der Spannungsachse nahezu parallel laufen. Bei 450—550° ist die Oxydationsfestigkeit der Magnox-Legg. (mit 0,008 u. 0,035% *Be*) höher als die der übrigen Proben. W. Wesly. 6480□

Einfluß von Änderungen in Gleitrichtung auf das Kriechen von Magnesiumkristallen. H. Conrad. (Trans. metallurg. Soc. AIME **215,** 58—63, 1959, herausgeg. 1960; Pittsburgh, Westinghouse Res. Labor.; engl.) — Die Kaltverfestigung, die mit einem Kriechen von *Mg*-Einkristallen bei Raum-Temp. verbunden ist, wird durch Scherverss. untersucht, in denen die Beanspruchungsrichtung mehrmals nach dem Kriechen in einer $<100>$-Richtung umgekehrt wird. Die Kaltverfestigung war stark anisotrop; der größte Betrag trat in der Fließrichtung u. der kleinste in einem Winkel von 180° zu dieser auf. Das Zeitgesetz für das Kriechen änderte sich von einer parabol. Art zu einer logarithm. für die ersten u. die daran anschließenden Spannungswechsel. Für eine gegebene Spannung nahm die Kriechdehnung für die ersten u. zweiten Spannungswechsel stark u. für die darauffolgenden Wechsel nur langsam ab. Die logarithm. Kriech-Konst. α änderte sich in ähnlicher Weise. Eine lineare Beziehung wurde zwischen der Kriechdehnung für eine gegebene Spannungsumkehrung u. der Spannung festgestellt. Die Schleife für die dritte Umkehrung ergab einen Kaltverfestigungs-Koeff., der 12—16mal größer als der beim gleichgerichteten Fließen festgestellte war. Obgleich keine Erholung beim Verweilen bei Raum-Temp. beobachtet wurde, konnte die aus den Spannungswechseln herrührende Härtung durch eine Erhitzung auf 450° vollständig beseitigt werden. — 22 Literaturangaben. H. Hochstein. 6480□

Das Kurzzeit–Kriechdehnungs-Bruchverhalten von Wolfram bei 2250° bis 2800°. Walter V. Green. (Trans. metallurg. Soc. AIME **215,** 1057—60, 1959, herausgeg. 1960; Los Alamos, Univ. of California; engl.) — Das Kriechdehnungs–Bruch-Verh. von handelsüblichem, in Stangenform gesintertem *W* wurde für Temp. von 2250°, 2500°, 2700° u. 2800° bei Spannungen bis zu 7000 lbs./sq.in. u. Zeiten bis zu 4 Std. festgestellt. Die Temp.- u. Spannungsabhängigkeit der Kriech-Geschw. werden ermittelt. Die Bruchzeit wird in Beziehung zum Larson-Miller-Parameter gebracht u. mit den bei niedrigerer Temp. u. höherer Spannung erhaltenen Resultaten von Pugh verglichen. H. Hochstein. 6480□

Das Kurzzeit–Kriechdehnungs-Bruchverhalten von Molybdän bei hohen Temperaturen. W. V. Green, M. C. Smith und D. M. Olson. (Trans. metallurg. Soc. AIME **215,** 1061—66, 1959, herausgeg. 1960; Los Alamos, Scientific Labor.; engl.) — Das Kriechdehnungs–Bruch-Verh. von handelsüblichem, in Stangenform gesintertem *Mo* wurde im Temp.-Bereich von 1600—2500° für Spannungen bis zu 9000 lbs./sq.in. u. Zeiten bis zu 1 Monat festgestellt. Die Einfl. von Temp., Spannung u. Kornwachstum werden ermittelt. Die Bruchzeit wird in Beziehung zum Larson-Miller-Parameter gebracht u. mit den bei niedrigerer Temp. u. höherer Spannung erhaltenen Ergebnissen von Pugh verglichen. H. Hochstein. 6480□

Die Natur der hellen Flecke im Bruch von Achsenstahl. W. Ss. Ssagaradse und W. I. Parow. (Металловедение и Термическая Обработка Металлов [Metallkunde therm. Metallbearb.] **1961,** Nr. 5, 18—21, Mai; Ural, Waggon-Werk; russ.) — Die im Bruch von Zerreißproben von Achsenstahl auftretenden hellen Flecke sind die Oberfläche innerer Sprödrisse, die sich bei der Zugprüfung der Proben bilden. Ihr Auftreten wird von einer starken Abnahme der spezif. Dehnung u. Einschnürung begleitet. Die Zerreißfestigkeit u. Streckgrenze werden hierbei nicht erniedrigt. Diese Innenrisse erscheinen im Stahl im Zusammenhang mit der Ggw. von Zonen mit erniedrigter Plastizität infolge eines erhöhten *H*-Gehaltes. Solche Zonen sind Seigerungsbereiche. Eine H-Erniedrigung durch langes Lagern bei Raum-Temp. oder bei erhöhter Temp. verbessert die plast. Stahl-Eigg. wieder. Nichtmetall. Einschlüsse wirken sich auch nachteilig auf die Stahlplastizität aus, doch führen sie beim Fehlen von H nicht zu einer starken Abnahme der spezif. Dehnung u. Einschnürung. Die hellen Flecke haben mit den Flocken die gleiche Natur; in beiden Fällen tritt eine Auswrkg. des H auf. Der Unterschied besteht darin, daß sich die Flocken vor Anlegung einer äußeren Kraft bilden, während die hellen Flecken erst während der Zerreißprüfung gebildet werden. H. Hochstein. 6480□

Anlaßsprödigkeit von Stahl in Verbindung mit dem Maßstabeffekt. M. P. Braun und O. Ss. Kosstyrko. (Заводская Лаборатория [Betriebs-Lab.] **27,** 318—21, 1961; Inst. für Gießereiwes. der Akad. der Wiss. der UkrainSSR; russ.) — Durch Verss. sollen vollständige Angaben über den Zusammenhang des Maßstabfaktors mit der Schlagzähigkeit im versprödeten u. zähen Zustand eines Cr-Stahls *40 ChN* (Abschrecken von 1000° u. Anlassen bei 500—680°) erhalten werden. Hierbei ergibt sich, daß bei fehlender Anlaßsprödigkeit die Stahlprobe einen bedeutenden Vorrat an Zähigkeit besitzt, die mit Zunahme der Abmessungen der Probe anwächst. Im Zustand der Anlaßsprödigkeit hat die Schlagzähigkeit eine wesentlich geringere Neigung zum Wachsen mit der Vergrößerung der Abmessungen des Gegenstandes. Der Beginn eines beliebigen Sprödbruches tritt zusammen mit einer merklichen plast. Verformung auf. H. Hochstein. 6480□

Über den Maßstabfaktor bei Untersuchungen der Längsfestigkeit. W. N. Guljajew. (Заводская Лаборатория [Betriebs-Lab.] **27,** 327—29, 1961; Allunions wärmetechn. Dsershinski-Forschungsinst.; russ.) — Der Einfl. der Dimensionen auf die Dauerfestigkeit bei hohen Temp. ist nicht eindeutig für alle untersuchten Stahlmarken sowie für alle Unters.- oder Arbeitsbedingungen der Erzeugnisse. Der Maßstabfaktor ist verschieden in Abhängigkeit vom Verhältnis des Einfl. der Verfestigung der Oberflächenschicht von Proben bei ihrer Herst. u. der statist. Fehlermenge im Metallvolumen. Für Unterss. von *Kesselbaustählen* kann man zu Beginn der Unterss., wo die Ungenauigkeit bis zu 1 kg/mm² bei der Best. der Dauerfestigkeit für 100000 Std. keine wesentliche Bedeutung besitzt, Proben von 3 mm Ø aus beliebigem Stahl verwenden. Die bei hohen Spannungen beobachtete Abnahme der Zerstörungszeit von Proben mit 3 u. 5 mm Ø aus dem Stahl *1Ch18N12T* im Vgl. zu Proben mit 10 mm Ø wird durch die negative Wrkg. der Oberflächenverfestigung bei der Proben-Herst. erklärt. Beim Übergang zu Proben von 15 mm Ø aus 1Ch18N12T wird eine Abnahme der Dauerfestigkeit für 100000 Std. um 0,55 kg/mm² festgestellt. Im Zusammenhang hiermit wird die Zweckmäßigkeit der Verw. von Proben mit noch größeren Abmessungen erörtert.
H. Hochstein. 6480□

Die elektrolytische Vorbehandlung von Metallen für metallographische Untersuchungen. Franz Rämmele. (Industrieblatt **60**, 144—48, 25/3. 1960; Jena; dt.) — Übersicht über Grundzüge, Ausführung u. Anwendung des elektrolyt. Polierens u. Ätzens von Metallproben für metallograph. Unterss. die dazu verwendeten Geräte u. das Aussehen (Abb.) der polierten u. geätzten Proben. W. Wesly. 6482□

Die Messung der Kornberührung in undurchsichtigen Proben. J. W. Cahn und J. E. Hilliard. (Trans. metallurg. Soc. AIME **215**, 759—61, 1959, herausgeg. 1960; Schenectady, N.Y., Gen. Electr. Res. Labor.; engl.) — Es wird vorgeschlagen, den Berührungsgrad zwischen angrenzenden Körnern durch drei Parameter zu bestimmen, welche aus Messungen auf einer beliebigen Polierfläche ermittelt werden können. Eine Berechnungsgleichung für die Anzahl von Berührungen je Vol.-Einheit wird aufgestellt, jedoch wird gezeigt, daß diese Menge im allg. aus den Messungen auf einer beliebigen Fläche nicht geschätzt werden kann. H. Hochstein. 6482□

Quantitative Übertragungsmetallographie. John W. Cahn und Jack Nutting. (Trans. metallurg. Soc. AIME **215**, 526—28, 1959, herausgeg. 1960; Cambridge, England, Univ.; engl.) — Die Teilchenzahl je Vol.-Einheit, die Vol.-Fraktion u. das Oberflächen/Vol.-Verhältnis einer sek. Phase werden zu den bei der Prüfung mikrograph. Proben durch Übertragung erhaltenen Mengen in Beziehung gebracht. Für konvexe Teilchen von irgendeiner Form werden diese Beziehungen für Scheibendicken bestätigt, welche von unendlich dünn bis zu einer solchen Dicke reichen, wo ein Übergreifen von Teilchen auf die projektierte Fläche wichtig wird. Eine Korrektur für ein solches Übergreifen wird entwickelt. H. Hochstein. 6482□

Die Reduktion von Nickeloxid. R. E. Cech. (Trans. metallurg. Soc. AIME **215**, 769—81, 1959, herausgeg. 1960; Schenectady, N.Y., Gen. Electr. Res. Labor.; engl.) — Metallograph. Beobachtungen über durch H_2 red. *NiO*-Kristalle führen zu der Ansicht, daß die Keim-Bldg. von *Ni* an Struktureigenheiten im Oxid auftritt. Die voll red. Struktur enthält wurmähnliche Poren mit einem μ-Durchmesser, die ca. 40—50% des Vol. einnehmen. Die kristallograph. Orientierungsbeziehungen zwischen NiO u. dem aus der Oxid-Red. stammenden Ni werden mitgeteilt. Es zeigt sich, daß die Oxid-Red. als eine feste Phasenumwandlung angesehen werden kann. Die bei dieser Umwandlung gebildeten Ni-Körner besitzen zur Grundphase wohlorientierte kristallograph. Orientierungsbeziehungen. H. Hochstein. 6482□

Die Bestimmung von festen Löslichkeiten durch quantitative Metallographie einer einfachen Legierung. D. L. Douglass und R. E. Morgan. (Trans metallurg. Soc. AIME **215**, 869—70, 1959, herausgeg. 1960; Schenectady, N.Y., Knolls Atomic Power Labor.; Columbus, Ohio, Ohio State Univ.; engl.) — Die Meth. der quant. Metallographie zur Best. der festen Löslichkeiten wird beschrieben u. ihre theoret. Grundlagen erläutert. Am *Zr–Cu*-Syst. wurde die Löslichkeit von Cu im β-Zr bestimmt. Proben dieser Leg., die 3mal im Lichtbogenofen umgeschmolzen war, wurden in eine Ta-Folie eingehüllt u. unter einer Ar-Atmosphäre in Vycor-Rohren abgeschlossen u. so bei 850—960° 3 Wochen lang in Gleichgewicht gebracht u. abgeschreckt. Mehrere Polierflächen wurden geprüft u. Photomikrographien angefertigt. Die Vol.-Fraktionen von Zr_2Cu u. die berechneten Löslichkeiten werden für mehrere Temp. mitgeteilt. Die Ergebnisse stehen in befriedigender Übereinstimmung mit dem Zr–Cu-Zustandsschaubild. H. Hochstein. 6482□

Untersuchung der Verteilung der Schwefeleinschlüsse im Stahl mittels Mikroautoradiographie. József Fodor. (Kohászati Lapok [Ung. Z. Hüttenwes.] **95**, 282—85. Juni 1962; ung.) — Bei der vom Vf. ausgearbeiteten autoradiograph. (Isotop-) Meth. wird das Isotop ^{35}S verwendet. Mit dieser Meth. wurde festgestellt, daß die verhältnismäßig homogene S-Verteilung im Stahl durch die bildsame Verformung verändert wird, wodurch wahrscheinlich auch Kristallisations-Eigg. geändert werden. L. Zombory. 6484

Derzeitiger Stand auf dem Gebiet des Tiefziehens. J. H. Zaat. (Metalen **16**, 148—51, 164—67, 15/5. 1961; niederl.) — Übersicht über die das Tiefziehen beeinflussenden Faktoren, die beim Tiefziehen auftretenden Spannungs-Syst., die zum Einziehen des Flansches erforderliche Einzugsspannung u. den heutigen Stand der Erkenntnisse über diese Probleme. — 11 Schrifttumshinweise. W. Wesly. 6490□

Über die Richtfähigkeit von in einer Richtung gewalztem Aluminiumblech und den Nachweis der Richtfähigkeit mit Hilfe des Knoopschen Einkerbungsgerätes. Takashi Ikeno, Shigeo Zaima und Kizo Shibata. (Light Metals [Tokyo] **11**, Nr. 5 (50), 13—17, Sept. 1961; Hokuriku Light Metals Ind. Co. Ltd.; Yamanashi Univ., Fac. of Engng.; jap., Auszug: engl.) — Vgl. C. **1961**, 16640. — Röntgenstrahl-Unterss. über die Richtfähigkeit von Al-Blech, das 5 Std. bei 500—520° vorgewärmt

u. dann bei einer Ausgangs-Temp. von 500° warm gewalzt (Dickenabnahme 87,1%) worden ist, zeigen: Wenn das Walzgefüge selbst nach dem Anlassen verbleibt, ist der 45°-Zipfel sehr ausgeprägt; der Zipfel ist dagegen schwach, wenn das Walzgefüge nicht stark zurückbleibt. Das Walzgefüge hinterbleibt stark in Blechen, die beim Tiefziehen starke 45°-Zipfel aufweisen. Bleche mit schwachem Zipfel zeigen ein völlig verändertes Rekristallisationsgefüge. Die Zipfel-Bldg. hat eine gewisse Beziehung zur Richtfähigkeit von Blechen, die sich aus statist. Mittelwerten über die Orientierung von Kristallkörnern (Ätzgrübchen) ergibt. W. Wesly. 6490□

Untersuchung der entkohlenden Wirkung von Salzbädern bei hoher Temperatur. Je. A. Smolnikow. (Металловедение и Термическая Обработка Металлов [Metallkunde therm. Metallbearb.] **1962**, Nr. 3, 49—56, März; Allunions Forschungsinst. für Werkzeuge; russ.) — Die entkohlende Wrkg. von Hochtemp.-Salzbädern kann durch die Folien-Meth. u. durch die Meth. scharfkantiger Proben überwacht werden. Eine Wärmebehandlung in einer Salzschmelze bei 1280° darf für ein Band aus Stahl *U13* 1 Min. u. für scharfkantige Proben aus Stahl *R18* 15 Min. betragen. Zur Aufdeckung der entkohlten Schicht auf den Stahlproben wird zweckmäßig ein isotherm. Halten im Perlitgebiet angewendet. Auf die entkohlende Wrkg. des Salzbades sind die Qualität des $BaCl_2$, die Betriebsdauer des Bades, die Eintauchtiefe der zu erwärmenden Werkstücke, das Elektrodenmaterial, das Material der zu erwärmenden Teile, die Zus. u. Dosierung der Desoxydationsmittel von Einfluß. Als wirksamstes Desoxydationsmittel von $BaCl_2$-Bädern erweist sich MgF_2, dessen Zusatz in einer Menge von 5—10% das Ausbleiben einer Entkohlung der Stahlproben im Verlauf einer 24std. Badbenutzung gewährleistet. Chem. reines MgF_2 kann zur Verw. bei der Härtung von *Co*- u. *Mo*-haltigen Stählen u. bei der Abschreckung von Werkzeugen aus Stahl *R18* empfohlen werden. Bei der Behandlung wenig beanspruchter Werkzeugteile kann als Desoxydationsmittel für die Salzbäder auch 2—10% kristallines *Si* u. 10—25% *Flußspat* mit Zusatz von MgF_2 verwendet werden. Der Flußspatzusatz erniedrigt die Schmelztemp. des Salzbades merklich. Für den Betrieb von Hochtemp.-Salzbädern werden Elektroden aus dem hochchromhaltigen Stahl *Ch25* oder *Ch28* empfohlen; sie verlängern nicht nur die Lebensdauer des Bades, sondern verringern auch seine entkohlende Wirkung.
H. Hochstein. 6492□

Über die Wärmebehandlung von Zwei- und Dreistofflegierungen auf der Basis Magnesium–Zirkonium in Wasserstoff (Wasserstoffeffekt). Hans-Joachim Taschow und Franz Sauerwald. (Z. Metallkunde **52**, 135—41, Febr. 1961; Halle/Saale, Univ.; dt.) — Unterss. an Mg-Legg. mit 0,6% *Zr* bestätigten, daß durch Eindiffundieren von H die Zugfestigkeit u. Streckgrenze erhöht wird. Zugleich tritt eine Erhöhung der elektr. Leitfähigkeit auf. Ausscheidungen sind beim Optimum der Festigkeits-Eigg. mkr. nicht erkennbar. Die bereits früher beim Anlassen von Mg-Legg. mit 4% Zn u. 0,7% Zr beobachteten Ausscheidungen treten schon in Inertgas auf, auch wenn das Anlassen in H_2 vorgenommen wird. Eine gesteigerte Wrkg. von Anlassen zusammen mit dem H-Effekt ist daher wenig wahrscheinlich. F. Vier. 6492□

Der Einfluß der Probengröße auf die Aushärtungskinetik einer Aluminium-Legierung mit 3,5 Gew.-% Cu. Herbert Richter und Peter Wincierz. (Z. Metallkunde **52**, 101—06, Febr. 1961; Clausthal, Bergakad.; dt.) — An verschieden dicken Proben einer *Al*-Leg. mit 3,5% *Cu* wurden Härte sowie röntgenograph. die Eigenspannungen 1. Art gemessen. Bei den untersuchten Temp. von 20—150° wurde die Aushärtungskinetik nicht von den Eigenspannungen 1. Art, sondern von der Abkühlgeschw. entscheidend beeinflußt. Die Aushärtungs-Geschw. wird mit steigender Abkühlgeschw. von der Homogenisierungs-Temp. größer. Ein bei der 150°-Auslagerung beobachteter anfänglicher Härterückgang ist von der Probendicke abhängig. Bei sehr dünnen Proben tritt infolge hoher Leerstellen-Konz. eine große Aushärtungs-Geschw. auf, die mit zunehmender Probengröße abnimmt, da die Leerstellen-Konz. sinkt. Bei dickeren Proben nehmen die Eigenspannungen 1. Art wegen der ungleichmäßiger verlaufenden Abkühlung zu. F. Vier. 6492□

Rationelle Herstellung von Schweißgut für Versuchszwecke durch Elektro-Schlakken-Umschmelzen. V. Horn. (Neue Hütte **7**, 504—05, Aug. 1962; ZIS; dt.)
M. Gehlen-Keller. 6506□

Neue Entwicklungen in der Schweißindustrie. R. G. Burt. (Nuclear Power **6**, 62—65, Okt. 1961; Brit. Welding Res. Assoc.; engl.) — Kurzer Überblick.
H. Hochstein. 6506□

Die Fehler bei der Unterpulverschweißung. R. Schuster. (Schweißtechnik [Wien] **16**, 108—09, Aug. 1962; Wien; dt.) — Entstehungsursachen u. Behebung.
M. Gehlen-Keller. 6506□

Die Trommelbehandlung von Zinkdruckguß sowie Kokillen- und Sandguß aus Aluminium und Messing. Manfrid Dreher. (Galvanotechnik **53**, 441—44, 15/9. 1962; dt.) M. Gehlen-Keller. 6510□

Schleifen und Polieren mit flüssigen Pasten. L. Nesper. (Galvanotechnik **53**, 445—48, 15/9. 1962; Solingen; dt.) M. Gehlen-Keller. 6510□

Reinigung und Entrostung von Stahl. K. H. van Oerteren. (Industrieblatt **60**, 149—55, 25/3. 1960; Duisburg; dt.) — Übersicht über die Reinigung u. Entrostung von Stahl von Hand, durch Maschinen, Sandstrahlen u. Flammstrahlen u. die Nachbehandlung entrosteter Flächen. W. Wesly. 6510□

Elektrolyte zum Polieren und Ätzen von austenitischen Chrom–Nickel- und Mangan-Stählen. Guido Bassi. (Z. Metallkunde **52**, 141—42. Febr. 1961; Pretoria, Südafrika, Nat. Mechan. Engng. Res. Inst.; dt.) — 3 Elektrolyte ohne Zusatz von *$HClO_4$* zum elektrolyt. Ätzen u. Polieren von Cr–Ni- u. Mn-Stählen werden beschrieben, die vor allem *Milchsäure, Orthophosphorsäure* u. *Essigsäure* enthalten, u. ihre Eignung durch Gefügebilder erläutert. F. Vier. 6514□

Über die Anwendung des Faradayschen Gesetzes auf die Untersuchung der anodischen Auflösung der Metalle. Michel Froment. (Corrosion et Anticorrosion **6**, 412 bis 420, Nov. 1958; **7**, 13—19, Jan., 46—55, Febr., 98—109, März, 134—45, April 1959; franz.) — Bei der Anwendung des Faradayschen Gesetzes auf das elektrolyt. Polieren der Metalle spielen die Anodenspannung (AS) u. der Oberflächenzustand der Metalle eine wichtige Rolle. Für die Beziehung zwischen dem Faradayschen Gesetz u. dem elektrolyt. Polieren werden Gleichungen abgeleitet. Zur Messung der AS dient eine Vgl.-Elektrode; eine möglichst nahe der Anode angebrachte Lugginsche Sonde wird mit einer HgCl-Elektrode verbunden, wobei man die anod. Spannung, bezogen auf die Vgl.-Elektrode, mittels eines elektron. Voltmeters mit hoher Eintrittsimpedanz mißt. Die anod. Auflösung der Metalle wird in Ggw. verschiedener Ionen untersucht. Die Verw. von elektrolyt. Polier-Lsgg. mit *ClO_4*-Ionen ermöglicht die Feststellung von Anfangsvalenzen bei der Metallauflösung, die schwächer sind als die für Al u. Mg angegebenen Werte. *U, La, Ce, Ti, Zn* u. *Be* können in Form instabiler Ionen in Lsg. gehen. Für die Beziehung zwischen den elektr. Bedingungen u. dem Oberflächenzustand der Metalle wird eine Gleichung abgeleitet. Man unterscheidet bei Verw. verschiedener elektrolyt. Polierbäder 2 Arten der anod. Auflösung der Metalle. Zahlreiche wss. Lsgg. führen zu höheren Wertigkeiten bei der Auflösung, als der kleinsten Wertigkeit des Metalls entspricht. Andererseits ergeben Salzschmelzen bei hoher Temp. u. ClO_4^- enthaltende Lsgg. Metallionen sehr geringer Wertigkeit, z. B.: Ti^+, La^+, Zn^+, Mg^+, Be^+, Al^+. Es wird angenommen, daß sich das Metall in Form unbeständiger Ionen löst, die die in der anod. Schicht angesammelten ClO_4-Ionen reduzieren. Unterss. über die anod. Auflösung von Be u. Al bei bestimmter Bad-Zus. zeigen unter der Annahme, daß der Übergang des Metalls in Ionenform durch ein an der Grenzfläche Metall–Anionenschicht befindliches elektr. Feld geregelt wird: Die Anfangswertigkeit der Ionen ist beständig, sobald die Anodenspannung einen Mindestwert erreicht hat. Während der Auflösung bleibt die Wertigkeit des Metalls konst., selbst wenn sich die Oberflächenbeschaffenheit ändert. Die Änderung der Anfangswertigkeit in Abhängigkeit von der Zus. des Elektrolyten hängt stark vom Wasser-Geh. ab. Bei Anwendung wasserfreier Lsgg. gehen 95% der Al-Ionen einwertig in Lsg.; schon sehr geringe Mengen W. senken diesen Wert auf 85%. Somit stehen die Wertigkeitsänderungen mit der DK der Grenzfläche Metall-Lsg. in Beziehuug. — 91 Literaturangaben. W. Wesly. 6514□

Beitrag zur Erklärung der Vorgänge beim elektrolytischen Polieren von Metallen. Rolf Zetzsche. (Jenaer Jb. **1959**, 300—60; dt.) — Das Verh. der anod. Schichten beim elektrolyt. Polieren mehrerer Metalle wurde untersucht. Stromdichte–Spannungs-Kurven u. Widerstandskurven von Einschaltvorgängen u. kurzzeitigen Strom- u. Spannungsschwankungen wurden aufgenommen. Es gibt danach zwei grundsätzlich voneinander verschiedene anod. Schichten. Eine Schicht ist von fester Konsistenz u. ergibt einen selektiven Angriff auf die Oberfläche. Sie ist schlecht leitend u. porig. Die andere Schicht ist fl. u. zähe mit einer größeren Dichte als der Elektrolyt. Sie bildet sich bei höheren Spannungen als die 1. Schicht u. bewirkt eine gleichmäßige Abtragung der Oberfläche. Die Beeinflussung der anod. Schichten durch Ultraschall wurde untersucht u. die Bewegungsvorgänge an der Grenzfläche Anode–Elektrolyt erörtert. Die Dicke der anod. Schicht von Ag wird gemessen u. die Bldg. schlierenopt. beobachtet. F. Vier. 6514□

Das anodische Polieren und Entgraten von Metallen. Robert Weiner. (Galvanotechnik **53**, 428—34, 15/9. 1962; dt.) — Überblick. M. Gehlen-Keller. 6514□

Neuartige Nachbehandlung für die Galvanik. W. Metzger. (Industrieblatt **60**, 148, 25/3. 1960; Solingen, Friedr. Blasberg GmbH.; dt.) — Um das Entstehen von

Flecken bes. auf elektrolyt. erzeugten *Ag*-, *Cd*- u. *Zn*-Ndd. zu verhüten, wird eine Nachbehandlung mit Stoffen auf organ. Grundlage empfohlen, die wasserverdrängende Eigg. haben u. in die Prodd. eingearbeitet sind, die nach dem Verdunsten des Lsgm. einen 2—4 μ starken Korrosionsschutzfilm zurücklassen. Es wird außerdem auf „Nachbehandler" hingewiesen, die nur wasserverdrängende Eigg. haben u. keinen Film bilden. W. Wesly. 6514□

Die statistische Qualitätskontrolle und ihre Anwendungsmöglichkeit in der Galvanotechnik. W. Weber. (Galvanotechnik **53**, 110—14, 15/3. 1962; Solingen; dt.) — M. Gehlen-Keller. 6514□

Entwässerungsflüssigkeiten und ihre Verwendung in der Galvanotechnik. W. R. Steet. (Galvanotechnik **53**, 387—95, 15/8. 1962; London; dt.) M. Gehlen-Keller. 6514□

Wachstumsstrukturen in elektrolytisch abgeschiedenem Kupfer. G. G. Storey und S. C. Barnes. (J. Inst. Metals **89**, 174—75, Jan. 1961; Birmingham, Univ.; engl.) — Cu wurde elektrolyt. aus einem H_2SO_4-sauren Elektrolyten auf eine *Cu*-Einkristalloberfläche niedergeschlagen. Nach Abschleifen, mechan. Polieren, Elektropolieren u. anod. Ätzen in 50%ig. H_3PO_4 zeigte sich ein Netzwerk mit parallel verlaufenden Ätzlinien. Das Netzwerk wird um so feiner, je weiter der Nd. abgeschliffen wurde. Es besteht aus diskreten Ätzlinien. In einigen Fällen haben die Ätzlinien eine irreguläre Form, in anderen sind sie dreieckartig oder rautenartig geformt. F. Vier. 6516□

Das Vernickeln des Aluminiums im Lichte der Patentliteratur. E. Herrmann. (Galvanotechnik **53**, 235—45, 15/5. 1962; Neuhausen am Rheinfall, Schweiz, AIAG, Forsch.-Inst.; dt.) — Überblick. — 25 Patentangaben. M. Gehlen-Keller. 6520□

Die Abscheidung dekorativer, gleichmäßiger Halbglanznickelniederschläge. W. Metzger und D. P. Newman. (Galvanotechnik **53**, 297—300, 15/6. 1962; Solingen u. Woking; dt.) — Beschreibung des *Satylite*-Verfahrens. M. Gehlen-Keller. 6520□

Polyadditionsharzlacke als chemikalienfeste Schutzüberzüge. K. Weigel. (Galvanotechn. u. Oberflächenschutz [Zürich] **3**, 175—85, Aug. 1962; Barcelona; dt. u. franz.) — Überblick. — 28 Literaturangaben. M. Gehlen-Keller. 6528□

Korrosionen verursachen ungewöhnliche Überarbeitungen. Doyle L. Jones. (Petroleum Management **33**, Nr. 13, 94—96. Dez. 1961; Bay City, Tex., Ohio Oil Co.; engl.) — Zur Bekämpfung der Korrosion von Rohrleitungen einer Salze u. W. enthaltenden Ölquelle dient eine Verkleidung der Rohre mit *Kunststoff*. W. Wesly. 6528□

Einfluß sehr geringer Natriumgehalte auf die anodisch oxydierte Glanzoberfläche von Reflectal. Namio Kawashima, Hajime Yamada und Noboru Fukuchi. 1. Mitt. (Light Metals [Tokyo] **11**, Nr. 5 (50), 37—41, Sept. 1961; Toyo Aluminium K. K.; jap., Auszug: engl.) — „*Reflectal*" (2% *Mg* u. 99,99%ig. *Al* ist einer der geeignetsten Werkstoffe zur Herst. glänzender, anod. oxydierter Oberflächen. Beim Sealen mit Dampf, nicht aber mit sd., entsalztem W., erscheinen auf der gefärbten Oberfläche oft „Weißfleckenblumen" (WB). Sie erscheinen nicht, wenn die Lsg. $<$0,0005% *Na* enthält. Die Bldg. der WB scheint durch „freies Na" verursacht zu werden, das durch Dissoziation der Verb. [AlNaSi] in Ggw. von überschüssigem Mg entsteht. W. Wesly. 6530□

Das anodische Oxydieren von Bauteilen aus Aluminium. E. Zurbrügg. (Aluminium **37**, 414—15, Juli 1961, Neuhausen am Rheinfall, Schweiz; dt.) — Prakt. Erfahrungen u. Verss. zeigen, daß anod. aufgebrachte Oxidschichten nur dann einen ausreichenden Schutz gegen Witterung bilden, wenn sie genügend dick sind, je nach Witterungs-Einfl. 15—25 μm, u. sorgfältig gedichtet sind. F. Vier. 6530□

Korrosionsverhalten einiger Aluminium-Sinterwerkstoffe in Wasser hoher Temperatur. Harald Spindler und Jutta Uhlmann. (Aluminium **37**, 412—13, Juli 1961; Dresden, Zentral-Inst. für Kernphysik; dt.) — Korrosions-Verss. mit Al-Sinterwerkstoffen in dest. W. bei 300 u. 350° ergaben, daß die Ggw. einer Oxidphase verbessernd auf die Korrosionsbeständigkeit wirkt, jedoch nur bei legierten Sinterwerkstoffen. Unlegierte Sinterwerkstoffe haben auch bei Ggw. von Oxid keine ausreichende Beständigkeit. Bes. gut ist das Verh. von Al-Sinterwerkstoffen mit 9(%) *Si*, 1 *Ni* u. ggf. 1 *Ti* in ruhendem W. von 300°. F. Vier. 6538□

Der Einfluß von Legierungselementen und sonstigen Beimengungen auf das Korrosionsverhalten von gekneteten Aluminiumwerkstoffen. H. Voßkühler und H. Zeiger. (Aluminium **37**, 424—29, Juli 1961; Ulm-Donau; dt.) — Literaturübersicht. — 87 Literaturangaben. F. Vier. 6538□

Inhibierung der Korrosion von Aluminium–Zink-Legierung in Salzsäurelösungen. K. G. Sheth und T. L. Rama Char. (Corrosion Technol. [London] **8**, 233–34, Aug. 1961; Bangalore, Indien, Indian Inst. of Sci.; engl.) — Unterss. über das Korrosions-Verh. der *Al*-Leg. *D.T.D. 687* mit 4,5–6,5(%) *Zn*, $\leqq$0,5 *Cr*, $\leqq$1,5 *Cu*, $\leqq$0,5 *Fe*, 0,3 bis 1,0 *Mn*, 2–3,5 *Mg*, $\leqq$0,5 *Si*, $\leqq$0,3 *Ti* in *HCl* zeigen, daß 0,2–1,0 (g/Liter) *Acridin*, 0,5–5,0 *Nicotinsäure* u. 0,5–3,0 *Thioharnstoff* gute Korrosionsinhibitoren sind; der Einfl. ihrer Konz. kann vernachlässigt werden. *Strychnin* u. *Chininhydrochlorid* (I) zeigen eine mit ihrer Konz. bis 1 bzw. 3 g/Liter steigende Wirksamkeit; bei höheren Konzz. bleibt die Wrkg. konstant. Bei Anwendung von I ist die anod. Polarisation gering, die kathod. beträchtlich. W. Wesly. 6538 □

Untersuchung über das Verhalten von verschiedenen Typen von Aluminium und dessen Legierungen bei korrodierendem Angriff in Gegenwart von Meeresvegetation. E. Mor und G. Luft. (Ist. sperim. Metalli leggeri, Mem. Rapp. [11], Nr. **269**, 3–13; Alluminio **30**, 299–310, Juni 1961; Genua, C.N.R., Centro di Stud. delle Corrosioni Marine dei Metalli e Novara, Ist. sperim. dei Metalli legg., Div. Ric.; ital.) — In Ggw. von Meeresvegetation wurden in den Gewässern von Genua u. Arenzano Korrosions-Verss. mit folgenden Materialien ausgeführt: *RF99H40* (*Raffinal* Al $\geqq$99,99), *P-AP5H30* (Al $\geqq$99,5), *P-AM1,2H25* (Aluman), *P-AG2,5H40* (*Pe25*), *P-AG5H25* (*Peraluman 50*), *P-AS1GTA16* (*Ac11*), *P-AC4GMTHN* (*Av22*) u. *P-AZ5,8GCTA* (*Ergal 55*). Auf allen untersuchten Materialien wird das Eindringen des „fouling" beobachtet, dessen Abscheidung nicht von der Qualität des im Meerwasser anwesenden Al beeinflußt wird, u. kann vom Film des natürlichen Oxids inhibiert werden, was auf den physikal. Oberflächenzustand zurückzuführen ist. Der unterschiedliche, aus der Inhomogenität der Meeresabscheidungen u. den photosynthet. Erscheinungen bestimmte Flächenbereich begünstigt die lokale Korrosion. Zu den weniger empfindlichen Materialien beim Angriff von Crustaceen (Balanus trigonus, amphitrite u. eburneus) u. des „fouling" im allg. zählen *Raffinal, Aluman, Pe25* u. *Peraluman 50*, während *P·AP5H30* u. *Ac11* ein Zwischenverh. aufweisen. G. Platzer. 6538 □

Untersuchung der Korrosionsfestigkeit von elektrolytisch polierten Aluminiumspiegeln und die beim Gebrauch dieser Spiegel gewonnenen Erfahrungen. Edith Lichtenberger-Bajza und Vilmos Vince. (Kohászati Lapok [Ung. Z. Hüttenwes.] **95**, 286–88, Juni 1962; Budapest, Forsch.-Inst. NE-Metalle; ung.) — Aus vergleichenden Korrosions- u. Lichtreflexions-Unterss. mit in verschiedener Weise hergestellten Spiegeln ergab sich, daß die zuerst elektrolyt. polierten, dann anodisierten, aus Lux-Platten hergestellten Al-Spiegel die besten sind. Die prakt. Erfahrungen (Stadionreflektor Straßenlampen) bestätigsn, daß die Verw. dieser Spiegel vorteilhaft u. wirtschaftlich ist. L. Zombory. 6538

Strukturveränderungen und Korrosionsfestigkeit des Stahles Ch17N2. A. P. Akschenzewa. (Металловедение и Термическая Обработка Металлов [Metallkunde therm. Metallbearb.] **1960**, Nr. 11, 7–12, Nov.; Forsch.-Inst. des Chem. Maschinenbaus; russ.) — Untersucht wird die Feinstruktur des Stahls *CH17N2* mit 0,1(%) C, 17,68 Cr, 1,96 Ni, 0,59 Mn u. 0,50 Si nach einer Normalisierung bei 800 bis 1300°, u. es werden Angaben über den Einfl. eines Anlassens bei 300–900° auf die Struktur, Kerbschlagzähigkeit u. Korrosionsbeständigkeit von Stahl sowie über die Art der interkristallinen Zerstörung der Schweißverbindungen gemacht. Hierbei zeigte sich, daß eine Erhitzung dieses Stahls auf 1000–1300° mit einer Haltezeit von 1–5 Min. u. nachfolgender Luftabkühlung die Bldg. einer martensit. Struktur mit auf 0,36 bis 0,60 kg/cm² verringerter Kerbschlagzähigkeit ermöglicht. Beim Anlassen im Bereich von 300–600° erfolgt aus dem Martensit eine Ausscheidung disperser *Cr-Carbide* sowie eine Cr-Verarmung der martensit. Grundmasse. Die Struktur des Anlaßmartensits besitzt eine geringe Korrosionsbeständigkeit. Bei Anlaß-Temp. von 400–650° ist die Korrosion des Stahls strukturselektiv u. interkristallin. Ein Anlassen bei 680–700° von 1 std. Dauer bewirkt einen vollständigen Martensitzerfall in ein ferrit.-carbid. Gemisch; im Zusammenhang hiermit treten Abbau der inneren Spannungen sowie auch Bldg. stabiler Cr-Carbide an den Korngrenzen auf. Eine Glühung des abgeschreckten Stahls bei 750, 800, 850, 900–1300° von 30 Min. Dauer ruft interkristalline Korrosion bei einer Unters. der Proben in wss. Lsg. von $CuSO_4$ u. H_2SO_4 hervor. Eine Erwärmung über 800° u. eine nachfolgende schnelle Abkühlung macht diesen Stahl anfällig für die interkristalline Korrosion. Schweißverbindungen, die unter Anwendung austenit. Elektroden hergestellt sind, neigen nach einem mehrschichtigen Lichtbogenschweißen in der wärmebeeinflußten Zone zur strukturselektiven u. interkristallinen Korrosion. Zur Vermeidung der Korrosion müssen die geschweißten Teile einem Anlassen bei 680–700° von 1 std. Dauer unterworfen werden. H. Hochstein. 6538 □

H_9. Organische Industrie

Einfluß der Temperatur der Oxydation von n-Paraffinkohlenwasserstoffen auf die Richtung des Zerfalls der Alkylhydroperoxide. W. K. Zysskowski und F. Z. Schtscheglowa. (Химическая Промышленность [Chem. Ind.] **1961**, 325—26, Mai; Allunions-Forsch.-Inst. für Erdölchem.; russ.) — Vgl. C. **1960**, 8680. — Höhere KW-Stoffe (*n-Decan, n-Undecan, n-Tridecan*) werden mit 5% H_3BO_3 u. Mn-Naphthenat als Katalysator in period. arbeitenden Labor.-Kolonnen auf 140—170° erhitzt. Die erhaltenen Prodd. werden durch Adsorptionschromatographie an Silicagel getrennt. Der Oxydationsgrad kann auch auf Grund der ausgeschiedenen Wassermenge kontrolliert werden. Durch Dest. des Filtrats von H_3BO_3 bei 2—3 Torr werden Rest-KW-Stoffe, Säuren, Ketone u. Ester abgetrennt, der Rückstand besteht hauptsächlich aus H_3BO_3-Estern, die durch sd. 2n NaOH in 6 Std. hydrolysiert werden. Die Alkohole werden gewaschen, dest. u. analysiert. Mit steigender Temp. nimmt der Anteil der prim. Alkohole ab; er beträgt von 160° an 10—15%; die Zahl der C-Atome der prim. Alkohole nimmt ebenfalls mit steigender Temp. ab. Dies wird mit O_2-Anlagerung vorzugsweise an nahe am Ende stehende CH_2-Gruppen erklärt. R. K. Müller. 6582□

Oxydierende Pyrolyse niederer Kohlenwasserstoffe. Ss. F. Wassiljew, A. M. Mossin und N. A. Lapidess. (Химическая Промышленность [Chem. Ind.] **1961**, 238—43, April; russ.) — Der Mechanismus der oxydierenden Pyrolyse (OP) wird am Beispiel des Propans erläutert. Im 1. Stadium wird Bldg. von C_3H_7- u. HO_2-Radikalen, C_3H_6 u. H_2O_2 angenommen. OH-Radikale entstehen aus H_2O_2 u. bei der Bldg. von CH_2O u. anderen Aldehyden im 2. Stadium. Die Aldehyde nehmen an der entarteten Verzweigung teil u. zerfallen unter Abgabe von CO. In Tabellen wird die Zus. der Prodd. bei der OP einer Propanfraktion u. von 99,8%ig. Butan mit der therm. Pyrolyse verglichen u. Zus. u. Materialbilanz bei der OP verschiedener Fraktionen (C_2H_6 bis Gasbenzin) angegeben. Die OP erzielt bei niedrigerer Temp. höhere Ausbeuten an C_2H_4, C_3H_6 u. aromat. KW-Stoffen u. bietet Vorteile in der apparativen Gestaltung der Pyrolyse. R. K. Müller. 6582□

Über die Beschleunigung der Paraffinoxydation in Gegenwart von Mangan- und Kaliumsalzen. A. A. Pertschenko. (Маслобойно Жировая Промышленность [Öl- u. Fett-Ind.] **27**, Nr. 2, 20—21, Febr. 1961; Forsch.-Inst. für synthet. Fette u. Waschmittel; russ.) — Vgl. C. **1961**. 90. — Die Oxydation eines Gemisches von *Paraffin* u. *Unverseifbarem* in Ggw. von Mn-Stearat bzw. von Mn- u. K-Stearaten erfolgt ohne Induktionsperiode. In Ggw. des im *Unverseifbaren-2* erzeugten Mn–K-Salzes der gemischten Fettsäuren vollzieht sich die Rk. mit derselben Geschw. wie bei Anwendung von $KMnO_4$. Die Eigg. der oxydierten Paraffins u. der Fettsäuren waren bei beiden Katalysatoren identisch. S. Baryschnikow. 6582

Oxydation von Olefinen mit Kaliumpermanganat in einer Öl/Wasser-Emulsion. Joseph C. Coleman und Daniel Swern. (J. Amer. Oil Chemists' Soc. **35**, 675—79, Dez. 1958; Philadelphia, Pa., Eastern Reg. Res. Labor.; engl.) — Mit einem nichtionogenen Emulgator (*Tween-20* der Atlas Powder Co.) stabilisierte Öl/W.-Emulsionen wasserunlösl. Olefine werden nach 2 Meth. mit wss. $KMnO_4$-Lsg. in verschiedenen pH-Bereichen oxydiert. Bei Meth. 1 erfolgt die Zugabe der $KMnO_4$-Lsg. zur Emulsion mit solcher Geschw., daß der Olefin-Geh. stets im Überschuß vorliegt, bei Meth. 2 wird die Emulsion zur Oxydations-Lsg. so zugegeben, daß letztere dauernd im Überschuß vorhanden ist. — Meth. 1 gibt bei stöchiometr. Mengen von $KMnO_4$ in alkal. u. neutralem Medium aus Cyclohexen (I) u. Octadecen-(1) (II) neben Spaltprodd. Glykole u. Ketone als Hauptprodukte. Ölsäure wird bei pH 12 u. 9 ohne wesentliche Spaltung zu hochschm. *9.10-Dihydroxystearinsäure* (III) bzw. *9(10)-Keto-10(9)-hydroxystearinsäure* (**IV**) oxydiert. — Nach Meth. 2 werden bei pH 1—2 aus I, III u. Undecylensäure in guter Ausbeute zweibas. Säuren erhalten. — Bei überschüssigem $KMnO_4$ erfolgt nach Meth. 2 in allen pH-Bereichen Spaltung, die bei niedrigen pH-Werten vollständiger ist als bei höheren. — In niederem pH-Bereich (1—7) führt die Oxydation von Ölsäure über Zwischenprodd. fast ausschließlich zu *Azelain-* u. *Pelargonsäure.* Bei höherem pH (8—12) erfolgt daneben noch Umwandlung zu einem Gemisch von höher oxydierten Produkten. — Mit Verringerung des pH-Wertes steigt die Oxydations-Wrkg. von $KMnO_4$. Bei überschüssigem Olefin-Geh. bildet der pH-Wert den bestimmenden Faktor für den Rk.-Ablauf u. die Art der gebildeten Oxydationsprodukte. H. Spohn. 6582□

Oxydation von Alkylbenzolen mit SO_2. Thomas H. Strickland und Alan Bell. (Ind. Engng. Chem., int. Edit. **53**, 7—9, Jan. 1961; Kingsport, Tenn., Tennessee Eastman Co., Div. of Eastman Kodak Co.; engl.) — Toluol, mit einem Geh. an SO_2 von 15 Gew.-%, wurde bei verschiedenen Temp. über einen VO_2-Beschleuniger geleitet. Verweilzeit 5 Sekunden. Zwischen 350 u. 430° war Benzoesäure (I) das Hauptprod.,

zwischen 390 u. 430° wurde nur I erhalten. Benzaldehyd (II) war das Hauptprod. zwischen 275 u. 330°, zwischen 275 u. 315° nur II. Bei den genannten Temp. wurde kein Benzylalkohol, keine Maleinsäure oder organ. S-Verbb. erhalten, lediglich Spuren von freiem S. Bei den optimalen Bedingungen für die Oxydation wurde SO_2 quant. in H_2S übergeführt. p-Xylol konnte mit schlechter Ausbeute in Terephthalsäure übergeführt werden.
F. Rosendahl. 6582□

Der Einfluß von Temperatur und Verweilzeit des Kontaktgases in der Absetzzone des Reaktors auf die Ausbeute des Reaktionsproduktes bei der Dehydrierung von n-Butan. W. Ss. Alijew, S. E. Alijew, A. P. Kassimowa, Sch. K. Kjasimow und M. Je. Murawtschik. (Азербайджанское Нефтяное Хозяйство [Erdöl-Wirtsch. Aserbaidshan.] **40**, Nr. 10, 33—34, Okt. 1961; russ.) — Um eine weitere Spaltung des Kontaktgases, das sich bei der Dehydrierung von *Butan* bildet, zu vermeiden, darf die Temp. über der Wirbelschicht 500° nicht überschreiten bzw. soll die Verweilzeit des Gases bei 550° ≦30 Sek. betragen. Als günstigste Gas-Geschw. werden 0,30 m/s festgestellt.
H. V. Adolphi. 6582□

Vielstufige chemische Synthesen. Léon Velluz (unter Mitarbeit von J. Mathieu und Ch. Pavan). (Ind. nationale **1959**, 71—84, Okt./Dez.; franz.) — Zusammenfassender Vortrag über die Entw. *vielstufiger organ. Synth.-Reaktionen*. — 44 Literaturhinweise, 4 Farbphotographien.
W. Rauchenberger. H 460□

Die Analyse der thermischen Daten und die Zustandsgleichung für Äthan. W. A. Sagorutschenko und A. A. Wasserman. (Известия Высших Учебных Заведений (Баку), Нефть и Газ [Hochschulnachr. (Baku), Erdöl Gas] **4**, Nr. 10, 85—90, 1961; Odessa, Ing.-Inst. der Hochseeflotte; russ.) — Die vorgeschlagene Zustandsgleichung für *Äthan* ermöglicht die Ermittlung von zuverlässigen Kennziffern (p, v, t, Enthalpie, Entropie) im Bereich der Dichten von 0—240 kg/m³ bei allen prakt. notwendigen Temp. u. kann zur Aufstellung ausführlicher Tabellen der thermodynam. Eigg. verwendet werden.
W. Hantzsch. H 510□

Der Einfluß der chemischen Zusammensetzung des Kohlenwasserstoffrohstoffes und des Wasserdampfes auf die Dynamik der Bildung von Olefinen bei der Hochtemperaturpyrolyse. T. P. Wischnjakowa, Ja. M. Pauschkin, L. W. Bondarenko und A. P. Smirnow. (Химия и Технология Топлив и Масел [Chem. Technol. Brennstoffe Öle] **6**, Nr. 12, 11—14, Dez. 1961; Moskau, Gubkin-Inst. für Erdölchemie u. Gasindustrie; russ.) — Die Qualität des Ausgangsstoffes des Vergasungsprozesses beeinflußt sowohl die Gas-Zus. als auch die Ausbeute an *Olefinen* (**I**). Die größte **I**-Ausbeute ist bei der Vergasung der Fraktion 200—300° u. von Cetan in Ggw. von Wasserdampf zu erreichen. Ein Gas mit dem höchsten **I**-Geh. (24—38%) erhält man bei einer Kontaktzeit von 0,5—0,6 Sekunden. Die Ausbeute an Gas erreicht mit der Verlängerung der Kontaktzeit (1,8—2,0 Sek.) 80—90%. Die Gas-Zus. ist bei dieser Kontaktzeit bei allen untersuchten Rohstoffen ähnlich. Daher wird bei der Gewinnung eines energet. Gases eine verlängerte Kontaktzeit empfohlen.
W. Hantzsch. H 520□

Direkte Herstellung von Alkoholen aus Olefinen, Kohlenoxid und Wasserstoff. 1. Mitt. **Darstellung von Hexahydrobenzylalkohol aus Cyclohexen.** A. Brenman, A. M. Hertog, L. Szabo, N. Almaşi und I. Vodnar. (Rev. Chim. [Bucureşti] **9**, 415—19, Juli/Aug. 1958; rum.) — Der Einfl. von Temp., H_2-Partialdruck, Katalysatormenge (Co-Stearat) usw. auf die Hydroxymethylierung von Cyclohexen zu *Hexahydrobenzylalkohol* wird untersucht.
K. Lange. H 560

Direkte Herstellung von Alkoholen aus Olefinen, Kohlenoxid und Wasserstoff. 2. Mitt. **Direkte Darstellung von Octylalkohol aus der aus Crackbenzin erhaltenen Heptenfraktion.** L. Szabo, A. Brenman, N. Almaşi, A. M. Herzog, T. Bota und S. Farkas. (Rev. Chim. [Bucureşti] **9**, 533—38, Okt. 1958; rum.) — 1. vgl. vorst. Referat. — Die isomeren *Octylalkohole* können wirtschaftlich aus Olefin, CO u. H_2 bei 210—220°, 300 at u. einer Rk.-Dauer von 30—40 Min. hergestellt werden.
K. Lange. H 560

Hydroxylierung von Isobuten mit organischen Persäuren und Nebenreaktionen. Paolo Ciattoni und Luigi Rivolta. (Chim. e Ind. [Milano] **43**, 1309—10, Nov. 1961; Bollate/Milano, Sicedison S.p.A., Labor. Ric.; ital.) — Isobuten wird mit einem Gemisch von 30—35% ig. H_2O_2, HCOOH (bzw. CH_3COOH oder C_2H_5COOH) u. katalyt. Mengen H_2SO_4 3—5 Std. lang bei 5—40° umgesetzt. Es entstehen ca. 60% *2-Methylpropandiol-(1.2)*, ferner je 15—20% *Aceton* u. *Formaldehyd* u. *Isobutyraldehyd*. Die Best. von H_2O_2 erfolgt mit MnO_2, die von Nebenprodd. nach Dest. chromatograph., die von Diol durch Oxydation mit HJO_4. Die Rk. wird durch Ionen-Bldg. u. -umlagerung erklärt.
W. Rauchenberger. H 570□

Erythrit und Äthylenglykol aus Dialdehydstärke. F. H. Otey, J. W. Sloan, C. A. Wilham und C. L. Mehltretter. (Ind. Engng. Chem., int. Edit. **53**, 267—68, April 1961; Peoria Ill., North Reg. Res. Labor.; engl.) — *Dialdehydstärke* (**A**) wird durch HJO_4-Oxydation von Stärke hergestellt u. durch reduktive Hydrolyse in *Erythrit* (I) u. *Äthylenglykol* (II) gespalten. Frühere Verss. durch Red. mit Raney-Ni gaben 60% Ausbeute, nunmehr beträgt die Ausbeute 86% krist. **I** u. 83% **II**. — 40 g **A** (95% Dialdehyd) in 70 ml W. aufgeschlämmt, gibt ein pH von 3,3; durch Zugabe von 8 g Ni-Katalysator auf Kieselgurträger steigt das pH auf 7,5. Nach Überführen mit 30 ml W. in einen Druckbehälter wird 5 Std. lang unter H_2 bei 140 at u. 200° gerührt. Durch chromatograph. Analyse wird eine Ausbeute von 91% festgestellt; isoliert werden 86% **I** u. 90% **II**. Der Einfl. von Temp., Konz. an **A** in W. u des pH wird untersucht. W. Rauchenberger. H 580

Herstellung von Butyraldehyden durch Oxosynthese. D. M. Rudkowski, B. A. Brunstein und W. L. Klimenko. (Химическая Промышленность [Chem. Ind.] **1961**, 335—38, Mai; russ.) — Bei der Oxo-Synth. werden *n-Butyraldehyd* (I) u. *Isobutyraldehyd* (II) im Verhältnis (2—2,5): 1 erhalten. Die größte Flexibilität zeigt das Verf. bei Verw. von Salzkatalysatoren. Die Hydrierung von I u. II zu den Alkoholen erfolgt zu 96—98%. Auch für die Herst. von 2-Äthylhexanol bietet I eine günstige Basis. Höhere Alkohole werden auch durch direkte Carbonylierung der entsprechenden Olefin-KW-Stoffe erhalten, aber die Herst. über I ist vorteilhafter. Ebenso werden bei der Gewinnung von n-Buttersäure aus I die Nachteile der Herst. aus n-Butanol vermieden. Durch Kondens. von I mit CH_2O wird Trimethylolpropan erhalten, das bei der Herst. von Alkyd- u. Polyurethanharzen, Schmierölen, oberflächenakt. Stoffen u. a. Verw. findet. R. K. Müller. H 670

Verwertung des rohen Rohrzuckers zur Herstellung der Citronensäure. W. F. Fedossejew und A. Ja. Kogoss. (Хлебопекарная и Кондитерская Промышленность [Brot- u. Konditorei-Ind.] **6**, Nr. 5, 36—37, Mai 1962; Belgorod, Citronensäurebetrieb; russ.) — Verss. zeigen, daß bei der Herst. von *Citronensäure* (I) durch Vergärung von Saccharose (II)-Lsgg. durch Aspergillus niger 30% der Melasse durch rohen Rohrzucker (Reinheit 97%) ersetzt werden können. Die II-Konz. der verarbeiteten Lsg. beträgt 150 g/Liter. Die Ausbeute an I wird durch das modifizierte Verf. nicht beeinträchtigt u. beträgt 55,0% der verarbeiteten Saccharose. S. Baryschnikow. H 850

Synthese von Trimethylsiloxychlorsilanen. Je. P. Michejew und N. P. Filimonowa. (Пластические Массы [Plast. Massen] **1961**, Nr. 8, 19—20; russ.) — Die Darst. von *Trimethylsiloxytrichlorsilan* (I; Kp. 127,9°; n_D^{20} 1,4032; $D._4^{20}$ 1,1405), *Bis-[trimethylsiloxy]-dichlorsilan* (II, 173°; 1,3983; 1,007), *Tris-[trimethylsiloxy]-chlorsilan* (III; 201,1°; 1,3941; 0,9219) durch Erhitzen von Hexamethyldisiloxan (**IV**) u. $SiCl_4$ im mol. Verhältnis 2:1 im Autoklaven bei 250° (60% Füllung) wird beschrieben. Durch Dest. werden die einzelnen Fraktionen gewonnen, deren Ausbeute durch Verw. von Halogenen (Cl_2, Br_2, J_2) als Katalysator verändert werden kann. Es werden für **I** Ausbeuten von 10,5—32,9, für **II** von 26,6—69,9 u. für **III** von 5,4—8,2% gefunden. Durch Rk. von äquimol. Mengen **II** u. **IV** in Ggw. von 0,1% J_2 bei 300° im Autoklaven erhält man 46% **III**, bezogen auf das Gesamtausgangsmaterial. Die Ausbeute an **I** + **II** + **III** beträgt stets über 97%. O. Kramm. H 980□

Synthese von Methylchlorbromsilanen. S. Ss. Schaschkowa, K. P. Grinewitsch und K. K. Popkow. (Пластические Массы [Plast. Massen] **1961**, Nr. 8, 20—21; russ.) — Die Darst. von *Methyldichlorbromsilan* (I; Kp. 88°; n_D^{20} 1,4500; $D._4^{20}$ 1,6141), *Methylchlordibromsilan* (II; 107°; 1,4850; 1,9349) u. *Methyltribromsilan* (III, 131,5°; 1,5014; 2,2040) aus Methyldichlorsilan (im Überschuß) u. Br_2 in Ggw. von Fe als Katalysator bei 0—30° innerhalb von 5—6 Std. wird beschrieben. Durch Dest. werden die einzelnen Fraktionen getrennt. Die Ausbeuten schwanken mit dem Verhältnis der Ausgangsprod. u. mit der Temp., wobei für **I** u. **II** etwa gleiche (ca. 20% der Ausgangssubstanz) u. für **III** nur geringere (maximal ca. 9%) Ausbeuten gefunden werden. Für die Synth.-Prodd. wurden die Raman-Spektren aufgenommen. O. Kramm. H 980□

Nitrierung von o-Mononitrotoluol. Kenneth A. Kobe und John T. Fortman. (Ind. Engng. Chem., int. Edit. **53**, 269—74, April 1961; Austin, Texas, Univ. of Texas; engl.) — Die techn. Nitrierung von Aromaten wird mit einem HNO_3/H_2SO_4-Gemisch durchgeführt. Um die Rk.-Geschw. voraussagen u. einen geeigneten App. entwerfen zu können, wird der Einfl. der Rk.-Bedingungen, einschließlich der Zus. des Säuregemisches, der Vol.-Verhältnisse der Phasen, der Strömungs-Geschw. u. der Temp. untersucht. Die gefundenen Rk.-Geschw. übertreffen die techn. Ergebnisse. Ein Reaktor mit 1,26 ml Inhalt u. einem Rührer mit 16000 U/min wird beschrieben. Die Beziehung von Rk.-Geschw. u. Umsatz wird graph. ausgewertet. Die Rk.-Kammer u. Regelgeräte werden beschrieben. Auf die Notwendigkeit der genauen Einhaltung von Temp. u. Mengenverhältnissen wird hingewiesen. Es werden variiert: 1. Die Säure-Konz. (in Mol% H_2SO_4/HNO_3 zwischen 30/15 u. 50/15); 2. die Temp. (50, 60 u. 70°); 3. das Phasenverhältnis (1, 2 u. 3); 4. die Strömungs-Geschw. zwischen 2 u. 10 ml/Minute. Das Prod. wird durch Dichte-Best. bei 60° analysiert. Aus der Rk.-Geschw. folgt ein Umsatz von 95% bei 50°, einer Säure-Konz. von 50/15 u. einem Phasenverhältnis von 3. Die Rk.-Geschw. ist besonders stark abhängig von Säure-Konz. u. Strömungs-Geschw., weniger stark vom Phasenverhältnis. W. Rauchenberger. H 1010

Isomeren-Zusammensetzung von bei der Alkylierung erhaltenen Di- und Polyalkylbenzolfraktionen. Je. P. Babin. (Химическая Промышленность [Chem. Ind.] **1961**, 381—89, Juni; Akad. der Wiss. der UkrainSSR, Inst. für org. Chem., Abt. Stalino; russ.) — In Tabellen werden Literaturangaben über die Zus. der *Dialkylbenzole* (202 Verss.), *Trialkylbenzole* (48 Verss.) u. *Tetraalkylbenzole* (23 Verss.) bei der Alkylierung von Bzl. u. dessen Homologen zusammengestellt. — 103 Literatur- u. Patenthinweise. R. K. Müller. H 1010□

Anwendung der chromatographischen Analyse bei der Kontrolle der Äthylbenzolherstellung. Ss. I. Kritschmar. (Химическая Промышленность [Chem. Ind.] **1961**, 465—67, Juli; russ.) — In einer chromatograph. Kolonne, die als Adsorbens mit 5% techn. Vaseline getränkten Diatomitstein enthält, können mit 5—20 ml Probe mit einer Genauigkeit von 1% die Komponenten von techn. *Äthylbenzol* (I) getrennt werden. Neben I werden in den verschiedenen Fraktionen Bzl., Toluol, n- u. Isopropylbenzol, sek.- u. tert.-Butylbenzol u. m- u. p-Diäthylbenzol bestimmt. Zur Einführung der Proben wird eine eigens konstruierte Mikropipette verwendet. Der Gesamtfehler der Analyse übersteigt nicht ±2,5%. R. K. Müller. H 1010□

Adsorption von Phenolen aus Gaswerkabwässern an Ionenaustauschern. J. Novotný, K. Velek und Z. Celerýn. (Paliva **36**, 335—42, Okt. 1956; Praha-Běchovice, plynár. úst.; tschech.) — Übersicht über Arbeiten über dynam. u. stat. *Adsorption* von *Phenolen* u. Vgl. von 9 *Ionenaustauschern*. E. Rotter. H 1060□

Die Alkylierung von Phenol durch Isoamylalkohol in Gegenwart von Schwefel- und Orthophosphorsäure. M. G. Imajew. (Известия Высших Учебных Заведений, (Баку), Нефть и Газ [Hochschulnachr. (Baku), Erdöl Gas] **4**, Nr. 5, 75—78, 1961; Ufa, Erdölinst.; russ.) — Bei der Alkylierung (Alk) von Phenol mit Isoamylalkohol in Ggw. von H_3PO_4 (d = 1,85—1,87) bilden sich vorwiegend *Monoamylphenole* [p-tert.-Amylphenol (p-tert.-I), p-sek.-I] u. *Amylphenyläther*, jedoch keine Di-I. Die beste Ausbeute von I erhält man bei einem Molverhältnis Phenyl:Alkohol:H_3PO_4 1:2,4:4 bei 125—140° u. 40 Stunden. Die Alk mit H_2SO_4 erfolgt bei vorst. Temp. u. 20 Std., wobei bei einem Molverhältnis Phenol:Alkohol:H_2SO_4 1:2,4:0,6 38% I u. 11,5% 2.4-sek.-tert.-Di-I erhalten werden. Else Heinemann. H 1060

Untersuchungen über die Erzeugung von Terephthalsäure. 2. Mitt. Die Luftoxydation von p-Xylol in flüssiger Phase unter Druck und die Luftoxydation von p-Toluylsäuremethylester in flüssiger Phase. Nobuto Ohta und Takashi Tezuka. (Rep. Government chem. ind. Res. Inst., Tokyo **53**, 271—76, Aug. 1958; jap., Auszug: engl., S XXX—XXXI). — 1. vgl. C. **1958**, 3163. — Die Induktionsperiode bei der Luftoxydation von *p-Xylol* (I) ist kürzer als die bei Toluol (II). Im Rk.-Kettenablauf ist unterhalb einer bestimmten Temp. die chem. Rk., oberhalb dieser die O_2-Diffusion in die fl. Phase der geschwindigkeitsbestimmende Schritt. Diese ausgezeichnete Temp. (T) steigt mit dem O_2-Partialdruck. Unterhalb T ist die O_2-Aufnahme viel größer als die bei II, sie ist 0. Ordnung. Bei hohem O_2-Druck wird die Oxydation gehemmt, was durch größere Mengen Metallkatalysatoren (Co $\gg$ Cr $>$ Ni) verhindert wird. Oberhalb T ist die O_2-Aufnahme etwa gleich der bei der Oxydation von Cyclohexan, um ca. 10—20% größer als die bei II. Die Umwandlung von I beträgt optimal 76%, die Ausbeute an *Toluylsäure* 62%, die an *Terephthalsäure* 5%. Die Oxydation von p-Toluylsäuremethylester (III) zu Terephthalsäuremonomethylester (IV) kann durch Mn, Cr oder Co beschleunigt werden. Die Oxydation wird durch Mn $>$ Cr $\gg$ Co, die selektive Bldg. von IV durch Mn $\gg$ Cr $>$ Co beeinflußt. Bei mangelnder O_2-Zufuhr entstehen neutrale, hochsd. Produkte. Die Umwandlung von III beträgt 80%, die Ausbeute an IV 85%. W. Holland. H 1220□

Terephthalsäure aus p-Diisopropylbenzol. M. M. Mowssumsade und A. P. Petrow. (Известия Высших Учебных Заведений (Баку), Нефть и Газ [Hochschulnachr. (Baku), Erdöl Gas] **4**, Nr. 10, 65—71, 1961; Aserbaidshan. Asisbekow-Inst. für Erdöl u. Chem.; russ.) — *p-Diisopropylbenzol* (I), das in einer Menge von 15% in den Rest-Prodd. der Alkylierung von *Bzl.* durch *Propylen* enthalten ist, kann als Rohstoff zur Synth. der *Terephthalsäure* (II) verwendet werden. Im Vgl. mit Xylolen verläuft die Oxydation von I durch HNO_3 unter milderen Bedingungen. Durch Anwendung von verd. HNO_3 als Oxydans gelingt die Gewinnung von II aus I in einem Stadium. Eine Ausbeute von 71,2% II wird bei Verw. von 20%ig. HNO_3 (Mol-Verhältnis 1 : 8) in Ggw. von V_2O_5 als Katalysator bei 105° erreicht. Bei Verw. einer 50%ig. HNO_3, 1 : 20, 110°, kann die II-Ausbeute bis auf 81,3% erhöht werden.

W. Hantzsch. H 1220□

Verfahren zur kontinuierlichen Diazotierung von Anilin im Dünnschichtreaktor. Barnabás Babos und Aurél Ujhidy. (Chem. Techn. **13,** 662—65, Nov. 1961; Veszprém, Ungarn, Univ. Chem. Ind., Inst. org. Chem.; dt.) — Die *Diazotierungs*-App. besteht aus einem senkrechten säurefesten Stahlrohr, das mit Heiz- u. Kühlmantel versehen ist. Im Rohr bewegt sich eine Welle mit Rührflügeln, die als Wischer die Wand des Reaktors dauernd streifen u. so eine Turbulenz des Films bewirken. Die Rk.-Bedingungen für die *Diazotierung* werden in Abhängigkeit von der Verweilzeit, Temp., Umlauf-Geschw. u. Zuführung ermittelt. Bei richtiger Einstellung aller Faktoren kann bei den meisten Diazotierungen nach diesem Verf. auf eine Eiskühlung verzichtet werden. Verläuft die Rk. ziemlich langsam, so kann durch Zusatz von KBr die Rk.-Zeit abgekürzt werden. Auch Kupplungen zum Farbstoff können im Anschluß an die Diazotierung im gleichen App. durchgeführt werden. F. Rosendahl. H 1310□

Feinreinigung des technischen Styrols von Beimischungen. N. N. Ssewrjugowa, W. A. Ssokolski, A. A. Tscherwjakowa und N. M. Shaworonkow. (Пластические Массы [Plast. Massen] **1962,** Nr. 6, 5—7; russ.) — Zur Herst. prakt. reinen *Styrols* ist eine Rektifikationskolonne mit einer Leistung von ca. 20 theoret. Stufen erforderlich. Die Destillation kann man unter maximaler Belastung ausführen. Dadurch hat man die Möglichkeit einer schnellen u. billigen Reinigung. Eine Bedingung ist aber die Anwendung von Kolonnen mit niedrigem hydraul. Widerstand, da es wünschenswert ist, daß der Druck im Kessel der Kolonne nicht mehr als 50—70 mm beträgt.

J. v. Schroeder. H 1410□

Über die katalytische Synthese von Cyclopentadienkohlenwasserstoffen. Nikolaus I. Schujkin und Tatijana I. Naryschkina. (Erdöl u. Kohle **11,** 153—56, März 1958; Moskau, Akad. der Wiss. der UdSSR, Zelinski-Inst. für org. Chem.; dt.) — Über 2 Wege der *katalyt. Darst.* von *Cyclopentadien-KW-Stoffen* wird berichtet: 1. Dehydrierende Cyclisierung von Alkadienen; 2. Dehydrierung von Cyclopentanen u. Cyclopentenen. W. Holland. H 1810□

Über die Isolierung von Fluoranthen. L. D. Glusman und A. G. Nikitenko. (Журнал Прикладной Химии [J. angew. Chem.] **34,** 626—28, März 1961; Ukrain. wiss. kohlenchem. Forschungsinst.; russ.) — Fluoranthen (I) läßt sich in 99—100% Reinheit mit F. 109,2° erhalten, indem aus Pechdestillat oder Anthracenöl die pyrenhaltige I-Fraktion vom Kp. 370—385° isoliert u. mehrmals aus 30%ig. wss. Pyridin, Bzn. oder einem Gemisch aus 30% Solvent u. 70% A. umkrist. wird. Die Ausbeute an I beträgt bis zu 4% des Anthracenöls u. sinkt mit zunehmendem Pyren-Geh. im Rohdestillat stark ab. Helmut Schäfer. H 2950

Herstellung von Melamin aus Harnstoff. M. Michailow und Ch. Alaminow. (Химическая Промышленность [Chem. Ind.] **1961,** 319—25, Mai; Sofia, Forsch.-Inst. für chem. Ind.; russ.) — Nach einem umfassenden Überblick über die Literatur werden einige Verss. über den Einfl. einiger Faktoren auf die Ausbeute an *Melamin* (I) aus Harnstoff (II) u. NH_3 mitgeteilt. Das optimale Verhältnis II : NH_3 ist 1 : 0,75. Die größte Drucksteigerung erfolgt zwischen 270 u. 330°. Mit zunehmender Füllung des Autoklaven nimmt die I-Ausbeute (bei 400°) ab. Mit zunehmender Rk.-Dauer erreicht sie nach 15—30 Min. ein Maximum u. fällt dann wieder. Das aus II ohne NH_3 erhaltene I kondensiert mit CH_2O doppelt so rasch wie techn. I (F. 302°) u. löst sich langsamer in CH_2O, enthält also zuviel Ammelid u. Ammelin. In Ggw. von NH_3 erhaltenes I kondensiert langsamer u. löst sich schneller als techn. I. Aus rohem I wird durch einmaliges Umkristallisieren aus sd. W. ein für die Kondens. mit CH_2O geeignetes Prod. erhalten. — 8 Literatur- u. 24 Patentangaben. R. K. Müller. H 3313□

Theodor Sabalitschka, Berlin, und Erich Boehm, Cardiff, England, **Verhinderung der Selbstoxydation chemischer Verbindungen.** Man setzt diesen Stoffen *Gallussäurealkoholester* hinzu. — Man löst in Ae. 0,01% Gallussäureäthylester. — In Ölsäure wird 0,1% eines Gemisches aus 30% Gallussäuremethylester u. 70% -propylester gelöst. (**D. B. P. 925 713** Kl. 12o vom 22/3. 1939, ausg. 28/3. 1955. Anmeldung bekanntgemacht 2/9. 1954. **Zusatz zu D. B. P. 889819.**) R. Schwechten. 6551

I. P. Zukerwanik, **Katalytische Alkylierung oder Acylierung aromatischer Verbindungen,** dad. gek., daß in Ggw. von hochdispersem Fe-Pulver gearbeitet wird. Größenverteilung der Partikel: 74 (%) $\leqq 3\mu$; 23,1 $= 4-8\mu$; 2,9 $= 9-15\mu$. — 18,4 (g) tert.-Butylchlorid, 38 Anisol u. 0,1 Fe-Pulver werden 5 Std. auf 90—95° erhitzt, danach wird mit W. verd., in Bzl. aufgenommen u. aufgearbeitet: 65% *p-[tert.-Butyl]-anisol*, $Kp._{730}$ 214—216°. (**UdSSR. P. 121 787** vom 17/12. 1958.) L. Großner. 6579

Ruhrchemie Akt.-Ges. (Erfinder: Walter Rottig), Oberhausen, **Eisenfällungskatalysatoren für die katalytische Kohlenoxidhydrierung.** An Stelle des metall. Fe-Pulvers, wie in Patent 892 437, wird die äquivalente Menge an gepulvertem Fe_2O_3 mit einer Korngröße $<250\mu$, bes. $1—10\mu$ der Fällungs-Lsg. während oder unmittelbar nach der Fällung, jedoch vor der Abtrennung des Nd. zugesetzt u. bei der nachfolgenden Trocknung, Red. u. sonstigen Nachbehandlung des Katalysators wird ein Erhitzen auf calcinierende Temp. vermieden. — Bldg. von CH_4, Estern, Aldehyden, Ketonen, Säuren. (**D. A. S. 1 007 754** Kl. 12o vom 6/2. 1953, ausg. 9/5. 1957. **Zusatz zu D. B. P. 892 437.**) E. Kahles. H 510

P. F. Werewkin, I. I.-L. Lachman, M. P. Nasarow, W. M. Nikanorow, W. P. Ssafonow, M. G. Schepelewa, M. A. Schumskaja und Ss. I. Erlich, **Abtrennung von Hexachloräthan** (I) aus Kontaktgasen der katalyt. Chlorierung von Dichloräthan durch Absorption der Gase in Dichloräthan oder CCl_4, Austreibung von Cl_2 u. HCl durch einen N_2-Strom, Verdampfen des Lsgm. u. Sublimation von **I** bei 170 bis 180° im N_2-Strom. Man gewinnt ein Prod. vom F. 182—183°. (**UdSSR. P. 122 142** vom 26/12. 1958.) L. Großner. H 510

S. Ss. Smoljan und K. Ss. Tschumakowa, **Herstellung von Vinylchlorid** durch alkal. Verseifung von Dichloräthan, dad. gek., daß die Verseifung in wss. Medium in Ggw. eines Gemisches von Sulfanol u. Polyäthylenglykol als Emulgatoren durchgeführt wird, wobei die Bldg. von Glykolen u. Acetylen verringert wird. (**UdSSR. P. 122150** vom 17/12. 1958.) L. Großner. H 520

Dow Chemical Co., Midland, Mich., übert. von: William H. Taplin III, Concord, Calif., V.St.A., **Isomerisation von 1.3-Dichlorpropen zu 3.3-Dichlorpropen-(1).** Man führt dampfförmiges 1.3-Dichlorpropan durch eine Rk.-Zone von 400—600°, bes. 450—575°, mit einer Verweilzeit von 1—30, bes. 3—12 Sek. u. isoliert das entstandene 3.3-Dichlorpropen-(1) durch fraktionierte Dest. u. Rückführung des nicht isomerisierten Teils. Verw. des Prod. bes. gegen Nematoden oder als Ausgangs-Prod. zur Herst. von Acrolein, Thioacrolein oder Acetalen. — Vorrichtung. (**A. P. 2 846 483** vom 19/11. 1953, ausg. 5/8. 1958.) W. Gräger. H 520

M. Ja. Klimenko, A. T. Menjailo und S. Ja. Werchowskaja, **Herstellung von Isobutylen** durch Dehydratisierung von Trimethylcarbinol (I), dad. gek., daß eine wss. Lsg. von I mit stark sauren, Sulfogruppen enthaltenden Kationenaustauschern, z. B. KU-2, SDW-3 u. SBS, bei normalem oder erhöhtem Druck, bes. 4 at, auf 75—100° erhitzt wird. (**UdSSR. P. 122 746** vom 5/11. 1958.) L. Großner. H 520

Phillips Petroleum Co., V.St.A., **Abscheiden von Acetylen aus Gasen.** Das in kleinen Mengen enthaltene C_2H_2 wird zusammen mit CO_2, N_2 u. höheren KW-Stoffen (Kp. > Kp. des C_2H_2) mittels Dimethylformamid, Dimethylacetamid, Butyrolacton oder N-Methylpyrrolidon-(2) bei ca. —51° u. Atmosphärendruck aus dem Gasstrom, z. B. dem Abgas der Rußerzeugung, absorbiert. Nach dem gemeinsamen oder fraktionierten Abtreiben der absorbierten Gase aus dem Absorptionsmittel wird dieses in den Prozeß zurückgeführt, während die höheren KW-Stoffe mit n-Heptan, n-Hexan, n-Nonan, Isooctan, Bzl., Toluol, Xylol, Cyclohexan, Methylcyclohexan usw. u. CO_2 mit Diäthanolamin vom C_2H_2 abgetrennt werden. — Verfahrensschemata. (**F. P. 1165442** vom 23/10. 1956, ausg. 24/10. 1958.) P. Kühn. H 530

A. P. Skoldinow und T. W. Protopopowa, **Herstellung von β-Chlor- beziehungsweise -bromacrolein** durch Behandlung wss. Lsgg. von β.β-Dichlor- bzw. -brompropionaldehyden, bes. in Form der Hydrolyse-Prodd. von Verbb. der allg. Formel $CHX_2CH_2CH(X')(OR)$ (X u. X' = Cl oder Br; R = Alkyl oder Acyl), mit calcinierter Soda. — 13,1 (g) 1.1.3-Trichlor-3-methoxypropan u. 110 ml W. werden 3 Std. lang geschüttelt, wenig Öl wird abgetrennt, die wss. Schicht mit 10 calcinierter Soda versetzt, 10 Min. lang auf 40° erwärmt, mit NaCl gesätt. u. mit CH_2Cl_2 extrahiert. Nach Zusatz von etwas Hydrochinon wird unter N_2 aufgearbeitet: 31% *β-Chloracrolein*, $Kp._{60}$ 42—43,5°. — Aus Dibrompropionaldehyd *β-Bromacrolein*, $Kp._{36}$ 55—57°. (**UdSSR. P. 121 790** vom 8/1. 1958.) L. Großner. H 670

G. I. Ssamochwalow, L. A. Wakulowa, L. T. Shicharewa, G. W. Sserebrjakowa und N. A. Preobrashenski, **Herstellen von Citral.** Man setzt Methylheptenon (I) mit Tetraäthoxysilan u. abs. A. in Ggw. von Orthophosphorsäure u. 0,01 Gew.-% (bzgl. **I**) p-Toluolsulfonsäure (**II**) um, gibt nach 4 Tagen alkohol. NaOH zu, erwärmt u. behandelt mit W. u. organ. Lösungsmittel. Das so dargestellte **I**-Ketal wird mit Äthylvinyläther u. 10%ig. $ZnCl_2$-Lsg. in Eisessig in Ggw. von Spuren **II** umgesetzt

u. mit Bicarbonat u. organ. Lsgm. ausgeschüttelt. Das so gewonnene *1.1.3-Triäthoxy-3.7-dimethylocten-(6)* ($Kp._{0,2}$ 84—86°) wird mit Na-Acetat, wenig W. u. Eisessig 6 Std. lang auf 95—100° erhitzt, nach Zugabe von Bicarbonat wird das entstandene *Citral*, $Kp._1$ 54—56°, mit Lsgm. ausgeschüttelt. (**UdSSR. P. 118 496** vom 20/5. 1958.) B. Pankow. H 670

Soc. An. des Produits Chimiques Shell/St.-Gobain, Frankreich (Erfinder: Claude Flamion), **Regenerierung eines Katalysators** aus Schwermetallen, z. B. Ni, oder ihren Oxiden oder Salzen oder Gemischen dieser Stoffe auf einem inerten Träger, z. B. gebranntem Ton, durch Behandlung mit ca. 30%ig. HNO_3, ohne vorhergehendes Abbrennen, bei 80—120° u. anschließend mit einer Nitrat-Lsg. der im Katalysator enthaltenen Metalle, die z. B. aus der Behandlung des Katalysators mit HNO_3 erhalten worden sein kann. — Herst. von *Methylisobutylketon* aus Mesityloxid. (**F. P. 1 166 575** vom 28/12. 1956, ausg. 13/11. 1958.) P. Kühn. H 710

B. W. Kryssinski, **Herstellen von Essigsäure und Ameisensäure** durch Oxydation von Holzspänen in wss.-alkal. Lsg. (1,2% Na_2CO_3) mit (Luft-)O_2. Dabei kann man das eingesetzte Alkali zurückgewinnen, indem man die entstandenen u. eingedampften Alkalisalze bei 16—30° u. 30—40 at mit CO_2 in Ggw. eines bicarbonatunlösl. Lsgm. (Aceton) zersetzt, wobei gleichzeitig die freien Säuren entstehen u. im Lsgm. aufgefangen werden. (**UdSSR. P. 118 497** vom 27/7. 1951.) B. Pankow. H 810

United States Rubber Co., New York, N.Y., übert. von: Elbert Clinton Ladel, Passaic, N.J., V.St.A., **Herstellung von Ketoestern**, dad. gek., daß man einen prim. aliphat. Aldehyd in Ggw. eines Peroxidkatalysators (Diacylperoxid) mit dem Allylester einer einbas. Säure umsetzt. — *3-Acetopropylacetat*, aus Acetaldehyd u. Allylacetat. (**Can. P. 555 091** vom 26/4. 1947, ausg. 25/3. 1958.) S. Böttcher. H 810

A. Ja. Jakubowitsch, T. G. Spiridonowa und P. O. Gitel, **Herstellung α-fluorsubstituierter aliphatischer Säuren** durch Umsetzung von Arylsulfonaten von α-Cyanalkoholen mit Alkalifluoriden in Di- oder Triäthylenglykol u. Verseifung der erhaltenen α-Fluornitrile. — Zu 60 g geglühtem KF in 200 ml Diäthylenglykol werden bei 3—5 Torr 92 g Glykolnitrilbenzolsulfonat in 30 ml Diäthylenglykol gegeben, wobei die Temp. am Anfang 80°, am Ende der Rk. 120° beträgt. Das abdestillierte α-Fluoracetonitril wird nochmals fraktioniert: $Kp._{765}$ 80°; 77% (Ausbeute). 20 g Nitril werden bei 40° durch Zutropfen zu 40 ml HCl (D. 1,175) verseift. Die Säure wird mit Ae. extrahiert u. nach Verdampfen des Ae. mit Chlf. trocken dest.: *α-Fluoressigsäure*, Kp. 164 bis 167°; 86%. — Analog: Aus Lactonitrilbenzolsulfonat α-Fluorpropionitril, Kp. 82 bis 83°; 72%; daraus *α-Fluorpropionsäure*, $Kp._{40}$ 72,5—73,5°; 76%. — Aus α-Cyanpropylbenzolsulfonat α-Fluor-n-butyronitril, $Kp._{100}$ 32—33°, $Kp._{765}$ 102—103°; 53,8%; daraus *α-Fluor-n-buttersäure*, $Kp._{15}$ 79—82°; 68%. — Aus α-Cyanbutylbenzolsulfonat α-Fluor-n-valeronitril, Kp. 122—124°; 33,2%; daraus *α-Fluor-n-valeriansäure*, $Kp._{15}$ 89,5—92°; 51%. (**UdSSR. P. 122 744** vom 26/12. 1958.) L. Großner. H 810

A. Ja. Jakubowitsch und Ss. M. Rosenschtein, **Herstellen von α-Chlor-β-bromtrifluorpropionsäure** (**I**) u. ihren *Estern* durch alkal. Permanganatoxydation von 1.1.2-Trifluor-1-brom-2-chlorpenten-(3) (**II**), das man auf folgendem Wege erhält: $CF_2 = CFCl + Br_2 \rightarrow CF_2Br - CFBrCl$ (**III**); **III** + $CH_3 - CH = CH_2 \rightarrow CF_2Br - CFCl - CH_2 - CHBr - CH_3$ (**IV**); **IV** + KOH → **II**. — Während 8 Std. läßt man 75 (g) **II** bei 60° in eine Lsg. aus 750 ml W. u. 150 alkal. Permanganat tropfen, versetzt bei 10° mit 400 ml 15%ig. H_2SO_4 u. leitet bei 0° bis zur Entfärbung SO_2 ein. Nach der Abtrennung der überschüssigen **II**-Schicht wird die wss. Phase ausgeäthert; aus der Ae.-Lsg. erhält man 20 **I**, $Kp._5$ 77—80°; $D._4^{20}$ 1,949; n_D^{20} 1,4180; Mol.-Refr.$_D$ = 31,2. Veresterung wie üblich, z. B. mit Methanol oder A.: *Methylester*, $K._{57}$ 71—72°; $D._4^{20}$ 1,782; n_D^{20} 1,4056; Mol.-Refr.$_D$ = 35,19. *Äthylester*, $Kp._{60}$ 82—84°; $D._4^{20}$ 1,666 n_D^{20} 1,4058; Mol.-Refr.$_D$ = 39,71. (**UdSSR. P. 118 816** vom 18/8. 1958.) B. Pankow. H 810

Nopco Chemical Co., Harrison, übert. von: Joseph Cunder, East Orange, und Francis J. Licata, West Caldwell, N.J., V.St.A., **In Wasser dispergierbare Metallseifen** bestehen aus einem festen Gemisch einer in W. unlösl. Seife einer gesätt. Fettsäure mit 10—22 C-Aomen, z. B. einem wasserunlösl. Metallstearat (Al-stearat), u. Alkylarylsulfonsäuren u./oder deren Alkalimetallsalzen, wobei deren Alkylrest bis zu 22 C-Atome enthalten kann. (**Can. P. 553 377** vom 16/7. 1954, ausg. 18/2. 1958. A. Prior. 7/11. 1953.) H.-J. Nitzschke. H 810

American Cyanamid Co., New York, N.Y., übert. von: Hans Z. Lecher, Plainfield, und Clement L. Kosloski, Bound Brook, N.J., V.St.A., **Herstellung von Halogenformamidinhydrohalogeniden** der allg. Formel $X-C(NH_2)=NH \cdot HX$ (X = Cl oder Br), dad. gek., daß man Kalkstickstoff bei ca. 35° mit wss. HCl oder HBr umsetzt. (**Can. P. 554 463** vom 30/4. 1954, ausg. 18/3. 1958.)
S. Böttcher. H 880

G. I. Wilessow, W. M. Kosin und P. Je. Ssokolow, **Herstellung von Harnstoff** aus CO_2 u. NH_3. Aus dem bei der Zers. des Carbamats anfallenden CO_2–NH_3-Gemisch wird NH_3 durch eine wss. Lsg. von Borsäurekomplexen von Polyhydroxy-Verbb. absorbiert, z. B. durch eine wss. Lsg. von 8,3 (Gew.-%) Pentaerythrit u. 2,5 H_3BO_3 bei 15—40°. Die Regenerierung der Absorptions-Lsg. erfolgt durch Erhitzen auf 132° unter 1,75 at. (**UdSSR. P. 122 149** vom 22/12. 1958.) L. Großner. H 880

W. A. Rudenko, A. Ja. Jakubowitsch und T. Ja. Nikiforowa, **Herstellen von Dialkylcarbaminsäurechloriden** durch gleichzeitiges Einleiten von tert. Aminen u. $COCl_2$ in einen erhitzten Reaktor oder ein erhitztes Lösungsmittel. — Trimethylamin läßt man bei 140—300° mit einem 10—15%ig. Überschuß von $COCl_2$ durch einen Reaktor strömen u. das entstandene *Dimethylcarbaminoylchlorid,* Kp. 167°, $Kp._{20}$ 67°, kondensieren. Aus der verbliebenen Gasphase kann man nach der Abtrennung von $COCl_2$ *Methylchlorid* gewinnen. (**UdSSR. P. 118 507** vom 22/7. 1939.) B. Pankow. H 880

General Mills, Inc., übert. von: David E. Terry, Minneapolis, Minn., und Jakob L. Jakobsen, Menlo Park, Calif., V.St.A., **Herstellung von Diaminen,** dad. gek., daß man Fettsäuredinitrile, die aus der Dimerisation ungesätt. Fettsäuren mit 8—22 C-Atomen stammen, bei 100—200° u. einem H_2-Druck von 100 bis 200 lbs./sq.in. in Ggw. von red. Ni-Borat reduziert. (**Can. P. 554 949** vom 16/2. 1953, ausg. 25/3. 1958.) S. Böttcher. H 910

Olin Mathieson Chemical Corp., Baltimore, Md., übert. von: Ralph E. Morningstar, Niagara Falls, N.Y., und Edwin L. Sokol, Edgewood, Md., V.St.A., **Herstellung von β-Hydroxyäthylhydrazin.** Zu E. P. 776 113; C. **1958,** 7895 ist zu ergänzen: Das Mol-Verhältnis von Hydrazin zu Äthylenoxid ist 5—50 : 1, bes. 10—30 : 1, die Rk.-Temp. 30—100°, bes. 50—70°. Das Rk.-Prod. wird fraktioniert u. das nebenbei gebildete Hydrazinhydrat in die Rk. zurückgeführt. — Verf.-Schema. (**Can. P. 554 687** vom 22/10. 1954, ausg. 18/3. 1958. A. Prior. 31/8. 1954.) S. Böttcher. H 920

R. W. Dshagazpanjan, W. I. Setkin und M. P. Maximow, **Chlorierung von Alkylgruppen** bei normaler Temp. unter Einw. von γ-Strahlung, z. B. einer Co-Quelle. — Aus Trimethylchlorsilan u. fl. Cl_2 (bei 120 r/s) erhält man nach Fraktionierung *Chlormethyldimethylchlorsilan* neben anderen Produkten. — Aus Äthylchlorsilan u. fl. Cl_2 (bei 65 r/s) u. a. Gemische von α- u. *β-Chloräthyltrichlorsilan.* (**UdSSR. P. 118 500** vom 30/7. 1957.) B. Pankow. H 980

Midland Silicones Ltd., London, England, **Silane der Formel** $R_nSi(OCHR^2 \cdot CH_2NR^1_2HY)_{4-n}$ erhält man durch Rk. von Silanen der Formel R_nSiY_{4-n} mit Aminen (I) der Formel $R^1_2NCH_2CHR^2OH$; wenigstens 1 R ist eine Kohlenwasserstoffoxygruppe (mit Ausnahme von Alkoxy), während die restlichen R KW-Stoffreste, H oder Alkoxygruppen sind; n bedeutet 1—3, R^2 ist H oder CH_3, R^1 ein KW-Stoffrest mit < 11 C-Atomen, H oder ein Hydroxyalkylrest mit 2—3 C-Atomen u. Y Cl oder ein Acyloxyrest mit < 4 C-Atomen. Durch partielle Hydrolye der Silane erhält man deren partielle Hydrolysate, die man auch durch Rk. von I mit Halogen- oder Acyloxysiloxanen erhalten kann. — Ein Gemisch von 194 (g) Stearyltrichlorsilan u. 240 Polyäthylenglykol (Molgew. 600) wird auf 199° erhitzt, wobei HCl entweicht. 240 des Rk.-Prod. werden mit 48,7 Diäthyläthanolamin in 492 tert.-Butanol versetzt. Das Prod. ist in W. löslich. — Mittel zur Behandlung von Glasfasern, Mauerwerk, Textilfasern, Papier, Holz, Metall u. Kunststoffen. (**E. P. 789 950** vom 22/5. 1956, ausg. 29/1. 1958. A. Prior. 17/8. 1955. **Zusatz zu E. P. 786 452.**) J. Mühleisen. H 980

W. R. Grace & Co., New York, N.Y., übert. von: Frederick T. Fitch, Baltimore, Md., V.St.A., **Herstellung von Fluorsilanen** der allg. Formel $R_aSiCl_bF_{(4-a-b)}$ (a = 1—3; b = 0—2; R = Alkyl- oder Arylrest), dad. gek., daß man eine feinverteilte, elementares Si enthaltende Masse bei 300—400° mit einem Alkylchlorid u. SiF_4 im Mol-Verhältnis 0,5—3 : 1 umsetzt. — *Methyltrifluorsilan,* aus Methylchlorid. (**Can. P. 554 622** vom 27/8. 1956, ausg. 18/3. 1958.) S. Böttcher. H 980

N. F. Radsewentschuk, **Alkylierung aromatischer Kohlenwasserstoffe** mit Olefinen bei 70—80°. — Herst. von *Amylbenzolen*: Bzl. wird mit wenig Amylen u. 50% (der gesamten Rk.-Partner) bei 160° getrockneten Aluminosilicaten (Gumbrin) versetzt. Bei 20—60° wird 45 Min. HCl eingeleitet, dann auf 20° gekühlt u. je Mol Bzl. 0,4 Mol Amylen eingeleitet. Nach 3std. Stehen bei Raum-Temp. wird 8 Std. auf 70—80° erwärmt, der Katalysator abgetrennt u. mit Dampf zur Gewinnung adsorbierter Rk.-Prod. behandelt, u. die vereinigten Prodd. werden fraktioniert: Kp. 175—210°, n_D^{20} 1,4892, u. Kp. 210—255°, $n_D^{19,5}$ 1,4902; Ausbeute an *Amylbenzolen* 50%. (**UdSSR. P. 121 788** vom 25/12. 1958.) L. Großner. H 1010

Shell Development Co., New York, N.Y., übert. von: Lloyd C. Fetterley, El Cerrito, Calif., V.St.A., **Aromatische Verbindungen.** Zu A. P. 2 819 322; C. **1959,** 5298 ist zu ergänzen: Man erhält p-Xylol aus p.p'-Dimethyldiphenylmethan. Katalysatoren sind Aktivkohle oder eine Ni–W-Sulfidverbindung. (**Can. P. 555 056** vom 11/12. 1954, ausg. 25/3. 1958. A. Prior. 21/12. 1953.) S. Böttcher. H 1010

I. A. Ajsenschtat und A. M. Schkrob, **Abtrennung von 3.5-Dinitro-1.2-xylol aus Gemischen von Nitroxylolen** durch Kristallisation aus Aceton–Isopropanol. — 50 g Nitrierungs-Prodd. von o-Xylol werden bei 35° in 450 ml Aceton–Isopropanol (1 : 9 Vol.) gelöst, die Lsg. wird bei 1—3° $2^1/_2$ Std. gerührt, filtriert u. mit Isopropanol u. Methanol gewaschen: 12 g Roh-Prod., F. 64—68°, daraus aus Methanol 10,7 g, F. 72 bis 74°. (**UdSSR. P. 122 143** vom 31/12. 1958.) L. Großner. H 1010

A. W. Tschertorishski, G. G. Gorjatschewa und A. Ju. Bruk, **Herstellen von Phenol und Aceton** aus Isopropylbenzol durch saure Zers. des durch Oxydation entstandenen Isopropylbenzolperoxids. Dabei enthält die entstandene Mischung 0,05 bis 0,1% H_2SO_4, die man statt durch Neutralisation mit Hilfe eines Melamin-Anionits (z. B. AN-1) in einem Skrubber entfernen kann. Der verbrauchte Austauscher wird mit 5%ig. NaOH u. W. regeneriert. (**UdSSR. P. 118 415** vom 27/6. 1958.) B. Pankow. H 1060

I. F. Bajew, I. W. Baranowa, N. L. Wolodin, W. I. Shitkow, L. A. Morosow und N. A. Oparin, **Zerlegung der Harzabfälle der Phenol–Aceton-Herstellung.** Die Harze werden mit Fe-Spänen in einer Kolonne, deren Temp. im Sumpf 270—360°, im Kopf 180—220° beträgt, gekocht. Man erhält ein Destillat mit 30—35(%) *Phenol,* 25—30 *α-Methylstyrol,* 25—30 *Isopropylbenzol* u. 7—15 *Acetophenon* neben 30—50 Rückstand. (**UdSSR. P. 121 796** vom 12/11. 1958.) L. Großner. H 1060

M. Ja. Kraft und A. M. Zyganowa, **Herstellung von 2.3.5-Trimethylhydrochinon** (**I**) aus Mesitylhydroxylamin (**II**). Zu 280 ml 9%ig. H_2SO_4 werden bei 0—4° in 25 Min. 11 (g) II gegeben. Es wird 2 Std. lang gerührt, mit calcinierter Soda gegen Lackmus neutralisiert u. mit Kohle gereinigt. Danach werden 50 Vaseline, 14,2 konz. NaOH u. 2 ml 40%ig. $NaHSO_3$-Lsg. zugesetzt, u. es wird $1^1/_2$ Std. auf 90—95° erwärmt. Nach Abkühlen wird die wss. Schicht mit 700 ml 40%ig. H_2SO_4 u. 2 ml 40%ig. $NaHSO_3$-Lsg. versetzt: 6 I. (**UdSSR. P. 122 152** vom 19/12. 1958.) L. Großner. H 1060

Dominion Rubber Co. Ltd., Montreal, Quebec, übert. von: Marshall Kulka, Guelph, Ontario, Canada, **Herstellung von o-Halogenphenolen,** dad. gek., daß man p-[tert.-Butyl]-phenol halogeniert u. das gebildete p-[tert.-Butyl]-o-halogenphenol in Bzl. mit $AlCl_3$ behandelt. — *2.6-Dichlorphenol,* aus 2.6-Dichlor-4-[tert.-butyl]-phenol. (**Can. P. 555 267** vom 20/10. 1954, ausg. 1/4. 1958.) S. Böttcher. H 1060

Imhausen & Cie. G. m. b. H., übert. von: Ewald Katzschmann, Witten/Ruhr, **Herstellung aromatischer Carbonsäuren** durch Bldg. von leichter oxydierbaren funktionellen Derivv. (Ester, Äther) aus aromat. Alkoholen u. Oxydation in fl. Phase mit einem O_2 enthaltenden Gas bei höherer Temp. in Ggw. eines Oxydationskatalysators. — Vgl. E. P. 730 474; C. **1956,** 11564. (**Can. P. 558 633** vom 6/8. 1952, ausg. 10/6. 1958. D. Prior. 6/8., 13/8. 1951 u. 25/3. 1952.) H.-J. Nitzschke. H 1200

British Celanese Ltd., London, England (Erfinder: James Lincoln und Kenneth Darling Grice), **Herstellung aromatischer Polyester.** Die Rk. zwischen den Alkalisalzen aromat. Dicarbonsäuren u. Glykolhalogenhydrin nach E. P. 634 609 erfolgt jetzt in Ggw. von Glykol als Rk.-Medium oder in Ggw. von W. bei einem Wasserüberdruck u. bei >100°, bes. bei 130—180°. Die Ester-Bldg. u. die Polymerisation werden dadurch beschleunigt. — 10,5 (Teile) Na-Terephthalat, 12,08 Äthylenchlorhydrin (I) u. 33 Äthylenglykol (II) werden 3 Std. auf 160—170° erhitzt. Nach Zugabe von abs. C_2H_5OH wird filtriert u. das Filtrat zuerst bei normalem Druck, dann bei 8 mm Hg zur Entfernung von C_2H_5OH, überschüssigem I u. II erhitzt. Die feste Masse wird mit 50 W. erhitzt, auf 0° abgekühlt, filtriert, mit Eiswasser gewaschen u. getrocknet. Das Prod. besteht hauptsächlich aus dem Bis-glykolester der Terephthalsäure, neben etwas Monoester u. freier Säure; es ist lösl. in C_2H_5OH, F. 100—250°. (**E. P. 753 214** vom 21/5. 1952, ausg. 18/7. 1956. **Zusatz zu E. P. 634 609.**) J. Mühleisen. H 1220

Imperial Chemical Industries Ltd., London, übert. von: Edmund C. Owen, Manchester, Lancashire, England, **Herstellung von Polyestern,** dad. gek., daß man Terephthalsäure (I) in wss. Medium in Ggw. eines Kondens.-Prod. aus Octylkresol u. Äthylenoxid u. Na- oder K-Terephthalat bei 60—120, bes. 95—100°, mit Äthylenoxid zu *Bis-[β-hydroxyäthyl]-terephthalat* umsetzt, wobei das Mol-Verhältnis W.:I ca. 8:1 beträgt. (**Can. P. 555 359** vom 16/8. 1954, ausg. 1/4. 1958. E. Prior. 31/8. 1953.) S. Böttcher. H 1220

Ss. Ss. Nametkin, N. A. Dsbanowski und N. A. Faworskaja, **Herstellung von 2.4-Dichlorphenoxyessigsäure** (I). 80 (g) 2.4-Dichlorphenol u. 70 techn. Chloressigsäure werden geschmolzen, die Schmelze wird auf 20—25° abgekühlt u. mit 156 40%ig. wss. NaOH versetzt, wobei die Temp. bei 40—60° gehalten wird. Danach wird 2 Std. bei 60—65° gerührt, 3—4 Std. auf 100° erhitzt, mit 150—200 ml heißem W. versetzt u. noch 1 Std. erhitzt. Das erhaltene *Na-Salz* wird mit verd. Alkali u. W. gewaschen, in W. gelöst u. die Lsg. mit HCl kongosauer gestellt: 78% I, F. 139—140° (35%ig. CH_3COOH). (**UdSSR. P. 118 508** vom 23/4. 1948.) L. Großner. H 1250

Ss. Ss. Nametkin, N. A. Dsbanowski, N. A. Faworskaja und Ch. Ja. Rawjer, **Herstellen von α-[2.4-Dichlorphenoxy]-buttersäure** aus 2.4-Dichlorphenol u. α-Brombuttersäure in wss.-alkal. Lsg. bei anfangs normaler Temp., dann bei 60° u. zuletzt bei 90—95°. Nach Abkühlen u. 2tägigem Stehenlassen bildet sich das *Na-Salz* des Prod. aus der wss. Lsg., das mit 10%ig. HCl in die freie *Säure* verwandelt wird. (**UdSSR. P. 118 509** vom 21/6. 1948.) B. Pankow. H 1250

M. Ja. Kogan, E. Ss. Grigorjan und I. M. Zatzko, **Herstellen von Anilin aus Nitrobenzol,** dessen Dämpfe mit H_2 bei 240—300° über einen $Ni/V_2O_5/Al_2O_3$-Katalysator geleitet werden. Der Katalysator zeigt geringe Zers., schließt Kernhydrierung aus u. ist gegen geringe Mengen S-Verbb. unempfindlich (H_2S-Bldg.). Regenerierung nach 300—500 Arbeits-Std. mit Luft bei Rk.-Temperatur. (**UdSSR. P. 118 505** vom 3/8. 1938.) B. Pankow. H 1310

Soc. des Usines Chimiques Rhône-Poulenc, Frankreich (Erfinder: Robert Michel Jacob), **Herstellung von allo-1-[p-Nitrophenyl]-2-aminopropandiol-(1.3),** dad. gek., daß man das Kondens.-Prod. aus p-Nitrobenzaldehyd u. Phthalimidoacetaldehyd mit $NaBH_4$ in Methanol red. u. das entstehende *1-[4'-Nitrophenyl]-2-[2''-carboxyphenylcarboxylamino]-propandiol-(1.3)*, F. 177°, hydrolysiert. (**F. P. 60 840** vom 15/6. 1950, ausg. 31/1. 1955. **Zusatz zu F. P. 1017 784.**) S. Böttcher. H 1320

Soc. des Usines Chimiques Rhône-Poulenc, Frankreich (Erfinder: Robert Michel Jacob und Jacques Georges Robert), **Herstellung von allo-1-[p-Nitrophenyl]-2-aminopropandiol-(1.3),** dad. gek., daß man α-Phthalimidoacetaldehyd (I) u. p-Nitrobenzaldehyd in Ggw. von Alkalihydroxid kondensiert zu einem Additions-Prod. von 1-[4'-Nitrophenyl]-1-hydroxy-2-phthalimidopropanal-(3) u. I. Dieses wird bei ca. 190° zersetzt u. mit $NaBH_4$ red. zu *1-[4'-Nitrophenyl]-2-[2''-carboxybenzoylamino]-propandiol-(1.3)*. (**F. P. 62 589** vom 13/4. 1951, ausg. 15/6. 1955. **Zusatz zu F. P. 1017 784.**) S. Böttcher. H 1320

Soc. des Usines Chimiques Rhône-Poulenc, Frankreich (Erfinder: Robert Michel Jacob), **Herstellung von allo-1-[p-Nitrophenyl]-2-aminopropandiol-(1.3),** dad. gek., daß man 2-Phthalimidoäthanal mit 4-Nitrobenzaldehyd kondensiert u. das entstehende Prod. ohne Isolierung mit K-Borhydrid zu *1-[4'-Nitrophenyl]-2-[2''-carboxybenzoylamino]-propandiol-(1.3)*, F. 167°, reduziert. (**F. P. 64 202** vom 18/7. 1951, ausg. 9/11. 1955. **Zusatz zu F. P. 1017 784.**) S. Böttcher. H 1320

N. I. Schirokowa, A. N. Kaganowskjaa, I. W. Aleksandrow und I. A. Ajsenschtat, **Herstellung von 4-Aminobenzoylessigsäureestern und -aniliden** durch katalyt. Red. der entsprechenden p-Nitro-Verbb. bei Raum-Temp. u. 20—25 at in Ggw. von NH_3 oder prim. aliphat. Aminen als Rk.-Aktivatoren. — 2800 ml CH_3OH, 474 (g) 4-Nitrobenzoylessigester, 40 50%ig. Katalysatorpaste (Ni-Mohr) u. Methyläthylamin oder NH_3 (bis zum Erreichen von pH 7,2—7,3) werden bei 20—25° unter 20—25 at hydriert. Am Ende des H_2-Verbrauchs wird filtriert, 2000 ml CH_3OH werden verdampft, u. der Rückstand wird auf 0° gekühlt; Ausbeute 75%. — Ferner sind die Rk.-Bedingungen zur Red. von 4-Nitro-2-stearoylaminobenzoesäure, 3-Stearoylamino-4-anilinocarbonyl-4'-nitrobenzoylessigsäure, 3.5-Dinitro-o-xylol, 3.5-Di-[6'-methyl-3'-nitrobenzoylsulfamido]-1.2-xylol u. 2-Nitro-4.3'.5'-tricarbomethoxydiphenyläther angegeben. (**UdSSR. P. 121 795** vom 7/3. 1958.) L. Großner. H 1350

Ss. A. Golubzow, N. N. Tischina und K. A. Andrianow, **Herstellung von Phenyltrichlorsilan** (I) durch Erwärmen von Bzl. u. Trichlorsilan (II) unter Druck, dad. gek., daß zur Erhöhung der Ausbeute in Ggw. von $SiCl_4$ gearbeitet wird. — 60 (g) Bzl., 68 $SiCl_4$ u. 17 II werden im Autoklaven 4 Std. auf 460° erwärmt (165 at). 169 Rk.-Prod. werden über eine Kolonne mit 15 theoret. Böden fraktioniert: 12,6% I. Ausbeute, bezogen auf II: 80%. (**UdSSR. P. 121 793** vom 8/12. 1958.) L. Großner. H 1380

E. I. du Pont de Nemours & Co., Wilmington, Del., übert. von: Melvin L. Huber, Pitman, N. J., V.St.A., **Herstellung von 1-Nitrocycloalkansulfonsäurederivaten,** dad. gek., daß man eine wss. Lsg. von SO_2, NH_4- oder Alkalisulfiten, -bisulfiten, -thiosulfaten oder -dithioniten bei 20—100° in mineralsaurem Medium mit der doppeltmol. Menge der wss. Lsg. eines Nitrocycloalkanalkalisalzes versetzt. — Beispiel: *1-Nitrocyclopentansulfonsäuresalze.* (**Can. P. 555 281** vom 29/12. 1956, ausg. 1/4. 1958.) S. Böttcher. H 1890

E. I. du Pont de Nemours & Co., Wilmington, Del., übert. von: Viktor Weinmayr, Landenberg, Pa., V.St.A., **Kondensationsprodukte aus Dicyclopentadienyl-Fe** u. Aldehyden, dad. gek., daß man die Kondens. mit Aldehyden der allg. Formel R—CHO (R = H oder KW-Stoffreste, bes. Phenylrest) bei 20—100° in wasserfreier, fl. HF durchführt u. die Rk.-Prodd. reduziert. (**Can. P. 555 278** vom 12/11. 1954, ausg. 1/4. 1958.) S. Böttcher. H 2180

S. C. Johnson & Son, Inc., übert. von: Sylvan O. Greenlee, Racine, Wis., V.St.A., **Ester der Hydroxyphenylpentansäuren** mit mehrwertigen Alkoholen, z. B. der 4.4-Bis-[hydroxyphenyl]-pentansäure oder deren Gemisch mit einer ungesätt. Säure (Ölsäure, Leinölfettsäuren, Ricinusölsäuren, Soja- oder Fischölsäuren) mit Glycerin, Pentaerythrit, Sorbit, Äthylenglykol oder Dipentaerythrit, werden durch Erhitzen der Komponenten miteinander erhalten. (**Can. P. 555 369** vom 10/4. 1956, ausg. 1/4. 1958.) S. Böttcher. H 2450

Bristol Laboratories, Inc., Syracuse, N.Y., übert. von: Stephen B. Binkley, Elmhurst, Ill., und Lee C. Cheney, Fayetteville, N.Y., V.St.A., **Säureadditionssalze von basischen Aralkyläthern** der allg. Formel $[Z-R_3-O-X(R_1)_m-R_2-Y(R_4)_n]A$ [R_1 u. R_4 = H, OH, Alkyl-, Alkoxy-, Amino-, Dialkylamino-, Nitro-, Cycloalkylgruppe oder Halogen; R_2 = Alkylen- (auch substituiert oder ungesätt.), Aralkylenrest, CO- oder CH(OH)-Gruppe; n, m = 1—4; X = Bzl.-, Naphthalin- oder Chinolinrest; Y = Phenyl-, Pyridyl-, Thiophen- oder Furanrest; R_3 = Alkylenrest mit 1—6 C-Atomen; A = Polycarbonsäurerest; Z = Piperidino-, Morpholino-, Thiomorpholino-, Piperazino-, Pyrrolidino-, Cycloalkylamino-, 2-Methylpiperidino-, Alkylamino-, Dialkylamino-, Δ^2-Tetrahydropyrimidyl-(2)- oder Δ^2-Imidazolinyl-(2)-rest oder der Rest $-C(:NH) \cdot N(Alkyl)_2$] werden durch Rk. wss. Lsgg. einer Polycarbonsäure (Citronen-, Äpfel-, Oxal-, Bernstein-, Phthal- oder Fumarsäure) mit dem entsprechenden bas. Äther erhalten. Solche Verbb. sind z. B. *2-Benzyl-* u. *2-[Thenyl-(2)]-1-[β-dimethylaminoäthoxy]-benzolcitrat.* (**Can. P. 557 581** vom 20/4. 1956, ausg. 20/5. 1958.) H.-J. Nitzschke. H 2520

Schering Akt.-Ges., Berlin, übert. von: Helmer Richter, Berlin-Grunewald, und Martin Schenck, Berlin-Frohnau, **1-Aminoindane** der allg. Formel I (R = H oder niedrigmol. Alkylgruppe; R' = aromat. KW-Stoffrest mit ≦10 C-Atomen oder niedrigmol. Alkylrest; A = NH_2-, durch niedrigmol. Alkylgruppen mono- oder disubstituierte Aminogruppe oder 5- bzw. 6gliedrige N-heterocycl., durch das N-Atom an den Indankern gebundene Gruppe), z. B. *3-Phenyl-* oder *3-Phenyl-3-methyl-1-dimethylaminoindan,* werden aus entsprechenden 1-Ketoindanen durch Red. in Ggw. von Schwermetallkatalysatoren, Ersatz der gebildeten OH-Gruppe durch Halogen u. Rk. der Halogen-Verb. mit dem entsprechenden Amin erhalten. (**Can. P. 557 757** vom 2/11. 1954, ausg. 20/5. 1958. D. Prior. 6/11. 1953.) H.-J. Nitzschke. H 2650

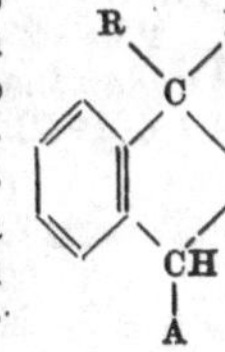

I

Cities Service Research & Development Co., New York, N.Y., übert. von: William B. Hughes, Tulsa, Okla., und Everett B. Fisher, Brentwood, Mo., V.St.A., **Salze von Naphthalinsulfonsäuren.** Man mischt 2 (Mol) Heptaldehyd, $1^1/_4$ eines Alkylamingemisches mit 12 C-Atomen u. 0,75 Tetraäthylenpentamin, erhitzt das Gemisch 1 Std. auf 140° u. neutralisiert mit propylierter Naphthalinsulfonsäure bis zum Umschlagspunkt von Methylorange. (**Can. P. 554 515** vom 14/8. 1953, ausg. 18/3. 1958.) S. Böttcher. H 2700

N. I. Wolynkin, **Herstellen von 1-Phenylpyrazolidon-(3)** durch Umsetzung von Acrylsäureestern oder β-Halogenpropionsäuren bei 90—100° mit Phenylhydrazin-Derivv., bes. mit dem Na-Salz der Phenylhydrazin-N-sulfonsäure. Diese erhält man durch Diazotierung von Anilin unter nachfolgender Sulfonierung mit Na_2SO_3 in wss. Lsg. bei 90°, worauf man sofort bei 50° u. pH 7—7,5 z. B. Acrylsäureester einfließen läßt. (**UdSSR. P. 118 823** vom 16/6. 1958.) B. Pankow. H 3122

M. N. Schtschukina, G. Ss. Predwoditeljewa, Ju. M. Rosanowa und Ju. P. Aronson, **Herstellung von 2-Amino-5-mercapto-1.3.4-thiadiazol,** F. 230 bis 231°, durch Cyclisierung von Hydrazindicarbothioamid mit 20%ig. techn. HCl bei 100—102° in Ggw. von Sn, das man zum Schluß aus der Mutterlauge mit calcinierter Soda u. Zn bei 40—50° wiedergewinnt. (**UdSSR. P. 118 504** vom 20/5. 1958.) B. Pankow. H 3173

I. L. Kotljarewski und L. I. Wereschtschagin, **Herstellung eines Gemisches von 2.6- und 2.4-Dimethyl- und 2.4.6-Trimethylpyridinen** durch Umsetzung von Vinylacetylen (I) mit NH_3 u. Aceton bei 340—450° in Ggw. von Al–Cd-Katalysatoren. — Ein Gemisch von 1 (Mol) I u. 3 Aceton wird mit 3—7 NH_3 bei 340—350° mit 0,7 Liter/Liter Katalysator/h durch einen CdO-Al_2O_3 (30:70)-Katalysator geführt: 75 (%) *2.6-Lutidin*, 16,5 *2.4-Lutidin* u. 7 *2.4.6-Kollidin*. (**UdSSR. P. 121 794** vom 17/7. 1958.) L. Großner. H 3231

W. G. Chomjakow und Ss. Ss. Kruglikow, **Herstellung von Pyridincarbonsäuren** durch elektrolyt. Oxydation von Picolinen oder deren Methylol-Verbb. oder von Chinolin in einem Elektrolysegefäß mit saurem Anoden-, neutralem Mittel- u. alkal. Kathodenraum. — *Nicotinsäure* (II) aus 3-Picolin (I): Der Anodenraum enthält 30—45%ig. H_2SO_4 mit 50—200 g/Liter techn. I, der Mittelraum gesätt. Na_2SO_4-Lsg. mit Bodenkörper, der Kathodenraum Na_2SO_4-Lösung. Anode: Pb; Kathode: beliebig, gegen Alkali beständig mit schwacher H_2-Überspannung. Stromdichte 1—10 A/dm²; Temp. 20—50°. Je kg I werden 2500—3000 Ah benötigt. Nach beendeter Elektrolyse werden die Elektrolyte vereinigt, phenolphthalein-alkal. gestellt, u. nicht umgesetztes I wird mit Dampf destilliert. Danach wird II bei pH 3,5—4,5 als Cu-Salz gefällt, dieses wird mit Alkali gelöst u. nach Abtrennung von CuO wird die II mit konz. HCl gefällt; Ausbeute 55—65%. (**UdSSR. P. 122 147** vom 3/6. 1958.) L. Großner. H 3231

Ju. I. Tschumakow, A. I. Mednikow und R. I. Wirnik, **Herstellen von Nicotinsäureestern** durch Veresterung von Nicotinsäure (I) mit Alkoholen in Ggw. von H_2SO_4 in Lsgm. (Bzl., Toluol u. a.), die zur ständigen Wasserabscheidung mit W. azeotrope Gemische bilden. — Zu 50 (g) I, 250 ml A. u. 250 ml Bzl. tropft man 60 konz. H_2SO_4, erwärmt zum Sieden u. rektifiziert an einer Kolonne mit 15—20 theoret. Böden. Die Rk.-Masse wird nach dem Abziehen von A. u. Bzl. abgekühlt, in 100—150 ml W. gelöst u. mit Soda auf pH 9—10 gebracht, wobei Schichtentrennung eintritt. Die obere Phase ist *Nicotinsäureäthylester*, $Kp._3$ 108—110°. (**UdSSR. P. 118 584** vom 28/8. 1958.) B. Pankow. H 3231

A. F. Bechli, **Herstellung von 4-[Alkyl- und Arylamino]-chinolinen** durch Kondens. von 4-Keto-1.2.3.4-tetrahydrochinolinen mit aliphat. oder aromat. Aminen. — 3,2 (g) 4-Keto-7-chlor-1.2.3.4-tetrahydrochinolin u. 4 1-Diäthylamino-4-aminopentan werden auf 150° erhitzt, darauf wird Xylol zugesetzt u. unter Temp.-Steigerung auf 180—200° das Rk.-Wasser abdestilliert. Nach Kühlung wird in verd. HCl gelöst, filtriert u. alkal. mit Bzl. extrahiert: 2,2 *7-Chlor-4-[β-diäthylamino-α-methylbutylamino]-chinolin*, $Kp._{3-4}$ 230—235°, F. 88,5—89,5°. *Oxalat* F. 139° (Zers.; A.–Aceton). — Analog: *7-Chlor-4-[phenylamino]-chinolin*, F. 207—207,5° (A.); Ausbeute 33,6%. (**UdSSR. P. 122 751** vom 7/6. 1952.) L. Großner. H 3231

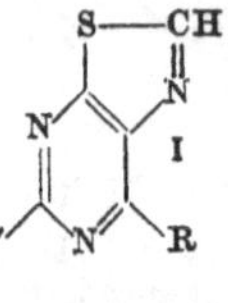

Wellcome Foundation Ltd., London, England, übert. von: George H. Hitchings, Tuckahoe, und Gertrude B. Elion, Bronxville, N.Y., V.St.A., **Thiazolo-[5.4: d]-pyrimidine** der allg. Formel I (R = NH_2 oder OH; R' = NH_2, OH, H), z. B. *5-Amino-7-hydroxy-*, *7-Amino-* oder *5.7-Dihydroxythiazolo-[5.4:d]-pyrimidin*, werden aus entsprechenden 4-Mercapto-5-aminopyrimidinen u. konz. HCOOH erhalten. — Vgl. E. P. 786 007; C. **1958**, 9299. (**Can. P. 557 466** vom 15/2. 1955, ausg. 13/5. 1958.) H.-J. Nitzschke. H 3272

N. W. Tuturin und Ja. M. Jambikow, **Herstellung von β.β'-Bis-[1.1-dioxotetrahydro-1.4-thiazinyl-(4)]-diäthylsulfon** (I), $C_{12}H_{24}N_2O_6S_3$, durch Rk. von *β.β'*-Dichlordiäthylsulfon (II) mit NH_3 in wss. oder alkohol. Lösung. Durch eine Lsg. von 84 (g) II in A. wird 2—3 Std. unter Erwärmen auf 45—50° NH_3 geleitet u. der Nd. aus W. umkrist.: 26—36 I, F. 207—208°. (**UdSSR. P. 120 515** vom 3/3. 1945.) L. Großner. H 3292

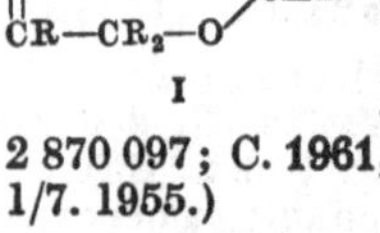

I

E. I. du Pont de Nemours & Co., übert. von: Dexter B. Pattison, Wilmington, Del., V.St.A., **Herstellung von Dioxepenen** der allg. Formel I (R = H, CH_3; R' = H, Alkylgruppe mit 1—6 C-Atomen oder Phenylrest), z. B. *1.3-Dioxepen-(5)*, durch Erhitzen äquimol. Mengen eines Diols HO—CR_2—CR=CR—CH_2OH mit einem Aldehyd R'CHO oder einem Acetal $(R''O)_2$CHR' (R'' = niedrigmol. Alkylrest) in Ggw. eines sauren Katalysators, z. B. p-Toluolsulfonsäure. — Vgl. A. P. 2 870 097; C. **1961**, 2114. (**Can. P. 557 949** vom 31/5. 1956, ausg. 27/5. 1958. A. Prior. 1/7. 1955.) H.-J. Nitzschke. H 3370

L. O. Schnaidman, B. M. Dultschina und E. K. Baranowa, **Stabilisierung von Kürbis-Carotin bei der Extraktion und Lagerung**, indem man als Extraktionsmittel für die trockene Ausgangssubstanz unraffiniertes Sojaöl verwendet, welches an sich Antioxydans-Eigg. besitzt. (**UdSSR. P. 118 585** vom 26/2. 1958.) B. Pankow. H 3550

Vereinigte Glanzstoff-Fabriken Akt.-Ges., Wuppertal (Erfinder: Erhard Siggel, Kleinwallstadt/M., und Johannes Kleine, München), **Polykondensation von Diolestern aromatischer Dicarbonsäuren**, bes. von solchen der Terephthalsäure, nach D. B. P. 947 517, dad. gek., daß diese Diolester in Mischung mit bis zu 5% eines Diolesters mit einer anderen Diolkomponente oder eines Diolesters mit einer anderen Säurekomponente polykondensiert werden. Die Menge des 2. Diolesters wird so eingestellt, daß der F. des Mischpolykondensats zwischen 220 u. 237° liegt. Nach den Beispielen dienen als Ausgangs-Prodd. Terephthalsäurediglykolester u. Phenylendiessigsäurediglykolester bzw. ein Diolester aus Terephthalsäure u. 1.5-Pentandiol. Fäden aus der Schmelze. (**D. B. P. 956 357** Kl. 39c vom 22/4. 1952, ausg. 17/1. 1957. Anmeldung bekanntgemacht 26/5. 1954. **Zusatz zu D. B. P. 947 517.**) H. Schindler. H 4010

A. Ch. Waldschtejn und Ch. F. Bass, **Gewinnung von Nucleinsäure** durch Hydrolyse von Hefe mit NaCl-Lsg. bei 110°. Das Hydrolysat wird bei 40° mit H_3PO_4 oder Na_2HPO_4 u. einer äquivalenten Menge $MgSO_4$ versetzt u. mit NaOH auf pH 9,5—10 eingestellt, wobei nach Abtrennung des Nd. ein klares Filtrat erhalten wird, aus dem die *Nucleinsäure* mit HCl u. A. gefällt wird. Das Verf. erlaubt auch die Verw. von Futterhefe. (**UdSSR. P. 122 254** vom 15/12. 1958.) L. Großner. H 4090

Dow Chemical Co., Midland, Mich., übert. von: **Howard J. Bachtel**, Lake Jackson, Tex., V.St.A., *Stabilisierung von Methylchloroform.* (**Can. P. 568 541** vom 7/2. 1955, ausg. 6/1. 1959. A. Prior. 30/3. 1954. — C. **1958**, 14446 [A. P. 2 811 252].)

Solvay & Cie., Brüssel, übert. von: **Nestor Daras**, Ixelles–Brüssel, Belgien, *Stabilisieren von chlorierten Kohlenwasserstoffen.* (**A. P. 2 978 518** vom 9/12. 1958, ausg. 4/4. 1961. Belg. Prior. 19/12. 1957. — C. **1962**, 3979 [F. P. 1 215 238].)

Farbwerke Hoechst Akt.-Ges., vormals Meister Lucius & Brüning, Frankfurt/M., übert. von: **Otto Scherer, Helmut Hahn**, Frankfurt/M., und **Günter Schneider**, Buchschlag, *Trennen von Fluoräthylenen mittels Quecksilberverbindungen.* (**A. P. 3 002 032** vom 22/12. 1959, ausg. 26/9. 1961. D. Prior. 5/12. 1956. — C. **1960**, 7680 [D. A. S. 1 068 247].)

Distillers Co. Ltd., Edinburgh, Schottland, übert. von: **Frederick James Bellringer**, Leatherhead, **Clifford William Capp**, Ewell, und **Henry Peter Crocker**, Hornsea, England, *Herstellung von Chloropren.* (**A. P. 3 009 968** vom 4/8. 1959, ausg. 21/11. 1961. E. Prior. 28/8. 1958. — C. **1961**, 12996 [D. A. S. 1 100 615].)

Morris S. Kharasch, Chicago, Ill., und **Walter Nudenberg**, Cedar Grove, N.J., V.St.A., *Verhinderung der Polymerisation von Olefinverbindungen mit Nitritlösungen in Glykolen.* (**A. P. 2 900 421** vom 6/2. 1957, ausg. 18/8. 1959. — C. **1959**, 13631 [E. P. 793 841].)

Farbenfabriken Bayer Akt.-Ges., Leverkusen, *Herstellung von Alkoholen.* (**Niederl. P. 100 937** vom 27/4. 1956, ausg. 16/4. 1962. D. Prior. 28/4. 1955. — C. **1958**, 3448 [D. B. P. 963 238].)

Dérivés Résiniques et Terpéniques Soc. An., Dax (Erfinder: **Louis Desalbres**, Vielle-Saint-Girons), Landes, Frankreich, *Herstellung von Citronellol.* (**Schwz. P. 360 055** vom 14/11. 1956, ausg. 30/3. 1962. F. Prior. 13/12. 1955 u. 10/9. 1956. — C. **1962**, 5470 [D. A. S. 1 101 401].)

General Aniline & Film Corp., New York, N.Y., übert. von: **Robert Walter Wynn**, Easton, Pa., V.St.A., *2.2.3.3-Tetrachlor-1.4-butandiol.* (**A. P. 2 981 754** vom 23/11. 1955, ausg. 25/4. 1961. — C. **1959**, 1604 [D. A. S. 1 034 166].)

Inventa Akt.-Ges. für Forschung und Patentverwertung, Luzern, Schweiz, *Herstellung mehrwertiger Alkohole aus Sorbit.* (**Ind. P. 65 003** vom 20/8. 1958, ausg. 25/1. 1961. — C. **1960**, 14864 [D. A. S. 1 077 203].)

Farbenfabriken Bayer Akt.-Ges., Leverkusen, *Thioborsäureester.* (**E. P. 884 650** vom 10/3. 1960, ausg. 13/12. 1961. D. Prior. 10/3. 1959. — C. **1961**, 7394 [D. A. S. 1 092 463].)

Consortium für Elektrochemische Industrie G. m. b. H. (Erfinder: **Jürgen Smidt, Walter Hafner, Reinhard Jira** und **Josef Sedlmeier**), *Carbonylverbindungen.* (**Aust. P. 231 512** vom 17/7. 1958, ausg. 19/1. 1961. D. Prior. 23/7. 1957. — C. **1962**, 4341 [F. P. 1 214 881].)

Consortium für Elektrochemische Industrie G. m. b. H., München, *Herstellung con Carbonylverbindungen.* (**Oe. P. 210 439** vom 1/9. 1958, ausg. 10/8. 1960. D. Prior. 6/9. u. 26/9. 1957. — C. **1962**, 16840 [F. P. 1 230 460].)

Lonza Electric & Chemical Works Ltd., Basel, übert. von: **Raymond Perren**, Allschwil, und **Wolfgang Moser**, Visp, Schweiz, *Reinigung von Keten.* (**A. P. 2 989 565** vom 4/8. 1958, ausg. 20/6. 1961. Schwz. Prior. 5/8. 1957. — C. **1960**, 12847 [D. A. S. 1 068 248].)

Wacker-Chemie G. m. b. H., München, übert. von: **Gerhard Hübner**, Burghausen/Obb., *Entfernen kleiner Mengen organischer Säuren aus monomeren Vinylestern.* (**A. P. 2 986 575** vom 23/1. 1959, ausg. 30/5. 1961. D. Prior. 3/4. 1958. — C. **1961**, 8469 [D. A. S. 1 096 896].)

Soc. An. Nobel Bozel, Paris (Erfinder: **Fernand Peto**, Le Pecq, **Henri Georges Louis Marcheguet**, Amfreville-La-Mi-Voie, und **Marc Louis Joseph Girard**, Le Petit-Quevilly), Frankreich, *Herstellung von Trichloressigsäure.* (**Niederl. P. 100 958** vom 15/10. 1956, ausg. 16/4. 1962. F. Prior. 18/7. 1956. — C. **1959**, 11729 [F. P. 1 156 426].)

Union Carbide Corp., New York, N.Y. (Erfinder: **Benjamin Phillips, Paul Spencer Starcher**, Charleston, und **Bertrand Donahay Ash**, St. Albans, W.Va.), V.St.A., *Peressig- und Perpropionsäure.* (**Schwz. P. 360 680** vom 31/7. 1957, ausg. 30/4. 1962. A. Prior. 31/7. 1956. — C. **1959**, 3299 [A. P. 2 814 641].)

Shawinigan Chemicals Ltd. (Erfinder: **Arthur Joijord Andersen** und **Herbert Skuli Johnson**), *Herstellung von Cyanwasserstoff.* (**Aust. P. 231 540** vom 5/1. 1959, ausg. 19/1. 1961. — C. **1961,** 9977 [D. A. S. 1 099 514].)

Lonza Elektrizitätswerke und Chemische Fabriken Akt.-Ges., Basel, Schweiz, *Herstellung von Hexamethylendiamin.* (**Niederl. P. 100 706** vom 29/6. 1957, ausg. 15/3. 1962. Schwz. Prior. 30/6. 1956. — C. **1961,** 15925 [Schwz. P. 345 899].)

E. I. du Pont de Nemours & Co., Wilmington, übert. von: **William J. Middleton,** Claymont, Del., V.St.A., *1.4-Diamino-2.3-dicyan-1.4-bis-mercaptobutadiene.* (**Can. P. 568 646** vom 2/2. 1956, ausg. 6/1. 1959. A. Prior. 1/3. 1955. — C. **1960,** 15908 [A. P. 2 779 780].)

UCLAF, Paris (Erfinder: **Gaston Amiard,** Noisy-le-Sec, und **René Heymes,** Romainville), Frankreich, *N-Tritylpeptide.* (**A. P. 2 994 692** vom 10/8. 1955, ausg. 1/8. 1961. F. Prior. 18/8. 1954. — C. **1958,** 9346 [F. P. 1 112 766].)

Pechiney Comp. de Produits Chimiques et Électrométallurgiques, Paris (Erfinder: **Georges Wetroff,** Le Thillay, Seine-et-Oise, und **Emile Trebillon,** Paris), Frankreich, *Aktivierung von metallischemAluminium.* (**D. A. S. 1 100 023** Kl. 12o vom 2/12. 1958, ausg. 23/2. 1961. F. Prior. 3/12. 1957. — C. **1961,** 12647 [F. P. 1 190 669].)

Goodrich-Gulf Chemicals, Inc., Cleveland, Ohio, V.St.A., *Herstellung von Aluminiumkohlenwasserstoffen.* (**Niederl. P. 100 995** vom 4/7. 1957, ausg. 16/4. 1962. A. Prior. 26/9. 1956. — C. **1961,** 13358 [F. P. 1 179 056].)

Koppers Co., Inc., Pittsburgh, Pa., V.St.A., *Herstellung von Alkylaluminiumverbindungen.* (**Niederl. P. 100 948** vom 12/7. 1956, ausg. 16/4. 1962. A. Prior. 13/7. 1955. — C. **1960,** 15221 [D. A. S. 1 071 705].)

Pechiney Comp. de Produits Chimiques et Électrométallurgiques, Paris, übert. von: **Georges Wetroff,** Le Thillay, und **Émile Trebillon,** Paris, Frankreich, *Herstellung von Organoaluminiumverbindungen.* (**A. P. 3 000 919** vom 28/11. 1958, ausg. 19/9. 1961. F. Prior. 3/12. 1957. — C. **1961,** 12647 [F. P. 1 190 669].)

Karl Ziegler (Erfinder: **Karl Ziegler, Herbert Lehmkuhl, Werner Pfohl** und **Kurt Zosel**), Mülheim/Ruhr, *Herstellung von Dialkylaluminiumhydriden.* (**Schwz. P. 360 056** vom 9/3. 1956, ausg. 30/3. 1962. D. Prior. 1/4. u. 25/5. 1955. — C. **1959,** 3301 [F. P. 1 148 930].)

Stamicarbon N. V., Heerlen, übert. von: **Harmannus Bos,** Geleen, Niederlande, *Herstellung von Diäthylaluminiumchlorid.* (**A. P. 2 996 529** vom 18/12. 1956, ausg. 15/8. 1961. Niederl. Prior. 21/12. 1955. — C. **1958,** 5214 [D. A. S. 1 018 865].)

E. I. du Pont de Nemours & Co., Wilmington, übert. von: **Dennis D. Rudy,** Newark, Del., V.St.A., *Destillation der Reaktionsmischung aus Bleitetraäthyl und Äthylchlorid.* (**Can. P. 568 577** vom 10/5. 1955, ausg. 6/1. 1959. A. Prior. 23/6. 1954. — C. **1959,** 3301 [A. P. 2 723 227].)

Badische Anilin- & Soda-Fabrik Akt.-Ges. (Erfinder: **Franz Reicheneder, Helmut Orth** und **Hubert Suter**), Ludwigshafen/Rh., *Herstellung chlorierter Kohlenwasserstoffe in der Gasphase.* (**Schwz. P. 360 053** vom 27/8. 1957, ausg. 30/3. 1962. D. Prior. 18/9. 1956. — C. **1958,** 12532 [D. A. S. 1 023 026].)

California Research Corp., Wilmington, Del., übert. von: **William G. Toland jun.,** San Rafael, Calif., V.St.A., *Herstellung von p-Xylol.* (**Can. P. 568 518** vom 1/10. 1954, ausg. 6/1. 1959. A. Prior. 4/11. 1953. — C. **1958,** 4324 [F. P. 1 111 015].)

Dow Chemical Co., Midland, Mich., V.St.A., *Erniedrigung des Halogengehaltes von Halogenkohlenwasserstoffen.* (**Niederl. P. 100 965** vom 10/12. 1956, ausg. 16/4. 1962. — C. **1962,** 1797 [D. A. S. 1 109 701].)

Chemische Werke Hüls Akt.-Ges., übert. von: **Franz Broich, Ferdinand List** und **Nikolaus Roh,** Marl, *Herstellen aromatischer Carbonsäuren.* (**A. P. 2 999 879** vom 31/5. 1955, ausg. 12/9. 1961. D. Prior. 1/7. 1954. — C. **1958,** 12823 [D. B. P. 968 484].)

Bergwerksverband G. m. b. H., Essen, *Trennung roher Säuregemische, erhalten durch Oxydation fester Brennstoffe mit Salpetersäure.* (**Niederl. P. 100 691** vom 7/2. 1957, ausg. 15/3. 1962. D. Prior. 7/2. 1956. — C. **1957,** 10336 [D. A. S. 1 002 315].)

Dow Chemical Co., Midland, Mich., V.St.A., *Herstellung von 2-Methyl-3.5-dinitrobenzoesäure.* (**Niederl. P. 100 782** vom 4/12. 1958, ausg. 15/3. 1962. A. Prior. 23/1. 1958. — C. **1961,** 15927 [E. P. 839 534].)

General Electric Co., New York, übert. von: **Allan S. Hay,** Schenectady, N.Y., V.St.A., *Oxydation von Aralkylverbindungen.* (**A. P. 2 992 271** vom 27/3. 1956, ausg. 11/7. 1961. — C. **1960,** 5645 [E. P. 798 619].)

N. V. de Bataafsche Petroleum Mij., Den Haag (Erfinder: **Jan Pieter Fortuin, Rudolf Herman Mettivier Meyer** und **Robert van Helden,** Amsterdam), Niederlande, *Herstellung von Phthalsäuren.* (**Niederl. P. 100 907** vom 29/7. 1955, ausg. 16/4. 1962. — C. **1959,** 7295 [E. P. 793 096].)

Chemische Werke Witten, übert. von: **Gerhart Hoffmann,** Witten, *Reinigung von Tetrachlorphthalsäure.* (**A. P. 3 007 943** vom 4/2. 1958, ausg. 7/11. 1961. D. Prior. 4/2. 1957. — C. **1962,** 3987 [F. P. 1 202 126].)

Montecatini Soc. Gen. per l'Industria Mineraria e Chimica (Erfinder: **Umberto Maffezzoni** und **Mario Fragiacomo**), Mailand, Italien, *Herstellen von Diestern von Benzoldicarbonsäuren.* (**Schwz. P. 360 985** vom 10/1. 1957, ausg. 15/5. 1962. It. Prior. 16/1. 1956. — C. **1959,** 15507 [D. A. S. 1 048 571].)

Standard Oil Co., Chicago, Ill., übert. von: **Donald E. Burney,** Hammond, **James O. Knobloch,** Hobart, Ind., und **Hsiang P. Liao,** Park Forest, Ill., V.St.A., *Gewinnung von Trimellitsäureanhydrid aus Mischungen von Trimellitsäure und Trimesinsäure.* (**A. P. 3 007 942** vom 19/11. 1957, ausg. 7/11. 1961. — C. **1962,** 7328 [F. P. 1 217 707].)

Rohm & Haas Co., übert. von: **Louis R. Freimiller,** Philadelphia, und **Charles H. McKeever,** Meadowbrook, Pa., V.St.A., *Benzoylpimelinsäureester.* (**A. P. 2 993 069** vom 30/4. 1956, ausg. 18/7. 1961. — C. **1961,** 13359 [F. P. 1 173 800].)

United States Rubber Co., New York, N.Y., V.St.A., *Herstellung von p-Aminodiphenylamin.* (**Niederl. P. 100 770** vom 13/9. 1958, ausg. 15/3. 1962. A. Prior. 31/10. 1957. — C. **1962**, 3988 [F. P. 1 204 952].)

Farbwerke Hoechst Akt.-Ges., vormals Meister Lucius & Brüning, Frankfurt/M., *Kontinuierliche Diazotierung.* (**Niederl. P. 100 682** vom 12/10. 1956, ausg. 15/3. 1962. D. Prior. 14/10. 1955. — C. **1958**, 4626 [D. A. S. 1 008 309].)

Shell Development Co., New York, N.Y., übert. von: **Robert W. Martin**, **Lafayette, Calif.**, V.St.A., *Mannichbasen aromatischer Polyketone.* (**Can. P. 568 567** vom 9/4. 1955, ausg. 6/1. 1959. A. Prior. 30/6. 1954. — C. **1962**, 8789 [A. P. 2 840 558].)

Wacker-Chemie G. m. b. H., München, übert. von: **Siegfried Nitzsche** und **Paul Buchheit**, **Burghausen/Obb.**, *Herstellung von Phenylchlorsilanen.* (**A. P. 3 006 943** vom 6/2. 1959, ausg. 31/10. 1961. D. Prior. 25/2. 1958. — C. **1959**, 13006 [D. A. S. 1 054 995].)

Stamicarbon N. V., Heerlen, Niederlande, *Katalytische Hydrierung von Benzol.* (**Ind. P. 65 161** vom 8/9. 1958, ausg. 21/2. 1961. — C. **1962**, 305 [Niederl. P. 97 039].)

Studiengesellschaft Kohle m. b. H., übert. von: **Günther Wilke**, Mülheim/Ruhr, *Herstellung von Cyclododecatrienen-(1.5.9).* (**A. P. 2 979 544** vom 15/4. 1958, ausg. 11/4. 1961. D. Prior. 17/4. 1957. — C. **1960**, 15576 [D. A. S. 1 056 123].)

E. I. du Pont de Nemours & Co., übert. von: **Arnold P. Schueler** und **Frederick A. Wolff**, **Wilmington**, Del., V.St.A., *Oxydation von Cyclohexan.* (**Can. P. 568 550** vom 24/2. 1955, ausg. 6/1. 1959. A. Prior. 4/5. 1954. — C. **1958**, 11077 [D. A. S. 1 009 625].)

E. I. du Pont de Nemours & Co., übert. von: **Robert W. Wheatcroft**, Wilmington, Del., und **William Warner III**, Charleston, W.Va., V.St.A., *Oxydation von Cyclohexan.* (**Can. P. 568 555** vom 11/3. 1955, ausg. 6/1. 1959. A. Prior. 12/5. 1954. — C. **1958**. 11077 [E. P. 777 087].)

Esso Research and Engineering Co., Elizabeth, N.J., V.St.A., *Kontinuierliche Gewinnung von Naphthensäuren aus Erdöl.* (**Niederl. P. 100 628** vom 12/6. 1954, ausg. 15/3. 1962. A. Prior. 19/6. 1953. — C. **1960**, 14186 [A. P. 2 789 134].)

Firmenich & Cie., Genf, Schweiz, *Herstellung von Gemischen isomerer 1.1.6-Trimethyl-6-hydroxyoctahydronaphthaline.* (**Niederl. P. 100 989** vom 13/6. 1957, ausg. 16/4. 1962. Schwz. Prior. 13/6. 1956. — C. **1961**, 18874 [F. P. 71 508].)

Olin Mathieson Chemical Corp., übert. von: **William I. Denton**, Cheshire, Conn., V.St.A., *Isomerisation eines Alkylenoxids zum entsprechenden Alkohol.* (**A. P. 2 986 585** vom 2/4. 1959, ausg. 30/5. 1961. — C. **1961**. 18134 [D. A. S. 1 099 524].)

VEB Leuna-Werke „Walter Ulbricht", Leuna, *Herstellung aliphatisch substituierter 1.2.4-Trithiolane.* (**Niederl. P. 99 746** vom 8/12. 1958, ausg. 15/11. 1961. Oe. Prior. 8/4. 1958. — C. **1960**, 16263 [D. A. S. 1 079 068].)

Chemische Werke Albert, Wiesbaden, *Herstellung neutraler S-(2-Bicyclo-[2.2.1]-heptyl)-dithiophosphorsäureester.* (**Niederl. P. 100 730** vom 11/11. 1957, ausg. 15/3. 1962. D. Prior. 8/3. 1957. — C. **1961**, 3818 [D. A. S. 1 057 599].)

Arthur C. Trosk Co., Chicago, Ill., V.St.A. (Erfinder: **Leif Jantzen**, Oslo, Norwegen), *Abtrennen von Ligninsulfonsäuren aus wässerigen Flüssigkeiten.* (**Schwz. P. 361 709** vom 12/9. 1957, ausg. 15/6. 1962. — C. **1959**, 5634 [A. P. 2 838 483].)

H_{10}. Färberei. Organische Farbstoffe

Reaktivfarbstoffe und Cellulosefasern. H. H. Sumner u. J. Roy. (Inst. Chem. **84**, 389—90, Nov. 1960; Imp. Chem. Ind. Ltd., Dyestuff Div.; engl.) — Zweck der Arbeit ist es, nicht nur die relative Wichtigkeit von Affinität u. Diffusion aufzuzeigen, sondern zu klären, warum reakt. Syst. zum Färben überhaupt möglich sind. Aus Verss. u. Berechnungen wird gefolgert, daß die Rk. zwischen Farbstoff u. Celluloseionen, die durch Neutralisation der Cellulose durch Alkali entstehen, vor sich geht; die Reaktivität der Celluloseionen ist anscheinend gleich der der Wasserionen. Procionfarbstoffe reagieren stärker mit der Faser als mit W., weil mehr Cellulose- als Wasserionen im Bade vorhanden sind. L. Jentgen. 7002□

Über die Anwendung von Polyvinylalkoholappreturen in Kombination mit Reaktivstoffen beziehungsweise deren reaktiven Komponenten. U. Einsele. (Melliand Textilber. **43**, 497—501, Mai 1962; Stuttgart-Reutlingen, Dt. Forsch.-Anstalt für Text.-Ind., Inst. für Text.-Chem.; dt.) — Die durchgeführten Verss. zeigen die Möglichkeit, daß bei Anwendung von *Reaktivfarbstoffen*, mit 2 reaktiven Gruppen, der Färbeprozeß mit dem Appreturprozeß zu kombinieren ist, wobei die Waschechtheit der Appretur verbessert wird, ohne die Waschechtheit der Färbung merklich zu vermindern. Am besten geeignet sind Procionsfarbstoffe, die sowohl mit *Polyvinylalkohol* als auch mit Cellulose chem. reagieren. Die Appretur wird teils durch die Ausbildung von Querbrücken u. teils durch direkte chem. Bindung des Polyvinylalkohols auf dem Gewebe verankert. I. Beßer. 7020□

Das Färben mit Primazin-Farbstoffen. H. Schwab und G. Barts. (Z. ges. Textilind. **64**, 392—96, Mai 1962; Ludwigshafen/Rh., Badische Anilin- & Soda-Fabrik A.G., Text.-Techn. Labor.; dt.) — *Primazin-Farbstoffe* eignen sich sowohl für das *Färben* wie auch für den *Druck*, von Cellulosefasern. Ein Überblick über den Rk.-Mechanismus der verschiedenen Syst. der Reaktivfarbstoffe mit der Cellulosefaser wird gegeben. Echtheitseigg. sowie charakterist. färber. Eigg. u. Verff.-Richtlinien für das Färben nach den verschiedenen Applikations-Verff. werden beschrieben. I. Beßer. 7020□

Die Applikation von Reaktivfarbstoffen auf Cellulosegewebe nach dem Klotz-Verweilverfahren. W. J. Marshall und I. Seltzer. (Z. ges. Textilind. **64**, 397—403, Mai 1962; Imp. Chem. Ind. Ltd., Dyestuffs Div.; dt.) — Die Farbstoff/Faser-Rk. u. -Reaktivität sowie die relative Diffusions-Geschw. von Procion- u. anderen *Reaktivfarbstoffen* beim *Klotz-Kaltverweil-Verf.* werden beschrieben. Die techn. Durchführung des Klotz-(Alkali)-Kaltverweil-Verf. wird ausführlich besprochen. I. Beßer. 7020□

Fortschritte beim Färben von Polyesterfaser/Cellulosefaser-Mischungen. A. Würz. (Melliand Textilber. **43**, 489—97, Mai 1962; Ludwigshafen/Rh., Badische Anilin- & Soda-Fabrik A.G., Anwendungstechn. Abt., Text.-Labor.; dt.) — Der Thermosol-Prozeß, Anlage u. Verf.-Technik sowie die Thermosolfärbe-Meth. für *Polyester/Cellulosefaser*-Mischgewebe wird beschrieben. Verss., Palanil-Farbstoff u. Indanthren-Farbstoff gleichzeitig anzuwenden, werden durchgeführt. Das Färben von Stückware im Jigger oder Stückbaum-Autoklaven (Zweibad-Verf.) wird besprochen. Über die bisherigen Ergebnisse bei gleichzeitiger Anwendung von Dispersionsfarbstoff- u. Küpenfarbstoff-Pigment im wss. Färbebad (Einbad-Verf.) wird berichtet. I. Beßer. 7020□

Beitrag zum Problem Farbstreifigkeit der Viscosekunstseiden. H. Steinmüller und I. Müller. (Mitt. Inst. Textiltechnol. Chemiefasern Rudolstadt **6**, 28—42, März 1962; dt.) — Entstehungsursachen der Farbstreifigkeit bei Viscosekunstseide (**A**) werden beschrieben. Streifenloses Färben von **A** wird mit schnellziehenden Direktfarbstoffen von kleiner Mol.-Größe bei Zusatz von Kaltnetzmitteln, z. B. vom Typ THM-Schkopau N-BX (Alkylnaphthalinsulfosäurekondensat), Einhaltung vorgegebener geringer Elektrolytzusätze u. Beachtung der Farbzeiten erreicht. In Labor.-Verss. werden Meth. zur Farbstoffauswahl erprobt. Reaktivfarbstoffe mit hoher Aufzieh-Geschw. u. hohem Diffusionsvermögen sind ebenfalls zum Ausgleich streifigfärbender **A** geeignet. Die Erprobung der Färbemeth. in der Praxis wird beschrieben. I. Beßer. 7020□

Farbmusterungen mit teilacetylierter Zellwolle. E. Heilmann. (Mitt. Inst. Textiltechnol. Chemiefasern Rudolstadt **5**, 160—62, Dez. 1961; dt.) — Nach der *Teilacetylierung* von *Viscosezellwolle* gleicht diese in ihrem colorist. Verh. der Acetatseide. Bei *Farbmusterungen* mit einer Reihe von Acetatseiden- u. substantiven Farbstoffen ergeben sich gute bis sehr gute Lichtechtheiten, aber niedrige Naßechtheiten. Bas. Farbstoffe erweisen sich wegen ungenügender Lichtechtheiten als unbrauchbar. Die Eignung verschiedener Solaminlichtfarbstoffe für die Erzielung von Farbkontrasten zwischen teilacetylierter u. Viscosezellwolle wird an Hand von Verss. diskutiert. St. Blumberg. 7020□

Den Anthrachinonfarbstoffen analoge Naphthochinonfarbstoffe. Mario F. Sartori. (Ann. Chimica **49**, 2157—63, Dez. 1959; Wilmington, Del., E. I. du Pont des Nemours & Co.; ital.) — Neue *Derivv. des 2.3-Dimethyl-1.4-naphthochinons* werden beschrieben. Sie eignen sich als Farbstoffe für Polyäthylenterephthalatfasern. Ihre Spektren im sichtbaren Licht u. ihre färber. Eigg. werden mit denen entsprechender Anthrachinon-Derivv. verglichen. Es wird außerdem gezeigt, daß die Mol.-Größe eines Farbstoffes dessen färber. Eigg. beeinflußt.

Versuche: 2.3-Dimethyl-1.4-naphthochinone: *Unsubstituiertes*, F. 126 bis 127°, aus 2.3-Dimethylnaphthalin u. CrO_3 in Eisessig; gelbe Kristalle; 50% (Ausbeute). — *5-Nitro-*, $C_{12}H_9NO_4$, F. 160° (Eisessig), aus 4 g vorst. Verb. u. HNO_3 (D. 1,42) in 96%ig. H_2SO_4 bei 25—30° u. 1std. Erwärmen auf 50°; gelbe Kristalle; 4,2 g. — *5-Amino-* (**I**), $C_{12}H_{11}NO_2$, F. 135—137° (Bzl.), aus 6,3 g vorst. Verb. u. Na-Hydrosulfit in W. in Ggw. von NaOH durch 1std. Rk. bei 35—40° unter N_2; rote Kristalle; 4,0 g. — *5-Benzamido-*, $C_{19}H_{15}NO_3$, F. 191°, aus vorst. Verb. u. Benzoylchlorid in Nitrobenzol in Ggw. von Pyridin durch 1std. Rk. bei 80—90°; gelbe Kristalle. — *5-Amino-6.8-dibrom-* (**II**), $C_{12}H_9Br_2NO_2$, F. 202—204° (A.), aus 10 g **I** u. Br_2 in Eisessig durch ½std. Rk. bei 25—30° u. 24std. Rühren bei Zimmer-Temp.; rote Kristalle; 7,5 g. — *5-Amino-6-brom-8-hydroxy-*, $C_{12}H_{10}\cdot BrNO_3$, F. 280° (A.), aus **II** u. Borsäure in 20%ig. Oleum u. 2std. stehen bei 95—100°; dunkelblaue Kristalle. — *5-Amino-6-brom-8-[p-tolylsulfonamido]-*, aus **II** u. p-Toluolsulfonamid in o-Dichlorbenzol in Ggw. von CuCl u. Na_2CO_3 durch 16std. Rühren bei 120—125°; braune Kristalle. — *6-Brom-5.8-diamino-*, $C_{12}H_{11}BrN_2O_2$, F. 170—179° (A.), aus vorst. Verb. u. 96%ig. H_2SO_4 durch 3std. Stehen bei Zimmer-Temp.; dunkelblaue Kristalle. — *5-Amino-8-anilino-6-brom-*, $C_{18}H_{15}BrN_2O_2$, F. 230—232° (Bzl.), aus 4 g **II** u. Anilin in Ggw. von Cu-Acetat u. wasserfreiem K-Acetat durch 16std. Rk. bei 90°; blaugrüne Kristalle; 4 g. — *7-Anilino-9-brom-4.5-dimethyl-2-phenylperimidon-(6)*, $C_{25}H_{18}BrN_3O$,

F. 256—258° (Bzl.), aus 3,5 g vorst. Verb. u. Benzaldehyd in Nitrobenzol in Ggw. von NH_3-Gas durch 16std. Rühren bei 120°; rote Kristalle; 3,5 g. Walter Simon. 7058

Papierchromatographie von synthetischen Farbstoffen. J. C. Brown. (J. Soc. Dyers Colourists **76**, 536—42, Sept. 1960; Manchester, Ciba Clayton Ltd.; engl.) — Die verschiedenen Techniken der *Papierchromatographie* werden angegeben u. spezif. Meth. für *Dispersions-*, *Säure-*, *Direkt-* u. *Metallkomplexfarbstoffen* aufgezeigt. Es werden Meth. angegeben, um die Farbstoffe von verschiedenen Textilfasern abzuziehen. Die unterschiedliche Beschaffenheit von vielen Handelsfarbstoffen wird im Hinblick auf die Meth. dieser Arbeit besprochen. H.-H. Michel. 7086□

General Aniline & Film Corp., New York, N.Y., übert. von: Robert C. Riegel, University City, Mo., V.St.A., **Stabilisierung von wässerigen Lösungen von Direktfarbstoffen** gegen Ausfällung oder Gel-Bldg. erfolgt durch einen Zusatz von 0,1—2 (Gew.-Teilen) Polyvinylpyrrolidon je 1—3 Farbstoff. (**A. P. 2 955 011** vom 16/7. 1956, ausg. 4/10. 1960.) F. Böhm. 7007

Ciba Soc. An., Schweiz, **Diquaternäre Ammoniumverbindungen** der allg. Formel **I** (R_1 u. R_1' = höhermol. aliphat. KW-Stoffreste; R_2, R_2', R_3 u. R_3' = gleich oder verschiedene aliphat., cycloaliphat., araliphat. oder aromat. Reste; R_2 u. R_3 oder R_2' u. R_3' können miteinander einen 2wertigen aliphat. Rest bilden; R_4 u. R_4' = Alkylenreste; R_5 = 2wertiger aliphat. oder aromat. Rest; R_6 u. R_6' = H oder niedrigmol. aliphat. Rest; X = Anion), z.B. Verbb. **III** u. **IV** (R_1 = geradkettige Alkylreste mit 10—18 C-Atomen; R_2 u. R_3 = aliphat. Reste mit 1—4 C-Atomen; m u. n = kleine

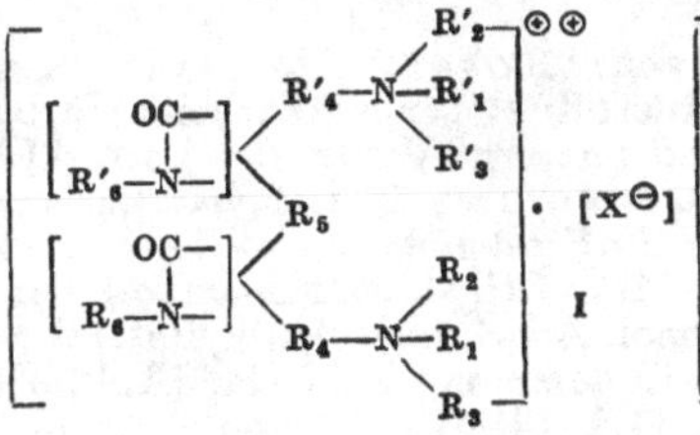

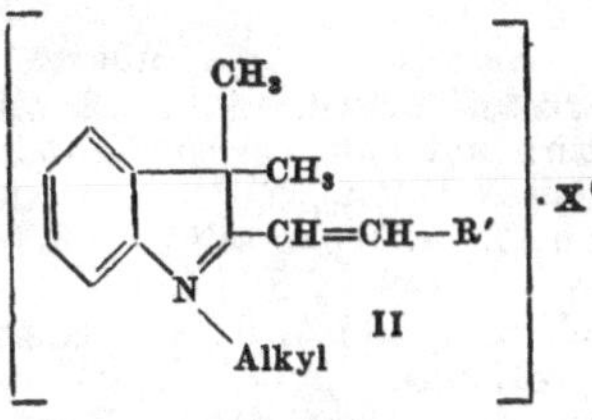

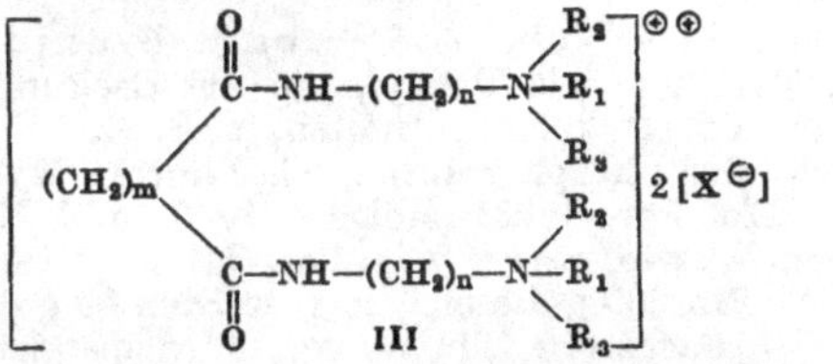

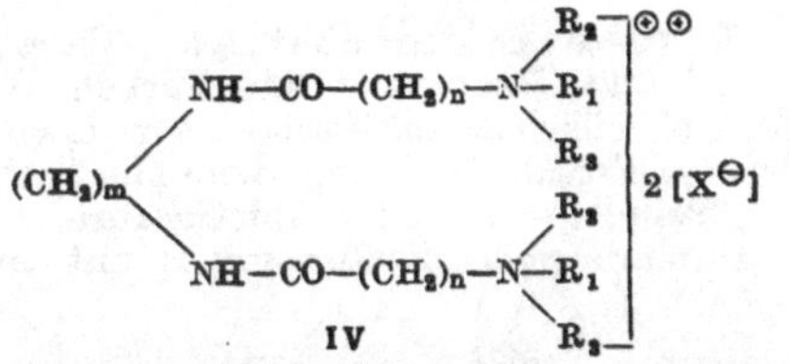

ganze Zahlen) dienen als *Egalisiermittel*, bes. beim *Färben* der Fasern u. Folien aus Polyacrylnitril u. Mischpolymerisaten, davon mit bas. Farbstoffen, wie Triarylmethanfarbstoffen, die frei von Sulfonsäuregruppen sind u. in p-Stellung zum zentralen C-Atom 1—3 NH_2-Gruppen enthalten, die durch eine Alkyl-, Aryl- oder Aralkylgruppe substituiert sind. Andere Farbstoffe sind a) Oxazinfarbstoffe, die keine Sulfonsäuregruppe enthalten u. in denen 2 C-Atome des Oxazinrings einen Teil eines 6gliedrigen aromat. Rings bilden; außerdem enthalten sie wenigstens eine Aminogruppe in p-Stellung zum N-Atom des Oxazinrings; b) bas. Polymethinfarbstoffe **II** (R' = aromat. oder heterocycl. Rest mit einer bas. Gruppe; X = Anion). Verbb. **I**, in welchen R_2 oder R_2' u. ggf. R_3 oder R_3' dieselbe Bedeutung wie R_1 oder R_1' haben, geben synthet. oder Cellulosetextilfasern einen weichen Griff, z. B. Baumwolle, regenerierter Cellulose, Acetatseide, Nylon, Polyglykolester der Phthalsäure u. Polyacrylnitril. — Die Verbb. **IV** werden hergestellt durch Quaternisieren von 2 Mol eines Amins $N(R_1)(R_2)(R_3)$ mit 1 Mol einer Verb. der Formel $X-(CH_2)_n-CO-NH-(CH_2)_m-NH-CO-(CH_2)_nX$ (X = Substituent, der ein Anion zu bilden vermag, z. B. Halogen); als tert. Amine sind z. B. genannt: Dimethyllauryl-, -palmityl-, -stearyl-, Diäthyllauryl- u. Dipropyllaurylamin, Di-[hydroxyäthyl]-laurylamin, N.N-Dimethyl-p-dodecylanilin, Dilaurylmethylamin, Distearylmethylamin, sowie die Additions-Prodd. aus höhermol. aliphat. Aminen, wie Lauryl-, Octadecyl- u. Oleylamin, u. 5—100 Mol Äthylenoxyd. — 43 g Dimethyllaurylamin werden mit 21,2 g des Kondens.-Prod. aus 2 Mol Chloressigsäuremethylester u. Äthylendiamin 5 Std. lang bei 100° verrührt. Man erhält eine farblose wachsähnliche Masse der

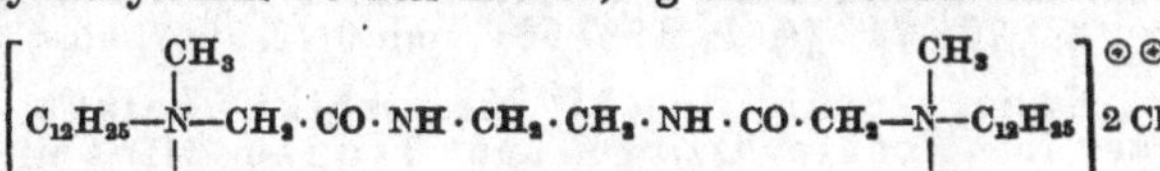

Formel **V**, die in W. lösl. ist. **V** dient als Egalisierungsmittel beim Färben von Polyacrylnitrilfasern, z. B. mit einem blauen Farbstoff **VI** — 28,6 g des Kondens.-Prod. aus 2 Mol

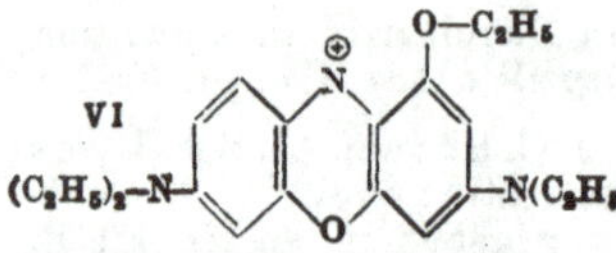

VI

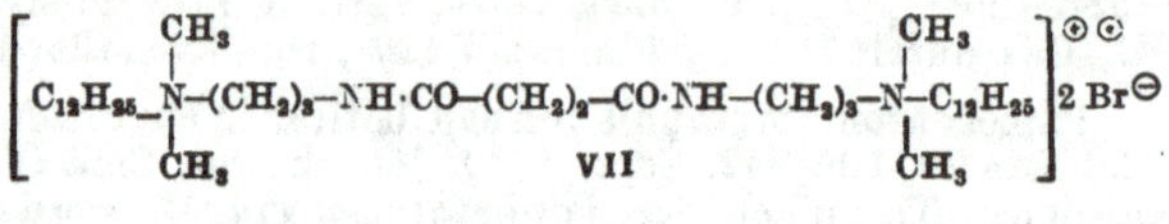

VII

Dimethylaminopropylamin u. 1 Mol Dimethylsuccinat werden mit 49,8 g Laurylbromid u. 50 cm^3 Isopropanol 10 Std. im N_2-Strom bei 85—90° verrührt. Man gewinnt eine gelbliche u. wasserlösl. Paste **VII**, die als Egalisiermittel geeignet ist. — Vgl. D. A. S. 1 122 489; C. **1962**, 12146. (**F. P. 1 190 096** vom 4/12. 1957, ausg. 9/10. 1959. Schwz. Prior. 14/1. u. 17/4. 1957.) M. F. Müller. 7007

Courtaulds Ltd., London, übert. von: Leslie Arthur Bashford, Earlsdon, England, **Färbereihilfsmittel** für das Färben von Fasermaterial aus Cellulosetriacetat, Acrylnitrilpolymerisaten oder Polyäthylenterephthalaten. Ein in W. leicht verteilbares an sich bekannte Carrier enthaltendes Präp. wird erhalten, wenn man 100 (Teile) Seife mit 60—200 W. mischt u. dann bei 60—70° erst 150—200 eines wassermischbaren Alkohols mit Kp. $> 75°$ u. anschließend 125—250 eines ggf. substituierten Cyclohexylphenols, Octylphenol oder Octylkresol einarbeitet. (**A. P. 2 960 381** vom 10/9. 1958, ausg. 15/11. 1960. E. Prior. 19/9. 1957. **E. P. 839 707** vom 19/9. 1957, ausg. 29/6. 1960.) F. Böhm. 7007

Sandoz Ltd., übert. von: Robert Christian Keller, Basel, Schweiz, **Farbstoffzurückhaltende Egalisiermittel** zur Verw. beim Färben von Polyacrylnitrilfasern mit bas. Farbstoffen sind quatern. Verbb. der Formel $[RCO—NH—CH_2—CH_2\cdot CH_2—N(R_1)(R_2)(R_3)]^+\cdot A^-$ (RCO = Acylrest einer aliphat. Carbonsäure mit 12—22 C-Atomen; R_1 u. R_2 = aliphat. KW-Stoffrest mit 1—6 C-Atomen oder 2wertiger Rest, der, wie der Rest $—CH_2—CH_2—O—CH_2—CH_2—$, zusammen mit dem Na-Atom einen heterocycl. Ring bildet; R_3 = niedermol. Alkyl- oder Aralkylrest; A = Anion), z. B. Stearinsäureamidopropyl-di-n-butyl-benzylammoniumchlorid. (**A. P. 2 963 339** vom 6/2. 1959, ausg. 6/12. 1960. Schwz. Prior. 11/2. 1958.) F. Böhm. 7007

Farbwerke Hoechst Akt.-Ges., vormals Meister Lucius & Brüning, Deutschland, **Bedrucken und Färben von Textilien** mit Präpp., die als Dickungsmittel oberflächenakt. Derivv. von hochmol. Polyglykolen enthalten, z. B. die Veresterungs-Prodd. der Polyglykole mit Carbon- oder Phosphorsäuren, wie Laurin-, Myristin-, Palmitin-, Öl- oder Abietinsäure. — 1 Mol Polyglykol (Molgew. 1000) u. 1 Mol Stearinsäure werden kondensiert, u. mit heißem W. wird eine 10% ig. Lsg. (**II**) hergestellt. In 600 g dieser Lsg. **II** werden 50 g des Farbstoffs **I**, in W. von 60° dispergiert, eingetragen, dann wird mit W. auf 1 kg aufgefüllt. Mit der Lsg. wird ein Gewebe aus Fasern von Polymeren des Äthylenglykolterephthalats getränkt, getrocknet, 30 Sek. lang auf 180—210° erhitzt u. fixiert. — In 400 g der Lsg. **II** werden 200 g PAe. eingerührt u. 40 g Farbstoff **III**, in 360 g W. dispergiert, zugegeben. Man erhält eine Druckpaste zum Bedrucken von Geweben aus Polyäthylenglykolterephthalatfasern. (**F. P. 1 233 883** vom 19/8. 1959, ausg. 12/10. 1960. D. Prior. 19/8. 1958.) M. F. Müller. 7007

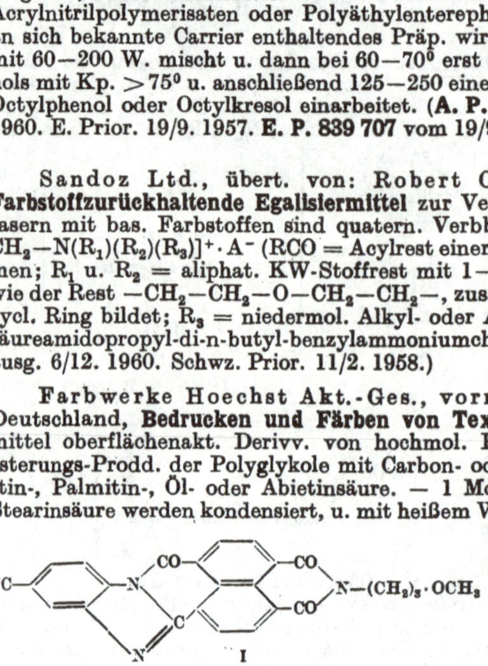

I

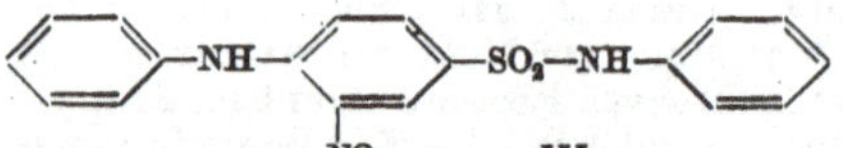

III

American Cyanamid Co., New York, N.Y., übert. von: Edward L. Kropa, Greensboro, N.C., V.St.A., **Animalisierung von Cellulose.** Um Cellulosetextilmaterial mit sauren Wollfarbstoffen färben zu können, imprägniert man es mit einer alkal. Lsg. mit einem pH von mindestens 8, bes. einer wss. NaOH-Lsg. mit einem pH von mindestens 10, u. dann mit einer monomeren quatern. Verb. mit einer Gruppe der Formel $CH_2=C<$. — Zum Beispiel behandelt man erst ½ Std. lang mit 20 (Teilen) einer 10% ig. NaOH-Lsg., setzt dann 2 2-Vinyl-N-methylpyridiniumhydroxyd zu u. erhitzt ½ Std. lang auf 70—75°. (**A. P. 2 947 594** vom 9/12. 1957, ausg. 2/8. 1960.) F. Böhm. 7017

Kanegafuchi Boseki Kabushiki Kaisha, Tokyo (Erfinder: Giichi Masuda, Toshio Ozawa und Tsuneo Minamiyama, Kobe, und Takao Yamashita, Kyoto), Japan, **Herstellung von mit Wollfarbstoffen gut anfärbbarem Polyacrylnitril.** Man polymerisiert Acrylnitril in Ggw. von Aldehydstärke oder in Ggw. von Stärke u. behandelt im letzteren Fall das an Stärke gebundene Polymere mit

Perjodsäure. Das erhaltene, an Aldehydstärke gebundene Polymere wird mit Aminen behandelt. — Man hält 1,72 (g) Aldehydstärke, 5,6 Acrylnitril u. 0,025 $K_2S_2O_8$ mit 40 cm^3 W. 5 Std. lang bei 65°. 1 des Polymeren taucht man 2 Std. lang in eine 28%ig. wss. Lsg. von Hexamethylendiamin von 80° u. färbt das erhaltene Prod. mit sauren Farbstoffen. (**Jap. A. S. 10 539/1960** vom 4/8. 1958, ausg. 3/8. 1960.) M. Pankow. 7017

Kurashiki Rayon Kabushiki Kaisha (Erfinder: Kenichi Tanabe und Kanji Matsubayashi), Kurashiki, Japan, **Herstellung gut anfärbbarer Polyvinylalkoholformkörper.** Man behandelt sie mit einem Oxydationsmittel u. danach mit NH_3, prim. oder sek. Aminen, deren Salzen u. anorgan. Cyanverbindungen. — Polyvinylalkoholfäden, die 2 Min. bei 235° um 100% gestreckt u. nach 2 Min. erhitzt wurden, werden je 1 Std. lang bei 70° in eine wss. Lsg. mit 0,5% $NaClO_2$ u. 15% Na_2SO_4 u. danach mit einer wss. Lsg. von 1% Äthylendiamin, 1,73% $NaHSO_3$ u. 0,83% NaCN behandelt, worauf die Fäden 0,65% N enthalten. Sie werden mit HCHO acetalisiert u. lassen sich mit sauren Farbstoffen färben. (**Jap. A. S. 10 889/1960** vom 26/5. 1958, ausg. 10/8. 1960.) M. Pankow. 7017

Imperial Chemical Industries Ltd., London, England (Erfinder: Walter Francis Beech, Donald Arthur Garrett und Harry Rose Hadfield), **Textilfärbeverfahren.** Bei der Durchführung des im E. P. 825 017 beschriebenen Verf. verwendet man als wasserunlösl. Verb. mit mono- oder dihalogeniertem 1.3.5-Triazinring eine wasserunlösl. Verb. der Formel I (A = Arylrest mit mindestens einem Halogenatom), z. B. 2.4-Dichlor-6-o-chloranilino-1.3.5-triazin, an. (**E. P. 850 857** vom 27/6. 1958, ausg. 12/10. 1960. **Zusatz zu E. P. 825 017; C. 1961, 13366.**) F. Böhm. 7021

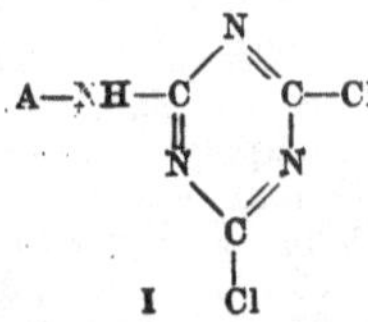

I

Farbwerke Hoechst Akt.-Ges., vormals Meister Lucius & Brüning, Frankfurt/M., **Färben von Textilien mit Pigmentfarben.** Man verwendet als Fixiermittel eine alkal. Lsg. eines alkalilösl. harzartigen Kondens.-Prod. von mehrwertigen organ. Säuren mit mehrwertigen aliphat. Alkoholen, das reaktionsfähige Carboxylgruppen aufweist, z. B. von 1 (Mol) Hexantriol-(1.3.5) u. 1,25 Phthalsäureanhydrid, u. eines Vorkondensates von Phenol, Harnstoff, Melamin mit Aldehyden, die mit den üblichen Mitteln verdickt werden kann. (**Ind. P. 65 314** vom 20/9. 1953, ausg. 20/6. 1960. **Zusatz zu Ind. P. 61 493; C. 1962, 11014.**) C. Lüttgen. 7021

Edward A. Murray, Anderson, S.C., V.St.A., **Vorübergehendes Anfärben von natürlichen und synthetischen Fasern.** Man färbt mit Metallkomplexfarbstoffen in Ggw. eines Polyvinyllactams, bes. Polyvinylpyrrolidon. Die so erzeugten Signierfärbungen können mit W., häufig bereits kalt, vollständig wieder abgewaschen werden. (**A. P. 2 959 461** vom 18/9. 1956, ausg. 8/11. 1960.) F. Böhm. 7021

E. I. du Pont de Nemours & Co., Wilmington, Del., übert. von: Paul W. Morgan, West Chester, Pa., V.St.A., **Verbesserung der Anfärbbarkeit.** In einem 1:1-Gemisch von Aceton u. Dimethylformamid löst man (1) ein in W. quellbares Celluloseacetat u. (2) 1—30 (%) des polymeren Esters aus einem Aminoalkohol u. Acrylsäure oder α-Methylacrylsäure. Dazu setzt man 1—15 einer mehrbas. Säure, z. B. Malein-, Adipin-, Sebacin-, Bernstein-, Schwefel-, Phosphor-, Fumar-, α-Wein-, Oxal-, Terephthal-, Isophthal-, o-Phthal-, 1.1-Cyclohexandicarbon- oder Salicylsäure. Die Lsg. wird in feste Formkörper übergeführt; diese läßt man $\geqq$ 30 Sek. lang in W. quellen, reckt sie an bestimmten Stellen, bis diese für saure Farbstoffe anfärbbar sind, während die nicht gereckten Stellen nicht angefärbt werden können, worauf die Färbung mit sauren Farbstoffen ausgeführt wird. — 4 Zeichnungen. (**A. P. 2 955 324** vom 18/5. 1953, ausg. 11/10. 1960.) W. Overbeck. 7021

Northrop Corp., übert. von: James J. Kent jun., Pasadena, und Thomas E. Rodgers, Burbank, Calif., V.St.A., **Schwarzfärben von Spinnennetzfäden,** die zur Herst. von Fadenkreuzen in opt. Geräten verwendet werden sollen, um sie besser sichtbar zu machen. Man setzt sie erst den Dämpfen eines Red.-Mittels u. dann eines Metalloxyds aus. — Zum Beispiel bringt man sie in einen Behälter ein, in dem Hydrazin oder p-Phenylendiamin auf 100—210° F u. anschließend in einen 2. Behälter, in dem RuO_4 oder OsO_4 auf 70—140° F erhitzt wird. (**A. P. 2 958 612** vom 10/6. 1957, ausg. 1/11. 1960.) F. Böhm. 7021

Hess, Goldsmith & Co., V.St.A. (Erfinder: Alan Roth), **Selektive Färbung von Textilgewebe,** das in Schuß u. Kette aus verschiedenen Materialien besteht, welche gegenüber Farbstoffen selektiv sind. — Z. B. wird ein Gewebe gefärbt, welches in der Kette aus einem Gemisch (50/50) von Bündeln mit 924 Fäden von ECDE 150$^1/_4$

u. von Bündeln mit 934 Fäden von ECDE 150 $^1/_0$ u. im Schuß aus 16 Einschlagfäden (I) ECDE 150, $^1/_0$ u. 16 I ECDE 150, $^1/_4$ im Mischungsverhältnis 50/50 besteht. Das Färbebad enthält in wss. Lsg. 1 (%) „SXN Braun R", 4 „Hycar PA 4501" (Polyacryllatex), 4 „DC-36" (Dimethylpolysiloxan), 4 „Syton DS" (koll. SiO_2). — Ein wss. Pigment–Tamponnage-Bad enthält 1 „SXN-Braun R", 2 „Hycar PA 4501", 0,2 $MgSO_4$, 3 „Ludox HS" (koll. SiO_2), 3 „Hycar 4501" u. 3 „SM-62" (Dimethylpolysiloxanöl). Bei dem vorgenannten Gewebe wird die eine Fadenart mit dem Pigment gefärbt, die andere behält ihre weiße Ausgangsfarbe. (**F. P. 1 230 184** vom 8/7. 1959, ausg. 14/9. 1960. A. Prior. 20/8. 1958.) M. F. Müller. 7021

Commonwealth Scientific & Industrial Research Organization, Australien, **Färben von Wolle.** Der Farbstoff wird in wss. HCOOH gelöst, welche bis zu 30% W. enthält. Die Wolle wird vor der Behandlung mit der Farbstoff-Lsg. mit einer gleichen wss. H·COOH-Lsg. benetzt. Nach dem Färben wird die Wolle mit der gleichen HCOOH-Lsg. gewaschen, um den überschüssigen Farbstoff zu entfernen; anschließend wird mit W. gewaschen. (**F. P. 1 227 653** vom 16/6. 1959, ausg. 22/8. 1960. Aust. Prior. 17/6. 1958.) M. F. Müller. 7021

Chemstrand Corp., übert. von: Walter C. Carter und Edgar D. Smith, Decatur, Ala., V.St.A., **Färben von Mischgespinsten,** bestehend aus a) Acrylnitrilmischpolymerisaten aus mindestens 80 (Gew.-%) Acrylnitril u. 2—10 eines N-heterocycl. Monomeren (z. B. 2-Methyl-5-vinylpyridin) u. b) Wolle, Baumwolle oder regenerierter Cellulose. Um gleichmäßige Färbungen zu erzielen, behandelt man das Fasergut erst 10 bis 30 Min. bei 160—212° F mit einer 0,01—1%ig. wss. Lsg. einer Säure mit einer Dissoziations-Konst. $>176 \cdot 10^{-4}$, spült u. färbt dann mit sauren oder substantiven Farbstoffen. Die Vorbehandlung erfolgt z. B. mit verd. sd. H_2SO_4. Vgl. A. P. 2 932 550; C. **1961,** 14107. (**A. P. 2 952 505** vom 14/10. 1953, ausg. 13/9. 1960.) F. Böhm. 7021

Hardman & Holden Ltd., England, **Färben von Textilien** aus einem Gemisch von Polyester- u. Cellulosefasern mit Küpenfarbstoffen in Form einer Suspension der Leukosäure, die erhalten wird durch Erhitzen eines Gemisches des Küpenfarbstoffes mit überschüssigem Thioharnstoffdioxyd, wobei der Farbstoff in saurem Medium red. wird. Das mit der Farbstoff-Lsg. behandelte Textilmaterial wird getrocknet u. einer Wärmebehandlung unterzogen; danach Imprägnieren mit Alkali u. erneute Wärmebehandlung. — Im Foulard wird ein Färbebad hergestellt aus 10 (g) olivgrünem Caledon B in Pulverform, 10 Thioharnstoffdioxyd, 5 Na_2HPO_4, 5 Dispersol A.C. (I.C.I.), 1 Na-Anthrachinon-1-sulfonat u. 969 Wasser. Das Gemisch wird 10 Min. auf 60° erwärmt. Man erhält eine stabile Suspension der Leukosäure des braunen Küpenfarbstoffs. Damit wird ein Textilgewebe aus 25 (%) Polyester–Terylen-Fasern u. 75 Baumwolle imprägniert u. bei 40—50° auf einem Foulardkalander gefärbt. Nach dem Trocknen wird das Gewebe 20 Sek. bei 180° wärmebehandelt; danach Behandlung in einem Färbegefäß mit wss. NaOH, welche 40 ml 45%ig. NaOH in 1 Liter W. enthält. Dabei wird der Leukofarbstoff in ein tiefes Blau übergeführt. Nach Wärmebehandlung wird oxydiert, geseift u. getrocknet. Man erhält eine olivgrüne Färbung von beiden Faserstoffarten. (**F. P. 1 230 162** vom 30/6. 1959, ausg. 14/9. 1960.) M. F. Müller. 7021

Hardman & Holden Ltd., Manchester, England (Erfinder: Pavel Krug), **Färben von Mischungen aus Polyester- und Cellulosefasern** mit Küpenfarbstoffen. Man red. einen Küpenfarbstoff in wss. Dispersion in saurem Medium mit einem Überschuß an Thioharnstoffdioxyd u. behandelt das Mischgespinst mit der so erhaltenen Leukoküpensäuredispersion. Dann wird getrocknet, 20 Sek. lang auf 160—180° erhitzt, mit Alkali imprägniert u. nochmals erhitzt, z. B. in einem Bad aus geschmolzenem Metall oder durch Dämpfen. In der 1. Stufe wird die Polyesterfaser, in der 2. in alkal. Medium die Cellulosefaser gefärbt. (**E. P. 856 846** vom 13/5. 1958, ausg. 21/12. 1960. **D. A. S. 1 112 964** Kl. 8m vom 6/7. 1959, ausg. 24/8. 1961.) F. Böhm. 7021

Farbenfabriken Bayer Akt.-Ges. (Erfinder: Karl Gustav Kleb), **Färben von Textilien aus hydroxylgruppenhaltigem Material,** bes. natürlicher u. regenerierter Cellulose. Man färbt mit Farbstoffen, die frei von Sulfonsäure- u. Carboxylgruppen sind u. mindestens einmal die Gruppierung $-SO_2-NH-R_1-O-A$ aufweisen (R_1 eine gerade C_2—C_3-Alkylkette, A der Rest einer mehrbas. anorgan. Säure oder ihrer organ. Derivv.), behandelt mit säurebindenden Mitteln bes. in Ggw. von Harnstoff u. anschließend in einem neutralen bis alkal. wss. Bad. Man erhält waschechte Färbungen. (**Aust. P. 227 420** vom 11/7. 1958, ausg. 14/4. 1960. D. Prior. 15/7. 1957.) C. Lüttgen. 7021

Ciba Ltd. (Erfinder: Hans Altermatt), Basel, Schweiz, **Herstellung farbiger Derivate hochmolekularer Polyhydroxylverbindungen** (Cellulose, Polyvinylalkohol).

durch Rk. der OH-Gruppen mit Verbb. der Formel I (F = organ. Farbstoff, wie Azo-, Anthrachinon- oder Phthalocyaninfarbstoff; n = ganze Zahl von 1—4; Z = Amingruppe, substituierte OH-Gruppe, Mercaptogruppe oder Cl). — Man löst 2 (Teile) des roten Farbstoffs II in 750 kaltem W., rührt langsam 100 α-Cellulosepulver,

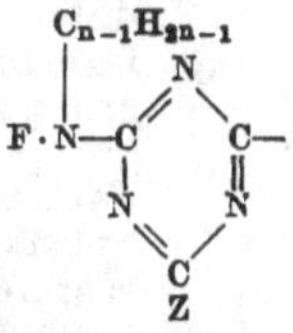

II

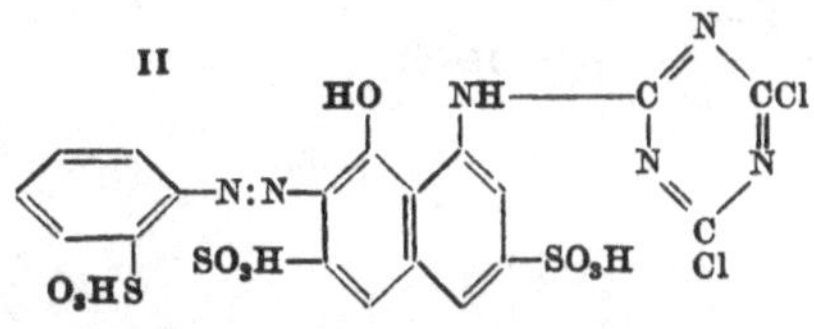

ein, gibt langsam 35 NaCl in kleinen Mengen in 30 Min. zu, macht nach 10 Min. nit 2,5 Na_2CO_3 alkal., rührt 90 Min. bei normaler Temp., filtriert das gefärbte Cellulosepulver ab, wäscht, behandelt 15 Min. lang mit einem Netzmittel bei 90°, wäscht mit W., A. u. Ae. u. trocknet: Homogen gefärbtes Cellulosepulver (**Jap. A. S. 11 781/1960** vom 22/9. 1958, ausg. 23/8. 1960. Schwz. Prior. 23/9. 1957 u. 24/7. 1958.) M. Pankow. 7021

Ciba Akt.-Ges., Basel, Schweiz, **Färben von polyhydroxyliertem Material** faseriger Struktur, wie cellulosehaltigen Textilfasern, nach dem Druck- oder Foulardier-Verf., wobei die zu färbende Ware mit der ganzen Farbstoff-Lsg. imprägniert oder mit einer den Farbstoff enthaltenden Druckfarbe bedruckt wird u. der aufgebrachte Farbstoff fixiert wird. Man verwendet organ. Farbstoffe, die neben mindestens einer u. bes. mehr als einer sauren wasserlösl. machenden Gruppe mindestens eine aliphat. halogenierte Acylaminogruppe enthalten. Hierzu gehören Azofarbstoffe, die eine über eine $-SO_2$- oder —CO-Gruppe an eine Aminogruppe gebundene β- oder γ-Chloralkylgruppe aufweisen. Man verwendet z. B. Monoazofarbstoffe der Formel I, worin R eine mindestens 2 C-Atome enthaltende Alkylgruppe, X eine $-SO_2$-oder eine —CO-Gruppe u. A den Rest einer Azokomponente bedeuten, z. B. sulfonsäuregruppenhaltige Monoazofarbstoffe der Formel $R_1-N=N-A_1$, worin R_1 = Rest einer Diazokomponente u. A_1 = Rest einer Aminonaphtholsulfonsäure, deren Aminogruppe eine β-Chloracyl- oder eine β-Chloralkansulfonylgruppe trägt. Bei Verw. von alkalifreien Farbstoff-Lsg. werden die Farbstoffe nach dem Imprägnieren mit salzhaltigen Alkalien oder mit alkaliabgebenden Mitteln auf der Faser in der Wärme fixiert. Ggf. verwendet man Farbstoff-Lsgg., die ein säurebindendes Mittel oder eine Substanz enthalten, die solche Mittel abgeben, wobei die Farbstoffe durch Erwärmen oder Dämpfen fixiert werden. Als Druckfarben werden z. B. wasserlösl. Monoazofarbstoffe verwendet, die eine β-Chlorpropionylamino- oder β-Chloräthansulfonylaminogruppe aufweisen. — 1 (Teil) des Farbstoffes II wird, mit 9 Harnstoff vermischt, in 100 W. gelöst. Mit dieser Lsg. imprägniert man am Foulard ein Baumwollgewebe bei 80° u. quetscht die überschüssige Fl. so ab, daß der Stoff 75% seines Gew. an Farbstoff-Lsg. zurückhält. Nach dem Trocknen wird die Ware bei Raum-Temp. mit einer Lsg. imprägniert, die pro Liter 10 g NaOH u. 300 g NaCl enthält, dann abgequetscht u. 60 Sek. bei 100—101° gedämpft. Danach wird gespült, mit 0,5%ig. $NaHCO_3$-Lsg. behandelt, gespült, geseift, gespült u. getrocknet. Es bleibt eine rote kochecht fixierte Färbung. — 9 weitere Beispiele. (**Oe. P. 199 602** vom 13/8. 1957, ausg. 25/9. 1958. **F. P. 1 181 105** vom 12/8. 1957, ausg. 11/6. 1959. Beide Schwz. Prior. 14/8. 1956 u. 11/1. 1957.) M. F. Müller. 7021

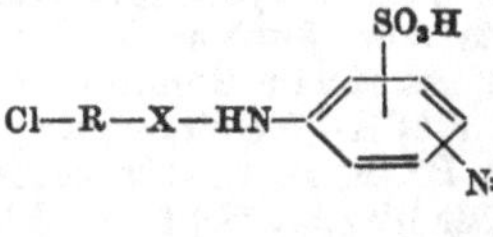

I

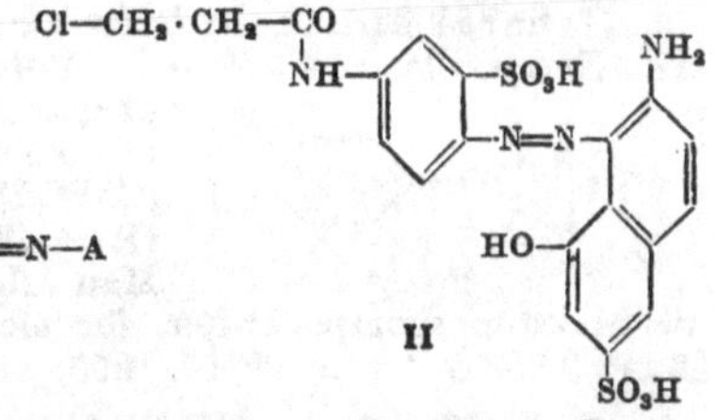

II

Standfast Dyers & Printers Ltd., Lancaster, England (Erfinder: William Kilby und Cedric Hitchen), **Färben von Cellulosetextilien.** Man imprägniert erst mit einer wss. Küpensäuredispersion, die durch Behandlung einer Suspension eines Küpenfarbstoffes mit Thioharnstoffdioxyd bei erhöhter Temp. hergestellt worden ist, u. dann mit Alkali. Anschließend wird, zweckmäßig nach Passieren eines Bades aus geschmolzenem Metall, in üblicher Weise oxydiert, geseift u. gespült. (**E. P. 856 916** vom 8/4. 1958, ausg. 21/12. 1960.) F. Böhm. 7021

Whiffen & Sons Ltd., Loughborough, England (Erfinder: John George Kennedy), **Färben mit Schwefelfarbstoffen.** Man erhält, bes. auf Cellulosefasern, bessere Anfärbungen, wenn man statt des als Red.-Mittel üblichen Na_2S Hydrazin einsetzt. Das Färben erfolgt in bekannter Weise bei 70—100°, bes. bei ca. 90°. (**E. P. 857 429** vom 1/7. 1958, ausg. 29/12. 1960.) F. Böhm. 7021

Ciba Soc. An., Schweiz, **Färben von Cellulosematerialien,** bes. *Baumwolle,* unter Verw. von Anthrachinon- u. Azofarbstoffen, welche neben Sulfonsäuregruppen eine Carbaminsäurearylestergruppe über N gebunden enthalten. Die Farbstoffe werden mit Hilfe einer alkal. Substanz fixiert; danach findet ggf. eine Wärmebehandlung statt. — 2 (Teile) eines Farbstoffes I werden in 100 W. gelöst, mit der Lsg. wird ein Baumwollgewebe imprägniert, danach auf 75% Gew.-Zunahme abgepreßt u. getrocknet. Anschließend wird das Gewebe mit einer Lsg. imprägniert, die in 1000 W. 10 NaOH u. 300 NaCl enthält. Nach dem Abpressen wird 1 Min. auf 100—101° erhitzt, gespült, geseift, wieder gespült u. getrocknet. Man erhält eine wasch- u. lichtechte gelbe Färbung. — Bei Verw. der Farbstoffe II u. III erhält man eine rote Färbung. — Diese Farbstoffe werden hergestellt aus der entsprechenden NH_2-Verb. durch Umsetzung mit den Phenyl- oder Thiophenylester der Chlorameisensäure. (**F. P. 1 237 100** vom 7/10. 1959, ausg. 25/11. 1960. Schwz. Prior. 30/10. 1958.) M. F. Müller. 7021

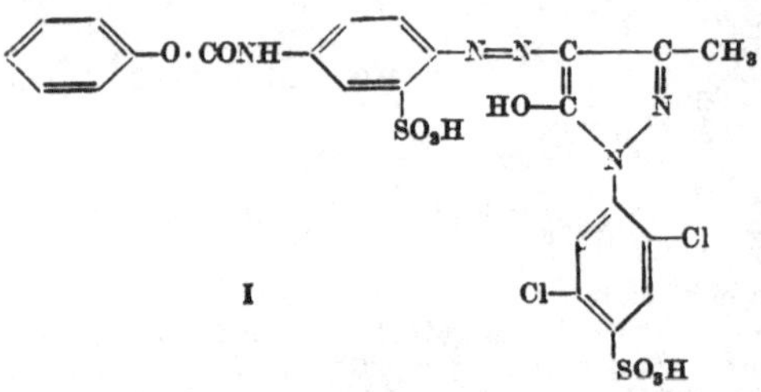

I

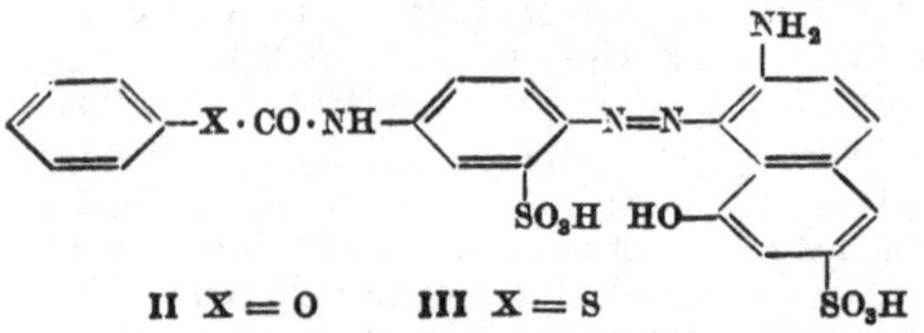

II X = O III X = S

General Aniline & Film Corp., New York, N.Y., übert. von: Tellis A. Martin, Evansville, Ind., V.St.A., **Cobaltphthalocyaninphenylsulfone enthaltende Färbepräparate** zum *Färben von Baumwolle* aus der Küpe. Sie bestehen aus einem Gemisch von 1 (Mol) Co-Phthalocyanin (CoPC I) mit 0,1—0,8 eines phenylsulfonierten I der Formel II (R = Cl, Br, F, H, niedermol. Alkyl oder NO_2; n = 1—4). Man erhält hiermit licht- u. chlorechte Färbungen, obwohl die Mischungskomponenten, für sich allein angewandt, diese Eigg. nicht aufweisen. (**A. P. 2 953 574** vom 29/12. 1953, ausg. 20/9. 1960.) F. Böhm. 7021

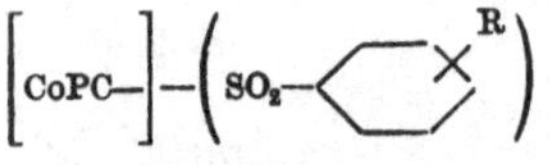

II

A. Ja. Tanwel und S. A. Strunika, **Färben von Baumwolle und anderen Textilien mit Küpen- und Schwefelfarbstoffen.** Die mit dem Farbstoff imprägnierte Faser wird vor u. nach der Behandlung mit Alkalihydrosulfit bzw. Na_2S gedämpft, wodurch bei geringerem Materialverbrauch eine gleichmäßigere Färbung erzielt wird. (**UdSSR. P. 121 768** vom 15/12. 1958.) L. Großner. 7021

Celanese Corp. of America, New York, N.Y., übert. von: Fred Fortess und Fred Best, Charlotte, N.C., V.St.A., **Farbige Musterung von Cellulosetriacetattextilien.** Man prägt zunächst mittels 200—220° heißer Walzen das gewünschte Muster, färbt dann in üblicher Weise mit Dispersionsfarbstoffen u. setzt das ganze Gewebe anschließend einer Hitzebehandlung, z. B. bei 220°, aus. Hierbei verschwindet die Prägung wieder, die ursprünglich geprägten Stellen sind auf dem nunmehr glatten Gewebe jedoch heller angefärbt. (**A. P. 2 954 269** vom 20/2. 1957, ausg. 27/9. 1960.) F. Böhm. 7021

Shinnippon Chisso Hiryo Kabushiki Kaisha, Osaka (Erfinder: Kanji Hirokawa und Hachiro Uchiyama, Minamata), Japan, **Pigmenthaltige Stammflüssigkeit** zum *Färben von Spinnlösungen* für *Acetatkunstseide.* Man mischt bei 35—60° in der Kugelmühle eine Spinn-Lsg. aus einer Lsg. von Celluloseacetat in Aceton oder einem Aceton als Hauptanteil enthaltenden Lsgm. mit einer Mischung aus einem Dispersionsmittel in dem gleichen Lsgm. u. Ruß oder einem anderen Pigment. — Man mischt 1 (Teil) Ruß in eine Lsg. von 0,25 Dispersionsmittel in 3,75 Aceton, so daß eine 25%ig. Fl. entsteht, von der 5, mit 5 einer 25%ig. Spinn-Lsg. (25% Celluloseacetat, 75% Aceton) gemischt, 5 Std. bei 45° in der Kugelmühle bewegt werden. (**Jap. A. S. 5387/1960** vom 22/4. 1957, ausg. 18/5. 1960.) M. Pankow. 7021

Whiffen & Sons Ltd., Loughborough, England (Erfinder: John George Kennedy und Graham Stanley Roberts), **Färbeverfahren.** Auf synthet. Fasern, z. B. aus Polyamid, Polyacrylnitril, Celluloseacetat, Polyäthylen oder Polyäthylenglykolterephthalat, erfolgt die Erzeugung von Eisfarben vorteilhaft in Ggw. von Harnstoff, den man in einer beliebigen Stufe des Verf., spätestens jedoch bei der Behandlung des mit dem diazotierten Amin imprägnierten Faserstoffes mit der Kupplungskomponente, zusetzt. Man kann allerdings auch das Material mit einer Lsg. tränken, die das diazotierbare Amin u. die Kupplungskomponente enthält, bei $<30^0$ diazotieren, mit einer Harnstoff-Lsg. behandeln, u. dann durch Temp.-Steigerung die Kupplung bewirken. (**E. P. 854 341** vom 24/1. 1958, ausg. 16/11. 1960.) F. Böhm. 7021

Chemstrand Corp., V.St.A., **Färben von Fasergemischen** aus polymeren Acrylnitrilfäden, die wenigstens 80 (%) Acrylnitril u. 2—10 Vinylpyridin enthalten, zusammen mit Wollfäden. Zum Färben wird ein saurer Farbstoff, saurer metallisierter Farbstoff oder ein vormetallisierter Farbstoff verwendet. Es wird ein Färbebad benutzt mit einem Geh. von 6—10 H_2SO_4, 0,25—2,5 eines Kondens.-Prod. von Äthylenoxid mit einer höheren Fettsäure oder höherem Fettalkohol u. 0,1—2,0 des Rk.-Prod. von Glykolmonochlorhydrin mit dem Kondens.-Prod. von äquimol. Mengen von Hydroxyäthyläthylendiamin u. Stearinsäure. Nach dem Färben wird das Fasermaterial mit einer alkal. Lsg. (pH 7—8) eines Kondens.-Prod. von Äthylenoxid mit einem Alkohol, z. B. Oleylalkohol, oder einer höheren Fettsäure oder mit einem Phenol u. danach mit einem Metall–Formaldehydsulfoxylat behandelt, welches die Farbstoffreste von der Wolle entfernt. Ggf. werden die nichtgefärbten Wollfasern mit einem vormetallisierten Farbstoff in einem neutralen Färbebad gefärbt. Das nach dem Färben benutzte alkal. Behandlungsbad enthält vorteilhaft ein Fluorescenzaufhellungsmittel. (**F. P. 1 224 695** vom 20/5. 1959, ausg. 27/6. 1960. E. Prior. 21/5. 1958 u. 2/3. 1959.) M. F. Müller. 7021

Badische Anilin- & Soda-Fabrik Akt.-Ges., Deutschland (Erfinder: Rudolf Rokohl, Bjarne Hartmark, Ernst Plötz und Dieter Wegerle), **Gleichmäßiges Färben von Materialien aus Polyacrylnitril mit basischen Farbstoffen,** bes. von Textilien, in Ggw. von kation. quatern. Ammoniumsalzen der allg. Formel $[R_1 \cdot (CH_2)_n N(R_2)(R_3)(R_4)]^+$ (R_1 u. R_2 = Aryl- oder Cycloalkylreste, die durch Alkylreste substituiert sein können; R_3 u. R_4 = aliphat. Reste mit $\leqq 5$ C-Atomen; 2 der Reste R_2, R_3 u. R_4 können mit dem N-Atom einen heterocycl. Ring bilden, oder $N(R_2)(R_3)(R_4)$ = Pyridin oder quatern. Ammoniumsalzen der Formel $R_5N(R_2')(R_3')(R_4')$ (R_5 = aliphat. Rest mit 5—6 C-Atomen; $N(R_2')(R_3')(R_4')$ = Pyridin oder alkylsubstituiertes Pyridin). Ggf. wird das gefärbte Gut mit diesen Verbb. nachbehandelt. — 50 kg

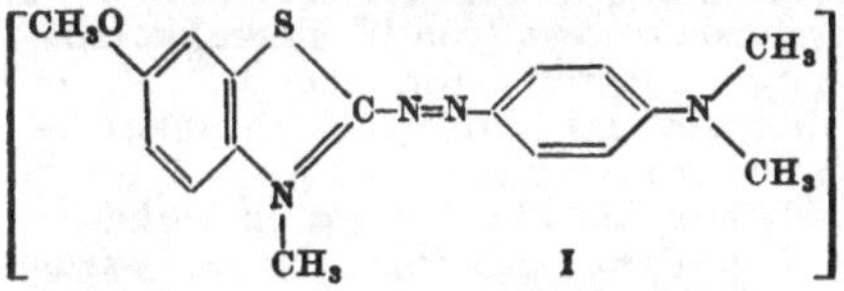

I

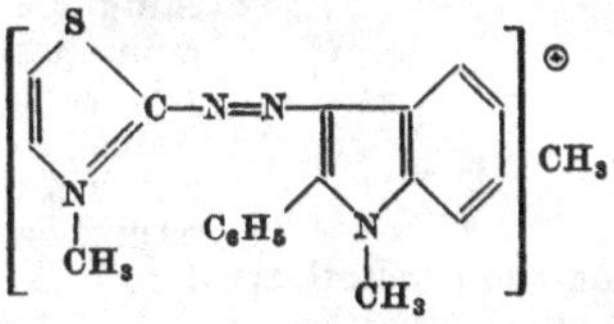

II

Spinnfaser aus Acrylnitril u. einer geringen Menge Vinylacetat (60:1) werden mit 2 Gew.-% eines blauen Farbstoffs I nach Zugabe von 2 Liter H_2SO_4 (96%ig) u. 10 kg Na_2SO_4 gefärbt. Ausgangs-Temp. des Färbebades 80°, danach Steigerung innerhalb 30 Min. auf 90°. Danach wird viertelstündlich die Temp. um 1° erhöht, bis Siede-Temp. erreicht ist, u. 3 Std. im Kochen gehalten. Durch Zugabe von 2,5 kg Benzylphenyldimethylammoniumchlorid erhält man eine gleichmäßige Färbung. — In gleicher Weise wird ein Gemisch von Farbstoffen verwendet, welches 0,5 (Gew.-%, bezogen auf das zu färbende Gut) I, 0,5 des roten Farbstoffs II u. 0,5 des gelben Farbstoffs III enthält. Als quatern. Verb. wird Benzylpyridiniumchlorid oder Dodecyltrimethylammoniumbromid verwendet. (**F. P. 1 235 357** vom 11/5. 1959, ausg. 4/11. 1960. D. Prior. 14/5. 1958.) M. F. Müller. 7021

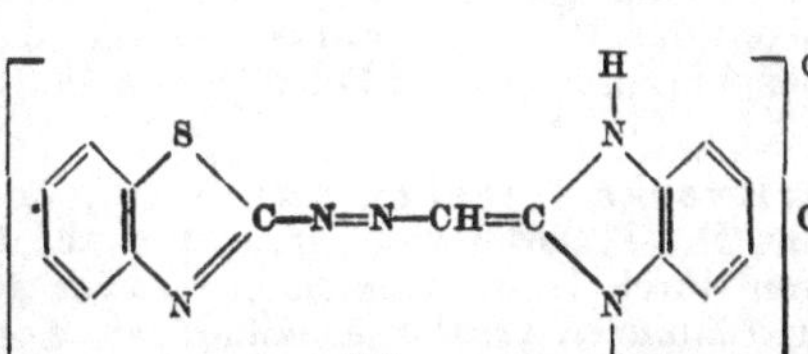

III

General Aniline & Film Corp., New York, N.Y., übert. von: Henry R. Mautner, Hackensack, N.J., V.St.A **Färben von Fasermaterial aus Polyacrylnitril.** Man behandelt das Material, z. B. 10 Min. bei 140° F u. dann 65 bei 190—200° F, in einem Bad, das 0,005—0,2 (Gew.-%) eines Estersalzes eines Leukoküpenfarbstoffs, 0,02—2 eines wasserlösl. Polymeren von N-Vinylpyrrolidon, N-Vinylcaprolactam, N-Vinylpiperidon oder N-Vinylhexahydrophthalimidin mit einem K-Wert von 10—90 u. 0,2—1 $NaCH_2O$-Sulfoxylat enthält. Im Verlauf der Behandlung setzt man 5—10 Gew.-%, bezogen auf Färbegut, H_2SO_4 oder eine äquivalente Menge einer anderen Säure zu. Die Färbung wird in üblicher Weise entwickelt. (**A. P. 2 955 008** vom 27/7. 1953, ausg. 4/10. 1960.) F. Böhm. 7021

Nitto Boseki Kabushiki Kaisha, Fukushima (Erfinder: Masuo Naito, Koriyama, Kyo Harada und Masamichi Katayama, Fukushima, und Kenji Sakaha, Shirakawa), Japan, **Verbesserung des Färbens von Polyacrylnitril.** Man läßt Polyacrylnitril oder Mischpolymere mit ⩾85 Mol-% Acrylnitril mit anorgan. Hydroxylaminsalzen in 40—80% wss. Lsgg. von $ZnCl_2$ reagieren. — 8 (Teile) Polyacrylnitril u. 0,6 $NH_2OH \cdot HCl$ gibt man in 92 wss. 60%ig. $ZnCl_2$-Lsg., rührt 5 Std. bei 40° u. spritzt die Fl. dann durch Düsen in ein 15%ig. $ZnCl_2$-Bad, wäscht mit W. von 10°, streckt, trocknet bei 60—70° bis zu 10—20% Wasser-Geh., streckt erneut in sd. W. läßt um 15% schrumpfen u. färbt mit Acidorange II. (**Jap. A. S. 8343/1960** vom 14/4. 1958, ausg. 1/7. 1960.) M. Pankow. 7021

Farbenfabriken Bayer Akt.-Ges., übert. von: Winfried Kruckenberg, Leverkusen, **Färben von Polyäthylenterephthalat.** Fasern aus dem genannten Material werden mit Dispersionsfarbstoffen der Formel I gefärbt (R = von SO_3H- u. COOH-Gruppen freie Diazokomponente der Benzol-, Thiazol- oder Thiodiazolreihe; Y = Sulfonylamino-, Sulfonylaminoniedermol. Alkylenamino- oder niedermol. Alkylaminogruppe; X = H, Alkyl-, Alkoxy-, oder, wenn Y = niedermol. Alkylamino-, auch Sulfonylaminogruppe), z. B. mit dem Azofarbstoff 1-Amino-2-chlorbenzol-4-sulfonamid → 1-Amino-2-methoxy-5-methylbenzol. Vgl. D. A. S. 1 061 284; C. **1960,** 6329. (**A. P. 2 955 901** vom 23/7. 1957, ausg. 11/10. 1960. D. Prior. 25/7. 1956.) F. Böhm. 7021

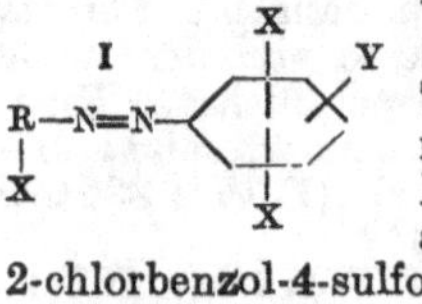

Interchemical Corp., V.St.A. (Erfinder: Arthur Booth, Roy A. Pizzarello und John E. De Graff), **Herstellung einer Druckpaste für Textilien** auf der Basis einer pigmenthaltigen W.-in-Öl-Emulsion. Die Paste enthält ein Pigment, ein mit W. nicht mischbares, flüchtiges, organ. Lsgm., ein Emulgierungsmittel für Emulsionen vom Typ W.-in-Öl, z. B. Äthylcellulose u. Alkydharze, u. ein Trialkylenphosphoramid (I; R = niedermol. Alkylrest, R_1 = H oder niedermol. Alkylrest), z. B. N.N'.N''-Tripropylen-(1.2)-phosphoramid, welches befähigt ist, mit Carbonsäuren oder Säureamiden, welche am N gebundene H-Atome besitzen, in Ggw. von W. zu reagieren. — Die Verbb. I werden hergestellt durch Rk. eines 1.2-Alkylenimins, z. B. 1.2-Propylenimin, mit $POCl_3$. — Beispiel: Der durch Kupplung des 2.5-Dimethoxychloranilids der β-Hydroxynaphthoesäure mit 2-Methoxy-5-sulfodiäthylanilin erhaltene Pigmentazofarbstoff wird mit W. zu einer 20%ig. Paste angerührt. Davon werden 15 (g) zu 12 einer Lsg. gegeben, welche 1,2 Äthylcellulose in 1,8 Octylalkohol u. 9 Terpentinöl enthält. Weitere Zusätze: 3,6 Alkydharz-Lsg., 63,4 Terpentinöl, 6 Tripropylen-(1.2)-phosphoramid. (**F. P. 1 232 024** vom 4/8. 1959, ausg. 5/10. 1960. A. Prior. 5/8. 1958.) M. F. Müller. 7023

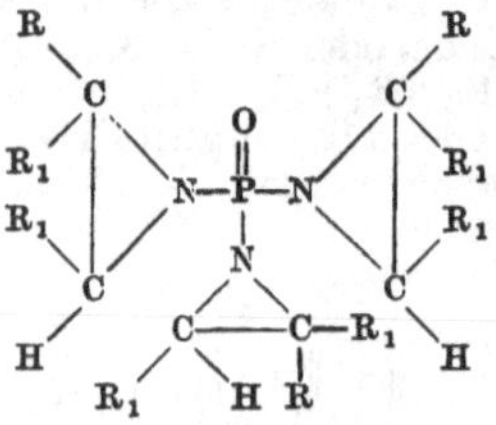

I

Farbwerke Hoechst Akt.-Ges., vormals Meister Lucius & Brüning, Frankfurt/M., **Fixieren von Pigmenten auf Fasermaterial,** dad. gek., daß man wss. Lsgg. von durch Umsetzung mehrwertiger gesätt. oder ungesätt. Säuren mit mehrwertigen Alkoholen erhaltenen alkalilösl. Kondensatharze mit reaktionsfähigen Carboxylgruppen zusammen mit anorgan. oder organ. Pigmenten u. veratherten oder nichtverätherten Kondens.-Prodd. aus Phenol, Harnstoff oder Melamin u. Aldehyden auf das Fasermaterial aufbringt, ggf. in Mischung mit anderen natürlichen oder künstlichen Harzen u./oder Weichmachungsmitteln (Latices auf Basis von Butadien, Acrylnitril, Acrylestern, Vinylestern, Styrol oder Mischpolymerisate davon). — Beispiel: 150 (Gew.-Teile) einer Farbstoffaufbereitung, die 14% Kupferphthalocyanin u. 25% eines Kondens.-Prod. aus Phthalsäure u. Hexantriol-(1.3.5) enthält, werden mit 70 einer 65%ig. wss. Lsg. eines Vorkondensats aus Melamin, Äthylenglykol u. Formaldehyd, sowie 20 Triäthanolamin u. 760 einer Emulsionsverdickung vermischt, die aus 10 einer 30%ig. Lsg. eines Alkylarylpolyglykoläthers, 140 W. u. 850 Schwerbenzin erhalten wurde. Die erhaltene Druckpaste wird auf Baumwolle u. Zellwolle aufgedruckt. Der Druck wird bei 80° getrocknet u. 5 Min. auf 140° erhitzt. Man erhält einen klaren blauen Druck von guter Naßechtheit. (**Oe. P. 209 306** vom 24/9. 1958, ausg. 25/5. 1960. D. Prior. 26/9. 1957. **Zusatz zu Oe. P. 204 994; C. 1962, 16855.**) M. F. Müller. 7023

N. V. W. A. Scholten's Chemische Fabrieken, Hoogezand, Niederlande (Erfinder: Jan Lolkema und Geert Moes), **Bedrucken von Textilien mit Reaktivfarbstoffen.** Als mit den Farbstoffen nicht reagierendes u. aus den bedruckten Textilien leicht auswaschbares Verdickungsmittel verwendet man einen wasserlösl. Äther oder

Ester von Stärke oder eines Galaktomannose-Gummis. Diese Verbb. sollen 0,5—1,5, bes. 0,7—1, Äther- bzw. Estergruppen je Struktureinheit u. keine freien OH- u. NH_2-Gruppen enthalten. Bevorzugt werden Carboxyalkyl-, z. B. Carboxymethyläther von Stärke oder von Guargummi. (**E. P. 856 284** vom 12/8. 1958, ausg. 14/12. 1960.) F. Böhm. 7023

Ciba Ltd., Basel, Schweiz, **Färben von Cellulose-Textilien.** Zu D. A. S. 1 066 987; C. **1960,** 3047 ist nachzutragen: An dem Sulfonsäurealkylamidrest der verwendeten Farbstoffe können außer den genannten Gruppen beliebige durch Alkali abspaltbare Gruppen, wie H_3PO_4-Estergruppen, gebunden sein, u. zwar nicht nur in β-Stellung, sondern z. B. auch in γ-Stellung. (**E. P. 852 960** vom 14/8. 1957, ausg. 2/11. 1960. Schwz. Prior. 14/8., 31/8. 1956, 11/1. u. 15/2. 1957.) F. Böhm. 7023

Leo Peters und Cyril Beynon Stevens, Leeds, England, **Färben und Bedrucken von Fasern aus Keratin oder regeneriertem Eiweiß** mit Farbstoffen der verschiedensten für diese Fasern üblichen Klassen, die wegen ihrer geringen Löslichkeit in W. bisher jedoch wenig geeignet waren. Man setzt dem Färbebad oder der Druckpaste eine fl. organ. Verb. (I) zu, die mit W. nicht unbegrenzt mischbar ist, u. den Farbstoff zu lösen vermag (z. B. Toluol), u. außerdem zweckmäßig einen Emulgator oder ein Lsgm., das mit I u. mit W. mischbar ist (z. B. Aceton). Man kann das Färbegut auch in beliebiger Reihenfolge mit dem Farbstoff u. der I-Dispersion getrennt behandeln. Es werden in relativ kurzer Zeit bzw. niedriger Temp. sehr wasserechte Färbungen erhalten. (**E. P. 856 381** vom 4/4. 1956, ausg. 14/12. 1960.) F. Böhm. 7023

Cecchi Francesco, Pescia, Italien, **Färben von Häuten und Leder,** dad. gek., daß man die mit pflanzlichen Mitteln (Tannin) gegerbten Stücke ca. 20 Std. in eine ca. 2%ig. wss. Lsg. von $FeSO_4$, die geringe Mengen von Ferrisulfat enthält (teilweise Oxydation des Ferrosalzes an der Luft), legt, auspreßt u. trocknet. (**It. P. 542 662** vom 7/10. 1955.) K. Koebke. 7025

J. R. Geigy Akt.-Ges., Basel, Schweiz, **Herstellung basischer Polymerer.** Man erhitzt 2-Aminoimidazoline der Formel I (A = organ. Rest, der an die 2 N-Atome mittels α·β-C-Atomen gebunden ist), ggf. in Ggw. eines Kondens.-Mittels auf 120—280°, wobei pro Mol Ausgangsmaterial ca. 0,5 Mol NH_3 frei werden, u. kondens. ggf. mit Vernetzungsmitteln. Die erhaltenen Harze sind Hilfsmittel bei der *Gewebeappretierung* u. verbessern die *Naßfestigkeit von Färbungen oder Drucken* mit wasserlösl. Farbstoffen. — 95 (Teile) 4-Methyl-2-aminoimidazolinhydrochlorid werden in 250 W. bei 50—80° mit 28 NaOH bas. gemacht u. im Vakuum getrocknet. Man löst in abs. A., trennt NaCl u. dann A. ab u. erhitzt die ölige Base 3 Std. auf 130—170°, wobei 6 NH_3 entweichen. Beim Abkühlen sprödes, wasserlösl., bas. Harz. Mit einer 2%ig. Lsg. des Sulfats dieser Base u. 1%ig. Diamin-Cu-Acetat-Lsg. behandelt man mit Diphenylfastbrown BRL gefärbtes Baumwollgewebe, dessen Färbung gegen Waschen mit Seife u. Soda fest ist. (**Jap. A. S. 7833/1960** vom 26/5. 1958, ausg. 24/6. 1960. Schwz. Prior. 27/5. 1957.) M. Pankow. 7029

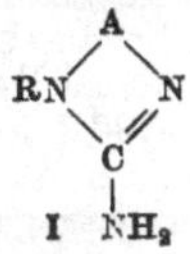

I

General Aniline & Film Corp., New York, N.Y., V.St.A., **Stabilisierung von gefärbten Polyesterfasern** gegen die Einw. von UV-Licht. Man färbt die Fasern in einem Bad, das neben einem Farbstoff u. ggf. üblichen Hilfsmitteln eine UV-Licht absorbierende Substanz der Formel I, z. B. 0,05 (Teile) 2.2′-Dihydroxy-4.4′-dimethoxybenzophenon auf 300 W., enthält (R = H oder Alkyl mit 1—5 C-Atomen; R_1 = Alkyl mit 1 bis 5 C-Atomen). (**E. P. 852 977** vom 1/5. 1959, ausg. 2/11. 1960. A. Prior. 26/5. 1958.) F. Böhm. 7029

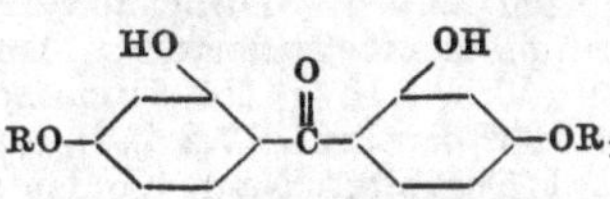

I

Comp. Française des Matières Colorantes, Frankreich (Erfinder: Henri Wahl und Marie Therèse Le Bris), **Azofarbstoffe.** Weitere Ausführungsbeispiele für das Verf. des F. P. 1 049 896, wobei als Kupplungskomponenten 2 Methylbenzothiazolquaternärsalze verwendet werden, die im Benzolkern durch Alkyl-, Alkoxy- oder Phenylgruppen substituiert sind, z. B. 2-Methyl-β-naphthothiazolmethomethylsulfat, 2-Methyl-5-methoxybenzothiazoljodmethylat, 2-Methyl-5.6-dimethoxybenzothiazoljodäthylat, 2.5-Dimethylbenzothiazoljodmethylat oder -methomethylsulfat. (**F. P. 64 756** vom 29/10. 1953, ausg. 2/12. 1955. **Zusatz zu F. P. 1 049 896.**) G. Hoppe. 7053

Badische Anilin- & Soda-Fabrik Akt.-Ges., übert. von: Hans Baumann, Ludwigshafen/Rh., und Siegfried Huenig, Marburg/Lahn, **Herstellung**

von basischen Azofarbstoffen durch Rk. eines Alkylierungsmittels (Alkyl-, Aralkylhalogenide, -sulfate oder -sulfonate) mit einem Azofarbstoff A—N=N—B (A = Rest eines N-heterocycl. Ringes, z. B. des Thiazols, Benzthiazols, Naphthothiazols, Oxazols, Imidazols, Benzimidazols, Selenazols, Thiadiazins, Thiadiazols, Triazins, Pyridins, Pyrimidins, Indols; B = Rest eines aromat. Amins der Benzol- oder Naphthalinreihe; die Azogruppe steht in o- oder p-Stellung zur Aminogruppe von B u. in α- oder γ-Stellung zu einem cycl. gebundenen N-Atom von A). — Vertreter solcher Verbb. sind z. B. die Farbstoffe **I—III**. (**Can. P. 556 218** vom 12/6. 1956, ausg. 22/4. 1958. D. Prior. 14/6. 1955.)

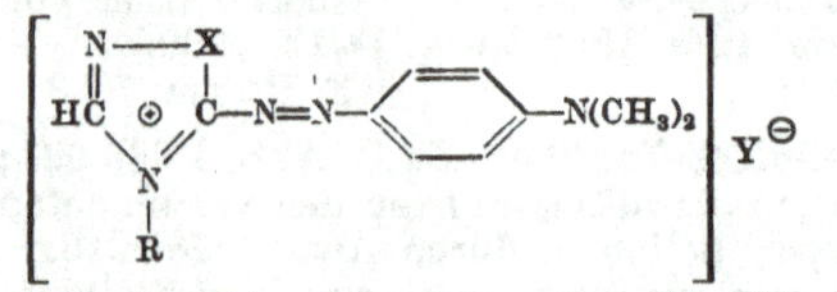

I $X = N(CH_3)$ $R = CH_3$ $Y = CH_3OSO_3$

II $X = N(CH_2C_6H_5)$ $R = CH_2C_6H_5$ $Y = Cl$

III $X = S$ $R = CH_3$ $Y = ClO_4$

H.-J. Nitzschke. 7053

Farbwerke Hoechst Akt.-Ges., vormals Meister Lucius & Brüning, Deutschland, **Herstellung von wasserunlöslichen Azofarbstoffen und anorganischen und organischen Pigmentfarbstoffen** gemäß dem Verf. des F. P. 1 050 528, dad. gek., daß bis zu 100% Öl, bes. 10—25%, angewandt werden. Als Emulgatoren werden die Kondens.-Prodd. von hochmol. Alkylsulfonamiden (I) mit halogenierten Carbonsäuren verwendet. Die Verbb. I werden erhalten durch Einw. von SO_2 u. Cl_2 auf hochmol. aliphat. KW-Stoffe (Kp. 150—350°) u. anschließende Rk. mit NH_3 oder einem prim. Amin. Man erhält durch Kondens. mit halogenierten Carbonsäuren hochmol. Alkylsulfonamidocarbonsäuren im Gemisch mit unveränderten KW-Stoffen, Sulfonamiden, Salzen von Alkyldisulfonsäuren, Disulfonamiden, Salzen von Alkylsulfonamidodiessigsäuren u. unveränderten Halogencarbonsäuren, z. B. Chloressigsäure. Genannt sind z. B. Alkylsulfonamidoessigsäuren oder Gemische von solchen hochmol. Säuren. Zur Herst. der wss. Emulsionen werden Fette u. KW-Stofföle verwendet, z. B. Erdnuß-, Lein- u. Maisöl, sowie Mineralöle u. synthet. Fischer-Tropsch-Öle. Von den in W. unlösl. Farbstoffen sind z. B. genannt: Mineral. Pigmente, wie Cadmiumgelb, Cadmiumrot, Chromgelb, Chromgrün, Zn-Carbonat, Fe-Oxydrot, ferner organ. Pigmentfarbstoffe, z. B. pigmenthaltige Pyrazolon- u. Azofarbstoffe, sowie indigoide u. anthrachinoide Küpenfarbstoffe. — 90 (Gew.-Teile) eines Gemisches aus 23,5 Na-Alkylsulfonamidoacetat, 75 Mineralöl u. 6,9 W. werden in Form einer 10%ig. wss. Emulsion in eine Farbstoffkupplungs-Lsg. eingetragen, die mit 216 1-Phenyl-3-methylpyrazolon-(5) u. 6 1-Phenyl-3-carbäthoxypyrazolon-(5) hergestellt wurde. Dann wird Kreide zugegeben u. das Gemisch bei 25° in eine tetrazotierte Lsg. von 152 3.3'-Dichlor-4.4'-diaminobiphenyl eingetragen. Sobald die Kupplung beendet ist, wird die Lsg. kongosauer gemacht u. 1 Std. lang gekocht. Nach dem Filtrieren wird das Gut gewaschen u. bei 60° getrocknet. — Die Emulsion kann auch vor oder nach dem Ansäuern zugefügt werden. — Vgl. D. B. P. 889 042; C. **1950/54,** 5733 S; D. B. P. 930 998; C. **1960,** 16944; E. P. 778 806; C. **1961,** 308. (**F. P. 68 649** vom 11/12. 1953, ausg. 5/5. 1958. D. Prior. 12/12. 1952. **Zusatz zu F. P. 1 050 528.**)

M. F. Müller. 7053

N. Ss. Wulfsson, **Herstellung von 4.4'-Di-[arylamino]-triphenylmethanfarbstoffen** aus 4.4'-Dimethoxytriphenylmethan-Verbb. u. in o-Stellung zur Aminogruppe unsubstituierten m-Aminobenzoesäuren in geschmolzenem CH_3COONa bei 130 bis 145°. — 16 (g) 4.4'-Dimethoxytriphenylcarbinol u. 24 krist. CH_3COONa werden auf 75—85° erwärmt, 17,2 2-Chlor-5-aminobenzoesäure zugesetzt, u. 2½ Std. wird auf 130 bis 145° erhitzt. Nach Kühlen auf 100° wird mit heißem W. behandelt, in 300 ml 6%ig. NaOH bei 80—85° gelöst u. bei 95° mit HCl gegen Brillantgelb neutralisiert; Ausbeute 84%. (**UdSSR. P. 121 892** vom 17/1. 1959.) L. Großner. 7057

N. N. Karandaschewa und O. I. Jeremina, **Herstellung eines olivgrünen Farbstoffes** zur Färbung von Textilfasern im schwach sauren Medium. Verwendet wird ein Fe^{2+}-Komplex der nach UdSSR. P. 112 669; C. **1960,** 2694 erhaltenen *2-Nitroso-1-anthrol-4-sulfonsäure* (I). — Zu 1,51 (g) I-Na in 130 ml W. werden bei 95° in 1 Std. 0,472 $FeSO_4$ in 20 ml W. gegeben, danach wird 4 Std. bei 90—95° gerührt, nach Zusatz von 20 ml 10%ig. Soda-Lsg. weitere 30 Minuten. Es wird filtriert u. das Filtrat mit CH_3COOH gegen Brillantgelb angesäuert: 1,75—1,85 Farbstoff. (**UdSSR. P. 122 228** vom 5/1. 1959.) L. Großner. 7059

Ciba Ltd., Basel, Schweiz, **Farbstoffe und Zwischenprodukte der Anthrachinonreihe.** Zu Schwz. P. 321 525; ist nachzutragen: Wird 1.-(2'-Bromcyclohexylmercapto)-

anthrachinon (I) in Eisessig wenige Min. mit Ag-Acetat gekocht, so wird *1-(2'-Acetoxycyclohexylmercapto)-anthrachinon* der Zus. II, gelbe Nadeln aus A., F. 169 bis 170°, erhalten. Durch 2std. Erhitzen von I in Methanol mit Na-Methylat unter Rückfluß erhält man *1-(2'-Methoxycyclohexyl)-mercaptoanthrachinon*, kleine gelb-orange Kristalle aus A., F. 138—139°. — Löst man 3,5 (Gew.-Teile) II heiß in 400 A u. erhitzt nach Zugabe einer Lsg. von 3,5 KOH, 35 W. u. 315 A. 2 Std. unter Rückfluß, so erhält man *1-(2'-Hydroxycyclohexyl)-mercaptoanthrachinon*, orangefarbenes Kristallpulver. — 1 Färbebeispiel. (**E. P. 784 786** vom 29/6. 1954, ausg. 16/10. 1957. Schwz. Prior. 1/7. 1953 u. 14/6. 1954.) O. Roick 7059

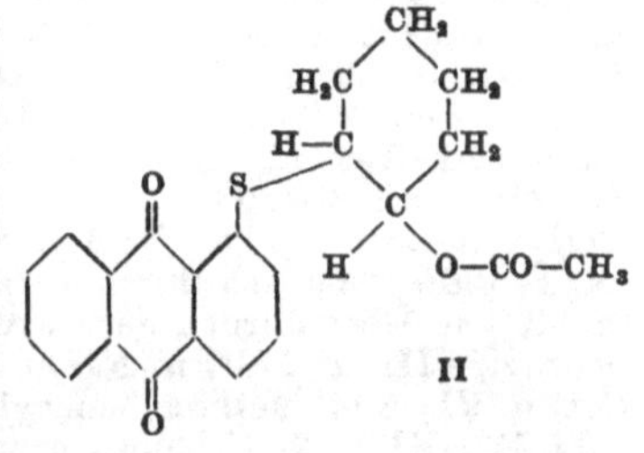

II

Ciba Akt.-Ges., Basel, Schweiz, **Küpenfarbstoffe der Anthrachinonreihe.** Zu Schwz. PP. 291 733, 291 734 u. 291 735 ist nachzutragen: Durch Umsetzen von 1-Benzoylamino-4-amino-6(7)-chlor-7(6)-bromanthrachinon mit 3-Methylsulfonbenzoylchlorid wird ein Farbstoff in Form roter Kristalle erhalten, die in konz. H_2SO_4 rotviolett lösl. sind u. Baumwolle aus olivfarbener Küpe sehr echt blaurot färben. Ein Farbstoff mit ähnlichen Eigg. wird mit 3-Isopropylsulfonbenzoylchlorid erhalten. — 1 Färbebeispiel. (**E. P. 736 437** vom 17/2. 1953, ausg. 7/9. 1955. Schwz. Prior. 21/2. 1952.) O. Roick. 7059

Ciba Ltd., Basel, Schweiz, **Herstellung von Küpenfarbstoffen** der allg. Formel $A_1—X—A_2$, worin A_1 u. A_2 verküpbare Gruppen bedeuten, von denen mindestens eine, eine Hexahydrobenzoylaminogruppe enthält, u. X eine direkte Bindung oder eine -O-, -S- oder -NH-Brücke bedeutet, nach an sich bekannten Meth., wobei in mindestens einer Stufe des Verf. ein verküpbares Amin mit Hexahydrobenzoesäure oder deren funktionellem Deriv. acyliert wird. — Man erhitzt 5 (Teile)1.4-Diamino-2-[5'-6'-phthaloylbenzthiazolyl-(2')]-anthrachinon, 5 Hexahydrobenzoylchlorid, 3 Pyridin u. 120 Ntirobenzol auf 150—155° u. filtriert den gebildeten Farbstoff bei 100° ab. — Die Farbstoffe färben Fasern aus natürlicher u. künstlicher Cellulose in den gleichen Tönen. (**Ind. P. 62464** vom 3/12. 1957, ausg. 11/8. 1959.) C. Lüttgen. 7059

Ciba Akt.-Ges., Basel, Schweiz, **Anthrachinonküpenfarbstoffe,** die bes. cellulosehaltige Fasern in gut licht-, chlor- u. sodakochechten Tönen färben u. auch als Pigmentfarbstoffe verwendbar sind, erhält man durch Rk. von 1.4-Diaminoanthrachinon-2-arylketonen mit heterocycl. Verbb., die mindestens einmal die Gruppierung -C (Halogen)=N- enthalten, bes. Triazinen u. Diazinen, u. ggf. Ersatz der noch vorhandenen beweglichen Halogenatome durch organ. Reste. — Durch 5std. Erhitzen von 7,5 (Gew.-Teilen) 2-(4'-Chlorbenzoyl)-1.4-diaminoanthrachinon (I) mit 1,8 Cyanurchlorid (II) in 100 Vol.-Teilen Nitrobenzol (IIa) bei 130—135° erhält man den Farbstoff der Zus. III. Er färbt Baumwolle (**A**) aus dunkelgrüner Kupe rein rotstichig blau. Setzt man 12 I mit 1,85 II in 100 **IIa** in Ggw. von 0,1 CuCl durch 24std. Erhitzen um, so sind in dem erhaltenen Farbstoff alle 3 beweglichen Halogenatome durch den I-Rest ersetzt, violette Prismen färben **A** aus dunkelgrüner Küpe blaustichiger als III. Weitere Farbstoffe, die auch in blauen Tönen färben, erhält man aus: III u. 2-Naphthylamin; 1 (Mol) 2.4-Bis-(2'.4'-dimethylphenyl)-6-chlor-1.3.5-triazin u. 1 I, blaue Nädelchen; 1 I u. 1 II, violette Kristalle, Farbstoff (IV)

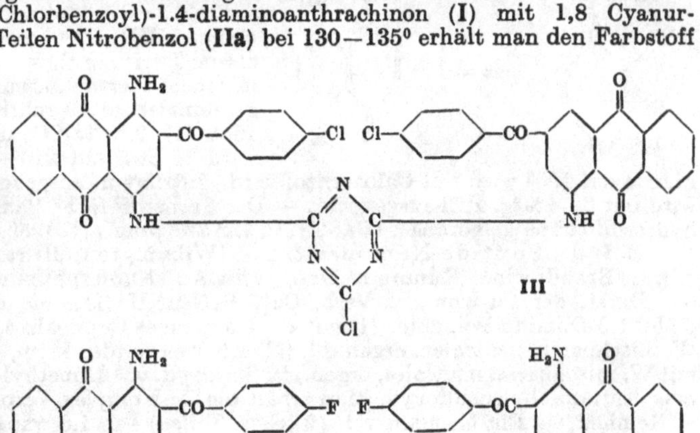

III

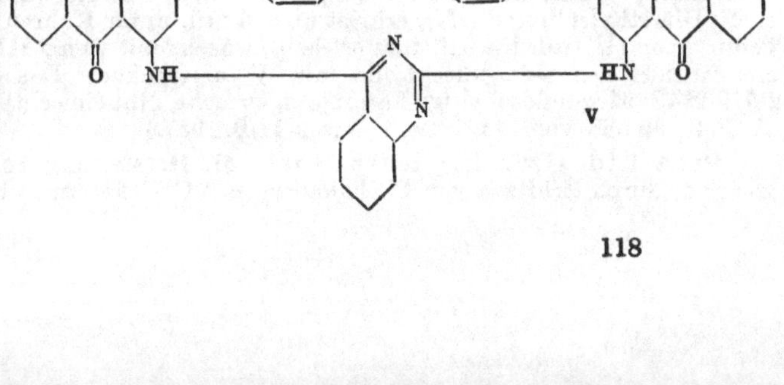

V

mit 2 beweglichen Halogenatomen; 1 2.4-Dichlorchinazolin u. 2 2-(4'-Fluorbenzoyl)-1.4-diaminoanthrachinon, Farbstoffe der Zus. **V**; 1 2-(2'.4'-Dimethylphenyl)-4.6-dichlor-1.3.5-triazin (**VI**) u. 2 **I**, blaue Prismen, färbt marineblau; 1 **II**, 2 2-Benzoyl-1.4-diaminoanthrachinon (**VII**) u. 1 Anilin; dem Farbstoff aus 2 **VII** u. 1 **II** mit 1 p-oder m-Phenylendiamin oder Benzidin. Ferner können in rotstichigblauen u. marineblauen Tönen färbende Farbstoffe erhalten werden aus 2 der folgenden Anthrachinon- u. 1 der folgenden Triazin-Derivv. (anthrachinon = **VIII**, triazin = **IX**): 1.4-Diamino-2-(2'.4'-dimethylbenzoyl)-**VIII** (**X**, F. 195°, erhältlich durch Verrühren von 1.4-Dichlor-**VIII**-2-carbonsäure u. m-Xylol in $AlCl_3$ u. Überführung der Cl-Atome in dem erhaltenen 1.4-Dichlor-2-(2'.4'-dimethylbenzoyl)-**VIII**, F. 174°, in NH_2-Gruppen) u. **VI**; 2-(4'-Methylbenzoyl)-1.4-diamino-**VIII** (**XI**) u. **VI**; 2-(4'-Methoxybenzoyl)-1,4-diamino-**VIII** u. **VI**; **X** u. 2-Phenyl-4,6-dichlor-1.3.5-**IX** (**XII**); 2-(4'-Chlorbenzoyl)-1.4-diamino-**VIII** (**XIII**) u. **XII**; **XI** u. **XII**; **VII** u. **XII**; 2-(3',4'-Dichlor-benzoyl)-1.4-diamino-**VIII** u. **VII**; **XIII** u. 2-(2'-Methylphenyl)-4.6-dichlor-1.3.5-**IX**; **XIII** u. 2-(2'.4'-Dichlorphenyl)-4.6-dichlor-1.3.5-**IX** [**XIV**, F. 125°, erhältlich durch Rk. von 2.4-Dichlorbenzoylchlorid u. Dicyanodiamid in Aceton u. in Ggw. von KOH zum 2.4-Dichlorbenzoyldicyanodiamid (**XV**, F. ca. 213° netur Zers.), Erhitzen von **XV** mit wss. HCl zum 2.4-Dichlorbenzoylbiuret (**XVI**, F. ca. 201° unter Zers.), Überführung von **XVI** mit KOH in 2.4-Dichlorbenzoguanamid u. Umwandlung dieser Verb. mit $PtCl_5$ u. $POCl_3$in **XIV**]; **XIII** u. 2-(2'-Fluorphenyl)-4.6-dichlor-1.3.5-**IX** [Kristalle aus A., F. 101°, erhältlich analog **XIV** aus o-Fluorbenzoylchlorid über das o-Fluorbenzoyldicyanodiamid, F. 177° (Zers.), o-Fluorbenzoylbiuret, F. ca. 145° u. 2-(o-Fluorphenyl)-4.6-dihydroxy-1.3.5-**IX**, F. 260° (Zers.)]; **VII** u. 2-(1'-Naphthyl)-4.6-dichlor-1.3.5-**IX** (F. 175°, erhältlich durch 16std. Verrühren einer Lsg. von **II** in Naphthalin in Ggw. von $AlCl_3$); **VII** u. 2-Phenoxy-4.6-dichlor-1.3.5-**IX**. (**F. P. 1 242 048** vom 1/12. 1959, ausg. 30/12. 1960. Schwz. Prior. 24/12. 1958.) O. Roick. 7059

N. Ss. Dokunichin und Ja. B. Schtejnberg, **Herstellung von N-Methylbenz-[c:d]-indolin-Farbstoffen** durch Kondens. quatern. Salze von N-Methyl-2-[alkylmercapto]-benz-[c:d]-indolinen mit Verbb. mit aktivierter Methylengruppe. Als solche werden verwendet: Acetessigester, Cyanessigester, Malonsäuredinitril, die gelbe Farbtöne liefern; Indoxyl, Acenaphthenon, 1-[4'-Tolyl]-3-methylpyrazolon-(5), 3-Hydroxythianaphthen-Derivv., die rotviolette Töne liefern. — 0,7 (g) 1-Methyl-2-[methylmercapto]-benz-[c.d]-indolinmethosulfat, 0,31 Cyanessigsäureäthylester, 0,27 Triäthylamin u. 6 ml abs. A. werden 1 Std. gekocht, danach wird mit 10 ml W. versetzt u filtriert: 0,4 Farbstoff, der Acetatfasern goldgelb färbt. (**UdSSR. P. 122 229** vom 2/1. 1959.) L. Großner. 7063

W. A. Titkow und I. D. Pletnew, **Herstellung von Küpenfarbstoffen** der allg. Formel **I** (X = H oder Benzoylaminogruppe, jedoch nur eine je Anthrachinonkern)

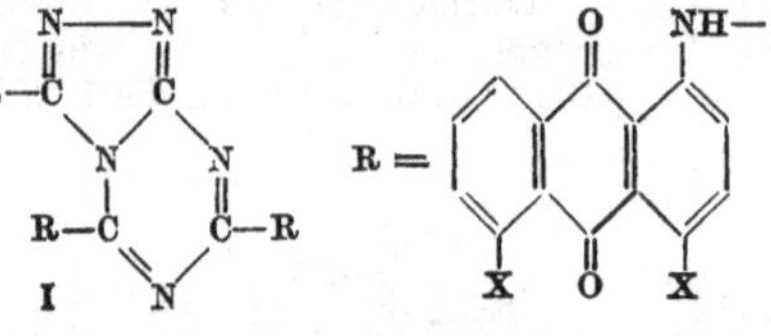

I

durch Kondens. von 3.5.7-Triamino-1.2.4-triazolo-[4.3:a]-1.3.5-triazin (**II**) mit 1-Chloranthrachinon (**III**) oder dessen 4- oder 5-Benzoylamino-Deriv. in Ggw. von CuJ oder $Cu/J_2/CuBr$ in einem inerten Lösungsmittel. — In 100 (g) geschmolzenes Naphthalin werden 3,32 **II**, 16,02 **III**, 9,8 Na_2CO_3 u. 2 CuJ gegeben, darauf wird 19 Std. auf 216—220° erhitzt. Nach Abkühlen auf 150° wird mit Chlorbenzol verd., filtriert u. ausgekocht. Das trockene Prod. wird mit 3—4%ig. HCl ausgekocht. — Der Farbstoff färbt Baumwolle aus roter Alkalihydrosulfitküpe gelborange. (**UdSSR. P. 122 227** vom 5/1. 1959.) L. Großner. 7069

E. I. du Pont de Nemours & Co., Wilmington, übert. von: Melvin A. Perkins, Brandywine Hundred, Del., V.St.A., **Kupferphthalocyaninvorprodukt.** Bei der Herst. der Cu-Komplex-Verb. $Cu(C_8H_4N_2)_6NH$ (**Ia**), die durch Erhitzen von ca. 6 Mol 1.3-Diimino-isoindolin (**I**) mit ca. 1 Mol eines Cuprisalzes bei 55—95° in einer mit W. mischbaren, neutralen, organ. Fl. (**II**) erhalten werden kann, verwendet man als **II** ein mit W. mischbares, neutrales, organ., fl. Sulfoxyd, wie Dimethyl-, Diäthyl-, Methyläthyl- oder Tetramethylensulfoxyd. Man erhält die Cu-Komplex-Verb. in sehr guter Ausbeute u. Reinheit. — Ein Gemisch von 12 (Gew.-Teilen) **I** u. 1,8 wasserfreiem $CuCl_2$ gibt man zu 70 Dimethylsulfoxyd (**III**), erhitzt über 2 Std. unter Rühren bis 75°, erhöht dann die Temp. über $1^1/_2$ Std. bis 91°, filtriert heiß, wäscht mit wenig **III**, trägt das Filtrat in W. ein, filtriert den Nd., wäscht ihn mit W. u. trocknet. Das erhaltene **Ia** nach A. P. 2 772 284, auf cellulosehaltige Fasern aufgebracht, gibt ein echtes Cu-Phthalocyaninblau. (**A. P. 2 795 588** vom 11/5. 1956, ausg. 11/6. 1957.) O. Roick. 7073

Ciba Ltd. (Erfinder: Kurt Hoelzle), **Herstellung von Kupferphthalocyanin** (α-Form) durch Erhitzen von Phthalonitril mit CuCl in einem inerten organ. Lsgm. bei

180—220° in Ggw. einer tert. Base u. einem Alkalihydroxyd als Katalysator. — Man erhitzt z. B. 50 (Teile) CuCl, 10 Benzoylchlorid, 10 Pyridin u. 1200 Nitrobenzol ca. 1/2 Std. auf 110—120°, fügt unter Rühren 128 Phthalonitril hinzu u. erhitzt ca. 20 Std. das Gemisch zum Sd. unter Rückfluß. Nach dem Abkühlen auf 100° filtriert man, wäscht den Rückstand mit Nitrobenzol, anschließend mit A. u. trocknet ihn. Nach dem Umfällen aus H_2SO_4 erhält man α-Kupferphthalocyanin. (**Aust. P. 226 720** vom 7/2. 1958, ausg. 3/3. 1960. Schwz. Prior. 18/2. u. 24/12. 1957.) H. Nebelsiek. 7073

Imperial Chemical Industries Ltd. (Erfinder: Victor David Poole und James Wardleworth), **Herstellung von Phthalocyaninfarbstoffen** durch Rk. einer wss. Suspension eines Kupferphthalocyaninpolysulfonylchlorids, welches Sulfonsäuregruppen enthalten kann, mit einem Amin der Formel (II) $NH_2 \cdot CH_2 \cdot CH_2X$, in der X für Cl, Br oder eine Sulfatogruppe steht, u. die Methylengruppen durch niedere Alkylgruppen substituiert sein können. Falls erforderlich, hydrolysiert man die nichtumgesetzten Sulfonsäuregruppen, so daß der Farbstoff wenigstens eine Sulfonsäuregruppe am Phthalocyaninkern enthält. — Es werden z. B. 50 (Teile) des Na-Salzes von Cu-Phthalocyanintetra-4-sulfonsäure in 475 Chlorsulfonsäure bei 20° gelöst, diese Lsg. gerührt u. 4 Std. auf 115—120° erhitzt. Man kühlt, gießt in Eiswasser, filtriert das ausgefällte Sulfonylchlorid ab, entwässert u. suspendiert den Rückstand in 1000 Eiswasser unter Neutralisation mit $NaHCO_3$. Nachdem man noch 33,6 $NaHCO_3$ u. eine Lsg. aus 12,8 2-Chloräthylaminhydrochlorid u. 9,25 $NaHCO_3$ in 200 W. zugefügt hat, rührt man das Gemisch 16 Std., wobei die Temp. auf ca. 20° ansteigt. Man filtriert, wäscht alkalifrei u. trocknet. Es fällt beim Lösen in warmem W. eine hellblaue Lsg. an. Auf jeden Cu-Phthalocyaninkern entfallen 1,1 β-Chloräthylsulfamylgruppen u. 2,9 Sulfonsäuregruppen. (**Aust. P. 226 838** vom 11/12. 1957, ausg. 10/3. 1960. E. Prior. 14/12. 1956.) H. Nebelsiek. 7073

VEB Chemische Fabrik Grünau, übert. von: **Hans-Dieter Selle** und **Angela Ruhnau**, Berlin, *Anfärbbare Polyesterfasern.* (**A. P. 3 022 131** vom 3/9. 1957, ausg. 20/2. 1962. D. Prior. 20/2. 1957. — **C. 1959,** 8722 [D. A. S. 1 041 464].)

J. R. Geigy Akt.-Ges., Basel, Schweiz, *Herstellung metallhaltiger Azofarbstoffe.* (**Niederl. P. 100 913** vom 7/10. 1955, ausg. 16/4. 1962. Schwz. Prior. 8/10. 1954. — **C. 1961,** 9214 [A. P. 2 824 094].)

J. R. Geigy Akt.-Ges., Basel, Schweiz, *Metallisierbare Disazofarbstoffe.* (**Niederl. P. 100 673** vom 16/6. 1956, ausg. 15/3. 1962. Schwz. Prior. 20/6. 1955. — **C. 1960,** 17625 [D. A. S. 1 056 758].)

Farbwerke Hoechst Akt.-Ges., vormals Meister Lucius & Brüning, Frankfurt/M., *Herstellung grüner Polyazofarbstoffe.* (**Niederl. P. 100 732** vom 16/12. 1957, ausg. 15/3. 1962. D. Prior. 21/12. 1956. — **C. 1961,** 16665 [D. A. S. 1 044 318].)

Farbenfabriken Bayer Akt.-Ges., Leverkusen (Erfinder: **Klaus Böckmann**, Köln, und **Carl Taube**, Leverkusen), *Herstellung von Azo-azoxy-azofarbstoffen.* (**Niederl. P. 100 703** vom 29/5. 1957, ausg. 15/3. 1962. D. Prior. 6/6. 1956. — **C. 1960,** 15915 [D. A. S. 1 030 948].)

Sandoz Ltd., Basel, Schweiz, *Dispersionsfarbstoffe der Anthrachinonreihe.* (**E. P. 890 464** vom 22/5. 1959 ausg. 28/2. 1962. Schwz. Prior. 28/5. u. 6/8. 1958. — **C. 1962,** 2916 [F. P. 1 225 449].)

$H_{II a}$. Farben. Anstriche. Lacke. Naturharze

Eine neue Vorstellung über Thixotropie. A. G. North. (Paint Technol. **26,** Nr. 2, 37—39, 43, Febr. 1962; Cray Valley Products Ltd.; engl.). I. Koschitzki. 7090

Basische Pigmente. A. G. Walker. (Off. Digest Federat. Soc. Paint Technol. **33,** 481—91, April 1961; Greenford, Middlesex, Assoc. Lead Manuf., Ltd.; engl.) — Es werden die speziellen techn. Eigg. der gebräuchlichsten bas. Pigmente, wie bas. Bleisulfat, bas. Pb- sowie Mg-Chromat, Mennige u. a., u. deren bes. Anwendungsmöglichkeit im Korrosionsschutz beschrieben. L. Kempf. 7092

Die Anwendung der Szegvari-Mühle zur Herstellung lufttrocknender, mit Titandioxid pigmentierter Anstrichfarben. G. Brownlie. (Paint Technol. **26,** Nr. 6, 38—41, Juni 1962; engl.) — Beschreibung der Bauart u. Arbeitsweise einer Labor.-Feinmühle zum Anreiben streichfertiger, an der Luft trocknender TiO_2-pigmentierter Anstrichfarben. Mahlleistung u. techn. Vorteile gegenüber herkömmlichen Kugelmühlen werden an Abb. u. Rezepturen für die verschiedenen Anstreichfarbentypen u. wss. Emulsionsfarben näher erörtert. A. Sander. 7092□

Grundlegende Betrachtungen über die Benetzung von Pigmenten. H. Schütte. (Plaste u. Kautschuk **9,** 93—96, Febr. 1962; Magdeburg, 2. Zentral. Forsch.-Stelle: Lacke u. Farben; dt.) — Es werden Angaben über die Beziehungen zwischen Sediment-Vol. u. Benetzungswärme, über die Oberflächengröße einiger Farbpigmente gemacht u. theoret. Betrachtungen über Dispergierungs-Meth. angestellt. W. Gottwald. 7092□

Tages- und Nachtleuchtfarben. Peter W. Sherwood. (Farbe u. Lack **67,** 640—42, Okt. 1961; White Plains, N.Y., dt.) — C. **1962,** 6220. H. Penn. 7092□

Lackrohstoffe aus der Erdölspaltung. Bernhard Cyriax. (Farbe u. Lack **67,** 623—27, Okt. 1961; Ludwigshafen/Rh.; dt.) — Übersicht über die Lackrohstoffe, die bei der Erdölspaltung anfallen, u. über die chem. Prozesse, die zu ihrer Gewinnung führen. H. Penn. 7096□

Über die Verhinderung der Hautbildung oxydativ trocknender Anstrichmittel beim Lagern und bei der Verarbeitung. M. Fedtke und G. Gross. (Plaste u. Kautschuk **9**, 253—55, Mai 1962; VEB Leuna Werke „Walter Ulbricht"; dt.) — Überblick über den techn. Stand der Hautverhinderungsmittel (HVM) für oxydativ trocknende Anstrichmittel mit bes. Bezug auf das 2.6-Di-tert.-butyl-4-methylphenol sowie auf die neueren HVM Methyläthylketoxim, Butyraldoxim, Cyclohexanonoxim u. ihre wichtigsten Prüfungs-Meth. bzgl. Verzögerung der Haut-Bldg. u. der Trocknung. Ergebnisse prakt. Verss. u. Anwendungsmöglichkeit werden mitgeteilt. — 19 Literaturhinweise. A. Sander. 7096□

Der Einfluß oberflächenaktiver Additive auf die Eigenschaften von Anstrichsystemen. W. A. Riese. (Chem. Rdsch. [Solothurn] **15**, 126—30, 1/3. 1962; dt.) I. Koschitzki. 7096

Copolymerisationen auf dem Anstrichmittel-Gebiet. 3. Mitt. **Die Reaktion trocknender Öle mit Inden. Studien auf dem Fettgebiet.** 251. Mitt. H. P. Kaufmann und H. Brüning. (Fette, Seifen, Anstrichmittel **62**, 1146—51, Dez. 1960; dt.) — 2. vgl. C. **1962**, 315; 251. vgl. C. **1963**, 1875. — Bericht über chem. u. physikal. Unterss. zur näheren Aufklärung des Rk.-Verlaufes der Copolymerisation trocknender Öle mit Inden sowie über lacktechn. Eigg. der Rk.-Produkte. L. Kempf. 7096

Saccharoseester als trocknende Öle. Edward G. Bobalek, Thomas J. Walsh und Hsi-Hu Chiang. (Off. Digest Federat. Soc. Paint Technol. **33**, 453—68, April 1961; Cleveland, Ohio, Case Inst. of Technol.; engl.) — Es werden die Herst. von trocknenden Ölen durch Veresterung von hochfunktionellen Polyolen mit Fettsäuren, deren physikal. u. technolog. Eigg., wie Löslichkeit u. Verträglichkeit mit verschiedenen Harzen, Viscosität, O-Aufnahme u. Film-Eigg., beschrieben. L. Kempf. 7096

Lufttrocknende ölfreie Polyätherester. H. W. Chatfield. (Paint Technol. **26**, Nr. 4, 17—21, April 1962; engl.) — Aus Allylätheralkoholen u. Dicarboxylsäuren hergestellte ölfreie Polyätherester (I) werden auf filmbildende u. Trocknungs-Eigg. untersucht. I besitzen gute UV-, Wärme- u. Paraffinölbeständigkeit sowie günstige elektr. Eigenschaften. B. Scheifele. 7096□

Die Wirkung von Washprimern bei der Filmbildung. R. H. Chandler. (Paint Technol. **26**, Nr. 4, 14—16, April 1962; engl.) — Behandelt wird die Wirkungsweise von H_3PO_4, Cr-Ionen u. Harzkomponenten bei der Bldg. von Harz–Chrom–Phosphat-Komplexen in Washprimer-Filmen. B. Scheifele. 7096□

Über die Struktur gehärteter Polyesterharze und Lacke auf dieser Basis. J. Mleziva und J. Vladyka. (Farbe u. Lack **68**, 144—54, März 1962; Pardubice, CSSR, Forsch.-Inst. für synthet. Harze u. Lacke; dt.) — Der Umsatz der ungesätt. Bestandteile u. damit der Vernetzungsgrad der Polyester sind von der Struktur des Ausgangsharzes u. den Härtungsbedingungen abhängig. Der Einfl. der Mol-Verhältnisse der Bestandteile, des Isomerisationsgrades der Ausgangspolyester, der Härter, der Temp. u. der Verdünnung durch unreaktive Lsgm. u. Weichmachungsmittel wurde untersucht. Bei Härtung im Film wurden Strukturunterschiede im Gegensatz zur Härtung im Block gefunden. — 46 Literaturangaben. E. Karutz. 7106□

Über die mechanische Beanspruchbarkeit der Innenlackierung schwerer Blechpackungen und ihre Abhängigkeit von der Beschaffenheit des Blechuntergrundes in der Sicht verschiedener Prüfmethoden. Beatrix Hottenroth. (Farbe u. Lack **68**, 87—99, Febr. 1962; München, Inst. für Lebensmitteltechnol. u. Verpackung; dt.) — Vf. untersuchte die Dehnfähigkeit von Einbrennlacken auf verschiedenen Blechen mit verschiedener Oberflächenbeschaffenheit (durch Sandstrahlen oder Beizen) durch Prüfung der Schlag- u. Erichsen-Tiefung sowie des Reckens u. Biegens. Es ergab sich, daß Einbrennlackierungen auf gebeiztem Handelsblech (warmgewalzt) dauerhafter sind, noch besser eignet sich kaltgewalztes glattes Blech, da es weniger verformbar ist u. die Lackierung bei Verformung weniger beansprucht. Für die Prüfung der Faßlackierung wird die Schlagprüf-Meth. vorgeschlagen, da sie der prakt. Beanspruchung am nächsten kommt. Auf die Dehnbeanspruchung reagieren die Lacke verschieden, so daß keine von der Lackart unabhängige Beziehung zwischen den Prüf-Verff. aufgestellt werden konnte. H. Jacobi. 7106□

Störungen an flüssigen Anstrichoberflächen. P. Fink-Jensen. (Farbe u. Lack **68**, 155—62, März 1962; Kopenhagen, Sadolin & Holmblad A/S, Physikal. Labor.; dt.) — Mit Hilfe der Fließtheorie werden Oberflächenverschiebungen im Film, die unter Einfl. der Schwerkraft, der Oberflächenspannung oder deren Änderung verursacht werden können, untersucht. Die Ergebnisse werden an Beispielen, wie Abrinnen, Verlauf, Randeffekte, Fischaugen, Wabenstruktur usw. dargestellt u. erläutert. E. Karutz. 7106□

Eine Theorie der Lufttrocknung von Anstrichen. T. A. Gardner. (Paint Technol. **25,** Nr. 3, 15—19, 40, März 1961; Marathon Div. of America Can Co.; engl.) — Thermodynam. Betrachtungen zum Trocknungsvorgang durch Warmluft im Gardner-Trockner. L. Kempf. 7106

Holz- und Anstrichschäden durch Bläuepilze. H. Zycha. (Farbe u. Lack **67,** 628—32, Okt. 1961; Hann.-Münden, Biol. Bundesanstalt für Land- u. Fortwirtsch., Inst. für Forstpflanzenkrankheiten; dt.) — Es wird über das Wachstum u. die Ausbreitung der Bläuepilze im Holz u. über geeignete Gegenmaßnahmen, bes. Schutzstoffe wie *Pentachlorphenolnatrium* enthaltende *Grundieranstriche,* berichtet. Um vollen Schutz zu gewähren, müssen diese witterungsbeständig u. gut haftend sein. H. Penn. 7106□

Anwendung von Pigmentverschnittmitteln bei Unterwasseranstrichfarben. A. Partington und P. F. Dunn. (Paint Technol. **26,** Nr. 6, 14—33, Juni 1962; Poole, Dorset, Res. Organis. of Ships' Compositions Manuf. Ltd.; engl.) — Da nach Vff. im Schrifttum genaue Angaben über den Einfl. inerter Verschnittmittel auf die Auswasch-Geschw. u. Schutz-Wrkg. der unlösl. unverschnittenen Grundfarben fehlen, führten Vff. bei der Entw. wirtschaftlicher u. zuverlässig schützender Unterwasseranstrichfarben mit im Seewasser befestigten Proben Verss. mit den verschiedenen Verschnittmitteln u. Pigmenten in Unterwasserfarben (I) aus. Die Ergebnisse der Verss., aus denen hervorgeht, daß auch die Verschnittmittel bes. Beachtung verdienen, werden in ausführlichen Tabellen nach folgenden Faktoren ausgewertet: Einfl. der Zus. der I (Geh. an Kolophonium, Weichmachern u. modifizierten Harzen); Speicherungs- oder Anwendungsbedingungen (schichtenförmiges oder turbulentes Ausfließen); Eigg. u. Anteil des Verschnittmittels (Ölabsorption, Rk.-Vermögen mit der Grundfarbe oder mit anwesenden Korrosionsschutzmitteln, Löslichkeit in Seewasser). Abschließend wird auf künftige Entw.-Möglichkeiten hingewiesen. A. Sander. 7106□

Feuerhemmende Überzüge auf Basis von Siliciumoxidpigment. E. K. Zimmermann und W. A. Ingram. (Paint Varnish Product. **51,** Nr. 12, 71—75, Nov. 1961; New York, N.Y., Nat. Lead Co.; engl.) — An Hand von Vers.-Ergebnissen wird gezeigt, daß der Flammenschutz *chlorierter Alkydharzlacke* mit Antimonsiliciumdioxidpigment größer ist als bei Verw. von Antimonoxid. L. Kempf. 7106

Vergleichende Untersuchungen über die Kreidungsneigung von mit Titandioxid Rutil und Anatas pigmentierten Bindemittelsystemen. R. Steinbach und W. Theil. (Plaste u. Kautschuk **9,** 307—10, Juni 1962; Berlin, VEB Lackfabrik; dt.) — Bewitterungs-Verss. mit unterschiedlichen TiO_2–ZnO-Bindemittelkombinationen auf vorgereinigten u. mit Haftgrund versehenen Stahlblechen in reiner Gebirgsluft ergaben einen verhältnismäßig hohen Abbau der Anstriche, gek. durch Lochkorrosionen der Bleche. Bei $2^1/_2$jähriger Bewitterung wurden von den Proben jeweils nach längeren Zwischenräumen Kreidungsabdrücke genommen, welche die Erfahrung bestätigten, daß der Rutiltyp weniger zum Abkreiden neigt als der Anatastyp. In beiden Fällen kreiden reine Nitroanstriche stärker ab als reine Alkydanstriche. Rutil zeigte sich hierbei deutlich stärker korrosionsschützend als Anatas. Um möglichst haltbare Anstriche zu erhalten, empfehlen Vff., bei den TiO_2–ZnO-Mischungen den Anatasanteil $< 15\%$ u. den Rutilanteil $< 40\%$ zu wählen. Rutil lieferte außerdem nach Vff. bei gleichem Glanzgrad besser deckende Anstriche. A. Sander. 7106□

Widerstand und Korrosionsschutz in unpigmentierten Systemen. B. W. Cherry und J. E. P. Mayne. (Off. Digest Federat. Soc. Paint Technol. **33,** 469—80, April 1961, Cambridge, England, Univ.; engl.) — Es wird über die Durchführung von Messungen des elektr. Widerstandes an *Alkydharzlackfilmen* mit großem Ölgehalt in verschiedenen konz. KCl-Lsgg. zur Erfassung der Porigkeit bzw. korrosionsschützender Eigg. berichtet. L. Kempf. 7106

Neue Kunststoff-Beschichtungsverfahren. John Ranking. (Dtsch. Farben-Z. **16,** 303—05, Juli 1962; London; dt.) — Beschreibung des *elektrostat. Spritzens* mit pulverförmigen *Beschichtungskunststoffen* mit Hilfe des Spritzgerätes Stajet der Firma S.A.M.E.S., Grenoble. W. Wesly. 7106□

Fassadenanstriche mit Dispersionsfarben auf Kalkputz. W. Leuser. (Dtsch. Farben-Z. **16,** 200—208, Mai 1962; Stuttgart, Inst. für Anstrichstoffe im Bauwesen; dt.) — Vf. geht von *Putzanstrichschäden* aus u. erläutert in diesem Zusammenhang Zus., Struktur, Trocknung u. Abbinden von Putz u. gibt daraus Folgerungen für die Vermeidung von Anstrichschäden. R. Zeisberger. 7106□

Milton Landau, Jersey City, N.J., V.St.A., **Herstellung eines grünen Farbstoffs,** der in W. unlösl., in organ. Lsgm. mit brauner Farbe lösl. ist, u. sich als grüner *Pigmentfarbstoff* für *Farben, Glasuren, Schuhpoliermittel* u. *plast. Massen* sowie zum Braunfärben von *Lacken* u. *Holzbeizen* eignet, erfolgt durch Lösen von α- oder β-Naphthylamin (I) in einer gesätt. Fettsäure mit 1—3 C-Atomen oder einem Alkanol mit 1—3 C-Atomen oder von I-Hydrochlorid in W. u. Zugabe einer wss. $NaNO_2$-Lsg. bei 30—70°, Abfiltrieren, Waschen u. Trocknen des ausgefallenen bräunlichschwarzen Nd., den man dann auf 75—105° erhitzt, bis er eine grüne Farbe angenommen hat. (**A. P. 2 964 562** vom 3/6. 1957, ausg. 13/12. 1960.) O. Müller-Meiningen. 7093

E. I. du Pont de Nemours & Co., Wilmington, Del., übert. von: John H. Haslam, Landenberg, Pa., V.St.A., **Herstellung von flockigen Pigmenten.** Man hydrolysiert mittels Dampf einen organ. Ester eines Metalls der Gruppe IVa des Period. Syst., der einen organ. Rest mit 1—8 C-Atomen aufweist, auf einer glatten Fläche, wobei man pro m² Fläche die 0,04—0,2 Mol des Metalloxydes entsprechende Menge Ester anwendet u. zunächst transparente, bei Erhitzen auf 200° schwarze Flocken u. bei Erhitzen auf 400° bzw. 800° weiße Pigmentflocken von Anatas- bzw. Rutilstruktur erhält. (**A. P. 2 941 895** vom 11/9. 1956, ausg. 21/6. 1960.) K. Demmler. 7093

Métaux & Chimie, Frankreich, übert. von: Walter Marx & Co. K. G., Österreich, **Herstellung von mit Wasser mischbaren Metallpigmenten,** z. B. aus Al- oder anderen Metallpulvern von einer Teilchengröße $< 500\,\mu$, durch Mahlen in einer Kugel- oder Vibrationsmühle in Ggw. von Wasser. Ggf. werden beim Mahlen Schmier- u. Emulgierungsmittel zugesetzt. (**F. P. 1 240 399** vom 13/11. 1959, ausg. 20/12. 1960. Oe. Prior. 19/11. 1958.) M. F. Müller. 7093

Willy Glaser, Nira, Israel, **Herstellung eines Mischpigments aus Blei- und Zinkchromat.** Man erhitzt ein Pb-Zn-Erz, z. B. Anglesit-Cerussit-Calamin-Erz, mit einer wss., 4%ig. NaOH-Lsg. im Autoklaven auf 170°, bis wenigstens ein Teil der krist. Carbonate, Sulfate u. Silicate in den amorphen bas. Zustand umgewandelt sind, u. erhitzt das abgetrennte unlösl. Material z. B. auf 90—100° mit 3%ig. Chromsäurelösung. (**E. P. 845 873** vom 5/7. 1956, ausg. 24/8. 1960.) K. Demmler. 7093

British Titan Products Co. Ltd., England, **Verbesserung von TiO_2-Pigmenten** durch Einw. eines Ti-Tetrahalogenids, z. B. $TiCl_4$, auf Wasserdampf bei 180—600°, wobei das $TiCl_4$ in TiO_2 übergeführt wird. Das dampfförmige $TiCl_4$ wird durch Einw. von $AlCl_3$ auf TiO_2 bei 250—270° gebildet. — Zeichnung. (**F. P. 1 219 103** vom 23/3. 1959, ausg. 16/5. 1960. E. Prior. 24/3. 1958 u. 17/3. 1959.)
M. F. Müller. 7093

Monsanto Chemicals Ltd., London, England (Erfinder: David Samuel Petrie Roebuck), **Herstellung von Pfropfpolymerisaten,** bes. aus *Butadien* u. *Styrol*, durch Erhitzen eines Polystyrols oder eines Mischpolymerisates mit Butadien nach Zusatz eines Persulfats oder Peroxyds auf ca. 50°. Hierdurch werden sog. akt. Zentren erzeugt, die nach Abkühlen auf 20° für die aufzupfropfenden Monomeren wie Acrylnitril, Butadien oder Styrol wirksam werden. Dauer der Pfropfung 68—72 Std., deren Grad von der Zeit u. der Katalysatorenmenge abhängt. — *Dispersion für Anstrichmittel.* (**E. P. 847 602** vom 19/3. 1957, ausg. 7/9. 1960.) H. Schindler. 7097

Esso Research and Engineering Co., V.St.A. (Erfinder: Anthony H. Gleason und Thomas M. Mozell), **Herstellung von schwach viscosen, polymeren Ölen** zur Verw. als *Firnis* oder als *filmbildende trocknende Öle.* Ein olfein. KW-Stoff mit 4—10 C-Atomen wird mit einer organ. Verb., welche einen ungesätt. methylierten Ring enthält, in Ggw. eines Alkalimetallkatalysators u. eines Äthers (Tetrahydrofuran, Tetrahydropyran, Methylal oder Dimethyläther) umgesetzt. Als olefin. Ausgangsstoff sind z. B. genannt: Styrol, Butadien-(1.3), Isopren, Piperylen, 2.3-Dimethylbutadien-(1.3), 2-Methylpentadien. Als cycl. Verbb. sind z. B. genannt: Xylol, Äthyltoluol, Trimethylbenzol, Methylnaphthalin, α-Methylpyridin, 2.4.6-Trimethylpyridin. Auf 100 (Teile) Olefin werden 5—500 cycl. Verb., 0,01—10 Alkalimetall u. 1—200 des Äthers angewandt. — Beispiel: In einer Stahlbombe mit Rührwerk werden 80 (Teile) Butadien, 20 Styrol, 30 Tetrahydrofuran, 2 feinverteiltes Na-Metall u. 300 Heptan 18 Std. lang bei 50° gerührt. Nach dem Abkühlen werden 15 ml Eisessig eingerührt, um das Na-Metall zu binden. Die überschüssige Essigsäure wird mit NH_3-Gas neutralisiert, darauf wird filtriert u. das Lsgm. im Vakuum bei 70—100° abdestilliert. Das zurückbleibende Polymer-Prod. hat eine Viscosität von 12,3 cP. — Weitere Beispiele. (**F. P. 72 324** vom 18/9. 1957, ausg. 6/4. 1960. A. Prior. 8/10. u. 27/11. 1956. **Zusatz zu F. P. 1 163 486; C. 1960, 13206.**)
M. F. Müller. 7097

Maurice Albert Boucard, Frankreich, **Farben-Abbeizmittel** aus einem Gemisch von Aceton u. Äthylacetat mit einem Zusatz von Dichlormethan oder eines Gemisches aus 85—65% Dichlormethan u. 15—35% Alkohol. An Stelle von Äthylacetat kann auch Amylacetat treten. (**F. P. 72 851** vom 28/1. 1958, ausg. 29/4. 1960. **Zusatz zu F. P. 1 165 709; C. 1961, 18141.**) M. F. Müller. 7101

Howard Vincent Schweitzer, V.St.A. (Erfinder: Richard J. Verba), **Elektrostatische Zerstäubung von Lacken, Farben und Ölen** durch Zentrifugalkraft unter Verw. von Druckluft. — 10 Zeichnungen. (**F. P. 1 220 341** vom 19/2. 1959, ausg. 24/5. 1960. A. Prior. 19/2. u. 19/12. 1958.) M. F. Müller. 7107

Coates Brothers & Co. Ltd., England, **Thixotrope, Polyamidharze enthaltende Farben auf Esterbasis.** Man verwendet ein Harz aus einer polymerisierten Fettsäure (I), einer aliphat. Dicarbonsäure, z. B. Sebacinsäure, deren COOH-Gruppen durch wenigstens 4 C-Atome voneinander getrennt sind, u. einem Polyamin. I wird z. B. erhalten aus Linoleinsäure oder durch Hydrolyse von Standöl. — Beispiel: 34,6 (g) Äthylendiamin werden in 100 einer dimeren Säure u. 200 Sojaölfettsäure eingetragen u. 2 Std. bei 200° unter Rückfluß erhitzt. Danach wird bei 200° das W. abdestilliert. — In gleicher Weise wird ein Polyamidharz aus einem Gemisch aus 31,3 Äthylendiamin, 150 dimerer Säure, 100 Ölsäure u. 17,9 Sebacinsäure hergestellt. — 292 Sojaöl, 40 Pentaerythrit, 0,5 Bleiglätte werden 1 Std. bei 240° erhitzt. Nach Zusatz von 74 Phthalsäureanhydrid wird das Gemisch bei 240° gerührt, bis sich das Alkydharz gebildet hat. Durch Verrühren mit 15 Polyamidharz u. Zugabe von White spirit erhält man ein thixotropes Gemisch, das zur Farb-Herst. verwendet wird. — 720 eines Standöls aus Leinöl, 240 Kolophoniumglycerylester, 40 Polyamidharz, wie vorst. hergestellt, u. 200 White spirit werden miteinander verrührt unter Bldg. eines thixotropen Firnis. (**F. P. 1 221 985** vom 3/3. 1959, ausg. 7/6. 1960. E. Prior. 6/3. 1958 u. 30/1. 1959.) M. F. Müller. 7107

Ciba Soc. An., Schweiz, **Verwendung von Pigmentfarben zum Färben von Lacken, Druckfarben und plastischen Massen,** z. B. aus Polyvinylchlorid. Die Farben sind frei von wasserlösl. machenden Gruppen u. entsprechen der allg. Formel I, worin R_1 = organ. Rest, R_2 = H oder organ. Rest, n = 1—4. Wenn R_2 z. B. = H, dann ist R_1 z. B. ein 1wertiger polycycl. aromat., z. B. ein Pyrenrest, bes. ein Anthrachinonrest, z. B. 1-Amino-4- oder -5- oder -8-methoxyanthrachinonrest. — Beispiel: 1 Mol 1-Aminoanthrachinon wird mit 1 Mol 1-Nitroanthrachinon-2-carbonsäure kondensiert u. anschließend die NO_2-Gruppe reduziert.

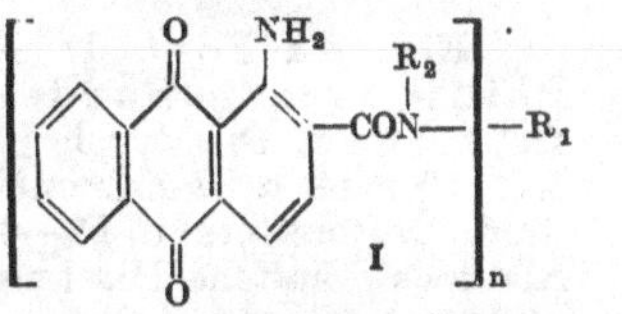

Von der erhaltenen Verb. werden 5 (Teile) mit 95 Dioctylphthalat in einer Kugelmühle zu einer Paste vermahlen. Davon werden 0,8 mit 13 Polyvinylchlorid, 7 Dioctylphthalat, 0,1 Cd-Stearat u. 1 TiO_2 5 Min. lang bei 140° gemahlen. Man erhält eine lichtbeständige rote Farbe. (**F. P. 1 211 170** vom 11/12. 1958, ausg. 14/3. 1960. Schwz. Prior. 16/12. 1957.) M. F. Müller. 7107

Soprodim Soc. An., Frankreich (Erfinder: Ulrich), **Pigmentieren auf feuchtem Wege.** Der aus der Filterpresse kommende feuchte Pigmentpreßkuchen wird mit einem in W. lösl. Lsgm., z. B. mit einem höheren Alkohol oder mit einem Monoäther eines Dialkohols, u. einem Netzmittel gemischt, worauf als Bindemittel ein Harzpulver oder eine konz. Lsg. davon in einem höheren Alkohol zugegeben wird. Das in dem Gemisch enthaltene W. wird danach durch azeotrope Dest. entfernt. (**F. P. 1 221 696** vom 6/1. 1959, ausg. 3/6. 1960.) M. F. Müller. 7107

Badische Anilin- & Soda-Fabrik Akt.-Ges., Ludwigshafen/Rh. (Erfinder: Herbert Willersinn, Hans Scheuermann, Ludwigshafen/Rh., und Alfred Woerner, Limburgerhof/Pfalz), **Herstellung von Mischpolymerisationsprodukten,** dad. gek., daß monomere polymerisierbare Verb., bes. Vinyl-, Allyl- oder Acryl-Verbb., zusammen mit Verbb. polymerisiert werden, die einen oder mehrere mit β-ungesätt. Alkoholen (I) verätherte Methylolureinreste (II) im Mol. enthalten u. durch Kondens. von monomeren, mit I verätherten II oder deren niedermol. Homopolykondens.-Prodd. oder von niedermol. Polykondens.-Prodd. der monomeren, mit I verätherten II oder ihrer niedermol. Homokondens.-Prodd. mit nichtpolymerisierbaren Verbb. mit mehreren Carboxyl- u./oder OH-Gruppen im Mol. mit polymerisierbaren Verbb. mit einer oder mehreren Carboxyl- u./oder OH-Gruppen im Mol. hergestellt sind. Nach dem Beispiel wird der Bestandteil der polymerisierbaren Mischung durch Kondens. eines Gemisches aus 58,5 (Teilen) des Tetraallyläthers des Tetramethylolglyoxaldiureins u. 41,5 eines harzartigen Rk.-Prod. aus 2 (Mol) Maleinsäureanhydrid u. 1 2.2-Dimethylpropandiol-(1.3) mit SZ- 384 (4) unter Rühren u. N_2 bei 140—150° hergestellt. Das Rk.-Gemisch mit SZ. 70 wird dann bei 80° mit 33 Teilen Styrol vermischt. Man erhält eine hochviscose Lsg. mit der Viscosität 400 DIN-Sek., gemessen im DIN-Becher Nr. 4 bei 20°. Sie eignet sich gut als *Streichlack.* Vor dem Auftraten werden 2 (%) einer Cyclohexanonperoxydpaste u. 8 einer 5%ig. Co-Naphthenat-Lsg. in Styrol zugegeben. Die Überzüge sind nach ca. 2 Std. staubtrocken u. lassen sich nach 12 Std. gut schleifen. (**D. A. S. 1 082 735** Kl. 39c vom 22/8. 1958, ausg. 2/6. 1960.) H. Schindler. 7107

Hanns A. Rathsack, Berlin, **Antifoulinganstrichmittel,** dad. gek., daß man ZnO hohen Reinheitsgrades bei 100—800° bis zu 2 Std. tempert u. mit Bindemittel vermischt. (**D. P. [DDR] 20 525** Kl. 22g vom 10/10. 1958, ausg. 18/1. 1961 [Wirtschaftspatent].) T. Oppermann. 7107

E. I. du Pont de Nemours & Co., Wilmington, Del., V.St.A. (Erfinder: Joe Earle Hodgkins und Grant Thompson), **Herstellung chlorierter Mischpolymerer.** Man chloriert Mischpolymere von wenigstens 2 Monoolefinen, die in Ggw. von Katalysatoren aus Übergangsmetallen der Gruppe 4—6 des Period. Syst. u. red. Metall-Verbb. in wasserfreien organ. Lsgm. polymerisiert werden, höchstens 6 C-Atome u. endständige ungesätt. Bindungen besitzen, wobei die Mischpolymeren vor der Chlorierung 40—75 Mol-% Äthylen u. nach der Chlorierung 10—35% Cl enthalten. Die chlorierten Polymeren können wie Kautschuk vulkanisiert werden u. dienen zum *Überziehen* von Drähten, Kabeln, Walzen u. zum Auskleiden von Behältern für chem. Stoffe. — Man mischpolymerisiert Äthylen u. Propylen in Bzl. mit $(Isobutyl)_3Al$ u. $TiCl_4$ zu einem Polymeren mit 50 Mol-% Äthylen u. der Intrinsic-Viscosität 2, leitet in eine Lsg. von 100 g des Polymeren in 3000 cm^3 CCl_4 nach Zusatz von 0,2 g $\alpha.\alpha'$-Azodiisobutyronitril Cl_2 unter Bestrahlung mit einer W-Lampe 2 Std. ein, hält zunächst bei 52°, entfernt Cl_2, stabilisiert mit 1,5 g 2.2'-Bis-[4-glycidyloxyphenyl]-propan u. erhält ein Polymeres mit 21,4% Cl. 100 (Teile) des Polymeren, 30 Channel-Ruß, 5 ZnO, 5 Tetramethylthiuramdisulfid u. 2 S werden 30 Min. lang bei 153° vulkanisiert. (**F. P. 1 174 512** vom 3/5. 1957, ausg. 12/3. 1959. **Jap. A. S. 2798/1960** vom 2/5. 1957, ausg. 25/3. 1960. Beide A. Prior. 3/5. 1956.) M. Pankow. 7107

E. I. du Pont de Nemours & Co., Wilmington, Del., V.St.A. (Erfinder: Philip Francis Sanders), **Herstellung beständiger wässeriger Mischpolymerisatdispersionen.** Die durch Emulsionspolymerisation aus 30—80 (Gew.-%) Acrylnitril, 1,5—15 einer α-Olefinmonocarbonsäure (I; Acryl-, Methacryl-, Äthacryl-, Phenylacrylsäure, Crotonsäure) u. 15—60 eines I-Esters mit einem gesätt. aliphat. 1 wertigen C_1—C_{12}-Alkohols erhaltene Mischpolymerisatemulsion wird mit NH_4OH auf pH 5,5—8 gestellt u. dann 5 Min. bis 4 Std. lang auf 45—95° erhitzt. Zweckmäßig wird vor dem Neutralisieren filtriert u. danach mit einer wss. Dispersion eines härtbaren Aldehyd-Kondens.-Prod. versetzt. — Man polymerisiert einen Ansatz aus 62695 (Gew.-Teilen) W., 35 $NaHSO_3$, 190 Na-Laurylsulfat, 22000 Acrylnitril, 1800 Methacrylsäure, 11200 Butylacrylat mit 2080 5%ig. $H_2S_2O_4$-Lsg., filtriert die Emulsion, stellt mit NH_4OH auf pH 7,5 u. hält 5 Min. bei 75° oder setzt nach dem Filtrieren auf 100 Mischpolymerisat 11 eines Phenol-CH_2O-Harzes als 66%ig. wss. Dispersion zu u. verfährt wie vorst. angegeben: Stabile Dispersionen zum *Isolieren elektr. Leiter*, zum *Überziehen* von Holz oder Metall, zum *Imprägnieren* von Gewebe. (**F. P. 71 477** vom 16/4. 1957, ausg. 5/1. 1960. A. Prior. 16/4. 1956. **Zusatz zu F. P. 1 105 357; C. 1957, 7797. Jap. A. S. 186/1960** vom 30/3. 1957, ausg. 14/1. 1960.) M. Pankow. 7107

Wanda Maria Moszczynska und Marie Pierre Coste, Frankreich, **Oberflächenverzierung von Gegenständen** aus thermoplast., mineral. oder pflanzlichen Stoffen, z. B. Plexiglas, Polystyrol, Celluloseacetat oder Celluloid. Diese werden in einem Lsgm., wie Trichloräthylen, Monochlorhydrin, Methyläthylketon, Xylol, Toluol, CH_2Cl_2, Essigsäure oder Aceton, unter Zusatz von Pigmenten, Farbstoffen, pflanzlichen oder organ. Fasermaterial, gelöst. Das Lsg.-Gemisch wird kalt aufgetragen u. dabei zu dekorativen Mustern geformt. — Vgl. F. P. 63 062; C. **1956,** 11857. (**F. P. 1 218 594** vom 18/12. 1958, ausg. 11/5. 1960.) M. F. Müller. 7107

Union Chimique Belge Soc. An., Brüssel, Belgien, **Überzugsmittel zur Verhinderung des Festklebens von Lebensmitteln,** z. B. von Kuchen an Kuchenformen oder von anderen Lebensmitteln an metall. Flächen, Glas, Porzellan, Sandstein oder Email, aus Emulsionsgemischen von Silicon u. Polytetrafluoräthylen mit Zusätzen von Pigmenten, bes. Al-, Zn- oder Bronzepulver, Eisenoxyd, Chromoxyd, TiO_2, Chromate, Sulfate, Sulfide u. Ultramarinblau. — Entfettetes Eisenblech wird z. B. mit dem Emulsionsgemisch überzogen u. mit IR-Strahlen getrocknet. Danach wird das Blech rasch auf 380° erhitzt, um die Polytetrafluoräthylenteilchen zu agglomerisieren. Man gießt eine Gelatine-Lsg. auf das Blech u. dampft zur Trockne. Die Gelatinehaut klebt nicht fest u. kann leicht abgehoben werden. — 11 weitere Beispiele. (**Oe. P. 210 041** vom 16/10. 1958, ausg. 11/7. 1960. Belg. Prior. 18/10. 1957.) M. F. Müller. 7107

Solvay & Cie., Brüssel, übert. von: **Fernand Meuret,** Heusden, und **Victor Brouwers,** Malines, Belgien, *Herstellung von gefällten Calciumcarbonaten.* (**A. P. 3 003 010** vom 17/3. 1958, ausg. 3/10. 1961. Belg. Prior. 26/3. 1957. — C. **1960,** 1341 [D. A. S. 1 063 587].)

DEHYDAG Deutsche Hydrierwerke G. m. b. H., übert. von: **Günter Felletschin**, Düsseldorf, *Dispersionen gepulverter Materialien.* (**A. P. 3 000 750** vom 2/3. 1954, ausg. 19/9. 1961. D. Prior. 6/3. 1953. — C. **1958**, 10211 [F. P. 1 089 731].)
Soc. des Usines Chimiques Rhône-Poulenc, Paris, Frankreich, *Herstellung von Pfropfpolymerisaten.* (**E. P. 850 446** vom 27/8. 1958, ausg. 5/10. 1960. F. Prior. 2/9. u. 18/11. 1957. — C. **1962**, 6981 [F. P. 1 181 893].)
Montecatini Soc. Gen. per l'Industria Mineraria e Chimica (Erfinder: **Enrico Biati** und **Febo Severini**), Mailand, Italien, *Herstellung von Vinylchloridpfropfpolymeren.* (**Jap. A. S. 10 644/1960** vom 22/12. 1958, ausg. 5/8. 1960. It. Prior. 23/12. 1957. — C. **1961**, 16667 [F. P. 1 223 390].)
Pittsburgh Plate Glass Co. (Erfinder: **Roger Morris Christenson, Henry Adolf Vogel** und **Harold Gomer Bittle**), *Acrylamid-Mischpolymerisate.* (**Aust. P. 231 555** vom 31/12. 1957, ausg. 19/1. 1961. — C. **1960**, 5987 [A. P. 2 870 117].)
Ateliers de Constructions Électriques de Charleroi, Belgien, *Verbesserung von Polyisocyanatharzen.* (**E. P. 880 384** vom 9/3. 1959, ausg. 18/10. 1961. F. Prior. 14/3. 1958. — C. **1962**, 1426 [F. P. 1 200 811].)
Ciba Ltd., Basel, übert. von: **Lucius Schibler**, Riehen, **Hans R. Zbinden** und **Hans U. Gassmann**, Basel, Schweiz, *Pigmentierte Kunstharzlacke.* (**A. P. 2 986 542** vom 30/12. 1958, ausg. 30/5. 1961. Schwz. Prior. 18/2. 1957. — C. **1960**, 14530 [Oe. P. 205 148].)
E. I. du Pont de Nemours & Co. (Erfinder: **John Lloyd Evans, Daniel Pickens** und **James Howard Williamson**), *Lacke und Anstrichmittel.* (**Aust. P. 232 095** vom 10/4. 1959, ausg. 16/2. 1961. A. Prior. 29/7. 1958. — C. **1962**, 317 [E. P. 848 148].)
Deutsche Gold- und Silber-Scheideanstalt vormals Roessler, Frankfurt/M. (Erfinder: **Rudolf Nagelschmidt**, Hanau/M.), *Herstellung eines Überzugsmittels.* (**Schwz. P. 360 752** vom 11/9. 1957, ausg. 30/4. 1962. D. Prior. 5/10. 1956. — C. **1959**, 15849 [D. A. S. 1 056 762].)
Union Carbide Corp., New York, N.Y., V.St.A., *Überzugsmittel für kohlenstoffhaltige Gegenstände.* (**E. P. 875 835** vom 12/3. 1958, ausg. 23/8. 1961. A. Prior. 13/3. 1957. — C. **1961**, 5623 [A. P. 2 881 090].)

H_{11b}. Plaste (Kunstharze. Plastische Massen)

Vom Erdöl zum Kunststoff. Maurice Moulin. (Chim. et Ind. **84**, 221—40, Aug. 1960; Lyon, Univ.; franz.) — C. **1962**, 2556. R. Schäff. 7170□

Entzündungstemperaturen von Kunststoffen. Guy A. Patten. (Mod. Plastics **38**, Nr. 11, 119—20, 122, 180, Juli 1961; Dow Chemical Co., Plastics Techn. Serv.; engl.) — Es wird die Meth. von Sketchin zur Best. der minimalen Flammpunkts- u. Selbstentzündungs-Temp. von Kunststoffen ausführlich beschrieben. Diese Meth. arbeitet unter praxisnahen Bedingungen u. gibt zuverlässigere Werte als die früher angewendeten Meth., z. B. des Eintauchens in Salz- oder Metallschmelzen. Folgende Werte werden aufgeführt: *Polystyrol*: Flammpunkts-Temp. 680(°F), Selbstentzündungs-Temp. 925(°F), *Polyäthylen* 645, 660; *Äthylcellulose* 555, 565; Polyamide (*Nylon*) 790, 795; *Polyester-Glasfaser* (blättrig) 750, 905; *Styrol–Acrylonitril* 690, 850; *Styrol–Methylacrylat* 625, 905; *Polyvinylchlorid* 735, 850; *Polyvinylidenchlorid* >990, >990; *Urethanschaum* (fester Polyäther) 590, 780; *Polystyrolperlen* 565, 915; Weißkiefernspäne 500, 500; Zeitungspapierstückchen 445, 445; Baumwolle 490, 490. H. Penn. 7170□

Bestimmung der Schmelzviscosität von Polyäthylen mit einem Sinknadelviscosimeter. Hans J. Orthmann. (Kunststoffe **52**, 15—18, Jan. 1962; Ludwigshafen/Rh., BASF.) — Es wird über die Best. der Schmelzviscosität von *Polyäthylen* mit einem einfachen Sinknadelviscosimeter berichtet. Das Gerät benötigt weniger als 1 g Substanz u. hat einen Meßbereich von 10^4—10^7 P. L. Kempf. 7172

Mikroskopische Untersuchungen zum Quell- und Lösungsverhalten von Polyvinylchlorid in Weichmachern. H. Luther, F. O. Glander und E. Schleese. (Kunststoffe **52**, 7—14, Jan. 1962; Clausthal, Bergakademie; Hannover, Hackethal-Draht- u. Kabelwerke AG; dt.) — Meth. zur Ermittlung von Quell- u. Lsg.-Temp. von *Polyvinylchloriden* verschiedener K-Werte sowie Vgl. der erhaltenen Werte mit Literaturwerten werden mitgeteilt. L. Kempf. 7172

Der Einfluß der Weichmacher-Komponente auf die Eigenschaften von PVC-Harz-Plastisolen. W. A. Riese. (Farbe u. Lack **67**, 632—39, Okt. 1961; Wallisellen-Zürich; dt.) — Der Einfl. der Weichmacherkomponente auf die Viscositäts-Eigg. u. Gelier-Temp. der Plastisole u. auf die Hitze- u. Vol.-Stabilität, die mechan. Eigg. u. Lsgm.-Beständigkeit der Plastisolfilme nach dem Gelieren wird untersucht. Man verwendet Primärweichmacher, wie Ester der Phthalsäure, Adipinsäure, Vorlauffettsäuren, Citronensäure, die gut gelieren u. nicht ausschwitzen oft in Kombination mit Sekundärweichmachern, die dipolarm u. mäßige Gelierer sind. Neben den monomeren werden auch Polymerweichmacher (gesätt. Polyester, Epoxyglyceride) verwendet, die öl-, benzin-, lösungsmittel- u. kältebeständig sind, aber meist stark ausschwitzen. Die Verschmelzungs-Temp. bei Verw. von Monomerweichmachern liegt bei ca. 160—170°, bei Verw. von Polyesterweichmachern bei 180°. Die Schaumplastisole enthalten neben den Weichmachern noch ein Triebmittel. Bei der Herst. von Vinylhydrosolen sind als Weichmacher DOP, Dinonylphthalat, Dicaprylphthalat usw. geeignet. Als Emulgator wird z. B. Na-Tetradecylsulfat verwendet. H. Penn. 7172□

Einfluß von Metallen auf die Thermopolymerisation der Indenfraktion. W. W. Ssalnikow. (Кокс и Химия [Koks u. Chem.] **1960**, Nr. 8, 47—48; Uraler Holztechn.

Inst.; russ.) — Der Einfl. verschiedener Metalle auf die Thermopolymerisation (TP) der *Indenfraktionen* (Kp. 176—197°) wird untersucht. Die Verss. werden mit jeweils 160 g der Indenfraktion in einem App. mit einer Kapillare zur Einführung von N_2 oder CO_2 ausgeführt. Ag wird auf dem Boden des Rk.-Gefäßes chem. niedergeschlagen u. andere Metalle werden in Form von Spiralen mit einer Oberfläche von ca. 100—120 cm^2 dort eingeführt. Es stellt sich heraus, daß Fe u. Messing intensiv gefärbte Polymerisations-Prodd. (Pp) ergeben, die nicht genügend wasserfest sind. Pb u. Ni lieferten hinsichtlich der Färbung noch brauchbare Pp, die aber nicht sehr lichtfest sind. Hinsichtlich der Rk.-Geschw. ist zwischen diesen Metallen kaum ein Unterschied festzustellen. Die besten Eigg. zeigen Pp, die in Ggw. von Ag, Duraluminium u. nichtrostendem Stahl erhalten werden. Daher werden diese Stoffe für die Herst. von App. für die TP oder zur Auskleidung derselben empfohlen, während Fe u. Messing hierfür abgelehnt werden.
K. Wekua. 7172□

Ein thermoplastisches Polyacetalharz auf Formaldehydbasis. J. Kistler. (Kunststoffe — Plastics [Solothurn] **9**, 172—80, 1962; dt.) — Übersicht über die Eigg. des Polyacetalharzes „*Delrin*", seine Einsatzmöglichkeiten u. Grenzen der Anwendung.
R. Helbig. 7176□

Einfluß von Katalysatoren und Beschleunigern auf die Durchhärtung ungesättigter Polyesterharze. Heinz Meyer. (Kunststoffe **51**, 756—61, Dez. 1961; München; dt.) — Vf. bestimmt die Härtungsdauer für ein ungesätt. Polyesterharz mit verschiedenen Peroxid/Beschleuniger-Kombinationen bei Raum-Temp. durch die Verfolgung des Verlustfaktors tan δ u. der Wärmeformbeständigkeit nach Martens. Die Proben wurden in dünnen Schichten zwischen Stahlplatten (zur guten Wärmeableitung) u. zwischen Glasplatten gehärtet. Dabei zeigten sich für die beiden Methoden keine nennenswerten Unterschiede. Als Härter-Syst. wurden verwendet: 2% Methyläthylketonperoxid u. 0,01% Co (**I**), 2% Cyclohexanonperoxid u. 0,01% Co (**II**), 2% Benzoylperoxid u. 0,1% Dimethylanilin (**III**) u. 2% tert.-Butylperacetat u. 0,006% V (**IV**). Die Härtung verläuft mit Syst. **II** anfänglich am schnellsten, während **IV** die längste Entformungszeit benötigt. Nach 6 Monaten ist die Wärmeformbeständigkeit mit **IV** am besten, gefolgt von **I**, **II** u. **III**. Zusätze von 0,05% Fe, Mn, Zr, Ce u. Cu sowie 0,01% Dimethylanilin, 0,1% Laurylmercaptan u. 0,1% Isooctylthioglykolat verbessern die Eigg. von Syst. **I** nur unwesentlich. Ersatz von 1% Cyclohexanonperoxid in Syst. **II** durch 1% Cumolhydroperoxid oder tert.- Butylhydroperoxid verbesserten dessen Eigg. nicht. Änderung des Aminanteils, Ersatz des Aminanteils durch Äthylbenzyl-m-toluidin u. Dimethyl-p-toluidin, sowie Ersatz eines Teils des Benzoylperoxids durch p-Chlorbenzoyl- oder 2.4-Dichlorbenzoylperoxid verschlechtern die Eigg. des Syst. **III**. Ersatz des Peroxids (2%) in Syst. **IV** durch Methyläthylketonperoxid, Pinanhydroperoxid, tert.-Butylperoctanat u. 2.2-Bis-[tert.-butylperoxy]-butan verschlechtern auch dessen Eigenschaften. Außerdem sind diese Syst. Sauerstoff-empfindlicher als die vorgenannten. Je dünner die Gießharzschicht ist, desto ungünstiger ist der Härtungsverlauf. Eine Ausnahme bilden dabei 1 mm dicke Schichten, die besser aushärten als 2- u. 4-mm-Schichten. Der Verlauf der Aushärtung mit anderen Polyesterharzen u. den verwendeten Härter-Syst. **II** u. **III** zeigt einen untereinander ähnlichen Verlauf. In Syst. **III** sollte die Beschleuniger-Konz. nicht unterschritten werden, für Syst. **II** genügt schon der Zusatz von 0,005% Co-Beschleuniger. Eine Temperung der Proben bei 60—120° läßt deren Eigg. nach kurzer Zeit (1—2 Std. bei 120°) optimal werden. A. Gude. 7176□

Fraktionierung von Schellack. 1. Mitt. **Schellack-Harnstoff Komplexverbindungen.** S. C. Sen Gupta. (J. sci. ind. Res. [New Delhi], Sect. A **18**, 221—24, Mai 1959; Namkum, Ranchi, Indian Fac. Res. Inst.; engl.) — Durch Kochen von entwachstem u. entfärbtem *Schellack* (**I**) mit *Harnstoff* (**II**) in Aceton-Lsg. werden unter Fraktionierung von **I** sich unlösl. ausscheidende **I**/**II**-Komplex-Verbb. gebildet. Diese werden durch Kochen mit W., z. T. unter Druck, zerlegt. Es entstehen 5 Alkohol- u. Alkali-lösl., in Ae. unlösl. Rein(Hart)harzfraktionen, welche deutliche Unterschiede im Erweichungspunkt u. im F. sowie in der SZ., VZ., Ester- u. Hydroxylzahl aufweisen, u. eine Weichharzfraktion, welche in A., Ae. u. Alkali lösl. ist. Nach dem vorgeschlagenen Rk.-Mechanismus reagiert **II** nicht nur mit der freien Aldehydgruppe, sondern auch mit anderen Gruppen von **I**. M. Hagedorn. 7198□

Einige Alterungseigenschaften verstärkter Kunststoffe. P. J. Bakker. (Kunststoffe **51**, 762—66, Dez. 1961; dt.; Plastica [Delft] **15**, 76—79, Febr., 114—19, März 1962; niederl.; Delft, Kunststoffeninstituut T.N.O.) — Vf. prüft das Alterungs-Verh. von *Polyesterharz Crystic 189 MV* (Fa. Scott Bader) auf *Leinenbindungs-Glasgewebe HG-63* (Fa. Hess-Goldschmidt) mit Chrom- oder Silan-Finish (Volan A bzw. Garan) u. auf *Glasseidenmatten* mit Silanfinish. Außerdem wurde geprüft *Araldit D* mit Härter 951

(Fa. Ciba; Epoxyharz) auf *Leinenbindungsgewebe* mit Chromfinish. Die Verss. wurden bisher über eine Zeit von 24 Monaten bei normaler Alterung (Wasserlagerung bei 20° mit u. ohne Kontakt W./Glasfaser; Lagerung im Freien u. Lagerung im geschlossenen Raum) u. beschleunigter Alterung (Lagerung in W. von 100°, Lagerung in W. von 50°, period. Bestrahlung mit UV) geführt. An den Proben wurde die Biegefestigkeit u. der Elastizitätsmodul nach ASTM D-790-58 T bestimmt. In allen Verss. zeigen Kombinationen von Polyester/Silan u. von Epoxyharz/Chrom-Haftmittel das geringste Nachgeben der mechan. Eigg., dabei ist es unwesentlich, ob die Glasfasern mit W. im Kontakt stehen oder nicht. Die Polyesterharzproben auf Glasseide mit Silanfinish zeigen ein ausgezeichnetes Alterungs-Verh., jedoch liegen ihre mechan. Werte weit unter denen der anderen Proben. An den Proben wurde gleichzeitig die Farbechtheit einiger Farbstoffe untersucht, deren Farbechtheit im allgemeinen mit den Angaben des Colour Index (Soc. Dyers and Colourists Amer. Ass. of Text. Chem. and Colourists, 2nd Ed., Bedford 1956) übereinstimmt, aber auch in Einzelfällen beträchtlich abweicht. Füllstoffe beeinflußen die Farbechtheit beträchtlich, so war eine mit 50% Kreide gefüllte Platte, die mit dem normalerweise ausgezeichnet lichtechten Toluidinrot gefärbt war, am Ende der Versuche vollständig ausgebleicht. A. Gude. 7204□

Veränderungen der physikalisch-mechanischen Eigenschaften glasfaserverstärkter Plasten unter der Einwirkung verschiedener agressiver Medien. I. G. Romanenkow. (Пластические Массы [Plast. Massen] **1961**, Nr. 8, 38–43; russ.) — Die Veränderung des Vol., der Zerreiß- u. Biegefestigkeit von techn. glasfaserverstärkten Harzen bei Einw. von Säuren u. Alkalien wird untersucht. Es werden *Epoxy-*, *Phenol-* (**I**) u. *Polyesterharze* (**II**) mit *alkalifreien* (**III**) u. *alkalihaltigen* (**IV**) *Glasfasern* in W., Wasserdampf, Salpetersäure (10%ig u. Dämpfe), Salzsäure (10–35%ig u. Dämpfe), Essigsäure (10%ig u. Dämpfe), Schwefelsäure (10%ig), 5%ig. NaOH u. in 0–45%ig. Alkali (**V**)-Lsg. bei Raum-Temp. innerhalb von 40 Tagen geprüft. In den Säuredämpfen bzw. in der Säure fallen die Festigkeiten der Prod. mit **I–III** um 1,9–17,7 bzw. 6–68,9%, für **II–III** um 4,5–61,8 bzw. 21,8–32,8%, für **I–IV** um 11,7 bzw. 15,6–25,1%. Der stärkste Abfall erfolgt innerhalb der ersten 200 Stunden. Die Konz. der aggresiven Medien beeinflußt stark die Eigg., wobei die höhere Konz. nicht unbedingt die stärkste Änderung bewirkt. **V** zeigt die stärkste Wrkg. bei **I**-Prodd., u. zwar bes. in 5–10%ig. Lösung. O. Kramm. 7204□

Mit Epoxyharz gebundene Holz-Glasfaser-Verbundstoffe für Sandwich-Konstruktionen. D. Narayanamurti und J. George. (Kunststoffe **52**, 24–25, Jan. 1962; Dehra Dun, Indien, Forest Res. Inst.; dt). — Verss. mit Glasfaser–Holz-Verbundstoffen, wobei als Bindemittel das *Epoxidharz Araldit 553* der Ciba mit Härter 951 verwendet wurde, werden durchgeführt. Es wurde eine Verringerung der Anisotropie u. eine Erhöhung der Stoßfestigkeit erhalten. L. Kempf. 7204

Technik des Hohlkörperblasens. J. L. Rodgers. (Kunststoffe — Plastics Solothurn **9**, 208–10, 1962; dt.) — Übersicht über die Möglichkeiten u. Verf. der Herst. von Hohlkörpern aus Kunststoffen durch Blasen. R. Helbig. 7204□

Schnellmethode zur Bestimmung von freiem Chlor in Epoxidharzen. L. Ss. Kalinina und M. W. Barulina. (Пластические Массы [Plast. Massen] **1961**, Nr. 8, 62–66; russ.) — Eine potentiometr. Schnell-Meth. (15–20 Min.) zur Best. von freiem Cl_2 in *Epoxyharzen* (**I**) wird beschrieben. Zu 5–10 g **I** werden im 100-ml-Becherglas 50 ml Aceton u. unter magnet. Rühren 5 ml dest. W. zugesetzt, dann wird eine Ag- u. Kalomelelektrode eingetaucht u. zuerst durch Zugabe von 0,5 u. dann 0,05 ml von 0,05n $AgNO_3$ bis zum Potentialsprung titriert. An 6 Handels-Prodd. wird eine Genauigkeit von 0,0002–0,002% für Parallel-Verss. ermittelt. O. Kramm. 7210□

Dünnschichtchromatographische Analyse von Weichmachern. Dietrich Braun. (Kunststoffe **52**, 2–6, Jan. 1962; Darmstadt, Deutsches Kunssttoff-Inst.; dt.) — Es wird die Anwendung der Dünnschichtchromatographie zur Analyse von Weichmachern beschrieben, wobei sich sowohl Glieder einer Reihe als auch Mischungen sehr verschiedener Weichmacher voneinander trennen u. unterscheiden lassen. Die Unterss. erstrecken sich auf 13 Phthalsäureester, 5 Adipinsäureester, 4 Sebacinsäureester, 6 Phosphorsäureester, 5 Citronensäureester u. 7 weitere Weichmacher. L. Kempf. 7210

Die Papier-Chromatographie auf dem Fettgebiet. 43. Mitt. **Beitrag zur Analyse der Alkydharze. Studien auf dem Fettgebiet.** 251. Mitt. H. P. Kaufmann und F. J. Büscher. (Fette, Seifen, Anstrichmittel **62**, 1141–43, Dez. 1960; Münster, Westf., Deutsches Inst. für Fettforschung; dt.) — 42. vgl. C. **1962**, 10683; 249. vgl. C. **1962**, 10683. — Es werden Verss. an Alkydharzen (**I**) mitgeteilt. 150–200 μg der 2%ig. benzol. Lsg. der **I** werden auf Papier Schleicher & Schüll 2043b mgl. aufgebracht u. auf dem Papier mit 10%ig. KOH-Lsg. in Glycerin verseift. Die Entw. des Chromatogramms auf partiell imprägniertem (Undecan) Papier mit Eisessig/Acetonitril/Undecan, mit

Kupferacetat u. äthanol. ammoniakal. Lsg. von Rubeanwasserstoff vorgenommen u. photometr. ausgewertet. Analoge Verss. mit techn. Sojaöl- u. Leinölalkydharzen sowie mit den eingesetzten natürlichen Sojaölfettsäuren werden durchgeführt. Gegenüber den frischen Leinölfettsäuren zeigen die aus den I isolierten verändertes Verh. (Anoxydation); die Hydrierdifferenz-Meth. zur Erkennung krit. Fettsäurepartner unter Einsatz von koll. Pd hat keinen Erfolg gehabt. K. Täufel. 7210□

Die Verwendung des Barcolschen Härtemessers für Messung der Aushärtung eines Polyesterharzes. A. K. Robinson. (Brit. Plastics **35**, 80—82, Febr. 1962; Bristol Aircraft Ltd.; engl.) — Entgegen früheren Ansichten, wonach der Barcolsche Härtemesser bei der Prüfung des Aushärtungsgrades von Polyesterharzen eindeutig brauchbar ist, wird dargelegt, wie weit die allg. Anwendung dieses Geräts bei der Labor.-Arbeit u. Qualitätskontrolle an glasfaserverstärkten Polyesterharzen eingeschränkt ist. K. Gröbe. 7210□

W. I. Ljubomilow und A. I. Kuzenko, **Herstellen von 2-Äthylhexanol** (frostbeständiger *Weichmacher*) durch Kondens. von n-Butanol in Ggw. von Na-Butylat bei üblichem Druck u. 100—150° (bes. 128—150°), wobei als Initiator ca. 15% (bezogen auf eingesetztes Butanol-Gew.) Butyr- oder Crotonaldehyd (oder Kondens.-Prodd. von letzterem) zugegeben werden. (**UdSSR. P. 118 815** vom 14/7. 1958.) B. Pankow. 7171

I. P. Bemberg Akt.-Ges. (Erfinder: Ernst Pirot und Wolfgang Matthaeus), Wuppertal, **Verbesserung von Flach- oder Blasfolien aus thermoplastischen Kunststoffen beim Auspressen mit Schneckenpressen durch Düsen aus Schmelzen**, dad. gek., daß man die Schmelze in der Schneckenpresse nur bis ca. 250° u. die ausgepreßte Folie kurz nach dem Austritt aus dem Düsenschlitz auf ca. 300° erhitzt. Bei diesem Verf. findet in der Schneckenpresse keine Zers. des Kunststoffes statt. Das gleiche trifft für die hohe Temp. beim Auspressen der Folie zu, weil diese nur für eine kurze Zeit einwirkt. Trotzdem wird aber die für ein gutes Auspressen nötige Viscosität erreicht, so daß man mit hoher Ausspreß-Geschw. arbeiten kann. (**D. A. S. 1 115 442** Kl. 39a vom 30/1. 1959, ausg. 19/10. 1961.) H. Nather. 7171

Mitusi Kagaku Kogyo Kabushiki Kaisha (Erfinder: Sanshiro Ozawa und Korenori Murai), Tokyo, Japan, **Herstellung von Polyolefinen** mit besseren Eigenschaften. Man polymerisiert Olefine oder deren Mischungen mit organ. Al-Verbb. u. Schwermetallsalzen als Katalysatoren u. mischt das Polymere mit 2bas. Al-Salzen aliphat. Säuren der Formel Alkyl·$COOAl(OH)_2$: Verbesserung der Wärme- u. Oxydationsfestigkeit u. damit geringere Verfärbung. — Man mischt 100 (Teile) nach dem Ziegler-Verf. hergestelltes Polyäthylen mit 0,5 2bas. Al-Stearat u. spritzt bei 160 bis 170° mittels der Strangpresse zu Stäben, die zu farblosen Kugeln zerkleinert werden. (**Jap. A. S. 7577/1960** vom 16/5. 1958, ausg. 21/6. 1960.) M. Pankow. 7173

Distillers Co. Ltd., Edinburgh (Erfinder: Alaric Louis Jeffrey Raum und Donald Alexander Fraser, Great Burgh, Epsom, Surrey), England, **(Misch-) polymerisation von konjugierten Alkenen (I)**, dad. gek., daß das I in Ggw. eines Katalysator-Syst. (**II**) polymerisiert wird, das durch Mischen einer metallorgan. Verb. (**III**) eines 1—4wertigen Metalls mit einem vorgebildeten metastabilen $TiCl_3$ hergestellt worden ist. **II** ist ein Al-Trialkyl oder ein Dialkyl-Al-Halogenid, u. das $TiCl_3$ wird erhalten durch Einw. einer stillen elektr. Entladung auf H_2 u. dampfförmiges $TiCl_4$ bei 10—40°. Die Aktivität des **II** wird durch Erhitzen auf 60—100° erhöht. Die Polymerisation wird in einer inerten organ. Fl., z. B. Toluol, durchgeführt, die gleichzeitig Lsgm. für **III** u. die Monomeren ist. Beispiel mit Butadien-(1.3), das in Ggw. von $Al(C_2H_5)_3$ u. $TiCl_3$ u. Toluol bei 90° polymerisiert wird. Gelfreies, kautschukartiges Polymerisat in guter Ausbeute u. bei besserer Rk.-Geschw. als bei Verw. von $TiCl_4$. (**D. A. S. 1 092 661** Kl. 39c vom 10/10. 1957, ausg. 10/11. 1960. E. Prior. 18/10. 1956.) H. Schindler. 7173

Farbwerke Hoechst Akt.-Ges., vormals Meister Lucius & Brüning (Erfinder: Alfred Kühlkamp, J. Wolfgang Zimmermann und Anton Staller), Frankfurt/M., **Herstellung stabiler wässeriger Polymerisat-Dispersionen** aus einer oder mehreren ungesätt. Verbb., dad. gek., daß man die Polymerisation in Ggw. von Oxäthylestern von ungesätt. ein- oder mehrbas. Säuren durchführt. Wasserlösl. Schutz-Koll. u./oder Emulgatoren können ebenfalls eingesetzt werden. Bes. werden Mischester der Formel $ROOC{-}CH{=}HC{-}CO(OCH_2{-}CH_2)_n{-}O{-}(CH_2)_2{-}OH$ verwendet, worin $n = 0$ bis >50, bes. 0—30, u. R = (substituierte) Alkyl-, Cycloalkyl-, Aralkyl- oder Arylreste bedeuten. In den Mengenbeispielen werden bes. folgende Ester der Maleinsäure verwendet: Maleinsäuremethyloxoäthylester ($n = 0$), die Polyoxäthylester mit n = 10,16 u. 23, Maleinsäuremonobutylpolyoxäthylester, die 1, 8, 13 u. 23 Äthylenoxydreste (I) u. Maleinsäure-2-äthylhexylpolyoxäthylester mit 1, 8, 11, 13, 17, 21, 23, 24 u. 29 I enthalten. Diese Emulgatoren sind mischpolymerisierbar mit Vinylestern gesätt. aliphat. oder aromat. Carbonsäuren, mit Estern ungesätt. Säuren, mit Vinylchlorid, Vinylidenchlorid u. Styrol. Diese Monomeren können auch in Mischung miteinander oder anderen mischpolymerisierbaren Verbb., wie Äthylen, Malein- u. Fumarsäureestern, u. Vinyläthern, wie Vinylchloräthyläther, verwendet werden. Als Katalysatoren dienen z. B. H_2O_2, $K_2S_2O_8$ oder Perborate oder diese in Form von Redox-Syst. bei pH 3,5—7,5 in der wss. Phase. Die Polymerisations-Temp. liegt bei 60—90°. Da die Emulgatoren auch als innere Weichmacher wirken, erhält man z. B. koagulatfreie Dispersionen, die geschmeidige Filme oder Überzüge, Kleb- u. Kaschiermittel u. bes. gut streichbare u. pigmentierbare Binder für Anstrichmittel u. Glanzanstriche geben. (**D. A. S. 1 100 958** Kl. 39c vom 1/8. 1959, ausg. 2/3. 1961.) H. Schindler. 7173

W. R. Grace & Co., Clarksville, Md., übert. von: Walter R. Wszolek, Ellicott City, Md., V.St.A., **Polyäthylen** erhält man durch Polymerisation von Äthylen in einem inerten KW-Stoff bei 100—1000 lbs./sq.in. u. 50—300° in Ggw. von TiC allein oder in Mischung mit Aluminiumtrialkyl. Man erhält Polyäthylen mit einem F. über 110°, einer Dichte von 0,92—0,96 u. einem Molgew. von ca. 1000. (**A. P. 2 945 019** vom 9/6. 1959, ausg. 12/7. 1960.) L. Stadelmann. 7173

Argus Chemical Corp., New York, N.Y., V.St.A. (Erfinder: Arthur C. Hecker und William E. Leistner), **Plastische Polyäthylenmasse** mit niedriger Dichte, dad. gek., daß sie mit einem bei der Erweichungs-Temp. der Masse (220—440° F) in Polyäthylen lösl. organ. Phosphit u. ggf. mit einer Seife eines mehrwertigen Metalls gemischt ist. Genannt sind Trialkyl-Triaryl- u. Triarylalkyl- bes. Tri-(2-äthylhexyl)- oder Triphenylphosphit. — Die Masse besteht z. B. aus 100 (Teilen) Polyäthylen, 0,1 bis 2% Trioctylphosphit u. 0,5 Zn-Stearat. Durch den Phosphitzusatz sinkt die Brüchigkeits-Temp. z. B. von +30 auf —60° F. — Beispiele, Tabellen. (**E. P. 842 761** vom 21/11. 1957, ausg. 27/7. 1960.) G. Vogel. 7173

Petrochemicals Ltd., London, England (Erfinder: Brian Frederick Street und Wladyslaw Henry Skoroszewski), **Polymere Massen,** bestehend aus einem „Niederdruck"-Polyolefin nach Ziegler, einer geringeren Menge (0,05—1%) einer oberhalb 250° bei normalem Druck sd. organ. P-Verb. der allg. Formel: R''—P(R)(R') (R = aromat. KW-Stoffrest; R' u. R'' = gleiche oder verschiedene KW-Stoffreste oder H) u. ggf. bis zu 0,75% eines Alkalihydroxyds oder -carbonats. Genannt sind Diphenyldecyl-, Diphenyltolyl-, Tritolyl-, Diphenylbenzyl-, Naphthyldiphenyl- u. bes. Triphenylphosphin als *Stabilisator* für Farbe, Eigenviscosität u. Schmelzindex von Polyäthylen. — Beispiele, Tabellen. (**E. P. 838 042** vom 1/7. 1958, ausg. 22/6. 1960.) G. Vogel. 7173

Mitsui Kagaku Kogyo Kabushiki Kaisha, Tokyo (Erfinder: Tatsuichiro Suzuki und Masao Nishio, Omuta), Japan, **Nachbehandlung von Niederdruckpolyäthylen.** Das mit aliphat., aromat. oder halogenierten aromat. KW-Stoffen als Lsgm. u. Ziegler-Katalysatoren erhaltene Polyäthylen wird mit wss. Lsgg. oberflächenakt. Stoffe behandelt. — Man leitet in eine stark gerührte Mischung von 250 cm³ Kerosin u. je 2,5 mMol $(C_2H_5)_2AlCl$ u. $TiCl_4$ bei 70° 4 Std. Äthylen, setzt dann 250 cm³ 0,2%ig. wss. Emasol 4130-Lsg. zu, läßt absetzen, trennt die obere Polyäthylen–Kerosin-Schicht ab, wäscht mit W. u. filtriert Polyäthylen ab, das bei 70° u. 10 mm getrocknet wird (Jap. A. S. 7092/1960). — Vor dem Trocknen wird das Polymere noch mit etwas Alkohol behandelt, z. B. in vorst. Beispiel mit 50 cm³ CH_3OH. (**Jap. A. SS. 7092/1960 u. 7093/1960** vom 5/8. 1957, ausg. 14/6. 1960.) M. Pankow. 7173

E. I. du Pont de Nemours & Co., Wilmington, Del., V.St.A. (Erfinder: Paul Elliot Thomas), **Herstellung von modifiziertem Polytetrafluoräthylenpulver (I).** Man stellt aus I, das einen IR–Amorph-Index von <0,15 aufweist u. in der Form von sphär. Partikeln vorliegt, eine Aufschlämmung (II) in einem, das I nicht lösenden fl. Medium, bes. W., her, behandelt die II in einer Schlagkreuzmühle u. trennt die Fl. ab. Man erhält ein I, dessen Partikel eine submkr. Bolaform aufweisen, u. das eine negative Methanol–W.-Benetzbarkeit von 83/17 besitzt. Es eignet sich bes. zur Herst. von *Folien* u., in Form einer Paste, zur Herst. von *Formkörpern.* (**E. P. 829 503** vom 15/10. 1957, ausg. 2/3. 1960. A. Prior. 15/4. 1956.) C. Lüttgen. 7173

Goodyear Tire & Rubber Co., Akron, Ohio, V.St.A., **Erhöhung des Molekulargewichtes von Diolefinpolymeren,** die in Ggw. von Organometallkatalysatoren erhalten werden, durch Zusatz einer Arylazo-Verb., R—N=N—R', oder einer Hydrazo-

Verb., R—N(X)—N(X)—R', zum Polymerisationsgemisch, worin R u. R' (substituiertes) Phenyl oder (substituiertes) Naphthyl ist, deren Substituenten Halogen, niedermol. Alkyl oder Alkoxy, Aryl oder Aryloxy sein können, oder worin R u. R' eine cycl. Arylazo-Verb. ergeben. — Beispiele u. Tabellen mit Isopren u. Butadien, Azobenzol u. Hydrazobenzol. Wird z. B. Isopren in Heptan mit Al-Triisobutyl bei 10—50° polymerisiert, erhält man ein Polymerisat mit einer Viscosität 2,5 u. einem Molgew. von 120000. Durch Zusatz von 0,54 (Teilen) Azobenzol auf 100 Monomeres liegt die Viscosität bei 4,3 u. das Molgew. beträgt 207000. Auch die prozentuale Ausbeute wird durch das Zusatzmittel beeinflußt. (**E. P. 856 863** vom 11/8. 1959, ausg. 21/12. 1960. A. Prior. 19/11. 1958.) H. Schindler. 7173

Monsanto Chemical Co., St. Louis, Mo., V.St.A., **Stabilisierte Olefinpolymere,** die mit Ziegler-Katalysatoren hergestellt sind, dad. gek., daß die Polymeren an Stelle der üblichen Stabilisatoren (prim., sek. oder tert. Amine) andere als Stabilisatoren für Polyvinylchlorid an sich bekannte Verbb. verwendet werden, wie organ. Sn-Verbb. (Dianhydrotrisdibutylstannandioldiacetat [CH_3—COO—Sn—$(C_4H_9)_2$—O—Sn$(C_4H_9)_2$—O—Sn$(C_4H_9)_2$—O—CO—CH_3]), Dibutylmaleat, Epoxy-Verbb. (von Speiseölen, bes. Sojabohnenöl), bas. Pb-Verbb., bes. zweibas. Pb-Phthalat oder -Phosphit, eine Seife von Metallen der 2. Gruppe des Period. Syst., bes. Sr-Stearat, Erdalkali-, bes. Ca-, -oxyde oder -carbonate. Ggf. wird noch ein Antioxydans, bes. ein Dialkylphenolsulfid, zugesetzt. — Pressen oder Ziehen von *Fäden, Filmen, Rohren* usw. — Mengenbeispiele, Tabellen. (**E. P. 842 872** vom 3/9. 1956, ausg. 27/7. 1960. A. Prior. 2/9. 1955.) G. Vogel. 7173

Eastman Kodak Co., Rochester, N.Y., übert. von: Gordon C. Newland, John W. Tamblyn und Charles J. Kibler, Kingsport, Tenn., V.St.A., **Stabilisieren von Polyäthylen** gegen den Einfl. von UV-Licht durch Zusatz von 0,1—10, bes. 1%, 2.4.4'-Trihydroxybenzophenon. (**A. P. 2 925 401** vom 17/1. 1958, ausg. 16/2. 1960.) C. Lüttgen. 7173

Eastman Kodak Co., Rochester, N.Y., übert. von: Gordon C. Newland und John W. Tamblyn, Kingsport, Tenn., V.St.A., **Stabilisieren von Polyäthylen oder Polypropylen** gegen den Einfl. von Sonnenlicht durch Zusatz von 0,001—10% eines synergist. wirkenden Gemisches aus 1—30 (Teilen) N.N'-Diphenyl-p-phenylendiamin u. 30—1 4-Dodecyl- oder 4-Tetradecyloxy-2-hydroxybenzophenon. (**A. P. 2 947 721** vom 28/11. 1958, ausg. 2/8. 1960.) C. Lüttgen. 7173

Union Carbide Corp., New York, N.Y., V.St.A., **Stabilisieren von Polypropylen** gegen oxydativen Abbau durch Zusatz von 0,05—5% eines in der A-Stufe befindlichen p-tert.-Alkylphenol-CH_2O-Harzes, bes. solchen, in denen der Alkylrest der Butyl-, Amyl- u. Nonylrest ist. (**E. P. 846 695** vom 11/5. 1959, ausg. 31/8. 1960. A. Prior. 14/5. 1958.) C. Lüttgen. 7173

Henkel & Cie. G. m. b. H., Düsseldorf, **Katalysatorgemisch zur Äthylenpolymerisation,** bestehend aus einem Ti-Halogenid u. Al, das in Abwesenheit chlorhaltiger organ. Verbb., jedoch in Ggw. anderer polarer Verbb., wie Säuren, Alkoholen, Ketonen oder Estern, eingesetzt wird. Nach den Beispielen werden $TiCl_4$ u. Al als Späne oder Amalgam im Verhältnis 5—30:10 verwendet. Die festen Polyäthylene haben FF. 123—126°. (**E. P. 856 970** vom 20/9. 1957, ausg. 21/12. 1960. D. Prior. 2/10. 1956.) H. Schindler. 7173

Hercules Powder Co., Wilmington, Del., V.St.A., **Reinigen von Polyolefinen,** bes. von Polyäthylen u. Polypropylen, die in Ggw. von Katalysatorgemischen (I) aus Verbb. der Metalle der Gruppen IVa,Va, VIa oder VIII des Period. Syst. oder Mn u. Organometall-Verbb. von Alkali-, Erdalkali- oder Seltenerdalkalimetallen oder Zn erhalten wurden. Dem Polymerisations-Rk.-Gemisch wird ein prim. Alkohol mit mindestens 4 C-Atomen, bes. n-Butanol, zugesetzt, nach Behandlung bei 25—80° das Polymere abgetrennt u. mit einem fl. aliphat. oder aromat. KW-Stoff, z. B. Hexan, n-Heptan, Bzl., Toluol oder Xylol, gewaschen. Als I dienen in den Beispielen $AlCl(C_2H_5)_2$ oder $AlCl_2(C_2H_5)$ u. $TiCl_4$ oder Bis-(cyclopentadienyl)-$TiCl_2$. Der Asche-Geh. der Polymeren beträgt 0,02—0,07% als Sulfate berechnet. (**E. P. 840 233** vom 15/10. 1957, ausg. 6/7. 1960. A. Prior. 1/11. 1956.) H. Schindler. 7173

Chemische Werke Hüls Akt.-Ges., Marl, übert. von: Heinrich Weber und Hermann Paul, Marl, und Walter Reinhold †, Stuttgart, **Reinigung von Niederdruck-Polyolefinen,** die durch Polymerisation von α-Olefinen mit 2—6 C-Atomen in Ggw. von Katalysatoren aus $TiCl_4$ u. Aluminiumalkylchloriden hergestellt wurden. Man behandelt die Polyolefine in Ggw. eines inerten aliphat. oder hydroaromat. Lsgm. mit einem cycl. Äther, bes. Tetrahyfrofuran, Dioxan, Furan oder Pyran, u. wäscht dann mit W. aus, oder man verwendet eine Mischung aus cycl. Äther u. W. u. wäscht dann das abfiltrierte Polymerisat mit W. aus. Man erhält z. B. Polyäthylen mit einem Asche-Geh. von $<$0,005%. (**A. P. 2 930 783** vom 29/10. 1956, ausg. 29/3. 1960. D. Prior. 4/11. 1955.) L. Stadelmann. 7173

Esso Research and Engineering Co., Del., übert. von: Roland Timothy Kelley, Baton Rouge, La., V.St.A., **Aufarbeiten von Isoolefinmischpolymerisaten,** die als Suspension von einer Friedel-Crafts-Polymerisation in nichtwss. Verdünnungsmittel (I) erhalten wurden, durch Überführen des suspendierten Prod. aus der Rk.-Zone in einen beheizten Behälter. Vor dem Eintritt der Suspension in letzteren wird sie mit Dampf u. warmem W. nacheinander gemischt, so daß einerseits Monomere u. I abdestillieren u. die wss. Dispersion andererseits abgezogen werden kann. Vermeidung von Klumpenbildung. Beispiel mit Isobutylen u. einem Styrol-Deriv. in Methylchlorid. — Vorr., Zeichnung. (**E. P. 850 825** vom 23/7. 1957, ausg. 5/10. 1960. A. Prior. 19/9. 1956. **Zusatz zu E. P. 787 047; C. 1959, 5311. A. P. 2 959 561** vom 19/9. 1956, ausg. 8/11. 1960.) H. Schindler. 7173

Farbwerke Hoechst Akt.-Ges., vormals Meister Lucius & Brüning, Frankfurt/M. (Erfinder: Kurt Meyer, Frankfurt/M., Ernst Jacob, Hofheim, und Siegfried Sommer, Frankfurt/M.), **Aufarbeitung von Niederdruckpolyolefinen,** die durch Polymerisation von Olefinen in Ggw. von Lsgm. u. von Katalysatoren aus reduzierbaren Schwermetall-Verbb. u. Alkali-, Erdalkali- oder Erdmetallen, deren Hydriden oder metallorgan. Verbb. erhalten wurden. Man behandelt die Polymerisatsuspension oder das vom Dispergiermittel getrennte Polymere mit wss. oder alkohol. Lsgg. von alkal. reagierenden organ. oder anorgan. Substanzen, bes. NaOH oder NH_3, ggf. unter Zusatz von Netz- oder Emulgiermitteln, filtriert, wäscht mit W. u. trocknet. Man erhält z. B. schneeweißes Polyäthylen u. daraus klare farblose Folien u. Formstücke. (**D. A. S. 1 131 408** Kl. 39c vom 9/4. 1955, ausg. 14/6. 1962.) L. Stadelmann. 7173

Union Carbide Corp., New York, N.Y., V.St.A., **Beseitigen der korrodierenden Eigenschaften von Niederdruck-Polyolefinen,** dad. gek., daß sie in Abwesenheit von O_2 oder O_2-haltigen Gasen, bes. bei einem Druck von 1 mm Hg auf 250—300° erhitzt werden, bis sich ihr Gew. um ca. 0,5% verringert hat. (**E. P. 831 260** vom 21/11. 1957, ausg. 23/3. 1960. A. Prior. 23/11. 1956.) C. Lüttgen. 7173

Monsanto Chemical Co., St. Louis, Mo., übert. von: George S. Denkowski, Texas City, Tex., V.St.A., **Zerstörung von Polymerisationskatalysatoren,** die bei der Polymerisation oder Mischpolymerisation von Äthylen in Ggw. von Aluminiumtrialkyl u. $TiCl_4$ verwendet wurden. Man versetzt das Rk.-Gemisch nach beendeter Polymerisation bei 65—75° mit einer Mischung aus 50% Methanol u. 50% Isobutanol in einer Menge von 20—200 ml/g Katalysator, filtriert das Polymerisat ab u. wäscht es mit der Methanol–Isobutanol-Mischung aus. Man erhält Polymerisate von verbesserter Farbqualität. (**A. P. 2 940 963** vom 25/6. 1956, ausg. 14/6. 1960.) L. Stadelmann. 7173

Shoritsu Plastics Kogyo Kabushiki Kaisha (Erfinder: Masamasa Sekigushi, Kawagoe), Japan, **Herstellung von Kunstharzen** durch Polymerisation von Vinyl-Verbb. (Vinyl-, Acrylester, Styrol) mit freie Radikale liefernden Polymerisationskatalysatoren u. tert. Aminen in O_2-freiem Medium. — Methylmethacrylat (I), 0,2% (des **I**) Azo-bis-isobutyronitril u. eine letzterem äquivalente Menge Dimethyl-p-toluidin werden unter N_2 bei 40° 4 Std. lang gehalten: blasenfreies farbloses *Polymeres.* (**Jap. A. S. 6642/1960** vom 23/4. 1957, ausg. 7/6. 1960.) M. Pankow. 7173

Zaidan Hojin Nippon Kagaku Seni Kenkyujo, Kyoto (Erfinder: Junji Furukawa, Kyoto, und Teiji Tsuruta, Kawachi), Japan, **Polymerisieren von polaren Vinylverbindungen,** wie Vinylestern, -äthern, -halogeniden, Acylsäureestern oder Acrylnitril, mit B-Alkyl u. $TiCl_4$ als Katalysator (ca. 0,1—5 Mol.-% des Monomeren). — Man tropft in eine Lsg. von 10,5 g $(C_2H_5)_3B$ in 50 cm³ Bzl. 5 g $TiCl_4$: Trübung u. Bldg. eines dunkelbraunen amorphen Produktes. Man gibt 1,8 cm³ dieser Suspension zu einer Lsg. von 5 cm³ n-Butylvinyläther in 20 cm³ Bzl. u. erhält unter Wärme-Entw. eine Braunfärbung, hält bei 20° 2 Std. lang u. gibt CH_3OH zu. Wenn man Luft durchleitet, verschwindet die dunkle Färbung, u. man erhält ein hellgelbes, halbfestes Polymeres, aus dem man durch Wasserdampf-Dest. Monomeres u. Lsgm. entfernt. (**Jap. A. S. 7490/1960** vom 5/7. 1957, ausg. 20/6. 1960.) M. Pankow. 7173

Union Carbide Corp., New York, N.Y., übert. von: Dennis H. Mullins, St. Albans, Benjamin Phillips, Frederick C. Frostick jun., Paul S. Starcher und Samuel W. Tinsley, Charleston, W.Va., V.St.A., **Vinylchloridharz** mit einem als Weichmacher u. Stabilisator gegen Licht u. Hitze dienenden Zusatz, dad. gek., daß das Harz nach A. P. 2 924 582 eine Verb. der allg. Formel **I** enthält (R_2 bis R_6 = H oder niedermol. Alkylreste; $C_nH_{2n-1}O$ = Epoxyalkylrest, dessen O-Atom an ein dem C_n-Atom u. dem H_{n-1}-Atom benachbartes C-Atom gebunden ist; n = ganze Zahl von 2—17). Genannt sind bes. 3.4-Epoxycyclohexan-1.1-dimethanol-bis-(9.10-epoxystearat), epoxydierter Tallölfettsäurediester von 3-Cyclohexen-1.1-dimethanol. 3.4-Epoxycyclo-

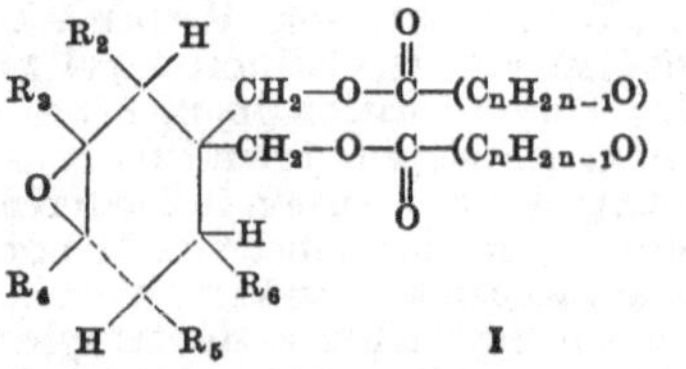
I

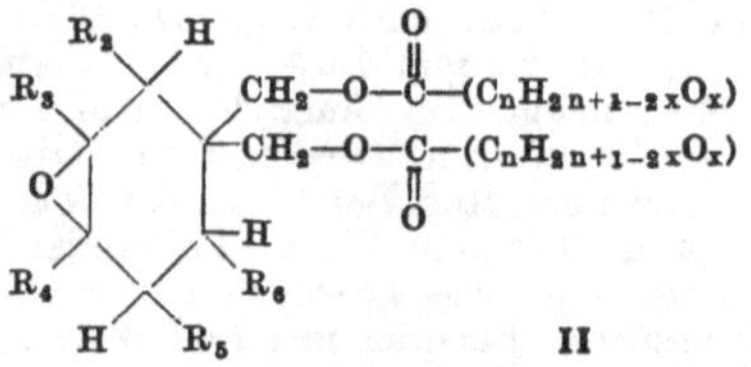
II

hexan-1.1-dimethanol-bis-(10.11-epoxyundecanoat) u. 3.4-Epoxycyclohexan-1.1-dimethanol-bis-(2.3-epoxybutyrat). Herst. von *Gartenschläuchen, Automobilpolstern* u. *-verdecken* usw. — Mengenbeispiele, Tabellen. — Zum gleichen Zweck enthalten Vinylchloridharze nach A. P. 2 924 583 Diester von Epoxy-3-cyclohexen-1.1-dimethanol der allg. Formel **II** (R_2 bis R_6 = wie oben; n = 17; x = 2 oder 3). Genannt sind bes. 3.4-Epoxycyclohexan-1.1-dimethanol-bis-(9.10.12.13.15.16-triepoxystearat), 3.4-Epoxycyclohexan-1.1-dimethanol-bis-(9.10.12.13-diepoxystearat), u. epoxydierte Leinölfettsäurediester von 3-Cyclohexen-1.1-dimethanol. — Mengenbeispiele, Tabelle. (**A. PP. 2 924 582** u. **2 924 583** vom 31/12. 1957, ausg. 9/2. 1960.) G. Vogel. 7173

N. V. de Bataafsche Petroleum Mij., Den Haag, Niederlande, **Vinylchloridpolymerisate** mit großer Härte u. Schlagfestigkeit enthalten auf 100 Teile Polyvinylchlorid 3—25, bes. 5—13 Teile Butadien–Styrolmischpolymerisat mit <35 Gew.-% Styrol bzw. Butadienacrylsäurenitril im Verhältnis Butadien: Acrylsäurenitril = 100:20 bis 60. (**E. P. 853 804** vom 25/3. 1958, ausg. 9/11. 1960. Niederl. Prior. 27/3., 10/7. u. 17/7. 1957.) A. Jahn. 7173

Hercules Powder Co., Wilmington, Del., V.St.A., **Herstellung von kristallinem Polyvinylchlorid** erfolgt in üblicher Weise in Ggw. von Katalysatorgemischen aus Verbb. der Metalle der IVa, Va, VIa, VIIa oder VII. Gruppen des Period. Syst. u. einer Organometall-Verb. (**I**) der Alkali- oder Erdalkalimetalle, des Zn oder Al unter Zusatz einer mit der **I** Komplexe bildenden Verb., z. B. Ae., Tetrahydrofuran, Triäthylamin oder Äthylacetat. — 27 Beispiele u. Tabellen mit wechselnden Katalysatorkomponenten, deren Mengen, Verdünnungsmitteln, Ausbeuten u. spezif. Viscositäten der Polymeren. (**E. P. 834 937** vom 17/4. 1957, ausg. 11/5. 1960. A. Prior. 19/4. u. 30/7. 1956.)
H. Schindler. 7173

E. I. du Pont de Nemours & Co., Wilmington, Del., V.St.A., **Herstellung von Gegenständen aus Polyvinylfluorid oder Polyvinylidenfluorid,** dad. gek., daß man eine Mischung aus 85—10, bes. 40—60%, orientierbarer Polyvinylfluorid- oder Polyvinylidenfluoridpartikel mit einer Eigen(„inherent“)-Viscosität von mindestens 1, bes. 3,5 bis 4,0, u. 15—90, bes. 60—40%, eines latenten Lsgm. für vorst. Polymere auf eine solche Temp. erhitzt, daß das Lsgm. u. die Polymeren zu einer homogenen fl. Masse verschmelzen, die man bei erhöhter Temp. unterhalb des normalen Kp. des Lsgm. liegenden Temp., z. B. 120—220°, zu einer selbsttragenden Schicht gießt, u. diese auf eine Temp. $<100°$, z. B. in einem Bad aus W., NaCl- oder $CaCl_2$-Sole, einer Sole–W.-Mischung, bes. aber dem Lsgm. selbst (Temp. ca. 10°) kühlt. Als Lsgm. sind unter vielen bes. genannt: Butyro- oder Valerolacton, Propylencarbonat u./oder Äthylencarbonat, Dimethylsulfolan, Tetramethylensulfon u. Dimethylsulfoxyd. — Herst. von nicht verfärbten *Filmen*. — Beispiele. (**E. P. 845 634** vom 13/2. 1959, ausg. 24/8. 1960. A. Prior. 14/2. 1958.) G. Vogel. 7173

E. I. du Pont de Nemours & Co., Wilmington, Del., V.St.A., **Filmbildende Masse,** gek. durch eine Mischung aus Polyvinylfluorid oder einem Mischpolymerisat aus Vinylfluorid u. geringeren Mengen eines anderen äthylen. ungesätt. Monomeren u. mindestens einer Verb. der allg. Formel **I** (Z = H oder Alkylrest mit ≤ 8 C-Atomen; R = zweiwertiger gesätt. KW-Stoff-Rest mit 3—5 C-Atomen, davon 3—4 im Ring). Genannt sind 2-Pyrrolidon, N-Methyl-, N-Isopropyl-, 5-Methyl-, 5-Äthyl- u. 3.3-Dimethyl-2-pyrrolidon bzw. 2-Piperidon u. N-Methyl-2-piperidon u. zahlreiche Monomere für das Mischpolymerisat. — Man mischt z. B. 350 (Teile) N-Methyl-2-pyrrolidon ca. 30 Min. lang bei 500—100 U/min mit 150 Polyvinylfluoridpartikeln mit einer Eigen(„inherent“)-Viscosität, deren Best. beschrieben ist, ohne Temp.-Erhöhungen zuzulassen, schlägt die erhaltene Dispersion kurz bei ca. 8000 U/min, gießt sie in eine flache Form, läßt sie zur Luftblasenentfernung über Nacht unter Vakuum stehen, kühlt, führt die aus dem Extruder

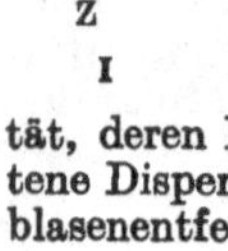
I

kommende $^1/_{100}$ in. dicke Schicht durch ein Ölbad von ca. 150° u. den dadurch gebildeten Film durch ein Ölbad von ca. 30°. — Herst. von *stabilen Filmen* aus Polymeren des höheren Molgew.-Bereiches u. bei größerem Durchsatz als bisher. — Beispiele. (**E. P. 838 043** vom 18/8. 1958, ausg. 22/6. 1960. A. Prior. 22/8. 1957.) G. Vogel. 7173

American Optical Co., Southbridge, übert. von: Joseph Mahler, Fiskdale, Mass., V.St.A., **Herstellung von Gegenständen aus Polyvinylalkohol,** dad. gek., daß man die Gegenstände mit einer Lsg. in Kontakt bringt, die zu gleichen Teilen aus einer Lsg. von 30—70 g H_3BO_3-Kristallen in 1000 ml W. u. einer Lsg. von nicht verd., handelsüblichem Wasserglas, dem ggf. bis zu 3 (Teile) W. auf 1 Wasserglas zugesetzt sein können, besteht, bis eine Rk. der Kunststoffoberfläche mit der gemischten Lsg. erfolgt ist, u. den Gegenstand trocknet. Man läßt die Mischung von H_3BO_3 u. Wasserglas entweder stehen bis eine Gel-Bldg. eingetreten ist, löst das Gel durch Rühren, erhitzt die Lsg. auf ca. 120 bis 140° F u. taucht den Polyvinylalkoholgegenstand in die verflüssigte Lsg., oder man überschichtet das H_3BO_3–Wasserglas-Gel mit einer Lsg. von 50 g handelsüblichem Polyvinylalkoholpulver in 1000 ml W. u. ggf. 0,3—1 g $Cr(NO_3)_3$, läßt stehen bis mindestens ein Teil des Polymerisats im Kontakt mit dem Gel verfestigt ist u. zieht die feste Schicht ab. Herst. von *Körpern* mit korrosions- u. kratzfester Oberfläche, z. B. opt. *Linsen.* — Zeichnung. (**A. P. 2 925 622** vom 3/12. 1957, ausg. 23/2. 1960.) G. Vogel. 7173

General Aniline & Film Corp., New York, übert. von: Gerald Robinson, Bronx, N.Y., V.St.A., **Massen aus Polymeren von Vinylpyrrolidon** (I), dad. gek., daß sie aus 1 (Teil) eines alkylierten Phenols der allg. Formel II (R_1, R_2, R_3, R_4 = H oder Alkylrest mit 1—9 C-Atomen; Summe der C-Atome aller R = 4—18) u. 1—3 eines wasserlösl. Polymeren mit einem K-Wert von 10—200 zusammengesetzt ist, das aus Polyvinylpyrrolidon, Polymeren aus vinylalkylsubstituierten Pyrrolidonen oder Mischpolymerisaten daraus besteht, die ≧20% I enthalten, bes. aus Mischpolymerisaten aus I u. Vinylacetat, Acrylsäure, Vinylalkyl-, bes. -äthyl-, äther- oder Maleinsäureanhydrid. Als Phenole dienen: Nonyl-, Dinonyl-, Octyl-, Dioctyl- oder Hexylphenol. — Verw. als *Klebstoff, Weichmacher* für Harze, *Schutzüberzug* auf Metallen, *Leimungsmittel* für Si-haltige Stoffe (Asbest-, bes. Glasfasern) u. zum Verbinden von Folien, Filmen, Papier usw. untereinander. — Mengenbeispiele, Tabellen. (**E. P. 862 239** vom 7/10. 1957, ausg. 8/3. 1961. A. Prior. 8/11. 1956. **A. P. 2 941 980** vom 8/11. 1956, ausg. 21/6. 1960.) G. Vogel. 7173

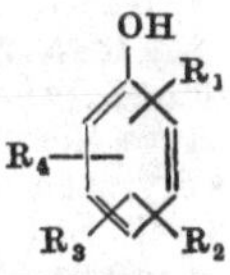

II

Deutsche Gold- und Silber-Scheideanstalt vormals Roessler, Frankfurt/M. (Erfinder: A. Erich Czepp, Frankfurt/M., Ernst Schnebel, Oranienburg, und Anna Gölz geb. Sattler, Offenbach/M.), **Schnellpolymerisation von Gemischen aus monomeren und polymeren Vinylverbindungen,** z. B. Styrol, Vinylchlorid, (Meth-) Acrylsäure, deren Estern oder Nitrilen einerseits u. Polymethacrylsäuremethylester andererseits in Ggw. von O_2 oder diesen abgebenden Polymerisationskatalysatoren, wie H_2O_2 oder dessen Verbb., bes. Dibenzoylperoxyd, u. weiteren polymerisationsregelnden Zusatzstoffen (I) bei niederen Temp. im Blockpolymerisations-Verf., dad. gek., daß als weitere I ketogruppenfreie tert. Amine (II), deren N-Atome drei getrennte organ. Reste tragen u. die befähigt sind, labiles Aminoxyd zu bilden, verwendet werden. Als II sind Trialkyl-, Triaryl- oder tert. aliphat. u. aromat. substituierte Amine genannt. Sie werden in Mengen von ca. 0,1—6, bes. 0,5—3%, bezogen auf das Monomeren–Polymeren-Gemisch, eingesetzt. Als zu polymerisierender Ausgangsstoff wird eine sirupöse bis teigige Lsg. oder Mischung von Monomeren u. Polymeren verwendet, bes. Teige aus polymeren Mischpolymerisaten u. monomeren Gemischen der Methyl-, Äthyl-, Propyl- oder Butylester der Acryl- u./oder Methacrylsäure verwendet. — Nach dem Beispiel werden 1 (Teil) Methacrylsäuremethylester (III), der 0,5—3% Trihexylamin u. ggf. Hydrochinon enthält, mit 3 Poly-III, der 0,1—6% Dibenzoylperoxyd enthält, zusammengerührt, wobei nach 4—5 Min. ein Teig entsteht, der nach ca. 6—7 Min. sich auf 60—90° erwärmt u. dabei erhärtet. Dimethylanilin führt zu gleichen Ergebnissen. Die Endprodd. sind geeignet für die Lack- u. Anstrichmittelindustrie sowie für elektr., Wärme- u. Schallisolierung. (**D. B. P. 975 072** Kl. 39c vom 30/7. 1941, ausg. 3/8. 1961. Anmeldung bekanntgemacht 14/6. 1951.) H. Schindler. 7173

Ethyl Corp., New York, N.Y., übert. von: Albert J. Haefner und Percy W. Trotter, Baton Rouge, La., V.St.A., **Vinylchlorid-Vinylacetat-Mischpolymerisate** erhält man durch Suspensionspolymerisation einer Mischung aus 100 (Teilen) der Monomerenmischung, die 16—19 (%) Vinylacetat u. Vinylchlorid enthält, 0,15—0,5 Lauroylperoxyd, 0,2—0,4 Na-Dioctylsulfosuccinat, 0,05—0,2 Methylcellulose, 1,5—4 CCl_4 u. wenigstens 200 W. bei 60—65°, erhöhtem Druck u. unter Rühren. — Verw. zur Herst. von hitzestabilen, mechan. festen *Formartikeln.* (**A. P. 2 962 483** vom 29/4. 1957, ausg. 29/11. 1960.) L. Stadelmann. 7173

United States Rubber Co., New York, N.Y., V.St.A. (Erfinder: W. V. Smith), **Kunstharzmassen** erhält man aus einem Vinylchloridpolymeren, einem monomeren Alkylester einer α-ungesätt. Dicarbonsäure u. einer monomeren vinylaromat. Verb. oder deren Substitutionsprodukten. Als Dicarbonsäuren sind Malein-, Fumar-, Itacon-, Citracon-, Mesacon- u. Methylenmalonsäure, als vinylaromat. Verbb. Styrol, α-Methylstyrol, Divinylbenzol, Vinyltoluol, Mono- u. Dichlorstyrol u. Vinylnaphthalin u. als Polymer ein Vinylchlorid-Vinylacetat-Mischpolymerisat bes. genannt. Die Prodd. bleiben bei ionisierender Bestrahlung transparent u. klar. — Herst. von *Drahtisolierungen, Rohren, Dichtungen* für Röntgen-App., Atomreaktoren u. dergleichen. — Beispiele, Tabellen. (**E. P. 833 610** vom 23/12. 1957, ausg. 27/4. 1960. **Belg. P. 564 564** vom 5/2. 1958, ausg. 15/7. 1960. Beide A. Prior. 6/3. 1957.) G. Vogel. 7173

Farbwerke Hoechst Akt.-Ges., vormals Meister Lucius & Brüning (Erfinder: Werner Ehmann und Karl-Heinz Kahrs), Frankfurt/M., **Herstellung von (Misch-)Polymerisaten von Vinylestern,** dad. gek., daß man die Polymerisation in Ggw. einer Kombination von Boralkylen u. Boroxolen durchführt. Nach den Beispielen wird Vinylacetat mit Bortriäthyl u. n-Butyl- oder tert. Butylboroxol oder Bortributyl- u. n-Butyl- oder tert. Butylboroxol polymerisiert. Hohe Ausbeuten bei kurzer Polymerisationszeit, auch bei niedrigen Temp., z. B. 40°. (**D. A. S. 1 099 736** Kl. 39c vom 3/10. 1959, ausg. 16/2. 1961.) H. Schindler. 7173

Shawinigan Resins Corp., Springfield, Mass., übert. von: Angus N. MacDonald, Indian Orchard, Mass., V.St.A., **Mischpolymerisate von Vinylacetat mit Maleinsäureteilestern,** die 1,1—5 Mol Vinylacetat pro Mol Maleinsäureester enthalten, erhält man durch Polymerisation von Vinylacetat mit Alkylteilestern von Maleinsäure, deren Alkylgruppen 12—18 C-Atome enthalten, in organ. Lsg. u. in Ggw. eines Polymerisationskatalysators bei 50—100°, wobei man die Vinylacetat-Lsg. im Laufe von 2—20 Std. zugibt. — Beispiele: Mischpolymerisate von Vinylacetat mit dem Monooctadecylester von Maleinsäure, dem Rk.-Prod. von 0,75 Mol Dodecylalkohol mit 1 Mol Maleinsäureanhydrid u. dem Rk.-Prod. aus 1,5 Mol Cetylalkohol mit 1 Mol Maleinsäureanhydrid. Die erhaltenen Mischpolymerisate sind homogen aufgebaut u. werden verwendet als *Kleb-* u. *Überzugsmittel.* (**A. P. 2 965 617** vom 29/12. 1955, ausg. 20/12. 1960.) L. Stadelmann. 7173

Comp. de Saint-Gobain, Neuilly-sur-Seine, Frankreich, **Verbesserung der mechanischen Eigenschaften von Polyvinylchlorid.** Man mischt Polyvinylchlorid bes. bei 175—180° auf beheizten Rollen mit höchstens 20 Gew.-% mindestens eines Polyamids (I), das sich von einer gesätt. ω-Aminosäure, bes. 11-Aminoundecansäure, ableitet. Bei Einverleibung von 10% I steigt die Schlagfestigkeit um 50%, bei Abnahme der Erweichungs-Temp. um nur 2,6%. (**E. P. 856 365** vom 9/5. 1958, ausg. 14/12. 1960. F. Prior. 16/5. 1957.) A. Jahn. 7173

E.I. du Pont de Nemours & Co., Wilmington, Del., übert. von: James A. Robertson, Lewiston, N.Y., V.St.A., **Weichmacher für Polyvinylalkohol,** der 5—15% Acetatgruppen enthält, bestehend aus einem Gemisch eines Phosphatesters (I) der Formel $(C_4H_9O)_aPO[O(CH_2CH_2O)_bH]_{3-a}$, in der a 1—2 u. b 1—4 bedeutet, u. Polypropylenglykol, das ≧ 90% Tetrapropylenglykol enthält. Die Menge des Weichmachergemisches (II), die dem Polyvinylalkohol (III) zugesetzt wird, soll zwischen den Werten $Y = X/5 + 19$ u. $Y = X/5 + 29$ liegen, wobei Y den %-Geh. von **II**, bezogen auf **III** u. X den %-Geh. des **I** in **II** bedeutet u. etwa einen Wert von 30—70 hat. (**A. P. 2 948 697** vom 23/4. 1958, ausg. 9/8. 1960.) C. Lüttgen. 7173

Kanegafuchi Boseki Kabushiki Kaisha, Tokyo, Japan (Erfinder: Takao Yamashita, Yoshibumi Ogawa und Toshio Ozawa), **Regelung der Viscosität von Vinylharzemulsionen.** Man polymerisiert Vinylacet mit einer kleinen Menge Crotonsäure in wss. Emulsion u. regelt die Viscosität der Emulsion durch Änderung des pH-Wertes. (**Jap. A. S. 7492/1960** vom 20/4. 1957, ausg. 20/6. 1960.) M. Pankow. 7173

Monsanto Chemical Co., St. Louis, übert. von: Joseph R. Darby, Webster Groves, Mo., V.St.A., **Stabilisierungsmittel für halogenhaltige Vinylidenpolymerisate,** bestehend aus einem Phosphitester von C_4—C_{18}-Hydroxy-Verbb., bes. Triphenylphosphit, mit einem Geh. von 0,05—10 (%) eines 2-Hydroxybenzophenons, das bei einer Wellenlänge von 340—400 mμ 85 der UV-Strahlen absorbiert, bes. 2-Hydroxy-4-methoxybenzophenon. Das Mittel wird bes. in Verbindung mit wärmestabilisierenden Mitteln, z. B. Gemischen aus Cd-Salzen u. oxydierten Verbb., z. B. Cd-Di-9.10-epoxyoctadecanat, angewandt. (**A. P. 2 951 052** vom 31/3. 1958, ausg. 30/8. 1960.) C. Lüttgen. 7173

Goodyear Tire & Rubber Co., Akron, Ohio, V.St.A., **Katalysator für Polymerisation von Vinylalkyläthern,** bestehend aus dem Rk.-Prod. wenigstens einer Verb. von Metallen der Gruppen IVb, Vb, VIb, VIIb oder VIII des Period. Syst. mit wenigstens einer (Organo-)Metall-Verb. oder eines Metallhydrids von Metallen der Gruppen Ia, IIa oder IIIa. Das Mol-Verhältnis der a-Metalle zu den b-Metallen soll 0,33:7, bes. 1:3,5, betragen. Als Rk.-Komponenten sind in den Beispielen $TiCl_4$ u. Al-Triisobutyl bzw. AlCl-Diisobutyl genannt, mit deren Rk.-Prodd. Vinyläthyläther, Vinylisobutyl-, Vinyl-n-butyl-, Vinylallyl- u. Vinyl-2-äthylhexyläther polymerisiert werden. Hochmol. fl. bis feste Polymerisate, deren Bldg. bes. bei Temp. niedriger als —50° um so schneller vor sich geht, je kleiner das Mol-Verhältnis ist. (**E. P. 841 236** vom 4/3. 1959, ausg. 13/7. 1960. A. Prior. 18/4. 1958.) H. Schindler. 7173

Deutsche Gold- und Silber-Scheideanstalt vormals Roessler, Frankfurt/M. (Erfinder: Werner Kern, Rolf Schulz und Harald Cherdron, Mainz), **Polymerisation von monomeren ungesättigten organischen Verbindungen oder von deren Gemischen** in wss. Emulsion, dad. gek., daß als Emulgator eine Lsg. von Polyacrolein in wss. SO_2 oder in wss. $NaHSO_3$-Lsg. verwendet wird, wobei die Emulsionspolymerisation von (α-substituiertem) Acrolein ausgenommen ist. Dagegen können diese im Gemisch mit anderen olefin. ungesätt. Verbb. polymerisiert werden. Als Katalysator dient ein Redox-Syst., z. B. $K_2S_2O_8$ u. $AgNO_3$. Arbeits-Temp. 0—100°, bes. ca. 20°. Als Monomere werden in den Beispielen Acrylnitril, Acrylsäuremethylester u. Chloropren verwendet. — Erhöhung der Raum–Zeit-Ausbeute. (**D. A. S. 1 076 372** Kl. 39c vom 10/4. 1959, ausg. 25/2. 1960.) H. Schindler. 7173

Deutsche Gold- und Silber-Scheideanstalt vormals Roessler, Frankfurt/M. (Erfinder: Werner Kern, Rolf Schulz und Irmela Löflund, Mainz), **Herstellung von Verbundpolymeren bzw. Derivaten,** dad. gek., daß makromol. Polymerisate des (α-substituierten) Acroleins (I) oder Mischpolymerisate des I (A) mit mindestens einem makromol. Stoff (B) umgesetzt werden, der je Makromol. >4 Gruppen enthält, die mit Aldehydgruppen reagieren können, ausgenommen die Herst. von wasserbeständigen, geformten Gebilden, bes. Folien, die aus filmbildenden, wasserlösl. Polyvinylalkoholen durch chem. Rk. mit wss. Lsgg. von SO_2-Addukten des Poly-I in solchem Verhältnis, daß der Polymerenanteil der Lsg. zu $\geqq 70\%$ aus einem wasserlösl. Polyvinylalkohol besteht, hergestellt werden. A u. B können in gelöster u./oder feinverteilter Form verwendet werden. Poly-I kann in wss. SO_2- oder $NaHSO_3$-Lsg. eingesetzt werden. Die Rk. des Mediums kann neutral oder sauer sein. Beispiele mit Gelatine, Cellulose u. natürlichem Eiweiß, die durch Behandlung mit einer wss. Poly-I–SO_2-Lsg. wasserunlösl. werden bzw. erst bei Temp. von 72—75° schrumpfen. In gleicher Weise verhalten sich wss. Lsg. von Albumin, Globulin, Polyäthylenimin u. Polyacrylsäurehydrazid sowie anorgan. Polymere, z. B. Silicagel. Die Endprodd. eignen sich für die Film-, Lack-, Textil-, Klebstoff-, Papierindustrie u. als (Zusatz zu) Haarpflegemittel. (**D. A. S. 1 083 051** Kl. 39c vom 4/10. 1958, ausg. 9/6. 1960.) H. Schindler. 7173

Röhm & Haas G. m. b. H. (Erfinder: Ernst Trommsdorf und Gerhard Abel), Darmstadt, **Herstellung körniger Polymethacrylsäure** nach D.R.P. 749 016 durch Polymerisation der Methacrylsäure (I) unter mechan. Bewegung in einer Elektrolyt-Lsg. solcher Konz., daß das Monomere im wesentlichen ungelöst bleibt, dad. gek., daß höchstens 80 (Gew.-%) I in Ggw. von mindestens 20 polymerisierbaren Äthylen-Derivv., die wasserunlösl. Polymerisate geben, polymerisiert werden. Die Komponenten zu I sind Methylmethacrylat, Acrylsäureester, deren Nitrile, Styrol oder Vinylchlorid. — Beispiele. Tabellen. Mit sinkendem I-Geh. steigt die Viscosität der Alkalisalz-Lsgg. der Mischpolymerisate. (**D. B. P. 947 115** Kl. 39c vom 27/8. 1939, ausg. 9/8. 1956. Anmeldung bekanntgemacht 20/8. 1953. **Zusatz zu D. R. P. 749 016.**) H. Schindler. 7173

Imperial Chemical Industries Ltd., London, England (Erfinder: John Atton Fendley), **Thermoplastische Massen** erhält man aus 100 (Teilen) eines aus 20—50 Styrol, 20—50 Acrylsäurenitril (I) u. 10—50 Methylmethacrylat (II) erhaltenen Mischpolymerisats u. 10—70 eines gummiartigen, bes. in Ggw. von Divinylbenzol hergestellten Butadien-(1.3)(**III**)-Polymerisats oder -Mischpolymerisats, bes. aus **III** u. **I** oder Methacrylsäurenitril. — Man mischt z. B. 45 Styrol, 35 **I**, 20 **II**, 180 W., 4 Na-Stearat u. 0,3 $K_2S_2O_8$, verdrängt O_2 durch N_2, hält 12 Std. bei 50°, so daß 88% der Monomeren ein Mischpolymerisat bilden, entfernt den Rest der Monomeren, mischt die erhaltene Dispersion mit der Dispersion des gummiartigen Polymeren aus 67% **III** u. 33% **I**, koaguliert die Masse mit Al-Sulfat-Lsg., filtriert, wäscht, trocknet u. mahlt die Masse in Ggw. eines Antioxydans u. zieht daraus harte, *schlagfeste Schichten* für *Rohre, Rohr-Verbb., Kühlschrankteile, Fußauflagen* in Fahrzeugen, *Schutzhelme, Räder, Getriebe, Rollen* u. *Kämme.* — Beispiele. (**E. P. 841 215** vom 8/5. 1957, ausg. 13/7. 1960.)

G. Vogel. 7173

Eastmann Kodak Co., Rochester, N.Y., übert. von: John R. Caldwell, Kingsport, Tenn., V.St.A., **Alkylacrylat-Mischpolymerisate** werden mit wss. Lsg. von Gelatine oder anderen Proteinen bei 50—75° in Ggw. eines Katalysators hergestellt. Das Alkylacrylat enthält 1—6 C-Atome. Vernetzt wird das Rk.-Prod. mit Divinylbenzol, Allylacrylat oder Diallylphthalat oder mit CH_2O, Zr-Salzen, Alaun, $AlCl_3$ oder Trimethylolmelamin. Herst. bes. von Photofilmen. (**A. P. 2 956 884** vom 26/3. 1957, ausg. 18/10. 1960.) F. Koch. 7173

Kogyo Gijutsu Inchō (Erfinder: Yoshikazu Murase, Kamakura, und Hiromi Kamogawa, Kawasaki), Japan, **Acrylamid enthaltende Emulsionsmischpolymerisate.** Bei der Emulsionsmischpolymerisation von bis zu 0,5 (Teilen) Acrylamid pro 1 Acrylsäureester enthaltenden Monomeren ersetzt man einen Teil des zugesetzten W. durch C_{1-4}-Alkohole, Aceton, Dioxan. — Man rührt 10,5 (Teile) Acrylsäureester, 4,5 Acrylamid, 0,6 Na-Alkylsulfat u. 0,01 $(NH_4)_2S_2O_8$, in 27 W. gelöst, nach Zusatz von 10 Aceton bei 70°, fällt die entstandene Emulsion nach 15 Min. u. wäscht das Polymere. (**Jap. A. S. 6895/1960** vom 27/3. 1958, ausg. 10/6. 1960.) M. Pankow. 7173

Borden Co., New York, N.Y., übert. von: Benjamin D. Halpern, Jenkintown, und Wolf Karo, Elkins Park, Pa., V.St.A., **Elastomeres Mischpolymerisat**, hergestellt aus 75—98 (Teilen) Acrylsäuretrifluoräthylester u. 2—25 N-1.1-Dihydroheptafluorbutylacrylamid. Das Prod. ist schimmelfest u. wird von Lsgm. u. Brennstoffen bei Temp. bis zu 175° nicht angegriffen. Es ist mit S u. Triäthylamin vulkanisierbar. (**A. P. 2 951 830** vom 8/4. 1958, ausg. 6/9. 1960.) C. Lüttgen. 7173

Firestone Tire & Rubber Co., übert. von: Robert A. Hayes, Akron, Ohio, V.St.A., **Ternäre Gemische von Polymeren** aus 5—95 (Gew.-%), bezogen auf das Gesamtgew., eines Styrolharzes (A), 20—95, bezogen auf B + C, eines Styrol-Polybutadien-Pfropfpolymerisats (B) u. 5—80, bezogen auf B + C, eines Butadienelastomeren. A ist ein Polymerisat aus $\geqq 55$ (%) Styrol, $\leqq 40$ α-Methylstyrol u. $\leqq 10$ anderen monoolefin. Verbb., B ein Pfropfpolymerisat aus 10—80 Styrol auf Butadienhomopolymeren u. Copolymeren, die $\geqq 60$ Butadien, $\leqq 40$ Styrol, $\leqq 40$ α-Methylstyrol u. $\leqq 10$ andere monoolefin. Verbb. enthalten u. durch Polymerisation von Styrol in Ggw. der genannten Butadienpolymeren gewonnen wurden, C ein Gemisch aus Butadienhomo- u. -copolymeren aus $\geqq 60$ Butadien, $\leqq 40$ Styrol, $\leqq 40$ α-Methylstyrol u. $\leqq 10$ anderen monoolefin. Verbb., die < 3 nicht konjugierte, 2fach ungesätt. Anteile enthalten. — Diagramme. (**Can. P. 554 596** vom 31/3. 1953, ausg. 18/3. 1958.) S. Böttcher. 7173

VEB Chemische Werke Buna, Schkopau (Erfinder: Rudolf Aust und Ruth Wagner, Halle/Saale), **Herstellung von schwer entflammbarem Polystyrol**, dad. gek., daß man handelsübliches Polystyrol oder Mischpolymerisat mit überwiegendem Styrol-Geh. in Suspension unter Rühren mit einer wss. Halogen-, bes. Br-Lsg., behandelt. Das Polystyrol kann Zusätze, wie Weichmacher, Modifizierungskomponenten oder Treibmittel, enthalten. Nach der Halogenierung, bes. Bromierung, kann eine Nachbehandlung mit Red.-Mitteln u. NH_3 im gleichen Gefäß erfolgen, wobei entweder die eine u./oder die andere Behandlung bei nicht $>80°$, bes. bei 30—40°, vorgenommen wird. — Beispiele. — *Flammfeste Schaumstoffe.* (**D. A. S. 1 093 089** Kl. 39c vom 26/6. 1959, ausg. 17/11. 1960.) H. Schindler. 7173

Badische Anilin- & Soda-Fabrik Akt.-Ges. (Erfinder: Fritz Stastny), Ludwigshafen/Rh., **Herstellen von porösen Formkörpern** aus vorexpandierten, aber noch blähbaren Einzelteilchen von thermoplast. Kunststoffen auf Basis von *Styrol*-Polymerisaten, dad. gek., daß man die vorexpandierten, aber noch blähbaren Kunststoffteilchen in einer nicht gasdicht schließenden Form mit veränderbarem Vol. durch Erwärmen weiterexpandiert u. verschweißt, dann das Form-Vol. vergrößert u. den porösen Formkörper, ggf. durch erneutes Erwärmen, nachexpandiert. (**D. A. S. 1 115 010** Kl. 39a vom 21/2. 1957, ausg. 12/10. 1961.) H. Nather. 7173

Foster Grant Co., Inc., Leominster, Mass., übert. von: Sidney J. Baum, Fitchburg, Mass., V.St.A., **Formbare Styrolharze** erhält man durch Polymerisation von 20—80 (%) Styrol mit 80—20 eines Kautschuks (Naturkautschuk, Polychloropren oder kautschukartiges Polymerisat eines konjugierten Diolefins), der im Styrol dispergiert ist, in Ggw. eines freie Radikale bildenden Katalysators, bes. Peroxyd, u. weiteren Zusatz von Styrol zu diesem Mischpolymerisat mit nachfolgender Polymerisation. End-Prodd., die 1—20% Kautschuk enthalten, zeichnen sich aus durch gute *Flexibilität, hohe Schlagzähigkeit, Klarheit* u. *Formbarkeit.* (**A. P. 2 957 833** vom 31/3. 1958, ausg. 25/10. 1960.) L. Stadelmann. 7173

Monsanto Chemical Co., St. Louis, Mo., übert. von: Joseph A. Blanchette, East Longmeadow, Mass., V.St.A., **Herstellung von Polystyrolen, die Acetyl- und Carboxylgruppen enthalten.** Man oxydiert ein acetyliertes Homopolymerisat eines vinylaromat. KW-Stoffs, das 0,1—2 Acetylgruppen je aromat. Ring enthält, in organ. Lsg. oder in Suspension mit einer wss. Lsg. von Alkalihypochlorit oder -bromit bei normaler oder erhöhter Temp., wobei 10—95% der Acetylgruppen in Carboxylgruppen umgewandelt werden. — Beispiele: Oxydation von p-Acetylpolystyrol u. 2-Acetyl-4-methylpolystyrol. Die Rk.-Prodd. haben *antistat. Eigg.* u. sind *farbstabil.* Die Na- oder NH_4-Salze der Rk.-Prodd., bei denen mehr als 50% der aromat. Ringe Carboxylgruppen tragen, sind lösl. in W., Methanol u. Äthanol. Verw. als *Dispergiermittel.* (**A. P. 2 945 839** vom 22/5. 1957, ausg. 19/7. 1960.) L. Stadelmann. 7173

Hercules Powder Co., Wilmington, übert. von: Edward A. Naudain, Newark, Del., und Alfred L. Rummelsburg, Chadds Ford, Pa., V.St.A., **Masse zur Herstellung von Schallplatten,** bestehend aus Polystyrol mit einem Molgew. von 40000—150000 (bestimmt durch Viscositätsmessung), dem 1—15 (%) Wachs, bes. mikrokristallines Paraffin u./oder Carnaubawachs, u. 5—15 eines harzartigen, aus 0,1—20 Mol Kolophonium u. 1 Mol Styrol in Ggw. eines sauren Katalysators hergestellten Kondens.-Prod. zugesetzt sind. (**A. P. 2 927 092** vom 7/3. 1958, ausg. 1/3. 1960.) C. Lüttgen. 7173

Union Carbide Corp., übert. von: Vernon W. Schroeder und Carlo F. Martino, Somerville, N.J., V.St.A., **Leicht formbare Masse** zur Herst. von Schallplatten, Radiogehäusen, Schreibmaschinenteilen usw., bestehend aus 100 (Teilen) eines Mischpolymerisats aus 5—50% Acrylnitril u. 95—50% Styrol, 1—10 Weichmacher der Formel $R(COOR')_n$, in der R′ einen gesätt. KW-Stoff-Rest mit 4—10 C-Atomen, R einen C_{11}—C_{17}-Alkylrest oder einen 2wertigen KW-Stoff-Rest mit 4—8 C-Atomen u. n 1 oder 2 bedeutet, bes. Cyclohexylmyristat u. -laurat, u. 0,25—5 Wachs, bes. Carnaubawachs. (**A. P. 2 962 463** vom 14/7. 1958, ausg. 29/11. 1960.) C. Lüttgen. 7173

Esso Research and Engineering Co., Elizabeth, N.J., V.St.A. (Erfinder: Peter Joseph Vermont James Agius und Geoffrey Arthur Hammond Roberts), **Verbessern des Erweichungspunktes von dampfgecrackten Petroleumharzen** durch Lösen in einem inerten Lsgm., z. B. Bzl., u. Polymerisieren mit einem Friedel-Crafts-Katalysator, z. B. $AlCl_3$, in Ggw. geringer Mengen eines konjugierten C_{4-6}-Diolefins, z. B. 1.3-Butadien, Cyclopentadien oder Isopren. Nach den Beispielen werden die Erweichungspunkte von 69 auf 111°, von 72 auf 82° u. von 88 auf 111° erhöht. (**E. P. 850 472** vom 5/7. 1957, ausg. 5/10. 1960.) H. Schindler. 7173

Kyodo Yakuhin Kabushiki Kaisha (Erfinder: Toshio Ito), Tokyo, Japan, **Stabilisieren von Halogen enthaltenden Harzen** mittels Tetraalkyl–Sn-Verbb. der Formel $Y(R)Sn(R^1)OSn(R^2)(R^3)Z$ (R, R^1, R^2, R^3 = gesätt. C_{1-8}-Alkyl; Y u. Z = Reste gesätt. oder ungesätt. Carbonsäuren oder Rest einer mehrwertigen gesätt. oder ungesätt. Carbonsäure, die außer einer COOH-Gruppe Ester oder Metallsalzgruppen enthält). — 0,25 (g) $(C_4H_9)_2SnO$ u. 20 Laurinsäure werden bei 70° 30 Min. erhitzt. Man erhält $(C_4H_9)_2Sn(OH)OCOC_{11}H_{23}$ (I). — 25 $(C_4H_9)_2SnO$ u. 17,2 Monobutylmaleat geben $(C_4H_9)_2 \cdot Sn(OH)OCO \cdot CH{:}CHCOOC_4H_9$, das mit I bei 120° die Verb. $(C_4H_9)_2Sn(OCOC_{11}H_{23}) \cdot OSn(C_4H_9)_2OCOCH{:}CHCOOC_4H_9$ liefert. — Ähnlich sind $(C_4H_9)_2Sn(X)OSn(X)(C_4H_9)_2$ (X = $OOCCH{:}CHCOOCH_3$) hergestellt. — Man mischt z. B. 100 (Teile) Vinylchloridharz, 50 Di-[2-äthylhexyl]-phthalat u. 3 Tetrabutyldi-Sn-Monobutylmaleatlauratoxyd. (**Jap. A. S. 7686/1960** vom 10/2. 1958, ausg. 22/6. 1960.) M. Pankow. 7173

American Cyanamid Co., New York, N.Y., übert. von: Stephen J. Groszos, Cincinnati, Ohio, und Nancy E. Day, Greenwich, Conn., V.St.A., **Herstellung von Tri-n-propanolaminborat (I)**. Eine Lsg. von äquimol. Mengen Tri-n-propanolamin (**II**) u. $B(OH)_3$ in wasserfreiem Toluol wird so lange in einer N_2-Atmosphäre unter Rückflußkühlung dest., bis kein W. mehr übergeht. Beim Abkühlen der Lsg. krist. der Borsäureester von **II** in farblosen Nadeln aus, F. (aus Bzl.) 248°. Er ist hydrolysenfester als alle bekannten Borsäureester u. wird als *Weichmacher für Polymerisate* verwendet, die Acrylnitril enthalten. Beschreibung der Herst. von I, $C_9H_{21}NO_3$, Kp.$_{,1}$ 175—185°. (**E. P. 846 374** vom 15/10. 1958, ausg. 31/8. 1960. A. Prior. 28/10. 1957. **A. P. 2 942 021** vom 28/10. 1957, ausg. 21/6. 1960.) A. Kalix. 7173

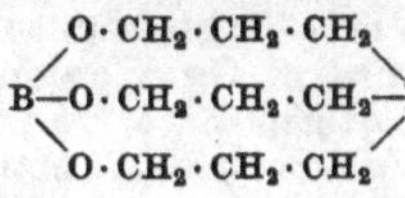

I

Phillips Petroleum Co., Bartlesville, Okla., übert. von: Henry E. Railsback, Phillips, Tex., und William B. Reynolds, Bartlesville, Okla., V.St.A., **Polymere Masse aus heterocyclischen N-Verbindungen,** gek. durch ein quaternisierbares Polymerisat aus einem Monomeren der allg. Formel **I, II** oder **III** (R = H oder

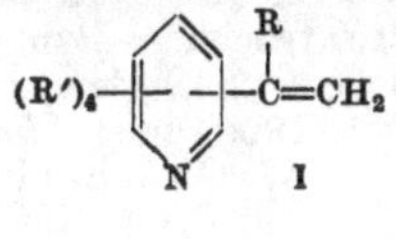

I

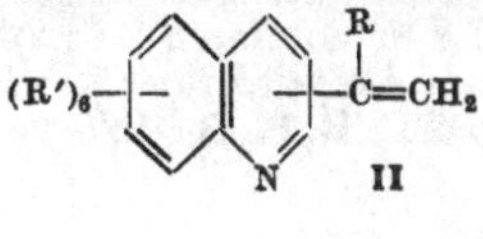

II

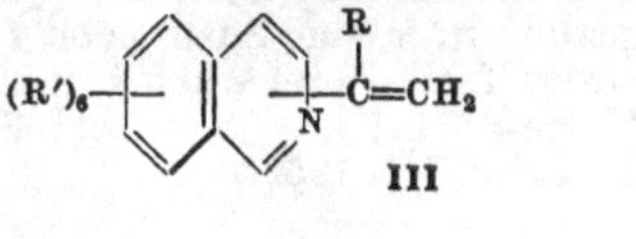

III

Methylrest; jedes R' = H oder Alkyl; alle R' ≦12 C-Atome) oder durch ein Mischpolymerisat aus einem der Monomeren nach den Formeln **I, II** oder **III** mit einem anderen Monomer, das ggf. 50% aller Monomeren beträgt, bes. einem konjugierten Dien (Butadien), u. einem Quaternisierungsmittel, das aus einem teilweise halogenierten KW-Stoff mit korrodierenden Eigg. u. einem metall-N-substituierten Dithiocarbamat der allg. Formel: $[(R)_2N-CS-S]_n-Me$ als Stabilisator (R = H oder Alkyl, Aryl, Cycloalkyl, Aralkyl, Alkaryl oder Alkylcycloalkyl, wobei beide R zusammen 1—20 C-Atome haben u. mit N einen heterocycl. Ring bilden können; Me = Metall u. n = Valenzzahl von Me). Man quaternisiert bes. ein Mischpolymerisat aus 5-Methyl-2-vinylpyridin u. Butadien mit Hexachlor-p-xylol, Benzotrichlorid, Benzylchlorid oder Benzalchlorid in Ggw. eines Alkyldithiocarbamats von Ni, Cu, Fe oder Pb (Alkyl mit 1—6 C-Atomen) bzw. unter Verw. einer Chinolin-Verb. an Stelle der Pyridinverbindung. — Verhinderung von Gießformkorrosionen u. Herst. von Dichtungen. — Mengenbeispiele, Tabellen. (**A. P. 2 956 043** vom 22/10. 1956, ausg. 11/10. 1960. **E. P. 856 580** vom 18/6. 1957, ausg. 21/12. 1960. A. Prior. 22/10. 1956.) G. Vogel. 7173

Petrochemicals Ltd., London, England (Erfinder: Frederick Howard Newth und James Donald Shimmin), **Polymerisation von monomeren Epoxyverbindungen (I)** der allg. Formel $R-\underline{CH-CH(R)-O}$ (R = H oder KW-Stoff-Rest, wobei beide R auch einen cycloaliphat. Rest bilden können) erfolgt in Ggw. eines Katalysators, der durch Rk. eines mehrwertigen Alkohols mit einem Al- oder Mg-Alkyl, -Aryl, -Alkoxyd, -Aroxyd bzw. einem Halogenid einer solchen Verb. erhalten worden ist. Metallhalogenide können als Cokatalysatoren verwendet werden. — Beispiele für **I**: Äthylen-, Propylen-, Styrol- u. Cyclohexenoxyd. — 20,4 g Al-Isopropylat u. 3,1 g Äthylenglykol werden in 50 cm³ Toluol unter Abdestillieren von Isopropanol u. Toluol erhitzt, wobei man eine weiße, feste Masse erhält; 0,5 g davon werden mit 90 g Äthylenoxyd in 20 cm³ Bzl. 5 Std. in einem Autoklaven auf 120° erhitzt, wobei man 15 g Polyäthylenoxyd mit einem Molgew. von 235000 erhält. (**E. P. 870 418** vom 12/6. 1959, ausg. 14/6. 1961.) J. Mühleisen. 7177

Deutsche Gold- und Silber-Scheideanstalt vormals Roessler, Frankfurt/M. (Erfinder: Karlheinz Rink, Hanau), **Herstellung von harzartigen (α-substituierten) Acrolein-Formaldehyd-Kondensationsprodukten**, dad. gek., daß die Ausgangsstoffe in Ggw. einer niedrigmol. fl. organ. Verb. (I) u. einer katalyt. wirkenden organ. Base, bes. Piperidin, umgesetzt werden. Als **I** sind Dioxan, Bzl., Alkohole, bes. aber Methylacetat oder Aceton, allein oder im Gemisch, genannt, die zu 0,8—20 (Teilen) auf 1 Ausgangsstoffe verwendet werden. — Mengenbeispiele. — *Formkörper, Einbrennlacke.* (**D. A. S. 1 087 806** Kl. 39c vom 10/2. 1958, ausg. 25/8. 1960.) H. Schindler. 7177

Deutsche Gold- und Silber-Scheideanstalt vormals Roessler, Frankfurt/M. (Erfinder: Adolf Weihe, Höchst/Odenw., und Karlheinz Rink, Hanau/M.), **Herstellung von Mischpolymerisaten des (α-substituierten) Acroleins (I)**, dad. gek., daß ein Kondens.-Prod. aus I u. CH_2O mit einem aliphat. oder aromat. gesätt. Dicarbonsäuredialkylester (**II**) für sich allein oder im Gemisch mit mindestens einer monomeren polymerisierbaren organ. Verb. **III**) u./oder mindestens einer hochpolymeren organ. Verb. (**IV**) in Ggw. eines bekannten Katalysators in der Masse polymerisiert wird. Auf 1 (Teil) des Kondens.-Prod. sollen 0,1—0,5 **II** u. 0,25—2 **IV**, bes. (un-)substituierte Polyvinyl-Verbb. sowie 0,1—3 **III** verwendet werden, wobei **III** bes. (un-)substituierte Vinyl-Verbb. sein sollen, die **IV** zu lösen vermögen, darunter auch **I**. Die Polymerisation wird in Ggw. organ. Radikalbildner u. einer bas. Verb., bes. einer organ. stickstoffhaltigen Base, vorzugsweise Piperidin, ohne Wärmezufuhr eingeleitet. Als **III** sind in Vgl.-Beispielen Maleinsäure-, Phthalsäure- u. Adipinsäuredimethylester eingesetzt. Die Mischungen härten in 15 Min. vollkommen aus. Harte, klare Filme. — Tabelle. — Vgl. D. A. S. 1 087 806; vorst. Referat. (**D. A. S. 1 083 545** Kl. 39c vom 18/2. 1958, ausg. 15/6. 1960.) H. Schindler. 7177

Deutsche Gold- und Silber-Scheideanstalt vormals Roessler, Frankfurt/M., **Herstellung von Eupolyoxymethylen** durch Polymerisation von wasserfreiem CH_2O in Ggw. von S, der in trocknem Bzn. oder Dekahydronaphthalin suspendiert ist. — Beispiel: 200 (g) Paraformaldehyd werden in 300 cm³ Paraffinöl suspendiert u. unter Durchleiten von Luft auf ≦165° erwärmt. Das CH_2O-Gas wird auf —15 bis —18° gekühlt u. in eine Suspension von 1,8 monoklinem S in 2,2 Liter trocknem Bzn. geleitet. Unter Temp.-Steigerung von 22,5 auf 44° wird flockiges Eupolyoxymethylen ausgefällt. Molgew. 34700. — 8 weitere Beispiele. (**E. P. 868 899** vom 5/1. 1960, ausg. 25/5. 1961. D. Prior. 7/1. 1959.) W. Overbeck. 7177

Farbenfabriken Bayer Akt.-Ges., Leverkusen, **Herstellung von hochmolekularem Polyoxymethylen.** Wasserfreier CH_2O wird mit katalyt. Mengen von Carbodiimid in Ggw. eines inerten wasserfreien organ. Lsgm. in Berührung gebracht. — Beispiel: 1 (Vol.-Teil) wasserfreier CH_2O wird mit 8 reinem N_2 auf -20^0 vorgekühlt u. bei -85^0 verflüssigt. Ferner werden 0,126 Gew.-Teile Diisopropylcarbodiimid, in 3 (Vol.-Teilen) Toluol gelöst, mit weiteren 1000 Toluol gemischt. In diese Lsg. wird im Rk.-Gefäß unter Rühren in 3 Std. der Formaldehyd eingetropft, wobei bei -20^0 die Polymerisation eintritt. — 4 weitere Beispiele. — Verarbeitung für plast. Massen. (**E. P. 867 967** vom 12/2. 1960, ausg. 10/5. 1961. D. Prior. 14/2. 1959.) W. Overbeck. 7177

Farbenfabriken Bayer Akt.-Ges., Leverkusen, **Acylierung von hochmolekularem Polyoxymethylen.** Dieses wird bei erhöhter Temp. mit einem Carbonsäureanhydrid in Ggw. eines organ. Isocyanats mit $\geqq 1$ Isocyanatgruppe umgesetzt. — Beispiel: 20 (Teile) hochmol. Polyoxymethylen mit der Eigenviscosität 2,3 (in Dimethylformamid bei 150^0) werden mit 400 Essigsäureanhydrid, 20 Phenylisocyanat (oder 10 Tolyl-2.4-diisocyanat) u. 0,7 Na-Acetat in N_2-Atmosphäre 15 Std. bei $139-140^0$ acetyliert. Das abfiltrierte Prod. wird mehrmals mit Aceton, Methanol u. W. gewaschen. — Verw. für plast. Massen. (**E. P. 868 356** vom 9/3. 1960, ausg. 17/5. 1961. D. Prior. 11/3. 1959.) W. Overbeck. 7177

Farbenfabriken Bayer Akt.-Ges., Leverkusen, **Acylieren von hochmolekularem Polyoxymethylen.** Dieses wird bei erhöhter Temp. mit $\geqq 1$ Carbonsäureanhydrid in Ggw. von Carbodiimid umgesetzt. — Beispiel: 10 (Teile) hochmol. Polyoxymethylen mit der Eigenviscosität 1,9 (in 0,5%ig. Lsg. in Dimethylformamid) werden mit 200 Essigsäureanhydrid, 7 Diisopropylcarbodiimid u. 0,5 Na-Acetat in N_2 15 Std. auf $137-139^0$ erhitzt. Das Rk.-Prod. wird kalt gefiltert, mit Aceton, Methanol u. W. gewaschen u. getrocknet. — Verw. für Formartikel. (**E. P. 864 403** vom 15/1. 1960, ausg. 6/4. 1961. D. Prior. 16/1. 1959.) W. Overbeck. 7177

Farbenfabriken Bayer Akt.-Ges., Leverkusen (Erfinder: Kuno Wagner, Leverkusen, und Helmuth Kritzler, Köln), **Acylierung von Polyoxymethylen** in Ggw. von Carbodiimiden $>100^0$. Beispiele solcher Carbodiimide sind Diäthyl-, -phenyl-, -benzyl-, -cyclohexylcarbodiimid, Tetramethylen-$\omega.\omega'$-bis-[tert.-butyl]-carbodiimid, Methyl-[tert.-butyl]-carbodiimid. Kein Ausbeuteverlust. — 10 (Gew.-Teile) hochmol. Polyoxymethylen (innere Viscosität bei 150^0 in Dimethylformamid 1,9) werden mit 200 $(CH_3CO)_2O$, 10 Diisopropylcarbodiimid u. 0,5 CH_3COONa in N_2 15 Std. bei $137-139^0$ behandelt. Man filtriert das Rk.-Prod. nach Abkühlen ab. — Herst. von *Kunststoffen* daraus. (**Oe. P. 217 709** vom 15/1. 1960, ausg. 25/10. 1961. D. Prior. 16/1. 1959.) M. Pankow. 7177

Imperial Chemical Industries Ltd., London (Erfinder: Isaac Goodman und Brenda Frances Nesbitt, Harrogate, Yorkshire), England, **Hochpolymere Polymethylenterephthalate** werden aus niedermol. Vorkondensaten aus Estern der Terephthalsäure u. Glykolen mit 2—10 C-Atomen, in Ggw. von W. u. bes. Bleiglätte als Polymerisationskatalysator u. in Ggw. einer inerten Gasatmosphäre hergestellt. (**D. A. S. 1 119 512** Kl. 39c vom 21/8. 1958, ausg. 14/12. 1961. E. Prior. 29/8. 1957 u. 5/8. 1958.) F. Koch. 7177

British Petroleum Co. Ltd., London, England (Erfinder: Stanley Francis Birch, Patrick Gould und Stuart Walter Critchley), **Polyester** haben die Struktur $ROOCR_1COO(R_2OOCR_1COO)_nR$ oder $HO(R_2OOCR_1COO)_nR_2OH$, wobei R = Alkylgruppe mit 4—18 C; R_1 = Alkylgruppe mit 4—14 C; R_2 = Gruppen der Formel $-(CH_2CH_2O)_xCH_2C(R_6)(R_7)CH_2(OCH_2CH_2)_y-$; x u. y ganze Zahlen, die zusammen höchstens 5 betragen; R_6 u. R_7 = Alkylgruppen. (**E. PP. 861 962** u. **861 963** vom 16/8. 1957, ausg. 1/3. 1961.) F. Koch. 7177

Dr. Beck & Co. G. m. b. H., Hamburg, **Hitzehärtbarer, flüssiger Polyester (I).** Er entsteht aus einem oder mehreren I mit einer SZ. 50—350 (mit einer oder mehreren gesätt. oder ungesätt. oder aromat. Gruppen) durch Verestern mit mindestens einem einwertigen sowie mehrwertigen Alkoholen bis zur neutralen Reaktion. Die Veresterung findet bei red. Druck (höchstens 50 mm Hg) statt. Der I wird in einem ungesätt. Monomeren gelöst u. wie üblich ausgehärtet. (**E. P. 865 689** vom 2/7. 1958, ausg. 19/4. 1961. D. Prior. 13/7. 1957.) F. Koch. 7177

Monsanto Chemical Co., St. Louis, Mo., V.St.A., **Härtbare Polyestermischung.** Die Bestandteile sind a) ein ungesätt. Polyester aus einem aliphat. Glykol oder Polyglykol u. einer ungesätt. Dicarbonsäure bzw. deren Anhydrid u. b) ein vinylgruppenhaltiger aromat., ggf. halogenhaltiger KW-Stoff, ein Vinylester einer gesätt. aliphat. Monocarbonsäure

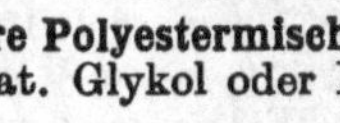
I

(1—6 C-Atome) oder ein Acryl- oder Methacrylsäureester u. c) ein Bis-(alkyl)-vinylphosphonat der allg. Formel **I** (X, X^1, X^2, X^3 = H- oder Cl-Atome, R = C_nH_{2n}, wobei n = 1—4). (**E. P. 866 384** vom 5/6. 1958, ausg. 26/4. 1961. A. Prior. 6/6. 1958.) F. Koch. 7177

Badische Anilin- & Soda-Fabrik Akt.-Ges., Ludwigshafen/Rh. (Erfinder: Herbert Willersinn, Ludwigshafen/Rh., Günter Becht, Speyer, Hartmut Wurzler, Mannheim, und Harry Distler, Ludwigshafen/Rh.), **S-haltige Polyesterharzformmassen** enthalten ungesätt. Polyester, übliche monomere Verb. sowie Vinylsulfonsäurephenylester u. werden wie üblich in Ggw. von Peroxyden u. Beschleunigern gehärtet. (**D. A. S. 1 118 452** Kl. 39b vom 13/5. 1960, ausg. 30/11. 1961.) F. Koch. 7177

Ciba Ltd., Basel, Schweiz, **Härtbare Mischung,** enthaltend a) einen Polyglycidyläther eines unter sauren Bedingungen erhaltenen Phenol–Formaldehyd–Novolak-Kondens.-Prod., b) ein unter sauren Bedingungen erhaltenes Phenol–Formaldehyd–Novolak-Kondens.-Prod., c) einen Härter mit einer bas. N-Gruppe (Hexamethylentetramin). (**E. P. 869 495** vom 10/11. 1959, ausg. 31/5. 1961. Schwz. Prior. 18/12. 1958.) F. Koch. 7177

Union Carbide Corp., New York, N.Y., V.St.A. (Erfinder: Charles Wesley McGary jun. und Charles Theo Patrick jun.), **Polyester** werden aus Dicyclopentadiendioxyd, dem Anhydrid einer mehrbas. ungesätt. Säure u. mindestens einem mehrwertigen Alkohol hergestellt. Das Härten erfolgt bei 50—250° in Ggw. eines sauren oder alkal. Katalysators. (**E. P. 859 307** vom 25/7. 1958, ausg. 18/1. 1961. A. Prior. 30/7. 1957.) F. Koch. 7177

Farbwerke Hoechst Akt.-Ges., vormals Meister Lucius & Brüning, Frankfurt/M. (Erfinder: Wolfgang Göltner, Kriftel/Taunus, und Paul Schlack, Frankfurt/M.), **Herstellung von Mischpolymerisaten aus Acrolein und Acrylmonomeren** in Ggw. radikal. Polymerisationsauslöser, dad. gek., daß die Polymerisation in wss. Medium in Ggw. von wasserlösl. Verbb. der allg. Formel HO—R—CN oder HO—R—OX durchgeführt wird, wobei R einen niedrigen (substituierten) 2wertigen KW-Stoff-Rest mit 2—4 C-Atomen in der Kette u. X = H, einen niederen Alkylrest oder, wenn R ein KW-Stoff-Rest mit 2 C-Atomen in der Kette ist, einen niederen Oxalkylrest bedeutet. In den Mengenbeispielen sind eingesetzt: 1.2-Propylenglykol, Äthylenglykol, 1.3-Butylenglykol, 1.4-Butylenglykol, Tetrahydrofurfuralkohol, Glykolmonomethyläther, 2-Methoxypropanol-(1), Glycerinmonoformal. Als Initiator wird das Syst. Persulfat–Metabisulfit bei pH 3—6 verwendet. Das Redox-Syst. kann auch ein Alkyl- oder Aralkylhydroperoxyd, z. B. tert.-Butylhydroperoxyd, enthalten. Als Mischkomponenten des Acroleins werden in den Beispielen Acrylnitril, das mindestens zu 50% vorliegen soll, Acrylamid u. Acrylsäuremethylester eingesetzt. Das Mengenverhältnis Monomerengemisch : wss. Medium soll 1 : 2 bis 1 : 5 betragen. Die End-Prodd. sind in $NaHSO_3$- oder wss. SO_2-Lsg. gut lösl. u. dienen bes. zur Herst. von Fasern u. Folien. (**D. A. S. 1 104 183** Kl. 39c vom 7/4. 1959, ausg. 6/4. 1961.) H. Schindler. 7177

Farbwerke Hoechst Akt.-Ges., vormals Meister Lucius & Brüning, Frankfurt/M. (Erfinder: Josef Kaupp, Helmut Klug und Richard Bollinger, Gersthofen über Augsburg), **Herstellung von Kondensationsprodukten,** dad. gek., daß man die durch gemeinsame Chlorierung von Paraffin-KW-Stoffen (**I**) mit Polyolefinen (**II**) gewonnenen Mischchlorierungs-Prodd. in Ggw. von Friedel-Crafts-Katalysatoren oder von Zn-Staub mit aromat. KW-Stoffen bzw. deren Hydroxyl-Derivv. umsetzt. Bes. werden **I** mit Polyäthylenen, wie solchen der Niederdruck-Synth., chloriert. Als **II** ist in den Mengenbeispielen auch Polypropylen genannt. Die Kondens. wird mit Phenol, Diphenyl oder Naphthalin bei ca. 130° durchgeführt. Die End-Prodd. haben OH-Zahl 113—155, einen Cd-Geh. von 0,03—0,9% u. JZ. 35—45 u. zeichnen sich durch verbesserte Flexibilität, Biegefestigkeit, Zerreißfestigkeit u. Penetrometerzahl aus. — Tabelle. (**D. A. S. 1 097 683** Kl. 39c vom 13/3. 1959, ausg. 19/1. 1961.) H. Schindler. 7177

Howards of Ilford Ltd., Ilford, Essex, England (Erfinder: Victor Frederick Jenkins und Ronald James Wicker), **Stabilisieren von Ketongruppen enthaltenden Kunstharzen gegen Licht** durch Einw. eines ggf. gelösten, nicht gasförmigen Red.-Mittels, z. B. eines Alkali–Bor-Hydrids. Ferner sind genannt: Li–Al-Hydrid, Al-Amalgam, Al-Isopropoxyd, Alkalialkoholat u. Na-Amalgam. (**E. P. 864 541** vom 9/1. 1957, ausg. 6/4. 1961.) W. Overbeck. 7177

Badische Anilin- & Soda-Fabrik Akt.-Ges., Ludwigshafen/Rh. (Erfinder: Hans Wilhelm, Ludwigshafen/Rh., Walter Schenk, Heidelberg), **Herstellung von Polykondensationsprodukten,** dad. gek., daß man aromat. Dialdehyde, Cyanwasserstoff u. prim. oder sek. aliphat. Diamine miteinander reagieren läßt. — Zu einer Lsg

von 133 (Teilen) Äthylendiaminhydrochlorid in einem Gemisch aus 350 W. u. 350 Methanol werden 137 KCN gegeben. Unter Rühren werden 134 Terephthaldialdehyd zugeführt. Die homogene Lsg. wird 15—25 Min. stehengelassen. Es scheidet sich eine farblose Masse ab, die abfiltriert u. mit dest. W. nachgewaschen wird. Sie löst sich in Dimethylformamid zu einer viscosen Lsg., die nach Auftrocknen einen durchsichtigen Film hinterläßt. (**D. A. S. 1 108 431** Kl. 39c vom 8/8. 1959, ausg. 8/6. 1961.)
W. Schlitt. 7181

General Electric Co. (Erfinder: Reginald John Boot), Schenectady, N.Y., V.St.A., **Organopolysiloxane** werden durch Zusatz von Ammoniumhalogeniden (Jodid, Chlorid) stabiler gegen Wärmeabbau u. Feuchtigkeit. (**D. A. S. 1 129 690** vom 19/8. 1959, ausg. 17/5. 1962. **E. P. 875 780** vom 5/8. 1959, ausg. 23/8. 1961. Beide A. Prior. 26/8. 1958.)
F. Koch. 7189

Ornapress Akt.-Ges. (Erfinder: Gustav Hessel, Jonathal Wald), Zürich, Schweiz, **Herstellen von verzierten Kunststoffgegenständen,** wobei auf einen Grundkörper eine mit Kunstharz ausgerüstete Auflage unter Aushärtung des Kunstharzes aufgebracht u. damit verbunden wird, dad. gek., daß in Kombination der folgenden Maßnahmen eine dünne, als Farbträger dienende Folie aus langfaseriger, sich gut verfilzender Cellulose mit einer fettfreien bzw. sehr fettarmen Druckfarbe, die einen Katalysator enthält, im Kehrdruck bedruckt, im Hochfrequenzfeld bei mindestens 100° getrocknet, dann mit einer Harz-Lsg., die artgleich mit dem Harz des mit ihr zu verbindenden, aus einer Preßmasse aus Harz u. Füllstoff hergestellten Grundkörpers ist, im Vakuum imprägniert u. anschließend bis auf den Kondens.-Zustand des formgerecht ausgeformten Grundkörpers vorkondensiert wird, danach die Folie durch Feuchtigkeit wieder elast. gemacht, mit der bedruckten Seite auf den Grundkörper aufgelegt u. unter Druck u. Hitze durch Kondens. mit diesem zu einem einheitlichen Ganzen verbunden wird. (**D. A. S. 1 089 966** Kl. 39a vom 11/11. 1952, ausg. 29/9. 1960. Schwz. Prior. 15/11. 1951 u. 6/11. 1952.)
H. Nather. 7205

Metallgesellschaft Akt.-Ges., übert. von: **Hermann Clasen**, Frankfurt/M., *Polymerisatherstellung aus mehrfach reaktionsfähigen Verbindungen in einem Kanalbildner.* (**A. P. 3 007 896** vom 9/9. 1953, ausg. 7/11. 1961. D. Prior. 17/9. 1952. — C. **1950/54,** 1331 S [F. P. 1 082 576].)

Esso Research and Engineering Co., V.St.A. (Erfinder: **Theodore Lemiszka, Stanley B. Mirviss** und **Isidor Kirshenbaum**), *Olefinpolymerisation.* (**F. P. 1 198 321** vom 26/6. 1958, ausg. 7/12. 1959. A. Prior. 5/7. 1957. — C. **1961,** 8853 [D. A. S. 1 096 606].)

Ethyl Corp., V.St.A. (Erfinder: **Richard Louis Ray** und **Thomas Olloise Sistrunk**), *Olefinpolymerisation.* (**F. P. 1 171 491** vom 22/1. 1957, ausg. 27/1. 1959. A. Prior. 17/7. 1956. — C. **1960,** 8699 [A. P. 2 868 771].)

Ethyl Corp., V.St.A. (Erfinder: **Richard Louis Ray** und **Thomas Olloise Sistrunk**), *Olefinpolymerisaton.* (**F. P. 1 179 027** vom 17/7. 1957, ausg. 20/5. 1959. A. Prior. 17/7. 1956. — C. **1960,** 8699 [A. P. 2 868 772].)

VEB Leuna-Werke „Walter Ulbricht“, Leuna, übert. von: **Gerhard Geiseler**, Leuna, und **Wolfgang Knothe**, Merseburg, *Olefinpolymerisation.* (**A. P. 2 956 992** vom 8/5. 1958, ausg. 18/10. 1960. D. Prior. 15/5. 1957. — C. **1960,** 6674 [Oe. P. 202 769] u. C. **1961,** 8494 [Oe. P. 208 069].)

Montecatini Soc. Gen. per l'Industria Mineraria e Chimica, Mailand, Italien, *Olefinpolymerisation.* (**It. P. 542 927** vom 28/9. 1955. — C. **1959,** 10739 [F. P. 1 157 667].)

Sun Oil Co., Philadelphia, Pa., V.St.A., *Olefinpolymerisation.* (**E. P. 837 026** vom 27/3. 1957, ausg. 9/6. 1960. A. Prior. 9/4. 1956 u. 26/2. 1957. — C. **1961,** 18520 [Jap. A. S. 5590/1959].)

Petrochemicals Ltd., London, England (Erfinder: **Nicolas Dost, Norman Entwhistle** und **Franciscus Johannes Frerickus van der Plas**), *(Misch-)Polymerisation von Olefinen.* (**E. P. 851 112** vom 2/8. 1956, ausg. 12/10. 1960. — C. **1962,** 1045 [Belg. P. 557 561].)

Esso Research and Engineering Co., V.St.A. (Erfinder: **Graham George Wanless** und **Charles Willaim Seelbach**), *Olefinpolymerisationskatalysator.* (**F. P. 1 182 798** vom 16/9. 1957, ausg. 29/6. 1959. A. Prior. 29/10. 1956. — C. **1961,** 7048 [A. P. 2 938 000].)

Esso Research and Engineering Co., V.St.A. (Erfinder: **Arthur Walter Langer jun., Erik G. M. Tornqvist, Joseph Kern Mertzweiller, Leon Walter Gamble, Arthur Homer Neal** und **Joseph Matthew Kelley jun.**), *Katalysator für die Olefinpolymerisation.* (**F. P. 1 197 719** vom 19/12. 1957, ausg. 2/12. 1959. A. Prior. 20/12. 1956, 1/2., 10/5. u. 21/6. 1957. — C. **1961,** 14481 [E. P. 843 408].)

Sun Oil Co., Philadelphia (Erfinder: **Charles L. Thomas**, Swarthmore), Pa., V.St.A., *Behandlung von festen α-Olefinpolymeren.* (**Jap. A. S. 10 895/1960** vom 16/4. 1958, ausg. 10/8. 1960. A. Prior. 17/4. 1957. — C. **1961,** 6699 [A. P. 2 912 420].)

E. I. du Pont de Nemours & Co., Wilmington, Del., V.St.A., *Chlorieren von Polyolefinen.* (**Jap. A. S. 10 642/1960** vom 8/10. 1957, ausg. 5/8. 1960. A. Prior. 16/10. 1956. — C. **1962,** 7347 [E. P. 828 379].)

Imperial Chemical Industries Ltd., London, übert. von: **Leslie Seed**, Northwich, England, *Äthylenpolymerisation.* (**A. P. 2 957 860** vom 28/2. 1956, ausg. 25/10. 1960. E. Prior. 16/1. 1956. — C. **1960,** 12176 [F. P. 1 169 647].)

Farbwerke Hoechst Akt.-Ges., vormals Meister Lucius & Brüning, Frankfurt/M., *Stabilisieren von Niederdruckpolyolefinen.* (**E. P. 870 676** vom 10/2. 1958, ausg. 14/6. 1961. D. Prior. 9/2. 1957. Zusatz zu E. P. 836 996; C. 1962, 12488. — C. **1962,** 12475 [D. A. S. 1 096 598].)

Montecatini Soc. Gen. per l'Industria Mineraria e Chimica, Mailand, Italien, und **Karl Ziegler**, Mülheim/Ruhr, *Herstellung thermoplastischer Mischungen auf Basis von isotaktischen Polypropylen.* (**Niederl. P. 99 726** vom 17/6. 1958, ausg. 15/11. 1961. It. Prior. 18/6. 1957. — C. **1960,** 7012 [Oe. P. 204 271].)

Montecatini Soc. Gen. per l'Industria Mineraria e Chimica, Mailand, Italien, und **Karl Ziegler**, Mülheim/Ruhr (Erfinder: **Giuseppe Guzzetta** und **Ezio Ercoli**, Mailand, Italien), *Herstellung von weichen Platten und Bändern aus Poly-α-buten.* (**Jap. A. S. 10 638/1960** vom 8/10. 1957, ausg. 5/8. 1960. It. Prior. 9/10. 1956. — C. **1960,** 8699 [F. P. 1 184 742].)

Deutsche Gold- und Silber-Scheideanstalt vormals Roessler, Frankfurt/M., *Herstellung hochmolekularer Polyacroleine.* (**E. P. 855 889** vom 29/1. 1959, ausg. 7/12. 1960. D. Prior. 5/2. 1958. — C. **1961,** 4903 [D. A. S. 1 062 937].)

Courtaulds Ltd., London, England (Erfinder: **John Edward Field** und **Wilhelm Georg Schmidt**), *(Misch-) Polymerisation von Acrylnitril.* (**E. P. 835 437** vom 1/10. 1956, ausg. 18/5. 1960. — C. **1961,** 4903 [D. A. S. 1 049 579].)

Chemstrand Corp., Dekatur, Ala. (Erfinder: **Lloyd Theodore Jenkins**, Ala., und **Richard R. Holmes**, Md.), V.St.A., *Stabilisieren von Acrylnitrilpolymeren.* (**Jap. A. SS. 10891/1960** u. **10 892/1960** vom 23/5. 1957, ausg. 10/8. 1960. A. Prior. 23/5. 1956. — C. **1961,** 8135 [F. P. 1 179 200].)

Montecatini Soc. Gen. per l'Industria Mineraria e Chimica, Mailand, Italien, *Thermoplastische Polymerisatmischung.* (**E. P. 872 731** von 8/10. 1957, ausg. 12/7. 1961. It. Prior. 9/10. 1956. Zusatz zu E. P. 810 023; C. 1960, 7360. — C. **1960,** 8699 [F. P. 1 184 742].)

Montecatini Soc. Gen. per l'Industria Mineraria e Chimica, Mailand, Italien, und **Karl Ziegler**, Mülheim/Ruhr (Erfinder: **Franco Ranalli**, Mailand, Italien), *Thermoplastisches Präparat.* (**Jap. A. S. 10 640/1960** vom 14/6. 1958, ausg. 5/8. 1960. It. Prior. 18/6. 1957. — C. **1960,** 7012 [Oe. P. 204 271].)

General Tire & Rubber Co., Akron, Ohio (Erfinder: **Charles C. Price**, Pa.), V.St.A., *Polymerisieren von Olefinoxiden.* (**Jap. A. S. 10 047/1960** vom 8/4. 1958, ausg. 27/7. 1960. A. Prior. 8/4. 1957. — C. **1961,** 17026 [Belg. P. 566 583].)

Inventa Akt.-Ges. für Forschung und Patentverwertung, Luzern, Schweiz, *Herstellung linearer Mischpolyester der Kohlensäure.* (**Ind. P. 66 972** vom 9/3. 1959, ausg. 19/1. 1961. — C. **1961,** 7773 [F. P. 1 226 730].)

Arthur J. Schmitt Foundation, Chicago, Ill., V.St.A., *Phenol–HCHO-Präparat.* (**Jap. A. S. 11 583/1960** vom 5/4. 1954, ausg. 19/8. 1960. — C. **1958,** 3177 [F. P. 1 124 619].)

E. I. du Pont de Nemours & Co., Wilmington, Del. (Erfinder: **Alan Camphell Knight**, W.Va.), V.St.A., *Herstellung linearer Formaldehydpolymerer.* (**Jap. A. S. 9485/1960** vom 17/5. 1957, ausg. 18/7. 1960. — C. **1960,** 2023 [E. P. 796 862].)

Farbenfabriken Bayer Akt.-Ges., Leverkusen, *Polycarbonate.* (**E. P. 880 628** vom 23/6. 1959, ausg. 25/10. 1961. D. Prior. 2/7. 1958. — C. **1960,** 17632 [D. A. S. 1 085 668].)

Farbenfabriken Bayer Akt.-Ges., Leverkusen (Erfinder: **Wilhelm Hechelhammer** und **Günter Pallstöcker**, Krefeld), *Herstellung von Formkörpern aus thermoplastischen hochmolekularen Polycarbonaten.* (**Jap. A. S. 13 042/1960** vom 5/7. 1957, ausg. 9/9. 1960. D. Prior. 7/7. 1956. — C. **1960,** 318 [Oe. P. 201 852].)

E. I. du Pont de Nemours & Co., Wilmington, Del. (Erfinder: **Thomas Joseph Hyde**, Woodbury, N.J.), V.St.A., *Präparat aus Monoepoxyden und Polycarbonsäuredianhydriden.* (**F. P. 1 223 411** vom 31/12. 1958, ausg. 16/6. 1960. **Jap. A. S. 11 786/1960** vom 25/12. 1958, ausg. 23/8. 1960. Beide A. Prior. 31/12. 1957. — C. **1961,** 13738 [D. A. S. 1 099 731].)

Badische Anilin- & Soda-Fabrik Akt.-Ges., Ludwigshafen/Rh. (Erfinder: **Gerhard Illing**, Neuleiningen/ Pfalz, **Fritz Hannsch** und **Karl Hagen**, Ludwigshafen/Rh.), *Polyamide mit verbesserten Fließeigenschaften.* (**E. P. 879 424** vom 19/11. 1959, ausg. 11/10. 1961. D. Prior. 22/11. 1958. — C. **1960,** 15239 [D. A. S. 1 081 218].)

Farbenfabriken Bayer Akt.-Ges., Leverkusen, *Herstellung schwefelvernetzter Polyurethane.* (**E. P. 876 451** vom 19/8. 1959, ausg. 30/8. 1961. D. Prior. 21/8. 1958. — C. **1961,** 7052 [D. A. S. 1 092 191].)

Thiokol Chemical Corp. (Erfinder: **Harold Lewis Elkin**), Trenton, N.J., V.St.A., *Herstellung von Polyurethanschwamm.* (**Jap. A. S. 9442/1960** vom 27/3. 1958, ausg. 18/7. 1960. A. Prior. 27/3. 1957. — C. **1961,** 8499 [D. A. S. 1 093 080].)

Imperial Chemical Industries Ltd., London, England (Erfinder: **David James Bryans Coulter**), *Herstellung von Polyurethanelastomeren.* (**E. P. 879 373** vom 19/2. 1958, ausg. 11/10. 1961. — C. **1962,** 5497 [F. P. 1 217 385].)

Wyandotte Chemicals Corp., Wyandotte, Mich., V.St.A., *Herstellung von Piperazingruppierungen aufweisenden Polyurethanen.* (**E. P. 880 665** vom 19/1. 1960, ausg. 25/10. 1961. A. Prior. 26/1. 1959. — C. **1962,** 6231 [F. P. 1 250 078].)

Wyandotte Chemicals Corp., Wyandotte, Mich., V.St.A., *Herstellung von Polyurethanen aus Polyisocyanaten und N-(Hydroxyalkyl)-alkylendiaminen.* (**E. P. 883 568** vom 19/1. 1960, ausg. 29/11. 1961. A. Prior. 26/1. 1959. — C. **1962,** 6231 [F. P. 1 250 790].)

General Dispersions, Inc., Paterson, N.J., V.St.A. (Erfinder: **Paul S. Hess**), *Wässerige Nylondispersionen.* (**E. P. 877 782** vom 24/10. 1957, ausg. 20/9. 1961. — C. **1961,** 9999 [D. A. S. 1 096 034].)

Chemstrand Corp., Decatur, Ala., V.St.A., *Polymerisate aus Dihydraziden.* (**E. P. 880 755** vom 1/9. 1959, ausg. 25/10. 1961. A. Prior. 10/9. 1958. — C. **1962,** 2194 [A. P. 2 941 984].)

Chemstrand Corp., Decatur, Ala., V.St.A., *Lösungsmittel für Polyamide.* (**E. P. 877 657** vom 18/9. 1959, ausg. 20/9. 1961. A. Prior. 25/9. 1958. — C. **1961,** 18525 [D. A. S. 1 103 018].)

Ciba Soc. An., Schweiz, *Herstellung von Epoxydadditionsverbindungen.* (**F. P. 1 210 067** vom 7/8. 1958, ausg. 7/3. 1960. Schwz. Prior. 28/8. 1957. — C. **1960,** 10428 [Oe. P. 205 747].)

Ciba Ltd., Basel, Schweiz, *Herstellung von Epoxyadditionsverbindungen.* (**Jap. A. S. 11 796/1960** vom 28/8. 1958, ausg. 23/8. 1960. Schwz. Prior. 28/8. 1957 u. 16/7. 1958. — C. **1960,** 10428 [Oe. P. 205 748].)

Farbenfabriken Bayer Akt.-Ges. (Erfinder: **Erwin Müller**, **Otto Bayer** und **Günther Braun**), Leverkusen, *Herstellung hochmolekularer Kunststoffe.* (**Jap. A. S. 11 696/1960** vom 21/5. 1958, ausg. 22/8. 1960. D. Prior. 21/5. 1957. — C. **1960,** 2024 [D. A. S. 1 052 680].)

Dow Corning Akt.-Ges., Basel, Schweiz (Erfinder: **Oscar K. Johannson**, Midland, Mich., V.St.A.), *Herstellung von hochpolymeren Diorganosiloxanen.* (**D. A. S. 1 124 701** Kl. 39c vom 26/6. 1957, ausg. 1/3. 1962. A. Prior. 27/6. 1956. — C. **1962,** 9176 [F. P. 1 176 238, E. P. 832 489 u. Jap. A. S. 10 940/ 1959].)

Dow Corning Corp., übert. von: **Arthur F. Gordon**, Midland, Mich., V.St.A., *Fluorhaltige Silane und Siloxane.* (**A. P. 2 983 711** vom 14/3. 1955, ausg. 9/5. 1961. — C. **1960,** 9047 [F. P. 1 143 360].)

Farbenfabriken Bayer Akt.-Ges., Leverkusen (Erfinder: **Klaus Damm**, Opladen, **Karl Schnurrbusch**, Köln, **Walter Oetke**, **Kurt Stade**, Leverkusen, und **Rudolf Erdmenger**, Bergisch-Gladbach), *Hydrolysieren von Organosilanen.* (**Jap. A. S. 13 246/1960** vom 30/10. 1958, ausg. 12/9. 1960. D. Prior. 31/10. u. 25/11. 1957. — C. **1962,** 7723 [Oe. P. 211 551].)

British Celanese Ltd., London, übert. von: **John Allan, Kenneth E. Wright** und **Bernard Shaw**, Wrexham, Denbighshire, Nordwales, England, *Ausgießen von plastifiziertem Celluloseacetat.* (Can. P. 556 230 vom 22/11. 1952, ausg. 22/4. 1958. E. Prior. 5/12. 1951. — C. **1958**, 3179 [A. P. 2 758 339].)

Ciba Ltd., Basel, Schweiz, *Schichtkörper.* (Jap. A. S. 9642/1960 vom 16/5. 1958, ausg. 21/7. 1960. Schwz. Prior. 16/5. u. 31/5. 1957. — C. **1960**, 7703 [Oe. P. 204 275].)

H_{12}. Kautschuk

Merkmale und Anwendungen der chlorsulfonierten Polyäthylene. P. van Gelder. (Rev. gén. Caoutchouc **38**, 369—75, März 1961; S.A.F.I.C. Alcan et Cie.; franz.) — Die Elastomertypen *Hypalon 20, 30* u. *40* auf Basis von *chlorsulfonierten Polyäthylenen*, ihre Eigg. u. Anwendungen werden besprochen. R. Schäff. 7224□

Die Vulkanisation von Kautschuk durch Harze. Claude Thélamon. (Rev. gén. Caoutchouc **39**, 83—91, Jan. 1962; Paris, Labor. de Rech. et de Contrôle du Caoutchouc; franz.) — Unters. über die *Vulkanisation* von *Natur- u. Kunstkautschuk* mit zwei Phenolharzen (in Ggw. eines chlorhaltigen Katalysators): Schenectady S.P.-1045 u. Schenectady S.P.-1055. Die Vulkanisation (20% Harze, 160°) mit diesen Harzen wurde verglichen mit der mit Dicumylperoxid (150°) u. einem S-Syst. in mit HAF-Ruß u. Koll.-Kieselsäure durchgeführten. Die Harze geben ähnliche Eigg. wie das Peroxid u. eine niedrige bleibende Verformung. Bei Naturkautschuk muß die Alterung verbessert werden. H. Jacobi. 7228□

Untersuchung von Vulkanisationsbeschleunigern. 2. Mitt. Vulkanisationsversuche mit α-Pinen und Acetophenon als Kautschukmodelle. Joji Shimozato. (J. Soc. Rubber Ind., Japan **32**, 263—68, 1959; Nippon Gomu K. K.; jap., Auszug: engl. S. 326. — 1. vgl. C. **1958**, 13916. — Unter Benutzung von *α-Pinen* u. *Acetophenon* an Stelle von Tetralin wird die S-Addition durch Best. der Menge des gebildeten ZnS verfolgt; die Titration wird in heißer wss. Lsg. mit $BaCO_3$ als Puffer durchgeführt. Das Gemisch zeigt bei 140—150° gegen Beschleuniger ein ähnliches Verh. wie Gummi oder Tetralin. H ist schwieriger zu entziehen als die S-Aufnahme zu bewirken. Zusammen mit *Stearinsäure* tritt eine Kristallisations-Temp. auf, unterhalb der eine Verzögerung u. oberhalb der eine Beschleunigung eintritt. L. Schuler. 7228□

Untersuchung von Vulkanisationsbeschleunigern. 3. Mitt. Vergleich zwischen der Wirkung und Stabilität von Beschleunigern des Thiol- und des Disulfidtyps. Joji Shimozato. (J. Soc. Rubber Ind., Japan **32**, 268—72, 1959; jap., Auszug: engl.) — 2. vgl. vorst. Referat. — Mit *Tetralin* als Kautschukmodellsubstanz u. S werden als Beschleuniger (I) *Zn*-Salze des Thioltyps, wie Salze von *Äthylxanthogensäure* (II), *Mercaptothiazol* u. *Dimethyldithiocarbaminsäure* mit den entsprechenden Zn-Salzen des Disulfidtyps verglichen. Die Beschleunigeraktivität u. Stabilität der I wird durch Wägung des entstandenen ZnS bestimmt. Die I vom Thioltyp erweisen sich als aktiver als jene des Disulfidtyps. Die Zers. der I ist unbedeutend, ausgenommen das Zn-Salz von II, das bei der Vulkanisation Zers. erleidet unter Bldg. von ZnS. Für II besteht daher eine Optimaltemp. von 50° für die Vulkanisation. L. Schuler. 7228□

Der Vulkanisationsmechanismus in Gegenwart von 2-Mercaptobenzthiazol. B. A. Dogadkin und I. A. Tutorski. (Коллоидный Журнал [Kolloid-J.] **20**, 279—87, Mai/Juni 1958; Lomonossow-Inst. für chem. Feintechnol.; russ.) — Vgl. C. **1957**, 13194; C. **1959**, 14271. — Inhaltlich ident. mit der C. **1961**, 1954 referierten Arbeit. J. v. Schroeder. 7228

Herstellung von Bitumen-Kautschuk-Mischungen aus einer Masterbatchmischung. Shin-Ichi Narusawa, Shintaro Kunisawa und Mamoru Asao. (Rev. gén. Caoutchouc **38**, 389—95, März 1961; Foundat. Nat. Rubber Res. and Dev.; franz.) — Masterbatchmischungen aus 80 (Gew.-Teilen) *mastiziertem Kautschuk* (flatbark malaxé mit einer Goodrich-Plastizität von 0,70 bei 100°), 20 Bitumen u. 5 Oxalsäure, in die zur Verbesserung der Zähigkeit noch 5 S eingearbeitet wurden, dispergieren sehr leicht in heißem Bitumen. R. Schäff. 7230□

Der Abrieb von Gummi. M. Tichava. (Plaste u. Kautschuk **8**, 128—31, März 187—90, April; 238—41, Mai 1961; Gottwaldow, Forschungsinst. für Gummi- u. Plasttechnol.; dt.) — Vf. klassifiziert die Verff. zur Labor.-Prüfung der Abriebfestigkeit von Gummi auf Grund des Einfl. der mechan. Parameter in solche mit variabler Zugkraft, variablem Anpreßdruck u. variabler Gleitgeschw. der Prüfkörper auf dem Schleifmittel. Verss. zur Verbesserung der Schopper-App. durch die Verw. von Karborundwalzen als Ersatz von Schmirgelpapier verliefen negativ. Bei auf dem nach Bunsen-Schlobach modifizierten Schopper-Gerät durchgeführten Unterss. über den Einfl. der Angriffsschärfe des Abriebmittels u. ihre Verminderung erwiesen sich papiergebundene u. künstlich hergestellte Schleifmittel (Siliciumcarbid) einer Korngröße von 60—80 den textilgebundenen u. natürlichen Schleifmitteln überlegen. Vf. beschreibt ferner eine

Verbesserung des Du-Pont-Grasselli-Standard-Prüfgerätes, die dad. gek. ist, daß die Durchführung der Prüfungen bei variablem Anpreßdruck ermöglicht wird. Die Beziehungen von 7 Labor.-Abrieb-Prüfverff. zu Reifen-Straßen-Prüfungen werden auf Grund experimenteller Verss. unter Verw. von 2 Laufflächenmischungsserien verschiedener Zus. ausgewertet. Demnach werden die besten Voraussetzungen zur Erzielung guter Wechselbeziehungen der Abriebfestigkeit Labor./Straße durch die Geräte u. Meth. „Akron-Croydon" u. „Dunlop-Lambourn" geboten. H. Sontag. 7230□

B. F. Goodrich Co., New York, N.Y., V.St.A., **Herstellung von kautschukartigen Derivaten** aus einem festen Mischpolymerisat aus 70—90 (Teilen) eines Isoolefins mit 4—8 C-Atomen u. einer endständigen $=CH_2$-Gruppe u. 1—30 eines polyolefin. KW-Stoffes mit 4—18 C-Atomen, dad. gek., daß man 100 dieses Mischpolymerisats trocken mit 1—25 a) eines N-Brom-N_1-chlorhydantoins der allg. Formel **I** (R = H oder Alkyl u. falls R = Alkyl, so hat ≧ 1 Alkyl 1—8 C-Atome, bes. Methyl; 1 X = Br, 1 X = Cl) oder b) einer Mischung aus 90—40 eines Hydantoins der Formel **I** (R = wie bei a); X = Br oder Br u. H) u. 10—60 eines Hydantoins der Formel **I** (R = wie bei a); X = Cl oder Cl u. H) u. die Mischung aus dem Mischpolymerisat u. den Hydantoin-Verbb. auf eine Temp. > 170° erhitzt. Das olefin. Mischpolymerisat wird bes. aus 97 bis 99 (Mol.-%) Isobutylen u. 1—3 Isopren hergestellt. Das Prod. wird z. B. erhalten aus 100 (Teilen) des kautschukartigen Deriv., 1 Antioxydans (alkyliertem Arylamin), 35 Ruß, 5 ZnO,5 Weichmacher (aus Erdölbestandteilen), 1 Benzothiazoldisulfid, 0,1 Di-o-tolylguanidin u. 2 S gefertigt, wobei z. B. 27,1 des Deriv. durch Naturkautschuk ersetzt sein können. — Herst. von Fliesen, Gürteln, Luftballons usw. (**E. P. 851 536** vom 12/6. 1957, ausg. 19/10. 1960. A. Prior. 20/6. 1956.) G. Vogel. 7225

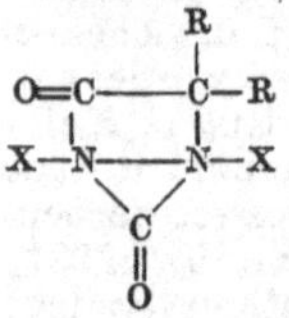

I

Chemische Werke Hüls Akt.-Ges., Marl (Erfinder: Paul Bernemann, Haltern, Hans Westermann, Frederico Engel und Norbert Fugmann, Marl), **Farblosen Synthesekautschuk** erhält man aus einem Latex, der in Ggw. von Fe-Verbb. hergestellt wurde, wenn man dem Latex kurz vor Beendigung der Polymerisation bis unmittelbar im Anschluß an die Polymerisation einen oder mehrere Komplexbildner, z. B. Äthylendiamin-Derivv., Phosphonsäuren, Oxalsäure, Citronensäure, Thioglykolsäure, ggf. gemeinsam mit einem Polymerisationsstopper zusetzt. (**D. A. S. 1 130 597** Kl. 39c vom 26/2. 1960, ausg. 30/5. 1962.) L. Stadelmann. 7225

Esso Research and Engineering Co., Del., übert. von: Lawrence T. Eby, Linden, und Robert M. Thomas, Westfield, N.J., V.St.A., **Verarbeiten von polymeren Isoolefinen** mit 4—7 C-Atomen im Monomeren, Isoolefin-Multiolefinbutylkautschuk-Mischpolymerisaten oder Mischungen vorst. Stoffe mit einem durchschnittlichen Molgew. von 300000—15000000 (nach der Viscositäts-Meth.), dad. gek., daß man den Rohstoff vor dem Verarbeiten mit einer geringeren Menge einer Mischung aus einem halogenierten (Atom-Gew. des Halogens ≧ 17) Isoolefin–Multiolefinbutylkautschuk-Mischpolymerisat u. ZnO auf ca. 200—400° erhitzt u., ggf. nach Zusatz von Ruß, vulkanisiert. Genannt sind Isoolefine allg., einschließlich 2-Methyl-1-butylen u. bes. Isobutylen bzw. als Multiolefine bes. konjugierte Diolefine, wie Butadien, Dimethylbutadien, Piperylen, Cyclopentadien, Vinylfulvene u. bes. Isopren sowie zahlreiche Halogeniermittel. Die Prodd. sind in Mühlen, Kalandern u. Strangpressen leicht verarbeitbar. — Beispiele, Tabellen, Zeichnung. (**A. P. 2 948 700** vom 4/4. 1957, ausg. 9/8. 1960.) G. Vogel. 7225

Comp. Française des Matières Colorantes, Frankreich (Erfinder: Georges Mingasson und Michel Alicot), **Herstellung von Oxydationsinhibitoren,** bes. für *Kautschuk*, dad. gek., daß man Phenole in Ggw. von BF_3-Katalysatoren < 150° mit Dicyclopentadien umsetzt. — *Verbb.* **I**, F. 56°, Kp.$_4$ 173—176°, u. **II**, F. 76—77°, Kp.$_4$ 200—205°, durch 4std. Rühren von p-Kresol u. Dicyclopentadien mit $BF_3 \cdot (CH_3COOH)_2$ bei 45°. (**F. P. 1 229 757** vom 2/2. 1959, ausg. 9/9. 1960.) S. Böttcher. 7227

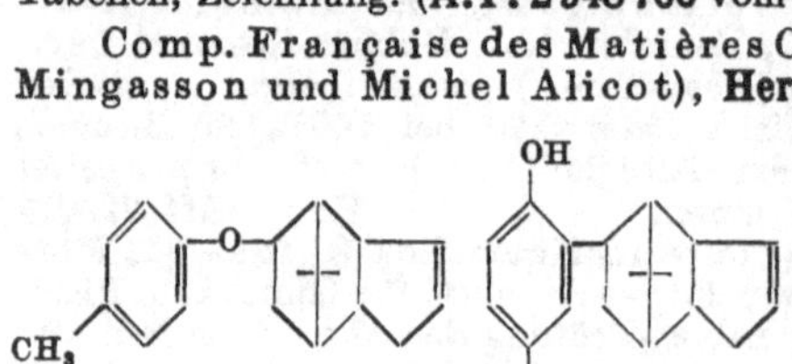

I II

Soc. An. des Pneumatiques Dunlop, Frankreich, übert. von: Dunlop Rubber Co. Ltd., **Herstellung von modifiziertem Ruß,** welcher auf seiner Oberfläche KW-Stoff-Reste, bes. Alkyl- u. Arylreste, besitzt, durch Behandlung des Rußes mit einem Alkylierungsmittel in Ggw. eines Friedel-Crafts-Katalysators, z. B. $AlCl_3$ oder AlF_3. So werden Methyl-, Äthyl-, Isopropyl-, Allyl-, Phenyl- u. Benzylreste eingeführt.

Die vollständig oder teilweise alkylierten Rußarten sind hydrophob u. werden bes. in der *Kautschukindustrie* verwendet. (**F. P. 1 235 673** vom 21/7. 1959, ausg. 16/11. 1960. E. Prior. 22/7. 1958 u. 3/7. 1959.) M. F. Müller. 7227

Ethyl Corp., New York, N.Y., V.St.A. (Erfinder: Thomas H. Coffield und A. H. Filbey), **Präparat aus polymeren Kohlenwasserstoff und einem Antioxydationsmittel,** bestehend aus 4.4'-Methylen-bis-[2-methyl-6-(tert.-butyl)-phenol] (I). — Man löst in 400 (Teilen) Isopropanol 6,6 $Ca(OH)_2$, gibt unter N_2 164 2-Methyl-6-[tert.-butyl]-phenol u. 45,3 37%ig. Formalin zu, erhitzt die Mischung $2^1/_2$ Std., kühlt ab, gießt in 1500 kaltes W., extrahiert mit Ae., trocknet über $MgSO_4$, dest. u. erhält **I**, F. 96,5—98,5°. — Man setzt es in Mengen bis 5% Polymeren, wie Polyäthylen, Polyisobutylen, Butadien-Styrolkautschuk, Butylkautschuk, Butadien-Acrylnitrilkautschuk, Naturkautschuk, zu. (**Jap. A. S. 8336/1960** vom 27/5. 1959, ausg. 1/7. 1960. A. Prior. 27/5. 1958.) M. Pankow. 7227

B. F. Goodrich Co., New York, N.Y. (Erfinder: Roger William Strassburg, Cleveland, Ohio), V.St.A., **Kieselsäurefüllstoff enthaltende, vulkanisierte Elastomere.** Die nach D. A. S. 1 072 974; C. **1960**, 15245 hergestellten Pigmente setzt man Elastomeren, wie Kautschuk, Polyvinylchlorid, Polyacrylaten, Polyurethanen, zu. (**Jap. A. S. 10 144/1960** vom 22/12. 1956, ausg. 28/7. 1960. A. Prior. 1/12. 1955.) M. Pankow. 7227

Dunlop Rubber Co. Ltd. (Erfinder: Albert Edward Toney Neale und Frederick Joseph Tibenham), **Substanzen zum Einverleiben in vulkanisierbare natürliche oder synthetische Kautschuke,** bestehend aus einem Schutzmittel gegen Witterungs- u. bes. Ozon-Einw., z. B. substituierte Dihydrochinoline, u. einer als Träger dafür dienenden fl. Substanz, die die Konz. des Schutzmittels an der Oberfläche des Kautschuks wenigstens auf das 5fache der Konz. steigert, die in Abwesenheit dieser Substanz erreicht wird. Als Träger werden verwendet Seifen von mehrwertigen Metallen u. langkettigen Fettsäuren, fl. organ. Polysulfide, Polyäthylenoxyd-Kondens.-Prodd., substituierte Aminoalkohole, ungesätt. Carboxylsäureester von polyhydr. Alkoholen. (**Aust. P. 228 584** vom 26/5. 1958, ausg. 30/6. 1960. E. Prior. 28/5. 1957.) K. Demmler. 7227

Toyo Gomu Kogyo Kabushiki Kaisha, Osaka (Erfinder: Kotaro Tomihisa, Nishinomiya, und Hideo Matsushita, Itami), Japan, **Chemikalienfester Kautschuk.** Man mischt Kautschuk, Buna S oder N, Chloroprenkautschuk oder Fluorkautschuk mit ca. 5—20% MoS_2 neben den sonstigen Verstärkungs- u. Vulkanisiermitteln. Die Festigkeit des Vulkanisats, z. B. gegen Öl, wird verbessert. (**Jap. A. S. 10 334/1960** vom 16/9. 1957, ausg. 1/8. 1960.) M. Pankow. 7231

Chemetron Corp., Chicago, Ill. (Erfinder: William J. Smith, N.J., und Egon Michel Miller, N.Y.), V.St.A., **Herstellung von elastischen Schaum aus Polyvinylchlorid oder Vinylchlorid–Vinylester-Mischpolymerisaten.** Man reguliert den Wassergehalt der Gesamtmischung auf 0,1—0,5 Gew.-%, drückt Gas in das Plastisol, entspannt dann u. härtet den entstandenen Schaum. — Aus 100 (Gew.-Teilen) Polyvinylchlorid (I), 25 Octyldiphenylphosphat, 25 Dioctyladipat, 10 Dioctylphthalat, 2 organ. Ba–Cd-Komplex-Stabilisator, 1,5 50% Aerosol enthaltendem Dioctylphthalat-Emulgator u. 0,25 W. stellt man eine Mischung her, indem man 0,25 W. zu dem Stabilisator gibt, so daß in der Endmischung 0,15% W. sind, u. die Mischung zu dem I gibt, ferner Weichmacher u. Emulgator mischt, 42,5 dieser Mischung in I mischt, den Rest Weichmacher zugibt, u. CO_2 in die Mischung drückt, auf 25° abkühlt, den Rohschaum einer Hochfrequenzspannung von 14 kV aussetzt u. so zu einem feinporigen Material auftreibt. (**Jap. A. S. 7580/1960** vom 6/3. 1958, ausg. 21/6. 1960. A. Prior. 6/3. 1957.) M. Pankow. 7231

Farbenfabriken Bayer Akt.-Ges., Leverkusen, übert. von: **Theo Kempermann**, Köln, **Friedrich Lober**, Leverkusen, und **Helmut Klappert**, Köln, *Kautschukabbaumittel.* (**A. P. 3 004 944** vom 8/8. 1958, ausg. 17/10. 1961. D. Prior. 13/8. 1957. — C. **1962**, 5124 [E. P. 835 391].)

Montecatini Soc. Gen. per l'Industria Mineraria e Chimica (Erfinder: **Giulio Natta, Giovanni Crespi** und **Mario Bruzzone**), Mailand, Italien, *Herstellung vulkanisierter Elastomerer aus α-Olefinpolymeren und -mischpolymeren.* (**Jap. A. S. 10 887/1960** vom 20/11. 1958, ausg. 10/8. 1960. It. Prior. 21/11. 1957. — C. **1962**, 4012 [D. P. [DDR] 20 905].)

Esso Research and Engineering Co., Elizabeth (Erfinder: **Francis P. Baldwin** und **Robert M. Thomas**), N.J., V.St.A., *Vulkanisierbares Präparat.* (**Jap. A. S. 13 233/1960** vom 31/5. 1956, ausg. 12/9. 1960. A. Prior. 31/5. 1955 u. 10/1. 1956. — C. **1961**, 4186 [Aust. P. 215 399].)

Farbenfabriken Bayer Akt.-Ges., Leverkusen (Erfinder: **Helmut Freytag**, Köln, **Friedrich Lober** und **Hans Pohle**, Leverkusen), *Vulkanisationsbeschleuniger für Kautschuk.* (**Jap. A. S. 13 126/1960** vom 12/3. 1958, ausg. 10/9. 1960. D. Prior. 12/3. 1957. — C. **1959**, 11424 [D. A. S. 1 051 487].)

Montecatini Soc. Gen. per l'Industria Mineraria e Chimica (Erfinder: **Giulio Natta, Giovanni Crespi** und **Giancarlo Borsini**), Mailand, Italien, *Herstellung vulkanisierter Elastomerer.* (**Jap. A. S. 11 784/1960** vom 25/11. 1958, ausg. 23/8. 1960. It. Prior. 27/11. 1957. — C. **1961**, 7425 [Oe. P. 207 563].)

H_{13}. Ätherische Öle. Parfümerie. Kosmetik

Über die Aldehyde des Rosenöls. Iw. Panaiotow und D. Iwanow. (Известия на Химическия Институт при БАН [Bull. Inst. chim. Acad. bulg. Sci.] **6**, 281—92, 1958; bulg., Auszug: franz.) — Die Aldehyde des Rosenöls wurden als Bisulfit-Derivv. isoliert, in 2.4-Dinitrophenylhydrazone umgewandelt u. als solche auf Papier chromatographiert. Identifiziert wurden: *Citral, Nonyl-, Propion-, Valer-, Salicyl-, Zimt-, Phenylacet-* u. *Acetaldehyd.* S. Baryschnikow. 7262

Die kosmetologische Chemie als Wissenschaft. Kurt Pfeiffer. (Parfum., Cosmét., Savons **3**, 502—04, Dez. 1960; franz.) — Ausführliche Darstellung der 3 Gebiete der Kosmetologie: Schönheits-, vorbeugende u. therapeut. Kosmetologie. H. Franzen. 7284□

Die Konsistenz von Zahnpasten. Miroslav Zahradník und Eva Michálková. (Průmysl Potravin **13**, 41—42, Jan. 1962; Praha, Výzk. úst. tuk. prům.; tschech.) — Die Konsistenz der Zahnpasten wird so gemessen, daß auf Millimeterpapier gleich große Stücke aus der Tube gedrückt u. mit einem Glasplättchen bedeckt werden. Nach 5 Min. wird die Verbreiterung der Probe gemessen. E. Vevera. 7284

Bestimmung der Konsistenz kosmetischer Cremes. Věra Pokorná und Jan Pokorný. (Průmysl Potravin **13**, 43—44, Jan. 1962; Praha, vys. škol. chemickotechn., kat. chem. a zkouš. potrav.; tschech.) — Vgl. vorst. Referat. — Salben, zu Zylindern geformt, werden nach der vorst. referierten Meth. bei 20° mit 50—100 g belastet u. nach 5 Min. ihre Verbreiterung gemessen. Zu beachten ist, daß keine sofort nach der Fertigung härter wird. E. Vevera. 7284

Die Anwendung der Gaschromatographie in der Analyse der ätherischen Öle. D. Lamparsky. (Riechstoffe u. Aromen **9**, 201—06, Juli, 241—45, Aug. 1959; Vernier-Genf, L. Givaudan et Cie. Soc. An., Forschungsabt.; dt.) — Allg. Erläuterungen über den Anwendungsbereich der Gaschromatographie bei der Analyse der äther. Öle, wobei bes. die bisher erschienenen Arbeiten der genannten Firma zusammenfassend referiert werden. Ausführlicher erläutert wird die Meth. des „internen Standards" an Hand der Geh.-Best. der Citrale a u. b im Lemongrasöl. Im Nelkenöl ist der Eugenol-Geh., gaschromatograph. bestimmt, um 2% niedriger als der mit dem klass. Verf. ermittelte. Bei der Unters. von Thymianölen liefert ebenfalls die Gaschromatographie als einzige Meth. ein relativ exaktes Bild. Neben diesen Analysen interessierender Rohstoffe ist die Gaschromatographie von großer Bedeutung beim Nachw. von Verfälschungen oder schädlicher Bestandteile, wie an den Beispielen des Rosen- u. Lavendelöles gezeigt wird. Verfälschte Anis- bzw. Fenchelöle lassen sich am Vorhandensein des tox. cis-Anethols erkennen, das immer im synthet. Anethol vorhanden ist. G. Loßner. 7286□

Über die polarographische Bestimmung von Mikromengen an Carvon in Pflanzenteilen. 2. Mitt. **Mikroanalytik ätherischer Öle.** G. Brockelt und R. Pohloudek-Fabini. (Pharmaz. Zentralhalle Deutschland **98**, 499—503, Sept. 1959; Greifswald, Univ., Pharm.-chem. Inst.; dt.) — 1. vgl. C. **1959**, 7314. — 0,1—1 mg *Carvon* (**I**) können aus Pflanzenteilen durch Extraktion mit PAe. abgetrennt, an Kieselsäure adsorbiert u. durch A. eluiert werden. Die alkohol. Lsg. wird nach Zusatz einer Grund-Lsg. (Gemisch aus 20 ml 1n SiCl, 20 ml 1n LiOH u. 60 ml W.) polarographiert. Die Stufe liegt zwischen —1,65 u. —1,85 V/gesätt. Kalomelelektrode. E. Moisar. 7286□

Das ätherische Öl von Mentha arvensis. S. Malla, V. S. Shukla, M. C. Nigam und K. L. Handa. (Indian Oil Soap J. **27**, 173—78, Febr. 1962; Jammu, Reg. Res. Lab.; engl.) — Die in Jammu u. Kaschmir angebaute *Mentha arvensis* liefert 2—3% äther. Öl, bezogen auf das Trockengewicht. Das Öl selbst besteht zu 70—80% aus Menthol. Vff. untersuchen das entmentholisierte Öl mit Hilfe der Vakuum-Dest., der Säulenchromatographie u. unter Verw. chem. Identifizierungsreaktionen. 74,2% des entmentholisierten Öles bestehen aus Estern, 20,95% sind Carbonyl-Verbb., den Rest bilden KW-Stoffe. Folgende Komponenten wurden identifiziert: Limonen, α-Pinen, Santen, Carvomenthon, dl-Menthon, dl-Isomenthon, Menthylacetat, $\alpha.\beta$-Hexenylacetat, α-Thujen. G. Lossner. 7286□

pH-Bestimmung bei kosmetischen Emulsionen. Jan Pokorný, Milan Karvánek und Vera Pokorná. (Průmysl Potravin **11**, 439—41. 1960; Praha, Výs. škol. chem.-technol., kat. chem. zkouš. potrav.; tschech.) — Zur Best. des pH-Wertes von Cremes eignen sich am besten Glaselektroden. Auch Antimonelektroden sind verwendbar, doch bestehen Unterschiede. Bei Tagescremes arbeitet man zweckmäßig ohne Verdünnung. Verdünnt man mit W., erhöht sich der pH-Wert je nach Salbengrundlage verschieden. Fettcreme verdünnt (10 g Creme, 200 ml heißes W., 20 Min. auf sd. Wasserbad mit gelegentlichem Rühren) kann mit beiden Elektroden gemessen werden. Auch hier steigt der pH-Wert, wenn auch geringer als bei trockenen Cremes. Die hohe Alkalität wird durch Seife, Borax, Triäthanolamin usw. verursacht. Da die Beziehungen zwischen tatsächlicher Alkalität u. pH-Wert kompliziert sind, ist für jede Art ein bestimmter Grenzwert festzulegen. Eine Norm für alle Sorten ist nicht aufzustellen.

E. Karutz. 7294□

Analyse von Haartinkturen. 3. Mitt. Beobachtungen und Bemerkungen zur Chromatographie der aromatischen Amine. Carla Jacobelli Turi. (Rend. Ist. super. Sanità **21**, 748—58, 1958; Roma, Ist. Super. di San., Labor. di Chim.; ital.) — 2. vgl. C. **1958**, 6410. — Vf. erwähnt Vorteile der von ihr ausgearbeiteten chromatograph. Unters.-Meth., bes. hinsichtlich der Ermittlung leicht oxydierbarer Substanzen [aromat. Diamine (I), Aminophenole (II)]. Tabelle mit den R_F-Werten von 26 Verbb. [Fließmittel: Butanol–Essigsäure–W. (4 : 1 : 5) u. Butanol–A.–W. (4 : 1 : 5)] u. Tabelle mit den gefärbten „spot-tests“ von I u. II bzw. deren Sulfonsäuren im Original.

R. Woller. 7294□

Northam Warren Corp., V.St.A. (Erfinder: Radu Ioanitiu), **Nagellack.** Man erhält einen Nagellack in Form eines thixotropen Gels durch Umsetzen eines oder mehrerer Polyamidkunstharze (I; F. $\geq$ 90°; SZ. ca. 20; Aminzahl ca. 15) aus Di-, Tri- oder Polyaminen u. di- oder trimerisierten Fettsäuren mit einem oder mehreren Kunstharzen auf der Grundlage von Celluloseestern, Toluolsulfonamiden, Methacrylaten oder Vinyl-Verbb., in Ggw. von geeigneten Lsgm. unter Zusatz von Plastizierungsmitteln, wie Toluolsulfonamid-, oder Arylsulfonamid-HCHO-Kunstharzen oder Butylphthalat; als Lsgm. für Kunstharze auf Celluloseestergrundlage eignet sich bes. Butylacetat, ggf. im Gemisch mit Propyl- oder Isopropylalkohol, für Methacrylsäurekunstharz eignen sich bes. Ketone, für Vinylkunstharze bes. Ester u. für I bes. Äthylenglykolmonomethyl- oder äthyläther, ein A.-Butylalkohol-Gemisch oder Propyl- oder Isopropylalkohol; zur Regelung der Viscosität des Nagellackes kann man noch Verdünnungsmittel, wie Toluol oder Xylol, zusetzen. — Beispiele. (**F. P. 1 267 983** vom 16/6. 1960, ausg. 1/12. 1961.) W. Raetz. 7285

Soc. Monsavon-l'Oréal (Erfinder: Grégoire Kalopissis), Seine, Frankreich, **Dauerhafte Verformung der Haare.** Man imprägniert die Haare mit einer wss. Lsg. eines Mercaptoamides (pH 5—7,5), erwärmt die imprägnierten Haare auf 50—80°, während man die Behandlungsdauer auf 5—10 Min. herabsetzt, u. spült vor dem Formfixieren mittels einer Oxydationslösung. Die so erhaltene Haardauerwelle ist wasch- u. feuchtigkeitsbeständig. — Beispiel. (**F. P. 74 643** vom 12/12. 1958, ausg. 5/5. 1961. **Zusatz zu F. P. 1 197 194; C. 1961, 6708.**) W. Raetz. 7285

Soc. Monsavon-l'Oréal, Seine, Frankreich, **Schnelle dauerhafte Verformung der Haare auf kaltem Wege.** Man imprägniert die aufgewickelten Haare mit einer frisch hergestellten wss. Fl., die ein Red.-Mittel, wie Thioglykolsäure, Äthylmercaptan, Mercaptoäthanol oder α- oder β-Mercaptopropionsäure, u. Glykoldimethylacrylat enthält u. einen pH-Wert 7—9 aufweist, spült u. wickelt nach einer Ruhezeit ab; den pH-Wert regelt man bes. mittels NH_3, eines organ. Amins oder eines Alkalisalzes einer schwachen Säure; die Dauerwell-Fl. kann noch Netzmittel enthalten. — Beispiele. (**F. P. 1 268 548** vom 21/6. 1960, ausg. 6/12. 1961.) W. Raetz. 7285

Yamahatsu Sangyo Kaisha Ltd., Japan, **Haarfärbemittel.** Man verwendet eine wss. Lsg. mindestens eines bas. Farbstoffs oder seiner freien Base, wie Rhodamin S, Methylenblau N, Chrysoidin J, Phenylenbraun S, Safranin J, Acridinorange, Indulin BR oder Nigrosin SSJ, mindestens eines wasserlösl. Alkohols oder Äthers, wie Methyl-, Äthyl-, n-Propyl- oder Isopropylalkohol, Äthylen- oder Propylenglykol oder Äthylenglykolmonoäthyl-, -monomethyl- oder -monobutyläther, u. mindestens einer wasserlösl. alkal. Verb. zur Einstellung der Lsg. auf pH ca. 8—11, wie Alkalilauge oder -carbonate, NH_4OH, $(NH_4)_2CO_3$ oder Äthanol-, Diäthanol- oder Triäthanolamin; um den Farbstoff in das Haargewebe besser eindringen zu lassen, kann man ferner auch nichtion. Netzmittel, wie Polyäthylenglykolalkylaryläther oder höhermol. Fettsäurealkanolamide, oder auch kation. Netzmittel, wie Alkyldimethylbenzylammoniumchloride, Alkylpyridiniumsulfate oder Alkylaminodiäthylaminchlorhydrate, mitverwenden, welche Mittel sich auch zum Waschen der Haare nach dem Färben eignen; zur Verbesserung der färber. Wrkg. ist auch die Mitverwendung eines Haftmittels, wie Alkylcelluloseäther, Stärke oder Polyvinylpyrrolidon, zweckmäßig. Die Haarfärbemittel können auch zum Wiederauffärben von bereits gefärbten Haaren Verw. finden, nachdem diese mit einem Haarwaschmittel, das mindestens ein anion. Netzmittel enthält, gewaschen u. gespült worden sind. Man erhält so gleichmäßige u. haltbare, licht- u. waschbeständige Haarfärbungen in einwandfreien Farbtönen. — Beispiele. (**F. P. 1 269 591** vom 16/10. 1959, ausg. 20/12. 1961. Jap. Prior. 9/5. 1959.) W. Raetz. 7285

Rapidol Ltd., England, **Färben von Haaren** unter Verw. einer Lsg. eines in einem organ. Lsgm. lösl. organ. Farbstoffs. Das Lsgm. ist in W. unlösl. oder nur wenig löslich. Geeignet sind z. B. Benzyl- u. Amylalkohol, sowie Amyllactat. Weitere Zusatzstoffe sind Reinigungsmittel, wie Na-Laurylsulfat, u. Dickungsmittel, wie Na-Alginat. — Beispiel: 0,5 (Gew.-Teile) Schwarz „Vialon B", 4 Benzylalkohol, 6 Na-Laurylsulfat, 0,5 Na-Alginat, mit W. auf 100 aufgefüllt. (**F. P. 1 227 621** vom 13/6. 1959, ausg. 22/8. 1960.) M. F. Müller. 7285

Antonio Florio, Mailand, Italien, **Herstellung einer kosmetischen Creme.** Man löst *Triäthanolamin* bei 70° in W., versetzt mit einer Schmelze von gleichen Teilen Mandelöl u. Stearin u. gibt ein Gemisch von *wss. Infusen aus Efeu u. Holunder* zu. Rasiercreme, Mittel zur Behandlung von Insektenstichen, Sonnenbrand, Rötungen der Haut. (**It. P. 541 336** vom 16/9. 1954.) K. Koebke. 7285

Antonietta Del Bo, verw. Novaro, Genua, Italien, **Paste zur Herstellung einer kosmetischen Gesichtspackung,** bestehend aus 10000 (Teilen) dest. W., 370 Kelgin (Algen), 20 p-Hydroxybenzoesäureester, 350 Glycerin, 200 Harnstoff, 1000 Gemisch von Fetten u. Alkoholen. Man verwendet dazu eine Lsg. von $CaCl_2$ als Koaguliermittel. (**It. P. 541 836** vom 23/6. 1954.) K. Koebke. 7285

H_{14}. Zucker. Kohlenhydrate. Stärke

Der Einfluß von Bor, Mangan und Kupfer auf den Produktionswert von Zuckerrüben in Polen und auf ihre Folgewirkung. Jerzy Łachowski. (Roczniki Nauk rolniczych, Ser. A **84**, 63—88, 1961; pol.) — Feld-Verss. mit Düngung von Zuckerrüben mit B, Mn u. Cu in den Jahren 1956—1958 ergaben eine Erhöhung des Ertrags an Rüben um 6,2, an Blättern um 5,4 u. des Zucker-Geh. der Rüben um 0,1—0,3%. Auf Lehmböden war der Einfl. von Cu, auf Sandböden der von B u. Mn prakt. kaum vorhanden. Die Anfälligkeit der Rüben gegen Krankheiten wurde durch die Spurenelemente erniedrigt. Eine Veränderung des technolog. Wertes der Rüben trat nicht ein. Es wurde auch kein Einfl. der Spurenelementdüngung auf die Folgefrucht festgestellt. F. Urban. 7406□

Die Anwendung von Düngemitteln in Verbindung mit der Behandlung von Zuckerrohrrückständen. G. Samuels, S. Alers-Alers und P. Landrau jun. (J. Agric. Univ. Puerto Rico **44**, 87—91, April 1960; Río Piedras, Puerto Rico, Univ., Agric. Exp. Stat.; engl.) — Vier Verff., die Feldrückstände von Zuckerrohr bei 4 Aufwüchsen zu behandeln, wurden in ihrem Einfl. auf Saccharose- u. Massenertrag an der Varietät H 328560 auf Vega Alta-Ton untersucht. Es traten keine Differenzen auf, ob die Rückstände in Furchen gesammelt oder unberührt blieben bei einer Düngung (1500 p/acre $N:P_2O_5:K_2O$ wie 15:4:7) an den Wurzelstöcken, oder ob die Düngung breit über die unberührten Rückstände verabreicht wurde. Die letzte Meth. wird aus arbeitswirtschaftlichen Gründen für unbewässerte Felder empfohlen. Wilfried Werner. 7440□

Freilandversuche mit neuen Insekticiden zur Bekämpfung des Zuckerrohrbohrers in Louisiana 1959. S. D. Hensley, W. J. McCormick, W. H. Long und E. J. Concienne. (J. econ. Entomol. **54**, 1153—54, Dez. 1961; Baton Rouge, La., Louisiana State Univ., Dep. of Entomol.; engl.) — Gegen *Diatraea saccharalis F.* wirkten in gekörnter Form am besten 2%ig. *S.D.-4402* u. 2%ig. *Endrin*, gefolgt von 5%ig. *Guthion* u. 10%ig. *Sevin*. Weniger wirksam waren 5%ig. *Methyltrithion*, 2,5%ig. *Bayer-22408* u. *Dimethoate*-Emulsion. Alle Behandlungen waren von mehr oder weniger erheblichen Ertragserhöhungen begleitet. *Bacillus thuringiensis* versagte. Fritz Müller/Ludwigshafen. 7440□

Freilandversuche mit neuen Insekticiden zur Zuckerrohrbohrerbekämpfung in Louisiana im Jahre 1960. W. H. Long, S. D. Hensley, E. J. Concienne und W. J. McCormick. (J. econ. Entomol. **54**, 1155—56, Dez. 1961; Baton Rouge, La., Louisiana State Univ., Agric. Exp. Stat.; engl.) — In Freiland-Verss. war zur Bekämpfung von *Diatraea saccharalis F.* mit gekörnten Insekticiden *Endrin* sowohl bzgl. der Anzahl der geschädigten Pflanzen als auch des Ernteertrags allen anderen überlegen. *EPN* u. *Bacillus thuringiensis* zeigten sich als aussichtsreich, während *Bayer-29493*, *Nematocide-18133*, *Phorate* u. *Dimethoate* sich als ungenügend wirksam erwiesen. Fritz Müller/Ludwigshafen. 7440□

Ein Jahrhundert der Nutzung und Erforschung von Zuckerrohrbagasse. V. R. Srinivasan und S. R. Pathak. (Int. Sugar J. **63**, 142—44, Mai, 176—78, Juni 1961; Hyderabad, Osmama Univ., Dep. of Chem.; engl.) — 3. vgl. C. **1962**, 2932. — Übersicht. — 98 Literaturangaben. J. Lehmberg. 7440□

Über Maisstärkefabriken geringer Kapazität. D. R. Abragam. (Сахарная Промышленность [Zucker-Ind.] **35**, Nr. 10, 69—71, Okt. 1961; Moskau, Zentr. Forschungsinst. der Stärke- und Stärkesirupind.; russ.) — Da bei der von Tregubow (vgl. C. **1962**,

17245) vorgeschlagenen Technologie der Maisstärkeproduktion das Quellen des Maises in H_2SO_3-Lsg. 48—60 Std. dauert, was mit verschiedenen Nachteilen verbunden ist, schlägt Vf. eine verbesserte Technologie vor, die an Hand eines Schemas erläutert wird. Hierbei wird das Maiskorn in grobzerkleinerter Form in einem Holzbottich mit Rührer 3—5 Std. beim Verhältnis von fl./fest 2:1 mit der H_2SO_3-Lsg. behandelt. Hauptvorteile der im einzelnen beschriebenen Technologie sind: Bedeutende Verkürzung der Quelldauer, vollständigere Abtrennung der lösl. Stoffe des Maises zu Beginn des Prozesses, Anfall eines konzentrierteren Extraktes, Verkleinerung der Produktionsfläche sowie vollständigere Ausnutzung der Trockensubstanz des Maises. S. Augustat. 7448□

Mikrobiologische Infektion der Stärkefabriken. Albert Hersitzky, Miklósné Simonyi und Ivánné Szép. (Erjedésipari Kutatóintézet Közleményei [Mitt. Inst. Gärungsind.] **1961,** 26—28; ung.) — Zur Desinfektion wird in Weizen- u. Maisstärkefabriken NaOCl empfohlen. In Weizenstärkefabriken soll die Desinfektion wöchentlich an den gefährdetsten Stellen (Wasch-Syst., Absetzbehälter u. Schlammbottiche) ausgeführt werden. Bei der Maisstärke-Herst. wird die NaOCl-Lsg. kontinuierlich in das Mahlgut eingeführt. K. Gärtner. 7448

Stärkeuntersuchungen durch Röntgenstrahlenbeugung. 2. Mitt. **Struktur von Kristalliten des „C"-Typs.** Susumu Hizukuri und Ziro Nikuni. (J. agric. chem. Soc. Japan [Nippon Nôgeikagaku Kaishi] **31,** 525—27, 1957; Osaka, Univ., The Ind. of Sci. and Ind. Res.; jap.) — 1. vgl. J. agric. chem. Soc. Japan [Nippon Nogeikagu Kaishi] **31,** [1957], 371. J. Lehmberg. 7490□

Stärkeuntersuchungen durch Röntgenstrahlenbeugung. 5. Mitt. **Über Veränderungen der Viscosität und der Micellenstruktur während der Verkleisterung.** Susumu Hizukuri, Mitiko Fujii und Zirō Nikuni. (J. agric. chem. Soc. Japan [Nippon Nōgei-Kagaku-Kaishi] **34,** 178—82, 15/2. 1960; jap.) — 2. vgl. vorst. Referat. — Stärken verschiedener Herkunft werden während der Verkleisterung viscosimetr. u. röntgendiffraktometr. untersucht. Bei Stärken, die dabei einen allmählichen Viscositätsanstieg zeigen, fallen hohe Viscosität u. amorphe Struktur zusammen. F. Mossner. 7490

H_{15}. Gärungsindustrie

Verhefung von Melasse und Melasseschlempe mit Torulahefen. Antal Pelc, Ivánné Szép und Istvánné Sárkány. (Erjedésipari Kutatóintézet Közleményei [Mitt. Inst. Gär.-Ind.] **1961,** 1—8; ung.) — In Verss. zur Züchtung von *Torula utilis*-Hefe auf Melasse u. Melasseschlempe werden die Einfl. von Konz., pH, Züchtungszeit, Menge der Impfhefe u. Stärke der Belüftung ermittelt. Die Hefe wird in kleinen Vol. unter Drehen (Reagensglas) oder Schütteln (Kolben) gezüchtet. Der Zuwachs wird durch turbidimetr. Zellenzählung oder Best. der Trockensubstanz ermittelt. Größere Vol. werden durch Lufteinblasen belüftet. Die optimalen Bedingungen zur Züchtung der Hefe auf Melasseschlempe werden festgestellt. W. Wesly. 7506□

Fragen der Sterilisierung der in der Hefeproduktion verwendeten Melasse. Ivánné Szép und Józsefné Szabó. (Erjedésipari Kutatóintézet Közleményei [Mitt. Inst. Gär.-Ind.] **1961,** 17—20; ung.) — Unterss. über die Infektion der zur Hefe-Herst. verwendeten Melasse zeigen, daß die therm. Sterilisierung die Keimzahl nicht vermindert. Der Wrkg.-Grad der therm. Sterilisierung wird durch Zusatz von H_2SO_4 zur Melasse vor der Dämpfung gesteigert. W. Wesly. 7506□

Einige Fragen des Stickstoff-Stoffwechsels von Saccharomyces cerevisiae-Stämmen. Lilly Vámosné Vigyázó und Ferenc Dolánszky. (Erjedésipari Kutatóintézet Közleményei [Mitt. Inst. Gär.-Ind.] **1961,** 9—13; ung.) — Unterss. über die den Eiweiß-Geh. der Hefe bei der alkohol. Gärung beeinflussenden Faktoren zeigen, daß der Eiweiß-Geh. für jeden Hefestamm kennzeichnend ist, aber auch von den Züchtungsbedingungen abhängt. Mit steigender A.-Konz. nehmen die Menge der gebildeten Hefe u. deren Eiweiß-Geh. ab. Die Abnahme ist bes. groß bei Maischen mit A.-Geh. $>9\%$. Hefen mit höherem Eiweiß-Geh. in Maischen mit geringerem A.-Geh. sind weniger beständig gegen A.; ihre Menge u. deren Eiweiß-Geh. fallen stark mit steigendem A.-Gehalt. W. Wesly. 7506□

Desinfektion von Brennereimelasse mit Pentachlorphenolnatrium. Ivánné Szép. (Erjedésipari Kutatóintézet Közleményei [Mitt. Inst. Gär.-Ind.] **1961,** 13—17; ung.) — Unterss. über die inhibierende Wrkg. von *Pentachlorphenol-Na* (I) auf säurebildende Bakterien in Brennereimelasse (ca. 1 mg **I** je 100 ml Maische) zeigen, daß eine Erhöhung der **I**-Konz. die inhibierende Wrkg. verstärkt, aber die Vermehrung u. die Gärung im Anfangsstadium verzögert. Bei einer Konz. von 2 mg/100 ml **I** findet keine Gärung mehr statt. W. Wesly. 7536□

Versuche und Untersuchungen im Zusammenhang mit der nachträglichen Trübung von Spirituosen. János Ujszászi. (Erjedésipari Kutatóintézet Köszleményei [Mitt. Inst. Gär.-Ind.] **1961,** 33—39; ung.) — Die Trübung von kalt hergestelltem Schnaps rührt von $CaSO_4$ in dem verwendeten, nicht enthärteten W. her. In Sekt entstandene Trübung wird durch Fe^{3+} verursacht; durch Zusatz von Ascorbinsäure wird die Trübung vermindert, wenn auch nicht verhütet. Auch in Branntwein kann $CaSO_4$ eine Trübung hervorrufen. Zur Abhilfe wird die Verw. von enthärtetem W. (Ionenaustauscher) empfohlen. W. Wesly. 7536□

Brauen, Mälzen und damit zusammenhängende Verfahren. J. R. A. Pollock. (Rep. Progr. appl. Chem. **45,** 519—32, 1960; Nutfield, Surrey, Brewing Ind. Res. Found.; engl.) — Fortschrittsbericht. — 204 Literaturangaben. W. Wesly. 7540□

Fortschritte in der Brauereiindustrie. J. Hoggan. (Food Manufact. **37,** 210—17, Mai 1962; Burton-on-Trent, Truman Hanbury Buxton u. Co. Ltd.; engl.) — Übersicht über die Rohmaterialien, den Einfl. von flüchtigen Komponenten u. S-Verbb. auf Geschmack u. Aroma des Bieres, von Polyvinylpyrrolidon, von Oxalaten, über Fortschritte in der Hefeforschung u. Automatisierung bei der Produktion. — 32 Literaturangaben. J. Lehmberg. 7550□

Beziehung zwischen der chemischen Natur des Schwefels im Bier und seinem Gehalt an Kolloiden. Hyacinthe Le Corvaisier. (Bull. Soc. chim. France **1961,** 1025—27, Mai; Rennes, Fac. des Sci., Chim. Gén., Labor. M.P.C.; franz.) — Zur Best. von H_2S, *SH*- u. *S—S*-Gruppen im Bier werden chem., amperometr. u. polarograph. Meth. herangezogen; letztere beruhen auf der katalyt. Wrkg. der SH- u. S—S-Gruppen auf die Diffusionsstufen von Co-Salzen. Während des Alterns in Flaschen steigt der Geh. an Disulfiden parallel mit der Ausbildung der Trübung; die anschließend eintretende Flockung entzieht einen Teil der S-Verbb. der analyt. Bestimmung. Gleichzeitig sinkt der Geh. an SH-Gruppen. H_2S u. flüchtige Mercaptane sind im Bier nur in geringer Menge enthalten. Die Haltbarkeit eines Bieres ist um so geringer, je höher sein Anfangs-Geh. an Disulfiden war. Hingegen scheint der Anfangs-Geh. an SH-Gruppen ohne Rück-Wrkg. auf den Geh. an Koll. zu sein. A. Blaschette. 7550□

Diäthylester der Pyrokohlensäure als Stabilisiermittel für Süßweine. Erich Minárik und Ladislav Laho. (Kvasný Průmysl **8,** 86—89, April 1962; Výzk. úst. pre vinohradníc. vinárst. ČSAPV; tschech.) — Pyrokohlensäurediäthylester (I) dient zur Stabilisierung von zuckerhaltigen Weinen. Die Nachgärung des Zuckers u. Hefetrübungen werden von 150—200 mg I/Liter verhindert. Da I sich rasch hydrolyt. zersetzt, muß er kurz vor der Flaschenabfüllung zugesetzt werden. Die Verw. von I gestattet eine Verminderung des SO_2-Zusatzes. W. Wesly. 7554□

Herstellung kristalliner Citronensäure unter Anwendung von Ionenaustauscherharzen. József Bártfay und Miklósné Varga. (Erjedésipari Kutatóintézet Közleményei [Mitt. Inst. Gär.-Ind.] **1961,** 40—43; ung.) — Ein Verf. zur Weiterverarbeitung von Citronensäure nach der Herst. durch Gärung wird beschrieben, wobei nach Zers. des Ca-Citrats mit H_2SO_4 u. Filtration das Ca^{2+} des in der Lsg. verbliebenen $CaSO_4$ an einen Kationenaustauscher gebunden wird, so daß man in 1 Arbeitsgang bis zu der beim Kristallisieren erforderlichen Konz. eindampfen kann. Die krist. Citronensäure ist aschefrei. W. Wesly. 7578□

Untersuchung der chemischen Zusammensetzung der Strünke verschiedener Maissorten als pentosanhaltige Rohstoffe. B. M. Nachmanowitsch und N. A. Schtschéblykina. (Журнал Прикладной Химии [J. angew. Chem.] **33,** 482—84, Febr. 1960; Dokschukino, Acetonwerk; russ.) — Vgl. C. **1962,** 7734. — Bei Strünken von Mais verschiedener Sorten, die unter gleichen Boden- u. klimat. Bedingungen gezogen wurden, sind die Schwankungen im Geh. an leicht- u. schwerhydrolysierbaren Verbb., Pentosanen u. Cellulose sehr gering. Etwas größer sind die Schwankungen im Geh. an N-Verbb. u. Salzen. Bei der Hydrolyse in 1%ig. H_2SO_4 (120°, 4 Std.) wurden prakt. alle leichthydrolysierbaren Verbb. hydrolysiert, wobei hochwertige Hydrolysate für die Aceton-Butylalkohol-Gärung erhalten wurden. Helmut Schäfer. 7578

H_{17}. Fette. Seifen. Wasch- und Reinigungsmittel usw.

Ölverarbeitung. A. Crossley. (Rep. Progr. appl. Chem. **45,** 271—76, 1960; engl.) — Fortschrittsbericht. — 68 Literaturangaben. W. Wesly. 7870□

Autoxydation und oxydationshemmende Stoffe. L. A. O'Neill. (Rep. Progr. appl. Chem. **45,** 284—90, 1960; engl.) — Fortschrittsbericht. — 64 Literaturangaben. W. Wesly. 7878□

Ölsaatversorgung, Ölschlägereien und Lösungsmittelextraktion. J. L. R. Pritchard. (Rep. Progr. appl. Chem. **45**, 267—71, 1960; engl.) — Fortschrittsbericht. — 42 Literaturangaben. W. Wesly. 7894□

Einige Vorschläge für ein neues System zur mündlichen Bezeichnung langkettiger Fettsäuren. L. J. Morris. (J. Amer. Oil Chemists' Soc. **38**, 197—99, April 1961; Austin, Minn., The Hormel Inst.; engl.) — Die mündliche Bezeichnung langkettiger Fettsäuren nach der Genfer Nomenklatur ist oft langatmig u. die Anwendung von Trivialnamen unspezifisch. Daher schlägt der Vf. ein Syst. von Abkürzungen für gesätt., verzweigte u. ungesätt. langkettige Fettsäuren vor: z. B. 8-Hydroxyoctadecaen-(17)-dien-(9.11)-säure oder Isanolsäure wird als C_{18}-8-Hydroxy-9.11-dien-17-ensäure bezeichnet. N. Trzebowski. 7908□

Oberflächenaktive Phenolaminosulfonate. V. R. Gaertner. (J. Amer. Oil Chemists' Soc. **38**, 212—15, April 1961; Dayton, Ohio, Monsanto Chem. Co., Res. Engng. Div., Res. Dep.; engl.) — Durch Mannich-Kondens. werden aus Monoalkyl- (C_9H_{19}; $C_{12}H_{25}$) u. Dialkyl- (C_9H_{19}/C_9H_{19}; CH_3/C_9H_{19}; sek. C_5H_{11}/sek. C_5H_{11}; C_6H_{13}/C_6H_{13}; CH_3/CH_3) Phenolen, Formaldehyd u. N-Methyltaurin die entsprechenden Aminosulfonate dargestellt u. durch den Dispersionstest an Kalkseife nach Harris [1954] auf ihre oberflächenakt. Wrkg. untersucht. Bei Verw. der Monoalkylphenole entsteht ein Gemisch mono- u. disubstituierter oder nur disubstituierter Produkte.

Versuche: *2-[2-Methyl-4-sulfo-2-azabutyl]-4-nonylphenol* (*Na*-Salz; I), $C_{19}H_{32}NNaO_4S$ u. *2.6-Bis-[2-methyl-4-sulfo-2-azabutyl]-4-nonylphenol* (*Di-Na*-Salz; **II**) $C_{23}H_{40}N_2Na_2O_7S_2$ (**II**) aus Nonylphenol u. Natriummethyltaurinat in wasserfreiem A. durch Zufügen von Formaldehyd bei 50°; 64% (31% **I** u. 33% (**II**) (Ausbeute). — *2-[2-Methyl-4-sulfo-2-azabutyl]-4-dodecylphenol* (*Na*-Salz), $C_{22}H_{38}NNaO_4S$; 59,8%. — *2.6-Bis-[2-methyl-4-sulfo-2-azabutyl]-4-dodecylphenol* (*Di-Na*-Salz), $C_{26}H_{46}N_2Na_2O_7S_2$; 86%. — *Nonyl-o-kresol* (**III**), Kp.$_{0,1-0,2}$ 117—124°, aus o-Kresol mit BF_3-Ätherat u. trimerem Propylen u. Erhitzen auf 47—55° (5 Std.); farblose Fl.; n_D^{25} 1,5124; 81,5%. — *2-[2-Methyl-4-sulfo-2-azabutyl]-4-nonyl-o-kresol*, $C_{20}H_{34}NNaO_4S$ aus **III** analog **I/II**; 98%. N. Trzebowski. 7912□

Vergleich der Fettsäureester von Saccharose und von Polyoxyäthylen im Hinblick auf die Bildung oberflächenaktiver Gemische. Lloyd I. Osipow und Foster D. Snell. (J. Amer. Oil Chemists' Soc. **38**, 184—89, April 1961; New York, N.Y., Foster D. Snell, Inc.; engl.) — Durch Feststellung der Anisotropie im Polarisationsmikroskop, durch Unters. der Schaum-Bldg. (SB), der Wasch-Wrkg. (WW) u. der Gleichgew. zwischen hydrophilen u. lipophilen Stoffen (HLG) oberflächenakt. Lsg. (Na-Dodecylbenzolsulfonat oder dessen Alkanolaminsalz in W.) mit Zusätzen von Zuckerestern langkettiger Fettsäuren (I) (Stearinsäure u. Talgfettsäuren) oder den Polyoxyäthylenestern dieser Säuren (II) konnten die Vff. ermitteln, daß **I** die Aggregation der Tenside erhöhen, während **II** diese erniedrigen, was sich bei **II** in einer Herabsetzung von SB u. WW zeigt. Die HLG-Werte liegen bei **I** höher als bei **II**. Die Steigerung der Oberflächenaktivität der Tenside obiger Zus. durch **I** wird durch Ion–Dipol-Wechselwrkg. oder durch ster. Faktoren erklärt. N. Trzebowski. 7912□

Die Entfernung markierter Protein- und Stearinsäureflecken von Glas. Jay C. Harris und Joseph Satanek. (J. Amer. Oil Chemists' Soc. **38**, 169—72, April 1961; Dayton, Ohio, Monsanto Chem. Co., Res. Engng. Div., Res. Dep.; engl.) — Vff. wenden bereits früher beschriebene Meth. (vgl. C. **1960**, 5053, C. **1961**, 7074 u. C. **1962**, 11045) auf die Entfernung folgender C_{14}-markierter Substanzflecken von mattiertem Glas (G), Quarz (Q) u. Porzellan (P) an: Algenprotein (I) (spezif. Aktivität 0,234 μc/mg), Stearinsäure (**II**) (2,52 mc/mMol) u. vergleichen die Ergebnisse mit früheren Unterss. mit Tristearin (**III**). **I** ist an G fester gebunden als **III** (an P u. Q noch stärkere Bindung). **II** zeigt ähnliches Verhalten. Die Fleckenentfernung wird durch oberflächenakt. Stoffe unterstützt, wenn auch Kombination mit Na-Tripolyphosphat nicht wie bei **III** einwirkt. N. Trzebowski. 7916□

Wollfett aus der kommerziellen Lösungsmittelentfettung von Rohwolle. G. F. Wood. (J. Amer. Oil Chemists' Soc. **38**, 216—18, April 1961; Geelong, Australien, Commonwealth Sci. Ind. Res. Org., Div. of Textile Ind.; engl.) — Das durch Lsgm.-Entfettung mit hoher Ausbeute erhaltene Wollfett (LW) besitzt eine schlechtere Qualität (dunkle Farbe durch anwesende Oxydations-Prodd., hohe Säurezahl) als das durch Zentrifugieren erhaltene Wollfett. Zur Qualitätssteigerung von LW wird eine Bleichung mit H_2O_2, eine Farbstabilisierung durch Neutralisation u. eine Reduzierung des Asche-Geh. durch Behandlung mit verd. Schwefelsäure vorgeschlagen. N. Trzebowski. 7924□

Analytische Verfahren. N. W. Hanson. (Rep. Progr. appl. Chem. **45**, 276—84, 1960; engl.) — Fortschrittsbericht über die Verff. zur Analyse von Fetten u. Ölen. — 84 Literaturangaben. W. Wesly. 7932□

Eine Untersuchung der Ofentrocknungsmethoden zur Bestimmung des Feuchtigkeitsgehaltes geschälter Erdnüsse. Joe R. Hart. (J. Amer. Oil Chemists' Soc. **38**, 190—94, April 1961; Beltsville, Md., US-Dep. of Agricult., Agricult. Marketing Serv., Market Quality Res. Div.; engl.) — Da die nach verschiedenen Vff. vorgeschlagenen Bedingungen zur Best. des Feuchtigkeits-Geh. (FG) von Erdnüssen durch Ofentrocknung stark voneinander abweichen, werden durch Trocknungs-Verss. in einem Druckluftofen die Bedingungen festgelegt, die Werte liefern, die in bester Übereinstimmung mit dem nach der Karl-Fischer-Meth. bestimmten FG stehen: Ofen-Temp. 130°; Trocknungszeit 3 Std.; Probenmenge 50 g; Probe enthält nur ganze Kerne. Fehlerquellen: Vorhandensein flüchtiger Verbb.; Anwesenheit schimmliger Erdnüsse; Unterschiede in der Nußgröße; Gew.-Verluste durch „Ausbluten". Diese Fehlerquellen verfälschen die Ergebnisse bes. bei hohem FG, lassen sich aber durch eine empir. bestimmte Korrektur kompensieren. N. Trzebowski. 7932□

Charakterisierung von Ölen, aus wenig oder keine Drüsen enthaltenden Baumwollsamen. U Kyaw Thaung, Audrey Gros und R. O. Feuge. (J. Amer. Oil Chemists' Soc. **38**, 220—24, April 1961; New Orleans, La., Southern Reg. Res. Labor.; engl.) — Um den wegen seiner Giftigkeit störenden Gossypol-Geh. zu verringern, wurden Baumwollarten gezüchtet, die wenig oder keine Gossypolpigmentdrüsen enthalten. Die daraus erhaltenen Öle unterscheiden sich nicht, wenn die verschiedensten Analysen-Verff. (JZ-Best., Geh. an Unverseifbarem, Trübungs- u. Fließpunkte, Kälte-Verh., Feststellung der Fettsäuren-Zus. durch Gaschromatographie, UV- u. IR-Spektroskopie) angewendet werden. Geringe bisher ungeklärte Unterschiede ergeben die IR-Spektren der unverseifbaren Fraktionen. N. Trzebowski. 7932□

Die Unterscheidung von 1- und 2-Monoglyceriden durch die nahe Infrarotspektroskopie. H. Susi, S. G. Morris und W. E. Scott. (J. Amer. Oil Chemists' Soc. **38**, 199—201, April 1961; Philadelphia, Pa., Eastern Reg. Res. Labor.; engl.) — Die Stellungsisomeren der Monoglyceride zeigen, in Chlf. gelöst, im IR-Spektrum zwischen 8 u. 10 μ sowie bei 1,4 μ deutliche Unterschiede. Für eine quant. Unterscheidung eignet sich nach Meinung der Vff. nur die 1. Oberschwingung der OH-Bande bei 1,43 μ, da hier keine Störungen durch andere Absorptionen auftreten. Der %-Geh. ergibt sich aus % 1-Monoglyceride $= c_1/c\ 100 = (A - ck_2b)\cdot 100/(k_1 - k_2)\cdot bc$; $c = c_1 + c_2$ mit einer Genauigkeit von wenigen % (c_1 u. c_2 = molare Konzz. der 1- u. 2-Monoglyceride; A = totale Absorption; k_1 u. k_2 = molare Absorptions-Koeff. = 0,39 u. 0,20; b = Schichtdicke). N. Trzebowski. 7932□

Die Bestimmung des Raffinationsverlustes durch die Methode des Natriumgehaltvergleichs. Lois S. Crauer und Frank E. Sullivan. (J. Amer. Oil Chemists' Soc. **38**, 172—74, April 1961; Poughkeepsie, N.Y., The De Laval Separator Co.; engl.) — Die Arbeitsergebnisse zeigen, daß die neue Meth. des Natriumgehaltvergleichs (Sodium Balance Method) gegenüber den üblichen Meth. bei gleicher Genauigkeit Vorteile (Zeiteinsparung, kleine Proben-Gew., routinemäßige Ausführung) bei der Best. des Raffinationsverlustes (RV), ein Maß für die Wirksamkeit des Raffinationsprozesses, besitzt. RV berechnet sich nach folgender Beziehung: % RV = % R — (% Na_R — % Na_S) — 100 (% $Na_Ö$)/% Na_S — % $Na_Ö$ (% R = % an benutztem Reagens pro Rohöl-Gew.; % Na_R = % Na-Geh. im Reagens; % Na_S = % Na-Geh. der Seife; % $Na_Ö$ = % Na-Geh. im raffinierten Öl). N. Trzebowski. 7932□

Die Wirkung trans-Isomerer auf die physikalischen Eigenschaften von hydrierten Ölen. Dale V. Stingley und Raymond J. Wrobel. (J. Amer. Oil Chemists' Soc. **38**, 201—05, April 1961; Chicago, Ill., Armour and Co., Food Res. Div.; engl.) — Der IR-spektroskop. bestimmbare Geh. an trans-Isomeren bei der Hydrierung von Pflanzenölen u. sein Einfl. auf den Ep., den „Wiley"-F. u. den Festkörperindex (Geh. an gesätt. Fettsäuren) erweist sich für die Best. des für die Erzielung eines bestimmten End-Prod. notwendigen Hydrierungsgrades als sehr nützlich u. erlaubt die Definition eines Hydrierungsindex (HI): HI = % trans-Isomere · $86/JZ_R - JZ_H \cdot 100$. 86 ist die JZ. des spektroskop. Standards Trielaidin; $JZ._R$ u. $JZ._H$ = Jodzahlen des Rohöles u. des hydrierten Öles. N. Trzebowski. 7932□

Die Bestimmung des Ranzigkeitsgrades der Fette durch die colorimetrische Methode mit Diphenylcarbazid. B. A. J. Sedláček und R. Rybin. (Fette, Seifen, Anstrichmittel **61**, 134—38, Febr. 1959; Prag, Hygiene-Inst., Abt. für Lebensm.-Hygiene; dt.) — Entgegen anderen Arbeiten (von Glimm u. a. [1934]) läßt sich nach Vff. die bei der Rk. von in CCl_4 suspendiertem Diphenylcarbazid mit ranzigen Fetten entstehende Rotfärbung visuell oder spektralphotometr. (bei 550 mμ) zur Best. des Ranzigkeitsgrades von Fetten verwenden, wofür eine Vorschrift mitgeteilt wird. Es wurde gefunden, daß mit wachsendem Ranzigkeitsgrad die Extinktionswerte parallel mit der Peroxidzahl ansteigen, gleichzeitig jedoch der Säuregrad bei verschiedenen Fetten sich in unterschiedlicher Weise verändert. Für eine Reihe von Nahrungsfetten werden die entsprechenden Grenzwerte für frische u. verschieden ranzige Proben angegeben. Die Ursache der Rotfärbung ist noch nicht eindeutig geklärt. — 17 Literaturangaben. H. Spohn. 7932□

Colorimetrische Bestimmung von Dialkylzinnverbindungen, die in Fetten und Olivenöl gelöst sind. J. H. Adamson. (Analyst **87,** 597—98, Juli 1962; Bridgwater, Somerset, British Cellophane Ltd.; engl.) — Zur Best. von Dialkylzinn-Verbb., die aus den als Verpackungsmaterial benutzten Polyvinylchloridfolien stammen können, in Fetten verwendet Vf. eine 0,1% ig. äthanol. Lsg. von Brenzcatechinviolett (I), das mit Dibutyl- u. Dioctylzinn in A. lösl. Komplexe bildet. 2—10 g der Probe (ggf. mit Olivenöl auf 10 g aufgefüllt) versetzt man mit 0,5 ml I-Lsg. u. 13,5 ml mit Methanol vergälltem Industriesprit, schüttelt 2 Min. lang u. läßt zur Phasentrennung 4 Std. lang stehen. Die alkohol. Lsg. scheidet sich als klare, braune bis violette Schicht ab. Ihre Extinktion wird bei 550 nm gegen eine Blind-Lsg. gemessen u. über eine Eichkurve ausgewertet. Da der I-Komplex nur teilweise durch A. extrahiert wird, sind mindestens zwei weitere Extraktionen erforderlich. Das Verf. wurde zur Best. von Dialkylzinn-Verbb. in Butterfett u. Margarine angewendet. Gerhard Schulze. 7934□

Die Zusammensetzung der bei der Oxydation flüssiger Paraffinkohlenwasserstoffe erhaltenen Fettsäuren. A. I. Lewin. (Химия и Технология Топлив и Масел Chem. Technol. Brennstoffe Öle] **4,** 33—37, Mai 1959; Allunions-Forsch.-Inst. für Prozesse der Erdölchemie; russ.) — Vgl. der durch Oxydation der *Synthin*-Fraktion gewonnenen *Fettsäuren* (I) mit denen, die durch Oxydation der bei der Herst. von niedrigstockenden *Dieselölen* nach der Meth. der Harnstoffentparaffinierung als Neben-Prodd. anfallenden Fraktion von 240—350° gebildet werden (II). Die Kennzahlen der I u. II sind: SZ. 267 u. 260, EZ. 8,4 u. 5,0, unverseifbare Bestandteile 3,5 u. 1,5%, Viscosität bei 50° 50 u. 6,9—38,2 cSt. J. Lehmberg. 7936

Refraktrometrische Bestimmung von Glycerin in Rohglycerinen mittels Ionenaustauscher. Antonín Kopecký, Václav Klozar und Emil Krejcar. (Průmysl Potravin **11,** 438—39, 1960; Praha, Výz. úst. tukov, prům.; tschech.) — Die Meth. beruht auf der Filtration einer verd. wss. Lsg. von Rohglycerin durch eine Kolonne, die mit einem Gemisch stark saurer u. stark bas. Austauscher gefüllt ist. Diese entfernen aus der Lsg. (teils durch Ionenaustausch, teils durch Adsorption) anorgan. u. vor allem organ. Stoffe. Das Filtrat ist reines wss. Glycerin, dessen Konz. durch Ermittlung des Brechungsindex oder der Dichte bestimmt wird. Die Meth. ist in 20 Min. durchführbar, eignet sich aber nicht für alle Sorten. — 26 Literaturangaben. E. Karutz. 7936□

Die Analyse von Gemischen ionischer und nichtionischer oberflächenaktiver Stoffe und die Rückgewinnung der Komponenten durch das Schichtionenaustauschverfahren. Milton J. Rosen. (J. Amer. Oil Chemists' Soc. **38,** 218—20, April 1961; Brooklyn, N.Y., Brooklyn Coll., Dep. of Chem.; engl.) — Das bereits früher für die Trennung nichtion. u. anion. oberflächenakt. Substanzen (OS) beschriebene Schichtionenaustausch-Verf. (vgl. C. **1958,** 12322) wird für die Trennung kation. (I), anion. (II), u. nichtion. (III) OS erweitert. Geeignete Austauscherharze u. spezielle Bedingungen gestatten eine quant. Trennung: I bis 97% Ausbeute; II u. III bis ca. 80%. Zusätzlich gestattet die Meth. II getrennt nach Fettsäuren aus Seifen, Alkoholen aus verseiften Sulfat- u. Sulfonestern (z. B. Octylalkohol aus Dioctylsulfosuccinat, Glycerin aus sulfatierten Ölen), Fettsäuren aus verseiften Sulfat- u. Sulfonestern (z. B. Fettsäuren aus sulfatierten Ölen), Alkoholen aus hydrolysierten sulfatierten Alkoholen (z. B. Laurylalkohol aus sulfatiertem Laurylalkohol) u. Sulfonsäuren aus Sulfonaten (z. B. Dodecylbenzolsulfonsäure aus Dodecylbenzolsulfonat) u. III getrennt nach nichtquart. Aminen u. quart. Ammonium-Verbb. zu erhalten. N. Trzebowski. 7942□

Eine neue Methode zur quantitativen Bestimmung von BHA. Herta Laszlo und L. R. Dugan jun. (J. Amer. Oil Chemists' Soc. **38,** 178—80, April 1961; Chicago, Ill., Univ. of Chicago, The Amer. Meat Inst. Found.; engl.) — Die von Laszlo früher beschriebene absorptionsspektroskop. Meth. (vgl. Eng. e quim. [Rio de Janeiro] **9,** [1957.] Nr. 5, 1) zur qual. Best. von BHA (*Butylhydroxyanisol,* bestehend aus *2-tert.-Butyl-4-hydroxyanisol* u. *3-tert.-Butyl-4-hydroxyanisol*) neben anderen Antioxydantien in Fetten u. Ölen wird zur quant. Ermittlung des BHA-Geh. angewendet. BHA, durch 72% ig. A. aus einer PAe.-Fett-Lsg. extrahiert, ergibt, mit Ehrlich-Reagens (0,5% ig. wss. Sulfanilsäure mit 5% Salzsäure u. 0,5% ig. wss. Na-Nitrit-Lsg. im Verhältnis 100:1) versetzt, beim Zufügen von NaOH eine purpurrote Färbung, die bei 535 mμ eine Absorptionsbande besitzt. Aus der Intensität läßt sich entsprechend dem Beerschen Gesetz mit einer Eichkurve die Konz. von BHA im Bereich von 0,0001—0,01% mit einer Genauigkeit von ± 3% bestimmen, wenn vorhandenes Propylgallat vorher entfernt wurde.

N. Trzebowski. 7948□

Sandoz Akt.-Ges., übert. von: **Fritz Fleck**, Basel, Schweiz, *Oberflächenaktive Stoffe*. (**Can. P. 555 425** vom 8/7. 1953, ausg. 1/4. 1958. Schwz. Prior. 11/7. 1952. — C. **1958**, 3769 [Oe. P. 189 606].)

British Nylon Spinners Ltd. (Erfinder: **Kenneth Arthur Brunt** und **David Williams**), *Herstellung antistatisch wirkender Reinigungsmittel*. (**Aust. P. 232 155** vom 21/10. 1958, ausg. 23/2. 1961. E. Prior. 31/10. 1957. — C. **1961**, 15606 [D. A. S. 1 105 548].)

Wyandotte Chemicals Corp., Wyandotte (Erfinder: **Donald Richard Jackson**, Wyandotte, und **Lester Gordon Lundsted**, Gross Ile), Mich., V.St.A., *Herstellung von oberflächenaktiven Polyoxyalkylenverbindungen*. (**D. A. S. 1 132 730** Kl. 39c vom 31/5. 1952, ausg. 5/7. 1962. A. Prior. 31/5. 1951 u. 26/3. 1952. — C. **1956**, 12999 [E. P. 739 266].)

Böhme Fettchemie G. m. b. H. (Erfinder: **Hans Wedell**), Düsseldorf, *Chemische Reinigung von textilen Gebrauchsgegenständen*. (**Schwz. P. 358 062** vom 22/3. 1958, ausg. 30/12. 1961. D. Prior. 27/4. 1957. — C. **1960**, 2384 [D. A. S. 1 057 275].)

Farbwerke Hoechst Akt.-Ges., vormals Meister Lucius & Brüning, Frankfurt/M., *Chemische Reinigung von Textilprodukten*. (**Niederl. P. 100 823** vom 4/4. 1960, ausg. 15/3. 1962. D. Prior. 4/4. 1959. — C. **1961**, 8156 [D. A. S. 1 097 069].)

H_{18a}. Holz. Cellulose. Zellstoff. Papier. Papierdruck. Celluloid. Linoleum

Hermann Gewecke, Wiesbaden, **Imprägnieren von saftfrischem Holz,** wobei das teilweise weißgeschälte Holz in einem offenen Trog oder geschlossenem Druckkessel mit fl. Imprägniermitteln behandelt wird u. wobei an mindestens einer Stirnfläche des Holzes zunächst Baumsaft u. sodann ein Gemisch aus Baumsaft u. Imprägnier-Lsg. abgesaugt wird nach D. B. P. 918 115, dad. gek., daß ein ca. 0,5—1 m langer, sich an die an den Maststirnflächen angebrachten Saugkappen anschließender Teil des Holzes nicht geschält wird. (**D. B. P. 956 448** Kl. 38h vom 5/4. 1955, ausg. 17/1. 1957. Anmeldung bekanntgemacht 21/6. 1956. **Zusatz zu D. B. P. 918 115.**) K. Wolk. 7953

Hermann Gewecke, Wiesbaden, **Teilimprägnieren von saftfrischen Holzstämmen.** Die Stämme werden teilweise von Rinde, Bast u. äußeren Jahresringen befreit u. diesen Stellen die Imprägnier-Lsg. mittels eines um den Stamm herumgelegten flüssigkeitsdichten Schlauches zugeführt, während der Baumsaft u. später Baumsaft u. Imprägnier-Lsg. an mindestens einer Stirnfläche des Stammes durch ein zwischen der Eintrittsstelle der Lsg. in den Stamm u. der Stirnfläche aufrechterhaltenes Druckgefälle abgeführt u. beide aufgefangen, durch Zusatz von Imprägniersalz wieder auf die Anfangs-Konz. gebracht u. erneut verwendet werden, so daß keine Imprägnier-Lsg. verloren geht u. sie nach einigen Tränkungen nur noch Baumsaft als Lsgm. enthält. Den verschiedenen weißgeschälten Stellen des Stammes können auch verschiedenartige Imprägnier-Lsgg. zugeführt werden, wodurch sich eine zonenweise unterschiedliche Imprägnierung ergibt. (**D. B. P. 961 394** Kl. 38h vom 3/3. 1955, ausg. 4/4. 1957. Anmeldung bekanntgemacht 5/7. 1956. **Zusatz zu D. B. P. 918 115.**) K. Wolk. 7953

British Petroleum Co. Ltd., England, übert. von: Centrabolaget för Kemiska Industrier A/B, **Konservieren von grünem Holz** durch Bespritzen der frischen Schnittstellen mit einer alkohol. oder Diacetonalkohol-Lsg., welche Pentachlorphenol als Holzkonservierungsmittel u. ggf. ein Petroleumöl von der Art „AStM D 396 enthält. — Z. B. werden die Schnittflächen mit einer Lsg. bestrichen, die 90 (%)Diacetonalkohol u. 10 Pentachlorphenol enthält; oder man verwendet 2,3 (Gew.-%) o-Dichlorbenzol, 2,3 Monochlornaphthalin, 11,6 Pentachlorphenol, 9,3 A. u. 74,5 Petroleumöl. Grünes Fichtenholz wird 10 Sek. lang in die Lsg. getaucht u. 5 Min. lang getrocknet. (**F. P. 1 234 448** vom 21/8. 1959, ausg. 17/10. 1960. Schwed. Prior. 23/10. 1958.) M. F. Müller. 7953

Columbia Cellulose Co. Ltd., übert. von: Morris Wayman und Helge P. Holkestad, Prince Rupert, British Columbia, Canada, **Reinigung von Cellulose,** dad. gek., daß man den Holzbrei zur Verminderung des Asche-Geh. bei pH 3,5—7,5 mit einer 0,05—5%ig. wss. Lsg. von δ-Gluconolacton wäscht. (**Can. P. 555 245** vom 4/11. 1955, ausg. 1/4. 1958.) S. Böttcher. 7955

Cellophane Soc. An., Seine, Frankreich, **Porösmachen von Regeneratcellulose.** Man imprägniert *Folien* aus Regeneratcellulose mit NaOCl-Lsg. u. führt sie dann durch verd. H_2O_2-Lösung. (**F. P. 1 194 018** vom 31/3. 1958, ausg. 6/11. 1959.) M. Pankow. 7955

Samuel Isaac Aronovsky und Elbert Clyde Lathrop, Peoria, Ill., V.St.A., **Alkalischer Aufschluß von stengelförmigen Faserrohstoffen unter gleichzeitiger mechanischer Defibrierung und Vermeidung der Zerkleinerung.** Der in Stücke von 5—10 cm Länge zerschnittene Rohstoff wird bei höherem Druck, z. B. 50 at, u. höheren Temp. einem chem. Aufschluß mittels Na-Sulfit u. -Carbonat bei einer Stoffdichte von 7 unterworfen, dann durch kräftige, nicht schneidend wirkende Stöße gegen ein unter Fl. liegendes Widerlager bis zur Auflösung zerfasert, worauf der Zellstoffbrei in einem mechan. Separator von Knoten, harten Stoffen, Getreidekörnern u. dgl. getrennt wird. Ausbeute, bezogen auf das trockene Rohmaterial, 46—56%. (**Oe. P. 187 789** vom 10/12. 1952, ausg. 26/11. 1956. **Zusatz zu Oe. P. 183 644.**) R. Glafey. 7963

Germaine Marie Henriette Desorbay, Frankreich, **Herstellung von Zellstoff aus Pflanzenmaterial.** Das Verf. des F. P. 995 520 u. der Zusatzpatente F. PP. 57 264 u. 60 502, wonach man das Pflanzenmaterial zuerst mit HNO_3 u. dann mit einer Alkalilauge aufschließt, wird dahin abgeändert, daß man die HNO_3 vor ihrer Einw. auf das Pflanzenmaterial auf eine Temp. abkühlt, die so niedrig ist, daß während der ganzen Behandlungsdauer die zulässige obere Grenz-Temp. keinesfalls überschritten wird. — Vorrichtung. (**F. P. 62 790** vom 25/4. 1952, ausg. 20/6. 1955. **Zusatz zu F. P. 995 520.**) T. Oppermann. 7965

Karl I. Klinga, Uppsala, Schweden, **Verwertung der Abgase des Sulfitaufschlusses.** Die Gase werden während des Aufschlusses u. danach nach Abkühlung unter erhöhtem Druck (während des Aufschlusses bei demselben Druck, nach dem Aufschluß bei mindestens $^7/_{10}$ des Druckes im Aufschlußgefäß) in W. absorbiert, welches im Gegenstrom geführt wird, wobei eine konz. SO_2-Lsg. erhatlen wird, die dem Aufschlußprozeß wieder zugeführt werden kann. — Verfahrensschema. (**Can. P. 568 367** vom 16/3. 1948, ausg. 6/1. 1959.) H.-J. Nitzschke. 7967

T. I. Truba, W. P. Repka, T. F. Pjasetzkaja, L. W. Panassjuk, W. G. Panassjuk und N. Ss. Maksimenko, **Gewinnung von Furfurol, Essigsäure und anderen Stoffen** aus pflanzlichem Material, bes. Maisstrünken, durch Erhitzen des z. T. verzuckerten Materials mit 4—8%ig. Mineralsäure auf 230—260° unter Gewinnung von *Furfurol* u. *Essigsäure*, u. Erhitzen des Rückstandes mit Anthracenöl unter 40 bis 50 Torr auf 230°, wobei *Phenole* erhalten werden. (**UdSSR. P. 122 482** vom 14/7. 1958.) L. Großner. 7967

Vereinigte Glanzstoff-Fabriken Akt.-Ges., Deutschland, **Kontinuierliche Gewinnung von Alkalicellulose.** Cellulose wird in Form eines kontinuierlichen Bandes mit einer Geschw. von 0,1—2 m/Min. durch eine auf 50—100°, bes. 80—100°, erhitzte NaOH-Lsg., der ggf. Netzmittel, Oxydationsreagentien u. a. Zusätze beigefügt sind, geleitet u. anschließend zwischen 2 Walzen unter geringem Druck bei der gleichen Temp. getrocknet. (**F. P. 1 205 447** vom 14/4. 1958, ausg. 2/2. 1960. D. Prior. 16/5. 1957.) Eberhard Riedel. 7971

Olin Mathieson Chemical Corp., V.St.A., **Herstellung feiner Kügelchen aus plastischen Massen,** wie *Nitrocellulose.* Eine Lsg. der plast. Masse in einem mit W. nicht mischbaren Lsgm. wird in W. suspendiert, die suspendierten Teilchen werden durch Reihung, z. B. im Homogenisator, weiter zerkleinert, worauf das Lsgm. durch Verdampfen entfernt wird. — Verw. als *Formpulver.* — Zeichnung. (**F. P. 1 190 509** vom 14/3. 1956, ausg. 13/10. 1959.) M. Pankow. 7971

Billeruds Aktiebolag, Schweden (Erfinder: Sven Axel Rydholm), **Herstellung von Papierstoffbrei** aus Holz oder Stroh durch Kochen mit einer alkal. Na_2SO_3-Lsg. u. Reinigung des erhaltenen Stoffes mit einer alkal. Fl., z. B. Sodalösung. Die anfallende Ablauge wird mit SO_2 oder einer SO_2-reichen Fl. angereichert u. danach zum Kochen wiederverwendet. Die hierbei anfallende Kochfl. wird ggf. einer alkohol. Gärung unterworfen; nach Abtrennung des A. wird die Rückstands-Fl. eingedampft u. der Rückstand abgebrannt unter Ausnutzung der Verbrennungswärme zur Dampferzeugung u. unter Gewinnung von SO_2 u. Na_2CO_3. Der gewonnene Papierstoff wird mit Cl_2 gebleicht, u. mit einer Base wird restliches Chlor entfernt. (**F. P. 1 228 690** vom 24/6. 1959, ausg. 31/8. 1960. Schwed. Prior. 25/6. 1958.) M. F. Müller. 7979

Georges Hirschfeld, Deutschland, **Herstellung von trockenem Harzleim** für die *Papier-* u. *Pappenfabrikation* aus einer wasserhaltigen Harzseife von Alkalien, Erdalkalien oder NH_3 nach Zusatz eines Schutz-Koll., natürlicher oder gequollener Stärke u. Stärke-Derivv. sowie von Cellulose-Derivv., wie Methyl-, Äthylcellulose, Cellulosegluconat, Carboxymethylcellulose. Weitere Zusatzstoffe sind Eiweißstoffe, wie Casein, Albumin Fischmehl, Fischleim, Knochenmehl, Gelatine, ferner Dispergiermittel, wie Alkylarylsulfonate oder Polyalkohole. Das wasserhaltige Harzseifen-Prod. wird $>85°$ getrocknet; Wasser-Geh. ca. 1%. — Vgl. D. A. S. 1 063 741; C. **1960,** 12544. (**F. P. 1 228 895** vom 16/3. 1959, ausg. 2/9. 1960.) M. F. Müller. 7979

American Cyanamid Co., New York, N.Y., übert. von: Yim Jen, Anaheim, Calif., und Ronald R. House, Darien, Conn., V.St.A., **Herstellung von naßfestem Papier.** Eine wss. Aufschlämmung von Cellulosefasern wird mit einem wasserlösl., kation., wärmehärtbaren Methylen-bis-acrylamid-Alkylenpolyamin-Cyanat-Formaldehyd-Harz versetzt, zu einer Faserschicht geformt u. auf 190—250°F erhitzt zum Trocknen u. Härten. Die Herst. des Harzes wird beschrieben. — Verw. als *Karton-* oder *Schreibpapier.* (**A. P. 2 948 652** vom 9/6. 1958, ausg. 9/8. 1960.) P. Mayer. 7987

Monsanto Chemical Co., St. Louis, Mo., übert. von: Francis A. Bonzagni, Springfield, Mass., V.St.A., **Herstellung von naßfestem Papier.** Zu einer wss. Suspension von Cellulosefasern werden 0,1—5% eines wasserdispergierbaren, säurebehandelten, kation., sulfitmodifizierten Melamin-Formaldehyd-Harzes gegeben u. die behandelten Fasern zu einer Schicht geformt. Das Melamin-Formaldehyd-Harz wird vorbereitet durch Dispergieren eines sulfitmodifizierten Harzes in einer wss. Lsg. mit einem pH-Wert von 0,5—3,5 (HCl). Es enthält vor der Säurebehandlung 3—4 Mol Formaldehyd u. 0,10—0,18 Mol Sulfonatgruppe pro Mol Melamin. — Mengenbeispiele. (**A. P. 2 949 396** vom 23/5. 1956, ausg. 16/8. 1960.) P. Mayer. 7987

Johnson & Johnson, New Brunswick, N.J., übert. von: Joseph R. Weschler, Edward William Engel, New Brunswick, N.J., und Paul Lagally, Pleasant Gap, Pa., V.St.A., **Herstellung von naßfestem Papier.** Eine Papierfaserstoffsuspension aus Cellulosefasern wird mit einem Latex eines elastomeren Imprägniermittels u. einer Lsg. von monomerer Orthotitansäure u. einem wasserlösl. Niedrigpolymeren von Orthotitansäure versetzt, das elastomere Imprägniermittel auf den Fasern niedergeschlagen, durch Zugabe eines Guanidin-Formaldehyd-Rk.-Prod. u. einer Papierschicht geformt u. getrocknet. Grundschicht für Klebestreifen. (**A. P. 2 947 658** vom 10/7. 1956, ausg. 2/8. 1960.) P. Mayer. 7987

Dow Chemical Co., Midland, übert. von: Freeman R. Lehman, Lloyd H. Silvernail und Elmer K. Stilbert, Midland, Mich., V.St.A., **Herstellung von fett- und öldichtem Papier.** Das Papier wird mit einer wss. Lsg. eines Acrylamidpolymeren, das in 0,5%ig. wss. Lsg. bei pH 3—3,5 u. 25^{0} C eine Viscosität von 3 cP hat, behandelt. Für 1 Million $in.^{2}$ Papier werden 0,4—20 lbs., bes. 1,0—4 lbs. Acrylamid verwendet. (**A. P. 2 945 775** vom 18/4. 1955, ausg. 19/7. 1960.) P. Mayer. 7987

American Cyanamid Co., V.St.A. (Erfinder: Edwin Ralph Kolodny, Walter Florus Reynolds jun. und Norman Thorndike Woodberry), **Herstellung von mit Pigmenten oder Füllstoffen versehenem Papier** aus einer wss. Cellulosepapierfasersuspension, welche neben Pigment (TiO_2, Ton, Pb-Chromat, $CaCO_3$), Füllmaterial, Harzleim u. Alaun eine geringe Menge einer verd. wss. Lsg. eines nicht kation. lösl., in W. linearen Vinylpolymeren (Molgew. $> 5 \cdot 10^{6}$), mit hauptsächlich Carbamoylalkylenbindungen mit >4 C-Atomen enthält. Die zugesetzte Menge an Vinylpolymeren beträgt weniger als 0,1 Gew.-%, berechnet auf das Trockengewicht des Fasermaterials. (**F. P. 1 238 574** vom 3/10. 1959, ausg. 2/12. 1960. A. Prior. 6/10. 1958.) M. F. Müller. 7987

Rohm & Haas Co., Philadelphia, Pa., übert. von: Paul J. McLaughlin, Moorestown, N.J., und Walter W. Toy, Philadelphia, Pa., V.St.A., **Herstellung eines beschichteten Papiers.** Papier wird mit einer wss. Pigmentdispersion mit 40—70% Feststoff-Geh. u. einem pH-Wert von 8,5—9,5 beschichtet, getrocknet u. kalandriert. Die Pigmentdispersion enthält einen überwiegenden Anteil Ton u. 8—25% vom Pigmentgewicht eines wasserlösl. neutralen Copolymeren von wenigstens einem Alkylacrylat mit 1—4 C-Atomen in der Alkylgruppe mit 2,5—7 Gew.-% vom Copolymer eines Säureamids von Methacrylsäure, Acrylsäure, Itaconsäure, Aconitsäure, Maleinsäure u. Fumarsäure, wobei das Copolymere einen Ti-Wert von unter 20^{0} besitzt. Das erhaltene Prod. besitzt gute Druckeigenschaften. (**A. P. 2 874 066** vom 17/10. 1955, ausg. 17/2. 1959.) P. Mayer. 7987

Hercules Powder Co., V.St.A. (Erfinder: John Arthur Harpham und Harry Willison Turner), **Herstellung von porösem und absorptionsfähigem Papier.** Man stellt zunächst einen Papierfilz her, der transversal gebundene Cellulosefasern enthält, was durch Einw. von Formaldehyd, 1.3-Dichloraceton, Glyoxal, Epichlorhydrin u. a. bewirkt wird. — Tabellen; zahlreiche Beispiele. (**F. P. 1 235 963** vom 27/3. 1959, ausg. 10/11. 1960. A. Prior. 31/3. 1958.) M. F. Müller. 7987

Schleipen & Erkens Akt.-Ges. & Co., Deutschland, **Papierblatt,** an dessen Oberfläche auf einer oder beiden Seiten klebende Stoffe nicht haften. Die Oberfläche des Papiers wird mit einem Silicon enthaltenden Gemisch eines Harzes mit Kautschuk überzogen. (**F. P. 1 232 750** vom 14/8. 1959, ausg. 11/10. 1960.) M. F. Müller. 7987

Hercules Powder Co., übert. von: George P. Gregory, Wilmington, Del., V.St.A., **Überziehen von Papier** auf Basis von Cellulosefasern mit einer bedruckbaren Schicht aus einem in einer wss. Lsg. von gelierbarer Na-Sulfoäthylcellulose oder Na-Carboxymethylcellulose oder Na-Carboxymethylhydroxyäthylcellulose als Bindemittel dispergiertem Pigment, wobei der Überzug 30—65% Feststoff u. 5—15%, bezogen auf das Gewicht des Pigments, Bindemittel enthält, anschließendes Koagulieren des Cellulose-Deriv. mit wss. Mono- oder Dialkaliphosphaten, wasserlösl. Halogeniden oder Nitraten der Alkali- oder Erdalkalimetalle, des Mg oder Zn, Abpressen u. Trocknen. (**Can. P. 568 462** vom 6/11. 1952, ausg. 6/1. 1959. A. Prior. 30/4. 1952.) H.-J. Nitzschke. 7987

Muirhead & Co. Ltd., übert. von: Robert Doughty Richards, Beckenham, England, **Elektrolytisches Aufzeichnungsmaterial.** Eine Trägerschicht (Papier) ist mit einer wss. Lsg. imprägniert, die ein mehrwertiges Phenol (Brenzcatechin), das mit Metallen unter Bldg. eines gefärbten, wasserunlösl. Lackes reagiert, ferner $NaClO_3$ zur Vertiefung des Farbtons u. $>1\%$ Na_2SO_4 zum rascheren Trocknen nach der Aufzeichnung enthält. (**A. P. 2 949 409** vom 16/7. 1957, ausg. 16/8. 1960. E. Prior. 20/12. 1956.) P. Mayer. 7987

Maurice I. B. Ladeuze, Rosny-sur-Bois, und Pierre Toni, Chemin du Buisson, Frankreich, **Behandlung von Pauspapier.** Ein Gemisch von 43 (Teilen) A., 4 Na_2CO_3, 4 Stearin, 26 Benzol, 9 Äthylamin, 9 Äthanolamin u. 5 Ölsäure wird auf die Oberfläche von Pauspapier aufgetragen. Auf der so behandelten Oberfläche kann leicht radiert werden. (**A. P. 2 947 640** vom 2/9. 1958, ausg. 2/8. 1960. F. Prior. 21/2. 1958.) P. Mayer. 7987

United States of America, Secretary of Navy, übert. von: George A. Richter, Rochester, N.Y., und Arthur B. Lamb, Cambridge, Mass., V.St.A., **Spezialpapier zur Herstellung wasserzerstörbarer Dokumente.** Das Papier wird an einer oder beiden Oberflächen mit einem wasserdispergierbaren, ölundurchlässigen Film beschichtet u. mit einer ölbas. Druckfarbe beschriftet. Beim Befeuchten mit W. wird der Film (wasserlösl. Hydroxyäthylcellulose, Stärke, Cellit) in eine schleimige viscose Fl. verwandelt u. die Zeichen ausgelöscht. (**A. P. 2 893 754** vom 29/2. 1944, ausg. 7/7. 1959.) P. Mayer. 7987

Continental Oil Co., übert. von: Francis J. Higgins, Ponca City, Okla., V.St.A., **Nichtschäumendes Wachs.** Zu A. P. 2 796 355, C. **1958**; 8789 ist zu ergänzen: Dem Paraffinwachs werden in geschmolzenem Zustand 1—2 Teile pro 100 Teile eines Fettsäureesters (Glycerylmonolaurat) u. 7—5% (auf den Ester bezogen) des K- oder Li-Salzes einer Fettsäure zugesetzt. (**Can. P. 554 521** vom 10/3. 1955, ausg. 18/3. 1958. A. Prior. 9/8. 1954.) S. Böttcher. 7987

Heinrich Heichlinger, München, **Herstellung positiver Schrift-Kopiervorlagen** für Tief- u. Offsetdruck, wobei die transparente Kautschukschicht eines Materials gemäß D. B. P. 961 679 bedruckt wird, dad. gek., daß nach dem Bedrucken der Kautschukschicht diese mit einer transparenten Folie geeigneter Dicke zu einer untrennbaren Einheit verbunden wird. (**D. A. S. 1 034 026** Kl. 57d vom 25/2. 1957, ausg. 10/7. 1958. **Zusatz zu D. B. P. 961 679.**) A. Gradl. 7989

Rudolf Müller, Mutterstadt, **Offsetdruckverfahren** unter Kühlung des Offsetdruckplattenträgers u. gleichzeitigem Heizen der Offsetzylinderoberfläche, gemäß D. B. P. 925 116, dad. gek., daß man die Kühlung der Offsetplattenoberfläche auf 0 bis $+4^0$ selbsttätig regelt u. die Heizung für die Gummituchoberfläche auf das zur Abtrocknung u. Erwärmung der Farbfilmoberfläche auf Normaltemp. notwendige Maß einstellt, um bei allen vorkommenden Raumtemperaturen gleichmäßige Drucke zu erhalten. — Vorrichtung. (**D. B. P. 929 612** Kl. 15k vom 5/4. 1953, ausg. 30/6. 1955. Anmeldung bekanntgemacht 5/1. 1955. **Zusatz zu D. B. P. 925 116.**) F. Laaß. 7989

American Cyanamid Co., New York, N.Y., übert. von: Alfred F. Schmutzler, Stamford, Conn., V.St.A., **Druckfarben** aus einem Gemisch von Farbstoff, z. B. Pigment, mit der Dispersion aus den Rückständen der Dest. von Alkylphenolen mit 4—18 C-Atomen in der Alkylkette, z. B. Nonylphenol, u. einem organ. Lsgm., wobei das Verhältnis der letzteren 10 : 90 bis 95 : 5 betragen kann. (**Can. P. 558 511** vom 8/1. 1954, ausg. 10/6. 1958. A. Prior. 16/2. 1953.) H.-J. Nitzschke. 7991

American Cyanamid Co., New York, N.Y., übert. von: Alfred F. Schmutzler und Leonard E. Cadwell, Stamford, Conn., V.St.A., **Druckfarben** aus 1—55% Farbstoff, z. B. Pigment, u. 99—45% Rückständen der Dest. von Diäthylen-, Dipropylen-, Dibutylenglykol, Butantriol, Pentan- oder Hexandiol. (**Can. P. 558 512** vom 8/1. 1954, ausg. 10/6. 1958. A. Prior. 16/2. 1953.) H.-J. Nitzschke. 7991

American Cyanamid Co., V.St.A. (Erfinder: Walter F. Reynolds jun. und Norman T. Woodberry), **Herstellung von Papier, Karton und Hartpappe** aus Papierstoff unter Zusatz von ultrahochmol. anion. Vinylpolymeren in Form ihrer Komplex-Verbb. mit $Al(OH)_3$. (**F. P. 1 238 588** vom 6/10. 1959, ausg. 2/12. 1960. A. Prior. 6/10. 1958.) M. F. Müller. 7993

Farbenfabriken Bayer Akt.-Ges., Leverkusen, übert. von: Ernst Roos, Friedrich Lober, Leverkusen, und Jürgen Koerner, Opladen, **Polyvinylchloridmasse,** gek. durch einen Geh. von 0,1—5% eines Pyrazols der allg. Formel **I** als Weichmacher (R, R′ u. R″ = H, Cyclohexyl-, Cyclopentyl-, C_1-$_{18}$-Alkyl-, Phenyl-, Halogenphenyl-, Hydroxyphenyl- oder Alkoxyphenylrest). Genannt sind bes. 3.5-Diphenyl-, 3-Phenyl-, 3-Methyl-5-phenyl-, 3-Phenyl-5-p-chlorphenyl- u. 3-Phenyl-5-p-methoxyphenylpyrazol. Die lichtbeständigen Prodd. (Folien) sind zum *Verpacken von Lebensmitteln* geeignet. — Beispiel. (**A. P. 2 946 765** vom 25/3. 1958, ausg. 26/7. 1960. D. Prior. 27/3. 1957.) G. Vogel. 7993

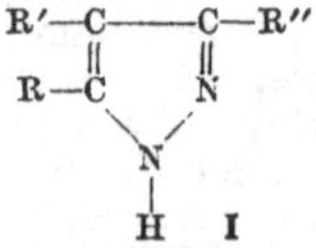

I

Omnium de Produits Chimiques pour l'Industrie et l'Agriculture „Opcia" und Soc. pour la Fabrication d'Isolants & Revêtements Ligneux „Isorel", Paris, Frankreich, *Feuerfestmachen von cellulosehaltigen Stoffen.* (**Oe. P. 219 836** vom 6/11. 1957, ausg. 26/2. 1962. F. Prior. 6/11. 1956 u. 4/11. 1957. — C. **1960,** 14910 [D. A. S. 1 081 652].)

H_{18b}. Textilfasern

Verwendung von Magnesiumchlorid beim Schlichten von Baumwollketten. R. V. Soneji, C. C. Shah und P. C. Mehta. (J. sci. ind. Res. [New Delhi], Sect. A, **18,** 228—31, Mai 1959; Ahmedabad, Ahmedabad Text. Ind. Res. Assoc.; engl.) — Die Wrkg. verschiedener Mengen $MgCl_2$, die beim *Schlichten* von *Baumwollketten* verwendet werden, während des Sengens, Lagerns u. Glanzkalanderns wird untersucht. Unter normalen Arbeitsbedingungen zeigt das Gewebe nur geringe Schädigung. In Abwesenheit von Stärke jedoch erzeugen starke Konzz. von $MgCl_2$ erheblichen Abbau, selbst bei Raumtemperatur. Dies läßt sich nicht durch die Annahme erklären, daß $MgCl_2$ während einiger Arbeitsvorgänge dissoziiert u. dadurch HCl frei macht, die die Cellulose des Gewebes abbaut. L. Jentgen. 8044□

Die Beschaffenheit des hartnäckig an Baumwolle haftenden Schmutzes. William C. Powe. (Textile Res. J. **29,** 879—84, Nov. 1959; St. Joseph, Mich.; Whirlpool Corp., Res. Labor.; engl.) — Die Ursache der Anreicherung von schwer entfernbarem *Schmutz* auf *Baumwollware* während der Naß- u. Trockenreinigung wird untersucht. In diesem Zusammenhang hergestellte elektronenmkr. Aufnahmen deuten daraufhin, daß das Vergrauen der Baumwolltextilien in erster Linie auf Tonmineralien zurückzuführen ist, die auf der Faser ein bes. starkes Haftvermögen aufweisen. H. G. Fröhlich. 8044□

Die Reaktion von Epoxiden mit Baumwollcellulose in Gegenwart von Natriumhydroxid. John B. McKelvey, Beverly G. Webre und Elias Klein. (Textile Res. J. **29,** 918—25, Nov. 1959; New Orleans, La., US-Dep. of Agricult., Southern Reg. Res. Labor.; engl.) — Vgl. C. **1961,** 12312. — Mercerisierte *Baumwollgarne* werden 30 Min. lang in 1—30%ig. NaOH-Lsg. vorbehandelt, auf 150—200% abgeschleudert, mit 11 verschiedenen handelsüblichen *Epoxiden* bei 25, 50 u. 95° bis zu 4 Std. lang in wss. oder lösungsmittelhaltiger Flotte umgesetzt, mit CH_3OH, Chlf. oder Ae. gewaschen, angesäuert, mit W. gespült u. bei 100° bzw. im Vakuumofen bei 60° getrocknet. Die Bedingungen für die Rk. der *Epoxide* mit *Baumwollcellulose* werden untersucht u. die hierbei in Frage kommenden Rk.-Mechanismen diskutiert. H. G. Fröhlich. 8044□

Beobachtungen bei der Assoziation von Acetylgruppen mit den (Cellulose)-Komponenten von Jute. A. B. Sen Gupta, A. Roy und W. G. MacMillan. (J. sci. ind. Res. [New Delhi], Sect. B. **19,** 249—52, Juli 1960; Kalkutta, Indian Jute Mills Assoc. Res. Inst.; engl.) — Eine Meth. durch die Hemicellulose mit W. unter Druck im Autoklaven von Holocellulose abgetrennt wird, wird beschrieben. Eine Analyse des getrockneten u. gereinigten Prod. zeigt, daß CH_3CO-Gruppen eine charakterist. funktionelle Gruppierung von Hemicellulose sind, wobei wahrscheinlich ein geringer Anteil mit α-Cellulose kombiniert ist. Für die Hexosen von Hemicellulose, nämlich Galaktose, Glucose u. Mannose, berechnet sich jedoch nur ein kleiner Anteil Acetyl, weil diese Gruppe meist mit Xylose oder Uronsäure bzw. mit beiden assoziiert ist. H. Schmiedeknecht. 8052□

Spannungsrelaxation und die Umwandlungstemperatur von Wolle. B. J. Rigby. (Textile Res. J. **29,** 926—29, Nov. 1959; Ryde, NSW, Australia; C.S.I.R.O., Wool Res. Labor.; engl.) — Die *Spannungsrelaxation* einer Reihe chem. u. physikal. modifizierter Corriedale-*Wollen* (jodiert, desaminiert bzw. mit $(CH_3COO)_2Hg$ oder $HSCH_2COOH$ behandelt u. UV-bestrahlt wird im Zusammenhang mit der jeweiligen *Übergangs-Temp.* (transition temperature; **I**) untersucht. Unterhalb von **I** besitzen die Keratin-Moll. ein reversibles Umwandlungsvermögen, während sie oberhalb dieser Temp. irreversible Umwandlungen erfahren (Auseinanderbrechen des nativen Keratin-Mol.), woraus sich die verschiedenen Werte für den Spannungsverlust von 33% unterhalb **I** u. 73% oberhalb **I** erklären. Dieser unterschiedliche Verlauf der Spannungsrelaxation oberhalb u.

unterhalb von I wird durch die Modifizierung der Wollfasern nicht beeinflußt; lediglich die Übergangs-Temp. ändert sich. H. G. Fröhlich. 8060□

Eine rheologische Betrachtung der Hottenroth-Zahl für Viscose. Shigeharu Onogi und Yoshiki Hayashi. (Textile Res. J. **29**, 873—79, Nov. 1959; Kyoto, Japan, Kyoto Univ., Dep. of Text. Chem.; engl.) — Das *rheolog. Verh.* von *Viscose-Lsg.* während der Titration mit verschiedenen Salz-Lsgg. (10%ig. NH_4Cl-, 15%ig. KCl-, 20%ig. NaCl- u. 20%ig. $ZnSO_4$-Lsg.) wird untersucht. Die Aufnahme der Koagulationskurven erfolgt mit einem Prüfgerät, bei dem die Viscositätsänderungen der Viscose-Lsg. durch den Zusatz der Salz-Lsg. automat. registriert werden. Die mit NH_4Cl erhaltenen Ergebnisse deuten darauf hin, daß die Hottenroth-Zahl zur Best. des Reifegrades von Viscose nicht immer gleich der Menge 10%ig. NH_4Cl-Lsg. entspricht, bei der gerade die Flockung der Viscose-Lsg. einsetzt, da der NH_4Cl-Zusatz zu einer thixotropen Lsg. führt. Die Hottenroth-Zahl wird besser definiert als die Menge an 10%ig. NH_4Cl-Lsg., bei der die Viscose-Lsg. thixotrop wird. H. G. Fröhlich. 8074□

Eine Markierfarbe für die mikroskopische Aufdeckung von Schäden an Viscoserayon. J. E. Ford. (Shirley Inst. Mem. **32**, 161—67, Dez. 1959; Didsbury, Brit. Cotton Ind. Res. Assoc., Shirley Inst.; engl.) — Die *Markierfarbe* besteht aus einer Lsg. von 1% Chlorazol Sky Blue FF u. 3 Vol.-% Pyridin. Ihre Anwendung zur Feststellung von *Schäden* beruht darauf, daß bestimmte Farbstoff-Lsgg. bei niedrigen Temp. direkt in die Kernsubstanz der *Viscosefaser* eindringen, wenn diese zugänglich ist, aber die Mantelsubstanz kaum anfärben. Das Verf. wird ausführlich beschrieben u. durch 17 Abb. erläutert. L. Jentgen. 8074□

Kannegiesser & Co. Maschinenfabrik G. m. b. H., Deutschland, **Verhindern des Einlaufens von Stoffen** in nichtverarbeiteter Form als Meterware durch Gegenblasen von heißem Wasserdampf von der einen Seite u. danach Ansaugen von unter Druck befindlicher kalter Luft von der anderen Seite her. (**F. P. 1 233 461** vom 26/8. 1959, ausg. 12/10. 1960.) M. F. Müller. 8025

Ciba Akt.-Ges., Basel (Erfinder: Otto Albrecht, Neue Welt), Schweiz, **Herstellung von Polyglykoläthern von acylierten Alkylenpolyaminen.** In Acyl-Derivv. von Aminen der allg. Formel H_2N-Alkylen-[-NH-Alkylen-]$_m NH_2$, die mindestens zwei, von gesätt. Fettsäuren abgeleitete, zusammen mindestens 20 C-Atome enthaltende u. an N-Atome gebundene Acylreste aufweisen, werden mit Hilfe von Äthylenoxid (**III**) 8 bis 30 $-CH_2-CH_2O$-Gruppen eingeführt. Hierbei ist m = 0 oder eine kleine ganze Zahl. Als Ausgangs-Prodd. werden bes. Acylamino-Verbb. der allg. Formel I verwendet. Hierin ist R_1 ein gesätt. aliphat. KW-Stoff-Rest, m, n u. p sind kleine ganze Zahlen, wobei p mindestens 2 u. höchstens m + 1 ist u. die $-OCR_1$-Reste mindestens 20 C-Atome enthalten.

$$\left[>N-(CH_2)_{n+1}-[-\overset{|}{N}-(CH_2)_{n+1}]_{m-1}-N< \right] \begin{matrix}(OCR_1)_p \\ H_{m-p+3}\end{matrix}$$

I

Vorzugsweise verwendet werden Acyl-Derivv. von Diäthylentriamin, ebenso ist es von Vorteil, Acyl-Derivv. zu verwenden, die die gleiche Anzahl von NH_2- u. Acylgruppen enthalten. Letztere sollen vorzugsweise eine mit unverzweigter Kette mit 11—21 C-Atomen aufweisen. Bes. empfohlen wird die Verw. von sog. „techn. Stearinsäuren" (**II**). Die Acylierungen werden nach bekannten Verff. mit den betreffenden Polyaminen u. Carbonsäuren oder ihren Chloriden oder Anhydriden durchgeführt. Die Einführungen von **III** erfolgt nach bekannten Verff. unter Ausschluß von O_2 in Ggw. von bas. Katalysatoren wie Alkalimetall, -hydroxid, -carbonat oder -acetat. Die Endprodd., die noch ein bas. N-Atom enthalten, können dann noch in quart. Salze umgewandelt werden. — Beispiel: 103 (Teile) Diäthylentriamin werden im N_2-Strom auf 140° erhitzt u. innerhalb von 4 Std. mit 540 **II** gemischt, nach 4 std. Rühren bei 160—165° wird 1 Mol des Kondens.-Prod. mit 25 Mol **III** bei 110—130° in Ggw. von 1% Na umgesetzt. Die Rk.-Prodd. sind wachsartige wasserlösl. Stoffe, die große Affinität zu Cellulosefasern besitzen u. daher als *Textilhilfsmittel*, bes. als Weichmacher u. zur Verbesserung der Knitterfestigkeit verwendet werden. (**Schwz. P. 349 996** vom 4/7. 1956, ausg. 31/12. 1960.)
A. Kalix. 8029

N. V. Onderzoekingsinstituut Research, Arnheim, Niederlande, **Spinnkopf für Schmelzspinnverfahren** hochpolymerer Stoffe, bestehend aus einer rostfreien Stahlplatte (Ø 73 mm, Dicke 6 mm), in die Löcher mit 2 fach verschiedener Konizität gebohrt sind (Durchmesser in der 1. Stufe oben 6,5 mm, unten 2,7 mm, in der 2. Stufe oben 2,7 mm, unten 2,5 mm). Durch die Löcher werden auf der Unterseite kon. Ta-Zapfen (Härte 230 Vickers) eingelassen, die durchbohrt werden. Die Platte wird poliert u. mehrere Std. bei 350—400° gehärtet. (**E. P. 733 096** vom 24/12. 1952, ausg. 6/7. 1955. Niederl. Prior. 13/2. 1952. **Zusatz zu E. P. 711 038.**) G. Salzmann. 8031

E. W. Kusnezow, R. K. Waletdinow, R. Ss. Djewitajewa, N. N. Ssasonowa und N. A. Tschishewskaja, **Schutzüberzug für Textilien aus sulfochloriertem Polyäthylen (I),** wobei man zur besseren Gewebehaftung vorher mit Polyisobutylen (II)-Lsg. imprägniert. — Man läßt **II** 12—20 Std. in Bzn. vorquellen u. stellt dann mit Bzn. eine 7—10%ig. Lsg. her, mit der man das Gewebe 3—4 mal vorbehandelt. Die **I**-Lsg. besteht neben 1000 (g) **I** aus 50 **II**, 100 PVC-Harz, 50 Gasruß u. 1 Captax als 10%ig. Lsg. in Bzl./Toluol (1:1) u. wird nach heißem Filtrieren auf das Gewebe bei 90 bis 95° aufgetragen. Man erhält eine gegen HNO_3, H_2SO_4, HF, H_2O_2, Kerosin u. Xylidin-Gemische beständige Schicht mit einer Frostbeständigkeit bis —60° u. einer Wärmebeständigkeit bis +90°. (**UdSSR P. 118 417** vom 23/7. 1957.) B. Pankow. 8033

Kunstzijdespinnerij Nyma N. V., Niederlande, **Bleichen von Textilmaterial** durch Behandeln mit einer Lsg. von Alkali- oder Erdalkalichlorit. Man transportiert das imprägnierte Material auf einem Band aus korrosionsfestem Polyalkylen- (Polyäthylen- oder -propylen-) Gewebe durch eine Kammer mit Wasserdampf (I) allein oder I u. Ameisensäuredampf. Wird bei pH 3—4 gebleicht, setzt man H_2SO_4, HCl, HNO_3 oder H_3PO_4 zu. Bei neutraler Chloritbleiche wird Äthyltartrat oder Maleinsäureanhydrid zugegeben. (**F.P. 1 222 233** vom 23/4. 1959, ausg. 8/6. 1960. Niederl. Prior. 6/5. 1958.) H. Meltzer. 8033

Phillips Petroleum Co., Bartlesville, Okla., übert. von: John F. Howe, New York, N.Y., V.St.A., **Überziehen** von Textilien mit einem Buten-(1) (**I**)–SO_2-Harz, wobei aus **I** u. überschüssigem SO_2 eine wss. Emulsion hergestellt wird, die so lange zu einem Harz zur Rk. gebracht wird, daß 70—97% **I** umgesetzt sind, worauf unumgesetztes **I** u. SO_2 verdampft werden, der Latex mit NaOH auf pH 4—8 gestellt wird, der Textilstoff mit dem Latex überzogen, bei 150—210°F getrocknet u. auf 230—275°F erhitzt wird. Dem nach Neutralisation erhaltenen Latex kann ein Weichmacher im Verhältnis 3:2 bis 99:1 zugesetzt werden. (**Can. P. 568 448** vom 19/2. 1952, ausg. 6/1. 1959.) H.-J. Nitzschke. 8037

United States Rubber Co., V.St.A. (Erfinder: Robert Rath von Hough und Roland Barone), **Imprägnieren von Fasermatten.** Zur endgültigen Verarbeitung werden die Fasermassen mit einem Bindemittel, das die Fasern bei der Verarbeitung in der gewünschten Richtung festhält, imprägniert. Als Bindemittel nimmt man eine ca. 5—10%ig. wss. Emulsion aus 20—50 (%), bes. 40 Diallylphthalatvorpolymerisat, 70 bis 40, bes. 50 Diallylphthalat u. 5—10, bes. 10 eines nichtion. Emulgators u. erhitzt nach Imprägnierung 2—3 Min. auf ca. 177°, wobei es keine Verfärbung gibt. (**F. P. 1 190 442** vom 24/1. 1958, ausg. 12/10. 1959. A. Prior. 12/3. 1957.) M. Pankow. 8037

Chemstrand Corp., V.St.A. (Erfinder: Robert Joseph Lincoln und Charles Houston Campbell), **Feuerfestmachen von Textilmaterialien** durch Imprägnieren mit einer wss. Lsg. des Umsetzungs-Prod. eines Alkanolamins, z. B. β-Hydroxyäthylamin, Di- u. Tri-[β-hydroxyäthyl]-amin mit H_3PO_4; pH der Lsg. 6—10. (**F. P. 1 233 272** vom 3/8. 1959, ausg. 12/10. 1960. A. Prior. 7/8. 1958.) M. F. Müller. 8037

Chicopee Mfg. Corp., New Brunswick, N.J., übert. von: Mario M. diDario, Elmhurst, Ill., V.St.A., **Feuerfeste Gewebe.** Die Gewebe werden mit einer wss. Lsg. von Ammoniumsulfamat (I) u. Dicyandiamid (II) getränkt u. $<300°$ getrocknet, so daß der trockene Stoff ca. $\geqq 7$ (%) **I** u. $\leqq 20$ **I** u. **II** enthält. — Zeichnungen. (**Can. P. 554 512** vom 22/6. 1954, ausg. 18/3. 1958.) S. Böttcher. 8037

Westdeutsche Wattelinefabrik Johann Reichel K. G., Deutschland, **Verbesserung der Eigenschaften von Wattelinebahnen.** Die in üblicher Weise hergestellten Bahnen werden vor dem Zusammenrollen in Ballen mit einer wss. Dispersion eines Acrylesterharzes imprägniert u. bei 150° getrocknet. (**F. P. 1 232 757** vom 14/8. 1959, ausg. 12/10. 1960. D. Prior. 23/4. 1959.) M. F. Müller. 8045

American Viscose Corp., V.St.A., **Kontinuierliches und automatisches Mischen zweier Flüssigkeiten.** Genaues Dosieren von Zusätzen schwacher Viscosität, wie Farb-Lsgg. usw., zu *Viscose* durch Abzweigen eines Viscosestromes vom Hauptstrom über eine Mischzone, in der die Zusätze zugesetzt werden, mit parallelgeschalteten Dosierpumpen u. Zurückführen des Nebenstromes in den Hauptstrom. — Verf.-Schema. (**F.P. 1 169 298** vom 9/3. 1957, aus. 24/12. 1958.) P. Kühn. 8075

Toyo Boseki Kabushiki Kaisha (Erfinder: Saichi Morimoto, Koshi Okada, Takuo Toda, Hiroshi Ono, Koichi Nakagawa und Yoshibumi Takeuchi), Morikuchi, Japan, **Herstellung von Viscose.** Man behandelt Alkalicellulose zunächst mit einem Teil (2—5% der Cellulose) der zur Viscosierung notwendigen CS_2-Menge, gibt einen mehrwertigen, keine Emulgier- u. oberflächenakt. Wrkg. besitzenden Alkohol (Äthylenglykol, niedrigpolymeres Polyäthylenglykol, Glycerin, Pentaerythrit) u. die Restmenge des CS_2 zu u. mischt mit verd. wss. Alkali-Lsg., rührt u. erhält dabei $<10°$. — Man behandelt Alkalicellulose bei 28° 20 Min. mit 7% (der Cellulose) CS_2. Ferner setzt man so viel wss. NaOH zu, daß das Gesamtalkali des gebildeten Viscose-

Präp. 6% u. Cellulose 8% wird, 28% (der Cellulose) CS_2 u. 0,1% (pro Viscose) Äthylenglykol als Rk.-Hilfsmittel, gibt hierzu die vorbehandelte Alkalicellulose, hält die Mischung bei 5° u. rührt 5 Stunden. (**Jap. A. S. 13249/1960** vom 6/12. 1957, ausg. 12/9. 1960.) M. Pankow. 8075

E. I. du Pont de Nemours & Co., Wilmington, übert. von: Norman Louis Cox, Claymont, Del., V.St.A., **Herstellung von Viscosefäden mit verbessertem Ermüdungswiderstand.** Man setzt einer Viscose mindestens 0,06 (%) eines Äthers der allg. Formel $RO-(CH_2CH_2O)_n-R'$ (R = Alkyl oder Aryl; R' = H, Alkyl oder Aryl; n = 1—4) zu, der zu mindestens 1 in 6%ig. NaOH lösl. u. in dem verwendeten H_2SO_4-Fällbad unlösl. ist, z. B. 0,5 Phenoxyäthanol. — Vgl. Schwz. P. 319 179; C. **1959**, 5003. (**A. P. 2 962 341** vom 14/5. 1956, ausg. 29/11. 1960.) F. Böhm. 8075

E. I. du Pont de Nemours & Co., Wilmington, Del. (Erfinder: James Albert Mitchell und Barton Leslie Hinkle, Richmond, Va.), V.St.A., **Herstellung verbesserter Celluloseregeneratfilme.** Man läßt 38—50° warme Viscose in ein Fäll- u. Regenerierbad von 40—55° fließen, reckt den erhaltenen Regeneratfilm vor beendeter Regenerierung um <25%, wäscht u. trocknet ihn u. erhält ein Prod. erhöhter Schlagfestigkeit. (**F. P. 1 170 810** vom 9/1. 1957, ausg. 19/1. 1959. **Jap. A. S. 6698/1959** vom 2/2. 1957, ausg. 13/8. 1959. A. Prior. 2/2. 1956.) M. Pankow. 8075

Teikoku Jinzo Kenshi Kabushiki Kaisha und Hideyoshi Kimura, Osaka (Erfinder: Kenjo Wakai, Iwakuni, Shiro Nakai, Takarazuka, und Tetsuya Watanabe, Mitaka), Japan, **Herstellung von Alkalicellulose für Viscose.** Die cellulosehaltige alkal. Fl. wird der Einw. von Ultraschall unterworfen. — Man bestrahlt eine Mischung mit 17,65% Alkali u. 3,5 Gew.-% (der Gesamtmenge) Cellulose 30 Sek. mit 22 kc/Sek. 250 kW-Ultraschall, wodurch eine homogene Verteilung erreicht wird. (**Jap. A. S. 9447/1960** vom 11/10. 1957, ausg. 18/7. 1960.) M. Pankow. 8075

E. I. du Pont de Nemours & Co., Wilmington, Del., übert. von: Ivan Keith Miller, Bon Air, Va., V.St.A., **Verspinnung von Viscose in Nickelsalze enthaltenden Spinnbädern.** Um Fäden mit niedrigem Quellwert zu erhalten, setzt man der Viscose geringe Mengen eines lösl. Ferrocyanids, z. B. 0,22 oder 1,22% $K_4Fe(CN)_6$, zu. Übliche Modifizierungsmittel sind bei Verw. Ni-haltiger Spinnbäder prakt. wirkungslos. (**A. P. 2 960 385** vom 16/10. 1957, ausg. 15/11. 1960.) F. Böhm. 8075

Vereinigte Glanzstoff-Fabriken Akt.-Ges., Wuppertal-Elberfeld (Erfinder: Berthold Daimler, Dremmen, Hugo Illing, Grebben, Richard Elssner, Randerath, Bez. Aachen, und Kurt Heuer, Oberbruch-Grebben), **Erhöhung der Verstreckbarkeit von frischgesponnenen Fäden aus Viscose.** Man verspinnt Viscose bei 45—20° in Bäder, die 2—7% H_2SO_4, 5—20% Na_2SO_4 u. 2—15% $ZnSO_4$ enthalten, wobei man der Viscose 0,02—6% u./oder dem Spinnbad 0,1—5 g/kg Spinnbad Polyalkoxyglykole oder deren Derivv. zusetzt u. die erhaltenen Fäden verstreckt. Solche Derivv. sind die Rk.-Prodd. von Polyoxyglykolen mit aliphat. oder aromat. Säuren, Alkoholen oder Aminen u. Verbb. der Formel $RO-(CH_2CH_2O)_2-R_1$ (R = Alkyl oder Aryl; R_1 = H oder R; n = 1—4), z. B. äthoxyliertes Cocosamin, äthoxyliertes NH_3 der Formel $H(CH_2CH_2O)_zN\begin{smallmatrix}\diagup CH_2CH_2O)_xH\\ \diagdown CH_2CH_2O)_yH\end{smallmatrix}$ (x + y + z = 20) oder das Rk.-Prod. aus Ricinusöl u. Polyglykol der Formel $H_3C(CH_2)_5CH(OH)CH_2CH:CH(CH_2)_7\cdot COO\cdot(CH_2CH_2O)_{15}H$. (**Oe. P. 201 774** vom 18/7. 1957, ausg. 26/1. 1959. D. Prior. 29/8. 1956. **Zusatz zu Oe. P. 197 259.**) M. Pankow. 8075

Comercial Papelera Torras Soc. An., Spanien, **Wiedergewinnung von Alkalien** aus den Mutterlaugen der Cellulose-Herst. gemäß F. P. 985 276, dahingehend ergänzt, daß man feste u. fl. Bestandteile einer gemeinsamen Verbrennung unterwirft. (**F. P. 68 211** vom 27/9. 1955, ausg. 9/4. 1958. Span. Prior. 20/8. 1955. **Zusatz zu F. P. 985 276.**) S. Böttcher. 8075

Asahi Kasei Kogyo Kabushiki Kaisha, Osaka (Erfinder: Ryoishi Wakasa, Norihisa Shichijo und Yasuo Matsumoto, Nobeoka), Japan, **Gewinnung brauchbarer Stoffe aus den Ablaugen der Kunstseidefabriken.** Man versetzt die sauren konz. Ablaugen mit Kalksteinpulver oder gelöschtem Kalk bis pH $\leqq$6 u. erhält *Gips*, den man abfiltriert. Das Filtrat stellt man mit Kalkmilch oder alkal. Ablaugen von Viscosefabriken auf pH $\geqq$8 u. fällt Zn als $3\,ZnO\cdot ZnSO_4\cdot xH_2O$ u. $Zn(OH)_2\cdot xH_2O$, filtriert, löst den Filterkuchen in konz. H_2SO_4 oder in Koagulierbadsäure-Lsg. u. erhält dann *$ZnSO_4$*. (**Jap. A. S. 13 470/1960** vom 24/1. 1960, ausg. 15/9. 1960.) M. Pankow. 8075

Toho Reyon Kabushiki Kaisha, Tokyo (Erfinder: Kazuhiro Nagai und Masao Saito, Tokushima), Japan, **Acetylieren von Cellulosefasern mit Essigsäureanhydrid** u. überschüssigen Alkalimetallsalzen organ. Säuren als Katalysator. — Man imprägniert Viscosereyon mit 40%ig. wss. K-Acetat-Lsg. u. trocknet bei 70 u. 80°, führt sie in ein Acetylierungsbad, das 5 g (pro 100 Fl.) CH_3COOK in Kerosin u. Essigsäureanhydrid (Vol.-Verhältnis 50:50) enthält, hält 2 Min. bei 130°, beseitigt die entstehende CH_3COOH mit CH_3COOK als $CH_3COOK \cdot 2\,CH_3COOH$, wäscht mit Trichloräthylen u. danach mit heißem Wasser. (**Jap. A. S. 13248/1960** vom 25/11. 1958, ausg. 12/9. 1960.) M. Pankow. 8077

Osaka Kinzoku Kogyo Kabushiki Kaisha, Osaka (Erfinder: Kazuo Okamura, Suita, Takaomi Satogawa, Kyoto, und Jo Yonetani, Osaka), Japan, **Herstellung wärmefester Vinylchloridmischpolymerisate.** Man polymerisiert Vinylchlorid unterhalb normaler Temp. mit 2—25 Gew.-% Trifluorchlor- oder Tetrafluoräthylen. — Zu einer Mischung von 100 (Gew.-Teilen) W., 0,01 Diisopropylperoxydicarbonat, 0,01 $NaHSO_3$ u. 0,01 $FeSO_4$ gibt man 45 Vinylchlorid u. 5 Trifluorchloräthylen u. schüttelt 5 Std. bei 5°. Das Polymere löst man in Tetrahydrofuran zu einer 15%ig. Lsg., gibt 1 g/Liter kationakt. Stoff zu, spinnt in W. von 8°, streckt u. erwärmt. — Auch Herst. von Folien. (**Jap. A. S. 12943/1960** vom 20/6. 1958, ausg. 8/9. 1960.) M. Pankow. 8081

Mitsubishi Reyon Kabushiki Kaisha, Tokyo (Erfinder: Hidenari Suyama und Masao Ishii, Otake), Japan, **Herstellung von Polyvinylalkohol durch doppelte Verseifung.** Man verseift zunächst mit einer kleinen Menge NaOH bzw. methanol. NaOH, zerkleinert nach Fl.-Entfernung den Polyvinylalkohol, behandelt ihn mit methanol. NaOH (5—20% Wasser-Geh. im CH_3OH), erhitzt danach u. behandelt mit Säure. — 10 (Teile) Polyvinylacetat versetzt man mit 80 CH_3OH, 10 W. u. $^3/_8$ Äquivalent (des Polymeren) NaOH u. verseift bei 40°. Das schwammige Prod. wird von Fl. befreit u. zerkleinert. Das erhaltene Pulver wird 2 Std. bei 40° mit der 10fachen Menge 0,5%ig. NaOH-CH_3OH-Lsg. (5% Wasser-Geh.) imprägniert, zentrifugiert u. 2 Std. bei 70° gehalten. Man erhält ein in kaltem W. unlösl., in heißem W. begrenzt lösl. Polyvinylalkoholpulver, das 1 Std. bei 30° mit der 10fachen Menge 0,6%ig. H_2SO_4 imprägniert u. mehrmals mit W. gewaschen wird. Man verspinnt nach dem Trocken-Verf., streckt um das 8fache, hält bei 220° u. erhält einen gegen sd. W. festen u. bei höherer Behandlungs-Temp. sich nicht verfärbenden *Faden.* (**Jap. A. S. 11691/1960** vom 18/4. 1958, ausg. 22/8. 1960.) M. Pankow. 8081

Mitsubishi Reyon Kabushiki Kaisha, Tokyo (Erfinder: Hidenari Suyama und Masao Ishii, Otake), Japan, **Herstellung von Polyvinylalkohol durch doppelte Verseifung.** Das in kaltem W. unlösl., in heißem W. lösl. wärmebehandelte Polyvinylalkoholpulver wird mit wss. NaOH imprägniert u. verseift, dann mit Säure imprägniert u. gereinigt. — Man hält 10 (Teile) Polyvinylacetat, 80 CH_3OH u. 10 W. mit $^3/_8$ Äquivalent (des Polymeren) NaOH bei 40°, wobei ein Polyvinylalkohol mit 0,45 Mol-% restlichen Säuregruppen entsteht, den man nach Entfernung der Fl. in der Zerkleinerungs-Vorr. 6 Std. bei 70° hält, wobei man CH_3OH zurückgewinnt u. ein in kaltem W. unlösl., in heißem W. lösl. Polyvinylalkoholpulver erhält, das man mit der 10fachen Menge 0,7%ig. NaOH-Lsg. bei 30° 1 Std. imprägniert, worauf man auswäscht u. mit der 10fachen Menge 0,5%ig. H_2SO_4 1 Std. bei 30° imprägniert u. gut auswäscht. Rest-Geh. des Polymeren an H_2SO_4 0,025%, an CH_3COOH-Gruppen 0,1 Mol-%. — Man verspinnt das Material zu *Fäden.* (**Jap. A. S. 11692/1960** vom 18/4. 1958, ausg. 22/8. 1960.) M. Pankow. 8081

Dow Chemical Co., Midland, übert. von: Carl B. Havens, Hope, Mich., V.St.A., **Herstellung in der Hitze wenig schrumpfender Fäden** aus Polyvinylidenchlorid. Man setzt der Spinnmasse 1—1(%) als Weichmacher wirkendes Trialkylcitrat oder Acetyltrialkylcitrat mit 8—10 C-Atomen im Alkylrest zu, z. B. 5 Trioctyl- oder Acetyltributylcitrat. Die aus der Schmelze ersponnenen Fäden werden mindestens auf das 3,5fache ihrer Länge kalt verstreckt u. dann bei 70—120° geschrumpft. (**A. P. 2 956 855** vom 1/9. 1955, ausg. 18/10. 1960.) F. Böhm. 8081

Chemstrand Corp., Dekatur, Ala. (Erfinder: Hobson Dewey de Witt, New Wilmington, Pa.), V.St.A., **Herstellung von Polyacrylnitrillösungen** mit mindestens 80% Acrylnitril mittels eines Lsgm. aus Chloralhydrat u. einem Dinitril, wie Bernstein- oder Malonsäuredinitril, oder einem cycl. Alkylencarbonat mit 2—4 C-Atomen im Alkylenrest. — Man rührt 1 (g) Polyacrylnitril in eine Mischung von 6 Äthylencarbonat u. 3 Chloralhydrat von 40°, hält 15 Min. bei 60° u. erhält eine bei allen Temp. bis 40° herab stabile viscose Lsg., die man bei 40° nach dem Naßspinn-Verf. zu *Fäden* verspinnt. (**F. P. 1 218 061** vom 29/12. 1958, ausg. 9/5. 1960. **Jap. A. S. 11789/1960** vom 26/12. 1958, ausg. 23/8. 1960. Beide A. Prior. 30/12. 1957.) M. Pankow. 8081

Nitto Boseki Kabushiki Kaisha, Fukushima (Erfinder: Masuo Naito, Koriyama, Kyoichi Harada, Masamichi Katayama, Fukushima, und Kenji Sakaba, Shirakawa), Japan, **Herstellung von besser färbbaren Acrylnitrilpolymeren** oder -mischpolymeren durch Behandlung mit Hydroxylaminphosphat (I).

— 100 (Teile) Acrylnitril, 2 $K_2S_2O_8$, 2 $NaHSO_3$, 1500 W. werden 3 Std. bei 40° polymerisiert. Zu der Polymerisatdispersion gibt man 10 I u. rührt 1 Std. bei 80°. 15 des Polymeren werden, in 85 Dimethylformamid gelöst, in n-Butanol als Bad gesponnen, auf das Doppelte gestreckt u. in Wasserdampf um das 4,5fache gestreckt: Farblose, durchsichtige *Fäden*, die mit sauren Farbstoffen, wie Säureorange II, gefärbt werden. (**Jap. A. S. 11693/1960** vom 25/12. 1957, ausg. 22/8. 1960.) M. Pankow. 8081

Nitto Boseki Kabushiki Kaisha, Fukushima (Erfinder: Masuo Naito, Koriyama, und Masamichi Katayama, Fukushima), Japan, **Kontinuierliche Lösungspolymerisation von Acrylnitril.** Man löst eine Mischung aus 100—85 (Mol.-%) Acrylnitril u. 0—15 eines mischpolymerisierbaren Monomeren oder Polymeren zu einer 15—25 Gew.-%ig. Lsg. in Dimethylsulfoxyd (I), gibt Katalysator u. Regler zu, hält die Vorrats-Lsg. $<40°$ u. läßt sie kontinuierlich in das Polymerisationsgefäß laufen, in dem $>40°$ polymerisiert sind, worauf die Polymerisat-Lsg. kontinuierlich abgezogen u. zum Verspinnen verwendet wird. — Man löst 18 (Teile) einer Mischung aus Acrylnitril–Vinylacetat–Polymethylvinylpyridin (94:4:2 Mol-%) in 82 I, gibt 0,18 $(NH_4)_2S_2O_8$ u. 0,18 tert.-Dodecylmercaptan zu, hält im Vorratsgefäß bei 5°, erwärmt in einem Zwischengefäß auf 20° u. gibt in das Polymerisationsgefäß, in dem es 9 Std. bei 30—40° u. danach noch 24 Std. in einem weiteren Gefäß bei 40° verweilt: 100%ig. Polymerisation; Polymerisationsgrad 1000. — Zeichnung. (**Jap. A. S. 13142/1960** vom 5/7. 1958, ausg. 10/9. 1960.) M. Pankow. 8081

Zaidan Hojin Nippon Kagaku Seni Kenkyujo (Erfinder: Masao Horio, Rikizo Imamura und Takeshi Seizo), Kyoto, Japan, **Herstellung von Polyestern.** Das Rk.-Prod. aus Vanillinsäure (II) oder deren Estern mit 2bas. aliphat. Säurechloriden kondensiert man mit 2wertigen Alkoholen, wobei Ketten mit Gruppen der Formel I entstehen (n = 2, 4 oder 6). — 1 (Mol) II u. 0,5 Bernsteinsäurechlorid werden, ggf. in Ggw. eines Veresterungskatalysators, in Bzl. auf 80—100° erhitzt, etwa nach Aufhören der HCl-Entw. hält man 1 Std. bei 140°, entfernt Lsgm., hält 4 Std. bei 1 mm u. extrahiert das Rk.-Prod. zur Entfernung von nichtumgesetztem Material mit A.; F. des Rk.-Prod. 310°. Es wird mit einem geringen Überschuß an Äthylenglykol unter N_2 8 Std. lang bei 280°, dann 5 Std. lang bei 1 mm erhitzt: F. des Polymeren 215—220°. Es kann aus der Schmelze zu streckbaren *Fäden* versponnen werden. (**Jap. A. S. 11543/1960** vom 22/8. 1957, ausg. 19/8. 1960.) M. Pankow. 8081

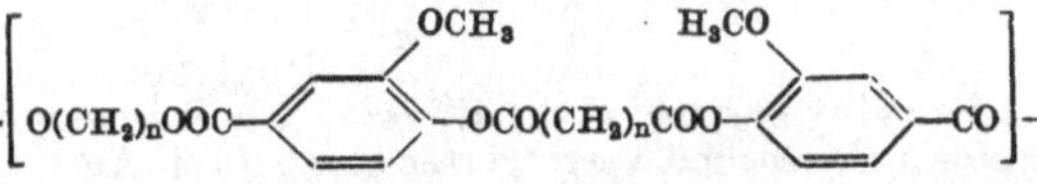

I

Chiyoda Kako Kensetsu Kabuschiki Kaisha (Erfinder: Kuyichi Mizutani und Etsuo Asanagi), Tokyo, Japan, **Herstellung polymerer Esteramide.** Man polykondensiert in der Hitze Polymethylen-bis-[ammoniumalkylterephthalate] $(CH_2)_n(NH_2 \cdot HOOCC_6H_4COOR)_2$ oder Polymethylen-bis-[p-carbalkoxybenzamide] $(CH_2)_n(NH \cdot COC_6H_4COOH)_2$ u. Glykol mit $\geqq 2$ C-Atomen zuerst bei normalem Druck u. später bei hohem Unterdruck. — 27 (Teile) Terephthalsäuremonomethylester, 8,7 Hexamethylendiamin, 200 CH_3OH u. 100 W. erhitzt man zur Lsg.; 2,5 des bei Ae.-Zusatz entstehenden Hexamethylen-bis-[ammoniummethylterephthalats], 2 Äthylenglykol u. 0,001 wasserfreie Soda werden in trockenem O_2-freiem N_2 zuerst bei normalem Druck 5 Std. lang auf 200° u. dann bei 0,1 mm 17 Std. auf 210—230° erhitzt: Spinnbares *Polyesteramid*, F. 310°. (**Jap. A. S. 9444/1960** vom 13/2. 1957, ausg. 18/7. 1960.) M. Pankow. 8081

E. I. du Pont de Nemours & Co., Wilmington (Erfinder: Harold Wayne Hill jun., Stephanie Louise Kwolek, Wilmington, Del., und Paul Winthorp Morgan, West Chester, Pa.), V. St. A., **Herstellung von Polyamiden.** Man läßt 2bas. aromat. Säurehalogenide in Lsg. in einem organ. inakt. u. mindestens teilweise mit W. gemischten Lsgm. mit wasserlösl. aromat. Diaminen in Ggw. säurebindender Lsgm. bei niedriger Temp. reagieren. — 2,554 (Gew.-Teile) m-Xylol-4.6-diamin werden mit 3,975 Soda in 100 W. gelöst u. 3,807 Isopthaloylchlorid in 136 3.4-Dimethyltetramethylensulfon gelöst. Man mischt die Lsgg., rührt 5 Min. bei Raum-Temp. u. fällt das Polyamid mittels W.; F. 352°. — Das Polyamid dient zur Herst. von *Filmen* u. *Fäden*, indem man z. B. eine 17%ig. Lsg. des Polyamids in 95 Dimethylformamid u. 5 LiCl von 128° in Luft von 225° verspinnt. (**Jap. A. S. 13247/1960** vom 28/2. 1958, ausg. 12/9. 1960. A. Prior. 28/2. 1957.) M. Pankow. 8081

Ss. L. Popowa, A. N. Wolkow, I. A. Subkow, K. P. Grinjewitsch und D. Ja. Schinkin, **Fixierung von Knoten in Capron-Netzgewebe** (Fischereiwesen), wobei auf das Garn ein Filmbildner aufgetragen wird, der bei der Beanspruchung im nassen Milieu eine Knotenlockerung verhindert. Als solchen verwendet man Hydrolyse-

Prodd. von Phenyläthoxysilan in wss. Emulsion (z. B. 30%ig) oder in 3—5%ig. Lsgg. von Dichloräthan, Bzl., Toluol oder CCl_4; nachfolgend wird bei 90—100° getrocknet. (**UdSSR. P. 118 805** vom 4/9. 1958.) B. Pankow. 8081

Toyo Reyon Kabushiki Kaisha, Tokyo (Erfinder: Akihisa Miyaka, Kyoto), Japan, **Herstellung von Polymerisationsprodukten** durch Rk. von Cyclohexandiol-(1.4) (I) u. HCHO u. dessen Derivaten. Die aus der trans-Form von I erhaltenen Prodd. übertreffen wegen ihrer symm. Struktur durch ihre hohen F., ihre Kristallinität u. Orientierbarkeit die aus der cis-Form oder einer Mischung der cis- u. trans-Form erhaltenen Rk.-Produkte. — Eine Mischung aus 200 (Teilen) trans-I, 30 Paraformaldehyd u. 1 p-Toluolsulfonsäure wird im N_2-Strom bei 170° gerührt u., nachdem die Fl. durchsichtig geworden ist, die Temp. langsam bis 260° gesteigert, worauf man unter 1 mm weitererhitzt, wobei überschüssiges I entfernt wird. Nach 5 Std. erhält man ein Harz vom F. 169°. Aus der Schmelze kann man *Filme* oder *Fäden* herstellen, die gestreckt u. wärmebehandelt werden können. (**Jap. A. S. 12594/1960** vom 7/2. 1958, ausg. 2/9. 1960.) M. Pankow. 8081

Esso Research and Engineering Co., V.St.A. (Erfinder: Robert H. Perry jun.), **Durylendiisocyanat und seine Polymeren** der Formeln I u. $-OR\cdot O\cdot CO(NH\cdot M\cdot NH\cdot COO\cdot R\cdot OCO)_nNH\cdot M-$ (n = ganze Zahl >1; —ORO— stammt von Glykolen, Polyäthern u. Polyestern; R = Alkyl, **M = II**).

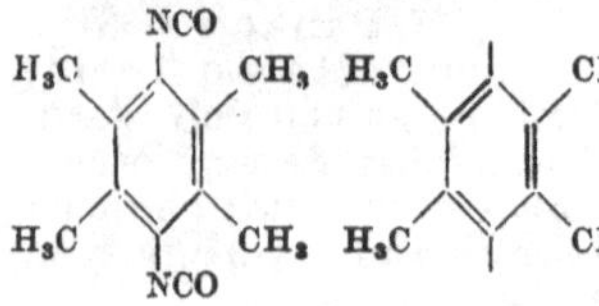

I II

I, F. 112°, erhält man nach $C_6(CH_3)_4 + 2\,HNO_3 \rightarrow C_6(CH_3)_4(NO_2)_2 + H_2O$, $C_6(CH_3)_4(NO_2)_2 + 6\,SnCl_2 + 14\,HCl \rightarrow [C_6(CH_3)_4(NH_3Cl)_2]\cdot {}^1/_2\,SnCl_4 + {}^1/_2\,SnCl_4 + 4\,H_2O$, $[C_6(CH_3)_4(NH_3Cl)_2]_2SnCl_4 + 10\,NaOH \rightarrow C_6(CH_3)\cdot(NH_2)_2 + 8\,NaCl + Na_2SnO_3 + 7\,H_2O$; $C_6(CH_3)_4(NH_2)_2 + 2\,HCl \rightarrow C_6(CH_3)_4(NH_3Cl)_2$; $+ 2\,COCl_2 \rightarrow$ I $+ 6\,HCl$. I reagiert heftig mit Anilin. Mit Glykolen, wie Äthylenglykol, Polyäthylenglykolen oder Polyestern, wie Polyäthylensebacat, erhält man das *Polymere* mit Molgew. 1000—20000, aus dem *Fasern* u. *Gewebe* mit verringerter elektrostat. Aufladung erhalten werden. (**F. P. 1 189 144** vom 30/8. 1957, ausg. 29/9. 1959. A. Prior. 4/9. 1956.) M. Pankow. 8081

Kanegafuchi Boseki Kabushiki Kaisha, Tokyo (Erfinder: Keizo Ueda, Nishinomiya, Hiromu Mikami und Tsuneo Okawara, Osaka), Japan, **Herstellung gut färbbarer linearer Kondensationsprodukte** der Formel $\{[CONH-(CH_2)_3X(CH_2)\cdot NH]_x[COPNH]_y\}_n$ [X = — N(R)—, wobei R = aliphat. C_{1-4}-KW-Stoff-Rest, Phenyl, Cyclohexyl, Benzyl, $-NHC_6H_4NH-$, $-NHCH_2C_6H_4CH_2NH-NH-\langle H \rangle-NH$ oder $-N\langle^{CH_2CH_2}_{CH_2CH}\rangle N$; P = Lactam, ω-Aminocarbonsäure- oder der Esterrest; x u. y = ganze Zahl; x:y = 10:1—10:5]. Man polykondensiert Diamine $H_2N\cdot(CH_2)_3\cdot X(CH_2)_3NH_2$ mit Lactamen, ω-Aminocarbonsäuren oder deren Estern u. Harnstoff. — Man rührt im N_2-Strom kräftig je 1 (Mol) N.N-Di-[γ-aminopropyl]-piperazin u. Harnstoff mit 0,3 Caprolactam 3 Std. bei 130°, 4 Std. bei 250° u. 2 Std. bei 250° u. 10 mm. — Das Rk.-Prod. kann im Schmelzspinn-Verf. zu *Fäden* von 450—500 kg/mm² Young-Zahl versponnen werden. Gut färbbar mit sauren Farbstoffen. Die Kondens.-Prodd. sind in konz. H_2SO_4, HCOOH, Phenol u. Kresol etwas lösl., sonst gegen Säuren u. Alkalien beständig. (**Jap. A. S. 13243/1960** vom 4/3. 1958, ausg. 12/9. 1960.) M. Pankow. 8081

Stockholms Superfosfat Fabriks Aktiebolag, Stockholm, Schweden, **Herstellung von Acrylnitrilmischpolymerisaten** aus wenigstens 85% Acrylnitril (I) u. einer ungesätt. Sulfonsäure-Verb., die wenigstens einen mittels einer Methylenbrücke gebundenen Acrylamidrest u. wenigstens einen Sulfopropionamidrest enthält, der Formel $CH_2{:}CR^2CO\cdot NR\cdot CH_2NR^1\cdot CO\cdot CHR^3CH_2SO_3H$ (R u. R^1 = H oder $-NR\cdot CH_2\cdot NR^1-$ = Rest des Hexahydrotriazinringes; R^2 u. R^3 = H oder niederer Alkylrest), wie N-Acryloyl-N'-sulfopropionylmethylendiamin, Hexahydro-1.3-diacryloyl-5-sulfopropionyl-symm.-triazin, Hexahydro-1-acryloyl-3.5-disulfopropionyl-symm.-triazin u. -3-sulfopropionyl-5-aminopropionyl-symm.-triazin. — 20 (g) Hexahydro-1.3.5-triacryloyl-symm.-triazin, in 500 ml W. bei 73° gelöst, werden in 15 Min. mit 7,5 Na-Metabisulfit versetzt; man verd. 7,5 ml der kalten, filtrierten Lsg. mit W. auf 100 ml (Lsg. **II**). Ferner gibt man in 1500 ml W. 1,5 Na-Laurylsulfat, 3 Na-Metabisulfit, 2 $(NH_4)_2S_2O_8$ u. bei 50° 90 ml **I**, nach 3—5 Min. 20 ml **I** zusammen mit 25 ml **II**, nach je 30 Min. 80 ml **I** u. 25 ml **II**, bis zu einer Gesamtmenge von 350 ml **I** u. 100 ml **II**, kühlt dann nach weiteren 45 Min. auf 20° u. filtriert. — Aus 20%ig. Dimethylformamid-Lsg. in paraffinhaltige KW-Stoffe gesponnene *Fäden* sind wärmefest. (**Jap. A. S. 11 794/1960** vom 18/3. 1959, ausg. 23/8. 1960. Schwed. Prior. 18/3. 1958.) M. Pankow. 8081

Chemstrand Corp., übert. von: Julian Keith Lawson jun., Decatur, Ala., V.St.A., **Mischpolymerisate** werden erhalten aus ca. 50 (%) Acrylnitril (I) u. ca. 50 (alkylsubstituiertem) 1-Vinylimidazol (II) oder aus ca. 80 I, 2 II u. 1—18 eines Vinylesters, z. B. Vinylacetat, eines Alkylacrylats, z. B. Methylacrylat oder Styrol. Alkyl soll nicht >5 C-Atome enthalten. Gearbeitet wird bei ca. 90° in Ggw. von Na-Stearat u. Diazoaminobenzol. *Gut anfärbbare Fasern.* (**A. PP. 2 941 986** vom 2/8. 1957, ausg. 21/6. 1960 u. **2 949 444** vom 2/8. 1957, ausg. 16/8. 1960.) H. Schindler. 8081

Union Carbide Corp., New York, N.Y., V.St.A. (Erfinder: **Charles Paul McClelland**), *Textilschlichte.* (**E. P. 879 206** vom 19/2. 1958, ausg. 4/10. 1961. A. Prior. 20/2. 1957. — **C. 1961**, 11190 [D. A. S. 1 095 780].)

E. I. du Pont de Nemours & Co., übert. von: **David Tanner**, Wilmington, Del., V.St.A., *Modifizieren geformter synthetischer Substanzen unter Bestrahlung.* (**A. P. 2 999 056** vom 4/10. 1956, ausg. 5/9. 1961. — **C. 1961**, 2482 [D. A. S. 1 084 233].)

Ciba Ltd., Basel, Schweiz, *Modifizierung von Hydroxylgruppen enthaltenden Fasern.* (**E. P. 880 624** vom 10/4. 1959, ausg. 25/10. 1961. Schwz. Prior. 10/4. 1958. — **C. 1962**, 3629 [F. P. 1 221 493].)

American Cyanamid Co., New York, N.Y., V.St.A., *Knitterfeste Cellulosetextilien.* (**E. P. 881 102** vom 12/12. 1957, ausg. 1/11. 1961. A. Prior. 19/12. 1956. — **C. 1960**, 11516 [A. P. 2 889 192].)

Bradford Dyers' Association Ltd., Bradford, England (Erfinder: **George William Madaras, Geoffrey Howard Crawshaw** und **John Gwynant Evans**), *Polysiloxan-Textilausrüstung.* (**E. P. 880 315** vom 14/1. 1957, ausg. 18/10. 1961. — **C. 1962**, 6260 [F. P. 1 215 556].)

Rohm & Haas Co., Philadelphia, Pa., V.St.A., *Nichtgewebte Faserprodukte.* (**E. P. 867 545** vom 12/8. 1957, ausg. 10/5. 1961. A. Prior. 13/8. 1956. — **C. 1961**, 1060 [F. PP. 1 181 169 bis 1 181 173].)

Farbenfabriken Bayer Akt.-Ges., übert. von: **Carl Boresch**, Leverkusen, *Hydrophobiermittel.* (**A. P. 2 999 768** vom 8/7. 1958, ausg. 12/9. 1961. D. Prior. 19/7. 1957. — **C. 1960**, 342 [D. A. S. 1 060 834].)

Farbenfabriken Bayer Akt.-Ges., Leverkusen, *Hydrophobierung von Cellulose-Textilien.* (**E. P. 881 536** vom 20/1. 1959, ausg. 8/11. 1961. D. Prior. 1/2. 1958. — **C. 1962**, 3680 [F. P. 1 218 093].)

Armour & Co., Chicago, Ill., V.St.A., *Hydrophobierverfahren.* (**E. P. 877 098** vom 8/9. 1959, ausg. 13/9. 1961. — **C. 1961**, 3196 [A. P. 2 903 382].)

Tensora G. m. b. H. für techn. u. industr. Erzeugnisse Konservierungsverfahren, München, *Behandlung von Wolle.* (**E. P. 876 126** vom 31/12. 1959, ausg. 30/8. 1961. D. Prior. 2/1. 1959. — **C. 1961**, 3861 [D. A. S. 1 087 562].)

Edward Robbart, Cambridge, Mass., V.St.A., *Schrumpffreie Wolle.* (**E. P. 877 593** vom 4/5. 1959, ausg. 13/9. 1961. A. Prior. 7/5. 1958. — **C. 1962**, 8114 [A. P. 2 961 338].)

American Viscose Corp., Philadelphia, übert. von: **Joseph W. Schappel**, Morton, Pa., V.St.A., *Verschmutzungsfeste (Viscose-) Textilien.* (**A. P. 2 999 774** vom 18/12. 1956, ausg. 12/9. 1961. — **C. 1961**, 1060 [E. P. 833 284].)

E. I. du Pont de Nemours & Co., übert. von: **Thomas E. Young**, Wilmington, Del., V.St.A., *Herstellung von Polyarylenäthylenen.* (**A. P. 2 999 820** vom 2/5. 1955, ausg. 12/9. 1961. — **C. 1960**, 12209 [E. P. 807 196].)

British Celanese Ltd., übert. von: **Ernest Jan Kowolik** und **James Lincoln**, Puteridge Bury b. Luton England, *Lineare Polyester.* (**A. P. 2 979 483** vom 26/2. 1957, ausg. 11/4. 1961. E. Prior. 7/3. 1956 — **C. 1959**, 17569 [E. P. 796 621].)

Ciba Ltd., Basel, Schweiz, *UV-Schutz für synthetische Fasern.* (**E. P. 879 144** vom 12/1. 1960, ausg. 4/10. 1961. Schwz. Prior. 15/1. 1959. — **C. 1962**, 4394 [Oe. P. 212 798].)

H_{19}. Brennstoffe. Erdöl. Mineralöle

Cellulose — Kerogen — Erdöle und Kohlen. 1. Mitt. A. Gillet. (Ind. chim. belge **26**, 203—15, 1961; Liège, Univ.; franz.) — Nach einer geochem. Betrachtung der natürlichen Brennstoffe (Torf u. Braunkohle einerseits u. alte Steinkohlen vom Paläozoikum bis zum Wealden andererseits) wird dargelegt, daß aus der Cellulose durch eine tiefgreifende geochem. Einw. Kerogen entstanden ist. Kerogen ist der Hauptbestandteil des Ölschiefers. Es wird angenommen, daß das Kerogen aus dem Lignin entsteht, in dem aromat. Kerne vorgebildet sind, das seinerseits wiederum aus der Cellulose entstanden ist, indem zwei Mole Zucker untereinander reagieren. F. Rosendahl. 8120□

Cellulose — Kerogen — Erdöle und Kohlen. 2. Mitt. A. Gillet und P. Colson. (Ind. chim. belge **26**, 372—80, 1961; franz.) — 1. vgl. vorst. Referat. — Bei der Hydrolyse von Cellulose (I) in reinem W. wird zunächst bei 150° ein Abfall des pH auf 3 beobachtet, was sich auch bei höherer Temp. nicht ändert. Bei 250—275° tritt plötzlich eine Red. ein, während eine Abspaltung von W. aufhört. Bei >275° setzt die Wasserabspaltung wieder ein. Bei längerem Erhitzen oberhalb 350° bilden sich Kohlepartikelchen u. ein H-armer KW-Stoff. $(C_2H)_x$, Geh. an H = 4%. Die Ergebnisse werden mit den Ergebnissen von Bergius verglichen u. eine Umformung von I angenommen. Wird der gleiche Vers. in einem stark alkal. W. vorgenommen, so treten von 250—280° Abspaltungen von W. unter gleichzeitiger Bldg. erdölähnlicher Gebilde auf, so daß von einer tiefgreifenden Umformung gesprochen werden muß. Zugleich entweichen größere Mengen an atomarem H entsprechend 30% von I, welcher Teil von I sich der Umformung entzogen hat. Bleiben die gebildeten erdölähnlichen Stoffe (Kerogen) in der alkal. Fl., so treten weitere Zers. ein, einmal in Richtung auf Graphit u. einmal in Richtung Erdöl.

Die Vers.-Ergebnisse sind in Diagrammen zusammengefaßt, aus denen die Zusammenhänge der Umwandlung von I zu den verschiedenen Endprodd. erkennbar ist. Die im Labor. aufgefundenen Mechanismen werden auf die Vorgänge bei der Bldg. von Kohle, Erdöl u. Bitumen in der Natur übertragen. F. Rosendahl. 8120□

Torf, ein organischer Grundstoff und seine neuen Verarbeitungsmethoden. Albert Sundgren. (Valtion tekn. Tutkimuslaitos, Sarja IV [State Inst. techn. Res., Ser. IV] **1961**, Nr. 37, 1—23; finn.) — Torf soll nicht nur als Brennstoff Verw. finden, sondern soll auch als Rohstoff auf geeignete Weise ausgewertet werden. So kann gepulverter Torf nach einer geringen therm. Zers. zu Isoliermaterial verarbeitet werden. Geeignete Torfarten dienen zur Wachs- u. Harzgewinnung; bei Tieftemp.-Verkokung können wertvolle Flüchtige erhalten oder Düngemittel hergestellt werden. F. Rosendahl. 8122□

Biothermische Aktivierung von Torf. F. G. Abramow. (Торфяная Промышленность [Torf-Ind.] **38**, Nr. 6, 19—20, 1961; Zentrale Torfmoor-Versuchsstation; russ.) — Aktivierungs-Verss. von *N* im Torf auf biotherm. Wege werden beschrieben. In den hierdurch erhaltenen Torfdüngern werden 0,3—0,6% u. mehr Nitrat–Ammoniak–N festgestellt. Bei Verw. der Dünger zu Kartoffeln u. Mais werden gute Ernteergebnisse erzielt. C. Kozák. 8122□

Huminstoffe. Slobodan Isakovski. (Kem. u Ind. [Zagreb] **9**, 133—36, Mai 1960; Beočin; kroat.) — Überblick über die Zus. von *Huminstoffen* u. ihre Gewinnung aus Ligniten, Braunkohlen usw. oder auf künstlichem Wege aus Eiweiß, Phenol, Lignin, Zucker u. so weiter. R. K. Müller. 8124□

Die Entstehung der Katalysatoren der Selbsterhitzung von Steinkohlen im Lichte der Reaktion des hydrolytischen Sulfogruppenaustausches. Zbigniew Bylo und Medard Rachtan. (Arch. Górnictwa **6**, 331—46, 1961; Kraków, Akad. Górn.-Hutn., Kat. Chem. Metal. i Rud; pol.) — Die Zers. von H_2O_2 durch Sulfokohle u. durch nichtselbstentzündliche Kohle mit Zusatz von Sulfo-Verbb. (Sulfosalicylsäure) u. Wofatit P wurde kinet. untersucht. Aus dem Ergebnis lassen sich Schlüsse auf den Charakter der Selbstentzündungskatalysatoren der Kohle ziehen. Diese Katalysatoren entstehen u. a. bei der Hydrolyse der Sulfogruppen der Kohle zu Phenolgruppen. Die Hydrolyse verläuft aber nur in Ggw. der Kohlesubtsanz u. bei niedriger Temperatur. Die Empfindlichkeit selbstentzündlicher Kohlen gegen Luft–O_2 ist somit eine Folge der Bldg. phenol. Redoxgruppen in der Kohle. F. Urban. 8126□

Untersuchungen der Kinetik der Oxydation von Steinkohlen mittels Wasserstoffsuperoxidlösung bei niedrigen Temperaturen. Jadwiga Kawecka, Jadwiga Kłosińska, Drwalowa und Mieczysław Lasoń. (Arch. Górnictwa **6**, 347—61, 1961; pol.) — Die Zers. von H_2O_2 in Ggw. von *Steinkohle* Typ 31 (mit niedrigem Inkohlungsgrad) wird unter isothermen Bedingungen untersucht. Die Geschw. der Zers. von H_2O_2 u. der Entw. von CO_2 ist von der Anfang-Konz. an H_2O_2 unabhängig. Einen starken Einfl. auf die Rk. hat aber die Temperatur. Die Rk. läßt sich im zeitlichen Verlauf in 2 Abschnitte einteilen. Die Einteilung ist bes. bei höheren Rk.-Temp. deutlich. Im 1. Abschnitt findet ein intensiver Angriff des Luft–O_2 auf die Kohle statt. Die Aktivierungsenergie dieser Rk. beträgt 12800 cal/Mol CO_2. Im 2. Abschnitt wird die Rk. langsamer, sie wird durch Diffusion des O_2 in das Innere der Kohle gehemmt. Die Aktivierungsenergie dieser Rk. beläuft sich auf 29600 cal/Mol entwickeltes CO_2. F. Urban. 8126□

Untersuchungen über den oxydativen Abbau von Kohlen. 8. Mitt. **Hydrolyse von Steinkohle und Huminsäure in Gegenwart eines Adkins-Kupferchromitkatalysators.** Yoshinobu Takegami, Shigeru Kajiyama und Chikao Yokokawa. (J. Fuel Soc. Japan **40**, 702—10, Sept. 1961; Kyoto, Univ., Fac. of Engng.; jap., Auszug: engl. S. 710.) — 7. vgl. C. **1962**, 16539. — Eine Hydrolyse von *Onoura*-Steinkohle u. der daraus durch Kochen mit 1n HNO_3 gewonnenen Huminsäure in Ggw. eines Adkins-$CuCr_2O_4$-Katalysators wird durchgeführt. Das O-Gleichgewicht bei der Hydrolyse zeigt, daß die Bldg. von in Bzl. lösl. Prodd. der Spaltung von Äther–O-Verbb. in der Kohle zuzuschreiben ist. Dieses Prod. ist der Kohlestruktureinheit nahe verwandt. Das Molgew. des in Bzl. lösl. Prod. aus der Kohle u. der Huminsäure beträgt 500 bzw. 300 (bestimmt mit der kryoskop. Meth. in Diphenyl). Die durch Oxydation des in Bzl. Löslichen mittels Kochen mit 1n HNO_3 gewonnene Huminsäure wird hierauf mit Alkalipermanganat oxydiert. Das Verh. von O in der untersuchten Steinkohle beim fortschreitenden Abbau (HNO_3-Oxydation mit nachfolgender Hydrolyse oder umgekehrt) läßt Schlüsse auf die chem. Struktur der Kohle zu. H. Schöberl. 8126□

Die Grundgleichung der Exergie und ihre Anwendung auf den Verbrennungsvorgang. W. Fratzscher. (Technik **16**, 619—22, Sept. 1961; Dresden; dt. — C. **1962**, 13304.) W. Wesly. 8128□

Die Umsetzung zwischen der Oberfläche einer festen Kohle und Sauerstoff. E. F. M. van der Held. (Chem. Engng. Sci. **14**, 300—13, Jan. 1961; Delft, Netherlands, Central Techn. Inst. T.N.O.; engl.) — Ist der CO_2-Druck an der Oberfläche der *Kohle* sehr niedrig (Temp. $>1100^0$), so befindet sich an der Grenzschicht noch eine kleinere Schicht, bei der CO bei einer Temp. von 2300^0 verbrennt. Diese Schicht liefert die nötige Wärme für die wärmeverbrauchende Rk. zwischen CO_2 u. C bei 1500^0. Ist der CO_2-Druck gering ermäßigt, so daß O_2 die Oberfläche erreichen kann (bei 800^0), so berührt die Rk.-Schicht die Oberfläche. Es tritt im Gas kein Temp.-Maximum auf, u. die Rk.-Schicht ist so dicht, daß fast die ganze Grenzschicht bedeckt wird. Berechnungen geben in diesem Falle nur einen globalen Wert, wobei angenommen wird, daß es sich um eine Rk. 2. Ordnung handelt. F. Rosendahl. 8128□

Beziehungen zwischen dem Gewicht des Kohlendioxids und des Wassers in den gasförmigen Verbrennungsprodukten und den tatsächlich gewonnenen Wärmemengen. Georges Beauseigneur. (Chim. et Ind. **86**, 37—46, Juli 1961; franz.) — Es bestehen *Beziehungen* zwischen dem C- u. H-Geh. von Brennstoffen u. dem oberen u. unteren Heizwert, u. ebenso bestehen Beziehungen zwischen dem *Geh. von* CO_2 u. *W.* im *Rauchgas* zu den tatsächlich erhaltenen *Wärmemengen*. Diese Beziehungen sind für feste u. fl. Brennstoffe ziemlich konst., so daß sie zur Best. des Schmutzauswurfes von industriellen Feuerungen verwendet werden können. Hierzu werden 2 Reihen von Gew.-Mengen aufgestellt: das Gew. des gesamten Flugstaubes u. das Gew. von CO_2 + W. im Rauchgas. F. Rosendahl. 8128□

Mikroskopische Untersuchung der Art der Verbrennung von reinen und aschehaltigen Bestandteilen von Kohlen. B. Alpern. (Brennstoff-Chem. **42**, 254—61, Aug. 1961; Verneuil-en-Halatte (Oise), Centre d'Études et Rech. des Charbonnages de France; dt.) — Die Unterss. erstrecken sich auf Briketts, Körnerproben u. zu Würfeln geschnittenen Anthraziten. Die Hauptmerkmale der *Verbrennung* von Würfeln u. Körnern sind folgende: 1. Die Verbrennungsfront verläuft asymmetr. in bezug auf die Schichtung; 2. Beim Abbrand bilden sich sog. Sägezähne, wobei die Zähne einer bevorzugten Verbrennung entlang allen Arten von Heterogenitäten entsprechen. Die Verbrennungs-Geschw. wird durch mineral. Einlagerungen, durch die Zus. der Kohle nach Mazeralen u. Mikrolithotypen u. durch Risse beeinflußt. Die Verbrennungs-Geschw. wird um so größer, je heterogener die Mikrolithotypen zusammengesetzt sind. Eine Ausnahme bildet der Fusit, der wesentlich schneller abbrennt als Vitrit. Die Verbrennung des Vitrits erfolgt stets derart, daß neben einer großen Zahnung auch noch eine senkrecht zu dieser stehende sek. Mikrozahnung entsteht. Der Verbrennungsfortschritt wird durch Mineraleinlagerungen sehr stark gestört u. beeinflußt, da diese ganz eindeutig die Verbrennungs-Geschw. erhöhen, solange ihre Konz. nicht allzu hohe Werte erreicht. Auf Grund der Vgl.-Unterss. läßt sich feststellen, daß keine wesentlichen Unterschiede im Abbrand von Körnern u. Briketts vorliegen. W. Lauk. 8128□

Die gegenwärtige Praxis der Flotation in der Kohlenindustrie im vereinigten Königreich. John L. Lewis. (Quart. Colorado School Mines **56**, Nr. 3, 333—56, Juli 1961; Swansea, Wales, Unifloc Ltd.; engl.) — Ein Überblick über Geschichte, Entw. u. Bedeutung der *Flotation* wird gegeben u. der Unterschied zwischen Vakuum- u. Kohlensäureflotation wird erläutert. An einem Fließschema wird das Verf. erläutert. Es werden Vorr. u. Hilfsmittel erörtert u. das Abwasserproblem gestreift. Die Ausführungen beziehen sich vor allem auf die Verhältnisse in *England*. W. Holland. 8134□

Ein Beitrag zur Frage des Flockungsmittelzusatzes in der Kohleaufbereitung. F. Špetl und G. Šebor. (Freiberger Forsch.-H., Reihe A Heft **163**, 101—13, 1960; Prag; dt.) — Die untersuchte Trübe des Kohlenschlammes aus dem Kladnorevier enthält 75 g Feststoffe/Liter. 81% des Feststoffes haben Korngrößen $<0{,}06$ mm. Der Feststoff enthält 48,3% Asche. Für die Absinkverss. werden folgende Zusätze zur Trübe gegeben: *CaO*, *$FeSO_4$*, sowie die tschech. Handels-Prodd. *VO*, *KCM*, *CH_{50}*, *Styromal NH*, *Akrynax* (I), *Sedipur A* u. *AP*, *PK_3*, *Akrytex H* u. *W*. I gab die besten Ergebnisse. Es wird festgestellt, daß der Feststoff-Geh. der Trübe das Absetzverh. auch bei Zusatz hochakt. *Flockungsmittel* stark beeinflußt, daß bei zu hohen Feststoff-Geh. die Zugabe von Flockungsmitteln zwecklos ist u. daß die Sedimentations-Geschw. bei steigender Temp. ansteigt. Untersucht wird auch der Einfl. des pH-Wertes der Trübe auf das Absetzverh. in Ggw. von I. Durch Zusatz eines Schutz-Koll. zu I kann eine bedeutend höhere Absetzgeschw. erreicht werden. E. Boye. 8134□

Blähgrad und Mahlbarkeitsindex von USA-Kohlen. Roy F. Abernethy und E. M. Cochrane. (U.S. Dep. Interior, Bur. Mines, Inform. Circ. **1961**, Nr. 8025, 1—83; engl.) — Tabellar. Zusammenstellung von Blähgrad u. Mahlbarkeitindex amerikan. Kohlen. F. Rosendahl. 8134

Zum Mechanismus der Verkokung. Beitrag zur Frage des Einflusses extrahierbarer Bestandteile einer Fettkohle auf ihr plastisches Verhalten während des Verkokungsvorganges. Helmut Pichler und Duk Hi Lee. (Brennstoff-Chem. **42,** 241—45, Aug. 1961; Karlsruhe, TH, Engler-Bunte-Inst. für Mineralöl- u. Kohleforsch.; dt.) — Ruhrkohle mit 26,2% (waf.) flüchtigen Bestandteilen wird mit Tetrahydrofuran bei 66° behandelt. In 144 Std. werden ca. 3 Gew.-% Bitumen aus der Kohle extrahiert. Die Extraktion hat einen außerordentlichen Einfl. auf das Verh. der Kohle beim Dilatometertest u. auf das Aussehen des Kokses bei der Best. der flüchtigen Bestandteile, jedoch prakt. keinen Einfl. auf die Menge der flüchtigen Bestandteile u. einen verhältnismäßig geringen Einfl. auf die Verkokung nach DIN 51741 zur Best. des Blähgrades (Backvermögens). W. Lauk. 8138□

Untersuchungen in einer Versuchsverkokungsanlage zur Erzeugung von weichem Koks mit einem Wanderrost-Stoker. S. Gopal Rao, M. K. Mookherjee, M. Das Gupta, S. K. Das Gupta und A. Lahiri. (J. sci. ind. Res. [New Delhi], Sect. A **19,** 26—31, Jan. 1960; Bihar, Jealgora, Central Fuel Res. Inst.; engl.) — Die Möglichkeiten zur *Herst.* von *weichem Koks* für Hausbrandzwecke in einer Vers.-Anlage mit einem beweglichen Rost, die vom Central Fuel Research Institute entwickelt wurde, werden behandelt. Das Prinzip besteht in der Entgasung der Kohle mit der Verbrennungswärme der flüchtigen Bestandteile aus der Teilverbrennung mit einer begrenzten Unterwindmenge. Das Verf. ist dem Schachtverkokungsprozeß in mancher Hinsicht überlegen, bes. hinsichtlich der Ausbeute, Gleichmäßigkeit u. Prüfung der Koksqualität. Die Verss. zeigen einen krit. Einfl. des Brennstoff–Luftverhältnisses auf die Eigg. des Kokses. Die Schlag- u. Abriebfestigkeit des Kokses, Ausbeute u. Verf.-Wrkg.-Grad sind bis zu einem Flüchtigengeh. des Kokses von 9% befriedigend. Die Betriebweise der Anlage wird hinsichtlich der Restflüchtigen nach den Verkaufsbedingungen für Hausbrandkoks eingestellt. H. Schöberl. 8142□

Verkokung von Steinkohle-Modellstoffen. D. W. van Krevelen und H. W. den Hartog. (Brennstoff-Chem. **42,** 287—90, Sept. 1961; Delft, TH, Labor. für Chem. Technol.; dt.) — Vgl. C. **1961,** 13050. — An einer Reihe neuer Polykondensate mit CH_2- u. OH-Gruppen sowie O-Brücken wird der Einfl. der Substituentengruppen auf den Mechanismus der *Verkokung* der *Steinkohle* (**SK**) untersucht. Die Selektivität der Teer-Bldg. ist bei dem Aromatvielkern (**AK**) ohne peripher. Gruppen am größten, dagegen wird die Selektivität von allen peripher. Gruppen erniedrigt. Bei **AK** mit KW-Stoffcharakter hat die Zers.-Geschw. bei 500° ein Maximum. Polyäther haben ein Maximum bei 390—400°, u. Modellstoffe, die gleichzeitig CH_2- u. O-Brücken aufweisen, haben 2 Maxima. Die Zers. der **AK** ohne peripher. Gruppen ist fast eine reine Depolymerisation. Sind O-Gruppen in den Polymeren, treten außerdem Kondens.-Rkk. auf. Die thermograph. u. analyt. Zers.-Diagramme werden mit denen von **SK** verglichen; danach sind in die **AK** von **SK** peripher. Gruppen von nichtaromat. Charakter eingebaut, u. das Verh. der **SK** bei der Zers. wird sehr stark von den O-Gruppen beeinflußt. P. Bornemann. 8142□

Über die Oxydation von Koks in wässeriger Phase zu Mellitsäure. Bernhard Jüttner. (Brennstoff-Chem. **42,** 320—23, Okt. 1961; Essen, Bergbau-Forsch. GmbH; dt.) — Ein vereinfachtes *Oxydations*-Verf. zur Herst. von *Mellitsäure* (**MS**) wird angegeben. 100 g pulverisierter *Koks* wird 48 Std. lang mit 67%ig. HNO_3 anoxydiert. Der Eindampfrückstand wird in NaOH aufgenommen u. mit Chlor (NaOCl) bei 80—100° durchoxydiert. Freies Chlor wird entfernt u. die Lsg. mit Butanon extrahiert. Das aus dem Extrakt ausgefällte Ammonmellat wird mit verd. H_2SO_4 zerlegt. Die freie **MS** wird mit Butanon extrahiert u. in W. unter Kühlung mit konz. HNO_3 ausgefällt. Der Prozeß dauert 3—4 Tage. Die Ausbeute an **MS** aus Koks zeigt bis 600° Verkokungs-Temp. einen allmählichen Anstieg, während bei 700° mit 23% die höchste Ausbeute erreicht werden kann. Verschiedene Ausgangsstoffe zeigen, daß die Ausbeute stark von der Erhitzungs-Temp. abhängig ist. Abschließend werden die Ergebnisse der Oxydation definierter Verbb. zu **MS** nach der neuen u. der $HNO_3 + KMnO_4$-Meth. verglichen. P. Bornemann. 8144□

Hochleistungsanlagen zur Stadtgaserzeugung. Alois Joklik. (Gas, Wasser, Wärme [Wien] **15,** 252—63, Dez. 1961; Wien; dt.) — Gegenüberstellung von *Stadtgaserzeugungsanlagen* zur Herst. von Normgas (4200 kcal/Nm³, Dichte [Luft = 1] 0,55) nach dem heutigen Stand der Technik. R. Bätz. 8156□

Nochmals Stellungnahme zur Entschwefelungsfrage. G. R. Schultze und F. Boberg. (Erdoel-Z. Bohr- u. Födertechn. [Wien] **77,** 348—49, Aug. 1961; Hannover, Inst. für Erdölforsch.; dt.) — An Hand statist. Unterlagen wird der *S-Auswurf* verschiedener Brennstoffe in der Bundesrepublik untersucht. Während im Jahre 1958 der S-Auswurf der festen Brennstoffe insgesamt noch ca. 10mal größer war als der der Heizöle, wird für 1959 ein Verhältnis von 4 : 1 angegeben, das sich 1960 noch weiter zuungunsten der fl. Brennstoffe verschoben hat. Als Grund hierfür wird die gesteigerte Verw. von Brennstoffen u. bes. Heizölen zur Deckung des erhöhten Energiebedarfs angesehen. Die aus den statist. Daten berechneten Werte für den S-Auswurf der einzelnen Brennstoffarten sind tabellar. zusammengestellt. A. Lettau. 8172□

Auswaschung von Schwefelwasserstoff und Kohlenoxysulfid nach dem Shell-Adip-Verfahren. Adrianus Petrus Bally. (Erdöl Kohle-Erdgas-Petrochem. **14,** 921—23, Nov. 1961; Den Haag, Niederlande, Bataafse Internat. Petroleum Maatschappij N.V.; dt.) — Nach dem *Adip-Verf.* können größere Mengen H_2S u. *COS* aus Gasen u. Fll. entfernt werden. Das Verf. arbeitet auf der Grundlage eines Absorption-Regenerativ-Prozesses. Die Prozeßführung wird im einzelnen beschrieben. U. Frenzel. 8172□

Ein neuer Weg der Nutzbarmachung der im Koksgas enthaltenen Blausäure. Walter Grimme und Ernst Ruschenburg. (Erdöl Kohle-Erdgas-Petrochem. **14,** 1018—21, Dez. 1961; Utfort/Kr. Moers u. Moers; dt.) — Es wird über ein Verf. berichtet (Rheinpreußen AG), bei dem *HCN* ohne Zwischenisolierung direkt aus dem Faulgas der Pottaschewäsche mit Aceton zu Acetoncyanhydrin umgesetzt wird. Neben den Rk.-Bedingungen wird die techn. Anlage beschrieben. W. Lauk. 8172□

Die Ausnutzung von Gasgenerator-Torfteer. I. A. Jegorow. (Торфяная Промышленность [Torf-Ind.] **38,** Nr. 6, 28—30, 1961; Wladimir, Chem. Werke; russ.) — Die Herst. von Bindemitteln aus Phenolen des Gasgeneratortorfteers für säurefeste Asbestrohre (Chrysolithasbest) wird beschrieben. Die angeführte Meth. ermöglicht eine Verwertung von verschiedenen Abfall-Prodd. der therm. Verarbeitung von festen Brennstoffen (Torf, Steinkohle, Schiefer, Holz). C. Kozák. 8178□

Experimentelle Untersuchung der Viscosität und der Dichten von Naturgasen und die Verallgemeinerung der Daten über die Zähigkeit von Methan. N. W. Pawlowitsch. (Известия Высших Учебных Заведений (Баку), Нефть и Газ [Hochschulnachr. (Baku), Erdöl Gas] **4,** Nr. 8, 105—11, 1961; Kiew, Technol.-Inst. für Leichtind.; russ.) — Die experimentell ermittelten Koeff. der dynam. u. kinemat. Zähigkeit u. das spezif. Gew. von komprimierten Naturgasen der größten Vorkommen der UdSSR: Stawropol, Saratow u. Schebelinsk werden für verschiedene Drücke u. Temp. angegeben. Als Vgl. werden die entsprechenden Werte für reines CH_4 im komprimierten u. fl. Zustand angegeben. Es werden Formeln zur Berechnung der Zähigkeit von CH_4 bei verschiedenen Dichten, Temp. u. Drücken aufgestellt. H. V. Adolphi. 8186□

Untersuchungen über den Einfluß von langkettigen phenolischen Additiven auf die Viscosität von Mineralölen. 5. Mitt. **Erscheinungen, die auf der Nähe der Mischbarkeitsgrenzen bei Gemischen von Allylbrenzcatechin und Mineralölen beruhen.** Mazhar M. Qurashi und Zia-ur-Rahman. (Pakistan J. sci. ind. Res. **3,** 23—30, Jan. 1960; Karachi, Pakistan Council of Sci. and Ind. Res., Phys. Res. Div.; engl.) — 4. vgl. C. **1962,** 15820. — Gegenüber einer Erniedrigung der Viscosität durch Zumischung langkettiger phenol. Additive tritt beim Zusatz von Allylbrenzcatechin (**I**) eine Erhöhung der Viscosität ein. Diese Zunahme beruht wahrscheinlich auf der Temp.-Überschreitung, ΔT, der Mischtemp. von 4 verschiedenen Konzz. an **I** zwischen 20 u. 70%. Aus diesen Daten wird die wahre Viscosität (die Grenze der verringerten Viscosität bei der Nullkonz.) als Funktion von ΔT erhalten, wodurch die Erscheinungen als eine Scheidung der beiden Komponenten in Makromoll. erklärt werden. Die wahre Viscosität $\Delta T \rightarrow 0$ ist ca. 0,3; unter Verw. der Gleichung von Staudinger für den Polymerisationsgrad in Koll. ist es möglich, daß die Molzahl in jedem Makromol. ca. 70 beträgt, wenn sie sich gerade oberhalb der Mischtemp. befinden. Die experimentell gefundenen Werte ermöglichen die Aufstellung einer empir. Gleichung für die Zahl der HO-Gruppen einer Reihe von phenol. Verbb. u. die Änderung der Temp. in einem gegebenen System. F. Rosendahl. 8186□

Die Theorie von N. B. Wassojewitsch über die Entstehung des Erdöls. K.-G. Heßler. (Erdöl Kohle-Erdgas-Petrochem. **14,** 1035—40, Dez. 1961; dt.) — Die meisten autochthonen Ölträger sind marinen Ursprungs: Öle gleicher Charakteristik finden sich in allen Formationen als Kambrium. Nur die niedrigsten Organismen, bes. plankton. Algen u. benthon. Bakterien, haben gleiche Verbreitung. Plankton wird in großen Mengen produziert (Schwarzes Meer: 6,5 $kg/m^2 \cdot a$). Das Plankton enthält Bitumina (mit organ. Fll. extrahierbare Stoffe), deren C/H-Verhältnis von 6,6 dem von Erdöl entspricht. Plankton enthält vorwiegend paraffin. u. naphthen. u. nur wenig aromat. KW-Stoffe. Bakterien bilden aus abgelagerter organ. Substanz KW-Stoffe. — Feinst verteilte Tröpfchen von KW-Stoffgemischen in Sedimenten werden als Mikronaphta bezeichnet; diese unterscheidet sich von jener in Muttergesteinen u. vom Erdöl (der Makronaphta) vor allem durch das Fehlen O-haltiger Verbindungen. In der katagenet. Zone werden weitere KW-Stoffe gebildet. Die Migration wird durch Kompression der Muttertone u. Gas-Bldg. bewirkt. W. Lauk. 8188

Beitrag zur Frage der Entstehung von Adamantan in Erdöl. Stanislav Landa, Zdeněk Kamýček und Jana Kamýčková. (Erdöl Kohle-Erdgas-Petrochem. **14**, 904—05, Dez. 1961; Praha-Dejvice, ČSR, TH für Chem., Inst. für Synthet. Kraftstoffe u. Rohöl; dt.) — Aus dem Hodoniner *Erdöl* werden die wasserdampfflüchtigen Stoffe entfernt, ein Thioharnstoffaddukt gebildet u. der durch Zerlegung des Adduktes gewonnene Anteil (sog. „Extrakt") bei —50° ausgeforen u. *Adamantan* erhalten. Der adamantanfreie Extrakt wird der Einw. verschiedener Stoffe ausgesetzt, von denen eine katalyt. Wrkg. auf die Adamantan-Bldg. angenommen wird (Trägergestein, anorgan. Chloride, Oxide, Silicate, konz. H_2SO_4). Lediglich mit $AlCl_3$ tritt Adamantan-Bldg. ein. Nach diesen Arbeiten ist anzunehmen, daß sich Adamantan durch langdauernde Einw. bestimmter Stoffe auf Erdöl-KW-Stoffe bildet. U. Frenzel. 8188□

Die Anwendung der „Rotating Disc"-Extraktionskolonne in der Erdölindustrie. S. Stemerding, F. J. Zuiderweg, J. G. van de Vusse, V. B. Thegze, R. J. Wall, K. E. Train und R. B. Olney. (Erdoel-Z. Bohr- u. Fördertechn. [Wien] **77**, 401—08, Sept. 1961; dt.) — Konstruktion u. Wrkg.-Weise eines „*Rotating Disc Contactors*" (*RDC*) u. dessen Anwendung bei der Extraktion von Aromaten aus Kerosin u. leichtem Schmieröl mittels fl. SO_2 bzw. Furfurol, bei der Raffination von Bzn. mit Hilfe der „Solutizer"-Extraktion sowie bei der Propanentasphaltierung residualer Ölfraktionen werden beschrieben. Durch Vgl. der hierbei mit Labor.-Anlagen festgestellten Kapazität u. Trennwrkg. mit entsprechenden Werten techn. Großanlagen werden die aus den Vers.-Ergebnissen gezogenen Schlußfolgerungen bestätigt. Bes. berücksichtigt wird jeweils die im RDC stattfindende Längsvermischung der kontinuierlichen u. der dispergierten Phase, wodurch u. a. die Höhe der techn. Anlagen bedingt ist. A. Lettau. 8194□

Über die Abtrennung von Normalparaffinen aus DK-Schnitten durch Harnstoffadduktierung und ihre anschließende Chlorierung sowie Sulfochlorierung. E. Weingaertner. (Erdöl Kohle-Erdgas-Petrochem. **14**, 910—14, Dez. 1961; Hamburg-Wilhelmsburg, Dt. Erdöl-AG; dt.) — Aus Schnitten der Rohöl-Dest. werden über die *Harnstoffaddukte Normalparaffine* von hoher Reinheit gewonnen. Sie werden gaschromatograph. untersucht u. ihre Kettenlängenverteilung ermittelt. Die Paraffine werden chloriert u. sulfochloriert. Sie eignen sich zum Einsatz in der Waschmittelindustrie. U. Frenzel. 8194□

Reaktionskinetik des Shell-Luft-solutizer-Süßungs-Verfahrens. H. Groothuis. (Chem. Engng. Sci. **14**, 176—82, Jan. 1961; Amsterdam, Shell Internat. Res. Maatschappij N. V., Kon. Shell-Labor.; engl.) — Bei diesem Verf. wird in das mit O_2 gesätt. Bzn. eine Lsg. von Fettsäure oder Kresylsäure in KOH gegeben, um die stinkenden Mercaptane in weniger riechende Disulfide überzuführen. Die zugegebenen Fett- bzw. Kresylsäuren erhöhen die Löslichkeit der Mercaptane. Der zugesetzte O_2 bewirkt die Bldg. der Disulfide, wobei es sich um eine Rk. 1. Ordnung handelt. Bei der Best. der Einw. der O_2-Übertragungs-Geschw. auf die Umsatz-Geschw. zeigt sich, daß sogar bei einer Rührleistung im Reaktor von 5 PS/m^3 die Umsatz-Geschw. durch die Geschw. der O_2-Übertragung beschränkt wird. Eine, allerdings unwirtschaftliche, Steigerung der Umsatz-Geschw. durch höhere Rührleistung kann nur durch Abnahme der Tropfengröße erreicht werden. F. Rosendahl. 8200□

Herstellung von 2.6-Di-tert.-butyl-4-methylphenol als Antioxydans und Inhibitor für Benzin durch Alkylierung von p-Kresol mit Isobutylen. Otto F. Joklik. (Metano, Petrolio nuove Energie **14**, 259—70, 30/4. 1960; ital. — C. **1961**, 2785.) W. Holland. 8200□

Ein neues Syntheseverfahren für ein Benzin-Antioxydans. E. P. Previc, E. B. Hotelling und M. B. Neuworth. (Ind. Engng. Chem., int. Edit. **53**, 469—70, Juni 1961; Library, Pa.; Consolidation Coal Co.; engl.) — 6-tert.-Butyl-2.4-xylenol (**I**) als *Antioxydans* für *Bzn.* ist durch die Überführung des aus o-Kresol mit hoher Ausbeute zugänglichen 6-tert.-Butyl-o-kresols (**BoK**) in **I** durch Ringmethylierung wirtschaftlich zugänglich. **BoK** in Toluol- oder Xylol-Lsg. wird mit wss. Lsg. von $(CH_3)_2NH$ u. HCHO in die Mannich-Base 4-Dimethylaminomethyl-6-tert.-butyl-o-kresol (**MB**) u. diese durch hydrierende Spaltung in **I** verwandelt. Bei Verw. einer durch Auskristallisieren isolierten **MB** u. durch Hydrieren mit einem Cu-Chromit-Katalysator (1% vom Gewicht der **MB**) während 5 Std. bei 160° u. 1000 lbs./sq.in. H_2-Druck ist die Gesamtausbeute an **I** 94—95%, bezogen auf **BoK**. Hydrierende Spaltung der Rohlsg. der **MB** führt zu schlechterer Ausbeute. M. Hagedorn. 8200□

Benzol aus Erdöl (Gewinnungsmethoden). Ignacy Bator. (Chemik [Warszawa] **13**, 447–50, Nov./Dez. 1960; pol.) — Übersicht über katalyt. Umwandlungs-Rkk. von Aliphaten in Aromaten (Reforming-Arten) u. ihre Abtrennung aus dem Rk.-Gemisch. F. Urban. 8202□

Über die Eigenschaften von Benzin/Äthanolgemischen bei der Verwendung als Kraftstoff für Verbrennungsmotoren. A. Sundgrén und Veikko Rauhala. (Valtion tekn. Tutkimuslaitos, Sarja IV [State Inst. techn. Res., Ser. IV] **1960**, Nr. 25, 3—33; finn.) — *A./Bzn.-Treibstoffe* mit Schmieröl haben eine geringere Wassertoleranz als solche ohne Schmieröl bei derselben Temperatur. Schon bei einem Zusatz von 5% A. wird der Treibstoff sehr empfindlich gegenüber W., während die Verbesserung der Klopffestigkeit nur von geringer prakt. Bedeutung ist. Ein Zusatz von 25% A. zu 3 verschiedenen Bzn. erhöht deren Oktanzahl auf 95. S. Beckmann. 8204□

Vorflamm-Reaktionen in Dieselmaschinen. 5. Mitt. Eine Untersuchung über Temperatur, Druck und Zündverzug. F. H. Garner, Frank Morton und J. B. Saunby. (J. Inst. Petroleum **47**, 175—200, Juni 1961; Birmingham, Univ., Dep. of Chem. Engng.; Manchester, Coll. of Sci. and Technol., Dep. of Chem. Engng.; engl.) — 4. vgl. J. Inst. Petroleum **43**, [1957], 124. — Die Wrkg. des Kompressionsverhältnisses, der Einspritzeinstellung u. der Brennstoff-Eigg. auf die *Temp.*- u. *Druckveränderungen* während des Brennaktes werden untersucht. *Vorflamm-Rkk.* beginnen fast sofort nach der Einspritzung u. führen zu Oxydationszwischenprodukten. Die dabei frei werdende Energie zusammen mit der durch die Kompression erzeugten Wärmemenge erhöht die Temp. des Kraftstoff–Luftgemisches auf den Zündpunkt. Bei optimaler Einspritzeinstellung u. geeignetem, hohem Kompressionsverhältnis reicht die Kompressionswärme allein aus u. die Vorflammrkk. sind von wenig Bedeutung. Dagegen spielt bei Kaltstartbedingungen die durch den Kraftstoff erzeugte Vorflammenergie eine große Rolle. E. Igney. 8204□

Flüssigkeitsbedecktes aktives Aluminiumoxid als stationäre Phase bei der gaschromatographischen Trennung leichtsiedender Kohlenwasserstoffe. I. Halász und E. E. Wegner. (Brennstoff-Chem. **42**, 261—67, Aug. 1961; Frankfurt a. M., Univ., Inst. für Phys. Chem.; dt.) — Akt. Al_2O_3 wird sowohl mit polaren als auch unpolaren Fll. imprägniert u. auf seine Eignung bei der gaschromatograph. Analyse leichtsd. KW-Stoffe untersucht. Fl. u. akt. Festkörper bilden eine neue Phase, deren Aktivität u. Polarität sowohl von der Art u. Behandlung des Al_2O_3 als auch von Art u. Menge der hinzugefügten Fl. abhängen. Die Eluierzacken der KW-Stoffe auf dem Gaschromatogramm sind weitgehend symmetrisch. Die Aufenthaltswahrscheinlichkeiten der Moll. in einer akt. stationären Phase sind größer als in einer reinen stationären Flüssigkeitsphase. KW-Stoffanalysen können bereits mit Kolonnen von 2—4 m Länge durchgeführt werden. Eine Trennung aller Butene kann in 6 Min. ausgeführt werden. Die Brauchbarkeit einer akt. Kolonne beträgt bei Feuchtigkeitsausschluß ca. 6 Wochen. W. Lauk. 8212□

Die Darstellung von Konzentraten der Schwefelverbindungen eines Mittelost-Gasöls und ihre katalytische Entschwefelung. W. J. Hendriks, J. C. Vlugter und H. I. Waterman. (Brennstoff-Chem. **42**, 278—83, Sept. 1961; Delft, TH, Inst. für Chem. Technol.; dt.) — Ein *Gasöl*-Schnitt eines Mittelostöles im Siedebereich 295—305° u. einem S-Geh. von 1,23% wird mittels eines halbkontinuierlichen Adsorptions-Verf. an Al_2O_3 (bei 550° aktiviert) mit Pentan in einen paraffin.-naphthen. Teil u. mit Toluol in ein Konzentrat von S-Verbb. mit 7,05% S zerlegt. Anschließend wird das S-Konzentrat rechromatographiert; dabei wird eine Pentanfraktion (S-Geh.: 6,96%) u. eine gelbe Toluolfraktion (S-Geh.: 7,40%) erhalten. Sowohl das S-Konzentrat als auch die S-haltige Pentan- u. Toluolfraktion werden mit der 4fachen Menge Heptan verd. u. einer hydrierenden Entschwefelung über einem Co-oxid/Mo-oxid/Bauxit-Katalysator bei 375°, 50 at u. einer Kontaktzeit von ca. 11 Sek. unterworfen. Mehr als 98% der S-Verbb. werden in KW-Stoffe verwandelt. Die Unterss. der entschwefelten Fraktionen zeigen, daß die S-Verbb. der Gasölfraktion vorwiegend 1 Benzolring je Mol. enthalten. Ein Vgl. der S-Konzentrate u. der entschwefelten Fraktionen ergibt, daß die ndM-Analyse noch wichtige Strukturdaten liefern kann, wenn diese Meth. in unveränderter Form auf S-reiche Konzentrate angewendet wird. P. Bornemann. 8212□

Brennbare Öle und ihre Behandlung. Jaime Cuestra Alvera. (Ion [Madrid] **20**, 6—10, Jan. 1960; span.) — Übersicht über die Eigg. von *Heizöl* („fuel-oil"), die zu entfernenden Verunreinigungen u. verbessernden Zusätze u. deren Wrkg. u. die Bedingungen für vollständige Verbrennung. R. K. Müller. 8216□

Oxydationsmechanismus von Transformatorenölen. V. Prabhashankar und D. J. Badkas. (J. Inst. Petroleum **47**, 201—11, Juni 1961; Bangalore, Indian Inst. of Sci.; engl.) — Für die Prüfung der *Oxydationsstabilität* von *Transformatorenölen* werden die beiden Test-Meth. BS 148 u. 1 EC näher untersucht. Als Grund für die geringe Wiederholbarkeit dieser u. anderer Teste werden die Prüfvorgänge als solche u. die komplizierten Wrkg. der Öl-Zus. u. der Katalysatoren auf den Oxydationsprozeß angeführt. Einige Prüffehler können durch Änderungen der App. u. des Unters.-Ablaufs beseitigt werden. Um die Alterungsteste brauchbarer zu gestalten, wird vorgeschlagen, die Säure-, Schlamm- u. Peroxid-Bldg. als Funktion der O_2-Absorption oder die Säure- u. Schlamm-Bldg. als Funktion der Peroxid-Bldg. anzugeben.

E. Igney. 8218□

Untersuchung der Schmiereigenschaften aromatischer Verbindungen. 2. Mitt. **Über den Verschleiß mit Hilfe der Methode der radioaktiven Spurenelemente.** Saburo Nagata, Yasuyuki Tomoda und Hiroshi Haga. (Technol. Rep. Osaka Univ. **6**, 31—41, März 1956; Labor. de Phys. Appl. et Méc. Précise; franz.) — 1. vgl. Technol. Rep. Osaka Univ. **1**, [1951], 167. — Mit Hilfe der *Meth.* der *radioakt. Spurenelemente* wird der Grad der Verminderung des Verschleißes mehrerer Reihen aromat. Verbb. u. gleichzeitig mit Hilfe der l. c. beschriebenen Meth. der Reibungs-Koeff. bestimmt. Der Verschleiß wird mit dem gemessenen Reibungs-Koeff., der mittels Elektronenbeugung bestimmten Orientierung des Mol. auf der Metalloberfläche u. der chem. Struktur verglichen. Als radioakt. Spurenelemente werden $^{55,59}Fe$ u. ^{90}Sr verwendet. Diese Elemente werden auf einer Stahlkugel angebracht, die ihrerseits diese Elemente auf die zu den Messungen verwendeten Stahlplatten überträgt. Untersucht werden die folgenden Verbb.: Benzole: *Butyl-*, *Dodecyl-*, *Octadecyl-*, *1-Dodecyl-4-methyl*, *1-Dodecyl-2-äthyl-*, *1-Octadecyl-4-methyl-*, *1-Octadecyl-4-pentyl-*, *1.3-Dimethyl-4-octadecyl-*, *1.3-Dimethyl-5-octadecyl-*, *Butyryl-*, *Lauroyl-*, *Steraroyl-*, *1-Propyl-4-stearoyl-*, *1-Butyl-4-stearoyl-*, *1-Pentyl-4-stearoyl-*, *1-Propyl-4-eikosanoyl-*, *1.3-Dimethyl-5-stearoyl-*; Na-Benzolsulfonate: *p-Octyl-*, *p-Dodecyl-*, *p-Hexadecyl-*, *p-Octadecyl-*; Benzoesäuren: *p-Methyl-*, *p-Butyl-*, *p-Hexyl-*, *p-Octyl-*, *p-Dodecyl-*, *p-Tetradecyl-*, *p-Hexadecyl-*; *Benzoesäureoctyl-* u. *-dodecylester*, *Zimtsäureoctylester*, *Phthalsäurediäthyl-*, *-dibutyl-* u. *-dioctylester*; Butane: *1.4-Diphenyl-*, *1.4-Bis-[p-tolyl]-*, *1.4-Dibenzoyl-*; Hexane: *1.6-Diphenyl-*, *1.6-Bis-[p-tolyl]-*; Nonane: *1.9-Diphenyl-*, *1.9-Bis-[p-tolyl]-*; *1.2-Dibenzoyläthan* u. *1.7-Dibenzoylheptan*. Es wird festgestellt, daß Verschleiß u. Reibung fast gleiche Tendenz haben u. je nach der Länge der Kette abnehmen. Bei gewissen Reihen tritt ein Minimum der Reibung u. des Verschleißes bei 12 C-Atomen der Alkylester auf. Von einigen der Verbb. werden mit Hilfe von Elektronenbeugung die Abmessungen der Elementarzelle bestimmt. C. Gottfried. 8220

Untersuchung der Schmiereigenschaften aromatischer Verbindungen. 3. Mitt. **Alkylphenol- und Alkylbenzoesäurereihe.** Saburo Nagata und Yasuyuki Tomoda. (Technol. Rep. Osaka Univ. **8**, 347—51, Okt. 1958; engl.) — 2. vgl. vorst. Ref. — Die Reibungs-Koeff., das verschleißreduzierende Verh. u. die Mol.-Orientierung folgender aromat. Verbb. wird untersucht: *Hexyl-*, *Octyl-*, *Decyl-*, *Dodecyl-* u. *Tetradecylphenol*, *4-Butyl-*, *4-Hexyl-*, *4-Octyl-*, *4-Decyl-*, *4-Dodecyl-*u. *4-Hexadecyl-3-aminobenzoesäure*, *4-Butyl-*, *4-Hexyl-*, *4-Octyl-*, *4-Decyl-*, *4-Dodecyl-*, *4-Tetradecyl* u. *4-Hexadecyl-3-nitrobenzoesäure*, *1-Butyl-*, *-Octyl-*, *Dodecyl-* u. *Tetradecylbenzoylaminoanthrachinon*. Der Verschleiß W wird mit einem Verschleißprüfapp. gemessen, dessen gleitender Teil eine Stahlplatte u. eine mit ^{90}Sr radioaktivierte Kugel ist. Die Mol.-Orientierung auf der Stahloberfläche wird mittels Elektronenbeugung bestimmt. In der Alkylphenolreihe nimmt der Reibungs-Koeff. μ allmählich mit zunehmender Kettenlänge ab; bemerkenswert war die Abnahme von W; ein minimaler Wert wird zwischen der Decyl- u. Dodecyl-Verb. gefunden. Das Mol. beginnt sich normal zur Stahloberfläche bei der Octyl-Verb. zu orientieren; bevorzugte Orientierung wird bei der Tetradecyl-Verb. beobachtet. In der Alkylaminobenzoesäurereihe wird schon bei einer sehr kurzen Kettenlänge eine geringe Orientierung beobachtet. Die beste schiefe Anordnung mit einer Neigung von 43° wird bei der Octyl-Verb. festgestellt; oberhalb der Dodecyl-Verb. ist die Orientierung ziemlich gestört. Auf dem Diagramm Kettenlänge gegen μ bzw. W liegen beide Kurven dicht beieinander; ein Minimum liegt in der Nachbarschaft zwischen der Hexyl- u. Decyl-Verb., das mit dem Gebiet bester Orientierung zusammenfällt. Die W-Werte sind relativ hoch. In der Alkylnitrobenzoesäurereihe beginnen sich die Moll. bei der Hexyl-Verb. zu orientieren; die beste schiefe Orientierung mit einer Neigung um 41° tritt bei der Decyl-Verb. ein. Oberhalb der Dodecyl-Verb. ist die Orientierung gestört. μ nimmt mit der Kettenlänge etwas ab u. der Wert von W ist oberhalb der Hexyl-Verb. nahezu konstant. In der Anthrachinonreihe sind die Werte von μ u. W relativ hoch u. verändern sich kaum merklich mit der Kettenlänge. Die Mol.-Orientierung erweist sich als regellos.

C. Gottfried. 8220

Entwicklung von Getriebeölen für die heutigen Anforderungen in der Praxis. Peter A. Asseff. (Erdöl Kohle-Erdgas-Petrochem. **14**, 1026—31, Dez. 1961; Cleveland,

Ohio, Lubrizol Corp.; dt.) — Überblick über die Entw. von *Hypoidgetriebeölen* in den USA bis zum heutigen Stand der MIL-L-002105A-Getriebeschmiermittel. Es wird das Verh. von Additiven bei unterschiedlichen Drehzahl- u. Drehmomentbedingungen geschildert. Die Anforderungen an die neuen Hypoidgetriebeöle, sowie die entwickelten Labor.- u. Prüfstandtests sind beschrieben. W. Lauk. 8220□

Radreifenschäden, Radreifenverschleiß und Radreifenschmierung im Zugbetrieb des Braunkohlenbergbaus der DDR. E. Schaffhirt. (Bergbautechnik **9**, 238—49, Mai 1959; Leipzig; dt.) — Es werden prakt. Erfahrungen bei der Spurkranzschmierung von E-Loks im Braunkohlenbergbau mit dem Schmierfett *Aseol* (Sommer- u. Winterqualität) mitgeteilt. Danach wird durch die Schmierung die Liegezeit der Schienen um 250—300% verlängert. O. Henning. 8220□

Hochtemperaturschmierung in reaktionsfähiger Atmosphäre. R. L. Johnson, M. A. Swikert und D. H. Buckley. (Corrosion [Houston] **16**, 395t—398t, Aug. 1960; Cleveland, Ohio, Nat. Aeronautical Space Adm.; engl.) — Verss. mit einer Hochtemp.-Reibungs-App. (Oberflächen-Geschw. bis 10000 fpm = 5080 cm/s, Temp. bis 1500° F) mit Werkzeugstahl M-1 (mit 20 u. 1200 Å starker Fe_3O_4-Schicht), Co-Leg. *Stellit* 98M2, Ni-Leg. *Hastelloy* C u. Elektrolyt-Cu als Reibmetalle u. Cetan, Lsg. von 0,5% Stearinsäure in Cetan, Graphit, CF_4, CF_3Cl, CF_2Cl_2, $CFCl_3$, CCl_4, CF_3Br, CF_2Br_2, CF_3Br mit 1% SF_6, Luft mit 5% SO_2 u. N_2 mit 5% H_2S als Schmiermittel bzw. reaktionsfähige Atmosphäre führen zu den Ergebnissen, daß die Ausbildung oxid. Oberflächenschichten entscheidend ist für die Schmierung bei bes. hohen Temp. u. daß Oberflächen-Rkk. für eine effektive Schmierung zwar notwendig sind, bei extremen Temp. aber zum Korrosionsverschleiß führen. O. Henning. 8220□

Über Schmiermittel. Veikko T. Rauhala. (Valtion tekn. Tutkimuslaitos, Sarja IV [State Inst. techn. Res., Ser. IV] **1960**, Nr. 27, 3—19; finn.) — Übersicht. — 14 Literaturangaben. S. Beckmann. 8222□

Vereinheitlichung der Schmierstoffe für Baumaschinen. Nestor Kuckhoff. (Erdöl Kohle-Erdgas-Petrochem. **14**, 1032—34, Dez. 1961; Hamburg-Langenhorn; dt.) — Die voraussichtlich notwendigen *Schmiermittel* für sichere Schmierung von *Baumaschinen* sind in einer tabellar. Übersicht zusammengefaßt. Die Eigg. der Schmierstoffe werden näher beschrieben. W. Lauk. 8222□

Oxydationsgeschwindigkeit von Petroleumasphalten und anderen Bitumina durch Alkalipermanganat. J. Gordon Erdman und Virginia G. Ramsey. (Geochim. cosmochim. Acta [London] **25**, 175—88, Nov. 1961; Pittsburgh, Pa., Mellon Inst.; engl.) — Eine halbautomat. Titrations- u. Registriereinrichtung zur Best. der *Oxydations-Geschw.* von *Petroleumasphalt* u. anderen *Bitumina* durch Alkalipermanganat wird beschrieben. Damit werden 26 Proben (Kohlen, Ölschiefer, Gibsonit, Pech, Graphit, Asphalte aus Erdöl u. Raffinerie-Prodd., ferner unlösl. carbonat. Material aus marinen u. nichtmarinen Gesteinen) analysiert. Die Oxydations-Geschw. von Kohlen u. Erdölasphalten unterscheiden sich durch den Faktor 500. Im allg. besteht eine Beziehung zum O-Anteil in der organ. Substanz. H. Moenke. 8224□

Spurensuche mit Flammenionisationsdetektor und gepackten Trennsäulen in der Gaschromatographie. 2. Mitt. **Bestimmung von Mengen $<$1 ppm Kohlenoxyd, Kohlendioxyd und Propylen in Äthylen.** U. Schwenk, H. Hachenberg und M. Förderreuther. (Brennstoff-Chem. **42**, 295—96, Sept. 1961; Frankfurt/M.-Hoechst, Farbwerke Hoechst AG, vormals Meister Lucius & Brüning; dt.) — 1. vgl. C. **1962**, 7020. — Außer C_2H_2 lassen sich auch *CO* u. CO_2 in Mengen bis 100 ppb im C_2H_4 nachweisen, indem das Gemisch an einer mit A-Kohle *gepackten 1m-Säule* getrennt wird. In einem zwischen Trennsäule u. *Flammenionisationsdetektor* (**FID**) geschalteten Quarzrohr, das mit einem Katalysator (10% Ni auf Sterchamol) gefüllt ist, werden CO u. CO_2 bei 300° im H_2-Überschuß zu CH_4 hydriert u. nach ihren auf der Kohlesäule üblichen Retentionszeiten mit dem **FID** als CH_4 nachgewiesen. C_3H_6-Spuren, die normalerweise bei der gaschromatograph. Best. vom C_2H_4-Berg überdeckt werden, können unter Verw. eines Metall-Olefin-Komplexes (eines Gemisches von Äthanolamin, NH_4NO_3 u. Cu_2O im Verhältnis 26:15:10) als 30%ig. Imprägnierung auf Sterchamol in einer 12m-Säule bis ca. 100 ppb in C_2H_4 erfaßt werden. P. Bornemann. 8242□

Automatisierung von statistischen Reflexionsmessungen an Kohlen. Klaus Kötter und Wolf-Dietrich Langner. (Brennstoff-Chem. **42**, 380—85, Dez. 1961; Essen, Bergbau-Forsch. GmbH, Steinkohlenbergbauverein, Forsch.-Inst.; dt.) — Für eine App. zur photoelektr. *Reflexionsmessung* (vgl. C. **1961**, 11195) wird eine automat. Meßwertregistrierung beschrieben. Damit kann eine aus 500 Einzelmessungen bestehende statist. Reflexionsmessung in 3 Std. durchgeführt u. ausgewertet werden. An 5 Fettkohlen u. Pseudofettkohlen wird die Bedeutung der Meth. für die Best. der inkohlungsmäßigen Zus. u. damit des Kokungsvermögens erläutert. S. Gipp. 8246□

Der Wasserstoff in Kohle und Kohleextrakten. 1. Mitt. **Das Verhältnis von aromatischem zu aliphatischem Wasserstoff aus Protonspinresonanz- und Ultrarotmessungen.** J. F. M. Oth, E. de Ruiter und H. Tschamler. (Brennstoff-Chem. **42,** 378–80, Dez. 1961; Brüssel, Europ. Res. Assoc.; dt.) — Für die in deuteriertem Bzl. lösl. Extrakte u. Fraktionen eines Vitrinits wird die *H-Verteilung* H_{ar}/H_{al} aus *Protonspinresonanzmessungen* direkt bestimmt. Die gleichzeitige Messung des Bandenflächenverhältnisses der aromat. u. aliphat. CH-Dehnfrequenzen im IR führt zu einem konst. Wert für das Verhältnis der integralen Absorptions-Koeff.: $\varepsilon_{ar}^*/\varepsilon_{al}^* \sim 0{,}39$. Unter der Annahme, daß dieser Wert auch für alle anderen Extrakte u. den Vitrinit Gültigkeit besitzt, läßt sich deren H_{ar}/H_{al} aus IR-Messungen festlegen. Es wird versucht, die Diskrepanz dieser Ergebnisse zu denen, die aus dem Verhältnis der opt. Dichten D_{ar}/D_{al} u. unter Verw. eines konst. $\varepsilon_{ar}/\varepsilon_{al} = 0{,}5$ resultiert, zu erklären. S. Gipp. 8246□

Eine neue Arbeitsvorschrift für die flammenphotometrische Bestimmung von Kalium und Natrium in Brennstoffaschen. W. Schuhknecht und H. Schinkel. (Brennstoff-Chem. **42,** 292–94, Sept. 1961; Neunkirchen-Heinitz/Saar, Saarbergwerke AG, Chem. Hauptlabor.; dt.) — Bei *flammenphotometr.* Messungen wird der als Maß für die Intensität der Analysenlinien dienende Meßwert von Oberflächenspannung, Viscosität u. spezif. Gew. der untersuchten Lsg. sowie von der Querempfindlichkeit (**I**) u. der gegenseitigen Anregungsbeeinflussung (**II**) verändert. Um die **II** herabzusetzen, wird deren Abhängigkeit von der Flammen-Temp. untersucht. Die **II**, die die Durchführung u. Auswertung von Analysen erschwert, kann durch Zusatz von CsCl zu Meß- u. Eich-Lsgg. als spektroskop. Puffersubstanz selbst in heißen Flammen beseitigt werden, während durch Zugabe von $Al(NO_3)_3$ die **I** der Erdalkalien unterdrückt werden kann. Zur *Best.* von *Na* u. *K* werden 100 mg der *Brennstoffasche* in einem Pt-Tiegel eingewogen, mit dest. W. aufgeschlämmt u. nach Zugabe von 10 ml HF u. 0,5 ml H_2SO_4 abgeraucht. Der Rückstand wird mit 2 ml konz. HCl aufgenommen u. auf ca. 0,5 ml eingeengt. Der Tiegelinhalt wird in einen 250 ml-Meßkolben übergeführt u. aufgefüllt. 25 ml der Probe-Lsg. werden in einen 50-ml-Meßkolben pipettiert u. 5 ml der Puffer-Lsg. [50 g CsCl u. 250 g $Al(NO_3)_3 \cdot 9\,H_2O$/Liter H_2O] zugesetzt u. mit dest. W. aufgefüllt. Dann wird der Na- u. K-Geh. in einer C_2H_2–Luft-Flamme bestimmt. Der Meßbereich beträgt 0–10 mg K_2O/Liter u. 0–5 mg Na_2O/Liter u. die maximale Abweichung vom Sollwert 0,05(%) K_2O bzw. 0,02 Na_2O. P. Bornemann. 8246□

Erkenntnisse und Erfahrungen mit der Bewertung der Kohle und der Mischungen für die Erzeugung von Hüttenkoks. M. F. Kessler. (Hutnické Listy **15,** 6–12, Jan. 1960; Praha, ČSAV, Hornický ústav; tschech.) — Die verschiedenen Meth. der *Wert-Best.* von *Hüttenkoks* werden krit. besprochen u. auf Proben von tschechoslowak. Koksen angewandt. Einen guten Maßstab für die Beurteilung bietet die Klassifizierung nach dem internationalen Code. Auch für die Unters. des Einfl. der Zus. von Ausgangskohlegemischen auf die Koksqualität werden brauchbare Meth. angegeben. R. K. Müller. 8246□

Die Bedeutung des Dilatometer-Testes für die Beurteilung der Verkokungseignung von Steinkohlen. 1. Mitt. **Untersuchungsmethodik, Verhalten der Kohlen im Dilatometer und Unterscheidung der Kohlenarten. Konventionelle Begriffe und Auswertung der Dilatometer-Kurven.** W. Lange, W. Radmacher und H. Vierneisel. (Brennstoff-Chem. **42,** 312–19, Okt. 1961; Duisburg-Hamborn, Hamborner Bergbau AG, Hauptlabor.; Essen, Ruhrkohlenberatung GmbH, Brennstoff-Chem. Inst.; dt.) — Ein Überblick über die experimentelle Meth. der durchgeführten Verss. der *Kohle-* u. *Koks-*Unters. sowie des Ablaufs der Vorgänge im *Dilatometer* wird gegeben. Auf Grund der charakterist. *Dilatometerkurven* der verschiedenen Kohlen ist eine allgemeingültige *Unterscheidung* der *Kohlenarten* möglich. Voraussetzung ist, daß keine sek. Einfl., wie z. B. Alterungseffekte, die Dilatation verändern. An Ruhrflözkohlen wird gezeigt, daß sich die Kohlenarten nicht nur in der Dilatation u. Kontraktion, sondern auch in der Temp.-Lage u. -Spanne unterscheiden. Die Dilatationen sowie Temp.-Lagen u. -Spannen dieser Kohlen sind vom Inkohlungsgrad abhängig. Die Beurteilung von Kohlen an Hand einzelner Unters.-Ergebnisse ist oft ungenau, weil das Verkokungsvermögen einer Schlitzprobe meist nicht mit dem der anfallenden Flöz-Feinkohle ident. ist. Durch richtige Auswertung der Ergebnisse des Dilatometer-Verf. können die Kohlenarten voneinander unterschieden werden u. das Verkokungsvermögen von Flözkohlen u. Mischungen beurteilt werden. P. Bornemann. 8246□

Die Bedeutung des Dilatometer-Testes für die Beurteilung der Verkokungseignung von Steinkohlen. 2. Mitt. Verhalten von Mischungen aus gleichen und verschiedenartigen Kohlen. Beziehungen zwischen Dilatation und Koksfestigkeit und Zusammenstellung von Einsatzkohlen für die Kokerei. Statistische Auswertung der Dilatometer-Daten von Ruhrkohlen und Gesetzmäßigkeiten im Zusammenhang mit dem Inkohlungsgrad. W. Lange, W. Radmacher und H. Vierneisel. (Brennstoff-Chem. **42**, 385—94, Dez. 1961; dt.) — 1. vgl. vorst. Referat. — Über das Verh. von *Kohlenmischungen* u. über Beziehungen zwischen *Dilatation* u. *Koksfestigkeit* wird berichtet. An Hand von statist. Zusammenstellungen der *Dilatometer*-Daten von Ruhrkohlen werden allg. Gesetzmäßigkeiten im Zusammenhang mit dem *Inkohlungsgrad* aufgezeigt u. Hinweise für die Zus. von Kohlemischungen für Koksöfen gegeben. S. Gipp. 8246□

Beitrag zur Untersuchung der Entstehung von Roherdöl. C. Hölszky und E. Cruceanu. (Studii Cercetări Chim. [Bucureşti] **6**, 455—64, 1958; Bucureşti, Inst. de cercetări petrolifere; rum.) — Der V-Geh. einiger rumän. *Roherdöle* wird spektroskop. untersucht. In den Unters.-Mustern liegt der Geh. an V zwischen 0,13 u. 2,8 mg/kg Erdöldestillat bis 320°. Die asphalt. Proben enthalten meist mehr V als die paraffin. Muster. Die opt. Aktivität von Fraktionen zwischen 400 u. 450°, die mit akt. Al gereinigt wurden, wird ermittelt. Sämtliche Fraktionen sind rechtsdrehend, die asphalt. zeigen im allg. eine deutlichere opt. Aktivität als die paraffin. Fraktionen. E. Boye. 8252□

Die Anwendung eines direkt anzeigenden Emissionsspektrographen bei der Untersuchung von Mineralölprodukten. Roland Kahsnitz. (Erdöl Kohle-Erdgas-Petrochem. **14**, 1024—26, Dez. 1961; Hamburg-Harburg, Esso AG; dt.) — Die quant. Best. von Metallen u. anderen Elementen in *Mineralöl-Prodd.* kann schnell (8—25 Min.) u. genau (Relativgenauigkeit >5%) durchgeführt werden. W. Lauk. 8252□

Einige Anwendungen der Röntgenfluorescezspektrographie in der Petroleumindustrie. G. Baron und C. Fagot. (Rév. univ. Mines, Métallurgie, Mécan., Trav. publ., Sci. Arts appl. Ind. [9] **17** (**104**), 275—79, April 1961; franz.) — Einige aus der Literatur bekannte Anwendungsbeispiele der *Röntgenfluorescenzanalyse* in der *Petroleumindustrie* werden beschrieben. C. Gottfried. 8252

Die Analyse von Kohlenwasserstoffgemischen im Benzinbereich mit Hilfe der Gaschromatographie. Wolfgang Heinemann. (Erdöl Kohle-Erdgas-Petrochem. **14**, 917—21, Nov. 1961; Hamburg-Harburg, Esso AG, Forsch.-Labor.; dt.) — Eine Übersicht über die Trenn- u. Identifizierungs-Verf. für *KW-Stoffe* im *Benzinbereich* wird gegeben. Neben apparativen Hinweisen werden die Selektivitäten der verschiedenen stationären Phasen behandelt. Die quant. Auswertung der mit Katharometern erhaltenen Chromatogramme wird besprochen. U. Frenzel. 8254□

Heinrich Koppers G. m. b. H., Essen, *Vergasung fein verteilter fester Brennstoffe.* (**Niederl. P. 100 647** vom 6/7. 1955, ausg. 15/3. 1962. D. Prior. 9/7. 1954. — C. **1958,** 1189 [F. P. 1 126 766].)

Koppers Co., Inc., Del., übert. von: **Ormond L. Henry,** Allison Park, Pa., V.St.A., *Wiedergewinnung von Ammoniak aus Koksofengas.* (**A. P. 3 006 725** vom 21/2. 1957, ausg. 31/10. 1961. — C. **1962,** 3685 [E. P. 838 001].)

Imperial Chemical Industries Ltd., London, übert. von: **Robert William Gunn Preston** und **Michael Taylor,** Norton-on-Tees, England, *Kohlenwasserstoffzusammensetzung mit verminderter Schaumfähigkeit.* (**A. P. 2 991 248** vom 10/3. 1958, ausg. 4/7. 1961. E. Prior. 20/3. 1957. — C. **1960,** 9430 [D. A. S. 1 065 967].)

Metallgesellschaft Akt.-Ges., übert. von: **Wilhelm Herbert, Karl-Heinz Eisenlohr,** Frankfurt/M., und **Richard Bayer,** Bad Homburg, *Verfahren zur Reinigung von unter 400° siedenden Kohlenwasserstoffen.* (**A. P. 2 995 511** vom 15/10. 1958, ausg. 8/8. 1961. D. Prior. 21/5. 1953. — C. **1956,** 1774 [D. B. P. 930 223].)

Esso Research and Engineering Co., Del., V.St.A., übert. von: **Paul E. E. De Rycke** und **Jacques M. L. Rombaut,** Antwerpen, Belgien (**A. P. 3 000 817** vom 12/3. 1959, ausg. 19/9. 1961. Belg. Prior. 26/3. 1958. — C. **1961,** 18931 [D. A. S. 1 098 128].)

Esso Research and Engineering Co., Elizabeth (Erfinder: **Patrick P. McCall,** New Monmouth), N.J., V.St.A.), *Motorenbenzin mit hoher Octanzahl.* (**D. A. S. 1 123 864** Kl. 46a[6] vom 2/12. 1958, ausg. 15/2. 1962. A. Prior. 26/12. 1957. — C. **1962,** 16191 [E. P. 852 927].)

Rhein-Chemie G. m. b. H., Mannheim, übert. von: **Rudolf Kern,** Neustadt/Weinstr., **Hans Scheurer,** Heidelberg, und **Georg Ultsch,** München, *Gleitmischung.* (**A. P. 3 002 840** vom 26/2. 1959, ausg. 3/10. 1961. — C. **1962,** 358 [D. A. S. 1 105 091].)

Aluminium Laboratories Ltd., Montreal, Canada (Erfinder: **Roman Dominik Guminski,** Banbury, England), *Schmiermittel zum Kaltwalzen von Aluminium.* (**Schwz. P. 361 072** vom 18/4. 1957, ausg. 15/5. 1962. E. Prior. 23/4. 1956. — C. **1959,** 12102 [D. A. S. 1 049 035].)

Esso Research and Engineering Co., Del., übert. von: **Rosemary O'Halloran,** Union, N.J., V.St.A., *Hochdruckschmierölzusätze.* (**A. P. 3 001 939** vom 31/10. 1957, ausg. 26/9. 1961. — C. **1960,** 4078 [D. A. S. 1 065 121].)

Jesse Donnelly, Hamilton, Ontario, Canada, *Schmiermittel zur Kaltbearbeitung von Metallen.* (**E. P. 887 869** vom 21/2. 1959, ausg. 24/1. 1962. — C. **1961,** 17073 [D. A. S. 1 106 017].)

H_{20}. Schieß- und Sprengstoffe. Zündmittel

Entzündung und Flammenstabilisierung eines Stroms von brennbaren Gasgemischen durch eine heiße Düse. Hiroshi Tsuji. (Aeronaut. Res. Inst., Univ. Tokyo, Rep. **26**, Nr. 357, 119—36, Juni 1960; Tokyo, Univ., Aeronautical Res. Inst., Dep. of Jet Propulsion; engl.) — Unter Zugrundelegung eines vereinfachten Modells u. mit Hilfe der Grenzschichtapproximation wird die Entzündung eines brennbaren Gasstroms durch eine heiße Düse theoret. untersucht. Die erhaltenen analyt. Ergebnisse wurden auf die therm. Zers. von *Azomethan* u. *Hydrazin* angewandt.
C. Gottfried. 8292

United States of America, Secretary of Army, übert. von: Sylvan D. Rolle, Philadelphia, Pa., V.St.A., **Herstellung von Schwarzpulver** mit hoher Selbstentzündungs-Temp., dad. gek., daß die Einzelkomponenten (Kohle, S, KNO_3 oder $KClO_3$) granuliert werden u. mindestens eine der granulierten Komponenten im Vakuum mit einem Pb-Überzug (die einzelnen Körnchen) versehen wird, worauf die Komponenten in die Sprengkörperform gebracht werden. — Zeichnung. (**A. P. 2 982 642** vom 10/9. 1959, ausg. 2/5. 1961.) A. Gradl. 8301

Hercules Powder Co., Wilmington, Del. (Erfinder: **Warren Lee Plunkett**, Sayreville, N.J.), V.St.A., *Kontinuierliche Herstellung von Nitrocellulose.* (**Jap. A. S. 12 795/1960** vom 15/5. 1957, ausg. 6/9. 1960. A. Prior. 15/5. 1956 u. 15/4. 1957. — C. **1960**, 3092 [D. A. S. 1 068 168].)

H_{21}. Leder und Gerbstoffe

Leder. J. P. Danby. (Rep. Progr. appl. Chem. **45**, 320—30, 1960; London, Nat. Leathersellers Coll.; engl.) — Fortschrittsbericht. — 117 Literaturangaben.
W. Wesly. 8330□

Aktuelle Probleme der Kollagenforschung. M. Chvapil. (Kožařství **12**, 69—73, März 1962; Praha, úst. hyg. práce a. Chor. z povol., odděl exp. biol.; tschech.) — Übersicht über Eiweißbindungen, Isolierung von Eiweiß, Einteilung u. Ursachen seiner Strukturstabilität. E. Knopp. 8330□

Das neue Chromemulsions-Gerbverfahren ohne Pickel bei der Chromlederfabrikation. A. E. Šapiro. (Kožařství **12**, 35—36, Febr. 1962; tschech.) — Durch Verw. einer Spindelölemulsion u. oberflächenakt. Stoffe nach Neutralisation u. erfolgter Entkälkung u. Beizung der Blöße vor der Cr-Gerbung wird eine bessere Blößen- u. Lederqualität u. durch Wegfall des Pickels eine bedeutende Arbeitszeitverkürzung erreicht.
E. Knopp. 8336□

Kennzahlen für die Bestimmung der technologischen Werte von Gerbstoffen. Vladimír Pektor. (Kožařství **11**, 352—54, 1961; Gottwaldov, Výzk. úst. kožed.; Otrokovice, Kožel. výzk.; tschech.) — Zur Beurteilung der Gerbstoffe wird ein bestimmter, ihren technolog. Wert ausdrückender Koeff. definiert u. seine Best. u. Beurteilung für einzelne Arten der gängigen Gerbstoffe angeführt. Die zahlenmäßige Beurteilung ist in Tabellen zusammengefaßt. Dieser Vorgang könnte auch bei Bewertungen in anderen Richtungen der Gerberei verwendet werden. E. Knopp. 8336□

Ein neues Fettungsmittel für Lederfaserwerkstoff (Lefa). Vladimír Pilc. (Kožařství **11**, 322—23, Nov. 1961; Gottwaldov, Výzl. kožed. úst.; Otrokovice, Kožel. výzk.; tschech.) — Das sulfonierte Fettungsmittel für Lederfaserwerkstoffe besteht aus Rüb-, Fisch-, Sonnenblumen- u. Mineralöl. E. Knopp. 8338□

Schrumpfleder aus der Haut des indonesischen Wasserbüffels. Sudibio, Suratno und Sunjoto. (Leder **13**, 130—32, Mai 1962; Jogjakarra, Indonesien, Lederinst.; dt.) Die Herst. von Schrumpfleder aus indones. Wasserbüffelhäuten (Buffalohaut), die infolge der Profilierung der Narbenschicht bes. geeignet sind, wird an Hand von Arbeits-Vorschriften erläutert. H. G. Fröhlich. 8340□

Die Verwendung wäßriger Dispersionen von Nitrocellulose bei der Zurichtung von Leder. Ladislav Blažek und Otto Hvězda. (Kožařství **11**, 350—51, 1961; Gottwaldov, Výzk. úst. kožed.; Otrokovice, Kožel. výzk.; tschech.) — Herst. von neuen wss. Dispersionen von Nitrocellulose für die Zurichtung von farbigen, weißen u. matten Ledersorten. E. Knopp. 8340□

Ein neues Verfahren der Imprägnierung von Fahlleder. Vladimír Pilc und Jaroslav Ondráček. (Kožařství **11**, 227—29, Aug. 1961; Gottwaldov, Výzk. úst. kožed; Otrokovice, Kožel. výzk.; tschech.) — Die Imprägnierung beruht auf der Oxydation des Leinöls durch Luft–O_2 unter der katalyt. Einw. des Sikkativs bei Semichromgerbung. E. Knopp. 8340□

Schutz von Leder vor Schimmelbefall. Alois Orlita und Irena Orlitová. (Kožařství **11**, 201—03, Juni 1961; Gottwaldov, Výzk. úst. kožed.; Otrokovice, Kožel. výzk.; tschech.) — Übersicht über Schutz des Fertigleders gegen Schimmel-Bldg., Auswahl u. Anwendung von Konservierungsmitteln, Beurteilung des Schimmelbefalls u. der Beständigkeit des Leders. E. Knopp. 8340□

Der Schutz von Leder gegen die Einwirkung von Schimmelpilzen. Alois Orlita und Irena Orlitová. (Kožařství **11**, 230—33, Aug. 1961; Gottwaldov, Výzk. úst. kožed.; Otrokovice, Kožel. výzk.; tschech.) — Verw. von fungiciden Stoffen bei der Konservierung von Fahlledern, Waterproof- u. techn. Ledern u. über fungicide Stabilität dieser Leder. E. Knopp. 8340□

Untersuchungen über den Einfluß der Ionenstrahlung auf die physikalisch-mechanischen Eigenschaften chromgegerbter Leder. A. Blažej, V. Kriváň, L. Mina-řík und J. Tölgyessy. (Kožařství **11**, 193—201, Juni 1961; Bratislava, úst. kožel., Odd. rádiochem. Chem. fak. n. p. Svit-Otrokovice, Oblastn. lab.; tschech.) — Vff. behandeln die Veränderungen der mechan. Eigg., wie Zug-, Narbenfestigkeit u. Schrumpfungs-Temp. bei Chromleder durch Röntgenstrahlen innerhalb eines bestimmten Bereiches. Höhere Röntgendosen haben abbauende Wrkg., bei niederen sind auch die Art der Rohware u. die natürliche Faserstruktur maßgebend. E. Knopp. 8340□

H_{22}. Leim. Klebstoffe

Zur chemischen Thermodynamik des Klebvorganges. Heinz Stecher. (Adhäsion **6**, 219—22, Mai 1961; Schorndorf/Wttbg.; dt.) — Die für die Klebverbindung wichtigsten Merkmale (Adhäsion, Kohäsion, Polarität) werden dargelegt. Vf. bringt eine Tabelle über spezif. Adhäsion von Klebrohstoffen auf verschiedenen Packstoffen. E. Schaaf. 8380□

Briefumschlag-Klebstoffe heute. W. C. Brown. (Adhäsion **6**, 222—30, Mai 1962; dt.) — Vf. diskutiert ausführlich Vor- u. Nachteile der verschiedenen Klebstoffe auf Dextrin- bzw. synthet. Basis u. gibt Ratschläge für Verarbeitung u. zur Vermeidung unerwünschten Klebens. Diskussion verschied. Fabrikate von Klebstoffauftragmaschinen. E. Schaaf. 8382□

Die Verwendung von Polyacrylamid als Klebstoff. A. F. Berenstein und O. N. Ssingajewski. (Спиртовая Промышленность [Spiritus-Ind.] **27**, Nr. 8, 41—42, 1961; russ.) — Etiketts können auf Glasflaschen mit Hilfe einer 2,5—3%ig. *Polyacrylamid* (**I**)-Lsg. aufgeklebt werden. Die Verw. von **I** an Stelle von Leim auf Stärke- oder Dextrinbasis hat den Vorteil, daß das Klebmittel sehr gleichmäßig aufgebracht werden kann u. die Klebung sehr haltbar, vor allem nicht hygroskop., ist u. keine Flecken auf den Etiketts hinterläßt. Auch das Ablösen der Etiketts u. Waschen der Flaschen gestalten sich einfacher als bei Verw. von Dextrinleim. Die 2,5—3%ig. **I**-Lsgg. können durch Verdünnen von 8%ig. Lsgg. auf Vorrat hergestellt werden u. sind monatelang aufbewahrbar. Helmut Schäfer. 8388□

Martin Rettig, **Haftkleber,** bestehend aus einem hochmol. Isobutylen–Isopren-Mischpolymerisat (**I**) u. Polyisobutylen (**II**) mit einem Molgew. von $\leqq$1500, z. B. 15 (Teilen) **I**, 45 **II**, 15 Ruß u. 25 Ton. Das Prod. eignet sich bes. als Klebbelag für Klebbänder aus Polyäthylen. (**Aust. P. 232 907** vom 16/9. 1957, ausg. 30/3. 1961.) C. Lüttgen. 8389

Diamond Alkali Co., Cleveland, Ohio, V.St.A., **Klebstoffe für Cellulosegegenstände.** Die auf der Basis von Wasserglas hergestellten Klebstoffe enthalten zur Verminderung der Haftung an Metallen einen Zusatzstoff mit Trenn-Wrkg., z. B. ein Polysiloxan, eine Carbonsäure oder eine Hydroxycarbonsäure. Eine weitere Modifizierung ist durch Zusatz von Harnstoff, Ton, einem fetten Öl, einem KW-Stoff-Harz, einem Alkalimetallchromat oder einem Alkylolamin möglich. (**E. P. 892 119** vom 27/6. 1958, ausg. 21/3. 1962. A. Prior. 1/7., 9/9. 1957 u. 6/1. 1958.) P. Krug. 8389

Deutsche Gold- und Silber-Scheideanstalt vormals Roessler, Deutschland, **Verleimen von Metallen** unter Verw. von Gemischen aus ungesätt. Polyesterharzen, monomeren Acryl- u. Methacrylsäureestern, Styrol u. ggf. Polyvinyläthern aus Polystyrol u. monomerem Methacrylsäuremethylester, ungesätt. Polyesterharzen u. geringen Mengen Polychloropren oder aus Polystyrol, Styrol u. Acrylsäure oder Verw. von Epoxyharzen. Die zu verleimenden Metallteile werden nach dem Auftragen des Leimes in einer trockenen Heizkammer kurze Zeit auf 50—250° erhitzt, um eine genügende Anfangsbindekraft zu erreichen u. ein langandauerndes Zusammenpressen zu ersparen. Das Erhitzen erfolgt vorteilhaft in einem elektr. Hochfrequenzfeld; Dauer 10—180 Sekunden. — Zum Beispiel werden Streifen aus AlMgSi mit einem Mittel verleimt, das 40 (Teile) eines ungesätt. Polyesterharzes, 25 Methylpolyvinyläther, 14 monomeres Methacrylat, 21 monomeres Styrol, als Katalysator 0,5 Diisopropylol-p-toluidin u. 3 einer Härtungspaste mit 50% Benzoylperoxid enthält; Erhitzungs-Temp. 80°. Das Verf. ist bes. vorteilhaft beim Verbinden von sperrigem Gut, z. B. im Flugzeugbau. (**F. P. 1 233 838** vom 12/8. 1959, ausg. 12/10. 1960. D. Prior. 26/8. 1958.) M. F. Müller. 8389

Norton Co., V.St.A., übert. von: Behr-Manning (Australia) Pty. Ltd., **Druckempfindliches Klebeband** aus einer geschmeidigen Unterlage aus Papier, die auf einer Seite mit einem druckempfindlichen Klebstoff, z. B. aus einem Kautschuklatex, ZnO, hydriertem Kolophonium, alkyliertem Polyhydroxyphenol u. einem Heptan-Lsgm., u. auf der Rückseite mit einem Polyurethankunstharz aus einem freie Hydroxylgruppen enthaltenden Alkydkunstharz (**I**) u. einem Polyisocyanat (**II**) überzogen ist, wobei das **I** ein Rk.-Prod. aus Adipinsäure (**III**), Trimethylolpropan u. Butylenglykol oder aus **III** u. Diäthylenglykol oder aus einem Gemisch aus beiden Rk.-Prodd. u. **II** ein Rk.-Prod. aus 3 (Mol) Toluylendiisocyanat (**IV**) u. 1 Hexantriol (**V**) oder aus Phenol u. dem Rk.-Prod. aus **IV** u. **V** darstellen. Ein derartiger Rückseitenüberzug eines Klebebandes ist dehnbar, geschmeidig u. widerstandsfähig gegen Lsgm. u. besitzt eine ausgezeichnete Haftfähigkeit auf mit Natur- oder Kunstkautschuk imprägnierten Papierunterlagen, hohe Widerstandsfähigkeit gegen Feuchtigkeit, Hitze, Abrieb u. Witterungs-Einfl. u. gute elektr. Eigg.; Klebebänder dieser Art eignen sich daher als Schutzverkleidung, für Verpackungszwecke u. als elektr. Isolierbänder. — Beispiele. (**F. P. 1 267 505** vom 14/9. 1960, ausg. 24/11. 1961. Aust. Prior. 22/9. 1959 u. 14/7. 1960.) W. Raetz. 8389

T. J. Smith & Nephew Ltd., England, **Klebeband,** welches auf Druck hin klebt, aus einem Träger aus polymerem plast. Material, der mit einem Klebemittel überzogen ist. Dieses besteht aus einem Mischpolymerisat aus einem teilweise polymerisierten Methacrylsäurealkylester, Naturkautschuk oder ähnlichen elastomeren Verbb. u. einem Harz. Als Klebmittel dient z. B. ein Gemisch aus 100 (Gew.-Teilen) Mischpolymerisat aus Methacrylsäurebutylester, das 50% Polymerisat enthält, 60 Poly-β-pinen u. 600 Toluol. (**F. P. 1 235 853** vom 15/9. 1959, ausg. 10/11. 1960. E. Prior. 16/9. 1958.) M. F. Müller. 8389

Minnesota Mining & Mfg. Co., St. Paul, Minn., V.St.A., **Druckempfindliche Klebestreifen.** Man trägt auf die hydrophilen Trägerfilme (**I**) eine wss. Grundiermasse auf, die neben einem wasserunlösl. Klebstoff auf Kautschukbasis, z. B. Butadienstyrol-Mischpolymerisatlatex, noch einen wasserlösl. Klebstoff, bes. Polyacrylamid, ggf. neben geringeren Mengen Casein oder Polyvinylalkohol, enthält. Die grundierten Flächen kann man nach dem Trocknen mit Lsgg. oder Emulsionen üblicher druckempfindlicher Klebmassen auf Kautschukbasis überziehen. Geeignete **I** sind neben regenerierten Cellulosefilmen solche auf Basis von Oxäthylcellulose, Methylcellulose oder Polyvinylalkohol. (**E. P. 865 971** vom 2/7. 1957, ausg. 26/4. 1961. A. Prior. 2/7. 1956.) P. Krug. 8389

Cyrus Woodrow Bemmels, New Brunswick, N.J., und Domenick Donald Gagliardi, East Greenwich, R.I., V.St.A., **Druckempfindliche Klebstreifen.** Diese weisen eine ein- oder beidseitige Schicht aus einer ungehärteten Klebstoffmischung auf, welche auf der Grundlage eines härtbaren Elastomeren (**I**), wie Butylkautschuk, Chloroprenpolymerisaten, Polybutadien oder Naturkautschuk, eines klebrig machenden Harzes, wie Kolophonium, Glykol- oder Glycerinestern des Kolophoniums, Terpenharzen oder Cumaronindenharzen, sowie eines Alkylphenolaldehydharzes (**II**) mit mindestens 9 C-Atomen im Alkylrest aufgebaut ist. Man wendet bes. 35—100 (Gew.-%) **II** je 100 **I** an. (**E. P. 880 284** vom 23/10. 1957, ausg. 18/10. 1961. A. Prior. 23/10. 1956.) P. Krug. 8389

Benjamin B. Blackford, **Erhöhen der Alterungsbeständigkeit von Klebbändern,** dad. gek., daß man dem Klebstoff vor dem Aufbringen auf den Träger 1—10% fein verteiltes SiO_2 mit einer Teilchengröße von 0,01—0,03 μ, bes. „Aerosil", zusetzt. (**Aust. P. 232 316** vom 13/8. 1958, ausg. 23/2. 1961. A. Prior. 3/9. 1957.) C. Lüttgen. 8389

Dunlop Rubber Co. Ltd., London, übert. von: **Derek W. Sear** und **Alan P. Osborne**, Birmingham, County of Warwick, England, *Butadien-Methylisopropenylketon-Copolymere.* (**Can. P. 555 283** vom 2/7. 1955, ausg. 1/4. 1958. E. Prior. 5/7. 1954. — C. **1960**, 5051 [E. P. 804 202].)

Badische Anilin- & Soda-Fabrik Akt.-Ges., Ludwigshafen/Rh., übert. von: **Ferdinand Meyer** und **Kurt Demmler**, Heidelberg, *Härtbare Kunstharzmischung.* (**A. P. 3 009 898** vom 11/7. 1955, ausg. 21/11. 1961. D. Prior. 14/7. 1954. — C. **1957**, 12349 [F. P. 1 127 287].)

General Aniline & Film Corp., New York, N.Y., übert. von: **Paul W. Kinney**, Phillipsburg, N.J., V.St.A., *Kautschukklebstoff.* (**Can. P. 568 446** vom 25/10. 1951, ausg. 6/1. 1959. A. Prior. 2/11. 1950. — C. **1954**, 6642 [A. P. 2 645 674].)

National Cash Register Co. (Erfinder: **Herman J. Eichel**), *Klebband.* (**Aust. P. 232 501** vom 16/4. 1959, ausg. 23/2. 1961. A. Prior. 5/5., 16/6. u. 19/6. 1958. — C. **1961**, 360 [D. A. S. 1 080 247].)

Minnesota Mining & Mfg. Co. (Erfinder: **Harold J. Revoir**), *Klebband.* (**Aust. P. 232 761** vom 7/4. 1959, ausg. 16/3. 1961. A. Prior. 11/4. 1958. — C. **1960**, 14575 [D. A. S. 1 075 774].)

H_{24}. Photographie

Organische Photokonduktoren und optische Sensibilisierung. J. W. Weigl. (Kolloquium wiss. Photogr., Zürich **1961**, Sekt. IV, Nr. 7, 1—28; New York, N. Y., General Aniline & Film Corp.; Division OZALID; engl.) — Vf. behandelt die Photoleitfähigkeit von organ. Verbb. in festem, gelöstem u. suspendiertem Zustand u. die opt. Sensibilisierung von anorgan. Photokonduktoren. Er kommt zu dem Schluß, daß für alle diese Syst. mehr oder weniger folgende Rk.-Stufen gemeinsam anzunehmen sind. Anregung durch Photonen zu einem teilweise gestörten Molekularanregungszustand. Wanderung der Excitonen in Abhängigkeit von der Kupplungsmöglichkeit zwischen benachbarten Molekülen. Trägeranregung durch Ladungsübertragung. Elektronenwanderung, Bldg. von Elektronenfallen; sek. Übertragungsvorgang an Elektroden, entsprechend dem Verh. eines gewöhnlichen Halbleiters. Schließlich Rück-Bldg. u. Abklingen des Trägers. W. Günther. 8598□

Die Schwärzungskurve einer Einkornschicht. C. Candler. (J. opt. Soc. America **52**, 300—12, März 1962; Adelaide (Australien), South Australian Inst. of Technol.; engl.) — Vf. kann zeigen, daß die bei der Entstehung des latenten Bildes ablaufenden Vorgänge nicht dem Poissonschen Gesetz gehorchen, sondern daß hierfür ein „zweiatomiger" Prozeß angenommen werden muß. Die experimentell durch Kornauszählung gewonnenen Schwärzungskurven einer Reihe photograph. Emulsionen können durch folgende Formel beschrieben werden: $(sE)^P = n/(1-n)$. Hierin bedeutet n die Anzahl Körner, die durch die Belichtung E mit P Photonen entwickelbar werden; s ist der Wrkg.-Querschnitt des belichteten Halogensilberkornes. P steigt mit der Korngröße an. Der Wrkg.-Querschnitt kann sehr genau errechnet werden, wenn E in Photonen pro Flächeneinheit angegeben wird. In zwei der untersuchten Emulsionen ist s proportional dem Kristall-Vol., in einer dritten Emulsion der Kristalloberfläche. W. Günther. 8604□

Vom Inhibitionsvorgang bis zum ausstellungsfähigem Bild. Der Verlauf eines neuen photographischen Verfahrens. Edwin H. Land. (J. Franklin Inst. **263**, 121—28, Febr. 1957; Cambridge, Mass., Polaroid Corp.; engl.) — Beschreibung des Entw.-Vorganges beim Land-Verfahren. W. Günther. 8618□

Eine Methode zur Herstellung farbiger Abzüge von Schwarz-Weiß-Bildern. Runo Kohlbeck. (Photogr. Korresp. **98**, 121—23, Aug. 1962; Stockholm, The Royal Inst. of Technology, Dep. of Photography; engl.) — Theoret. Abhandlung. H. Czech. 8634□

Elektrete und ihre physikalischen Eigenschaften. J. van Calker. (Kolloquium wiss. Photogr., Zürich **1961**, Sekt. IV, Nr. 9, 1—5; Münster, Univ., Phys. Inst.; dt.) — Vf. gibt einen Überblick über den heutigen Stand unserer Kenntnisse über den „Elektret", das zuerst von Heaviside aus theoret. Überlegungen vorausgesagte u. später von Eguchi hergestellte elektr. Analogon zum Permanentmagneten. Zur Klärung der Entstehung der Raumladung in Elektreten wurde eine Reihe von synthet. Wachsen untersucht, um festzustellen, ob die ihre Zus. kennzeichennde SZ. u. EZ. im Innern des Elektreten Veränderungen aufweisen. Es zeigte sich eine deutliche Verschiebung in der räumlichen Verteilung beider Kennzahlen in Abhängigkeit von den Formierungsbedingungen des Elektreten. Diese Konz.-Unterschiede traten dann bes. deutlich auf, wenn ein Temp.-Gradient von der Anoden- zur Kathodenseite vorlag. Bei völlig homogener temperierter Elektretsubstanz konnte dagegen keine Entmischung festgestellt werden. Andererseits tritt die Entmischung bereits ohne jedes von außen angelegte elektr. Feld auf, wenn nur ein Temp.-Unterschied im Elektretmaterial beim Erstarren aufrechterhalten wird. Es ist kennzeichnend für den Zusammenhang zwischen der inneren Zus. der Elektretsubstanz u. dem Elektretphänomen, daß sich im Fall dieser temperaturbedingten Entmischung auch eine Raumladung ergibt. — Weitere Unterss. befaßten sich mit Leitfähigkeits-, Rückstrom- u. Depolarisationsmessungen sowie mit Messungen an S-Proben verschiedener Herkunft mit unterschiedlichem Reinheitsgrad. Es wurde festgestellt, daß noch andere Dielektrika, bes. in krist. Zustand, unter gewissen Umständen Elektretcharakter annehmen können. W. Günther. 8642□

Beitrag zur Sensitometrie von elektrophotographischen Zinkoxyd-Schichten. P. M. Cassiers. (Kolloquium wiss. Photogr., Zürich **1961**, Sekt. IV, Nr. 4, 1—4; Mortsel, Gevaert Photo-Producten N. V.; dt.) — Elektrophotograph. Schichten, die hochpolymere Bindemittel enthalten, zeigen bes. bei Kurzzeitbelichtung öfters unerwünschte Restladungen, die bei der Entwicklung Schleier-Bldg. verursachen. Es wird versucht, aus der Lichtentladungskurve Rückschlüsse über den Mechanismus der Entladung zu gewinnen. Für eine hinreichend kurze Beobachtungsdauer (30—60 Sek.), die in der Größenordnung der prakt. Belichtungszeiten liegt, kann die Entladungskurve in zwei Komponenten zerlegt werden: $V = K + a \cdot e^{-bT}$. Das exponentielle Glied der Funktion entspricht einem linearen Abfall mit kleiner Zeitkonstante. Die 2. Komponente K entspricht einem ebenfalls exponentiellen Abfall mit so großer Zeit-Konst., daß dieses Glied während der Beobachtungszeit mit guter Näherung konst. bleibt. Die gewünschten Parameter K, a u. b werden bestimmt, indem man die analyt. Funktion willkürlichen Punkten der gemessenen Kurve gleichsetzt u. aus den entsprechenden Gleichungen die Werte errechnet. Der Vgl. der gemessenen u. berechneten Kurven bestätigt sowohl für die Entladung im Dunkeln wie bei Belichtung die befriedigende Annäherung der Funktion. Wird der Konstantwert K von den experimentellen Potentialwerten abstrahiert, so erhält man eine lineare Abfallkurve. — Abschließend werden die Vers.-Ergebnisse diskutiert. W. Günther. 8642□

Untersuchungen über das Zinkoxyd zur Verwendung in der Elektrophotographie. S. Kikuchi und T. Sakata. (Kolloquium wiss. Photogr., Zürich **1961**, Sekt. IV, Nr. 5, 1—6; Chiba (Japon), Univ. de Tokyo, Inst. des Sci. Ind.; franz.) — Vff. untersuchten die Eignung verschiedener *ZnO*-Sorten für die Zwecke der Elektrophotographie. Proben mit sehr wenig Pb (unter 0,001%) zeigen eine erhöhte Empfindlichkeit. Solche hohen Spezif. Gew. (0,85) besitzen eine geringe Empfindlichkeit. ZnO, das reich an metall. Zn ist (0,0036%), zeigt eine relativ hohe Empfindlichkeit. Therm. Behandlung (500—800°) vermindert im allg. den Widerstand. Kleine Mengen S im ZnO erhöhen die Empfindlichkeit. — Weitere Unterss. befassen sich mit Messungen der Photoleitfähigkeit des Syst. ZnO–Siliconharz, bei dem die Empfindlichkeit von der Dispersion abhängt.
W. Günther. 8642□

Halbtonverfahren und Schwärzungskurve der Elektrophotographie. W. Jaenicke und B. Lorenz. (Kolloquium wiss. Photogr., Zürich **1961**, Sekt. IV, Nr. 8, 1—13; Karlsruhe, TH, Inst. für Phys. Chem.; Wiesbaden, Kalle AG. dt. — C. **1962**, 2606.)
W. Günther. 8642□

Lichtempfindliche Schichten mit Zinkoxyd. G.-M. Schwab und S. Ehrenstorfer. (Kolloquium wiss. Photogr., Zürich **1961**, Sekt. IV, Nr. 6, 1—4; München, Univ., Phys.-Chem. Inst.; dt.) — Belichtetes *ZnO* reagiert als Photokatalysator u. red. Ag-Ionen nach der Bruttogleichung: $ZnO + 2\,Ag^+ = Zn^{2+} + 2\,Ag + \frac{1}{2}\,O_2$. Auf der Oberfläche des weißen ZnO in wss. Suspension scheidet sich hierbei zuerst schwarzes Ag_2O ab, das sich langsam in ledergelbes, elementares Ag umwandelt, wobei gleichzeitig gasförmiger Sauerstoff entsteht. Als Strahlenquelle ist eine Hg-Lampe mit hohem UV-Anteil wirksamer als Sonnenlicht. Bemerkenswert ist die Beeinflussung der Rk.-Geschw. durch die Art des verwendeten ZnO. Bei Dotierung mit 1 Mol-% Ga_2O_3 entsprechend 2 Atom-% Ga^{3+} läuft die Rk. schneller ab als mit undotiertem ZnO. Mit Li^+-Ionen dagegen findet nur ein sehr geringer Umsatz statt. Durch Zusatz oxydierbarer organ. Stoffe zur Suspension von ZnO in Ag-Salz-Lsgg. wird die Red. der Ag-Ionen beschleunigt u. die Entw. von gasförmigen O_2 verhindert. Es wird eine Vorschrift angegeben, um die Rk. zur Herst. lichtempfindlicher Schichten zu verwenden. Angaben über den Entwickler u. die Fixier-Lsg. vgl. im Original. Das latente Bild ist im Dunkeln beständig. Der Empfindlichkeitsbereich ist auf den blauen u. violetten Teil des Spektrums beschränkt. Sensibilisierung von ZnO durch adsorbierte organ. Farbstoffe gelang nicht mit Sicherheit. — Auf Grund der Vers.-Ergebnisse wird eine Erklärung für den Rk.-Mechanismus gegeben. W. Günther. 8646□

Redaktionsschluß: 16. November 1962

Herausgeber: Prof. Dr. Heinrich Bertsch, Berlin, u. Prof. Dr. Dr. h. c. Wilhelm Klemm, Münster. Chefredakteure und verantwortlich für den Inhalt: Dr. Eugen Klever, Berlin W 30, Geisbergstraße 39, Fernsprecher: 249541 u. Prof. Dr.-Ing. Eberhard Leibnitz, Berlin N 4, Schiffbauerdamm 19, Fernsprecher: 425571.

Verlag: Akademie-Verlag GmbH, Berlin W 8, Leipziger Str. 3—4 (Fernsprecher: 220441, Telex-Nr. 011773, Postscheckkonto Berlin 35021), und Verlag Chemie, GmbH, Weinheim/Bergstr. (Fernsprecher: Weinheim 3635 [Sammelnummer]; Fernschreiber: 0465516 chemieverlwhn; Postscheckkonten: Frankfurt/M. 145314 u. Berlin [West] 7430). Bestellnummer: 1007/134. Das Chemische Zentralblatt erscheint wöchentlich. Preis des Jahrganges einschl. Autoren-, Patent-, Sach- u. Formelregister: DM 1200,—; einseitig bedruckte Ausgabe: DM 1350,—. Abgabe der Zeitschrift nur mit sämtlichen Registern. Abbestellungen nur bis spätestens 6 Wochen vor Ablauf des Kalenderjahres.

Satz u. Druck: VEB Leipziger Druckhaus, Leipzig, III/18/203. I. 63.
Veröffentlicht unter der Lizenznummer 1273 des Presseamtes beim Vorsitzenden des Ministerrates.
Printed in Germany.